Springer Collected Works in Mathematics

For further volumes:
http://www.springer.com/series/11104

Wuppertal, 1987 (photo Ludwig W. Danzer)

Jean-Pierre Serre

Oeuvres - Collected Papers IV

1985 – 1998

Reprint of the 2000 Edition

Springer

Jean-Pierre Serre
Collège de France
Paris, France

ISSN 2194-9875
ISBN 978-3-642-39839-1 (Softcover)
978-3-540-43565-5 (Hardcover)
DOI 10.1007/978-3-642-41978-2
Springer Heidelberg New York Dordrecht London

Library of Congress Control Number: 2012954381

Mathematics Subject Classification (2000): 14-XX, 18-XX, 20-XX, 32-XX, 55-XX

Printed on acid-free paper

Springer is part of Springer Science+Business Media (www.springer.com)

Préface au volume IV

Ce quatrième volume contient l'essentiel de ce que j'ai publié entre 1985 et 1998.

Outre les articles, et les exposés de séminaires, on y trouvera les résumés de mes cours au Collège de France. La plupart de ces cours n'ont pas été publiés, et les démonstrations qu'ils contenaient sont restées inédites; pour compenser, j'ai reproduit des lettres personnelles (adressées notamment à K. Ribet et M-F. Vignéras) qui détaillent certaines de ces démonstrations; j'espère que cela sera utile au lecteur.

Des «Notes», placées à la fin, complètent le texte (et parfois le corrigent); elles donnent des références à des travaux plus récents.

Le maison Springer-Verlag a bien voulu publier ce volume, avec son soin habituel. Je lui en suis – une fois de plus – très reconnaissant.

Jean-Pierre Serre

Table des Matières

Volume IV: 1985–1998

133.

Lettres à Ken Ribet du 1/1/1981 et du 29/1/1981

1 Lettre du 1/1/1981

Cher Ken,

Voici un certain nombre de choses dont j'aimerais parler à mon exposé DPP du 12 – si j'en ai le temps !

Il y a d'abord ce que j'ai raconté à Deligne dans une lettre du 22/4/80. A savoir :

1. Passage des corps de type fini sur Q aux corps de nombres

Il s'agit de prouver que "tout" ce qui est réalisable sur un corps de type fini sur **Q** l'est aussi (par spécialisation) sur un corps de nombres.

La situation générale est la suivante : soit K un corps de type fini sur **Q**, vu comme le corps des fonctions d'une variété irréductible X sur **Q**. Soit L/K une extension galoisienne de K (infinie en général), de groupe de Galois G. On fait l'hypothèse suivante :

(i) Il existe une sous-variété propre Y de X telle que L/K soit non ramifiée en dehors de Y (i.e. corresponde à un pro-revêtement *étale* de $X - Y$).

Si tel est le cas, et si x est un point fermé de X, de corps résiduel K_x (qui est un corps de nombres), on peut parler du sous-groupe de *décomposition* G_x de G (défini à conjugaison près, comme d'habitude) ; on peut voir G_x comme le groupe de Galois de la "spécialisation en x" de L/K -avec des tas d'abus de langage ! J'ai envie de montrer que G_x est *souvent égal à* G. Pour cela, il me faut une hypothèse sur G :

2 (ii) le sous-groupe de Frattini G^* de G est ouvert dans G (définition de G^* : limite projective des groupes de Frattini des G/U, avec U normal ouvert dans G).

Dans mon cours, j'ai donné une condition équivalente à (ii), à savoir que G contient un sous-groupe ouvert qui est produit direct (fini) de pro-p-groupes topologiquement de type fini. Exemple type : un produit fini de groupes de Lie ℓ-adiques (pour des ℓ variables).

Faisons cette hypothèse. Je dis qu'alors *il existe une infinité de points fermés x de X tels que $G_x = G$*. Et même mieux : il existe un entier $d \geq 1$, ne dépendant que du corps K, tel qu'il existe une infinité de x avec $G_x = G$ et aussi $[K_x : \mathbf{Q}] = d$. (Exemple : si K est le corps des fonctions d'une courbe elliptique sur $\mathbf{Q}$, on peut prendre $d = 2$, mais on ne peut pas prendre en général $d = 1$.)

Démonstration.– Quitte à rétrécir X, on peut supposer que X est affine, que L/K est étale sur X (on enlève Y !), et aussi que X est un revêtement étale à d feuillets d'un ouvert non vide X_0 de l'espace affine à n dim. sur $\mathbf{Q}$ (n étant le degré de transcendance de K sur $\mathbf{Q}$). Considère alors le revêtement étale fini X^* de X correspondant au groupe de Frattini G^*. On a une tour de revêtements étales $X^* \to X \to X_0$. D'après le théorème d'irréductibilité de Hilbert (applicable parce que X_0 est un ouvert d'un espace affine), il y a une infinité de *points rationnels* (et même entiers, si on voulait) $x_0 \in X_0(\mathbf{Q})$ dont l'image réciproque dans X^* est irréductible (i.e. donne un seul point fermé) ; si x est le point fermé correspondant de X, on a $[K_x : \mathbf{Q}] = d$. Je dis qu'un tel point convient. En effet, si j'appelle G_x son groupe de décomposition dans G, le fait que l'image réciproque de x dans X^* soit irréductible équivaut à dire que l'image de G_x dans $G/G^* = \mathrm{Gal}(X^*/X)$ est le groupe G/G^* tout entier. Mais, par définition ou presque du groupe de Frattini, cela entraîne que $G_x = G$, cqfd.

Ce fourbi s'applique dans les situations suivantes :

(a) On part d'une variété abélienne A sur K, et d'un ensemble fini S de nombres premiers. On prend pour extension L/K celle fournie par la somme directe $\bigoplus_{\ell \in S} V_\ell(A)$ des modules de Tate de A. Les conditions (i) et (ii) sont satisfaites. On en conclut qu'il y a beaucoup de x tels que, sur le corps de nombres K_x, la variété abélienne A_x déduite de A par spécialisation a "les mêmes" groupes de Galois ℓ-adiques G_ℓ que A sur K, pour tout $\ell \in S$.

L'intérêt de ceci est double :

Tout d'abord, cela permet d'étendre les théorèmes démontrés pour les corps de nombres à tous les corps de type fini sur $\mathbf{Q}$ (par exemple que l'enveloppe algébrique de G_ℓ contient les homothéties, que G_ℓ est ouverte dedans, que le rang de cette enveloppe ne dépend pas de ℓ, etc.).

Cela permet aussi de construire des exemples non triviaux sur les corps de nombres – à partir d'exemples "génériques" sur des corps de fonctions, plus faciles (pense aux courbes elliptiques !). J'en donnerai plus loin un exemple relatif à des variétés abéliennes de dimension 4.

(b) On peut aussi partir d'une variété projective lisse B sur K, d'un ensemble fini S de nombres premiers, et de l'extension L/K obtenue par action de $\mathrm{Gal}(\overline{K}/K)$ sur le produit (pour $\ell \in S$) des cohomologies ℓ-adiques de B (en dimension quelconque). Cela généralise (a), et on en tire les mêmes conséquences.

Note toutefois qu'il est essentiel que S soit *fini*. Un produit infini de groupes ℓ-adiques ne satisfait pas à la condition (ii), sauf cas triviaux. D'ailleurs, le théorème d'irréductibilité de Hibert ne s'applique pas à des groupes tels que $\prod_\ell \mathbf{Z}_\ell$ ou $\prod_\ell \mathbf{GL}_2(\mathbf{Z}_\ell)$.

On ne peut donc pas utiliser la recette ci-dessus pour prouver des résultats de nature adélique (par exemple : "Galois est ouvert dans $\prod_\ell \mathbf{GL}_2(\mathbf{Z}_\ell)$" – ça ne marche pas).

Note que la méthode s'applique aussi en caractéristique p : sous les conditions (i) et (ii), on peut spécialiser pour se ramener au cas d'un corps *de degré de transcendance* 1 *sur* $\mathbf{F}_p$ (i.e. d'un corps global au sens usuel). En effet, le théorème d'irréductibilité de Hilbert s'applique encore : c'est une simple conséquence du théorème de Bertini (ce genre de réduction a été signalé par S. Mori au Colloque de Géométrie Algébrique de Kyoto, 1977, p. 219-230).

2. Le théorème d'algébricité de Bogomolov

(En fait, je crois que c'est Henniart qui exposera ça à DPP. Je vais donc me borner à résumer.)

On part d'un corps de nombres K, et d'une représentation ℓ-adique

$$\rho_\ell : G_K \to \mathrm{Aut}(V_\ell) \qquad (\text{avec} \quad G_K = \mathrm{Gal}(\overline{K}/K)).$$

On note G_ℓ l'image de ρ_ℓ, et G_V l'enveloppe algébrique de G_ℓ ; leurs algèbres de Lie sont $\mathfrak{g}_\ell$ et $\mathfrak{g}_\ell^{\mathrm{alg}}$. On a envie de donner des conditions pour que $\mathfrak{g}_\ell = \mathfrak{g}_\ell^{\mathrm{alg}}$, i.e. pour G_ℓ soit *ouvert* dans $G_V(\mathbf{Q}_\ell)$.

3 **Théorème de Bogomolov** – *On a* $\mathfrak{g}_\ell = \mathfrak{g}_\ell^{\mathrm{alg}}$ *lorsque* ρ_ℓ *est la représentation ℓ-adique associée à une variété abélienne définie sur* K.

(Note que, à cause du § 1 ci-dessus, ce résultat s'étend à tous les corps *de type fini sur* $\mathbf{Q}$.)

On peut généraliser quelque peu ce résultat. Supposons (comme d'habitude) que ρ_ℓ est non ramifiée en dehors d'un ensemble fini de places. Considérons les conditions suivantes :

(1) Pour toute place v de K divisant ℓ, la restriction de ρ_ℓ à I_v (groupe d'inertie en v) est de Hodge-Tate.

(2) La représentation ρ_ℓ est E-rationnelle (au sens de McGill, E étant un corps de nombres fini sur $\mathbf{Q}$).

(3) La représentation ρ_ℓ est semi-simple.

(4) Les éléments de Frobenius sont (presque tous) semi-simples.

Théorème - *On a* $\mathfrak{g}_\ell = \mathfrak{g}_\ell^{\mathrm{alg}}$ *si* (1) *est vrai, ou si* (2) *et* (3) *sont vrais, ou si* (2) *et* (4) *sont vrais. De plus, le groupe* G_V^0 *n'a aucun quotient isomorphe au groupe additif* $\mathbf{G}_a$.

Lorsque (1) est vrai, on applique l'argument de Bogomolov (c'est d'ailleurs comme ça que j'ai rédigé le théorème de sa Note aux Comptes Rendus). Lorsque (2) est vrai, et que G_V^0 (composante neutre de G_V) n'a pas de facteur isomorphe
4 à $\mathbf{G}_a$, on utilise un théorème récent de Waldschmidt qui montre que, dans le cas abélien semi-simple, la condition (2) entraîne la condition (1). Enfin chacune des hypothèses (4) et (3) assure que G_V^0 n'a pas de facteur $\mathbf{G}_a$, c'est facile à voir.

On aimerait que ce théorème s'applique aux représentations fournies par la cohomologie étale d'une variété projective non singulière sur K. Dans ce cas, on sait que (2) est vrai, grâce à Deligne (et avec $E = \mathbf{Q}$), et on conjecture que (1), (3) et (4) le sont. Faute de savoir prouver cette conjecture, je dois me rabattre sur :

Corollaire - *On a* $\mathfrak{g}_\ell = \mathfrak{g}_\ell^{\mathrm{alg}}$ *lorsque* ρ_ℓ *est la semi-simplifiée de la représentation fournie par la cohomologie* ℓ *– adique d'une variété projective lisse sur* K. (On doit pouvoir supprimer "projective lisse" dans cet énoncé, mais peu importe.)

Remarque sur les corps de fonctions (sur un corps fini)

Supposons que K soit un corps de fonctions (à une variable) sur $\mathbf{F}_p$, et que ρ_ℓ soit la représentation associée à une variété abélienne A définie sur K. Zarhin a montré que ρ_ℓ est alors semi-simple, et que la conjecture de Tate sur les endomorphismes est vraie.

(A vrai dire, Zarhin suppose que $p \neq 2$, pour pouvoir appliquer la théorie des fonctions thêta de Mumford. Mais S. Mori m'a écrit qu'il a réussi à traiter le cas $p = 2$; il ne m'a pas encore donné de détails sur sa démonstration.)

Vu ce théorème de Zarhin, le groupe G_V^0 est réductif connexe, et son algèbre de Lie $\mathfrak{g}_\ell^{\mathrm{alg}}$ s'écrit $\mathfrak{c}_\ell \times \mathfrak{s}_\ell$, où $\mathfrak{c}_\ell$ est abélienne (c'est l'algèbre de Lie du centre), et $\mathfrak{s}_\ell$ est semi-simple. Bien sûr, $\mathfrak{g}_\ell$ contient $\mathfrak{s}_\ell$. En fait, on a :

Théorème (Zarhin) – $\mathfrak{g}_\ell = \mathfrak{f}_\ell \times \mathfrak{s}_\ell$ *où* $\mathfrak{f}_\ell$ *est une sous-algèbre de dimension* 1 *de* $\mathfrak{c}_\ell$. (Je suppose ici que $\dim A \geq 1$.)

Corollaire – *Pour que* $\mathfrak{g}_\ell$ *soit algébrique, il faut et il suffit que* $\dim \mathfrak{c}_\ell = 1$.

C'est très facile : on utilise le fait que K ne possède qu'une seule $\mathbf{Z}_\ell$-extension (non ramifiée en dehors d'un nombre fini de places), à savoir celle qui provient du corps des constantes. (Compare à MG III-16 à III-19.)

Exemple type : A est une courbe elliptique “constante” ordinaire. On a alors $\mathfrak{s}_\ell = 0$ et $\mathfrak{c}_\ell$ est l'algèbre de Lie d'un tore maximal de $\mathbf{GL}_2$; on a $\dim \mathfrak{c}_\ell = 2$, et $\mathfrak{f}_\ell$ est la droite engendrée par le logarithme ℓ-adique du Frobenius.

3. Sous-algèbres de Cartan et rang des algèbres de Lie $\mathfrak{g}_\ell$

Le cas qui m'intéresse le plus est celui de la représentation ℓ-adique attachée à une variété abélienne A ($\neq 0$) sur un corps de nombres K. En fait, pas mal de choses valent plus généralement pour les représentations fournies par la cohomologie ℓ-adique, sur un corps de type fini sur le corps premier (éventuellement après semi-simplification de la représentation).

Soit G_V comme ci-dessus l'enveloppe algébrique de $G_\ell = \rho_\ell(G_K)$, G_V^0 sa composante neutre, N_V le radical unipotent de G_V^0 et $H_V = G_V/N_V$ le groupe réductif quotient. (Semi-simplifier ρ_ℓ revient à remplacer G_V par H_V : les éléments de N_V sont ceux qui opèrent trivialement dans tous les quotients de Jordan-Hölder du module V.)

En utilisant le fait que les Frobenius sont semi-simples (et sont denses), on
5 démontre (cf. mon exposé de Kyoto sur les représentations ℓ-adiques) :

Théorème – *Les sous-groupes de Cartan de* G_V *sont des tores ; par passage au quotient par* N_V*, ils s'identifient aux sous-groupes de Cartan de* $H_V = G_V/N_V$.

On a :

$$\text{rang } G_V = \text{rang } H_V = \text{rang } \mathfrak{g}_\ell.$$

Si l'on veut étudier le rang de $\mathfrak{g}_\ell$, on peut donc semi-simplifier. C'est bien agréable.

Théorème – *Le rang de* G_V, H_V, $\mathfrak{g}_\ell \ldots$ *est indépendant de* ℓ.

Démonstration – Soit $n = \dim A$. Soit U_{2n} l'espace affine de dim. $2n$ formé des polynômes unitaires de degré $2n$. Soit S un ensemble fini de places de K contenant les places à mauvaise réduction et celles divisant ℓ et ℓ' (ℓ et ℓ' sont donnés) ; toute place $v \notin S$ définit un Frobenius, d'où un polynôme caractéristique $P_v \in U_{2n}(\mathbf{Q})$; soit C_A l'adhérence (Zariski) des P_v dans U_{2n} ; c'est une sous-variété de U_{2n} définie sur $\mathbf{Q}$. Supposons G_V connexe, ce qui est loisible, et soit T un tore maximal de G_V. On a une application naturelle $G_V \to U_{2n}$ (définie sur $\mathbf{Q}_\ell$, bien sûr). La densité des Frobenius montre que son image est C_A. De plus, on vérifie facilement que la restriction de cette application à T fait de T un revêtement fini de C_A. On a donc $\dim T = \dim C_A$, qui est indépendant de ℓ. Comme $\dim T$ est le rang de G_V, on a gagné.

Si l'on rédige cet argument avec un peu plus de soin, on en tire la précision suivante : les tores maximaux de G_V, vus comme sous-tores de $\mathbf{GL}_{2n}$ sur $\overline{\mathbf{Q}}_\ell$, sont "indépendants de ℓ à conjugaison près" (i.e. deviennent conjugués quand on identifie $\overline{\mathbf{Q}}_\ell$ à $\overline{\mathbf{Q}}_{\ell'}$ si tu veux bien excuser cette horrible identification). Cela provient de ce que T est connu à conjugaison près quand on connaît son image dans U_{2n}. Je n'insiste pas là-dessus, car cela deviendra évident un peu plus loin.

Il faut aussi signaler que le théorème d'indépendance du rang est également vrai en caractéristique p, où il est dû à Zarhin (*Invent. math.* **55**, 1979, p. 165-176). Et aussi qu'il s'applique à tous les systèmes rationnels de représentations ℓ-adiques, pourvu qu'on les semi-simplifie.

6 **4. Les tores de Frobenius (corps finis)**

Soit d'abord A une variété abélienne sur un *corps fini* k à q éléments, et soit π son endomorphisme de Frobenius. On peut attacher à π un certain groupe de type multiplicatif Θ_π, dont la composante neutre T_π est un tore – tous ces groupes étant définis sur $\mathbf{Q}$. Cela se fait ainsi : on forme d'abord l'algèbre commutative semi-simple $\mathbf{Q}(\pi)$ engendrée par π ; on peut, si on veut, la décomposer en produit de corps K_i ; le "groupe multiplicatif de $\mathbf{Q}(\pi)$" est un $\mathbf{Q}$-tore $T_{\mathbf{Q}(\pi)} = \prod T_K$, dont le groupe des $\mathbf{Q}$-points est $\mathbf{Q}(\pi)^*$. On définit alors Θ_π comme le plus petit sous-groupe algébrique de $T_{\mathbf{Q}(\pi)}$ qui contienne π. Ce groupe n'est pas nécessairement connexe. Sa composante neutre est T_π.

Si $n = \dim A$, l'algèbre $\mathbf{Q}(\pi)$ possède un module $V_{\mathbf{Q}}$ de rang $2n$ sur $\mathbf{Q}$ qui, par extension des scalaires aux $\mathbf{Q}_\ell$, donne les modules de Tate V_ℓ, vus comme modules sur $\mathbf{Q}_\ell(\pi)$. (Je ne crois pas qu'il y ait de construction "naturelle" de ce module $V_{\mathbf{Q}}$. Son existence provient, si l'on veut, de ce que $\mathbf{Q}(\pi)$ est commutative, et que la trace de sa représentation dans V_ℓ est définie sur $\mathbf{Q}$, et indépendante de ℓ.) Si $A = \prod A_i$ est la décomposition de A correspondant à celle de $\mathbf{Q}(\pi) = \prod K_i$, on a $V_{\mathbf{Q}} = \oplus V_{\mathbf{Q},i}$ où $V_{\mathbf{Q},i}$ est un K_i-espace vectoriel de dimension $2 \dim A_i/[K_i : \mathbf{Q}]$.

Cela donne une représentation (sur $\mathbf{Q}$) des groupes Θ_π et T_π, qui est de dimension $2n$. Cette représentation identifie ces groupes à des sous-groupes de $\mathbf{GL}_{2n}$ (et même du groupe $\mathbf{GSp}_{2n}$ des similitudes symplectiques, une fois choisie une polarisation sur A). Les valeurs propres $\lambda_1, \ldots, \lambda_{2n}$ de π dans cette représentation sont les habituelles "valeurs propres de Frobenius". Si l'on écrit π sous forme diagonale (après extension des scalaires convenable), on constate que Θ_π est le groupe des matrices diagonales $(t_1, \ldots, t_{2n})$ telles que $\prod_i t_i^{m_i} = 1$ pour tout système (m_i) d'entiers tels que $\prod_i \lambda_i^{m_i} = 1$ (cf. Chevalley, *Théorie des Groupes de Lie*, tome II, Hermann 1951, chap. II, fin du § 13) ; définition analogue pour T_π, en remplaçant la condition "$\prod_i \lambda_i^{m_i} = 1$" par "$\prod_i \lambda_i^{m_i}$ est une racine de l'unité". Le groupe des caractères de Θ_π s'identifie (action de $\mathrm{Gal}(\overline{\mathbf{Q}}/\mathbf{Q})$ comprise) au sous-groupe de $\overline{\mathbf{Q}}^*$ engendré par les λ_i ; en divisant ce groupe par son sous-groupe de torsion, on trouve le groupe des caractères du tore T_π.

Grâce à Tate, on sait quels sont les π possibles, et on connaît donc en principe les tores T_π. Je dis "en principe" car, en pratique, ce n'est pas si trivial que ça. Voici des exemples :

<u>dim $A = 1$</u>. Si la courbe elliptique est supersingulière, on a $T_\pi = \mathbf{G}_m$ qui s'identifie au groupe des homothéties $\begin{pmatrix} t & 0 \\ 0 & t \end{pmatrix}$.

Si la courbe est ordinaire, T_π est le tore T_K attaché à un corps imaginaire quadratique K, et (sur $\overline{\mathbf{Q}}$) ce tore devient le tore diagonal $\begin{pmatrix} t_1 & 0 \\ 0 & t_2 \end{pmatrix}$ de $\mathbf{GL}_2$.

<u>dim $A = 2$</u>. Sauf erreur de ma part, on trouve *quatre possibilités* :

2.1. dim $T_\pi = 1$. Le tore T_π est le tore $\mathbf{G}_m$ des homothéties ; il est formé des matrices diagonales $(t_1, \ldots, t_4)$ telles que $t_1 = t_2 = t_3 = t_4$. (Exemple : produit de deux courbes supersingulières.)

2.2. dim $T_\pi = 2$. Après extension des scalaires, les équations de T_π sont $t_1 = t_2$ et $t_3 = t_4$. (Exemple : produit de deux courbes ordinaires isogènes.)

2.3. dim $T_\pi = 2$. Après extension des scalaires, les équations de T sont $t_2 = t_3$ et $t_2^2 = t_1 t_4$. (Exemple : produit d'une courbe supersingulière et d'une courbe ordinaire.)

2.4. dim $T_\pi = 3$. Après extension des scalaires, l'équation de T_π est $t_1 t_4 = t_2 t_3$, tore maximal du groupe $\mathbf{GSp}_4$ (j'ai choisi les notations de telle sorte que les précédents soient contenus dans celui-là). (Exemple : produit de deux courbes ordinaires non isogènes.)

J'ai donné ces exemples pour te rendre vraisemblable le résultat suivant, qui va jouer un grand rôle plus loin :

Théorème - *Pour n fixé, les tores T_π appartiennent à un nombre fini de classes de conjugaison dans* $\mathbf{GL}_{2n}$ (conjugaison "géométrique", i.e. sur $\overline{\mathbf{Q}}$).

(Pour $n = 1$ (resp. 2), ce nombre est égal à 2 (resp. 4).)

Avant de démontrer le théorème de finitude ci-dessus, j'ai besoin de quelques propriétés des tores T_π. Tout d'abord, comme l'a remarqué Deligne, T_π *contient le groupe* $\mathbf{G}_m$ *des homothéties* (correspondant à $\mathbf{Q}^*$ plongé dans $\mathbf{Q}(\pi)^*$ – et correspondant aussi aux homothéties de $\mathbf{GL}_{2n}$). En effet, puisque les λ_i ont mêmes valeurs absolues archimédiennes, toute relation $\prod_i \lambda_i^{m_i}$ = racine de l'unité entraîne $\sum_i m_i = 0$, et la matrice diagonale $(t, \ldots, t)$ satisfait bien à la relation $t^{\sum m_i} = 1$.

(Note aussi qu'il y a un homomorphisme canonique $T_\pi \xrightarrow{N} \mathbf{G}_m$ (et même $\Theta_\pi \to \mathbf{G}_m$) provenant de $\Theta_\pi \to \mathbf{CSp}_{2n} \to \mathbf{G}_m$, et caractérisé par $N(\pi) = q$. Le composé $\mathbf{G}_m \to T \xrightarrow{N} \mathbf{G}_m$ est simplement $x \mapsto x^2$; la situation est analogue à celle de McGill, II-32, exerc. 1.)

Après les valeurs absolues archimédiennes, il faut regarder les valeurs absolues (ou plutôt les valuations) v au-dessus de p (les autres ne donnent évidemment rien, les λ_i y étant des unités). Soit donc v une valuation de $\overline{\mathbf{Q}}$ au-dessus de p. Posons

$$e_i = v(\lambda_i)/v(q) \qquad (i = 1, \ldots, 2n),$$

les λ_i étant comme ci-dessus les valeurs propres de π dans sa représentation naturelle. Si $\prod_i \lambda_i^{m_i}$ est une racine de l'unité, sa valuation en v est 0, et l'on a donc $\sum_i e_i m_i = 0$. Si d est un dénominateur commun des e_i, on en conclut que *le groupe à* 1 *paramètre*

$$t \longmapsto (t^{de_1}, \ldots, t^{de_{2n}})$$

est contenu dans le tore T_π. (Bien entendu, ce groupe est seulement défini sur $\overline{\mathbf{Q}}$; plus précisément, l'action naturelle de $\mathrm{Gal}(\overline{\mathbf{Q}}/\mathbf{Q})$ sur les sous-groupes à 1 paramètre de T_π permute transitivement ces sous-groupes – puisque cette action permute les v entre elles.)

Pour exploiter ça, il est commode d'introduire le groupe Y_π des "sous-groupes à 1 paramètre", ou "cocaractères", de T_π (dual du groupe des caractères), ainsi que $Y_{\pi,\mathbf{Q}} = \mathbf{Q} \otimes Y_\pi$. On peut alors reformuler la construction précédente en disant que les $(e_1, \ldots, e_{2n})$ définissent *un élément* $y_{v,\pi}$ de $Y_{\pi,\mathbf{Q}}$.

Théorème – *Le* $\mathbf{Q}$*-espace vectoriel* $Y_{\pi,\mathbf{Q}}$ *est engendré par les conjugués de* $y_{v,\pi}$.

(Il s'agit des conjugués de $y_{v,\pi}$ par l'action de $\mathrm{Gal}(\overline{\mathbf{Q}}/\mathbf{Q})$, bien entendu.)

Démonstration – Appelons $y_{\infty,\pi}$ l'élément $(1, \ldots, 1)$ de Y_π (celui qui correspond au sous-groupe $\mathbf{G}_m$ des homothéties). Si $c \in \mathrm{Gal}(\overline{\mathbf{Q}}/\mathbf{Q})$ est une conjugaison complexe, on sait que $\lambda_i \lambda_i^c = q$. On en conclut que

$$v(\lambda_i) + (cv)(\lambda_i) = v(q),$$

d'où

$$y_{v,\pi} + y_{cv,\pi} = y_{\infty,\pi},$$

ce qui montre que $y_{\infty,\pi}$ appartient au sous-espace Y' de $Y_{\pi,\mathbf{Q}}$ engendré par les conjugués de $y_{v,\pi}$. Pour montrer que cet espace Y' est en fait égal à $Y_{\pi,\mathbf{Q}}$, il suffit, par dualité, de prouver ceci : Si (m_i) est une famille d'entiers orthogonale à tous les $y_{v,\pi}$, alors $\prod_i \lambda_i^{m_i}$ est une racine de l'unité. Or, soit (m_i) une telle famille, et soit $\lambda = \prod_i \lambda_i^{m_i}$. Du fait que $(1, \ldots, 1)$ appartient à Y', toutes les valeurs absolues archimédiennes de λ sont égales à 1 ; du fait que les $y_{v,\pi}$ appartiennent à Y', il en est de même de ses valeurs absolues ultramétriques au-dessus de p ; enfin, il en est trivialement de même ailleurs qu'en p. D'après un lemme bien connu, cela entraîne que λ est une racine de l'unité.

D'autre part, on a :

Théorème – *Les familles $(e_1, \ldots, e_{2n})$, pour n donné, sont en nombre fini.*

En effet. on sait que les e_i sont rationnels, compris entre 0 et 1. et que le dénominateur de chacun d'eux est $\leq 2n$. (Cela se voit. soit sur la détermination faite par Tate des Frobenius possibles pour une variété abélienne, soit. comme me l'a fait observer Fontaine. sur les propriétés d'intégralité du module de Dieudonné.)

Par exemple. si $n = 2$. le polygone de Newton qui donne les e_i est forcément de l'un des trois types suivants :

(i)

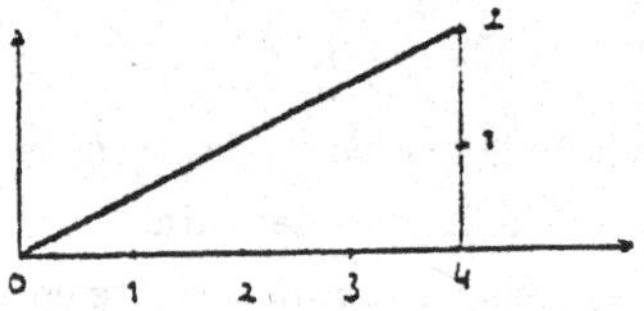

$\iff \quad y_v = \left(\frac{1}{2}, \frac{1}{2}, \frac{1}{2}, \frac{1}{2}\right)$

(ii)

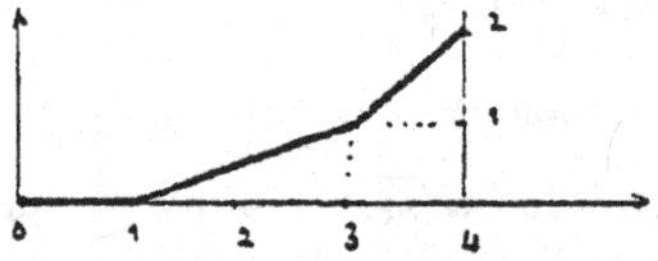

$\iff \quad y_v = \left(0, \frac{1}{2}, \frac{1}{2}, 1\right)$

(iii)

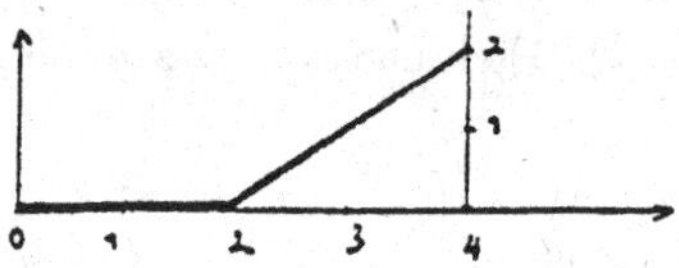

$\iff \quad y_v = (0, 0, 1, 1).$

Le cas (i) correspond au cas 2.1. Le cas (ii) correspond au cas 2.3 si le "seul" conjugué de y_v est $\left(1, \frac{1}{2}, \frac{1}{2}, 0\right)$ et au cas 2.4 si y_v a d'autres conjugués. Le cas (iii) correspond à 2.2 si le "seul" conjugué de y_v est $(1, 1, 0, 0)$, et à 2.4 s'il y en a d'autres.

J'espère que, maintenant, le théorème de finitude est évident : il résulte des deux théorèmes ci-dessus puisque ces théorèmes montrent que le sous-espace $Y_{\pi,\mathbf{Q}}$ de $\mathbf{Q} \times \mathbf{Q} \times \ldots \times \mathbf{Q}$ ($2n$ facteurs) n'a qu'un nombre fini de positions possibles.

Remarque – On pourrait faire des choses analogues avec la cohomologie étale d'une variété projective non singulière, en une dimension r donnée. En effet, on n'a vraiment utilisé que les résultats suivants :

a) le polynôme caractéristique de l'endomorphisme de Frobenius π est à coefficients entiers (et est indépendant de ℓ) ;

b) les valeurs propres λ_i de π sont de valeur absolue $q^{r/2}$ aux places archimédiennes. et 1 aux places non archimédiennes ne divisant pas p ;

c) si v est une place au-dessus de p, les $e_i = v(\lambda_i)/v(q)$ ne prennent qu'un nombre fini de valeurs possibles : ce sont des nombres rationnels compris entre 0 et r, et leurs dénominateurs sont $\leq B$, où B est le nombre de Betti de la variété en dimension r.

(Cette dernière propriété résulte du fait que π peut aussi être vu comme un endomorphisme de la cohomologie cristalline de la variété. Cf. par exemple l'exposé de Mazur à Arcata, p. 250, où malheureusement Mazur suppose la variété relevable en caractéristique 0 sur les vecteurs de Witt. Cela se trouve aussi entre les lignes de l'exposé de Berthelot à Arcata – et cela m'a été garanti par Fontaine !)

5. Les tores de Frobenius (cas global)

Je reviens à mes moutons, i.e. à une variété abélienne A définie sur un corps de nombres K. Je note S l'ensemble des places de mauvaise réduction, et S_ℓ l'ensemble de celles qui divisent ℓ. Je reprends les notations G_ℓ, ρ_ℓ, G_V, H_V du début. (Et je suppose $A \neq 0$!)

Si $v \notin S$, on a une variété abélienne sur le corps résiduel, d'où un Frobenius π_v, auquel on associe comme au § 4 un groupe de type multiplicatif Θ_{π_v} (que je noterai Θ_v), et sa composante neutre T_v, qui est un tore. Si $v \notin S_\ell$, le groupe G_V *contient* Θ_v (donc aussi T_v) : cette remarque m'a été faite par Deligne il y a déjà pas mal d'années. On en déduit tout de suite le résultat suivant, dû à Bogomolov :

Théorème – *Le groupe G_V contient le groupe $\mathbf{G}_m$ des homothéties.*

(C'est pour pouvoir énoncer ça que j'ai supposé $A \neq 0$: lorsque $A = 0$, on a $V = 0$ et les homothéties de V ne s'identifient pas à $\mathbf{G}_m$ ...)

On a en fait un peu mieux. Pour énoncer ce "mieux", disons qu'un tore T de $\mathbf{GL}(V)$ est "de type H" (H = Hodge) si l'on peut décomposer V en $V' \oplus V''$, avec dim V' = dim $V'' = n$, de telle sorte que T soit formé des automorphismes $\begin{pmatrix} \lambda' & 0 \\ 0 & \lambda'' \end{pmatrix}$ de V qui sont une homothétie λ' sur V' et une autre homothétie λ'' sur V''. Un tel tore est de dimension 2, et contient le tore $\mathbf{G}_m$ des homothéties.

Théorème – *Après extension des scalaires, le groupe G_V contient un tore de* *type H.*

En effet, soit I_v le groupe d'inertie en une place $v \in S_\ell$ (je dis bien $v \in S_\ell$, et non $v \notin S_\ell \ldots$). La théorie locale des modules de Hodge-Tate montre que l'enveloppe algébrique de I_v contient (après extension des scalaires) un "demi-tore de type H", i.e. un tore formé d'endomorphismes $\begin{pmatrix} \lambda' & 0 \\ 0 & 1 \end{pmatrix}$, pour une décomposition $V = V' \oplus V''$ (sur le corps étendu), avec dim V' = dim V''. Ce tore de dimension 1 engendre avec le tore des homothéties le tore cherché.

(*A priori*, l'extension des scalaires nécessaire pour fabriquer ce tore est énorme : complétion d'une clôture algébrique du corps local K_v. En fait, les propriétés générales des groupes algébriques montrent qu'il suffit de faire une *extension finie* de $\mathbf{Q}_\ell$.)

Remarques – 1) L'existence d'un tore de type H dans G_V était bien sûr prévue – étant donné la conjecture liant G_V au groupe de Mumford-Tate. Cela fait quand même plaisir de pouvoir la démontrer.

2) Il devrait être vrai que les tores de type H *engendrent* la composante neutre de G_V, i.e. qu'il n'existe aucun sous-groupe normal de G_V^0, distinct de G_V^0 et contenant tous les tores de type H. Hélas, je ne sais pas le démontrer.

3) Comme d'habitude, le théorème ci-dessus s'étend aux variétés abéliennes définies sur une extension de type fini de $\mathbf{Q}$, cf. § 1. Par contre *il ne s'étend pas* aux corps de caractéristique p, comme le montre déjà le cas d'une courbe elliptique supersingulière.

Revenons maintenant aux tores T_v attachés aux places $v \notin S \cup S_\ell$. On peut se demander si ce sont des *tores maximaux* du groupe algébrique G_V. On va d'abord faire une extension finie des scalaires de façon à ce que le corps de base contienne les points de division par ℓ (si $\ell \neq 2$), ou par 4 (si $\ell = 2$). Cette précaution assure que les valeurs propres de tous les éléments de G_ℓ sont $\equiv 1$ modulo ℓ ou 4 respectivement, et le groupe qu'elles engendrent ne contient aucune racine de l'unité $\neq 1$. Il en résulte facilement que l'on a alors $\Theta_v = T_v$ pour tout v. Le groupe G_V est connexe.

Théorème – *Il existe un ouvert de Zariski U de G_V, stable par conjugaison, dense, tel que, si $\pi_v \in U(\mathbf{Q}_\ell)$, le tore T_v attaché à π_v soit un tore maximal de G_V.*

Démonstration – Choisissons un tore maximal T_0 de G_V. Soit Φ l'ensemble des sous-tores de T_0 qui sont géométriquement conjugués (dans $\mathbf{GL}_{2n}$) à un tore du type T_v, et qui sont distincts de T_0. Il résulte du théorème de finitude du § 4, et d'un petit argument supplémentaire, que Φ est un *ensemble fini*. Si $T \in \Phi$, soit F_T l'adhérence de la réunion des conjugués de T par G_V. On a évidemment $F_T \neq G_V$ (car un point générique de G_V est régulier, donc ne peut pas être contenu dans un conjugué de T). On prend alors pour U le complémentaire de la réunion des F_T, pour $T \in \Phi$. Il est clair que, si $\pi_v \in U$, le tore T_v est maximal.

Quitte à diminuer U, on peut supposer qu'il est contenu dans l'ouvert G_V^{reg} des éléments semi-simples réguliers de G_V. Le tore T_v attaché à un π_v appartenant à U est alors nécessairement *l'unique tore maximal* de G_V contenant π_v.

Le théorème ci-dessus entraîne bien sûr :

Corollaire – *Pour presque tout v, le tore T_v est un tore maximal de G_V.*

(Attention : ceci n'est vrai que si K est assez gros pour contenir assez de points de division. Sinon, c'est faux : courbe elliptique à multiplication complexe non définie sur K, par exemple. Toutefois il reste vrai qu'il y a un ensemble de v de densité > 0 pour lesquels T_v est un tore maximal.)

On peut préciser un peu. Tout d'abord, si l'on note $N(X)$ le nombre des places v avec $Nv \leq X$, et T_v non maximal, on peut prouver, non seulement que $N(X) =$
7 $o(X/\log X)$ comme dans le corollaire, mais que $N(X) = O(X/(\log X)^{1+\delta})$, avec $\delta > 0$ (et explicitable) ; et, sous GRH, que $N(X) + O(X^{1-\delta})$, avec également $\delta > 0$ et explicitable, par exemple $\delta = 1/(1 + 2 \dim G_V)$.

D'autre part, on sait que les tores maximaux de G_V définis sur $\mathbf{Q}_\ell$ se répartissent en un *nombre fini* de classes de conjugaison par $G_V(\mathbf{Q}_\ell)$. Il n'est pas difficile d'en déduire, en reprenant l'argument ci-dessus :

Corollaire – *Soit T un tore maximal de G_V défini sur $\mathbf{Q}_\ell$. L'ensemble des v tels que T_v soit $G_V(\mathbf{Q}_\ell)$-conjugué à T a une densité > 0.*

Les résultats ci-dessus redonnent le fait que G_V *a un rang indépendant de ℓ* : à savoir le maximum des dimensions des tores T_v. Ils redonnent aussi le fait que, si T est un tore maximal de G_V, l'espace $V = V_\ell$, considéré comme T-module "ne dépend pas de ℓ" ; en effet, c'est clair pour les tores de Frobenius T_v.

Mais il y a d'autres applications possibles. D'après un théorème démontré plus haut, un tore maximal de G_V contient un tore de type H. D'où (toujours en supposant K assez gros) :

Théorème – *Pour presque tout v, le tore T_v contient un sous-tore de type H.*

C'est là une condition non triviale sur la variété abélienne A_v déduite de A par réduction en v. Exemples :

dim $A = 1$. Le tore T_v ne contient de tore de type H que si la courbe elliptique considérée est ordinaire. On retrouve ainsi le fait que, si K est assez gros, *presque toute réduction de la courbe est ordinaire.*

dim $A = 2$. Seuls les cas 2.2 et 2.4 du § 4 donnent des tores de Frobenius contenant des tores de type H. On en conclut que, toujours pour K assez gros, *presque toute réduction de G_V est de type* 2.2 (si rang $G_V = 2$) et *presque toute réduction de G_V est de type* 2.4 (si rang $G_V = 3$). En particulier, on a presque toujours l'un des polygones (ii) et (iii) du § 4. Malheureusement, j'ignore comment
8 se répartissent ces deux cas. Naïvement, on aurait tendance à penser que c'est le
cas ordinaire, i.e. (iii), qui se produit avec densité 1, mais je ne vois pas comment le démontrer. Il serait bon d'avoir quelques exemples traités sur machine, à partir de courbes de genre 2 ; ça ne doit pas être très difficile à programmer.

Une autre application de ce qui précède est de *limiter* la liste des groupes algébriques qui peuvent être des groupes G_V : en effet, avoir un tore maximal qui est un "tore de Frobenius" est une condition non triviale sur le groupe. Voici un exemple :

Théorème – *Supposons que la représentation de G_V^0 dans V soit absolument irréductible.* (Si les conjectures standard étaient vraies, cela reviendrait à dire que
9 End $A = \mathbf{Z}$.) *Alors, si $n =$ dim A est ≤ 3, on a $G_V = \mathbf{GSp}_{2n}$.*

Ce résultat est dû à Zarhin(*) dans le cas des corps de fonctions. C'est d'ailleurs pour comprendre la démonstration de Zarhin que j'ai été amené à regarder de plus près les tores de Frobenius.

Principe de démonstration (j'ai la flemme de détailler) :

On fait la liste des groupes irréductibles (sur un corps algébriquement clos) contenus dans $\mathbf{Sp}_{2n}$ (car on n'aura qu'à leur ajouter $\mathbf{G}_m$). Pour $n = 1$, il n'y a que $\mathbf{SL}_2 = \mathbf{Sp}_2$, aucun ennui. Pour $n = 2$, on trouve un autre groupe que $\mathbf{Sp}_4$,

(*) Izv. Akad. Nauk. **43** (1979), p. 294-308.

à savoir $\mathbf{SL}_2$ dans son unique représentation irréductible de degré 4 (laquelle est symplectique) : pour l'éliminer, on prend son tore maximal, et on lui adjoint $\mathbf{G}_m$ (homothéties) ; on trouve un tore de dimension 2, qui *n'est pas* dans la liste du § 4 : ce n'est pas un tore de Frobenius ! On a gagné. Pour $n = 3$, on doit éliminer deux possibilités : d'abord celle de $\mathbf{SL}_2$ dans sa représentation irréductible de degré 6, ce qui se fait comme ci-dessus ; puis $\{\mathbf{SO}_3 \times \mathbf{SL}_2\}/(\pm 1)$ dans la représentation produit tensoriel de la représentation évidente de degré 3 (qui est orthogonale) par la représentation évidente de degré 2 (qui est symplectique) ; ici encore, le tore maximal n'est pas de Frobenius.

Pour $n = 4$, il y a une autre possibilité que l'on ne peut pas éliminer : celle d'un groupe isogène à $\mathbf{SL}_2 \times \mathbf{SL}_2 \times \mathbf{SL}_2$ dans la représentation produit tensoriel des trois représentations de degré 2 évidentes. Un tel groupe est d'ailleurs effectivement possible : Mumford (*Math. Annalen* **181**, p. 345-351, § 4) a donné un exemple de groupe de Mumford-Tate de ce type, et en utilisant Shimura, à la Deligne, et le théorème de spécialisation du § 1, on peut en faire un exemple sur un corps de nombres. (Quelqu'un devrait un jour rédiger une démonstration du fait que tout groupe de Mumford-Tate intervient effectivement comme groupe G_V.)

PS – Voici une autre application des tores de Frobenius, qui précise ce que j'ai raconté au § 5 :

Je conserve les notations usuelles, à cela près que j'écris $G_{V,\ell}$ à la place de G_V pour bien mettre en évidence le fait que ce groupe dépend de ℓ (j'aurais dû en faire autant depuis le début). On a un homomorphisme surjectif

$$\varepsilon_\ell : \mathrm{Gal}(\overline{\mathbf{Q}}/\mathbf{Q}) \longrightarrow G_{V,\ell}/G^0_{V,\ell}.$$

Bien sûr, le groupe $G_{V,\ell}/G^0_{V,\ell}$ est un groupe fini ; *a priori*, il dépend de ℓ. En fait :

Théorème – *Le noyau de ε_ℓ est indépendant de ℓ.*

Corollaire – *A isomorphisme près, le groupe $G_{V,\ell}/G^0_{V,\ell}$ est indépendant de ℓ.*

(Ce résultat est connu depuis longtemps dans le cas des courbes elliptiques. Comme tu vas le voir, il est vrai pour toute variété abélienne, et même pour tout système de représentations ℓ-adiques provenant de la cohomologie étale d'une variété projective lisse.)

Démonstration – On va prouver que, *si $G_{V,\ell}$ est connexe pour un ℓ, il l'est pour* *tout* ℓ. Ça suffira, car en appliquant ça au corps $K(\ell)$ correspondant au noyau de ε_ℓ, on en déduira que $K(\ell) \supset K(\ell')$ pour tout ℓ'. d'où par symétrie $K(\ell) = K(\ell')$.

Disons, pour simplifier le langage, qu'un automorphisme d'un espace vectoriel est *net* si le groupe engendré par ses valeurs propres est sans torsion (i.e. ne contient pas de racine de l'unité autre que 1) ; cf. Borel. *Introduction aux Groupes Arithmétiques*, p. 117, § 17. Dire qu'un Frobenius π_v est net équivaut à dire que $\Theta_v = T_v$, ou encore que π_v est contenu dans T_v. Je vais démontrer :

Théorème – *Il y a équivalence entre les propriétés suivantes :*

(a) *L'ensemble des places* v *de* K *telles que* π_v *soit net est de densité* 1.

(b) *Le groupe* $G_{V,\ell}$ *est connexe.*

(Comme (a) ne dépend pas du choix de ℓ, il en est de même de (b), et on a gagné.)

Il y a une partie triviale dans cet énoncé, c'est le fait que (a)$\Rightarrow$(b). En effet, suppose que $G_{V,\ell}$ ne soit pas connexe. Il existe alors un ouvert non vide de G_ℓ qui est contenu dans $G_{V,\ell} - G^0_{V,\ell}$. D'où un ensemble de places v, de densité > 0, telles que $\pi_v \notin G^0_{V,\ell}$; pour une telle place v, on a forcément $\pi_v \notin T_v$ puisque T_v, étant connexe, est contenu dans $G^0_{V,\ell}$; d'où le fait que π_v ne soit pas net.

Reste à prouver que (b)$\Rightarrow$(a). A conjugaison près par $G_{V,\ell}(\mathbf{Q}_\ell)$, $G_{V,\ell}$ n'a qu'un nombre fini de tores maximaux. Soient $T_1, \ldots, T_h$ des représentants de ces tores. A chaque T_i j'associe, comme au § 5, l'ensemble fini Φ_i de ses sous-tores qui sont à la fois distincts de T_i et géométriquement conjugués d'un T_v. Soit $T \in \Phi_i$, soit $T(\mathbf{Q}_\ell)$ l'ensemble de ses $\mathbf{Q}_\ell$-points, et soit $\widetilde{T(\mathbf{Q}_\ell)}$ l'ensemble des $t \in T_i(\mathbf{Q}_\ell)$ tels qu'il existe un entier $n(t) \geq 1$ avec $t^{n(t)} \in T(\mathbf{Q}_\ell)$.

Lemme - $T(\mathbf{Q}_\ell)$ *est d'indice fini dans* $\widetilde{T(\mathbf{Q}_\ell)}$.

Par passage au quotient, cela résulte du fait, facile à vérifier, qu'un groupe multiplicatif sur un corps local (non archimédien) n'a qu'un nombre *fini* de points rationnels qui soient d'ordre fini.

Il résulte de ce lemme que $\widetilde{T(\mathbf{Q}_\ell)}$ peut être considéré comme le groupe des $\mathbf{Q}_\ell$-points d'un groupe $\widetilde{T}$, de type multiplicatif, contenu dans T_i, et de composante neutre T . Comme au § 5, je noterai $F_{\widetilde{T}}$ l'adhérence de la réunion des conjugués de $\widetilde{T}$ par le groupe $G_{V,\ell}$; on a $F_{\widetilde{T}} \neq G_{V,\ell}$. Soit encore U le complémentaire de la réunion des $F_{\widetilde{T}}$ (pour $i = 1, \ldots, h$ et T variable dans Φ_i). Les v tels que π_v appartienne à U forment un ensemble de densité 1 (le complémentaire de U est de mesure nulle). Pour un tel v. le groupe Θ_v *est un tore maximal*, et en particulier π_v est *net*. En effet, on peut, après conjugaison par $G_{V,\ell}(\mathbf{Q}_\ell)$, supposer que π_v est contenu dans l'un des tores T_i. On a alors $\Theta_v \subset T_i$. Si Θ_v était distinct de T_i, sa composante neutre T_v appartiendrait à Φ_i, et l'on aurait $\pi_v \in \widetilde{T}_v$ contrairement au fait que π_v appartient à U.

Remarque – La démonstration ci-dessus prouve également l'équivalence de (a) et (b) avec :

(c) L'ensemble des places v de K telles que Θ_v soit un tore maximal de $G_{V,\ell}$ est *de densité* 1.

Lettre du 29/1/1981

Cher Ken,

Je reviens sur le théorème du PS de ma lettre du 1er janvier : "*le noyau de* ε_ℓ *est indépendant de* ℓ" ; ou, en termes moins précis : "*le groupe des composantes connexes de* $G_{V,\ell}$ *est indépendant de* ℓ". Ma démonstration initiale utilisait les "tores de Frobenius". Je viens de m'apercevoir que l'on peut se passer de cet argument, et que le résultat est vrai pour tout système rationnel de représentations ℓ-adiques au sens de McGill (sur un corps de nombres, ou, plus généralement, sur un corps de type fini sur le corps premier). Le point essentiel est le lemme suivant sur les groupes algébriques linéaires :

si $g \in \mathbf{GL}_n$, note $a_1(g), \ldots, a_n(g)$ les coefficients du polynôme caractéristique de g ; on a donc $a_1 = -\mathrm{Tr}$, $a_n = (-1)^n \det$; les $a_1, \ldots, a_n$ sont des fonctions morphiques sur $\mathbf{GL}_n$ (elles paramètrent les classes de conjugaison semi-simples ; toute fonction morphique centrale sur $\mathbf{GL}_n$ est un polynôme en $a_1, \ldots, a_n, a_n^{-1}$).

Lemme 1 – *Soit G un sous-groupe algébrique de $\mathbf{GL}_n$, soit G^0 sa composante neutre, et soit $g \in G - G^0$. Il existe une fonction*

$$f \in \mathbf{Z}[a_1, \ldots, a_n]$$

telle que f s'annule identiquement sur gG^0, et que $f(1_n) \neq 0$.

(Je note 1_n l'élément unité de $\mathbf{GL}_n$.)

(Exemple qui fait penser qu'un tel lemme a une chance d'être vrai : $n = 2$. G^0 = tore maximal $\begin{pmatrix} * & 0 \\ 0 & * \end{pmatrix}$ de $\mathbf{GL}_2$, G = normalisateur de G^0. $g = \begin{pmatrix} 0 & 1 \\ 1 & 0 \end{pmatrix}$. $gG^0 = \begin{pmatrix} 0 & * \\ * & 0 \end{pmatrix}$, et on peut prendre pour f la fonction $a_1 = -\mathrm{Tr}$ elle-même.)

Admet pour un moment ce lemme. Je vais en déduire ceci :

Théorème – *Pour que $G_{V,\ell}$ soit connexe, il faut et il suffit que, pour toute fonction $F \in \mathbf{Z}[a_1, \ldots, a_n]$, l'ensemble P_F des places v avec $F(\mathrm{Frob}_v) = 0$ ait une densité égale à 0 ou 1.*

(Pour toute place v sauf un nombre fini, on peut parler des coefficients du polynôme caractéristique de Frob_v, et cela donne un sens à l'expression $F(\mathrm{Frob}_v)$.)

Comme la condition "dens $P_F = 0$ ou 1 pour tout F" ne fait pas intervenir ℓ, le théorème entraîne que, si $G_{V,\ell}$ est connexe pour un ℓ, il l'est pour tous les ℓ (cf. § 3 de ma lettre du 1/1/81).

Démonstration du théorème à partir du lemme 1

(i) Si $G_{V,\ell}$ est connexe, et si F ne s'annule pas identiquement sur $G_{V,\ell}$, l'ensemble des points où F s'annule est de codimension ≥ 1 en tout point, et découpe sur le groupe de Galois ℓ-adique un ensemble analytique sans point intérieur ; cet ensemble est de mesure 0, c'est facile à voir. D'où par un argument standard le fait que dens $P_F = 0$.

(ii) Si $G_{V,\ell}$ n'est pas connexe, on choisit $g \in$ Galois n'appartenant pas à la composante neutre de $G_{V,\ell}$ (note que l'image de Galois rencontre chaque composante connexe de $G_{V,\ell}$), et l'on prend un f comme dans le lemme. Cette fonction f a la vertu (ou le vice...) de s'annuler identiquement sur certaines composantes de $G_{V,\ell}$ (par exemple celle de g), mais pas sur toutes (par exemple celle de l'élément neutre). Si elle s'annule sur p composantes, et pas sur q autres, on en déduit par le même argument que ci-dessus que dens $P_f = p/(p+q) \neq 0, 1$. Gagné.

(On peut d'ailleurs préciser ces arguments de densité en montrant que le terme
10 d'erreur est $O(x/\log^{1+\alpha} x)$, avec $\alpha > 0$; peu importe ici.)

Démonstration du lemme 1

J'utilise un argument Tannakien. Je choisis une représentation irréductible ρ du groupe fini G/G^0 dans laquelle l'élément g ne donne pas 1 (donc a une valeur propre λ qui est une racine de l'unité d'ordre $m \geq 2$). Par les théorèmes
11 généraux sur les représentations des groupes linéaires, cette représentation est contenue (comme quotient de sous-truc) dans une représentation tensorielle $V_{r,s}$ sur la représentation V de départ (je note $V_{r,s}$ le produit tensoriel de r copies de V et de s copies du dual de V). Si $x \in \mathbf{GL}_n$, je note $P_{r,s}(T;x)$ le polynôme caractéristique de x agissant de façon naturelle dans $V_{r,s}$; les coefficients de $P_{r,s}(T;x)$ sont des polynômes à coefficients entiers en $a_1, a_2, \ldots, a_n$ et a_n^{-1} (évalués en x, bien sûr). Je peux donc écrire $P_{r,s}(T;x)$ sous la forme

$$P_{r,s}(T;x) = P_{r,s}(T;a_1(x),\ldots,a_n(x),a_n(x)^{-1}).$$

Voici maintenant la définition de f :

$$f = \prod_{\mu} P_{r,s}(\mu;a_1,\ldots,a_n,a_n^{-1})\,a_n^N ,$$

où μ parcourt les racines primitives m-èmes de 1, et N est choisi assez grand pour supprimer les exposants négatifs de a_n. Le produit sur les μ est là simplement pour assurer que f est un polynôme à *coefficients entiers*. Le facteur de ce polynôme relatif à λ s'annule évidemment sur gG^0 (car tous les éléments de gG^0 ont une valeur propre égale à λ dans la représentation $V_{r,s}$). D'autre part f ne s'annule pas en 1_n, car 1_n opère trivialement sur $V_{r,s}$, donc n'a aucune valeur propre de la forme μ. C'est gagné.

Le fait que les coefficients de f soient dans $\mathbf{Z}$ est un luxe. Si j'abandonne cette condition, je peux donner une démonstration non Tannakienne de ce lemme, en démontrant le résultat suivant – qui peut avoir un intérêt en lui-même :

Lemme 2 – *Soit* cl : $\mathbf{GL}_n \to \mathbf{Aff}_n^*$ *le morphisme de* $\mathbf{GL}_n$ *dans l'espace affine de dimension n privé de l'hyperplan $a_n = 0$ défini par*

$$\mathrm{cl}(x) = (a_1(x),\ldots,a_n(x)).$$

Alors l'image de gG^0 par cl *est fermée dans* $\mathbf{Aff}_n^*$.

(Ceci est vrai pour tout $g \in G$ – il n'est pas nécessaire de supposer que $g \notin G^0$).

Ce n'est pas très difficile, mais c'est un peu ennuyeux (j'ai besoin de résultats de Borel-Mostow sur les automorphismes des groupes réductifs). Le passage du lemme 2 au lemme 1 est facile : il est clair que $\mathrm{cl}(1_n) \notin \mathrm{cl}(gG^0)$ si $g \notin G^0$; si l'on sait que $\mathrm{cl}(gG^0)$ est fermé, il y a un polynôme qui s'annule dessus et pas sur $\mathrm{cl}(1_n)$, d'où le lemme 1.

Je trouve bien triste d'avoir ainsi éliminé les tores de Frobenius...

134.

Lettre à Daniel Bertrand du 8/6/1984

1 Cher Bertrand.

Voici un résumé de ce que je crois pouvoir démontrer sur les groupes de Galois G_ℓ des points de division par ℓ.

Notations

– A est une variété abélienne de dimension $n \geq 1$;

– A_ℓ est le noyau de la multiplication par ℓ (ℓ premier) ;

– K est le corps de définition (supposé être un corps de nombres – ma méthode ne marche pas pour les corps de type fini sur $\mathbf{Q}$ qui ne sont pas algébriques, c'est bien dommage) ;

– $G_\ell \subset \mathrm{Aut}(A_\ell) = \mathbf{GL}_{2n}(\mathbf{F}_\ell)$ est le groupe de Galois que tu sais (i.e. image de $\mathrm{Gal}(\overline{K}/K)$) ;

– $\ell \gg 0$ signifie "ℓ assez grand" ;

– $\mathbf{GL}_{2n}$ signifie le groupe algébrique $\mathbf{GL}_{2n}$ (sur le corps $\mathbf{F}_\ell$ qui est sous-entendu) ;

– "borné" signifie "borné quand ℓ varie" (A et K restant fixes) ; deux sous-groupes B_ℓ et C_ℓ d'un même groupe seront dits "presque égaux" si les indices de $B_\ell \cap C_\ell$ dans B_ℓ et C_ℓ sont bornés (quand ℓ varie).

Le résultat principal est alors le suivant :

Théorème – *Il existe un sous-groupe réductif connexe* $\underline{H}_\ell$ *de* $\mathbf{GL}_{2n}$ (sur le corps $\mathbf{F}_\ell$) *tel que les groupes* G_ℓ *et* $\underline{H}_\ell(\mathbf{F}_\ell)$ *soient presque égaux.*

(Autrement dit G_ℓ est "presque algébrique".)

Cet énoncé n'est utile que si l'on donne une série de propriétés de $\underline{H}_\ell$:

(1) *Quitte à faire une extension finie de* K, *on a* $G_\ell \subset \underline{H}_\ell(\mathbf{F}_\ell)$(*) ;

Soient Λ l'anneau des endomorphismes de A (que l'on suppose définis sur K), et $\Lambda_\ell = \Lambda/\ell\Lambda$; pour ℓ assez grand, on peut considérer Λ_ℓ comme une sous-algèbre

(*) le théorème revient alors à dire que l'*indice* de G_ℓ dans $\underline{H}_\ell(\mathbf{F}_\ell)$ est "*borné*".

de $M_{2n}(\mathbf{F}_\ell)$. Alors :

(2) *Le commutant de* $\underline{H}_\ell$ *dans* M_{2n} *est* Λ_ℓ.

Décomposons $\underline{H}_\ell$ en $\underline{T}_\ell \cdot \underline{S}_\ell$ où $\underline{T}_\ell$ est un tore et $\underline{S}_\ell$ un groupe semi-simple, avec $\underline{T}_\ell$ commutant à $\underline{S}_\ell$ (i.e. $\underline{S}_\ell$ est le groupe dérivé de $\underline{H}_\ell$, et $\underline{T}_\ell$ est la composante neutre du centre de $\underline{H}_\ell$).

(3) *Le tore* $\underline{T}_\ell$ *est contenu dans le centre de* Λ_ℓ (ou, plus correctement, dans le tore défini par ce centre).

(3′) *Le tore* $\underline{T}_\ell$ *est "indépendant de* ℓ*"* (i.e. réduction $\bmod \ell$ d'un tore fixe).

(3″) *Le tore* $\underline{T}_\ell$ *contient le sous-groupe* $\mathbf{G}_m$ *des homothéties.*

En ce qui concerne la partie semi-simple $\underline{S}_\ell$, on aimerait montrer qu'elle aussi est indépendante de ℓ (pour $\ell \gg 0$). Cela paraît hors de portée. Toutefois :

(4) *Le rang du groupe* $\underline{S}_\ell$ *est indépendant de* ℓ *; il est égal au rang commun des groupes* ℓ*-adiques attachés à* A *et* K.

Plus précisément :

(4') *Il existe des tores maximaux de* $\underline{S}_\ell$ *qui sont réduction* $\bmod \ell$ *de tores maximaux du groupe* ℓ*-adique.*

Corollaires

(a) En appliquant (3″) on voit que *le groupe* G_ℓ *contient un sous-groupe d'indice borné du groupe des homothéties.*

J'aimerais bien montrer que cet "indice borné" est en fait égal à 1 pour $\ell \gg 0$;
2 je n'y suis pas parvenu, mais j'ai le sentiment que c'est peut-être faisable.

(b) (caractérisation du type CM). Les propriétés suivantes sont équivalentes :

(b1) *A est de type* CM ;

(b2) $\underline{S}_\ell = \{1\}$ (i.e. $\underline{H}_\ell$ est réduit au tore $\underline{T}_\ell$) pour $\ell \gg 0$;

(b3) G_ℓ est commutatif(*) pour $\ell \gg 0$;

(b4) G_ℓ est résoluble(*) pour $\ell \gg 0$;

(b5) G_ℓ est d'ordre premier à ℓ pour $\ell \gg 0$.

(*) quitte à faire une extension finie de K.

L'équivalence de (b1) et (b2) résulte de (2) ; celle de (b2) avec (b3), (b4), (b5) est facile.

Note qu'il y a un résultat analogue pour les représentations ℓ-adiques : le groupe de Galois correspondant est commutatif (ou résoluble) si et seulement si A est de type CM : c'est immédiat à partir de Faltings.

(c) (le cas où A "n'a pas d'endomorphismes")

Supposons que $\Lambda = \operatorname{End} A$ *soit réduit à* $\mathbf{Z}$. Alors, d'après (3) et (3″), *on a* $\underline{T}_\ell = \mathbf{G}_m$, groupe des homothéties, et d'après (2) le commutant de $\underline{S}_\ell$ est réduit aux homothéties, autrement dit $\underline{S}_\ell$ est *absolument irréductible* (comme sous-groupe de $\mathbf{GL}_{2n}$).

(J'ai oublié de dire dans le théorème que le groupe semi-simple $\underline{S}_\ell$ opère de façon semi-simple sur A_ℓ : ce n'est pas automatique en caractéristique $\neq 0$.)

(d) Exemples de basses dimensions :

3 *Si* $\operatorname{End} A = \mathbf{Z}$, *et si* $n = 1$, 2 *ou* 3, *le groupe* $\underline{S}_\ell$ *est égal au groupe symplectique* $\mathbf{Sp}_{2n}$, et le groupe G_ℓ est égal (pour $\ell \gg 0$) au groupe des similitudes symplectiques. Bref, on a un groupe de Galois *aussi gros que possible*(*), exactement comme pour les courbes elliptiques ($n = 1$).

C'est facile à partir de ce que l'on a admis. En effet, on sait (Zarhin, transposé en caractéristique 0) que le groupe de Galois ℓ-adique est le groupe des similitudes symplectiques ; vu (4) cela montre que $\underline{S}_\ell$ est de rang n. Mais on vérifie facilement qu'aucun sous-groupe irréductible du groupe $\mathbf{Sp}_{2n}$ n'est de rang n, à part $\mathbf{Sp}_{2n}$ lui-même. Donc $\underline{S}_\ell = \mathbf{Sp}_{2n}$. De plus, comme $\mathbf{Sp}_{2n}$ est simplement connexe, le groupe $\mathbf{Sp}_{2n}(\mathbf{F}_\ell)$ n'a pas de sous-groupe d'indice borné (à part lui-même). Donc G_ℓ contient $\mathbf{Sp}_{2n}(\mathbf{F}_\ell)$ pour $\ell \gg 0$. D'où facilement le résultat voulu.

Lorsque $n = 4$, il y a une autre possibilité que $\mathbf{Sp}_{2n}$: celle où $\underline{S}_\ell$ est (après extension des scalaires) un produit de trois $\mathbf{SL}_2$, opérant par représentation produit tensoriel des 3 représentations de degré 2. Sauf erreur, c'est la seule autre possibilité, et, si elle se passe pour un ℓ elle se passe pour tous (et pour les
4 représentations ℓ-adiques itou). De telles variétés abéliennes doivent exister.

(*) il est même *adéliquement* aussi gros que possible, i.e. ouvert dans le groupe adélique.

Ingrédients utilisés dans les démonstrations

Il y a d'abord des résultats de pure théorie des groupes :

(i) Jordan $\rightarrow$ Les sous-groupes d'ordre premier à ℓ de $\mathbf{GL}_{2n}(\mathbf{F}_\ell)$ sont "presque" abéliens (i.e. ont un sous-groupe abélien invariant d'indice borné) ;

(ii) Nori $\rightarrow$ Les sous-groupes semi-simples de $\mathbf{GL}_{2n}(\mathbf{F}_\ell)$ engendrés par leurs ℓ-Sylow sont presque des groupes de points de groupes semi-simples (voir ci-dessous) ;

(iii) Finitude des types de groupes semi-simples ayant une "bonne" représentation de dimension donnée. (Je n'ai pas envie de définir "bonne" ici $\rightarrow$ voir ci-après.)

Il y a ensuite les renseignements qui proviennent de la théorie des variétés abéliennes :

(iv) Faltings $\rightarrow$ pour $\ell \gg 0$, les G_ℓ sont semi-simples, et leur commutant est Λ_ℓ ;

(v) Raynaud $\rightarrow$ description des groupes d'inertie aux places v divisant ℓ ;
5 chacune de ces places fournit un *tore d'inertie*, qui possède de remarquables propriétés de rigidité ;

(vi) Zarhin $\longrightarrow$ utilisation des éléments de Frobenius, et des tores de Frobenius correspondants.

Effectivité

La seule difficulté sérieuse provient de (iv) : peut-on expliciter un $\ell_0(A, K)$ tel
6 que, pour tout $\ell \geq \ell_0(A, K)$, le groupe G_ℓ soit semi-simple et de commutant égal
à Λ_ℓ ? Si oui, je pense que le reste de la démonstration peut être rendu effectif.

7 **Étapes de la démonstration (esquisse !)**

On démarre avec une construction de Nori (ii). Soit G_ℓ^+ le sous-groupe de G_ℓ engendré par les éléments g d'ordre une puissance de ℓ. Si ℓ est assez grand, un tel g est d'ordre 1 ou ℓ, et s'écrit $g = 1 + x$ avec $x^{2n} = 0$. Cela permet de donner un sens à $g^t = 1 + tx + \ldots$, où t est une indéterminée. On obtient ainsi un homomorphisme $f_g : t \mapsto g^t$ du groupe additif $\mathbf{G}_a$ dans le groupe $\mathbf{GL}_{2n}$. Le groupe algébrique engendré par tous les $f_g(\mathbf{G}_a)$ *est le groupe* $\underline{S_\ell}$ *cherché*. Nori démontre que c'est un "bon" sous-groupe semi-simple de $\mathbf{GL}_{2n}$ ('bon" signifie justement engendré par des exponentielles du type f_g). et surtout que G_ℓ^+ est *presque égal à* $\underline{S}_\ell$: l'indice de G_ℓ^+ dans $\underline{S}_\ell(\mathbf{F}_\ell)$ est borné. (Autre façon de dire ceci : si $\widetilde{\underline{S}}_\ell$ désigne le revêtement universel de $\underline{S}_\ell$. le groupe G_ℓ^+ est égal (pour $\ell \gg 0$) à l'image de $\widetilde{\underline{S}}_\ell(\mathbf{F}_\ell)$ dans $\underline{S}_\ell(\mathbf{F}_\ell)$. image dont l'indice est borné par une borne ne dépendant que de n.)

Il nous faut maintenant voir que G_ℓ ne déborde pas trop du groupe $\underline{S}_\ell$: soit $G'_\ell = G_\ell \cap \underline{S}_\ell(\mathbf{F}_\ell)$. groupe qui est presque égal à G_ℓ^+. Le quotient $G''_\ell = G_\ell/G'_\ell$ se plonge dans le groupe $\underline{M}(\mathbf{F}_\ell)$. où $\underline{M} = \underline{NS}_\ell/\underline{S}_\ell$ (je note $\underline{NS}_\ell$ le normalisateur de $\underline{S}_\ell$ dans le groupe algébrique $\mathbf{GL}_{2n}$; j'utilise des lettres soulignées pour indiquer qu'il s'agit de groupes algébriques). Par construction, le groupe G''_ℓ *est d'ordre premier à* ℓ. Si je choisis un plongement de $\underline{M}$ dans un groupe linéaire $\mathbf{GL}_d$ (ce qui peut se faire avec un d borné), je peux appliquer à G''_ℓ le théorème de Jordan (i) et obtenir un sous-groupe commutatif invariant G_ℓ^3 de G''_ℓ d'indice borné. Le point essentiel est maintenant de prouver que ce sous-groupe peut être construit tel *qu'il contienne* (pour $\ell \gg 0$) *les tores d'inertie* correspondant aux places v divisant ℓ, cf. (v). Il est clair que G_ℓ^3 les contient "presque", et il s'agit de voir que, quitte à l'agrandir un peu, il les contient complètement. Cela se fait au moyen des miraculeuses propriétés de "rigidité" de ces tores (dues aux "petits poids"). Une fois ceci fait, l'extension de K définie par le groupe de Galois G''_ℓ/G_ℓ^3 n'est pas ramifiée en ℓ, donc n'est ramifiée qu'aux places de mauvaise réduction de A. On obtient ainsi une famille d'extensions galoisiennes de K, de degrés bornés, qui sont non ramifiées en dehors d'un ensemble fini fixe de places de K ; il s'ensuit (Hermite-Minkowski) que ces extensions engendrent une extension finie de K. Remplaçons K par cette extension finie. Cela a pour effet de remplacer G''_ℓ par G_ℓ^3. On est donc ramené *au cas où* G''_ℓ *est abélien* pour $\ell \gg 0$. En fait, un argument un peu plus fin (utilisant davantage les tores d'inertie) montre que l'on peut même supposer que G''_ℓ est contenu avec indice borné dans un tore $\underline{T}''$ de $\underline{M}$, à savoir le tore engendré par les tores d'inertie. Soit alors $\underline{CS}_\ell$ le commutant de $\underline{S}_\ell$; on sait que $\underline{CS}_\ell \cdot \underline{S}_\ell$ est la composante neutre de $\underline{NS}_\ell$. Il en résulte qu'il existe un tore unique $\underline{T}$ de $\underline{CS}_\ell$ dont l'image dans $\underline{NS}_\ell/\underline{S}_\ell$ est le tore $\underline{T}''$ ci-dessus. Le tore $\underline{T}$ est le tore $\underline{T}_\ell$ cherché. Il est clair en tout cas que G_ℓ est contenu dans le groupe des points du groupe réductif $\underline{H}_\ell = \underline{T}_\ell \cdot \underline{S}_\ell$ et il n'est pas très difficile de voir qu'il est d'indice borné (il faut utiliser un peu de théorie abélienne).

Une fois que l'on en est là, on a essentiellement (1), (2) et (3) : il suffit d'appliquer Faltings.

En ce qui concerne (3′) (indépendance de ℓ). et (3″). j'utilise le *déterminant* relativement au centre de End A ; c'est de la théorie abélienne. ça marche.

Pour (4) et (4′). les arguments sont différents. Si r_ℓ désigne le rang de $\underline{H}_\ell$. et r le rang commun des groupes ℓ-adiques (Zarhin). il faut montrer que $r_\ell = r$ pour $\ell \gg 0$. On prouve que $r \geq r_\ell$ en remarquant que tout groupe ℓ-adique qui relève $\underline{S}_\ell(\mathbf{F}_\ell)^+$ a un rang $\geq$ rang $\underline{S}_\ell$. On prouve que $r \leq r_\ell$ en utilisant des Frobenius... J'ai la flemme de détailler ; d'autant plus que j'ai l'impression qu'il y a plusieurs arguments différents qui donnent le résultat voulu.

PS – Il y a un point technique important que j'ai oublié de te signaler : c'est que les "bons" sous-groupes semi-simples de $\mathbf{GL}_{2n}$ (sur $\mathbf{F}_\ell$) sont essentiellement *en nombre fini*, et indépendants de ℓ ; plus précisément, à des torsions galoisiennes près, ce sont des réductions $\bmod \ell$ d'un nombre fini de sous-groupes semi-simples de $\mathbf{GL}_{2n}$ (sur $\mathbf{Z}$). Cela intervient à plusieurs endroits dans les démonstrations.

Références

Jordan → Frobenius, *Œuvres*, III, p. 493 ; Schur, *Œuvres*, I, p. 442 ; Wehrfritz , *Ergebn.* 76 , p. 112.

8 Nori → On subgroups of $\mathrm{SL}_n(\mathbf{Z})$ and $\mathrm{SL}_n(\mathbf{F}_p)$, preprint, 1983.

Faltings → Voir l'exposé de Deligne à Bourbaki, nov. 83, p. 616-15, th. 2.7 ;

Raynaud → Schémas en groupes de type $(p\ldots,p)$, Bull. SMF 102 (1974), p. 241.

Zarhin → Abelian varieties..., Inv. Math. 55 (1979), p. 165 (Zarhin suppose que la caractéristique du corps de base est > 0, mais ses arguments restent valables sur un corps de nombres).

135.

Résumé des cours de 1984–1985

Annuaire du Collège de France (1985), 85–90

Les résultats récents de G. FALTINGS (*Invent. Math.* 73 (1983), 349-366) permettent de comprendre un peu mieux les propriétés des représentations ℓ-adiques, notamment dans le cas des variétés abéliennes. Le cours en a exploré deux aspects :

1) critère effectif permettant de reconnaître l'isomorphisme de deux représentations ;

2) détermination des enveloppes algébriques des groupes de Galois ℓ-adiques.

Un troisième aspect, celui de la « variation des groupes de Galois avec ℓ » fera l'objet du cours de 1985-1986.

1. *Critère effectif d'isomorphisme. Corps quartiques et isogénies*

1.1. *Le groupe déviation* $\tilde{G}$ (FALTINGS, *loc. cit.*, § 6)

Soient $\rho_1 : G \to \mathbf{GL}(V_1)$ et $\rho_2 : G \to \mathbf{GL}(V_2)$ deux représentations linéaires d'un groupe G dans des $\mathbf{Q}_\ell$-espaces vectoriels V_1 et V_2 de dimension $d < \infty$. Supposons que, pour $i = 1, 2$, ρ_i soit semi-simple et que ρ_i (G) laisse stable un $\mathbf{Z}_\ell$-réseau de V_i. Soit Tr ρ_i le caractère de ρ_i. Les fonctions Tr ρ_1 et Tr ρ_2 sont à valeurs dans $\mathbf{Z}_\ell$. Supposons que ces fonctions soient distinctes, i.e. que ρ_1 et ρ_2 ne soient *pas isomorphes*. Soit ℓ^α la plus grande puissance de ℓ telle que :

$$\operatorname{Tr} \rho_2(s) \equiv \operatorname{Tr} \rho_1(s) \pmod{\ell^\alpha} \quad \text{pour tout } s \in G.$$

Notons M la sous-$\mathbf{Z}_\ell$-algèbre de End $(V_1) \times$ End (V_2) engendrée par les $(\rho_1(s), \rho_2(s))$ pour $s \in G$. Si $m = (m_1, m_2)$ est un élément de M, posons :

$$\theta(m) = \ell^{-\alpha} (\operatorname{Tr}(m_2) - \operatorname{Tr}(m_1)).$$

La forme linéaire $\theta : M \to \mathbf{Z}_\ell$ est surjective. Par réduction (mod ℓ) elle définit une forme linéaire non nulle :

$$t : M/\ell M \to \mathbf{Z}/\ell\mathbf{Z}.$$

Si s est un élément de G, et $\bar{s}$ son image dans $M/\ell M$, on a :

$$t(\bar{s}) \equiv \ell^{-\alpha} (\operatorname{Tr} \rho_2(s) - \operatorname{Tr} \rho_1(s)) \pmod{\ell}.$$

On notera $\bar{G}$ le sous-groupe de $(M/\ell M)^*$ formé des $\bar{s}$, pour s parcourant G. C'est un quotient fini de G, d'ordre $< \ell^{2d^2}$. Le couple formé par $\bar{G}$ et l'application $t : \bar{G} \to \mathbf{Z}/\ell\mathbf{Z}$ mesure en quelque sorte la « *déviation* » entre ρ_2 et ρ_1. L'intérêt de $(\bar{G}, t)$ est que c'est un objet « fini » (alors que G lui-même, en pratique, est infini). Cela permet souvent de dresser la liste des $(\bar{G}, t)$ possibles sans connaître ρ_1 ni ρ_2 (ni α). Supposons par exemple que cette liste soit formée de :

$$(\bar{G}_1, t_1), \ldots, (\bar{G}_h, t_h).$$

Pour tout j $(1 \leqslant j \leqslant h)$, on peut alors choisir un élément $s_j \in G$ tel que $t_j(\bar{s}_j) \neq 0$. L'ensemble $\{s_1, \ldots, s_h\}$ ainsi obtenu jouit de la propriété suivante :

(1) *Si* $\operatorname{Tr} \rho_2(s_j) = \operatorname{Tr} \rho_1(s_j)$ *pour* $j = 1, \ldots, h$, *les représentations* ρ_1 *et* ρ_2 *sont isomorphes* (i.e. l'égalité des caractères de ρ_1 et ρ_2 peut se tester sur $\{s_1, \ldots, s_h\}$.

Sinon, en effet, il existerait un indice j tel que le couple $(\bar{G}, t)$ associé à (ρ_1, ρ_2) soit isomorphe à $(\bar{G}_j, t_j)$, ce qui entraînerait :

$$\operatorname{Tr} \rho_2(s_j) \not\equiv \operatorname{Tr} \rho_1(s_j) \pmod{\ell^{\alpha+1}},$$

et contredirait l'hypothèse faite.

1.2. *Le cas* $\ell = d = 2$

Supposons que $\ell = 2$ et $d = 2$, de sorte que l'on puisse réaliser ρ_1 et ρ_2 comme des représentations de G dans $\mathbf{GL}_2(\mathbf{Z}_2)$. Faisons les hypothèses suivantes :

(i) $\det \rho_2 = \det \rho_1$;

1 (ii) les deux homomorphismes de G dans $\mathbf{GL}_2(\mathbf{Z}/2\mathbf{Z}) = \mathfrak{S}_3$, obtenus en réduisant ρ_1 et ρ_2 modulo 2, sont surjectifs et coïncident.

On peut alors déterminer $(\tilde{G}, t)$. On trouve que $\tilde{G}$ *est isomorphe, soit à* $\mathfrak{S}_4 \times \{\pm 1\}$, *soit à* $\mathfrak{S}_4$, *soit à* $\mathfrak{S}_3 \times \{\pm 1\}$, *et que* $t : \tilde{G} \to \mathbf{Z}/2\mathbf{Z}$ *vaut* 0 *sur les éléments de* $\tilde{G}$ *d'ordre* $\leqslant 3$, *et* 1 *sur les autres.*

1.3. *Courbes elliptiques*

Soient E_1 et E_2 deux courbes elliptiques sur **Q**. Soit S un ensemble fini de nombres premiers tel que $2 \in S$ et que les E_i aient bonne réduction en dehors de S. Soit $G = G_S$ le groupe de Galois de la plus grande extension algébrique de **Q** non ramifiée en dehors de S, et soient ρ_1 et ρ_2 les représentations 2-adiques de G associées à E_1 et E_2. Supposons que les points d'ordre 2 de E_i $(i = 1, 2)$ engendrent une extension K de **Q**, de groupe de Galois $\mathfrak{S}_3$, qui soit indépendante de i.

Toutes les conditions du n° 1.2 sont alors satisfaites. Si ρ_1 et ρ_2 ne sont pas isomorphes (i.e., d'après FALTINGS, si E_1 et E_2 ne sont pas **Q**-isogènes), on en déduit un groupe déviation $\tilde{G}$ de type $\mathfrak{S}_4 \times \{\pm 1\}$, $\mathfrak{S}_4$ ou $\mathfrak{S}_3 \times \{\pm 1\}$, d'où une extension galoisienne $\tilde{K}/\mathbf{Q}$ contenant K et de groupe de Galois $\tilde{G}$. Connaissant S, on peut déterminer explicitement les extensions $\tilde{K}/\mathbf{Q}$ qui sont *a priori* possibles : cela se fait, soit par la théorie du corps de classes, soit par des méthodes de géométrie des nombres. Si $\tilde{K}_1, \ldots, \tilde{K}_h$ désignent les extensions en question, on choisit pour tout $j = 1, \ldots, h$ un nombre premier p_j dont la substitution de Frobenius $\tilde{s}_j$ dans $\tilde{K}_j/\mathbf{Q}$ est d'ordre > 3. On peut alors appliquer le critère (1) du n° 1.1, et l'on en déduit :

(2) *Pour que les courbes* E_1 *et* E_2 *soient isogènes sur* **Q**, *il suffit que les traces des endomorphismes de Frobenius de* E_1 *et* E_2 *soient les mêmes pour les nombres premiers* $p_1, \ldots, p_h$.

(Ou, de façon plus concrète : il suffit que E_1 et E_2 aient le même nombre de points modulo $p_1, \ldots, p_h$.)

1.4. *Exemples d'applications du critère* (2)

(a) *Le cas de* 5077

Ce cas a été traité par J.-F. MESTRE (*C.R. Acad. Sci. Paris*, 300 (1985), 509-512). Les deux courbes E_1 et E_2 dont on veut prouver l'isogénie ont pour conducteur le nombre premier 5077. La première est l'unique « courbe de Weil » de ce conducteur. La seconde est définie par l'équation

$$y^2 + y = x^3 - 7x + 6.$$

Toutes deux ont bonne réduction supersingulière en 2, la trace de l'endomorphisme de Frobenius étant -2. De là, et d'un résultat de HONDA-HILL, on déduit que, si ces courbes ne sont pas isogènes, le groupe $\tilde{G}$ qui leur est associé est de type $\mathfrak{S}_4$ et le corps $\tilde{K}$ correspondant est non ramifié sur K. Or on constate qu'il n'y a que trois corps $\tilde{K}_1$, $\tilde{K}_2$, $\tilde{K}_3$ ayant ces propriétés, et que l'on peut prendre pour p_1, p_2, p_3 les nombres premiers 5, 5 et 11. Comme les traces des endomorphismes de Frobenius de E_1 et E_2 sont les mêmes en 5 et en 11, on en déduit bien que E_1 *et* E_2 *sont isogènes* (donc, en fait, isomorphes).

(b) *Le cas de* 11

2 Il s'agit de prouver que *toute courbe elliptique sur* **Q** *de conducteur* 11 *est isogène à la courbe* $y^2 - y = x^3 - x^2$, résultat déjà démontré par M. AGRAWAL, J. COATES, D. HUNT et A. van der POORTEN, par des calculs sur machine, utilisant la théorie de BAKER. On applique pour cela le critère (2), en prenant pour E_1 la courbe donnée de conducteur 11, et pour E_2 celle des trois courbes de WEIL de conducteur 11 ou 11^2 qui a même réduction en 2 que E_1. On montre comme ci-dessus que le groupe $\tilde{G}$ associé à E_1 et E_2 (supposées non isogènes) est de type $\mathfrak{S}_4$ et que l'extension $\tilde{K}/K$ correspondante n'est ramifiée qu'au-dessus de 11. Or on vérifie facilement qu'une telle extension n'existe pas (son discriminant contredirait les bornes d'ODLYZKO). D'où l'isogénie de E_1 et E_2, et l'on en déduit aussitôt le résultat cherché.

2. *Représentations l-adiques attachées aux variétés abéliennes*

2.1. *Notations*

K est une extension de type fini de **Q** ;

$\overline{K}$ est une clôture algébrique de K ;

G_K est le groupe de Galois Gal $(\overline{K}/K)$;

A est une variété abélienne définie sur K, de dimension $n \geqslant 1$;

ℓ est un nombre premier ;

$T_\ell = T_\ell(A)$ est le module de Tate de A relativement à ℓ ; c'est un $\mathbf{Z}_\ell$-module libre de rang $2n$;

$V_\ell = \mathbf{Q} \otimes T_\ell$; c'est un $\mathbf{Q}_\ell$-espace vectoriel de dimension $2n$, sur lequel opère G_K ;

$\rho_\ell : G_K \rightarrow \mathrm{Aut}(V_\ell)$ est la représentation ℓ-adique correspondante ;

G_ℓ est l'image de ρ_ℓ ; c'est un sous-groupe compact de Aut (V_ℓ) ;

$\mathfrak{g}_\ell$ est l'algèbre de Lie de G_ℓ ; on a $\mathfrak{g}_\ell \subset \mathrm{End}(V_\ell)$;

G_ℓ^{alg} est l'adhérence de G_ℓ pour la topologie de Zariski ; c'est un $\mathbf{Q}_\ell$-sous-groupe algébrique du groupe linéaire $\mathbf{GL}_{V_\ell} \simeq \mathbf{GL}_{2n}$.

2.2. *Structure de* G_ℓ^{alg}

2.2.1. (BOGOMOLOV). *Le groupe* G_ℓ *est un sous-groupe ouvert* (pour la topologie ℓ-adique) *du groupe des* $\mathbf{Q}_\ell$*-points de* G_ℓ^{alg}.

Ce résultat peut aussi se formuler en disant que l'algèbre de Lie du groupe G_ℓ^{alg} est égale à $\mathfrak{g}_\ell$, ou encore que $\mathfrak{g}_\ell$ est une sous-algèbre *algébrique* de End (V_ℓ).

2.2.2. (FALTINGS). *Le groupe* G_ℓ^{alg} *est réductif, et son commutant dans* End (V_ℓ) *est égal à* $\mathbf{Q}_\ell \otimes \mathrm{End}_K$ (A). En particulier, $\mathfrak{g}_\ell$ est une algèbre de Lie réductive, de commutant égal à $\mathbf{Q}_\ell \otimes$ End (A).

On conjecture que G_ℓ^{alg} est « indépendant de ℓ » (pour A et K fixés), et plus précisément que sa composante neutre $(G_\ell^{alg})^\circ$ se déduit du « groupe de Mumford-Tate » par extension des scalaires de **Q** à $\mathbf{Q}_\ell$. L'un des buts du cours a été de démontrer un certain nombre de résultats partiels dans cette direction :

3 2.2.3. *Le groupe fini* $G_\ell^{alg}/(G_\ell^{alg})^\circ$ *est indépendant de* ℓ. De façon plus précise, le noyau de l'homomorphisme surjectif

$$G_K \rightarrow G_\ell \rightarrow G_\ell^{alg}/(G_\ell^{alg})^\circ$$

est indépendant de ℓ.

2.2.4. *Le rang de* G_ℓ^{alg} (dimension d'un sous-tore maximal) *est indépendant de* ℓ.

Ecrivons le groupe réductif connexe $(G_\ell^{alg})^\circ$ sous forme standard :

$$(G_\ell^{alg})^\circ = C_\ell \cdot S_\ell$$

où C_ℓ est un tore central (composante neutre du centre), et S_ℓ un groupe semi-simple (groupe dérivé). On a sur C_ℓ et S_ℓ les renseignements suivants :

2.2.5. (BOGOMOLOV). *Le groupe* C_ℓ *est indépendant de* ℓ, en ce sens qu'il provient par extension des scalaires d'un sous-tore de $\mathbf{GL}_{2n}$ défini sur **Q** ; *il contient le groupe* $\mathbf{G}_m$ *des homothéties.*

2.2.6. (FALTINGS). *On a* $C_\ell = \mathbf{G}_m$ *si* End (A) = **Z**. *On a* $S_\ell = \{1\}$ *si et seulement si* A *est de type CM.*

Toute polarisation de A munit V_ℓ d'une forme alternée non dégénérée qui est invariante, à un facteur près, par l'action de G_K. On en conclut que G_ℓ^{alg} est contenu dans le groupe $\mathbf{G}_m \cdot \mathbf{Sp}_{2n}$ des *similitudes symplectiques,* et en particulier que l'on a $S_\ell \subset \mathbf{Sp}_{2n}$. On s'intéresse au cas où il y a égalité. Tout d'abord :

2.2.7. *Les propriétés suivantes sont équivalentes* :

(a) $S_\ell = \mathbf{Sp}_{2n}$ *pour un* ℓ ;

(b) $S_\ell = \mathbf{Sp}_{2n}$ *pour tout* ℓ ;

(c) End (A) = **Z** *et* rang $(G_\ell^{alg}) = 1 + n$.

[Dans le cours de 1985-1986, on montrera que ces propriétés entraînent la suivante :

(d) *L'image de* $G_K \to \prod_{\ell} (\mathbf{G}_m \cdot \mathbf{Sp}_{2n})(\mathbf{Q}_\ell)$ *est ouverte pour la topologie adélique.*]

La propriété End (A) = **Z**, à elle seule, n'est pas suffisante pour entraîner (a), (b), (c) : il existe un contre-exemple de MUMFORD pour $n = 4$. On peut toutefois démontrer le résultat suivant :

2.2.8. *Supposons que* End (A) = **Z** *et que n soit impair* (ou $n = 2$, ou $n = 6$). *Alors les propriétés* (a), (b), (c) *ci-dessus sont vraies ; on a*

$$G_\ell^{alg} = \mathbf{G}_m \cdot \mathbf{Sp}_{2n}$$

pour tout ℓ.

(Un énoncé analogue avait déjà été démontré par K. RIBET pour le groupe de MUMFORD-TATE.)

2.3. *Indications sur les démonstrations*

Au moyen du théorème d'irréductibilité de Hilbert, on se ramène au cas où le corps de base K est un corps de nombres algébriques. On dispose alors de trois types de renseignements sur les G_ℓ et les G_ℓ^{alg} :

(i) la théorie générale des représentations ℓ-adiques abéliennes, appliquée à une puissance extérieure convenable de V_ℓ, permet d'étudier le groupe C_ℓ (tout comme dans le cas des variétés abéliennes de type *CM*) ;

(ii) les groupes d'inertie en les places de K divisant ℓ fournissent des sous-tores à 1 paramètre de G_ℓ^{alg} (définis sur une extension convenable de $\mathbf{Q}_\ell$) qui n'ont que deux poids, le poids « 0 » et le poids « 1 », avec multiplicité n chacun ; de tels sous-tores restreignent considérablement la structure du groupe S_ℓ ;

(iii) les places de K ne divisant pas ℓ, et où A a bonne réduction, donnent des « tores de Frobenius » qui sont essentiellement indépendants de ℓ, et ont des propriétés très particulières (dues notamment aux pentes des polygones de Newton, comme l'a remarqué Y. ZARHIN).

En combinant ces informations à 2.2.2. (FALTINGS), on prouve 2.2.1., 2.2.3., 2.2.4. et 2.2.7. La démonstration de 2.2.8. est plus délicate ; elle utilise notamment la classification des représentations « minuscules » des groupes simples.

Signalons également que certains des résultats ci-dessus (par exemple 2.2.2., 2.2.3., 2.2.4., 2.2.5. et 2.2.7.) sont vrais lorsque le corps de base K est une extension de type fini d'un corps fini.

SÉMINAIRES

D. BERTRAND, *Variétés abéliennes, groupes de Galois et transcendance* (2 exposés).

136.

Résumé des cours de 1985–1986

Annuaire du Collège de France (1986), 95–99

Le cours a continué celui de l'année précédente, consacré aux représenta-
1 tions ℓ-adiques associées aux variétés abéliennes. Il s'est surtout attaché à la
« variation avec ℓ » des groupes de Galois considérés.

1. *Notations*

K est une extension finie de $\mathbf{Q}$, de clôture algébrique $\overline{K}$; on note G_K le groupe de Galois Gal $(\overline{K}/K)$.

A est une variété abélienne sur K, de dimension $n \geqslant 1$.

Pour tout nombre premier ℓ, T_ℓ est le module de Tate de A relativement à ℓ ; c'est un $\mathbf{Z}_\ell$-module libre de rang $2n$. Le groupe G_K opère sur T_ℓ par une représentation

$$\rho_\ell : G_K \to \mathrm{Aut}\,(T_\ell) = \mathbf{GL}_{2n}(\mathbf{Z}_\ell).$$

L'image de cette représentation est notée $G_{K,\ell}$; le groupe $G_{K,\ell}$ est le groupe de Galois des « points de ℓ^∞-division » de A.

La famille des ρ_ℓ, pour ℓ premier, définit un homomorphisme

$$\rho : G_K \to \prod_\ell G_{K,\ell} \subset \prod_\ell \mathrm{Aut}\,(T_\ell).$$

Le groupe $\rho(G_K)$ est le groupe de Galois des points de torsion de A.

2. *Résultats*

2.1. *Indépendance des* ρ_ℓ

Disons que les représentations ρ_ℓ sont *indépendantes sur* K si l'homomorphisme $\rho : G_K \to \prod_\ell G_{K,\ell}$ est *surjectif*, i.e. si $\rho(G_K)$ est égal au produit des $G_{K,\ell}$.

THÉORÈME 1 - *Il existe une extension finie* K′ *de* K *telle que les* ρ_ℓ *soient indépendantes sur* K′.

(Bien entendu, K′ dépend de la variété abélienne A considérée.)

Ce résultat peut se reformuler de la manière suivante :

THÉORÈME 1′ - *Si* K *est assez grand,* $\rho(G_K)$ *est un sous-groupe ouvert du produit des* $G_{K,\ell}$.

2.2. *Homothéties*

On sait (BOGOMOLOV) que $G_{K,\ell}$ contient un sous-groupe ouvert du groupe $\mathbf{Z}_\ell^*$ des homothéties. Notons $c(\ell)$ l'indice de $\mathbf{Z}_\ell^* \cap G_{K,\ell}$ dans $\mathbf{Z}_\ell^*$. D'après une conjecture de S. Lang, on devrait avoir $c(\ell) = 1$ pour ℓ assez grand. On peut prouver le résultat plus faible suivant (d'ailleurs suffisant pour les applications que Lang avait en vue) :

THÉORÈME 2 - *Les entiers* $c(\ell)$ *restent bornés quand* ℓ *varie.*

Vu le th. 1, ce résultat équivaut à :

2 THÉORÈME 2′ - *Il existe un entier* $c \geq 1$ *tel que le groupe* $\rho(G_K)$ *contienne toutes les homothéties de* $\hat{\mathbf{Z}}^* = \prod_\ell \mathbf{Z}_\ell^*$ *qui sont des puissances c-ièmes.*

Une autre façon d'énoncer le th. 2′ consiste à dire qu'il existe un entier $c \geq 1$ ayant la propriété suivante :

pour tout entier $m \geq 1$, *il existe* $s_m \in G_K$ *tel que* $s_m(x) = m^c x$ *pour tout* $x \in A(\overline{K})$ *d'ordre fini premier à* m.

2.3. *Comparaison avec le groupe des similitudes symplectiques*

Choisissons une polarisation e sur A, ce qui munit chacun des T_ℓ d'une forme alternée e_ℓ à discriminant $\neq 0$ (et même à discriminant inversible, si ℓ est assez grand). Le groupe de Galois $G_{K,\ell}$ est contenu dans le groupe $\mathbf{GSp}(T_\ell, e_\ell)$ des similitudes symplectiques de T_ℓ relativement à e_ℓ.

THÉORÈME 3 - *Faisons les hypothèses suivantes :*
(i) *L'anneau* End (A) *des* $\overline{K}$*-endomorphismes de* A *est réduit à* **Z** ;
(ii) *La dimension n de* A *est impaire, ou égale à* 2, *ou à* 6.

Alors $G_{K,\ell}$ *est ouvert dans* $\mathbf{GSp}(T_\ell,e_\ell)$ *pour tout* ℓ, *et est égal à* $\mathbf{GSp}(T_\ell,e_\ell)$ *pour tout* ℓ *assez grand.*

En combinant ce résultat avec le th.1, on obtient :

COROLLAIRE - *Si* (i) *et* (ii) *sont satisfaites,* $\rho(G_K)$ *est un sous-groupe ouvert du produit des* $\mathbf{GSp}(T_\ell,e_\ell)$.

Pour $n = 1$, cela revient à dire que $\rho(G_K)$ est ouvert dans le produit des $\mathbf{GL}(T_\ell)$: on retrouve une propriété des courbes elliptiques sans multiplications complexes qui avait fait l'objet du cours de 1970-1971 (voir aussi *Invent. Math.* 15 (1972), 259-331).

2.4. *Orbites des points de torsion de* A

Soit $A(\overline{K})_t$ le sous-groupe de torsion de $A(\overline{K})$. Si $x \in A(\overline{K})_t$, posons :
$N(x)$ = ordre de x ;
$d(x) = |G_K \cdot x|$ = nombre de conjugués de x sur K.

THÉORÈME 4 - *Supposons que* A *ne contienne aucune sous-variété abélienne* $\neq 0$ *de type* CM. *Alors, pour tout* $\epsilon > 0$, *il existe une constante* $C(\epsilon,A,K) > 0$ *telle que :*

$$d(x) \geqslant C(\epsilon,A,K)\cdot N(x)^{2-\epsilon} \quad \textit{pour tout } x \in A(\overline{K})_t.$$

Lorsque A contient une sous-variété abélienne $\neq 0$ de type CM, cet énoncé reste vrai à condition d'y remplacer l'exposant $2 - \epsilon$ par $1 - \epsilon$: cela résulte du th. 2'.

2.5. *Groupes de Galois des points de division par* ℓ

Soit $G_K(\ell)$ l'image de $G_{K,\ell}$ dans $\mathbf{GL}(T_\ell/\ell T_\ell) \simeq \mathbf{GL}_{2n}(\mathbf{F}_\ell)$ par réduction modulo ℓ. L'un des principaux résultats du cours a été de montrer que $G_K(\ell)$ est « presque algébrique ». De façon plus précise, on construit, pour tout ℓ assez grand, un *sous-groupe réductif connexe* H_ℓ de $\mathbf{GL}_{2n}$, défini sur $\mathbf{F}_\ell$, qui jouit des propriétés suivantes :

2.5.1. Quitte à remplacer K par une extension finie, $G_K(\ell)$ est contenu dans $H_\ell(\mathbf{F}_\ell)$, et son indice est borné quand ℓ varie. Pour ℓ assez grand, $G_K(\ell)$ contient le groupe dérivé de $H_\ell(\mathbf{F}_\ell)$.

2.5.2. Le rang de H_ℓ est indépendant de ℓ, et est égal au rang de l'algèbre de Lie du groupe ℓ-adique $G_{K,\ell}$.

2.5.3. La composante neutre du centre de H_ℓ est un tore « indépendant de ℓ » : il s'obtient par réduction (mod ℓ) à partir d'un tore défini sur $\mathbf{Q}$. Ce tore contient le groupe $\mathbf{G}_m$ des homothéties.

2.5.4. La représentation linéaire de degré $2n$ de H_ℓ définie par le plongement $H_\ell \to \mathbf{GL}_{2n}$ est semi-simple ; son commutant est $\mathbf{F}_\ell \otimes \operatorname{End}(A)$.

Remarque. Il devrait être possible de préciser (2.5.2) et (2.5.3) en montrant que H_ℓ est la réduction (mod ℓ) de la composante neutre $(G_\ell^{\mathrm{alg}})^\circ$ de l'enveloppe algébrique du groupe ℓ-adique $G_{K,\ell}$ (du moins pour ℓ assez grand). Cela n'a pas été fait dans le cours.

3. *Ingrédients des démonstrations*

Il y a d'abord ceux déjà utilisés dans l'étude ℓ-adique, pour ℓ fixé : théorèmes de Faltings, tores de Frobenius, théorie abélienne, et propriétés des groupes d'inertie en les places de K divisant ℓ.

On a également besoin de renseignements sur les sous-groupes de $\mathbf{GL}_N(\mathbf{F}_\ell)$:

3.1. *Sous-groupes d'ordre premier à la caractéristique*

Si k est un corps, *tout sous-groupe fini de $\mathbf{GL}_N(k)$, d'ordre premier à la caractéristique de k, contient un sous-groupe abélien d'indice $\leqslant c_1(N)$*, où $c_1(N)$ ne dépend que de N. C'est là un théorème classique de C. Jordan (du moins lorsque $k = \mathbf{C}$, cas auquel on se ramène sans difficulté). On a reproduit la démonstration qu'en avait donnée Frobenius en 1911 (*Ges. Abh.*, III, n°s 87-88). Cette démonstration donne pour $\log c_1(N)$ une majoration de l'ordre de $N^2 \log N$; d'après un résultat récent de B. Weisfeiler (basé sur la classification des groupes finis simples) on peut remplacer $N^2 \log N$ par $N \log N$, ce qui est essentiellement optimal.

3.2. *Sous-groupes de $\mathbf{GL}_N(\mathbf{F}_\ell)$ engendrés par leurs éléments d'ordre ℓ*

Supposons $\ell \geqslant N$. Soit G un sous-groupe de $\mathbf{GL}_N(\mathbf{F}_\ell)$, soit G_u l'ensemble des éléments de G d'ordre ℓ, et soit G^+ le sous-groupe de G engendré par G_u (ou, ce qui revient au même, le plus petit sous-groupe normal de G d'indice premier à ℓ). Si $x \in G_u$, on peut écrire x sous la forme $\exp(X)$, avec $X^\ell = 0$; les $\exp(tX)$ forment un sous-groupe algébrique $\mathbf{G}_a(x)$ de $\mathbf{GL}_N$, défini sur $\mathbf{F}_\ell$, et isomorphe au groupe additif $\mathbf{G}_a$. Soit G^{alg} le sous-groupe algébrique de $\mathbf{GL}_N$ engendré par les $\mathbf{G}_a(x)$, pour $x \in G_u$. Le groupe $G^{\mathrm{alg}}(\mathbf{F}_\ell)$ des $\mathbf{F}_\ell$-points de G^{alg} contient évidemment G^+ ; *d'après un théorème de V. Nori, on a* :

$$G^+ = G^{\mathrm{alg}}(\mathbf{F}_\ell)^+ \quad si\ \ell \geqslant c_2(N)$$

où $c_2(N)$ ne dépend que de N. Ce résultat est particulièrement utile lorsque G agit de façon semi-simple sur $\mathbf{F}_\ell^N$, car le groupe G^{alg} est alors semi-simple, et peut se relever en caractéristique 0 si $c_2(N)$ est bien choisi.

On applique ceci avec $N = 2n$, le groupe G étant le groupe de Galois $G_K(\ell)$. D'après un théorème de Faltings, l'action de ce groupe sur $\mathbf{F}_\ell^N$ est semi-simple si ℓ est assez grand, d'où d'après (3.2) un groupe semi-simple $G_K(\ell)^{alg}$. D'autre part, la théorie abélienne permet de définir un certain sous-tore de $\mathbf{GL}_N$ qui commute à $G_K(\ell)^{alg}$; le groupe réductif connexe H_ℓ engendré par ce tore et par $G_K(\ell)^{alg}$ est celui qui intervient dans (2.5). Une fois le groupe H_ℓ défini, il faut prouver qu'il a les propriétés (2.5.1) à (2.5.4). En fait, c'est (2.5.1) qui est le point essentiel ; on le traite en utilisant les théorèmes de Jordan et de Nori cités ci-dessus, ainsi que le théorème de structure des groupes d'inertie en les places de K divisant ℓ dû à Raynaud. De là, on passe aux théorèmes 1, 2, 3 et 4.

137.

Lettre à Marie-France Vignéras du 10/2/1986

Chère Marie-France,

1 Comme convenu, voici un résumé de la suite de mon cours.

1. Groupes semi-simples en caractéristique $p > 0$ (suite)

Je te rappelle où on en était arrivé : on se place sur un corps k algébriquement clos de caractéristique $p > 0$ et on s'intéresse aux sous-groupes algébriques G de $\mathbf{GL}_n$ satisfaisant aux deux conditions suivantes :

(1) G est un groupe semi-simple, et son action sur $V = k^n$ est semi-simple ;

(2) G est engendré par des sous-groupes (additifs) à un paramètre qui sont de type exponentiel.

On a démontré que, si $p \geq c_3(n)$ (où $c_i(n)$ désigne une constante ne dépendant que de n), un tel groupe *s'obtient par réduction* $\operatorname{mod} p$ *à partir d'un groupe de caractéristique* 0 satisfaisant à (1) ; et aussi que, inversement, tout groupe de caractéristique 0 satisfaisant à (1) se réduit $\operatorname{mod} p$ en un groupe satisfaisant à (1) et (2). (Je n'ai pas énoncé explicitement cette réciproque, mais elle résultait de la démonstration.)

2 [Je me suis à peu près convaincu que l'on peut prendre $c_3(n) = n$, qui est optimal comme le montre le cas de $\mathbf{SL}_n$. Mais je ne compte pas donner la démonstration dans le cours ; cela m'entraînerait trop loin. Pour les applications que j'ai en vue, la valeur exacte de $c_3(n)$ n'a pas d'importance.]

Le résultat ci-dessus entraîne que les *types* (à conjugaison près) des groupes G considérés *sont en nombre fini*, et "ne dépendent pas de p". Ce principe sera très utile dans la suite. Il entraîne par exemple ceci :

3 **Théorème** – *Il existe $c_4(n)$ et $c_5(n)$ tels que, si $p \geq c_4(n)$, tout groupe G du type ci-dessus soit caractérisé par ses invariants tensoriels de poids $\leq c_5(n)$.*

(Si m est un entier ≥ 0, je dis que G est "caractérisé par ses invariants tensoriels de poids $\leq m$" si, pour tout $g \in \mathbf{GL}_V$ qui n'appartient pas à G, il existe un élément d'un $\otimes^q V$, fixé par G mais pas par g, avec $0 \leq q \leq m$. En d'autres termes, G est le *fixateur* des tenseurs de poids $\leq m$ fixés par G.)

Démonstration - On se place d'abord en caractéristique 0. On a un nombre fini de groupes semi-simples à regarder. On sait (c'est bien connu, et d'ailleurs facile) que chacun d'eux est déterminé par ses invariants tensoriels ; et, pour chacun d'eux, un nombre fini de tels invariants suffit. On peut donc choisir un $c_5(n)$ tels que tout G de caractéristique 0 soit caractérisé par ses invariants tensoriels de poids $\leq c_5(n)$. Ceci fait, on choisit pour chaque G une base de ces invariants, et on réduit mod p pour des p assez grands pour que ça ait un sens. Le schéma en groupes fixant ces invariants est de type fini (sur $\mathbf{Z}$, si l'on veut) et coïncide avec le groupe considéré sur $\mathbf{Q}$. Il coïncide donc aussi avec lui en réduction mod p, pourvu que p soit assez grand. Pour chaque G, il n'y a donc qu'un nombre fini de p à éviter ; d'où mon $c_4(n)$.

Je te dis tout de suite à quoi me servira ce résultat ; lorsque j'ai (en caractéristique p) un groupe G satisfaisant à (1) et (2), je m'intéresserai à son *normalisateur* N dans $\mathbf{GL}_V$ et j'aurai envie de plonger le quotient N/G dans un $\mathbf{GL}_W$ avec un W aussi explicite que possible. Or le théorème ci-dessus dit que je peux le faire en prenant pour W le sous-espace de $\bigoplus_i \otimes^i V$ $(i \leq c_5(n))$ fixé par G : en effet, N laisse évidemment stable W, et y opère par l'intermédiaire de N/G ; de plus, le théorème garantit que cette action est fidèle. Et le fait que cette action soit induite par une action tensorielle me sera utile (voir n° 3).

Il y a ici une philosophie que j'ai la flemme de détailler, mais qui dit ceci : si je pars d'un sous-groupe G de $\mathbf{GL}_n(\mathbf{F}_p)$ comme je l'ai fait jusqu'ici, le groupe G^{alg} qui lui est associé (d'après Nori) n'est autre que le groupe des éléments de $\mathbf{GL}_n$ qui fixe les *invariants tensoriels de petit degré* de G.

2. Semi-simplicité et nullité du H^1

(Les résultats de cette section ne seront pas utilisés dans la suite, mais ils s'insèrent naturellement ici.)

Les deux premiers énoncés sont "géométriques" : on se place sur un corps k de caractéristique $p > 0$ que l'on peut supposer algébriquement clos.

Théorème A - *Si* $G \subset \mathbf{GL}_n$ *satisfait à* (1) *et* (2), et *si* $p \geq c_6(n)$, *on a*

$$H^1(G,V) = 0\ , \quad \text{où } V = k^n.$$

(Il s'agit du 1er groupe de cohomologie de G à coefficients dans V, la cohomologie étant définie par des cochaînes "morphiques" sur G. Formulation équivalente :

$\operatorname{Ext}^1_G(\mathbf{1}, V) = 0$, où $\mathbf{1}$ désigne la représentation unité de G.)

Démonstration – Par dévissage on peut supposer V irréductible. Si $V = \mathbf{1}$, on a $H^1(G, \mathbf{1}) = \operatorname{Hom}(G, \mathbf{G}_a) = 0$. On peut donc supposer V irréductible $\neq \mathbf{1}$. Si p est assez grand, on sait que cette représentation est réduction $\bmod p$ d'une représentation de caractéristique 0. Or dans cette dernière l'opérateur de Casimir (induit par l'action de l'algèbre de Lie) est $\neq 0$. Il le reste donc $(\bmod p)$ pour presque tout p. Or, dès qu'il est $\neq 0$, il entraîne la nullité de $H^1(G, V)$ par un argument standard. (Par exemple, on représente une classe de cohomologie par une extension $0 \to V \to E \to \mathbf{1} \to 0$ de G-modules, et on doit voir que cette extension est scindée. Or l'élément de Casimir opère sur E, est 0 sur $\mathbf{1}$, et est un scalaire $\lambda \neq 0$ sur V : son noyau dans E donne donc un scindage de E.) Il n'y a donc qu'un nombre fini de p à exclure, d'où le théorème A.

4 *Remarque* – La meilleure valeur de $c_6(n)$ semble être $c_6(n) = n + 1$.

Voici une variante du théorème A :

Théorème B – *Soit $\rho : G \to \mathbf{GL}_n$ une représentation linéaire en caractéristique p d'un groupe semi-simple G. Supposons que :*

(a) *les poids intervenant dans ρ sont p-restreints ;*

(b) $p \geq c_7(n)$.

Alors ρ est semi-simple.

(Il se peut que la condition (a) soit inutile : je n'ai pas regardé.)

Démonstration – Il suffit de voir que, si V_1 et V_2 sont deux représentations de G satisfaisant à (a) et $\dim V_1 + \dim V_2 \leq n$, alors $\operatorname{Ext}^1_G(V_1, V_2) = 0$ si $p \geq c_7(n)$. Or on peut récrire $\operatorname{Ext}^1_G(V_1, V_2)$ comme $H^1(G, W)$, où $W = V_1^* \otimes V_2$. On applique alors le théorème A à la représentation W.

(Je m'aperçois que, dans mes énoncés, je suppose tantôt que G est *contenu* dans le $\mathbf{GL}_n$ considéré, tantôt qu'on a une représentation de G dans $\mathbf{GL}_n$, non nécessairement fidèle. Excuse-moi ! On passe sans difficulté d'un type d'énoncé à l'autre, mais dans mon cours, il me faudra choisir, hélas.)

Voici maintenant un théorème de Nori, que j'avais énoncé dans mon 1er cours :

Théorème C – *Soit G un sous-groupe de $\mathbf{GL}_n(\mathbf{F}_p)$, opérant de façon semi-simple.*

On a alors :

$$H^1(G, \mathbf{F}_p^n) = 0 \quad si \quad p \geq c_8(n).$$

Démonstration – Soit G^+ le sous-groupe de G engendré par ses p-éléments. C'est un sous-groupe distingué de G, d'indice premier à p. Il en résulte que G^+ opère de façon semi-simple sur $\mathbf{F}_p^n$ ("lemme de Clifford") et que $H^1(G, \mathbf{F}_p^n)$ se plonge dans le groupe $H^1(G^+, \mathbf{F}_p^n)$. On est ainsi ramené à prouver la nullité de ce dernier groupe. i.e. *on est ramené au cas où G est engendré par ses p-éléments.* On introduit alors l'enveloppe algébrique G^{alg} de G, que je noterai simplement $\underline{G}$ pour éviter des exposants. On sait que (si p est assez grand) G est égal à $\underline{G}(\mathbf{F}_p)^+$. Le théorème A montre que $H^1(\underline{G}, V) = 0$, où $V = \mathbf{F}_p^n$, et on a envie de passer de là à la nullité de $H^1(G, V)$. Ce n'est pas tout à fait évident, et je n'ai rien trouvé de mieux que le fourbi suivant :

Tout d'abord, on peut supposer que V ne contient pas la représentation unité (car $H^1(G, \mathbf{1}) = \mathrm{Hom}(G, \mathbf{Z}/p\mathbf{Z}) = 0$ si p est assez grand). Ceci fait, considère une extension

$$0 \longrightarrow V \longrightarrow E \longrightarrow \mathbf{1} \longrightarrow 0$$

associée à une classe de cohomologie donnée dans $H^1(G, V)$. Il nous faut prouver que cette extension est scindée. *A priori*, le groupe G n'opère pas sur E (s'il opérait, on appliquerait le théorème A, et on aurait gagné). On va le forcer à opérer. Pour cela, on regarde l'enveloppe algébrique de G *dans* $\mathbf{GL}_E$, ce qui a un sens, puisque G est engendré par ses p-éléments. Appelons $\underline{\widetilde{G}}$ cette enveloppe, et $\widetilde{\mathfrak{g}}$ son algèbre de Lie ; on a une projection naturelle $\widetilde{\mathfrak{g}} \to \mathfrak{g}$, où $\mathfrak{g} = \mathrm{Lie}(\underline{G})$, et le noyau de cette projection s'identifie à un sous-$\underline{G}$-module W de V. J'ai supposé que V ne contient aucun sous-module irréductible trivial ; comme l'action de $\underline{G}$ sur V est p-restreinte, il en résulte que l'on a $[\mathfrak{g}, W] = W$ pour tout $W \subset V$ stable par $\underline{G}$. De ceci, et de la suite exacte

$$0 \longrightarrow W \longrightarrow \widetilde{\mathfrak{g}} \longrightarrow \mathfrak{g} \longrightarrow 0,$$

on déduit que W est contenu dans $[\widetilde{\mathfrak{g}}, \widetilde{\mathfrak{g}}]$; comme $[\mathfrak{g}, \mathfrak{g}] = \mathfrak{g}$, *cela entraîne* $\widetilde{\mathfrak{g}} = [\widetilde{\mathfrak{g}}, \widetilde{\mathfrak{g}}]$.
5 Or on a vu dans un cours antérieur que cette relation entraîne "$\mathfrak{g} = \mathfrak{a}$" dans $\mathbf{GL}_E$, et aussi que (pour p assez grand) l'indice de G dans $\underline{\widetilde{G}}(\mathbf{F}_p)$ est borné par $c_9(n)$. Or, si W est de dimension w, et si $\underline{G}$ est de dimension N, l'ordre de $\underline{\widetilde{G}}(\mathbf{F}_p)$ est $\geq c_{10}(n)p^{N+w}$, c'est facile à voir. Comme l'ordre de G est $\leq p^N$, ceci n'est possible (pour p assez grand) que si $w = 0$. Mais alors $\underline{G}$ et $\underline{\widetilde{G}}$ ont même dimension et la

projection $\widetilde{\underline{G}} \to \underline{G}$ est une isogénie (on peut même voir que c'est un isomorphisme). En particulier $\widetilde{\underline{G}}$ est semi-simple et son H^1 à valeurs dans V est 0 d'après le théorème A. si p est assez grand. L'extension E est donc $\widetilde{\underline{G}}$-scindée. donc *a fortiori* G-scindée. cqfd.

Remarques - 1) Cette démonstration n'est pas tout à fait celle de Nori.

6 2) Je n'ai aucune idée de la valeur optimum de $c_8(n)$, et je préfère ne pas faire de conjecture à ce sujet : je manque d'exemples.

3. Les groupes de Galois des points de division par ℓ : algébricité

Après ces 10 ou 12 cours de préliminaires, j'en viens enfin aux théorèmes principaux. Ce n'est pas trop tôt !

On se donne une variété abélienne A de dimension $n \geq 1$ sur un corps de nombres K. Pour tout ℓ, on note G_ℓ le groupe de Galois des points de division par ℓ. C'est un sous-groupe de $\mathrm{Aut}(A_\ell) \simeq \mathbf{GL}_2(\mathbf{F}_\ell)$, avec des notations évidentes. On se propose de montrer que *le groupe G_ℓ n'est "pas très différent" du groupe des $\mathbf{F}_\ell$-points d'un certain groupe réductif connexe* $\underline{H}_\ell \subset \mathbf{GL}_{2n}$. (Conjecturalement, on devrait pouvoir prendre pour $\underline{H}_\ell$ la réduction mod ℓ du groupe de Mumford-Tate. Mais ce n'est pas du tout comme cela qu'on va le définir.)

Définition des $\underline{H}_\ell$

Comme tout groupe réductif connexe qui se respecte, $\underline{H}_\ell$ s'écrit de façon unique :

$$\underline{H}_\ell = \underline{C}_\ell \cdot \underline{S}_\ell,$$

où $\underline{C}_\ell$ est un tore, et $\underline{S}_\ell$ un groupe semi-simple, ces deux groupes commutant l'un avec l'autre. Il revient donc au même de définir $\underline{H}_\ell$ ou de définir séparément $\underline{C}_\ell$ et $\underline{S}_\ell$. C'est ce que je vais faire :

a) *Définition de $\underline{S}_\ell$*

On applique la théorie de Nori au sous-groupe G_ℓ^+ de G_ℓ engendré par les ℓ-éléments de G_ℓ ; autrement dit, on définit $\underline{S}_\ell$ comme l'enveloppe algébrique de G_ℓ^+. Pour ℓ assez grand, on sait que G_ℓ agit de façon semi-simple (théorème de Faltings) ; cela entraîne que $\underline{S}_\ell$ est semi-simple.

Il est bon de noter que la définition de $\underline{S}_\ell$ dépend du choix du corps de base K (ce qui peut paraître aberrant à première vue). Mais, si l'on étend les scalaires de K à une extension finie K' de degré d, le groupe G_ℓ est remplacé par un sous-groupe d'indice $\leq d$. et il en résulte que. si $\ell > d$, le groupe G_ℓ^+ *ne change pas.* non plus bien sûr que $\underline{S}_\ell$. Donc. après extension finie des scalaires. *les $\underline{S}_\ell$ restent les mêmes, à un nombre fini d'exceptions près.*

b) *Définition de $\underline{C}_\ell$*

On suppose K assez grand pour que tout $\overline{K}$-endomorphisme de A soit défini sur K. Soit L le centre de $\mathbf{Q} \otimes \mathrm{End}(A)$, et soit $L = \prod L_j$ sa décomposition en produit de corps. Cette décomposition de L induit une décomposition de A, à isogénie près :

$$A = \prod A_j.$$

Je poserai $d_j = 2.\dim(A_j)/[L_j : \mathbf{Q}]$. Il est facile de voir que d_j est un entier. Plus précisément, les modules de Tate $V_\ell(A_j)$ sont des $\mathbf{Q}_\ell \otimes L_j$-modules libres de rang d_j. Je noterai d la famille des d_j.

Soit $T_L = \prod T_{L_j}$ le tore sur $\mathbf{Q}$ qui représente les éléments inversibles de L. Si $x = (x_j)$ est un point de T_L, je noterai x^d le point $(x_j^{d_j})$. L'application $x \mapsto x^d$ est une isogénie $\delta : T_L \to T_L$.

Il me faut maintenant faire intervenir un système de représentations ℓ-adiques *abéliennes*, celui défini par le "déterminant relatif à L". Plus précisément, on a pour chaque ℓ une représentation

$$f_\ell : \mathrm{Gal}(\overline{K}/K) \longrightarrow (\mathbf{Q}_\ell \otimes L)^* = T_L(\mathbf{Q}_\ell)$$

qui donne l'action de $\mathrm{Gal}(\overline{K}/K)$ sur le $\mathbf{Q}_\ell \otimes L$-module libre de rang 1 $\det_{\mathbf{Q}_\ell \otimes L} V_\ell(A)$. (Cela a un sens car $V_\ell(A)$ est un $\mathbf{Q}_\ell \otimes L$-module projectif : sa j-ème composante est libre de rang d_j.) On vérifie de façon essentiellement standard (i.e. comme dans le cas de la multiplication complexe) que c'est là une représentation rationnelle au sens de mon bouquin à McGill ; elle est associée à une représentation (définie sur $\mathbf{Q}$) $f : S_\mathrm{m} \to T_L$, où S_m est l'un des tores ainsi notés dans McGill. Je noterai C le sous-tore de T_L caractérisé par la propriété suivante : *l'image de C par l'isogénie $\delta : T_L \to T_L$ définie plus haut est la composante neutre de $f(S_\mathrm{m})$*. Par construction, C est un sous-tore de T_L, défini sur $\mathbf{Q}$. (Si j'étais plus courageux, je te donnerais une description explicite directe de C, en termes de l'action de L sur l'espace tangent à A (i.e. à la Shimura) ; c'est un exercice embêtant, qu'il faudra bien que je fasse un de ces jours.)

Pourquoi ai-je défini ce C un peu baroque ? Parce que c'est lui qui définit les $\underline{C}_\ell$ que je voulais ! En effet. End(A) agit sur les A_ℓ. et on peut parler de la réduction (mod ℓ) du tore T_L. ainsi que de son sous-tore C, du moins pour presque tout ℓ. Ce sont des sous-groupes algébriques (sous-tores) de $\mathbf{GL}_{2n/\mathbf{F}_\ell}$. que je noterai $T_{L.\ell}$ et $\underline{C}_\ell$ respectivement.

Note que les éléments de G_ℓ *commutent* aux endomorphismes de A. Il en est donc de même de mon groupe $\underline{S}_\ell$, et on en conclut que *les groupes* $\underline{C}_\ell$ *et* $\underline{S}_\ell$ *commutent*. J'ai donc bien le droit de définir le groupe réductif connexe $\underline{H}_\ell$ par la formule :

$$\underline{H}_\ell = \underline{C}_\ell \cdot \underline{S}_\ell.$$

(*Exemples* – Si End(A) est réduit à $\mathbf{Z}$, le groupe $\underline{C}_\ell$ est simplement le groupe $\mathbf{G}_m$ des homothéties ; la partie intéressante de $\underline{H}_\ell$ est alors $\underline{S}_\ell$. Par contre, si A est de type CM, on a $\underline{S}_\ell = \{1\}$ et $\underline{H}_\ell = \underline{C}_\ell$.)

Maintenant que j'ai défini les $\underline{H}_\ell$, je peux énoncer le théorème principal n° 1 :

Théorème 1 – *Quitte à remplacer K par une extension finie, on a :*

(i) *Pour tout ℓ assez grand. G_ℓ est contenu dans le groupe $\underline{H}_\ell(\mathbf{F}_\ell)$ des $\mathbf{F}_\ell$-points de $\underline{H}_\ell$.*

(ii) *L'indice de G_ℓ dans $\underline{H}_\ell(\mathbf{F}_\ell)$ reste borné quand ℓ varie.*

Une remarque avant de commencer la démonstration : dans tout ce qui suit, on se borne à des ℓ suffisamment grands pour que toutes les inégalités du genre $\ell \geq c_i(2n)$ des cours précédents soient satisfaites. Je ne le redirai pas à chaque fois.

Démonstration de (i)

D'abord G_ℓ normalise G_ℓ^+ donc aussi $\underline{S}_\ell$. On a donc

$$G_\ell \subset \underline{N}_\ell(\mathbf{F}_\ell),$$

où $\underline{N}_\ell$ est le normalisateur de $\underline{S}_\ell$ dans $\mathbf{GL}_{2n}$. On est ainsi conduit à regarder l'image de G_ℓ dans le groupe $(\underline{N}_\ell/\underline{S}_\ell)(\mathbf{F}_\ell)$ Notons G'_ℓ cette image ; c'est un groupe d'ordre premier à ℓ. Or, d'après ce qu'on a vu au début, le groupe $\underline{N}_\ell/\underline{S}_\ell$ peut se représenter (grâce à une action tensorielle) dans un certain groupe linéaire $\mathbf{GL}_W$, où dim W est borné en fonction de n uniquement. Choisissons un sous-groupe abélien normal J_ℓ de G'_ℓ d'indice minimum ("J" est pour "Jordan"). D'après le

théorème de Jordan. on a $(G'_\ell : J_\ell) \leq c$, où c ne depend que de n. Si de plus ℓ est non ramifié dans K (ce qui n'exclut qu'un nombre fini de ℓ) et si I_v est un groupe d'inertie modérée dans G'_ℓ relativement à une place v divisant ℓ. le
7 plongement $I_v \to \mathbf{GL}_W$ ne fait intervenir que des caractères d'amplitude bornée par une constante ne dépendant que de n. (cela résulte de la construction de W au moyen de tenseurs de poids bornés). Or $I_v \cap J_\ell$ est d'indice $\leq c$ dans I_v. On en conclut par le *théorème de rigidité* des tores d'inertie que. si ℓ est assez grand, le groupe I_v commute à J_ℓ : et, par le même raisonnement. que deux groupes I_v relatifs à des v distincts commutent entre eux. Le groupe engendré par J_ℓ et les I_v est alors abélien normal dans G'_ℓ ; comme J_ℓ a été choisi d'indice minimum, cela entraîne $I_v \subset J_\ell$ pour tout v. Considérons alors les homomorphismes

$$\mathrm{Gal}(\overline{K}/K) \longrightarrow G_\ell \longrightarrow G'_\ell \longrightarrow G'_\ell/J_\ell.$$

Ils correspondent à des extensions K'_ℓ/K, de groupe de Galois G'_ℓ/J_ℓ, qui sont de degré borné (par c) et qui sont non ramifiées en dehors des places de mauvaise réduction de A (en effet elles ne sont pas ramifiées en ℓ). Ces extensions sont donc en nombre fini (Hermite). Si l'on remplace K par une extension finie les contenant, les G'_ℓ sont remplacés par des sous-groupes des J_ℓ, i.e. deviennent abéliens.

On est donc ramené *au cas où les groupes G'_ℓ sont abéliens*. J'ai besoin d'un peu mieux : je désire que les G'_ℓ soient contenus dans un *tore* de $\underline{N}_\ell/\underline{S}_\ell$ rationnel sur $\mathbf{F}_\ell$. Pour cela, le plus commode est d'utiliser les "tores d'inertie" associés aux places v divisant ℓ. Il n'est pas difficile de voir que ces tores *normalisent* $\underline{S}$ (par exemple parce qu'ils normalisent son algèbre de Lie – ou bien parce qu'ils laissent stable le sous-espace W des tenseurs fixés par $\underline{S}$), donc définissent des tores du quotient $\underline{N}_\ell/\underline{S}_\ell$. Et l'argument de rigidité utilisé plus haut montre que ces tores commutent entre eux, donc engendrent un sous-tore de $\underline{N}_\ell/\underline{S}_\ell$ que je noterai $\underline{X}'_\ell$. Je dis que, quitte à augmenter K, on a $G'_\ell \subset \underline{X}'_\ell(\mathbf{F}_\ell)$ pour ℓ assez grand. En effet, je peux supposer que A est semi-stable sur K ; cela entraîne que l'inertie en les places de K à mauvaise réduction est unipotente, donc d'image triviale dans G'_ℓ (qui est d'ordre premier à ℓ, je le rappelle). Si je note G''_ℓ l'intersection de G'_ℓ et de $\underline{X}'_\ell(\mathbf{F}_\ell)$, il en résulte que l'extension K''_ℓ de K de groupe de Galois G'_ℓ/G''_ℓ est *non ramifié partout*. Il n'y a alors qu'à remplacer K par son corps de classes absolu pour "détruire" toutes ces extensions, i.e. pour se ramener *au cas où G'_ℓ est contenu dans $\underline{X}'_\ell(\mathbf{F}_\ell)$*.

Soit $\underline{X}_\ell$ l'image réciproque dans $\underline{N}_\ell$ du tore $\underline{X}'_\ell$ de $\underline{N}_\ell/\underline{S}_\ell$. C'est un groupe réductif connexe de groupe dérivé $\underline{S}_\ell$. On peut donc l'écrire de façon unique

$$\underline{X}_\ell = \underline{D}_\ell \cdot \underline{S}_\ell,$$

où $\underline{D}_\ell$ est un tore. commutant à $\underline{S}_\ell$; et la projection $\underline{D}_\ell \to \underline{X}'_\ell$ est une isogénie.

Puisque G'_ℓ est contenu dans $\underline{X}'_\ell(\mathbf{F}_\ell)$, G_ℓ est contenu dans $\underline{X}_\ell(\mathbf{F}_\ell)$ (en effet G_ℓ est en tout cas contenu dans $\underline{X}_\ell(\overline{\mathbf{F}}_\ell)$, et G_ℓ est formé de points rationnels sur $\mathbf{F}_\ell$). On aura donc prouvé (i) *si l'on montre que le tore $\underline{D}_\ell$ coïncide avec le tore $\underline{C}_\ell$ défini* (si péniblement) *au* § 3.

La première chose à faire, c'est de démontrer que *le tore $\underline{D}_\ell$ est contenu dans le tore $T_{L,\ell}$* (celui défini par l'action du centre L de $\mathrm{End}(A)$, réduit $\bmod \ell$). On utilise pour cela le théorème de Faltings qui dit que, pour ℓ grand, le commutant de G_ℓ est $\mathbf{F}_\ell \otimes \mathrm{End}(A)$. Comme $\underline{D}_\ell$ commute à G_ℓ, ce théorème entraîne que $\underline{D}_\ell$ est contenu dans "le groupe multiplicatif de $\mathbf{F}_\ell \otimes \mathrm{End}(A)$". Mais d'autre part $\underline{D}_\ell$ commute à $\mathbf{F}_\ell \otimes \mathrm{End}(A)$; en effet il est contenu dans le groupe engendré par $\underline{S}_\ell$ (qui commute évidemment à $\mathrm{End}(A)$) et par les tores d'inertie aux places divisant ℓ qui commutent tout autant. Ces deux propriétés de $\underline{D}_\ell$ entraînent bien qu'il est contenu dans le tore $T_{L,\ell}$.

On est maintenant mieux placé pour prouver l'identité de $\underline{D}_\ell$ et de $\underline{C}_\ell$. En effet, tous deux sont des sous-tores de $T_{L,\ell}$, et il suffit de voir que leurs images par l'isogénie

$$\delta : T_{L,\ell} \longrightarrow T_{L,\ell}$$

coïncident.

Or ces images sont faciles à déterminer :

– celle de $\underline{D}_\ell$ est le sous-tore de $T_{L,\ell}$ engendré par les tores d'inertie en ℓ, pour la représentation $\det_L V_\ell(A)$ réduite $\bmod \ell$;

– celle de $\underline{C}_\ell$ est par construction l'image du tore T_{m} de McGill réduit $\bmod \ell$.

L'égalité des deux résulte alors de ce qui est fait dans McGill, convenablement interprété (il faudrait détailler... mais il n'y a aucune difficulté de principe : on connaît vraiment bien les représentations abéliennes !).

Ceci achève la démonstration de (i).

Démonstration de (ii)

Ce n'est pas difficile. Tout d'abord, on sait par la première partie du cours que G_ℓ^+ est d'indice borné dans $\underline{S}_\ell(\mathbf{F}_\ell)$. Utilisant la suite exacte

$$\{1\} \longrightarrow \underline{S}_\ell(\mathbf{F}_\ell) \longrightarrow \underline{H}_\ell(\mathbf{F}_\ell) \longrightarrow (\underline{H}_\ell/\underline{S}_\ell)(\mathbf{F}_\ell) \longrightarrow \{1\},$$

on est ramené à prouver que l'image de G_ℓ dans $(\underline{H}_\ell/\underline{S}_\ell)(\mathbf{F}_\ell)$ est d'indice borné. C'est là une question "abélienne", donc facile ! On peut par exemple la traiter en utilisant le déterminant relatif à L, qui donne une isogénie

$$\det_L : \underline{H}_\ell/\underline{S}_\ell \longrightarrow \delta(\underline{C}_\ell) \subset T_{L,\ell}.$$

La théorie abélienne (McGill) montre que l'image de G_ℓ dans les points rationnels de $\delta(\underline{C}_\ell)$ est d'indice borné ; comme l'isogénie ci-desus est également de degré borné (facile), on obtient ce que l'on veut.

(Autre possibilité : utiliser les tores d'inertie, qui contiennent beaucoup de points rationnels provenant de G_ℓ.)

Remarques

1) La démonstration ci-dessus fournit une autre définition du groupe $\underline{H}_\ell$: c'est le groupe algébrique engendré par $\underline{S}_\ell$ et par les tores d'inertie relatifs aux places divisant ℓ. (Conjecturalement, les tores d'inertie devraient suffire à engendrer $\underline{H}_\ell$, mais je ne vois pas comment le démontrer. On avait rencontré une situation analogue dans le cas ℓ-adique.)

2) Il est naturel de se demander si (ii) peut être renforcé en :

(ii ?) - *On a* $G_\ell = \underline{H}_\ell(\mathbf{F}_\ell)$ *pour* ℓ *assez grand.*

La réponse est "non". L'assertion (ii ?) peut être fausse même dans le cas CM, j'en ai donné des exemples il y a longtemps (et Ken en a donné d'autres).

3) Le théorème 1 n'est utile que si l'on montre que les groupes $\underline{H}_\ell$ sont "assez gros", en un sens convenable. Ce sera l'objet des n°s 6 et 7.

4) J'aurais dû énoncer explicitement dans le théorème que *le commutant de* $\underline{H}_\ell$ *(dans* $\mathrm{End}(A) = M_{2n}(\mathbf{F}_\ell)$*) est* $\mathbf{F}_\ell \otimes \mathrm{End}(A)$ si ℓ est assez grand. En effet, on sait que c'est vrai pour G_ℓ d'après Faltings ; le commutant en question est donc contenu dans $\mathbf{F}_\ell \otimes \mathrm{End}(A)$. Et d'autre part, les éléments de $\underline{H}_\ell(\mathbf{F}_\ell)$ commutent à $\mathrm{End}(A)$, on l'a vu en cours de démonstration.

En particulier. si $\mathrm{End}(A) = \mathbf{Z}$, *la représentation* $\underline{S}_\ell \to \mathbf{GL}_{2n}$ *est absolument simple.*

5) Plus généralement. si (i, j) est un couple d'entiers donné, les invariants tensoriels de type (i, j) de G_ℓ et de $\underline{H}_\ell$ *sont les mêmes*. pour ℓ assez grand (le "assez grand" dépend bien sûr du couple (i, j) choisi). En effet, tout invariant tensoriel de type (i, j) de G_ℓ est invariant par $\underline{S}_\ell$ si ℓ est assez grand (petit lemme sur les exponentielles), et aussi par les tores d'inertie (rigidité).

5. Le groupe des homothéties

Lemme – *Le tore C du* § 3 b) *contient le groupe $\mathbf{G}_m$ des homothéties.*

Si j'avais décrit C explicitement, ce serait évident (du moins je l'espère...). Comme je ne l'ai pas fait, il me faut utiliser la théorie ℓ-adique exposée l'an dernier. Celle-ci montre que l'enveloppe algébrique du groupe de Galois ℓ-adique G_{ℓ^∞} a pour composante neutre un groupe réductif donc le centralisateur connexe est le tore $C_{\mathbf{Q}_\ell}$. Or cette composante contient les homothéties (Bogomolov – et Deligne). Donc C contient $\mathbf{G}_m$.

Une fois ce lemme prouvé, on voit que $\underline{H}_\ell$ contient $\mathbf{G}_{m/\mathbf{F}_\ell}$ pour ℓ assez grand. Vu le théorème 1, cela entraîne :

Théorème – *Il existe une constante c telle que le groupe G_ℓ contienne un sous-groupe d'indice $\leq c$ du groupe $\mathbf{F}_\ell^*$ des homothéties.*

(Précisons que c dépend de A et de K.)

J'aimerais bien démontrer *que G_ℓ contient $\mathbf{F}_\ell^*$ tout entier pour ℓ assez grand*, mais je n'y suis pas parvenu. Ça a pourtant l'air abordable – et c'est vrai dans des tas de cas particuliers. C'est vexant !

6. Le rang du groupe $\underline{H}_\ell$

Soit $\underline{H}_{\ell^\infty}$ l'enveloppe algébrique du groupe ℓ-adique G_{ℓ^∞}. On a vu dans le cours de l'an dernier que $\underline{H}_{\ell^\infty}$ a un *rang* r qui est indépendant de ℓ.

Théorème 2 – *Le rang de $\underline{H}_\ell$ est égal à r pour ℓ assez grand.*

Démonstration

On utilise l'application cl : $\mathbf{GL}_{2n} - \mathbf{Aff}_*^{2n}$ qui avait déjà servi l'an dernier, dans le cas ℓ-adique. Je te rappelle ce que c'est :

$\mathbf{Aff}_*^{2n}$ est l'espace affine de dimension $2n$ privé de l'hyperplan "dernière coordonnée = 0" : ses points sont des vecteurs $(a_1, \ldots, a_{2n})$ avec a_{2n} inversible :

cl est le morphisme de $\mathbf{GL}_{2n}$ dans $\mathbf{Aff}_*^{2n}$ qui attache à toute matrice inversible les coefficients de son polynôme caractéristique.

On avait vu que. si H est un sous-groupe réductif connexe de $\mathbf{GL}_{2n}$. cl(H) est une sous-variété irréductible fermée de $\mathbf{Aff}_*^{2n}$. définie sur $\mathbf{Q}$. et de dimension égale au rang de H. (On voyait ça en remplaçant H par un tore maximal.)

On va appliquer ça à la fois en caractéristique 0 et en caractéristique $\ell > 0$. On s'intéresse d'abord (en caractéristique 0) à des groupes réductifs du type $C.\Sigma$, où C est mon tore usuel, et Σ est semi-simple commutant à C. A conjugaison près (dans une clôture algébrique), il n'y a qu'un nombre fini de tels groupes, d'où, par cl, un nombre fini de sous-variétés(*) $P_1, \ldots, P_h$ de $\mathbf{Aff}_*^{2n}$, de dimensions $r_1, \ldots, r_h$. La variété cl$(\underline{H}_{\ell\infty})$ est égale à l'une d'elles, disons P_1 (on sait en effet que cl$(\underline{H}_{\ell\infty})$ est indépendante de ℓ) ; on peut d'ailleurs caractériser P_1 directement : c'est l'adhérence pour la topologie de Zariski des points de $\mathbf{Aff}_*^{2n}(\mathbf{Q})$ attachés aux *endomorphismes de Frobenius* des réductions de A, on l'a vu. En particulier, on a $r = r_1$.

Il faut maintenant passer de là au rang des groupes $\underline{H}_\ell$, en caractéristique ℓ. On va utiliser le fait suivant : si ℓ est assez grand, *$\underline{H}_\ell$ est la réduction* (mod ℓ) *d'un groupe réductif connexe du type $C.\Sigma$ ci-dessus.* J'avais dit ça (et je l'avais démontré) pour le groupe semi-simple $\underline{S}_\ell$, mais c'est aussi vrai (il faut un petit argument supplémentaire) pour le groupe $\underline{H}_\ell = \underline{C}_\ell \cdot \underline{S}_\ell$. Il en résulte que, toujours pour ℓ assez grand, la variété cl$(\underline{H}_\ell)$ *est la réduction* (mod ℓ) *de l'une des variétés P_i introduites ci-dessus.* Le théorème 2 sera prouvé (et même précisé !) si je montre que cl$(\underline{H}_\ell) = P_{1/\mathbf{F}_\ell}$ pour tout ℓ assez grand. (Autrement dit, $\underline{H}_\ell$ et $\underline{H}_{\ell\infty}$ ont "le même" tore maximal.)

Je choisis d'abord une place v de K ayant la propriété que la classe cl(σ_v) de son Frobenius ne se trouve dans aucune des sous-variétés $P_1 \cap P_j$ distinctes de P_1 ; un tel v existe grâce à la propriété de densité que j'ai rappelée. Par réduction (mod ℓ) , on aura la même propriété pour presque tout ℓ (en effet, si un point n'est pas dans une sous-variété, il n'y est pas non plus mod ℓ, sauf pour un nombre fini de valeurs de ℓ). Pour ces ℓ là on est sûr que cl$(\underline{H}_\ell)$ contient P_1 (ce qui montre

(*) la lettre P correspond à "polynôme"

déjà que le rang de $\underline{H}_\ell$ est $\geq r$).

Il faut maintenant prouver que $\mathrm{cl}(\underline{H}_\ell)$ n'est pas plus grand que P_1 ou, ce qui revient au même, que le rang de $\underline{H}_\ell$ est $\leq r$. (Ça devrait être trivial : on se dit que le rang ne peut pas augmenter par réduction mod ℓ !) Suppose que ce ne soit pas le cas, et que ce rang soit $\geq r+1$. Je vais d'abord prouver que *le nombre d'éléments de* $\mathrm{cl}(G_\ell)$ *est* $\gg \ell^{r+1}$ (i.e. $\geq c l^{r+1}$, où c est un nombre > 0 indépendant de ℓ). Cela se fait ainsi : on choisit un tore maximal Θ de $\underline{H}_\ell$ rationnel sur $\mathbf{F}_\ell$, et on remarque que $|\Theta(\mathbf{F}_\ell)| \gg \ell^{r+1}$; comme G_ℓ est d'indice borné dans $\underline{H}_\ell(\mathbf{F}_\ell)$, l'indice de $G_\ell \cap \Theta(\mathbf{F}_\ell)$ dans $\Theta(\mathbf{F}_\ell)$ est borné, et l'on a $|G_\ell \cap \Theta(\mathbf{F}_\ell)| \gg \ell^{r+1}$. D'autre part, le morphisme $\mathrm{cl} : \Theta \to \mathbf{Aff}_*^{2n}$ est un morphisme fini dont le degré est borné par exemple par $(2n)$! On a donc bien :

$$|\mathrm{cl}(G_\ell)| \geq |\mathrm{cl}(G_\ell \cap \Theta(\mathbf{F}_\ell))| \geq |G_\ell \cap \Theta(\mathbf{F}_\ell)|/(2n)! \gg \ell^{r+1}.$$

Mais d'autre part $\mathrm{cl}(G_\ell)$ est simplement la réduction (mod ℓ) de $\mathrm{cl}(G_{\ell^\infty})$, donc est contenu dans $P_1(\mathbf{F}_\ell)$. Puisque P_1 est une variété de dimension r, son nombre de points (mod ℓ) est $\ll \ell^r$. Contradiction !

Remarque.– On devrait pouvoir simplifier cette démonstration. Intuitivement, un petit rang signifie "beaucoup de relations multiplicatives entre les valeurs propres des Frobenius" et l'on sait en outre que ces relations sont engendrées par celles à petits coefficients. Cela devrait suffire à montrer que ces relations se voient aussi bien en caractéristique ℓ qu'en caractéristique 0. (J'ai essayé de rédiger une démonstration basée sur ce principe, mais je me suis embourbé.)

7. Où l'on trouve le groupe symplectique

Dans cette section, on s'intéresse *au cas où* $\mathrm{End}(A) = \mathbf{Z}$ (il s'agit des $\overline{K}$-endomorphismes). Le groupe C est alors réduit à $\mathbf{G}_m$ (homothéties), et les groupes $\underline{S}_\ell$ sont absolument irréductibles pour ℓ grand.

Le rang commun r des groupes $\underline{H}_{\ell^\infty}$ (cf. n° 6) est $\leq n+1$, du fait que ces groupes sont contenus dans le groupe des similitudes symplectiques $\mathbf{GSp}_{2n} = \mathbf{G}_m.\mathbf{Sp}_{2n}$. On a vu dans le cours de l'an dernier que *l'on a* $r = n+1$ *si et seulement si* $\underline{H}_{\ell^\infty} = \mathbf{GSp}_{2n/\mathbf{Q}_\ell}$ pour tout ℓ. Et l'on a vu aussi que $r = n+1$ dès que n est impair (ou $n = 2, 6$ – mais pas $n = 4$). On va maintenant obtenir un résultat bien plus précis :

Théorème 3 – *Supposons* $\mathrm{End}(A) = \mathbf{Z}$ *et* $r = n+1$. *Alors :*

(a) $G_\ell = \mathbf{GSp}_{2n}(\mathbf{F}_\ell)$ *pour* ℓ *grand,*

(b) $G_{\ell^\infty} = \mathbf{GSp}_{2n}(\mathbf{Z}_\ell)$ *pour* ℓ *grand.*

(c) *l'image de* $\mathrm{Gal}(\overline{K}/K)$ *dans le produit restreint* $\prod_\ell' \mathbf{GSp}_{2n}(\mathbf{Q}_\ell)$ *est ouverte* (pour la topologie adélique).

Remarques

1) En fait, l'assertion (c) entraîne (a) et (b). Mais on démontrera d'abord (a), puis (b), et on en déduira (c).

2) Quitte à étendre le corps de base, et à faire une isogénie (ce qui ne change rien), on peut supposer que A admet une polarisation de degré 1. On a alors $G_{\ell^\infty} \subset \mathbf{GSp}_{2n}(\mathbf{Z}_\ell)$ pour tout ℓ, et l'assertion (c) prend la forme plus parlante suivante :

(c′) *L'image de* $\mathrm{Gal}(\overline{K}/K)$ *dans* $\prod_\ell \mathbf{GSp}_{2n}(\mathbf{Z}_\ell)$ *est ouverte* (donc d'indice fini), *pour la topologie produit.*

Le théorème 3 entraîne évidemment :

Corollaire – *Si* $\mathrm{End}(A) = \mathbf{Z}$ *et si* n *est impair ou égal à* 2 *ou* 6, *les assertions* (a), (b), (c) *ci-dessus sont vraies.*

Dans le cas $n = 1$, on retrouve le théorème que j'avais publié dans *Invent. Math.* **15** (1972).

Démonstration

Je suppose que A admet une polarisation de degré 1 (cf. Remarque 2 ci-dessus), ce qui entraîne $G_{\ell^\infty} \subset \mathbf{GSp}_{2n}(\mathbf{Z}_\ell)$ pour tout ℓ et *a fortiori* $G_\ell \subset \mathbf{GSp}_{2n}(\mathbf{F}_\ell)$.

Démonstration de (a)

Le groupe G_ℓ^+ est contenu dans $\mathbf{GSp}_{2n}(\mathbf{F}_\ell)$, et est engendré par des ℓ-éléments : il est donc contenu dans $\mathbf{Sp}_{2n}(\mathbf{F}_\ell)$, et on en déduit (pour $\ell \geq 4n$, par exemple) que le groupe semi-simple $\underline{S}_\ell$ est contenu dans $\mathbf{Sp}_{2n/\mathbf{F}_\ell}$. Pour ℓ assez grand, $\underline{S}_\ell$ jouit donc des deux propriétés suivantes :

(1) C'est un sous-groupe semi-simple absolument irréductible du groupe $\mathbf{Sp}_{2n/\mathbf{F}_\ell}$.

(2) Son rang est n (d'après le théorème 2 et l'hypothèse $r = n + 1$).

Or les propriétés (1) et (2) *entraînent* $\underline{S}_\ell = \mathbf{Sp}_{2n/\mathbf{F}_\ell}$, du moins pour $\ell \neq 2$ (pour $\ell = 2$, $\underline{S}_\ell$ pourrait être égal à un groupe orthogonal $\mathbf{SO}_{2n/\mathbf{F}_\ell}$, groupe qui jouit manifestement des propriétés (1) et (2) pour $n \geq 2$). C'est une question de systèmes de racines, que j'avais expliquée l'an dernier – et je viens d'avoir la chance de recevoir un preprint de G.M. Seitz (Mem. AMS **365**, p. 278), où c'est explicitement démontré (et c'est de là que je tire le contre-exemple pour $\ell = 2$, qui m'avait d'abord échappé, oh honte).

Ceci dit, il résulte de ce qui a été fait au début du cours que $G_\ell^+ = \mathbf{Sp}_{2n}(\mathbf{F}_\ell)^+ = \mathbf{Sp}_{2n}(\mathbf{F}_\ell)$ pour ℓ grand. Ainsi, G_ℓ contient $\mathbf{Sp}_{2n}(\mathbf{F}_\ell)$. On regarde alors la suite exacte:

$$(*) \qquad \{1\} \longrightarrow \mathbf{Sp}_{2n} \longrightarrow \mathbf{GSp}_{2n} \xrightarrow{c} \mathbf{G}_m \longrightarrow \{1\},$$

où c est l'homomorphisme qui attache à toute similitude son multiplicateur. Sur $\mathbf{F}_\ell$, cette suite exacte donne :

$$\{1\} \longrightarrow \mathbf{Sp}_{2n}(\mathbf{F}_\ell) \longrightarrow \mathbf{GSp}_{2n}(\mathbf{F}_\ell) \xrightarrow{c} \mathbf{F}_\ell^* \longrightarrow \{1\}.$$

De plus, on sait que le composé $\mathrm{Gal}(\overline{K}/K) \to G_\ell^+ \xrightarrow{c} \mathbf{F}_\ell^*$ n'est autre que le ℓ-ème caractère cyclotomique, i.e. celui qui donne l'action de $\mathrm{Gal}(\overline{K}/K)$ sur μ_ℓ. Si ℓ est assez grand, ce caractère est surjectif. Comne G_ℓ contient $\mathbf{Sp}_{2n}(\mathbf{F}_\ell)$, on a donc bien $G_\ell = \mathbf{GSp}_{2n}(\mathbf{F}_\ell)$.

Démonstration de (b)

On travaille avec un ℓ fixé, et l'on utilise le lemme suivant :

Lemme 1 – *Supposons $\ell \geq 5$. Soit X un sous-groupe fermé de $\mathbf{Sp}_{2n}(\mathbf{Z}_\ell)$ ayant pour image $\mathbf{Sp}_{2n}(\mathbf{F}_\ell)$ par réduction* $(\mathrm{mod}\,\ell)$. *Alors X est égal à $\mathbf{Sp}_{2n}(\mathbf{Z}_\ell)$.*

Pour $n = 1$, la démonstration est faite dans McGill, p. IV-23 à IV-24. Cette démonstration repose essentiellement sur le fait que l'algèbre de Lie de $\mathbf{SL}_2$ est engendrée (linéairement) par des matrices u telles que $u^2 = 0$. Or ce fait se généralise à $\mathbf{Sp}_{2n}$, pour n quelconque. D'où le résultat, par la même démonstration. (Peut-être y a-t-il une référence dans la littérature qui m'éviterait de refaire la démonstration ?)

On applique ce lemme au groupe X = adhérence du groupe dérivé de G_{ℓ^∞}. Il est clair que X est contenu dans $\mathbf{Sp}_{2n}(\mathbf{Z}_\ell)$. D'autre part, si ℓ est assez grand, G_{ℓ^∞}

se projette sur $\mathbf{GSp}_{2n}(\mathbf{F}_\ell)$, donc X se projette sur le groupe dérivé de $\mathbf{GSp}_{2n}(\mathbf{F}_\ell)$ qui n'est autre que $\mathbf{Sp}_{2n}(\mathbf{F}_\ell)$ (pour $\ell \geq 5$. ici encore). Vu le lemme, on en conclut que X est égal à $\mathbf{GSp}_{2n}(\mathbf{Z}_\ell)$. La démonstration de (b) se termine comme dans le cas (a), en utilisant la suite exacte

$$\{1\} \longrightarrow \mathbf{Sp}_{2n}(\mathbf{Z}_\ell) \longrightarrow \mathbf{GSp}_{2n}(\mathbf{Z}_\ell) \xrightarrow{c} \mathbf{Z}_\ell^* \longrightarrow \{1\}$$

combinée avec le fait que l'image de $\chi_\ell : \mathrm{Gal}(\overline{K}/K) \to G_{\ell^\infty} \xrightarrow{c} \mathbf{Z}_\ell^*$ est $\mathbf{Z}_\ell^*$ tout entier. pour ℓ grand.

Démonstration de (c)

Ici encore, on imite ce qui est fait dans McGill, p. IV-18 à IV-27. Utilisant de nouveau un groupe dérivé, ainsi que la suite exacte ($*$) de la page précédente, on se ramène à prouver l'énoncé suivant :

Lemme 2 – *Soit X un sous-groupe fermé de $\prod_\ell \mathbf{Sp}_{2n}(\mathbf{Z}_\ell)$. Supposons que, pour tout ℓ* (resp. *pour presque tout ℓ*), *la projection*

$$X \longrightarrow \mathbf{Sp}_{2n}(\mathbf{Z}_\ell)$$

ait une image ouverte (resp. *soit surjective*). *Alors X est ouvert.*

La démonstration utilise les propriétés suivantes des groupes $\Sigma_\ell = \mathbf{Sp}_{2n}(\mathbf{F}_\ell)/\{\pm 1\}$:

(1) Aucun sous-groupe propre de $\mathbf{Sp}_{2n}(\mathbf{F}_\ell)$ ne s'applique sur Σ_ℓ. Facile !

(2) A part les trois cas : $n = 1$, $\ell = 2$ ou 3 et $n = 2$, $\ell = 2$, le groupe Σ_ℓ est un groupe *simple non abélien.* Classique !

(3) Si ℓ est assez grand (e.g. $\ell > 2n$), Σ_ℓ *n'intervient dans aucun des* $\Sigma_{\ell'}$ *pour* $\ell' \neq \ell$.

(On dit qu'un groupe simple Σ *intervient* dans un groupe G si Σ est isomorphe à un quotient d'un sous-groupe de G.)

Voici une façon possible de prouver (3) : on remarque que, pour $\ell > 2n$, tout ℓ-sous-groupe de $\mathbf{GL}_{2n}(\mathbf{F}_{\ell'})$, avec $\ell' \neq \ell$, est *abélien* (décomposer en somme de représentations irréductibles, et noter que toute représentation irréductible d'un ℓ-groupe est de degré 1 ou $\geq \ell$). Si donc Σ_ℓ intervenait dans un $\Sigma_{\ell'}$, son ℓ-groupe de Sylow serait abélien, ce qui n'est pas le cas (sauf pour $n = 1$, cas que l'on traite directement, cf. McGill).

Une fois armé de ces propriétés, on démontre le lemme 2 tout simplement en recopiant la démonstration donnée pour $n = 1$ dans McGill, p. IV-24 à IV-27. Je n'ai pas envie d'en dire plus.

8. Compléments

Les théorèmes 1, 2 et 3 constituent les résultats principaux du cours. Suivant le temps qu'il me restera (et mon énergie), je donnerai ou non les compléments suivants :

8.1 – *Généralisation aux corps K de type fini sur* $\mathbf{Q}$

Sauf erreur, *tous* les énoncés restent valables dans cette situation plus générale. La seule différence dans les démonstrations réside dans l'endroit où j'utilisais le théorème de finitude de Hermite (et aussi, un peu, dans l'emploi des tores d'inertie). Lorsque K est de type fini sur $\mathbf{Q}$, il faut faire un peu plus attention, mais Raynaud m'a convaincu que ça marchait quand même. On verra bien.

8.2 – *Transposition aux corps de fonctions en caractéristique* $p > 0$

Les énoncés sont un peu modifiés, du fait, par exemple, que G_{ℓ^∞} n'est plus un sous-groupe *ouvert* de son enveloppe algébrique.

Toutefois, c'est uniquement la partie abélienne qui "ne se remplit pas" : le reste se remplit comme en caractéristique 0. Par exemple, dans la situation(*) du théorème 3, on trouve que l'image de $\mathrm{Gal}(\overline{K}, K)$ dans $\prod_\ell \mathbf{GSp}_{2n}(\mathbf{Z}_\ell)$ contient un sous-groupe ouvert du produit des $\mathbf{Sp}_{2n}(\mathbf{Z}_\ell)$; par contre son image dans $\prod_\ell \mathbf{Z}_\ell^*$ par l'homomorphisme c est loin d'être ouverte : elle est isomorphe à $\widehat{\mathbf{Z}}$.

Quant aux démonstrations, elles sont plutôt plus simples qu'en caractéristique 0 car il n'y a plus lieu de faire intervenir des tores d'inertie : il n'y a plus de places au-dessus de ℓ !

8.3 – *Exemples numériques*

J'aimerais bien faire en genre 2 ce que j'avais fait pour le genre 1, i.e. partir de courbes de genre 2 explicites, et tâcher de dire à partir de quand le groupe de Galois correspondant G_ℓ devient égal à $\mathbf{GSp}_4(\mathbf{F}_\ell)$. Dans ce genre de question, les

(*) Attention ! Je ne sais pas si le *corollaire* au théorème 3 reste vrai en caractéristique p. Il y a des difficultés car on n'a plus de "tores de Hodge".

8 tores d'inertie jouent certainement un rôle essentiel : on devrait s'en tirer en les utilisant, et en calculant sur machine un très petit nombre de Frobenius (Mestre m'en a fourni quelques tables que je n'ai pas commencé à exploiter).

Voila. Je crois que c'est à peu près tout[*].

(*) Peut-être donnerai-je aussi la démonstration du théorème de Matthews-Vaserstein-Weisfeiler et Nori : si Γ est un sous-groupe Zariski dense de type fini de $\mathbf{Sp}_{2n}(\mathbf{Q})$, son adhérence dans le groupe adélique $\prod_{\ell}' \mathbf{Sp}_{2n}(\mathbf{Q}_\ell)$ est ouverte, i.e. Γ a la proprieté d'"approximation forte". La démonstration est analogue à celle des théorèmes 1, 2 , 3 ci-dessus, mais nettement plus facile.

138.

Lettre à Ken Ribet du 7/3/1986

Cher Ken.

J'ai envie de te raconter les démonstrations de quelques résultats que je suis en train d'exposer dans mon cours, et qui ne figurent pas dans ma lettre à Marie-France du 10 février.

1. Indépendance des groupes de Galois ℓ-adiques

Les notations sont celles de ma lettre à Marie-France, § 3 : je note G_ℓ le groupe de Galois des points de division par ℓ. Comme il me faut aussi parler du groupe ℓ-adique correspondant, je note ce dernier G_{ℓ^∞} : ce n'est pas très commode, mais je n'ai rien trouvé de mieux.

1 **Théorème** – *Si K est assez grand, l'image de*

$$G_K \longrightarrow \prod_\ell G_{\ell^\infty} \qquad (\textit{où } G_K = \mathrm{Gal}(\overline{K}/K))$$

est un sous-groupe ouvert du produit des G_{ℓ^∞}.

(On a envie de formuler ça en disant que les extensions de K engendrées par les points de ℓ^∞-division sont *presque* linéairement disjointes, si K est assez grand.)

Corollaire – *Si K est assez grand, l'image de $G_K \to \prod_\ell G_\ell$ est ouverte.*

Bien entendu, ceci n'est vrai que si K est assez grand : l'exemple des courbes elliptiques à multiplication complexe par $\mathbf{Q}(\sqrt{-d})$, avec $\sqrt{-d} \notin K$, le montre.

On peut si l'on veut reformuler le théorème en disant qu'il existe une *suite* de corps K arbitrairement grands (i.e. de réunion $\overline{K}$) telle que, pour chacun d'eux, $G_K \to \prod_\ell G_{\ell^\infty}$ soit *surjectif*.

1.1. *Une propriété préliminaire des G_ℓ*

Considérons la propriété suivante de G_ℓ :

(1_ℓ) – *Le groupe G_ℓ est engendré par G_ℓ^+ et par les groupes d'inertie en les places de $\overline{K}$ divisant ℓ.*

Je te rappelle que G_ℓ^+ est par définition le sous-groupe de G_ℓ engendré par les éléments d'ordre une puissance de ℓ. Pour ℓ assez grand, on sait que c'est aussi $\mathbf{S}_\ell(\mathbf{F}_\ell)^+$, image de $\widetilde{\mathbf{S}}_\ell(\mathbf{F}_\ell) \to \mathbf{S}_\ell(\mathbf{F}_\ell)$, cf. lettre à Marie-France.

Proposition – *Si K est assez grand, la propriété (1_ℓ) est vraie pour tout ℓ assez grand.*

(Le "assez grand" relatif à ℓ dépend du corps K choisi.)

Appelle G'_ℓ le sous-groupe de G_ℓ engendré par G_ℓ^+ et par les sous-groupes d'inertie en les places divisant ℓ. Il est facile de voir que, lorsqu'on remplace K par une extension finie, on ne change qu'un nombre fini des G'_ℓ (car il en est ainsi de G_ℓ^+, ainsi que des groupes d'inertie). D'autre part, on a :

Lemme – *Pour ℓ assez grand, G_ℓ^+ est égal à son propre groupe dérivé, et c'est*
2 *aussi le groupe dérivé de G_ℓ, ainsi que de $\mathbf{H}_\ell(\mathbf{F}_\ell)$.*

C'est là une propriété générale des groupes réductifs (facile).

Ceci dit, supposons que A soit semi-stable sur K. Notons K_ℓ l'extension de K correspondant au groupe quotient G_ℓ/G'_ℓ. Cette extension est abélienne, non ramifiée au-dessus de ℓ, et non ramifiée aux places de mauvaise réduction (car les groupes d'inertie correspondants sont unipotents, donc tombent dans G_ℓ^+). Donc K_ℓ est contenue dans le corps de classes absolu K' de K. En remplaçant K par K', on gagne.

1.2. *Démonstration du théorème*

On suppose à partir de maintenant que K est assez grand pour que l'on ait (1_ℓ) pour tout ℓ assez grand. On se propose de montrer que cela entraîne que $G_K \to \prod_\ell G_{\ell^\infty}$ a une image *ouverte*.

On va d'abord prouver l'indépendance des G_{ℓ^∞} pour ℓ assez grand. En d'autres termes :

Lemme 1.2.1 – *Il existe ℓ_0* (dépendant de K) *tel que l'homomorphisme*

$$G_K \longrightarrow \prod_{\ell \geq \ell_0} G_{\ell^\infty}$$

soit surjectif.

Il revient au même de prouver l'existence d'un ℓ_0, tel que, si $\ell_1 < \ldots < \ell_k$ sont des nombres premiers $\geq \ell_0$, l'homomorphisme

$$G_K \longrightarrow G_{\ell_1^\infty} \times \ldots \times G_{\ell_k^\infty}$$

soit surjectif.

On prendra pour ℓ_0 un nombre premier ≥ 5 tel que, pour tout $\ell \geq \ell_0$, on ait les propriétés agréables suivantes :

- A a bonne réduction en les places divisant ℓ.

- (1_ℓ) est vrai.

- G_ℓ^+ est égal à $\mathbf{S}_\ell(\mathbf{F}_\ell)^+$.

Pour prouver la propriété de surjectivité ci-dessus, on raisonnera par récurrence sur k. Je me borne à donner l'argument pour $k = 2$: le cas général n'est pas plus difficile.

D'après le "lemme de Goursat", tout revient à prouver qu'il n'existe pas d'homomorphisme surjectif $f : G_K \to X$, où X est un groupe profini $\neq \{1\}$, qui se factorise à la fois par $G_K \to G_{\ell_1^\infty}$ et par $G_K \to G_{\ell_2^\infty}$. On peut de plus supposer que X est un *groupe fini simple.* Il y a alors diverses possibilités à distinguer :

(a) X est isomorphe à $\mathbf{Z}/\ell\mathbf{Z}$, où ℓ est un nombre premier $\neq \ell_1$. Soit $G(\ell_1)$ le noyau de $G_{\ell_1^\infty} \to G_{\ell_1}$; c'est un pro-ℓ_1-groupe. Son image dans X est donc triviale, i.e. l'homomorphisme $G_{\ell_1^\infty} \to X$ se factorise par G_{ℓ_1}. Mais G_{ℓ_1} est engendré par les groupes d'inertie en ℓ_1 dont l'image dans X est triviale (l'inertie en ℓ_1 ayant une image triviale dans $G_{\ell_2^\infty}$) et par $G_{\ell_1}^+$ qui est égal à son dérivé. Contradiction.

(b) Même argument, si $X \simeq \mathbf{Z}/\ell\mathbf{Z}$ avec $\ell \neq \ell_2$.

(c) X est simple non abélien.

Les mêmes arguments que ci-dessus montrent que $G_{\ell_i^\infty} \to X$ se factorise en $G_{\ell_i} \to X$, et que $G_{\ell_i}^+ \to X$ est surjectif. Il en résulte que X est un quotient simple non abélien de $\widetilde{\mathbf{S}}_{\ell_i}(\mathbf{F}_{\ell_i})$, autrement dit, c'est un groupe simple "de Lie de caractéristique ℓ_i", pour $i = 1, 2$. Mais il est connu que, si l'on se borne aux caractéristiques ≥ 5, il n'y a aucun isomorphisme exceptionnel entre groupes simples de caractéristiques différentes (du genre $\mathbf{SL}_3(\mathbf{F}_2) = \mathbf{PSL}_2(\mathbf{F}_7)$, par exemple) : même les ordres de ces groupes sont différents ! D'où encore une contradiction, ce qui achève la démonstration du lemme 1.2.1.

Fin de la démonstration du théorème

On choisit un ℓ_0 auquel on puisse appliquer 1.2.1, et on note A l'image de G_K dans $\prod_{\ell<\ell_0} G_{\ell^\infty}$. Un argument élémentaire montre que A est ouvert dans ce produit.

Si l'on pose

$$B = \prod_{\ell \geq \ell_0} G_{\ell\infty},$$

on a un homomorphisme $G_K \to A \times B$ dont les deux projections sont surjectives. et l'on est ramené ici encore à un "lemme de Goursat". Autrement dit. on doit prouver que si l'on a un homomorphisme surjectif $G \to X$ qui se factorise à la fois par $G_K \to A$ et par $G_K \to B$. alors X est *fini.*

Notons d'abord que l'ordre (profini) de X n'est divisible que par les nombres premiers divisant $|A|$. lesquels sont en nombre fini. On peut donc choisir un entier $M \geq \ell_0$ tel que

$$|X| = \prod_{\ell \leq M} \ell^{x(\ell)}\ , \quad \text{avec } x(\ell) \in \{0, 1, 2, \ldots, \infty\},$$

et tout revient à voir que les exposants $x(\ell)$ sont finis.

Pour cela, on commence par prouver que, si $\ell > M$, *l'image de* $G_{\ell\infty}$ (vu comme sous-groupe de B) *dans* X *est triviale.* En effet, comme ℓ ne divise pas $|X|$, cette image se factorise par G_ℓ ; mais les groupes d'inertie en ℓ ont une image triviale dans X (du fait que X est quotient de A), et il en est de même de G_ℓ^+, qui est engendré par des éléments d'ordre ℓ. Il résulte de là que l'homomorphisme surjectif $B \to X$ se factorise par un produit fini partiel :

$$\prod_{\ell_0 \leq \ell \leq M} G_{\ell\infty} \to X.$$

Mais, si $\ell < \ell_0$, l'exposant de ℓ dans l'ordre de ce produit partiel est fini. On a donc $x(\ell) \neq \infty$ pour tout $\ell < \ell_0$. D'autre part, puisque X est quotient de A, on a aussi $x(\ell) \neq \infty$ pour tout $\ell \geq \ell_0$. Ceci suffit à prouver que $x(\ell)$ est fini pour tout ℓ, donc que X est fini, ce qui achève la démonstration du théorème.

2. Où l'on montre que $G_{\ell\infty}$ contient "beaucoup" d'homothéties

On sait (Bogomolov) que $G_{\ell\infty}$ contient un sous-groupe *ouvert* du groupe $\mathbf{Z}_\ell^*$ des homothéties. Appelle $e(\ell)$ l'indice dans $\mathbf{Z}_\ell^*$ du groupe $G_{\ell\infty} \cap \mathbf{Z}_\ell^*$. Je me propose de démontrer :

Théorème – *Quand* ℓ *varie, les* $e(\ell)$ *restent bornés.*

Vu le § 1, ce théorème entraîne le suivant :

Théorème – *Il existe une constante $c = c(K, A) \geq 1$ telle que l'image de $G_K \longrightarrow \prod_\ell G_{\ell^\infty}$ contienne toutes les homothéties qui sont des puissances c-ièmes.*

Ces théorèmes sont moins bons que ce que l'on conjecture d'habitude, à savoir que $e(\ell) = 1$ pour ℓ assez grand, ou encore que l'image de G_K contient un sous-groupe *ouvert* du groupe des homothéties. Ils sont cependant suffisamment bons pour les applications aux courbes contenant une infinité de points de torsion, à la Lang.

Pour la *démonstration* de ces théorèmes, il est commode de prouver un peu plus. Je te rappelle que l'adhérence (pour la topologie de Zariski) de G_{ℓ^∞} est un certain groupe réductif connexe produit d'un tore C essentiellement indépendant de ℓ par un groupe semi-simple. De façon plus précise, le tore C se déduit par le changement de base $\mathbf{Q} \rightarrow \mathbf{Q}_\ell$ d'un certain sous-tore C_0 du tore T_L attaché au centre L de $\mathbf{Q} \otimes \operatorname{End} A$. On peut parler des "points de C à valeurs dans $\mathbf{Z}_\ell$", qui forment un groupe que je noterai $C(\mathbf{Z}_\ell)$. (Disons en tout cas que cela a un sens pour presque tout ℓ, par exemple en choisissant un modèle de C_0 sur $\mathbf{Z}$.) Appelons $c(\ell)$ l'indice de $C(\mathbf{Z}_\ell) \cap G_{\ell^\infty}$ dans $C(\mathbf{Z}_\ell)$. L'énoncé plus fort que je désire démontrer est :

Théorème – *Quand ℓ varie, les $c(\ell)$ restent bornés.*

(Comme $e(\ell)$ est $\leq c(\ell)$, c'est bien un résultat plus fort que celui portant simplement sur les homothéties.)

2.1. *Démonstration du théorème lorsque* $\operatorname{End} A = \mathbf{Z}$

(J'expose d'abord ce cas particulier, qui est plus simple que le cas général, mais contient pourtant l'argument essentiel.)

L'énoncé ne concerne que les ℓ assez grands. On peut en particulier supposer que ℓ ne divise pas le degré d'une polarisation de A, ce qui fait que G_{ℓ^∞} est contenu dans le groupe $\mathbf{GSp}_{2n}(\mathbf{Z}_\ell)$ des similitudes symplectiques. On note

$$N : \mathbf{GSp}_{2n} \longrightarrow \mathbf{G}_m$$

l'homomorphisme "norme", qui attache à toute similitude symplectique son multiplicateur.

On va associer au groupe G_{ℓ^∞} un certain sous-groupe Y de $\mathbf{Sp}_{2n}(\mathbf{Z}_\ell)$ défini de la façon suivante :

Pour qu'un élément y de $\mathbf{Sp}_{2n}(\mathbf{Z}_\ell)$ *appartienne a* Y, *il faut et il suffit qu'il existe une homothétie* $u \in \mathbf{Z}_\ell^*$. *telle que* $uy \in G_{\ell^\infty}$.

(On peut voir Y comme une espèce de "projection" de G_{ℓ^∞} sur le facteur $\mathbf{Sp}_{2n}$ du groupe $\mathbf{GSp}_{2n}$; ce n'est pas une vraie projection du fait que $\mathbf{GSp}_{2n}$ n'est pas le produit de $\mathbf{G}_m$ par $\mathbf{Sp}_{2n}$, mais il ne s'en faut pas de beaucoup : c'est vrai à un facteur 2 près, ce qui n'est pas gênant pour ce qu'on veut faire.)

Notons d'autre part U le groupe $G_{\ell^\infty} \cap \mathbf{Z}_\ell^*$, qui est d'indice $e(\ell)$ dans $\mathbf{Z}_\ell^*$. Notons que, si y appartient à Y, l'homothétie u correspondante est *bien déterminée* mod U. L'application $y \mapsto u$ définit donc un homomorphisme

$$\lambda : Y \longrightarrow \mathbf{Z}_\ell^*/U.$$

Cet homomorphisme est surjectif si ℓ est grand. En effet, on sait que l'homomorphisme composé $G_K \rightarrow \mathbf{GSp}_{2n}(\mathbf{Z}_\ell) \xrightarrow{N} \mathbf{Z}_\ell^*$ est égal au caractère cyclotomique, donc est surjectif. Ceci entraîne que, pour tout $u \in \mathbf{Z}_\ell^*$, il existe $x \in G_{\ell^\infty}$ tel que $N(x) = u^2$; si l'on pose $y = u^{-1}x$, on a $y \in Y$ et $\lambda(y) \equiv u \pmod U$, ce qui prouve la surjectivité de λ.

Il résulte de ceci que Y *a un quotient abélien d'ordre* $e(\ell)$.

Si je note Y^{ab} le plus grand quotient abélien de Y (qui est un groupe fini), je suis donc ramené à prouver ceci :

(1) *L'ordre de* Y^{ab} *est borné quand* ℓ *varie.*

C'est de cet énoncé qu'on va maintenant s'occuper.

La première chose à faire est de déterminer l'image Y_ℓ de Y par l'opération "réduction modulo ℓ". C'est évidemment un sous-groupe de $\mathbf{Sp}_{2n}(\mathbf{F}_\ell)$. On peut le caractériser ainsi :

(2) *Supposons* $\ell \geq 3$. *Pour qu'un élément* z *de* $\mathbf{Sp}_{2n}(\mathbf{F}_\ell)$ *appartienne à* Y_ℓ, *il faut et il suffit qu'il existe* $v \in \mathbf{F}_\ell^*$ *tel que* $vz \in G_\ell$.

Il est clair que tout élément de Y_ℓ a la propriété en question. Inversement, supposons que z et v soient comme dans (2). Puisque vz appartient à G_ℓ, je peux choisir un x dans G_{ℓ^∞} tel que l'on ait

$$\overline{x} = vz$$

(je conviens de noter $\overline{x}$ la réduction (mod ℓ) d'une matrice).

Si $w = N(x)$, on a $\overline{w} = N(vz) = v^2$, donc w est un carré (mod ℓ), donc w est un carré dans $\mathbf{Z}_\ell^*$. Je peux écrire $w = u^2$, avec $u \in \mathbf{Z}_\ell^*$, et je peux même choisir u de telle sorte que $\overline{u} = v$. L'élément $y = u^{-1}x$ appartient alors à Y, et il est clair que $\overline{y} = z$, cqfd.

(3) *Le groupe Y_ℓ contient G_ℓ^+*

Comme G_ℓ^+ est contenu dans $\mathbf{GSp}_{2n}(\mathbf{F}_\ell)$, et est engendré par les ℓ-éléments, il est contenu dans $\mathbf{Sp}_{2n}(\mathbf{F}_\ell)$. Le critère (2) s'applique alors avec $v = 1$.

Il faut maintenant prouver que Y_ℓ ne déborde pas trop de G_ℓ^+. Pour cela, on rappelle que G_ℓ est contenu (avec indice borné) dans $\mathbf{H}_\ell(\mathbf{F}_\ell)$, où $\mathbf{H}_\ell$ est un certain groupe réductif connexe qui a été défini dans les exposés antérieurs. Du fait que $\operatorname{End} A = \mathbf{Z}$, la composante neutre du centre de $\mathbf{H}_\ell$ est simplement le groupe $\mathbf{G}_m$ des homothéties. Le groupe dérivé $\mathbf{S}_\ell$ de $\mathbf{H}_\ell$ est un groupe semi-simple, contenu dans $\mathbf{Sp}_{2n/\mathbf{F}_\ell}$. Posons :

$$\mathbf{S}'_\ell = \mathbf{H}_\ell \cap \mathbf{Sp}_{2n/\mathbf{F}_\ell}.$$

(4) *L'indice de $\mathbf{S}_\ell$ dans $\mathbf{S}'_\ell$ est ≤ 2.*

Cela résulte de ce que $\mathbf{G}_m \cap \mathbf{Sp}_{2n/\mathbf{F}_\ell}$ est d'ordre 2.

Posons alors :

$$Y_\ell^0 = Y_\ell \cap \mathbf{S}_\ell(\mathbf{F}_\ell).$$

Comme Y_ℓ est évidemment contenu dans $\mathbf{S}'_\ell(\mathbf{F}_\ell)$, on déduit de (4) :

(5) *L'indice de Y_ℓ^0 dans Y_ℓ est ≤ 2.*

On a d'autre part :

$$G_\ell^+ \subset Y_\ell^0 \subset \mathbf{S}_\ell(\mathbf{F}_\ell),$$

et l'on sait aussi que, si ℓ est assez grand, G_ℓ^+ est égal à $\mathbf{S}_\ell(\mathbf{F}_\ell)^+$, image de $\widetilde{\mathbf{S}}_\ell(\mathbf{F}_\ell)$ dans $\mathbf{S}_\ell(\mathbf{F}_\ell)$. Pour de tels ℓ, l'indice de G_ℓ^+ dans $\mathbf{S}_\ell(\mathbf{F}_\ell)$ est donc majoré par l'ordre du groupe fondamental de $\mathbf{S}_\ell$, ordre que l'on peut majorer de façon uniforme (une borne grossière est $2n$, où $n = \dim A$). De ceci, et de (5), résulte :

(6) *L'indice de G_ℓ^+ dans Y_ℓ est borné* (quand ℓ varie).

Comme le groupe G_ℓ^+ est égal à son dérivé (pour ℓ grand), ceci entraîne :

(7) *L'ordre de Y_ℓ^{ab} est borné.*

Notons alors $Y(\ell)$ le noyau de la projection $Y \to Y_\ell$, i.e. l'ensemble des $y \in Y$ tels que $y \equiv 1$ (mod ℓ). C'est un pro-ℓ-groupe. Si je montre que son image dans Y^{ab}

est triviale, cela prouvera que $Y^{ab} \to Y_\ell^{ab}$ est un isomorphisme, et (1) résultera de (7). Or l'image de $Y(\ell)$ dans Y^{ab} est un ℓ-groupe. En décomposant ce groupe en morceaux, je suis donc ramené à prouver l'énoncé suivant (pour ℓ assez grand) :

(8) *Il n'existe pas d'homomorphisme surjectif* $f : Y(\ell) \to \mathbf{Z}/\ell\mathbf{Z}$ *qui soit* Y*-invariant, i.e. tel que*

$$f(yzy^{-1}) = f(z) \quad si\ y \in Y,\ z \in Y(\ell).$$

(Formulation équivalente : $Y(\ell)$ est contenu dans le groupe dérivé de Y.)

On va utiliser la *filtration* naturelle du groupe $Y(\ell)$. Si N est un entier ≥ 1, notons $Y(\ell^N)$ le sous-groupe de Y formé des éléments qui sont congrus à 1 (mod ℓ^N). On obtient ainsi

$$Y(\ell) \supset Y(\ell^2) \supset \ldots \supset Y(\ell^N) \supset \ldots.$$

Les quotients successifs $Y(\ell^N)/Y(\ell^{N+1})$ s'identifient à des $\mathbf{F}_\ell$ sous-espaces vectoriels $\mathbf{v}_N$ de l'algèbre de Lie $\mathfrak{sl}_{2n/\mathbf{F}_\ell}$ (et même de l'algèbre de Lie $\mathfrak{sp}_{2n/\mathbf{F}_\ell}$, mais $\mathfrak{sl}$ me suffit) ; l'identification se fait comme d'habitude : à un élément $y = 1 + \ell^N x$ de $Y(\ell^N)$, on associe la réduction (mod ℓ) de x. Cette identification est compatible avec l'action de Y par conjugaison ; bien entendu Y opère sur les $\mathbf{v}_N$ à travers l'homomorphisme $Y \to Y_\ell$ de réduction (mod ℓ).

Par un petit dévissage, on voit que (8) résultera de :

(9) *Il n'existe pas de sous-espace vectoriel* $\mathbf{v}$ *de* $\mathfrak{sl}_{2n/\mathbf{F}_\ell}$ *stable par* Y_ℓ *et muni d'une forme linéaire* $f : \mathbf{v} \to \mathbf{Z}/\ell\mathbf{Z}$ *surjective telle que*

$$f(yvy^{-1}) = f(v) \quad si\ v \in \mathbf{v}\ et\ y \in Y_\ell.$$

Comme Y_ℓ contient G_ℓ^+, il suffira de prouver ceci :

(10) *Si* ℓ *est assez grand, l'action de* G_ℓ^+ *par conjugaison sur* $\mathfrak{sl}_{2n/\mathbf{F}_\ell}$ *est semi-simple et ne contient pas la représentation unité.*

Comme l'action de G_ℓ^+ provient de celle de $\widetilde{S}_\ell(\mathbf{F}_\ell)$, on déduit (10) de :

(11) *L'action de* $\widetilde{\mathbf{S}}_\ell$ *sur* $\mathfrak{sl}_{2n}$ *par conjugaison est semi-simple,* ℓ*-restreinte, et ne contient pas la représentation unité* (ℓ grand).

C'est une pure question de groupes semi-simples. On a un groupe semi-simple qui agit sur un espace vectoriel par une représentation ℓ-restreinte absolument

irréductible (cette dernière propriété provenant de Faltings, qui nous donne le commutant de $\widetilde{\mathbf{S}}_\ell$). Il s'agit d'en déduire (11), si ℓ est assez grand par rapport à la dimension de la représentation. (Si la représentation est de degré $2n$, l'inégalité $\ell > 4n^2$ devrait suffire, mais peu importe.) Seule la semi-simplicité de l'action n'est
3 pas évidente. On la démontre par exemple en remontant en caractéristique 0, où elle est évidemment vraie, et en remarquant que, du coup, elle reste vraie pour ℓ assez grand.

Cela achève la démonstration dans le cas $\operatorname{End} A = \mathbf{Z}$, ouf !

2.2. *Démonstration du théorème dans le cas général*

On rappelle que L désigne le centre de $\mathbf{Q} \otimes \operatorname{End} A$. Le déterminant d'un L-automorphisme x (ou $\mathbf{Q}_\ell \otimes L$-automorphisme) est noté $N(x)$; même notation modulo ℓ. (Dans une rédaction détaillée, il me faudra être plus précis, et introduire l'ordre de L qui opère sur A, sa réduction (mod ℓ), etc. Je m'en dispense ici : ce genre d'ennuis ne concerne qu'un nombre fini de ℓ.)

La restriction de N à T_L est une isogénie (notée π dans le début du cours) ; en particulier, NC est un sous-tore de T_L.

On reprend pas à pas la démonstration du n° 2.1. La première chose à faire est de donner la définition de Y :

C'est l'ensemble des automorphismes y du module de Tate $T_\ell = A_{\ell^\infty}$ jouissant des deux propriétés suivantes :

(a) *il existe $u \in C(\mathbf{Z}_\ell)$ tel que $uy \in G_{\ell^\infty}$;*

(b) *on a $N(y) = 1$.*

(Noter que (a) entraîne que y commute à $\mathbf{Q} \otimes \operatorname{End} A$, et en particulier à L ; cela permet de parler de $N(y)$.)

Si $U = C(\mathbf{Z}_\ell) \cap G_{\ell^\infty}$, on a comme précédemment un homomorphisme

$$\lambda : Y \longrightarrow C(\mathbf{Z}_\ell)/U.$$

De plus, cet homomorphisme est *presque surjectif*, i.e. son conoyau est d'ordre borné. En effet, la théorie abélienne (McGill !) montre que le sous-groupe de $C(\mathbf{Z}_\ell)$ formé des éléments du type $N(x)$, avec $x \in G_{\ell^\infty}$, est d'indice borné, et le résultat s'en déduit aussitôt. Imitant 2.1, on voit qu'on est ramené à prouver :

(1) *L'ordre de* Y^{ab} *est borné* (quand ℓ varie).

On reprend les mêmes arguments que dans 2.1. On prouve d'abord que la réduction Y_ℓ de Y (mod ℓ) est contenue (à un groupe d'ordre borné près) dans le groupe $\mathbf{S}(\mathbf{F}_\ell)$, et contient le groupe $\mathbf{S}(\mathbf{F}_\ell)^+$. D'où l'analogue de (7), i.e. le fait que Y_ℓ^{ab} est borné. Ceci fait, il reste à généraliser (9) et (10), ce qui se fait exactement de la même manière. On utilise le fait que les éléments de Y commutent à $\mathbf{Q} \otimes \operatorname{End} A$: donc les éléments des espaces vectoriels $\mathbf{v}_N$ commutent aussi à $\operatorname{End} A$. On est finalement ramené à montrer que l'action de $\mathbf{S}_\ell$ sur les $\mathbf{v}_N$ ne contient pas la représentation unité. Or, si $\mathbf{S}_\ell$ fixait un sous-espace $\mathbf{w} \neq 0$ de l'un des $\mathbf{v}_N$, celui-ci serait contenu dans $\mathbf{F}_\ell \otimes \operatorname{End} A$ (théorème de Faltings) ; mais, étant contenu dans un $\mathbf{v}_N$, il commuterait à $\mathbf{F}_\ell \otimes \operatorname{End} A$, i.e. il serait contenu dans le centre de $\mathbf{F}_\ell \otimes \operatorname{End} A$, que l'on a envie de noter L_ℓ. Mais Y est formé d'éléments de déterminant 1 ; donc $\mathbf{v}_N$ est formé d'éléments de trace 0 (relativement à L_ℓ), et tout élément de L_ℓ de trace 0 relativement à L_ℓ est réduit à 0. Contradiction.

(Je me rends bien compte du caractère incomplet de cette démonstration. Mais les détails manquants ne présentent pas de difficultés sérieuses : on a simplement besoin d'un peu de théorie abélienne, à la McGill.)

139.

Sur la lacunarité des puissances de η

Glasgow Math. J. **27** (1985), 203–221

To Robert Rankin for his 70th birthday

Introduction. La fonction η de Dedekind est définie par

$$\eta(z) = q^{1/24} \prod_{m=1}^{\infty} (1-q^m) = q^{1/24}(1-q-q^2+q^5+\ldots), \tag{1}$$

où $q = e^{2\pi i z}$, $\text{Im}(z) > 0$. C'est une forme modulaire parabolique de poids 1/2. Si r est un entier, la puissance r-ième de η s'écrit:

$$\eta^r(z) = q^{r/24} \sum_{n=0}^{\infty} p_r(n) q^n, \tag{2}$$

où les coefficients $p_r(n)$ sont définis par l'identité

$$\prod_{m=1}^{\infty} (1-q^m)^r = \sum_{n=0}^{\infty} p_r(n) q^n. \tag{3}$$

De nombreux auteurs se sont intéressés aux $p_r(n)$, et en particulier à leur annulation ([**1**], [**5**], [**6**], [**8**], [**10**], [**11**], [**13**], [**14**], [**16**]). Il se trouve en effet que, pour certaines valeurs de l'exposant r, *presque tous* les $p_r(n)$ sont 0: l'ensemble des n tels que $p_r(n) \neq 0$ est de densité nulle; on dit alors que la série η^r est *lacunaire*. C'est le cas pour $r = 1, 3$ comme le montrent les identités d'Euler et Jacobi ([**4**], chap. XIX):

$$\prod_{m=1}^{\infty} (1-q^m) = \sum_{-\infty}^{\infty} (-1)^n q^{(3n^2+n)/2}$$
$$= 1-q-q^2+q^5+q^7-q^{12}-q^{15}+q^{22}+q^{26}-\ldots \tag{4}$$

$$\prod_{m=1}^{\infty} (1-q^m)^3 = \sum_{n=0}^{\infty} (-1)^n (2n+1) q^{(n^2+n)/2}$$
$$= 1-3q+5q^3-7q^6+9q^{10}-11q^{15}+13q^{21}-\ldots \tag{5}$$

On ne connaît pas d'autres valeurs *impaires* de r pour lesquelles η^r soit lacunaire au sens ci-dessus; des calculs sur ordinateur rendent probable qu'il n'y en a pas (cf. n° 3.2 ci-après). Lorsque r est *pair*, par contre, il peut se faire que η^r soit lacunaire; c'est le cas pour $r = 2, 4, 6, 8$ d'après Ramanujan [**13**]; c'est aussi le cas pour $r = 10$, 14 et 26 ([**5**], [**10**], [**14**]). Je me propose de montrer que ces cas sont les seuls:

THÉORÈME 1. *Supposons r pair > 0. La fonction η^r est lacunaire si et seulement si r est égal à* 2, 4, 6, 8, 10, 14 *ou* 26.

La démonstration fait l'objet du §1. Elle repose sur le th. 17 de [**19**], lui-même conséquence de l'existence, prouvée par Deligne, des représentations l-adiques attachées aux formes paraboliques de poids entier.

Le §2 est consacré aux exposants exceptionnels $r = 2, 4, 6, 8, 10, 14$ et 26: il donne une décomposition de η^r en termes de *formes de type CM*, associées à des caractères de Hecke de $\mathbf{Q}(\sqrt{-1})$ et $\mathbf{Q}(\sqrt{-3})$, et précise dans quels cas on a $p_r(n) = 0$.

Le §3 contient divers compléments, notamment sur la "lacunarité mod m" des η^r.

J'ai beaucoup bénéficié d'une correspondance avec Oliver Atkin, Henri Cohen et Victor Kac sur les sujets abordés ici; je les en remercie vivement.

1. Démonstration du théorème 1. Dans ce §, on suppose que r est pair > 0 et n'appartient pas à l'ensemble $\{2, 4, 6, 8, 10, 14, 26\}$. Il s'agit de montrer que η^r *n'est pas lacunaire.*

On pose $k = r/2$: c'est le *poids* de η^r.

1.1. *Les formes* f^k. Il est commode de changer de variable en remplaçant q par q^{12}, de sorte que les exposants de q dans $\eta^r = \eta^{2k}$ deviennent entiers. Cela amène à poser (cf. [**19**], n° 7.8):

$$f(z) = \eta^2(12z) = q \prod_{m=1}^{\infty} (1 - q^{12m})^2$$
$$= q - 2q^{13} - q^{25} + 2q^{37} + q^{49} + 2q^{61} - 2q^{73} - 2q^{97} - 2q^{109} + q^{121} + \dots \qquad (6)$$

La fonction f est une forme parabolique de type $(1, \varepsilon)$ sur $\Gamma_0(N)$, où $N = 12^2 = 2^4 3^2$, et où ε est le caractère de $(\mathbf{Z}/N\mathbf{Z})^*$ défini par

$$\varepsilon(n) = (-1)^{(n-1)/2} \quad \text{si} \quad (N, n) = 1. \qquad (7)$$

Il en résulte que la forme

$$f^k(z) = \eta^r(12z) = q^k \sum_{n=0}^{\infty} p_r(n) q^{12n}, \qquad (8)$$

est de type (k, ε^k); avec les notations de [**19**], n° 7.6, on a

$$f^k \in S(N, k, \varepsilon^k). \qquad (9)$$

Notons $S_{cm}(N, k, \varepsilon^k)$ (cf. [**19**], p. 181) le sous-espace de $S(N, k, \varepsilon^k)$ engendré par les *formes de type CM*, au sens de Ribet [**15**]. Si $\varphi \in S(N, k, \varepsilon^k)$, on sait ([**19**], th. 17) que φ *est lacunaire si et seulement si* φ *appartient à* $S_{cm}(N, k, \varepsilon^k)$. Le th. 1 équivaut donc au suivant:

THÉORÈME 1'. *On a* $f^k \notin S_{cm}(N, k, \varepsilon^k)$ *si* $k \neq 1, 2, 3, 4, 5, 7, 13$.

Le th. 1' résulte lui-même de la comparaison des deux lemmes suivants, qui seront démontrés aux n°s 1.2 et 1.3:

LEMME 1. *Si* $\varphi \in S_{cm}(N, k, \varepsilon^k)$, $k \geqslant 2$, *on a* $\varphi \mid T_p = 0$ *pour tout nombre premier p tel que* $p \equiv -1 \pmod{12}$.

(On note $\varphi \mid T_p$ le transformé de φ par l'opérateur de Hecke T_p, cf. [**19**], n° 7.1.)

LEMME 2. *On a* $f^k \mid T_{11} \neq 0$ *si* $k \neq 1, 2, 3, 4, 5, 7, 13$.

1.2. *Démonstration du lemme* 1. Rappelons d'abord comment on construit une base de $S_{cm}(N, k, \varepsilon^k)$, pour $k \geq 2$, au moyen de corps quadratiques imaginaires et de caractères de Hecke ("Grössencharakteren"):

Soit $K = \mathbf{Q}(\sqrt{d})$ un corps quadratique imaginaire de discriminant d; on a $d < 0$; soit O_K l'anneau des entiers de K. On note ε_K le caractère quadratique associé à K; le conducteur de ε_K est $|d|$; on a $\varepsilon_K(p) = \left(\frac{d}{p}\right)$ si p est premier et ne divise pas $2|d|$.

Soit c un caractère de Hecke de K d'exposant $k-1$ et de conducteur $\mathfrak{f}_c$, où $\mathfrak{f}_c$ est un idéal non nul de O_K. Par définition, c est un homomorphisme

$$c : I(\mathfrak{f}_c) \to \mathbf{C}^*,$$

où $I(\mathfrak{f}_c)$ désigne le groupe des idéaux fractionnaires de K premiers à $\mathfrak{f}_c$. On a de plus:

$$c(\alpha O_K) = \alpha^{k-1} \quad \text{si} \quad \alpha \in K^* \quad \text{et} \quad \alpha \equiv 1 \bmod^{\times} \mathfrak{f}_c. \tag{10}$$

A c est attaché un caractère de Dirichlet ω_c, défini par:

$$\omega_c(n) = c(nO_K)/n^{k-1} \quad \text{pour tout} \quad n \in \mathbf{Z} \quad \text{premier à} \quad \mathfrak{f}_c. \tag{11}$$

Considérons la série

$$\varphi_{K,c}(z) = \sum_{\mathfrak{a}} c(\mathfrak{a}) q^{N(\mathfrak{a})} \qquad (q = e^{2\pi i z}, \operatorname{Im}(z) > 0), \tag{12}$$

où $\mathfrak{a}$ parcourt les idéaux de O_K premiers à $\mathfrak{f}_c$, et $N(\mathfrak{a})$ désigne la norme de $\mathfrak{a}$. On sait ([**15**], p. 35–36 et [**20**], p. 138) que $\varphi_{K,c}$ est une forme parabolique primitive ("newform", au sens de [**7**]) de type $(k, \varepsilon_K\omega_c)$ sur le groupe $\Gamma_0(|d| \,.\, N(f_c))$. De plus, des couples (K, c) distincts donnent des formes $\varphi_{K,c}$ distinctes (ceci ne subsiste plus pour $k = 1$, comme l'avait remarqué Hecke à propos de η^2, cf. [**18**], §7.3).

Si δ est un entier ≥ 1, notons $\varphi_{K,c,\delta}$ la forme définie par:

$$\varphi_{K,c,\delta}(z) = \varphi_{K,c}(\delta z) = \sum_{\mathfrak{a}} c(\mathfrak{a}) q^{\delta . N(\mathfrak{a})}. \tag{13}$$

Pour que $\varphi_{K,c,\delta}$ appartienne à l'espace $S(N, k, \varepsilon^k)$ qui nous intéresse, il faut et il suffit que les deux conditions suivantes soient satisfaites:

$$\delta \,.\, |d| \,.\, N(\mathfrak{f}_c) \quad \text{divise } N; \tag{14.1}$$

$$\varepsilon_K \omega_c = \varepsilon^k. \tag{14.2}$$

(Il y a un abus de notation dans (14.2): l'égalité doit avoir lieu entre les caractères *primitifs* correspondants, i.e. on doit avoir $\varepsilon_K(p)\omega_c(p) = \varepsilon(p)^k$ pour tout p premier $\neq 2, 3$.)

Par définition (cf. [**15**], *loc. cit.*, ainsi que [**19**], p. 181), $S_{cm}(N, k, \varepsilon^k)$ *est le sous-espace de* $S(N, k, \varepsilon^k)$ *engendré par les* $\varphi_{K,c,\delta}$ *pour les triplets* (K, c, δ) *satisfaisant aux conditions* (14.1) *et* (14.2).

Or ces conditions sont très restrictives. Tout d'abord (14.1) entraîne que $|d|$ divise $N = 2^4 3^2$. Cela ne laisse que les possibilités:

$$d = -3, -4, -8, -24,$$

qui correspondent aux corps $\mathbf{Q}(\sqrt{-3})$, $\mathbf{Q}(\sqrt{-1})$, $\mathbf{Q}(\sqrt{-2})$ et $\mathbf{Q}(\sqrt{-6})$. En fait:

a) *Le cas* $d=-8$ (i.e. $K=\mathbf{Q}(\sqrt{-2})$) *est impossible*

Supposons $d=-8$. Vu (14.2), on a $\omega_c=\varepsilon_K$ ou $\varepsilon_K.\varepsilon$, suivant la parité de k; cela entraîne que le conducteur m_c de ω_c est égal à 8. Soit d'autre part q_c le générateur positif de $\mathfrak{f}_c\cap\mathbf{Z}$. Il résulte de (10) et (11) que $\omega_c(n)=1$ si $n\equiv 1 \pmod{q_c}$, d'où le fait que 8 divise q_c. Si $\mathfrak{p}$ désigne l'idéal premier $\sqrt{-2}.O_K$, il en résulte que la valuation $\mathfrak{p}$-adique de $\mathfrak{f}_c$ est $\geqslant 5$, et $N(\mathfrak{f}_c)$ est divisible par 2^5, ce qui contredit (14.1) puisque $N=2^4 3^2$.

b) *Le cas* $d=-24$ (i.e. $K=\mathbf{Q}(\sqrt{-6})$) *est impossible*

Le raisonnement est le même: l'hypothèse $d=-24$ entraîne que le conducteur m_c de ω_c est égal à 24, et l'on en déduit comme ci-dessus que $N(\mathfrak{f}_c)$ est divisible par 2^5, ce qui contredit la condition (14.1).

Les seules possibilités sont donc $d=-3$ et $d=-4$, qui correspondent aux corps $\mathbf{Q}(\sqrt{-3})$ et $\mathbf{Q}(\sqrt{-1})$. Mais, si p est un nombre premier tel que $p\equiv -1 \pmod{12}$, p est *inerte* dans chacun de ces corps, et cela entraîne (cf. [**15**], p. 35):

$$\varphi_{K,c,\delta} \mid T_p = 0.$$

D'où le lemme 1, puisque les $\varphi_{K,c,\delta}$ engendrent $S_{cm}(N,k,\varepsilon^k)$.

Remarque. Le lemme 1 admet une réciproque: si $\varphi\in S(N,k,\varepsilon^k)$ est tel que $\varphi\mid T_p=0$ pour tout $p\equiv -1 \pmod{12}$, alors φ appartient à $S_{cm}(N,k,\varepsilon^k)$; en fait, il suffit même que l'on ait $\varphi\mid T_p=0$ pour un ensemble de p de densité >0 (cela résulte de [**19**], cor. 2 au th. 15).

1.3. *Démonstration du lemme* 2. Il s'agit de montrer que $f^k\mid T_{11}\neq 0$ si k est un entier >0 n'appartenant pas à l'ensemble $\{1,2,3,4,5,7,13\}$. Aux notations près, ce fait est démontré dans [**10**]. Je rappelle la démonstration:

D'après (8), on a

$$f^k=\sum_n p_r(n)q^{k+12n}, \quad \text{avec } r=2k. \tag{15}$$

Comme $\varepsilon^k(11)=(-1)^k$, on en déduit:

$$f^k\mid T_{11}=\sum_n p_r(n)q^{(k+12n)/11}+(-1)^k 11^{k-1}\sum_n p_r(n)q^{11(k+12n)}, \tag{16}$$

où la première sommation porte sur les entiers $n\geqslant 0$ tels que $k+12n$ soit divisible par 11, i.e. $n\equiv -k \pmod{11}$. Notons m le plus petit de ces entiers; on a

$$0\leqslant m\leqslant 10 \quad \text{et} \quad m\equiv -k \pmod{11}. \tag{17}$$

La formule (16) entraîne:

$$f^k\mid T_{11}=p_r(m)q^{(k+12m)/11}+\dots \tag{18}$$

où les termes non écrits ont des exposants $>(k+12m)/11$; en effet les exposants des termes de la seconde somme sont $\geqslant 11k$ et l'on a $11k>(k+12m)/11$ pour $k>1$, comme on le voit facilement.

Pour démontrer que $f^k \mid T_{11}$ est $\neq 0$, il suffit donc de prouver que $p_r(m) \neq 0$. C'est l'objet du lemme suivant:

LEMME 3. *Si* $0 \leq m \leq 10$, *et si* $k \equiv -m \pmod{11}$, *on a*

$$p_{2k}(m) \neq 0 \quad \textit{pour} \quad k \neq 2, 3, 4, 5, 7, 13. \tag{19}$$

La méthode suivie par Newman [**10**] pour prouver ce lemme consiste à *expliciter* les onze polynômes $r \mapsto p_r(m)$, pour $m = 0, \ldots, 10$:

$$\begin{aligned}
&p_r(0) = 1\\
&p_r(1) = -r\\
&p_r(2) = r(r-3)/2\\
&p_r(3) = -r(r-1)(r-8)/3!\\
&p_r(4) = r(r-1)(r-3)(r-14)/4!\\
&p_r(5) = -r(r-3)(r-6)(r^2-21r+8)/5!\\
&p_r(6) = r(r-1)(r-10)(r^3-34r^2+181r-144)/6!\\
&p_r(7) = -r(r-2)(r-3)(r-8)(r^3-50r^2+529r-120)/7!\\
&p_r(8) = r(r-1)(r-3)(r-6)(r^4-74r^3+1571r^2-9994r+4200)/8!\\
&p_r(9) = -r(r-1)(r-3)(r-4)(r-14)(r-26)(r^3-60r^2+491r-120)/9!\\
&p_r(10) = r(r-1)(r^8-134r^7+6496r^6-147854r^5+1709659r^4-10035116r^3\\
&\qquad +28014804r^2-29758896r+6531840)/10!.
\end{aligned}$$

Or un calcul numérique standard montre que les facteurs:

$$\begin{aligned}
&r^2-21r+8,\\
&r^3-34r^2+181r-144,\\
&r^3-50r^2+529r-120,\\
&r^4-74r^3+1571r^2-9994r+4200,\\
&r^3-60r^2+491r-120,\\
&r^8-134r^7+6496r^6-\ldots+6531840,
\end{aligned}$$

n'ont *aucune racine dans* $\mathbf{Z}$. D'où le lemme 3, et du coup le th. 1.

REMARQUE. Le cas du polynôme $r^8-134r^7+\ldots$, qui intervient pour $m=10$, nécessite l'emploi d'une calculatrice de poche (ou d'un ordinateur), ce qui est un peu désagréable. En fait, ce cas peut se traiter sans calcul:

Vu l'énoncé du lemme 3, il suffit de prouver que $p_r(10) \neq 0$ lorsque $r = 2k$ avec $k \equiv -10 \pmod{11}$, d'où $r \equiv 2 \pmod{11}$. Or le polynôme $r \mapsto p_r(10)$ est à coefficients 11-entiers; il est donc constant (mod 11) sur toute classe modulo 11, et l'on a

$$p_r(10) \equiv p_2(10) \pmod{11}.$$

Mais il est immédiat que $p_2(10) = 1$ (cela résulte, par exemple, de la détermination explicite de $p_2(n)$, cf. n° 2.1). On a donc

$$p_r(10) \equiv 1 \pmod{11},$$

ce qui montre bien que $p_r(10)$ est non nul pour les valeurs de r considérées.

La même méthode s'applique aux autres valeurs de m, à condition de diviser le polynôme $r \mapsto p_r(m)$ par des facteurs linéaires convenables. Je laisse au lecteur le détail des calculs, et je me borne à énoncer les congruences obtenues pour $m = 5, 6, 7, 8, 9$:

$$\begin{aligned}
&p_r(5) \equiv 1 \pmod{11} && \text{si } r \equiv 1 \pmod{11}\\
&p_r(6)/(r-10) \equiv 10 \pmod{11} && \text{si } r \equiv 10 \pmod{11}\\
&p_r(7)/(r-8) \equiv 5 \pmod{11} && \text{si } r \equiv 8 \pmod{11}\\
&p_r(8)/(r-6) \equiv 1 \pmod{11} && \text{si } r \equiv 6 \pmod{11}\\
&p_r(9)/(r-4)(r-26) \equiv 9 \pmod{11} && \text{si } r \equiv 4 \pmod{11}.
\end{aligned}$$

2. Les fonctions η^r, pour $r = 2, 4, 6, 8, 10, 14, 26$. Pour chacune de ces valeurs de r, on sait ([**5**], [**14**]) que η^r est lacunaire, donc décomposable en combinaison linéaire de formes de type *CM*, associées à des caractères de Hecke de $\mathbf{Q}(\sqrt{-1})$ ou $\mathbf{Q}(\sqrt{-3})$, cf. n° 1.2.

Le but de ce § est d'expliciter ces décompositions, et d'en déduire dans quels cas on a $p_r(n) = 0$.

Les n°s 2.1, 2.2, ..., 2.7 contiennent les formules relatives à $\eta^2, \eta^4, \ldots, \eta^{26}$. Les démonstrations ont été concentrées au n° 2.8; comme elles ne présentent pas de difficultés, je me suis borné à les esquisser. Les résultats obtenus ne sont d'ailleurs pas essentiellement nouveaux:

les cas $r = 2, 4, 6, 8$ se trouvent déjà dans Ramanujan [**13**] (voir aussi [**8**], [**16**]);

les cas $r = 10, 14, 26$ ont été traités par Atkin il y a près de vingt ans (non publié—mais voir Dyson [**3**], p. 637 et p. 651);

les cas $r = 6, 8, 10, 14$ peuvent se déduire de la formule de Macdonald [**9**], appliquée à une algèbre de Lie semi-simple de dimension r et de rang 2, de type $A_1 \times A_1$, A_2, B_2, G_2.

2.1. *Le cas* $r = 2$. La fonction

$$\eta^2(12z) = \sum_{n=0}^{\infty} p_2(n) q^{1+12n} = q - 2q^{13} - q^{25} + 2q^{37} + q^{49} + 2q^{61} + \ldots$$

déjà considérée au n° 1.1, est une forme parabolique primitive de type $(1, \varepsilon)$ sur le groupe $\Gamma_0(2^4 3^2)$. Elle correspond (par la correspondance établie dans [**2**]) à une représentation galoisienne diédrale

$$\operatorname{Gal}(E/\mathbf{Q}) \to \mathbf{GL}_2(\mathbf{C}), \quad \text{où} \quad E = \mathbf{Q}(i, \sqrt[4]{12}),$$

décrite dans [**18**], p. 242–244. Avec les notations du n° 1.2, on a

$$\eta^2(12z) = \varphi_{K,c}(z), \tag{20}$$

où $K=\mathbf{Q}(\sqrt{-1})$ et où c est l'un des deux caractères de Hecke de K, d'ordre 4, qui correspondent à l'extension cyclique E/K (pour une description explicite de ces caractères, voir n° 2.5, où ils sont notés s_+ et s_-). Il y a d'ailleurs des expressions analogues de $\eta^2(12z)$ au moyen de caractères de $\mathbf{Q}(\sqrt{-3})$ ou de $\mathbf{Q}(\sqrt{3})$, cf. [**18**], *loc. cit.*

De cette description de $\eta^2(12z)$ résulte (cf. [**19**], p. 186):

$p_2(n)=0 \iff$ *il existe un nombre premier* $p\not\equiv 1 \pmod{12}$ *dont l'exposant dans* $1+12n$ *est impair.*

EXEMPLE. Les valeurs de $n\leqslant 40$ pour lesquelles $p_2(n)=0$ sont:

n	7	11	12	17	18	21	22	25	32	37	39
$1+12n$	5.17	7.19	5.29	5.41	7.31	11.23	5.53	7.43	5.7.11	5.89	7.67

2.2. *Le cas* $r=4$. Il est commode de considérer, non pas $\eta^4(12z)$ (qui est une "oldform"), mais plutôt:

$$\eta^4(6z)=\sum_{n=0}^{\infty} p_4(n)q^{1+6n}=q-4q^7+2q^{13}+8q^{19}-5q^{25}-4q^{31}+\dots.$$

qui est une forme parabolique primitive de poids 2 sur $\Gamma_0(2^23^2)$, de type *CM*. Avec les notations du n° 1.2, on a

$$\eta^4(6z)=\varphi_{K,c}(z), \tag{21}$$

où $K=\mathbf{Q}(\sqrt{-3})$ et où c est le caractère de Hecke de K, d'exposant 1 et de conducteur $\mathfrak{f}_c=2\sqrt{-3}$. O_K, défini de la manière suivante:

si $\mathfrak{a}$ est un idéal de O_K premier à $\mathfrak{f}_c$, on a $c(\mathfrak{a})=\alpha$, où α est l'unique générateur de $\mathfrak{a}$ tel que $\alpha\equiv 1 \pmod{\mathfrak{f}_c}$.

Soit $L(s)=\sum_{n=0}^{\infty} p_4(n)(1+6n)^{-s}$ la série de Dirichlet associée à $\eta^4(6z)$. D'après (21), $L(s)$ se décompose en produit eulérien

$$L(s)=\prod_{p\neq 2,3} L_p(s), \tag{22}$$

avec:

$$L_p(s)=1/(1+p^{1-2s}) \quad \text{si} \quad p\equiv -1 \pmod 3, \quad p\neq 2, \tag{23}$$

$$L_p(s)=1/(1-c(\mathfrak{p})p^{-s})(1-c(\bar{\mathfrak{p}})p^{-s}) \quad \text{si} \quad p\equiv 1 \pmod 3, \tag{24}$$

où $\mathfrak{p}$ et $\bar{\mathfrak{p}}$ désignent les idéaux premiers de O_K qui divisent p.

Si l'on pose $T=p^{-s}$, les formules (23) et (24) se récrivent:

$$L_p(s)=1-pT^2+p^2T^4-p^3T^6+\dots \tag{23'}$$

$$L_p(s)=1+x_1T+x_2T^2+\dots, \tag{24'}$$

avec

$$x_n = c(\mathfrak{p})^n + c(\mathfrak{p})^{n-1}c(\bar{\mathfrak{p}}) + \ldots + c(\bar{\mathfrak{p}})^n.$$

Comme $c(\mathfrak{p}) \in \mathfrak{p}$ et $c(\bar{\mathfrak{p}}) \notin \mathfrak{p}$, on a $x_n \notin \mathfrak{p}$, et en particulier $x_n \neq 0$ pour tout $n \geqslant 0$. On déduit de là que le m-ième coefficient de $L(s)$ est $\neq 0$ si et seulement si m est premier à 6, et si pour tout $p \equiv -1 \pmod 3$, l'exposant de p dans m est pair. En d'autres termes:

$$p_4(n) = 0 \quad \Leftrightarrow \quad \begin{array}{l}\textit{il existe un nombre premier } p \equiv -1 \pmod 3 \\ \textit{dont l'exposant dans } 1+6n \textit{ est impair.}\end{array}$$

Exemple. Valeurs de $n \leqslant 50$ pour lesquelles $p_4(n) = 0$:

n	9	14	19	24	31	34	39	42	44	49
$1+6n$	5.11	5.17	5.23	5.29	11.17	5.41	5.47	11.23	5.53	5.59

2.3. *Le cas* $r = 6$. Ce cas est analogue au cas $r = 4$.
La fonction

$$\eta^6(4z) = \sum_{n=0}^{\infty} p_6(n) q^{1+4n} = q - 6q^5 + 9q^9 + 10q^{13} - 30q^{17} + \ldots$$

est une forme parabolique primitive de poids 3 et de caractère ε sur $\Gamma_0(2^4)$. C'est une forme de type *CM*. On a:

$$\eta^6(4z) = \varphi_{K,c}(z), \tag{25}$$

où $K = \mathbf{Q}(\sqrt{-1})$ et où c est le caractère de Hecke de K, d'exposant 2 et de conducteur $\mathfrak{f}_c = 2 \,.\, O_K$, défini de la manière suivante:

si $\mathfrak{a}$ est un idéal de O_K premier à $\mathfrak{f}_c$, on a $c(\mathfrak{a}) = \alpha^2$, où α est l'un quelconque des deux générateurs de $\mathfrak{a}$ tels que $\alpha \equiv 1 \pmod{\mathfrak{f}_c}$.

On déduit de (25), par le même argument que pour $r = 4$:

$$p_6(n) = 0 \quad \Leftrightarrow \quad \begin{array}{l}\textit{il existe un nombre premier } p \equiv -1 \pmod 4 \\ \textit{dont l'exposant dans } 1+4n \textit{ est impair.}\end{array}$$

Exemple. Valeurs de $n \leqslant 40$ pour lesquelles $p_6(n) = 0$:

n	5	8	14	17	19	23	26	32	33	35	40
$1+4n$	3.7	3.11	3.19	3.23	7.11	3.31	3.5.7	3.43	7.19	3.47	7.23

2.4. *Le cas* $r = 8$. Ce cas est analogue aux cas $r = 4$ et $r = 6$.
La fonction

$$\eta^8(3z) = \sum_{n=0}^{\infty} p_8(n) q^{1+3n} = q - 8q^4 + 20q^7 - 70q^{13} + 64q^{16} + \ldots$$

est une forme parabolique primitive de poids 4 sur $\Gamma_0(3^2)$, de type *CM*. On a

$$\eta^8(3z) = \varphi_{K,c}(z), \tag{26}$$

où $K = \mathbf{Q}(\sqrt{-3})$ et où c est le caractère de Hecke de K, d'exposant 3 et de conducteur $\mathfrak{f}_c = \sqrt{-3}\,.\,O_K$, défini de la manière suivante:

si $\mathfrak{a}$ est un idéal de O_K premier à $\mathfrak{f}_c$, on a $c(\mathfrak{a}) = \alpha^3$, où α est l'un quelconque des trois générateurs de $\mathfrak{a}$ tels que $\alpha \equiv 1 \pmod{\mathfrak{f}_c}$.

On en déduit:

$$p_8(n) = 0 \iff \begin{array}{l}\textit{il existe un nombre premier } p \equiv -1 \pmod 3\\ \textit{dont l'exposant dans } 1+3n \textit{ est impair.}\end{array}$$

EXEMPLE. Valeurs de $n \leqslant 30$ pour lesquelles $p_8(n) = 0$:

n	3	7	11	13	15	18	19	23	27	28	29
$1+3n$	2.5	2.11	2.17	$2^3.5$	2.23	5.11	2.29	2.5.7	2.41	5.17	$2^3.11$

2.5. *Le cas $r = 10$.* La fonction

$$\eta^{10}(12z) = \sum_{n=0}^{\infty} p_{10}(n) q^{5+12n} = q^5 - 10q^{17} + 35q^{29} - 30q^{41} + \dots$$

est une forme parabolique de poids 5 et de caractère ε sur $\Gamma_0(2^4 3^2)$. Ce n'est pas une forme primitive (elle ne commence pas par "q"), mais c'est une combinaison linéaire de *deux* formes primitives de type *CM*:

$$\eta^{10}(12z) = \tfrac{1}{96}(\varphi_{K,c_+}(z) - \varphi_{K,c_-}(z)), \tag{27}$$

où $K = \mathbf{Q}(\sqrt{-1})$, et où c_+ et c_- sont deux caractères de Hecke de K, d'exposant 4 et de conducteur $\mathfrak{f} = 6\,.\,O_K$, qui seront explicités ci-dessous.

On a

$$\varphi_{K,c_\pm} = q \pm 48q^5 + 238q^{13} \mp 480q^{17} + 1679q^{25} + \dots \tag{28}$$

et

$$\varphi_{K,c_\pm}(z/12) = E_4\eta^2 \pm 48\eta^{10}, \tag{29}$$

où $E_4 = 1 + 240 \sum_{n=1}^{\infty} \sigma_3(n) q^n$ est la série d'Eisenstein normalisée de poids 4 et de niveau 1.

Explicitons les caractères c_+ et c_-:

Notons $s_\pm : (O_K/6\,.\,O_K)^* \to \{1, i, -1, -i\}$

les homomorphismes caractérisés par

$$s_\pm(\alpha) = (-1)^a (\pm i)^b \quad \text{si} \quad \begin{cases} \alpha \equiv i^a \pmod{2\,.\,O_K}, & a \in \mathbf{Z}/2\mathbf{Z},\\ \alpha \equiv (1-i)^b \pmod{3\,.\,O_K}, & b \in \mathbf{Z}/8\mathbf{Z}.\end{cases}$$

Pour tout idéal $\mathfrak{a}$ de O_K premier à $\mathfrak{f} = 6\,.\,O_K$, on pose alors

$$c_\pm(\mathfrak{a}) = s_\pm(\alpha)\alpha^4,$$

où α est l'un quelconque des quatre générateurs de $\mathfrak{a}$.

Si m est un entier tel que $m \equiv 5 \pmod{12}$, le m – ième coefficient de $\eta^{10}(12z)$ est égal à celui de φ_{K,c_-}, divisé par 48. On en déduit, par le même raisonnement qu'au n° 2.2:

$$p_{10}(n)=0 \iff \begin{array}{l}\textit{il existe un nombre premier } p\equiv -1 \pmod 4\\ \textit{dont l'exposant dans } 5+12n \textit{ est impair.}\end{array}$$

Exemple. Valeurs de $n \leq 50$ pour lesquelles $p_{10}(n)=0$:

n	6	13	17	27	28	34	36	39	41	48
$5+12n$	7.11	7.23	11.19	7.47	11.31	7.59	19.23	11.43	7.71	7.83

2.6. *Le cas* $r=14$. Ce cas est analogue au cas $r=10$.
La fonction

$$\eta^{14}(12z)=\sum_{n=0}^{\infty} p_{14}(n)q^{7+12n}=q^7-14q^{19}+77q^{31}-182q^{43}+\dots$$

est une forme parabolique de poids 7 et de caractère ε sur $\Gamma_0(2^4 3^2)$. C'est une combinaison linéaire de *deux* formes primitives de type *CM*:

$$\eta^{14}(12z)=\frac{1}{720\sqrt{-3}}(\varphi_{K,c_+}(z)-\varphi_{K,c_-}(z)), \tag{30}$$

où $K=\mathbf{Q}(\sqrt{-3})$, et où c_+ et c_- sont deux caractères de Hecke de K, d'exposant 6 et de conducteur $\mathfrak{f}=4\sqrt{-3}\,.\,O_K$, qui seront explicités ci-dessous.

On a

$$\varphi_{K,c_\pm}=q\pm 360\sqrt{-3}q^7-560q^{13}\mp 5040\sqrt{-3}q^{19}+\dots \tag{31}$$

et

$$\varphi_{K,c_\pm}(z/12)=E_6\eta^2\pm 360\sqrt{-3}\eta^{14}, \tag{32}$$

où $E_6=1-504\sum_{n=1}^{\infty}\sigma_5(n)q^n$ est la série d'Eisenstein normalisée de poids 6 et de niveau 1.

Explicitons c_+ et c_-:

Si $\mathfrak{a}$ est un idéal de O_K premier à $\mathfrak{f}$, soit α l'unique générateur de $\mathfrak{a}$ qui s'écrit $\alpha=x+y\sqrt{-3}$, avec $x, y\in\mathbf{Z}$, $x+y\equiv 1 \pmod 2$ et $x\equiv 1 \pmod 3$; on a alors

$$c_+(\mathfrak{a})=(-1)^{(x-y-1)/2}\alpha^6 \quad\text{et}\quad c_-(\mathfrak{a})=(-1)^{(x+y-1)/2}\alpha^6. \tag{33}$$

On en déduit, comme au n° 2.5:

$$p_{14}(n)=0 \iff \begin{array}{l}\textit{il existe un nombre premier } p\equiv -1 \pmod 3\\ \textit{dont l'exposant dans } 7+12n \textit{ est impair.}\end{array}$$

Exemple. Valeurs de $n \leq 40$ pour lesquelles $p_{14}(n)=0$:

n	4	9	15	19	24	26	29	32	34	37
$7+12n$	5.11	5.23	11.17	5.47	5.59	11.29	5.71	17.23	5.83	11.41

2.7. *Le cas* $r=26$

La fonction

$$\eta^{26}(12z)=\sum_{n=0}^{\infty} p_{26}(n)q^{13+12n}=q^{13}-26q^{25}+299q^{37}-1950q^{49}+\dots$$

est une forme parabolique de poids 13 et de caractère ε sur $\Gamma_0(2^4 3^2)$. C'est une combinaison linéaire de *quatre* formes primitives de type *CM*:

$$\eta^{26}(12z)=\frac{1}{32617728}(\varphi_{K',c'_+}+\varphi_{K',c'_-}-\varphi_{K'',c''_+}-\varphi_{K'',c''_-}), \tag{34}$$

où $K'=\mathbf{Q}(\sqrt{-3})$, $K''=\mathbf{Q}(\sqrt{-1})$, et où c'_+ et c'_- (resp. c''_+ et c''_-) sont deux caractères de Hecke de K' (resp. de K''), d'exposant 12 et de conducteur $\mathfrak{f}'=4\sqrt{-3}\,.\,O_{K'}$ (resp. $\mathfrak{f}''=6\,.\,O_{K''}$) qui seront explicités ci-dessous.

On a

$$\varphi_{K',c'_\pm}=q\mp 102960\sqrt{-3}q^7+9397582q^{13}\pm 53333280\sqrt{-3}q^{19}+\dots \tag{35}$$

$$\varphi_{K'',c''_\pm}=q\pm 20592q^5-6911282q^{13}\pm 9678240q^{17}+\dots \tag{36}$$

et

$$\varphi_{K',c'_\pm}(z/12)=E_6^2\eta^2+9398592\eta^{26}\mp 102960\sqrt{-3}E_6\eta^{14} \tag{37}$$

$$\varphi_{K'',c''_\pm}(z/12)=E_6^2\eta^2-6910272\eta^{26}\pm 20592E_8\eta^{10}, \tag{38}$$

où E_6 (resp. E_8) est la série d'Eisenstein normalisée de poids 6 (resp. de poids 8) et de niveau 1.

Explicitons les caractères $c'_\pm$ et $c''_\pm$:

Si $\mathfrak{a}$ est un idéal de $O_{K'}$ premier à $\mathfrak{f}'$, et si α est un générateur quelconque de $\mathfrak{a}$, on a $c'_\pm(\mathfrak{a})=\alpha^6 c_\pm(\mathfrak{a})$, où $c_\pm$ est le caractère de Hecke de K' défini au n° 2.6.

Si $\mathfrak{a}$ est un idéal de $O_{K''}$ premier à $\mathfrak{f}''$, on a $c''_\pm(\mathfrak{a})=c_\pm(\mathfrak{a})^3$, où $c_\pm$ est le caractère de Hecke de K'' défini au n° 2.5.

Il résulte de (34) que $p_{26}(n)$ *est égal à* 0 dans chacun des deux cas suivants:

Il existe un nombre premier $p\equiv -1 \pmod 4$ *dont l'exposant dans* $13+12n$ *est impair, et il existe un nombre premier* $p'\equiv -1 \pmod 3$ *dont l'exposant dans* $13+12n$ *est impair.* (39₁)

(Noter que p' peut être égal à p.)

En effet, dans ce cas, les coefficients de q^{13+12n} dans les quatre séries $\varphi_{K',c'_\pm}$ et $\varphi_{K'',c''_\pm}$ sont nuls.

$13+12n$ *est un carré, et tous ses facteurs premiers* p *sont tels que* $p\equiv -1 \pmod{12}$. (39₂)

En effet, dans ce cas, les coefficients de q^{13+12n} dans les quatre séries $\varphi_{K',c'_\pm}$ et $\varphi_{K'',c''_\pm}$ sont égaux à $(13+12n)^6$.

J'ignore s'il existe d'autres cas que (39_1) et (39_2) où $p_{26}(n)$ est égal à 0; d'après une table que j'ai consultée, il n'y en a pas pour $n \leq 1500$.

EXEMPLE. Valeurs de $n \leq 80$ pour lesquelles $p_{26}(n) = 0$:

n	9	20	31	42	43	53	64	66	75
$13+12n$	11^2	11.23	5.7.11	11.47	23^2	11.59	11.71	5.7.23	11.83

Noter les cas $n = 9$ et $n = 43$ qui sont du type (39_2).

QUESTION. Est-il possible d'obtenir la décomposition (34) de η^{26} par une variante de la formule de Macdonald (cf. [**3**], [**9**])? On pense naturellement à F_4, qui est de dimension $52 = 2 \times 26$, et possède des formes "tordues" de rang 2 (groupes de Ree).

2.8. *Indications sur les démonstrations.* Je me borne aux cas de η^{10}, η^{14} et η^{26}, les autres étant bien connus, cf. [**8**], [**13**], [**16**], [**18**].

On commence par écrire η^r comme combinaison linéaire de fonctions propres pour les T_p (p premier $\neq 2, 3$), suivant une méthode exposée par Rankin ([**14**], §8):

Si k est un entier ≥ 1, premier à 6, notons V_k l'espace vectoriel de base les produits $E_a\eta^{2b}$, où E_a est la série d'Eisenstein normalisée de poids a et de niveau 1, et où les entiers a et b sont assujettis aux conditions suivantes:

$$\begin{cases} a \text{ est pair}, \geq 0, \text{ et différent de } 2, \\ b \geq 1, (b, 6) = 1, \\ 2a + b = k. \end{cases}$$

Le couple $a = 0, b = k$ donne η^{2k}.

L'espace V_k peut être caractérisé en termes de formes paraboliques "à multiplicateur" sur $\mathbf{SL}_2(\mathbf{Z})$, cf. Rankin, *loc. cit.* Cette caractérisation montre que V_k est stable par les T_p. On peut donc exprimer η^{2k} comme *combinaison linéaire de fonctions propres appartenant à* V_k. Cela donne:

(i) *Le cas de* η^{10}.

On a $k = 5$; l'espace V_k a pour base les deux formes:

$$\eta^{10} = q^{5/12} + \dots$$
$$E_4\eta^2 = q^{1/12} + 238q^{13/12} + 1679q^{25/12} + \dots$$

De ces développements, on déduit l'action de l'opérateur T_5:

$$T_5 \begin{cases} \eta^{10} \mapsto E_4\eta^2 \\ E_4\eta^2 \mapsto (1679 + 5^4)\eta^{10} = 48^2\eta^{10}. \end{cases}$$

On en conclut que les formes

$$h_\pm = E_4\eta^2 \pm 48\eta^{10} = q^{1/12} \pm 48q^{5/12} + 238q^{13/12} + \dots$$

sont fonctions propres des T_p (cf. [**8**], p. 27), et cela fournit la décomposition cherchée:

$$\eta^{10} = \tfrac{1}{96}(h_+ - h_-).$$

Il reste à voir que $h_+(12z)$ est égale à la forme φ_{K,c_+} du n° 2.5 (et de même pour h_-). Pour cela, on remarque que $h_+(12z)$ est annulée par les T_p si $p \equiv -1 \pmod 4$, donc est une forme de type *CM* relativement au corps $\mathbf{Q}(\sqrt{-1})$. Avec les notations du n° 1.2, cela signifie que l'on a

$$h_+(12z) = \sum_{\delta} \lambda_\delta \varphi_{K,c,\delta} \qquad (\lambda_\delta \in \mathbf{C}),$$

où c est un caractère de Hecke de $K = \mathbf{Q}(\sqrt{-1})$, d'exposant 4 et de conducteur $\mathfrak{f}$ tel que $4N(\mathfrak{f})$ divise 144, i.e. $N(\mathfrak{f})$ divise 36, et où δ parcourt les diviseurs positifs de $36/N(\mathfrak{f})$. De plus c satisfait à la condition (14.2), qui s'écrit ici $\omega_c = 1$. Il est facile de dresser la liste des caractères c satisfaisant à ces conditions. On trouve qu'il y en a quatre: c_0, c_1, c_2, c_3 qui peuvent s'écrire (avec les notations du n° 2.5):

$$c_j(\mathfrak{a}) = s_+(\alpha)^j \alpha^4 \qquad (j = 0, 1, 2, 3),$$

pour tout idéal $\mathfrak{a}$ de O_K premier à $6 . O_K$, α désignant un générateur quelconque de $\mathfrak{a}$. Leurs conducteurs sont respectivement $O_K, 6 . O_K, 3 . O_K, 6 . O_K$. La forme $\varphi_{K,c_j,\delta}$ est fonction propre de T_5, avec pour valeur propre:

$$\lambda_j = c(\mathfrak{p}) + c(\bar{\mathfrak{p}}), \quad \text{où} \quad \mathfrak{p} = (2+i) . O_K, \qquad \bar{\mathfrak{p}} = (2-i) . O_K.$$

D'où:

$$\lambda_j = (-i)^j (2+i)^4 + i^j (2-i)^4,$$

i.e.

$$\lambda_0 = -14, \qquad \lambda_1 = 48, \qquad \lambda_2 = 14, \qquad \lambda_3 = -48.$$

Comme $h_+ \mid T_5 = 48 h_+$ par construction, on voit que la seule possibilité pour c est $c = c_1$ (i.e. $c = c_+$, avec les notations du n° 2.5). Or le conducteur de c_1 est $6 . O_K$, qui a pour norme 36. Comme δ divise $36/N(\mathfrak{f})$, la seule valeur possible de δ est $\delta = 1$, d'où $\lambda_\delta = 1$ et $h_+ = \varphi_{K,c_+}$; de même, h_- est égal à φ_{K,c_-}; cela achève la vérification des formules du n° 2.5.

(ii) *Le cas de* η^{14}.

On a $k = 7$; l'espace V_k a pour base les deux formes η^{14} et $E_6 \eta^2$; l'action de T_7 est donnée par:

$$T_7 \begin{cases} \eta^{14} \mapsto E_6 \eta^2 \\ E_6 \eta^2 \mapsto -3 \times 360^2 \eta^{14}. \end{cases}$$

On en conclut que les formes $h_\pm = E_6 \eta^2 \pm 360\sqrt{-3}\, \eta^{14}$ sont fonctions propres des T_p, cf. [**8**], p. 28. De plus, ces formes sont annulées par les T_p pour $p \equiv -1 \pmod 3$. Le même argument que ci-dessus montre alors que les $h_\pm(12z)$ coïncident avec les $\varphi_{K,c_\pm}$ du n° 2.6.

(iii) *Le cas de* η^{26}.

On a $k = 13$; l'espace V_k a pour base les quatre formes:

$$\eta^{26}, \qquad E_6^2 \eta^2, \qquad E_8 \eta^{10} \quad \text{et} \quad E_6 \eta^{14}.$$

Les opérateurs T_5 et T_7 dont donnés par:

$$T_5 \begin{cases} \eta^{26} \mapsto -26E_8\eta^{10} \\ E_6^2\eta^2 \mapsto 244363392E_8\eta^{10} \\ E_8\eta^{10} \mapsto E_6^2\eta^2 - 6910272\eta^{26} \\ E_6\eta^{14} \mapsto 0 \end{cases} \qquad T_7 \begin{cases} \eta^{26} \mapsto -1950E_6\eta^{14} \\ E_6^2\eta^2 \mapsto -13475030400E_6\eta^{14} \\ E_8\eta^{10} \mapsto 0 \\ E_6\eta^{14} \mapsto E_6^2\eta^2 + 9398592\eta^{26}. \end{cases}$$

On déduit de là les quatre fonctions propres:

$$E_6^2\eta^2 + 9398592\eta^{26} \mp 102960\sqrt{-3}E_6\eta^{14}$$

et

$$E_6^2\eta^2 - 6910272\eta^{26} \pm 20592E_8\eta^{10}.$$

Les deux premières (resp. les deux dernières) sont annulées par les T_p si $p \equiv -1 \pmod 3$ (resp. si $p \equiv -1 \pmod 4$). On en conclut qu'elles sont de type *CM* relativement au corps $\mathbf{Q}(\sqrt{-3})$ (resp. $\mathbf{Q}(\sqrt{-1})$). On détermine les caractères correspondants par la méthode utilisée pour η^{14} (resp. pour η^{10}), et l'on obtient ainsi les formules du n° 2.7.

3. Compléments

3.1. *Evaluations asymptotiques.* Soit $r \in \mathbf{Z}$. Si x est un entier $\geqslant 1$, posons:

$$M_r(x) = \text{nombre des entiers} \quad n < x \quad \text{tels que} \quad p_r(n) \neq 0. \tag{40}$$

Dire que η^r est lacunaire signifie que $M_r(x) = o(x)$ pour $x \to \infty$. Lorsque r est pair >0, le th. 1 affirme que cela se produit si et seulement si $r = 2, 4, 6, 8, 10, 14$ ou 26. Ce résultat peut être précisé de la manière suivante:

THÉORÈME 2. (i) *Il existe une constante $c_2 > 0$ telle que:*

$$M_2(x) \sim c_2 x/(\log x)^{3/4} \quad \textit{pour} \quad x \to \infty.$$

(ii) *Pour $r = 4, 6, 8, 10, 14$, il existe une constante $c_r > 0$ telle que:*

$$M_r(x) \sim c_r x/(\log x)^{1/2} \quad \textit{pour} \quad x \to \infty.$$

(iii) *Il existe deux constantes c'_{26} et c''_{26}, avec $0 < c'_{26} < c''_{26}$, telles que:*

$$c'_{26}x/(\log x)^{1/2} \leqslant M_{26}(x) \leqslant c''_{26}x/(\log x)^{1/2} \quad \textit{pour} \quad x \geqslant 2.$$

(iv) *Si r est pair >0, et distinct de $2, 4, 6, 8, 10, 14, 26$, il existe une constante $c_r > 0$ telle que:*

$$M_r(x) \geqslant c_r x \quad \textit{pour} \quad x \geqslant 1.$$

L'assertion (i) est démontrée dans [**19**], n° 7.8, qui donne également la valeur de la constante c_2:

$$c_2 = 2^{7/4}3^{-3/4}\pi^{3/2}\Gamma(1/4)^{-1}(\log(2+\sqrt{3}))^{1/4} \prod_{p \equiv 1 \pmod{12}} (1-p^{-2})^{1/2}$$
$$= 2.4185\ldots$$

(On a $c_2 = 12\alpha$, avec les notations de [**19**], *loc. cit.*, prop. 19.)

L'assertion (ii), pour $r = 4, 6, 8$, résulte de la prop. 18 de [**19**], n° 7.5, puisque η^r est alors (à un changement de variable près) une forme primitive de type *CM*, cf. §2. Les cas $r = 10$ et $r = 14$ se traitent de manière analogue, mais un peu plus compliquée, en utilisant la "méthode de Landau", cf. [**17**]; je laisse au lecteur les détails de la démonstration.

Les assertions (iii) et (iv) résultent du th. 17 de [**19**], combiné au th. 1' du §2.

REMARQUES. 1) J'ignore si (ii) s'étend au cas $r = 26$; cela me paraît probable.

2) Les constantes c_r de (ii) peuvent être calculées explicitement, tout comme c_2.

3) Pour $r = 4, 6, 8, 10, 14, 26$, la lacunarité de η^r provient du facteur $1/(\log x)^{1/2}$ qui tend lentement vers 0 quand $x \to \infty$. Cette lenteur est très frappante quand on examine les tables donnant $p_r(n)$. Ainsi, pour $r = 26$, et pour n voisin de 10^3, il y a encore environ 80% des valeurs de n pour lesquelles $p_{26}(n) \neq 0$; pour que cette proportion s'abaisse à 50%, il faudrait sans doute que n soit de l'ordre de 10^7 ou 10^8, et pour qu'elle tombe en-dessous de 1%, que n soit de l'ordre de 10^{10000}. Il s'agit donc d'une lacunarité très peu marquée, bien moindre que dans les cas $r = 1$ et $r = 3$, où $M_r(x)$ est de l'ordre de grandeur de $\sqrt{x}$.

3.2. *Données numériques.* On trouve dans [**11**] des tables donnant $p_r(n)$ pour $1 \leqslant r \leqslant 16$ et $n \leqslant 400$. Des calculs beaucoup plus étendus ont été faits ensuite par O. Atkin, et, plus récemment, par H. Cohen (non publiés). D'après ce qu'ils m'ont communiqué, la situation est la suivante:

a) *r pair* >0.

Lorsque r est pair >0, et distinct de 2, 4, 6, 8, 10, 14, 26, *on ne connaît aucune valeur de* $n \geqslant 0$ *pour laquelle* $p_r(n)$ *soit* 0. Il semble raisonnable de conjecturer qu'il n'en existe pas. Cette conjecture (faite pour la première fois par Atkin, semble-t-il) généralise la conjecture de Lehmer [**6**], relative au cas $r = 24$, suivant laquelle la fonction de Ramanujan $\tau(n) = p_{24}(n-1)$ est $\neq 0$ pour $n \geqslant 1$ (cf. n° 3.3 ci-dessous).

b) *r impair* $\geqslant 5$.

Lorsque $r = 5, 7, 15$, on connaît des valeurs de n pour lesquelles $p_r(n) = 0$:

$r = 5$, $n = 1560, 1802, 1838, 2318, 2690, \ldots$ (Atkin, Cohen);

$r = 7$, $n = 28017$ (Atkin);

$r = 15$, $n = 53$ (Newman [**11**]).

Dans chacun de ces cas, η^r est fonction propre des opérateurs de Hecke $T(p^2)$ ([**8**], [**10**]), de sorte que toute valeur de n pour laquelle $p_r(n) = 0$ en fournit une infinité d'autres.

Il serait intéressant d'étudier ces zéros du point de vue de la théorie de Shimura [**21**], complétée par Waldspurger [**23**]. Leur nombre paraît suffisamment faible pour que l'on puisse conjecturer que η^r *n'est pas lacunaire pour r impair* $\geqslant 5$, et même que $M_r(x) \sim x$ pour $x \to \infty$.

3.3. *Le cas $r = 24$ (conjecture de Lehmer)*. La conjecture en question dit que $\tau(n) \neq 0$ pour tout $n \geqslant 1$. Dans [**6**], Lehmer démontre que c'est vrai pour $n \leqslant 3 \,.\, 10^6$. On peut pousser sa méthode un peu plus loin:

$$\textit{On a} \quad \tau(n) \neq 0 \quad \textit{pour} \quad 1 \leqslant n \leqslant 10^{15}. \tag{41}$$

Ce résultat est énoncé dans [**19**], §7.4, mais la démonstration donnée à cet endroit est incorrecte (à cause d'une congruence mod 7^2, cf. (iii) ci-dessous). Je la reprends, en la corrigeant:

Soit p le plus petit entier strictement positif $\leqslant 10^{15}$ pour lequel $\tau(p) = 0$, s'il en existe. C'est un nombre premier ([**6**], th. 2). Les congruences connues sur $\tau(p)$ (cf. [**6**], complété par [**22**]) entraînent:

(i) $p \equiv -1 \pmod{2^{14}3^7 5^3 691}$,

(ii) $\left(\dfrac{p}{23}\right) = -1$,

(iii) $p \equiv -1$, 19 ou 31 (mod 7^2), i.e. $p^3 \equiv -1 \pmod{7^2}$.

(Dans [**19**], *loc. cit.*, les cas $p \equiv 19, 31 \pmod{7^2}$ avaient été oubliés.)

D'après (i), on peut écrire p sous la forme

$$p = hM - 1, \quad \text{avec} \quad h \geqslant 1, \tag{42}$$

où

$$M = 2^{14}3^7 5^3 691 = 3094972416000.$$

Comme $M \equiv -1 \pmod{23}$, la condition (ii) se traduit par (ii') $h + 1$ est résidu quadratique $\neq 0$ mod 23, i.e.

$$h \equiv 0, 1, 2, 3, 5, 7, 8, 11, 12, 15, 17 \pmod{23}. \tag{43}$$

Comme $M \equiv 17 \pmod{7^2}$, la condition (iii) se traduit par

$$h \equiv 0, 30, 48 \pmod{7^2}. \tag{44}$$

Enfin la condition $p \leqslant 10^{15}$ donne:

$$h < 324. \tag{45}$$

Les valeurs de h satisfaisant à (43), (44) et (45) sont

$$h = 30, 48, 49, 97, 146, 195, 196, 245, 293.$$

Pour chacune de ces valeurs, on constate que $p = hM - 1$ n'est pas premier: il est divisible respectivement par

$$13, 11, 1249, 73, 227, 29, 4789, 131, 19.$$

D'où (41).

1 REMARQUE. Dans une conférence à Bonn (juin 1984), N. Kuznetsov a annoncé un théorème général sur la non annulation des séries de Poincaré qui *entraînerait la conjecture de Lehmer*, et rendrait donc inutiles les calculs ci-dessus.

3.4. *Lacunarité* mod *m des* η^r. Soit m un entier $\geqslant 1$. On peut s'intéresser (cf. [**1**], [**17**], par exemple) à la lacunarité de la fonction

$$n \mapsto p_r(n) \pmod m,$$

à valeurs dans $\mathbf{Z}/m\mathbf{Z}$.

Cela amène à poser:

$$M_r(x; m) = \text{nombre des} \quad n \leqslant x \quad \text{tels que} \quad p_r(n) \not\equiv 0 \pmod m. \tag{46}$$

Nous dirons que η^r est *lacunaire* (mod m) si $M_r(x; m) = o(x)$ pour $x \to \infty$, i.e. si presque tous les $p_r(n)$ sont divisibles par m.

THÉORÈME 3. *Si r est pair $\geqslant 0$, η^r est lacunaire* (mod m) *quel que soit $m \geqslant 1$.*

Cela résulte du th. 4.7 de [**17**], qui est applicable du fait que η^r est une forme modulaire de poids entier sur un groupe de congruence. On a même un résultat plus précis: il existe un nombre réel $\alpha > 0$ (dépendant de r et de m) tel que

$$M_r(x; m) = O(x/(\log x)^\alpha) \quad \text{pour} \quad x \to \infty. \tag{47}$$

Le cas r impair $\geqslant 5$

Je ne sais pas si le th. 3 s'étend à ce cas. On peut donner divers cas où c'est vrai, par exemple $m = 2$ à cause de la congruence

$$p_r(n) \equiv p_{2r}(2n) \pmod 2,$$

qui permet de se ramener à un poids pair. De façon analogue, la congruence

$$p_5(n) \equiv p_1(n/5) \pmod 5$$

montre que η^5 est lacunaire (mod 5); de même, η^{15} est lacunaire (mod 5), et η^7 est lacunaire (mod 7). Mais j'ignore, par exemple, si η^5 est lacunaire (mod 3), ou si η^7 est lacunaire (mod 5); les tables existantes sont trop restreintes pour suggérer une conjecture quelconque. Je me borne à signaler le résultat suivant, qui montre en tout cas que "beaucoup" de $p_r(n)$ sont divisibles par m:

Pour tout r impair >0, *et tout* $m \geqslant 1$, *il existe un ensemble* $P_{r,m}$ *de nombres premiers, de densité* >0, *tel que l'on ait* (48)

$$\eta^r \mid T(p^2) \equiv 0 \pmod m \quad \textit{pour tout} \quad p \in P_{r,m}.$$

C'est là une propriété générale des opérateurs de Hecke $T(p^2)$, agissant sur les formes de poids demi-entier. [On prouve d'abord l'énoncé analogue pour les T_p agissant sur les formes de poids entier: on utilise pour cela les représentations l-adiques de Deligne (cf. [**2**], lemme 9.6, pour le cas des formes de poids 1). On ramène ensuite les poids demi-entiers aux poids entiers par la théorie de Shimura [**21**].]

Le cas $r<0$ *(pair ou impair)*

Ce cas est encore moins connu que le précédent. Autant que je sache, la lacunarité (ou non lacunarité) de η^r (mod m) n'a été établie pour *aucun* couple (r, m) avec $r<0$ et $m \geqslant 2$.

Le cas $r = -1$, $m = 2$ a été étudié numériquement par Parkin et Shanks [**12**]; il semble que $M_{-1}(x; 2)$ soit voisin de $x/2$, ce qui entraînerait que η^{-1} n'est pas lacunaire (mod 2).

Je signale également que, lorsque r est pair <0, on peut parfois utiliser la méthode de [**17**], §5, pour prouver que, si l'on impose à n certaines congruences, presque tous les $p_r(n)$ correspondants sont 0 (mod m).

EXEMPLE. Prenons $r=-48$, i.e. $\eta^r=\Delta^{-2}$, et $m=7^\alpha$, avec $\alpha \geqslant 1$; alors presque tous les $p_{-48}(n)$, pour $n \equiv 2, 3, 4, 6 \pmod 7$, sont divisibles par 7^α: cela résulte de ce que la série

$$\sum_{n \equiv 2,3,4,6 \pmod 7} p_{-48}(n) q^{n-2}$$

est une forme modulaire 7-adique de poids -24 sur $\mathbf{SL}_2(\mathbf{Z})$ d'après [**17**], th. 5.4. On notera que cette méthode ne fournit aucun renseignement sur les $p_{-48}(n)$ pour $n \equiv 0, 1, 5 \pmod 7$, et l'on ne peut rien en conclure sur la lacunarité (ou non lacunarité) de $\eta^{-48} \pmod{7^\alpha}$.

BIBLIOGRAPHIE

1. P. J. Costello, Density Problems involving $p_r(n)$, *Math. Comp.* **38** (1982), 633–637.

2. P. Deligne et J-P. Serre, Formes modulaires de poids 1, *Ann. Sci. E.N.S.* (4) **7** (1974), 507–530.

3. F. J. Dyson, Missed Opportunities, *Bull. A.M.S.* **78** (1972), 635–652.

4. G. H. Hardy et E. M. Wright, *An Introduction to the Theory of Numbers*, 3$^{\rm d}$ edit. (Oxford Univ. Press, 1954).

5. M. I. Knopp et J. Lehner, Gaps in the Fourier Series of Automorphic Forms, *Lect. Notes in Math.* **899** (1981), 360–381.

6. D. H. Lehmer, The Vanishing of Ramanujan's Function $\tau(n)$, *Duke Math. J.* **14** (1947), 429–433.

7. W. Li, Newforms and Functional Equations, *Math. Ann.* **212** (1975), 285–315.

8. J. H. van Lint, *Hecke Operators and Euler Products* (Thèse, Utrecht, 1957).

9. I. G. Macdonald, Affine Root Systems and Dedekind's η-Function, *Invent. Math.* **15** (1972), 91–143.

10. M. Newman, An Identity for the Coefficients of Certain Modular Forms, *J. London Math. Soc.* **30** (1955), 488–493.

11. M. Newman, A Table of the Coefficients of the Powers of $\eta(\tau)$, *Proc. Acad. Amsterdam* **59** (1956), 204–216.

12. T. R. Parkin et D. Shanks, On the Distribution of Parity in the Partition Function, *Math. Comp.* **21** (1967), 466–480.

13. S. Ramanujan, On Certain Arithmetical Functions, *Trans. Cambridge Phil. Soc.* **22** (1916), 159–184 (= *Collected Papers*, n° 18, 136–162).

14. R. Rankin, Hecke Operators on Congruence Subgroups of the Modular Group, *Math. Ann.* **168** (1967), 40–58.

15. K. Ribet, Galois Representations attached to Eigenforms with Nebentypus, *Lect. Notes in Math.* **601** (1977), 17–52.

16. B. Schoeneberg, Über den Zusammenhang der Eisensteinschen Reihen und Thetareihen mit der Diskriminante der elliptischen Funktionen, *Math. Ann.* **126** (1953), 177–184.

17. J-P. Serre, Divisibilité de certaines fonctions arithmétiques, *L'Ens. Math.* **22** (1976), 227–260.

18. J-P. Serre, Modular Forms of Weight One and Galois Representations, in *Alg. Number Fields* (A. Fröhlich édit.) (Acad. Press 1977), 193–268.

19. J-P. Serre, Quelques applications du théorème de densité de Chebotarev, *Publ. Math. I.H.E.S.* **54** (1981), 123–201.

20. G. Shimura, Class Fields over Real Quadratic Fields and Hecke Operators, *Ann. of Math.* **95** (1972), 130–190.

21. G. Shimura, On Modular Forms of Half Integral Weight, *Ann. of Math.* **97** (1973), 440–481.

22. H. P. F. Swinnerton-Dyer, On l-adic Representations and Congruences for Coefficients of Modular Forms, *Lect. Notes in Math.* **350** (1973), 1–55.

23. J-L. Waldspurger, Sur les coefficients de Fourier des formes modulaires de poids demi-entier, *J. Math. pures et appl.* **60** (1981), 375–484.

140.

$\Delta = b^2 - 4ac$

Math. Medley, Singapore Math. Soc. 13 (1985), 1–10

The formula of the title is of course familiar; it is the *discriminant* of the quadratic polynomial $ax^2 + bx + c$.

The problem I want to discuss today is: given an integer Δ, *what are the possible polynomials $ax^2 + bx + c$, with integer coefficients a, b, c, for which $b^2 - 4ac$ is equal to Δ*? Can we classify them?

This problem has a long history, going as far back as Gauss (circa 1800); it is not solved yet, but there have been quite exciting new results recently, as I hope to show you.

Notice first that there is an obvious necessary condition on Δ; namely Δ should be congruent to a square mod 4, i.e.:

$$\Delta \equiv 0, 1 \pmod 4.$$

Conversely, if this congruence holds, it is easy to find $a, b, c \in \mathbf{Z}$ with $\Delta = b^2 - 4ac$ (exercise). This settles the question of the *existence* of the solutions of our problem; it remains only (!) to classify them. For instance, are there some Δ's for which there is a unique solution?

In this crude form, the answer is obviously "no". Indeed, the transformation $x \to x + 1$ leaves Δ invariant, but changes (a, b, c) to $(a, b + 2a, c + a + b)$. Thus, we should consider two quadratic polynomials as *equivalent* if they differ by $x \to x + 1$, or more generally, by $x \to x + n$ $(n \in \mathbf{Z})$. But this is not enough: there are other possible transformations. To see them, it is better to use a homogeneous notation, and to write our quadratic polynomials as $ax^2 + bxy + cy^2$. The transformation $x \to x + 1$ becomes $\begin{cases} x \to x + y \\ y \to y \end{cases}$, which we may write as a matrix $S = \begin{pmatrix} 1 & 1 \\ 0 & 1 \end{pmatrix}$.

Since now x and y play symmetric roles, we should introduce as well the matrix $T = \begin{pmatrix} 1 & 0 \\ 1 & 1 \end{pmatrix}$, which corresponds to the transformation $\begin{cases} x \to x \\ y \to x + y \end{cases}$. And, since we can compose transformations, we should consider the group generated by S and T,

---

Lecture organized jointly by the Society and the Department of Mathematics, National University of Singapore, and delivered on 14 February 1985.
Notes taken by Daniel Flath.

$$\Delta = b^2 - 4ac$$

which happens to be the group $\mathbf{SL}_2(\mathbf{Z})$ of two by two matrices $\begin{pmatrix} \alpha & \beta \\ \gamma & \delta \end{pmatrix}$, with integral coefficients, and determinant 1.

Now, our problem may be reformulated as follows:

Given an integer Δ, *with* $\Delta \equiv 0, 1 \pmod 4$, *classify the* $\mathbf{SL}_2(\mathbf{Z})$*-equivalence classes of quadratic forms* $ax^2 + bxy + cy^2$, *with* $a, b, c \in \mathbf{Z}$ *and* $b^2 - 4ac = \Delta$

For the rest of this talk, we will consider *only the case where* Δ *is* < 0, i.e. equations $ax^2 + bx + c = 0$ with no real root. (The case of a positive Δ is equally interesting, but quite different; and there has been little progress on it since Gauss.) This restriction to negative Δ's forces a and c to have the same sign. For convenience, we will always take them positive, and we will denote by $\underline{h}(\Delta)$ the number of such forms, modulo $\mathbf{SL}_2(\mathbf{Z})$-equivalence; we shall see below that this number is finite

Reduced forms.

Consider a form $ax^2 + bxy + cy^2$, with $a, c > 0$, and $b^2 - 4ac = \Delta$, with $\Delta < 0$. We say that such a form is *almost reduced* if $a \leqslant c$ and $|b| \leqslant a$. *Any form can be transformed into an almost reduced one* by an element of $\mathbf{SL}_2(\mathbf{Z})$. Indeed, we can arrange that $a \leqslant c$ by applying the transformation $\begin{pmatrix} 0 & -1 \\ 1 & 0 \end{pmatrix}$ in case $c < a$. And we can ensure that $|b| \leqslant a$ by applying some shift $\begin{pmatrix} 1 & n \\ 0 & 1 \end{pmatrix}$, which leaves a invariant and replaces b by $b + 2an$. If this destroys the inequality $a \leqslant c$, we apply again $\begin{pmatrix} 0 & -1 \\ 1 & 0 \end{pmatrix}$, and so on. It is easily checked that this process comes to a stop after finitely many steps, and gives an almost reduced form.

Theorem. *The number of almost reduced forms with given discriminant* $\Delta < 0$ *is finite.*

Proof. If $ax^2 + bxy + cy^2$ is almost reduced, we have:

$$4a^2 \leqslant 4ac = b^2 - \Delta \leqslant a^2 - \Delta,$$

hence $3a^2 \leqslant -\Delta$; this shows that a can take only finitely many values. The same is true for b since $|b| \leqslant a$, and c is determined by a, b and Δ.

Corollary. $\underline{h}(\Delta)$ *is finite.*

$$\Delta = b^2 - 4ac$$

To go further, we need to investigate whether every $SL_2(\mathbf{Z})$– equivalence class contains a *unique* almost reduced form. It turns out this is nearly always true. I want to explain the exceptions by using a picture in the complex plane:

Write $ax^2 + bxy + cy^2$ as $a(x + \tau y)(x + \bar{\tau} y)$ with some complex number τ. We may assume that $Im\ \tau > 0$ since τ and $\bar{\tau}$ play symmetric roles. The condition $|b| \leqslant a$ is equivalent to $|\tau + \bar{\tau}| \leqslant 1$, that is $|\mathrm{Re}\ \tau| \leqslant \frac{1}{2}$. The condition $a \leqslant c$ translates to $\tau\bar{\tau} \geqslant 1$, that is $|\tau| \geqslant 1$. In other words, $ax^2 + bxy + cy^2$ is almost reduced precisely when τ lies in the famous shaded region pictured (boundary included) in Figure 1.

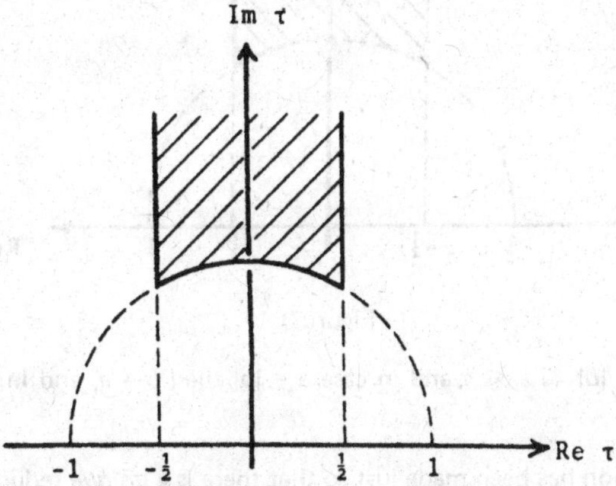

Figure 1

The exceptions mentioned above come from the boundary. The transformation $S = \begin{pmatrix} 1 & 1 \\ 0 & 1 \end{pmatrix}$ changes τ to $\tau + 1$ relating two points on the vertical boundaries. The transformation $R = \begin{pmatrix} 0 & -1 \\ 1 & 0 \end{pmatrix}$ relates two symmetric points τ and $-\frac{1}{\tau} = -\bar{\tau}$ on the boundary arc.

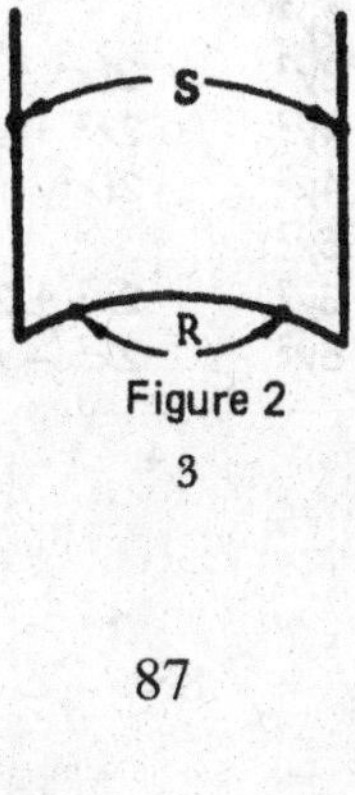

Figure 2

$$\Delta = b^2 - 4ac$$

To get rid of the redundant almost reduced forms we throw away half the boundary. Namely:

Definition. $ax^2 + bxy + cy^2 = a(x + \tau y)(x + \bar{\tau} y)$ is *reduced* if τ lies in the region pictured in Figure 3:

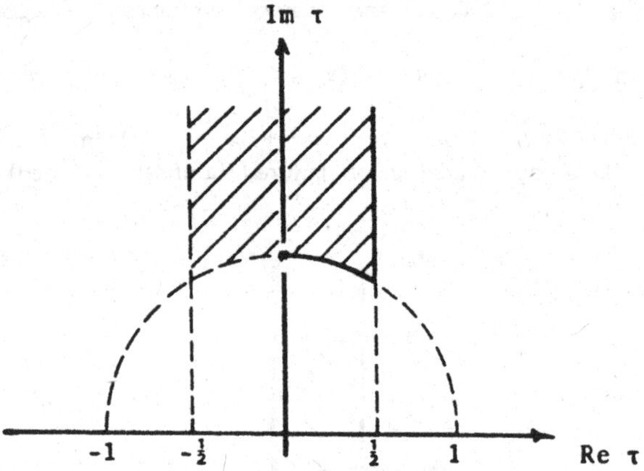

Figure 3

Equivalently, if $|b| \leqslant a \leqslant c$ and in case $a = |b|$ then $b = a$, and in case $a = c$ then $b \geqslant 0$.

This definition has been made just so that there is a *unique* reduced form in each $\mathbf{SL}_2(\mathbf{Z})$ equivalence class. Hence $\underline{h}(\Delta)$ is the number of reduced forms with discriminant Δ. This leads to a procedure for calculating $\underline{h}(\Delta)$ for a given Δ, namely listing all reduced forms. (The proof of the finiteness of $\underline{h}(\Delta)$ given above shows how to make this list.)

Table 1

Δ	$\underline{h}(\Delta)$	reduced forms of discriminant Δ		
−3	1	$x^2 + xy + y^2$		
−4	1	$x^2 + y^2$		
−7	1	$x^2 + xy + 2y^2$		
−8	1	$x^2 + 2y^2$		
−11	1	$x^2 + xy + 3y^2$		
−12	2	$x^2 + 3y^2$	$2(x^2 + xy + y^2)$	
−15	2	$x^2 + xy + 4y^2$	$2x^2 + xy + 2y^2$	
−16	2	$x^2 + 4y^2$	$2(x^2 + y^2)$	
−19	1	$x^2 + xy + 5y^2$		
−20	2	$x^2 + 5y^2$	$2x^2 + 2xy + 3y^2$	
−23	3	$x^2 + xy + 6y^2$	$2x^2 - xy + 3y^2$	$2x^2 + xy + 3y^2$

$$\Delta = b^2 - 4ac$$

Notice that the forms $2(x^2 + xy + y^2)$ and $2(x^2 + y^2)$ of discriminants −12 and −16 are multiples of forms which appear earlier in the table under $\Delta = -3, -4$. To avoid this multiple listing we modify the game. Define a form $ax^2 + bxy + cy^2$ to be *primitive* if *a, b,* and *c* have no common factor greater than 1, and define $h(\Delta)$, the *class number of* Δ, to be the number of *primitive* reduced forms of discriminant Δ. It was a remarkable discovery of Gauss that the set C_Δ of primitive reduced forms of discriminant Δ is an abelian group in a natural way, but we shall not go into that here (*).

Table 2

Δ	−3	−4	−7	−8	−11	−12	−15	−16	−19	−20
$h(\Delta)$	1	1	1	1	1	1	2	1	1	2
Δ	−23	−31	−43	−47	−59	−67	−71	−79	−83	−163
$h(\Delta)$	3	3	1	5	3	1	7	5	3	1

With computer assistance these tables have now been extended into the millions.

Looking at the tables one finds that the values $h(\Delta)$ are very irregular, but that with large $|\Delta|$, $h(\Delta)$ tends to be large as well. It has been a fundamental problem to make this last observation precise.

For technical reasons we restrict our consideration for the rest of this talk to the so-called "fundamental discriminants". A discriminant Δ is *fundamental* if it *cannot* be written $\Delta = \Delta_0 f^2$ with Δ_0 a discriminant (i.e. congruent to 0 or 1 mod 4) and *f* an integer greater than 1. For instance, −12 and −16 are not fundamental.

This restriction is not serious because it is known how to compute all $h(\Delta)$ from the values for fundamental discriminants Δ alone.

The fundamental discriminants $\Delta < 0$ with class number $h(\Delta)$ equal to 1 are especially interesting: they are those for which our original problem (find the quadratic equations with a given Δ) has an essentially *unique* solution. One finds easily 9 of them: $\Delta = -3, -4, -7, -8, -11, -19, -43, -67, -163$. Around 1800, Gauss conjectured that there are no more. As we shall see, this is true (but it took more than 150 years to prove).

(*) Call R_Δ the ring $Z[\frac{1}{2}\sqrt{\Delta}]$ if $\Delta \equiv 0 \pmod 4$, and the ring $Z[(1+\sqrt{\Delta})/2]$ if $\Delta \equiv 1 \pmod 4$. Then C_Δ is isomorphic with the "class group" Pic (R_Δ) of R_Δ. When Δ is a fundamental discriminant (see below), then R_Δ is the ring of integers of the quadratic field $Q(\sqrt{\Delta})$, and $h(\Delta)$ is the class number of that field.

$$\Delta = b^2 - 4ac$$

These discriminants Δ with $h(\Delta) = 1$ have remarkable properties. Let me illustrate them with the case $\Delta = -163$.

In 1772, L. Euler (Mémoires de l'Académie de Berlin, *extrait d'une lettre a M. Bernoulli)* discovered a curious property of the polynomial

$$x^2 + x + 41 \quad \text{(with discriminant } \Delta = -163).$$

Namely, if you look at the table of its values for $x = 0, 1, \ldots\ldots$:

x	0	1	2	3	4	5	6	7	...	39
$x^2 + x + 41$	41	43	47	53	61	71	83	97	...	1601

you find only *prime numbers,* up to $x = 39$ (but $x = 40$ fails, since $40^2 + 40 + 41 = 41^2$)! The fact that this polynomial yields so many primes is *equivalent* to the equality $h(-163) = 1$. Indeed the following theorem is not hard to prove, using elementary properties of imaginary quadratic fields:

Theorem. *For a prime number p which is greater than* 3 *and congruent to* 3 mod 4 *the following three properties are equivalent:*

a) $h(-p) = 1$;

b) $x^2 + x + \frac{p+1}{4}$ *is a prime number for every integer x such that* $0 \leqslant x \leqslant \frac{p-7}{4}$;

c) $x^2 + x + \frac{p+1}{4}$ *is prime for* $0 \leqslant x < \frac{\sqrt{p/3} - 1}{2}$.

(For a proof of the equivalence b) and c), see e.g. G. Frobenius. *Gesammelte Abhandlungen* III, no. 94).

This applies to $p = 163$: by c), it suffices to check that $x^2 + x + 41$ is prime for $x = 0, 1, 2, 3$; this *implies* it will be so up to $x = 39$.

There are other interesting facts about 163 which are related to $h(-163) = 1$. Consider for instance the transcendental number

$$e^{\pi\sqrt{163}} = 262537412640768743.99999999999925007\cdots$$

That it is so close to being an integer can be proved *a priori* from $h(-163) = 1$!

[**Sketch of proof.** One computes the value of the elliptic modular function $j(z)$ for $z = (1 + i\sqrt{163})/2$; using $h(-163) = 1$, one proves that $j(z)$ is an ordinary integer. On the other hand, the power series expansion for $j(z)$ gives:

$$j(z) = e^{-2\pi iz} + 744 + 196884e^{2\pi iz} + \ldots$$

$$\Delta = b^2 - 4ac$$

$$= -e^{\pi\sqrt{163}} + 744 - 196884e^{-\pi\sqrt{163}} + \ldots,$$

an expression in which all terms but the first two give a very small contribution (less than 10^{-12}). Hence $e^{\pi\sqrt{163}}$ is close to an integer.]

For these and other reasons there is great interest in determining all negative fundamental discriminants Δ with class number $h(\Delta) = 1$ (or 2, or 3, or . . .).

In the remainder of the talk I will review the work that has been done on this problem, some of it quite recent, some of it still in progress.

The tables suggest that the class number $h(\Delta)$ is roughly of the order of magnitude of $|\Delta|^{1/2}$. One can in fact prove readily that $h(\Delta) < 3|\Delta|^{1/2} \log|\Delta|$.

But we really want a *lower* bound for h, since we want to show that for large discriminants Δ, $h(\Delta)$ must be large as well.

Work of Gronwall in 1913 and Landau in 1918 showed that if the zeta function of $Q(\sqrt{\Delta})$ has no zero between ½ and 1, then $h(\Delta) > C|\Delta|^{1/2}/\log|\Delta|$ for a constant C which can in principle be computed. Unfortunately, the hypothesis on the zeta function has never been proved (it is a special case of GRH, the Generalized Riemann Hypothesis).

In 1934, Heilbronn completed some previous work of Deuring and proved that $\lim h(\Delta) = \infty$ when $\Delta \to -\infty$. This was soon sharpened by Siegel (1936), who showed that, for every $\varepsilon > 0$, there exists a positive constant C_ε such that $h(\Delta) \geqslant C_\varepsilon|\Delta|^{1/2-\varepsilon}$. In other words, the growth rate of $h(\Delta)$ is exactly as expected.

However, Siegel's proof gives less than might be hoped for: it is not "effective" (in plain English, the constant C_ε cannot be computed). The reason for this is interesting. One would like to prove that, if a discriminant Δ is very large(*), then $h(\Delta)$ cannot be too small. One does not know how to do that. What Siegel's proof shows, instead, is that the existence of *two* large discriminants Δ and Δ' with both $h(\Delta)$ and $h(\Delta')$ suitably small leads to a contradiction. This allows $h(\Delta)$ to be small for *one* large Δ. Which is one too many!

For instance, it follows from Siegel's work that there is *at most one* fundamental discriminant Δ_{10} with class number 1, beyond that 9 already known to Gauss, and listed above. The question of the existence of Δ_{10} attained notoriety as the "problem of the tenth imaginary quadratic field".

(*)I call a negative discriminant "large" when its absolute value is large.

7

$$\Delta = b^2 - 4ac$$

The next progress came in 1952 when K. Heegner published a proof that Δ_{10} *does not exist.* However, this proof used properties of modular functions which he stated without enough justification. People could not understand his work, and did not believe it (I tried myself once to follow his arguments, but got nowhere . .). Hence, the question of the existence of Δ_{10} was still considered as open.

In 1966, H. Stark studied Δ_{10} in his thesis, and proved that, if it exists, it is very large: $|\Delta_{10}| > 10^{9000000}$. The following year, he succeeded in proving that Δ_{10} does not exist, thus settling the class number 1 problem. His method looked at first quite different from Heegner's; it turned out later that the two methods are closely related (and that Heegner's approach was basically correct, after all).

The same year, A. Baker also gave a solution of the class number 1 problem, by using his effective bounds for linear forms in logarithms of algebraic numbers.

With some work (by Baker himself, and by Stark, and Montgomery-Weinberger), this method could also be applied to $h(\Delta) = 2$, and yielded the fact that there are exactly 18 negative fundamental discriminants of class number 2, the largest being -427.

However, neither Stark's method nor Baker's applied to the problem of class number 3, or more.

To go further, we must now introduce some new objects. Recall that an *elliptic curve* E over Q is a non singular cubic

$$y^2 = x^3 + ax + b, \text{ with } a, b \in \mathbf{Q} \text{ and } 4a^3 + 27b^2 \neq 0.$$

To such a curve is attached a wonderful (and mysterious) analytic function $L_E(s)$, which is called its L-series; it is conjectured to extend analytically to the whole C-plane, to have a functional equation similar to the one of the Riemann zeta function (but with respect to $s \to 2 - s$), etc.

This seems to have nothing to do with $h(\Delta)$. However, in 1976. D. Goldfeld made a startling discovery. He proved that the existence of a *single* elliptic curve E over Q, for which $L_E(s)$ satisfies the above conjectures and has a zero at $s = 1$ with multiplicity at least 3, implies

$$h(\Delta) \geqslant C_E \log|\Delta|$$

for all (*) Δ's, with a positive constant C_E which is effectively computable. (How can a hypothesis on some elliptic curve imply anything about $h(\Delta)$? Well, it is one of the many mysteries of number theory . . .)

(*)This is correct only when $h(\Delta)$ is odd; the general statement is slightly different. see e.g. [1].

8

$$\Delta = b^2 - 4ac$$

Goldfeld's theorem tells us that *if* we can find an elliptic curve E with the required properties, then $h(\Delta)$ goes to infinity effectively as $\Delta \to -\infty$. There remains the task of finding such a curve.

There are some elliptic curves, derived from modular forms, which are called "Weil curves", and for which the holomorphy of the L-series and the functional equation are known. If we choose for E such a curve, the only further property which is needed is that $L_E(s)$ vanish at $s = 1$ with multiplicity 3 or more. The "Birch and Swinnerton-Dyer conjecture" predicts when this should happen, namely when the rank of the group E(Q) of rational points of E is $\geqslant 3$. And it is easy to find such examples. One then has to prove:

$$L_E(1) = 0, \; L'_E(1) = 0, \; L''_E(1) = 0.$$

Using the functional equation of L_E (which can be fixed to have a minus sign), this reduces to proving that $L'_E(1)$ is equal to 0. But how does one show this? Of course, a computer can check that

$$L'_E(1) = 0.0000000000\ldots$$

accurate to say ten decimal places. But that is not good enough: the theorem requires $L'_E(1)$ to be actually 0.

No way around that difficulty was found for about 7 years; and as a consequence, Goldfeld's method could not be applied.

The next progress came in 1983, when B. Gross and D. Zagier found a closed formula for $L'_E(1)$. Using it, they were able to find a Weil curve E satisfying all of Goldfeld's hypotheses. The corresponding constant C_E has been computed by J. Oesterlé, and found to be equal to 1/7000.

To see concretely what this means, let's apply it to the problem of determining the Δ's with $h(\Delta) = 3$. Goldfeld's bound gives $|\Delta| \leqslant e^{21000} < 10^{9200}$. We are thus left with only a finite set of Δ's to investigate. Unfortunately, that set is too large.

If the bound 10^{9200} could be brought down to 10^{2500}, one could apply a result of Montgomery-Weinberger saying that, in that range, the largest negative Δ with $h(\Delta) = 3$ is $\Delta = -907$. (Extending the Montgomery-Weinberger method is certainly possible, but would require a lot of computer work.)

Luckily, there are better elliptic curves than the one used by Gross-Zagier. Recently(*), J-F. Mestre has investigated the rank 3 curve

(*)This work of Mestre was completed shortly after my Singapore lecture (February 1985).

$$\Delta = b^2 - 4ac$$

$$y^2 + y = x^3 - 7x + 6.$$

He has been able to show that it is a Weil curve (this required computer work, too —
1 see a recent note of his, *Comptes Rendus de l'Académie des Sciences)*, and, by using
the Gross-Zagier theorem, that its L-series has a triple zero at $s = 1$. The corresponding C_E turns out to be $\geqslant 1/55$. For $h(\Delta) = 3$, this gives

$$|\Delta| \leqslant e^{165} < 10^{72},$$

which is much below Montgomery-Weinberger's 10^{2500}. The class number 3
2 problem is thus solved. No doubt the same method will work for other small class
numbers, up to 100, say.

Of course this is not the end of the story. We would like to have effective lower bounds for $h(\Delta)$ of the size of some power of $|\Delta|$, rather than in $\log|\Delta|$. But how to get them? Will we have to wait until GRH is proved? It may take a while.

References

1. Oesterlé, J., Nombres de classes des corps quadratiques imaginaires, Séminaire *Nicolas Bourbaki* 1983-84, *Astérisque* 121-122, Exposé 631.

2. Zagier, D., L-Series of elliptic curves, the Birch-Swinnerton-Dyer Conjecture, and the Class Number Problem of Gauss, *Notices of the American Mathematical Society* 31(1984), 739-743.

141.

An interview with J-P. Serre

Intelligencer **8** (1986), 8–13

C. T. Chong and
Y. K. Leong

Editorial Note: *Jean-Pierre Serre was born in 1926 and studied at the Ecole Normale Supérieure in Paris. He was awarded a Fields medal in 1954 and has been Professor of Algebra and Geometry at the Collège de France since 1956.*

Professor Serre visited the Department of Mathematics, National University of Singapore, during February 1985 under the French-Singapore Academic Exchange Programme. In addition to giving several lectures organized by the Department of Mathematics and the Singapore Mathematical Society, he was also interviewed by C. T. Chong and Y. K. Leong on 14 February 1985.

Jean-Pierre Serre
Collège de France
Chaire D'Algèbre et Géométrie
Paris

Q: *What made you take up mathematics as your career?*

A: I remember that I began to like mathematics when I was perhaps 7 or 8. In high school I used to do problems for more advanced classes. I was then in a boarding house in Nîmes, staying with children older than I was, and they used to bully me. So to pacify them, I used to do their mathematics homework. It was as good a training as any.

My mother was a pharmacist (as was my father), and she liked mathematics. When she was a pharmacy student, at the University of Montpellier, she had taken a first year course in calculus, just for fun, and passed the exam. And she had carefully kept her calculus books (by Fabry and Vogt, if I remember correctly). When I was 14 or 15, I used to look at these books, and study them. This is how I learned about derivatives, integrals, series and such (I did that in a purely formal manner—Euler's style so to speak: I did not like, and did not understand, epsilons and deltas). At that time, I had no idea one could make a living by being a mathematician. It is only later I discovered one could get paid for doing mathematics! What I thought at first was that I would become a high school teacher:

C. T. Chong

Y. K. Leong

* This interview was held on 14 February 1985 in the Department of Mathematics, National University of Singapore. Reprinted with permission from the Singapore Mathematical Society. A reprint from the Mathematical Medley, Vol. 13, No. 1. (1985).

95

this looked natural to me. Then, when I was 19, I took the competition to enter the École Normale Supérieure, and I succeeded. Once I was at "l'Ecole," it became clear that it was not a high school teacher I wanted to be, but a research mathematician.

Q: *Did other subjects ever interest you, subjects like physics or chemistry?*

A: Physics not much, but chemistry yes. As I said, my parents were pharmacists, so they had plenty of chemical products and test tubes. I played with them a lot when I was about 15 or 16 besides doing mathematics. And I read my father's chemistry books (I still have one of them, a fascinating one, "Les Colloïdes" by Jacques Duclaux). However, when I learned more chemistry, I got disappointed by its almost mathematical aspect: there are long series of organic compounds like CH_4, C_2H_6, etc, all looking more or less the same. I thought, if you have to have series, you might as well do mathematics! So, I quit chemistry—but not entirely: I ended up marrying a chemist.

Q: *Were you influenced by any school teacher in doing mathematics?*

A: I had only one very good teacher. This was in my last year in high school (1943–1944), in Nîmes. He was nicknamed "Le Barbu": beards were rare at the time. He was very clear, and strict; he demanded that every formula and proof be written neatly. And he gave me a thorough training for the mathematics national competition called "Concours Général," where I eventually got first prize.

Speaking of Concours Général, I also tried my hand at the one in physics, the same year (1944). The problem we were asked to solve was based entirely on some physical law I was supposed to know, but did not. Fortunately, only one formula seemed to me possible for that law. I assumed it was correct, and managed to do the whole 6-hour problem on that basis. I even thought I would get a prize. Unfortunately, my formula was wrong, and I got nothing—as I deserved!

Q: *How important is inspiration in the discovery of theorems?*

A: I don't know what "inspiration" really means. Theorems, and theories, come up in funny ways. Sometimes, you are just not satisfied with existing proofs, and you look for better ones, which can be applied in different situations. A typical example for me was when I worked on the Riemann-Roch theorem (circa 1953), which I viewed as an "Euler-Poincaré" formula (I did not know then that Kodaira-Spencer had had the same idea). My first objective was to prove it for algebraic curves—a case which was known for about a century! But I wanted a proof in a special style; and when I managed to find it, I remember it did not take me more than a minute or two to go from there to the 2-dimensional case (which had just been done by Kodaira). Six months later, the full result was established by Hirzebruch, and published in his well-known Habilitationsschrift.

Quite often, you don't really try to solve a specific question by a head-on attack. Rather you have some ideas in mind, which you feel should be useful, but you don't know exactly for what they are useful. So, you look around, and try to apply them. It's like having a bunch of keys, and trying them on several doors.

Q: *Have you ever had the experience where you found a problem to be impossible to solve, and then after putting it aside for some time, an idea suddenly occurred leading to the solution?*

A: Yes, of course this happens quite often. For instance, when I was working on homotopy groups (~1950), I convinced myself that, for a given space X, there should exist a fibre space E, with base X, which is contractible; such a space would indeed allow me (using Leray's methods) to do lots of computations on homotopy groups and Eilenberg-MacLane cohomology. But how to find it? It took me several weeks (a very long time, at the age I was then . . .) to realize that the space of "paths" on X had all the necessary properties—if only I dared call it a "fiber space," which I did. This was the starting point of the loop space method in algebraic topology; many results followed quickly.

Q: *Do you usually work on only one problem at a time or several problems at the same time?*

A: Mostly one problem at a time, but not always. And I work often at night (in half sleep), where the fact that you don't have to write anything down gives to the mind a much greater concentration, and makes changing topics easier.

Q: *In physics, there are a lot of discoveries which were made by accident, like X-rays, cosmic background radiation and so on. Did that happen to you in mathematics?*

A: A genuine accident is rare. But sometimes you get a surprise because some argument you made for one purpose happens to solve a question in a different direction; however, one can hardly call this an "accident."

Q: *What are the central problems in algebraic geometry or number theory?*

A: I can't answer that. You see, some mathematicians have clear and far ranging "programs." For instance, Grothendieck had such a program for algebraic geometry; now Langlands has one for representation theory, in relation to modular forms and arithmetic. I never had such a program, not even a small size one. I just work on things which happen to interest me at the moment. (Presently, the topic which amuses me most is counting points on algebraic curves over finite fields. It is a kind of applied mathematics: you try to use any tool in algebraic geometry and number theory that you know of . . . and you don't quite succeed!)

Q: *What would you consider to be the greatest developments in algebraic geometry or number theory within the past five years?*

A: This is easier to answer. Faltings' proof of the Mordell conjecture, and of the Tate conjecture, is the first thing which comes to mind. I would also mention Gross-Zagier's work on the class number problem for quadratic fields (based on a previous theorem of Goldfeld), and Mazur-Wiles' theorem on Iwasawa's theory, using modular curves. (The applications of modular curves and modular functions to number theory are especially exciting: you use GL_2 to study GL_1, so to speak! There is clearly a lot more to come from that direction . . . may be even a proof of the Riemann Hypothesis some day?)

Q: *Some scientists have done fundamental work in one field and then quickly moved on to another field. You worked for three years in topology, then took up something else. How did this happen?*

A: It was a continuous path, not a discrete change. In 1952, after my thesis on homotopy groups, I went to Princeton, where I lectured on it (and on its continuation: "C-theory"), and attended the celebrated Artin-Tate seminar on class field theory.

Then, I returned to Paris, where the Cartan seminar was discussing functions of several complex variables, and Stein manifolds. It turned out that the recent results of Cartan-Oka could be expressed much more efficiently (and proved in a simpler way) using cohomology and sheaves. This was quite exciting, and I worked for a short while on that topic, making applications of Cartan theory to Stein manifolds. However, a very interesting part of several complex variables is the study of projective varieties (as opposed to affine ones—which are somewhat pathological for a geometer); so, I began working on these complex projective varieties, using sheaves: that's how I came to the circle of ideas around Riemann-Roch, in 1953. But projective varieties are algebraic (Chow's theorem), and it is a bit unnatural to study these algebraic objects using analytic functions, which may well have lots of essential singularities. Clearly, rational functions should be enough—and indeed they are. This made me go (around 1954) into "abstract" algebraic geometry, over any algebraically closed field. But why assume the field is algebraically closed? Finite fields are more exciting, with Weil conjectures and such. And from there to number fields it is a natural enough transition . . . This is more or less the path I followed.

Another direction of work came from my collaboration (and friendship) with Armand Borel. He told me about Lie groups, which he knows like nobody else. The connections of these groups with topology, algebraic geometry, number theory, . . . are fascinating. Let me give you just one such example (of which I became aware about 1968):

Consider the most obvious discrete subgroup of $SL_2(\mathbf{R})$, namely $\Gamma = SL_2(\mathbf{Z})$. One can compute its "Euler-Poincaré characteristic" $\chi(\Gamma)$, which turns out to be $-1/12$ (it is not an integer: this is because Γ has torsion). Now $-1/12$ happens to be the value $\zeta(-1)$ of Riemann's zeta-function at the point $s = -1$ (a result known already to Euler). And this is not a coincidence! It extends to any totally real number field K, and can be used to study the denominator of $\zeta_K(-1)$. (Better results can be obtained by using modular forms, as was found later.) Such questions are not group theory, nor topology, nor number theory: they are just mathematics.

Q: *What are the prospects of achieving some unification of the diverse fields of mathematics?*

A: I would say that this has been achieved already. I have given above a typical example where Lie groups, number theory, etc, come together, and cannot be separated from each other. Let me give you another such example (it would be easy to add many more):

There is a beautiful theorem proved recently by S. Donaldson on four-dimensional compact differentiable manifolds. It states that the quadratic form (on H^2) of such a manifold is severely restricted; if it is positive definite, it is a sum of squares. And the crux of the proof is to construct some auxiliary manifold (a "cobordism") as the set of solutions of some partial differential equation (non linear, of course)! This is a completely new application of analysis to differential topology. And what makes it even more remarkable is that, if the differentiability assumption is dropped, the situation becomes quite different: by a theorem of M. Freedman, the H^2-quadratic form can then be almost anything.

Q: *How does one keep up with the explosion in mathematical knowledge?*

A: You don't really have to keep up. When you are interested in a specific question, you find that very little of what is being done has any relevance to you; and if something does have relevance, then you learn it much faster, since you have an application in mind. It is also a good habit to look regularly at Math. Reviews (especially the collected volumes on number theory, group theory, etc). And you learn a lot from your friends, too: it is easier to have a proof explained to you at the blackboard, than to read it.

A more serious problem is the one of the "big theorems" which are both very useful and too long to check (unless you spend on them a sizable part of your lifetime . . .). A typical example is the Feit-Thompson Theorem: groups of odd order are solvable. (Chevalley once tried to take this as the topic of a seminar, with the idea of giving a complete account of the proof. After two years, he had to give up.) What should one do with such theorems, if one has to use them? Accept them on faith? Probably. But it is not a very comfortable situation.

I am also uneasy with some topics, mainly in differential topology, where the author draws a complicated picture (in 2 dimensions), and asks you to accept it as a proof of something taking place in 5 dimensions or more. Only the experts can "see" whether such a proof is correct or not—if you can call this a proof.

Q: *What do you think will be the impact of computers on the development of mathematics?*

A: Computers have already done a lot of good in some parts of mathematics. In number theory, for instance, they are used in a variety of ways. First, of course, to suggest conjectures, or questions. But also to check general theorems on numerical examples —which helps a lot with finding possible mistakes.

They are also very useful when there is a large search to be made (for instance, if you have to check 10^6 or 10^7 cases). A notorious example is the proof of the Four Colour theorem. There is however a problem there, somewhat similar to the one with Feit-Thompson: such a proof cannot be checked by hand; you need a computer (and a very subtle program). This is not very comfortable either.

Q: *How could we encourage young people to take up mathematics, especially in the schools?*

A: I have a theory on this, which is that one should first *discourage* people from doing mathematics; there is no need for too many mathematicians. But, if after that, they still insist on doing mathematics, then one should indeed encourage them, and help them.

As for high school students, the main point is to make them understand that mathematics *exists*, that it is not dead (they have a tendency to believe that only physics, or biology, has open questions). The defect in the traditional way of teaching mathematics is that the teacher never mentions these questions. It is a pity. There are many such, for instance in number theory, that teenagers could very well understand: Fermat of course, but also Goldbach, and the existence of infinitely many primes of the form $n^2 + 1$. And one should also feel free to state theorems without proving them (for instance Dirichlet's theorem on primes in arithmetic progressions).

Q: *Would you say that the development of mathematics in the past thirty years was faster than that in the previous thirty years?*

A: I am not sure this is true. The style is different. In the 50s and 60s, the emphasis was quite often on general methods: distributions, cohomology and the like. These methods were very successful, but nowadays people work on more specific questions (often, some quite old ones: for instance the classification of algebraic curves in 3-dimensional projective space!). They *apply* the tools which were made before; this is quite nice. (And they also make new tools: microlocal analysis, supervarieties, intersection cohomology . . .).

Q: *In view of this explosion of mathematics, do you think that a beginning graduate student could absorb this large amount of mathematics in four, five, or six years and begin original work immediately after that?*

A: Why not? For a given problem, you don't need to know that much, usually—and, besides, very simple ideas will often work.

Some theories get simplified. Some just drop out of sight. For instance, in 1949, I remember I was de-

An interview with J-P. Serre

Manin—Serre—A'rnold, Moscow, 1984.

pressed because every issue of the Annals of Mathematics would contain another paper on topology which was more difficult to understand than the previous ones. But nobody looks at these papers any more; they are forgotten (and deservedly so: I don't think they contained anything deep . . .). Forgetting is a very healthy activity.

Still, it is true that some topics need much more training than some others, because of the heavy technique which is used. Algebraic geometry is such a case; and also representation theory.

Anyway, it is not obvious that one should say "I am going to work in algebraic geometry," or anything like that. For some people, it is better to just follow seminars, read things, and ask questions to oneself; and then learn the amount of theory which is needed for these questions.

Q: *In other words, one should aim at a problem first and then learn whatever tools that are necessary for the problem.*

A: Something like that. But since I know I cannot give good advice to myself, I should not give advice to others. I don't have a ready-made technique for working.

Q: *You mentioned papers which have been forgotten. What percentage of the papers published do you think will survive?*

A: A non-zero percentage, I believe. After all, we still read with pleasure papers by Hurwitz, or Eisenstein, or even Gauss.

Q: *Do you think that you will ever be interested in the history of mathematics?*

A: I am already interested. But it is not easy; I do not have the linguistic ability in Latin or Greek, for instance. And I can see that it takes more time to write a paper on the history of mathematics than in mathematics itself. Still, history is very interesting; it puts things in the proper perspective.

Q: *Do you believe in the classification of finite* 1
simple groups?

A: More or less—and rather more than less. I would be amused if a new sporadic group were discovered, but I am afraid this will not happen.

More seriously, this classification theorem is a splendid thing. One may now check many properties by just going through the list of all groups (typical example: the classification of n-transitive groups, for $n > 4$).

Q: *What do you think of life after the classification of finite simple groups?*

A: You are alluding to the fact that some finite group theorists were demoralized by the classification; they said (or so I was told) "there will be nothing more to do after that." I find this ridiculous. Of course there would be plenty to do! First, of course, simplifying the proof (that's what Gorenstein calls "revisionism"). But also finding applications to other parts of mathematics; for instance, there have been very curious discoveries relating the Griess-Fischer monster group to modular forms (the so-called "Moonshine").

It is just like asking whether Faltings' proof of the Mordell conjecture killed the theory of rational points on curves. No! It is merely a starting point. Many questions remain open.

(Still, it is true that sometimes a theory can be killed. A well-known example is Hilbert's fifth problem: to prove that every locally euclidean topological group is a Lie group. When I was a young topologist, that was the problem I really wanted to solve—but I could get nowhere. It was Gleason, and Montgomery-Zippin, who solved it, and their solution all but killed the problem. What else is there to find in this direction? I can only think of one question: can the group of p-adic integers act effectively on a manifold? This seems quite hard—but a solution would have no application whatsoever, as far as I can see.)

Q: *But one would assume that most problems in mathematics are like these, namely that the problems themselves may be difficult and challenging, but after their solutions they become useless. In fact there are very few problems like the Riemann Hypothesis where even before its solution, people already know many of its consequences.*

A: Yes, the Riemann Hypothesis is a very nice case: it implies lots of things (including purely numerical inequalities, for instance on discriminants of number fields). But there are other such examples: Hironaka's desingularization theorem is one; and of course also the classification of finite simple groups we discussed before.

Sometimes, it is the method used in the proof which has lots of applications: I am confident this will happen with Faltings. And sometimes, it is true, the problems are not meant to have applications; they are a kind of test on the existing theories; they force us to look further.

Q: *Do you still go back to problems in topology?*

A: No. I have not kept track of the recent techniques, and I don't know the latest computations of the homotopy groups of spheres $\pi_{n+k}(S_n)$ (I guess people have reached up to k = 40 or 50. I used to know them up to k = 10 or so.)

But I still use ideas from topology in a broad sense, such as cohomology, obstructions, Stiefel-Whitney classes, etc.

Q: *What has been the influence of Bourbaki on mathematics?*

A: A very good one. I know it is fashionable to blame Bourbaki for everything ("New Math" for instance), but this is unfair. Bourbaki is not responsible. People just misused his books; they were never meant for university teaching, even less high school teaching.

Q: *Maybe a warning sign should have been given?*

A: Such a sign was indeed given by Bourbaki: it is the séminaire Bourbaki. The séminaire is not at all formal like the books; it includes all sorts of mathematics, and even some physics. If you combine the séminaire and the books, you get a much more balanced view.

Q: *Do you see a decreasing influence of Bourbaki on mathematics?*

A: The influence is different from what it was. Forty years ago, Bourbaki had a point to make; he had to prove that an organized and systematic account of mathematics was possible. Now the point is made and Bourbaki has won. As a consequence, his books now have only technical interest; the question is just whether they give a good exposition of the topic they are on. Sometimes they do (the one on "root systems" has become the standard reference in the field); sometimes they don't (I won't give an example: it is too much a matter of taste).

Q: *Speaking of taste, can you say what kind of style (for books, or papers), you like most?*

A: Precision combined with informality! That is the ideal, just as it is for lectures. You find this happy blend in authors like Atiyah or Milnor, and a few others. But it is hard to achieve. For instance, I find many of the French (myself included) a bit too formal, and some of the Russians a bit too imprecise . . .

A further point I want to make is that papers should include more side remarks, open questions, and such. Very often, these are more interesting than the theorems actually proved. Alas, most people are afraid to admit that they don't know the answer to some question, and as a consequence they refrain from mentioning the question, even if it is a very natural one. What a pity! As for myself, I enjoy saying "I do not know."

Department of Mathematics
National University of Singapore

Jean-Pierre Serre
College de France
Paris

142.

Lettre à J-F. Mestre

A.M.S. Contemp. Math. 67 (1987), 263–268

Ceillac, 13 Août 1985

Cher Mestre,

Je vais essayer de dresser une liste des conjectures (ou "questions") que l'on peut faire dans la direction "formes modulaires - représentations galoisiennes".

Si f est une forme modulaire (mod p) sur $\Gamma_0(N)$, de poids k, fonction propre des opérateurs de Hecke $T_{p'}$, pour p' ne divisant pas N, et à coefficients dans $\mathbf{F}_p$, je noterai ρ_f la représentation de $\mathrm{Gal}(\overline{\mathbf{Q}}/\mathbf{Q})$ à valeurs dans $\mathrm{GL}_2(\mathbf{F}_p)$ correspondant à f. Et je dirai qu'une telle représentation est "modulaire"; et je dirai aussi, si j'en ai besoin, qu'elle est "de niveau N et de poids k". La question la plus ambitieuse que l'on pourrait se poser serait de donner un critère portant sur une représentation

$$\rho\ :\ \mathrm{Gal}(\overline{\mathbf{Q}}/\mathbf{Q}) \longrightarrow \mathrm{GL}_2(\mathbf{F}_p)$$

qui permette d'affirmer que cette représentation est bien modulaire de niveau N et de poids k. J'y reviendrai à la fin de cette lettre. Pour l'instant, je vais me concentrer sur les problèmes que pose le poids 2. C'est ce dont on a besoin, si l'on veut prouver que "Weil + $\varepsilon \Rightarrow$ Fermat".

1. Les conjectures sur les formes de poids 2

1.1. Je commence par une conjecture d'aspect assez innocent, où l'on part d'une forme modulaire, et où l'on "diminue" son niveau:

C_1 - Soit ρ une représentation modulaire [1] de poids 2 de niveau N_1N_2, avec $(N_1, pN_2) = 1$. Si ρ est non ramifiée en tous les diviseurs premiers de N_1, alors ρ est modulaire de poids 2 de niveau N_2 (i.e. on "peut enlever N_1").

(Je précise que tous les énoncés C_1, C_2, ... sont des *conjectures.*)

Noter que j'ai supposé que p ne divise pas N_1. L'énoncé C_1 n'est donc utile que pour le premier cas de Fermat (plus précisément, Weil + $C_1 \Rightarrow 1^{er}$ cas de Fermat.)

Attention à ceci: C_1 ne signifie pas que la forme modulaire f de poids 2 sur $\Gamma_0(N)$ telle que $\rho = \rho_f$ "provient" de $\Gamma_0(N_2)$, i.e. est une "vieille forme". Cela signifie simplement qu'il existe une forme modulaire f' sur $\Gamma_0(N_2)$, mod p, fonction propre des opérateurs de Hecke, qui donne lieu à la même représentation ρ. En général, les facteurs

[1] ici, et dans toute la suite, je suppose ρ absolument irréductible, pour éviter des ennuis avec les séries d'Eiseinstein, cf. Remarque 1.1.

locaux de f' relatifs aux diviseurs premiers de N_1 seront différents de ceux de f (ils sont imposés par les valeurs propres des Frobenius de ces nombres premiers).

Il y a de nombreux exemples numériques (nous en avons vérifié ensemble un certain nombre) où l'on peut tester C_1. J'ai donc une certaine confiance en C_1.

Remarque 1.1. - La conjecture C_1 serait fausse si j'acceptais les représentations réductibles. Exemple: prenons $p = 5$, $N = N_1 = 11$, de sorte que la représentation $1 \oplus \chi$ (χ = caractère cyclotomique $\mathrm{Gal}(\overline{\mathbf{Q}}/\mathbf{Q}) \to \mathbf{F}_p^*$) est modulaire de poids 2. Cette représentation est non ramifiée en 11. On devrait donc pouvoir "enlever" 11 de son conducteur, si C_1 s'appliquait. Mais ce n'est pas possible vu que $\Gamma_0(1)$ n'a pas de série d'Eiseinstein en poids 2 (cet ennui disparaîtrait si l'on convenait que la série d'Eiseinstein E_{p+1} "est de poids $2 \bmod p$". Peut-être faudrait-il faire cette convention, i.e. modifier la notion de poids? Je n'y ai pas sérieusement réfléchi.)

1.2. On suppose maintenant que $N = pN'$, avec $(p, N') = 1$, et l'on désire enlever p de N, ce que ne permettait pas C_1. Pour cela, on va regarder ce qu'est l'action de l'inertie en p dans la représentation $\rho = \rho_f$ (où f est sur $\Gamma_0(N)$ et de poids 2, comme d'habitude). On peut prouver que la représentation ρ, restreinte au groupe d'inertie I_p de p, est de l'un des types suivants:

a) $I_p \longrightarrow \mathbf{F}_{p^2}^* \longrightarrow \mathrm{GL}_2(\mathbf{F}_p)$, où $I_p \to \mathbf{F}_{p^2}^*$ est le "caractère fondamental de niveau 2", au sens de mon article dans *Invent.* 1972; je dirai que ce cas est celui du "niveau 2". On démontre qu'il se produit si et seulement si la valeur propre de f par U_p est 0.

b) Une extension $\left(\begin{smallmatrix} \chi & * \\ 0 & 1 \end{smallmatrix}\right)$ du caractère unité (en quotient) par le caractère cyclotomique χ (en sous-objet). Une telle extension est classée par un élément de K^*/K^{*p}, où K est l'extension non ramifiée maximale de $\mathbf{Q}_p$; la valuation de K définit un homomorphisme $K^*/K^{*p} \longrightarrow \mathbf{Z}/p\mathbf{Z}$, d'où un *élément canonique*[2] $e \in \mathbf{Z}/p\mathbf{Z}$ attaché à l'extension. (Dans le cas que vous connaissez bien, où f provient d'une courbe elliptique de conducteur N, cet élément e n'est autre que l'*exposant de p* dans le discriminant du modèle minimal de la courbe, réduit $\bmod p$ - à moins que ce ne soit son opposé, je n'ai pas le temps de faire le calcul ...) Lorsque cet invariant e est 0, je dirai que ρ est "peu ramifiée en p". Cette notion peut d'ailleurs se présenter d'autres façons: elle est équivalente, par exemple, à ce que la représentation ρ se prolonge en un schéma en groupes de type (p,p) *fini* et plat en p.

(De façon générale, je crois qu'il y aurait intérêt à introduire le terme "ρ est finie en p" pour dire que ρ se prolonge en un schéma en groupes de type (p,p) fini et plat en p. C'est le cas par exemple dans le cas a) ci-dessus.)

Si f est de niveau N', il est clair que ρ est finie en p, donc est soit du type a), soit du type b) peu ramifié. La conjecture C_2 dit que la réciproque est vraie:

C_2 - Soit ρ une représentation modulaire (absolument irréductible) de poids 2 de niveau $N = pN'$ avec $(p, N') = 1$. Si ρ est finie en p au sens ci-dessus, alors ρ est modulaire de poids 2 de niveau N'.

[2] pas tout à fait canonique! Il dépend d'une certaine identification. Mais sa nullité, ou non nullité, est vraiment canonique.

Cette conjecture paraît bien plus accessible que C_1. Je ne serais pas surpris que le cas où ρ est de type a) (niveau 2) soit déjà dans la littérature, sous une forme un peu déguisée. Quant au cas b) peu ramifié, Mazur devrait pouvoir le démontrer ...

Quoiqu'il en soit, il est clair que:

Weil $+C_1 + C_2 \Rightarrow$ Fermat.

1.3. On pourrait supposer que $N = p^2N'$, avec $(p, N') = 1$, et vouloir "enlever p^2" du conducteur de la représentation. Je n'ai pas suffisamment d'exemples de ce cas pour être sûr de la conjecture à faire. L'énoncé le plus naturel serait essentiellement le même que C_2, i.e.:

C_3 - Si ρ est modulaire de poids 2 de niveau N, et si ρ est finie en p, alors ρ est modulaire de poids 2 de niveau N'.

On n'en a pas besoin pour Fermat.

2. Conjectures générales sur les représentations

J'ai fait ces conjectures en 1974, mais je n'en ai publié qu'une forme édulcorée, en me bornant au niveau 1 (Astérisque 24-25, 1975, p. 109-117). Voici la forme la plus optimiste:

2.1. Définitions et conjectures

Je pars d'une représentation

$$\rho : \mathrm{Gal}(\overline{\mathrm{Q}}/\mathrm{Q}) \longrightarrow \mathrm{GL}(V),$$

où V est un espace vectoriel de dimension 2 sur $\mathbf{F}_q$. Le déterminant

$$\det \rho : \mathrm{Gal}(\overline{\mathrm{Q}}/\mathrm{Q}) \longrightarrow \mathbf{F}_q^*$$

est un caractère de degré 1. Je supposerai que ce caractère est *impair*, i.e. que $\det(\rho(c)) = -1$, où c est la multiplication complexe, vue comme élement de $\mathrm{Gal}(\overline{\mathrm{Q}}/\mathrm{Q})$. (Formulation équivalente: les valeurs propres de $\rho(c)$ sont 1 et -1.)

Sous sa forme la plus brutale, la conjecture dit :

C_4 -La représentation ρ est modulaire.

On a envie de préciser ça, en donnant le niveau, le caractère (car il s'agira de formes "de Nebentypus") et si possible le poids.

Commençons par définir le niveau (i.e. le *conducteur d'Artin*) de ρ; ici, l'hypothèse $\dim V = 2$ ne joue aucun rôle. On copie Artin, mais en se bornant aux nombres premiers $\neq p$. Autrement dit, si $l \neq p$, et si G_i ($i = 0, 1, \ldots$) désignent les groupes de ramification en l (dans le groupe $G = \mathrm{Im}(\rho)$, disons), on pose

$$n(l) = \sum_{i=0}^{\infty} \frac{g_i}{g_0} \operatorname{codim} V^{G_i},$$

avec $g_i = |G_i|$.

C'est l'exposant du conducteur. Le conducteur lui-même est bien sûr:

$$N = N(\rho) = \prod_{l \neq p} l^{n(l)}$$

Par définition même, il est premier à p.

Passons à la définition du caractère ε. On constate facilement que le conducteur de $\det(\rho)$ est de la forme N' ou pN', avec N' divisant N. On en déduit sans mal que $\det(\rho)$ peut se décomposer de façon unique sous la forme

$$\det(\rho) = \varepsilon\chi^{k-1},$$

où χ est le caractère cyclotomique $\mathrm{Gal}(\overline{\mathbf{Q}}/\mathbf{Q}) \longrightarrow \mathbf{F}_p^* \subset \mathbf{F}_q^*$, où ε est un caractère $(\mathbf{Z}/N\mathbf{Z})^* \longrightarrow \mathbf{F}_q^*$ (vu comme caractère de $\mathrm{Gal}(\overline{\mathbf{Q}}/\mathbf{Q})$, bien sûr), et où k est un élément de $\mathbf{Z}/(p-1)\mathbf{Z}$ tel que $\varepsilon(-1) = (-1)^k$ (i.e. k et ε ont la même parité).

[Noter le cas un peu effrayant $p = 2$, où la condition $\det(\rho(c)) = -1$ est vide du fait que $-1 = 1$!, et où $\chi = 1$. J'y reviendrai.]

Je peux maintenant préciser C_4 ainsi:

C_5 - **La représentation ρ (supposée de déterminant impair) est modulaire de niveau N, caractère ε, et poids $k \in \mathbf{Z}/(p-1)\mathbf{Z}$.**

(Autrement dit, elle provient d'une forme modulaire sur $\Gamma_0(N)$ à coefficients dans $\mathbf{F}_q$, de type (k, ε), pour un certain poids k appartenant à la classe voulue dans $\mathbf{Z}/(p-1)\mathbf{Z}$.)

C'est vraiment une conjecture très optimiste (Deligne, en 1974, était très sceptique). Il est difficile de la tester, vu que nous ne savons guère construire des représentations autrement qu'avec des formes modulaires. J'ai tout de même vérifié un certain nombre de cas (par exemple $q = 2$, où $\mathrm{GL}(V) = S_3$, ce qui conduit à des corps cubiques - qui peuvent être totalement réels, ça marche quand même).

Voici quelques exemples qu'il serait intéressant d'étudier:

Exemple 1 - On part d'une courbe de genre 2 sur $\mathbf{Q}$, qui donne lieu à une représentation $(\mathrm{mod}\, p)$ de degré 4, quel que soit p. On choisit p de telle sorte que la représentation soit extension de deux représentations de degré 2 (ça doit se produire de temps en temps, je suppose - et ça ne doit pas être trop difficile à tester). Les représentations ainsi obtenues sont-elles modulaires?

Exemple 2 - On prend $q = 4$, de sorte que $\mathrm{SL}(V) = A_5$. Se donner ρ revient donc à choisir un corps quintique à groupe de Galois A_5 (si l'on prend $\varepsilon = 1$). Si ce corps est imaginaire (et si la conjecture d'Artin est vraie), il y a une forme modulaire correspondante, et C_5 est vraie; inutile donc de tester ce cas. Mais si le corps quintique est totalement réel, on ne peut pas appliquer cet argument. C'est ce cas qu'il faudrait examiner sur des exemples, car cela permettrait peut-être de contre-exempler C_5 pour $p = 2$. Vous devriez en parler à Buhler.

(Je précise ce qu'il faudrait faire: partir d'un corps quintique totalement réel K, à groupe de Galois A_5, et non ramifié en 2 (pour simplifier). Calculer le conducteur N de la représentation correspondante. Chercher s'il existe une forme modulaire de poids 2 (cf. ci-dessous) sur $\Gamma_0(N)$, à coefficients dans $\mathbf{F}_4$, qui donne cette représentation. Si N n'est pas trop grand, cela devrait pouvoir se faire, vu qu'il s'agit de calculs en caractéristique 2.)

2.2. Le poids

Vous remarquerez que la conjecture C_5 ne précise pas exactement le poids k, mais seulement sa classe $\mathrm{mod}(p-1)$. Il devrait être possible de faire mieux, en fonction du *type de ramification* en p de la représentation ρ. La question est liée, d'une part aux caractères fondamentaux de mon article d'Inventiones, d'autre part aux "cycles de Tate" décrits dans N. Jochnowitz, TAMS 270 (1982), p.253-267. Je n'ai pas envie
1 d'entrer là-dedans pour le moment (il faudra bien que je le fasse un jour - ou que quelqu'un d'autre s'en charge...). Je vais me borner au cas du poids 2:

C_6 - Dans les conditions de C_5, supposons $k \equiv 2 \ \mathrm{mod}(p-1)$, et supposons ρ absolument irréductible. Alors, pour que l'on puisse choisir k égal à 2, il faut et il suffit que la représentation ρ soit finie en p, au sens de 1.2.

Cette conjecture *entraîne* les conjectures C_1 et C_2 de la partie 1. Elle est bien plus forte: à elle seule, elle *suffit à entraîner Fermat*, sans que l'on ait besoin de Weil! C'est dire qu'elle est probablement trop optimiste: il faut essayer de la démolir par des contre-exemples...

(Autre conséquence de la conjecture: inexistence de schémas en groupes finis et plats sur $\mathbf{Z}$, de type (p, p), et irréductibles.)

Une dernière remarque, avant d'aller mettre cette lettre à la boîte: je n'ai pas précisé ce que j'entends par "forme modulaire $\bmod p$" sur $\Gamma_0(N)$; est-ce quelque chose qui est défini seulement en caractéristique p, ou est-ce la réduction $(\bmod p)$ d'une forme en caractéristique 0? Ce n'est pas pareil; vous savez bien qu'il y a une forme modulaire de niveau 1 et de poids 1 $(\bmod 2)$, à savoir "a_1", et aussi une forme de niveau 1 et de poids 2 $(\bmod 3)$. Mais je crois que la différence entre les deux est de nature trop triviale
2 pour que cela ait de l'importance, tant qu'on se borne aux représentations absolument irréductibles (mais je ne l'ai pas vérifié: c'est juste un sentiment!). Notez d'ailleurs que ce problème ne se pose guère que pour C_6, où l'on précise le poids.

Bien à vous, et bon séjour à Arcata,

J.-P. Serre

P.S - Vous pourriez être surpris par la formulation de C_5, où l'on se place en niveau premier à p. Il faut se rappeler que toute forme modulaire sur $\Gamma_0(p^\alpha N)$ est p-adiquement

sur $\Gamma_0(N)$: cela se voit par voie géométrique (cf. par exemple Katz, probablement dans
LN 350 et 601), ou par voie élémentaire (j'ai donné l'argument, dans le cas particulier
3 $N = 1$, dans LN 350 pour $\alpha = 1$, et pour $\alpha \geq 2$ dans l'Ens.Math. 22 (1976), p.227-
260). Mais, bien sûr, cette réduction de niveau entraîne en général une augmentation
du poids. Le cas le plus simple est celui des formes de poids 2 sur $\Gamma_0(pN)$ qui deviennent
de poids $p+1 \mod p$ sur $\Gamma_0(N)$.

143.

Sur les représentations modulaires de degré 2 de $\mathrm{Gal}(\bar{Q}/Q)$

Duke Math. J. **54** (1987), 179–230

à Yuri Ivanovich Manin, pour son 50e anniversaire

1 Le présent travail reprend, en la précisant, une *conjecture* faite en 1973, dont on trouvera un cas particulier dans [44], §3.

Il s'agit de représentations "modulaires" (au sens de Brauer), de degré 2, du groupe de Galois $G_{\mathbf{Q}} = \mathrm{Gal}(\overline{\mathbf{Q}}/\mathbf{Q})$.

Si ρ: $G_{\mathbf{Q}} \to \mathbf{GL}_2(\overline{\mathbf{F}}_p)$ est une telle représentation, supposée irréductible et de déterminant impair, la conjecture en question affirme que ρ est vraiment "modulaire", i.e. provient d'une forme modulaire parabolique mod p qui est fonction propre des opérateurs de Hecke.

Pour que cet énoncé soit à la fois utilisable et vérifiable numériquement, il est nécessaire de préciser le type de la forme modulaire correspondant à ρ: niveau N, poids k, caractère ε. En ce qui concerne N, les exemples connus suggèrent une réponse simple: N devrait être le *conducteur d'Artin* de ρ (n° 1.2); en particulier, il ne dépendrait que de la ramification de ρ en dehors de p. Une fois N connu, la classe de k mod$(p-1)$, et le caractère ε, s'obtiennent sans difficultés à partir du déterminant de ρ (n° 1.3). Il reste à déterminer la valeur exacte du *poids* k (ou plutôt sa valeur minimale). C'est là une question délicate, qui n'avait pas été abordée dans [44]. Il semble que k ne dépende que de la ramification de ρ en p (exposants des caractères de l'inertie modérée, inertie sauvage, etc); la recette précise que je propose est décrite aux n°s 2.2, 2.3 et 2.4.

Les définitions de N, k et ε esquissées ci-dessus font l'objet des §1 et §2. Le §3 contient l'énoncé principal, avec divers compléments. Le §4 explore les conséquences agréables qu'aurait cet énoncé, s'il était vrai: théorème de Fermat, conjecture de Taniyama-Weil, etc. Enfin, le §5 donne un certain nombre d'exemples numériques, pour $p = 2$, 3 et 7.

Ce texte doit beaucoup aux mathématiciens suivants, que j'ai plaisir à remercier:

—John Tate, pour ses nombreuses lettres (notamment en 1973 et 1974) relatives à la conjecture, ainsi qu'aux relations entre poids et inertie en p;

—Jean-Marc Fontaine, dont les résultats sur les représentations locales attachées à la cohomologie ont confirmé les idées de Tate, et ont permis de préciser la valeur du poids k attaché à une représentation;

Received December 5, 1986.

—Gerhard Frey, qui a eu l'idée fondamentale (cf. [17]) que la conjecture de Taniyama-Weil, convenablement complétée, entraîne le théorème de Fermat: i.e., "Weil + epsilon[1] $\Rightarrow$ Fermat";

enfin, et tout spécialement:

—Jean-François Mestre, qui a réussi à programmer et vérifier un nombre d'exemples suffisant pour me convaincre que la conjecture méritait d'être prise au sérieux.

Table des matières pages

§1. Définitions de N, de ε, et de k mod $(p-1)$

1.1. *Notations.* La lettre p désigne un nombre premier. On note $\overline{\mathbf{F}}_p$ une clôture algébrique du corps $\mathbf{F}_p$, et $\overline{\mathbf{Q}}$ une clôture algébrique du corps $\mathbf{Q}$. On pose $G_{\mathbf{Q}} = \mathrm{Gal}(\overline{\mathbf{Q}}/\mathbf{Q})$.

On se donne un homomorphisme continu

$$\rho\colon G_{\mathbf{Q}} \to \mathbf{GL}(V),$$

où V est un espace vectoriel de dimension 2 sur $\overline{\mathbf{F}}_p$. L'image de ρ est un groupe fini, noté G; par définition, ce groupe est isomorphe à un sous-groupe de $\mathbf{GL}_2(\mathbf{F}_q)$, où q est une puissance convenable de p. (Si $p \neq 2$, ou si ρ est irréductible, on peut prendre pour $\mathbf{F}_q$ le corps engendré par les *traces* des éléments de G.)

On se propose d'attacher à ρ des entiers positifs N et k, ainsi qu'un caractère de Dirichlet ε: $(\mathbf{Z}/N\mathbf{Z})^* \to \overline{\mathbf{F}}_p^*$.

1.2. *Définition de N.* L'entier N est simplement le *conducteur d'Artin* de ρ, défini comme en caractéristique 0 (cf. [1], [38]), à cela près que l'on se restreint aux places premières à p.

De façon plus précise, soit l un nombre premier $\neq p$. Choisissons une extension à $\overline{\mathbf{Q}}$ de la valuation l-adique de $\mathbf{Q}$, et soient

$$G_0 \supset G_1 \supset \cdots \supset G_i \supset \cdots$$

la suite des groupes de ramification de G correspondant à cette valuation ([38],

2 [1] Il semble que Ribet soit récemment parvenu à éliminer entièrement "epsilon"; d'où "Weil $\Rightarrow$ Fermat".

chap. IV). Notons V_i le sous-espace de V formé des éléments fixés par G_i, et posons

$$(1.2.1) \qquad n(l, \rho) = \sum_{i=0}^{\infty} \frac{1}{(G_0 : G_i)} \dim V/V_i.$$

On peut récrire (1.2.1) sous la forme:

$$(1.2.2) \qquad n(l, \rho) = \dim V/V_0 + b(V),$$

où $b(V)$ est "l'invariant sauvage" du G_0-module V, cf. [39], §19.3.

Ces formules entraînent:

(a) $n(l, \rho)$ est un entier $\geqslant 0$;

(b) $n(l, \rho) = 0$ si et seulement si $G_0 = \{1\}$, i.e., si et seulement si ρ est non ramifiée en l;

(c) $n(l, \rho) = \dim V/V_0$ si et seulement si $G_1 = \{1\}$, i.e., si et seulement si ρ est modérément ramifiée en l.

Il résulte de (a) et (b) que l'on peut définir un entier N par la formule

$$(1.2.3) \qquad N = \prod_{l \neq p} l^{n(l, \rho)}.$$

Nous appellerons N le *conducteur* de ρ; par construction, N est premier à p.

1.3. *Définition du caractère ε et de la classe de k* mod$(p-1)$. Le *déterminant* de la représentation ρ est un homomorphisme

$$\det \rho \colon G_{\mathbf{Q}} \to \overline{\mathbf{F}}_p^*.$$

Son image est un sous-groupe cyclique fini de $\overline{\mathbf{F}}_p^*$, d'ordre premier à p. On peut donc regarder $\det \rho$ comme un caractère de $G_{\mathbf{Q}}$. Le conducteur de ce caractère divise pN: cela se voit, par exemple, en comparant les formules donnant les conducteurs de ρ et de $\det \rho$. On peut ainsi identifier $\det \rho$ à un homomorphisme de $(\mathbf{Z}/pN\mathbf{Z})^*$ dans $\overline{\mathbf{F}}_p^*$, ou, ce qui revient au même, à un couple d'homomorphismes

$$(1.3.1) \qquad \varphi \colon (\mathbf{Z}/p\mathbf{Z})^* \to \overline{\mathbf{F}}_p^*$$

et

$$(1.3.2) \qquad \varepsilon \colon (\mathbf{Z}/N\mathbf{Z})^* \to \overline{\mathbf{F}}_p^*.$$

Comme $(\mathbf{Z}/p\mathbf{Z})^*$ est cyclique d'ordre $p-1$, l'homomorphisme φ est de la forme

$$(1.3.3) \qquad x \mapsto x^h, \text{ avec } h \in \mathbf{Z}/(p-1)\mathbf{Z}.$$

Ceci peut se récrire:

(1.3.4) $$\varphi = \chi^h,$$

où $\chi\colon G_{\mathbf{Q}} \to \mathbf{F}_p^*$ désigne le p-ième *caractère cyclotomique* de $G_{\mathbf{Q}}$ (celui qui donne l'action de $G_{\mathbf{Q}}$ sur les racines p-ièmes de l'unité).

On peut résumer ces formules en disant que, si l est un nombre premier ne divisant pas pN, et si $\mathrm{Frob}_{l,\rho}$ est l'élément de Frobenius correspondant dans G (défini à conjugaison près), on a

(1.3.5) $$\det(\mathrm{Frob}_{l,\rho}) = l^h\varepsilon(l) \quad \text{dans } \overline{\mathbf{F}}_p^*.$$

Au §2, nous définirons un certain entier k attaché à ρ et nous verrons (n° 2.5) que h est simplement la classe de $k-1 \bmod (p-1)$, de sorte que (1.3.5) peut se récrire:

(1.3.6) $$\det(\mathrm{Frob}_{l,\rho}) = l^{k-1}\varepsilon(l) \quad \text{dans } \overline{\mathbf{F}}_p^*.$$

Remarque. Soit c l'élément d'ordre 2 de $G_{\mathbf{Q}}$ donné par la conjugaison complexe (relativement à un plongement de $\overline{\mathbf{Q}}$ dans $\mathbf{C}$). L'image de c dans $(\mathbf{Z}/pN\mathbf{Z})^*$ est -1. On en conclut que:

(1.3.7) $$\det\rho(c) = (-1)^{k-1}\varepsilon(-1).$$

Dans la suite, on s'intéressera uniquement au cas où $\det\rho$ est *impair*, i.e.

(1.3.8) $$\det\rho(c) = -1,$$

ou encore:

(1.3.9) $$\varepsilon(-1) = (-1)^k \quad \text{dans } \overline{\mathbf{F}}_p^*.$$

Si $p = 2$, cette condition est automatiquement satisfaite, puisque $-1 = 1$. Si $p \neq 2$, elle signifie que $\rho(c)$ est conjuguée de la matrice $\begin{pmatrix} 1 & 0 \\ 0 & -1 \end{pmatrix}$.

§2. L'entier *k*. Le but de ce § est de définir l'entier k (le "poids") associé à une représentation ρ. Les n°s 2.1 à 2.4 contiennent la définition générale; les n°s 2.5 à 2.9 en donnent divers exemples.

2.1. *Préliminaires.* L'entier k ne dépend que de la restriction de la représentation ρ au groupe de décomposition en p (et même, en fait, au groupe d'inertie). Aussi, pour le définir, allons-nous partir d'une représentation "locale en p":

$$\rho_p\colon G_p \to \mathbf{GL}(V) \simeq \mathbf{GL}_2(\overline{\mathbf{F}}_p),$$

où $G_p = \mathrm{Gal}(\overline{\mathbf{Q}}_p/\mathbf{Q}_p)$.

Nous noterons I le groupe d'inertie de G_p, et I_p le plus grand pro-p-sous-groupe de I (groupe d'inertie *sauvage*). Le quotient $I_t = I/I_p$ est le *groupe d'inertie modérée* de G_p; il s'identifie à $\varprojlim . \mathbf{F}_{p^n}^*$, cf. [41], prop. 2. Un caractère de I_t sera dit *de niveau n* s'il se factorise par $\mathbf{F}_{p^n}^*$, et ne se factorise par aucun $\mathbf{F}_{p^m}^*$, où m est un diviseur strict de n.

Si V^{ss} désigne le semi-simplifié de V vis-à-vis de l'action de G_p, le groupe I_p agit trivialement sur V^{ss} ([41], prop. 4), de sorte que I_t opère sur V^{ss}. Cette action de I_t est diagonalisable; elle est donnée par deux caractères

$$\varphi, \varphi' \colon I_t \to \overline{\mathbf{F}}_p^*.$$

PROPOSITION 1. *Les caractères φ et φ' donnant l'action de I_t sur V^{ss} sont de niveau* 1 *ou* 2. *S'ils sont de niveau* 2, *ils sont conjugués*: *on a $\varphi' = \varphi^p$ et $\varphi = \varphi'^p$.*

Soit s un élément de G_p dont l'image dans $G_p/I = \mathrm{Gal}(\overline{\mathbf{F}}_p/\mathbf{F}_p)$ soit l'automorphisme de Frobenius $x \mapsto x^p$. On vérifie facilement que, si $u \in I$, on a $sus^{-1} \equiv u^p \pmod{I_p}$: la conjugaison par s opère sur $I_t = I/I_p$ par $u \mapsto u^p$. Il en résulte que l'ensemble $\{\varphi, \varphi'\}$ est stable par l'opération de puissance p-ième. D'où deux cas:

(a) on a $\varphi^p = \varphi$, $\varphi'^p = \varphi'$ et les deux caractères φ et φ' sont de niveau 1;

(b) on a $\varphi^p = \varphi'$, $\varphi'^p = \varphi$, $\varphi \neq \varphi'$, et les deux caractères φ et φ' sont de niveau 2.

Cela démontre la prop. 1.

Nous allons maintenant nous occuper séparément de ces deux cas.

2.2 *Définition de k lorsque φ et φ' sont de niveau* 2. Supposons que φ et φ' soient de niveau 2. La représentation V est alors *irréductible*, car si elle contenait un sous-espace stable de dimension 1, l'action de I_t sur ce sous-espace se ferait par un caractère prolongeable à G_p, donc de niveau 1. Appelons ψ et $\psi' = \psi^p$ les deux *caractères fondamentaux de niveau* 2 de I_t ([41], n° 1.7), autrement dit les deux caractères $I_t \to \mathbf{F}_{p^2}^* \to \overline{\mathbf{F}}_p^*$ correspondant aux deux plongements du corps $\mathbf{F}_{p^2}$ dans le corps $\overline{\mathbf{F}}_p$. On peut écrire φ de manière unique sous la forme

$$\varphi = \psi^{a+pb} = \psi^a \psi'^b, \quad \text{avec} \quad 0 \leqslant a, b \leqslant p-1. \tag{2.2.1}$$

On a $b \neq a$, car sinon φ serait égal à $(\psi\psi')^a = \chi^a$, où χ est le caractère cyclotomique (ou plutôt sa restriction à I), et cela contredirait l'hypothèse que φ est de niveau 2. De plus, comme φ' est conjugué de φ, on a

$$\varphi' = \psi^b \psi'^a. \tag{2.2.2}$$

Quitte à permuter φ et φ', on peut donc supposer que:

$$0 \leqslant a < b \leqslant p-1. \tag{2.2.3}$$

Ceci fait, l'entier k attaché à ρ_p est défini par:

$$k = 1 + pa + b. \tag{2.2.4}$$

Remarques

(1) La plus petite valeur possible de k est $k = 2$, qui est obtenue lorsque $a = 0$, $b = 1$, c'est-à-dire lorsque φ et φ' sont égaux aux *caractères fondamentaux* ψ et ψ' de niveau 2.

(2) Dans le cas particulier $a = 0$, on a $(\varphi, \varphi') = (\psi^b, \psi'^b)$, avec $1 \leqslant b \leqslant p - 1$, et la définition de k se réduit à:

$$k = 1 + b \qquad (\text{d'où } 2 \leqslant k \leqslant p).$$

Le cas général se ramène à celui-là par "torsion". En effet, on peut écrire ρ_p sous la forme

$$\rho_p = \chi^a \otimes \rho'_p,$$

où χ est le caractère cyclotomique (vu comme caractère de G_p, et pas seulement de I). Le couple (a, b) attaché à ρ'_p est alors $(0, b - a)$, et l'entier k correspondant est $k' = 1 + b - a$. On peut donc récrire (2.2.4) sous la forme

$$k = k' + a(p + 1). \tag{2.2.5}$$

(Comparer avec la formule donnant la filtration de la forme modulaire "tordue" d'une forme donnée, cf. [24], [42].)

2.3. *Définition de k lorsque φ et φ' sont de niveau* 1, *et que I_p opère trivialement.* On suppose que l'action de I sur V est semi-simple, et qu'elle est donnée par deux caractères (φ, φ') qui sont des puissances χ^a et χ^b du caractère cyclotomique χ:

$$\rho_p | I = \begin{pmatrix} \chi^a & 0 \\ 0 & \chi^b \end{pmatrix}.$$

Les entiers a et b sont déterminés mod$(p - 1)$. On les normalise de telle sorte que $0 \leqslant a, b \leqslant p - 2$. De plus, quitte à permuter φ et φ', on peut supposer que $a \leqslant b$. On a donc

$$0 \leqslant a \leqslant b \leqslant p - 2. \tag{2.3.1}$$

L'entier k est alors défini par:

$$k = \begin{cases} 1 + pa + b & \text{si } (a, b) \neq (0,0) \\ p & \text{si } (a, b) = (0,0). \end{cases} \tag{2.3.2}$$

Remarques

(1) Ici encore, la plus petite valeur possible de k est $k = 2$, qui correspond à $\varphi = 1$, $\varphi' = \chi$.

(2) Le cas $(a, b) = (0, 0)$ est celui où I opère trivialement sur V, autrement dit où ρ_p est *non ramifiée*. La formule générale $k = 1 + pa + b$ donnerait alors
3 $k = 1$. Comme les formes modulaires de poids 1 ont un comportement quelque peu exceptionnel, j'ai préféré les éviter, et "décaler" k par $p - 1$; d'où la valeur $k = p$ adoptée.

(3) Lorsqu'on tord ρ_p par les puissances successives $\chi, \chi^2, \ldots$ du caractère χ, les entiers k correspondants forment un *cycle de Tate*, cf. [21], [22].

2.4. *Définition de k lorsque I_p n'opère pas trivialement*. On suppose que I_p n'opère pas trivialement, i.e., que l'action de I n'est pas modérée. Les éléments de V fixés par I_p forment alors une droite D, qui est stable par G_p. L'action de G_p sur V/D (resp. sur D) se fait par un caractère θ_1 (resp. θ_2) de G_p:

(2.4.1) $$\rho_p = \begin{pmatrix} \theta_2 & * \\ 0 & \theta_1 \end{pmatrix}.$$

On peut écrire θ_1 et θ_2 de façon unique sous la forme

(2.4.2) $$\theta_1 = \chi^\alpha \varepsilon_1, \theta_2 = \chi^\beta \varepsilon_2, \qquad (\alpha, \beta \in \mathbf{Z}/(p-1)\mathbf{Z}),$$

où ε_1 et ε_2 sont des caractères non ramifiés de G_p à valeurs dans $\overline{\mathbf{F}}_p^*$. La restriction de ρ_p à I est donc:

$$\rho_p | I = \begin{pmatrix} \chi^\beta & * \\ 0 & \chi^\alpha \end{pmatrix}.$$

On normalise les exposants α et β par:

(2.4.3) $$0 \leqslant \alpha \leqslant p - 2 \quad \text{et} \quad 1 \leqslant \beta \leqslant p - 1.$$

(Noter qu'ici χ^α et χ^β ne jouent pas des rôles symétriques.) On pose:

(2.4.4) $$a = \operatorname{Inf}(\alpha, \beta) \quad \text{et} \quad b = \operatorname{Sup}(\alpha, \beta).$$

Pour définir k, on distingue deux cas:

(i) *Le cas $\beta \neq \alpha + 1$* (*i.e.*, $\chi^\beta \neq \chi \cdot \chi^\alpha$). On pose alors, comme au n° 2.3:

(2.4.5) $$k = 1 + pa + b.$$

(Noter le cas où $\chi^{\alpha} = \chi^{\beta} = 1$, $p \geqslant 3$, où (2.4.3) impose $\alpha = 0$, $\beta = p - 1$, de sorte que (2.4.5) donne $k = p$, comme dans (2.3.2).)

(ii) *Le cas* $\beta = \alpha + 1$ (*i.e.*, $\chi^{\beta} = \chi \cdot \chi^{\alpha}$).

La définition de k dépend alors du type de la ramification sauvage. Il y a deux types possibles, que j'appellerai respectivement *peu ramifié* et *très ramifié*. On les définit de la manière suivante:

Soit $K_0 = \mathbf{Q}_{p,\mathrm{nr}}$ l'extension non ramifiée maximale de $\mathbf{Q}_p$; on a $I = \mathrm{Gal}(\overline{\mathbf{Q}}_p/K_0)$. Le groupe $\rho_p(I)$ est le groupe de Galois d'une certaine extension totalement ramifiée K de K_0, et le groupe d'inertie sauvage $\rho_p(I_p)$ est le groupe de Galois de K/K_t, où K_t est la plus grande extension modérément ramifiée de K_0 contenue dans K.

$$\begin{array}{c} K \\ | \\ K_t \\ | \\ K_0 \end{array}$$

Du fait que $\beta = \alpha + 1$, on déduit que $\mathrm{Gal}(K_t/K_0) = (\mathbf{Z}/p\mathbf{Z})^*$, donc que $K_t = K_0(z)$, où z est une racine primitive p-ième de l'unité. D'autre part, le groupe $\mathrm{Gal}(K/K_t) = \rho_p(I_p)$ est un groupe abélien élémentaire de type $(p, \ldots, p)$, représentable matriciellement par $\begin{pmatrix} 1 & * \\ 0 & 1 \end{pmatrix}$. De plus, l'hypothèse $\beta = \alpha + 1$ entraîne que l'action par conjugaison de $\mathrm{Gal}(K_t/K_0) = (\mathbf{Z}/p\mathbf{Z})^*$ sur $\mathrm{Gal}(K/K_t)$ est l'action évidente. Utilisant la théorie de Kummer, on en déduit que K peut s'écrire sous la forme

$$K = K_t\big(x_1^{1/p}, \ldots, x_m^{1/p}\big), \quad \text{où } p^m = [K : K_t], \tag{2.4.6}$$

les x_i étant des éléments de K_0^*/K_0^{*p}. Si v_p désigne la valuation de K_0, normalisée par $v_p(p) = 1$, nous dirons que l'extension K (ou la représentation ρ_p) est *peu ramifiée* si

$$v_p(x_i) \equiv 0 \pmod p \quad \text{pour } i = 1, \ldots, m, \tag{2.4.7}$$

i.e., si les x_i peuvent être choisis parmi les *unités* de K_0. Dans le cas contraire, nous dirons que K et ρ_p sont *très ramifiées*.

Remarques

(1) Le cas très ramifié n'est possible que si les caractères ε_1 et ε_2 définis par (2.4.2) sont égaux, et l'on a alors $m = 1$ ou $m = 2$: cela se voit en utilisant l'action par conjugaison de G_p sur $\rho_p(I_p)$.

(2) Soit π une uniformisante de K_t, par exemple $\pi = 1 - z$ ou $\pi = p^{1/(p-1)}$. Si K/K_t est peu ramifiée, les $p^m - 1$ caractères d'ordre p associés à cette extension

sont tous de conducteur (π^2); dans le cas très ramifié, $p^m - p^{m-1}$ de ces caractères sont de conducteur $(\pi^{p+1}) = (p\pi^2)$ et les $p^{m-1} - 1$ autres sont de conducteur (π^2).

Nous pouvons maintenant définir l'entier k:

(ii_1) *Le cas* $\beta = \alpha + 1$, *peu ramifié*

La formule est la même que dans le cas $\beta \neq \alpha + 1$:

$$k = 1 + pa + b = 2 + \alpha(p + 1). \tag{2.4.8}$$

(ii_2) *Le cas* $\beta = \alpha + 1$, *très ramifié*

On ajoute $p - 1$ (resp. 2 si $p = 2$) à ce que donnerait (2.4.8):

$$k = \begin{cases} 1 + pa + b + p - 1 = (\alpha + 1)(p + 1) & \text{si } p \neq 2 \\ 4 & \text{si } p = 2. \end{cases} \tag{2.4.9}$$

Les formules (2.2.4), (2.3.2), (2.4.5), (2.4.8), et (2.4.9) fournissent une définition complète de l'entier k attaché à la représentation ρ_p considérée. Voici quelques propriétés qui résultent de cette définition:

2.5. *Classe de* k mod $(p - 1)$.

PROPOSITION 2. *On a.*

$$\det \rho_p | I = \chi^{k-1}. \tag{2.5.1}$$

(Comme χ est d'ordre $p - 1$, cette formule montre que la classe de k mod$(p - 1)$ est déterminée par $\det \rho_p$, et même seulement par la restriction de $\det \rho_p$ au groupe d'inertie I.)

Vérifions (2.5.1) dans le cas de hauteur 2 (cf. n° 2.2). On a alors

$$\det \rho_p | I = \varphi \cdot \varphi' = (\psi^a \psi'^b)(\psi^b \psi'^a) = (\psi\psi')^{a+b} = \chi^{a+b} = \chi^{k-1},$$

puisque $k - 1 = pa + b \equiv a + b \bmod (p - 1)$.

Les autres cas sont analogues.

On peut récrire (2.5.2) sous la forme

$$\det \rho_p = \varepsilon_p \cdot \chi^{k-1}, \tag{2.5.2}$$

où ε_p est un *caractère non ramifié* de G_p à valeurs dans $\overline{\mathbf{F}}_p^*$. Dans le cas où ρ_p provient d'une représentation globale ρ de $\mathrm{Gal}(\overline{\mathbf{Q}}/\mathbf{Q})$, le caractère ε_p n'est autre que la *p-composante* du caractère ε défini au n° 1.3; on a

$$\varepsilon_p(\mathrm{Frob}_p) = \varepsilon(p), \tag{2.5.3}$$

où Frob_p est un élément de Frobenius de G_p.

2.6. *Valeurs de k.* Pour $p \neq 2$, les valeurs possibles de k sont les nombres de l'intervalle $[2, p^2 - 1]$ qui peuvent s'écrire sous la forme

$$k = 1 + a_0 + pa_1, \qquad 0 \leqslant a_0, a_1 \leqslant p - 1,$$

avec $a_1 \leqslant a_0 + 1$. Ainsi, pour $p = 3$, on a $k = 2, 3, 4, 5, 6$ ou 8.

Pour $p = 2$, on a $k = 2$ si l'action de I_p est triviale, ou peu ramifiée, et $k = 4$ si l'action de I_p est très ramifiée.

Exemple. Prenons $p = 2$. Soit $u\colon G_2 \to \mathbf{Z}/2\mathbf{Z}$ un homomorphisme surjectif, et soit $\rho_2\colon G_2 \to \mathbf{GL}_2(\mathbf{F}_2)$ la représentation définie par

$$s \mapsto \begin{pmatrix} 1 & u(s) \\ 0 & 1 \end{pmatrix}.$$

Soit $K/\mathbf{Q}_2$ l'extension quadratique correspondant au noyau de u. On a alors:

$k = 2$ si $K/\mathbf{Q}_2$ est non ramifiée, i.e., $K = \mathbf{Q}_2(\sqrt{5})$;

$k = 2$ si $\operatorname{discr}(K/\mathbf{Q}_2) = (4)$, i.e., $K = \mathbf{Q}_2(\sqrt{-1})$ ou $\mathbf{Q}_2(\sqrt{-5})$;

$k = 4$ si $\operatorname{discr}(K/\mathbf{Q}_2) = (8)$, i.e., $K = \mathbf{Q}_2(\sqrt{2}), \mathbf{Q}_2(\sqrt{-2}), \mathbf{Q}_2(\sqrt{10})$ ou $\mathbf{Q}_2(\sqrt{-10})$.

2.7. *Conditions pour que $k \leqslant p + 1$, lorsque $p \neq 2$.* Supposons $p \neq 2$. On a $k \leqslant p + 1$ si et seulement si l'une des deux conditions suivantes est satisfaite:

(2.7.1) Il existe un quotient V/D de V, de dimension 1, sur lequel I opère trivialement (i.e., *V a un quotient étale de dimension* 1); c'est le cas $a = 0$ des n°s 2.3 et 2.4.

(2.7.2) L'action de I sur V se fait par deux caractères modérés de la forme (ψ^b, ψ'^b), avec $1 \leqslant b \leqslant p - 1$, où ψ et ψ' sont les deux caractères fondamentaux de niveau 2 de I_t; c'est le cas $a = 0$ du n° 2.2.

Remarques

(1) On a $k = p + 1$ si et seulement si la restriction de ρ_p au groupe d'inertie I est de la forme $\begin{pmatrix} \chi & * \\ 0 & 1 \end{pmatrix}$ et est très ramifiée.

(2) Quelle que soit la représentation ρ_p, il existe une "tordue" $\chi^m \otimes \rho_p$ de ρ_p dont l'invariant k est $\leqslant p + 1$ (comparer à [44], th.3).

2.8. *Conditions pour que $k = 2$.*

L'énoncé suivant résulte immédiatement des définitions:

Proposition 3. *Pour que l'invariant k de ρ_p soit égal à 2, il faut et il suffit que $\rho_p|I$ soit de l'un des deux types suivants*:

(2.8.1) $$\rho_p|I \simeq \begin{pmatrix} \psi' & 0 \\ 0 & \psi \end{pmatrix},$$

où $\psi, \psi' : I \to I_t \to \mathbf{F}_{p^2}^*$ *sont les deux caractères fondamentaux de* I *de niveau* 2;

(2.8.2) $$\rho_p|I = \begin{pmatrix} \chi & 0 \\ 0 & 1 \end{pmatrix} \quad ou \quad \begin{pmatrix} \chi & * \\ 0 & 1 \end{pmatrix},$$

l'action du groupe d'inertie sauvage I_p *étant, soit triviale, soit peu ramifiée.*

On peut donner une autre caractérisation de ce cas, en termes de *schémas en groupes de type* (p, p). Pour l'énoncer, je me bornerai au cas où ρ_p prend ses valeurs dans $\mathbf{GL}_2(\mathbf{F}_p)$, donc définit un schéma en groupes (étale) de type (p, p) sur le corps $\mathbf{Q}_p$ (dans le cas général, il faudrait parler de "schémas en $\mathbf{F}_q$-vectoriels" au sens de Raynaud [35]). On peut se demander si ce schéma en groupes se prolonge en un schéma en groupes fini et plat sur $\mathbf{Z}_p$, cf. [35]; s'il en est ainsi, je dirai (cf. [48]) que la représentation ρ_p est *finie* en p.

PROPOSITION 4. *On a* $k = 2$ *si et seulement si les deux conditions suivantes sont satisfaites*:

(2.8.3) $$\det \rho_p|I = \chi;$$

(2.8.4) $$\rho_p \text{ est finie en } p.$$

D'après le n° 2.5, la condition (2.8.3) équivaut à:

(2.8.5) $$k \equiv 2 \mod(p-1).$$

Elle est donc nécessaire pour que k soit égal à 2. Montrons qu'elle est suffisante lorsque ρ_p est finie en p. D'après [35], cor. 3.4.4, chacun des caractères φ et φ' de I_t associés à ρ_p peut alors s'écrire sous la forme

$$\psi^n \psi'^{n'}, \quad \text{avec } 0 \leqslant n, n' \leqslant 1,$$

où ψ et ψ' sont comme ci-dessus les deux caractères fondamentaux de niveau 2. Cela fait quatre possibilités

$$1, \psi, \psi' \quad \text{et} \quad \psi\psi' = \chi$$

(qui se réduisent d'ailleurs à trois pour $p = 2$ puisque χ est alors égal à 1). Comme $\varphi\varphi' = \chi$ d'après (2.8.3), deux cas seulement sont possibles:

(i) $$\{\varphi, \varphi'\} = \{\psi, \psi'\}$$

et

(ii) $$\{\varphi, \varphi'\} = \{1, \chi\}.$$

Le cas (i) donne (2.8.1), d'où $k = 2$, comme annoncé. Occupons-nous du cas (ii), en nous bornant, pour simplifier, au cas $p \neq 2$ (le cas $p = 2$ est un peu différent, mais se traite de façon analogue). Soit J le schéma en groupes fini et plat sur $\mathbf{Z}_p$ prolongeant le schéma sur $\mathbf{Q}_p$ défini par ρ_p (d'après [35], prop. 3.3.2, ce schéma est unique). Il résulte de (ii) que ρ_p est réductible, et il en est de même de J. D'où l'existence d'une suite exacte de schémas en groupes finis et plats sur $\mathbf{Z}_p$:

(2.8.6) $$0 \to A \to J \to B \to 0,$$

où A et B sont des schémas en groupes finis et plats d'ordre p. De plus, (ii) impose que l'un de ces schémas soit étale, et que l'autre soit de type multiplicatif. Il existe donc une extension finie étale R de $\mathbf{Z}_p$ sur laquelle A ou B devient isomorphe au schéma étale constant $\mathbf{Z}/p\mathbf{Z}$, et B ou A au schéma μ_p des racines p-èmes de l'unité. Sur R, la suite exacte (2.8.6) devient:

$$0 \to \mathbf{Z}/p\mathbf{Z} \to J \to \mu_p \to 0$$

ou

$$0 \to \mu_p \to J \to \mathbf{Z}/p\mathbf{Z} \to 0.$$

Dans le premier cas, on voit facilement que l'extension J est *scindée* (utiliser la composante connexe de l'élément neutre), i.e., isomorphe sur R à $\mathbf{Z}/p\mathbf{Z} \oplus \mu_p$; d'où (2.8.2), avec action triviale de I_p, ce qui entraîne bien $k = 2$. Dans le second cas, on constate (suite exacte de Kummer) que la classe de l'extension J est donnée par un élément $u \in R^*/R^{*p}$, d'où

$$\rho_p|I \sim \begin{pmatrix} \chi & * \\ 0 & 1 \end{pmatrix},$$

et le corps K du n° 2.4 est égal à $K_t(u^{1/p})$; comme u est une unité, l'extension K/K_t est, soit non ramifiée, soit peu ramifiée, d'où encore $k = 2$ d'après (2.8.2). (Le fait que K/K_t ne soit pas très ramifiée peut aussi se déduire d'un résultat général de Fontaine, cf. [15], th. 1.)

Reste à prouver que $k = 2$ entraîne que ρ_p est finie en p. D'après la prop. 3, il y a deux cas à considérer:

(a) Celui où $\rho_p|I$ est donné par les deux caractères fondamentaux ψ et ψ'. Ce cas est traité dans Raynaud [35], th. 2.4.3.

(b) Celui où $\rho_p|I$ est de la forme $\begin{pmatrix} \chi & * \\ 0 & 1 \end{pmatrix}$, avec action de I_p triviale ou peu ramifiée. On fait alors une construction directe, basée sur la classification des extensions de $\mathbf{Z}/p\mathbf{Z}$ par μ_p, cf. ci-dessus (de façon un peu plus précise, on commence par remplacer $\mathbf{Z}_p$ par une extension finie étale R convenable, on construit l'extension en question sur R, et l'on descend ensuite à $\mathbf{Z}_p$).

2.9. *Exemple de calcul de k: points de p-division d'une courbe elliptique semi-stable.* Soit E une courbe elliptique sur $\mathbf{Q}_p$, d'invariant modulaire j_E, et soit E_p le groupe des points de p-division de E. L'action de G_p sur E_p définit une représentation

$$\rho_p \colon G_p \to \mathrm{Aut}(E_p) \simeq \mathbf{GL}_2(\mathbf{F}_p).$$

Comme $\det \rho_p = \chi$, l'invariant k associé à ρ_p satisfait à:

$$k \equiv 2 \bmod (p-1). \tag{2.9.1}$$

Nous allons déterminer la valeur de k, en nous bornant au cas où E est *semi-stable*, i.e. a, soit bonne réduction, soit mauvaise réduction de type multiplicatif (cf. [41], n°s 1.11 et 1.12):

PROPOSITION 5. (i) *Si E a bonne réduction, on a $k = 2$.*
(ii) *Si E a mauvaise réduction de type multiplicatif, on a*

$$k = \begin{cases} 2 & \text{si } v_p(j_E) \text{ est divisible par } p \\ p+1 & \text{sinon.} \end{cases}$$

(Ici, et dans toute la suite, on note v_p la valuation p-adique, normalisée par la condition $v_p(p) = 1$.)

Lorsque E a bonne réduction, ρ_p est évidemment finie en p, et l'assertion (i) résulte de la prop. 4.

Lorsque E a mauvaise réduction de type multiplicatif, on utilise le modèle de Tate ([41], n° 1.12). Celui-ci montre que, après extension quadratique non ramifiée de $\mathbf{Q}_p$, on a une suite exacte de modules galoisiens

$$0 \to \mu_p \to E_p \to \mathbf{Z}/p\mathbf{Z} \to 0$$

d'où

$$\rho_p | I \simeq \begin{pmatrix} \chi & * \\ 0 & 1 \end{pmatrix}.$$

Soit de plus q_E l'élément de $\mathbf{Q}_p^*$ défini par l'identité

$$j_E = q_E^{-1} + 744 + 196884 q_E + \dots$$

On constate que l'extension K/K_t du n° 2.4 est $K = K_t(q_E^{1/p})$. Cette extension est donc très ramifiée si et seulement si $v_p(q_E)$ n'est pas divisible par p; comme $v_p(q_E) = -v_p(j_E)$, on en déduit bien (ii).

Remarques

(1) Supposons que l'on soit dans le cas (ii) avec $k = 2$, i.e. que E ait mauvaise réduction de type multiplicatif et que $v_p(j_E)$ soit divisible par p. Posons $m =$

$-v_p(j_E)/p$ et $u = p^{pm} j_E$, de sorte que u est une unité p-adique et que q_E est égal au produit de u^{-1} par la puissance p-ème d'un élément de K_t. On a alors $K = K_t(u^{1/p})$ et l'on voit que:

(a) si $u^{p-1} \equiv 1 \pmod{p^2}$, on a $K = K_t$ et $\rho_p|I \simeq \begin{pmatrix} \chi & 0 \\ 0 & 1 \end{pmatrix}$;

(b) si $u^{p-1} \not\equiv 1 \pmod{p^2}$, on a $[K : K_t] = p$ et $\rho_p|I \simeq \begin{pmatrix} \chi & * \\ 0 & 1 \end{pmatrix}$.

Le cas (b) peut effectivement se présenter, contrairement à ce qui est affirmé dans [6], prop. 5.1.(3)(d).

(2) Des calculs analogues à ceux de la prop. 5 (mais plus compliqués) sont possibles lorsque E a mauvaise réduction de type additif. Je me borne à donner le résultat dans un cas particulier typique, celui où $p \equiv 1 \pmod 3$, et où l'équation minimale de E est de la forme

$$y^2 = x^3 + Ax + B,$$

avec $v_p(A) \geqslant 1$ et $v_p(B) = 1$ (type c_1 de Néron).

On trouve alors

$$\rho_p|I \simeq \begin{pmatrix} \chi^\beta & 0 \\ 0 & \chi^\alpha \end{pmatrix} \quad \text{ou} \quad \begin{pmatrix} \chi^\beta & * \\ 0 & \chi^\alpha \end{pmatrix},$$

avec $\alpha = (p-1)/6$ et $\beta = (5p+1)/6$.

Si $p > 7$, cela entraîne $k = 1 + p\alpha + \beta = 2 + (p-1)(p+5)/6$. Par contre, pour $p = 7$, on peut avoir, soit $k = 2 + (p-1)(p+5)/6 = 14$, soit $k = 2$, ce dernier cas survenant si $v_p(A) \geqslant 2$.

§3. Enoncé de la conjecture

3.1. *Rappels sur les formes paraboliques en caractéristique p.* Soient:

N un entier $\geqslant 1$, premier à p;

k un entier $\geqslant 2$;

ε un caractère $(\mathbf{Z}/N\mathbf{Z})^* \to \bar{\mathbf{F}}_p^*$.

Supposons que:

$$(3.1.1) \qquad \begin{cases} (-1)^k = \varepsilon(-1) & \text{si } p \neq 2 \\ k \text{ est pair} & \text{si } p = 2. \end{cases}$$

Nous aurons à utiliser la notion de *forme parabolique de type* (N, k, ε) *à coefficients dans* $\bar{\mathbf{F}}_p$. Comme plusieurs définitions sont possibles (cf. [23] et [24] par exemple), il convient de préciser ce que nous entendons par là:

Identifions $\bar{\mathbf{Q}}$ à un sous-corps de $\mathbf{C}$, et choisissons une place de $\bar{\mathbf{Q}}$ au-dessus de p. Si $\bar{\mathbf{Z}}$ désigne l'anneau des entiers de $\bar{\mathbf{Q}}$, le choix de la place en question définit un homomorphisme $\overline{\mathbf{Z}} \to \overline{\mathbf{F}}_p$ que nous noterons $z \mapsto \tilde{z}$. Notons enfin

$$\varepsilon_0: (\mathbf{Z}/N\mathbf{Z})^* \to \overline{\mathbf{Z}}^*$$

le relèvement multiplicatif de ε, i.e., l'unique caractère à valeurs dans les racines de l'unité d'ordre premier à p tel que

$$\varepsilon_0(x)^{\sim} = \varepsilon(x) \quad \text{pour tout } x \in (\mathbf{Z}/N\mathbf{Z})^*.$$

D'après (3.1.1), on a $\varepsilon_0(-1) = (-1)^k$. On peut donc parler des *formes paraboliques de type* (k, ε_0) *sur* $\Gamma_0(N)$, au sens usuel. Rappelons (cf. par exemple [11]) qu'une telle forme est une série

$$F = \sum_{n \geq 1} A_n q^n \qquad (q = e^{2\pi i z}), \tag{3.1.2}$$

convergeant dans le demi-plan $\mathrm{Im}(z) > 0$ et satisfaisant aux deux conditions suivantes:

(a) $F((az+b)/(cz+d)) = \varepsilon_0(d)(cz+d)^k F(z)$ pour tout $\begin{pmatrix} a & b \\ c & d \end{pmatrix} \in \Gamma_0(N)$ et tout $z \in \mathbf{C}$ tel que $\mathrm{Im}(z) > 0$;

(b) F s'annule aux pointes, i.e., pour tout $\begin{pmatrix} a & b \\ c & d \end{pmatrix} \in \mathbf{SL}_2(\mathbf{Z})$, la fonction

$$z \mapsto (cz+d)^{-k} F((az+b)/(cz+d))$$

a un développement en série du type (3.1.2), avec q remplacé par $q^{1/N}$.

Pour abréger, nous dirons qu'une telle forme F est *de type* (N, k, ε_0).

Nous pouvons maintenant définir la notion analogue en caractéristique p:

DÉFINITION. *Une forme parabolique de type* (N, k, ε) *à coefficients dans* $\overline{\mathbf{F}}_p$ *est une série formelle*

$$f = \sum_{n \geq 1} a_n q^n, \qquad a_n \in \overline{\mathbf{F}}_p,$$

telle qu'il existe une forme parabolique

$$F = \sum_{n \geq 1} A_n q^n, \qquad A_n \in \overline{\mathbf{Z}},$$

de type (N, k, ε_0) *au sens rappelé ci-dessus, qui est telle que* $\tilde{F} = f$, *i.e., que* $\tilde{A}_n = a_n$ *pour tout* n.

(Au lieu de supposer que les A_n appartiennent à $\overline{\mathbf{Z}}$, on pourrait se borner à demander qu'ils appartiennent à l'*anneau local* de la place de $\overline{\mathbf{Q}}$ choisie au début. Cela ne changerait rien.)

Notons $S(N, k, \varepsilon)$ l'espace des f du type ci-dessus. Cet espace jouit des propriétés suivantes:

(3.1.3) $S(N, k, \varepsilon)$ ne dépend pas du choix de la place p-adique de $\overline{\mathbf{Q}}$ utilisée pour le définir. De plus, sa dimension sur $\overline{\mathbf{F}}_p$ est égale à la dimension de l'espace analogue $S(N, k, \varepsilon_0)$ sur $\mathbf{C}$.
Cela résulte de Shimura [51], th. 3.52 (voir aussi [11], prop. 2.7).

(3.1.4) $S(N, k, \varepsilon)$ est stable sous l'action des opérateurs de Hecke:

$$T_l\colon \sum a_n q^n \mapsto \sum a_{ln} q^n + \varepsilon(l) l^{k-1} \sum a_n q^{ln} \qquad (l \nmid pN),$$

$$U_l\colon \sum a_n q^n \mapsto \sum a_{ln} q^n \qquad (l \mid pN).$$

Pour les T_l et les U_l (l premier $\neq p$), cela résulte des propriétés analogues en caractéristique zéro. Pour U_p, il faut noter que c'est la réduction (mod p) de l'opérateur de Hecke

$$T_p\colon \sum a_n q^n \mapsto \sum a_{pn} q^n + \varepsilon_0(p) p^{k-1} \sum a_n q^{pn},$$

grâce à l'hypothèse $k \geqslant 2$.

(3.1.5) Les opérateurs de Hecke commutent entre eux. Si

$$f = \sum a_n q^n, \qquad f \neq 0,$$

est une fonction propre de ces opérateurs, on peut multiplier f par un scalaire non nul de telle sorte que $a_1 = 1$. Une fois f ainsi normalisée, on a $T_l(f) = a_l f$ pour $l \nmid pN$ et $U_l(f) = a_l f$ pour $l \mid pN$: les a_l sont les valeurs propres des T_l et U_l. De plus, la série formelle de Dirichlet

$$L_f(s) = \sum a_n n^{-s} \quad \left(\text{à coefficients dans } \overline{\mathbf{F}}_p\right)$$

est donnée par le produit eulérien usuel:

$$L_f(s) = \prod_{l \mid pN} (1 - a_l l^{-s})^{-1} \prod_{l \nmid pN} \left(1 - a_l l^{-s} + \varepsilon(l) l^{k-1} l^{-2s}\right)^{-1}.$$

En particulier, f est déterminée par les a_l.

(3.1.6) Si $f = \sum a_n q^n$ est une fonction propre des opérateurs de Hecke normalisée comme ci-dessus, il existe une forme parabolique $F = \sum A_n q^n$ de type (N, k, ε_0) à coefficients dans $\overline{\mathbf{Z}}$, qui est fonction propre des $T_l (l \nmid N)$ et des $U_l (l \mid N)$ et vérifie:

$$A_1 = 1; \qquad \tilde{F} = f.$$

En effet, du fait que les opérateurs T_l et U_l commutent entre eux, tout système commun de valeurs propres de ces opérateurs dans $\overline{\mathbf{F}}_p$ se relève en caractéristique 0 (cf. par exemple [11], lemme 6.11). On déduit de là qu'il existe une forme parabolique $F = \Sigma\, A_n q^n$, de type (N, k, ε_0), fonction propre des T_l et des U_l, normalisée, et telle que $\tilde{A}_l = a_l$ pour tout nombre premier l. Il est alors immédiat que $\tilde{F} = f$.

(Bien entendu, il n'y a pas unicité de F: deux fonctions propres différentes en caractéristique 0 peuvent avoir la même réduction en caractéristique p.)

(3.1.7) Soit $f = \Sigma\, a_n q^n$ comme ci-dessus. D'après un théorème de Deligne ([11], th. 6.7), il existe une représentation continue semi-simple

$$\rho_f\colon G_{\mathbf{Q}} \to \mathbf{GL}_2(\overline{\mathbf{F}}_p)$$

caractérisée (à conjugaison près) par la propriété suivante:

(D). Pour tout nombre premier l ne divisant pas pN, la représentation ρ_f est non ramifiée en l, et, si l'on note $\rho_f(\mathrm{Frob}_l)$ l'élément de Frobenius correspondant (défini à conjugaison près), on a

$$\mathrm{Tr}\,\rho_f(\mathrm{Frob}_l) = a_l \tag{3.1.8}$$

et

$$\det \rho_f(\mathrm{Frob}_l) = \varepsilon(l)\, l^{k-1}. \tag{3.1.9}$$

La formule (3.1.9) peut être récrite avec les notations du n° 1.3 sous la forme

$$\det \rho_f = \varepsilon \cdot \chi^{k-1}. \tag{3.1.10}$$

Compte tenu de (3.1.1) elle entraîne que $\det \rho_f(c) = -1$, autrement dit que $\det \rho_f$ est un caractère *impair*.

Remarque. J'ai supposé au début que le niveau est premier à p. En fait, ce n'est pas nécessaire: tous les résultats énoncés restent vrais dans le cas général. Toutefois, cette généralité accrue ne procure pas de "formes mod p" vraiment nouvelles; on sait en effet que toute forme parabolique à coefficients dans $\overline{\mathbf{F}}_p$ qui est de niveau $p^m N$ est aussi de niveau N, à condition de remplacer le poids par un poids plus grand. Un exemple typique est celui des formes de poids 2 et de niveau p, qui sont aussi de poids $p+1$ et de niveau 1, cf. [43], th. 11.

3.2. *Les diverses variantes de la conjecture.* Revenons aux notations du §1, et soit

$$\rho\colon G_{\mathbf{Q}} \to \mathbf{GL}(V) \simeq \mathbf{GL}_2(\overline{\mathbf{F}}_p)$$

un homomorphisme continu, V étant un $\overline{\mathbf{F}}_p$-espace vectoriel de dimension 2. On suppose que:

(3.2.1) ρ *est irréductible*,

et

(3.2.2) $\det \rho$ *est impair*, cf. (1.3.8).

La *conjecture* affirme que ρ est alors du type ρ_f de (3.1.7). Autrement dit:

($3.2.3_?$) *Il existe une forme parabolique* f (de type convenable) *à coefficients dans* $\overline{\mathbf{F}}_p$ *qui est fonction propre des opérateurs de Hecke, et dont la représentation* ρ_f *associée est isomorphe à la représentation* ρ *donnée.*

Il convient de préciser ($3.2.3_?$) en donnant le type (N, k, ε) de f:

($3.2.4_?$) *La forme parabolique* f *de* ($3.2.3_?$) *peut être choisie de type* (N, k, ε), *où* N, k *et* ε *sont les invariants de* ρ *définis au* §1 *et au* §2.

Si $f = \sum a_n q^n$ est normalisée ($a_1 = 1$), le fait que ρ_f soit isomorphe à ρ se traduit par les égalités

(3.2.5) $$\operatorname{Tr}(\operatorname{Frob}_{l,\rho}) = a_l \quad \text{et} \quad \det(\operatorname{Frob}_{l,\rho}) = \varepsilon(l) l^{k-1},$$

égalités qui doivent être valables pour tout nombre premier l ne divisant pas pN. (Il suffit d'ailleurs que la première égalité de (3.2.5) ait lieu pour un ensemble de l de densité 1.)

En ce qui concerne les a_l, pour l divisant pN, on peut conjecturer ceci:

($3.2.6_?$) *Supposons que* $f = \sum a_n q^n$ *satisfasse à* ($3.2.3_?$) *et* ($3.2.4_?$) *et soit normalisée. Soit* l *un diviseur premier de* pN. *Alors*:

(a) *Si* $a_l \neq 0$, *il existe une droite* D *de* V *stable par le groupe de décomposition en* l (*relativement à une place* l*-adique donnée de* $\overline{\mathbf{Q}}$) *et telle que le groupe d'inertie en* l *opère trivialement sur* V/D. (*En d'autres termes, la restriction de* ρ *au groupe de décomposition en* l *a un quotient étale de dimension* 1.)

De plus, a_l *est égal à la valeur propre de la substitution de Frobenius en* l, *opérant sur* V/D.

(b) *Si* $a_l = 0$, *il n'existe aucune droite de* V *ayant les propriétés énoncées en* (a).

Remarques sur ($3.2.6_?$)

(1) Si l divise N, il existe au plus une droite D de V satisfaisant à (a). En effet, s'il en existait deux, ρ serait étale en l, et l ne diviserait pas le conducteur N.

On voit donc que, dans ce cas, a_l est déterminé sans ambiguïté par ρ.

[Il n'est pas difficile de prouver que D existe si et seulement si:

ou bien $v_l(N) = 1$, v_l désignant la valuation l-adique;

ou bien $v_l(N) = v_l(\text{cond. } \varepsilon) \geqslant 2$, où cond.$\varepsilon$ désigne le conducteur du caractère ε.

De plus, dans le cas où $v_l(N) = 1$ et $v_l(\text{cond.} \varepsilon) = 0$, on peut montrer que la valeur propre λ de la substitution de Frobenius en l opérant sur V/D est telle que $\lambda^2 = \varepsilon_{\text{prim}}(l)l^{k-2}$, où $\varepsilon_{\text{prim}}$ est le caractère primitif défini par ε. D'après (3.2.6$_?$) on aurait alors

$$a_l^2 = \varepsilon_{\text{prim}}(l)l^{k-2},$$

en parfait accord avec [27], th. 3 (iii).]

(2) Si $l = p$ et si ρ est ramifiée en p, la situation est la même que si l divise N: la droite D, si elle existe, est unique; la valeur propre a_p est déterminée sans ambiguïté. D'où *l'unicité* de la forme f dans ce cas; ses coefficients appartiennent au corps de rationalité de ρ, et engendrent ce corps sur $\mathbf{F}_p$.

(3) Si $l = p$ et si ρ est non ramifiée en p (ce qui entraîne $k = p$ d'après nos conventions, cf. n° 2.3), la situation est différente. Il y a alors deux valeurs possibles pour a_p, à savoir les deux valeurs propres λ et μ de la substitution de Frobenius en p; on a d'ailleurs $\lambda\mu = \varepsilon(p)$. Bien entendu, on peut avoir $\lambda = \mu$, auquel cas a_p est déterminé sans ambiguïté. Lorsque $\lambda \neq \mu$, dans tous les cas que je connais, il y a *deux* formes paraboliques f distinctes telles que $\rho_f \sim \rho$, l'une avec $a_p = \lambda$ et l'autre avec $a_p = \mu$. On notera que λ et μ n'appartiennent pas nécessairement au corps de définition de ρ (qui est engendré par les a_l, pour $l \neq p$): ils peuvent être quadratiques sur ce corps; on en verra des exemples au n° 5.1.

(4) Il devrait être possible de préciser (3.2.6$_?$) en déterminant l'action sur f des opérateurs de symétrie W_l $(l|N)$ d'Atkin-Lehner-Li [3]. Les pseudo-valeurs propres correspondantes (au sens de [3]) peuvent sans doute s'écrire en termes des *constantes locales* de ρ (Deligne [9], §6).

Remarques sur (3.2.4$_?$)

4 (5) Il est probable que N et k sont *minimaux* pour ρ, autrement dit que, si ρ est isomorphe à $\rho_{f'}$, avec f' de type (N', k', ε'), N' premier à p, $k' \geqslant 2$, alors N' est multiple de N et k' est $\geqslant k$. En particulier, si l'on écrit f sous la forme $\tilde{F}$ comme dans (3.1.6), F doit être une forme *primitive* ("newform" cf. [11], [27]) de type (N, k, ε_0).

(6) Au lieu de définir les formes paraboliques à coefficients dans $\overline{\mathbf{F}}_p$ par réduction à partir de la caractéristique 0, comme nous l'avons fait, nous aurions pu utiliser la définition de Katz [23], qui conduit à un espace *a priori* plus grand,[2] donc donne peut-être davantage de représentations ρ_f. Il serait intéressant de voir si les représentations supplémentaires ainsi obtenues peuvent être irréductibles; je
5 n'en connais aucun exemple (pour $k \geqslant 2$), mais, si cela se produisait, il y aurait lieu de modifier (3.2.4$_?$) et (3.2.6$_?$). Il serait également intéressant d'étudier de ce

[2] La définition de Katz jouit de la propriété agréable suivante: toute forme de poids k est aussi de poids $k + p - 1$. Avec la définiton adoptée ici, cet énoncé est vrai pour $p \geqslant 5$, mais est faux pour $p = 2$ ou 3.

point de vue le cas $k = 1$, que nous avons exclu jusqu'ici; peut-être la définition de Katz donne-t-elle alors beaucoup plus de représentations ρ_f?

3.3 *Exemple* $k = 2$. Nous allons appliquer les conjectures du numéro précédent à une représentation

$$\rho\colon G_{\mathbf{Q}} \to \mathbf{GL}_2(\mathbf{F}_p)$$

telle que:

(a) $\det \rho = \chi$;

(b) ρ est absolument irréductible (i.e., irréductible sur $\overline{\mathbf{F}}_p$);

(c) ρ est finie en p, au sens du n° 2.8.

[Lorsque $p \neq 2$, on peut remplacer (b) par la condition suivante, en apparence plus faible:

(b′) ρ est irréductible (sur $\mathbf{F}_p$).

En effet, (a) entraîne que $\det \rho$ est impair, donc que les valeurs propres de $\rho(c)$ sont $+1$ et -1; du fait que $p \neq 2$, ces valeurs propres sont distinctes. Si alors ρ se décomposait sur $\overline{\mathbf{F}}_p$ en somme directe de deux représentations de dimension 1, cette décomposition ne pourrait être que celle donnée par les vecteurs propres de $\rho(c)$, donc serait rationnelle sur $\mathbf{F}_p$, ce qui contredirait (b′).]

Soient N, k et ε les invariants de ρ. D'après le n° 1.3, on a $\varepsilon = 1$, et d'après la prop. 4 du n° 2.8, on a $k = 2$. La conjecture ($3.2.4_?$) donne alors:

($3.3.1_?$) *Il existe une forme parabolique f de poids* 2 *et de niveau* N, *à coefficients dans* $\overline{\mathbf{F}}_p$, *qui est fonction propre des opérateurs de Hecke et dont la représentation* ρ_f *associée est isomorphe à* ρ.

D'après ($3.2.6_?$), cette forme parabolique est à coefficients dans $\mathbf{F}_p$, sauf peut-être si ρ est non ramifiée en p (ce qui ne peut se produire que si $p = 2$).

On peut reformuler ($3.3.1_?$) en termes de la jacobienne $J_0(N)$ de la courbe modulaire $X_0(N)$ associée au groupe $\Gamma_0(N)$:

($3.3.2_?$) *La représentation* ρ *intervient comme quotient de Jordan-Hölder dans la représentation de* $G_{\mathbf{Q}}$ *sur les points de p-division de* $J_0(N)$.

3.4. *Questions.* En voici deux, l'une pour pessimistes, l'autre pour optimistes:

(1) Comment construire des contre-exemples aux conjectures du n° 3.2? J'ai fait de nombreux essais dans cette direction. Tous ces essais ont échoué, comme on le verra au §5.

(2) Peut-on reformuler ces conjectures dans le cadre d'une théorie des représentations (mod p) des groupes adéliques? Autrement dit, existe-t-il une "philosophie de Langlands modulo p", comme le demandent Ash et Stevens dans [2]? Si oui, cela permettrait peut-être:

de donner une définition plus naturelle du poids k attaché à ρ;

de remplacer $\mathbf{GL}_2$ par $\mathbf{GL}_N$, ou même par un groupe réductif;

de remplacer $\mathbf{Q}$ par d'autres corps globaux.

§4. Applications. Ces applications concernent:

l'équation de Fermat et ses variantes (n°s 4.1 à 4.3);

les discriminants des courbes elliptiques semi-stables (n° 4.4);

la structure des schémas en groupes de type (p, p) sur $\mathbf{Z}$ (n° 4.5);

la conjecture de Taniyama-Weil, et son extension aux variétés abéliennes à multiplications réelles (n°s 4.6 et 4.7);

la cohomologie des variétés projectives lisses sur $\mathbf{Q}$ ayant un nombre de Betti égal à 2 en dimension impaire (n° 4.8).

Excepté la dernière, ces applications n'utilisent la conjecture (3.2.4$_?$) que dans le cas où $\varepsilon = 1$, $k = 2$, cf. n°. 3.3.

4.1. *Rappels sur certaines courbes elliptiques sur* $\mathbf{Q}$. Soient A, B, C trois entiers non nuls, premiers entre eux deux à deux, et tels que

$$A + B + C = 0.$$

Choisissons des nombres entiers x_1, x_2, x_3 tels que

$$x_1 - x_2 = A, x_2 - x_3 = B, x_3 - x_1 = C.$$

La courbe elliptique d'équation

$$y^2 = (x - x_1)(x - x_2)(x - x_3)$$

est indépendante du choix des x_i, à isomorphisme près. Pour fixer les idées, nous prendrons $x_1 = A$, $x_2 = 0$, $x_3 = -B$, de sorte que l'équation ci-dessus s'écrit

$$\text{(4.1.1)} \qquad y^2 = x(x - A)(x + B).$$

Nous noterons $E_{A,B,C}$, ou simplement E, la courbe ainsi définie.

Remarque. Une permutation de A, B, C de signature 1 (resp. -1) ne change pas E (resp. change E en sa "tordue" par l'extension quadratique $\mathbf{Q}(\sqrt{-1})/\mathbf{Q}$).

Donnons maintenant quelques propriétés de *mauvaise réduction* de E (cf. Frey [17]).

(4.1.2) *Mauvaise réduction en* $l \neq 2$. Soit l un nombre premier $\neq 2$. La courbe E a mauvaise réduction en l si et seulement si l divise ABC, et cette mauvaise réduction est alors *de type multiplicatif*.

C'est immédiat sur (4.1.1). On notera également que cette équation fournit un *modèle minimal* de E en l, cf. Tate [4], p. 47.

(4.1.3) *Mauvaise réduction en* 2. Nous nous bornerons au cas où:

$$\text{(4.1.4)} \qquad A \equiv -1 \pmod 4 \quad \text{et} \quad B \equiv 0 \pmod{32}.$$

En faisant le changement de variables

$$x = 4X, \qquad y = 8Y + 4X,$$

on transforme (4.1.1) en l'équation

(4.1.5)

$$Y^2 + XY = X^3 + cX^2 + dX, \quad \text{avec } c = (B - 1 - A)/4,\ d = -AB/16,$$

dont la réduction (mod 2) est:

$$Y^2 + XY = \begin{cases} X^3 & \text{si } A \equiv 7 \pmod 8 \\ X^3 + X^2 & \text{si } A \equiv 3 \pmod 8). \end{cases}$$

On obtient ainsi une cubique sur $\mathbf{F}_2$ qui a un point double en (0, 0) à tangentes distinctes (ces tangentes étant rationnelles sur $\mathbf{F}_2$ si et seulement si $A \equiv 7$ (mod 8)). Il en résulte que E a *mauvaise réduction de type multiplicatif en* 2 (Tate, *loc. cit.*) et que (4.1.5) est une *équation minimale* en 2, donc aussi sur Spec($\mathbf{Z}$) d'après ce qu'on vient de voir. Le discriminant Δ correspondant est:

(4.1.6) $$\Delta = 2^{-8}A^2B^2C^2.$$

Ainsi, E a partout, soit bonne réduction, soit mauvaise réduction de type multiplicatif: c'est une courbe *semi-stable*. Son *conducteur* est donné par:

(4.1.7) $$\operatorname{cond}(E) = \operatorname{rad}(ABC),$$

où rad(X) désigne le produit des nombres premiers qui divisent X (i.e., le plus grand diviseur sans facteur carré de X).

L'invariant modulaire j_E de E est:

(4.1.8) $$j_E = 2^8(C^2 - AB)^3/A^2B^2C^2.$$

Si l divise ABC, on a:

(4.1.9) $$v_l(j_E) = -v_l(\Delta) = \begin{cases} -2v_l(ABC) & \text{si } l \neq 2 \\ 8 - 2v_2(ABC) & \text{si } l = 2. \end{cases}$$

Points de p-division de E. Soit p un nombre premier $\geqslant 5$. Nous nous intéresserons à la représentation

$$\rho_p^E\colon G_{\mathbf{Q}} \to \mathbf{GL}_2(\mathbf{F}_p)$$

fournie par les points de p-division de E.

On a tout d'abord:

PROPOSITION 6. *La représentation ρ_p^E est irréductible.*

(Comme son déterminant est égal au caractère cyclotomique χ, cette représentation est même *absolument irréductible*, cf. nº 3.3.)

Supposons que ρ_p^E soit réductible, i.e. que E contienne un sous-groupe X d'ordre p qui soit rationnel sur $\mathbf{Q}$. Du fait que E est semi-stable, l'action de $G_{\mathbf{Q}}$ sur X se fait, soit par le caractère unité, soit par le caractère χ ([41], p. 307). Dans le premier cas, E a un point d'ordre p rationnel sur $\mathbf{Q}$; comme les points d'ordre 2 de E sont également rationnels sur $\mathbf{Q}$, l'ordre du groupe de torsion de $E(\mathbf{Q})$ est $\geqslant 4p \geqslant 20$, ce qui contredit un théorème de Mazur ([28], th. 8). Dans le second cas, la courbe $E' = E/X$ a un point d'ordre p rationnel sur $\mathbf{Q}$, et on lui applique le même argument que ci-dessus.

Remarque. Au lieu d'utiliser le th. 8 de [28], on aurait pu se servir des résultats plus généraux de Mazur [29].

On va maintenant déterminer les *invariants* (N, k, ε) attachés à ρ_p^E:

(4.1.10) Comme det $\rho_p^E = \chi$, on a $\varepsilon = 1$.

(4.1.11) *On a $k = 2$ si $v_p(\Delta)$ est divisible par p* (i.e., si $v_p(ABC)$ est divisible par p), *et $k = p + 1$ dans le cas contraire*. Cela résulte de la prop. 5 du nº 2.9, compte tenu du fait que E est semi-stable.

(4.1.12) *Le conducteur N de ρ_p^E est égal au produit des nombres premiers $l \neq p$ tels que $v_l(\Delta)$ ne soit pas divisible par p.*

C'est là une propriété générale des courbes semi-stables, qui se vérifie immédiatement sur les modèles de Tate "$\mathbf{G}_m/q^{\mathbf{Z}}$".

Remarque. Vu (4.1.6), la condition "$v_l(\Delta)$ n'est pas divisible par p" est équivalente à:

$$\text{(4.1.13)} \qquad v_l(ABC) \not\equiv \begin{cases} 0 & (\text{mod } p) \quad \text{si } l \neq 2 \\ 4 & (\text{mod } p) \quad \text{si } l = 2. \end{cases}$$

4.2. *Le théorème de Fermat.* Soit p un nombre premier $\geqslant 5$.

THÉORÈME 1. *Admettons* ($3.3.1_?$). *L'équation*

$$a^p + b^p + c^p = 0$$

n'a alors aucune solution avec $a, b, c \in \mathbf{Z}$, $abc \neq 0$.

Soit (a, b, c) une telle solution. Quitte à faire une homothétie, ainsi qu'une permutation, on peut supposer que a, b et c sont premiers entre eux, et que $b \equiv 0 \pmod 2$, $a \equiv -1 \pmod 4$. Si l'on pose

$$A = a^p, \qquad B = b^p, \qquad C = c^p,$$

les conditions (4.1.4) du n° 4.1 sont satisfaites. Soit $E = E_{A,B,C}$ la courbe elliptique correspondante, et soit ρ_p^E la représentation de $G_{\mathbf{Q}}$ fournie par ses points de p-division. Par construction, on a

$$v_l(ABC) \equiv 0 \pmod{p} \quad \text{pour tout } l \text{ premier.}$$

Il en résulte, d'après (4.1.11) et (4.1.13), que les invariants k et N attachés à ρ_p^E sont égaux à 2. De plus ρ_p^E est irréductible (prop. 6). La conjecture $(3.3.1_?)$ affirme alors que ρ_p^E est isomorphe à la représentation ρ_f associée à une forme parabolique normalisée f, de poids 2 et de niveau 2, à coefficients dans $\overline{\mathbf{F}}_p$. Mais une telle forme n'existe pas: la courbe modulaire $X_0(2)$ est de genre 0. D'où le théorème.

Remarque. La relation existant entre "solutions de l'équation de Fermat" et "points de p-division de certaines courbes elliptiques" figure déjà dans un travail
6 de Hurwitz ([20]) datant de 1886.

Elle a été utilisée depuis par différents auteurs, notamment Hellegouarch [19], Vélu [54] et Frey [16], [17]. La méthode suivie ici est tirée de Frey [17].

4.3. *Variantes du théorème de Fermat.* Soit p un nombre premier $\geqslant 11$.

THÉORÈME 2. *Admettons* $(3.3.1_?)$. *Soit L un nombre premier $\neq p$ appartenant à l'ensemble*

$$S = \{3, 5, 7, 11, 13, 17, 19, 23, 29, 53, 59\},$$

et soit α un entier $\geqslant 0$. L'équation

$$a^p + b^p + L^\alpha c^p = 0 \tag{4.3.1}$$

n'a alors aucune solution avec $a, b, c \in \mathbf{Z}$ et $abc \neq 0$.

On procède comme pour le th. 1. Tout d'abord, on peut évidemment supposer que $0 < \alpha < p$. Soit alors (a, b, c) une solution de l'équation (4.3.1), avec a, b, c premiers entre eux. On prend pour A, B, C les trois entiers $a^p, b^p, L^\alpha c^p$ (qui sont premiers entre eux, comme on le vérifie tout de suite), à une permutation près choisie de telle sorte que B soit pair (donc divisible par 2^p et *a fortiori* par 32) et $A \equiv -1 \pmod 4$. On considère la représentation ρ_p^E attachée à la courbe elliptique $E = E_{A,B,C}$. D'après (4.1.11) et (4.1.13) les invariants k et N de cette représentation sont $k = 2$ et $N = 2L$ (noter que L a été supposé distinct de p). D'après $(3.3.1_?)$, il existe alors une forme parabolique

$$f = q + a_2(f)q^2 + \cdots + a_n(f)q^n + \cdots$$

à coefficients dans $\overline{\mathbf{F}}_p$, de poids 2 et de niveau $2L$, fonction propre des opérateurs de Hecke, et telle que la représentation ρ_f associée soit isomorphe à ρ_p^E. Nous allons voir que ceci est impossible. C'est clair pour $L = 3, 5$ puisqu'aucune f n'existe dans ce cas: les courbes modulaires $X_0(6)$ et $X_0(10)$ sont de genre 0. On peut donc supposer $L \geqslant 7$.

Lemme 1. (*a*) *La forme* f *est la réduction en caractéristique* p *d'une forme primitive* F *de niveau* $2L$ *en caractéristique* 0.

(b) *On a* $a_3(f) = 0$ *ou* ± 4.

(c) *On a* $a_5(f) = \pm 2$ *ou* ± 6.

D'après (3.1.6), on a $f = \tilde{F}$, où F est une forme parabolique de poids 2 et de niveau $2L$, à coefficients dans $\overline{\mathbf{Z}}$, qui est fonction propre normalisée des opérateurs de Hecke. Si F n'était pas primitive, elle proviendrait du niveau L et la représentation ρ_f ne serait pas ramifiée en 2. Or ρ_p^E est ramifiée en 2, puisque son conducteur est $2L$. D'où (a).

Pour prouver (b) on distingue deux cas:

(b_1) *La courbe* E *a bonne réduction en* 3, *i.e.*, $ABC \not\equiv 0 \pmod 3$.

Soit $\tilde{E}$ la réduction de E en 3. C'est une courbe elliptique sur $\mathbf{F}_3$ dont les points d'ordre 2 sont rationnels. Le nombre de points rationnels de $\tilde{E}$ est donc divisible par 4. Comme ce nombre est compris entre $1 + 3 - 2\sqrt{3}$ et $1 + 3 + 2\sqrt{3}$, il est égal à 4. Cela signifie que la trace de l'endomorphisme de Frobenius de $\tilde{E}$ est égale à 0. D'où $a_3(f) = 0$ (dans $\mathbf{F}_p$), d'après (3.1.8).

(b_2) *La courbe* E *a mauvaise réduction en* 3.

On a vu que cette mauvaise réduction est de type multiplicatif. Si elle est déployée (i.e., si E est isomorphe sur $\mathbf{Q}_3$ à une courbe de Tate), le $G_{\mathbf{Q}_3}$-module galoisien E_p est extension de $\mathbf{Z}/p\mathbf{Z}$ par μ_p; les valeurs propres de l'endomorphisme de Frobenius en 3 sont donc 1 et 3; leur somme est 4. D'où $a_3(f) = 4$ dans ce cas. Lorsque la réduction est non déployée, il y a une "torsion" quadratique, et l'on obtient $a_3(f) = -4$.

La démonstration de (c) est analogue à celle de (b): on trouve que $a_5(f) = \pm 2$ lorsque E a bonne réduction en 5, et $a_5(f) = \pm 6$ sinon.

Lemme 2. *Soit* $L \in S$, *avec* $L \geqslant 7$, *et soit*

$$F = q + A_2 q^2 + \cdots + A_n q^n + \cdots, \qquad A_n \in \overline{\mathbf{Z}},$$

une forme primitive normalisée de poids 2 *et de niveau* $2L$. *On a alors*:

$$A_3 = \pm 1, \pm 2 \text{ ou } \pm 3 \text{ si } L \neq 23$$

et

$$A_5 = 4 \text{ si } L = 23.$$

Cela se vérifie cas par cas:

L	7	13	17	19	29	53	59
valeurs de A_3	-2	$1, -3$	-2	$1, -1$	$-1, -3$	$1, -1, 2, -2$	$-1, -1, 2, 2.$

($L = 11$ ne figure pas dans ce tableau, car il n'y a pas de forme primitive de poids 2 pour le niveau 22.)

On peut maintenant achever la démonstration du th. 2. Tout d'abord, pour $L = 23$, la comparaison des lemmes 1 et 2 montre que l'on a

$$\pm 2 \text{ ou } \pm 6 \equiv 4 \pmod{p},$$

ce qui est impossible pour $p \geqslant 7$. De même, si $L \neq 23$, $L \in S$ et $L \geqslant 7$, on a

$$0 \text{ ou } \pm 4 \equiv \pm 1, \pm 2 \text{ ou } \pm 3 \pmod{p},$$

ce qui est impossible pour $p \geqslant 11$.

Remarques

(1) L'hypothèse $p \neq L$ n'est pas essentielle; elle a seulement servi à assurer que le poids k est égal à 2, ce qui a permis d'appliquer (3.3.1$_?$). Si $p = L$, on a $k = p + 1$, $N = 2$, et les arguments utilisés ci-dessus restent valables, à condition d'admettre (3.2.4$_?$) pour $k = p + 1$ et non plus pour $k = 2$.

(2) Il est possible que le th. 2 reste vrai pour $p = 5$ et $p = 7$. La question devrait pouvoir se traiter, sans utiliser aucune conjecture, par les méthodes traditionnelles de factorisation et de descente (cf. par exemple Dénes [12]).

(3) La plus petite valeur de L ne figurant pas dans l'ensemble S du th. 2 est $L = 31$ (qui est un nombre de Mersenne–cf. ci-dessous). Pour cette valeur, la méthode suivie conduit à une représentation ρ_p^E qui pourrait, par exemple, être isomorphe à celle fournie par la forme primitive F de niveau 62 suivante:

$$F = q + q^2 + q^4 - 2q^5 + q^8 + \dots$$

Je ne vois pas comment tirer de là une contradiction, d'autant plus que l'équation $a^5 + b^5 + 31c^5 = 0$ a effectivement une solution, à savoir $(1, -2, 1)$ [cette solution conduit à la courbe E d'équation $y^2 = x(x + 1)(x - 32)$, qui est une courbe de Weil de niveau 62 correspondant à F.]

Je ne vois pas non plus comment attaquer les équations

$$a^p + b^p + 15c^p = 0 \quad \text{et} \quad a^p + 3b^p + 5c^p = 0,$$

pour lesquelles le conducteur N est égal à 30.

(4) Si l'on fixe L, on peut se demander ce qui se passe pour p assez grand. Dans cette direction, Mazur m'a signalé le résultat suivant:

Admettons (3.3.1$_?$). *Soit L un nombre premier $\neq 2$ qui ne soit ni un nombre de Fermat ni un nombre de Mersenne* (i.e. L ne peut pas s'écrire sous la forme

$2^n \pm 1$). *Il existe alors une constante* C_L *telle que, si* $p \geqslant C_L$ *et* $\alpha \geqslant 0$, *l'équation*

$$a^p + b^p + L^\alpha c^p = 0$$

n'a aucune solution avec $a, b, c \in \mathbf{Z}$ *et* $abc \neq 0$.

La démonstration est analogue à celle du th. 2; l'hypothèse faite sur L est utilisée pour montrer qu'il n'existe aucune courbe elliptique de conducteur $2L$ dont les trois points d'ordre 2 soient rationnels sur $\mathbf{Q}$.

4.4 *Discriminants des courbes elliptiques semi-stables.* La conjecture ($3.3.1_?$) permettrait de répondre affirmativement à des questions de Brumer-Kramer ([6], §9):

PROPOSITION 7. *Admettons* ($3.3.1_?$). *Soit E une courbe elliptique semi-stable sur* $\mathbf{Q}$, *et soit* Δ *le discriminant de son modèle minimal. Supposons que* $|\Delta|$ *soit une puissance p-ème. Alors E possède un sous-groupe d'ordre p rationnel sur* $\mathbf{Q}$, *et l'on a* $p \leqslant 7$.

Pour $p = 2$, on remarque que l'extension de $\mathbf{Q}$ engendrée par les points d'ordre 2 de E est non ramifiée en dehors de 2; son groupe de Galois ne peut donc être ni $\mathfrak{S}_3$ ni $\mathfrak{A}_3$, et cela montre que l'un de ces points est rationnel sur $\mathbf{Q}$. Pour $p = 3$, 5 ou 7, on applique un argument analogue (cf. [6], prop. 9.2). Il reste à prouver que le cas $p > 7$ est impossible. Or, si $p > 7$, la représentation ρ_p^E est irréductible (Mazur [29], th. 4). D'autre part, les hypothèses faites sur E entraînent que les invariants (N, k, ε) de ρ_p^E sont égaux à $(1, 2, 1)$. D'après ($3.3.1_?$), ρ_p^E provient donc d'une forme parabolique normalisée de poids 2 et de niveau 1. Il y a contradiction: une telle forme n'existe pas.

PROPOSITION 8. *Admettons* ($3.3.1_?$). *Soit E une courbe elliptique sur* $\mathbf{Q}$ *dont le conducteur est un nombre premier P. Soit* $\Delta = \pm P^m$ *le discriminant du modèle minimal de E. On a alors* $m = 1$, *sauf si E est une courbe de Setzer-Neumann, ou si* $P = 11, 17, 19$ *ou* 37.

Supposons $m > 1$. Il existe alors un nombre premier p qui divise m, et l'on peut appliquer la prop. 7. On en conclut d'abord que $p \leqslant 7$. Si $p = 2$, E a un point rationnel d'ordre 2, et c'est une courbe de Setzer-Neumann ([33], [50]), à moins que P ne soit égal à 17. Si $p = 3$, 5 ou 7, il existe une courbe isogène à E sur $\mathbf{Q}$ qui possède un point rationnel d'ordre p ([41], p. 307); d'après Miyawaki [32], cela est impossible pour $p = 7$ et cela entraîne $P = 11$ pour $p = 5$, et $P = 19$ ou 37 pour $p = 3$.

4.5. *Schémas en groupes de type* (p, p) *sur* $\mathbf{Z}$. Soit p un nombre premier $\geqslant 3$.

THÉORÈME 3. *Admettons* ($3.3.1_?$). *Tout schéma en groupes fini et plat sur* $\mathbf{Z}$, *de type* (p, p), *est alors isomorphe à l'un des trois suivants*:

$$\mathbf{Z}/p\mathbf{Z} \oplus \mathbf{Z}/p\mathbf{Z}, \qquad \mathbf{Z}/p\mathbf{Z} \oplus \mu_p, \qquad \mu_p \oplus \mu_p.$$

Soit J un schéma en groupes fini et plat sur $\mathbf{Z}$, de type (p, p). On sait que J est étale sur $\mathrm{Spec}(\mathbf{Z}) - \{p\}$, donc définit une représentation

$$\rho\colon G_{\mathbf{Q}} \to \mathbf{GL}_2(\mathbf{F}_p)$$

qui est non ramifiée en dehors de p. Comme $p \neq 2$, la connaissance de ρ détermine celle de J (Raynaud [35], prop. 3.3.2).

Lemme 3. *Si ρ est réductible, J est isomorphe à $\mathbf{Z}/p\mathbf{Z} \oplus \mathbf{Z}/p\mathbf{Z}$, $\mathbf{Z}/p\mathbf{Z} \oplus \mu_p$ ou $\mu_p \oplus \mu_p$.*

La réductibilité de ρ équivaut à l'existence d'une suite exacte

$$0 \to A \to J \to B \to 0,$$

où A et B sont des schémas en groupes finis et plats sur $\mathbf{Z}$, d'ordre p. D'après Oort-Tate [34], A et B sont isomorphes, soit à $\mathbf{Z}/p\mathbf{Z}$, soit à μ_p. Le lemme résulte alors de ce que toute extension de B par A est scindée (Fontaine [15], n° 3.4.3).

Lemme 4. *Si ρ est irréductible, on a* $\det \rho = \chi$.

Le caractère $\det \rho\colon G_{\mathbf{Q}} \to \mathbf{F}_p^*$ est non ramifié en dehors de p, donc de la forme χ^i, avec $0 \leqslant i \leqslant p-2$. Les résultats locaux de Raynaud [35] (cf. n° 2.8, démonstration de la prop. 4) montrent que les seules possibilités pour i sont $i = 0$, 1 et 2. De plus (*loc. cit.*) le cas $i = 0$ n'est possible que si J est étale en p, auquel cas ρ est non ramifiée partout, d'où $\rho = 1$ d'après Minkowski, ce qui contredit l'hypothèse que ρ est irréductible. De même, le cas $i = 2$ n'est possible que si le dual de J est étale en p, ce qui conduit à une contradiction par le même argument. On a donc $i = 1$, d'où le lemme.

Le th. 3 est maintenant immédiat. En effet, si ρ est réductible, on applique le lemme 3. Et, si ρ est irréductible, le lemme 4, joint à la prop. 4 du n° 2.8, montre que les invariants (N, k, ε) attachés à ρ sont $(1, 2, 1)$; d'où une contradiction avec $(3.3.1_?)$ par le même argument que celui utilisé dans la démonstration de la prop. 7.

Remarques

(1) Pour $p = 3$, 5, 7, 11, 13 ou 17, Fontaine [15] a démontré (sans utiliser aucune conjecture) un résultat plus général que le th. 3: tout schéma en groupes fini et plat sur $\mathbf{Z}$, de type $(p, \ldots, p)$, est somme directe de copies de $\mathbf{Z}/p\mathbf{Z}$ et de μ_p.

(2) Le th. 3 ne s'étend pas au cas $p = 2$: outre $\mathbf{Z}/2\mathbf{Z} \oplus \mathbf{Z}/2\mathbf{Z}$, $\mathbf{Z}/2\mathbf{Z} \oplus \mu_2$ et $\mu_2 \oplus \mu_2$, il y a une quatrième possibilité, à savoir une certaine extension non scindée de $\mathbf{Z}/2\mathbf{Z}$ par μ_2. La représentation ρ correspondante s'écrit

$$\rho = \begin{pmatrix} 1 & u \\ 0 & 1 \end{pmatrix}$$

où $u\colon G_{\mathbf{Q}} \to \mathbf{Z}/2\mathbf{Z}$ est l'homomorphisme de noyau $\mathrm{Gal}(\overline{\mathbf{Q}}/\mathbf{Q}(i))$. Ce schéma en groupes de type $(2,2)$ peut se réaliser comme celui des points de 2-division de la courbe elliptique

$$y^2 + xy + y = x^3 - x^2 - x - 14,$$

de conducteur 17 et de discriminant -17^4.

4.6. *La conjecture de Taniyama-Weil.* Soit E une courbe elliptique sur $\mathbf{Q}$, soit j_E son invariant modulaire, et soit N son conducteur.

THÉORÈME 4. *Admettons* (3.3.1$_?$). *Alors E est une courbe de Weil de niveau N.*

(En particulier, E est isomorphe à un quotient de la jacobienne $J_0(N)$ de la courbe modulaire $X_0(N)$.)

Pour tout nombre premier p, notons $\rho_p^E\colon G_{\mathbf{Q}} \to \mathbf{GL}_2(\mathbf{F}_p)$ la représentation de $G_{\mathbf{Q}}$ fournie par les points de p-division de E. On a

$$\det \rho_p^E = \chi. \qquad (4.6.1)$$

De plus:

LEMME 5. *Il existe une constante C_E telle que, pour tout $p \geqslant C_E$, on ait:*
(4.6.2) *ρ_p^E est irréductible;*
(4.6.3) *le conducteur de ρ_p^E est égal à N.*

C'est là un résultat connu. En effet, d'après Mazur [29], (4.6.2) est vrai dès que $p > 163$. D'autre part la définition du conducteur de E en termes de représentations l-adiques (cf. [18], [40], [49]) montre que le conducteur N_p de ρ_p^E *divise* N (ce qui d'ailleurs suffirait pour la suite). De plus, si $p \geqslant 5$, on vérifie que $N_p = N$ si et seulement si p satisfait aux deux conditions suivantes:
(a) p ne divise pas N;
(b) pour tout l tel que $v_l(N) = 1$, p ne divise pas $v_l(j_E)$.
(Noter, à propos de b), que l'hypothèse $v_l(N) = 1$ signifie que E a mauvaise réduction de type multiplicatif en l, et l'on a donc $v_l(j_E) < 0$.)

Bornons-nous maintenant aux nombres premiers $p \geqslant C_E$. D'après (3.3.1$_?$), ρ_p^E est isomorphe à la représentation ρ_{f_p} associée à une forme parabolique de poids 2 et de niveau N

$$f_p = \sum a_{n,p} q^n,$$

à coefficients dans $\overline{\mathbf{F}}_p$, qui est fonction propre normalisée des opérateurs de Hecke.

D'après (3.1.6), f_p se relève en caractéristique 0: il existe une forme parabolique de poids 2 et de niveau N

$$F = \sum A_n q^n,$$

à coefficients dans $\overline{\mathbf{Z}}$, qui est fonction propre normalisée des opérateurs de Hecke, et telle que $\tilde{F} = f_p$. *A priori*, F dépend de p. Mais il n'y a qu'un nombre fini de F

possibles, puisque le poids et le niveau sont fixés. On en conclut qu'il existe un choix de F tel que l'on ait

$$\tilde{F} = f_p$$

pour tout $p \in P$, où P est un ensemble infini de nombres premiers. Soit alors l un nombre premier ne divisant pas N. La courbe E a bonne réduction en l. Soit a_l la trace de l'endomorphisme de Frobenius correspondant. On a

$$a_l \equiv a_{l,p} \pmod p \quad \text{pour tout } p \neq l.$$

Il en résulte que l'entier algébrique $A_l - a_l$ *a une image dans* $\overline{\mathbf{F}}_p$ *qui est égale à* 0 *pour tout* $p \in P$, $p \neq l$. Comme P est infini, cela entraîne

$$(4.6.4) \qquad A_l = a_l \quad \text{pour tout } l \nmid N.$$

En particulier, les A_l appartiennent à $\mathbf{Z}$. Ils définissent une *courbe de Weil* E_F de niveau un diviseur de N; d'après (4.6.4), les représentations l-adiques attachées à E et E_F sont isomorphes, et l'on sait (Faltings [13], [14]) que cela entraîne que E et E_F sont isogènes sur $\mathbf{Q}$. D'où le th. 4.

Remarques

(1) Le th. 4 m'a été suggéré par P. Colmez au Colloque de Luminy, en juin 1986. Jusque là, je ne m'étais pas rendu compte de l'étendue (à la fois intéressante et inquiétante) des conséquences des conjectures du §3.

(2) La forme F construite dans la démonstration ci-dessus est *primitive*; cela résulte d'un théorème de Carayol [8].

(3) La méthode suivie ici s'applique à d'autres questions du même genre. En voici un exemple, tiré de [52]:

Soit $K = \mathbf{Q}(\sqrt{D})$ un corps quadratique réel; notons σ l'involution de K. Soit E une courbe elliptique sur K, soit E^σ sa conjuguée, et soit $\lambda\colon E \to E^\sigma$ une isogénie telle que $\lambda^\sigma \circ \lambda = -c$, où c est un entier > 0. Shimura pose alors la question suivante ([52], p. 184): est-il vrai que E provienne (par la construction donnée dans [52]) d'une forme primitive de type $(N, 2, \varepsilon)$, où N est un entier convenable, et ε est le caractère quadratique associé à K? On peut montrer que la réponse est "oui" si l'on admet la conjecture $(3.2.4_?)$. La démonstration est analogue à celle du th. 4 (on travaille avec un système de représentations l-adiques qui est rationnel sur $\mathbf{Q}(\sqrt{-c})$, et dont le déterminant est le produit de ε et du caractère cyclotomique).

Pour d'autres exemples, voir les n°s 4.7 et 4.8 ci-après.

4.7. *Variétés abéliennes à multiplications réelles.* Soit X une variété abélienne sur $\mathbf{Q}$ de dimension $n \geqslant 1$. On dit que X est *à multiplication réelles* (cf. Ribet

[36]) si la $\mathbf{Q}$-algèbre $K_X = \mathbf{Q} \otimes \mathrm{End}_{\mathbf{Q}}(X)$ est un corps de nombres algébriques totalement réel de degré n. On sait que de telles variétés apparaissent lorsqu'on décompose les jacobiennes $J_0(N)$ sous l'action des opérateurs de Hecke, cf. Shimura [51], §7.5. Réciproquement:

THÉORÈME 5. *Admettons* (3.3.1$_?$). *Alors toute variété abélienne X sur* $\mathbf{Q}$, *à multiplications réelles, de dimension n, est isomorphe à un quotient de $J_0(N)$, où N est la racine n-ème du conducteur de X.*

La démonstration est analogue à celle du th. 4 (que l'on retrouve pour $n = 1$). Je me bornerai à en indiquer les grandes lignes. Tout d'abord:

(4.7.1) *La variété abélienne X définit un "système de représentations λ-adiques" de $G_{\mathbf{Q}}$, de degré 2, rationnel sur K_X; le déterminant de ce système est le caractère cyclotomique.*

Cela est expliqué dans Ribet [36].

Si X a bonne réduction en l, on notera a_l la trace de l'endomorphisme correspondant (dans le système λ-adique ci-dessus); c'est un entier du corps K_X.

(4.7.2) *Le conducteur de X est de la forme N^n, avec N entier* $\geqslant 1$.

La définition du conducteur donnée dans [18], exposé IX, §4 (voir aussi [40], n° 2.1) fait intervenir certains caractères locaux de degré $2n$, à valeurs dans $\mathbf{Q}$. Or on constate (comme pour (4.7.1) ci-dessus) que ces caractères peuvent s'écrire comme sommes des n conjugués de caractères de degré 2 à valeurs dans K_X. L'assertion (4.7.2) résulte facilement de là.

Fixons maintenant un plongement de K_X dans $\overline{\mathbf{Q}}$. Pour tout nombre premier p, on a choisi au n° 3.1 une place p-adique de $\overline{\mathbf{Q}}$, d'où une place λ_p de K_X. Si l'on suppose *p complètement décomposé* dans K_X, le corps résiduel de λ_p est $\mathbf{F}_p$; par réduction (mod λ_p), la représentation λ_p-adique correspondante définit une représentation

$$\rho_p^X\colon G_{\mathbf{Q}} \to \mathbf{GL}_2(\mathbf{F}_p).$$

Les ρ_p^X jouissent des propriétés suivantes:

(4.7.3) $$\det \rho_p^X = \chi.$$

Cela résulte de (4.7.1).

(4.7.4) *Si p est assez grand, ρ_p^X est irréductible.*

Cela résulte d'un théorème de Faltings ([14], p. 204), et cela peut aussi se voir par un argument élémentaire, analogue à celui que nous utiliserons au n° suivant pour démontrer le th. 6.

(4.7.5) *Si p est assez grand, le conducteur de ρ_p^X est N.*

Cela se vérifie au moyen des propriétés des modèles de Néron décrites dans [18], *loc. cit.* (Le fait que le conducteur de ρ_p^X soit un *diviseur* de N est nettement plus facile à démontrer, et serait suffisant pour la suite.)

(4.7.6) *Si p est assez grand, l'invariant k de ρ_p^X est égal à* 2.

Cela résulte de la prop. 4 du n° 2.8.

Une fois (4.7.3), ..., (4.7.6) établis, on peut appliquer (3.3.1$_?$). D'où, pour tout p assez grand et complètement décomposé dans K_X, une forme parabolique de poids 2 et de niveau N:

$$f_p = \sum a_{n,p} q^n,$$

à coefficients dans $\bar{\mathbf{F}}_p$, fonction propre normalisée des opérateurs de Hecke, telle que $\rho_p^X \simeq \rho_{f_p}$; on a en particulier

$$a_{l,p} = \tilde{a}_l \quad \text{pour tout } l \nmid N,\ l \neq p.$$

En relevant f_p en caractéristique zéro grâce à (3.1.6) on en déduit une forme parabolique de poids 2 et de niveau N:

$$F = \sum A_n q^n,$$

à coefficients dans $\bar{\mathbf{Z}}$, fonction propre normalisée des opérateurs de Hecke, et telle que $\tilde{F} = f_p$ pour tout $p \in P$, où P est un ensemble infini de nombres premiers complètement décomposés dans K_X. Si $l \nmid N$, on a donc

$$\tilde{A}_l = a_{l,p} = \tilde{a}_l \quad \text{pour tout } p \in P,\ p \neq l,$$

d'où $A_l = a_l$ puisque P est infini. Les systèmes de représentations λ-adiques définis par X et par F sont donc isomorphes. Le théorème en résulte d'après Faltings [13].

Remarque. Ici encore, F est *primitive*, cf. Carayol [8].

4.8. *Variétés projectives ayant un nombre de Betti égal à* 2 *en dimension impaire.* Soient:

X une variété projective lisse sur $\mathbf{Q}$;
$X_{\mathbf{C}} = X(\mathbf{C})$ la variété complexe définie par X;
m un entier impair $\geqslant 1$;
$H^m(X_{\mathbf{C}}, \mathbf{C})$ le m-ème groupe de cohomologie de $X_{\mathbf{C}}$, à coefficients complexes.

Faisons les deux hypothèses suivantes:

(4.8.1) dim $H^m(X_{\mathbf{C}}, \mathbf{C}) = 2$ (i.e., le m-ème nombre de Betti de $X_{\mathbf{C}}$ est égal à 2);
(4.8.2) La décomposition de Hodge de $H^m(X_{\mathbf{C}}, \mathbf{C})$ est de type $(m, 0) + (0, m)$.

Choisissons un ensemble fini S de nombres premiers assez grand pour que X ait bonne réduction en dehors de S. Si $l \notin S$, on peut définir une réduction modulo l de X, qui est une variété $\tilde{X}_l$ lisse sur $\mathbf{F}_l$. Soient π_l et π_l' les valeurs propres de l'endomorphisme de Frobenius de $\tilde{X}_l$, opérant sur la cohomologie de dimension m. D'après Deligne, π_l et π_l' sont des entiers d'un corps quadratique imaginaire, et l'on a

(4.8.3) $$\pi_l' = \bar{\pi}_l \quad \text{et} \quad \pi_l\bar{\pi}_l = l^m.$$

On posera

(4.8.4) $$a_l(X) = \pi_l + \bar{\pi}_l.$$

On a $a_l(X) \in \mathbf{Z}$ et $|a_l(X)| \leqslant 2l^{m/2}$.

(Noter qu'il n'y a pas en général unicité de $\tilde{X}_l$, contrairement à ce qui se passe pour les variétés abéliennes. Toutefois, deux choix différents de $\tilde{X}_l$ conduisent au même $a_l(X)$, cf. [40], n° 1.2.)

THÉORÈME 6. *Admettons* (3.2.4$_?$). *Il existe alors*:

(a) *un entier* $N \geqslant 1$ *dont tous les facteurs premiers appartiennent à* S,

(b) *une forme parabolique de type* $(N, m+1, 1)$:

$$F = q + \cdots + A_n q^n + \dots,$$

fonction propre normalisée des opérateurs de Hecke, tels que:

(4.8.5) $$A_l = a_l(X) \quad \textit{pour tout } l \notin S.$$

(En d'autres termes, les $a_l(X)$ sont les valeurs propres associées à une forme de poids $m+1$ dont le niveau ne fait intervenir que les nombres premiers de S.)

Il y a intérêt à reformuler le th. 6 en termes de représentations galoisiennes: Soit $\overline{X}$ la $\overline{\mathbf{Q}}$-variété déduite de X par extension des scalaires de $\mathbf{Q}$ à $\overline{\mathbf{Q}}$, et soit $H^m_{\text{et}}(\overline{X}, \mathbf{Q}_p)$ le m-ème groupe de cohomologie étale de $\overline{X}$ à coefficients dans $\mathbf{Q}_p$. Notons H_p le $\mathbf{Q}_p$-*dual* de $H^m_{\text{et}}(\overline{X}, \mathbf{Q}_p)$. Le groupe $G_{\mathbf{Q}}$ opère sur H_p. On obtient ainsi une représentation p-adique de $G_{\mathbf{Q}}$ de dimension 2; son déterminant est la puissance m-ème du caractère cyclotomique $G_{\mathbf{Q}} \to \mathbf{Z}_p^*$. Lorsque p varie, ces représentations forment un système rationnel de représentations p-adiques compatibles entre elles, les traces des substitutions de Frobenius étant les a_l. (Noter qu'il s'agit ici de substitutions de Frobenius "arithmétiques", et non "géométriques"; c'est ce qui explique le passage au dual.) Le th. 6 équivaut à dire que *ce système de représentations est isomorphe à celui fourni par une forme parabolique de poids* $k = m + 1$.

Démonstration du th. 6. On reprend la méthode utilisée pour le th. 4. Notons T l'ensemble des p tels que, soit $H^m_{\text{et}}(\overline{X}, \mathbf{Z}_p)$, soit $H^{m+1}_{\text{et}}(\overline{X}, \mathbf{Z}_p)$, ait une composante de torsion non nulle; c'est un ensemble fini. Si $p \notin T$, on a $\dim H^m_{\text{et}}(\overline{X}, \mathbf{F}_p) = 2$; l'action de $G_{\mathbf{Q}}$ sur le dual de $H^m_{\text{et}}(\overline{X}, \mathbf{F}_p)$ définit alors une représentation

$$\rho_p\colon G_{\mathbf{Q}} \to \mathbf{GL}_2(\mathbf{F}_p),$$

qui est non ramifiée en dehors de S et de p (c'est une réduction modulo p de la représentation de $G_{\mathbf{Q}}$ sur H_p considérée plus haut; en particulier, on a $\det \rho_p = \chi^m$). Il est essentiel pour la suite de connaître le comportement de ρ_p en p, et, plus précisément, son invariant k au sens du §2. D'après un théorème de J-M. Fontaine (démontré en utilisant certains de ses résultats récents obtenus en collaboration avec W. Messing), on a:

(4.8.6) (Fontaine–non publié). *Si p est assez grand, l'invariant k de la représentation ρ_p est égal à $m + 1$.*

(C'est ici que sert l'hypothèse faite sur la décomposition de Hodge de $H^m(X_{\mathbf{C}}, \mathbf{C})$.)

On va maintenant s'intéresser au conducteur N_p de ρ_p. Il est clair que N_p est de la forme

$$N_p = \prod_{l \in S} l^{n(l,p)}, \qquad \text{avec } n(l,p) \geqslant 0.$$

Il nous faut majorer les exposants $n(l, p)$, pour l fixé et p variable. Si l'on admettait la conjecture C_3 de [40], on saurait que les $n(l, p)$ sont *bornés* quand l varie (en fait, il est vraisemblable que $n(l, p)$, pour p assez grand, est *égal* à l'exposant du conducteur défini dans [40], formule (11)). Comme C_3 n'est pas démontrée, nous allons nous restreindre aux nombres premiers p satisfaisant aux congruences suivantes:

$$(4.8.7)\qquad \begin{cases} p \not\equiv \pm 1 \pmod{2^3} & \textit{si } 2 \in S, \\ p \not\equiv \pm 1 \pmod{3^2} & \textit{si } 3 \in S, \\ p \not\equiv \pm 1 \pmod{l} & \textit{pour tout } l \in S,\ l \geqslant 5. \end{cases}$$

On peut alors majorer les $n(l, p)$:

(4.8.8) *Si p satisfait à* (4.8.7), *et si $l \in S$, $l \neq p$, on a*:

$$n(l,p) \leqslant 9 \quad \textit{pour } l = 2,$$
$$n(l,p) \leqslant 5 \quad \textit{pour } l = 3,$$
$$n(l,p) \leqslant 2 \quad \textit{pour } l \geqslant 5.$$

En effet, soit $I_{l,p}$ le sous-groupe d'inertie en l de $\rho_p(G_{\mathbf{Q}})$. Comme $\det \rho_p$ n'est pas ramifiée en l, $I_{l,p}$ est contenu dans $\mathbf{SL}_2(\mathbf{F}_p)$, et son ordre est un diviseur de

$p(p^2-1)$. Si $l \geqslant 5$, l'hypothèse (4.8.7) entraîne que $I_{l,p}$ est d'ordre premier à l; la représentation ρ_p est donc modérée en l, et d'après le n° 1.2, on a $n(l, p) \leqslant 2$. Lorsque $l = 3$ (resp. $l = 2$), les l-sous-groupes de Sylow de $\mathbf{SL}_2(\mathbf{F}_p)$ sont cycliques d'ordre 3 (resp. quaternioniens d'ordre 8); en appliquant une majoration de conducteurs que l'on trouvera au n° 4.9 ci-après, on en déduit $n(3, p) \leqslant 5$ (resp. $n(2, p) \leqslant 9$).

Notons P l'ensemble des nombres premiers p satisfaisant aux conditions de (4.8.6) et (4.8.7). C'est un ensemble infini.

(4.8.9) *Si $p \in P$, et si p est assez grand, la représentation ρ_p est irréductible.*

Soit P' l'ensemble des $p \in P$ tels que ρ_p soit réductible. Si $p \in P'$, la semi-simplification de ρ_p est donnée par deux caractères

$$\alpha, \beta\colon G_{\mathbf{Q}} \to \mathbf{F}_p^*, \quad \text{avec } \alpha\beta = \chi^m.$$

Il résulte de (4.8.6) que l'un de ces caractères, disons α, est non ramifié en p. Le conducteur de α est alors un diviseur de N_p, et l'on a

$$a_l(X) \equiv \alpha(l) + \alpha(l)^{-1} l^m \pmod{p} \tag{4.8.10}$$

pour tout $l \notin S$, $l \neq p$.

Soit $\alpha_0\colon (\mathbf{Z}/N_p\mathbf{Z})^* \to \overline{\mathbf{Z}}^*$ le relèvement multiplicatif de α, cf. n° 3.1. D'après (4.8.8), N_p ne prend qu'un nombre fini de valeurs. Il n'y a donc qu'un nombre fini de possibilités pour α_0. Si P' était infini, il y aurait alors un α_0 qui interviendrait pour un sous-ensemble infini P'' de P'. Si $l \notin S$, posons:

$$b_l = \alpha_0(l) + \alpha_0(l)^{-1} l^m.$$

D'après (4.8.10), $a_l(X)$ et b_l ont même image dans $\overline{\mathbf{F}}_p$ pour tout $p \in P''$, $p \neq l$. Comme P'' est infini, cela entraîne

$$a_l(X) = b_l \quad \text{pour tout } l \notin S,$$

donc aussi

$$\{\pi_l, \bar{\pi}_l\} = \{\alpha_0(l), \alpha_0(l)^{-1} l^m\},$$

ce qui est absurde. D'où (4.8.9).

En combinant (4.8.6), (4.8.8) et (4.8.9), on voit que l'on peut trouver un ensemble infini P_1 de nombres premiers, et un entier N de la forme $\prod_{l \in S} l^{n(l)}$, tels que, pour tout $p \in P_1$, la représentation ρ_p jouisse des propriétés suivantes:

(a) ρ_p est irréductible, de déterminant χ^m;

(b) le conducteur de ρ_p est égal à N;

(c) l'invariant k de ρ_p est égal à $m + 1$.

Comme m est impair, (a) entraîne que ρ_p est absolument irréductible si $p \in P_1$, $p \neq 2$. On peut alors appliquer (3.2.4$_?$). D'où, pour tout $p \in P_1$, $p \neq 2$, l'existence d'une forme parabolique de poids $k = m + 1$ et de niveau N:

$$f_p = \sum a_{n,p} q^n,$$

à coefficients dans $\bar{\mathbf{F}}_p$, qui est fonction propre normalisée des opérateurs de Hecke, et telle que $\rho_p \simeq \rho_{f_p}$. On conclut alors comme dans la démonstration du th. 4, en relevant f_p en caractéristique 0, et en remarquant qu'il n'y a qu'un nombre fini de possibilités.

Remarques

(1) On trouvera dans Schoen [37] un exemple où les conditions (4.8.1) et (4.8.2) sont satisfaites, avec $m = \dim X = 3$, $k = 4$, $S = \{5\}$, $N = 5^2$. Il s'agit d'une variété X qui est une désingularisation de l'hypersurface de l'espace projectif $\mathbf{P}_4$ d'équation

$$X_0^5 + X_1^5 + X_2^5 + X_3^5 + X_4^5 - 5X_0X_1X_2X_3X_4 = 0.$$

On peut alors expliciter la forme parabolique F et démontrer la relation (4.8.5) sans utiliser aucune conjecture: il suffit d'appliquer la méthode de Faltings ([13], p. 362–363—voir aussi [47]) aux représentations 2-adiques définies par X et par F.

(2) Comme l'a remarqué S. Bloch [5], la conclusion du th. 6 peut aussi se déduire des conjectures "archimédiennes" (et non plus modulo p) sur les fonctions L attachées aux motifs (Deligne [10]), combinées avec la caractérisation des formes modulaires due à Weil [55]. De ce point de vue, l'hypothèse (4.8.2) sert à assurer que le facteur à l'infini de la fonction L est bien $(2\pi)^{-s}\Gamma(s)$.

(3) Si l'on supprime l'hypothèse (4.8.2) en question, la décomposition de Hodge de $H^m(X_{\mathbf{C}}, \mathbf{C})$ est de type $(m - r, r) + (r, m - r)$, avec $0 \leqslant r < m/2$. En admettant (3.2.4$_?$), on peut alors démontrer l'existence d'une forme parabolique normalisée

$$F = \sum A_n q^n,$$

de poids $m - 2r$, telle que $a_l(X) = l^r A_l$ pour tout $l \notin S$: la représentation de $G_{\mathbf{Q}}$ sur H_p se déduit de celle associée à F par une "torsion de Tate" d'amplitude r. La démonstration est essentiellement la même.

4.9. *Une majoration de conducteurs.* La question étant *locale*, nous utiliserons les notations standard suivantes:

K est un corps complet pour une valuation discrète;

v_K: $K^* \to \mathbf{Z}$ est la valuation normalisée de K;

$\bar{K}$ est une clôture algébrique de K;

$G_K = \mathrm{Gal}(\bar{K}/K)$ est le groupe de Galois de $\bar{K}$ sur K.

On suppose que K est de caractéristique 0, et que son corps résiduel est parfait de caractéristique $p > 0$. On note

$$e_K = v_K(p)$$

l'indice de ramification absolu de K.

(Attention au changement de notation: au n° précédent, la caractéristique résiduelle était notée l.)

Soit maintenant V un espace vectoriel de dimension finie sur un corps Ω de caractéristique $\neq p$, et soit ρ: $G_K \to \mathbf{GL}(V)$ un homomorphisme continu. *L'exposant du conducteur de* ρ est un entier $n(\rho) \geqslant 0$, que l'on définit comme au n° 1.2:

si $(G_i)_{i \geqslant 0}$ est la suite des groupes de ramification du groupe fini $G = \rho(G_K)$, on a

$$n(\rho) = \sum_{i \geqslant 0} \frac{g_i}{g_0} \dim V/V_i, \tag{4.9.1}$$

où g_i est l'ordre de G_i, et V_i est le sous-espace de V fixé par G_i.

Il y a intérêt à récrire cette définition sous la forme

$$n(\rho) = \dim V/V_0 + b(\rho), \tag{4.9.2}$$

où

$$b(\rho) = \sum_{i \geqslant 1} \frac{g_i}{g_0} \dim V/V_i$$

est *l'invariant sauvage* de ρ ([39], §19.3).

La majoration que nous avons en vue est la suivante:

7 **Proposition 9.** *Soit p^c l'ordre du groupe d'inertie sauvage G_1, et soit N la dimension de V sur Ω. On a*

$$b(\rho) \leqslant N e_K \left(c + \frac{1}{p-1} \right). \tag{4.9.3}$$

De plus, si G_1 n'est pas cyclique, cette inégalité est stricte.

Vu (4.9.2), ceci entraîne:

Corollaire. *On a*

$$n(\rho) \leqslant N(1 + e_K c + e_K/(p-1)), \tag{4.9.4}$$

avec inégalité stricte si G_1 n'est pas cyclique.

Démonstration de la prop. 9. Soit I le plus grand indice $i \geqslant 1$ tel que $G_i \neq \{1\}$. On majore $\dim V/V_i$ par N si $i \leqslant I$, et par 0 si $i > I$. D'où:

$$(4.9.5) \qquad b(\rho) \leqslant \frac{N}{g_0}(g_1 + \cdots + g_I) \leqslant \frac{N}{g_0}\Big(I + \sum_{i \geqslant 1}(g_i - 1)\Big).$$

D'après un résultat élémentaire sur les groupes de ramification ([38], p. 79, exerc. 3), on a:

$$(4.9.6) \qquad I \leqslant g_0 e_K/(p-1),$$

avec inégalité stricte si G_1 n'est pas cyclique.

D'autre part, l'entier

$$d = \sum_{i \geqslant 0}(g_i - 1)$$

est égal à la valuation de la différente de l'extension L/K de groupe de Galois G ([38], p. 72). D'après une majoration due à Hensel (reproduite dans [38], p. 67), on a

$$d \leqslant g_0 - 1 + g_0 e_K c,$$

d'où:

$$(4.9.7) \qquad \sum_{i \geqslant 1}(g_i - 1) \leqslant g_0 e_K c.$$

En combinant (4.9.5), (4.9.6) et (4.9.7), on obtient l'inégalité à démontrer (4.9.3), et l'on voit aussi que cette inégalité est stricte si G_1 n'est pas cyclique.

Remarque. Lorsque G_1 est *abélien* d'exposant p^h, on peut montrer que

$$b(\rho) \leqslant N e_K\left(h + \frac{1}{p-1}\right).$$

Comme $h \leqslant c$, cela améliore (4.9.3).

Application à (4.8.8). Dans la situation de (4.8.8), il y a deux cas à considérer:

(a) *Caractéristique résiduelle* 3. Avec les notations de la prop. 9 (qui diffèrent de celles du n° 4.8, comme on l'a signalé plus haut), on a $p = 3$, $N = 2$, $e_K = 1$ et $c \leqslant 1$, d'où $n(\rho) \leqslant 5$ d'après (4.9.4). Cette borne est optimale: il existe des courbes elliptiques de conducteur 3^5.

(b) *Caractéristique résiduelle* 2. On a alors $p = 2$, $N = 2$, $e_K = 1$ et $c \leqslant 3$, avec G_1 non cyclique si $c = 3$; d'où $n(\rho) \leqslant 9$ d'après (4.9.4). En fait, une analyse plus détaillée montre que l'on a même $n(\rho) \leqslant 8$, ce qui est une majoration optimale: il existe des courbes elliptiques de conducteur 2^8.

§5. Exemples. Ce § rassemble un certain nombre d'exemples sur lesquels on peut vérifier, au moins en partie, les conjectures du §3. La plupart des vérifications ont nécessité l'emploi d'un ordinateur; elles ont été programmées et réalisées par J-F. Mestre.

Les valeurs de p considérées sont:

$p = 2$ (n°s 5.1 et 5.2),

$p = 3$ (n°s 5.3 et 5.4),

$p = 7$ (n° 5.5).

5.1. *Exemples provenant de* $\mathbf{GL}_2(\mathbf{F}_2) \simeq \mathfrak{S}_3$. Soit K un corps cubique non abélien, et soit K^{gal} sa clôture galoisienne. Le groupe $\mathrm{Gal}(K^{\mathrm{gal}}/\mathbf{Q})$ est isomorphe au groupe symétrique $\mathfrak{S}_3$, lui-même isomorphe à $\mathbf{GL}_2(\mathbf{F}_2)$. On obtient ainsi une représentation

$$\rho^K \colon G_{\mathbf{Q}} \to \mathbf{GL}_2(\mathbf{F}_2),$$

qui est absolument irréductible, et à laquelle on peut appliquer les conjectures du §3.

Les invariants (N, k, ε) de ρ^K sont faciles à déterminer. Si l'on écrit le discriminant D du corps K sous la forme

$$D = \pm 2^m N, \text{ avec } N \text{ impair} > 0, \text{ et } m = 0, 2 \text{ ou } 3,$$

on constate que:

le conducteur de ρ^K est égal à N;

le caractère ε est égal à 1;

le poids k de ρ^K est égal à 2 (resp. 4) si $m = 0, 2$ (resp. si $m = 3$).

La conjecture (3.2.4$_?$) prédit alors l'existence d'une forme parabolique f à coefficients dans $\mathbf{F}_2$ (ou dans $\mathbf{F}_4$ si $m = 0$, i.e., si K est non ramifié en 2), de type $(N, k, 1)$, fonction propre normalisée des opérateurs de Hecke, et telle que ρ^K soit isomorphe à ρ_f. Le tableau suivant donne une liste de cas où ceci a été vérifié sur ordinateur:

$D < 0$	k = poids	N = niveau	$D > 0$	k = poids	N = niveau
−23	2	23	148	2	37
−31	2	31	229	2	229
−44	2	11	257	2	257
−59	2	59	316	2	79
−76	2	19			
−104	4	13			

(Dans les cas $D = -23$, $D = -31$ et $D = 257$, l'idéal (2) reste premier dans K, et la valeur propre de U_2 est une racine cubique primitive de l'unité, i.e., un élément de $\mathbf{F}_4 - \mathbf{F}_2$, conformément à (3.2.6$_?$). Pour les autres valeurs de D, la valeur propre de U_2 est 0 ou 1, et tous les coefficients de f appartiennent à $\mathbf{F}_2$.)

Dans le cas général, je ne sais démontrer qu'un résultat un peu plus faible que $(3.2.4_?)$:

Proposition 10. *Il existe une forme f de type $(N, k', 1)$, avec k' convenable, telle que ρ^K soit isomorphe à ρ_f.*

(En particulier, ρ^K satisfait à $(3.2.3_?)$.)

Démonstration. On utilise le plongement évident $\mathfrak{S}_3 \to \mathbf{GL}_2(\mathbf{Z})$, ce qui fournit une représentation

$$\rho_0^K\colon G_{\mathbf{Q}} \to \mathbf{GL}_2(\mathbf{C}),$$

qui "relève" ρ^K en caractéristique 0. Le déterminant de ρ_0^K est le caractère quadratique

$$\varepsilon_D\colon G_{\mathbf{Q}} \to \mathfrak{S}_3 \xrightarrow{\text{sgn}} \{\pm 1\}$$

qui correspond au corps $\mathbf{Q}(\sqrt{D})$. Distinguons alors deux cas:

(i) $D < 0$, *i.e., K est un corps cubique imaginaire.*

Le caractère $\varepsilon_D = \det \rho_0^K$ est alors *impair*. Comme l'image de ρ_0^K est $\mathfrak{S}_3$, qui est un groupe diédral, on en conclut (cf. [11], [45]), que ρ_0^K est la représentation associée à une forme parabolique F_1 de poids 1, de caractère ε_D et de niveau $|D|$; on peut d'ailleurs écrire explicitement F en termes de fonctions thêta de formes quadratiques binaires de discriminant D. Soit E_D la série d'Eisenstein de poids 1 et de caractère ε_D (qui est aussi une fonction thêta). Le produit $F = F_1 \cdot E_D$ est une forme parabolique de poids 2, de caractère 1, et de niveau $|D|$. Si $f = \tilde{F}$ est la réduction (mod 2) de F, on a $f = \tilde{F}_1$, car $\tilde{E}_D = 1$. La forme f est la forme cherchée; en effet, par construction f est de type $(2^m N, 2, 1)$, donc aussi de type $(N, k', 1)$, pour k' convenable.

(Il devrait être possible de préciser cette démonstration, et d'obtenir la valeur exacte de k'. Je ne l'ai fait que pour $m = 0$, i.e., $D = -N$, où l'on obtient bien $k' = 2$, comme annoncé.)

(ii) $D > 0$, *i.e., K est un corps cubique totalement réel*

Le corps $\mathbf{Q}(\sqrt{D})$ est alors un corps quadratique réel, et la représentation ρ_0^K est induite par un caractère ψ d'ordre 3 de $\mathbf{Q}(\sqrt{D})$. Choisissons un caractère auxiliaire α de $\mathbf{Q}(\sqrt{D})$ ayant les propriétés suivantes:

(ii_1) l'ordre de α est une puissance de 2;

(ii_2) α a pour signatures + et − en les deux places à l'infini de $\mathbf{Q}(\sqrt{D})$;

(ii_3) α est non ramifié en toute place finie de $\mathbf{Q}(\sqrt{D})$ de caractéristique résiduelle $\neq 2$.

(L'existence d'un tel caractère est facile à démontrer.)

Soit $\rho_0' = \operatorname{Ind}(\psi\alpha)$ la représentation de $G_{\mathbf{Q}}$ *induite* par le caractère $\psi\alpha$ du corps $\mathbf{Q}(\sqrt{D})$. C'est une représentation irréductible de degré 2. D'après (ii_1), sa réduction en caractéristique 2 est isomorphe à $\mathrm{Ind}(\psi) \simeq \rho^K$. D'après ($\mathrm{ii}_2$), son déterminant est impair, et d'après (ii_3) son conducteur est de la forme $2^M N$, avec M entier. On peut donc appliquer à ρ_0' l'argument utilisé dans le cas (i) pour ρ_0^K: cette représentation est associée à une forme parabolique F' de poids 1 et de niveau $2^M N$; par réduction en caractéristique 2, F' donne la forme f cherchée. (Noter qu'ici F' est combinaison linéaire de fonctions thêta de formes binaires indéfinies.)

Remarque. Le même genre d'argument s'applique à toute représentation

$$\rho_p\colon G_{\mathbf{Q}} \to \mathbf{GL}_2(\overline{\mathbf{F}}_p), \qquad p \neq 2,$$

à déterminant impair, et telle que l'image de $\rho_p(G_{\mathbf{Q}})$ dans $\mathbf{PGL}_2(\overline{\mathbf{F}}_p)$ soit un groupe *diédral*; en particulier, la conjecture faible ($3.2.3_?$) est vraie pour une telle représentation.

5.2. *Exemples provenant de* $\mathbf{SL}_2(\mathbf{F}_4) \simeq \mathfrak{A}_5$. Soit K un corps de degré 5 sur $\mathbf{Q}$ dont la clôture galoisienne K^{gal} ait pour groupe de Galois le groupe alterné $\mathfrak{A}_5$. Comme $\mathfrak{A}_5$ est isomorphe à $\mathbf{SL}_2(\mathbf{F}_4)$, on déduit de là un homomorphisme surjectif $G_{\mathbf{Q}} \to \mathbf{SL}_2(\mathbf{F}_4)$, d'où une représentation absolument irréductible

$$\rho^K\colon G_{\mathbf{Q}} \to \mathbf{GL}_2(\mathbf{F}_4),$$

avec $\det \rho^K = 1$.

Ici encore, on désire tester sur ρ^K les conjectures du §3. Comme le conducteur N de ρ^K est le plus souvent très grand, les calculs ne sont praticables que si N est un nombre premier, et si le poids k est égal à 2, car cela permet alors d'appliquer la "méthode des graphes" ([30], [31]). Le tableau suivant indique les différents cas étudiés par Mestre; on a noté D la racine carrée du discriminant de K, avec le signe + si K est réel et le signe − si K est imaginaire.

$D < 0$	N = niveau	$D > 0$	N = niveau
−2083	2083	$2^3 887$	887
−2707	2707	8311	8311
−3203	3203	$2^2 8447$	8447
−3547	3547	13613	13613
−4027	4027	$2^2 24077$	24077

Les exemples avec $D < 0$ sont extraits d'une table de J. Buhler ([7], p. 136–141); ceux avec $D > 0$ proviennent de [31], nº 4.2.

Remarques

(1) Dans chacun des cas considérés, Mestre obtient une forme parabolique f à coefficients dans $\mathbf{F}_4$ (ou, parfois, dans $\mathbf{F}_{16}$), du type $(N, 2, 1)$ voulu, fonction propre des opérateurs de Hecke $U_2, T_3, T_5, \ldots$, les valeurs propres des trois premiers opérateurs étant les bonnes. Il est donc vraisemblable que la représenta-

tion ρ_f associée à f est isomorphe à ρ^K; toutefois, une démonstration complète demanderait un travail considérable, qui n'a pas été entrepris.

(2) Le cas $D < 0$ n'est pas très surprenant. En effet, la représentation ρ^K peut se relever en caractéristique 0, son image étant alors une certaine extension centrale de $\mathfrak{A}_5$ par un groupe cyclique d'ordre une puissance de 2 (utiliser un plongement de $\mathfrak{A}_5$ dans $\mathbf{PGL}_2(\mathbf{C})$ et appliquer les résultats de Tate reproduits dans [45], §6). Si $D < 0$, cette représentation est de déterminant impair, et provient donc (si l'on admet la conjecture d'Artin sur les fonctions L) d'une forme parabolique F de poids 1. En réduisant F en caractéristique 2, on obtient une forme f telle que $\rho_f \simeq \rho^K$ (cf. démonstration de la prop. 10), ce qui montre que ρ^K satisfait à la conjecture faible $(3.2.3_?)$.

8 Le cas $D > 0$ est plus étonnant: on ne voit *a priori* aucun moyen de rattacher ρ^K à une quelconque forme modulaire.

5.3. *Exemples provenant de* $\mathbf{GL}_2(\mathbf{F}_3) \simeq \tilde{\mathfrak{S}}_4$. Le groupe $\mathbf{PGL}_2(\mathbf{F}_3)$ agit sur la droite projective $\mathbf{P}_1(\mathbf{F}_3)$, qui a 4 points, et cela définit un isomorphisme $\mathbf{PGL}_2(\mathbf{F}_3) \simeq \mathfrak{S}_4$. Comme le noyau de $\mathbf{GL}_2(\mathbf{F}_3) \to \mathbf{PGL}_2(\mathbf{F}_3)$ est $\{\pm 1\}$, on en conclut que $\mathbf{GL}_2(\mathbf{F}_3)$ est une extension centrale de degré 2 de $\mathfrak{S}_4$; en fait, c'est l'extension notée $\tilde{\mathfrak{S}}_4$ dans [46], n° 1.5.

Il est bien connu que $\tilde{\mathfrak{S}}_4$ peut se plonger dans $\mathbf{GL}_2(\mathbf{Z}[\sqrt{-2}])$, et que ce plongement donne par réduction (mod 3) l'isomorphisme $\tilde{\mathfrak{S}}_4 \simeq \mathbf{GL}_2(\mathbf{F}_3)$ ci-dessus. Ceci permet d'associer à toute représentation

$$\rho\colon G_{\mathbf{Q}} \to \mathbf{GL}_2(\mathbf{F}_3),$$

son *relèvement*

$$\rho_0\colon G_{\mathbf{Q}} \to \mathbf{GL}_2\big(\mathbf{Z}[\sqrt{-2}\,]\big) \subset \mathbf{GL}_2(\mathbf{C})$$

en caractéristique 0. Supposons que ρ satisfasse aux conditions du n° 3.2, i.e., soit irréductible et de déterminant impair. Il en est alors de même de ρ_0, et l'on peut appliquer les résultats de Langlands [26] et Tunnell [53]. On en déduit que ρ_0 provient d'une forme parabolique de poids 1 et de niveau le conducteur de ρ_0, conducteur que l'on peut écrire sous la forme $3^m N_0$, avec N_0 premier à 3. D'où, comme au n° 5.1:

Proposition 11. *Il existe une forme f de type (N_0, k', ε), avec k' convenable, telle que ρ soit isomorphe à ρ_f.*

(Ici, ε est le caractère $G_{\mathbf{Q}} \to \{\pm 1\}$ défini à partir de $\det \rho$ comme on l'a expliqué au n° 1.3.)

En particulier ρ *satisfait à la conjecture faible* $(3.2.3_?)$.

Remarque. Le conducteur $3^m N_0$ de ρ_0 est étroitement lié au conducteur N de ρ défini au §1. Si l'on pose

$$N = \prod_{l \neq 3} l^{n(l)} \quad \text{et} \quad N_0 = \prod_{l \neq 3} l^{n_0(l)},$$

on constate en effet que:

(5.3.1) Si le groupe d'inertie en l de $\rho(G_{\mathbf{Q}}) = \rho_0(G_{\mathbf{Q}})$ est cyclique d'ordre 3, on a $n(l) = 1$ et $n_0(l) = 2$.

(5.3.2) Dans tout autre cas, on a $n(l) = n_0(l)$.

En particulier, *N divise N_0*, et les facteurs premiers de N et de N_0 sont les mêmes. La conjecture ($3.2.4_?$) affirme donc (entre autres choses) que le niveau N_0 intervenant dans la prop. 11 peut être abaissé à N. Voici deux exemples où cet abaissement a bien lieu:

Exemples tirés de courbes elliptiques. Soit E une courbe elliptique sur $\mathbf{Q}$. Supposons qu'il y ait un nombre premier $l > 3$ en lequel E a mauvaise réduction de type c_3 ou c_6 au sens de Néron (types IV ou IV* de Kodaira). Avec les notations de [41], n° 5.6, cela équivaut à dire que E a potentiellement bonne réduction en l, et que le groupe Φ_l correspondant est cyclique d'ordre 3. Prenons pour ρ la représentation

$$\rho^E \colon G_{\mathbf{Q}} \to \mathbf{GL}_2(\mathbf{F}_3)$$

définie par les points de 3-division de E. D'après (5.3.1), l'exposant de l dans N (resp. N_0) est 1 (resp. 2). On doit donc constater un abaissement. Effectivement:

Exemple (5.3.3). *La courbe* 121_F (cf. [4], p. 97). L'équation de E est

$$y^2 + xy = x^3 + x^2 - 2x - 7.$$

Il y a bonne réduction en dehors de $l = 11$, et mauvaise réduction de type c_3 en 11, d'où $N_0 = 11^2$ et $N = 11$. De plus, la représentation ρ^E est irréductible. La conjecture ($3.2.4_?$) prédit que ρ^E provient d'une forme de poids 2 et de niveau $N = 11$. Mais il n'y a qu'une telle forme (à homothétie près): celle qui correspond à la courbe E' de conducteur 11 et d'équation

$$y^2 + y = x^3 - x^2.$$

On en conclut que les représentations ρ^E et $\rho^{E'}$ doivent être isomorphes, ou encore que les traces a_l et a'_l de leurs endomorphismes de Frobenius doivent être telles que:

$$a_l \equiv a'_l \pmod 3 \quad \text{pour tout } l \neq 3, 11.$$

La table suivante (extraite de [4], p. 117–119) montre que c'est bien le cas, au moins pour $l < 50$:

l	2	5	7	13	17	19	23	29	31	37	41	43	47
a_l	1	1	−2	1	−5	6	2	9	−2	−3	−5	0	2
a'_l	−2	1	−2	4	−2	0	−1	0	7	3	−8	−6	8

Exemple (5.3.4). *La courbe* 147_I (cf. [4], p. 103). L'équation de E est

$$y^2 + y = x^3 + x^2 - 114x + 473.$$

Son conducteur est $147 = 3.7^2$. Il y a mauvaise réduction de type multiplicatif en 3, et mauvaise réduction de type c_6 en 7, d'où $N_0 = 7^2$, $N = 7$. La représentation ρ^E a pour conducteur 7; comme elle est très ramifiée en 3, son poids k est égal à 4. La conjecture ($3.2.4_?$) prédit que ρ^E provient d'une forme parabolique de poids 4 et de niveau 7. Or, ici encore, il n'y a qu'une seule telle forme (normalisée):

$$F = q + \sum_{n\geq 2} A_n q^n$$
$$= q - q^2 - 2q^3 - 7q^4 + 16q^5 + 2q^6 - 7q^7 + 15q^8 + \cdots.$$

(Pour le calcul des coefficients de F, voir ci-après.)

Si a_l désigne la trace de l'endomorphisme de Frobenius de E en l, on doit donc avoir

$$a_l \equiv A_l \pmod 3) \quad \text{pour tout } l \neq 3, 7.$$

C'est bien ce qui se passe, au moins pour $l < 50$:

l	2	5	11	13	17	19	23	29	31	37	41	43	47
a_l	2	−2	−2	1	0	1	0	4	9	3	−10	5	−6
A_l	−1	16	−8	28	54	−110	48	−110	12	−246	182	128	324

Calcul de F. Soit L l'anneau des entiers du corps $\mathbf{Q}(\sqrt{-7})$. Les séries

$$f_1 = \sum_{z\in L} q^{z\bar{z}} = 1 + 2q + 4q^2 + 6q^4 + 2q^7 + \cdots$$

$$f_2 = \frac{1}{2}\sum_{z\in L} z^2 q^{z\bar{z}} = q - 3q^2 + 5q^4 - 7q^7 - 3q^8 + \cdots$$

sont des formes modulaires de poids 1 et 3 respectivement, de niveau 7 et de caractère le caractère de Legendre mod 7. Leur produit $f_1 \cdot f_2$ est la forme F considérée plus haut; d'où le calcul des coefficients de F.

5.4. *Exemples provenant de* $\mathbf{SL}_2(\mathbf{F}_9) = \tilde{\mathfrak{A}}_6$. Soit G le sous-groupe de $\mathbf{GL}_2(\mathbf{F}_9)$ formé des éléments de déterminant ± 1. On a

$$G = \{\pm 1, \pm i\} \cdot \mathbf{SL}_2(\mathbf{F}_9) = \mathbf{SL}_2(\mathbf{F}_9) \cup i \cdot \mathbf{SL}_2(\mathbf{F}_9),$$

où i désigne un élément d'ordre 4 de $\mathbf{F}_9^*$. L'image de ce groupe dans $\mathbf{PGL}_2(\mathbf{F}_9)$

est égale à $\mathbf{PSL}_2(\mathbf{F}_9)$, qui est isomorphe au groupe alterné $\mathfrak{A}_6$. D'où une projection φ: $G \to \mathfrak{A}_6$. Le couple $(\varphi, \det)$ définit un homomorphisme surjectif $G \to \mathfrak{A}_6 \times \{\pm 1\}$, de noyau $\{\pm 1\}$. On a donc une suite exacte:

$$(*) \qquad \{1\} \to \{\pm 1\} \to G \to \mathfrak{A}_6 \times \{\pm 1\} \to \{1\}.$$

Donnons-nous maintenant un corps K de degré 6 sur $\mathbf{Q}$, avec $\mathrm{Gal}(K^{\mathrm{gal}}/\mathbf{Q}) \cong \mathfrak{A}_6$, ainsi qu'un corps quadratique $\mathbf{Q}(\sqrt{D})$. On en déduit des homomorphismes

$$\alpha^K\colon G_{\mathbf{Q}} \to \mathfrak{A}_6 \quad \text{et} \quad \varepsilon_D\colon G_{\mathbf{Q}} \to \{\pm 1\},$$

d'où

$$\alpha\colon G_{\mathbf{Q}} \to \mathfrak{A}_6 \times \{\pm 1\}.$$

Cherchons à *relever* α en un homomorphisme

$$\rho\colon G_{\mathbf{Q}} \to G.$$

Vu $(*)$, il y a une *obstruction* à ce relèvement, qui est une classe de cohomologie

$$\mathrm{obs}(\alpha) \in H^2(G_{\mathbf{Q}}, \{\pm 1\}) = \mathrm{Br}_2(\mathbf{Q}),$$

cf. [46], n° 1.1. Le lemme suivant donne un moyen de calculer cette classe:

LEMME 6. *Soit* $w \in \mathrm{Br}_2(\mathbf{Q})$ *l'invariant de Witt de la forme quadratique* $\mathrm{Tr}_{K/\mathbf{Q}}(x^2)$, *cf.* [46]. *On a*:

$$(5.4.1) \qquad \mathrm{obs}(\alpha) = w + (-1)(D).$$

(Rappelons, *loc. cit.*, que $(-1)(D)$ est l'élément de $\mathrm{Br}_2(\mathbf{Q})$ qui correspond à l'algèbre de quaternions $(-1, D)$.)

D'après le th. 1 de [46], w est l'obstruction à relever

$$\alpha^K\colon G_{\mathbf{Q}} \to \mathfrak{A}_6 = \mathbf{PSL}_2(\mathbf{F}_9)$$

en un homomorphisme

$$G_{\mathbf{Q}} \to \tilde{\mathfrak{A}}_6 = \mathbf{SL}_2(\mathbf{F}_9).$$

D'autre part, $(-1)(D)$ est l'obstruction à relever

$$\varepsilon_D\colon G_{\mathbf{Q}} \to \{\pm 1\}$$

en un homomorphisme:

$$G_{\mathbf{Q}} \to \{\pm 1, \pm i\}.$$

Le lemme résulte de ces deux faits, par un argument facile.

Fixons maintenant les choix de K et de D. Nous prendrons:
$D = -3$;
K = corps sextique défini par une équation

$$X^6 + aX + b = 0, \qquad a, b \in \mathbf{Z},$$

le couple (a, b) étant choisi de telle sorte que l'équation soit irréductible et de groupe de Galois $\mathfrak{A}_6$.

[Voici quelques choix possibles de (a, b), obtenus par Mestre: $(a, b) =$ $(24, -20)$; $(30, 25)$; $(240, 400)$; $(240, -400)$; $(48, -80)$; $(432, 720)$; $(480, -400)$.]

D'après [46], n° 3.3, le fait que K soit défini par une telle équation entraîne

$$w = (3)(-d) + (-1)(-1),$$

où d est le discriminant de K. Comme $\mathrm{Gal}(K^{\mathrm{gal}}/\mathbf{Q})$ est isomorphe à $\mathfrak{A}_6$, d est un carré, et l'on a

$$w = (3)(-1) + (-1)(-1) = (-1)(-3),$$

d'où

$$\mathrm{obs}(\alpha) = 0$$

en vertu du lemme 6. On peut donc relever α en un homomorphisme

$$\rho\colon G_{\mathbf{Q}} \to G \subset \mathbf{GL}_2(\mathbf{F}_9).$$

Bien entendu, la représentation ρ ainsi obtenue n'est pas unique: elle n'est définie qu'à torsion quadratique près. Comme dans la théorie de Tate (exposée dans [45], §6), on peut utiliser cette torsion pour rendre les invariants k et N de ρ aussi petits que possible; en particulier, on peut choisir ρ de telle sorte que $k = 2$ ou 4, et que N ne soit divisible que par les facteurs premiers du discriminant d qui sont $\neq 3$ (i.e., $l = 2$ et 5 dans les exemples donnés plus haut). Ceci fait, les conjectures du §3 affirment l'existence d'une forme parabolique $f = \Sigma a_n q^n$ de type $(N, k, 1)$, à coefficients dans $\mathbf{F}_9$, fonction propre normalisée des opérateurs de Hecke, et telle que $\rho \simeq \rho_f$. Cette dernière relation entraîne un lien étroit entre les a_l (pour $l \nmid 3N$), et la décomposition de l dans le corps K. De façon plus précise, notons $\mathrm{ord}(l)$ *l'ordre* de la substitution de Frobenius attachée à l dans $\mathrm{Gal}(K^{\mathrm{gal}}/\mathbf{Q}) \simeq \mathfrak{A}_6$. On doit avoir:

$$\mathrm{ord}(l) = 1 \text{ ou } 3 \;\Leftrightarrow\; a_l^2 = \left(\frac{l}{3}\right);$$

$$\mathrm{ord}(l) = 2 \;\Leftrightarrow\; a_l = 0;$$

$$\mathrm{ord}(l) = 4 \;\Leftrightarrow\; a_l^2 = -\left(\frac{l}{3}\right);$$

$$\mathrm{ord}(l) = 5 \;\Leftrightarrow\; a_l^4 = -1.$$

(Rappelons que les a_l sont des éléments du corps $\mathbf{F}_9$.)

En particulier, si $l \neq 3$ ne divise pas le discriminant de $X^6 + aX + b$, le *nombre de solutions dans* $\mathbf{F}_l$ de la congruence

$$x^6 + ax + b \equiv 0 \pmod{l}$$

doit être égal à 1 (resp. 2) si et seulement si a_l est un élément d'ordre 8 de $\mathbf{F}_9^*$ (resp. si $a_l = 0$).

La recherche d'une telle forme f a été effectuée par J.-F. Mestre dans chacun des cas $(a, b) = (24, -20), \ldots, (480, -400)$ cités plus haut, ainsi que dans quelques autres. Le conducteur N est alors égal à $2^m 5^n$, où m et n dépendent de (a, b). La détermination de n n'est pas difficile: lorsqu'il y a ramification sauvage en 5 (ce qui est le cas dans les exemples), n est égal à l'exposant de 5 dans $d^{1/2}$. Par contre, la détermination de m est un exercice dyadique que je n'ai pas fait; cela a obligé Mestre à essayer les différents niveaux possibles: 2.5^n, $2^2 5^n$, $2^3 5^n, \ldots$, jusqu'à ce qu'il en trouve un ayant une forme f du type voulu. Ses résultats sont résumés dans le tableau suivant:

a	b	$d^{1/2}$	k = poids	niveau
24	-20	$2^3 3^3 5^3$	2	$2^3 5^3 = 1000$
30	25	$2^3 3^3 5^4$	2	$\geqslant 20000$?
240	400	$2^2 3^3 5^4$	2	$2^2 5^4 = 2500$
240	-400	$2^3 3^3 5^4$	2	$2^3 5^4 = 5000$
48	-80	$2^3 3^3 5^3$	2	$2^3 5^3 = 1000$
432	720	$2^2 3^5 5^3$	4	$2^2 5^3 = 500$
480	-400	$2^3 3^2 5^4$	2	$2^3 5^4 = 5000$

Noter le cas $a = 30$, $b = 25$, où aucun niveau $\leqslant 10000$ ne convient: il semble que le conducteur N soit alors de la forme $2^m 5^4$, avec $m \geqslant 5$, d'où $N \geqslant 20000$, ce qui est un peu trop grand pour la méthode employée (basée sur la formule des traces d'Eichler-Selberg). Dans tous les autres cas, on trouve bien une forme parabolique ayant les propriétés cherchées, au moins pour l assez petit.

5.5. *Un exemple utilisant le groupe simple* $\mathbf{PSL}_2(\mathbf{F}_7)$ *d'ordre* 168. L'extension de $\mathbf{Q}$ de degré 7 définie par l'équation

$$X^7 - 7X + 3 = 0 \tag{5.5.1}$$

a pour groupe de Galois le groupe $\mathbf{PSL}_2(\mathbf{F}_7)$ (W. Trinks–cf. [25]). Nous allons l'utiliser pour construire une représentation de $G_\mathbf{Q}$ en caractéristique 7. La méthode est analogue à celle du n° précédent:

Soit G le sous-groupe de $\mathbf{GL}_2(\mathbf{F}_{49})$ défini par:

$$G = \{\pm 1, \pm i\} \cdot \mathbf{SL}_2(\mathbf{F}_7) = \mathbf{SL}_2(\mathbf{F}_7) \cup i \cdot \mathbf{SL}_2(\mathbf{F}_7),$$

où i est un élément d'ordre 4 de $\mathbf{F}_{49}^*$. On a $\det G = \{\pm 1\}$, et l'image de G dans $\mathbf{PGL}_2(\mathbf{F}_{49})$ est égale à $\mathbf{PSL}_2(\mathbf{F}_7)$. D'où une suite exacte:

$$(*) \qquad \{1\} \to \{\pm 1\} \to G \to \mathbf{PSL}_2(\mathbf{F}_7) \times \{\pm 1\} \to \{1\}.$$

Soit K le corps de degré 7 défini par (5.5.1), et soit α^K: $G_{\mathbf{Q}} \to \mathbf{PSL}_2(\mathbf{F}_7)$ l'homomorphisme correspondant. Soit d'autre part

$$\varepsilon: G_{\mathbf{Q}} \to \{\pm 1\}$$

le caractère quadratique associé au corps $\mathbf{Q}(\sqrt{-3})$. Le couple (α^K, ε) définit un homomorphisme

$$\alpha: G_{\mathbf{Q}} \to \mathbf{PSL}_2(\mathbf{F}_7) \times \{\pm 1\}.$$

Soit $\mathrm{obs}(\alpha) \in \mathrm{Br}_2(\mathbf{Q})$ l'obstruction à relever α en un homomorphisme

$$\rho: G_{\mathbf{Q}} \to G \subset \mathbf{GL}_2(\mathbf{F}_{49}).$$

Un calcul analogue à celui du lemme 6 montre que

$$\mathrm{obs}(\alpha) = w + (-1)(-3),$$

où w est l'invariant de Witt de la forme quadratique $\mathrm{Tr}_{K/\mathbf{Q}}(x^2)$. D'après [46], n° 3.3, on a $w = (-1)(-3)$, d'où $\mathrm{obs}(\alpha) = 0$. Cela démontre l'existence de la représentation

$$\rho: G_{\mathbf{Q}} \to \mathbf{GL}_2(\mathbf{F}_{49})$$

cherchée. Par construction, on a $\det \rho = \varepsilon$.

Ici encore, on choisit ρ de telle sorte que son conducteur soit le plus petit possible. Le discriminant du polynôme $X^7 - 7X + 3$ est $3^8 7^8$ et celui du corps K est $3^6 7^8$. Il en résulte que le conducteur de ρ peut être choisi égal à 3^n, et un calcul de ramification en 3 montre que $n = 3$. D'autre part, l'étude de la ramification en 7 montre que l'action de l'inertie en 7 est:

$$\text{soit } \begin{pmatrix} \chi & * \\ 0 & \chi^{-1} \end{pmatrix}, \quad \text{soit } \begin{pmatrix} \chi^4 & * \\ 0 & \chi^{-4} \end{pmatrix},$$

où χ est le caractère cyclotomique.

En faisant le produit tensoriel de ρ par χ, ou χ^4, on obtient une nouvelle représentation ρ' où l'action de l'inertie en 7 est donnée par:

$$\begin{pmatrix} \chi^2 & * \\ 0 & 1 \end{pmatrix},$$

ce qui conduit à un poids k égal à 3, cf. n°s 2.3 et 2.4. On a

$$\det \rho' = \varepsilon \cdot \chi^2.$$

[Noter que ρ' prend ses valeurs dans un groupe un peu plus grand que G: on a

$$\operatorname{Im} \rho' = \mathbf{GL}_2(\mathbf{F}_7) \cup i \cdot \mathbf{GL}_2(\mathbf{F}_7).]$$

Les conjectures du §3 affirment que ρ' est de la forme ρ_f, où $f = \sum a_n q^n$ est une forme parabolique de type $(3^3, 3, \varepsilon)$, à coefficients dans $\mathbf{F}_{49}$ et fonction propre normalisée des opérateurs de Hecke. Le lien entre les a_l ($l \neq 3, 7$) et la décomposition de l dans K est le suivant:

si l'on note $\operatorname{ord}(l)$ *l'ordre* de la substitution de Frobenius attachée à l dans $\mathrm{Gal}(K^{\mathrm{gal}}/\mathbf{Q}) = \mathbf{PSL}_2(\mathbf{F}_7)$, on doit avoir:

$$\begin{aligned}
\operatorname{ord}(l) &= 1 \text{ ou } 7 &\Leftrightarrow\quad a_l^2 &= 4l^2\varepsilon(l) &&\text{dans } \mathbf{F}_7\\
\operatorname{ord}(l) &= 2 &\Leftrightarrow\quad a_l &= 0 &&\text{dans } \mathbf{F}_7\\
\operatorname{ord}(l) &= 3 &\Leftrightarrow\quad a_l^2 &= l^2\varepsilon(l) &&\text{dans } \mathbf{F}_7\\
\operatorname{ord}(l) &= 4 &\Leftrightarrow\quad a_l^2 &= 2l^2\varepsilon(l) &&\text{dans } \mathbf{F}_7,
\end{aligned}$$

avec $\varepsilon(l) = \left(\dfrac{l}{3}\right)$.

Effectivement, on trouve bien une forme f ayant ces propriétés, au moins pour l assez petit. C'est la réduction (mod 7) d'une forme parabolique primitive F en caractéristique 0:

$$\begin{aligned}
F &= q + \sum_{n \geqslant 2} A_n q^n\\
&= q + 3iq^2 - 5q^4 - 3iq^5 + 5q^7 - 3iq^8 + \cdots
\end{aligned}$$

Cette forme est à coefficients dans $\mathbf{Z}[i]$. Elle se calcule sans difficulté, cf. ci-dessous. Le tableau suivant donne les valeurs des $\operatorname{ord}(l)$ et des A_l pour $l \leqslant 37$:

l	2	5	11	13	17	19	23	29	31	37
$\operatorname{ord}(l)$	7	7	7	4	3	3	3	7	7	4
A_l	$3i$	$-3i$	$-15i$	-10	$18i$	-16	$-12i$	$30i$	-1	20

(Par exemple, pour $l = 17$, on a $a_l^2 \equiv A_l^2 \equiv -2 \pmod 7$, $\varepsilon(l) = -1$, $l^2 \equiv 2 \pmod 7$, d'où $a_l^2 = l^2\varepsilon(l)$ dans $\mathbf{F}_7$, conformément au fait que $\operatorname{ord}(l) = 3$.)

Calcul de F. Soit θ_1 la fonction thêta associée au corps $\mathbf{Q}(\sqrt{-3})$:

$$\theta_1 = \sum_{x, y \in \mathbf{Z}} q^{x^2+xy+y^2} = 1 + 6(q + q^3 + q^4 + 2q^7 + q^9 + \cdots).$$

C'est une série d'Eisenstein de poids 1, de niveau 3 et de caractère ε. Si l'on pose

$$\theta_2 = \theta_1(3z) = 1 + 6(q^3 + q^9 + q^{12} + \cdots)$$

$$\theta_3 = \theta_1(9z) = 1 + 6(q^9 + q^{27} + q^{36} + \cdots),$$

on obtient des formes de niveaux 3^2 et 3^3.

D'autre part, la série

$$g = q\prod_{n \geqslant 1}(1 - q^{3n})^2(1 - q^{9n})^2 = q - 2q^4 - q^7 + 5q^{13} + \cdots$$

est l'unique forme parabolique normalisée de poids 2, de niveau 3^3 et de caractère unité (elle correspond à la courbe elliptique $y^2 + y = x^3 - 3$, de conducteur 3^3).

Les produits $g\theta_1$, $g\theta_2$ et $g\theta_3$ sont des formes de poids 3, de niveau 3^3 et de caractère ε. Ils forment une *base* de l'espace des formes paraboliques de type $(3^3, 3, \varepsilon)$. Les fonctions propres normalisées des opérateurs de Hecke s'obtiennent, par exemple, en diagonalisant l'opérateur T_2. On trouve:

$$F = \frac{1}{2}ig\theta_1 - \frac{1}{2}(1 + i)g\theta_2 + \frac{3}{2}g\theta_3 = q + 3iq^2 - 5q^4 + \cdots,$$

$$\bar{F} = -\frac{1}{2}ig\theta_1 - \frac{1}{2}(1 - i)g\theta_2 + \frac{3}{2}g\theta_3 = q - 3iq^2 - 5q^4 + \cdots,$$

$$G = g\theta_2 = q + 4q^4 - 13q^7 + \cdots$$

La série G est de type (CM): elle correspond à un caractère de Hecke du corps $\mathbf{Q}(\sqrt{-3})$.

La série F est la forme parabolique cherchée.

Bibliographie

1. E. Artin, *Zur Theorie der L-Reihen mit allgemeinen Gruppencharakteren*, Hamb. Abh. **8** (1930), 292–306 (= Coll. P., 165–179).
2. A. Ash et G. Stevens, *Cohomology of arithmetic groups and congruences between systems of Hecke eigenvalues*, J. Crelle **365** (1986), 192–220.
3. A. O. L. Atkin et W. Li, *Twists of Newforms and Pseudo-Eigenvalues of W-Operators*, Invent. Math. **48** (1978), 221–243.
4. B. J. Birch et W. Kuyk (édit.), *Modular Forms of One Variable* IV, Lect. Notes in Math. **476**, Springer-Verlag, 1975.

5. S. BLOCH, *Algebraic cycles and values of L-functions*, II, Duke Math. J. **52** (1985), 379–397.
6. A. BRUMER ET K. KRAMER, *The rank of elliptic curves*, Duke Math. J. **44** (1977), 715–742.
7. J. P. BUHLER, *Icosahedral Galois Representations*, Lect. Notes in Math. **654**, Springer-Verlag, 1978.
8. H. CARAYOL, *Sur les représentations l-adiques associées aux formes modulaires de Hilbert*, Ann. Sci. E.N.S. **19** (1986), 409–468.
9. P. DELIGNE, *Les constantes des équations fonctionnelles des fonctions L*, Lect. Notes in Math. **349**, 501–597, Springer-Verlag, 1973.
10. ______, *Valeurs de fonctions L et périodes d'intégrales*, Proc. Symp. Pure Math. **33**, Amer. Math. Soc. (1979), vol. 2, 313–346.
11. P. DELIGNE ET J-P. SERRE, *Formes modulaires de poids* 1, Ann. Sci. E.N.S. **7** (1974), 507–530 (= J-P. Serre, *Oe.* 101).
12. P. DÉNES, *Über die Diophantische Gleichung* $x^l + y^l = cz^l$, Acta Math. **88** (1952), 241–251.
13. G. FALTINGS, *Endlichkeitssätze für abelsche Varietäten über Zahlkörpern*, Invent. Math. **73** (1983), 349–366; *Erratum*, ibid. **75** (1984), 381.
14. G. FALTINGS, G. WÜSTHOLZ ET AL., *Rational Points*, Vieweg, 1984.
15. J-M. FONTAINE, *Il n'y a pas de variété abélienne sur* **Z**, Invent. Math **81** (1985), 515–538.
16. G. FREY, *Rationale Punkte auf Fermatkurven und getwisteten Modulkurven*, J. Crelle **331** (1982), 185–191.
17. ______, *Links between stable elliptic curves and certain Diophantine equations*, Ann. Univ. Saraviensis, Ser. Math. **1** (1986), 1–40.
18. A. GROTHENDIECK, *Groupes de Monodromie en Géométrie Algébrique* (SGA 7 I), Lect. Notes in Math. **288**, Springer-Verlag, 1982.
19. Y. HELLEGOUARCH, *Courbes elliptiques et équation de Fermat*, Thèse, Besançon, 1972.
20. A. HURWITZ, *Über endliche Gruppen linearer Substitutionen, welche in der Theorie der elliptischen Transzendenten auftreten*, Math. Ann. **27** (1886), 183–233 (= Math. W. **XI**).
21. N. JOCHNOWITZ, *A study of the local components of the Hecke algebra* mod l, Trans. Amer. Math. Soc. **270** (1982), 253–267.
22. ______, *Congruences between systems of eigenvalues of modular forms*, Trans. Amer. Math. Soc. **270** (1982), 269–285.
23. N. KATZ, *p-adic properties of modular schemes and modular forms*, Lect. Notes in Math. **350**, 69–190, Springer-Verlag, 1973.
24. ______, *A result on modular forms in characteristic p*, Lect. Notes in Math. **601**, 53–61, Springer-Verlag, 1976.
25. S. LAMACCHIA, *Polynomials with Galois group* **PSL**(2, 7), Comm. in Algebra **8** (1980), 983–992.
26. R. P. LANGLANDS, *Base Change for* **GL**(2), Princeton Univ. Press, 1980.
27. W. LI, *Newforms and functional equations*, Math. Ann. **212** (1975), 285–315.
28. B. MAZUR, *Modular curves and the Eisenstein ideal*, Publ. Math. I.H.E.S. **47** (1977), 33–186.
29. ______, *Rational isogenies of prime degree*, Invent. Math. **44** (1978), 129–162.
30. J-F. MESTRE, *Courbes de Weil et courbes supersingulières*, Sém. de Théorie des Nombres, Bordeaux (1984–1985), exposé 23.
31. ______, *La méthode des graphes. Exemples et applications*, Taniguchi Symp., Kyoto, 1986, à paraître.
32. I. MIYAWAKI, *Elliptic curves of prime power conductor with* **Q***-rational points of finite order*, Osaka Math. J. **10** (1973), 309–323.
33. O. NEUMANN, *Elliptische Kurven mit vorgeschriebenem Reduktionsverhalten* II, Math. Nach. **56** (1973), 269–280.
34. F. OORT ET J. TATE, *Group schemes of prime order*, Ann. Sci. E.N.S. **3** (1970), 1–21.
35. M. RAYNAUD, *Schémas en groupes de type* $(p, \ldots, p)$, Bull. S.M.F. **102** (1974), 241–280.
36. K. RIBET, *Galois action on division points of abelian varieties with real multiplications*, Amer. J. of Math. **98** (1976), 751–804.
37. C. SCHOEN, *On the geometry of a special determinantal hypersurface associated to the Mumford-Horrocks vector bundle*, J. Crelle **364** (1986), 85–111.

38. J-P. Serre, *Corps Locaux*, 3ème édition, Hermann, Paris, 1980.
39. _____, *Représentations linéaires des groupes finis*, 3ème edition, Hermann, Paris, 1978.
40. _____, *Facteurs locaux des fonctions zêta des variétés algébriques (définitions et conjectures)*, Sém. Delange-Pisot-Poitou 1969/1970, exposé 19 (= *Oe*. 87).
41. _____, *Propriétés galoisiennes des points d'ordre fini des courbes elliptiques*, Invent. Math. **15**, (1972), 259–331 (= *Oe*. 94).
42. _____, *Congruences et formes modulaires (d'après H.P.F. Swinnerton-Dyer)*, Sém. Bourbaki 1971/1972, exposé 416 (= *Oe*. 95).
43. _____, *Formes modulaires et fonctions zêta p-adiques*, Lect. Notes in Math. **350**, 191–268, Springer-Verlag, 1973 (= *Oe*. 97).
44. _____, *Valeurs propres des opérateurs de Hecke modulo l*, Journées arith., Bordeaux, 1974, Astérisque **24–25** (1975), 109–117 (= *Oe*. 104).
45. _____, *Modular forms of weight one and Galois representations*, Algebraic Number Fields (A. Fröhlich édit.), Acad. Press, 1977, 193–268 (= *Oe*. 110).
46. _____, *L'invariant de Witt de la forme* $\mathrm{Tr}(x^2)$, Comm. Math. Helv. **59** (1984), 651–676 (= *Oe*. 131).
47. _____, *Résumé des cours de* 1984–1985, Annuaire du Collège de France (1985), 85–90.
48. _____, *Lettre à J-F. Mestre*, Arith. Alg. Geo. (K. Ribet édit.), Contemporary Math. Series, Amer. Math. Soc., 1986.
49. J-P. Serre et J. Tate, *Good reduction of abelian varieties*, Ann. of Math. **88** (1968), 492–517 (= J-P. Serre, *Oe*. 79).
50. C. B. Setzer, *Elliptic curves of prime conductor*, J. London Math. Soc. **10** (1975), 367–378.
51. G. Shimura, *Introduction to the arithmetic theory of automorphic functions*, Publ. Math. Soc. Japan, vol. **11**, Princeton Univ. Press, 1971.
52. _____, *Class fields over real quadratic fields and Hecke operators*, Ann. of Math. **95** (1972), 130–190.
53. J. Tunnell, *Artin's conjecture for representations of octahedral type*, Bull. A.M.S. **5** (1981), 173–175.
54. J. Vélu, *Courbes modulaires et courbes de Fermat*, Sém. de Théorie des Nombres, Bordeaux (1975–1976), exposé 16.
55. A. Weil, *Über die Bestimmung Dirichletscher Reihen durch Funktionalgleichungen*, Math. Ann. **168** (1967), 149–156 (= *Oe. Sci.* [1967a]).

144.

Une relation dans la cohomologie des p-groupes

C. R. Acad. Sci. Paris **304** (1987), 587–590

On montre que, si G est un p-groupe qui n'est pas abélien élémentaire, un certain produit d'éléments de $H^2(G)$ est nul.

ALGEBRA. — A relation in the cohomology of p-groups.

We show that, if G *is a p-group which is not elementary abelian, a certain product of elements of* $H^2(G)$ *is* 0.

1. ÉNONCÉ. — Soient p un nombre premier, G un p-groupe fini, et $H^*(G) = \oplus H^n(G)$ l'algèbre de cohomologie de G à coefficients dans le corps $\mathbf{F}_p = \mathbf{Z}/p\mathbf{Z}$. Notons $\beta: H^n(G) \to H^{n+1}(G)$ l'homomorphisme de Bockstein, i.e. l'opérateur cobord associé à la suite exacte de coefficients

$$0 \to \mathbf{Z}/p\mathbf{Z} \to \mathbf{Z}/p^2\mathbf{Z} \to \mathbf{Z}/p\mathbf{Z} \to 0.$$

En particulier, pour $n=1$, tout élément x de $H^1(G) = \mathrm{Hom}(G, \mathbf{Z}/p\mathbf{Z})$ définit un élément βx de $H^2(G)$. Les βx appartiennent à l'algèbre commutative

$$H^{\mathrm{pair}}(G) = \oplus H^{2n}(G);$$

on s'intéresse à l'idéal de leurs *relations*.

Lorsque G est un groupe abélien élémentaire (i.e. un produit de groupes cycliques d'ordre p), les βx n'ont « aucune » relation : si $x_1, \ldots, x_m$ est une base de $H^1(G)$, la sous-algèbre de $H^{\mathrm{pair}}(G)$ engendrée par $\beta x_1, \ldots, \beta x_m$ est isomorphe à l'algèbre de polynômes $\mathbf{F}_p[X_1, \ldots, X_m]$.

Par contre, lorsque G n'est pas abélien élémentaire, les βx ont entre eux des relations non triviales, par exemple la suivante ([6], prop. 4) :

(1.1) *Il existe une famille finie d'éléments* $x_\lambda \neq 0$ *de* $H^1(G)$ *telle que le produit des* βx_λ *soit* 0 *dans* $H^{\mathrm{pair}}(G)$.

La démonstration originale de (1.1), telle qu'elle est exposée dans [6], ne fournit pas de moyen de construire la famille (x_λ). Une démonstration différente, basée sur les propriétés des classes de Chern des représentations de G, vient d'être donnée par O. Kroll [3]; cette démonstration a l'avantage de fournir un résultat quantitatif, à savoir :

(1.2) *Le produit des* βx, *où* x *parcourt l'ensemble des éléments* $\neq 0$ *de* $H^1(G)$, *est égal à* 0.

Je me propose de prouver un résultat plus précis :

THÉORÈME 1.3. — *Soit* S *un sous-ensemble de* $H^1(G)$, *ne contenant pas* 0, *et rencontrant toute droite de* $H^1(G)$ *en un point et un seul. Si* G *n'est pas abélien élémentaire, on a alors*

$$\prod_{x \in S} \beta x = 0 \quad \text{dans } H^{\mathrm{pair}}(G). \tag{1.4}$$

Remarques. — 1. L'hypothèse faite sur S signifie que c'est un système de représentants de l'espace projectif associé au $\mathbf{F}_p$-espace vectoriel $H^1(G)$. Si $m = \dim H^1(G)$, le nombre d'éléments de S est $N = (p^m - 1)/(p-1)$.

2. Posons :

$$\pi_S = \prod_{x \in S} \beta x \quad \text{dans } H^{2N}(G).$$

Changer S remplace π_S par $c\pi_S$, avec $c \in \mathbf{F}_p$, $c \neq 0$. Il suffira donc de démontrer le théorème 1.3 pour un choix particulier de S.

3. Si l'on pose $\pi = \prod_{x \neq 0} \beta x$, on a

$$\pi = (-1)^m (\pi_S)^{p-1},$$

comme on le voit facilement. L'énoncé (1.2) équivaut donc à dire que $(\pi_S)^{p-1} = 0$, alors que (1.1) signifie simplement que π_S est *nilpotent* (ce que l'on peut aussi déduire de la caractérisation des éléments nilpotents de $H^{pair}(G)$ donnée par Quillen [5], th. 7.1).

2. Reformulation du théorème. — Soit $x_1, \ldots, x_m$ une base de $H^1(G)$, et posons $X_i = \beta x_i$ pour $i = 1, \ldots, m$. Nous prendrons pour S l'ensemble des combinaisons linéaires

$$x = a_1 x_1 + \ldots + a_m x_m,$$

où les a_i sont des éléments non tous nuls de $\mathbf{F}_p$ satisfaisant à la condition de normalisation suivante :

(2.1) *Le dernier* $a_i \neq 0$ *est égal à* 1.

[Autrement dit, il existe un indice j tel que $a_j = 1$ et $a_i = 0$ pour tout $i > j$.]

Il est clair que tout élément $\neq 0$ de $H^1(G)$ est proportionnel à un x et un seul de ce type. On a

$$\pi_S = \prod_{(a_i)} (a_1 X_1 + \ldots + a_m X_m),$$

où le produit porte sur les (a_i) satisfaisant à (2.1).

Or une identité bien connue, due à E. H. Moore (*cf.* [2], [4]), permet de récrire ce produit comme un déterminant. On a en effet :

$$(2.2) \qquad \prod_{(a_i)} (a_1 X_1 + \ldots + a_m X_m) = \begin{vmatrix} X_1 & X_2 & \ldots & X_m \\ X_1^p & X_2^p & \ldots & X_m^p \\ \ldots & & \ldots & \\ X_1^{p^{m-1}} & X_2^{p^{m-1}} & \ldots & X_m^{p^{m-1}} \end{vmatrix}$$

autrement dit :

$$(2.3) \qquad \pi_S = \det(X_i^{p^{j-1}})_{1 \leqq i, j \leqq m},$$

le déterminant étant calculé dans l'algèbre commutative $H^{pair}(G)$.

$\left[\text{Ainsi, pour } m = 2, \text{ on a } \pi_S = X_1 X_2 (X_1 + X_2) \ldots ((p-1) X_1 + X_2) = \begin{vmatrix} X_1 & X_2 \\ X_1^p & X_2^p \end{vmatrix}.\right]$

Le théorème 1.3 équivaut donc à dire que $\det(X_i^{p^{j-1}}) = 0$ si G n'est pas abélien élémentaire, et c'est sous cette forme que nous le démontrerons.

3. Relations entre les x_i et les X_i. — On reprend la méthode utilisée dans [6], § 3. Son point de départ est que, si G n'est pas abélien élémentaire, les $x_1, \ldots, x_m$ satisfont à une relation non triviale de degré 2, que l'on peut écrire sous la forme

$$(3.1) \qquad \sum_{i<j} c_{ij} x_i x_j + \sum_k d_k \beta x_k = 0,$$

les c_{ij} et les d_k étant des éléments non tous nuls de $\mathbf{F}_p$ (*cf.* [6], prop. 3, ainsi que [1], § 2.23 et [3]).

Si tous les c_{ij} sont nuls, (3.1) se réduit à $\sum d_i \beta x_i = 0$, i. e.

$$\sum d_i X_i = 0,$$

et le produit π_S est évidemment nul, puisque l'un de ses facteurs est nul (ce cas trivial se produit si G a un quotient cyclique d'ordre p^2).

A partir de maintenant, nous supposerons que les c_{ij} ne sont pas tous nuls. On applique alors à (3.1) l'opérateur $\beta P \beta$, où P est l'opération de Steenrod

$$P: \quad H^k(G) \to H^{k+2(p-1)}(G),$$

cf. [1], [7].

On a $\beta\beta x_i = 0$, d'où $\beta X_i = 0$ et $\beta P \beta X_i = 0$. D'autre part, β est une antidérivation, d'où

$$\beta(x_i x_j) = \beta x_i \,.\, x_j - x_i \,.\, \beta x_j = X_i x_j - x_i X_j$$

et $P(x_i) = 0$, $P(X_i) = X_i^p$. En utilisant la formule de Cartan, on en déduit

$$P\beta(x_i x_j) = X_i^p x_j - x_i X_j^p$$

et

$$\beta P \beta(x_i x_j) = X_i^p X_j - X_i X_j^p.$$

L'application de $\beta P \beta$ à (3.1) donne donc la relation

$$\sum_{i<j} c_{ij}(X_i^p X_j - X_i X_j^p) = 0. \tag{3.2}$$

Nous aurons besoin d'une relation plus générale :

Lemme. — *On a*

$$\sum_{i<j} c_{ij}(X_i^{p^r} X_j^{p^s} - X_i^{p^s} X_j^{p^r}) = 0 \tag{3.3}$$

quels que soient $r, s \geqq 0$.

Notons $L_{r,s}$ le membre de gauche de (3.3). On a

$$L_{r,r} = 0, \; L_{r,s} = -L_{s,r} \quad \text{et} \quad L_{r+1,s+1} = (L_{r,s})^p.$$

Il suffit donc de montrer que $L_{r,0}$ est 0 pour tout $r \geqq 1$. C'est vrai pour $r = 1$ d'après (3.2). Supposons donc $r \geqq 2$, et raisonnons par récurrence sur r. D'après la formule de Cartan déjà utilisée plus haut, il existe un automorphisme σ de $H^{\text{pair}}(G)$ si $p \neq 2$, et de $H^*(G)$ si $p = 2$, tel que

$$\sigma(X_i) = X_i + X_i^p \quad \text{pour} \quad i = 1, \ldots, m. \tag{3.4}$$

On a $\sigma(X_i^{p^{r-1}} X_j) = (X_i^{p^{r-1}} + X_i^{p^r})(X_j + X_j^p)$, d'où :

$$\sigma(L_{r-1,0}) = L_{r-1,0} + L_{r,0} + L_{r-1,1} + L_{r,1}. \tag{3.5}$$

D'après l'hypothèse de récurrence, on a $L_{r-1,0} = 0$. La formule (3.5) entraîne donc :

$$L_{r,0} + L_{r-1,1} + L_{r,1} = 0. \tag{3.6}$$

Mais $L_{r-1,1}$ et $L_{r,1}$ sont les puissances p-ièmes de $L_{r-2,0}$ et $L_{r-1,0}$, qui sont nuls d'après l'hypothèse de récurrence. La relation (3.6) se réduit donc à

$$L_{r,0} = 0,$$

ce qui démontre le lemme.

4. Fin de la démonstration. — Notons A l'algèbre commutative $H^{\text{pair}}(G)$ et L le A-module libre A^m. Pour $i = 1, \ldots, m$, soit e_i l'élément de L défini par :

$$e_i = (X_i, X_i^p, \ldots, X_i^{p^{m-1}}).$$

D'après (3.3), on a

$$\sum_{i<j} c_{ij} e_i \wedge e_j = 0 \quad \text{dans } \Lambda^2 L. \tag{4.1}$$

On sait que l'un des c_{ij} est $\neq 0$; quitte à changer la numérotation des x_i, on peut supposer que c'est c_{12}. En multipliant alors (4.1) par le $(m-2)$-vecteur $e_3 \wedge e_4 \wedge \ldots \wedge e_m$, on obtient

$$c_{12} e_1 \wedge e_2 \wedge \ldots \wedge e_m = 0 \quad \text{dans } \Lambda^m \mathrm{L} = \mathrm{A},$$

d'où $e_1 \wedge e_2 \wedge \ldots \wedge e_m = 0$. Cela signifie que le déterminant des $\mathrm{X}_i^{p^{j-1}}$, $1 \leqq i, j \leqq m$, est nul. D'où le théorème, d'après (2.3).

Reçue le 6 avril 1987.

RÉFÉRENCES BIBLIOGRAPHIQUES

[1] D. BENSON, Modular representation theory: new trends and methods, *Lecture Notes in Math.*, n° 1081, Springer-Verlag, 1984.

[2] L. DICKSON, A fundamental system of invariants of the general modular linear group with a solution to the form problem, *Trans. Amer. Math. Soc.*, 12, 1911, p. 75-98.

[3] O. KROLL, *A representation theoretical proof of a theorem of Serre*, Aarhus Univ., Preprint Series, 1985/1986, n° 33.

[4] E. H. MOORE, A two-fold generalization of Fermat's theorem, *Bull. Amer. Math. Soc.*, 2, 1896, p. 189-199.

[5] D. QUILLEN, The spectrum of an equivariant cohomology ring: I, *Ann. of Math.*, 94, 1971, p. 549-572.

[6] J.-P. SERRE, Sur la dimension cohomologique des groupes profinis, *Topology*, 3, 1965, p. 413-420.

[7] N. E. STEENROD, *Cohomology operations* (written and revised by D.B.A. EPSTEIN), *Ann. of Math. Studies*, 50, Princeton Univ. Press, 1962.

Collège de France, 75231 *Paris Cedex* 05.

145.

Résumé des cours de 1987–1988

Annuaire du Collège de France (1988), 79–82

Le but initial du cours était d'exposer certaines conjectures sur les relations entre formes modulaires et représentations galoisiennes (mod p), cf. *Duke Math. J.* 54 (1987), p. 179-230. En fait, le côté modulaire a pris le dessus, et l'aspect galoisien n'a joué qu'un rôle épisodique.

1. *Formes modulaires de niveau N*

Soit N un entier $\geqslant 3$. On note $X(N)$ la courbe modulaire de niveau N sur Spec $\mathbf{Z}[1/N]$. Les points de cette courbe correspondent aux courbes elliptiques E (généralisées, au sens de DELIGNE-RAPOPORT, LN 349, p. 143-316), munies d'une rigidification de niveau N, i.e. d'un isomorphisme de $\mathbf{Z}/N\mathbf{Z} \times \mathbf{Z}/N\mathbf{Z}$ sur le noyau de la multiplication par N dans E. La courbe $X(N)$ est projective et lisse sur $\mathbf{Z}[1/N]$; elle est absolument irréductible sur $\mathbf{Z}[1/N, \mu_N]$.

Le dual de l'algèbre de Lie de E définit un faisceau inversible ω sur $X(N)$; si ω^k désigne la puissance tensorielle k-ème de ω, on pose

$$M_k(N) = H^o(X(N), \omega^k),$$

et, plus généralement :

$$M_k(N,A) = H^o(X(N), A \otimes \omega^k),$$

pour tout $\mathbf{Z}[1/N]$-module A. Un élément de $M_k(N,A)$ est une « forme modulaire de poids k et de niveau N à coefficients dans A », au sens de N. KATZ, LN 350, p. 69-190.

Si $k \geqslant 2$, on a $M_k(N,A) = A \otimes M_k(N)$; en particulier, si p est un nombre premier ne divisant pas N, toute forme modulaire (mod p) « se relève » en une forme de même poids et de même niveau en caractéristique 0. Ce résultat ne subsiste pas pour $k = 1$: en effet, J.-F. MESTRE a construit des exemples de formes modulaires (mod 2) de poids 1 et de niveau $N = 1429, 1613, 1693$, etc. qui conduisent à des représentations galoisiennes à image $\mathbf{SL}_2(\mathbf{F}_8)$, et ne se relèvent donc pas en caractéristique 0, même si l'on accepte d'agrandir le niveau N.

Le groupe $G_N = \mathbf{GL}_2(\mathbf{Z}/N\mathbf{Z})$ opère sur $X(N)$ et sur les $M_k(N,A)$. Si p est un nombre premier $\neq 2,3$ qui ne divise pas N, on peut montrer que le
1 $\mathbf{Z}_p[G_N]$-module $M_k(N,\mathbf{Z}_p)$ est *projectif*, pour $k \geqslant 2$. Il y a un énoncé analogue pour $p = 2$ et 3, à condition d'éliminer les facteurs qui correspondent à des représentations galoisiennes (mod p) de type diédral associées aux corps quadratiques de discriminant -4 et -3 respectivement. (De tels facteurs exceptionnels existent effectivement, par exemple pour $N = 13$, $k = 2$: à cause d'eux, les conjectures de *Duke Math. J.*, *loc. cit.*, doivent être légèrement modifiées.)

2. *Formes modulaires en caractéristique p*

2 A partir de maintenant, p désigne un nombre premier fixé, ne divisant pas N ; on choisit une clôture algébrique $\overline{\mathbf{F}}_p$ de $\mathbf{F}_p$. On note $\overline{X}(N)$ la réduction de $X(N)$ modulo p, et l'on pose :

$$\overline{\omega}^k = \overline{\mathbf{F}}_p \otimes \omega^k,$$

$$\overline{M}_k(N) = M_k(N,\overline{\mathbf{F}}_p) = H^0(\overline{X}(N), \overline{\omega}^k).$$

Dans $\overline{M}_{p-1}(N)$ on dispose d'un élément remarquable, *l'invariant de Hasse* A, dont tous les développements aux pointes sont égaux à 1 ; il ne dépend pas de N (en un sens évident). La multiplication par A définit une injection du faisceau $\overline{\omega}^{k-(p-1)}$ dans le faisceau $\overline{\omega}^k$; le conoyau ω^k_{ss} de cette injection est concentré sur le lieu supersingulier $X(N)_{ss}$ de $\overline{X}(N)$. La suite exacte de faisceaux

$$0 \to \overline{\omega}^{k-(p-1)} \xrightarrow{A} \overline{\omega}^k \to \omega^k_{ss} \to 0$$

donne la suite exacte de cohomologie

$$0 \to \overline{M}_{k-(p-1)}(N) \to \overline{M}_k(N) \to S_k(N) \to H^1(\overline{X}(N), \overline{\omega}^{k-(p-1)}) \to \dots$$

où $S_k(N) = H^0(X(N)_{ss}, \omega^k_{ss})$ est l'espace des « formes modulaires (mod p) de poids k sur les courbes supersingulières ».

Lorsque $k \geqslant p+1$, on a $H^1(\overline{X}(N), \overline{\omega}^{k-(p-1)}) = 0$, et la suite exacte ci-dessus se réduit à

$$0 \to \overline{M}_{k-(p-1)}(N) \to \overline{M}_k(N) \to S_k(N) \to 0.$$

Les opérateurs de Hecke T_ℓ, avec $(\ell, pN) = 1$, commutent à la multiplication par A, et opèrent de façon naturelle sur $S_k(N)$. On déduit de là que, si (a_ℓ) est une famille d'éléments de $\overline{\mathbf{F}}_p$, il y a équivalence entre :

(α) Les (a_ℓ) sont les valeurs propres des T_ℓ pour un vecteur propre commun de ceux-ci dans un $\overline{M}_k(N)$, k convenable ;

(β) Même énoncé, avec $\overline{M}_k(N)$ remplacé par $S_k(N)$.

L'avantage des $S_k(N)$ est qu'ils dépendent de façon simple de k. Par exemple :

(1) L'espace $S_k(N)$, muni des opérateurs T_ℓ, *ne dépend que de la classe de k* mod $p^2 - 1$ (N et p étant fixés).

Cela résulte du fait que toute courbe supersingulière E sur $\overline{\mathbf{F}}_p$ a une structure canonique sur $\mathbf{F}_{p^2}$, à savoir celle où son endomorphisme de Frobe-
3 nius est égal à $-p$; l'espace vectoriel $\omega^{p^2-1}(E)$ a donc une base canonique.

(2) Il existe $B \in S_{p+1}(N)$ tel que la multiplication par B définisse un *isomorphisme de* $S_k(N)$ *sur* $S_{k+p+1}(N)$, et que

$T_\ell(Bf) = \ell B\, T_\ell(f)$ si $(\ell, pN) = 1$ et $f \in S_k(N)$.

En d'autres termes, l'espace à opérateurs $S_{k+p+1}(N)$ est isomorphe au « tordu » $S_k(N)[1]$ de $S_k(N)$.

Si $p \geqslant 5$, on peut prendre pour B la série d'Eisenstein E_{p+1}, cf. G. ROBERT, *Invent. Math.* 61 (1980), p. 103-158. Si $p = 2$ (resp. $p = 3$), on peut prendre $B = a_3$ (resp. $B = b_4$), avec des notations standard.

Vu (1), il est naturel de définir l'espace gradué

$$S(N) = \bigoplus_k S_k(N),$$

où l'indice k parcourt $\mathbf{Z}/(p^2-1)\mathbf{Z}$. Les T_ℓ opèrent sur $S(N)$.

3. *Interprétation des valeurs propres* (mod *p*) *des opérateurs de Hecke en termes de quaternions*

Soit D un corps de quaternions sur $\mathbf{Q}$ ramifié seulement en $\{p, \infty\}$ (on sait qu'un tel corps est unique, à isomorphisme près). Notons G le groupe multiplicatif de D, vu comme groupe algébrique sur $\mathbf{Q}$: pour toute $\mathbf{Q}$-algèbre commutative L, G(L) est égal à $(L \otimes D)^\times$; en particulier $G(\mathbf{Q}) = D^\times$. Soit A la $\mathbf{Q}$-algèbre des adèles de $\mathbf{Q}$; le groupe $G(\mathbf{Q})$ est un sous-groupe discret de G(A).

Soit F le $\overline{\mathbf{F}}_p$-espace vectoriel formé des fonctions $f : G(A) \to \overline{\mathbf{F}}_p$ qui sont :

continues, i.e. localement constantes ;

invariantes à droite par $G(\mathbf{Q})$, i.e. telles que $f(g\gamma) = f(g)$ pour tout $g \in G(A)$ et tout $\gamma \in G(\mathbf{Q})$.

Le groupe adélique G(A) opère sur F par translations à gauche. On obtient ainsi une représentation de dimension infinie de G(A) avec laquelle on peut jouer au jeu traditionnel des représentations locales, opérateurs de Hecke, etc.

On a tout d'abord :

THÉORÈME 1 - *Les systèmes de valeurs propres des opérateurs de Hecke fournis par l'action de* G(A) *sur F sont les mêmes que ceux fournis par les formes modulaires modulo p de tout niveau.*

(Cet énoncé répond, au moins en partie, à une question posée dans *Duke Math. J., loc. cit.*, n° 3.4.)

De façon plus précise, notons U_p le groupe des unités du corps de quaternions $\mathbf{Q}_p \otimes D$, et U_p^1 le noyau de la projection canonique $U_p \to \mathbf{F}_{p^2}^\times$. Le groupe U_p^1 est le plus grand sous-groupe de $(\mathbf{Q}_p \otimes D)^\times = G(\mathbf{Q}_p)$ qui soit un pro-p-groupe ; le plongement naturel de $G(\mathbf{Q}_p)$ dans G(A) l'identifie à un sous-groupe fermé de G(A). Notons F^1 le sous-espace de F formé des éléments fixés par U_p^1. Le théorème 1 résulte des deux faits suivants :

(a) Tout système de valeurs propres des opérateurs de Hecke réalisable dans F est aussi réalisable dans F^1.

En effet, comme U_p^1 est un pro-p-groupe, tout sous-espace non nul de F qui est stable par U_p^1 contient un élément non nul fixé par U_p^1.

(b) L'espace F^1 est isomorphe à la limite inductive (pour N variable) des espaces S(N) définis au §2.

Cela résulte de la correspondance, due à Deuring et Eichler, entre courbes supersingulières et quaternions.

(L'isomorphisme (b) n'est canonique qu'une fois choisie une courbe elliptique « origine », munie des rigidifications nécessaires.)

Le th.1 incite à étudier la structure du G(A)-module F. On est tenté d'imiter la théorie classique (sur **C**, et non sur $\overline{\mathbf{F}}_p$), et de déterminer les *sous-modules simples* de F. Le résultat est surprenant ; il y en a très peu :

THÉORÈME 2 - *Les seuls sous-*G(A)*-modules simples de F sont les sous-modules de dimension* 1 *engendrés par les caractères* $G(A) \to \overline{\mathbf{F}}_p^\times$ *triviaux sur* $G(\mathbf{Q})$.

(De tels caractères se factorisent par la norme réduite $G \to G_m$.)

En fait, les sous-modules de F les plus intéressants ne sont pas de longueur finie ; ce sont des produits tensoriels (infinis) de modules locaux de longueurs 1, 2 ou 3 que l'on peut décrire en termes d'*arbres*.

146.

Résumé des cours de 1988–1989

Annuaire du Collège de France (1989), 75–78

1 Le cours a été consacré au problème suivant : peut-on construire des extensions galoisiennes de **Q** de groupe de Galois un groupe fini donné ?

1. *La construction de Scholz-Reichardt* (1936)

Cette construction s'applique aux p-groupes, $p \neq 2$.

Soit G un tel groupe. Choisissons un entier $n \geqslant 1$ tel que tout élément de G soit d'ordre $\leqslant p^n$.

SCHOLZ et REICHARDT prouvent l'existence d'extensions galoisiennes L/**Q**, avec Gal(L/**Q**) = G, satisfaisant à la condition suivante :

(S_n) – Pour tout nombre premier $q \in$ ram(L/**Q**), on a $q \equiv 1 \pmod{p^n}$, et le groupe d'inertie en q est égal au groupe de décomposition.

La démonstration procède par récurrence sur l'ordre de G. Si C est un sous-groupe central de G d'ordre p, l'hypothèse de récurrence montre qu'il existe une extension galoisienne K/**Q**, avec Gal(K/**Q**) = G/C, qui satisfait à (S_n). On prouve alors (en utilisant par exemple des arguments cohomologiques) qu'il existe une extension L/K, cyclique de degré p, qui est galoisienne sur **Q** de groupe de Galois G et satisfait à (S_n). On peut même construire L de telle sorte que ram(L/**Q**) = ram(K/**Q**) $\cup \{q\}$, où q est un nombre premier aussi grand que l'on veut. D'où, si $|G| = p^m$, l'existence d'extensions galoisiennes de **Q** du groupe de Galois G, qui ne sont ramifiées qu'en m nombres premiers.

Le théorème de Scholz-Reichardt a été étendu par SHAFAREVICH (1954) à tous les groupes résolubles finis. La démonstration de Shafarevich n'a pas été exposée dans le cours. Elle contient d'ailleurs une erreur relative au nombre
2 premier $p = 2$, erreur qu'il serait souhaitable de corriger (dans les notes de ses « Collected Mathematical Papers », Shafarevich esquisse une méthode possible).

2. *Le théorème d'irréductibilité de Hilbert et la propriété* Gal_T

La plupart des méthodes de construction d'extensions galoisiennes à groupe de Galois donné utilisent le *théorème d'irréductibilité* de HILBERT (1892).

Grosso modo, ce théorème affirme ceci : si $L/\mathbf{Q}(T)$ est une extension galoisienne finie de groupe de Galois G, il existe une infinité de t appartenant à $\mathbf{Q}$ tels que l'extension « spécialisée » $L_t/\mathbf{Q}$ soit galoisienne de groupe G. Si de
3 plus L est une extension *régulière* de $\mathbf{Q}(T)$ (i.e. ne contient aucune extension algébrique de $\mathbf{Q}$, à part $\mathbf{Q}$), on peut exiger que les L_t soient linéairement disjointes d'une extension donnée de $\mathbf{Q}$. (Le même énoncé vaut pour les extensions galoisiennes d'un corps de fonctions rationnelles $\mathbf{Q}(T_1, \ldots, T_n)$, $n \geqslant 1$.)

On peut prouver que les « mauvaises » valeurs de t ne sont pas très nombreuses. Cela se fait par un argument de « crible », qui avait été exposé dans le cours de 1980-1981.

Disons qu'un groupe fini G *possède la propriété* Gal_T s'il satisfait aux conditions équivalentes suivantes :

(i) Il existe une extension galoisienne régulière de $\mathbf{Q}(T)$ de groupe de Galois G.

(ii) Il existe un entier $n \geqslant 1$ et une extension galoisienne régulière de $\mathbf{Q}(T_1, \ldots, T_n)$ de groupe de Galois G.

(Le fait que (ii) $\Longrightarrow$ (i) est une conséquence du théorème de Bertini.)

D'après le théorème de Hilbert ci-dessus, Gal_T entraîne que G est groupe de Galois d'une infinité d'extensions de $\mathbf{Q}$, deux à deux disjointes ; en particulier, pour tout corps de nombres K il existe une extension galoisienne L/K telle que $\mathrm{Gal}(L/K) = G$. Il est donc intéressant de donner des exemples de groupes G ayant la propriété Gal_T :

— G abélien ;

— $G = S_n$ ou A_n, d'après HILBERT (1892) ;

— $G = \mathbf{PSL}_2(\mathbf{F}_p)$, où p est un nombre premier tel que $\left(\frac{2}{p}\right) = -1$, ou $\left(\frac{3}{p}\right) = -1$, ou $\left(\frac{7}{p}\right) = -1$, d'après K.-y. SHIH (1974).

D'autres exemples seront traités dans le cours de 1989-1990, par la méthode de « rigidité ».

3. *La méthode d'E. Noether* (1918)

On réalise le groupe donné G comme sous-groupe du groupe de permutations S_n, ce qui permet de le faire opérer sur le corps $L = \mathbf{Q}(X_1, \ldots, X_n)$. Si

$K = L^G$ désigne le corps des invariants de L on obtient ainsi une extension galoisienne régulière L/K de groupe de Galois G. Supposons que la condition suivante soit satisfaite :

(N) – Le corps K est une extension stablement rationnelle de **Q**, i.e. $K(T_1, ..., T_m)$ est isomorphe à $\mathbf{Q}(T_1, ..., T_{n+m})$ pour m assez grand.

(On peut prouver que cette condition ne dépend pas du plongement choisi de G dans un groupe symétrique.)

On a alors Gal_T, ce qui montre que G est groupe de Galois d'une extension de **Q**. C'est la méthode proposée par E. NOETHER.

Cette méthode est rarement applicable. La condition (N) est trop forte. Elle n'est pas satisfaite lorsque G est cyclique d'ordre 47 (SWAN, VOSKRESENSKII, 1969) ou d'ordre 8 (LENSTRA, 1974). En fait, même l'analogue de (N) sur **C** peut être en défaut : le corps K_C des invariants de G dans $\mathbf{C}(X_1, ..., X_n)$ n'est pas toujours stablement rationnel sur **C**. De façon plus précise, SALTMAN (1984) a montré que, s'il existe un élément non nul de $H^2(G, \mathbf{Q}/\mathbf{Z})$ qui induit 0 sur tous les sous-groupes abéliens à deux générateurs de G, alors K_C n'est pas stablement rationnel sur **C** (on construit des exemples de tels groupes G en prenant des extensions centrales convenables de groupes abéliens élémentaires). La démonstration repose sur l'étude du « groupe de Brauer non ramifié » du corps K_C. (Les résultats de Swan, Voskresenskii, Lenstra et Saltman ont été exposés dans le Séminaire par J.-L. COLLIOT-THÉLÈNE.)

4. *Une variante de la méthode d'E. Noether*

Cette variante, due à EKEDAHL et COLLIOT-THÉLÈNE (1987), vise à remplacer la condition (N) par une condition plus faible, susceptible d'être vérifiée pour tout groupe fini G.

Soit K une extension régulière de type fini de **Q**, et soit V une **Q**-variété intègre lisse de corps des fonctions K. Disons que K satisfait à la condition d'*approximation faible affaiblie* si :

(AFA) – Il existe un ensemble fini T de nombres premiers tel que, pour tout ensemble fini S de nombres premiers disjoint de T, l'image de V(**Q**) dans le produit des $V(\mathbf{Q}_p)$, $p \in S$, est dense. (Cette propriété ne dépend pas du choix de V.)

La condition (AFA) est plus faible que « K est stablement rationnel ». Elle est cependant suffisante (Ekedahl et Colliot-Thélène) pour entraîner un théorème d'irréductibilité à la Hilbert :

Si L/K est une extension galoisienne de groupe de Galois G, et si K satisfait à (AFA), on peut en déduire par spécialisation des extensions galoisiennes de **Q** à groupe de Galois G. Si de plus L est **Q**-régulière, on peut obtenir des extensions linéairement disjointes de toute extension finie de **Q** donnée.

Ainsi, la méthode d'E. Noether pourrait s'appliquer à tout groupe fini G, pourvu que l'on puisse montrer que les corps $K = L^G$ correspondants satisfont à (AFA), ce qui est vrai dans tous les cas connus. On peut même espérer (Colliot-Thélène) que (AFA) est vraie pour tout corps K qui est « unirationnel », i.e. sous-corps d'un corps $\mathbf{Q}(X_1, \ldots, X_n)$.

Séminaire

Jean-Louis Colliot-Thélène, *Exemples de variétés non rationnelles* (2 exposés).

147.

Groupes de Galois sur Q

Séminaire Bourbaki 1987/88, n° 689, Astérisque **161–162** (1988), 73–85

Soit G un groupe fini. Existe-t-il une extension galoisienne finie E de Q dont le groupe de Galois $Gal(E/Q)$ soit isomorphe à G ?

Ce problème classique n'est toujours pas résolu. Toutefois, comme on va le voir, il y a de nombreux groupes G pour lesquels la réponse est "oui".

Remarque.- On peut se poser la même question en remplaçant Q par une extension finie K quelconque. En fait, cette généralisation n'est guère utile : si le problème initial a une réponse positive pour toutes les puissances $G \times \ldots \times G$ de G, on dispose d'une famille infinie d'extensions galoisiennes disjointes E_i/Q de groupe de Galois G ; pour presque tout i, E_i est linéairement disjointe de K, de sorte que $Gal(E_iK/K) \simeq G$: le problème sur K a une réponse positive.

1. LE CAS RÉSOLUBLE

Lorsque G est *abélien*, il n'y a pas de difficulté. On choisit un entier $N \geq 1$ tel que G soit isomorphe à un quotient du groupe multiplicatif $(Z/NZ)^*$, ce qui est possible (d'une infinité de façons) en vertu du théorème de la progression arithmétique. Ceci fait, on prend pour E un sous-corps convenable de $Q(z_N)$, où z_N est une racine primitive N-ème de l'unité. (Exemple : si G est d'ordre 3, on peut prendre $N = 7,9,13,\ldots$.)

On pourrait croire qu'à partir du cas abélien il est facile de traiter, par extensions successives, le cas d'un groupe résoluble quelconque. En fait, ce n'est pas facile du tout, pour la raison suivante : si G a un quotient G/H tel qu'il existe une extension galoisienne E^H/Q de groupe de Galois G/H, il n'est pas vrai en général que E^H puisse se plonger dans une extension galoisienne E/Q de groupe de Galois G ; ce "problème de plongement" a une obstruction de nature cohomologique (*cf.* § 7). On ne peut donc procéder par extensions successives que si l'on arrive à "tuer" ces obstructions, ce qui est difficile.

C'est pourtant ce qu'a réussi à faire Šafarevič, qui a démontré (*cf.* [26]) :

THÉORÈME 1.- *Tout groupe fini résoluble est groupe de Galois sur* $\mathbf{Q}$.

Il serait intéressant de reprendre la démonstration de Šafarevič, et de voir si l'on peut en tirer davantage de renseignements (existence d'extensions à comportement local imposé, par exemple). Pour les groupes d'ordre impair, cela a été fait par Neukirch [25].

Pour les groupes non résolubles (par exemple les groupes simples non abéliens), il faut procéder autrement. Jusqu'à présent, la méthode la plus efficace a consisté à exploiter les relations entre extensions de $\mathbf{Q}(T)$ et de $\mathbf{Q}$. Rappelons en quoi cela consiste :

2. EXTENSIONS DE $\mathbf{Q}(T)$ ET EXTENSIONS DE $\mathbf{Q}$

Soit E_T une extension galoisienne finie du corps $\mathbf{Q}(T)$ des fonctions rationnelles sur $\mathbf{Q}$, et soit G son groupe de Galois. Si l'on donne à T une valeur $t \in \mathbf{Q}$ n'appartenant pas à un certain ensemble fini $S = S(E_T)$, on peut "spécialiser" E_T (*cf.* ci-dessous), et l'on obtient une $\mathbf{Q}$-algèbre étale E_t (i.e. un produit de corps), de rang $r = [E_T:\mathbf{Q}(T)] = |G|$, sur laquelle opère G . Lorsque E_t est un *corps*, c'est une extension galoisienne de $\mathbf{Q}$ de groupe de Galois G .

Exemple.- Si $r = 2$ et si $E_T = \mathbf{Q}(T,X)$ avec $X^2 = T$, on peut prendre $S = \{0\}$. Si $t \in \mathbf{Q}$ n'appartient pas à S , l'algèbre E_t est $\mathbf{Q}[X]/(X^2 - t)$; elle est isomorphe à $\mathbf{Q} \times \mathbf{Q}$ si t est un carré dans $\mathbf{Q}$; sinon, c'est le corps quadratique $\mathbf{Q}(\sqrt{t})$.

Notons $\mathrm{Irr}(E_T)$ l'ensemble des $t \in \mathbf{Q} - S$ tels que E_t soit un corps.

THÉORÈME 2 (Hilbert).- a) *L'ensemble* $\mathrm{Irr}(E_T)$ *est infini.*

1 b) *Supposons que* E_T *soit une extension régulière de* $\mathbf{Q}(T)$, i.e. (Bourbaki, A.V. 136) *que* $\mathbf{Q}$ *soit algébriquement fermé dans* E_T . *Il existe alors une suite infinie* $t_1,\ldots,t_n,\ldots$ *d'éléments de* $\mathrm{Irr}(E_T)$ *tels que les corps* E_{t_i} *correspondants soient linéairement disjoints sur* $\mathbf{Q}$.

Cela résulte du théorème d'irréductibilité de Hilbert, *cf.* [8], [12], [14]. La démonstration montre en outre que "la plupart" des $t \in \mathbf{Q} - S$ appartiennent à $\mathrm{Irr}(E_T)$. Par exemple, si l'on se restreint à $t \in \mathbf{Z}$, le nombre des t avec $|t| \leq N$ qui n'appartiennent pas à $\mathrm{Irr}(E_T)$ est $O(N^{1/2})$ pour $N \longrightarrow \infty$.

Interprétation géométrique des E_t . Le corps $\mathbf{Q}(T)$ est le corps des fonctions rationnelles de la *droite projective* $\mathbf{P}_1$ sur $\mathbf{Q}$. De même, E_T est le corps des fonctions d'une courbe projective lisse irréductible $\mathbf{E}$ sur $\mathbf{Q}$, qui est absolument irréductible si et seulement si E_T est une extension régulière de $\mathbf{Q}(T)$. Le groupe G opère fidèlement sur $\mathbf{E}$, et le quotient $\mathbf{E}/G$ s'identifie à $\mathbf{P}_1$.

On peut donc voir $\mathbf{E}$ comme un revêtement $\pi : \mathbf{E} \longrightarrow \mathbf{P}_1$, de groupe de Galois G . Si $\Sigma \subset \mathbf{P}_1$ est l'ensemble des points de ramification de π (ensemble qui est non vide si $r > 1$), on peut prendre pour S l'ensemble des $t \in \mathbf{Q}$ qui appartiennent à Σ . Si $t \notin S$, la fibre $\pi^{-1}(t)$ de t est un $\mathbf{Q}$-schéma étale fini dont l'algèbre est E_t . Dire que t appartient à $\mathrm{Irr}(E_T)$ signifie que cette fibre est réduite à un seul point (du point de vue des schémas), ou encore que les différents points géométriques de $\pi^{-1}(t)$ sont conjugués entre eux (autre formulation : il n'existe aucun sous-groupe propre H de G tel que t soit l'image d'un point rationnel de $\mathbf{E}/H$).

Application aux groupes de Galois sur $\mathbf{Q}$. Si G est un groupe fini, notons $\mathrm{Gal}_T(G)$ et $\mathrm{Gal}_\infty(G)$ les deux propriétés suivantes de G :

$\mathrm{Gal}_T(G)$ - *Il existe une extension galoisienne régulière de* $\mathbf{Q}(T)$ *de groupe de Galois* G .

$\mathrm{Gal}_\infty(G)$ - *Il existe une infinité d'extensions galoisiennes de* $\mathbf{Q}$ *de groupe de Galois* G *qui sont deux à deux disjointes.*

Le th. 2 b) entraîne :

THÉORÈME 3.- $\mathrm{Gal}_T(G) \Longrightarrow \mathrm{Gal}_\infty(G)$.

(Plus généralement, $\mathrm{Gal}_T(G)$ entraîne que G est groupe de Galois sur tout *corps hilbertien* ([14], chap. 9) de caractéristique 0 .)

On peut se demander si $\mathrm{Gal}_T(G)$ est vraie pour tout groupe fini G : on ne connaît aucun contre-exemple. Signalons à ce sujet :

a) $\mathrm{Gal}_T(G_1)$ et $\mathrm{Gal}_T(G_2)$ entraînent $\mathrm{Gal}_T(G_1 \times G_2)$: c'est facile.

b) $\mathrm{Gal}_T(G)$ est vraie si G est abélien, *cf.* [27]. (*Exemple* : si G est d'ordre 3 , on peut prendre pour E_T l'extension définie par l'équation $X^3 - TX^2 + (T-3)X + 1 = 0$, de discriminant $\Delta = (T^2 - 3T + 9)^2$; c'est même là une extension *universelle* au sens de [27].)

c) On ignore si $\mathrm{Gal}_T(G)$ est vraie pour tout groupe résoluble G ; c'est le cas pour certains groupes de Frobenius, *cf.* [4].

d) $\mathrm{Gal}_T(G)$ est vraie pour $G = S_n$ ou A_n (Hilbert [12]).

e) $\mathrm{Gal}_T(G)$ est vraie pour la plupart des vingt-six groupes simples sporadiques, *cf.* § 5. C'est une conséquence de la théorie de la "rigidité" résumée au § 4 ci-après.

3. RAPPELS SUR LES EXTENSIONS FINIES DE C(T)

Avant de chercher à construire des extensions finies de $\mathbf{Q}(T)$, il est bon de s'occuper de celles de $\mathbf{C}(T)$.

Ces dernières, on le sait, se décrivent de façon purement topologique :

Fixons un sous-ensemble fini $\Sigma = \{t_1,\ldots,t_k\}$ de la droite projective complexe $\mathbf{P}_1(\mathbf{C}) \simeq \mathbf{S}_2$. Les objets suivants se correspondent bijectivement (modulo isomorphismes) :

i) extensions finies de $\mathbf{C}(T)$ non ramifiées en dehors de Σ ;

ii) revêtements finis connexes non vides de $\mathbf{P}_1(\mathbf{C}) - \Sigma$.

[Si $E/\mathbf{C}(T)$ est non ramifiée en dehors de Σ , on lui associe le revêtement fourni par la courbe correspondante $E_C \longrightarrow P_1$, dont on retire les points au-dessus de Σ . D'où un foncteur i) $\longrightarrow$ ii). Le "théorème d'existence de Riemann" dit que c'est une équivalence, *cf.* par exemple [11], exposé XII.]

Quant aux objets de type ii), ils se classifient au moyen du groupe fondamental $\pi_1 = \pi_1(\mathbf{P}_1(\mathbf{C}) - \Sigma; t_0)$, où t_0 est un point de base choisi en dehors de Σ . Plus précisément, ils correspondent aux objets suivants :

iii) ensembles finis non vides munis d'une action transitive de π_1 .

[La correspondance se fait en associant à un revêtement sa fibre au-dessus de t_0 , munie de l'action naturelle de π_1 dessus, *cf.* [11], exposé V .]

Il reste à décrire π_1 . Pour cela, choisissons un chemin c_i joignant t_0 à t_i $(1 \leq i \leq k)$ et ne passant par aucun des t_j , $j \neq 0,i$. En suivant c_i , puis tournant autour de t_i dans le sens positif, et suivant c_i en sens inverse, on obtient un élément $s_i \in \pi_1$, qui dépend de c_i (mais sa classe de conjugaison n'en dépend pas). *Si les* c_i *sont bien choisis, le groupe* π_1 *est défini par la présentation :*

$$\pi_1 = \{s_1,\ldots,s_k \; ; \; s_1\ldots s_k = 1\} \; .$$

En particulier π_1 est un groupe libre de base $\{s_1,\ldots,s_{k-1}\}$.

(Attention : si les c_i ne sont pas bien choisis, il se peut que les s_i n'engendrent pas π_1 !)

Ces diverses équivalences montrent qu'un groupe fini G est groupe de Galois d'une extension de $\mathbf{C}(T)$ non ramifiée en dehors de $\Sigma = \{t_1,\ldots,t_k\}$ si et seulement si il peut être engendré par k éléments $g_1,\ldots,g_k$ satisfaisant à la relation $g_1 \ldots g_k = 1$ (i.e. s'il peut être engendré par $k-1$ éléments). Ce n'est pas là une condition bien restrictive : il suffit de prendre k assez grand. Le problème sérieux est de descendre de $\mathbf{C}(T)$ à $\mathbf{Q}(T)$. On ne sait pas grand-chose là-dessus en général, mais on va voir qu'il y a au moins un cas, le cas "rigide", où cette descente se fait sans difficulté.

4. RIGIDITÉ

Soit G un groupe fini *de centre trivial*, et soient $C_1,\ldots,C_k$ $(k \geq 3)$ des classes de conjugaison de G . Notons $P = P(C_1,\ldots,C_k)$ l'ensemble des

$(g_1,\ldots,g_k) \in C_1 \times \ldots \times C_k$ tels que

$$g_1 \ldots g_k = 1 ,$$

et notons P' le sous-ensemble de P formé des $(g_1,\ldots,g_k) \in P$ qui *engendrent* G . Le groupe G opère par conjugaison sur P et sur P' .

DÉFINITION.- *La famille* $(C_1,\ldots,C_k)$ *est dite* rigide *si* G *opère transitivement sur* P' *et si* P' *est non vide. Elle est dite* strictement rigide *si l'on a en outre* $P = P'$.

Noter que G opère librement sur P' . Il y a donc rigidité si et seulement si $|P'| = |G|$, et cela entraîne $|P| \geq |G|$ (avec égalité s'il y a stricte rigidité). L'entier $|P|$ peut d'ailleurs se calculer à partir de la table des caractères de G : si l'on choisit $c_i \in C_i$, et si l'on pose $z_i = |Z_G(c_i)| = |G|/|C_i|$, on a

$$(1) \qquad |P| = \frac{|G|^{k-1}}{z_1 \ldots z_k} \sum_\chi \chi(c_1) \ldots \chi(c_k) / \chi(1)^{k-2} ,$$

où χ parcourt l'ensemble des caractères irréductibles de G .

(*Exercice* : si $c_o,\ldots,c_k$ sont des éléments d'un groupe fini G quelconque, montrer que le nombre des $x_1,\ldots,x_k \in G$ tels que

$$x_1c_1x_1^{-1} . x_2c_2x_2^{-1} \ldots x_kc_kx_k^{-1} = c_o$$

est égal à $|G|^{k-1} \sum_\chi \chi(c_1) \ldots \chi(c_k)\bar{\chi}(c_o) / \chi(1)^{k-1}$.
En déduire (1) en prenant $c_o = 1$.)

Rappelons d'autre part qu'une classe de conjugaison C de G est dite *rationnelle sur* $\mathbf{Q}$ (ou simplement *rationnelle*) si elle satisfait aux conditions équivalentes suivantes :

(2) *Tout caractère de* G *prend sur* C *des valeurs rationnelles.*

(3) *Si* $c \in C$ *et si* $i \in \mathbf{Z}$ *est premier à l'ordre de* c , *alors* c^i *appartient à* C (i.e. si un générateur d'un sous-groupe cyclique de G appartient à C , il en est de même des autres générateurs).

(*Exemple* : toutes les classes de conjugaison d'un groupe symétrique - ou plus généralement d'un groupe de Weyl - sont rationnelles.)

Nous pouvons maintenant énoncer le théorème principal de cet exposé ; à quelques variations près, il est dû à Belyi, Fried, Matzat et Thompson (*cf.* [2], [9], [10], [18], [22], [23], [30]).

THÉORÈME 4.- *Soient* G *un groupe fini de centre trivial et* $C_1,\ldots,C_k$ *des classes de conjugaison de* G . *Faisons les hypothèses suivantes :*

a) *les* C_i *sont rationnelles ;*

b) *la famille* $(C_1,\ldots,C_k)$ *est rigide.*

Soient d'autre part $t_1, \ldots, t_k$ *des points de* $\mathbf{P}_1(\mathbf{Q})$ *, deux à deux distincts. Il existe alors une* (et une seule) *extension galoisienne finie régulière* $E_T/\mathbf{Q}(T)$ *, de groupe de Galois* G *, ramifiée seulement en les* t_i *, et telle que les générateurs des groupes d'inertie correspondants appartiennent aux* C_i *.*

(Noter que l'on ne précise pas quels sont les générateurs des groupes d'inertie que l'on prend : cela n'a pas d'importance, puisque les classes C_i sont rationnelles.)

Compte tenu du th. 3, ceci entraîne :

COROLLAIRE.- *Si* G *possède une famille rigide de classes rationnelles, alors* $\mathrm{Gal}_T(G)$ *est vraie, et a fortiori* $\mathrm{Gal}_\infty(G)$ *. En particulier,* G *est groupe de Galois d'une extension de* $\mathbf{Q}$ *.*

Démonstration du th. 4.- On se place d'abord sur $\mathbf{C}$. On montre :

i) qu'il existe une extension galoisienne E de $\mathbf{C}(T)$, de groupe de Galois G , ayant les propriétés imposées (i.e. non ramifiée en dehors des t_i , et avec les générateurs des groupes d'inertie dans les C_i) ;

ii) qu'une telle extension est unique, à isomorphisme unique près (i.e. si E et E' sont deux telles extensions, il existe un unique isomorphisme $E \longrightarrow E'$ qui commute à l'action de G et est l'identité sur $\mathbf{C}(T)$).

[Pour prouver i), on choisit $g_1 \in C_1, \ldots, g_k \in C_k$ engendrant G et tels que $g_1 \ldots g_k = 1$. D'après le § 3, il existe un homomorphisme $\varphi : \pi_1 \longrightarrow G$ qui envoie s_i sur g_i pour tout i . Comme cet homomorphisme est surjectif, cela entraîne i).

De plus, l'hypothèse de rigidité montre que φ est unique, à un automorphisme intérieur de G près. On en déduit que, si E et E' sont deux extensions de type i), il existe un isomorphisme $E \longrightarrow E'$ compatible avec l'action de G ; l'unicité d'un tel isomorphisme résulte de l'hypothèse suivant laquelle le centre de G est trivial.]

Une fois i) et ii) acquis, l'unicité de E (munie de l'action de G) montre que E provient par extension des scalaires d'une extension galoisienne de $\mathbf{Q}(T)$ de groupe de Galois G : il suffit d'appliquer le critère de descente du corps de base de Weil [34]. (Ce critère dit en effet que tout problème "raisonnable" sur un corps K qui a une solution unique, à isomorphisme unique près, sur une extension algébriquement close de K , a déjà une solution sur K .)

Remarques.- 1) La méthode de démonstration esquissée ci-dessus m'a été indiquée par Deligne ; elle est voisine de celle utilisée dans Shih [29], § 2. On aurait pu aussi se servir de la suite exacte liant le π_1 algébrique sur $\mathbf{Q}$ au π_1 géométrique (*cf.* Grothenkieck [11], exposé X, p. 253) ; c'est ce que fait Belyi [2].

2) Il y a un énoncé analogue au th. 4 dans lequel on supprime l'hypothèse de rationalité des C_i mais l'on remplace $\mathbf{Q}$ par son extension cyclotomique maximale $\mathbf{Q}^{cycl}$. La démonstration est la même.

Variantes : L'existence dans G d'une famille rigide de classes rationelles est une condition très restrictive (elle n'est même pas satisfaite pour le groupe A_5). Il est utile de l'affaiblir. Cela peut se faire de plusieurs manières. Je me borne à en indiquer deux, particulièrement simples :

1) *Passage d'un groupe à un groupe deux fois plus grand*

Supposons que G soit un sous-groupe d'indice 2 d'un groupe G' de centre trivial, possédant un triplet rigide rationnel (C_1, C_2, C_3). (*Exemple* : $G = A_n$, $G' = S_n$, $n \geq 3$.) Montrons que $\mathrm{Gal}_T(G)$ *est vraie*.

D'après le th. 4, il existe une extension galoisienne régulière E de $\mathbf{Q}(T)$, de groupe de Galois G', qui est non ramifiée en dehors de trois points rationnels t_1, t_2, t_3 de la droite projective. Soit K le sous-corps de E fixé par G. C'est une extension quadratique de $\mathbf{Q}(T)$, non ramifiée en dehors de t_1, t_2, t_3, donc ramifiée en exactement deux de ces points, disons en t_1 et t_2. Un argument élémentaire montre alors que K est une extension transcendante pure de $\mathbf{Q}$: on a $K = \mathbf{Q}(U)$, avec $U^2 = c(T-t_1)/(T-t_2)$, $c \in \mathbf{Q}^*$. Comme E est une extension galoisienne régulière de K, de groupe de Galois G, cela montre bien que $\mathrm{Gal}_T(G)$ est vraie.

2) *Affaiblissement de l'hypothèse de rationalité*

Supposons que G possède un triplet rigide (C_1, C_2, C_3) avec :

C_1 rationnelle sur $\mathbf{Q}$,

C_2 et C_3 rationnelles, non sur $\mathbf{Q}$, mais sur un corps quadratique $\mathbf{Q}(\sqrt{d})$, et conjuguées entre elles.

(*Exemple* : $G = A_5$; C_1 = classe des éléments d'ordre 2 ; C_2 et C_3 = classes des éléments d'ordre 5 ; $d = 5$.)

Alors $\mathrm{Gal}_T(G)$ *est vraie*.

Cela se voit en reprenant la méthode de démonstration du th. 4, avec la différence suivante : au lieu de choisir les points de ramification t_2 et t_3 rationnels sur $\mathbf{Q}$, on les choisit rationnels sur $\mathbf{Q}(\sqrt{d})$, et conjugués l'un de l'autre sur $\mathbf{Q}$.

Pour d'autres variantes (et en particulier pour celles qui utilisent l'action du *groupe des tresses* sur π_1), je renvoie à Fried [9], [10] et Matzat [21], [23].

5. EXEMPLES

5.1 (facile).- On prend $G = S_n$, $n \geq 3$ et l'on choisit pour C_1, C_2 et C_3 les classes de conjugaison des cycles de longueur 2, $n-1$ et n. Montrons que l'on obtient ainsi un triplet *strictement rigide* :

La donnée d'un élément $g_3 \in C_3$ équivaut à celle d'un ordre circulaire sur n lettres. Pour qu'une transposition $g_1 = (ab)$ soit telle que $g_1 g_3$ soit un cycle d'ordre $n-1$, il faut et il suffit que les lettres a et b soient consécutives dans l'ordre en question :

On sait qu'alors g_1 et g_3 engendrent G ; d'où $P = P'$. Quant à la rigidité, elle se voit en remarquant que, si l'on a deux figures du type ci-dessus, il existe un isomorphisme unique de l'une sur l'autre :

(*Exercice* : vérifier que $|P| = |G|$ en utilisant la formule (1) du § 4, et en montrant que tous les termes de la somme de droite sont nuls, à l'exception de ceux provenant des deux caractères χ de degré 1 .)

5.2 (difficile).- On prend $G = M$ (le groupe simple de Griess-Fischer, i.e. le "Monstre"). On prend pour C_1, C_2, C_3 les classes de type 2A , 3B et 29A avec les notations de l'ATLAS [5]. D'après Thompson [30], ce triplet est strictement rigide. Cela se voit en deux étapes :

i) En utilisant la formule (1) du § 4, ainsi que la table des caractères de M donnée dans [5], on vérifie (sur ordinateur) que l'on a bien $|P| = |G|$.

ii) Il reste alors à prouver que $P' = P$, i.e. que, si $(g_1, g_2, g_3) \in P$, le sous-groupe engendré par les g_i est égal à M . S'il ne l'était pas, il serait contenu dans un sous-groupe maximal de M . Faute de connaître une liste complète de ces sous-groupes (ou même seulement de ceux dont l'ordre est divisible par 29), on invoque la classification des groupes finis simples pour tirer de là une contradiction (*cf*. [13], [30]). Inutile de dire que l'on aimerait avoir une démonstration plus aisément vérifiable[1].

5.3. <u>Groupes simples</u>

La liste des groupes simples G pour lesquels la propriété $\mathrm{Gal}_T(G)$ a été démontrée s'accroît régulièrement. Sauf erreur, elle contient :

5.3.1. les groupes alternés A_n , $n \geq 5$ (Hilbert [12]) : ils se déduisent du cas de S_n traité ci-dessus, grâce à la variante 1) du § 4 (c'était à peu de

[1] La démonstration du théorème de classification des groupes finis simples a été souvent décrite, mais jamais écrite (complètement) : l'une de ses étapes n'a pas été publiée. Le "théorème" en question n'est donc pas vérifiable au sens habituel du terme : il réclame un acte de foi.

chose près la méthode de Hilbert lui-même) ;

5.3.2. les groupes sporadiques M_{11} , M_{12} , J_1 , M_{22} , J_2 , HS , M_{24} , Suz , ON , Co_3 , Co_2 , Fi_{22} , HN , F_3 , Fi_{23} , Co_1 , Fi'_{24} , F_2 = BM et F_1 = M , cf. [13],
2 [20], [23] (aux dernières nouvelles, il semble que le groupe J_4 ait également été traité par H. Pahlings) ;

5.3.3. les groupes de Chevalley de type :

$PSL_2(F_p)$, $p \geq 5$, si $(\frac{2}{p}) = -1$, ou $(\frac{3}{p}) = -1$, ou $(\frac{7}{p}) = -1$: Shih [29] ;

$PSL_3(F_p)$, $p \equiv 1 \pmod 4$: Thompson [31] ;

$PSp_4(F_p)$, $p \geq 3$, $p \equiv 2,3 \pmod 5$: Dentzer [6] ;

$G_2(F_p)$, $p \geq 5$: Thompson [32] ;

$E_8(F_p)$ pour une infinité de p : Malle [16], Kap. 9.

(Noter l'absence dans cette liste de groupes de Chevalley sur F_q , pour q non premier.)

5.4. Exemples sur Q^{cycl}

Il y en a bien davantage : il n'y a plus à s'occuper de la rationalité des classes de conjugaison considérées. On trouve (sauf erreur) tous les groupes sporadiques, tous les groupes de Chevalley classiques (Belyi [2], [3]) et la plupart des groupes de Chevalley exceptionnels (Malle [16]).

5.5. Exemples numériques

Supposons G réalisé comme sous-groupe transitif de S_n . On peut se proposer de décrire explicitement, non pas une extension galoisienne $E_T/Q(T)$ de groupe G , mais au moins la sous-extension $K/Q(T)$ de degré n correspondant à l'action de G sur n lettres. Le cas le plus simple est celui de S_n lui-même : l'extension K associée aux triplets rigides de 5.1 ci-dessus peut être définie par l'équation

$$X^n + X^{n-1} + T = 0 .$$

En particulier, il existe une infinité de $t \in Z$ tels que l'équation spécialisée $X^n + X^{n-1} + t$ soit irréductible sur **Q** , et de groupe de Galois S_n . (*Exercice* : montrer que l'on peut prendre $t = -1$.)

Pour le groupe $PSL_2(F_7)$ d'ordre 168 , plongé dans S_7 , Malle et Matzat [17] donnent l'équation suivante :

$$X^7 - 56X^6 + 609X^5 + 1190X^4 + 6356X^3 + 4536X^2 - 6804X - 5832 - TX^3(X+1) = 0 .$$

Ils montrent également que, si l'on spécialise T en un entier t avec $t \equiv 1 \pmod{35}$, l'équation obtenue est irréductible et de groupe de Galois $PSL_2(F_7)$. On ne peut rien rêver de plus explicite !

Les cas de $PSL_2(\mathbf{F}_{11})$ et $PSL_2(\mathbf{F}_{13})$ sont également traités dans [17], le cas de $SL_2(\mathbf{F}_8)$ dans [22], Kap. III, et celui du groupe de Mathieu M_{12} dans [24]. Voici par exemple une équation de degré 12 donnant M_{12} :

$$X^{12} + 100\,X^{11} + 4050\,X^{10} + 83700\,X^9 + 888975\,X^8 + 3645000\,X^7$$
$$- 10570500\,X^6 - 107163000\,X^5 + 100875375\,X^4 + 1131772500\,X^3$$
$$- 319848750\,X^2 + 1328602500\,X + 332150625 - 9765625\,TX^2 = 0 \;.$$

6. RÉALITÉ

On peut se demander quelles sont les propriétés *locales* (sur Q_p ou sur $\mathbf{R}$) des extensions de Q fabriquées par la méthode de rigidité.

Il y a un cas où l'on peut répondre à cette question : celui où le corps local est $\mathbf{R}$, et où l'extension $E_T/Q(T)$ est construite par le procédé du th. 4, à partir de *trois classes* rationnelles C_1, C_2, C_3 satisfaisant à la condition de rigidité. Dans ce cas, l'extension E_T est non ramifiée en dehors de trois points rationnels t_1, t_2, t_3 de la droite projective $\mathbf{P}_1$. Comme $\mathbf{P}_1(\mathbf{R})$ est homéomorphe à un cercle, ces points partagent $\mathbf{P}_1(\mathbf{R})$ en trois segments : $[t_1 t_2]$, $[t_2 t_3]$ et $[t_3 t_1]$.

Soit $t \in \mathbf{P}_1(\mathbf{R})$ distincts des t_i . Il correspond à t un élément c_t de G , défini à conjugaison près, qui donne la *conjugaison complexe* dans l'algèbre étale E_t associée à t . On a $c_t^2 = 1$. Il s'agit de déterminer la classe de c_t .

Un argument de continuité montre que c_t ne dépend que du segment sur lequel se trouve t . Supposons pour fixer les idées que t soit entre t_1 et t_3 . Choisissons $(s_1, s_2, s_3) \in P'$. On a

$$s_1 s_2 s_3 = 1 \quad , \quad s_i \in C_i \; ,$$

d'où

$$s_1^{-1} \,.\, s_3^{-1} s_2^{-1} s_3 \,.\, s_3^{-1} = 1 \; ,$$

et $s_1^{-1} \in C_1$, $s_3^{-1} s_2^{-1} s_3 \in C_2$, $s_3^{-1} \in C_3$ puisque les classes C_i sont rationnelles. Vu l'hypothèse de rigidité, on en conclut qu'il existe un unique élément $c \in G$ tel que

$$c s_1 c^{-1} = s_1^{-1} \quad , \quad c s_2 c^{-1} = s_3^{-1} s_2^{-1} s_3 \quad \text{et} \quad c s_3 c^{-1} = s_3^{-1} \; .$$

On a $c^2 = 1$, et il n'est pas difficile de montrer que *la classe* (c_t) *cherchée est la classe de* c .

De cette description de c_t on tire par exemple que $c_t \neq 1$ si $|G| > 6$. En particulier, les extensions de Q à groupe de Galois un groupe simple non abélien fournies par un triplet rigide de classes rationnelles *ne sont jamais totalement réelles*. Il serait intéressant de voir ce qui se passe dans d'autres cas.

7. UN AUTRE TYPE D'EXEMPLES : LES GROUPES $\tilde{A}_n$

On sait depuis Schur que le groupe alterné A_n possède une unique extension non triviale $\tilde{A}_n$ par $Z/2Z$:

$$1 \longrightarrow Z/2Z \longrightarrow \tilde{A}_n \longrightarrow A_n \longrightarrow 1 .$$

(On peut l'obtenir, par exemple, en plongeant A_n dans $SO_n(R)$, et en prenant son image réciproque dans le revêtement spinoriel du groupe orthogonal.)

Puisque A_n est groupe de Galois sur Q , et même sur $Q(T)$, on peut se demander si $\tilde{A}_n$ a la même propriété. Cela conduit au *problème de plongement* suivant : si E/K est une extension galoisienne de groupe de Galois A_n , à quelle condition peut-on plonger E dans une extension galoisienne $\tilde{E}$ de groupe de Galois $\tilde{A}_n$? Si $\bar{K}$ désigne une clôture algébrique de K , cela revient à demander que l'homomorphisme $Gal(\bar{K}/K) \longrightarrow A_n$ correspondant à E/K se relève en un homomorphisme $Gal(\bar{K}/K) \longrightarrow \tilde{A}_n$. L'*obstruction* à un tel relèvement est un certain élément $a_n(E)$ du groupe de cohomologie $H^2(Gal(\bar{K}/K), Z/2Z)$. Le calcul de $a_n(E)$ est facilité par le résultat suivant :

Supposons que la caractéristique de K soit $\neq 2$, et notons E_n le sous-corps de E fixé par A_{n-1} ; on a $[E_n:K] = n$. L'application $E_n \longrightarrow K$ donnée par $x \longmapsto Tr_{E_n/K}(x^2)$ est une forme quadratique de rang n sur K *dont l'invariant de Witt est l'obstruction* $a_n(E)$ *définie ci-dessus* ([28], th. 1).

Tout revient donc à trouver des exemples où cet invariant de Witt est 0 . Cela a été fait par N. Vila [33] pour certaines extensions galoisiennes de $Q(T)$ à groupe de Galois A_n . Elle en a déduit que la propriété $Gal_T(\tilde{A}_n)$ est vraie dans chacun des cas suivants :

- $n \equiv 0$ ou $1 \pmod 8$;
- $n \equiv 2 \pmod 8$ et n est somme de deux carrés ;
- $n \equiv 3 \pmod 8$, et n satisfait à une certaine condition " N " qui est en pratique toujours vérifiée.

3 On sait également que $Gal_T(\tilde{A}_n)$ est vraie pour $n = 5$ (Mestre, non publié, améliorant un résultat de Feit [7]).

Signalons enfin que $Gal_\infty(\tilde{A}_n)$ a été démontrée pour $n = 7$ (Feit) et pour $n = 6$ (Mestre). Dans chaque cas, la famille infinie d'extensions de Q est paramétrée par les points rationnels d'une *courbe elliptique* sur Q .

BIBLIOGRAPHIE

[1] P. BAYER, P. LLORENTE et N. VILA - $\tilde{M}_{12}$ *comme groupe de Galois sur* Q , C.R. Acad. Sci. Paris 303 (1986), 277-280.

[2] G.V. BELYI - *Extensions galoisiennes du corps cyclotomique maximal* [en russe], Izv. Akad. Nauk SSSR 43 (1979), 267-276 (= Math. USSR Izv. 14 (1980), 247-256).

[3] G.V. BELYI - *On extensions of the maximal cyclotomic field having a given classical Galois group*, J. Crelle 341 (1983), 147-156.

[4] A. BRUEN, C. JENSEN et N. YUI - *Polynomials with Frobenius groups of prime degree as Galois groups* II, J. of Number Theory, 24 (1986), 305-359.

[5] J. CONWAY, R. CURTIS, S. NORTON, R. PARKER et R. WILSON - *ATLAS of Finite Groups*, Clarendon Press, Oxford, 1985.

[6] R. DENTZER - *Realisierung von symplektischen Gruppen als Galoisgruppen über* **Q**, Diplomarbeit, Karlsruhe, 1987.

[7] W. FEIT - $\tilde{A}_5$ *and* $\tilde{A}_7$ *are Galois groups over number fields*, J. of Algebra 104 (1986), 231-260.

[8] M. FRIED - *On Hilbert's irreducibility theorem*, J. of Number Theory 6 (1974), 211-232.

[9] M. FRIED - *Fields of definition of function fields and Hurwitz families, Groups as Galois groups*, Commun. Alg. 5 (1977), 17-82.

[10] M. FRIED - *Rigidity and applications of the classification of simple groups to monodromy*, preprint, 1987.

[11] A. GROTHENDIECK - *Revêtements étales et groupe fondamental* (SGA I), Lect. Notes in Math. 224, Springer-Verlag, 1971.

[12] D. HILBERT - *Über die Irreduzibilität ganzer rationaler Funktionen mit ganzzahligen Koeffizienten*, J. Crelle 110 (1892), 104-129 (= *Ges. Abh.* II, 264-286).

[13] D.C. HUNT - *Rational rigidity and the sporadic groups*, J. of Algebra 99 (1986), 577-592.

[14] S. LANG - *Fundamentals of Diophantine Geometry*, Springer-Verlag, 1983.

[15] G. MALLE - *Polynomials with Galois groups* $\mathrm{Aut}(M_{22})$, M_{22} *and* $\mathrm{PSL}_3(\mathbf{F}_4).2_2$ *over* **Q**, à paraître.

[16] G. MALLE - *Exzeptionnelle Gruppen vom Lie-typ als Galoisgruppen*, à paraître.

[17] G. MALLE et B.H. MATZAT - *Realisierung von Gruppen* $\mathrm{PSL}_2(\mathbf{F}_p)$ *als Galoisgruppen über* **Q**, Math. Ann. 272 (1985), 549-565.

[18] B.H. MATZAT - *Zur Konstruktion von Zahl - und Funktionenkörpern mit vorgegebener Galoisgruppe*, Habilitationsschrift, Karlsruhe, 1980 (voir aussi J. Crelle 349 (1984), 179-220).

[19] B.H. MATZAT - *Zwei Aspekte konstruktiver Galoistheorie*, J. of Algebra 96 (1985), 499-531.

[20] B.H. MATZAT - *Realisierung endlicher Gruppen als Galoisgruppen*, Man. Math. 51 (1985), 253-265.

[21] B.H. MATZAT - *Topologische Automorphismen in der konstruktiven Galoistheorie*, J. Crelle 371 (1986), 16-45.

[22] B.H. MATZAT - *Konstruktive Galoistheorie*, Lect. Notes in Math., 1284.

[23] B.H. MATZAT - *Rationality criteria for Galois extensions*, 1987, à paraître.

[24] B.H. MATZAT et A. ZEH-MARSCHKE - *Realisierung der Mathieugruppen* M_{11} *und* M_{12} *als Galoisgruppen über* Q , J. of Number Theory 23 (1986), 195-202.

[25] J. NEUKIRCH - *On solvable number fields*, Invent. Math. 53 (1979), 135-164.

[26] I.R. ŠAFAREVIČ - *Construction de corps de nombres algébriques à groupe de Galois résoluble donné* [en russe], Izv. Akad. Nauk SSSR 18 (1954), 525-578 (= Amer. Math. Soc. Transl. 4 (1956), 185-237).

[27] D. SALTMAN - *Generic Galois extensions and problems in field theory*, Adv. in Math. 43 (1982), 250-283.

[28] J.-P. SERRE - *L'invariant de Witt de la forme* $Tr(x^2)$, Comm. Math. Helv. 59 (1984), 651-676.

[29] K.-y. SHIH - *On the construction of Galois extensions of function fields and number fields*, Math. Ann. 207 (1974), 99-120.

[30] J.G. THOMPSON - *Some finite groups which appear as* Gal(L/K) , *where* $K \subseteq Q(\mu_n)$, J. of Algebra 89 (1984), 437-499.

[31] J.G. THOMPSON - PSL_3 *and Galois groups over* Q , Proc. Rutgers groups theory year 1983-1984, Cambridge Univ. Press (1984), 309-319.

[32] J.G. THOMPSON - *Some finite groups of type* G_2 *which appear as Galois groups over* Q , preprint, 1983.

[33] N. VILA - *On central extensions of* A_n *as Galois group over* Q , Arch. Math. 44 (1985), 424-437.

[34] A. WEIL - *The field of definition of a variety*, Amer. J. Math. 78 (1956), 509-524 (= *Oe. Sci.* II, 291-306).

148.

Résumé des cours de 1989–1990

Annuaire du Collège de France (1990), 81–84

Le cours, comme celui de l'année précédente, a été consacré au « problème inverse de la théorie de Galois » : étant donné un groupe fini G, existe-t-il une extension galoisienne L de **Q** telle que le groupe de Galois Gal(L/**Q**) soit isomorphe à G ?

En fait, on s'est intéressé à la propriété plus précise suivante de G : (Gal_T). — Il existe une extension galoisienne régulière de **Q**(T) de groupe de Galois G.

Des exemples de groupes ayant cette propriété avaient déjà été donnés dans le cours de 1988-1989. La méthode suivie cette année a été basée sur la notion de « rigidité », due à Belyi, Fried, Matzat et Thompson (voir notamment B.H. Matzat, *Konstruktive Galoistheorie*, Lect. Notes in Math. n° 1284, Springer-Verlag, 1987, ainsi que l'exposé 689 du séminaire Bourbaki, 1987-1988).

Enoncé du théorème de rigidité

On considère un groupe fini G, dont on choisit des classes de conjugaison $C_1, \ldots, C_k$. On fait les deux hypothèses suivantes :

(1) (« rationalité »). Chacune des classes C_i est rationnelle sur **Q**. Cela signifie que $x \in C_i$ entraîne $x^m \in C_i$ pour tout m premier à l'ordre de x.

(2) (« rigidité »). Il existe $x_1 \in C_1, \ldots, x_k \in C_k$ tels que $x_1 \ldots x_k = 1$ et que G soit engendré par les x_i. De plus, si $x'_1, \ldots, x'_k$ est une autre famille d'éléments jouissant des mêmes propriétés, il existe $g \in G$ tel que $x'_i = gx_ig^{-1}$ pour tout i.

Théorème - *Supposons que le centre de* G *soit trivial, et que les classes* $C_1, \ldots, C_k$ *satisfassent à* (1) *et* (2). *Soit* K *un corps de caractéristique zéro, et soient* $Q_1, \ldots, Q_k$ *des points* K*-rationnels, deux à deux distincts, de la droite* *projective* $\mathbf{P}_1$. *Il existe alors une extension galoisienne régulière* L *du corps* K(T) *des fonctions rationnelles sur* $\mathbf{P}_1$ *jouissant des propriétés suivantes* :

(a) *Le groupe de Galois* Gal(L/K(T)) *est* G.

(b) *L'extension* L/K(T) *est non ramifiée en dehors des* Q_i.

(c) *Pour tout* i, *le groupe d'inertie en* Q_i (défini à conjugaison près) *est engendré par un élément appartenant à la classe* C_i.

De plus, une telle extension L *est unique, à isomorphisme unique près.*

Notons X la courbe algébrique, projective et lisse, dont le corps de fonctions est le corps L cherché. C'est un revêtement galoisien ramifié de $\mathbf{P}_1$. Lorsque le corps de base est le corps **C** des nombres complexes, l'existence et l'unicité de X résultent du théorème d'existence de Riemann (dont la démonstration a été rappelée dans le cours, en même temps que celle des théorèmes du type « GAGA »). On passe ensuite de **C** à K par un argument de « descente » reposant de façon essentielle sur *l'unicité* de la courbe cherchée.

Le théorème ci-dessus, appliqué avec K = **Q**, donne :

Corollaire - *Tout groupe fini* G *à centre trivial possédant des classes ayant les propriétés* (1) *et* (2) *jouit de la propriété* Gal_T. *En particulier*, G *est groupe de Galois d'une infinité d'extensions de* **Q**, *linéairement disjointes.*

Variantes du théorème de rigidité

Ces variantes visent à affaiblir les hypothèses (1) et (2), qui sont très difficiles à satisfaire. Un certain nombre d'entre elles ont été exposées dans le cours, avec applications aux groupes suivants :

— S_n, A_5, $SL_2(\mathbf{F}_8)$, J_1, J_2 ;

— $PSL_2(\mathbf{F}_p)$ pour p premier tel que $\left(\frac{2}{p}\right) = -1$ ou $\left(\frac{3}{p}\right) = -1$;

— $3{\cdot}A_6$, $3{\cdot}A_7$, $3{\cdot}M_{22}$, $3{\cdot}McL$, $3{\cdot}Suz$, $3{\cdot}O'N$, $3{\cdot}F_{22}$, $3{\cdot}F'_{24}$, d'après W. Feit ;

— $PSL_2(\mathbf{F}_{p^2})$ pour p premier $\equiv \pm 2 \pmod 5$, d'après W. Feit.

D'autres variantes, exploitant l'action du *groupe des tresses* sur les solutions de $x_1 \ldots x_k = 1$, ont été exposées dans le séminaire par G. Malle (le cours a tenté — avec un succès limité — d'en donner une interprétation géométrique).

Propriétés locales des extensions de **Q**(T) *fournies par la méthode de rigidité*

Le cas réel n'est pas difficile, mais on sait peu de choses dans le cas p-adique. Ainsi, si G satisfait aux conditions du théorème ci-dessus, avec
1 $k = 3$, et si $X \to \mathbf{P}_1$ désigne le revêtement correspondant, est-il vrai que ce revêtement « se réduit bien mod p » pourvu que p ne divise pas l'ordre des éléments de C_1, C_2, C_3 ? (C'est vrai lorsque p ne divise pas l'ordre de G.)

Un théorème de Harbater

Il ne s'agit plus ici de rigidité, mais de la propriété Gal_T pour un groupe fini donné G. Cette propriété est relative au corps **Q**. On peut se demander si elle est déjà vraie dans le cas local, c'est-à-dire lorsque l'on remplace **Q** par $\mathbf{Q}_p$ (ou par **R**, mais ce cas est facile). Il en est bien ainsi. De façon plus précise, on a :

Théorème (Harbater) - *Pour tout groupe fini* G *et tout corps local* K *de caractéristique* 0, *il existe une extension galoisienne régulière* L *de* K(T) *ayant les deux propriétés suivantes* :

(a) *Le groupe de Galois* Gal(L/K(T)) *est* G.

(b) *Il existe un point* $Q \in \mathbf{P}_1(K)$ *qui est complètement décomposé dans l'extension* L/K(T) (autrement dit, la courbe X correspondant à L possède un point rationnel sur K distinct des points de ramification).

La démonstration repose sur les théorèmes du type « GAGA formel » de Grothendieck (ou « GAGA *p*-adique rigide » de R. Kiehl et U. Köpf, cela revient au même, comme me l'a signalé M. Raynaud). On commence par vérifier que le théorème est vrai lorsque G est cyclique, ce qui peut se faire (sur tout corps de base) en utilisant des isogénies de tores. Lorsque G n'est pas cyclique on choisit des sous-groupes propres G_1 et G_2 de G engendrant G et l'on choisit dans la droite projective $\mathbf{P}_1$ deux disques fermés disjoints D_1 et D_2. Utilisant l'hypothèse de récurrence, on construit un revêtement rigide de D_i $(i = 1,2)$, de groupe G, qui est trivial sur le bord de D_i et admet une « composante connexe » stable par G_i. Par recollement de ces revêtements (sur les D_i) et du revêtement trivial (sur le complémentaire de $D_1 \cup D_2$), on obtient un revêtement rigide (donc algébrique) de $\mathbf{P}_1$ ayant les propriétés voulues.

Les exemples de Mestre pour A_n *et* $\tilde{A}_n$

J.-F. Mestre a construit récemment (*J. of Algebra*, 1990) des extensions galoisiennes régulières de **Q**(T) à groupe de Galois le groupe alterné A_n jouissant de remarquables propriétés, parmi lesquelles :

(i) Les groupes d'inertie correspondant aux points de ramification sont d'ordre 3.

(ii) Il existe un « point-base » $Q \in \mathbf{P}_1(\mathbf{Q})$, i.e. un point rationnel qui est complètement décomposé dans l'extension considérée.

Supposons $n \geqslant 4$. Le groupe A_n possède alors une unique extension centrale non triviale par un groupe d'ordre 2, notée $\tilde{A}_n$ (ou $2 \cdot A_n$). Si L/**Q**(T) est une extension galoisienne à groupe de Galois A_n, on peut se demander s'il existe une extension quadratique $\tilde{L}$ de L telle que $\tilde{L}$ soit galoisienne sur **Q**(T) à groupe de Galois $\tilde{A}_n$. Ce « problème de plongement » se heurte à une obstruction qui est un élément x du groupe $H^2(\mathbf{Q}(T),\mathbf{Z}/2\mathbf{Z}) = \mathrm{Br}_2\ \mathbf{Q}(T)$. Dans le cas des extensions de Mestre, *cet élément est* 0 (Mestre, *loc. cit.*). En effet, le fait que les groupes d'inertie soient d'ordres impairs entraîne que x est « constant », i.e. provient de $H^2(\mathbf{Q},\mathbf{Z}/2\mathbf{Z})$; comme cette constante prend la valeur 0 au point-base, elle est nulle. (La nullité de x peut aussi se prouver en utilisant l'invariant de Witt de la forme trace associée à l'extension de degré n définie par L ; c'est de cette façon que procède Mestre.)

On déduit de là l'existence de l'extension $\tilde{L}$. En particulier, $\tilde{A}_n$ *a la propriété* Gal_T *pour tout* $n \geqslant 4$, ce qui complète des résultats antérieurs de N. Vila. Lorsque n est *impair*, on peut aller plus loin, et construire une extension $\tilde{L}$ ayant les propriétés supplémentaires suivantes :

— elle est non ramifiée sur la sous-extension L correspondante ;

— elle a un point-base.

On utilise pour cela le résultat suivant :

Théorème - *Soit n un entier impair > 4. Soient $x_1, \ldots, x_{n-1}$ des 3-cycles engendrant* A_n *et tels que* $x_1 \ldots x_{n-1} = 1$. *Pour tout i, soit $\tilde{x}_i$ l'unique élément d'ordre* 3 *de* $\tilde{A}_n$ *se projetant sur* x_i. *On a alors* $\tilde{x}_1 \ldots \tilde{x}_{n-1} = 1$ *dans* $\tilde{A}_n$.

2 La démonstration peut se faire, soit par voie combinatoire, soit en utilisant les propriétés des « thêta-caractéristiques » des courbes algébriques. Elle n'a pas été donnée dans le cours, mais elle a fait l'objet d'un exposé de séminaire à l'E.N.S.

Séminaire

G. Malle - *Braid orbit theorems* (2 exposés).

149.

Construction de revêtements étales de la droite affine en caractéristique *p*

C. R. Acad. Sci. Paris **311** (1990), 341–346

Résumé – Soit k un corps algébriquement clos de caractéristique $p>0$ et soit D la droite affine sur k. Soit G un groupe fini. Pour que G soit le groupe de Galois d'un revêtement fini étale connexe de D, il est nécessaire que G soit engendré par ses p-sous-groupes de Sylow. En 1957, S. Abhyankar a conjecturé que cette condition est suffisante. Le but de cette Note est de démontrer la conjecture en question lorsque G est résoluble. Plus généralement, nous montrons que, si la conjecture est vraie pour un groupe, elle l'est aussi pour toute extension de ce groupe par un groupe résoluble.

Construction of étale coverings of the affine line in characteristic p

Abstract – *Let k be an algebraically closed field of characteristic* $p>0$ *and let* D *be the affine line over k. Let* G *be a finite group. For* G *to be the Galois group of a finite étale connected covering of* D *it is necessary that* G *be generated by its p-Sylow subgroups. In* 1957, *S. Abhyankar has conjectured that the converse is true. We prove here this conjecture when* G *is solvable. More generally, we show that, if the conjecture holds for some group, it also holds for any extension of that group by a solvable group.*

1. Notations. – On note k un corps algébriquement clos de caractéristique $p>0$, et $D=\operatorname{Spec} k[T]$ la droite affine sur k. On a $D=\mathbf{P}_1-\{\infty\}$. Le corps des fonctions rationnelles de D est $K=k(T)$.

Si G est un groupe fini, nous dirons que G *a la propriété* (Quasi-*p*), ou que c'est un *quasi-p-groupe* (*cf*. [1]), si G est engendré par ses p-sous-groupes de Sylow, autrement dit si G n'a aucun quotient non trivial d'ordre premier à p.

Nous dirons que G *a la propriété* (Rev-*p*) si G est isomorphe au groupe de Galois d'un revêtement fini étale connexe de la droite affine D. Il revient au même de dire qu'il existe une extension galoisienne finie du corps $K=k(T)$, de groupe de Galois G, qui est non ramifiée en dehors de la place ∞ de K.

On a (Rev-*p*) $\Rightarrow$ (Quasi-*p*), *cf*. [1]. De façon plus précise, soit L/K une extension galoisienne du type ci-dessus, avec $\operatorname{Gal}(L/K)=G$, soit I le sous-groupe d'inertie de G relatif à une place de L au-dessus de ∞, et soit I_1 le p-sous-groupe de Sylow de I (groupe d'inertie « sauvage »). Alors G est engendré par les conjugués de I_1.

1 La *conjecture d'Abhyankar* (cas particulier de la Conjecture 1 de [1], p. 840, applicable à toute courbe affine) consiste en *l'équivalence de* (Rev-*p*) *et de* (Quasi-*p*). Elle entraîne, par exemple, que tout groupe simple d'ordre divisible par p a la propriété (Rev-*p*). Cette conjecture a été démontrée dans les cas particuliers suivants :

(*a*) G est le groupe des points rationnels d'un groupe semi-simple simplement connexe sur un corps fini $\mathbf{F}_q$ de caractéristique p (M. Nori, *cf*. [6]). Cela s'applique par exemple à $SL_n(\mathbf{F}_q)$, $Sp_{2n}(\mathbf{F}_q)$, ..., $E_8(\mathbf{F}_q)$.

(*b*) $G=\mathfrak{A}_n$ pour $n\geqq p>2$ et $G=\mathfrak{S}_n$ pour $p=2$ (S. Abhyankar [2]).

2. Énoncé du théorème.

Théorème 1. – *Soit* $\tilde{G}$ *un quasi-p-groupe, soit* N *un sous-groupe normal de* $\tilde{G}$, *et soit* $G=\tilde{G}/N$. *Supposons que* G *ait la propriété* (Rev-*p*) *et que* N *soit résoluble. Alors* $\tilde{G}$ *a la propriété* (Rev-*p*).

COROLLAIRE 1. — *Tout quasi-p-groupe résoluble a la propriété* (Rev-p).

(Autrement dit, la conjecture d'Abhyankar est vraie pour les groupes résolubles.)

Cela se déduit du théorème, appliqué au cas où $N=\tilde{G}$.

COROLLAIRE 2. — *Toute extension d'un groupe ayant la propriété* (Rev-p) *par un p-groupe a la propriété* (Rev-p).

Remarque. — Soit X une k-variété irréductible *affine*, de dimension >0. Soit G un groupe fini satisfaisant à (Rev-p) et soit $D' \to D$ un revêtement galoisien fini étale connexe de groupe de Galois G. Si $f: X \to D$ est un morphisme non constant, le revêtement image réciproque $X'_f = f^* D'$ est un G-revêtement étale de X. Il n'est pas difficile de montrer qu'il existe des choix de f tels que X'_f soit *connexe* (remplacer f par f^m avec m assez grand premier à p, *cf.* n° 6). On déduit de là que *tout groupe* G *qui a la propriété* (Rev-p) *est groupe de Galois d'un revêtement étale connexe de* X. D'après le corollaire, ceci s'applique en particulier à tout groupe résoluble qui est un quasi-p-groupe.

3. PRÉLIMINAIRES À LA DÉMONSTRATION DU THÉORÈME. — Soit π le groupe fondamental de D relativement à un point-base fixé, *cf.* [5], p. 140. L'hypothèse que G satisfait à (Rev-p) signifie qu'il existe un morphisme (*i.e.* un homomorphisme continu) surjectif $\pi \to G$, et il faut montrer que cela entraîne l'existence d'un morphisme surjectif $\pi \to \tilde{G}$.

Un « dévissage » immédiat permet de se ramener au cas où le noyau N de $\tilde{G} \to G$ est un *groupe abélien élémentaire* de type $(l, \ldots, l)$, où l est un nombre premier, l'action de G sur N étant *irréductible*. Comme $\tilde{G}$ est une extension de G par N, $\tilde{G}$ est décrit par une classe de cohomologie $e \in H^2(G, N)$. Cela amène à distinguer deux cas :

(*a*) $e \neq 0$; l'extension $\tilde{G}$ est alors essentielle;

(*b*) $e=0$; $\tilde{G}$ est isomorphe au produit semi-direct de G par le $\mathbf{F}_l$ [G]-module N.

4. DÉMONSTRATION DU THÉORÈME LORSQUE $e \neq 0$. — On utilise le résultat connu suivant :

PROPOSITION 1. — *Le groupe fondamental d'une courbe affine sur k est de dimension cohomologique* $\leqq 1$.

Rappelons la démonstration. Tout d'abord, si X est une variété connexe, $\pi_1(X)$ son groupe fondamental relativement à un point-base, et N un $\pi_1(X)$-module fini, on peut considérer N comme un faisceau étale sur X, ce qui donne un sens aux groupes de cohomologie étale $H^i_{et}(X, N)$. En utilisant la suite spectrale de Cartan-Leray ([7], p. 105, th. 2.20), ainsi qu'un passage à la limite, on voit que $H^1(\pi_1(X), N) = H^1_{et}(X, N)$ et que $H^2(\pi_1(X), N)$ se plonge dans $H^2_{et}(X, N)$. Or, si X est affine de dimension $\leqq 1$, on sait que $H^2_{et}(X, N)=0$, *cf.* [3], cor. 5.7, p. 41 et th. 5.1, p. 58. On a donc $H^2(\pi_1(X), N)=0$, ce qui montre bien que $\pi_1(X)$ est de dimension cohomologique $\leqq 1$.

La proposition 1, appliquée à $\pi=\pi_1(D)$, montre que $\mathrm{cd}(\pi) \leqq 1$. Si $\varphi: \pi \to G$ est un morphisme surjectif, on peut donc relever φ en un morphisme $\tilde{\varphi}: \pi \to \tilde{G}$, *cf.* par exemple [9], p. I-74. Le groupe $H=\mathrm{Im}(\tilde{\varphi})$ est un sous-groupe de $\tilde{G}$ tel que $N.H=\tilde{G}$. Le groupe $N \cap H$ est un sous-G-module de N non réduit à 0 (sinon, $\tilde{G}$ serait produit semi-direct de G et N, contrairement à l'hypothèse $e \neq 0$). Vu l'irréductibilité de N, on a $N \cap H = N$, d'où $H=\tilde{G}$, ce qui montre que $\tilde{\varphi}$ est surjectif. D'où le théorème dans le cas $e \neq 0$.

5. LE CAS $e=0$: PRÉLIMINAIRES. — Supposons maintenant que $e=0$, *i.e.* que $\tilde{G}$ soit produit semi-direct de G et de N. Choisissons un morphisme surjectif $\varphi: \pi \to G$. Cela munit N d'une structure de π-module; appelons N_φ le π-module ainsi défini (que l'on

peut aussi voir comme un faisceau étale sur D). Le groupe de cohomologie $H^1(G, N)$ se plonge dans $H^1(\pi, N_\varphi)=H^1_{et}(D, N_\varphi)$.

Proposition 2. — *Pour qu'il existe un morphisme surjectif* $\tilde{\varphi}:\pi\to\tilde{G}$ *tel que le composé* $\pi\to\tilde{G}\to G$ *soit* φ, *il faut et il suffit que* $H^1(\pi, N_\varphi)$ *soit strictement plus grand que* $H^1(G, N)$.

Supposons $H^1(\pi, N_\varphi)$ strictement plus grand que $H^1(G, N)$. Choisissons un 1-cocycle $a:\pi\to N_\varphi$ dont la classe de cohomologie n'appartienne pas à $H^1(G, N)$. Le couple (a, φ) définit un morphisme

$$\tilde{\varphi}:\quad \pi\to N.G=\tilde{G}.$$

Si $\tilde{\varphi}$ n'était pas surjectif, son image serait un sous-groupe H de $\tilde{G}$ tel que $N\cap H=\{1\}$ et $N.H=\tilde{G}$. Le cocycle a proviendrait alors, via φ, d'un 1-cocycle $G\to N$, contrairement à l'hypothèse faite.

L'implication réciproque se prouve de la même manière (et ne sera pas utilisée dans ce qui suit).

Ainsi, tout revient à prouver que *l'on peut choisir* $\varphi:\pi\to G$ *de telle sorte que l'on ait* :

$$(*)\qquad \dim_{\mathbf{F}_l} H^1(\pi, N_\varphi) > \dim_{\mathbf{F}_l} H^1(G, N)$$

Il est commode pour cela de séparer les cas $l\neq p$ et $l=p$.

6. Démonstration du théorème lorsque $e=0$ et $l\neq p$. — Remarquons d'abord que, dans ce cas, la représentation de G dans N *n'est pas la représentation unité* : sinon, $\tilde{G}$ serait isomorphe à $\mathbf{Z}/l\mathbf{Z}\times G$, et ce ne serait pas un quasi p-groupe.

Soit I le groupe d'inertie de G relativement à la place à l'infini (groupe qui est défini à conjugaison près), et soit

$$I=I_0\supset I_1\supset\ldots\supset I_n\supset\ldots$$

la suite des groupes de ramification de I ([8], chap. IV).

L'invariant de Swan du faisceau étale N_φ à la place ∞ est l'entier $\alpha(N_\varphi)$ défini par la formule

$$\alpha(N_\varphi)=\sum_{n\geqq 1}(I:I_n)^{-1}\dim(N/N_n),$$

où N_n est le sous-espace vectoriel de N fixé par I_n ([7], p. 188).

Proposition 3. — *On a* $\dim H^1(\pi, N_\varphi)=\alpha(N_\varphi)-\dim N$.

Les groupes de cohomologie $H^j(\pi, N_\varphi)$ s'identifient aux groupes de cohomologie étale $H^j_{et}(D, N_\varphi)$; ils sont nuls pour $j\geqq 2$, et aussi pour $j=0$ puisque l'action de π sur N_φ est irréductible et non triviale.

On en conclut que

$$\dim H^1(\pi, N_\varphi)=-\chi(H^{\bullet}_{et}(D, N_\varphi)),$$

où χ désigne la caractéristique d'Euler-Poincaré.

Soit i l'injection de D dans $\mathbf{P}_1$. Soit $\overline{N}_\varphi=i_* N_\varphi$ l'image directe de N par i; c'est un faisceau constructible sur $\mathbf{P}_1$. On a :

$$\chi(H^{\bullet}_{et}(D, N_\varphi))=\chi(H^{\bullet}_{et}(\mathbf{P}_1, \overline{N}_\varphi))-\chi(H^{\bullet}_{\infty}(\overline{N}_\varphi))$$

où $H^{\bullet}_{\infty}(\overline{N}_\varphi)$ désigne la cohomologie de $\overline{N}_\varphi$ à supports dans $\{\infty\}$, *cf.* [7], p. 92.

Le terme $\chi(H^{\bullet}_{et}(\mathbf{P}_1, \overline{N}_\varphi))$ se calcule par une formule due à Grothendieck (formule « de Ogg-Shafarevich », *cf.* [7], p. 190, th. 2.12). On trouve :

$$\chi(H^{\bullet}_{et}(\mathbf{P}_1, \overline{N}_\varphi))=\dim N+\dim N^I-\alpha(N_\varphi),$$

où $N^I = N_0$ est le sous-espace de N fixé par le groupe d'inertie I.

Le terme $\chi(H^{\bullet}_{\infty}(\overline{N}_{\varphi}))$ est égal à $\dim N^I$ ([7], p. 189, lemme 2.10 (*a*)).

On en déduit que $\chi(H^{\bullet}_{et}(D, N_{\varphi}))$ est égal à $\dim N - \alpha(N_{\varphi})$, ce qui démontre la proposition.

Remarque. — Le même argument s'applique à toute *courbe affine* lisse connexe sur *k*. Si X est une telle courbe, et N un $\mathbf{F}_l[\pi_1(X)]$-module fini, on a

$$\chi(H^{\bullet}_{et}(X, N)) = (2-2g-s)\dim N - \sum_{j=1}^{s} \alpha_j(N),$$

où *g* est le genre de la courbe complétée $\overline{X}$ de X, *s* le nombre de points de $\overline{X}-X$, et $\alpha_1(N), \ldots, \alpha_s(N)$ les invariants de Swan de N en les points de $\overline{X}-X$ [*cf.* n° 8, th. 2 (*b*)].

Revenons à la démonstration du th. 1. Puisque $H^1(\pi, N_{\varphi})$ contient $H^1(G, N)$, on a

$$(**) \qquad \alpha(N_{\varphi}) - \dim N \geqq \dim H^1(G, N).$$

Si cette inégalité est stricte, $H^1(\pi, N_{\varphi})$ contient strictement $H^1(G, N)$ et l'on conclut à l'aide de la proposition 2.

Supposons d'autre part que (∗∗) soit une égalité (ce qui se produit par exemple pour le revêtement d'Artin-Schreier donné par $X^p - X = T$). Il est alors nécessaire de remplacer φ par un morphisme de ramification plus grande. Cela se fait de la manière suivante :

Notons $Y \to D$ le revêtement galoisien de groupe G défini par φ. Choisissons un entier $m > 1$, premier à *p*. Soit (*m*) le morphisme $T \mapsto T^m$ de D dans D. C'est un revêtement modérément ramifié de degré *m*, qui est disjoint du revêtement $Y \to D$. Soit Y_m l'image réciproque de $Y \to D$ par (*m*). C'est un revêtement étale galoisien connexe de D, de groupe de Galois G, et l'on a un diagramme commutatif :

$$\begin{array}{ccc} Y_m & \to & Y \\ \downarrow & & \downarrow \\ D & \xrightarrow{(m)} & D. \end{array}$$

A ce revêtement est associé un morphisme surjectif $\varphi_m : \pi \to G$. Un calcul facile sur les groupes de ramification montre que le *caractère de Swan de* Y_m *est m fois celui de* Y. D'où $\alpha(N_{\varphi_m}) = m\,\alpha(N_{\varphi})$. En particulier, le remplacement de φ par φ_m augmente la valeur de $\alpha(N_{\varphi})$ ce qui entraîne que l'inégalité (∗∗) devient stricte, et l'on est ainsi ramené au cas précédent. Cela démontre le th. 1 dans le cas considéré.

Remarque. — A la place de $T \mapsto T^m$ on aurait pu prendre n'importe quel polynôme de degré *m*. En exploitant cette possibilité, on peut prouver que *l'ensemble des morphismes surjectifs* $\pi \to G$ *est infini, de cardinal égal à celui de k.*

7. Démonstration du théorème lorsque $e=0$ et $l=p$. — On suppose que *l* est égal à *p*. Vu la proposition 2, il suffit de prouver :

Proposition 4. — *L'espace vectoriel* $H^1(\pi, N_{\varphi})$ *est de dimension infinie.*

Rappelons que $H^1(\pi, N_{\varphi}) = H^1_{et}(D, N_{\varphi})$. Posons comme ci-dessus $\overline{N}_{\varphi} = i_* N_{\varphi}$ et notons $H^{\bullet}_{\infty}(\overline{N}_{\varphi})$ la cohomologie du faisceau $\overline{N}_{\varphi}$ à supports dans $\{\infty\}$.

On a une suite exacte :

$$H^1_{et}(D, N_{\varphi}) \to H^2_{\infty}(\overline{N}_{\varphi}) \to H^2_{et}(\mathbf{P}_1, \overline{N}_{\varphi}).$$

Comme $H^2_{et}(\mathbf{P}_1, \overline{N}_{\varphi}) = 0$ (*cf.* [3], cor. 5.2, p. 59), cela montre que l'homomorphisme

$$H^1_{et}(D, N_{\varphi}) \to H^2_{\infty}(\overline{N}_{\varphi})$$

est surjectif. Soit $K_\infty = k((T^{-1}))$ le complété de K à l'infini, et soit O_∞ l'anneau des entiers de K_∞. Un argument standard d'excision (*voir* [7], p. 92) montre que :

$$H^2_\infty(\bar{N}_\varphi) = H^2_\infty(\mathrm{Spec}(O_\infty), \bar{N}_\varphi) = H^1(K_\infty, N_\varphi).$$

La proposition 4 sera donc démontrée si l'on prouve que $H^1(K_\infty, N_\varphi)$ est de dimension infinie, ce qui résulte de la proposition purement locale suivante :

PROPOSITION 5. — *Soit* $F = k((t))$ *un corps de séries formelles sur* k, *soit* F^s *une clôture séparable de* F *et soit* $G_F = \mathrm{Gal}(F^s/F)$. *Soit* V *un* G_F*-module qui soit un* $\mathbf{F}_p$*-espace vectoriel de dimension finie* >0. *On a* :

$$\dim H^1(G_F, V) = \infty.$$

Par dévissage, on peut supposer que l'action de G_F sur V est irréductible. Si I_1 désigne le pro-p-groupe de Sylow de G_F, l'action de I_1 sur V est triviale. Ainsi G_F agit sur V via le groupe d'inertie modéré $I_t = G_F/I_1$. On peut identifier V à une extension finie $\mathbf{F}_q$ de $\mathbf{F}_p$, l'action de I_t se faisant par un caractère $\psi : I_t \to \mathbf{F}_q^*$. Soit m l'ordre de ψ, et soit $F_m = k((t_m))$, avec $t_m = t^{1/m}$. Le groupe de Galois $C_m = \mathrm{Gal}(F_m/F)$ s'identifie au groupe des racines m-ièmes de l'unité par un caractère $\chi : C_m \to k^*$. Si l'on plonge $\mathbf{F}_q$ dans k, on a $\psi = \chi^i$, avec $i \in (\mathbf{Z}/m\mathbf{Z})^*$. Le groupe de cohomologie $H^1(G_F, V)$ est isomorphe à

$$H^0(C_m, H^1(I_m, V)) = H^0(C_m, \mathrm{Hom}(I_m, \mathbf{F}_p) \otimes V) \qquad \text{avec} \quad I_m = \mathrm{Gal}(F^s/F_m).$$

On a $\mathrm{Hom}(I_m, \mathbf{F}_p) = F_m/\mathfrak{p}\, F_m$, où $\mathfrak{p}$ est le morphisme d'Artin-Schreier $x \mapsto x^p - x$. On est ainsi ramené à montrer que, *dans la représentation de* C_m *sur* $(F_m/\mathfrak{p}\, F_m) \otimes \mathbf{F}_q$, *tout caractère de* C_m *intervient une infinité de fois*. Or il n'est pas difficile d'expliciter le groupe $F_m/\mathfrak{p}\, F_m$: on peut prendre pour représentants de ses éléments les polynômes de Laurent $\sum a_j t_m^{-j}$ avec $a_j \in k$ et j entier >0 premier à p. En particulier, les multiples de t_m^{-j} fournissent un C_m-sous-module de $F_m/\mathfrak{p}\, F_m$ isomorphe à k, l'action de C_m se faisant par χ^{-j}. Comme k est de dimension infinie sur $\mathbf{F}_q$, cela montre que χ^{-j} intervient une infinité de fois. D'où le résultat cherché, ce qui achève la démonstration du théorème 1.

Remarque. — On peut préciser la proposition 5 en montrant que $\dim H^1(G_F, V)$ est égal à $\mathrm{Card}(k)$. Le même résultat vaut pour $\dim H^1(\pi, N_\varphi)$.

8. VARIANTE : COHOMOLOGIE DES REVÊTEMENTS ÉTALES DE COURBES AFFINES. — Soit $\bar{X}$ une courbe projective lisse connexe sur k, de genre g, et soit $X = \bar{X} - S$ un ouvert affine de $\bar{X}$; posons $s = \mathrm{Card}(S)$. Notons π_X le groupe fondamental de X (relativement à un point-base fixé), et soit $\varphi : \pi_X \to G$ un morphisme surjectif, où G est un groupe fini; soit $Y \to X$ le revêtement correspondant à φ. Soit l un nombre premier. Posons :

$$E_l(\varphi) = H^1_{\mathrm{et}}(Y, \mathbf{F}_l) = H^1(\mathrm{Ker}(\varphi), \mathbf{F}_l).$$

La structure du $\mathbf{F}_l[G]$-module $E_l(\varphi)$ est donnée par le théorème suivant :

THÉORÈME 2. — (*a*) *On a* $E_l(\varphi) \simeq \Omega^{-2}\, \mathbf{1}_l \oplus P_l(\varphi)$, *où* :

$\mathbf{1}_l$ *est* $\mathbf{F}_l$, *muni de l'action triviale de* G;

Ω^{-2} *est la construction de Heller d'exposant* -2 (*cf*. [4], §§ 62E et 78A);

$P_l(\varphi)$ *est un* $\mathbf{F}_l[G]$*-module projectif.*

(*b*) *Si* $l \neq p$, $E_l(\varphi)$ *est de dimension finie sur* $\mathbf{F}_l$, *et son caractère modulaire est* $1 + (2g + s - 2) r_G + \sum_{j=1}^{s} sw_j$, *où* r_G *est le caractère de la représentation régulière de* G, *et les* sw_j ($j = 1, \ldots, s$) *sont les caractères de Swan relatifs aux points de* $\bar{X} - X$.

(*c*) *Si* $l = p$, $P_l(\varphi)$ *est un* $\mathbf{F}_l[G]$*-module libre de rang égal à* $\mathrm{Card}(k)$.

L'assertion (*a*) est un cas particulier d'un résultat général sur les groupes profinis de dimension cohomologique $\leqq 1$. L'assertion (*b*) résulte de la formule de Lefschetz, appliquée à l'action de G sur la complétée $\overline{Y}$ de Y. La démonstration de (*c*) est analogue à celle de la proposition 4.

Lorsque $X = D$ (auquel cas $g=0$, $s=1$) le théorème 2, peut être utilisé pour donner une autre démonstration du théorème 1 : l'étude du G-module $E_l(\varphi)$ est essentiellement équivalente à celle des groupes $H^1(\pi, N_\varphi)$ utilisés aux n°s 5-7 ci-dessus.

Note remise et acceptée le 23 juillet 1990.

RÉFÉRENCES BIBLIOGRAPHIQUES

[1] S. ABHYANKAR, Coverings of algebraic curves, *Amer. J. Math.*, 79, 1957, p. 825-856.

[2] S. ABHYANKAR, Galois theory on the line, *A.M.S. Abstract*, 855-14-07, 1990.

[3] M. ARTIN, A. GROTHENDIECK et J.-L. VERDIER, Théorie des Topos et Cohomologie Étale des Schémas (SGA 4), 3, *Lect. Notes in Math.*, n° 305, Springer-Verlag, 1973.

[4] C. W. CURTIS et I. REINER, *Methods of representation theory with applications to finite groups and orders*, II, Wiley Interscience, New York, 1987.

[5] A. GROTHENDIECK, Revêtements Étales et Groupe Fondamental (SGA 1), *Lect. Notes in Math.*, n° 224, Springer-Verlag, 1971.

[6] T. KAMBAYASHI, Nori's construction of Galois coverings in positive characteristics, *Algebraic and Topological Theories*, Tokyo, 1985, p. 640-647.

[7] J. S. MILNE, *Etale Cohomology*, Princeton Math. Series 33, Princeton Univ. Press, 1980.

[8] J.-P. SERRE, *Corps Locaux*, 3e édit., Hermann, Paris, 1980.

[9] J.-P. SERRE, Cohomologie Galoisienne, 4e édit., *Lect. Notes in Math.* n° 5, Springer-Verlag, 1973.

150.

Spécialisation des éléments de $Br_2(Q(T_1, \ldots, T_n))$

C. R. Acad. Sci. Paris **311** (1990), 397–402

Résumé – Soit $\alpha = \sum (f_i, g_i)$ un élément de $Br_2(Q(T_1, \ldots, T_n))$, où les f_i, g_i sont des polynômes non nuls, à coefficients dans Q, en les indéterminées $T_1, \ldots, T_n$. Si X est un paramètre > 0, soit N(X) le nombre des points $t = (t_1, \ldots, t_n)$ de Z^n, avec $|t_i| \leqslant X$, tels que $f_i(t) \neq 0$, $g_i(t) \neq 0$ et $\alpha(t) = 0$, où $\alpha(t)$ est l'élément de $Br_2(Q)$ défini par

$$\alpha(t) = \sum (f_i(t), g_i(t)).$$

En utilisant un argument de crible, on montre que l'on a

$$N(X) \ll X^n/(\log X)^{d(\alpha)/2} \quad \text{pour} \quad X \to \infty,$$

où $d(\alpha)$ désigne le nombre des composantes Q-irréductibles du diviseur polaire de α dans l'espace affine $\mathbf{Aff}^n$.

Specialization of elements of $Br_2(Q(T_1, \ldots, T_n))$

Abstract – *Let* $\alpha = \sum (f_i, g_i)$ *be an element of* $Br_2(Q(T_1, \ldots, T_n))$, *where* f_i, g_i *are non zero elements of* $Q[T_1, \ldots, T_n]$. *If* $X > 0$, *let* N(X) *be the number of* $t = (t_1, \ldots, t_n)$, *with* $t_i \in Z$, $|t_i| \leqslant X$, *such that* $f_i(t) \neq 0$, $g_i(t) \neq 0$ *and* $\alpha(t) = 0$, *where* $\alpha(t)$ *is the element of* $Br_2(Q)$ *defined by*

$$\alpha(t) = \sum (f_i(t), g_i(t)).$$

Using a sieve argument, we show that

$$N(X) \ll X^n/(\log X)^{d(\alpha)/2} \quad \textit{when} \quad X \to \infty,$$

where $d(\alpha)$ *is the number of* Q-*irreducible components of the polar divisor of* α *in affine n-space.*

1. Rappels sur les éléments d'ordre 2 du groupe de Brauer. – Si K est un corps, on note Br(K) le groupe de Brauer de K, et $Br_2(K)$ le sous-groupe de Br(K) formé des éléments α tels que $2\alpha = 0$. Si la caractéristique de K est $\neq 2$, un théorème de Mercuriev [8] dit qu'un tel α peut s'écrire comme *somme de symboles de Hilbert* :

$$\alpha = \sum (f_i, g_i) \quad \text{avec} \quad f_i, g_i \in K^*.$$

Soit v une valuation discrète de K, de corps résiduel $k(v)$ de caractéristique $\neq 2$. Il existe un unique homomorphisme

$$d_v: \ Br_2(K) \ \to \ H^1(k(v), Z/2Z) = k(v)^*/k(v)^{*2}$$

tel que $d_v((f, g)) = \tilde{g}$, si $v(f) = 1$, $v(g) = 0$, où $\tilde{g}$ désigne l'image de g dans $k(v)^*/k(v)^{*2}$.
1 Si α est un élément de $Br_2(K)$, $d_v(\alpha)$ est appelé le *résidu* de α en v. On dit que α est *v-entier* si son résidu en v est 0; cela équivaut à dire que α est somme de symboles (f_i, g_i) avec $v(f_i) = 0$ et $v(g_i) = 0$ pour tout i.

Lorsque K est le corps des fonctions $k(V)$ d'une k-variété algébrique lisse V (k étant un corps de caractéristique $\neq 2$), et que v est la valuation associée à un diviseur k-irréductible W de V, on dit que α a un *pôle* en W si $d_v(\alpha) \neq 0$, *i.e.* si α n'est pas v-entier. Pour α fixé, de telles variétés W sont en nombre fini. Leur réunion est le *diviseur polaire* $Pol_V(\alpha)$ de α dans V. D'après le « théorème de pureté » de Grothendieck ([3], th. 6.1), $Pol_V(\alpha)$ est le plus petit sous-schéma fermé F de V tel que α appartienne au groupe de Brauer (cohomologique) de l'ouvert $V - F$ [groupe qui s'identifie à un sous-groupe de Br(K)].

Si x est un point de $V - Pol_V(\alpha)$, d'anneau local O_x et de corps résiduel $k(x)$, il existe un unique élément α_x du groupe de Brauer de O_x dont l'image dans Br(K) est α; l'image de α_x dans $Br(k(x))$ sera notée $\alpha(x)$; c'est la *valeur* (ou la *spécialisation*) de α en x.

Lorsque $\alpha=\sum(f_i, g_i)$, et que les f_i, g_i sont des éléments inversibles de O_x, $\alpha(x)$ est la somme des symboles $(f_i(x), g_i(x))$, calculés dans $\mathrm{Br}_2(k(x))$. [Dans la suite, on s'intéressera uniquement au cas où x est un *point k-rationnel* de V, *i.e.* $k(x)=k$.]

Si V est l'espace affine $\mathbf{Aff}^n$, ou l'espace projectif $\mathbf{P}_n$, on a $K=k(T_1, \ldots, T_n)$. Un élément α de $\mathrm{Br}_2(K)$ est *constant* [*i.e.* appartient à $\mathrm{Br}_2(k)$] si et seulement si son diviseur polaire $\mathrm{Pol}_V(\alpha)$ est vide : pour $n=1$, ce résultat est dû à D. K. Faddeev [1] et le cas général se déduit de là par récurrence sur n.

2. Énoncé du théorème : le cas affine. — On prend $k=\mathbf{Q}$ et $V=\mathbf{Aff}^n$, $n\geqslant 1$, de sorte que $K=\mathbf{Q}(T_1, \ldots, T_n)$.

Soit α un élément de $\mathrm{Br}_2(K)$. Soit $Z(\alpha)$ l'ensemble des points

$$t=(t_1, \ldots, t_n)\in \mathbf{Z}^n$$

tels que :

(*a*) α est défini en t, *i.e.* t n'appartient pas à $\mathrm{Pol}_V(\alpha)$;

(*b*) α s'annule en t, *i.e.* $\alpha(t)=0$ dans $\mathrm{Br}_2(\mathbf{Q})$.

Si X est un paramètre >0, notons $N_\alpha(X)$ le nombre des $t\in Z(\alpha)$ tels que $|t_i|\leqslant X$ pour $i=1, \ldots, n$. On s'intéresse à la *croissance* de $N_\alpha(X)$ pour $X\to\infty$.

Théorème 1. — *Soit $d(\alpha)$ le nombre des composantes* **Q**-*irréductibles de* $\mathrm{Pol}_V(\alpha)$. *On a* :

$$N_\alpha(X) \ll X^n/(\log X)^{d(\alpha)/2} \quad \textit{pour} \quad X\to\infty. \tag{1}$$

Remarque. — Lorsque α n'est pas constant, on a $d(\alpha)\geqslant 1$, et la majoration (1) entraîne que $\alpha(t)$ est $\neq 0$ pour « la plupart » des $t\in\mathbf{Z}^n$. Lorsque α est constant non nul, on a $\alpha(t)=\alpha\neq 0$ pour tout t. Dans les deux cas, on voit que, *si $\alpha\neq 0$, il existe une infinité de spécialisations $\alpha(t)$ de α qui sont* $\neq 0$, résultat déjà obtenu par Fein-Saltman-Schacher [2].

3. Énoncé du théorème : le cas projectif. — On prend $k=\mathbf{Q}$ et $V=\mathbf{P}_n$, $n\geqslant 1$. Si $(T_0, \ldots, T_n)$ sont des coordonnées homogènes sur $\mathbf{P}_n$, on a $K=\mathbf{Q}(T_1/T_0, \ldots, T_n/T_0)$.

Soit $\alpha\in\mathrm{Br}_2(K)$. Notons $Z^{\mathrm{proj}}(\alpha)$ l'ensemble des $t\in\mathbf{P}_n(\mathbf{Q})$ tels que α soit défini en t et y prenne la valeur 0. Si X est un paramètre >0, notons $N_\alpha^{\mathrm{proj}}(X)$ le nombre des points $t\in Z^{\mathrm{proj}}(\alpha)$ dont la *hauteur* $H(t)$ est $\leqslant X$.

[Rappelons que $H(t)$ est le plus petit entier h tel que l'on puisse choisir des coordonnées homogènes $(t_0, \ldots, t_n)$ pour t avec $t_i\in\mathbf{Z}$ et $|t_i|\leqslant h$ pour tout i.]

Théorème 2. — *Soit d le nombre des composantes* **Q**-*irréductibles du diviseur polaire de α dans* $\mathbf{P}_n$. *On a* :

$$N_\alpha^{\mathrm{proj}}(X) \ll X^{n+1}/(\log X)^{d/2} \quad \textit{pour} \quad X\to\infty. \tag{2}$$

Ce théorème se déduit du théorème 1, appliqué à $\mathbf{Aff}^{n+1}$ et à l'image de α dans $\mathrm{Br}_2(\mathbf{Q}(T_0, \ldots, T_n))$.

Problème. — On peut se demander si la majoration (2) ci-dessus est essentiellement *optimale*, *i.e.* si l'on a

$$N_\alpha^{\mathrm{proj}}(X) \gg X^{n+1}/(\log X)^{d/2} \quad \text{pour} \quad X\to\infty,$$

sous la seule hypothèse (évidemment nécessaire) que $Z^{\mathrm{proj}}(\alpha)$ *est non vide*. Pour $n=1$, un certain nombre de cas particuliers ont été étudiés sur ordinateur par D. Coray, mais les résultats obtenus ne sont pas suffisamment convaincants pour que l'on puisse en tirer une conjecture précise. [Il semble que l'on ne sache même pas démontrer que $Z^{\mathrm{proj}}(\alpha)$ est soit vide soit infini.]

4. Exemples. — Les notations sont celles du n° 2.

Exemple 1. — $n=1$, $\alpha=(-1, T_1)$. L'ensemble $Z(\alpha)$ est formé des entiers $\geqslant 1$ qui sont *sommes de deux carrés* et $N_\alpha(X)$ est le nombre des éléments de cet ensemble qui sont $\leqslant X$. Le diviseur polaire de α est le point 0; on a $d(\alpha)=1$. Le théorème 1 dit que $N_\alpha(X)=O(X/(\log X)^{1/2})$ pour $X \rightarrow \infty$. En fait, d'après Landau [7], on a un résultat plus précis : il existe une constante $c>0$ telle que

$$N_\alpha(X) \sim cX/(\log X)^{1/2} \quad \text{pour} \quad X \rightarrow \infty.$$

Exemple 2. — $n=2$, $\alpha=(T_1, T_2)$. L'ensemble $Z(\alpha)$ est formé des couples d'entiers non nuls (t_1, t_2) tels que la conique d'équation

$$x^2-t_1 y^2-t_2 z^2=0$$

ait un point rationnel. Le diviseur polaire de α est formé des droites $T_1=0$ et $T_2=0$; on a $d(\alpha)=2$. Le théorème 1 dit que $N_\alpha(X)=O(X^2/\log X)$ pour $X \rightarrow \infty$. J'ignore si cette estimation est optimale. Des calculs sur ordinateur, faits par J.-F. Mestre, semblent indiquer que la croissance de $N_\alpha(X)$ est de l'ordre de $X^2/(\log X)^{1+\varepsilon}$, avec ε petit et peut-être même $\varepsilon=0$. En tout cas, en prenant t_1 et t_2 premiers, et en utilisant un argument de Heilbronn [5], on peut montrer que l'on a

$$N_\alpha(X) \gg X^2/(\log X)^2 \quad \text{pour} \quad X \rightarrow \infty.$$

Exemple 3. — $n=3$, $\alpha=(-T_1 T_2, -T_1 T_3)$. Dans cet exemple (qui m'a été proposé par Y. Manin en 1989, et qui a été à l'origine du présent travail), $Z(\alpha)$ est l'ensemble des triplets d'entiers non nuls (t_1, t_2, t_3) tels que la conique d'équation

$$t_1 x^2+t_2 y^2+t_3 z^2=0$$

ait un point rationnel. On a $d(\alpha)=3$ et le théorème 1 (ou le théorème 2) dit que
2 $N_\alpha(X)=O(X^3/(\log X)^{3/2})$ pour $X \rightarrow \infty$. Ici encore, j'ignore si cette estimation est optimale mais l'on peut en tout cas montrer que l'on a

$$N_\alpha(X) \gg X^3/(\log X)^3 \quad \text{pour} \quad X \rightarrow \infty.$$

Exemple 4. — $n=6$, et α est l'invariant de la conique d'équation

$$T_1 x^2+T_2 y^2+T_3 z^2+T_4 xy+T_5 yz+T_6 xz=0.$$

Le diviseur polaire de α est l'hypersurface cubique de $\mathbf{Aff}^6$ obtenue en annulant le *discriminant*

$$D(T)=4T_1 T_2 T_3+T_4 T_5 T_6-T_1 T_5^2-T_2 T_6^2-T_3 T_4^2$$

de la conique ci-dessus. Comme D est un polynôme irréductible, on a $d(\alpha)=1$ d'où $N_\alpha(X)=O(X^6/(\log X)^{1/2})$ pour $X \rightarrow \infty$.

Exemple 5. — $n=2$, $\alpha=(-T_1 T_2, T_1^3 T_2+T_1 T_2^3+T_2^4)$. Le diviseur polaire de α a pour équation $T_1^3+T_1 T_2^2+T_2^3=0$ (malgré les apparences, $T_1=0$ et $T_2=0$ ne sont pas des pôles de α). On a $d(\alpha)=1$ d'où $N_\alpha(X)=O(X^2/(\log X)^{1/2})$ pour $X \rightarrow \infty$. Des calculs sur ordinateur, faits par D. Coray, semblent indiquer que $X^2/(\log X)^{1/2}$ est bien l'ordre de grandeur de $N_\alpha(X)$ pour $X \rightarrow \infty$.

5. Démonstration du théorème 1 : préliminaires. — Soit S l'ensemble des composantes $\mathbf{Q}$-irréductibles de $\mathrm{Pol}_V(\alpha)$. On a $|S|=d(\alpha)$. (Si A est un ensemble fini, on convient de noter $|A|$ son cardinal.)

Soit $W \in S$. Choisissons une équation $P_W(T_1, \ldots, T_n)=0$ du diviseur W, où P_W est un polynôme $\mathbf{Q}$-irréductible à coefficients dans $\mathbf{Z}$. On démontre facilement que l'on peut écrire α sous la forme

$$\alpha = (P_W, u) + \sum (f_i, g_i),$$

où u et les f_i, g_i sont des polynômes à coefficients dans **Z**, non divisibles par P_W dans **Q**[T]. Soit **Q**(W) le corps des fonctions de W, autrement dit le corps des fractions de **Q**[T]/P_W**Q**[T]. Le fait que W soit un pôle de α équivaut à dire que l'image $\tilde{u}$ de u dans **Q**(W) n'est pas un carré; notons **Q**(W)' le corps **Q**(W)$(\tilde{u}^{1/2})$. La fermeture algébrique de **Q** dans **Q**(W) [resp. dans **Q**(W)'] est un corps de nombres k_W (resp. k'_W).

Soit p un nombre premier. Si E est un corps de nombres, notons $r_p(E)$ le nombre des idéaux premiers de E de norme p. Ceci s'applique notamment à k_W et k'_W.

LEMME 1. — *Le nombre des points* $t \in (\mathbf{Z}/p\mathbf{Z})^n$ *tels que* $P_W(t) \equiv 0 \pmod p$ *est égal à* :

$$r_p(k_W)\, p^{n-1} + O(p^{n-3/2}) \qquad \textit{pour} \quad p \to \infty.$$

Cela résulte de [6] et [10], appliqués à la réduction (mod p) de l'hypersurface d'équation $P_W(T) = 0$.

LEMME 2. — *Le nombre des points* $t \in (\mathbf{Z}/p\mathbf{Z})^n$ *tels que* $P_W(t) \equiv 0 \pmod p$ *et que* $u(t)$ *soit un carré* (mod p) *est égal à* :

$$\frac{1}{2} r_p(k'_W)\, p^{n-1} + O(p^{n-3/2}) \qquad \textit{pour} \quad p \to \infty.$$

On applique [6] et [10] à la sous-variété de $\mathbf{Aff}^{n+1}$ définie par les équations :

$$P_W(T_1, \ldots, T_n) = 0 \quad \text{et} \quad u(T_1, \ldots, T_n) = T_{n+1}^2.$$

Soit maintenant $A(p, W)$ le sous-ensemble de $(\mathbf{Z}/p^2\mathbf{Z})^n$ formé des éléments t satisfaisant aux trois conditions suivantes :

(3) $P_W(t) \equiv 0 \pmod p$ et $P_W(t) \not\equiv 0 \pmod{p^2}$;

(4) $u(t)$ n'est pas un carré (mod p);

(5) $f_i \not\equiv 0 \pmod p$ et $g_i(t) \not\equiv 0 \pmod p$ pour tout i.

LEMME 3. — *Soit* $t \in \mathbf{Z}^n$. *Si l'image de* t *dans* $(\mathbf{Z}/p^2\mathbf{Z})^n$ *appartient à* $A(p, W)$, *on a* $\alpha(t) \neq 0$ *dans* $Br_2(\mathbf{Q})$ [et même dans $Br_2(\mathbf{Q}_p)$].

En effet, il résulte de (5) que l'image de $\alpha(t)$ dans $Br_2(\mathbf{Q}_p)$ est égale à $(P_W(t), u(t))$ et ce symbole n'est pas 0 d'après (3) et (4).

LEMME 4. — *On a* :

$$|A(p, W)| = p^{2n-1}\left(r_p(k_W) - \frac{1}{2} r_p(k'_W)\right) + O(p^{2n-3/2}) \qquad \textit{pour} \quad p \to \infty.$$

Cela se déduit facilement des lemmes 1 et 2.

LEMME 5. — *Si* W_1 *et* W_2 *sont deux éléments de* S *distincts, on a* :

$$|A(p, W_1) \cap A(p, W_2)| = O(p^{2n-2}) \qquad \textit{pour} \quad p \to \infty.$$

Cela résulte du fait que $W_1 \cap W_2$ est de codimension 2 dans $\mathbf{Aff}^n$.

Soit $A(p)$ le sous-ensemble de $(\mathbf{Z}/p^2\mathbf{Z})^n$ réunion des $A(p, W)$ pour $W \in S$. Posons

(6) $$a(p) = |A(p)|/p^{2n-1}.$$

Les lemmes 4 et 5 entraînent :

LEMME 6. — *On a* :

(7) $$a(p)=\sum_{W\in S}\left(r_p(k_W)-\frac{1}{2}r_p(k'_W)\right)+O(p^{-1/2}) \quad \textit{pour} \quad p\to\infty.$$

Rappelons que, pour tout corps de nombres E, on a

(8) $$\sum_{p<z} p^{-1}r_p(E)\log p=\log z+O(1) \quad \text{pour} \quad z\to\infty,$$

cf. par exemple [4], p. 18, formule (3.17). (Cela peut aussi se déduire du fait que $p\mapsto r_p(E)$ est une *fonction frobénienne* de p de moyenne 1.) En combinant ceci avec le lemme 6, et en tenant compte de l'égalité $|S|=d(\alpha)$, on obtient :

LEMME 7. — *On a* :

(9) $$\sum_{p<z} p^{-1}a(p)\log p=\frac{1}{2}d(\alpha)\log z+O(1) \quad \textit{pour} \quad z\to\infty.$$

6. DÉMONSTRATION DU THÉORÈME 1 : LE CRIBLE. — D'après le lemme 3, si t appartient à $Z(\alpha)$, et si p est premier, la réduction $(\bmod p^2)$ de t n'appartient pas à $A(p)$.

C'est là une situation de *crible*, et plus précisément, de *crible de dimension* $d(\alpha)/2$ ([4], p. 142), vu le lemme 7. La seule différence avec le cas usuel (*cf.* [4], [9]) est que l'on crible $(\bmod p^2)$ au lieu de cribler $(\bmod p)$. Cette différence n'est pas importante. On constate en effet que les méthodes standard (basées sur les « λ_d » de Selberg comme dans [4], ou sur l'inégalité du grand crible comme dans [9]) s'appliquent avec des modifications mineures au cas considéré ici.

Voici par exemple comment on procède par la méthode du grand crible. On déduit du théorème de Davenport-Halberstam (généralisé à n variables) l'énoncé suivant :

THÉORÈME. — *Soit* Ω *un sous-ensemble de* $\mathbf{Z}^n$ *contenu dans un cube de côté* $N\geqslant 1$. *Soit* m *un entier* $\geqslant 1$. *Pour tout* p *premier, soit* $\omega(p)$ *un nombre réel positif* $\leqslant 1$ *tel que l'image de* Ω *dans* $(\mathbf{Z}/p^m\mathbf{Z})^n$ *ait au plus* $p^{nm}(1-\omega(p))$ *éléments. On a alors* :

(10) $$|\Omega|\leqslant(2N)^n/L(N^{1/2m}),$$

où $L(z)=\sum_{q\leqslant z}\prod_{p\mid q}\omega(p)/(1-\omega(p))$, *la somme étant étendue aux entiers* q *sans facteur carré qui sont* $\leqslant z$.

On applique ce théorème en prenant pour Ω l'ensemble des $t\in Z(\alpha)$ tels que $|t_i|\leqslant X$ pour tout i; on pose $m=2$, $N=2X$, $\omega(p)=a(p)/p$: toutes les hypothèses sont satisfaites.

Il résulte de (9) que l'on a

$$L(z) \gg (\log z)^{d(\alpha)/2} \quad \text{pour} \quad z\to\infty,$$

cf. [4], chap. V. L'inégalité (10) entraîne alors la majoration (1) du théorème 1.

7. GÉNÉRALISATIONS. — (1) On peut remplacer $\mathbf{Q}$ par n'importe quel corps de nombres.

(2) L'hypothèse que $\alpha\in Br(K)$ est d'ordre 2 peut probablement être supprimée, à condition de remplacer l'exposant $d(\alpha)/2$ du théorème 1 par $\sum_{W\in S}(1-1/e_W)$, où e_W est l'ordre du résidu de α en W [résidu qui est un élément de $H^1(\mathbf{Q}(W), \mathbf{Q}/\mathbf{Z})$].

Note remise et acceptée le 17 août 1990.

RÉFÉRENCES BIBLIOGRAPHIQUES

[1] D. K. FADDEEV, Algèbres simples sur un corps de fonctions d'une variable (en russe), *Publ. Inst. Math. Steklov*, 38, 1951, p. 321-344 (traduction anglaise : *A.M.S. Transl.*, (2), 3, 1956, p. 15-38).

[2] B. FEIN, D. J. SALTMAN et M. SCHACHER, *Brauer-Hilbertian Fields*, prépublication, 1989.

[3] A. GROTHENDIECK, Le groupe de Brauer III : exemples et compléments, *Dix exposés sur la cohomologie des schémas*, p. 88-188, North-Holland, 1968.

[4] H. HALBERSTAM et H.-E. RICHERT, *Sieve Methods*, Acad. Press, 1974.

[5] H. HEILBRONN, On the average of some arithmetical functions of two variables, *Mathematika*, 5, 1958, p. 1-7.

[6] S. LANG et A. WEIL, Number of points of varieties in finite fields, *Amer. J. Math.*, 76, 1954, p. 819-827 (= A. Weil, *Collected Papers*, II, [1954 *f*]).

[7] E. LANDAU, Über die Einteilung der positiven ganzen Zahlen in vier Klassen nach der Mindestzahl der zu ihrer additiven Zusammensetzung erforderlichen Quadrate, *Arch. der Math. und Physik* (3), 13, 1908, p. 305-312 (= *Collected Works*, IV, p. 59-66).

[8] A. S. MERCURIEV, Sur le symbole de reste normique de degré 2 (en russe), *Doklady Akad. Nauk SSSR*, 261, 1981, p. 542-547 (traduction anglaise : *Soviet Math. Dokl.*, 24, 1982, p. 546-551).

[9] H. L. MONTGOMERY, The analytic principle of the large sieve, *Bull. A.M.S.*, 84, 1978, p. 547-567.

[10] L. B. NISNEVICH, Sur le nombre de points d'une variété algébrique sur un corps premier fini (en russe), *Doklady Akad. Nauk S.S.S.R.*, 99, 1954, p. 17-20.

151.

Relèvements dans $\tilde{A}_n$

C. R. Acad. Sci. Paris **311** (1990), 477–482

Résumé – Soit $\tilde{\mathfrak{A}}_n$ $(n \geqslant 4)$ l'extension non triviale du groupe alterné $\mathfrak{A}_n$ par $\{\pm 1\}$. Soient $s_1, \ldots, s_k \in \mathfrak{A}_n$ des cycles de longueurs impaires $e_1, \ldots, e_k$ tels que $s_1 \ldots s_k = 1$. Soit $\tilde{s}_i$ le relèvement de s_i dans $\tilde{\mathfrak{A}}_n$ qui est d'ordre e_i. Le produit $\tilde{s}_1 \ldots \tilde{s}_k$ est égal à ± 1. On donne une formule permettant de calculer ce produit lorsque les s_i engendrent un sous-groupe transitif de $\mathfrak{A}_n$ et que $\Sigma(e_i - 1) = 2n - 2$: on a $\tilde{s}_1 \ldots \tilde{s}_k = 1$ si et seulement si $e_1 \ldots e_k \equiv \pm 1 \pmod 8$.

$\tilde{\mathfrak{A}}_n$-liftings

Abstract – *Let* $\tilde{\mathfrak{A}}_n$ $(n \geqslant 4)$ *be the non split extension of the alternating group* $\mathfrak{A}_n$ *by* $\{\pm 1\}$. *Let* $s_1, \ldots, s_k \in \mathfrak{A}_n$ *be cycles of odd order* $e_1, \ldots, e_k$ *such that* $s_1 \ldots s_k = 1$. *Let* $\tilde{s}_i$ *be the unique lifting of* s_i *in* $\tilde{\mathfrak{A}}_n$ *which has order* e_i. *Assume that the* s_i *generate a transitive subgroup of* $\mathfrak{A}_n$ *and that* $\Sigma(e_i - 1)$ *is equal to* $2n-2$. *We then show that* $\tilde{s}_1 \ldots \tilde{s}_k = 1$ *if and only if* $e_1 \ldots e_k \equiv \pm 1 \pmod 8$.

1. Notations. – Soit s un élément du groupe symétrique $\mathfrak{S}_n$, produit de cycles à supports disjoints c_α, d'ordres e_α. On pose :

(1) $$v(s) = \Sigma(e_\alpha - 1).$$

Si s est d'ordre impair, on définit $\omega(s) \in \mathbf{Z}/2\mathbf{Z}$ par :

(2) $$\omega(s) \equiv \Sigma(e_\alpha^2 - 1)/8 \equiv (\Pi e_\alpha^2 - 1)/8 \pmod 2.$$

On a $\omega(s) = 0$ si et seulement si $\Pi e_\alpha \equiv \pm 1 \pmod 8$.

On note $\tilde{\mathfrak{S}}_n$ (*cf.* [8]) l'extension de $\mathfrak{S}_n$ par le groupe à deux éléments $\{\pm 1\}$ caractérisée par la propriété suivante : sa restriction au sous-groupe d'ordre 2 (resp. 4) engendré par une transposition (resp. par le produit de deux transpositions à supports disjoints) est triviale (resp. non triviale). On a $\tilde{\mathfrak{S}}_n = 2^+ S_n$, avec les notations de l'*Atlas* [2].

L'image réciproque de $\mathfrak{A}_n$ dans $\tilde{\mathfrak{S}}_n$ est notée $\tilde{\mathfrak{A}}_n$; si $n \leqslant 3$, on a $\tilde{\mathfrak{A}}_n \simeq \mathfrak{A}_n \times \{\pm 1\}$; si $n \geqslant 4$, $\tilde{\mathfrak{A}}_n$ est l'unique extension non triviale de $\mathfrak{A}_n$ par $\{\pm 1\}$.

Si $s \in \mathfrak{A}_n$ est d'ordre impair, on notera $\tilde{s}$ l'unique relèvement de s dans $\tilde{\mathfrak{A}}_n$ qui a le même ordre que s; l'autre relèvement $-\tilde{s}$ a un ordre double de celui de s. On posera :

(3) $$s' = (-1)^{\omega(s)} \tilde{s},$$

où $\omega(s)$ est défini par (2) ci-dessus.

Si s est produit de cycles c_α à supports disjoints, d'ordres e_α, les $\tilde{c}_\alpha$ commutent entre eux et l'on a

(4) $$\tilde{s} = \Pi \tilde{c}_\alpha, \qquad s' = \Pi c'_\alpha.$$

2. Énoncé du théorème. – Soient $s_1, \ldots, s_k \in \mathfrak{S}_n$ tels que :

(5) $$s_1 \ldots s_k = 1,$$

(6) le sous-groupe $\langle s_1, \ldots, s_k \rangle$ de $\mathfrak{S}_n$ engendré par les s_i est transitif.

On sait (*cf.* par exemple [3]) que cela entraîne :

(7) $$\Sigma v(s_i) \geqslant 2n-2.$$

[Les s_i définissent un revêtement X de degré n de la droite projective $\mathbf{P}_1(\mathbf{C})$, ramifié en k points; d'après (6), ce revêtement est connexe; son genre g est $1 - n + (1/2)\Sigma v(s_i)$; comme g est $\geqslant 0$, on en déduit (7).]

Dans la suite, on s'intéressera au cas où il y a égalité dans (7), autrement dit :

(8) $$\Sigma v(s_i) = 2n-2.$$

(Cela revient à dire que le genre g de la surface de Riemann X est 0.)

Si les s_i sont des éléments de $\mathfrak{A}_n$ d'ordres impairs, (5) entraîne :

(9) $$\tilde{s}_1 \ldots \tilde{s}_k = \pm 1 \quad \text{dans } \tilde{\mathfrak{A}}_n.$$

Lorsque la condition (8) est satisfaite, on peut préciser le signe de (9). On a en effet le résultat suivant, qui sera démontré au n° 7 :

THÉORÈME. — *Soient* $s_1, \ldots, s_k \in \mathfrak{A}_n$ *des éléments d'ordres impairs satisfaisant aux conditions* (5), (6) *et* (8) *ci-dessus. On a* :

(10) $$\tilde{s}_1 \ldots \tilde{s}_k = (-1)^{\omega}, \quad \textit{où } \omega = \Sigma\,\omega(s_i) \in \mathbf{Z}/2\mathbf{Z}.$$

Il revient au même de dire que :

(11) $$s'_1 \ldots s'_k = 1 \quad \text{dans } \tilde{\mathfrak{A}}_n,$$

puisque $s'_i = (-1)^{\omega(s_i)}\tilde{s}_i$, *cf.* (3).

Exemple. — Supposons que les s_i soient des cycles d'ordre 3 engendrant $\mathfrak{A}_n$, auquel cas (8) signifie que $k=n-1$. Comme $\omega(s_i)=1$ pour tout i, la formule (10) dit que *le produit des* $\tilde{s}_i$ *est égal à* 1 *si et seulement si* n *est impair*. Ce résultat m'a été suggéré par M. Fried en 1989; depuis, M. Fried en a obtenu une démonstration différente, et qui donne davantage d'informations, *cf.* [4].

3. APPLICATION AUX REVÊTEMENTS RAMIFIÉS DE LA DROITE PROJECTIVE. — Soient $s_1, \ldots, s_k$ des éléments de $\mathfrak{A}_n$ d'ordres impairs satisfaisant à (5) et (6). Soit $G = \langle s_1, \ldots, s_k \rangle$ le sous-groupe de $\mathfrak{A}_n$ engendré par les s_i, et soit $\tilde{G}$ son image réciproque dans $\tilde{\mathfrak{A}}_n$. Soient d'autre part $Q_1, \ldots, Q_k$ des points de $\mathbf{P}_1(\mathbf{C})$, deux à deux distincts. Ces données définissent comme on sait un revêtement galoisien connexe $X^{gal} \to \mathbf{P}_1(\mathbf{C})$, de groupe G, non ramifié en dehors des Q_i (les groupes d'inertie au-dessus des Q_i étant les conjugués des $\langle s_i \rangle$). On peut se demander s'il existe un *revêtement quadratique non ramifié*

$$\varepsilon : \tilde{X}^{gal} \to X^{gal},$$

et une action de $\tilde{G}$ sur $\tilde{X}^{gal}$ telle que :

(*a*) l'élément -1 de $\tilde{G}$ agit sur $\tilde{X}^{gal}$ comme l'unique automorphisme non trivial du revêtement ε;

(*b*) si $t \in \tilde{G}$ a pour image $s \in G$, on a $\varepsilon \circ t = s \circ \varepsilon$.

On voit facilement qu'*un tel revêtement* ε *existe si et seulement si* $\Pi\,\tilde{s}_i = 1$. Si (8) est satisfait, le théorème ci-dessus dit que cela se produit si et seulement si $\Sigma\,\omega(s_i) = 0$ dans $\mathbf{Z}/2\mathbf{Z}$. Il en est ainsi par exemple pour les extensions à groupe de Galois $\mathfrak{A}_n$, n impair, construites par J.-F. Mestre [5], dans lesquelles les s_i sont des cycles d'ordre 3, *cf.* n° 2. (Pour une autre démonstration de ce résultat, et une construction explicite de $\tilde{X}^{gal}$, *voir* L. Schneps [7].)

4. GÉNÉRALISATION. — On peut se demander ce qui se passe lorsqu'on supprime la condition (8), *i.e.* lorsque le genre g de la surface de Rieman X du n° 2 est >0. Des exemples simples montrent que le produit des s'_i n'est pas toujours 1. On peut toutefois calculer ce produit par la méthode suivante :

Notons π la projection $X \to \mathbf{P}_1(\mathbf{C})$; on a $\deg(\pi) = n$. Si $x \in X$, soit $e(x)$ l'indice de ramification de π en x; les $e(x)$ sont impairs (ce sont les ordres des cycles composant les s_i). Définissons un diviseur θ de X par :

(12) $$\theta = -\pi^*(a) + \sum_{x \in X} \frac{e(x)-1}{2} x.$$

où a est un point quelconque de $\mathbf{P}_1(\mathbf{C})$. La classe c du diviseur θ ne dépend pas du choix de a, et $2c$ n'est autre que la *classe canonique* de X. Autrement dit, c est une *thêta-caractéristique* de X, *cf.* [1], [6]. Soit $i(c) \in \mathbf{Z}/2\mathbf{Z}$ la *parité* de cette classe (*loc. cit.*). La formule qui généralise (11) est :

(13) $$s'_1 \dots s'_k = (-1)^{i(c)},$$

cf. [9], n° 6. [Lorsque $g=0$, X n'a qu'une seule thêta-caractéristique et sa parité est 0; la formule (13) redonne donc bien (11).]

5. Préliminaires à la démonstration du théorème : calculs spinoriels. — Soit C_n l'algèbre de Clifford de l'espace euclidien $\mathbf{R}^n$. On sait que $\tilde{\mathfrak{S}}_n$ peut être plongé dans le groupe multiplicatif C_n^*. Rappelons comment se fait ce plongement :

L'algèbre C_n est engendrée par des éléments $x_1, \dots, x_n$ soumis aux relations $x_i^2 = 1$, $x_i x_j = -x_j x_i$ si $i \neq j$. A tout couple ordonné (i, j), $i \neq j$, associons l'élément

$$[ij] = \frac{1}{\sqrt{2}}(x_i - x_j)$$

de C_n^*. On a $[ij]^2 = 1$ et $[ij] = -[ji]$. Le sous-groupe de C_n^* engendré par les $[ij]$ peut être identifié à $\tilde{\mathfrak{S}}_n$; la projection $\tilde{\mathfrak{S}}_n \to \mathfrak{S}_n$ associe à $[ij]$ la transposition (ij).

Lemme 1. — *Soit $s = (i_1 i_2 \dots i_e)$ un cycle d'ordre impair e. On a* :

(14) $$s' = [i_1 i_e][i_1 i_{e-1}] \dots [i_1 i_2] \quad \textit{dans} \quad \tilde{\mathfrak{S}}_n.$$

Posons $t = [i_1 i_e][i_1 i_{e-1}] \dots [i_1 i_2]$. L'image de t dans $\mathfrak{S}_n$ est $(i_1 i_e)(i_1 i_{e-1}) \dots (i_1 i_2)$, c'est-à-dire s. On a donc $t = \varepsilon \tilde{s}$, avec $\varepsilon = \pm 1$, et tout revient à voir que $\varepsilon = 1$ si $e \equiv \pm 1 \pmod 8$ et $\varepsilon = -1$ si $e \equiv \pm 3 \pmod 8$, *cf.* [2], p. 236.

On peut pour cela supposer que $i_1 = 1$, $i_2 = 2, \dots, i_e = e$, et que $e = n$. Écrivons n sous la forme $n = 1 + 2m$. On a

$$t = 2^{-m}(x_1 - x_n)(x_1 - x_{n-1}) \dots (x_1 - x_2) \quad \text{dans } C_n.$$

Le terme constant de t est $2^{-m}(x_1 x_1)^m = 2^{-m}$. Sa trace dans la représentation spinorielle de $\tilde{\mathfrak{A}}_n$, qui est de dimension 2^m, est donc 1. D'autre part, il est facile de voir que la trace de $\tilde{s}$ est $\prod_{j=1}^{j=m} (2\cos(2\pi j/n))$, c'est-à-dire 1 si $m \equiv 0,3 \pmod 4$ et -1 si $m \equiv 1,2 \pmod 4$. En comparant, on obtient le résultat cherché.

Lemme 2. — *Soient s un cycle d'ordre impair e, et soit u un cycle d'ordre* 3. *Supposons que l'intersection des supports de s et de u ait un seul élément. Le produit su est alors un cycle d'ordre $e+2$ et l'on a* :

(15) $$(su)' = s'u' \quad \textit{dans} \quad \tilde{\mathfrak{A}}_n.$$

Soit i_1 le point d'intersection des supports des cycles s et u.

On peut écrire ces cycles sous la forme :

$$s = (i_1 i_e) \dots (i_1 i_2), \qquad u = (i_1 j)(i_1 k),$$

où $i_1, i_2, \dots, i_e, j, k$ sont deux à deux distincts. On a :

$$su = (i_1 i_e) \dots (i_1 i_2)(i_1 j)(i_1 k) = (i_1 k j i_2 \dots i_e),$$

ce qui montre que su est un cycle de longueur $e+2$. D'après le lemme 1 appliqué à s, u et su, on a :

$$s'=[i_1\, i_e]\ldots[i_1\, i_2], \qquad u'=[i_1\, j][i_1\, k],$$
$$(su)'=[i_1\, i_e]\ldots[i_1\, i_2][i_1\, j][i_1\, k],$$

d'où (15).

LEMME 3. — *Soient s un cycle d'ordre impair e, et soit u un cycle d'ordre 3. Supposons que l'intersection des supports de s et de u ait deux éléments. Le produit su est alors produit de deux cycles w_1 et w_2, à supports disjoints, d'ordres e_1 et e_2 tels que $e_1+e_2=e+1$. Si e_1 et e_2 sont impairs, on a :*

(16) $$(su)'=w'_1\, w'_2=s'\, u' \quad \text{dans } \tilde{\mathfrak{A}}_n.$$

Soient i_1 et j les deux points d'intersection des supports de s et de u, choisis de telle sorte que $u(i_1)=j$. On peut écrire s et u sous la forme :

$$s=(i_1\, i_e)\ldots(i_1\, i_2), \qquad u=(i_1\, k)(i_1\, j),$$

avec $j=i_r$ pour un indice r tel que $2\leqslant r\leqslant e$. Supposons r distinct de 2 et e (les cas $r=2$ et $r=e$ se traitent de façon analogue). On a alors :

$$su=(i_1\, i_e)\ldots(i_1\, i_{r+1})(i_1\, j)(i_1\, i_{r-1})\ldots(i_1\, i_2)(i_1\, k)(i_1\, j).$$

Si l'on pose :

$$w_1=(i_1\, i_e)\ldots(i_1\, i_{r+1})=(i_1\, i_{r+1}\ldots i_e),$$
$$z=(i_1\, i_{r-1})\ldots(i_1\, i_2)(i_1\, k)=(i_1\, k i_2\ldots i_{r-1}),$$
$$w_2=(i_1\, j)\, z\, (i_1\, j)=(j k i_2\ldots i_{r-1}),$$

on a $su=w_1\, w_2$; de plus w_1 et w_2 sont des cycles à supports disjoints d'ordres $e_1=e+1-r$ et $e_2=r$. Si r est impair, le lemme 1, appliqué à s, u, w_1, w_2, donne :

$$s'=[i_1\, i_e]\ldots[i_1\, i_2], \qquad u'=[i_1\, k][i_1\, j],$$
$$w'_1=[i_1\, i_e]\ldots[i_1\, i_{r+1}], \qquad z'=[i_1\, i_{r-1}]\ldots[i_1\, i_2][i_1\, i_k],$$
$$w'_2=[i_1\, j]\, z'\, [i_1\, j] \;=\; [i_1\, j][i_1\, i_{r-1}]\ldots[i_1\, i_2][i_1\, i_k][i_1\, j],$$

d'où aussitôt la formule (16).

6. PRÉLIMINAIRES À LA DÉMONSTRATION DU THÉORÈME : ACTION DU GROUPE DES TRESSES. — Soit $s=(s_1, \ldots, s_k)$ une suite d'éléments d'un groupe G. Si $1\leqslant i<k$, soit $T_i s$ la suite obtenue en remplaçant (s_i, s_{i+1}) par $(s_{i+1}, s_{i+1}^{-1}\, s_i\, s_{i+1})$:

(17) $$T_i\, s=(s_1, \ldots, s_{i-1}, s_{i+1}, s_{i+1}^{-1}\, s_i\, s_{i+1}, s_{i+2}, \ldots, s_k).$$

Si l'on pose $P(s)=s_1\ldots s_k$, on a évidemment $P(T_i\, s)=P(s)$.

Si les s_i sont des éléments d'ordres impairs de $\mathfrak{A}_n$, et si l'on note $P'(s)$ le produit $s'_1\ldots s'_k$ dans $\tilde{\mathfrak{A}}_n$, on a :

(18) $$P'(T_i\, s)=P'(s);$$

cela résulte de la formule $(yxy^{-1})'=y'\, x'\, y'^{-1}$, appliquée à $y=s_{i+1}^{-1}$ et $x=s_i$.

En utilisant (18), on voit que, *si la formule* (11) *est vraie pour s, elle l'est aussi pour* $T_i\, s$, et inversement.

Remarque. — Les T_i définissent une action du « groupe des tresses colorées à k brins » sur l'ensemble des suites s à k éléments. Je dois à M. Fried l'idée d'utiliser cette action pour démontrer le théorème du n° 2.

7. Démonstration du théorème. — Il s'agit de prouver la formule (11). On raisonne par récurrence sur n; le cas $n \leqslant 3$ est immédiat; on peut donc supposer $n \geqslant 4$. Vu (4), on peut aussi supposer que les s_i sont des *cycles*, dont les ordres e_i sont >1. On a $3 \leqslant e_i \leqslant n$.

Pour n fixé, on raisonne par *récurrence descendante sur* $N = e_1 + e_k$. On a $N \leqslant 2n$. D'après (8), on ne peut avoir $N = 2n$ que si $k=2$ et si s_1 et s_2 sont des cycles d'ordre n avec $s_1 s_2 = 1$; il est alors clair que $s'_1 s'_2 = 1$, ce qui démontre le théorème dans ce cas. On peut donc supposer que $N < 2n$, donc que e_1 ou e_k est $<n$; quitte à remplacer $(s_1, \ldots, s_k)$ par $(s_k^{-1}, \ldots, s_1^{-1})$, on peut même supposer que $e_1 < n$.

On peut aussi supposer que *les cycles* $s_2, \ldots, s_{k-1}$ *sont d'ordre* 3. En effet, si l'un de ces cycles s_i est d'ordre $e_i > 3$, on peut l'écrire comme produit $s_i = su$, où s est un cycle d'ordre $e_i - 2$ et u un cycle d'ordre 3, l'intersection des supports de ces cycles ayant un seul élément [*e.g.* $(12\ldots7) = (12\ldots5)(567)$]. D'après (15), on a $s'_i = s' u'$. On peut donc remplacer $(s_1, \ldots, s_k)$ par $(s_1, \ldots, s_{i-1}, s, u, s_{i+1}, \ldots, s_k)$ sans changer la formule à démontrer. En itérant ce procédé, on se ramène bien au cas où $e_i = 3$ pour $1 < i < k$.

Soit S_1 le support du cycle s_1. Comme $\mathrm{Card}(S_1) = e_1 < n$, S_1 n'est pas stable par le groupe $G = \langle s_1, \ldots, s_k \rangle$ puisque ce groupe est supposé transitif. Mais G est engendré par $s_1, \ldots, s_{k-1}$ et s_1 stabilise S_1. Il existe donc un indice i, compris entre 2 et $k-1$, tel que s_i ne stabilise pas S_1. Après application successive des opérateurs $T_{i-1}, T_{i-2}, \ldots, T_2$ (*cf.* n° 6) on peut supposer que $i=2$. Le support S_2 de s_2 a trois éléments. Comme s_2 ne stabilise pas S_1 on a $\mathrm{Card}(S_1 \cap S_2) = 1$ ou 2.

Distinguons alors deux cas :

(*a*) *L'ensemble* $S_1 \cap S_2$ *a un seul élément.* — Le produit $w = s_1 s_2$ est alors un cycle d'ordre $e_1 + 2$, *cf.* lemme 2. On peut appliquer l'hypothèse de récurrence à la suite $(w, s_3, \ldots, s_k)$. En effet :

le produit $w s_3 \ldots s_k$ est égal à 1;

on a $v(w) + v(s_3) + \ldots + v(s_k) = 2n-2$ puisque $v(w) = e_1 + 1 = v(s_1) + v(s_2)$;

le groupe $\langle w, s_3, \ldots, s_k \rangle$ est transitif (toute partie de $[1, n]$ stable par w l'est aussi par s_1 et s_2);

la somme de l'ordre de w et de l'ordre de s_k est égale à $N+2$, où $N = e_1 + e_k$.

On a donc $w' s'_3 \ldots s'_k = 1$. Comme $w' = s'_1 s'_2$ d'après (15), on a bien $s'_1 s'_2 \ldots s'_k = 1$, ce qui démontre le théorème dans le cas considéré.

(*b*) *L'ensemble* $S_1 \cap S_2$ *a deux éléments.* — Dans ce cas $s_1 s_2$ est produit de deux cycles w_1 et w_2, à supports disjoints W_1 et W_2 tels que $W_1 \cup W_2 = S_1 \cup S_2$, *cf.* lemme 3. On a $w_1 w_2 s_3 \ldots s_k = 1$, et $v(w_1) + v(w_2) = v(s_1) + v(s_2) - 2$, d'où :

$$(19) \qquad v(w_1) + v(w_2) + v(s_3) + \ldots + v(s_k) = 2n-4.$$

Vu (7), cela montre que *le groupe* $H = \langle w_1, w_2, s_3, \ldots, s_k \rangle$ *n'est pas transitif* : il a au moins deux orbites. Mais, si X est une orbite de H dans $[1, n]$, il est clair que X rencontre $W_1 \cup W_2$ (sinon, X serait stable par s_1 et s_2, donc par G, ce qui est impossible). Il résulte de là que *l'action de* H *sur* $[1, n]$ *a deux orbites* X_1 *et* X_2, *avec* $W_1 \subset X_1$ *et* $W_2 \subset X_2$. Soit I_1 (resp. I_2) l'ensemble des i, avec $3 \leqslant i \leqslant k$, tels que le support de s_i soit contenu dans X_1 (resp. X_2). Munissons I_1 et I_2 de la relation d'ordre induite par celle de $[3, k]$; cela donne un sens aux produits $\prod_{i \in I_1} s_i$ et $\prod_{i \in I_2} s_i$. On a :

$$(20) \qquad w_1 \prod_{i \in I_1} s_i = 1 \quad \text{et} \quad w_2 \prod_{i \in I_2} s_i = 1.$$

Si Card $(X_1)=n_1$ et Card $(X_2)=n_2$, on a, d'après (7) appliqué aux groupes symétriques $\mathfrak{S}_{n_1}$ et $\mathfrak{S}_{n_2}$:

(21) $$v(w_1)+\sum_{i\in I_1} v(s_i) \geqslant 2n_1-2$$

et

(22) $$v(w_2)+\sum_{i\in I_2} v(s_i) \geqslant 2n_2-2.$$

En comparant à (19), et en tenant compte de $n=n_1+n_2$, on voit qu'il y a *égalité* dans (21) et (22). Cela montre en particulier que $v(w_1)$ et $v(w_2)$ sont pairs, *i.e.* que w_1 et w_2 sont d'ordres impairs [ce qui résulte aussi de (20)]. D'après (16), on a

(23) $$w'_1\, w'_2 = s'_1\, s'_2.$$

D'autre part, le fait qu'il y ait égalité dans (21), joint à l'hypothèse de récurrence sur n, montre que :

(24) $$w'_1 \prod_{i\in I_1} s'_i = 1,$$

cette égalité ayant lieu dans $\mathfrak{A}_{n_1}$, donc aussi dans $\mathfrak{A}_n$. De même :

(25) $$w'_2 \prod_{i\in I_2} s'_i = 1 \quad \text{dans } \mathfrak{A}_n.$$

De plus, tous les facteurs de (24) commutent à ceux de (25). En faisant le produit de (24) et (25), et en réarrangeant les termes, on obtient

$$w'_1\, w'_2\, s'_3 \ldots s'_k = 1,$$

d'où d'après (23) :

$$s'_1\, s'_2\, s'_3 \ldots s'_k = 1,$$

ce qui achève la démonstration.

Note remise et acceptée le 28 août 1990.

RÉFÉRENCES BIBLIOGRAPHIQUES

[1] M. F. ATIYAH, Riemann surfaces and spin structures, *Ann. E.N.S.* (4), 4, 1971, p. 47-62 (= *Coll. Works*, III, n° 75).

[2] J. H. CONWAY, R. T. CURTIS, S. P. NORTON, R. A. PARKER et R. A. WILSON, *Atlas of finite groups*, Clarendon Press, Oxford, 1985.

[3] W. FEIT, R. LYNDON et L. SCOTT, A remark about permutations, *J. Comb. Theory*, 18, 1975, p. 234-235.

[4] M. FRIED, *Alternating groups and lifting invariants*, prépublication, Irvine, 1989.

[5] J.-F. MESTRE, Extensions régulières de Q (T) de groupe de Galois $\mathfrak{A}_n$, *J. Algebra*, 131, 1990, p. 483-495.

[6] D. MUMFORD, Theta-characteristics of an algebraic curve, *Ann. E.N.S.* (4), 4, 1971, p. 181-192.

[7] L. SCHNEPS, Explicit construction of extensions of K (t) of Galois group $\mathfrak{A}_n$ for n odd, *J. Algebra* (à paraître).

[8] J.-P. SERRE, L'invariant de Witt de la forme Tr (x^2), *Comm. Math. Helv.* 59, 1984, p. 651-676 (= *Oe*. 131).

[9] J.-P. SERRE, Revêtements à ramification impaire et thêta-caractéristiques, *C. R. Acad. Sci. Paris*, 311, série I, 1990 (à paraître).

152.

Revêtements à ramification impaire et thêta-caractéristiques

C. R. Acad. Sci. Paris **311** (1990), 547–552

Résumé – Soit $\pi : Y \to X$ un revêtement ramifié de courbes algébriques projectives lisses sur **C** tel que tous les indices de ramification de π soient impairs. On associe à π un certain nombre d'invariants, à valeurs dans $H^i(X, \mathbf{Z}/2\mathbf{Z})$, $i = 1, 2$, dont on étudie les relations. Si c est une thêta-caractéristique de X, on lui attache une thêta-caractéristique $\pi' c$ de Y et l'on montre comment la parité de $\pi' c$ peut se calculer à partir de celle de c et des invariants introduits précédemment.

Coverings with odd ramification and theta-characteristics

Abstract – *Let* $\pi : Y \to X$ *be a ramified covering of compact Riemann surfaces; assume that all the ramification degrees of* π *are odd. We define some invariants of* π, *belonging to* $H^i(X, \mathbf{Z}/2\mathbf{Z})$ *for* $i = 1, 2$, *and we prove some relations between them. If* c *is a theta-characteristic of* X, *there is a corresponding theta-characteristic* $\pi' c$ *of* Y, *and we show how to compute the parity of* $\pi' c$ *from that of* c, *using the invariants defined above.*

1. Notations. – Toutes les courbes algébriques considérées sont définies sur **C** et sont lisses, connexes, projectives, non vides. On les identifie aux surfaces de Riemann correspondantes.

Si X est une telle courbe, on pose $H^i(X) = H^i(X, \mathbf{Z}/2\mathbf{Z})$. On a $H^0(X) = \mathbf{Z}/2\mathbf{Z} = H^2(X)$. Si x et y sont deux éléments de $H^1(X)$, on note $x . y$ leur produit dans $H^2(X) = \mathbf{Z}/2\mathbf{Z}$.

Par « fibré vectoriel », on entend un fibré vectoriel algébrique (ou analytique, c'est la même chose); on identifie un tel fibré au faisceau localement libre correspondant.

Si E est un fibré vectoriel orthogonal sur X, on note $w_i(E)$ ses classes de Stiefel-Whitney; on a $w_i(E) \in H^i(X)$. [Les classes de Stiefel-Whitney sont d'habitude définies seulement pour les fibrés à groupe structural le groupe orthogonal réel $\mathbf{O}_n(\mathbf{R})$; on peut les définir aussi pour les fibrés orthogonaux complexes, grâce au fait que l'injection $\mathbf{O}_n(\mathbf{R}) \to \mathbf{O}_n(\mathbf{C})$ est une équivalence d'homotopie.]

2. Revêtements à ramification impaire : premiers invariants. – Soit $\pi : Y \to X$ un revêtement ramifié de courbes algébriques, de degré n. Pour tout $y \in Y$, soit e_y l'indice de ramification de π en y. On fera dans toute la suite l'hypothèse que *les* e_y *sont impairs*.

A un tel revêtement sont attachés les invariants suivants :

(*a*) *L'invariant* $\omega(Y/X) \in \mathbf{Z}/2\mathbf{Z}$.

Si u est un entier impair, on définit $\omega(u) \in \mathbf{Z}/2\mathbf{Z}$ par :

$$\omega(u) \equiv (u^2 - 1)/8 \pmod 2. \tag{1}$$

On pose :

$$\omega(Y/X) = \sum_{y \in Y} \omega(e_y) = \omega\Big(\prod_{y \in Y} e_y\Big). \tag{2}$$

On a $\omega(Y/X) = 0$ si et seulement si $\prod_{y \in Y} e_y \equiv \pm 1 \pmod 8$.

(*b*) *Le fibré orthogonal* $E_{Y/X}$.

Soit $D_{Y/X}$ le diviseur de Y défini par $D_{Y/X} = \sum_{y \in Y} m_y y$, où $m_y = (e_y - 1)/2$. Son double est le *diviseur différente* de Y/X.

Soit $M_{Y/X}=\mathcal{O}_Y(D_{Y/X})$ le fibré vectoriel de rang 1 sur Y associé à $D_{Y/X}$ et soit $E_{Y/X}=\pi_* M_{Y/X}$ son image directe par π; c'est un fibré vectoriel de rang n sur X. La forme trace relative à $Y \to X$ munit $E_{Y/X}$ d'une structure de *fibré orthogonal*.

(*c*) *Les invariants* $w_1(Y/X) \in H^1(X)$ *et* $w_2(Y/X) \in \mathbf{Z}/2\mathbf{Z}$.

Ce sont les classes de Stiefel-Whitney du fibré $E_{Y/X}$ ci-dessus :

(3) $$w_i(Y/X)=w_i(E_{Y/X}) \quad \text{pour} \quad i=1, 2.$$

3. Revêtements à ramification impaire : invariants galoisiens. — Soit $\pi : Y \to X$ comme ci-dessus. On note $Y^{gal} \to X$ le revêtement galoisien correspondant, et G son groupe de Galois. Le groupe G s'identifie à un sous-groupe transitif du groupe symétrique $\mathfrak{S}_n$.

(*d*) *L'invariant* $w_1(G, \pi) \in H^1(X)$.

Puisque la ramification est impaire, l'homomorphisme

$$G \to \mathfrak{S}_n \xrightarrow{\text{sgn}} \{\pm 1\}$$

est trivial sur les sous-groupes d'inertie de G. Il définit donc un revêtement quadratique non ramifié de X, d'où un élément de $H^1(X)$. Nous noterons $w_1(G, \pi)$ cet élément.

(*e*) *L'invariant* $w_2(G, \pi) \in \mathbf{Z}/2\mathbf{Z}$.

Soit $\tilde{\mathfrak{S}}_n$ l'extension de $\mathfrak{S}_n$ par $\{\pm 1\}$ définie dans [6] et [7], et soit $\tilde{G}$ l'image réciproque de G dans $\tilde{\mathfrak{S}}_n$.

Choisissons un sous-ensemble fini non vide V de X tel que π soit non ramifié en dehors de V. Soit $x \in X-V$, et soit $\Gamma=\pi_1(X-V; x)$ le groupe fondamental de $X-V$ en x. Le revêtement $Y^{gal} \to X$ est défini par un homomorphisme surjectif $\varphi : \Gamma \to G$. Pour tout $v \in V$, notons I_v le sous-groupe d'inertie de Γ en v (défini à conjugaison près); c'est un groupe cyclique engendré par un lacet tournant autour de v. Comme Γ est un groupe libre, on peut relever φ en un homomorphisme $\tilde{\varphi} : \Gamma \to \tilde{G}$. Pour $v \in V$, posons $\varepsilon_v(\tilde{\varphi})=0 \in \mathbf{Z}/2\mathbf{Z}$ si $\tilde{\varphi}(I_v)$ est d'ordre impair et $\varepsilon_v(\tilde{\varphi})=1 \in \mathbf{Z}/2\mathbf{Z}$ sinon. On montre facilement que l'élément

(4) $$w_2(G, \pi) = \sum_{v \in V} \varepsilon_v(\tilde{\varphi}) \in \mathbf{Z}/2\mathbf{Z}$$

est indépendant des choix de V, φ et $\tilde{\varphi}$. Les propriétés suivantes sont équivalentes :

(i) $w_2(G, \pi)=0$;

(ii) on peut choisir $\tilde{\varphi}$ de telle sorte que $\varepsilon_v(\tilde{\varphi})=0$ pour tout $v \in V$;

(iii) il existe un revêtement quadratique *non ramifié* $\tilde{Y}^{gal} \to Y^{gal}$, et une action de $\tilde{G}$ sur $\tilde{Y}^{gal}$ compatible à l'action de G sur Y^{gal}.

Remarque. — Il est probable que les $w_i(G, \pi)$ peuvent aussi se définir au moyen de l'homomorphisme $H^i(G, \mathbf{Z}/2\mathbf{Z}) \to H^i(X)$ associé à l'action de G sur Y^{gal}, *cf.* [2], p. 204, cor. 5.2.3. C'est en tout cas vrai lorsque π est non ramifié, cf. n° 7 (i).

4. Relations entre les invariants de π. — Les $w_i(G, \pi)$ du n° 3 sont liés aux $w_i(Y/X)$ et à $\omega(Y/X)$ par les relations suivantes :

Théorème 1. — *Pour tout revêtement* $\pi : Y \to X$ *à ramification impaire, on a* :

(5) $$w_1(G, \pi) = w_1(Y/X) \quad \textit{dans} \quad H^1(X);$$

(6) $$w_2(G, \pi) = w_2(Y/X) + \omega(Y/X) \quad \textit{dans} \quad \mathbf{Z}/2\mathbf{Z}.$$

Soit U le fibré de rang 1 sur X défini par $U=\det(E_{Y/X})$. On vérifie facilement que $U \otimes U$ est isomorphe au fibré trivial 1_X et définit le revêtement quadratique de X intervenant dans (*d*) ci-dessus. La formule (5) en résulte.

On trouvera au n° 7 une démonstration de la formule (6) utilisant les thêta-caractéristiques; il serait intéressant de trouver une méthode plus directe.

1 *Question.* – Existe-t-il une formule englobant comme cas particuliers à la fois (6) et la formule pour l'invariant de Witt de $\mathrm{Tr}(x^2)$ démontrée dans [6] ?

5. Thêta-caractéristiques et fibrés orthogonaux. – Rappelons (*cf.* [1], [4]) qu'une thêta-caractéristique de X est un fibré L de rang 1 sur X tel que $L \otimes L$ soit isomorphe au fibré canonique Ω_X. On note Θ_X le sous-ensemble de $\mathrm{Pic}(X)$ formé des classes de tels fibrés; c'est un espace principal homogène sur le sous-groupe $\mathrm{Pic}_2(X)$ formé des $a \in \mathrm{Pic}(X)$ tels que $2a=0$, sous-groupe qui s'identifie comme on sait à $H^1(X)$.

Si $c \in \Theta_X$ correspond au fibré L, on définit $i(c) \in \mathbf{Z}/2\mathbf{Z}$ par :

(7) $$i(c) \equiv \dim H^0(X, L) \pmod 2.$$

La fonction $i : \Theta_X \to \mathbf{Z}/2\mathbf{Z}$ est une *fonction quadratique* (*loc. cit.*). De façon plus précise, on a :

(8) $$i(c+x+y)+i(c+x)+i(c+y)+i(c)=x.y \qquad (c \in \Theta_X,\ x, y \in H^1(X)).$$

Soit maintenant E un fibré orthogonal sur X de rang n.

Théorème 2. – *Si $c \in \Theta_X$ correspond au fibré* L, *on a* :

(9) $$\dim H^0(X, L\otimes E) \equiv (n+1)\,i(c)+i(c+w_1(E))+w_2(E) \pmod 2.$$

Cela peut se prouver en remarquant que la parité de $\dim H^0(X, L\otimes E)$ ne dépend que de l'image de E dans le groupe « KO(X) », et en utilisant la détermination de KO(X) donnée dans [1]. Une autre méthode consiste à se ramener (par déformation continue, sommes directes, produits tensoriels...) aux deux cas particuliers suivants :

(*a*) E est un fibré de rang 1 dont la classe e appartient à $\mathrm{Pic}_2(X)=H^1(X)$. Les deux membres de (9) sont alors égaux à $i(c+e)$.

(*b*) $E=M\oplus M^{-1}$ est un fibré hyperbolique, avec M de rang 1 ([4], p. 185, (2)). On a alors :

(10) $$w_1(E)=0 \quad \text{et} \quad w_2(E)\equiv \deg(M) \pmod 2.$$

Le membre de droite de (9) est $w_2(E)$, et le membre de gauche est $\deg(M) \pmod 2$ d'après le théorème de Riemann-Roch appliqué à $L\otimes E$ ([4], p. 186) : on obtient bien l'égalité cherchée.

6. Comportement des thêta-caractéristiques dans les revêtements à ramification impaire. – Soit $\pi : Y \to X$ un revêtement de degré n, à ramification impaire, *cf.* n°s 2, 3, 4. Le fibré canonique Ω_Y de Y est lié au fibré canonique Ω_X par la formule :

(11) $$\Omega_Y=\pi^*\Omega_X\otimes M_{Y/X}^{\otimes 2}, \quad \text{où} \quad M_{Y/X}=\mathcal{O}_Y(D_{Y/X}), \quad cf.\ \text{n° } 2\,(b).$$

Il s'ensuit que, si L est une thêta-caractéristique de X, le fibré L_Y défini par :

(12) $$L_Y=\pi^* L\otimes M_{Y/X}$$

est une thêta-caractéristique de Y. On obtient ainsi une application $\pi' : \Theta_X \to \Theta_Y$, que l'on peut caractériser par la formule

(13) $$\pi'(c)=\pi^*(c)+d_{Y/X} \qquad (c\in\Theta_X),$$

où $d_{Y/X}$ est l'image du diviseur $D_{Y/X}$ dans $\mathrm{Pic}(Y)$. La parité $i(\pi'(c))$ de $\pi'(c)$ est donnée par le résultat suivant :

Théorème 3. – *Pour tout $c\in\Theta_X$, on a* :

(14) $$i(\pi'(c))=(n+1)\,i(c)+i(c+w_1(Y/X))+w_2(Y/X).$$

Soit L une thêta-caractéristique de classe c. On a

$$i(\pi'(c)) \equiv \dim H^0(Y, L_Y) \equiv \dim H^0(X, \pi_* L_Y) \pmod 2.$$

D'autre part, on a

$$\pi_* L_Y = L \otimes \pi_* M_{Y/X} = L \otimes E_{Y/X}, \qquad \textit{cf.}\ \text{n° } 2\,(b).$$

La formule (14) résulte alors de (9), appliquée au fibré orthogonal $E = E_{Y/X}$.

Remarque. – En combinant (5), (6) et (14), on obtient :

(15) $$i(\pi'(c)) = (n+1)\,i(c) + i(c + w_1(G, \pi)) + w_2(G, \pi) + \omega(Y/X).$$

Inversement, si (15) est vraie pour une valeur de $c \in \Theta_X$, alors (6) est vraie pour π, et (15) est vraie pour tout $c \in \Theta_X$.

Cas particuliers. – (i) Si G est d'ordre impair, on a $w_i(G, \pi) = 0$ et (15) se réduit à :

(16) $$i(\pi'(c)) = i(c) + \omega(Y/X).$$

(ii) Supposons que *le genre de* X *soit* 0. L'ensemble Θ_X est réduit à un seul élément c, caractérisé par $\deg(c) = -1$; on a $i(c) = 0$. La formule (15) donne :

(17) $$i(\pi'(c)) = w_2(G, \pi) + \omega(Y/X);$$

aux notations près, c'est la formule (13) de [7].

Dans le cas encore plus particulier où *le genre de* Y *est* 0, on a $i(\pi'(c)) = 0$ et (17) devient :

(18) $$w_2(G, \pi) = \omega(Y/X), \qquad \textit{cf.}\ [7], \text{ formule } (10).$$

On peut en outre montrer que *le fibré orthogonal* $E_{Y/X}$ *est trivial*, ce qui explique certains calculs de J.-F. Mestre [3] et de L. Schneps [5].

7. Démonstration de la formule (6). – (i) *Le cas non ramifié.* – Supposons π non ramifiée. On a alors $\omega(Y/X) = 0$ et la formule à démontrer se réduit à :

(19) $$w_2(G, \pi) = w_2(Y/X).$$

De plus, le diviseur $D_{Y/X}$ est nul, d'où $M_{Y/X} = \mathcal{O}_Y$ et $E_{Y/X} = \pi_* \mathcal{O}_Y$. Le fibré orthogonal $E_{Y/X}$ est localement constant; il est déduit du fibré principal $Y^{gal} \to X$ de groupe G par l'homomorphisme $G \to \mathfrak{S}_n \to \mathbf{O}_n$. Sa classe de Stiefel-Whitney $w_2(Y/X)$ est donc l'image réciproque de la classe $s_n \in H^2(\mathfrak{S}_n, \mathbf{Z}/2\mathbf{Z})$ correspondant à $\tilde{\mathfrak{S}}_n$, *cf.* [6], n° 1.5; l'égalité (19) en résulte.

(ii) *Le cas cyclique d'ordre premier* $\neq 2$. – On suppose que le revêtement π est cyclique d'ordre premier $p \neq 2$. On a alors $Y = Y^{gal}$, $G \cong \mathbf{Z}/p\mathbf{Z}$ et $w_2(G, \pi) = 0$ puisque G est d'ordre impair.

Si s est le nombre de points de ramification de π, on a

(20) $$\omega(Y/X) = s\,\omega(p),$$

et la formule à démontrer s'écrit

(21) $$w_2(Y/X) = s\,\omega(p).$$

Or l'action du groupe G sur le fibré vectoriel $E_{Y/X}$ décompose celui-ci en somme directe de fibrés de rang 1 :

(22) $$E_{Y/X} = \oplus L_\alpha,$$

indexés par le dual de G, *i.e.* $\mathbf{Z}/p\mathbf{Z}$. On voit facilement que L_0 est le fibré trivial 1_X et que L_α est orthogonal aux L_β pour $\beta \neq -\alpha$. Le fibré orthogonal $E_{Y/X}$ s'écrit donc

(23) $$E_{Y/X} = 1_X \oplus (L_1 \oplus L_{-1}) \oplus \ldots \oplus (L_m \oplus L_{-m}), \qquad \text{avec } m = (p-1)/2,$$

les fibrés L_α et $L_{-\alpha}$ étant duaux l'un de l'autre. D'après (10), on a

$$(24)\qquad w_2(E_{Y/X}) \equiv \sum_{\alpha=1}^{\alpha=m} \deg(L_\alpha) \quad (\text{mod } 2).$$

Tout revient donc à calculer les degrés des L_α. Pour cela, soient K_X et K_Y les corps de fonctions de X et Y; l'extension K_Y/K_X est cyclique de degré p. Choisissons $f \in K_X^*$ tel que $K_Y = K_X(f^{1/p})$. La fonction $f^{\alpha/p}$ s'identifie à une section rationnelle du fibré L_α. De plus, si l'on note a_x la valuation en $x \in X$ de f, et si l'on définit un diviseur D_α de X par la formule :

$$(25)\qquad D_\alpha = \sum_{x \in X} [\alpha a_x/p + 1/2]\, x,$$

on constate que la multiplication par $f^{\alpha/p}$ définit un isomorphisme du fibré $\mathcal{O}_X(D_\alpha)$ sur le fibré L_α. On a donc :

$$(26)\qquad \deg(L_\alpha) = \sum_{x \in X} [\alpha a_x/p + 1/2],$$

d'où d'après (24) :

$$(27)\qquad w_2(E_{Y/X}) \equiv \sum_{x \in X} \sum_{\alpha=1}^{\alpha=m} [\alpha a_x/p + 1/2] \quad (\text{mod } 2).$$

Or, on a le lemme suivant, qui se vérifie facilement :

LEMME 1. — *Soient a un entier, p un nombre premier $\neq 2$ et $m = (p-1)/2$. On a :*

$$(28)\qquad \sum_{\alpha=1}^{\alpha=m} [\alpha a/p + 1/2] \equiv \begin{cases} a\,\omega(p) & (\text{mod } 2) \quad \text{si } a \equiv 0 \ (\text{mod } p) \\ (a+1)\,\omega(p) & (\text{mod } 2) \quad \text{si } a \not\equiv 0 \ (\text{mod } p). \end{cases}$$

Le nombre des a_x non divisibles par p est égal à s. En combinant (27) et (28), on obtient donc

$$(29)\qquad w_2(E_{Y/X}) \equiv s\,\omega(p) + \omega(p) \sum_{x \in X} a_x \quad (\text{mod } 2).$$

Comme $\sum_{x \in X} a_x = \deg(f) = 0$, on obtient bien la formule (21).

(La possibilité d'un tel calcul m'a été signalée par A. Beauville.)

(iii) *Un lemme de réduction.* — On revient au cas général d'un revêtement $\pi : Y \to X$, de degré n, à ramification impaire, de groupe de Galois $G \subset \mathfrak{S}_n$.

Soit p un nombre premier $\neq 2$, et soit $\varphi : Z \to X$ un revêtement ramifié qui soit cyclique de degré p. Faisons l'hypothèse que les extensions de corps correspondant à $Z \to X$ et à $Y^{gal} \to X$ sont linéairement disjointes. Cela permet de construire un diagramme

$$\begin{array}{ccc} T & \overset{\psi}{\rightarrow} & Y \\ {\scriptstyle \pi_Z}\downarrow & & \downarrow{\scriptstyle \pi} \\ Z & \overset{\varphi}{\rightarrow} & X \end{array}$$

où $\pi_Z : T \to Z$ est un revêtement de degré n, à même groupe de Galois G que π, et où $\psi : T \to Y$ est cyclique de degré p. (On peut définir T comme la *normalisée* du produit fibré de Z et de Y au-dessus de X.)

LEMME 2. — *Si la formule* (6) *est vraie pour π_Z, elle l'est aussi pour π.*

Il revient au même de montrer que, si la formule (15) est vraie pour π_Z, elle l'est aussi pour π. C'est ce que nous allons faire.

Soit $c_X \in \Theta_X$. Notons c_Y, c_Z, c_T les éléments correspondants de Θ_Y, Θ_Z, Θ_T :

(30) $$c_Y = \pi'(c_X); \qquad c_Z = \varphi'(c_X); \qquad c_T = \pi'_Z(c_Z) = \psi'(c_Y).$$

On a les formules suivantes :

(31) $$i(c_T) = (n+1)\, i(c_Z) + i(c_Z + w_1(G, \pi_Z)) + w_2(G, \pi_Z) + \omega(T/Z),$$

(32) $$i(c_T) = i(c_Y) + \omega(T/Y),$$

(33) $$i(c_Z) = i(c_X) + \omega(Z/X),$$

(34) $$i(c_Z + w_1(G, \pi_Z)) = i(c_X + w_1(G, \pi)) + \omega(Z/X),$$

(35) $$\omega(T/Y) + \omega(Y/X) = \omega(T/Z) + n\,\omega(Z/X),$$

(36) $$w_2(G, \pi_Z) = w_2(G, \pi).$$

En effet, (31) résulte de ce que (15) est vraie pour π_Z par hypothèse; (32) et (33) résultent de (ii) appliqué aux revêtements cycliques ψ et φ; il en est de même de (34), compte tenu du fait que $w_1(G, \pi_Z) = \varphi^*(w_1(G, \pi))$; (35) se démontre en vérifiant que les deux membres sont égaux à $\omega(T/X)$; enfin, (36) se prouve par un calcul direct.

Si l'on ajoute les inégalités (31) à (36), après avoir multiplié (33) par $n+1$, on obtient :

(37) $$i(c_Y) = (n+1)\, i(c_X) + i(c_X + w_1(G, \pi)) + w_2(G, \pi) + \omega(Y/X),$$

ce qui est bien la formule (15).

(iv) *Fin de la démonstration.* — Soit $N(\pi)$ le *ppcm* des indices de ramification e_y de π. On raisonne par récurrence sur $N(\pi)$. Si $N(\pi) = 1$, π est non ramifié, et on applique (i). Si $N(\pi) > 1$, on choisit un facteur premier p de $N(\pi)$, et l'on construit un revêtement $\varphi : Z \to X$, cyclique de degré p, possédant les propriétés suivantes :

(38) il est ramifié en tous les points de X où π est ramifié;

(39) il est ramifié en au moins un point de X où π n'est pas ramifié.

(L'existence d'un tel revêtement se démontre facilement.)

La propriété (39) assure que $\varphi : Z \to X$ est disjoint de π, au sens de (iii) ci-dessus. On en déduit comme dans (iii) un revêtement $\pi_Z : T \to Z$. La propriété (38), jointe au *lemme d'Abhyankar*, entraîne que $N(\pi_Z) = N(\pi)/p$, d'où $N(\pi_Z) < N(\pi)$. Vu l'hypothèse de récurrence, la formule (6) est vraie pour π_Z. Elle est donc vraie pour π, d'après le lemme 2.

Note remise et acceptée le 3 septembre 1990.

Références bibliographiques

[1] M. F. Atiyah, Riemann surfaces and spin structures, *Ann. E.N.S.*, (4), 4, 1971, p. 47-62 (= *Coll. Works*, III, n° 75).

[2] A. Grothendieck, Sur quelques points d'algèbre homologique, *Tôhoku Math. J.*, 9, 1957, p. 119-221.

[3] J.-F. Mestre, Extensions régulières de $\mathbf{Q}(T)$ de groupe de Galois $\tilde{A}_n$, *J. Algebra*, 131, 1990, p. 483-495.

[4] D. Mumford, Theta-characteristics of an algebraic curve, *Ann. E.N.S.* (4), 4, 1971, p. 181-192.

[5] L. Schneps, Explicit construction of extensions of $K(t)$ of Galois group $\tilde{A}_n$ for n odd, *J. Algebra* (à paraître).

[6] J.-P. Serre, L'invariant de Witt de la forme $\mathrm{Tr}(x^2)$, *Comm. Math. Helv.*, 59, 1984, p. 651-676 (= *Oe.* 131).

[7] J.-P. Serre, Relèvements dans $\tilde{\mathfrak{A}}_n$, *C.R. Acad. Sci. Paris*, 311, série I, 1990, p. 477-482.

153.

Résumé des cours de 1990–1991

Annuaire du Collège de France (1991), 111–121

1 Le cours a été consacré au même sujet que celui de 1962-1963 : la *cohomologie galoisienne.* Il a surtout insisté sur les nombreux problèmes que posent les groupes semi-simples lorsque l'on ne fait pas d'hypothèse restrictive sur le corps de base.

§1. Notations

— k est un corps commutatif, supposé de caractéristique $\neq 2$, pour simplifier ;

— k_s est une clôture séparable de k ;

— $\mathrm{Gal}(k_s/k)$ est le groupe de Galois de k_s/k ; c'est un groupe profini.

Si G est un groupe algébrique sur k, on note $\mathrm{H}^1(k, \mathrm{G})$ le premier ensemble de cohomologie de $\mathrm{Gal}(k_s/k)$ à valeurs dans $\mathrm{G}(k_s)$, cf. *Cohomologie Galoisienne,* LN 5, p. I-56. C'est un ensemble pointé.

Si A est un $\mathrm{Gal}(k_s/k)$-module, on définit pour tout $n \geqslant 0$ des groupes de cohomologie $\mathrm{H}^n(k, \mathrm{A}) = \mathrm{H}^n(\mathrm{Gal}(k_s/k), \mathrm{A})$, cf. LN 5, p. I-9.

Par exemple, si $\mathrm{A} = \mathbf{Z}/2\mathbf{Z}$, on a

$\mathrm{H}^1(k, \mathbf{Z}/2\mathbf{Z}) = k^*/k^{*2}$

et

$\mathrm{H}^2(k, \mathbf{Z}/2\mathbf{Z}) = \mathrm{Br}_2(k)$ (noyau de la multiplication par 2 dans le groupe de Brauer de k).

L'un des thèmes du cours a été d'expliciter les relations qui existent (ou qui pourraient exister) entre l'ensemble $\mathrm{H}^1(k, \mathrm{G})$, pour G semi-simple, et les groupes $\mathrm{H}^n(k, \mathrm{A})$ pour $\mathrm{A} = \mathbf{Z}/2\mathbf{Z}$ (ou $\mathbf{Z}/3\mathbf{Z}$, ou tout autre « petit » module sur $\mathrm{Gal}(k_s/k)$).

§2. Le cas orthogonal

C'est celui qui est le mieux compris, grâce à son interprétation en termes de classes de formes quadratiques :

Soit q une forme quadratique non dégénérée de rang $n \geqslant 1$ sur k, et soit $\mathbf{O}(q)$ le *groupe orthogonal* de q, vu comme groupe algébrique sur k. Si x est un élément de $\mathrm{H}^1(k, \mathbf{O}(q))$, on peut *tordre* q par x et l'on obtient une autre forme quadratique q_x de même rang n que q. L'application $x \mapsto (q_x)$ définit une *bijection* de $\mathrm{H}^1(k, \mathbf{O}(q))$ sur l'ensemble des *classes de formes quadratiques non dégénérées de rang* n sur k.

On a un résultat analogue pour la composante neutre $\mathbf{SO}(q)$ de $\mathbf{O}(q)$, à condition de se borner aux formes quadratiques ayant même discriminant que q.

Ainsi, tout *invariant* des classes de formes quadratiques peut être interprété comme une fonction sur l'ensemble de cohomologie $\mathrm{H}^1(k, \mathbf{O}(q))$, ou sur l'ensemble $\mathrm{H}^1(k, \mathbf{SO}(q))$.

2.1. *Exemples d'invariants* : *les classes de Stiefel-Whitney*

Ecrivons q comme somme directe orthogonale de formes de rang 1 :

$q = \langle a_1 \rangle \oplus \langle a_2 \rangle \oplus \ldots \oplus \langle a_n \rangle = \langle a_1, a_2, \ldots, a_n \rangle$, avec $a_i \in k^*$.

Si m est un entier $\geqslant 0$, on définit un élément $w_m(q)$ de $\mathrm{H}^m(k, \mathbf{Z}/2\mathbf{Z})$ par la formule

$$(2.1.1) \quad w_m(q) = \sum_{i_1 < \ldots < i_m} (a_{i_1}) \ldots (a_{i_m}).$$

(On a noté (a) l'élément de $\mathrm{H}^1(k, \mathbf{Z}/2\mathbf{Z})$ défini par $a \in k^*$; le produit $(a_{i_1}) \ldots (a_{i_m})$ est un cup-produit dans l'algèbre de cohomologie $\mathrm{H}^*(k, \mathbf{Z}/2\mathbf{Z})$.)

On montre (A. Delzant, *C.R. Acad. Sci. Paris*, 255, 1962) que $w_m(q)$ ne dépend de la classe d'isomorphisme de q (et pas de la décomposition choisie) ; cela provient du fait bien connu que les relations entre formes quadratiques « résultent des relations en rang $\leqslant 2$ ».

On dit que $w_m(q)$ est la m-ième *classe de Stiefel-Whitney* de q.

Remarques. 1) Les classes $w_1(q)$ et $w_2(q)$ ont des interprétations standard : discriminant, invariant de Hasse-Witt. Les $w_m(q)$, $m \geqslant 3$, sont moins intéressantes ; il y a avantage à les remplacer (dans la mesure du possible) par les invariants de la théorie de Milnor, cf. n° 2.3 ci-après.

2) La même méthode conduit à d'autres invariants. Ainsi, si n est pair $\geqslant 4$ et si $q = \langle a_1, \ldots, a_n \rangle$ est tel que $w_1(q) = 0$ (autrement dit, $a_1 \ldots a_n$ est un carré), on peut montrer que l'élément $(a_1) \ldots (a_{n-1})$ de $\mathrm{H}^{n-1}(k, \mathbf{Z}/2\mathbf{Z})$ est un *invariant* de la classe de q. Le cas $n = 4$ est particulièrement intéressant.

2.2. Comportement de $w_1(q)$ et $w_2(q)$ par torsion

Soit $x \in \mathrm{H}^1(k, \mathbf{O}(q))$. On associe à x des éléments

$\delta^1(x) \in \mathrm{H}^1(k, \mathbf{Z}/2\mathbf{Z})$ et $\delta^2(x) \in \mathrm{H}^2(k, \mathbf{Z}/2\mathbf{Z})$

de la façon suivante :

$\delta^1(x)$ est l'image de x dans $\mathrm{H}^1(k, \mathbf{Z}/2\mathbf{Z})$ par l'application déduite de l'homomorphisme det : $\mathbf{O}(q) \to \{\pm 1\} = \mathbf{Z}/2\mathbf{Z}$;

$\delta^2(x)$ est le cobord de x (LN 5, p. I-71) relatif à la suite exacte de groupes algébriques :

$$1 \to \mathbf{Z}/2\mathbf{Z} \to \tilde{\mathbf{O}}(q) \to \mathbf{O}(q) \to 1.$$

(Le groupe $\tilde{\mathbf{O}}(q)$ est un certain revêtement quadratique de $\mathbf{O}(q)$ qui prolonge le revêtement spinoriel $\mathbf{Spin}(q) \to \mathbf{SO}(q)$. On peut le caractériser par la propriété suivante : une symétrie par rapport à un vecteur de carré a se relève en un élément d'ordre 2 de $\tilde{\mathbf{O}}(q)$ rationnel sur le corps $k(\sqrt{a})$.)

Les invariants $\delta^1(x)$ et $\delta^2(x)$ permettent de calculer les classes w_1 et w_2 de la forme q_x déduite de q par torsion au moyen de x. On a en effet :

(2.2.1) $w_1(q_x) = w_1(q) + \delta^1(x)$ dans $\mathrm{H}^1(k, \mathbf{Z}/2\mathbf{Z})$,

(2.2.2) $w_2(q_x) = w_2(q) + \delta^1(x) \cdot w_1(q) + \delta^2(x)$ dans $\mathrm{H}^2(k, \mathbf{Z}/2\mathbf{Z})$.

2.3. Les conjectures de Milnor

Soit $\mathbf{k}^{\mathrm{M}}(k) = \oplus\, \mathbf{k}_n^{\mathrm{M}}(k)$ *l'anneau de Milnor* (mod 2) de k, défini au moyen de symboles multilinéaires $(a_1, \ldots, a_n) = (a_1) \ldots (a_n)$, $a_i \in k^*$, avec les relations $2(a) = 0$ et $(a,b) = 0$ si $a + b = 1$.

Soient W_k l'anneau de Witt de k, et I_k son idéal d'augmentation, noyau de l'homomorphisme canonique $\mathrm{W}_k \to \mathbf{Z}/2\mathbf{Z}$.

On définit de façon naturelle des homomorphismes

(2.3.1) $\mathbf{k}_n^{\mathrm{M}}(k) \to \mathrm{I}_k^n/\mathrm{I}_k^{n+1}$

et

(2.3.2) $\mathbf{k}_n^{\mathrm{M}}(k) \to \mathrm{H}^n(k, \mathbf{Z}/2\mathbf{Z})$.

Les conjectures de Milnor (*Invent. Math.* 9, 1970) disent que ces homomorphismes sont des *isomorphismes*. Cela a été démontré pour $n < 4$ (Merkurjev-
2 Suslin, Arason, Rost) et il y a des résultats partiels pour $n \geqslant 4$.

Le cours s'est borné à citer ces énoncés sans en donner de démonstrations. Il a été complété par deux exposés de B. Kahn sur les formes de Pfister et leurs invariants cohomologiques.

§3. Applications et exemples

3.1. *Invariants à valeurs dans* $H^3(k, \mathbf{Z}/2\mathbf{Z})$: *le cas du groupe spinoriel*

Soit q une forme quadratique non dégénérée sur k, et soit x un élément de $H^1(k, \mathbf{Spin}(q))$. Si l'on tord q par x, on obtient une forme quadratique q_x de même rang que q. D'après (2.2.1) et (2.2.2), les invariants w_1 et w_2 de q_x sont les mêmes que ceux de q. Il en résulte que l'élément $q_x - q$ de l'anneau de Witt W_k appartient au cube I_k^3 de l'idéal d'augmentation I_k. En utilisant l'homomorphisme

$$I_k^3/I_k^4 \to H^3(k, \mathbf{Z}/2\mathbf{Z})$$

construit par Arason (qui est en fait un isomorphisme, cf. n° 2.3), on obtient un élément de $H^3(k, \mathbf{Z}/2\mathbf{Z})$ que nous noterons $i(x)$. On a :

(3.1.1) $i(x) = 0 \iff q_x \equiv q \pmod{I_k^4}$.

On a ainsi défini une application canonique

(3.1.2) $i : H^1(k, \mathbf{Spin}(q)) \to H^3(k, \mathbf{Z}/2\mathbf{Z})$.

3.2. *Invariants à valeurs dans* $H^3(k, \mathbf{Z}/2\mathbf{Z})$: *cas général*

Prenons pour G un groupe semi-simple *simplement connexe* déployé, et choisissons une représentation irréductible ρ de G dans un espace vectoriel V de dimension finie. Supposons ρ orthogonale, ce qui est par exemple le cas si G est de l'un des types G_2, F_4 ou E_8. Il existe alors une forme quadratique non dégénérée q sur V qui est invariante par $\rho(G)$. On obtient ainsi un homomorphisme $G \to \mathbf{O}(q)$. Vu les hypothèses faites sur G, cet homomorphisme se relève en un homomorphisme $\tilde{\rho} : G \to \mathbf{Spin}(q)$.

En utilisant (3.1.2) on déduit de là une application

(3.2.1) $i_\rho : H^1(k, G) \to H^3(k, \mathbf{Z}/2\mathbf{Z})$,

dont on montre facilement qu'elle ne dépend pas du choix de q.

3.3. *Le groupe* G_2

Supposons que G soit de type exceptionnel G_2, et soit déployé. On sait qu'il y a alors des bijections naturelles entre les trois ensembles suivants :

$H^1(k, G_2)$;
classes d'algèbres d'octonions sur k ;
classes de 3-formes de Pfister sur k.

Il résulte de là, et des théorèmes cités ci-dessus, que, si l'on prend pour ρ la représentation fondamentale de degré 7 de G_2, l'application i_ρ correspondante est une *bijection de* $H^1(k, G_2)$ *sur le sous-ensemble de* $H^3(k, \mathbf{Z}/2\mathbf{Z})$ *formé des éléments décomposables* (cup-produits de trois éléments de $H^1(k, \mathbf{Z}/2\mathbf{Z})$).

Cela donne une description cohomologique tout à fait satisfaisante de l'ensemble $H^1(k, G_2)$.

On peut aller un peu plus loin. Notons i l'injection de $H^1(k, G_2)$ dans $H^3(k, \mathbf{Z}/2\mathbf{Z})$ que nous venons de définir. Soit ρ une représentation irréductible quelconque de G_2 ; il lui correspond d'après (3.2.1) une application

$$i_\rho : H^1(k, G_2) \to H^3(k, \mathbf{Z}/2\mathbf{Z}).$$

On désire comparer i_ρ à i. Le résultat est le suivant (je me borne ici au cas où le corps de base est de caractéristique 0) :

(3.3.1) *On a, soit* $i_\rho = i$, *soit* $i_\rho = 0$.

De façon plus précise, soit $m_1\omega_1 + m_2\omega_2$ le poids dominant de ρ, écrit comme combinaison linéaire des poids fondamentaux ω_1 et ω_2 (ω_1 correspondant à la représentation de degré 7, et ω_2 à la représentation adjointe). On peut déterminer (grâce à des formules qui m'ont été communiquées par J. Tits) dans quel cas on a $i_\rho = i$; on trouve que cela se produit si et seulement si le couple (m_1, m_2) est congru (mod 8) à l'un des douze couples suivants) :

(0,2), (0,3), (1,0), (1,4), (2,0), (2,3), (4,3), (4,6), (5,2), (5,6), (6,3), (6,4).

Ainsi, pour la représentation adjointe, qui correspond à (0,1), on a $i_\rho = 0$. On peut préciser ceci en déterminant explicitement la forme de Killing Kill_x de la k-forme de G_2 associée à un élément donné $x \in H^1(k, G_2)$. Si $q_x = \langle 1 \rangle \oplus q_x^\circ$ est la 3-forme de Pfister associée à x (i.e. la *forme norme* de l'algèbre d'octonions correspondante), on trouve que Kill_x *est isomorphe à* $\langle -1, -3 \rangle \otimes q_x^\circ$.

3.4 Le groupe F_4

Ici encore, on dispose d'une interprétation concrète de la cohomologie : les éléments de $H^1(k, F_4)$ correspondent aux classes d'*algèbres de Jordan simples exceptionnelles* de dimension 27 sur k. Malheureusement, on est loin de savoir classer de telles algèbres, malgré les nombreux résultats déjà obtenus par Albert, Jacobson, Tits, Springer, McCrimmon, Racine, Petersson... Ces résultats suggèrent que les éléments de $H^1(k, F_4)$ pourraient être caractérisés par deux types d'invariants :

3 (3.4.1 - « *invariant* mod 2 ») La classe de la forme bilinéaire « trace » associée à l'algèbre de Jordan, cette classe étant elle-même déterminée par le couple d'une 3-*forme de Pfister* et d'une 5-*forme de Pfister* divisible par la première. Du point de vue cohomologique, cela signifierait un élément décomposable $x_3 \in H^3(k, \mathbf{Z}/2\mathbf{Z})$ (obtenu par (3.2.1) grâce à la représentation irréductible ρ de dimension 26 de F_4), et un élément x_5 de $H^5(k, \mathbf{Z}/2\mathbf{Z})$ de la forme $x_5 = x_3yz$ avec $y, z \in H^1(k, \mathbf{Z}/2\mathbf{Z})$.

(3.4.2 - « *invariant* mod 3 ») Un élément de $H^3(k, \mathbf{Z}/3\mathbf{Z})$, dont je n'ai
4 qu'une définition conjecturale, basée sur la « première construction de Tits » (on suppose ici que la caractéristique de k est $\neq 3$).

Pour le moment, le seul cas qui puisse être traité complètement est celui des algèbres de Jordan dites « réduites » (celles où l'invariant mod 3 est 0) : on sait, d'après un théorème de Springer, que l'invariant mod 2 (i.e. la forme trace) détermine alors l'algèbre de Jordan à isomorphisme près.

3.5. Le groupe E_8

Lorsque k est un corps de nombres, la structure de $H^1(k, E_8)$ vient d'être déterminée par Chernousov et Premet : le principe de Hasse est valable, ce qui entraîne par exemple que le nombre d'éléments de $H^1(k, E_8)$ est 3^r, où r est le nombre de places réelles de k. La démonstration de ce résultat a fait l'objet d'une série d'exposés dans le séminaire commun avec la chaire de Théorie des Groupes.

Lorsque k est un corps quelconque (ou même, par exemple, le corps $\mathbf{Q}(T)$), on sait fort peu de choses sur $H^1(k, E_8)$. Les résultats généraux de Grothendieck (*sém. Chevalley,* 1958) et de Bruhat-Tits (*J. Fac. Sci. Tokyo* 34, 1987) suggèrent qu'un élément de cet ensemble pourrait avoir comme invariants des classes de cohomologie (de dimension $\geqslant 3$) mod 2, mod 3 et mod 5 (car 2,3,5 sont les *nombres premiers de torsion* de E_8, cf. A. Borel, *Oe.* II, p. 776). J'ignore comment ces invariants pourraient être définis ; je ne sais même pas si les applications $i_\rho : H^1(k, E_8) \to H^3(k, \mathbf{Z}/2\mathbf{Z})$ du n° 3.2 peuvent être non triviales.

§4. Problèmes d'injectivité

L'ensemble $H^1(k, G)$ est fonctoriel en k et G :

a) Si k' est une extension de k, on a une application naturelle

$$H^1(k, G) \to H^1(k', G).$$

b) Si $G \to G'$ est un morphisme de groupes algébriques, on a une application naturelle $H^1(k, G) \to H^1(k, G')$.

On dispose d'une série de cas où ces applications sont *injectives* :

(4.1) - *(théorème de simplification de Witt)* - Si $q = q_1 \oplus q_2$, où les q_i sont des formes quadratiques, l'application $H^1(k, \mathbf{O}(q_1)) \to H^1(k, \mathbf{O}(q))$ est injective.

(4.2) - Même énoncé, pour les *groupes unitaires* associés aux algèbres à involution sur k.

Ce résultat, nettement plus délicat que le précédent, a fait l'objet d'un exposé par E. Bayer.

(4.3) (Springer) - Injectivité de $H^1(k, \mathbf{O}(q)) \to H^1(k', \mathbf{O}(q))$ lorsque k' est une extension finie de k *de degré impair.*

(4.4) (Bayer-Lenstra) - Même énoncé que (4.3), pour les *groupes unitaires* au lieu des groupes orthogonaux.

(4.5) (Pfister) - Injectivité de $H^1(k, \mathbf{O}(q)) \to H^1(k, \mathbf{O}(q \otimes q'))$ lorsque le rang de q' est impair (le morphisme $\mathbf{O}(q) \to \mathbf{O}(q \otimes q')$ étant défini par le produit tensoriel).

On aimerait avoir d'autres énoncés du même type, par exemple les suivants (qui sont peut-être trop optimistes) :

(4.6 ?) - Si k' est une extension finie de k de degré premier à 2 et 3, l'application $H^1(k, F_4) \to H^1(k', F_4)$ est injective.

(4.7 ?) - Même énoncé pour E_8, avec {2,3} remplacé par {2,3,5}.

Remarque - Soit G un groupe algébrique sur k, et soient x,y deux éléments de $H^1(k, G)$. Supposons que x et y aient même images dans $H^1(k', G)$ et dans $H^1(k'', G)$ où k' et k'' sont deux extensions finies de k de degrés premiers entre eux (par exemple $[k' : k] = 2$ et $[k'' : k] = 3$). *Ceci n'entraîne pas* $x = y$ contrairement à ce qui se passe dans le cas abélien ; on peut en construire des exemples, en prenant G non connexe ; j'ignore ce qu'il en est lorsque G est connexe.

§5. Les formes traces

Il s'agit de la structure de la forme quadratique $\mathrm{Tr}(x^2)$ associée à une k-algèbre de dimension finie. Deux cas particuliers ont été considérés :

5.1. Algèbres centrales simples

Soit A une telle algèbre, supposée de degré fini n^2 sur k. On lui associe la forme quadratique q_A définie par

$$q_A(x) = \mathrm{Trd}_{A/k}(x^2).$$

Notons q_A° la forme trace associée à l'algèbre de matrices $\mathbf{M}_n(k)$ de même rang que A ; c'est la somme directe d'une forme hyperbolique de rang $n(n-1)$ et d'une forme unité $\langle 1, 1, \ldots, 1\rangle$ de rang n.

On désire comparer q_A et q_A°. Il y a deux cas à distinguer :

(5.1.1) *n est impair.*

Les formes q_A et q_A° sont alors isomorphes ; cela résulte du théorème de Springer cité en (4.3).

(5.1.2) *n est pair.*

Soit (A) la classe de A dans le groupe de Brauer de k. Le produit de (A) par l'entier $n/2$ est un élément a de $\mathrm{Br}_2(k) = \mathrm{H}^2(k, \mathbf{Z}/2\mathbf{Z})$. On a :

$$w_1(q_A) = w_1(q_A^\circ) \quad \text{et} \quad w_2(q_A) = w_2(q_A^\circ) + a.$$

(La formule relative à w_1 est facile. Celle relative à w_2 s'obtient en considérant l'homomorphisme $\mathbf{PGL}_n \to \mathbf{SO}_{n^2}$ donné par la représentation adjointe et en montrant, par un calcul de poids et racines, que cet homomorphisme ne se relève pas au groupe $\mathbf{Spin}_{n^2}$ si n est pair).

5.2. *Algèbres commutatives étales*

Soit E une telle algèbre, soit n son rang et soit q_E la forme trace correspondante. Les invariants w_1 et w_2 de q_E sont donnés par une formule connue *(Comm. Math. Helv.* 59, 1984). Le cours a donné une démonstration de cette formule quelque peu différente de la démonstration originale, et a appliqué le résultat obtenu aux équations quintiques à la Kronecker-Hermite-Klein.

Le cas où le rang n de E est égal à 6 pose également des problèmes intéressants. Notons e : $\mathrm{Gal}(k_s/k) \to S_6$ l'homomorphisme qui correspond à E par la théorie de Galois. En composant e avec un automorphisme extérieur de S_6 on obtient un homomorphisme e' : $\mathrm{Gal}(k_s/k) \to S_6$ qui correspond à une autre algèbre étale E′ de rang 6 (« résolvante sextique »). *Peut-on déterminer*
5 $q_{E'}$, *à partir de* q_E ? C'est vrai lorsque $w_1(q_E) = 0$, autrement dit lorsque les images de e et e' sont contenues dans le groupe alterné A_6 ; on peut en effet prouver que l'on a dans ce cas $q_{E'} \simeq 2q_E$ (mais pas $q_{E'} \simeq q_E$ en général, bien que q_E et $q_{E'}$ aient les mêmes invariants w_1 et w_2). Lorsque l'on a à la fois $w_1(q_E) = 0$ et $w_2(q_E) = 0$, on peut se demander si q_E est isomorphe à la forme unité $\langle 1, 1, \ldots, 1\rangle$. C'est vrai si k est un corps de nombres (ou un corps de fonctions rationnelles sur un corps de nombres) ; c'est faux en général : on
6 peut construire un contre-exemple.

§6. La théorie de Bayer-Lenstra : les bases normales autoduales

Soit G un groupe fini. On s'intéresse aux G-*algèbres galoisiennes* sur k, ou, ce qui revient au même, aux G-*torseurs* sur k, G étant considéré comme un groupe algébrique de dimension 0 sur k. Une telle algèbre L est déterminée, à isomorphisme (non unique) près, par la donnée d'un homomorphisme continu φ_L : $\mathrm{Gal}(k_s/k) \to G$, défini à conjugaison près.

Lorsque φ_L est surjectif, L est un corps, et c'est une extension galoisienne de k de groupe de Galois isomorphe à G.

Dans un travail récent (*Amer. J. Math.* 112, 1990), E. Bayer et H. Lenstra s'intéressent au cas où L possède une *base normale autoduale* (« BNA ») ; cela signifie qu'il existe un élément x de L tel que $q_{\mathrm{L}}(x) = 1$ et que x soit orthogonal (relativement à q_{L}) à tous les gx, $g \in \mathrm{G}$, $g \neq 1$. (Ainsi, les gx forment une « base normale » de L, et cette base est sa propre duale relativement à q_{L}.)

On peut donner un critère cohomologique pour l'existence d'une BNA : si $\mathrm{U_G}$ désigne le groupe unitaire de l'algèbre à involution $k[\mathrm{G}]$, on a un plongement canonique de G dans $\mathrm{U_G}(k)$; en composant φ_{L} avec ce plongement on obtient un homomorphisme $\mathrm{Gal}(k_s/k) \to \mathrm{U_G}(k)$, homomorphisme que l'on peut regarder comme un 1-cocycle de $\mathrm{Gal}(k_s/k)$ à valeurs dans $\mathrm{U_G}(k_s)$. La classe ε_{L} de ce cocycle est un élément de $\mathrm{H}^1(k, \mathrm{U_G})$. *On a* $\varepsilon_{\mathrm{L}} = 0$ *si et seulement si* L *a une* BNA.

De ce critère, combiné avec (4.4), Bayer-Lenstra déduisent le théorème suivant :

(6.1) - *S'il existe une extension de degré impair de k sur laquelle* L *acquiert une* BNA, *alors* L *a une* BNA *sur k.*

En particulier :

(6.2) - *Si* G *est d'ordre impair, toute* G-*algèbre galoisienne a une* BNA.

Voici quelques autres résultats relatifs aux BNA ; les démonstrations seront
7 publiées en collaboration avec E. Bayer.

Soit L une G-algèbre galoisienne, et soit $\varphi_{\mathrm{L}} : \mathrm{Gal}(k_s/k) \to \mathrm{G}$ l'homomorphisme correspondant. Si x est un élément de $\mathrm{H}^n(\mathrm{G}, \mathbf{Z}/2\mathbf{Z})$, son image par $\varphi_{\mathrm{L}}^* : \mathrm{H}^n(\mathrm{G}, \mathbf{Z}/2\mathbf{Z}) \to \mathrm{H}^n(\mathrm{Gal}(k_s/k), \mathbf{Z}/2\mathbf{Z}) = \mathrm{H}^n(k, \mathbf{Z}/2\mathbf{Z})$ sera notée x_{L}.

(6.3) - *Pour que* L *ait une* BNA, *il faut que* $x_{\mathrm{L}} = 0$ *pour tout élément x de* $\mathrm{H}^1(\mathrm{G}, \mathbf{Z}/2\mathbf{Z})$ (autrement dit, l'image de $\mathrm{Gal}(k_s/k)$ dans G doit être contenue dans tous les sous-groupes d'indice 2 de G). *Cette condition est suffisante si la 2-dimension cohomologique de* $\mathrm{Gal}(k_s/k)$ *est* $\leqslant 1$ (autrement dit si les 2-sous-groupes de Sylow de $\mathrm{Gal}(k_s/k)$ sont des pro-2-groupes libres).

(6.4) - *Supposons que k soit un corps de nombres. Pour que* L *ait une* BNA, *il faut que* $\varphi_{\mathrm{L}}(c_v) = 1$ *pour toute place réelle v de k* (c_v désignant la conjugaison complexe relative à une extension de v à k_s). *Cette condition est suffisante si* $\mathrm{H}^1(\mathrm{G}, \mathbf{Z}/2\mathbf{Z}) = \mathrm{H}^2(\mathrm{G}, \mathbf{Z}/2\mathbf{Z}) = 0$.

(6.5) - *Le cas où un 2-groupe de Sylow de* G *est abélien élémentaire.*

Soit S un 2-sous-groupe de Sylow de G. Supposons que S soit un groupe abélien élémentaire d'ordre 2^r, $r \geqslant 1$; l'ordre de G est $2^r m$, avec m impair.

(6.5.1) - *Il existe une r-forme de Pfister* q_L^1, *et une seule à isomorphisme près, telle que* $2^r q_L \simeq m \otimes q_L^1$ (somme directe de m copies de q_L^1).

Cette forme constitue un *invariant* de l'algèbre galoisienne L considérée. C'est la forme unité si L a une BNA. Réciproquement :

(6.5.2) - *Supposons que le normalisateur* N *de* S *opère transitivement sur* S − {1}. *Il y a alors équivalence entre* :

(i) L *a une* BNA.

(ii) *La forme* q_L *est isomorphe à la forme unité de rang* $2^r m$.

(iii) *La forme* q_L^1 *est isomorphe à la forme unité de rang* 2^r.

Lorsque r est assez petit, ce résultat peut se traduire en termes cohomologiques. En effet, on peut montrer qu'il existe un élément x de $H^r(G, \mathbf{Z}/2\mathbf{Z})$ dont la restriction à tout sous-groupe d'ordre 2 de G est $\neq 0$, et qu'un tel élément est unique, à l'addition près d'une classe de cohomologie « négligeable » (cf. §7 ci-après). L'élément correspondant x_L de $H^r(k, \mathbf{Z}/2\mathbf{Z})$ est un invariant de l'algèbre galoisienne L.

(6.5.3) - *Supposons* $r \leqslant 4$. *Les conditions* (i), (ii), (iii) *de* (6.5.2) *sont alors équivalentes à* :

(iv) *On a* $x_L = 0$ *dans* $H^r(k, \mathbf{Z}/2\mathbf{Z})$.

L'hypothèse $r \leqslant 4$ pourrait être supprimée si les conjectures du n° 2.3 étaient démontrées.

Exemples. 1) Supposons que $r = 2$ et que N opère transitivement sur S − {1} ; c'est le cas si G = A_4, A_5 ou $\mathbf{PSL}_2(\mathbf{F}_q)$ avec $q \equiv 3 \pmod 8$. Le groupe $H^2(G, \mathbf{Z}/2\mathbf{Z})$ contient un seul élément $x \neq 0$; soit $\tilde{G}$ l'extension correspondante de G par $\mathbf{Z}/2\mathbf{Z}$. Il résulte de (6.5.3) que L *a une* BNA *si et seulement si l'homomorphisme* $\varphi_L : \mathrm{Gal}(k_s/k) \to G$ *se relève en un homomorphisme dans* $\tilde{G}$. Un tel relèvement correspond à une $\tilde{G}$-algèbre galoisienne $\tilde{L}$; on peut montrer qu'il est possible de s'arranger pour que $\tilde{L}$ possède elle aussi une BNA.

2) Prenons pour G le groupe $\mathbf{SL}_2(\mathbf{F}_8)$ ou le groupe de Janko J_1. Les hypothèses de (6.5.2) et (6.5.3) sont alors satisfaites avec $r = 3$. Le groupe $H^3(G, \mathbf{Z}/2\mathbf{Z})$ contient un seul élément $x \neq 0$, et l'on voit que L *a une* BNA *si et seulement si* $x_L = 0$ *dans* $H^3(k, \mathbf{Z}/2\mathbf{Z})$.

Remarque - La propriété pour une G-algèbre galoisienne L d'avoir une BNA peut se traduire en terme de « torsion galoisienne » de la manière suivante :

Soit V un espace vectoriel de dimension finie sur k, muni d'une famille $\mathbf{q} = (q_i)$ de *tenseurs quadratiques* (de type (2,0), (1,1), ou (0,2), peu importe). Supposons que G opère sur V en fixant chacun des q_i. On peut alors *tordre* $(V,\mathbf{q})$ par le G-torseur correspondant à L. On obtient ainsi une *k-forme* $(V,\mathbf{q})_L$ de $(V,\mathbf{q})$. On peut démontrer :

(6.6) - *Si* L *a une* BNA, $(V,\mathbf{q})_L$ *est isomorphe à* $(V,\mathbf{q})$.

De plus, cette propriété *caractérise* les algèbres galoisiennes ayant une BNA.

(Noter que ce résultat serait faux pour les tenseurs cubiques.)

§7. Classes de cohomologie négligeables

Soient G un groupe fini et A un G-module. Un élément x de $H^n(G, A)$ est dit *négligeable* (du point de vue galoisien) si, pour tout corps k, et tout homomorphisme continu $\varphi : \mathrm{Gal}(k_s/k) \to G$, on a

$\varphi^*(x) = 0$ dans $H^n(k, A)$.

Il revient au même de dire que $x_L = 0$ pour toute G-algèbre galoisienne L.

Exemple - Si a,b sont deux éléments quelconques de $H^1(G, \mathbf{Z}/2\mathbf{Z})$, le cup-produit $ab(a+b)$ est un élément négligeable de $H^3(G, \mathbf{Z}/2\mathbf{Z})$.

Voici quelques résultats sur ces classes :

(7.1) - *Pour tout groupe fini* G, *il existe un entier* N(G) *tel que toute classe de cohomologie d'ordre impair et de dimension* $n > N(G)$ *soit négligeable.*

Ce résultat ne subsiste pas pour les classes d'ordre pair. D'ailleurs aucune classe de cohomologie (à part 0) d'un groupe cyclique d'ordre 2 n'est négligeable, comme on le voit en prenant $k = \mathbf{R}$.

(7.2) - *Supposons* G *abélien élémentaire d'ordre* 2^r. *Si* $x \in H^n(G, \mathbf{Z}/2\mathbf{Z})$, *les propriétés suivantes sont équivalentes* :

(a) x *est négligeable.*

(b) *La restriction de* x *à tout sous-groupe d'ordre* 2 *de* G *est* 0.

(c) x *appartient à l'idéal de l'algèbre* $H^*(G, \mathbf{Z}/2\mathbf{Z})$ *engendré par les* $ab(a+b)$, *où* a *et* b *parcourent* $H^1(G, \mathbf{Z}/2\mathbf{Z})$.

Il y a des résultats analogues pour $A = \mathbf{Z}/p\mathbf{Z}$, avec p premier $\neq 2$.

(7.3) - *Supposons que* G *soit isomorphe à un groupe symétrique* S_n. *Alors*:

(a) *Si* N *est impair, tout élément de* $H^q(G, \mathbf{Z}/N\mathbf{Z})$, $q \geq 1$, *est négligeable.*

(b) *Pour qu'un élément de* $H^q(G,\mathbf{Z}/2\mathbf{Z})$ *soit négligeable, il faut et il suffit que ses restrictions aux sous-groupes d'ordre* 2 *de* G *soient nulles.*

154.

Motifs

Astérisque **198–199–200** (1991), 333–349

1. Introduction

Voici déjà 25 ans que Grothendieck a eu l'idée de la théorie des motifs. Dans l'introduction à "Récoltes et Semailles" ([9], p.xviii), il en dit ceci :

"Parmi toutes les choses mathématiques que j'avais eu le privilège de découvrir et d'amener au jour, cette réalité des motifs m'apparaît encore comme la plus fascinante, la plus chargée de mystère - au coeur même de l'identité profonde entre la "géométrie" et l' "arithmétique". Et le "yoga des motifs" auquel m'a conduit cette réalité longtemps ignorée est peut-être le plus puissant instrument de découverte que j'aie dégagé dans cette première période de ma vie de mathématicien."

Grothendieck lui-même n'a à peu près rien publié[1] sur le "yoga des motifs", à part de brèves allusions dans [7] et [8]. La théorie est restée longtemps confidentielle - tout en étant une source constante d'inspiration dans les questions les plus diverses : structures de Hodge, conjectures de Weil, fonctions L, sommes exponentielles, périodes, etc.

Le présent exposé n'est qu'une introduction. Pour plus de détails, on pourra consulter les textes cités dans la Bibliographie, et notamment [1], [2], [4], [6], [10], [11], [14], [15], [20]. Une Annexe reproduit la première lettre que j'aie
1 reçue de Grothendieck sur les motifs (août 1964), ainsi que deux passages de "Récoltes et Semailles" ([9], 206-207 et 209-211).

[1] Il a fait un séminaire là-dessus à l'IHES en 1967 (cité dans [6]), mais ce séminaire n'a pas été rédigé. Il aurait également aimé en faire le sujet d'une série d'exposés au séminaire Bourbaki, mais il réclamait pour cela un minimum de dix séances ; étant à l'époque responsable du séminaire, j'avais refusé.

2. Méthodes topologiques en géométrie algébrique (groupes de cohomologie)

L'usage de telles méthodes, dans le cas classique où le corps de base est C. remonte à Poincaré, et a été particulièrement développé par Lefschetz, Hodge et bien d'autres. Que cela puisse aussi se faire en caractéristique p a été pressenti par Weil, à la fin des années quarante, lorsqu'il a énoncé les "conjectures de Weil" (cf.[**21**]) après en avoir démontré le cas particulier de la dimension 1. Une dizaine d'années plus tard, l'introduction par Grothendieck de la *topologie étale* (SGA 4 et SGA 5) a permis de définir des groupes de cohomologie ayant les propriétés voulues.

De façon plus précise, soit X une variété algébrique sur un corps k ; supposons pour simplifier que X soit projective et lisse. Soit $\overline{k}$ une clôture algébrique de k , et soit $\overline{X}$ la $\overline{k}$-variété déduite de X par extension des scalaires de k à $\overline{k}$. Alors, pour tout nombre premier $\ell \neq$ caract.k , les groupes de cohomologie étale $H^i_{et}(\overline{X}, \mathbf{Q}_\ell)$ sont des $\mathbf{Q}_\ell$-espaces vectoriels de dimension finie ayant toutes les propriétés requises : dualité de Poincaré, formule de Künneth. formule de Lefschetz, etc. De plus, le groupe de Galois $\mathrm{Gal}(\overline{k}/k)$ opère de façon naturelle sur ces espaces, ce qui donne naissance à des représentations ℓ-adiques particulièrement intéressantes, surtout lorsque k est un corps de nombres, cf.[**19**].

D'autres groupes de cohomologie peuvent être définis. Ainsi, si caract.k = 0, l'hypercohomologie du complexe des formes différentielles fournit des groupes de cohomologie "de de Rham" $H^i_{DR}(X,k)$; ce sont des k-espaces vectoriels filtrés de dimension finie. Si de plus k est plongeable dans C, le choix d'un tel plongement conduit à des groupes de cohomologie "de Betti" $H^i_B(X,\mathbf{Q})$, qui sont des Q-espaces vectoriels de dimension finie ; leurs produits tensoriels avec C sont bigradués (structure de Hodge).

Pour X et i fixés, tous ces espaces ont même dimension : le i-ème nombre de Betti de la variété X. Ils sont liés entre eux par des isomorphismes de compatibilité variés ; par exemple, si k est plongé dans C, on a un isomorphisme "de périodes" :

$$H^i_B(X,\mathbf{Q}) \otimes_{\mathbf{Q}} \mathbf{C} \simeq H^i_{DR}(X,k) \otimes_k \mathbf{C}.$$

3. Motifs

La situation décrite ci-dessus n'est pas tout à fait satisfaisante. On dispose de trop de groupes de cohomologie qui ne sont pas suffisamment liés entre eux

- malgré les isomorphismes de compatibilité. Par exemple, si X et Y sont deux variétés (projectives, lisses), et $f : H^i_{et}(X, \mathbf{Q}_\ell) \to H^i_{et}(Y, \mathbf{Q}_\ell)$ une application $\mathbf{Q}_\ell$-linéaire, où ℓ est un nombre premier fixé, il n'est pas possible en général de déduire de f une application analogue pour la cohomologie ℓ'-adique, où ℓ' est un autre nombre premier. Pourtant, on a le sentiment que c'est possible pour certains f, ceux qui sont "motivés" (par exemple ceux qui proviennent d'un morphisme de Y dans X, ou plus généralement d'une correspondance algébrique entre X et Y). Encore faut-il savoir ce que "motivé" veut dire !

Une façon plus précise de poser cette question est de demander si l'on peut construire une catégorie $\mathbf{Q}$-abélienne $\underline{M}(k)$ ainsi qu'un foncteur contravariant

$$X \longmapsto h(X) = \oplus h^i(X) \quad , \quad h^i(X) \in \mathrm{ob}(\underline{M}(k)),$$

ayant (entre autres) les propriétés suivantes :

a) Si A et B sont des objets de $\underline{M}(k)$, $\mathrm{Hom}(A, B)$ est un $\mathbf{Q}$-espace vectoriel de dimension finie (i.e. les objets de $\underline{M}(k)$ se comportent comme des espaces vectoriels de dimension finie).

b) Il existe pour tout $\ell \neq$ caract.k un foncteur

$$T_\ell : \underline{M}(k) \to G\text{-}\mathbf{Q}_\ell\text{-représentations (où } G = \mathrm{Gal}(\overline{k}/k))$$

tel que $H^i_{et}(\overline{X}, \mathbf{Q}_\ell)$ se déduise de $h^i(X)$ par application du foncteur T_ℓ.

c) Enoncé analogue à b) pour la cohomologie de de Rham, lorsque caract.k = 0.

d) Enoncé analogue pour la cohomologie de Betti lorsque k est plongé dans $\mathbf{C}$.

Bref, $h(X)$ devrait jouer le rôle d'une *cohomologie rationnelle* dont les autres cohomologies se déduisent.

Comment définir $\underline{M}(k)$ et le foncteur h ? La première question que l'on se pose est celle-ci : que sont les objets de $\underline{M}(k)$? En fait, ce n'est pas là un point important ; comme Grothendieck nous l'a appris, les objets d'une catégorie ne jouent pas un grand rôle, ce sont les morphismes qui sont essentiels[2]. On peut donc, comme première approximation, définir une catégorie $\underline{M}^0(k)$ dont les

[2] Exemple élémentaire : si l'on veut construire une catégorie équivalente à celle des k-espaces vectoriels de dimension finie, on peut prendre pour objets les entiers ≥ 0 et définir $\mathrm{Hom}(m,n)$ comme l'ensemble des matrices $m \times n$ à coefficients dans k ; c'est le point de vue "matriciel" en algèbre linéaire.

objets sont les variétés projectives lisses sur k, et définir h comme le foncteur qui, à une telle variété X, attache X elle-même ; bien sûr, il faut aussi dire ce qu'est $\mathrm{Hom}(X,Y)$ dans la catégorie $\underline{M}^0(k)$, et c'est là le point décisif.

Le premier choix fait par Grothendieck est le suivant (je l'énonce en supposant que toutes les composantes de X ont même dimension - le cas général se ramène à celui-là par additivité) :

$\mathrm{Hom}(X,Y) = \mathbf{Q}\otimes C(X,Y)$, où $C(X,Y)$ est le *groupe des classes de cycles algébriques* de $X \times Y$, de codimension égale à $\dim X$, modulo l'équivalence numérique[3].

(Les éléments de $C(X,Y)$ peuvent être vus comme des correspondances algébriques allant de Y vers X : le foncteur h est contravariant.)
La composition des morphismes se définit sans difficulté.

En fait, la construction ci-dessus n'est qu'une première étape dans la définition de la catégorie des motifs. Il est nécessaire d'agrandir $\underline{M}^0(k)$:

a) En ajoutant (de façon purement formelle) les *noyaux des projecteurs* (un "projecteur" est un élément idempotent d'un $\mathrm{Hom}(X,X)$).

On obtient ainsi la catégorie $\underline{M}^{eff}(k)$ des *motifs effectifs* sur k. Ses objets sont les couples (X,π), où X est un objet de $\underline{M}^0(k)$ et π un idempotent de
2 $\mathrm{End}(X)$. Cette catégorie est munie de produits tensoriels ; elle a un élément unité 1 qui est $h(X)$ pour X réduit à un point.

b) En ajoutant (de façon également formelle) l'inverse L^{-1} du motif L défini par $h(\mathbf{P}_1) = 1 \oplus L$ (i.e. $L = h^2(\mathbf{P}_1)$).

Le motif L^{-1} est le *motif de Tate* ; il correspond, du point de vue galoisien, aux caractères cyclotomiques.

Soit $\underline{M}(k)$ la catégorie obtenue après les deux opérations a) et b). C'est la catégorie des motifs cherchée (ou en tout cas l'une de ses incarnations). Si l'on admet les "conjectures standard", cette catégorie est une $\mathbf{Q}$-catégorie abélienne semi-simple (cf. **[6]**, **[11]**, **[14]** pour plus de détails) ; c'est même une *catégorie tannakienne*, au sens de **[5]** et **[16]** : les produits tensoriels et Hom internes ont toutes les propriétés habituelles. Les foncteurs

$$T_\ell : \underline{M}(k) \to \mathbf{G}\text{-}\mathbf{Q}_\ell\text{-représentations} \quad (\ell \neq \text{caract.} k)$$

[3] A la place de l'équivalence numérique, on pourrait prendre l'équivalence *linéaire*, qui conduit aux groupes de Chow ; cela donne une théorie plus fine, cf. [20].

se définissent sans difficulté, et il en est de même des foncteurs liés aux cohomologies de de Rham et de Betti. Enfin, $\underline{M}(k)$ est *graduée* : tout élément h a une décomposition canonique $h = \sum_{i \in \mathbf{Z}} h^i$ qui reflète celle de la cohomologie. Un élément h tel que $h^j = 0$ pour $j \neq i$ est dit *pur de poids* i ; ainsi, le motif de Tate est pur de poids -2.

4. Autres définitions

La définition de $\underline{M}(k)$ donnée ci-dessus n'est réellement commode que si l'on admet les "conjectures standard" (cf. [**7**]) ainsi que la conjecture de Hodge (et aussi celle de Tate, qui est son analogue ℓ-adique). Malheureusement, aucun progrès n'a été fait sur ces conjectures depuis les années soixante. On ignore par exemple si les projecteurs associés à la décomposition de Künneth

$$H^n(X \times Y) = \bigoplus_{a+b=n} H^a(X) \otimes H^b(Y)$$

sont donnés par des cycles algébriques (ils sont pourtant aussi bien motivés qu'on peut l'être). Or l'algébricité de ces projecteurs est nécessaire si l'on veut prouver que tout motif est somme directe de motifs purs, ce qui est l'une des propriétés les plus importantes des motifs.

On est ainsi conduit (suivant les besoins) à changer la théorie en modifiant la définition de Hom, c'est-à-dire la définition des flèches "motivées". A l'heure actuelle, la définition qui semble la plus commode est celle utilisée par Deligne [**3**], basée sur les "cycles de Hodge absolus", le corps k étant supposé de caractéristique 0. *Grosso modo* (voir [**3**] pour des énoncés précis), cela revient à définir $\mathrm{Hom}(X, Y)$ comme l'ensemble des familles de flèches

$$H_\lambda(X) \to H_\lambda(Y),$$

définies pour toutes les cohomologies H_λ du n°2 (ℓ-adique, de Rham, Betti) et satisfaisant à toutes les compatibilités naturelles ; les projecteurs de Künneth en sont des exemples. Pour les variétés abéliennes, Deligne a prouvé que

"Hodge $\Rightarrow$ Hodge absolu".

C'est là un résultat très utile. Il entraîne (cf. [**3**], [**19**]) que les groupes de Galois ℓ-adiques attachés aux modules de Tate des variétés abéliennes sont contenus dans les points ℓ-adiques des groupes de Mumford-Tate correspondants.

5. Exemples de décompositions de motifs

Je me borne à des cas simples, qui ne nécessitent aucune conjecture, comme l'a montré Manin [**14**].

- *Espace projectif* $\mathbf{P}_n$

La formule donnant le nombre de points de $\mathbf{P}_n$ sur un corps à q éléments :

$$|\mathbf{P}_n(\mathbf{F}_q)| = 1 + q + \cdots + q^n,$$

suggère la décomposition suivante du motif $h(\mathbf{P}_n)$:

$$h(\mathbf{P}_n) = 1 \oplus L \oplus \cdots \oplus L^n,$$

et cela peut effectivement se démontrer (sur un corps de base quelconque).

- *Eclatements*

Soit Y une sous-variété fermée lisse de X, et soit X_Y l'éclatée de X le long de Y. Supposons que Y soit partout de codimension d dans X. On a alors :

$$h(X_Y) = h(X) \oplus h(Y) \otimes (L \oplus L^2 \oplus \cdots \oplus L^{d-1})$$

comme le suggère le calcul du nombre de points de $X_Y(k)$ lorsque $k = \mathbf{F}_q$:

$$\begin{aligned}|X_Y(\mathbf{F}_q)| &= |X(\mathbf{F}_q)| - |Y(\mathbf{F}_q)| + |Y(\mathbf{F}_q)|.|\mathbf{P}_{d-1}(\mathbf{F}_q)| \\ &= |X(\mathbf{F}_q)| + |Y(\mathbf{F}_q)|(q + q^2 + \cdots + q^{d-1}).\end{aligned}$$

- *Courbes*

Supposons que X soit une courbe projective lisse, géométriquement connexe. On a

$$h(X) = 1 \oplus h^1(X) \oplus L,$$

avec $h^1(X) = h^1(\text{Jac } X)$, où Jac X est la jacobienne de X.

(On peut presque écrire "$h^1(X) = \text{Jac } X$" ; en effet, la catégorie des motifs effectifs de poids 1 est équivalente à la catégorie des variétés abéliennes à isogénie près - ce qui explique le succès des méthodes de Weil en dimension 1.)

- *Surfaces cubiques dans* $\mathbf{P}_3$

Si X est une telle surface, supposée lisse, on a :

$$h(X) = 1 \oplus h^2(X) \oplus L^2 \quad \text{et} \quad h^2(X) = L \otimes (1 \oplus V_6),$$

où V_6 est un motif de poids 0 et de rang 6, provenant d'une représentation galoisienne $\mathrm{Gal}(\overline{k}/k) \to \mathbf{GL}_6(\mathbf{Q})$, à image contenue dans le groupe de Weyl du système de racines de type E_6, cf. [**14**].

On pourrait multiplier les exemples, élémentaires ou non (hypersurfaces cubiques de $\mathbf{P}_4$, surfaces $K3, \ldots$). Dans chaque cas, la théorie des motifs donne une décomposition en morceaux qui permet d'isoler les facteurs les plus intéressants (tel le facteur V_6 pour une surface cubique) ; et ces morceaux eux-mêmes peuvent se recombiner pour former d'autres motifs. Ce jeu de construction (le *meccano* des motifs) se traduit, lorsque k est fini, par des relations entre nombres de points, et, lorsque k est un corps global, par des identités entre fonctions L. C'est l'un des charmes de la théorie.

6. Groupes de Galois motiviques

Admettons les conjectures standard, ainsi que la conjecture de Hodge, et supposons k plongeable dans $\mathbf{C}$. La catégorie $\underline{M}(k)$ est alors une $\mathbf{Q}$-catégorie abélienne semi-simple tannakienne. De plus, cette catégorie possède un *foncteur fibre* sur $\mathbf{Q}$, à savoir le foncteur de Betti relatif à un plongement fixé de k dans $\mathbf{C}$. Il en résulte (cf.[**5**],[**16**]) que $\underline{M}(k)$ est équivalente, comme catégorie tannakienne, à la catégorie des représentations linéaires d'un groupe pro-
3 algébrique $\underline{G}_k$ sur $\mathbf{Q}$, le *groupe de Galois motivique* (cf.[**9**], p.206-207, reproduit en Annexe). Ce groupe est réductif. A torsion galoisienne près, il ne dépend pas du plongement choisi de k dans $\mathbf{C}$. Le quotient de $\underline{G}_k$ par sa composante neutre $\underline{G}_k^0$ s'identifie au groupe de Galois usuel $\mathrm{Gal}(\overline{k}/k)$, vu comme groupe pro-algébrique de dimension 0.

Si k est un corps de nombres, le plus grand quotient abélien de $\underline{G}_k$ n'est autre que la limite projective des groupes $S_{\mathfrak{m}}$ définis et étudiés dans [**18**], chap.II.

Lorsqu'on remplace $\underline{M}(k)$ par la sous-catégorie tannakienne $\underline{M}_X(k)$ engendrée par un motif X, le groupe pro-algébrique $\underline{G}_k$ est remplacé par un quotient $\underline{G}_{k,X}$ qui est un groupe linéaire réductif (algébrique, i.e. de type fini sur $\mathbf{Q}$) ; sa composante neutre $\underline{G}_{k,X}^0$ est le *groupe de Mumford-Tate* de X. Ainsi, si E est une courbe elliptique sans multiplications complexes, le groupe $\underline{G}_{k,E}$

est le groupe $\mathbf{GL}_2$; il en résulte, vu la classification des représentations de ce groupe, que tout objet de $\underline{M}_E(k)$ est somme directe de motifs de la forme

$$L^r \otimes \mathrm{Sym}^s E \ , \ \text{avec } r \in \mathbf{Z} \text{ et } s \geq 0.$$

Si ℓ est un nombre premier, et si X est un motif, l'action de $\mathrm{Gal}(\overline{k}/k)$ sur la cohomologie ℓ-adique de X se fait par l'intermédiaire d'un groupe de Lie ℓ-adique qui est un sous-groupe compact du groupe $\underline{G}_{k,X}(\mathbf{Q}_\ell)$. Lorsque k est de type fini sur $\mathbf{Q}$, on conjecture que ce sous-groupe est *ouvert*, i.e. que l'action de $\mathrm{Gal}(\overline{k}/k)$ est "aussi grosse que possible" ; dans certains cas (voir [**19**], C.3.8 pour un énoncé précis), on conjecture même que ce groupe est un sous-groupe compact maximal de $G_{k,X}(\mathbf{Q}_\ell)$ pour presque tout ℓ.

7. Motifs et formes automorphes

En 1967, Weil [**22**] énonce une conjecture (dite "de Weil", ou "de Shimura-Taniyama", ou "de Taniyama-Weil", suivant les auteurs) affirmant que toute courbe elliptique sur $\mathbf{Q}$ est "modulaire". Dès cette date, il était clair (cf. par exemple [**17**]) que cette conjecture devait s'étendre à tout motif sur tout corps de nombres, à condition d'utiliser des "formes automorphes" plus générales - celles pour lesquelles Langlands [**12**] venait justement de définir des fonctions L ayant les propriétés habituelles (avec Hecke remplaçant Frobenius). En d'autres termes, la catégorie des motifs sur un corps de nombres devrait être plongeable dans la catégorie des représentations automorphes des groupes réductifs (pour des énoncés plus précis, voir [**1**] , [**13**]). C'est là l'un des aspects les plus passionnants de ce que l'on appelle la "philosophie de Langlands".

8. Motifs mixtes

Jusqu'à présent, nous n'avons considéré que des motifs associés à des variétés projectives lisses. Que peut-on dire dans le cas général ?

Supposons pour simplifier que k soit de caractéristique 0. Soit X une k-variété quelconque. On peut écrire X comme union disjointe de sous-variétés localement fermées X_α qui soient quasi-projectives et lisses ; d'après le théorème de résolution des singularités, chaque X_α est de la forme $\overline{X}_\alpha - D_\alpha$, avec $\overline{X}_\alpha$ projective lisse et $\dim D_\alpha < \dim X$. En procédant par récurrence sur $\dim X$, on obtient une décomposition :

$$x = \coprod Y_i - \coprod Z_j \ ,$$

où les Y_i et les Z_j sont projectives et lisses. On est ainsi amené à définir le "motif virtuel"

$$h(X) = \sum_i h(Y_i) - \sum_j h(Z_j),$$

la somme de droite étant prise dans le groupe de Grothendieck $M(k)$ de la catégorie $\underline{M}(k)$, cf. Annexe 1. Bien entendu, on doit vérifier que $h(X)$ ne dépend pas de la décomposition de X choisie, ce qui résulte des conjectures[4] sur les représentations ℓ-adiques mentionnées au n°6.

Exemple. Si Y est une variété projective lisse et si X est le cône affine de base Y, on a $h(X) = 1 + L \otimes h(Y) - h(Y)$.

La construction ci-dessus revient à faire une somme du genre "Jordan-Hölder", ce qui est raisonnable dans la catégorie $\underline{M}(k)$ puisque celle-ci est (conjecturalement) semi-simple. On peut cependant être plus exigeant, et vouloir définir des "Ext" non triviaux entre motifs. Cela revient à introduire une nouvelle catégorie, celle des "motifs mixtes". La définition que l'on doit adopter n'est nullement évidente, cf. Deligne [4] et Jannsen [10]. Je n'en dirai rien, et je me bornerai pour terminer à citer deux énoncés conjecturaux montrant l'intérêt des Ext dans la catégorie en question :

- Si k est un corps de nombres, on a :

$$\mathrm{Ext}^1(1, L^{-n}) \stackrel{?}{=} \mathbf{Q} \otimes K_{2n-1}(k) \qquad \text{pour tout } n \geq 1,$$

ce qui relie motifs et K-théorie.

- Si A est une variété abélienne sur k, on a :

$$\mathrm{Ext}^1(h^1(A), 1) \stackrel{?}{=} \mathbf{Q} \otimes A(k).$$

Ce dernier énoncé est particulièrement satisfaisant ; il montre que le groupe de Mordell-Weil peut se lire dans la catégorie des motifs mixtes (plus généralement, tous les termes figurant dans la formule de Birch et Swinnerton-Dyer doivent avoir une interprétation motivique).

****

Note : Une première rédaction de cet exposé, faite par Michel Waldschmidt, m'a été très utile. Je l'en remercie vivement.

---

4 [4] J'ignore si cette indépendance peut se démontrer sans utiliser aucune conjecture.

ANNEXE
Quelques textes de Grothendieck sur les motifs

1. *Extrait d'une lettre datée du 16.8.1964*

"Cher Serre,

...Cette question est d'ailleurs liée à la suivante, sans doute bien hors de notre portée. Soit k un corps, algébriquement clos pour fixer les idées. et soit $L(k)$ le "groupe K" défini par les schémas de type fini sur k, avec comme relations celles qui proviennent d'un découpage en morceaux (l'initiale L est suggérée bien sûr par les liens avec les fonctions L). Soit $M(k)$ le "groupe K" défini par les "motifs" sur k. J'appelle "motif" sur k quelque chose comme un groupe de cohomologie ℓ-adique d'un schéma algébrique sur k, mais considéré comme indépendant de ℓ, et avec sa structure "entière", ou disons pour l'instant "sur $\mathbf{Q}$", déduite de la théorie des cycles algébriques. La triste vérité, c'est que pour le moment je ne sais pas définir la catégorie abélienne des motifs, bien que je commence à avoir un yoga assez précis sur cette catégorie, disons $\underline{M}(k)$. Par exemple, pour tout ℓ premier $\neq p$, on a un foncteur exact T_ℓ de $\underline{M}(k)$ dans la catégorie des vectoriels de dimension finie sur $\mathbf{Q}_\ell$, avec opérations du pro-groupe $(\mathrm{Gal}(\overline{k_i}/k_i))_i$ dessus, où k_i parcourt les sous-extensions[5] de type fini de k et $\overline{k_i}$ est la clôture algébrique de k_i dans $\overline{k}$; ce foncteur est fidèle, mais bien entendu pas pleinement fidèle. Si k est de caractéristique 0, il y a également un foncteur T_∞ de $\underline{M}(k)$ dans la catégorie des vectoriels de dimension finie sur k (le "foncteur de De Rham-Hodge", alors que T_ℓ est le "foncteur de Tate"). En tout cas, si on admet les deux ingrédients que tu sais (Hodge-Künneth) de l'hyp. de Riemann-Weil, je sais construire explicitement (en fait sur tout préschéma de base plus ou moins, pas seulement sur un corps) la sous-catégorie des objets *semi-simples* de $\underline{M}(k)$ (essentiellement comme des facteurs directs, définis par des classes de correspondances algébriques, d'un $H^i(X, \mathbf{Z}_\ell)$, où X est une variété projective non singulière). Il n'en faut pas plus pour construire le groupe $M(k)$ (et je pense qu'on pourrait en donner une description indépendante des conjectures que j'ai dites, si on voulait). Ainsi, pour tout ℓ, on a un homomorphisme de $M(k)$ dans le "groupe K", soit $M_\ell(k)$, défini par les $\mathbf{Q}_\ell$-G-modules de type fini sur $\mathbf{Q}_\ell$, où G est le groupe profini défini plus haut, ou si tu préfères, la pro-algèbre de Lie associée (qui a l'avantage sur le groupe d'être un pro-objet *strict*, i.e. à morphismes de transition surjectifs). Ceci dit, prenant des sommes alternées de cohomologies à support compact, on trouve un homomorphisme naturel

$$L(k) \to M(k),$$

[5] Les k_i sont les sous-corps de k qui sont de type fini sur le corps premier.

qui est d'ailleurs un homomorphisme d'anneaux (pour le produit cartésien à gauche, le produit tensoriel à droite). La question générale qui se pose est alors de savoir ce qu'on peut dire sur cet homomorphisme, est-il très loin d'être bijectif? Note que les deux membres de cet homomorphisme sont munis de filtrations naturelles, via la dimension des préschémas, et l'homomorphisme est compatible avec ces filtrations. La question ci-dessus sur les jacobiennes[6] peut encore se formuler ainsi : $L^{(1)} \to M^{(1)}$ est-il surjectif? (En effet, à un facteur trivial $\mathbf{Z}$ près, provenant de la dimension 0, $M^{(1)}$ n'est autre que le groupe K défini par les VA définies sur k).

Je ne me hasarde à aucune conjecture générale sur l'homomorphisme plus haut, j'espère simplement par des considérations heuristiques de ce genre finir par arriver à une construction effective de la catégorie des motifs, ce qui me semble un point essentiel de mon "long-run program". Par contre, il y a d'autres conjectures en pagaille que je ne me prive pas de faire, pour préciser le yoga. Par exemple, que $M(k) \to M_\ell(k)$ est injectif, plus précisément que deux motifs simples non isomorphes (je devrais peut-être dire plutôt : non isogènes) donnent lieu à des composants simples ℓ-adiques deux à deux distincts. La conjecture de Tate se généralise en énonçant que, pour X projective non singulière, la filtration "arithmétique" des $H^i(X)$ (via la filtration de X par la dimension) est déterminée par la filtration déjà signalée de $M(k)$, ou encore la filtration de $H^i(X, \mathbf{Z}_\ell)$ est déterminée par la structure de module galoisien (ou plutôt pro-galoisien) à l'aide de la filtration correspondante de $M(k)$. Par exemple, en dimension impaire, le morceau de filtration maximale de $H^{2i-1}(X, \mathbf{Z}_\ell(i))$ est aussi le plus grand "morceau abélien" et correspond au module de Tate de la jacobienne intermédiaire $J^i(X)$ (définie par les cycles algébriquement équivalents à 0 de codimension i sur X).

Je te signale d'ailleurs que j'ai bel et bien une construction de telles jacobiennes intermédiaires (de dimension majorée par $b_{2i-1}/2$ comme il se doit). Malheureusement, même conjecturalement, je n'ai pas encore compris le lien entre la positivité à la Hodge et la forme de Néron-Tate relative à l'autodualité de J^i pour $\dim X = 2i - 1$, et j'aimerais en parler avec toi un jour avant ton départ. Pour les surfaces, on obtient bien une démonstration du théorème de l'index de Hodge à l'aide des fourbis de Néron et Tate, essentiellement en se ramenant à la positivité de l'autodualité d'une jacobienne d'une courbe ; et je

[6] Il s'agit de la question suivante : le groupe K des variétés abéliennes (à isogénie près) est-il engendré par les jacobiennes ? (Note de J-P. Serre.)

ne suis toujours pas convaincu que ce principe de démonstration par réduction à la dimension 1 n'a pas une portée plus générale.

...

Bien à toi.

A. Grothendieck "

2. *Extrait de "Récoltes et Semailles", p.206-207*

"... Quand, il y a trois semaines à peine, je me suis étendu en une page ou deux sur le yoga des motifs, comme un de mes "orphelins" et qui me tenait à coeur plus qu'aucun autre, j'ai dû être bien à côté de la plaque ! Sans doute ai-je rêvé, quand il me semblait me souvenir d'années de gestation d'une vision, ténue et élusive d'abord, et s'enrichissant et se précisant au cours des mois et des années, dans un effort obstiné pour essayer de saisir le "motif" commun, la quintessence commune, dont les nombreuses théories cohomologiques connues alors étaient autant d'incarnations différentes, nous parlant chacune dans son propre langage sur la nature du "motif" dont elle était l'une des manifestations directement tangibles. Sans doute je rêve encore, en me souvenant de la forte impression que m'avait faite telle intuition de Serre, qui avait été amené à voir un groupe de Galois profini, un objet donc qui semblait de nature essentiellement discrète (ou, du moins, se réduisant tautologiquement à de simples systèmes de groupes *finis*), comme donnant naissance à un immense système projectif de groupes ℓ-adiques *analytiques*, voire de groupes *algébriques* sur $\mathbf{Q}_\ell$ (en passant à des enveloppes algébriques convenables), qui avaient même une tendance à être réductifs - avec du coup l'introduction de tout l'arsenal des intuitions et méthodes (à la Lie) des groupes analytiques et algébriques. Cette construction avait un sens pour tout nombre premier ℓ, et je sentais (ou je rêve que j'ai senti...) qu'il y avait un mystère à sonder sur la relation de ces groupes algébriques pour des nombres premiers différents ; qu'ils devaient tous provenir d'un même système projectif de groupes algébriques sur le seul sous-corps commun naturel à tous ces corps de base, savoir le corps $\mathbf{Q}$, le corps "absolu" de caractéristique nulle. Et puisque j'aime rêver, je continue à rêver que je me souviens être entré dans ce mystère entrevu, par un travail qui sûrement n'était qu'un rêve puisque je ne "démontrais" rien ; que j'ai fini par comprendre comment la notion de motif fournissait la clé de ce mystère - comment, par le seul fait de la présence d'une catégorie (ici celle des motifs "lisses" sur un schéma de base donné, par exemple les motifs sur un corps de base donné), ayant des structures internes similaires à celles qu'on trouve sur la catégorie des représentations linéaires d'un pro-groupe algébrique sur un corps k (le charme de la notion de pro-groupe algébrique m'ayant été révélé précédemment par SERRE également), on arrive à reconstituer bel et bien un tel pro-groupe (dès qu'on dispose d'un "foncteur fibre" convenable), et à interpréter la catégorie "abstraite" comme la catégorie de ses représentations linéaires.

Cette approche vers une "théorie de Galois motivique" m'était soufflée par l'approche que j'avais trouvée, des années avant, pour décrire le groupe fondamental d'un espace topologique ou d'un schéma (ou même d'un topos quelconque - mais là je sens que je vais blesser des oreilles délicates que "les topos n'amusent pas"...), en termes de la catégorie des revêtements étales sur l' "espace" envisagé, et les foncteurs fibres sur celle-ci. Et le langage même des "*groupes de Galois motiviques*" (que j'aurais pu aussi bien appeler "groupes fondamentaux" motiviques, les deux genres d'intuitions étant pour moi la même chose, depuis la fin des années cinquante...), et celui des "foncteurs fibres" (qui correspondent très exactement aux "incarnations manifestes" dont il était question plus haut, savoir aux différentes "théories cohomologiques" qui s'appliquent à une catégorie de motifs donnée) - ce langage était fait pour exprimer la nature profonde de ces groupes et suggérer à l'évidence leurs liens immédiats avec les groupes de Galois et avec les groupes fondamentaux ordinaires.

Je me rappelle encore du plaisir et de l'émerveillement, dans ce jeu avec des foncteurs fibres, et avec les torseurs sous les groupes de Galois qui font passer des uns aux autres en "twistant", de retrouver dans une situation particulièrement concrète et fascinante tout l'arsenal des notions de cohomologie non commutative développée dans le livre de Giraud, avec la gerbe des foncteurs-fibres (ici au-dessus du topos étale, ou mieux, du topos *fpqc* de **Q** - des topos non triviaux et intéressants s'il en fût !), avec le "lien" (en groupes ou pro-groupes algébriques) qui lie cette gerbe, et les avatars de ce lien, se réalisant par des groupes ou pro-groupes algébriques divers, correspondant aux différentes "sections" de la gerbe, c'est-à-dire aux divers foncteurs cohomologiques. Les différents points complexes (par exemple) d'un schéma de caractéristique nulle donnaient naissance (via les foncteurs de Hodge correspondants) à autant de sections de la gerbe, et à des torseurs de passage de l'une à l'autre, ces torseurs et les pro-groupes opérant sur eux étant munis de structures algébrico-géométriques remarquables, exprimant les structures spécifiques de la cohomologie de Hodge ... "

3. *Extrait de "Récoltes et Semailles", p.209-211*

"... Puis il y a eu un troisième "rêve motifs", qui était comme le mariage des deux rêves précédents - quand il s'est agi d'interpréter, en termes de structures sur les groupes de Galois motiviques et sur les torseurs sous ces groupes qui servent à "tordre" un foncteur fibre pour obtenir (canoniquement) tout autre foncteur fibre[7], les différentes structures supplémentaires dont est munie la catégorie des motifs et dont une des toutes premières est justement celle de la filtration par les poids. Je crois me souvenir que là moins que jamais il n'était question de devinettes, mais bien de traductions mathématiques en bonne et due forme. C'étaient autant "d'exercices" inédits sur les représentations linéaires de groupes algébriques que j'ai faits avec grand plaisir pendant des jours et des semaines, sentant bien que j'étais en train de cerner de plus en plus près un mystère qui me fascinait depuis des années ! La notion la plus subtile peut-être qu'il a fallu appréhender et formuler en termes de représentations a été celle de "polarisation" d'un motif, en m'inspirant de la théorie de Hodge et en essayant d'en décanter ce qui gardait un sens dans le contexte motivique. C'était là une réflexion qui a dû se faire vers le moment de ma réflexion sur une formulation des "conjectures standard", inspirées l'une et l'autre par l'idée de Serre (toujours lui !) d'un analogue "kählérien" des conjectures de Weil.

Dans une telle situation, quand les choses elles-mêmes nous soufflent quelle est leur nature cachée et par quels moyens nous pouvons le plus délicatement et le plus fidèlement l'exprimer, alors que pourtant beaucoup de faits essentiels semblent hors de la portée immédiate d'une démonstration, le simple instinct nous dit d'écrire simplement noir sur blanc ce que les choses nous soufflent avec insistance, et d'autant plus clairement que nous prenons la peine d'écrire sous leur dictée ! Point n'est besoin de se soucier de démonstrations ou de constructions complètes - s'encombrer de telles exigences à ce stade-là du travail reviendrait à s'interdire l'accès de l'étape la plus délicate, la plus essentielle d'un travail de découverte de vaste envergure - celle de la naissance d'une vision, prenant forme et substance hors d'un apparent néant. Le simple fait d'*écrire*, de *nommer*, de *décrire* - ne serait-ce d'abord que décrire des intuitions élusives ou de simples "soupçons" réticents à prendre forme - a un *pouvoir créateur.* C'est là l'instrument entre tous de la passion de connaître, quand celle-ci s'investit en des choses que l'intellect peut appréhender. Dans la démarche de la découverte en ces choses-là, ce travail en est l'étape créatrice entre toutes, qui toujours

[7] Tout comme les groupes fondamentaux $\pi_1(x), \pi_1(y)$ de quelque "espace" X en deux "points" x et y se déduisent l'un de l'autre en "tordant" par le torseur $\pi_1(x,y)$ des classes de chemins de x à y ...

précède la démonstration et nous en donne les moyens - ou, pour mieux dire, sans laquelle la question de "démontrer" quelque chose ne se pose même pas, avant que rien encore de ce qui touche l'essentiel n'aurait été formulé et vu. Par la seule vertu d'un effort de formulation, ce qui était informe prend forme, se prête à examen, faisant se décanter ce qui est visiblement faux de ce qui est possible, et de cela surtout qui s'accorde si parfaitement avec l'ensemble des choses connues, ou devinées, qu'il devient à son tour un élément tangible et fiable de la vision en train de naître. Celle-ci s'enrichit et se précise au fil du travail de formulation. Dix choses soupçonnées seulement, dont aucune (la conjecture de Hodge disons) n'entraîne conviction, mais qui mutuellement s'éclairent et se complètent et semblent concourir à une même harmonie encore mystérieuse, acquièrent dans cette harmonie force de vision. Alors même que toutes les dix finiraient par se révéler fausses, le travail qui a abouti à cette vision provisoire n'a pas été fait en vain, et l'harmonie qu'il nous a fait entrevoir et qu'il nous a permis de pénétrer tant soit peu n'est pas une illusion mais une réalité, nous appelant à la connaître. Par ce travail, seulement, nous avons pu entrer en contact intime avec cette réalité, cette harmonie cachée et parfaite. Quand nous savons que les choses ont raison d'être ce qu'elles sont, que notre vocation est de les connaître, non de les dominer, alors le jour où une erreur éclate est jour d'exultation - tout autant que le jour où une démonstration nous apprend au-delà de tout doute que telle chose que nous imaginions était bel et bien l'expression fidèle et véritable de la réalité elle-même... "

BIBLIOGRAPHIE

[1] L. Clozel, *Motifs et formes automorphes : applications du principe de fonctorialité,* in *Automorphic Forms, Shimura Varieties and L-Functions* (L. Clozel et J.S. Milne édit.), vol. 1, 77-159, Acad. Press (1990).

[2] P. Deligne, *Valeurs de fonctions L et périodes d'intégrales*, Proc. Symp. Pure Math. 33, A.M.S., vol. 2, 313-346 (1979).

[3] P. Deligne, *Hodge cycles on abelian varieties* (notes by J.S. Milne), Lect. Notes in Math. 900, 9-100, Springer-Verlag (1982).

[4] P. Deligne, *Le groupe fondamental de la droite projective moins trois points,* in *Galois Groups over* **Q** (Y. Ihara, K. Ribet, J-P. Serre édit.), 79-297, Springer-Verlag (1989).

[5] P. Deligne et J.S. Milne, *Tannakian categories*, Lect. Notes in Math. 900, 101-228, Springer-Verlag (1982).

[6] M. Demazure, *Motifs des variétés algébriques*, Sém. Bourbaki 1969-1970, exposé 365, Lect. Notes in Math. 180, Springer-Verlag (1971).

[7] A. Grothendieck, *Standard conjectures on algebraic cycles*, Bombay Coll. on Algebraic Geometry, Oxford, 193-199 (1969).

[8] A. Grothendieck, *Hodge general conjecture is false for trivial reasons*, Topology 8 (1969), 299-303.

[9] A. Grothendieck, *Récoltes et Semailles : réflexions et témoignage sur un passé de mathématicien*, Montpellier (1985).

[10] U. Jannsen, *Mixed motives and algebraic K-theory*, Lect. Notes in Math. 1400, Springer-Verlag (1990).

[11] S. Kleiman, *Motives*, in Proc. 5th Nordic Summer School, Oslo (1970), 53-82, Wolters-Noordhoff, Groningen (1972).

[12] R.P. Langlands, *Euler Products*, Yale (1967).

[13] R.P. Langlands, *Automorphic representations, Shimura varieties, and motives. Ein Märchen*, in *Automorphic Forms, Representations and L-Functions*, Proc. Symp. Pure Math. 33, vol. 2, 205-246 (1979).

[14] Y. Manin, *Correspondances, motifs et transformations monoïdales* (en russe), Mat. Sbornik 77 (1968), 475-507 (trad. anglaise : Math. USSR Sb. 6 (1968), 439-470).

[15] M. Rapoport, N. Schappacher et P. Schneider (édit.), *Beilinson's conjectures on special values of L-functions*, Perspectives in Maths. 4, Acad. Press (1988).

[16] N. Saavedra Rivano, *Catégories tannakiennes*, Lect. Notes in Math. 265, Springer-Verlag (1972).

[17] J-P. SERRE, *Résumé des cours de 1966-1967*, Annuaire du Collège de France, 51-52 (1967) (= *Oe*.78).

[18] J-P. SERRE, *Abelian ℓ-adic representations and elliptic curves*, Benjamin. New-York (1968), (2ème édition : Addison-Wesley (1989)).

[19] J-P. SERRE, *Représentations ℓ-adiques*, Kyoto Symp. on Number Theory, 177-193 (1977) (= *Oe*.112).

[20] C. SOULÉ, *Groupes de Chow et K-théorie de variétés sur un corps fini*, Math. Ann. 268 (1984), 317-345.

[21] A. WEIL, *Numbers of solutions of equations in finite fields*, Bull. A.M.S. 55 (1949), 497-508 (= C.P. [1949*b*]).

[22] A. WEIL, *Über die Bestimmung Dirichletscher Reihen durch Funktionalgleichungen*, Math. Ann. 168 (1967), 149-156 (= C.P. [1967*a*]).

155.

Lettre à M. Tsfasman

Astérisque **198–199–200** (1991), 351–353

Paris, le 24 Juillet 1989

Cher Tsfasman,

1 Voici une solution du problème sur le nombre maximum de points d'une hypersurface que vous avez posé à Luminy.

Notations

$\mathbf{F}_q$ est un corps fini à q éléments ;

$\mathbf{P}_n(\mathbf{F}_q)$ est l'espace projectif de dimension n sur $\mathbf{F}_q$; son nombre d'éléments est $p_n = q^n + q^{n-1} + \cdots + 1$;

$f = f(X_0, \ldots, X_n)$ est un polynôme homogène $\neq 0$, de degré $d \leq q+1$, à coefficients dans $\mathbf{F}_q$;

$S = S(f)$ est le lieu des zéros de f dans $\mathbf{P}_n(\mathbf{F}_q)$;

$N = N(f)$ est le nombre d'éléments de S.

THÉORÈME - *On a* :

$$N \leq d\, q^{n-1} + p_{n-2}\,. \tag{1}$$

Démonstration

Le cas $d = q+1$ est trivial, car $d\,q^{n-1} + p_{n-2}$ est alors égal à p_n. *Je supposerai donc* $d \leq q$ *dans ce qui suit.*

Je raisonnerai par récurrence sur n, les cas $n = 0, 1$ étant faciles. On peut donc supposer $n \geq 2$.

Soient $g_1, \ldots, g_\delta$ les différents facteurs linéaires (à homothétie près) de f (sur le corps de base $\mathbf{F}_q$, bien entendu), et soient $G_1, \ldots, G_\delta$ les hyperplans de

$\mathbf{P}_n(\mathbf{F}_q)$ définis par les g_i. La réunion G des G_i est contenue dans S. On va distinguer deux cas, suivant que G est égal à S ou non.

(i) *On a* $G = S$.

Pour $m = 1, 2, \ldots, \delta$, on a

$$(2) \qquad |G_1 \cup \ldots \cup G_m| \leq mq^{n-1} + p_{n-2} .$$

Cela se voit par récurrence sur m, en remarquant que G_{m+1} a $p_{n-1} = q^{n-1} + p_{n-2}$ points, et que $G_{m+1} \cap (G_1 \cup \ldots \cup G_m)$ a au moins p_{n-2} points. Comme $m \leq d$, l'inégalité (2) entraîne (1). (On voit de plus qu'il ne peut y avoir égalité dans (1) que si $\delta = d$, et si les g_i engendrent un espace de dimension 2, i.e. si les hyperplans G_i ont un espace de dimension $n-2$ en commun.)

(ii) *On a* $G \neq S$.

Choisissons un point $P \in S$, avec $P \notin G$. Si H est un hyperplan de $\mathbf{P}_n(\mathbf{F}_q)$, passant par P, la restriction de f à H n'est pas identiquement nulle, vu le choix de P. On peut donc appliquer à $S \cap H$ l'hypothèse de récurrence : on a

$$(3) \qquad |S \cap H| \leq d\,q^{n-2} + p_{n-3} .$$

Je vais maintenant employer un procédé combinatoire standard : soit X l'ensemble des couples (P', H) où :

$$\begin{cases} P' & \text{est un point de } S - \{P\} ; \\ H & \text{est un hyperplan passant par } P \text{ et } P' . \end{cases}$$

Pour P' fixé dans $S - \{P\}$, le nombre des H passant par P et P' est égal à p_{n-2}. On en déduit :

$$(4) \qquad |X| = (N-1)p_{n-2} .$$

D'autre part, pour H fixé passant par P, le nombre des $P' \in S - \{P\}$ situés sur H est égal à $|S \cap H| - 1 \leq d\,q^{n-2} + p_{n-3} - 1$. Comme le nombre des H passant par P est égal à p_{n-1}, on déduit de là :

$$(5) \qquad |X| \leq p_{n-1}(d\,q^{n-2} + p_{n-3} - 1) .$$

En combinant (4) et (5), on obtient :

$$(6) \qquad N \leq 1 + p_{n-1}(d\,q^{n-2} + p_{n-3} - 1)/p_{n-2} .$$

Un calcul ennuyeux, mais sans difficulté, montre que ceci équivaut à

$$N \leq d\,q^{n-1} + p_{n-2} - (q+1-d)q^{n-2}/p_{n-2}\,. \tag{7}$$

Comme $q+1-d$ est > 0, on en déduit :

$$N < d\,q^{n-1} + p_{n-2}\,, \tag{8}$$

ce qui est meilleur que (1). D'où le théorème.

Remarques

1) Dans le cas (ii), on peut obtenir une inégalité un peu meilleure que (8), à savoir :

$$N \leq d\,q^{n-1} + p_{n-2} - (q+1-d)\,. \tag{9}$$

2) La démonstration prouve en même temps que, si $d \leq q$, il ne peut y avoir égalité dans (1) que dans le cas trivial où S est réunion de d hyperplans contenant une même variété linéaire de codimension 2.

Par contre, pour $d = q+1$, on peut prouver qu'il y a égalité dans (1) si et seulement si f est combinaison linéaire des polynômes $X_iX_j^q - X_jX_i^q$: si n est impair, l'hypersurface $f = 0$ peut être absolument irréductible, et lisse (exemple : $n = 3$, et $f = X_0X_1^q - X_1X_0^q + X_2X_3^q - X_3X_2^q$).

Bien à vous

156.

Résumé des cours de 1991–1992

Annuaire du Collège de France (1992), 105–113

1 Le cours a été consacré à la cohomologie galoisienne des extensions transcendantes pures. Il a comporté deux parties.

I. Cohomologie de $k(T)$

Il s'agit de résultats essentiellement connus, dus à Faddeev, Scharlau, Arason, Elman,... On peut les résumer comme suit :

§1. Une suite exacte

Soient G un groupe profini, N un sous-groupe distingué fermé de G, Γ le quotient G/N, et C un G-module discret sur lequel N opère trivialement (i.e. un Γ-module). Faisons l'hypothèse :

(1.1) $H^i(N,C) = 0$ *pour tout* $i > 1$.

La suite spectrale $H^{\cdot}(\Gamma,H^{\cdot}(N,C)) \Rightarrow H^{\cdot}(G,C)$ dégénère alors en une suite exacte :

(1.2) $\ldots \rightarrow H^i(\Gamma,C) \rightarrow H^i(G,C) \xrightarrow{r} H^{i-1}(\Gamma,\mathrm{Hom}(N,C)) \rightarrow H^{i+1}(\Gamma,C) \rightarrow \ldots$

L'homomorphisme $r : H^i(G,C) \rightarrow H^{i-1}(\Gamma,\mathrm{Hom}(N,C))$ figurant dans (1.2) est défini de la manière suivante :

Si α est un élement de $H^i(G,C)$, on peut représenter α par un cocycle $a(g_1,\ldots,g_i)$ qui est normalisé (i.e. égal à 0 lorsqu'un des g_j est égal à 1), et qui ne dépend que de g_1 et des images $\gamma_2,\ldots,\gamma_i$ de $g_2,\ldots,g_i$ dans Γ. Pour $\gamma_2,\ldots,\gamma_i$ fixés, l'application de N dans C définie par

$n \mapsto a(n,g_2,\ldots,g_i) \qquad (n \in N),$

est un élément $b(\gamma_2,\ldots,\gamma_i)$ de Hom(N,C) et la $(i-1)$-cochaîne ainsi définie sur Γ est un $(i-1)$-cocycle à valeurs dans Hom(N,C) ; sa classe de cohomologie est $r(\alpha)$.

Faisons l'hypothèse supplémentaire :

(1.3) *L'extension* $1 \to N \to G \to \Gamma \to 1$ *est scindée.*

L'homomorphisme $H^i(\Gamma,C) \to H^i(G.C)$ est alors injectif, et (1.2) se réduit à la suite exacte :

(1.4) $0 \to H^i(\Gamma,C) \to H^i(G,C) \xrightarrow{r} H^{i-1}(\Gamma,\mathrm{Hom}(N,C)) \to 0.$

§2. Le cas local

Si K est un corps, on note K_s une clôture séparable de K, et l'on pose $G_K = \mathrm{Gal}(K_s/K)$. Si C est un G_K-module (discret), on écrit $H^i(K,C)$ à la place de $H^i(G_K,C)$.

Supposons que K soit muni d'une *valuation discrète* v, de corps résiduel $k(v)$; notons K_v le complété de K pour v. Choisissons un prolongement de v à K_s ; soient D et I les groupes de décomposition et d'inertie correspondants ; on a $D \simeq G_{K_v}$ et $D/I \simeq G_{k(v)}$.

Soit n un entier > 0, premier à la caractéristique de $k(v)$, et soit C un G_K-module tel que $nC = 0$. Faisons l'hypothèse suivante :

(2.1) C *est non ramifié en* v (i.e. I opère trivialement sur C).

On peut alors appliquer à la suite exacte $1 \to I \to D \to G_{k(v)} \to 1$ les résultats du §1 (les hypothèses (1.1) et (1.3) se vérifient sans difficulté). Le $G_{k(v)}$-module Hom(I,C) s'identifie à $C(-1) = \mathrm{Hom}(\mu_n,C)$, où μ_n désigne le groupe des racines n-èmes de l'unité (dans $k(v)_s$ ou dans K_s, cela revient au même). Vu (1.4), cela donne la suite exacte :

(2.2) $0 \to H^i(k(v),C) \to H^i(K_v,C) \xrightarrow{r} H^{i-1}(k(v),C(-1)) \to 0.$

Soit $\alpha \in H^i(K,C)$ et soit α_v son image (par restriction) dans $H^i(K_v,C)$. L'élément $r(\alpha_v)$ de $H^{i-1}(k(v),C(-1))$ est appelé le *résidu de* α *en* v, et noté $r_v(\alpha)$. S'il est non nul, on dit que α *a un pôle en* v. S'il est nul, on dit que α est *régulier* (ou « holomorphe ») *en* v ; dans ce cas, α_v s'identifie à un élément de $H^i(k(v),C)$, qui est appelé la *valeur de* α *en* v, et noté $\alpha(v)$.

§3. Courbes algébriques et corps de fonctions d'une variable

Soit X une courbe projective lisse connexe sur un corps k, et soit $K = k(X)$ le corps de fonctions correspondant. Soit $\underline{X}$ l'ensemble des points fermés du schéma X. Un élément x de $\underline{X}$ peut être identifié à une *valuation discrète* de K, triviale sur k ; on note $k(x)$ le corps résiduel correspondant ; c'est une extension finie de k.

Comme ci-dessus, soit n un entier > 0, premier à la caractéristique de k, et soit C un G_k-module tel que $n\mathrm{C} = 0$. Le choix d'un plongement de k_s dans K_s définit un homomorphisme $G_K \to G_k$, ce qui permet de considérer C comme un G_K-module. Pour tout $x \in \underline{X}$, l'hypothèse (2.1) est satisfaite. Si $\alpha \in H^i(K,C)$, on peut donc parler du *résidu* $r_x(\alpha)$ *de* α *en* x ; on a $r_x(\alpha) \in H^{i-1}(k(x),C(-1))$. On démontre :

(3.1) *On a* $r_x(\alpha) = 0$ *pour tout* $x \in \underline{X}$ *sauf un nombre fini* (autrement dit l'ensemble des pôles de α est fini).

De façon plus précise, soit L/K une extension galoisienne finie de K assez grande pour que α provienne d'un élément de $H^i(\mathrm{Gal}(L/K),C_L)$, où $C_L = H^0(G_L,C)$. On a $r_x(\alpha) = 0$ pour tout x en lequel l'indice de ramification de L/K est premier à n.

(3.2) *On a la « formule des résidus »* :

$$\sum_{x \in \underline{X}} \mathrm{Cor}_k^{k(x)}\, r_x(\alpha) = 0 \qquad \textit{dans } H^{i-1}(k,C(-1)),$$

où $\mathrm{Cor}_k^{k(x)} : H^{i-1}(k(x),C(-1)) \to H^{i-1}(k,C(-1))$ *désigne l'homomorphisme de corestriction relativement à l'extension* $k(x)/k$.

[Précisons ce que l'on entend par Cor_E^F si F/E est une extension finie : c'est le produit de la corestriction galoisienne usuelle (correspondant à l'inclusion $G_F \to G_E$) par le degré inséparable $[F:E]_i$. Le composé $\mathrm{Cor}_E^F \circ \mathrm{Res}_F^E$ est égal à la multiplication par $[F:E]$.]

Application

Soit $f \in K^*$, et soit $D = \sum_{x \in \underline{X}} n_x x$ le diviseur de f. Supposons D disjoint de l'ensemble des pôles de α. Cela permet de définir un élément $\alpha(D)$ de $H^i(k,C)$ par la formule

$$\alpha(D) = \sum_{x \in |D|} n_x \mathrm{Cor}_k^{k(x)}\, \alpha(x).$$

On déduit de (3.2) la formule suivante :

$$(3.3) \quad \alpha(D) = \sum_{x \text{ pôle de } \alpha} \mathrm{Cor}_k^{k(x)}\, (f(x)).r_x(\alpha),$$

où :

$(f(x))$ est l'élément de $H^1(k(x),\mu_n)$ défini par l'élément $f(x)$ de $k(x)$, *via* la théorie de Kummer ;

$r_x(\alpha) \in H^{i-1}(k(x),C(-1))$ est le résidu de α en x ;

$(f(x)).r_x(\alpha)$ est le cup-produit de $(f(x))$ et de $r_x(\alpha)$ dans $H^i(k(x),C)$, relativement à l'application bilinéaire $\mu_n \times C(-1) \to C$.

Lorsque α n'a pas de pôles, (3.3) se réduit à :

$\alpha(D) = 0,$

analogue cohomologique du *théorème d'Abel.* Cela permet d'associer à α un homomorphisme du groupe des points rationnels de la jacobienne de X dans le groupe $H^i(k,C)$; pour $i = 1$, on retrouve une situation étudiée dans le cours de 1956-1957 (cf. *Groupes algébriques et corps de classes,* Hermann, Paris, 1959).

§4. Le cas où $K = k(T)$

C'est celui où X est la droite projective $\mathbf{P}_1$. Du fait que X possède un point rationnel, l'homomorphisme canonique $H^i(k,C) \to H^i(K,C)$ est injectif. Un élément de $H^i(K,C)$ est dit *constant* s'il appartient à $H^i(k,C)$. On démontre :

(4.1) *Pour que* $\alpha \in H^i(K,C)$ *soit constant, il faut et il suffit que* $r_x(\alpha) = 0$ *pour tout* $x \in \underline{X}$ (i.e. que α n'ait pas de pôles).

(4.2) *Pour tout* $x \in \underline{X}$, *soit* $\rho_x \in H^{i-1}(k(x),C(-1))$. *Supposons que* $\rho_x = 0$ *pour tout* x *sauf un nombre fini, et que* :

$$\sum_{x \in \underline{X}} \mathrm{Cor}_k^{k(x)} \rho_x = 0 \qquad \text{dans } H^{i-1}(k,C(-1)).$$

Il existe alors $\alpha \in H^i(K,C)$ *tel que* $r_x(\alpha) = \rho_x$ *pour tout* $x \in \underline{X}$.

On peut résumer (3.1), (3.2), (4.1), (4.2) par la suite exacte :

$$(4.3) \quad 0 \to H^i(k,C) \to H^i(K,C) \to \bigoplus_{x \in \underline{X}} H^{i-1}(k(x),C(-1)) \to H^{i-1}(k,C(-1)) \to 0.$$

Remarque — Soit $\alpha \in H^i(K,C)$, et soit P l'ensemble de ses pôles. Les énoncés ci-dessus montrent que α est déterminé sans ambiguïté par ses résidus, et par sa valeur en un point rationnel de X non contenu dans P. En particulier, la *valeur* de α peut se calculer à partir de ces données. Voici une formule permettant de faire un tel calcul si $\infty \notin P$:

$$(4.4) \quad \alpha(x) = \alpha(\infty) + \sum_{y \in P} \mathrm{Cor}_k^{k(y)} (x - y).r_y(\alpha),$$

où :

$\alpha(x)$ est la valeur de α en un point rationnel $x \in X(k)$, $x \notin P$, $x \neq \infty$;

$\alpha(\infty)$ est la valeur de α au point ∞ ;

$(x - y)$ est l'élément de $H^1(k(y),\mu_n)$ défini par $x - y$;

$(x - y).r_y(\alpha)$ est le cup-produit de $(x - y)$ par le résidu $r_y(\alpha)$, calculé dans $H^i(k(y),C)$;

$\mathrm{Cor}_k^{k(y)}$ est la corestriction : $H^i(k(y),C) \to H^i(k,C)$.

Cela se déduit de (3.3), appliqué à la fonction $f(T) = x - T$, dont le diviseur D est $(x) - (\infty)$.

Généralisation à plusieurs variables

Soit $K = k(T_1, \ldots, T_m)$ le corps des fonctions de l'espace projectif $\mathbf{P}_m$ de dimension m. Tout diviseur irréductible W de $\mathbf{P}_m$ définit une valuation discrète v_W de K. L'énoncé suivant se déduit de (4.1) par récurrence sur m :

(4.5) *Pour que* $\alpha \in H^i(K,C)$ *soit constant* (i.e. appartienne à $H^i(k,C)$), *il faut et il suffit que* α *n'ait de pôle en aucun* v_W (et l'on peut même se borner aux W distincts de l'hyperplan à l'infini, i.e. se placer sur *l'espace affine* de dimension m, et non sur l'espace projectif).

II. Application : spécialisation du groupe de Brauer

§5. Notations

Ce sont celles du §4, avec $i = 2$ et $C = \mu_n$, d'où $C(-1) = \mathbf{Z}/n\mathbf{Z}$. On a $H^2(K,C) = \mathrm{Br}_n K$, noyau de la multiplication par n dans le groupe de Brauer de K. La suite exacte (4.3) s'écrit alors :

$$0 \to \mathrm{Br}_n k \to \mathrm{Br}_n K \to \bigoplus_{x \in \underline{X}} H^1(k(x), \mathbf{Z}/n\mathbf{Z}) \to H^1(k, \mathbf{Z}/n\mathbf{Z}) \to 0.$$

Elle est due à D.K. Faddeev (*Trud. Math. Inst. Steklov* 38 (1951), 321-344).

Soit $\alpha \in \mathrm{Br}_n K$, et soit $P(\alpha) \subset \underline{X}$ l'ensemble de ses pôles. Si $x \in X(k)$ est un point rationnel de $X = \mathbf{P}_1$, et si $x \notin P(\alpha)$, la valeur de α en x est un élément $\alpha(x)$ de $\mathrm{Br}_n k$. On s'intéresse à la variation de $\alpha(x)$ avec x, et en particulier à l'ensemble $V(\alpha)$ des x tels que $\alpha(x) = 0$ (« *lieu des zéros de* α »). On aimerait comprendre la structure de $V(\alpha)$. (Par exemple, si k est infini, est-il vrai que $V(\alpha)$ est soit vide, soit de cardinal égal à celui de k ?).

Le cas où $n = 2$ et où α est un symbole (f,g), avec $f,g \in K^*$, est particulièrement intéressant, à cause de son interprétation en termes du *fibré en coniques* de base X défini par l'équation homogène

$$U^2 - f(T)V^2 - g(T)W^2 = 0.$$

L'étude de $V(\alpha)$ peut être abordée de plusieurs points de vue. Le cours en a envisagé trois :

annulation de α par changement de base rationnel (cf. §6) ;

conditions de Manin et approximation faible (cf. §7) ;

bornes du crible (cf. §8).

§6. Annulation par changement de base

On suppose, pour simplifier, que k est de caractéristique 0.

Soit $\alpha \in \mathrm{Br}_n\mathrm{K}$, avec $\mathrm{K} = k(\mathrm{T})$ comme ci-dessus. Soit $f(\mathrm{T}')$ une fonction rationnelle en une variable T' ; supposons f non constante. Si l'on pose $\mathrm{T} = f(\mathrm{T}')$, on obtient un plongement de K dans $\mathrm{K}' = k(\mathrm{T}')$. D'où, par changement de base, un élément $f^*\alpha$ de $\mathrm{Br}_n\mathrm{K}'$. On dit que α est *tué par* K'/K (ou par f) si $f^*\alpha = 0$ dans $\mathrm{Br}_n\mathrm{K}'$. S'il en est ainsi, on a $\alpha(t) = 0$ pour tout $t \in \mathrm{X}(k)$ qui n'est pas un pôle de α, et qui est de la forme $f(t')$, avec $t' \in \mathbf{P}_1(k)$. En particulier, $\mathrm{V}(\alpha)$ est *non vide* (et même de cardinal égal à celui de k). On peut se demander s'il y a une réciproque. D'où la question suivante :

(6.1) *Supposons* $\mathrm{V}(\alpha)$ *non vide. Existe-t-il une fonction rationnelle non constante f qui tue* α *?*

Voici une variante « à point-base » de (6.1) :

(6.2) *Soit* $t_0 \in \mathrm{V}(\alpha)$. *Existe-t-il f comme dans* (6.1), *telle que* t_0 *soit de la forme* $f(t'_0)$, *avec* $t'_0 \in \mathbf{P}_1(k)$ *?*

On sait (Janchevskii, *Dokl. Akad. Nauk URSS*, 29, 1985, 1061-1064) que (6.2) a une réponse positive lorsque k est hensélien (ou lorsque $k = \mathbf{R}$).

Lorsqu'on ne fait pas d'hypothèse sur k, on n'a de résultats que pour $n = 2$. Pour les énoncer, introduisons la notation suivante :

(6.3) $d(\alpha) = \deg \mathrm{P}(\alpha) = \sum_{x \in \mathrm{P}(\alpha)} [k(x):k].$

(L'entier $d(\alpha)$ est le *nombre de pôles* de α, multiplicités comprises.)

Théorème 6.4. (J.-F. Mestre, non publié) (i) *La question* (6.2) *a une réponse positive lorsque* $n = 2$ *et* $d(\alpha) \leqslant 4$.

2 (ii) *La question* (6.1) *a une réponse positive lorsque* $n = 2$, $d(\alpha) = 5$, *et que tout élément de* Br_2k *est un symbole* (i.e. toute forme quadratique sur k de rang 6 et de discriminant − 1 représente 0).

Remarques

1) Dans (ii), la condition portant sur k est satisfaite lorsque k est un corps de nombres algébriques.

2) La démonstration du th. 6.4 donne des informations supplémentaires sur les corps $\mathrm{K}' = k(\mathrm{T}')$ qui tuent α : par exemple, on peut choisir K' tel que $[\mathrm{K}':\mathrm{K}] = 8$ dans le cas (i), et $[\mathrm{K}':\mathrm{K}] = 16$ dans le cas (ii).

Du th. 6.4, Mestre a déduit le résultat suivant :

3 **Théorème 6.5.** *Le groupe* $\mathbf{SL}_2(\mathbf{F}_7)$ *a la propriété* « Gal_T », *i.e. est groupe de Galois d'une extension galoisienne régulière de* $\mathbf{Q}(\mathrm{T})$.

En particulier, il existe une infinité d'extensions galoisiennes de **Q**, deux à deux disjointes, dont le groupe de Galois est $\mathbf{SL}_2(\mathbf{F}_7)$.

Mestre a obtenu des résultats analogues pour les groupes $6.A_6$ et $6.A_7$.

§7. Conditions de Manin, approximation faible et hypothèse de Schinzel

On suppose maintenant que k est un *corps de nombres* algébriques, de degré fini sur **Q**. Soit Σ l'ensemble de ses places (archimédiennes et ultramétriques) ; si $v \in \Sigma$, on note k_v le complété de k pour v. Soit **A** *l'anneau des adèles* de k, autrement dit le produit restreint des k_v $(v \in \Sigma)$.

Soit $X(\mathbf{A}) = \prod_v X(k_v)$ l'espace des points adéliques de $X = \mathbf{P}_1$. C'est un espace compact. A un élément α de $\mathrm{Br}_n K$ on associe le sous-espace $V_{\mathbf{A}}(\alpha)$ défini de la façon suivante :

un point adélique $x = (x_v)$ appartient à $V_{\mathbf{A}}(\alpha)$ si, pour tout $v \in \Sigma$, on a $x_v \notin P(\alpha)$ et $\alpha(x_v) = 0$ dans $\mathrm{Br}_n k_v$.

(Autrement dit, $V_{\mathbf{A}}(\alpha)$ est l'ensemble des *solutions adéliques* de l'équation $\alpha(x) = 0$.)

Toute solution dans k de $\alpha(x) = 0$ est évidemment une solution adélique. On a donc une inclusion :

$V(\alpha) \subset V_{\mathbf{A}}(\alpha)$,

et l'on peut se demander quelle est *l'adhérence* de $V(\alpha)$ dans $V_{\mathbf{A}}(\alpha)$. Pour répondre (ou tenter de répondre) à cette question, il y a lieu d'introduire (à la suite de Colliot-Thélène et Sansuc) les « *conditions de Manin* » :

Disons qu'un élément β de $\mathrm{Br}_n K$ est *subordonné* à α si, pour tout $x \in \underline{X}$, $r_x(\beta)$ est un multiple entier de $r_x(\alpha)$; on a en particulier $P(\beta) \subset P(\alpha)$. Soit $\mathrm{Sub}(\alpha)$ l'ensemble de ces éléments ; c'est un sous-groupe de $\mathrm{Br}_n K$ contenant $\mathrm{Br}_n k$, et le quotient $\mathrm{Sub}(\alpha)/\mathrm{Br}_n k$ est fini. Si $\beta \in \mathrm{Sub}(\alpha)$, et si $x = (x_v)$ est un point de $V_{\mathbf{A}}(\alpha)$, on a $\beta(x_v) = 0$ pour presque tout v. Cela permet de définir un élément $m(\beta,x)$ de $\mathbf{Q}/\mathbf{Z}$ par la formule :

(7.1) $m(\beta,x) = \sum_v \mathrm{inv}_v\, \beta(x_v)$,

où inv_v désigne l'homomorphisme canonique de $\mathrm{Br}\, k_v$ dans $\mathbf{Q}/\mathbf{Z}$. La fonction $x \mapsto m(\beta,x)$ est localement constante sur $V_{\mathbf{A}}(\alpha)$ et s'annule sur $V(\alpha)$; de plus, elle ne dépend que de la classe de β mod $\mathrm{Br}_n k$. Notons $V_{\mathbf{A}}^{\mathrm{M}}(\alpha)$ le sous-espace de $V_{\mathbf{A}}(\alpha)$ défini par les « conditions de Manin » :

(7.2) $m(\beta,x) = 0$ *pour tout* $\beta \in \mathrm{Sub}(\alpha)$.

C'est un sous-espace *ouvert et fermé* de $V_{\mathbf{A}}(\alpha)$ qui contient $V(\alpha)$. Il paraît raisonnable de faire la *conjecture* suivante :

(7.3 ?) $V(\alpha)$ *est dense dans* $V_{\mathbf{A}}^{\mathrm{M}}(\alpha)$.

En particulier :

(7.4 ?) *Si* $V_A^M(\alpha) \neq \emptyset$, *on a* $V(\alpha) \neq \emptyset$: les conditions de Manin sont « les seules » à s'opposer à l'existence d'une solution rationnelle de l'équation $\alpha(x) = 0$.

(7.5 ?) *Si* $\mathrm{Sub}(\alpha) = \mathrm{Br}_n k$ (i.e. s'il n'y a pas de conditions de Manin), $V(\alpha)$ *est dense dans* $V_A(\alpha)$; il y a *approximation faible* ; le principe de Hasse est valable.

La plupart des résultats concernant (7.3 ?), (7.4 ?) et (7.5 ?) sont relatifs au cas $n = 2$. Dans le cas général, on a toutefois le théorème suivant, qui complète des résultats antérieurs de Colliot-Thélène et Sansuc (1982) et Swinnerton-Dyer (1991) :

4 **Théorème 7.6.** *L'hypothèse* (H) *de Schinzel entraîne* (7.3 ?).

[Rappelons l'énoncé de l'hypothèse (H) : soient $P_1(T),\ldots,P_m(T)$ des polynômes à coefficients dans $\mathbf{Z}$, irréductibles sur $\mathbf{Q}$, de termes dominants > 0, et tels que, pour tout nombre premier p, il existe $n_p \in \mathbf{Z}$ tel que $P_i(n_p) \not\equiv 0 \pmod p$ pour $i = 1,\ldots,m$. Alors il existe une infinité d'entiers $n > 0$ tels que $P_i(n)$ soit un nombre premier pour $i = 1,\ldots,m$.]

Remarque

Le th. 7.6 peut être étendu aux *systèmes d'équations* $\alpha_i(x) = 0$, où les α_i sont des éléments de $\mathrm{Br}_n K$ en nombre fini. On doit alors remplacer $\mathrm{Sub}(\alpha)$ par l'ensemble des $\beta \in \mathrm{Br}_n K$ tels que, pour tout $x \in \underline{X}$, $r_x(\beta)$ appartienne au sous-groupe de $H^1(k(x), \mathbf{Z}/n\mathbf{Z})$ engendré par les $r_x(\alpha_i)$.

§8. Bornes du crible

On conserve les notations ci-dessus, et l'on suppose en outre (pour simplifier) que $k = \mathbf{Q}$. Si $x \in X(k) = \mathbf{P}_1(\mathbf{Q})$, on note $H(x)$ la *hauteur* de x : si $x = p/q$ où p et q sont des entiers premiers entre eux, on a $H(x) = \sup(|p|, |q|)$. Si $H \to \infty$, le nombre des x tels que $H(x) \leqslant H$ est $cH^2 + O(H.\log H)$, avec $c = 12/\pi^2$.

Soit $N_\alpha(H)$ le nombre des $x \in V(\alpha)$ tels que $H(x) \leqslant H$. On aimerait connaître la croissance de $N_\alpha(H)$ quand $H \to \infty$. Un argument de crible (cf. *C.R. Acad. Sci. Paris*, 311 (1990), 397-402) permet en tout cas d'en donner une *majoration*. Pour énoncer le résultat, convenons de noter $e_x(\alpha)$ l'ordre du résidu $r_x(\alpha)$ de α en x (pour $x \in \underline{X}$) ; on a $e_x(\alpha) = 1$ si x n'est pas un pôle de α. Posons

(8.1) $\delta(\alpha) = \sum_{x \in \underline{X}} (1 - 1/e_x(\alpha)).$

Théorème 8.2. *On a* $N_\alpha(H) << H^2/(\log H)^{\delta(\alpha)}$ *pour* $H \to \infty$.

Noter que, si α n'est pas constant, on a $\delta(\alpha) > 0$, et le théorème ci-dessus montre que « peu » de points rationnels appartiennent à $V(\alpha)$.

On peut se demander si la majoration ainsi obtenue est optimale, sous l'hypothèse $V(\alpha) \neq \emptyset$. Autrement dit :

(8.3) *Est-il vrai que* $N_\alpha(H) >> H^2/(\log H)^{\delta(\alpha)}$ *pour* H *assez grand, si* $V(\alpha) \neq \emptyset$?

Remarque

Il y a des énoncés analogues pour les corps de nombres, et pour les systèmes d'équations $\alpha_i(x) = 0$; on doit alors remplacer $e_x(\alpha)$ par l'ordre du groupe engendré par les $r_x(\alpha_i)$.

157.

Revêtements des courbes algébriques

Séminaire Bourbaki 1991/92, n° 749, Astérisque **206** (1992), 167–182

1. INTRODUCTION

1.1. Le problème

Soit k un corps algébriquement clos. Soit C une courbe algébrique sur k, supposée irréductible et lisse. On a :

$$C = \overline{C} - S,$$

où $\overline{C}$ est une courbe projective lisse, et S un sous-ensemble fini de $\overline{C}(k)$.

Quels sont les revêtements galoisiens (non ramifiés) *de C* ?

On peut préciser cette question de deux façons :

(a) On se donne un groupe fini G. On demande à quelle condition il existe un revêtement galoisien connexe $C' \to C$ de groupe G.

(b) Soit $\pi_C = \pi_1^{\mathrm{alg}}(C, x)$ le groupe fondamental (algébrique) de la courbe C relativement à un point-base x. Ce groupe est un groupe profini. On demande de déterminer sa structure.

Remarque.— 1) Noter que (b) est plus précis que (a) : un groupe fini G satisfait à la condition (a) si et seulement si G est isomorphe à un quotient de π_C.

2) Lorsque l'on remplace le corps de base k par une extension algébriquement close k', le groupe π_C ne change pas, si la caractéristique est 0. Il n'est va plus de même en caractéristique $p > 0$: il existe des familles non constantes de revêtements. Toutefois, les quotients finis de π_C sont les mêmes sur k et sur k', comme le montre un argument de spécialisation. La question (a) est donc "indépendante" du corps de base choisi (pourvu, bien sûr, qu'il soit algébriquement clos).

1.2. Le cas complexe

Lorsque $k = \mathbf{C}$, le *théorème d'existence de Riemann* dit que tout revêtement fini (au sens topologique) de la surface $C(\mathbf{C})$ possède une structure algébrique et une seule compatible avec sa projection sur $C(\mathbf{C})$ (*cf.* par exemple [5], chap. VI). Cela permet de répondre aux questions (a) et (b) ci-dessus. Pour (b), la réponse est la suivante : si g est le genre de $\overline{C}$, et $s = |S|$, le groupe π_C est le *complété profini* (*i.e.* le complété pour la topologie des sous-groupes d'indice fini) du groupe défini par $2g+s$ générateurs a_i, b_i $(i = 1, \cdots, g)$ et c_j $(j = 1, \cdots, s)$ liés par la relation

$$a_1\, b_1\, a_1^{-1}\, b_1^{-1} \cdots a_g\, b_g\, a_g^{-1}\, b_g^{-1}\, c_1 \cdots c_s = 1 .$$

Lorsque $S \neq \emptyset$ (*i.e.* lorsque C est affine), ce groupe est un groupe libre de rang $2g+s-1$. Dans ce cas, la réponse à la question (a) du n° 1.1 s'énonce très simplement : un groupe fini G convient si et seulement si il peut être engendré par $2g + s - 1$ éléments.

(La théorie de Riemann donne en fait un résultat plus précis : les éléments $c_1, \cdots, c_s$ peuvent être choisis de telle sorte qu'ils engendrent des groupes d'inertie au-dessus des points de S.)

1.3. Le cas de caractéristique 0

Lorsque la caractéristique de k est 0, le principe de Lefschetz, combiné avec des arguments de spécialisation, montre que *les résultats du* n° 1.2 *restent valables sans changement.*

Noter que, bien que ces résultats s'énoncent algébriquement, la seule démonstration que l'on en ait repose sur la théorie transcendante pour $k = \mathbf{C}$ (le point essentiel est de montrer qu'une surface de Riemann compacte a suffisamment de fonctions méromorphes).

Une tentative pour attaquer "algébriquement" la classification des revêtements avait été faite par Weil en 1938 (*cf.* [21], p. 84-86). Son point de départ est le suivant : tout revêtement galoisien $C' \to C$ de groupe G, donne naissance (par l'intermédiaire des représentations linéaires de G) à des *fibrés vectoriels* sur C, qui ont la propriété de satisfaire à des équations algébriques vis-à-vis de la somme directe et du produit tensoriel. Si l'on pouvait expliciter la structure des *variétés de modules* de fibrés vectoriels avec assez de précision, on pourrait en déterminer les éléments algébriques et remon-
1 ter de là aux revêtements galoisiens. Cette approche "tannakienne" du problème est intéressante, mais n'a jusqu'à présent abouti à rien de concret ; même le cas élémentaire $g = 1$, $s = 0$, semble difficile à traiter par cette méthode.

1.4. Le cas de caractéristique $p > 0$

Ce cas est resté longtemps inexploré. Voici ce qu'en disait Weil en 1946, dans [22] :

"... avant d'aborder la détermination des extensions de corps de nombres par leurs propriétés locales, il conviendrait peut-être de résoudre le problème analogue, déjà fort difficile, au sujet des fonctions algébriques d'une variable sur un corps de base fini, c'est-à-dire d'étendre à ces fonctions les théorèmes d'existence de Riemann. Pour ne citer qu'un cas particulier, le groupe modulaire, dont la structure détermine les corps de fonctions d'une variable complexe ramifiés en trois points seulement, joue-t-il le même rôle, tout au moins en ce qui concerne les extensions de degré premier à la caractéristique, quand le corps de base est fini ? Il n'est pas impossible que toutes les questions de ce genre puissent se traiter par une méthode uniforme, qui permettrait, d'un résultat une fois établi (par exemple par voie topologique) pour la caractéristique 0, de déduire le résultat correspondant pour la caractéristique p; la découverte d'un tel principe constituerait un progrès de la plus grande importance..."

Ce texte suggérait deux choses :

(i) Pour les groupes d'ordre premier à p, la théorie est la même qu'en caractéristique zéro;

(ii) Il doit être possible de passer de la caractéristique zéro à la caractéristique p (et inversement).

L'assertion (i) a été précisée en 1956 par Abhyankar ([1]) sous la forme de la conjecture suivante :

(i') Soit π'_C le plus grand quotient de π_C dont l'ordre (comme groupe profini) soit premier à p. Alors π'_C est isomorphe au groupe correspondant pour une courbe sur $\mathbf{C}$ ayant mêmes invariants g et s.

2. THÉORÈMES DE GROTHENDIECK ET CONJECTURES D'ABHYANKAR

2.1. Les théorèmes de Grothendieck

L'un des premiers succès de la théorie des schémas de Grothendieck a été la démonstration, en 1958, de la conjecture (i') du n° 1.4 (*cf.* [7], p. 182-27 ainsi que [8], p. 392) ; sa méthode consiste à se ramener à la caractéristique 0 conformément à ce qu'avait prédit Weil.

De façon plus précise, choisissons un anneau de valuation discrète complet A, de corps résiduel k, et dont le corps des fractions K est de caractéristique 0. On procède en trois étapes :

(2.1.1) *On peut "relever"* la k-courbe projective $\overline{C}$ en un schéma $\overline{C}_A$ projectif et lisse sur A (ce qui donne une courbe $\overline{C}_K$ sur K ayant bonne réduction).

Ce résultat est presque évident lorsque g est < 5, mais il ne l'est pas pour des valeurs plus grandes de g. Grothendieck le démontre en relevant d'abord $\overline{C}$ en un *schéma formel*, puis en montrant que ce schéma est algébrique puisqu'il possède un fibré de rang 1 qui est ample (à savoir le fibré défini par un point). La démonstration utilise les théorèmes de comparaison "formel $\Longleftrightarrow$ algébrique", *i.e.* "GAGA formel".

(2.1.2) Une fois choisi $\overline{C}_A$, soit S_K un relèvement de S dans $\overline{C}_A(A) = \overline{C}_K(K)$. Si $C' \to C$ est un revêtement galoisien de C, de groupe G, qui est *modéré* en tous les points de S, on peut relever C' de façon unique en un revêtement de $C_K - S_K$: cela se démontre en utilisant encore "GAGA formel".

(2.1.3) Inversement, soit $C'_K \to \overline{C}_K - S_K$ un revêtement galoisien absolument irréductible de groupe de Galois G, et supposons que l'ordre de G soit premier à p. On montre alors que, après remplacement éventuel de A par un anneau plus ramifié, le revêtement C'_K "se réduit bien", *i.e.* se prolonge en un revêtement de $\overline{C}_A - S_K$, et définit donc un revêtement de C. (La démonstration utilise le *lemme d'Abhyankar* ainsi que le *théorème de pureté*.)

En combinant ces résultats, on voit que :

(*) Si p ne divise pas $|G|$, les G-revêtements *sont les mêmes* en caractéristique p et en caractéristique 0, *cf.* (2.1.2) et (2.1.3).

C'est là un résultat très satisfaisant — à cela près que la condition "p ne divise pas $|G|$" est très restrictive : si $p = 2$, elle n'est satisfaite que par des groupes résolubles, d'après Feit-Thompson.

(**) Si p divise $|G|$, mais si l'on se borne aux revêtements *modérément ramifiés* en tous les points de S, il y a au plus autant (et en général strictement moins) de tels revêtements en caractéristique p qu'en caractéristique 0.

(Pour des formulations plus précises de (*) et (**) en termes de *spécialisation du groupe fondamental*, voir [8]).

2.2. Le cas où C est une courbe complète

C'est le cas $S = \emptyset$. Tous les revêtements de C sont modérés. D'après (**) ci-dessus, le groupe π_C est un quotient du groupe fondamental correspondant en caractéristique 0. *Quel est ce quotient* ? On ne sait le déterminer explicitement que si $g = 0$ ou 1, auquel cas il est commutatif :

pour $g = 0$, on a $\pi_C = \{1\}$;

pour $g = 1$, π_C est isomorphe à $\prod_{\ell \neq p}(\mathbf{Z}_\ell \times \mathbf{Z}_\ell)$ ou à $\mathbf{Z}_p \times \prod_{\ell \neq p}(\mathbf{Z}_\ell \times \mathbf{Z}_\ell)$, suivant que la courbe C est supersingulière ou ordinaire.

Pour $g \geq 2$, on n'a pas de théorème de structure, même conjecturalement. On a seulement des renseignements cohomologiques. On les obtient en remarquant que la cohomologie de π_C est isomorphe à la cohomologie étale de C, tout comme si le "revêtement universel" de C était contractile (cela se démontre en utilisant la suite spectrale de Cartan-Leray pour les revêtements, *cf.* [14], p. 105, th. 2.20). D'où, d'après [4], exposés IX, X :

$\mathrm{cd}_p(\pi_C) = 1$ et $\dim H^1(\pi_C, \mathbf{Z}/p\mathbf{Z}) \leq g$;

$\mathrm{cd}_\ell(\pi_C) = 2$, $\dim H^1(\pi_C, \mathbf{Z}/\ell\mathbf{Z}) = 2g$ et $\dim H^2(\pi_C, \mathbf{Z}/\ell\mathbf{Z}) = 1$ si $\ell \neq p$.

(Rappelons que $\mathrm{cd}_p(\pi)$ désigne la *p-dimension cohomologique* du groupe profini π, *cf.* [18], p. I-17. L'assertion $\mathrm{cd}_p(\pi_C) \leq 1$ équivaut à dire que les p-groupes de Sylow de π_C sont des *pro-p-groupes libres* ; ces groupes sont non triviaux d'après Raynaud [16], cor. 4.3.2).

2.3. Le cas où C est une courbe affine : conjecture d'Abhyankar

C'est le cas $S \neq \emptyset$; sur C, le groupe fondamental correspondant est libre de rang $2g + s - 1$, *cf.* n° 1.2.

Soit G un groupe fini. Soit $p(G) = O^{p'}(G)$ le sous-groupe de G engendré par ses p-groupes de Sylow. Le groupe $G/p(G)$ est le plus grand quotient de G d'ordre premier à p. Si G est quotient de π_C, il en est de même de $G/p(G)$ et, d'après Grothendieck (*cf.* (2.1.2)), $G/p(G)$ est quotient du groupe analogue à π_C en caractéristique 0, autrement dit peut être engendré par $2g + s - 1$ éléments. Dans [1], Abhyankar conjecture que cette condition est suffisante :

2 **Conjecture 2.3.1.**— *Un groupe fini G est quotient de π_C si et seulement si le quotient $G/p(G)$ peut être engendré par $2g + s - 1$ éléments.*

Si cette conjecture était vraie, elle donnerait une réponse satisfaisante à la question (a) du n° 1.1 (mais pas à la question (b)).

Remarque.— Ici encore, la cohomologie de π_C s'identifie à la cohomologie étale de C, et l'on en déduit :

$$\mathrm{cd}_\ell(\pi_C) = 1 \text{ pour tout } \ell, \text{ et } \dim H^1(\pi_C, \mathbf{Z}/\ell\mathbf{Z}) = \begin{cases} \mathrm{Card}(k) & \text{si } \ell = p \\ 2g + s - 1 & \text{sinon.} \end{cases}$$

En particulier (*cf.* [18], p. I-74), π_C possède la *propriété de relèvement* : si $f : \widetilde{G} \to G$ est un homomorphisme surjectif de groupes finis, et si φ est un homomorphisme de π_C dans G, il existe $\widetilde{\varphi} : \pi_C \to \widetilde{G}$ tel que $f \circ \widetilde{\varphi} = \varphi$. (Mais si φ est surjectif, on ne peut pas toujours choisir $\widetilde{\varphi}$ surjectif, même si $\widetilde{G}$ satisfait à la condition de (2.3.1).)

3. LA CONJECTURE D'ABHYANKAR POUR LA DROITE AFFINE

3.1. Conjecture et résultats

On se restreint maintenant au cas où C est la droite affine $D = \operatorname{Spec} k[X]$, le corps k étant algébriquement clos de caractéristique $p > 0$.

On a alors $g = 0$ et $s = 1$, d'où $2g + s - 1 = 0$, et la conjecture 2.3.1 prend la forme suivante :

Conjecture 3.1.1.— *Un groupe fini G est quotient de π_D si et seulement si l'on a $G = p(G)$, i.e. si et seulement si G est engendré par ses p-groupes de Sylow.*

Un groupe G tel que $G = p(G)$ sera appelé un *quasi-p-groupe.*

Exemple.— Un groupe simple dont l'ordre est divisible par p est un quasi-p-groupe. La conjecture (3.1.1) implique donc que tout groupe simple non abélien est quotient de π_D si $p = 2$.

On verra ci-après que (3.1.1) a été démontrée dans de nombreux cas particuliers :

G est le groupe des points rationnels d'un groupe algébrique semi-simple simplement connexe sur un corps fini de caractéristique p (Nori [10]) ;

G est le groupe alterné A_n, $n \geq p > 2$, ou le groupe symétrique S_n, $n \geq p = 2$ (Abhyankar [2]) ;

G est résoluble ([19]) ;

G est engendré par des sous-groupes vérifiant certaines conditions restrictives (Harbater [9], Raynaud [17]).

Remarque.— La droite D joue un rôle en quelque sorte universel pour les revêtements de variétés affines. De façon plus précise, soit V une variété affine irréductible sur k, de dimension > 0, et soit G un groupe fini qui soit quotient de π_D. Il existe alors un revêtement galoisien connexe $V' \to V$ de groupe de Galois G, *cf.* [19], n° 2.

3.2. Les exemples de Nori

Soit q une puissance de p, et soit Σ un groupe algébrique semi-simple simplement connexe sur $\mathbf{F}_q$. Soit $G = \Sigma(\mathbf{F}_q)$ le groupe des $\mathbf{F}_q$-points de Σ.

Le groupe G est un quasi-p-groupe.

THÉORÈME 3.2.1 (Nori).— *Le groupe G est quotient de π_D.*

COROLLAIRE.— *La conjecture* 3.1.1 *est vraie pour les groupes* $\mathbf{SL}_n(\mathbf{F}_q)$, $\mathbf{Sp}_{2n}(\mathbf{F}_q), \cdots, E_8(\mathbf{F}_q)$.

Démonstration (d'après G. Laumon).— Soient B^+ et B^- des sous-groupes de Borel opposés de Σ, et soient U^+ et U^- leurs radicaux unipotents. L'application produit $U^+ \times U^- \to \Sigma$ est un isomorphisme de $U^+ \times U^-$ sur une sous-variété fermée V de Σ (le fait que V soit fermée n'interviendra d'ailleurs pas). Soit $f : \Sigma \to \Sigma$ *l'isogénie de Lang*, définie par :

$$f(x) = x^{-1} . F(x),$$

où F est l'endomorphisme de Frobenius de Σ relativement à $\mathbf{F}_q$. Cette isogénie définit un *revêtement galoisien connexe* de Σ, de groupe de Galois G. Soit $W = f^{-1}(V)$. *La variété W est connexe.* En effet, soit W^0 la composante connexe de W contenant 1, et soit G^0 le sous-groupe de G qui stabilise W^0. Comme W^0 contient U^+, le groupe G^0 contient $U^+(\mathbf{F}_q)$; de même, il contient $U^-(\mathbf{F}_q)$. Mais on sait (*cf.* [20], lemme 64) que G est engendré par $U^+(\mathbf{F}_q)$ et $U^-(\mathbf{F}_q)$. On a donc $G = G^0$, ce qui montre que W est connexe. On a donc obtenu un revêtement galoisien connexe $W \to V$ de groupe de Galois G. Mais V est isomorphe à $U^+ \times U^-$, donc est un espace affine de dimension > 0 (sauf si $\Sigma = \{1\}$, auquel cas il n'y a rien à démontrer). En restreignant le revêtement $W \to V$ à une droite Δ de V, on obtient un revêtement de Δ de groupe de Galois G. D'après une variante du théorème de Bertini, ce revêtement est *connexe* si Δ est assez générale. D'où le résultat cherché, puisque Δ est isomorphe à D.

Remarque.— La démonstration s'applique aussi aux groupes "tordus" du type Suzuki et Ree en caractéristique 2 et 3.

3.3. Les exemples d'Abhyankar

THÉORÈME 3.3.1 (Abhyankar [2]).— *Les groupes ci-dessous sont quotients de π_D :*

le groupe alterné A_n si $p \neq 2$ et $n \geq p$;

le groupe symétrique S_n si $p = 2$.

La méthode consiste à écrire explicitement des équations de degré n qui définissent des revêtements étales de degré n de D, et à montrer que les clôtures galoisiennes de ces revêtements ont pour groupe de Galois un sous-groupe de S_n qui est A_n ou S_n suivant les cas ; cela se fait en prouvant que le groupe en question est suffisamment transitif (dans certains cas, Abhyankar est amené à utiliser le "théorème de classification" des groupes finis simples).

L'une des équations qu'il utilise est la suivante :

$$\text{(I)} \qquad Y^n - X . Y^t + 1 = 0,$$

avec $n = p + t$, $t \geq 1$ et $t \not\equiv 0 \pmod p$.

Il montre (*cf.* [2], [3]) que le groupe de Galois de cette équation est :

$$\begin{array}{lll} \mathbf{PSL_2(F}_p) & \text{si} & t=1\,; \\ \mathbf{SL_2(F_8)} & \text{si} & t=2,\, p=7\,; \\ A_n & \text{si} & t=2,\, p\neq 2,7\,; \\ A_n & \text{si} & t>2,\, p\neq 2\,; \\ S_n & \text{si} & p=2. \end{array}$$

Donnons la démonstration dans le cas le plus simple, qui est celui où $t \geq 3$. Soit G le groupe de Galois de (I). C'est un sous-groupe de S_n jouissant des propriétés suivantes :

il est transitif ;

il contient un cycle c d'ordre p (à cause de l'inertie en $X = \infty$, $Y = \infty$) ;

il contient un élément d'ordre premier à p qui permute circulairement les t points fixes du cycle c (inertie en $X = \infty$, $Y = 0$).

Comme $n = p + t$, et $(p, t) = 1$, on vérifie facilement que les propriétés ci-dessus entraînent que G est *primitif.* Comme G contient un cycle d'ordre premier $\leq n - 3$, on a $G = S_n$ ou A_n d'après un théorème de Jordan (*cf.* [23], p.39). Si $p = 2$, le fait que G contienne une transposition entraîne $G= S_n$. Si $p \neq 2$, le fait que soit un quasi-p-groupe entraîne $G \neq S_n$, donc $G = A_n$, d'où le résultat cherché.

Remarques.— 1) La méthode employée ne semble pas donner le cas de A_n, $n \geq 5$, lorsque $p = 2$. Toutefois Raynaud m'a fait observer que ce cas peut se traiter par "recollement" de groupes A_5 en utilisant le th. 1.1 de [17] (voir n° 3.5).

3 2) Certaines équations explicites, conduisant à des groupes de Galois intéressants, peuvent s'obtenir par réduction $(\bmod p)$ à partir d'équations connues en caractéristique zéro. Par exemple :

(a) On sait depuis Fricke (*cf.* [6], [24]) qu'il existe un revêtement galoisien de la droite projective de groupe $G = \mathbf{SL_2(F_8)}$, ramifié en trois points avec ramification d'ordre 2, 3, 7, et défini sur le corps $\mathbf{Q}(\cos(2\pi/7))$; la courbe correspondante est de genre 7. Si l'on représente G comme sous-groupe transitif de A_9, cela conduit à un revêtement de degré 9 de la droite projective dont l'équation a été écrite par Goursat (*cf.* [6]). En réduisant cette équation en caractéristique 7 (après des changements de variables convenables), on obtient l'équation $Y^9 - X \,.\, Y^2 + 1 = 0$ d'Abhyankar, et l'on retrouve ainsi le résultat principal de [3].

(b) En réduisant en caractéristique 11 une équation donnée par Matzat [13], on voit que l'équation

$$Y^{11} + 2Y^9 + 3Y^8 - X^8 = 0 \qquad (p = 11)$$

définit un revêtement étale de degré 11 de D dont le groupe de Galois est le groupe de Mathieu M_{11}.

(c) En caractéristique 23, l'équation :

$$Y(Y-1)^2(Y+1)^4(Y^2+17Y+4)^8 - X^8 = 0 \qquad (p=23)$$

définit un revêtement étale de degré 23 de D. Il semble que le groupe de Galois de ce revêtement soit le groupe de Mathieu M_{23} ; il serait intéressant de le démontrer.

3.4. Extensions par des groupes résolubles

Soit $1 \to N \to \widetilde{G} \to G \to 1$ une suite exacte de groupes finis. Supposons que $\widetilde{G}$ soit un *quasi-p-groupe*, et que N soit *résoluble*. Alors, *si la conjecture* 3.1.1 *est vraie pour* G, *elle l'est pour* $\widetilde{G}$. Autrement dit :

THÉORÈME 3.4.1 (*cf.* [19]).— *Sous les hypothèses ci-dessus, si G est quotient de π_D, il en est de même de $\widetilde{G}$.*

COROLLAIRE 1.— *La conjecture* 3.1.1 *est vraie pour les groupes résolubles : tout quasi-p-groupe résoluble est quotient de π_D.*

C'est le cas particulier $G = \{1\}$.

COROLLAIRE 2.— *Si G est quotient de π_D, il en est de même de toute extension de G par un p-groupe.*

En effet, une telle extension est un quasi-p-groupe, ce qui permet d'appliquer le th. 3.4.1.

Démonstration de (3.4.1).— On se ramène par dévissage au cas où N est un groupe abélien élémentaire de type $(\ell, \cdots, \ell)$, avec ℓ premier, l'action de G sur N étant irréductible.

Par hypothèse, il existe un morphisme surjectif $\varphi : \pi_D \to G$, et, d'après ce qui a été dit au n° 2.3, on peut relever φ en $\widetilde{\varphi} : \pi_D \to \widetilde{G}$. Lorsque $\widetilde{G}$ est une extension non scindée de G, $\widetilde{\varphi}$ est surjectif, et le théorème est démontré. Le cas où $\widetilde{G}$ est produit semi-direct de G par N est plus délicat. Si $\ell = p$, on montre que l'on peut choisir $\widetilde{\varphi}$ de telle sorte qu'il soit surjectif. Si $\ell \neq p$, ce n'est pas possible en général. Toutefois, dans ce cas, *on peut modifier* φ de façon à ce que cela devienne possible. De façon plus précise, choisissons un entier $m > 1$ premier à p. Le morphisme $D \to D$ défini par $X \mapsto X^m$ induit un endomorphisme $f_m : \pi_D \to \pi_D$ (on prend pour point-base le point 0). Cet endomorphisme est surjectif. Si on le compose avec φ, on obtient un homomorphisme $\varphi_m : \pi_D \to G$ qui est encore surjectif, mais qui est "plus ramifié" que

φ (son invariant de Swan à l'infini est multiplié par m). On montre qu'il est possible de relever φ_m en un morphisme surjectif $\widetilde{\varphi}_m : \pi_D \to \widetilde{G}$ (la démonstration de ce fait repose sur une étude des modules galoisiens fournis par l'homologie (mod.ℓ) des revêtements, *cf.* [19], th. 2). D'où le théorème.

3.5. Les constructions de Harbater et Raynaud

Remarquons d'abord que la conjecture d'Abhyankar 3.1.1 résulterait (en raisonnant par récurrence sur $|G|$ et en se ramenant au cas où G est cyclique) de l'énoncé suivant :

(3.5.1?) *Si G est engendré par deux sous-groupes G_1 et G_2 qui sont quotients de π_D, alors G est quotient de π_D.*

Harbater [9] et Raynaud [17] démontrent (3.5.1?) sous diverses hypothèses restrictives. Par exemple :

THÉORÈME 3.5.2 ([9], th. 4 (i)).— *L'assertion (3.5.1?) est vraie si G_1 est un p-groupe contenant un p-groupe de Sylow de G_2.*

L'énoncé de Raynaud fait intervenir les groupes d'inertie à l'infini des revêtements considérés (groupes qui sont définis à conjugaison près) :

THÉORÈME 3.5.3 ([17], th. 1.1).— *Soit Q un p-sous-groupe de $G_1 \cap G_2$. Supposons que, pour $i = 1, 2$, il existe un revêtement galoisien connexe $\widetilde{D}_i \to D_i = D$, de groupe G_i, ayant comme groupe d'inertie à l'infini un sous-groupe Q_i de Q. Il existe alors un revêtement galoisien connexe de D de groupe G ayant Q comme groupe d'inertie à l'infini.*

Les démonstrations de (3.5.2) et (3.5.3) utilisent respectivement "GAGA formel" et "GAGA rigide" — ce qui d'ailleurs revient à peu près à la même chose, *cf.* [15].

Voici un résumé (très incomplet) de la méthode esquissée par Raynaud dans [17] (j'espère qu'il en rédigera un exposé plus détaillé) :

On utilise la géométrie rigide sur le corps local $K = k((T))$. Dans la droite projective $\mathbf{P}_1$ sur K, on choisit deux disques fermés Δ_1 et Δ_2, ne contenant pas ∞, et à distance > 0 l'un de l'autre (par exemple les disques $|z| \leq 1/p$ et $|z-1| \leq 1/p$). On choisit des disques un peu plus grands Δ_i^+ les contenant, et satisfaisant aux mêmes conditions. On définit ensuite trois revêtements galoisiens (au sens rigide), de groupe G :

(a_1) Un revêtement de Δ_1^+ ;

(a_2) Un revêtement de Δ_2^+ ;

(a$_3$) Un revêtement de $\mathbf{P}_1 - \Delta_1 - \Delta_2 - \{\infty\}$, qui se prolonge en un revêtement ramifié à l'infini, de groupe d'inertie Q.

La construction des revêtements (a$_1$) et (a$_2$) se fait de la manière suivante : la "réduction mod T" du disque Δ_i peut être identifiée à la k-droite affine D_i. Le G_i-revêtement $\widetilde{D}_i \to D_i$ définit par relèvement à K un G_i-revêtement rigide de Δ_i, et l'on montre que ce revêtement se prolonge à un disque un peu plus grand. On obtient ainsi un G_i-revêtement, et par induction de G_i à G on obtient le revêtement (a$_i$) cherché. (Noter que ce revêtement n'est pas irréductible en général : ses composantes irréductibles sont en nombre égal à l'indice de G_i dans G.)

Quant à (a$_3$), on l'obtient par induction de Q à G à partir d'un Q-revêtement (algébrique) de $\mathbf{P}_1 - \{\infty\}$. On le choisit (*cf.* [17]) de telle sorte que la propriété suivante soit satisfaite :

(b) Pour $i = 1, 2$, la restriction du revêtement (a$_3$) à la couronne ouverte $\Delta_i^+ - \Delta_i$ est isomorphe à la restriction de (a$_i$) à cette couronne (du moins si les Δ_i^+ sont assez petits).

Cette propriété permet de *recoller* (au sens de la géométrie rigide) les trois revêtements (a$_i$) et l'on obtient ainsi un revêtement galoisien de $\mathbf{P}_1$, de groupe G, qui est ramifié seulement à l'infini, avec Q pour groupe d'inertie. Par "GAGA rigide" (*cf.* [11], [12]), ce revêtement est algébrique. De plus, sa construction montre qu'il est géométriquement irréductible (c'est là que sert l'hypothèse que G est engendré par G_1 et G_2). *A priori*, ce revêtement est défini sur K ; par spécialisation (*cf.* n° 1.1), on en déduit un revêtement sur k ayant les propriétés voulues.

COROLLAIRE 3.5.4.— *Si G est groupe de Galois d'un revêtement connexe de D, ce revêtement peut être choisi tel que les groupes d'inertie à l'infini soient les p-groupes de Sylow de G.*

Soit I un groupe d'inertie à l'infini. En utilisant le lemme d'Abhyankar (*i.e.* un changement de base $X \mapsto X^n$, avec n convenable), on peut supposer que I est un p-groupe. Soit P un p-groupe de Sylow de G contenant I. On applique alors le th. 3.5.3, avec $G_1 = G$, $G_2 = P$, $Q_1 = I$, $Q_2 = P$, $Q = P$ (c'est licite car on sait que tout p-groupe fini est quotient de π_D, *cf.* par exemple [19]).

Compte tenu de ce résultat, on voit que (3.5.2) est un cas particulier de (3.5.3).

Compléments

Du th. 3.5.3, Raynaud déduit le résultat suivant :

Soit G un groupe fini qui soit un quasi-p-groupe, et soit P un p-groupe de Sylow de G. Il existe alors un sous-groupe H de G, contenant P, quotient de π_D, et *ma-*

ximum pour cette propriété. En particulier, H est stable par tout automorphisme de G préservant P. De plus, tout sous-groupe de G qui est quotient de π_D est conjugué d'un sous-groupe de H. Enfin, Raynaud démontre ([17], th. 1.5) que, si $P \neq G$, on a $H \neq P$ (ce qui permet souvent de prouver que $H = G$, autrement dit que la conjecture d'Abhyankar est vraie pour G).

Application

Indiquons à titre d'exemple comment on peut déduire du th. 3.5.3 le fait que *le groupe alterné A_n, $n \geq 5$, est quotient de π_D si $p = 2$.*

Soit P le 2-groupe de Sylow de A_4. On va montrer par récurrence sur $n \geq 5$ qu'il existe un revêtement galoisien connexe de D, de groupe A_n, pour lequel les groupes d'inertie à l'infini sont les conjugués de P. C'est vrai pour $n = 5$ car $A_5 = \mathbf{SL}_2(\mathbf{F}_4)$ et l'on applique 3.2.1 et 3.5.4 (on peut aussi, plus simplement, utiliser l'équation $Y^5 + X^3Y + 1 = 0$). Si $n \geq 6$, on applique 3.5.3 au groupe $G = A_n$, avec :

$G_1 = A_{n-1}$, fixateur de n dans A_n ;

$Q_1 = P$;

$G_2 =$ fixateur de $n-1$ dans A_n (on a $G_2 \simeq A_{n-1}$);

$Q_2 = P$;

$Q = P$.

Vu l'hypothèse de récurrence, toutes les conditions nécessaires sont satisfaites.

BIBLIOGRAPHIE

[1] S. ABHYANKAR - *Coverings of algebraic curves*, Amer. J. Math **79** (1957), 825-856.

[2] S. ABHYANKAR - *Galois theory on the line in nonzero characteristic*, Bull. A.M.S., à paraître.

[3] S. ABHYANKAR - *Square-root parametrization of plane curves*, Purdue Univ., 1991.

[4] M. ARTIN, A. GROTHENDIECK et J.-L. VERDIER - *Théorie des Topos et Cohomologie Étale des Schémas* (SGA 4), vol. 3, Lect. Notes in Math. **305**, Springer-Verlag (1973).

[5] R. et A. DOUADY - *Algèbre et théories galoisiennes* ; 2) *théories galoisiennes*, CEDIC, F. Nathan, Paris (1979).

[6] R. FRICKE - *Ueber eine einfache Gruppe von 504 Operationen*, Math. Ann. **52** (1899), 321-339.

[7] A. GROTHENDIECK - *Géométrie formelle et géométrie algébrique*, Sém. Bourbaki, exposé n° 182, volume 1958/1959 Benjamin (1966).

[8] A. GROTHENDIECK - *Revêtement étales et groupe fondamental* (SGA 1), Lect. Notes in Math. **224**, Springer-Verlag (1971).

[9] D. HARBATER - *Formal patching and adding branch points*, prépublication (1991).

[10] T. KAMBAYASHI - *Nori's construction of Galois coverings in positive characteristics*, Algebraic and Topological Theories, Tokyo (1985), 640-647.

[11] R. KIEHL - *Der Endlichkeitssatz für eigentliche Abbildungen in der nichtarchimedischen Funktionentheorie*, Inv. Math. **2** (1967), 191-214.

[12] U. KÖPF - *Über eigentliche Familien algebraischer Varietäten über affinoiden Räumen*, Schriftenreihe Univ. Münster, 2 Serie, Heft 7 (1974).

[13] B.H. MATZAT - *Konstruktion von Zahlkörpern mit der Galoisgruppe M_{11} über* $\mathbf{Q}(\sqrt{-11})$, Man. Math. **27** (1979), 103-111.

[14] J. MILNE - *Etale Cohomology*, Princeton Math. Series 33, Princeton (1980).

[15] M. RAYNAUD - *Géométrie analytique rigide, d'après Tate, Kiehl, ...*, Bull. Soc. math. France, Mémoire 39-40 (Table ronde anal. non-archim. 1972), 319-327.

[16] M. RAYNAUD - *Sections des fibrés vectoriels sur une courbe*, Bull. Soc. math. France **110** (1982), 103-125.

[17] M. RAYNAUD - *Autour d'une conjecture d'Abhyankar*, manuscrit non publié (1991).

[18] J.-P. SERRE - *Cohomologie galoisienne*, 4ème édit., Lect. Notes in Math. **5**, Springer-Verlag (1973).

[19] J.-P. SERRE - *Construction de revêtements étales de la droite affine en caractéristique p*, C.R. Acad. Sci. Paris **311** (1990), série I, 341-346.

[20] R. STEINBERG - *Lectures on Chevalley groups*, Notes prepared by John Faulkner and Rober Wilson, Yale University (1967).

[21] A. WEIL - *Généralisation des fonctions abéliennes*, J. Liouville **17** (1938), 47-87 (= *Oe.* [1938a]).

[22] A. WEIL - *L'avenir des mathématiques*, Les Grands Courants de la Pensée Mathématique, éd. F. Le Lionnais, Cahiers du Sud, 1947, 307-320 (= *Oe.* [1947a]).

[23] H. WIELANDT - *Finite Permutation Groups*, Acad. Press, New York (1964).

[24] K. WOHLFAHRT - *Macbeath's curve and the modular group*, Glasgow Math. J. **27** (1985), 239-247 ; *Corrigendum, ibid.* **28** (1986), 241.

158.

Résumé des cours de 1992–1993

Annuaire du Collège de France (1993), 109–110

1 L'un des exposés du Colloque sur les Motifs de Seattle (à paraître dans les publications de l'Amer. Math. Soc.) a pour titre : « *Propriétés conjecturales des groupes de Galois motiviques et des représentations ℓ-adiques* ».

Le cours s'est proposé de détailler les conjectures en question, et d'expliquer les relations qu'elles ont entre elles. Il a comporté deux parties.

1. Structure des groupes de Galois motiviques

Le corps de base k est un sous-corps de $\mathbf{C}$. On admet les « conjectures standard » de Grothendieck, ainsi que la conjecture de Hodge. La catégorie des motifs sur k est isomorphe, grâce au foncteur fibre « réalisation de Betti », à celle des représentations linéaires d'un certain groupe proalgébrique sur $\mathbf{Q}$, le *groupe de Galois motivique* G_M. Ce groupe est pro-réductif. Ses principales propriétés (conjecturales) sont les suivantes :

1.1 ? – La composante neutre G_M^o de G_M est le groupe motivique relatif à la fermeture algébrique $\bar{k}$ de k dans $\mathbf{C}$. Le quotient G_M/G_M^o s'identifie à $\Gamma_k = \mathrm{Gal}(\bar{k}/k)$, vu comme groupe proalgébrique de dimension 0.

Comme G_M^o est pro-réductif connexe, on peut l'écrire $G_M^o = C.D$, où C est la composante neutre du centre de G_M^o, et D le groupe dérivé de G_M^o.

1.2 ? – Le groupe des caractères de C est indépendant de k, et peut être complètement explicité (en termes de la plus grande extension de $\mathbf{Q}$ de type CM). Il en est de même de $C \cap D$ et de $S = C/(C \cap D)$.

1.3 ? – Le groupe D est *simplement connexe*.

Cette dernière conjecture est particulièrement optimiste.

2. Représentations ℓ-adiques associées aux motifs

On suppose maintenant que k est de type fini sur $\mathbf{Q}$. Si E est un motif sur k, on note G_E le quotient de G_M défini par E. Pour tout nombre premier ℓ, on dispose d'une représentation ℓ-adique :

$\rho_{\ell,E} : \Gamma_k \to G_E(\mathbf{Q}_\ell)$.

On conjecture :

2.1 ? – L'image de $\rho_{\ell,E}$ est *ouverte* dans $G_E(\mathbf{Q}_\ell)$.

Supposons que G_E soit connexe, ainsi que le noyau de $G_M \to G_E$. Alors :

2.2 ? – Les $\rho_{\ell,E}$, pour ℓ variable, définissent un homomorphisme de Γ_k dans le groupe adélique $G_E(\mathbf{A}^f)$, dont l'image est *ouverte* pour la topologie adélique (on note $\mathbf{A}^f$ l'anneau $\mathbf{Q} \otimes \hat{\mathbf{Z}}$ des adèles finis de $\mathbf{Q}$).

Les conjectures ci-dessus sont liées à la suivante :

2.3 ? – L'ensemble des $\mathbf{Z}$-formes de E est *fini*, modulo l'action de Aut(E). (Une « $\mathbf{Z}$-forme » de E est la donnée, pour tout nombre premier ℓ, d'un $\mathbf{Z}_\ell$-réseau de la réalisation ℓ-adique de E, stable par Γ_k, et coïncidant avec le $\mathbf{Z}_\ell$-réseau standard pour presque tout ℓ.)

Supposons maintenant que k soit un corps de nombres.

2.4 ? – Si v est une place de k non ramifiée dans E, de caractéristique résiduelle p_v, l'élément de Frobenius correspondant à v et à un nombre premier $\ell \neq p_v$ est une classe de conjugaison semi-simple de G_E, qui est rationnelle sur $\mathbf{Q}$ et indépendante de ℓ.

Supposons que E domine le motif de Tate, et notons G_E^1 le noyau de l'homomorphisme $\mathbf{t} : G_E \to \mathbf{G}_m$ correspondant. Soit K un sous-groupe compact maximal de $G_E^1(\mathbf{C})$.

2.5 ? – Les classes des éléments de Frobenius (convenablement normalisées) appartiennent à l'espace Cl K des classes des conjugaisons de K. Elles sont *équiréparties* pour la mesure de Cl K qui est l'image de la mesure de Haar de K.

Ce dernier énoncé généralise la *conjecture de Sato-Tate* sur les courbes elliptiques (pour laquelle $G_E = \mathbf{GL}_2$, $G_E^1 = \mathbf{SL}_2$ et $K = \mathbf{SU}_2(\mathbf{C})$).

Le cours s'est achevé par une discussion des résultats partiels connus sur cette dernière conjecture, lorsque $k = \mathbf{Q}$ et que E est une courbe elliptique « de Weil ».

159.

(avec T. Ekedahl)

Exemples de courbes algébriques à jacobienne complètement décomposable

C. R. Acad. Sci. Paris **317** (1993), 509–513

Résumé – Nous donnons des exemples de courbes de genre élevé (e.g. 50, 217, 1297) dont la jacobienne est isogène à un produit de courbes elliptiques.

Examples of algebraic curves with totally split Jacobian

Abstract – *We give examples of algebraic curves of high genus (e.g. 43, 163, 649) whose Jacobian is isogenous to a product of elliptic curves.*

1. INTRODUCTION. – Une variété abélienne sur **C** sera dite *complètement décomposable* si elle est isogène à un produit de courbes elliptiques.

Soit X une courbe algébrique sur **C**, supposée projective, lisse et connexe. Soit Jac (X) sa jacobienne; on a dim Jac (X) $= g$, où g est le genre de X. On s'intéresse au *cas où* Jac (X) *est complètement décomposable* au sens ci-dessus. En termes classiques, cela signifie que les intégrales abéliennes de première espèce (et aussi de seconde espèce) associées à X se ramènent à des intégrales elliptiques. On connaît depuis longtemps des exemples de telles courbes avec $g=2$ (Legendre, Jacobi, Hermite, *cf.* [9], ch. XI), $g=3$ (Klein, Kovalevsky) $g=4, 5, 6$... et même $g=26$ (Hecke [5], Satz 18). Comme le dit Hermite ([6], p. 251) :

« On est ainsi, par induction, conduit à croire qu'il existe pour les irrationnelles algébriques, dont le nombre caractéristique, ordinairement désigné par p, est supérieur à l'unité, des cas de réduction de leurs intégrales aux fonctions elliptiques, dans lesquels les p fonctions de première espèce seraient exprimées par autant d'intégrales elliptiques différentes, au moyen de p substitutions. »

Ceci amène à poser :

QUESTION 1. – *Est-il vrai que, pour tout entier* $g>0$, *il existe une courbe de genre* g *dont la jacobienne est complètement décomposable ?*

ou, dans la direction opposée :

QUESTION 2. – *Les genres des courbes à jacobienne complètement décomposable sont-ils bornés ?*

Nous ne savons répondre à aucune de ces questions. Toutefois :

THÉORÈME. – *Si* g *appartient à l'ensemble*

$S=\{1, 2, \ldots, 29, 31, 33, 37, 40, 41, 43, 45, 47, 49, 50, 53, 55, 57, 61, 65, 73, 82, 97, 109, 121, 129, 145, 163, 217, 257, 325, 433, 649, 1297\}$,

il existe une courbe de genre g *à jacobienne complètement décomposable.*

Ces courbes seront construites, soit comme courbes modulaires (n° 2), soit comme revêtements de courbes de genre 2 ou 3 (n°s 4, 5).

Remarques. – 1) En caractéristique $p>0$, il existe des courbes de genre arbitrairement grand dont la jacobienne est isogène à un produit de courbes elliptiques supersingulières. Cela résout (négativement) la Question 2, mais pas la Question 1.

2) Disons qu'une variété abélienne est *complètement décomposable au sens strict* si elle est isomorphe (et pas seulement isogène) à un produit de courbes elliptiques. Il existe une infinité de courbes de genre 2, deux à deux non isomorphes, dont la jacobienne est complètement décomposable au sens strict (Hayashida-Nishi [4]); la situation est la même pour le genre 3 (utiliser des formes hermitiennes positives unimodulaires indécomposables de rang 3, *cf.* [7]). Nous ne connaissons pas d'autres exemples. D'où :

1 QUESTION 3. – *Existe-t-il une courbe de genre* >3 *dont la jacobienne soit complètement décomposable au sens strict ?*

2. EXEMPLES MODULAIRES. – Soit N un entier >0, et soit $X_0(N)$ la courbe modulaire correspondante (quotient du demi-plan supérieur par le groupe $\Gamma_0(N)$, compactifié par l'adjonction des « pointes »).

Soit $S(N, 2)$ l'espace des formes paraboliques de poids 2 sur $\Gamma_0(N)$. On sait que $S(N, 2)$ s'identifie à l'espace des formes différentielles de première espèce sur $X_0(N)$. Supposons vérifiée la condition suivante :

(1_N) *Les valeurs propres des opérateurs de Hecke* T_p (*p* premier à N) *sur* $S(N, 2)$ *sont rationnelles.*

Cette condition équivaut à :

(2_N) *Pour tout diviseur positif* M *de* N, *les coefficients des formes paraboliques primitives* (« *newforms* ») *de niveau* M *et de poids* 2 *appartiennent à* **Q** (ou à **Z**, cela revient au même).

PROPOSITION 1. – *Si* N *satisfait aux conditions* (1_N) *et* (2_N) *ci-dessus, la jacobienne de la courbe* $X_0(N)$ *est complètement décomposable.*

Cela résulte de la décomposition de Jac $(X_0(N))$ associée à une base de $S(N, 2)$ formée de fonctions propres des T_p (*cf.* Shimura [11], § 7.5).

Lorsque N est assez petit (par exemple $N \leqq 300$, *cf.* [2], table 5, ou $N \leqq 1\,000$, *cf.* [3], table 1), on peut tester numériquement les conditions (1_N) et (2_N). On trouve qu'elles sont satisfaites dans les cas suivants [où *g* désigne le genre de la courbe $X_0(N)$ considérée] :

N	11	26	30	38	42	121	60	76	66	108	84	144	114	150
g	1	2	3	4	5	6	7	8	9	10	11	13	17	19

N ...	192	168	198	288	240	300	384	336	432	360	576	600	720
g	21	25	29	33	37	43	49	53	55	57	73	97	121

Remarques. – 1) Certains des genres figurant dans le tableau ci-dessus apparaissent plusieurs fois. Ainsi, $g=7$ s'obtient, non seulement pour $N=60$, mais aussi pour $N=80$ et $N=100$.

2) La méthode utilisée a l'intérêt de donner des courbes *définies sur* **Q** dont la jacobienne est **Q**-isogène à un produit de courbes elliptiques. Elle a le défaut de ne
2 fournir qu'un *nombre fini* d'exemples; on peut en effet démontrer que (1_N) n'est satisfaite que pour un ensemble fini de valeurs de N.

Variantes. – D'autres courbes modulaires peuvent être utilisées. Par exemple, soit *m* un diviseur de N tel que $(m, N/m)=1$, et soit $X(N, m)$ le quotient de $X_0(N)$ par l'involution w_m associée à *m*. Supposons que l'analogue de la condition (1_N) soit satisfaite pour le sous-espace de $S(N, 2)$ fixé par w_m. La jacobienne de $X(N, m)$ est alors complètement décomposable (pour le calcul de son genre, *voir* [1] ou [8]). Voici quelques exemples de genres obtenus de cette manière et ne figurant pas dans le tableau précédent :

N	198	198	198	228	400	400	336	336	600	600	720
m	11	2	9	228	400	25	336	7	600	24	5
g	12	14	15	16	20	22	23	27	45	47	61

On peut aussi diviser $X_0(N)$ par le groupe engendré par deux involutions w_m et $w_{m'}$. On obtient ainsi des exemples de genre 24 (pour $N=600$, $m=3$, $m'=8$) et de genre 31 (pour $N=720$, $m=5$, $m'=9$).

3. Décomposition d'une variété abélienne sous l'action d'un groupe fini. — Soit G un groupe fini d'automorphismes d'une variété abélienne A, et soit $\Omega(A)=H^0(A, \Omega^1)$ l'espace vectoriel des formes de première espèce sur A (autrement dit le dual de l'algèbre de Lie de A). Le groupe G opère sur $\Omega(A)$; soit ψ_A le caractère de la représentation linéaire ainsi définie.

Si χ est un caractère irréductible de G, notons $\mathbf{Q}(\chi)$ le corps engendré par les valeurs de χ, et désignons par $\langle \chi, \psi_A \rangle$ la multiplicité de χ dans ψ_A. Disons que χ *intervient* dans ψ_A si cette multiplicité est >0.

Supposons que, pour tout χ intervenant dans ψ_A, les propriétés suivantes soient satisfaites :

(3.1) *La multiplicité* $\langle \chi, \psi_A \rangle$ *est égale à* 1.

(3.2) *Le corps* $\mathbf{Q}(\chi)$ *est, soit* $\mathbf{Q}$, *soit un corps imaginaire quadratique.*

(3.3) *L'indice de Schur de* χ *est égal à* 1 [*i.e.* χ est le caractère d'une représentation irréductible de G réalisable sur $\mathbf{Q}(\chi)$].

(3.4) *Si* $\mathbf{Q}(\chi)$ *est imaginaire quadratique, le caractère conjugué* $\bar{\chi}$ *n'intervient pas dans* ψ_A.

Remarque. — Lorsque $\mathbf{Q}(\chi)$ est imaginaire quadratique, (3.1) et (3.4) entraînent (3.3); cela se voit en remarquant que $\psi_A+\bar{\psi}_A$ est réalisable sur $\mathbf{Q}$, puisque c'est le caractère de la représentation de G dans $H^1(A, \mathbf{Q})$. La condition (3.3) n'est nécessaire que si $\mathbf{Q}(\chi)=\mathbf{Q}$, pour éliminer le cas où l'indice de Schur de χ est égal à 2.

Proposition 2. — *Si les conditions* (3.1) *à* (3.4) *sont satisfaites, la variété abélienne* A *est complètement décomposable.*

L'action de G sur A définit un homomorphisme $\mathbf{Q}[G] \to \mathbf{Q} \otimes \mathrm{End}\, A$. Quitte à décomposer A en produit (à isogénie près) on peut supposer que l'image de cet homomorphisme est un facteur $\mathbf{Q}$-simple de $\mathbf{Q}[G]$. Vu (3.2) et (3.3), ce facteur est isomorphe à une algèbre de matrices $\mathbf{M}_n(K)$, où $n \geqq 1$, et où K est, soit $\mathbf{Q}$, soit un corps imaginaire quadratique. De plus, les hypothèses (3.1) et (3.4) entraînent que $\dim A = n$. Il en résulte que A est isogène à E^n, où E est une courbe elliptique munie d'une injection $K \to \mathbf{Q} \otimes \mathrm{End}\, E$ (donc de type C.M. si K est quadratique imaginaire). D'où la proposition.

Exemples. — La proposition 2 s'applique notamment à la jacobienne d'une courbe algébrique munie d'une action de G [pourvu, bien sûr, que les conditions (3.1) à (3.4) soient satisfaites]. On obtient alors des exemples de courbes à jacobienne complètement décomposable. C'est ainsi que procède Hecke ([5], *loc. cit.*) pour prouver que la jacobienne de la courbe X(11), de genre 26, est isogène à un produit $E_1^5 \times E_2^{10} \times E_3^{11}$, où E_1, E_2 et E_3 sont des courbes elliptiques, explicitées dans [10]; le groupe G est dans ce cas le groupe $\mathbf{PSL}_2(\mathbf{F}_{11})$. Il y a des exemples analogues avec $G=\mathbf{PSL}_2(\mathbf{F}_7)$ ($g=3$, courbe de Klein), avec $G=\mathfrak{S}_5$ ($g=4$, courbe de Bring), et avec $G=\mathbf{SL}_2(\mathbf{F}_8)$ ($g=7$, courbe de Fricke et Macbeath).

4. Revêtements abéliens non ramifiés d'une courbe de genre 2. — Soit X_0 une courbe de genre 2; notons ε_0 l'involution hyperelliptique de X_0. Le groupe d'homologie $H_1(X_0, \mathbf{Z})$ est libre de rang 4, et l'action de ε_0 sur ce groupe est $z \mapsto -z$. Il résulte de là que, si $X \to X_0$ est un revêtement abélien fini connexe, non ramifié, le groupe de Galois correspondant $H = \mathrm{Gal}(X/X_0)$ peut être engendré par quatre éléments; inversement, tout groupe abélien fini engendrable par quatre éléments correspond à au moins un tel X. Le genre g de X est donné par :

$$g = \deg(X/X_0) + 1 = |H| + 1, \qquad \text{où } |H| \text{ est l'ordre de H.}$$

Soit A la composante neutre du noyau de $\mathrm{Jac}(X) \to \mathrm{Jac}(X_0)$; c'est une variété abélienne de dimension $g-2$.

Proposition 3. — *Supposons que l'exposant de* H *divise* 4 *ou* 6 (i.e. $h^4 = 1$ *pour tout* $h \in H$, *ou* $h^6 = 1$ *pour tout* $h \in H$). *Alors* A *est complètement décomposable.*

Comme Jac(X) est isogène à $A \times \mathrm{Jac}(X_0)$, on en déduit :

Corollaire. — *Si* $\mathrm{Jac}(X_0)$ *est isogène au produit de deux courbes elliptiques, et si la condition de la proposition* 3 *est satisfaite, la jacobienne de la courbe* X *est complètement décomposable.*

Le corollaire ci-dessus donne des courbes X du type voulu dont le genre est de la forme $g = 1 + 2^a$, avec $a \leqq 8$, ou $g = 1 + 2^a 3^b$, avec $a, b \leqq 4$. Cela fournit les valeurs suivantes de g :

2, 3, 4, 5, 7, 9, 10, 13, 17, 19, 25, 28, 33, 37, 49, 55,

65, 73, 82, 109, 129, 145, 163, 217, 257, 325, 433, 649, 1297.

Démonstration de la proposition 3. — Choisissons un point $x \in X$ dont l'image dans X_0 soit un point de Weierstrass x_0 de X_0. Comme ε_0 fixe x_0, ε_0 se relève en un automorphisme ε de X fixant x, et l'on a $\varepsilon^2 = 1$ ainsi que $\varepsilon h = h^{-1}\varepsilon$ pour tout $h \in H$. Le sous-groupe G de Aut(X) engendré par H et ε s'écrit comme produit semi-direct :

$$G = H.C, \qquad \text{où } C = \{1, \varepsilon\}.$$

Les caractères irréductibles χ de G sont de deux types :

(*a*) des caractères de degré 1, à valeurs dans $\{\pm 1\}$;

(*b*) des caractères de degré 2, correspondant à des représentations de G dans $\mathbf{GL}_2(\mathbf{Q})$ où l'image de G est un groupe diédral d'ordre 6, 8 ou 12. On vérifie en outre que la multiplicité de χ dans le caractère ψ_A associé à A (*cf.* n° 3) est égale à 0 ou 1 si χ est de type (*a*), et à 1 si χ est de type (*b*). [Cela peut se voir, par exemple, en remarquant que la représentation de H dans $\Omega(A)$ est isomorphe à la représentation d'augmentation, de degré $|H| - 1$.] Les conditions (3.1) à (3.4) sont donc satisfaites, ce qui permet d'appliquer la proposition 2.

Variantes. — 1) Choisissons H de type (3, 3, 3, 3), donc X de genre $3^4 + 1 = 82$, et divisons X par l'involution ε. On obtient ainsi une courbe de genre 40 dont la jacobienne est complètement décomposable.

2) Supposons X_0 munie d'un automorphisme τ d'ordre 3 [ce qui entraîne que $\mathrm{Jac}(X_0)$ est décomposable]. Il existe alors un quotient H de $H_1(X_0, \mathbf{Z})$, de type (7,7), sur lequel τ opère par $z \mapsto 2z$. On déduit de là un revêtement abélien X de X_0, de degré 7^2, sur lequel opère le produit semi-direct G d'un groupe cyclique d'ordre 6 et du groupe H. La proposition 2 s'applique à G et à $A = \mathrm{Jac}(X)$. D'où un exemple de genre $7^2 + 1 = 50$.

5. EXEMPLES PROVENANT DE LA COURBE DE KLEIN. — Tous les genres g de l'ensemble S du n° 1 ont été obtenus par les constructions des n°s 2, 3, 4, à l'exception de $g=18$ et $g=41$. Nous allons nous occuper de ces deux valeurs.

Soit X_0 la courbe de Klein, *i.e.* l'unique courbe de genre 3 dont le groupe d'automorphismes est le groupe $G=\mathbf{SL}_3(\mathbf{F}_2)$. La jacobienne de X_0 est isomorphe à $E\times E\times E$, où E est une courbe elliptique dont l'anneau d'endomorphismes est isomorphe à l'anneau des entiers de $\mathbf{Q}(\sqrt{-7})$. Le groupe $H^*=H^1(X_0, \mathbf{Z}/2\mathbf{Z})$ est un G-module de rang 6, isomorphe à la somme directe des deux modules simples de rang 3 de G sur $\mathbf{F}_2$. Si z est un élément non nul de H^*, z correspond à un revêtement quadratique non ramifié $X_z \to X_0$. Le genre de X_z est égal à 5. Soit A_z la composante neutre du noyau de la projection $\mathrm{Jac}(X_z)\to \mathrm{Jac}(X_0)$; c'est une variété abélienne de dimension 2 (« variété de Prym »). Soit G_z le sous-groupe de G fixant z. Il résulte de la description de H^* donnée ci-dessus que G_z *contient un groupe diédral d'ordre* 6 *ou* 8. On a un homomorphisme naturel $G_z \to \mathrm{Aut}(A_z)/\{\pm 1\}$; on vérifie que son image est non triviale, et l'on en déduit que A_z est *complètement décomposable*.

Soit X le revêtement abélien maximal de X_0 de type $(2, \ldots, 2)$. Le groupe $H=\mathrm{Gal}(X/X_0)$ est le dual du groupe H; on a $|H|=2^6$. Le genre de X est égal à 129. La jacobienne de X est isogène au produit de $\mathrm{Jac}(X_0)$ et des $A_z (z\in H^*, z\neq 0)$. Elle est complètement décomposable.

Soit σ_0 un élément de G d'ordre 7, et soit σ un automorphisme de X d'ordre 7 relevant σ_0. Si l'on divise X par le groupe cyclique $\langle\sigma\rangle$ engendré par σ, on obtient une courbe $X/\langle\sigma\rangle$ dont la jacobienne est isogène au produit $A_{z_1}\times\ldots\times A_{z_9}$, où $z_1, \ldots, z_9$ sont des représentants mod $\langle\sigma\rangle$ des éléments de $H^*-\{0\}$. La courbe $X/\langle\sigma\rangle$ est de genre 18, et répond à la question. Un argument analogue, avec 7 remplacé par 3, fournit une courbe de genre 41, à jacobienne complètement décomposable.

Ceci achève la démonstration du théorème énoncé au n° 1.

Note remise le 7 juillet 1993, acceptée le 8 juillet 1993.

RÉFÉRENCES BIBLIOGRAPHIQUES

[1] P. BAYER et A. TRAVESA, *Corbes modulars: taules*, Notes del Seminari de Nombres, Barcelone, 1992.
[2] B. J. BIRCH et W. KUYK, *Modular Forms of One Variable* IV, Lect. Notes in Math. 476, Springer-Verlag, 1975.
[3] H. COHEN, N. SKORUPPA et D. ZAGIER, *Tables of Modular Forms* (en préparation).
[4] T. HAYASHIDA et M. NISHI, Existence of curves of genus two on a product of two elliptic curves, *J. Math. Soc. Japan*, 17, 1965, p. 1-16.
[5] E. HECKE, Grundlagen einer Theorie der Integralgruppen und der Integralperioden bei der Normalteilern der Modulgruppe, *Math. Ann.*, 116, 1939, p. 469-510 (= *Math. Werke*, n° 38).
[6] C. HERMITE, Sur un exemple de réduction d'intégrales abéliennes aux fonctions elliptiques, *Ann. Soc. Sci. Bruxelles*, 1, 1876, p. 1-16 (= *Oe*. III, p. 249-261).
[7] D. W. HOFFMANN, On positive definite hermitian forms, *manuscripta math.* 71, 1991, p. 399-429.
[8] P. G. KLUIT, On the normalizer of $\Gamma_0(N)$, *Lect. Notes in Math*, 601, Springer-Verlag, 1977, p. 239-246.
[9] A. KRAZER, *Lehrbuch der Thetafunktionen*, Teubner, Leipzig, 1903, et Chelsea, New York, 1970.
[10] G. LIGOZAT, Courbes modulaires de niveau 11, *Lect. Notes in Math.* 601, Springer-Verlag, 1977, p. 149-237.
[11] G. SHIMURA, *Introduction to the arithmetic theory of automorphic functions*, Publ. Math. Soc. Japan, 11, Princeton Univ. Press, Tokyo-Princeton, 1971.

T. E. : *Matematiska Institutionen, Stockholms Universitet, S-10691 Stockholm, Suède;*
J.-P. S. : *Collège de France 3, rue d'Ulm, 75005 Paris, France.*

160.

Gèbres

L'Enseignement Math. **39** (1993), 33–85

Le texte ci-après reproduit la rédaction Bourbaki n° 518, datant de septembre 1968.

Son objet est exposé dans les «commentaires du rédacteur», placés au début. Il s'agit essentiellement des *enveloppes algébriques* des groupes linéaires, et de leurs relations avec les différents types de *gèbres*: algèbres, cogèbres et bigèbres. De telles enveloppes se rencontrent dans les situations suivantes:

— complexification d'un groupe de Lie réel, par exemple compact;

— représentations galoisiennes p-adiques (cas local), ou l-adiques (cas motivique);

— représentations linéaires de certains groupes discrets, tels que $\mathbf{SL}_n(\mathbf{Z})$, $n \geqslant 3$.

Une étude vraiment générale de ce genre de question nécessite la notion de *catégorie tannakienne*, comme l'ont montré Grothendieck et Saavedra Rivano (Lect. Notes 265, Springer-Verlag, 1972). Toutefois le cas considéré ici est nettement plus simple que le cas tannakien général, du fait que l'on dispose à l'avance d'un «foncteur fibre». C'est ce qui justifie (peut-être) la présente publication.

Le texte initial a été laissé inchangé, à part une correction au n° 5.2 que je dois à P. Deligne. Il y a quelques références à des rédactions non publiées de Bourbaki (n°s 515 et 517), mais elles sont peu nombreuses et ne devraient pas gêner le lecteur (elles ne concernent que des propriétés standard des involutions de Cartan).

Cette publication a été autorisée par N. Bourbaki; je l'en remercie vivement.

SOMMAIRE

COMMENTAIRES DU RÉDACTEUR

Soit Γ un groupe. Se donner une structure de schéma en groupes affine sur Γ (ou, plus correctement, définir une «enveloppe» algébrique de Γ) revient à se donner:

— soit une *bigèbre* C de fonctions sur Γ, de sorte que le schéma en groupes en question soit Spec(C);

— soit une *sous-catégorie* de la catégorie des représentations linéaires de Γ (cette sous-catégorie étant stable par sous-trucs, quotients, sommes directes, produits tensoriels, ...).

Ainsi, la structure algébrique réelle (resp. complexe) d'un groupe de Lie compact (resp. réductif complexe) correspond à la catégorie des représentations analytiques réelles (resp. complexes) du groupe; sa bigèbre est formée des «coefficients de représentations» qui sont analytiques réels (resp. complexes).

Le but de la rédaction est d'expliquer cette correspondance entre *bigèbres* et *catégories de représentations.* Il y a intérêt à traiter d'abord le cas, plus simple, des *cogèbres* (cela revient à laisser tomber le produit tensoriel des représentations). C'est ce qui est fait dans les §§1 et 2. Les §§3 et 4 sont consacrés aux bigèbres, et le §5 aux applications aux groupes compacts et complexes.

AVERTISSEMENTS

1. Il s'agit, non d'un projet de chapitre, mais d'une rédaction *à usage interne,* pour l'édification de BOURBAKI (ou, en tout cas, du rédacteur). On y utilise librement les notions élémentaires sur les catégories abéliennes et les schémas affines. Certains morceaux devraient quand même être utilisables dans le livre de LIE.

2. Le rédacteur a fait beaucoup d'efforts pour distinguer sa droite de sa gauche. Il n'est pas certain d'y être toujours parvenu.

NOTATIONS

Dans les §§1 à 4, la lettre K désigne un anneau commutatif. A partir du §2, on suppose (sauf mention expresse du contraire) que c'est un corps.

Toutes les algèbres, cogèbres, bigèbres, tous les comodules, modules, etc. sont sur K. Même chose pour les produits tensoriels. On écrit Hom(V, W) et $V \otimes W$ au lieu de $\mathrm{Hom}_K(V, W)$ et $V \otimes_K W$. Le dual d'un module V est noté V'.

On note Alg_K la catégorie des anneaux commutatifs K_1 munis d'un morphisme $K \to K_1$.

L'application identique d'un ensemble X est notée 1_X (ou simplement 1 si aucune confusion sur X n'est à craindre).

§ 1. Cogèbres et comodules (généralités)

1.1. Cogèbres

Dans tout ce paragraphe, C désigne une *cogèbre,* de coproduit d, possédant une co-unité (à droite et à gauche) e. Rappelons (cf. *Alg.* III) ce que cela signifie:

C est un module (sur K);

d est une application linéaire de C dans $C \otimes C$;

e est une forme linéaire sur C.

De plus, ces données vérifient les axiomes suivants:

(C_1) (Coassociativité) Les applications linéaires $(1_C \otimes d) \circ d$ et $(d \otimes 1_C) \circ d$ de C dans $C \otimes C \otimes C$ coïncident.

(C_2) (Co-unité) $(1_C \otimes e) \circ d = 1_C$ et $(e \otimes 1_C) \circ d = 1_C$.

Exemples

(1) Soit C une cogèbre de co-unité e. En composant le coproduit de C avec la symétrie canonique de $C \otimes C$, on obtient une seconde structure de cogèbre sur C, dite *opposée* de la première. On la note C^o; la co-unité de C^o est e.

(2) Toute somme directe de cogèbres a une structure naturelle de cogèbre. En particulier, 0 est une cogèbre.

(3) Supposons que C soit projectif de type fini (comme K-module), et soit A son dual. Comme le dual de $C \otimes C$ s'identifie à $A \otimes A$, toute structure de cogèbre sur C correspond à une structure d'*algèbre associative* sur A, et réciproquement. Pour que $e \in A$ soit co-unité de C, il faut et il suffit que ce soit un élément unité (à gauche et à droite) pour A.

(Lorsque K est un corps, on verra plus loin que toute cogèbre est limite inductive de cogèbres obtenues par ce procédé.)

(4) Soit V un module projectif de type fini. Soit

$$C = \mathrm{End}(V) = V \otimes V'.$$

La forme bilinéaire $\mathrm{Tr}(uv)$ met C en dualité avec lui-même; appliquant la méthode de l'exemple précédent, on voit que la structure d'algèbre de C définit par dualité une structure de *cogèbre* sur C, de co-unité la trace $\mathrm{Tr}: C \to K$. En particulier $M_n(K)$ a une structure de cogèbre canonique, pour laquelle on a

$$d(E_{ij}) = \sum_k E_{kj} \otimes E_{ik}\,.$$

(La cogèbre *opposée* est plus sympathique, cf. exercice 1.)

(5) Soient C_1 et C_2 deux cogèbres, de coproduits d_1 et d_2 et de co-unités e_1 et e_2. Soit σ l'isomorphisme canonique de $C_2 \otimes C_1$ sur $C_1 \otimes C_2$; le composé

$$(1_{C_1} \otimes \sigma \otimes 1_{C_2}) \circ (d_1 \otimes d_2)$$

munit $C_1 \otimes C_2$ d'une structure de cogèbre, dite *produit tensoriel* de celles de C_1 et C_2; elle admet pour co-unité $e_1 \otimes e_2$.

(6) L'algèbre affine d'un schéma en monoïdes affine sur K a une structure naturelle de cogèbre, cf. n° 3.1.

1.2. COMODULES

DÉFINITION 1. *On appelle comodule (à gauche) sur* C *tout module* E *muni d'une application linéaire* $d_E: E \to C \otimes E$ *vérifiant les axiomes suivants:*

(1) *Les applications linéaires* $(d \otimes 1_E) \circ d_E$ *et* $(1_C \otimes d_E) \circ d_E$ *de* E *dans* $C \otimes C \otimes E$ *coïncident.*

(2) $(e \otimes 1_E) \circ d_E = 1_E$.

L'application d_E s'appelle le *coproduit* de E; on se permet souvent de le (la) noter d.

Remarques

1) Il y a une notion analogue de comodule *à droite*; on laisse au lecteur le soin de l'expliciter (ou de remplacer la cogèbre C par son opposée C^o). [Le rédacteur s'est aperçu trop tard qu'il était plus commode d'échanger droite et gauche, i.e. d'appeler «comodules à droite» ceux de la définition 1.]

2) Toute application linéaire $d_E: E \to C \otimes E$ définit de manière évidente une application linéaire $d_E^1: E \otimes E' \to C$. Lorsque E est un K-module projectif de type fini, l'application $d_E \mapsto d_E^1$ est un isomorphisme de $\mathrm{Hom}(E, C \otimes E)$ sur $\mathrm{Hom}(E \otimes E', C)$. Or $E \otimes E' = \mathrm{End}(E)$ a une structure naturelle de cogèbre, cf. n° 1.1, Exemple 4). On peut vérifier (cf. exercice 1) que d_E *vérifie les axiomes* (1) *et* (2) *si et seulement si* d_E^1 *est*

un morphisme de la cogèbre opposée $\mathrm{End}(E)^o$ *à* $\mathrm{End}(E)$ *dans la cogèbre* C, *compatible avec les co-unités.*

3) Supposons que E soit *libre* de base $(v_i)_{i \in I}$. Une application linéaire $d_E: E \to C \otimes E$ est alors définie par une famille c_{ij}, $i, j \in I$, d'éléments de C telle que $d_E(v_i) = \sum_{j \in I} c_{ij} \otimes v_j$ (pour i fixé, c_{ij} doit être nul pour presque tout j). Les conditions (1) et (2) de la définition 1 se traduisent alors par les formules:

$$(1') \quad d(c_{ij}) = \sum_{k \in I} c_{ik} \otimes c_{kj} \qquad \text{pour} \quad i, j \in I$$

$$(2') \quad e(c_{ij}) = \delta_{ij} \qquad \text{pour} \quad i, j \in I.$$

(Lorsque I est *fini*, cet exemple peut être considéré comme un cas particulier du précédent.)

Exemples de comodules

1) Le module C, muni de d, est un comodule (à gauche et à droite).

2) La somme directe d'une famille de comodules a une structure naturelle de comodule.

3) Si E est un comodule, et V un K-module quelconque, le couple $(E \otimes V, d_E \otimes 1_V)$ est un comodule, noté simplement $E \otimes V$.

4) Les notations étant celles de l'exemple 5) du n° 1.1, soient E_1 un comodule sur C_1 et E_2 un comodule sur C_2. Soit τ l'isomorphisme canonique de $E_1 \otimes C_2$ sur $C_2 \otimes E_1$; l'application

$$(1_{C_1} \otimes \tau \otimes 1_{E_2}) \circ (d_{E_1} \otimes d_{E_2})$$

munit $E_1 \otimes E_2$ d'une structure de comodule sur $C_1 \otimes C_2$.

5) Si G est un schéma en monoïdes affine sur K, et C la bigèbre correspondante (cf. n° 3.1), la notion de comodule sur C coïncide avec celle de *représentation linéaire de G* (ou G-module), cf. n° 3.2, ainsi que SGAD, exposé I.

DÉFINITION 2. *Soient* E_1 *et* E_2 *deux comodules. On appelle* C*-morphisme (ou simplement morphisme) de* E_1 *dans* E_2 *toute application linéaire* $f: E_1 \to E_2$ *telle que*

$$(*) \qquad (1_C \otimes f) \circ d_{E_1} = d_{E_2} \circ f.$$

Les C-morphismes de E_1 dans E_2 forment un sous-K-module de $\mathrm{Hom}(E_1, E_2)$; on le note $\mathrm{Hom}^C(E_1, E_2)$.

On note Com_C la catégorie des C-comodules (à gauche); l'addition des C-morphismes munit Com_C d'une structure de *catégorie additive.*

1.3. Une formule d'adjonction

On conserve les notations précédentes. Soit V un K-module; d'après le n° 1.2, Exemples 1 et 3, on a une structure naturelle de comodule sur $C \otimes V$, le coproduit correspondant étant $d \otimes 1_V$.

Soit d'autre part E un comodule. Définissons une application linéaire

$$\theta : \mathrm{Hom}(E, V) \to \mathrm{Hom}^C(E, C \otimes V)$$

par

$$\theta(g) = (1_C \otimes g) \circ d_E\,, \quad \text{si} \quad g \in \mathrm{Hom}(E, V)\,.$$

Cela a un sens, car d_E est un morphisme de E dans $C \otimes E$, et $1_C \otimes g$ est un morphisme de $C \otimes E$ dans $C \otimes V$.

Proposition 1. *L'application* $\theta : \mathrm{Hom}(E, V) \to \mathrm{Hom}^C(E, C \otimes V)$ *est un isomorphisme.*

Soit $f : E \to C \otimes V$ un morphisme. En composant f avec $e \otimes 1_V : C \otimes V \to V$, on obtient un élément $\varepsilon(f)$ de $\mathrm{Hom}(E, V)$. On a ainsi défini une application linéaire

$$\varepsilon : \mathrm{Hom}^C(E, C \otimes V) \to \mathrm{Hom}(E, V)$$

et il suffit de prouver que θ et ε sont inverses l'un de l'autre. Tout d'abord, si $g \in \mathrm{Hom}(E, V)$, on a:

$$\begin{aligned}\varepsilon(\theta(g)) &= (e \otimes 1_V) \circ \theta(g) = (e \otimes 1_V) \circ (1_C \otimes g) \circ d_E \\ &= (e \otimes g) \circ d_E = g \circ (e \otimes 1_E) \circ d_E \\ &= g \circ 1_E = g\,,\end{aligned}$$

ce qui montre bien que $\varepsilon \circ \theta = 1$.
D'autre part, si $f \in \mathrm{Hom}^C(E, C \otimes V)$, on a:

$$\begin{aligned}\theta(\varepsilon(f)) &= (1_C \otimes \varepsilon(f)) \circ d_E = (1_C \otimes ((e \otimes 1_V) \circ f)) \circ d_E \\ &= (1_C \otimes e \otimes 1_V) \circ (1_C \otimes f) \circ d_E \\ &= (1_C \otimes e \otimes 1_V) \circ (d \otimes 1_V) \circ f \\ &= (((1_C \otimes e) \circ d) \otimes 1_V) \circ f \\ &= (1_C \otimes 1_V) \circ f = f\,,\end{aligned}$$

ce qui montre bien que $\theta \circ \varepsilon = 1$, cqfd.

[Ce qui précède est un bon exemple d'un principe général: tout calcul relatif aux cogèbres est trivial et incompréhensible.]

Exemples

1) Prenons $V = E$ et $g = 1_E$; l'élément correspondant de $\mathrm{Hom}^C(E, C \otimes E)$ est le coproduit $d_E: E \to C \otimes E$.

2) Prenons $V = K$. On obtient une bijection $\theta: E' \to \mathrm{Hom}^C(E, C)$. La bijection réciproque associe à tout morphisme $f: E \to C$ la forme linéaire $e \circ f$.

1.4. Conséquences d'une hypothèse de platitude

A partir de maintenant, on suppose que C est *plat* (comme K-module). Si V est un sous-module d'un module W, on identifie $C \otimes V$ au sous-module correspondant de $C \otimes W$, et $C \otimes (W/V)$ à $(C \otimes W)/(C \otimes V)$.

Définition 3. *Soit E un C-comodule, et soit V un sous-module de E. On dit que V est stable par C (ou que c'est un sous-comodule de E) si d_E applique V dans $C \otimes V$.*

Si tel est le cas, on vérifie tout de suite que l'application $d_V: V \to C \otimes V$ induite par d_E fait de V un comodule (d'où la terminologie); on définit de même le comodule quotient E/V.

Exemples

1) Soit $(V_i)_{i \in I}$ une famille de sous-modules du comodule E. Si les V_i sont stables par C, il en est de même de $\sum_{i \in I} V_i$ (resp. de $\bigcap_{i \in I} V_i$ lorsque I est fini). Cela résulte des formules:

$$C \otimes (\sum V_i) = \sum (C \otimes V_i)$$

et

$$C \otimes (\bigcap V_i) = \bigcap (C \otimes V_i), \quad I \text{ fini},$$

cf. *Alg. Comm.*, chap. I, §2.

2) Si E est un comodule, le morphisme $d_E: E \to C \otimes E$ *identifie E à un sous-comodule de $C \otimes E$* (muni du coproduit $d \otimes 1_E$, cf. n° 1.3). On notera que ce sous-comodule est même *facteur direct* dans $C \otimes E$ comme K-module (mais pas en général comme comodule), en vertu de la formule (2) de la définition 1.

Proposition 2. *Soit $f: E_1 \to E_2$ un morphisme de comodules. Alors* $\mathrm{Ker}(f)$ *et* $\mathrm{Im}(f)$ *sont stables par C; de plus, f définit par passage au quotient un isomorphisme du comodule* $E_1/\mathrm{Ker}(f)$ *sur le comodule* $\mathrm{Im}(f)$.

Puisque C est plat, $C \otimes \mathrm{Ker}(f)$ est le noyau de $1_C \otimes f$ et $C \otimes \mathrm{Im}(f)$ en est l'image. On en déduit aussitôt que $\mathrm{Ker}(f)$ et $\mathrm{Im}(f)$ sont stables par C. Le fait que f définisse un isomorphisme de $E_1/\mathrm{Ker}(f)$ sur $\mathrm{Im}(f)$ est immédiat.

COROLLAIRE 1. *La catégorie* Com_C *est une catégorie abélienne et le foncteur «module sous-jacent» est exact.*

C'est clair.

Remarque. Il est non moins clair que le foncteur «module sous-jacent» commute aux limites projectives finies et aux limites inductives quelconques.

COROLLAIRE 2. *Si* V *est un K-module injectif, le comodule* $C \otimes V$ *est injectif dans* Com_C.

En effet, la proposition 1 montre que le foncteur

$$E \mapsto \mathrm{Hom}^C(E, C \otimes V)$$

est exact.

PROPOSITION 3. *Soit* V *un sous-module d'un comodule* E, *et soit* V^o *l'ensemble des éléments* $x \in E$ *tels que* $d_E(x)$ *appartienne à* $C \otimes V$. *Alors* V^o *est un sous-comodule de* E; *c'est le plus grand sous-comodule de* E *contenu dans* V.

Il faut d'abord prouver que V^o est stable par C, i.e. que d_E applique V^o dans $C \otimes V^o$. Or V^o est défini comme le noyau de l'homomorphisme $E \to C \otimes E \to C \otimes (E/V)$, la première flèche étant d_E. Puisque C est plat, il s'ensuit que $C \otimes V^o$ est le noyau de l'homomorphisme

$$C \otimes E \to C \otimes C \otimes E \to C \otimes C \otimes (E/V)\,,$$

la première flèche étant $1_C \otimes d_E$. Pour prouver que $d_E(V^o)$ est contenu dans $C \otimes V^o$, il suffit donc de vérifier que le composé

$$V^o \to C \otimes E \to C \otimes C \otimes E \to C \otimes C \otimes (E/V)$$

est nul. Mais, d'après l'axiome (1) de la déf. 1, le composé $(1_C \otimes d_E) \circ d_E$ est égal à $(d \otimes 1_E) \circ d_E$. Or d_E applique V^o dans $C \otimes V$ par construction; l'image de V^o dans $C \otimes C \otimes E$ est donc contenue dans $(d \otimes 1_E)(C \otimes V)$, donc dans $C \otimes C \otimes V$, et son image dans $C \otimes C \otimes (E/V)$ est bien nulle.

D'autre part, l'axiome (2) de la déf. 1 montre que V^o est contenu dans $(e \otimes 1_E)(C \otimes V)$, donc dans V. Enfin, il est clair que tout sous-comodule de E contenu dans V est contenu dans V^o, cqfd.

Nous dirons qu'un comodule est de *type fini* (resp. libre, projectif, ...) si c'est un K-module de type fini (resp. un K-module libre, un K-module projectif, ...).

COROLLAIRE. *Supposons K noethérien. Tout comodule E est alors réunion filtrante croissante de ses sous-comodules de type fini.*

Il suffit évidemment de prouver ceci: si W est un sous-module de type fini de E, il existe un sous-comodule de E, qui est de type fini et contient W. Or $d_E(W)$ est un sous-module de type fini de $C \otimes E$. On peut donc trouver un sous-module V de type fini de E tel que $C \otimes V$ contienne $d_E(W)$. Soit V^o l'ensemble des $x \in E$ tels que $d_E(x) \in C \otimes V$. D'après la proposition, V^o est un sous-comodule de E contenu dans V, donc de type fini (puique K est noethérien). Il est clair que V^o contient W, cqfd.

§ 2. COGÈBRES SUR UN CORPS

A partir de maintenant, l'anneau de base K est un *corps*.

2.1. SOUS-COGÈBRES

Soit C une cogèbre sur K, de coproduit d et de co-unité e.

DÉFINITION 1. *Un sous-espace vectoriel X de C est appelé une sous-cogèbre de C si $d(X)$ est contenu dans $X \otimes X$.*

S'il en est ainsi, l'application linéaire $d_X: X \to X \otimes X$ induite par d munit X d'une structure de cogèbre, ayant pour co-unité la restriction de e à X.

Exemples

1) Si $(X_i)_{i \in I}$ est une famille de sous-cogèbres de C, la somme des X_i et l'intersection des X_i sont des sous-cogèbres de C. Cela se vérifie au moyen des formules:

$$\sum (X_i \otimes X_i) \subset (\sum X_i) \otimes (\sum X_i)$$
$$\cap (X_i \otimes X_i) = (\cap X_i) \otimes (\cap X_i) .$$

2) Une sous-cogèbre de rang 1 (sur K) de C a pour base un élément non nul x tel que $d(x) = x \otimes x$; on a alors $e(x) = 1$.

3) Si D est une cogèbre, et si $f: D \to C$ est un morphisme de cogèbres, $f(D)$ est une sous-cogèbre de C.

4) Soit E un comodule sur C, soit $(v_i)_{i \in I}$ une base de E, et soient $c_{ij} \in C$ tels que $d_E(v_i) = \sum c_{ij} \otimes v_j$, cf. n° 1.2, Remarque 3. Il résulte de la formule (1′) du n° 1.2 que le *sous-espace vectoriel C_E engendré par les c_{ij} est une sous-cogèbre de C.* Cette sous-cogèbre ne dépend pas du choix de la base (v_i), car c'est l'image de l'application $E \otimes E' \to C$ associée à d_E (cf. n° 1.2, Remarque 2). On peut aussi caractériser C_E comme le plus petit sous-espace vectoriel X de C tel que $\mathrm{Im}(d_E) \subset X \otimes E$.

Noter que, si D est une sous-cogèbre de C contenant C_E, le coproduit d_E applique E dans $D \otimes E$, donc munit E d'une structure de *D-comodule*; inversement, tout D-comodule peut évidemment être considéré comme un C-comodule.

5) On peut appliquer la construction précédente en prenant pour E *un sous-comodule de C*. Dans ce cas, *la sous-cogèbre C_E contient E*. En effet, C_E est l'image de $E \otimes E' \to C$; d'autre part la restriction de e à E est un élément e_E de E' et l'on vérifie tout de suite que, si $x \in E$, l'image de $x \otimes e_E$ dans C est égale à x.

6) Supposons C de rang fini (sur K), et soit A l'algèbre duale (cf. n° 1.1, Exemple 3). Les sous-cogèbres de C correspondent bijectivement (par dualité) aux algèbres quotients de A (donc aussi aux idéaux bilatères de A).

THÉORÈME 1. *La cogèbre C est réunion filtrante croissante de ses sous-cogèbres de rang fini.*

Il suffit de prouver que tout sous-espace vectoriel W de rang fini de C est contenu dans une sous-cogèbre de rang fini. Or, d'après le corollaire à la prop. 3 du n° 1.4, il existe un sous-comodule E de C qui est de rang fini et contient W. La sous-cogèbre C_E associée à E (cf. Exemple 4) répond à la question: elle est évidemment de rang fini, et elle contient E (cf. Exemple 5), donc W. Cqfd.

2.2. DUALITÉ ENTRE COGÈBRES ET ALGÈBRES PROFINIES

DÉFINITION 2. *On appelle algèbre profinie une algèbre topologique séparée, complète, possédant une base de voisinages de 0 formée d'idéaux bilatères de codimension finie.*

Il revient au même de dire qu'une telle algèbre est limite projective filtrante d'algèbres de rang fini; d'où le nom de «profini».

Soit maintenant C une cogèbre, et soit $A = C'$ son dual. La structure de cogèbre de C définit sur A une structure d'algèbre (cf. *Alg.* III); d'autre part, on peut munir A de la topologie de la convergence simple sur C (K étant lui-même muni de la topologie discrète).

PROPOSITION 1. (a) *L'algèbre topologique* $A = C'$ *est une algèbre profinie. Les idéaux bilatères ouverts de* A *sont les orthogonaux des sous-cogèbres de rang fini de* C.

(b) *Inversement, toute algèbre profinie qui est associative et possède un élément unité est la duale d'une cogèbre possédant une co-unité, définie à isomorphisme unique près.*

Pour prouver (a), on remarque que $C = \varinjlim . X$, où X parcourt l'ensemble ordonné filtrant des sous-cogèbres de C de rang fini (cf. th. 1). On a alors $A = \varprojlim . X'$ et les X' sont des algèbres de rang fini. Le noyau de $A \to X'$ est l'orthogonal $\mathfrak{a}_X$ de X dans A; c'est un idéal bilatère ouvert de codimension finie. Inversement, soit $\mathfrak{a}$ un tel idéal de A, et soit X son orthogonal dans C. On a $X = (A/\mathfrak{a})'$; la structure d'algèbre de $A/\mathfrak{a}$ définit sur X une structure de cogèbre, et on en déduit que X est une sous-cogèbre de C.

L'assertion (b) est tout aussi évidente.

La correspondance «cogèbres $\Leftrightarrow$ algèbres profinies» établie ci-dessus se prolonge en une correspondance «comodules $\Leftrightarrow$ modules». De façon précise, soient

Com^f_C la catégorie des C-comodules à gauche de rang fini,

Mod^f_A la catégorie des A-modules à gauche de rang fini, dont l'annulateur est ouvert (i.e. qui sont des A-modules topologiques si on les munit de la topologie discrète).

Si $E \in \mathrm{Com}^f_C$, l'application $E \to C \otimes E$ définit par dualité une application $A \otimes E' \to E'$, et l'on voit tout de suite que cette application fait de E' un A-module à gauche topologique discret.

PROPOSITION 2. *Le foncteur* $E \mapsto E'$ *défini ci-dessus est une équivalence de la catégorie* Com^f_C *sur la catégorie opposée à* Mod^f_A.

C'est immédiat.

Noter aussi que, si F est un A-module à gauche de rang fini, F' a une structure naturelle de A^o-module à gauche. En combinant cette remarque avec la prop. 2, on obtient:

COROLLAIRE. *La catégorie* Com^f_C *est isomorphe à la catégorie* $\mathrm{Mod}^f_{A^0}$.

Remarque. Soit $E \in \mathrm{Com}^f_C$; munissons E' (resp. E) de la structure correspondante de A-module à gauche (resp. à droite). Si $x \in E$, $x' \in E'$ et $a, b \in A$, on a alors les formules:

(1) $$< d_E(x), a \otimes x' > = < x, ax' > = < xa, x' >$$

et

(2) $$< d_E^{(2)}(x), a \otimes b \otimes x' > = < x, abx' > = < xab, x' > ,$$

avec

$$d_E^{(2)} = (d \otimes 1_E) \circ d_E = (1_C \otimes d_E) \circ d_E .$$

2.3. TRADUCTIONS

Tout résultat sur les modules donne, grâce à la prop. 2 et à son corollaire, un résultat correspondant sur les comodules. Voici quelques exemples:

a) Si $E \in \mathrm{Com}^f_C$, la sous-cogèbre C_E de C attachée à E (cf. n° 2.1) est la duale de la sous-algèbre de $\mathrm{End}(E)$ définie par la structure de module de E.

b) Le fait que C soit un C-comodule injectif (cf. n° 1.4) est la traduction du fait que A est un A-module projectif (puisque libre de rang 1 !).

c) Une cogèbre est dite *simple* si elle est $\neq 0$ et n'admet pas d'autre sous-cogèbre que 0 et elle-même; c'est alors le dual d'une algèbre simple de rang fini. Elle est dite *semi-simple* si elle est somme de sous-cogèbres simples, et on vérifie alors que l'on peut choisir cette somme de telle sorte qu'elle soit *directe*.

On a:

PROPOSITION 3. *Pour que* Com^f_C *soit une catégorie semi-simple, il faut et il suffit que* C *soit semi-simple.*

De plus, si c'est le cas, et si E_α est une famille de représentants des classes de comodules simples sur C, la cogèbre C est somme directe des cogèbres C_{E_α}, qui sont simples.

On a également:

COROLLAIRE. *Les conditions suivantes sont équivalentes:*

a) C *est somme directe de cogèbres de la forme* $\mathbf{M}_n(K)$.

b) Com^f_C *est semi-simple, et tout objet simple de* Com^f_C *est absolument simple.*

C'est trivial à partir du résultat analogue pour les algèbres.

[Noter que ce résultat s'applique notamment à la bigèbre d'un groupe réductif déployé sur K, lorsque $\mathrm{car}(K) = 0$. Mais, bien entendu, il ne donne que la structure de *cogèbre* de la bigèbre en question, pas sa structure d'algèbre.]

d) A tout $E \in \mathrm{Com}^f_C$ on peut associer un élément *trace* $\theta_E \in C$ de la manière suivante: E définit un morphisme de cogèbres

$$\mathrm{End}(E) \to C \quad (\text{cf. n° } 1.2)$$

et l'on prend l'image de 1_E dans C par ce morphisme. En termes d'une base (v_i) de E, et des $c_{ij} \in C$ correspondants *(loc. cit.)*, on a $\theta_E = \sum_i c_{ii}$.

[Voici encore une autre définition: si l'on regarde E comme module sur l'algèbre C'_E duale de C_E, on a $C'_E \subset \mathrm{End}(E)$, et la forme $u \mapsto \mathrm{Tr}(u)$, étant une forme linéaire sur C'_E, s'identifie à un élément de C_E qui n'est autre que θ_E.]

PROPOSITION 4. *Supposons K de caractéristique* 0. *Soient* E_1 *et* E_2 *deux comodules de rang fini, et soient* $\theta_1, \theta_2 \in C$ *les traces correspondantes. On a* $\theta_1 = \theta_2$ *si et seulement si les quotients de Jordan-Hölder de* E_1 *et* E_2 *coïncident* (avec leurs mutiplicités).

En effet, le résultat dual (pour les modules de rang fini sur une algèbre) est bien connu (*Alg.* VIII).

COROLLAIRE. *Si* E_1 *et* E_2 *sont semi-simples, on a* $\theta_1 = \theta_2$ *si et seulement si* E_1 *et* E_2 *sont isomorphes.*

Remarques

1) On peut aussi donner des résultats lorsque $\mathrm{car}(K) \neq 0$. Par exemple, si les E_α sont des comodules absolument simples deux à deux non isomorphes, les θ_α correspondants sont linéairement indépendants sur K.

2) Les résultats précédents s'appliquent notamment aux *représentations linéaires* d'un schéma en groupes (ou en monoïdes) affine sur K.

2.4. CORRESPONDANCE ENTRE SOUS-COGÈBRES ET SOUS-CATÉGORIES DE Com^f_C.

Si D est une sous-cogèbre de C, on a déjà remarqué que tout D-comodule peut être considéré comme un C-comodule. On obtient ainsi un isomorphisme de Com^f_D sur une sous-catégorie abélienne $\tilde{D}$ de Com^f_C.

THÉORÈME 2. *L'application* $D \mapsto \tilde{D}$ *est une bijection de l'ensemble des sous-cogèbres de* C *sur l'ensemble des sous-catégories* L *de* Com^f_C *vérifiant les conditions suivantes:*

1) L *est pleine* (i.e. si $E, F \in L$, on a $\mathrm{Hom}^L(E,F) = \mathrm{Hom}^C(E,F)$),

2) L *est stable par sommes directes finies,*

3) *Tout objet de* Com^f_C *qui est isomorphe à un sous-objet, ou à un objet quotient, d'un objet de* L, *appartient à* L.

[On se permet d'écrire $E \in L$ à la place de $E \in \mathrm{ob}(L)$.]

Soit Θ l'ensemble des L vérifiant les conditions 1), 2), 3). Si $L \in \Theta$, il est clair que L est une catégorie abélienne ayant même sous-objets et mêmes objets quotients que Com^f_C. On notera $C(L)$ la sous-cogèbre de C somme des cogèbres C_E, pour $E \in L$. Le théorème va résulter des deux formules suivantes:

a) $C(\tilde{D}) = D$ pour toute sous-cogèbre D de C;

b) $C(L)^{\tilde{}} = L$ pour toute $L \in \Theta$.

La première de ces deux formules est triviale: elle revient à dire que D est réunion des sous-cogèbres C_E, lorsque E parcourt l'ensemble (!) des D-comodules de rang fini, ce qui a été prouvé au n° 2.1. Pour la seconde, il suffit de prouver ceci:

LEMME 1. *Soit* E *un comodule de rang fini, soit* $C_E \subset C$ *la cogèbre correspondante, et soit* F *un* C_E*-comodule* (considéré comme C-comodule) *de rang fini. Il existe alors un entier* $n \geqslant 0$ *tel que* F *soit isomorphe à un sous-comodule d'un quotient de* E^n.

Par dualité, cela revient à dire que, si B est une algèbre de rang fini, et E un B-module fidèle, tout B-module de type fini F est isomorphe à un quotient d'un sous-module d'un E^n. Or F est isomorphe à un quotient d'un module libre B^q, et l'on est ramené à prouver que B^q est isomorphe à un sous-module d'un E^n; il suffit d'ailleurs de le faire pour $q = 1$. Mais c'est clair: si E est engendré par $x_1, \ldots, x_n$, l'application $b \mapsto (bx_1, \ldots, bx_n)$ est une injection de B dans E^n, puisque E est fidèle. D'où le lemme, et, avec lui, le théorème.

Remarques

1) Le lecteur peut à volonté interpréter Com^f_C comme une *petite* catégorie (relative à un univers fixé, par exemple), ou une *grosse*. Le th. 2 est correct dans l'une ou l'autre interprétation.

2) Il n'est pas indispensable de passer aux modules pour prouver le lemme 1. On remarque d'abord (cf. n° 1.4, Exemple 2) que F est isomorphe à un sous-comodule de $C_E \otimes F$, i.e. de $(C_E)^n$, avec $n = \operatorname{rang}(F)$. D'autre part, C_E est isomorphe, comme comodule, à un quotient de $E \otimes E'$, c'est-à-dire de E^m, où $m = \operatorname{rang}(E)$. D'où le résultat.

Exemples

1) La sous-catégorie de Com_C^f formée des *objets semi-simples* correspond à la *plus grande sous-cogèbre semi-simple* de C (la somme de toutes les sous-cogèbres simples).

2) Supposons C semi-simple, et soit $(E_i)_{i \in I}$ un ensemble de représentants des classes de C-comodules simples. Posons $C_i = C_{E_i}$, de sorte que C est somme directe des cogèbres simples C_i. Si J est une partie de I, $C_J = \sum_{i \in J} C_i$ est une sous-cogèbre de C, et toute sous-cogèbre de C s'obtient de cette manière, et de façon unique. La sous-catégorie correspondant à C_J est formée des comodules isomorphes à des sommes directes finies des E_i, $i \in J$.

2.5. OÙ L'ON CARACTÉRISE Com_C^f

Soit M une catégorie abélienne munie des deux structures suivantes:

a) M est une catégorie *sur K*; cela signifie que, si E, F sont des objets de M, $\mathrm{Hom}^M(E, F)$ est muni d'une structure de K-espace vectoriel, la composition des morphismes étant bilinéaire.

b) On se donne un foncteur $v: M \to \mathrm{Vect}_K^f$ de M dans la catégorie des K-espaces vectoriels de dimension finie.

On fait les *hypothèses* suivantes:

(i) Le foncteur v est *K-linéaire*, i.e. pour tout $E, F \in M$, l'application $v: \mathrm{Hom}^M(E, F) \to \mathrm{Hom}(v(E), v(F))$ est K-linéaire.

(ii) Le foncteur v est *exact* et *fidèle*.

THÉORÈME 3. *Sous les hypothèses ci-dessus, il existe une cogèbre* C *sur* K (et une seule, à isomorphisme près) *telle que* M *soit équivalente à* Com_C^f, *cette équivalence transformant le foncteur* v *en le foncteur* C*-module* $\mapsto$ *espace vectoriel sous-jacent.*

[Ici, il est nécessaire d'interpréter M comme une petite catégorie, ou en tout cas de supposer qu'il existe un ensemble de représentants pour les classes d'isomorphisme d'objets de M.]

Avant de commencer la démonstration, remarquons que les hypothèses (i) et (ii) entraînent que $\mathrm{Hom}^M(E, F)$ est un espace vectoriel *de dimension finie* pour tout $E, F \in M$. De plus, un sous-objet d'un objet E de M est connu lorsqu'on connaît le sous-espace vectoriel correspondant de $\upsilon(E)$; l'ensemble des sous-objets de E s'identifie ainsi à un sous-ensemble réticulé de l'ensemble des sous-espaces vectoriels de $\upsilon(E)$; en particulier, E est *de longueur finie*. On a des résultats analogues pour les objets quotients.

D'autre part, si $E \in M$, nous noterons M_E la sous-catégorie pleine de M formée des quotients F/G, où F est isomorphe à un sous-objet d'un E^n (n entier > 0 quelconque).

Enfin, si E est un objet de M, et si X est une partie de $V(E)$, nous dirons que X *engendre* E si tout sous-objet F de E tel que $\upsilon(F) \supset X$ est égal à E.

Démonstration du théorème 3

a) *Le cas fini; une majoration.*

C'est celui où il existe un objet E de M tel que $M_E = M$. Soit $n = \mathrm{rang}_K\, \upsilon(E)$.

LEMME 2. *Soit* F *un objet de* M *pouvant être engendré par un élément* (cf. ci-dessus). *On a*

$$\mathrm{rang}_K\, \upsilon(F) \leqslant n^2 .$$

Par hypothèse, on peut écrire F comme quotient F_1/F_2, où F_1 est isomorphe à un sous-objet d'un E^m, pour m convenable. Soit $x \in \upsilon(F)$ engendrant F et soit x_1 un élément de $\upsilon(F_1)$ dont l'image dans $\upsilon(F)$ est x. Soit G le plus petit sous-objet de E^m tel que $\upsilon(G)$ contienne x_1. On a $G \subset F_1$ et l'image de G dans $F = F_1/F_2$ est égale à F. Il suffit donc de prouver que $\mathrm{rang}_K\, \upsilon(G) \leqslant n^2$. Si $m \leqslant n$, c'est évident. Supposons donc que $m > n$. On a $x_1 \in \upsilon(G) \subset \upsilon(E^m) = \upsilon(E)^m$. Soient $y_1, \ldots, y_m$ les composantes de x_1, considéré comme élément de $\upsilon(E)^m$. Puisque $m > n$, il existe des $a_i \in K$, non tous nuls, tels que $\sum a_i y_i = 0$. Or les a_i définissent un morphisme surjectif $E^m \to E$; si N est le noyau de ce morphisme, on a $N \simeq E^{m-1}$, comme on le voit facilement. D'autre part, on a $x_1 \in \upsilon(N)$, d'où $G \subset N$ puisque x_1 engendre G. On a donc obtenu un plongement de G dans E^{m-1}; d'où le lemme, en raisonnant par récurrence sur m.

b) *Le cas fini; construction d'un générateur projectif.*

Les hypothèses étant les mêmes que ci-dessus, on choisit un objet P de M pouvant être engendré par *un* élément $x \in \upsilon(P)$, et tel que $\upsilon(P)$ soit *de rang maximum* parmi ceux jouissant de cette propriété. C'est possible en vertu du Lemme 2.

LEMME 3. (i) *Le couple* (P, x) *représente le foncteur* υ.

(ii) P *est un générateur projectif de* M.

Il suffit de prouver (i); l'assertion (ii) en résultera, puisque le foncteur υ est exact et fidèle.

Soient donc $F \in M$, et $y \in \upsilon(F)$. Il nous faut prouver l'existence et l'unicité d'un morphisme $f: P \to F$ transformant x en y. L'unicité provient de ce que x engendre P. Pour démontrer l'existence, soit Q le plus petit sous-objet de $P \times F$ tel que $\upsilon(Q)$ contienne (x, y). Le morphisme $Q \to F$ induit par pr_1 est surjectif, du fait que P est engendré par x. On a donc

$$\mathrm{rang}_K\, \upsilon(Q) \geqslant \mathrm{rang}_K\, \upsilon(P)\ ;$$

mais le caractère maximal de $\upsilon(P)$ entraîne qu'il y a égalité; le morphisme $Q \to P$ est donc un isomorphisme. En composant son inverse avec la seconde projection $Q \to F$, on obtient un morphisme f ayant la propriété voulue.

c) *Le cas fini; fin de démonstration.*

Soit A l'algèbre des endomorphismes de P. C'est une K-algèbre de dimension finie. Le lemme suivant est bien connu:

LEMME 4. *Il existe un foncteur* $\varphi: \mathrm{Mod}^f_{A^0} \to M$ *et un seul* (à isomorphisme près) *qui soit exact à gauche et transforme* A (considéré comme A-module à droite) *en* P. *Ce foncteur est une équivalence de catégories.*

Indiquons brièvement la démonstration. Pour chaque A-module à droite H de rang fini, on choisit une *présentation finie* de H:

$$A^p \overset{\alpha}{\to} A^q \to H \to 0$$

où α est une $p \times q$-matrice à coefficients dans A. Cette matrice définit un morphisme $P^p \to P^q$ et l'on prend pour $\varphi(H)$ le *conoyau* de ce morphisme. On prolonge de façon évidente φ en un foncteur $\mathrm{Mod}^f_{A^0} \to M$ et l'on vérifie qu'il a la propriété voulue. On note généralement ce foncteur $H \mapsto H \otimes_A P$. C'est un adjoint du foncteur $F \mapsto \mathrm{Hom}^M(P, F)$. Son unicité est immédiate. Le fait que ce soit une équivalence résulte de ce que P est un générateur projectif de M.

De plus, l'équivalence $\varphi: H \mapsto H \otimes_A P$ transforme le foncteur «espace vectoriel sous-jacent à un A-module» en un foncteur isomorphe à υ (en effet le premier foncteur est représentable par A, le second par P, et φ transforme A en P). On peut donc prendre pour cogèbre la cogèbre duale de l'algèbre A, et toutes les conditions sont vérifiées.

d) *Cas général.*

Soit X l'ensemble des sous-catégories N de M telles qu'il existe $E \in M$ avec $N = M_E$. L'ensemble X est ordonné filtrant puisque $M_{E_1 \times E_2}$ contient M_{E_1} et M_{E_2}. Si $N \in X$, soit comme ci-dessus (P_N, x_N) un couple représentant la restriction à N du foncteur υ, et soit $A_N = \mathrm{End}(P_N)$. Si $N_1 \supset N_2$, il existe un unique morphisme $P_{N_1} \to P_{N_2}$ transformant x_{N_1} en x_{N_2}; on voit aisément que ce morphisme identifie P_{N_2} au plus grand quotient de P_{N_1} appartenant à N_2. En particulier, tout endomorphisme de P_{N_1} définit par passage au quotient un endomorphisme de P_{N_2}. D'où un homomorphisme $A_{N_1} \to A_{N_2}$ qui est surjectif. Si A désigne l'algèbre profinie limite projective des A_N, pour $N \in X$, il est alors clair que la cogèbre duale de A répond à la question.

Quant à l'*unicité* de cette cogèbre (ou de l'algèbre A), elle provient de la remarque suivante: *A est isomorphe à l'algèbre des endomorphismes du foncteur υ*, munie de la topologie de la convergence simple.

Remarque. Il est probablement possible d'éviter le passage par le cas $M = M_E$, en utilisant le théorème de Grothendieck disant qu'un foncteur exact à droite est proreprésentable: on appliquerait ce théorème à υ, d'où $P \in \mathrm{Pro}\, M$ représentant υ et on obtiendrait A comme l'algèbre des endomorphismes de P.

§3. BIGÈBRES

3.1. DÉFINITIONS ET CONVENTIONS

(Dans ce n°, ainsi que dans le suivant, on ne suppose pas que K soit un corps.)

Rappelons (cf. *Alg.* III) qu'une *bigèbre* sur K est un K-module C muni d'une structure de cogèbre $d: C \to C \otimes C$ et d'une structure d'algèbre $m: C \otimes C \to C$, ces structures vérifiant l'axiome suivant:

(i) Si l'on munit $C \otimes C$ de la structure d'algèbre produit tensoriel de celle de C par elle-même, d est un homomorphisme d'algèbres de C dans $C \otimes C$.

Cet axiome équivaut d'ailleurs à:

(i') L'application $m: C \otimes C \to C$ est un morphisme de cogèbres (pour la structure naturelle de cogèbre de $C \otimes C$).

Dans tout ce qui suit, nous réserverons le terme de *bigèbres* à celles vérifiant les conditions suivantes:

(ii) La cogèbre (C, d) possède une co-unité $e: C \to K$.

(iii) L'algèbre (C, m) est commutative, associative, et possède un élément unité 1.

(iv) La co-unité $e: C \to K$ est un morphisme d'algèbres et $e(1) = 1$.

(v) On a $d(1) = 1 \otimes 1$.

La condition (iii) permet de considérer C comme l'*algèbre affine* d'un schéma affine G sur K; on a $G = \mathrm{Spec}(C)$. Pour tout $K_1 \in \mathrm{Alg}_K$, on note $G(K_1)$ l'ensemble des points de G à valeurs dans K_1, autrement dit l'ensemble des morphismes (au sens de Alg_K) de C dans K_1. La condition (iv) signifie que e est un élément de $G(K)$. Grâce aux conditions (i) et (v), la structure de cogèbre de C peut être interprétée comme un *morphisme* de $G \times G$ dans G, qui est *associatif* et admet e pour élément neutre. Ainsi G est un *schéma affine en monoïdes* sur K; pour tout $K_1 \in \mathrm{Alg}_K$, $G(K_1)$ a une structure naturelle de monoïde, d'élément neutre l'image de e dans $G(K_1)$, image que l'on se permet de noter encore e.

On appelle *inversion* sur C, toute application $i: C \to C$ ayant les propriétés suivantes:

a) i est un morphisme d'algèbres, et $i(1) = 1$.

b) $m \circ (1_C \otimes i) \circ d$ est égal à l'endomorphisme $c \mapsto e(c).1$ de C.

La condition a) permet d'interpréter i comme un morphisme $I: G \to G$ et la condition b) signifie que $x.I(x) = e$ pour tout $x \in G(K_1)$, et tout K_1. On voit ainsi que, si i existe, il est unique, et que c'est un isomorphisme de C sur la bigèbre opposée C^o. L'existence de i revient à dire que G est un *schéma en groupes.*

Remarque. L'application identique $C \to C$ est un point de $G(C)$, appelé *point canonique*; nous le noterons γ. De même, on peut interpréter une inversion i de C comme un point ι de $G(C)$ et la condition b) signifie que $\gamma\iota = e$.

3.2. Correspondance entre comodules et G-modules

Soit E un module. Si $K_1 \in \mathrm{Alg}_K$, nous noterons $\mathrm{End}_E(K_1)$ le monoïde des endomorphismes du K_1-module $K_1 \otimes E$, et $\mathrm{Aut}_E(K_1)$ le groupe des éléments inversibles de $\mathrm{End}_E(K_1)$. Si $K_1 \to K_2$ est un morphisme, on définit de manière évidente le morphisme correspondant de $\mathrm{End}_E(K_1)$ dans $\mathrm{End}_E(K_2)$. Ainsi End_E est un foncteur de Alg_K dans la catégorie Mon des monoïdes; de même Aut_E est un foncteur de Alg_K dans la catégorie Gr des groupes.

Soient maintenant C et $G = \mathrm{Spec}(C)$ comme ci-dessus. On a vu que G définit un foncteur (noté également G) de Alg_K dans Mon; ce foncteur est à valeurs dans Gr si G est un schéma en groupes.

DÉFINITION 1. *On appelle représentation linéaire de G dans E tout morphisme ρ du foncteur G dans le foncteur* End_E.

En d'autres termes, ρ consiste en la donnée, pour tout $K_1 \in \mathrm{Alg}_K$, d'un morphisme de monoïdes $\rho(K_1): G(K_1) \to \mathrm{End}_E(K_1)$ et, si $K_1 \to K_2$ est un morphisme dans Alg_K, le diagramme

$$\begin{array}{ccc} G(K_1) & \to & G(K_2) \\ \rho(K_1) \downarrow & & \downarrow \rho(K_2) \\ \mathrm{End}_E(K_1) & \to & \mathrm{End}_E(K_2) \end{array}$$

doit être commutatif.

Terminologie. Une représentation linéaire du monoïde G^o opposé à G est appelée une *antireprésentation* de G. Un module E, muni d'une représentation (resp. antireprésentation) $G \to \mathrm{End}_E$ est appelé un *G-module* à gauche (resp. à droite).

Remarque. Si G est un schéma en groupes, et si $\rho: G \to \mathrm{End}_E$ est une représentation linéaire de G dans E, il est clair que ρ prend ses valeurs dans le sous-foncteur Aut_E de End_E.

Notons maintenant G^{ens} le foncteur G, considéré comme foncteur à valeurs dans Ens (i.e. le composé $\mathrm{Alg}_K \xrightarrow{G} \mathrm{Mon} \to \mathrm{Ens}$); définissons de même $\mathrm{End}_E^{\mathrm{ens}}$. Soit ρ un morphisme de G^{ens} dans $\mathrm{End}_E^{\mathrm{ens}}$. L'image par $\rho(C)$ du point canonique $\gamma \in G(C)$ est un C-endomorphisme de $C \otimes E$, donc est définie par une application K-linéaire $d(\rho): E \to C \otimes E$.

PROPOSITION 1. (a) *L'application* $\rho \mapsto d(\rho)$ *est une bijection de l'ensemble des morphismes de* G^{ens} *dans* $\mathrm{End}_E^{\mathrm{ens}}$ *sur l'ensemble* $\mathrm{Hom}(E, C \otimes E)$.

(b) *Pour que* $\rho: G^{\mathrm{ens}} \to \mathrm{End}_E^{\mathrm{ens}}$ *soit une représentation linéaire* (resp. une antireprésentation linéaire) *de* G *dans* E, *il faut et il suffit que* $d(\rho)$ *munisse* E *d'une structure de C-comodule à droite* (resp. à gauche).

C'est là un résultat bien connu (cf. *SGAD*, exposé I). Rappelons la démonstration:

L'assertion (a) provient de ce que G^{ens} est représentable par le couple (C, γ). En particulier, si $x \in G(K_1)$, l'image de x par $\rho(K_1)$ est l'application K_1-linéaire de $K_1 \otimes E$ dans $K_1 \otimes E$ qui prolonge l'application linéaire $(x \otimes 1_E) \circ d(\rho)$ de E dans $K_1 \otimes E$.

Pour (b), on peut se borner au cas des antireprésentations. Il faut d'abord exprimer que $\rho(K_1)$ transforme e en 1 pour tout K_1, et il suffit de le faire pour $K_1 = K$. Cela donne la condition

$$(e \otimes 1_E) \circ d(\rho) = 1_E$$

qui est l'axiome (2) des comodules.

Il faut ensuite exprimer que le diagramme

$$\begin{array}{ccc} G^{\mathrm{ens}} \times G^{\mathrm{ens}} & \overset{\rho \times \rho}{\rightarrow} & \mathrm{End}_E^{\mathrm{ens}} \times \mathrm{End}_E^{\mathrm{ens}} \\ \alpha \downarrow & & \downarrow \beta \\ G^{\mathrm{ens}} & \overset{\rho}{\rightarrow} & \mathrm{End}_E^{\mathrm{ens}} \end{array}$$

(où α désigne la loi de composition de G et β l'*opposée* de la loi de composition de End_E) est commutatif. Notons γ_1 (resp. γ_2) l'homomorphisme de C dans $C \otimes C$ qui applique $x \in C$ dans $x \otimes 1$ (resp. $1 \otimes x$); on a $\gamma_1, \gamma_2 \in G(C \otimes C)$. De plus, il est immédiat que le foncteur $G^{\mathrm{ens}} \times G^{\mathrm{ens}}$ est représentable par $(C \otimes C, \gamma_1 \times \gamma_2)$. Il suffit donc d'exprimer que les deux images de $\gamma_1 \times \gamma_2$ dans $\mathrm{End}_E(C \otimes C)$ coïncident. Or l'image de $\gamma_1 \times \gamma_2$ dans $G(C \otimes C)$ est le point donné par $d: C \rightarrow C \otimes C$; son image dans $\mathrm{End}_E(C \otimes C)$, identifié à $\mathrm{Hom}(E, C \otimes C \otimes E)$ est donc $(d \otimes 1_E) \circ d(\rho)$. Il faut ensuite calculer l'image de $\gamma_1 \times \gamma_2$ par $G \times G \overset{\rho \times \rho}{\rightarrow} \mathrm{End}_E \times \mathrm{End}_E \overset{\beta}{\rightarrow} \mathrm{End}_E$. On trouve, après un calcul sans difficultés [cf. ci-après] l'élément $(1_C \otimes d(\rho)) \circ d(\rho)$. La commutativité du diagramme considéré équivaut donc à l'axiome (1) des comodules, ce qui achève de démontrer la proposition.

[Voici le «calcul sans difficultés» en question. Il s'agit de déterminer l'image $\varphi \in \mathrm{End}_E(C \otimes C)$ de $\gamma_1 \times \gamma_2$ par $\beta \circ (\rho \times \rho)$. Si φ_1 (resp. φ_2) est l'image de γ_1 (resp. γ_2) par ρ, on a $\varphi = \varphi_2 \circ \varphi_1$ (puisque β est l'*opposée* de la loi de composition). De plus, φ_i est caractérisé par le fait de prolonger l'application K-linéaire $(\gamma_i \otimes 1_E) \circ d(\rho): E \rightarrow C \otimes E \rightarrow C \otimes C \otimes E$. Soit alors $x \in E$, et posons:

$$d(\rho)(x) = \sum c_i \otimes x_i, \quad d(\rho)(x_i) = \sum c_{ij} \otimes x_{ij}.$$

On a:

$$\varphi_1(x) = (\gamma_1 \otimes 1_E)(\sum c_i \otimes x_i) = \sum c_i \otimes 1 \otimes x_i.$$

De même:

$$\varphi_2(x_i) = \sum 1 \otimes c_{ij} \otimes x_{ij}.$$

D'où:

$$\begin{aligned} \varphi(x) = \varphi_2(\varphi_1(x)) &= \sum \varphi_2(c_i \otimes 1 \otimes x_i) \\ &= \sum (c_i \otimes 1) . \sum 1 \otimes c_{ij} \otimes x_{ij} \quad (\varphi_2 \text{ étant } C \otimes C\text{-linéaire}) \\ &= \sum c_i \otimes c_{ij} \otimes x_{ij}. \end{aligned}$$

D'autre part, on a

$$((1_C \otimes d(\rho)) \circ d(\rho))(x) = (1_C \otimes d(\rho))(\textstyle\sum c_i \otimes x_i)$$
$$= \textstyle\sum c_i \otimes c_{ij} \otimes x_{ij} .$$

En comparant, on voit bien que l'on a

$$\varphi = (1_C \otimes d(\rho)) \circ d(\rho) .]$$

Remarque. La proposition précédente permet donc d'identifier les *G-modules à gauche* aux *C-comodules à droite,* et inversement. [Il est bien triste d'avoir ainsi à échanger sa droite et sa gauche, mais on n'y peut rien. Toutefois, lorsque G est un schéma en *groupes*, on peut, au moyen de l'inverse, transformer canoniquement tout module à droite en un module à gauche.]

Exemple. La représentation *triviale* $\rho = 1$ de G dans un module E correspond à la structure de comodule $x \mapsto 1 \otimes x$ sur E. Pour $E = K$ on obtient le comodule *unité.*

OPÉRATIONS SUR LES COMODULES

a) *Produit tensoriel.*

Si E_1 et E_2 sont des C-modules (à gauche, par exemple), on a défini au n° 1.2 une structure de $C \otimes C$-comodule sur $E_1 \otimes E_2$. Comme $m : C \otimes C \to C$ est un morphisme de cogèbres, on déduit de là *une structure de C-comodule sur* $E_1 \otimes E_2$. Du fait que m est commutative, cette structure ne dépend pas de l'ordre dans lequel on écrit E_1 et E_2. Elle correspond (*via* la prop. 1) à l'opération évidente de *produit tensoriel de G-modules* (la vérification de ce fait est immédiate).

b) *Contragrédiente.*

Supposons que C admette une inversion, et soit E un C-comodule à gauche qui est projectif de type fini comme module. En utilisant les isomorphismes

$$\mathrm{Hom}(E, C \otimes E) \simeq \mathrm{Hom}(E \otimes E', C) \simeq \mathrm{Hom}(E', C \otimes E')$$

on définit sur E' une structure de C-module à droite. En utilisant l'inversion i, on transforme cette structure en une structure de C-comodule à gauche, dite *contragrédiente* de celle donnée sur E et notée $\check{E}$. Elle correspond (*via* la prop. 1) à l'opération évidente de «*contragrédiente d'une représentation*». [L'hypothèse faite sur E sert à assurer que le foncteur «dual» commute au foncteur «extension des scalaires».]

3.3. Sous-bigèbres

(On suppose à nouveau que K est un corps.)

Soit C une bigèbre (vérifiant les conditions du n° 3.1), et soit L une sous-catégorie abélienne de Com_C^f vérifiant les conditions 1), 2), 3) du th. 2 du n° 2.4, i.e. provenant d'une sous-cogèbre D de C.

Proposition 2. *Pour que D soit une sous-bigèbre de C contenant* 1, *il faut et il suffit que L soit stable par produit tensoriel et contienne le comodule unité K.*

La nécessité est triviale. Supposons donc que L soit stable par $\otimes$ et contienne K. On sait (cf. n° 2.4) que D est réunion des cogèbres C_E attachées aux comodules $E \in L$. Le fait que D soit stable par le produit résultera donc du lemme suivant:

Lemme 1. *Si E et F sont des comodules de rang fini, on a*

$$C_{E \otimes F} = C_E . C_F . \tag{*}$$

En effet, on vérifie tout de suite que $C_E \otimes C_F$ est la sous-cogèbre de $C \otimes C$ attachée au $C \otimes C$-comodule $E \otimes F$. Comme $C_{E \otimes F}$ est l'image de cette dernière par $m: C \otimes C \to C$, c'est bien $C_E . C_F$.

Le fait que D contienne 1 provient de ce que $C_E = K.1$ si $E = K$.

Proposition 3. *Supposons que C ait une inversion i. Pour que D soit stable par i, il faut et il suffit que L soit stable par le foncteur «contragrédiente».*

Cela résulte, comme ci-dessus, de la formule:

$$C_{\check{E}} = i(C_E) . \tag{**}$$

Corollaire. *Supposons que* $G = \mathrm{Spec}(C)$ *soit un schéma en groupes. Soit* Mod_G^f *la catégorie des G-modules de rang fini, et soit L une sous-catégorie abélienne de* Mod_G^f. *Pour qu'il existe un quotient H de G tel que* $L = \mathrm{Mod}_H^f$, *il faut et il suffit que L vérifie les conditions* 1), 2), 3) *du th.* 2 *du n°* 2.4, *soit stable par les opérations «produit tensoriel» et «contragrédiente», et contienne le G-module unité K; le groupe H en question est alors unique.*

Ce n'est qu'une reformulation des props. 2 et 3, étant entendu que «groupe quotient» est pris pour synonyme de «sous-bigèbre contenant 1». L'unicité de H provient du th. 2 du n° 2.4.

[Il y a un résultat plus général, dû sauf erreur à Grothendieck, et que le rédacteur a la flemme de rédiger en détail. Au lieu de se donner, comme ici, une sous-cogèbre d'une bigèbre, on se donne seulement une *cogèbre* D et une opération de «produit tensoriel» sur la catégorie $M = \mathrm{Com}^f_D$ correspondante (la donnée de D est d'ailleurs équivalente à celle du couple formé de M et du foncteur $\upsilon: M \to \mathrm{Vect}_K$, cf. n° 2.5, th. 3). En imposant à ce produit tensoriel des conditions raisonnables (en particulier $\upsilon(E \otimes F) \simeq \upsilon(E) \otimes \upsilon(F)$) on démontre alors qu'il provient d'une structure de *bigèbre* bien déterminée sur D; cette bigèbre a un élément unité si M contient un élément unité pour le produit tensoriel; elle a une inversion, si l'on se donne une opération «contragrédiente». (Au lieu de se donner le produit tensoriel et la contragrédiente, on peut aussi se donner un foncteur «Hom».)

Grothendieck a rencontré cette situation avec $K = \mathbf{Q}$, M = catégorie des *motifs* sur un corps de base k et υ = foncteur «cohomologie à valeurs dans $\mathbf{Q}$» relativement à un plongement de k dans $\mathbf{C}$.]

3.4. Une interprétation des points de G

Soit $K_1 \in \mathrm{Alg}_K$ et soit $g \in G(K_1)$ un point de G à valeurs dans K_1. Pour tout $E \in \mathrm{Com}^f_C$, notons $g(E)$ l'image de g par l'antireprésentation

$$\rho(E): G(K_1) \to \mathrm{End}_E(K_1)\ .$$

On a donc $g(E) \in \mathrm{End}_E(K_1) = \mathrm{End}_{K_1}(K_1 \otimes E)$, et de plus:

(i) $g(K) = 1_{K_1}$

(ii) $g(E_1 \otimes E_2) = g(E_1) \otimes g(E_2)$.

Réciproquement:

PROPOSITION 4. *Soit* $\upsilon_{K_1}: \mathrm{Com}^f_C \to \mathrm{Mod}_{K_1}$ *le foncteur qui associe à tout* $E \in \mathrm{Com}^f_C$ *le* K_1*-module* $K_1 \otimes E$. *Soit* $\varphi: \upsilon_{K_1} \to \upsilon_{K_1}$ *un endomorphisme de* υ_{K_1} *vérifiant les relations* (i) *et* (ii) *ci-dessus. Il existe alors un élément unique* $g \in G(K_1)$ *tel que* $\varphi = g$.

D'après 3.2, l'application $G(K_1) \to \mathrm{End}(\upsilon_{K_1})$ est un antihomomorphisme de monoïdes. La prop. 4 donne donc:

COROLLAIRE. *Le monoïde* $G(K_1)$ *est isomorphe à l'opposé du monoïde des endomorphismes de* υ_{K_1} *vérifiant* (i) *et* (ii).

[C'est là un résultat analogue au *théorème de dualité de Tannaka*; on reviendra là-dessus plus loin.]

Remarques

1) Dans l'énoncé de la prop. 4, on peut remplacer Com_C^f par Com_C; cela revient au même, du fait que tout objet de Com_C est limite inductive d'objets de Com_C^f, cf. § 1.

2) Lorsque G est un *schéma en groupes,* les $g(E)$ vérifient la relation suivante (qui est donc conséquence de (i) et (ii):

(iii) $g(\check{E}) = g(E)^\vee$.

Démonstration de la proposition 4.

Tout d'abord, soit $u \in \mathrm{Hom}(C, K_1)$. Pour tout $E \in \mathrm{Com}_C$, soit $\varphi_u(E)$ l'endomorphisme de $K_1 \otimes E$ qui prolonge l'application linéaire

$$E \xrightarrow{d_E} C \otimes E \xrightarrow{u \otimes 1} K_1 \otimes E .$$

On obtient ainsi un *endomorphisme* φ_u de v_{K_1}.

LEMME 1. *L'application* $u \mapsto \varphi_u$ *est un isomorphisme de* $\mathrm{Hom}(C, K_1)$ *sur le groupe des endomorphismes du foncteur* v_{K_1}.

[En fait, c'est un isomorphisme de K_1-algèbres, à condition de mettre sur $\mathrm{Hom}(C, K_1)$ la structure d'algèbre opposée de celle à laquelle on pense.]

Si $\varphi \in \mathrm{End}(v_{K_1})$, formons le composé

$$C \to K_1 \otimes C \to K_1 \otimes C \to K_1$$

(la première application étant $x \mapsto 1 \otimes x$, la seconde $\varphi(C)$ et la troisième $1 \otimes e$). On obtient une application linéaire

$$u(\varphi) : C \to K_1 .$$

Il suffit de prouver que les applications $u \mapsto \varphi_u$ et $\varphi \to u(\varphi)$ sont inverses l'une de l'autre.

Tout d'abord, si $u \in \mathrm{Hom}(C, K_1)$, $u(\varphi_u)$ est le composé

$$C \xrightarrow{d} C \otimes C \xrightarrow{u \otimes 1} K_1 \otimes C \xrightarrow{1 \otimes e} K_1 ,$$

ou encore

$$C \xrightarrow{d} C \otimes C \xrightarrow{1 \otimes e} C \xrightarrow{u} K_1 ,$$

c'est-à-dire u.

Soit maintenant $\varphi \in \mathrm{End}(v_{K_1})$. Si E est un comodule, et V un K-espace vectoriel, on a $\varphi(E \otimes V) = \varphi(E) \otimes 1_V$. (Se ramener au cas où V est de dimension finie, puis choisir une base de V et utiliser le fait que φ est un morphisme de foncteurs.) En particulier, on a $\varphi(C \otimes E) = \varphi(C) \otimes 1_E$ si $E \in \mathrm{Com}_C$. Comme $d_E : E \to C \otimes E$ est un morphisme de comodules, on a un diagramme commutatif:

$$\begin{array}{ccccccc} E & \to & K_1 \otimes E & \xrightarrow{1 \otimes d_E} & K_1 \otimes C \otimes E & & \\ & & \varphi(E) \downarrow & & \varphi(C) \otimes 1 \downarrow & & \\ & & K_1 \otimes E & \xrightarrow[1 \otimes d_E]{} & K_1 \otimes C \otimes E & \xrightarrow{1 \otimes C \otimes 1} & K_1 \otimes E\,. \end{array}$$

Mais le composé $(1 \otimes e \otimes 1) \circ (1 \otimes d_E)$ est l'identité. En utilisant la commutativité du diagramme, on en déduit alors que le composé

$$E \to K_1 \otimes E \xrightarrow{\varphi(E)} K_1 \otimes E$$

est égal à $\varphi_u(E)$, avec $u = u(\varphi)$, d'où le lemme.

[Ce lemme n'a rien à voir avec les bigèbres. On aurait pu le remonter au §2 et le déduire de l'isomorphisme $\mathrm{Com}^f_C = \mathrm{Com}^f_{A^0}$ du n° 2.2.]

LEMME 2. (a) *Pour que* φ_u *vérifie la relation* (i), *il faut et il suffit que* $u(1) = 1$.

(b) *Pour que* φ_u *vérifie la relation* (ii), *il faut et il suffit que* u *soit un homomorphisme d'algèbres.*

Si l'on prend pour E le module unité K, on a $K_1 \otimes E = K_1$ et $\varphi_u(E)$ est la multiplication par $u(1)$ dans K_1; d'où (a).

Pour (b), on remarque d'abord que (ii) est vérifiée si et seulement si elle l'est pour $E_1 = E_2 = C$, i.e. si

(ii′) $\varphi_u(C \otimes C) = \varphi_u(C) \otimes \varphi_u(C)$.

Cela résulte simplement de ce que tout comodule est isomorphe à un sous-comodule d'une somme directe de comodules tous isomorphes à C.

Reste à exprimer la condition (ii′). Soit $(x_i)_{i \in I}$ une base de C, soient $a, b \in C$, et écrivons $d(a)$ et $d(b)$ sous la forme

$$d(a) = \sum a_i \otimes x_i\,, \quad a_i \in C$$

$$d(b) = \sum b_j \otimes x_j\,, \quad b_j \in C\,.$$

On a alors:

$$\varphi_u(C)(a) = \sum u(a_i) \otimes x_i\,, \quad \text{avec} \quad u(a_i) \in K_1$$

et

$$\varphi_u(C)(b) = \sum u(b_j) \otimes x_j\,, \quad \text{avec} \quad u(b_j) \in K_1\,.$$

D'où:

(*) $$(\varphi_u(C) \otimes \varphi_u(C))(a \otimes b) = \sum_{i,j} u(a_i)u(b_j) \otimes x_i \otimes x_j\,.$$

Soit d'autre part $d' : C \otimes C \to C \otimes C \otimes C$ le coproduit du comodule $C \otimes C$. On vérifie sans difficulté que l'on a

$$d'(a \otimes b) = \sum_{i,j} a_i b_j \otimes x_i \otimes x_j ,$$

d'où

$$(**) \qquad \varphi_u(C \otimes C)(a \otimes b) = \sum_{i,j} u(a_i b_j) \otimes x_i \otimes x_j .$$

En comparant (*) et (**), on voit que $\varphi_u(C \otimes C) = \varphi_u(C) \otimes \varphi_u(C)$ si u est un homomorphisme d'algèbres. Pour prouver la réciproque, choisissons pour $(x_i)_{i \in I}$ une base telle que $x_o = 1$ pour un élément $0 \in I$ et $e(x_i) = 0$ pour $i \neq 0$. On a alors $a_o = a$ et $b_o = b$, et l'égalité de (*) et (**) entraîne $u(a)u(b) = u(ab)$, ce qui achève la démonstration.

La prop. 4 est une conséquence immédiate des deux lemmes ci-dessus. En effet, un élément de $G(K_1)$ est *par définition* un homomorphisme d'algèbres $u : C \to K_1$ tel que $u(1) = 1$. La seule chose à vérifier, c'est que, pour tout comodule E, l'endomorphisme $u(E)$ de $K_1 \otimes E$ défini par u est égal à $\varphi_u(E)$: or c'est justement la définition de $u(E)$, cf. démonstration de la prop. 1.

Exemple. Prenons pour K_1 l'algèbre des *nombres duaux* sur K. La prop. 4 fournit alors un anti-isomorphisme de *l'algèbre de Lie* de G sur la sous-algèbre de Lie de $\mathrm{End}(\upsilon)$ formée des endomorphismes θ de υ tels que

$$\theta(K) = 0 \quad \text{et} \quad \theta(E_1 \otimes E_2) = \theta(E_1) \otimes 1_{E_2} + 1_{E_1} \otimes \theta(E_2) .$$

3.5. Interprétation de G comme limite projective de groupes algébriques linéaires

Définition 2. *On dit que C est de type fini (ou que G est algébrique linéaire) si C est de type fini comme algèbre sur K.*

Proposition 5. *Soit C une bigèbre* (resp. une bigèbre possédant une inversion i). *Alors C est limite inductive filtrante de ses sous-bigèbres de type fini contenant* 1 (resp. et stables par i).

L'énoncé contenant les «resp.» équivaut à:

Corollaire. *Le schéma en groupes G associé à C est limite projective filtrante de groupes algébriques linéaires.*

On va prouver un résultat plus précis. Soit E un C-comodule (à droite, pour changer un peu) de rang fini et soit C_E la sous-cogèbre de C correspondante.

Pour tout $n \geqslant 0$, soit $C_E(n)$ la sous-cogèbre attachée au comodule $\overset{n}{\otimes} E$; pour $n = 0$, on convient comme d'ordinaire que $\overset{n}{\otimes} E = K$, de sorte que $C_E(0) = K.1$. On sait (cf. lemme 1) que

$$C_E(n) = C_E \ldots C_E \quad (n \text{ facteurs}) .$$

Il en résulte que

$$C(E) = \sum_{n=0}^{\infty} C_E(n)$$

est la *sous-algèbre* de C engendrée par C_E et 1. D'où:

PROPOSITION 6. *L'algèbre $C(E)$ est une sous-bigèbre de C contenant 1 et de type fini; c'est la plus petite sous-bigèbre de C contenant 1 et C_E.*

Comme C est visiblement limite inductive des $C(E)$, cela démontre la première partie de la prop. 5. D'autre part, lorsque C possède une inversion i, la seconde partie de la prop. 5 résulte de la proposition plus précise (mais évidente) suivante:

PROPOSITION 7. *L'algèbre $C(E \oplus \check{E})$ est une sous-bigèbre de C contenant 1 et stable par i; c'est la plus petite sous-bigèbre de C ayant ces propriétés; elle est de type fini.*

Si l'on note X_E (resp. G_E) le monoïde (resp. groupe) algébrique linéaire associé à $C(E)$ (resp. à $C(E \oplus \check{E})$), on voit que l'on a

$$G = \varprojlim . X_E \quad (\text{resp. } G = \varprojlim . G_E) .$$

Remarques

1) La construction de $C(E \oplus \check{E})$ à partir de $C(E)$ peut aussi se faire de la manière suivante: au G-module E est associé un élément «déterminant» δ_E, qui est un élément inversible de C, contenu dans $C(E)$. On a:

$$C(E \oplus \check{E}) = C(E)\left[\frac{1}{\delta_E}\right] .$$

2) L'interprétation de X_E et G_E en termes de schémas est la suivante: X_E (resp. G_E) est le plus petit sous-schéma fermé du schéma End_E (resp. $\mathbf{GL}_E$) des endomorphismes (resp. automorphismes) de E contenant l'image de la représentation $\rho : G \rightarrow \mathrm{End}_E$ attachée à E. Cela se vérifie immédiatement sur la construction de l'algèbre affine de End_E (resp. G_E), construction que le rédacteur trouve inutile de reproduire.

DÉFINITION 3. *Soit* C *une bigèbre possédant une inversion. Un* C*-comodule* E *de rang fini est dit fidèle si* $C(E \oplus \check{E}) = C$.

Vu ce qui précède, E est fidèle si et seulement si $G \to G_E$ est un isomorphisme.

PROPOSITION 8. *Si* E *est fidèle, toute représentation linéaire de* G *est quotient d'une sous-représentation d'une somme directe de représentations* $\overset{n}{\otimes}(E \oplus \check{E})$.

Cela résulte du lemme 1 du n° 2.4.

COROLLAIRE. *Tout* G*-module simple est quotient de Jordan-Hölder d'un* $\overset{n}{\otimes}(E \oplus \check{E})$.

Remarques

1) Dans le corollaire ci-dessus, on peut remplacer les puissances tensorielles de $E \oplus \check{E}$ par les représentations $\overset{n}{\otimes} E \overset{m}{\otimes} \det(E)^{-1}$, avec des notations évidentes.

2) Il se peut que G_E soit fermé dans End_E (et non pas seulement dans $\mathbf{GL}_E$), autrement dit que $C(E) = C(E \oplus \check{E})$. C'est le cas, par exemple, si G_E est contenu dans $\mathbf{SL}_E$. Dans ce cas, la prop. 8 et son corollaire se simplifient: on peut remplacer les puissances tensorielles de $E \oplus \check{E}$ par celles de E.

§4. ENVELOPPES

4.1. COMPLÉTION D'UNE ALGÈBRE

[Ce sorite pourrait remonter au n° 2.2.]

Soit A une algèbre associative à élément unité. Soit S_d (resp. S_g, S) l'ensemble des idéaux à droite (resp. à gauche, resp. bilatères) de codimension finie dans A. On a $S_d \cap S_g = S$ et S est *cofinal* à la fois dans S_d et dans S_g; en effet, si $\mathfrak{a} \in S_g$ par exemple, l'annulateur du A-module $A/\mathfrak{a}$ appartient à S et est contenu dans $\mathfrak{a}$.

On posera:

$$\hat{A} = \varprojlim . A/\mathfrak{a}$$

la limite projective étant prise sur l'ensemble ordonné filtrant S. L'algèbre $\hat{A}$ est *l'algèbre profinie complétée* de A, pour la topologie définie par S (ou S_d, ou S_g, cela revient au même). Il y a un isomorphisme évident de la catégorie des A-modules de rang fini sur celle des $\hat{A}$-modules topologiques discrets de rang fini.

Soit F le dual de A; on le munit de sa structure naturelle de A-bimodule. Si $\mathfrak{a} \in S$, soit $F_{\mathfrak{a}}$ l'orthogonal de $\mathfrak{a}$ dans F. Soit C la réunion des $F_{\mathfrak{a}}$, pour $\mathfrak{a} \in S$. Le dual de C (resp. le dual topologique de $\hat{A}$) s'identifie de façon évidente à $\hat{A}$ (resp. à C). D'après le n° 2.2, il y a donc sur C une structure de *cogèbre,* caractérisée par la formule:

$$(1) \qquad < d(c), a \otimes b > \; = \; < c, ab > \quad \text{si} \quad c \in C, a, b \in A\ .$$

De plus, tout A-module à droite de rang fini est muni canoniquement d'une structure de comodule à gauche sur C, et réciproquement; on a

$$(2) \qquad < d_E(x), a \otimes x' > \; = \; < xa, x' > \quad \text{si} \quad x \in E, x' \in E', a \in A$$

d'après la formule (1) du n° 2.2.

Les éléments de la cogèbre C peuvent être caractérisés de la manière suivante:

LEMME 1. *Soit f un élément du dual F de A. Les conditions suivantes sont équivalentes:*

(a) $f \in C$.

(b) (resp. (b′)) *Le sous-A-module à gauche* (resp. à droite) *de F engendré par f est de rang fini.*

(c) *Il existe un A-module à droite E de rang fini, et des éléments $x_i \in E, x_i' \in E'$ en nombre fini, tels que*

$$< f, a > \; = \; \sum < x_i a, x_i' > \quad \textit{pour tout} \quad a \in A\ .$$

La condition (b) signifie que l'annulateur de f dans le A-module à gauche F appartient à S_g; comme S est cofinal dans S_g, cela revient à dire que f appartient à C. On démontre de même que (a) ⇔ (b′).

D'autre part, pour un module E donné, la condition (c) signifie que f appartient à la sous-cogèbre C_E de C attachée à E (cf. n° 2.1). Comme C est réunion des C_E, cela prouve que (a) ⇔ (c).

[On laisse au lecteur le plaisir de démontrer directement l'équivalence (b) ⇔ (c).]

4.2. LA BIGÈBRE D'UN GROUPE

On applique ce qui précède à l'algèbre $A = K[\Gamma]$ d'un groupe Γ. Le dual $F = F(\Gamma)$ de A est *l'espace des fonctions* sur Γ; la dualité entre A et F s'exprime par la formule:

$$< f, \sum \lambda_i \gamma_i > \; = \; \sum \lambda_i f(\gamma_i) \quad \text{si} \quad f \in F, \lambda_i \in K, \gamma_i \in \Gamma\ .$$

La cogèbre correspondante est notée $C = C(\Gamma)$. Elle jouit des propriétés suivantes:

(i) La co-unité de C est l'application $e: f \mapsto f(1)$.

(ii) Pour qu'une fonction f appartienne à C, il faut et il suffit que *ses translatées* (à gauche ou à droite) *engendrent un K-espace vectoriel de dimension finie.* (C'est l'équivalence (a) $\Leftrightarrow$ (b) du Lemme 1.)

(iii) Identifions à la façon habituelle les éléments de $F \otimes F$ aux *fonctions décomposables* sur $\Gamma \times \Gamma$. Si $f \in C$, on a $d(f) \in C \otimes C$ et $C \otimes C$ est un sous-espace de $F \otimes F$; ainsi $d(f)$ peut être interprétée comme une fonction sur $\Gamma \times \Gamma$. *On a*:

$$d(f)(\gamma_1, \gamma_2) = f(\gamma_1 \gamma_2) \quad \text{si} \quad \gamma_1, \gamma_2 \in \Gamma . \tag{3}$$

(Cela ne fait que traduire la formule (1) du n° précédent.)

(iv) C contient 1, et est stable par le *produit*: cela résulte de (ii).

(v) Les structures de cogèbre et d'algèbre de C sont *compatibles* entre elles, i.e. elles font de C une *bigèbre.* Cette bigèbre vérifie les axiomes du n° 3.1. (L'axiome (i) dit que $f \mapsto d(f)$ doit être un morphisme d'*algèbres*; c'est le cas. Les autres axiomes sont encore plus évidents.)

(vi) La bigèbre C possède une *inversion* i donnée par

$$i(f)(\gamma) = f(\gamma^{-1}) . \tag{4}$$

(Il faut vérifier les conditions (a) et (b) du n° 3.1. La condition (a) est évidemment satisfaite. Pour (b), soit $f \in C$ et écrivons $d(f)$ sous la forme $\sum_\alpha g_\alpha \otimes h_\alpha$. On a

$$(1_C \otimes i)(d(f)) = \sum g_\alpha \otimes i(h_\alpha)$$

et l'on doit voir que $\sum g_\alpha . i(h_\alpha) = e(f) . 1$. Or, si $\gamma \in \Gamma$, on a

$$\begin{aligned} \sum g_\alpha(\gamma) i(h_\alpha)(\gamma) &= \sum g_\alpha(\gamma) h_\alpha(\gamma^{-1}) = d(f)(\gamma, \gamma^{-1}) \\ &= f(\gamma . \gamma^{-1}) = f(1) = e(f) , \end{aligned}$$

d'où la formule voulue.)

(vii) Soit $G = \operatorname{Spec}(C)$ le *schéma en groupes* attaché à C. Tout élément $\gamma \in \Gamma$ définit un morphisme $f \mapsto f(\gamma)$ de C dans K, donc un élément du groupe $G(K)$ des points de G à valeurs dans K. *L'application* $\Gamma \to G(K)$ *ainsi définie est un homomorphisme*; cela résulte de la définition de la loi de composition de $G(K)$.

(viii) D'après le n° 4.1, tout Γ-module à droite E de rang fini est muni canoniquement d'une structure de C-comodule à gauche de rang fini (et inversement). Plus précisément, si $(v_i)_{i \in I}$ est une base de E, et si l'on a

$$v_i \gamma = \sum_{j \in I} c_{ij}(\gamma) v_j \,, \quad \text{avec} \quad c_{ij} \in C \,, \tag{5}$$

le coproduit de E est donné par:

$$d_E(v_i) = \sum_{j \in I} c_{ij} \otimes v_j \,. \tag{6}$$

(ix) La correspondance définie ci-dessus entre Γ-modules à droite de rang fini et C-comodules à gauche de rang fini est *compatible* avec les opérations «produit tensoriel» et «contragrédiente»; cela résulte de ce qui a été dit au n° 3.2, combiné avec (vii) ci-dessus.

Remarque. On peut caractériser $G = \operatorname{Spec}(C)$ par la propriété universelle suivante: tout homomorphisme de Γ dans le groupe $H(K)$ des K-points d'un schéma en groupe affine H se prolonge de manière unique en un morphisme $G \to H$. Le foncteur $\Gamma \mapsto G$ est donc *adjoint* du foncteur $H \mapsto H(K)$.

4.3. L'ENVELOPPE D'UN GROUPE RELATIVEMENT À UNE CATÉGORIE DE REPRÉSENTATIONS

On conserve les notations du numéro précédent.

DÉFINITION 1. *Soit L une sous-catégorie pleine de la catégorie des Γ-modules à gauche de rang fini. On dit que L est saturée si L vérifie les conditions suivantes:*

a) *Si $E \in L$ et si F est isomorphe, soit à un quotient de E, soit à un sous-objet de E, on a $F \in L$.*

b) *L est stable par somme directe finie, produit tensoriel et contragrédiente.*

c) *La représentation unité (de module K) appartient à L.* (Bien entendu, on a une notion analogue pour les Γ-modules à droite.)

THÉORÈME 1. *Si L est saturée, il existe une sous-bigèbre C_L de $C(\Gamma)$ et une seule telle que L soit la catégorie des C_L-comodules à droite de rang fini. La bigèbre C_L contient l'élément* 1, *vérifie les axiomes du* n° 3.1, *et est stable par l'inversion i.*

Cela résulte des props. 2 et 3 du n° 3.3.

DÉFINITION 2. *Le schéma* $G_L = \operatorname{Spec}(C_L)$ *est appelé l'enveloppe de* Γ *relativement à la catégorie saturée* L.

Les propriétés suivantes de G_L résultent de sa définition et de ce qui a été démontré dans les paragraphes précédents:

a) G_L est un quotient du schéma en groupes G défini au n° précédent.

b) On a un homomorphisme canonique $\Gamma \to G_L(K)$. De plus, tout sous-schéma fermé de G_L contenant l'image de Γ est égal à G_L (cela exprime simplement le fait que les éléments de C_L sont des *fonctions* sur Γ). En particulier, l'image de Γ dans $G_L(K)$ est dense pour la topologie de Zariski.

c) Le schéma G_L est absolument réduit.

d) La bigèbre C_L est réunion des cogèbres C_E attachées aux éléments E de L.

e) Si $E \in L$, soit G_E l'image de la représentation $\rho: G_L \to \mathbf{GL}_E$ attachée à E (cf. n° 3.5). Le groupe G_E est l'adhérence (pour la topologie de Zariski) de l'image de Γ dans $\mathbf{GL}_E(K) = \operatorname{Aut}(E)$.

f) Soient $E_1, E_2 \in L$. Pour qu'il existe un morphisme $G_{E_1} \to G_{E_2}$ tel que le diagramme

$$\begin{array}{ccc} & \Gamma & \\ \swarrow & & \searrow \\ G_{E_1}(K) & \to & G_{E_2}(K) \end{array}$$

soit commutatif, il faut et il suffit que E_2 soit isomorphe à un quotient d'une sous-représentation d'une somme directe de représentations $\otimes^n(E_1 \oplus \check{E}_1)$. L'homomorphisme $G_{E_1} \to G_{E_2}$ est alors unique.

g) On a $G = \varprojlim . G_E$ (vis-à-vis des morphismes définis ci-dessus).

h) Soit $K_1 \in \mathrm{Alg}_K$ et soit υ_{K_1} le foncteur de L dans Mod_{K_1} défini par $E \mapsto K_1 \otimes E$. Il y a une bijection canonique (cf. n° 3.4) du groupe $G_L(K_1)$ sur le groupe des automorphismes du foncteur υ_{K_1} commutant au produit tensoriel et triviaux sur le module unité K.

Remarque. La détermination explicite de G_L (pour Γ et L donnés) est souvent un problème non trivial. On en verra quelques exemples au § 5 (voir aussi les exercices du § 4).

Exemples

a) On peut prendre pour L la catégorie de *toutes* les représentations linéaires de Γ; le groupe G_L est alors le groupe G du numéro précédent.

b) Supposons que K soit un *corps topologique* (resp. *un corps valué complet non discret*) et que Γ soit muni d'une structure de *groupe topologique* (resp. de *groupe de Lie* sur K). On peut prendre pour L la catégorie des représentations *continues* (resp. *K-analytiques*) de rang fini. Une fonction $f \in C$ appartient à la bigèbre C_L correspondante si et seulement si elle est continue (resp. analytique): cela se vérifie sans difficulté. Le schéma G_L est appelé simplement *l'enveloppe* du groupe topologique Γ (resp. du groupe de Lie Γ). On peut le caractériser par la propriété universelle suivante: si H est un groupe algébrique linéaire, tout homomorphisme *continu* (resp. *analytique*) de Γ dans le groupe topologique (resp. de Lie) $H(K)$ se prolonge de façon unique en un morphisme de G_L dans H. Cela résulte simplement de la description de C_L donnée ci-dessus.

On notera que, même lorsque Γ est un groupe de Lie connexe de dimension finie, son enveloppe n'est pas en général un groupe algébrique (i.e. G_L ne possède en général pas de module *fidèle*, cf. exercice 1).

c) Soit k un corps complet pour une valuation discrète; on suppose k d'inégale caractéristique et de corps résiduel algébriquement clos. Soit $\bar{k}$ une clôture algébrique de k et soit $\Gamma = \mathrm{Gal}(\bar{k}/k)$. Prenons pour K le corps $\mathbf{Q}_p$ (p étant la caractéristique résiduelle de k), et pour L la catégorie des $\mathbf{Q}_p$-représentations de Γ qui ont une «décomposition de Hodge» au sens de Tate (Driebergen). La catégorie L est saturée. Le groupe G_L correspondant est fort intéressant [du moins pour le rédacteur — les auditeurs du Collège, qui l'ont subi pendant trois mois, sont peut-être d'un avis différent].

§5. Groupes compacts et groupes complexes

Dans ce paragraphe, le corps de base est $\mathbf{R}$ ou $\mathbf{C}$.

5.1. Algébricité des groupes compacts

Proposition 1. *Soit K un groupe compact, opérant linéairement et continûment sur un espace vectoriel réel V de dimension finie. Toute orbite de K dans V est fermée pour la topologie de Zariski de V* (relativement à $\mathbf{R}$).

Soit $x \in V$, et soit y un point de V n'appartenant pas à l'orbite Kx de x. Il nous faut construire une fonction polynomiale P sur V qui soit nulle sur Kx et non nulle en y. L'existence d'une telle fonction résulte du lemme plus précis suivant:

LEMME 1. *Il existe une fonction polynomiale P sur V qui prend les valeurs 0 en x et 1 en y et qui est invariante par K.*

Puisque Kx et Ky sont fermés et disjoints, il existe une fonction continue réelle f sur V qui vaut 0 sur Kx et 1 sur Ky. Comme les fonctions polynomiales sont denses dans les fonctions continues (pour la topologie de la convergence compacte), il existe une fonction polynomiale F sur V qui est $\leqslant 1/3$ sur Kx et $\geqslant 2/3$ sur Ky. Soit dk la mesure de Haar de K, normalisée de telle sorte que sa masse totale soit 1. La fonction F' définie par

$$F'(v) = \int_K F(k.v)\,dk$$

est une fonction polynomiale invariante par K; si a (resp. b) désigne la valeur de F' sur l'orbite Kx (resp. Ky), on a $a \leqslant 1/3$ et $b \geqslant 2/3$, d'où $a \neq b$. La fonction $P = \dfrac{F' - a}{b - a}$ répond alors à la question.

COROLLAIRE. *L'image de K dans* $\mathrm{Aut}(V)$ *est fermée pour la topologie de Zariski de* $\mathrm{End}(V)$ [et *a fortiori* pour celle de $\mathrm{Aut}(V)$].

En effet, K opère linéairement sur $\mathrm{End}(V)$ par

$$(k, u) \mapsto k.u \quad \text{si} \quad k \in K, u \in \mathrm{End}(V)\,,$$

et K est l'orbite de $1_V \in \mathrm{End}(V)$; on peut donc appliquer la proposition à l'espace vectoriel $\mathrm{End}(V)$.

PROPOSITION 2. *Soit G un groupe algébrique linéaire sur* $\mathbf{R}$, *et soit K un sous-groupe compact de* $G(\mathbf{R})$. *Soit H le plus petit sous-groupe algébrique réel de G contenant K. On a alors*

$$K = H(\mathbf{R})\,.$$

En effet, on peut plonger G comme sous-groupe algébrique fermé dans un groupe linéaire $\mathbf{GL}_n$; la proposition résulte alors du corollaire ci-dessus.

Remarque. Le groupe H peut aussi être défini comme l'*adhérence* de K dans G (pour la topologie de Zariski); il est en effet immédiat que cette adhérence est un sous-schéma en groupes de G. La bigèbre de H est le quotient de celle de G par l'idéal formé des fonctions dont la restriction à K est nulle.

5.2. L'ENVELOPPE D'UN GROUPE COMPACT

Soit K un groupe compact. Considérons la catégorie L des représentations linéaires continues réelles de rang fini de K. Cette catégorie est *saturée* (cf. n° 4.3). Nous noterons G le schéma en groupes correspondant (sur $\mathbf{R}$) et C sa bigèbre. On dit que G est *l'enveloppe* de K, cf. n° 4.3, exemple b). Rappelons *(loc. cit.)* qu'une fonction réelle f sur K appartient à C si et seulement si elle vérifie les deux conditions suivantes:

a) Les translatées de f (à gauche, par exemple) engendrent un espace vectoriel réel de rang fini.

b) f est continue.

Rappelons également que l'on a défini un homomorphisme canonique

$$K \to G(\mathbf{R}) .$$

THÉORÈME 1. *L'homomorphisme* $K \to G(\mathbf{R})$ *est un isomorphisme.*

L'injectivité résulte du *théorème de Peter-Weyl,* que l'on admet.

Pour prouver la surjectivité, écrivons G comme limite projective des groupes algébriques G_E attachés aux éléments de L (cf. n° 4.3). On a évidemment

$$G(\mathbf{R}) = \varprojlim . G_E(\mathbf{R}) .$$

D'autre part, d'après la prop. 2, tous les homomorphismes

$$K \to G_E(\mathbf{R})$$

sont surjectifs. Il en est donc de même (grâce à la compacité) de $K \to \varprojlim . G_E(\mathbf{R})$, d'où le théorème.

PROPOSITION 3. *Soit* $E \in L$. *Pour que* E *soit une représentation fidèle de* K (au sens usuel, i.e. le noyau de $K \to \mathrm{Aut}(E)$ doit être réduit à $\{1\}$), *il faut et il suffit que* E *soit fidèle comme C-comodule* (cf. n° 3.5).

Si E est fidèle comme comodule, G s'identifie à G_E, donc K s'identifie à $G_E(\mathbf{R})$ et il est clair que E est fidèle comme représentation de K.

La réciproque provient de ce qui a été démontré au n° 3.5, combiné avec le lemme suivant:

LEMME 2 (Burnside). *Si* E *est fidèle, toute représentation irréductible continue de* K *est un facteur d'une représentation* $\overset{n}{\otimes} E$, *avec* $n \geqslant 0$ *convenable.*

Soit F une telle représentation, et soit χ le caractère d'une composante irréductible de $C \otimes F$. Si F n'était facteur d'aucune puissance tensorielle de E, les formules d'orthogonalité des coefficients de représentations montreraient que χ est orthogonal à tous les polynômes en les coefficients c_{ij} de la représentation E. Comme ces polynômes sont denses dans l'espace des fonctions continues sur K, on aurait $\chi = 0$, ce qui est absurde.

[Il n'est probablement pas nécessaire d'utiliser les relations d'orthogonalité. Peu importe.]

Remarque. L'analogue du lemme 2 dans le cas complexe est vrai, à condition de remplacer $\overset{n}{\otimes} E$ par $\overset{n}{\otimes} (E \oplus \check{E})$. La démonstration est essentiellement la même. [Dans le cas réel, l'existence d'une forme quadratique non dégénérée invariante montre que $\check{E}$ est isomorphe à E; c'est pour cela que l'on a pu se débarrasser de $\check{E}$.]

COROLLAIRE. *Lorsque E est fidèle, l'enveloppe de K s'identifie au groupe G_E.*

Cela ne fait que reformuler la proposition.

PROPOSITION 4. *Pour que G soit algébrique, il faut et il suffit que K soit un groupe de Lie.*

Si K est un groupe de Lie, le théorème de Peter-Weyl montre qu'il admet une représentation fidèle E; on a alors $G = G_E$ d'après le corollaire ci-dessus, et G est donc algébrique. Inversement, si G est algébrique, il est clair que $K = G(\mathbf{R})$ est un groupe de Lie.

DÉFINITION 1. *Un groupe algébrique linéaire réel H est dit anisotrope s'il vérifie les deux conditions suivantes:*

a) *$H(\mathbf{R})$ est compact.*

b) *$H(\mathbf{R})$ est dense pour la topologie de Zariski de H.*

(Comme $H(\mathbf{R})$ contient un voisinage de 1 dans H, la condition b) équivaut à la suivante:

b') *Toute composante connexe (au sens algébrique) de H contient un point réel.*

En particulier, b) est vérifiée si H est *connexe*.)

Exemples

1) Un groupe semi-simple connexe est anisotrope si et seulement si la forme de Killing de son algèbre de Lie est négative.

2) Un groupe de type multiplicatif (non nécessairement connexe) est anisotrope si et seulement si tout homomorphisme de ce groupe dans le groupe multiplicatif $\mathbf{G}_m$ est trivial ou d'ordre 2. (La conjugaison complexe opère donc par $\chi \mapsto \chi^{-1}$ sur le groupe dual.)

PROPOSITION 5. *Soit H un groupe algébrique linéaire réel, et soit K un sous-groupe compact de $H(\mathbf{R})$ dense pour la topologie de Zariski. Alors H est anisotrope, on a $K = H(\mathbf{R})$ et H s'identifie à l'enveloppe de K.*

Le fait que H soit l'enveloppe de K résulte du corollaire à la prop. 3. On en déduit que $K = H(\mathbf{R})$, donc que H est anisotrope.

COROLLAIRE. *Soit H' un groupe algébrique linéaire réel, et soit φ un homomorphisme continu de K dans $H'(\mathbf{R})$. Il existe alors un morphisme $f: H \to H'$ et un seul qui prolonge φ.*

Cela ne fait que traduire le fait que H est l'enveloppe de K.

Remarque. Il est essentiel de supposer que H' est *linéaire* (prendre pour K un cercle, et pour H' une courbe elliptique!).

PROPOSITION 6. *Le foncteur «enveloppe» est une équivalence de la catégorie des groupes de Lie compacts sur celle des groupes algébriques linéaires réels anisotropes.*

C'est clair.

Remarques

1) Le foncteur «enveloppe» jouit des propriétés explicitées au n° 4.3. En particulier, les éléments de $G(\mathbf{R}) = K$ peuvent être interprétés comme les automorphismes du foncteur «espace vectoriel sous-jacent» commutant au produit tensoriel et triviaux pour le module trivial $\mathbf{R}$. [Ce n'est pas tout à fait le *théorème de dualité de Tannaka*, car ce dernier est relatif à des représentations complexes *unitaires*, et à des automorphismes *unitaires*. Il devrait y avoir moyen de passer de l'un à l'autre. Au concours!]

2) Si K est un groupe de Lie compact, il n'y a pas lieu de distinguer entre son enveloppe en tant que *groupe topologique*, ou en tant que *groupe de Lie réel*, puisque toute représentation linéaire continue d'un groupe de Lie réel est analytique. En particulier, les éléments de la bigèbre de K sont des *fonctions analytiques* sur K.

5.3. L'ENVELOPPE COMPLEXE D'UN GROUPE COMPACT

Soit K un groupe compact. Soit $L_{\mathbf{C}}$ la catégorie des représentations linéaires *complexes* continues de rang fini de K. Cette catégorie est saturée (le corps de base étant maintenant $\mathbf{C}$). Nous noterons $G_{/\mathbf{C}}$ et $C_{/\mathbf{C}}$ le schéma en groupes et la bigèbre correspondants, et nous dirons que $G_{/\mathbf{C}}$ est *l'enveloppe complexe* de K. D'après le n° 4.3, une fonction complexe f sur K appartient à $C_{/\mathbf{C}}$ si et seulement si elle vérifie les conditions suivantes:

a') Les translatées de f engendrent un espace vectoriel de rang fini.

b') f est continue.

En comparant avec les conditions a) et b) du n° 5.2, on voit que cela signifie que la partie réelle et la partie imaginaire de f appartiennent à la bigèbre C de G. On a donc

$$C_{/\mathbf{C}} = \mathbf{C} \otimes_{\mathbf{R}} C$$

et le groupe $G_{/\mathbf{C}}$ est le *schéma en groupes déduit de* G *par extension des scalaires de* $\mathbf{R}$ *à* $\mathbf{C}$. En particulier, le groupe $G_{/\mathbf{C}}(\mathbf{C})$ de ses points complexes peut être identifié à $G(\mathbf{C})$.

Noter que la conjugaison complexe définit une *involution* $g \mapsto \bar{g}$ de $G(\mathbf{C})$, dont l'ensemble des invariants est $G(\mathbf{R}) = K$. Plus précisément:

THÉORÈME 2. *Supposons que* K *soit un groupe de Lie compact, et soit* $\mathfrak{k}$ *son algèbre de Lie. Alors* $g \mapsto \bar{g}$ *est une involution de Cartan forte* (cf. réd. n° 517) *du groupe de Lie* $G(\mathbf{C})$. *Les facteurs de la décomposition de Cartan correspondante sont* K *et* $P = \exp(i\mathfrak{k})$, *de sorte que* $G(\mathbf{C}) = K.P$.

Démonstration

a) On va d'abord vérifier le th. 2 dans le cas particulier du groupe *orthogonal* $G_1 = \mathbf{O}_n$. On a $G_1(\mathbf{R}) = \mathbf{O}_n(\mathbf{R})$, $G_1(\mathbf{C}) = \mathbf{O}_n(\mathbf{C})$, et l'on sait que $g \mapsto \bar{g}$ est une décomposition de Cartan forte de $\mathbf{O}_n(\mathbf{C})$ dont l'ensemble des invariants est $K_1 = \mathbf{O}_n(\mathbf{R})$. Cette décomposition montre en même temps que K_1 est dense dans $\mathbf{O}_n(\mathbf{C})$ pour la topologie de Zariski, donc que $\mathbf{O}_n$ est l'enveloppe de K_1.

b) Passons au cas général. On choisit un plongement de K dans un groupe orthogonal $K_1 = \mathbf{O}_n(\mathbf{R})$; l'enveloppe G de K s'identifie alors à un sous-groupe algébrique de $\mathbf{O}_n$, à savoir l'*adhérence* de K (pour la topologie de Zariski). Le groupe $G(\mathbf{C})$ est donc un sous-groupe de $G_1(\mathbf{C})$, stable par l'involution de Cartan considérée. Comme c'est un sous-groupe «de type algébrique», il en résulte (cf. réd. 517, p. 48, prop. 3) que la restriction de $g \mapsto \bar{g}$ à ce sous-groupe est bien une décomposition de Cartan forte. On sait déjà que le sous-groupe de ses invariants est K. D'autre part, l'algèbre de Lie de $G(\mathbf{C})$ est $\mathbf{C} \otimes \mathfrak{k}$, et l'automorphisme de $\mathbf{C} \otimes \mathfrak{k}$ induit par $g \mapsto \bar{g}$ est la conjugaison complexe; on en déduit que le facteur P correspondant est bien $\exp(i\mathfrak{k})$, c.q.f.d.

Remarques

1) Lorsque K est un groupe compact quelconque, on peut l'écrire comme limite projective de groupes de Lie compacts K_α, et l'on a $G(\mathbf{C}) = \varprojlim G_\alpha(\mathbf{C})$, avec des notations évidentes. D'après le th. 2, chaque $G_\alpha(\mathbf{C})$ a une décomposition de Cartan $K_\alpha . P_\alpha$, avec $P_\alpha = \exp(i\mathfrak{k}_\alpha)$. Finalement, on obtient une décomposition de $G(\mathbf{C})$ sous la forme $G(\mathbf{C}) = K . \exp(i\mathfrak{k})$, en notant $\mathfrak{k}$ la limite projective des $\mathfrak{k}_\alpha$.

[Cette décomposition ne semble présenter aucun intérêt en dehors du cas où K est un groupe de Lie. Noter que $G(\mathbf{C})$ n'est même pas localement compact, si $\dim(K) = \infty$.]

2) A la place du groupe $\mathbf{O}_n(\mathbf{R})$, on aurait pu utiliser le groupe unitaire $\mathbf{U}_n(\mathbf{C})$, plus traditionnel. Toutefois, il aurait fallu expliquer comment on considère $\mathbf{U}_n$ comme un groupe algébrique sur $\mathbf{R}$, et pourquoi $\mathbf{U}_{n/\mathbf{C}}$ s'identifie à $\mathbf{GL}_{n/\mathbf{C}}$.

THÉORÈME 3. *Les hypothèses étant celles du th. 2, soit X un groupe de Lie complexe, et soit f un homomorphisme continu de K dans X. Il existe alors un homomorphisme $F: G(\mathbf{C}) \to X$ de groupes de Lie complexes, et un seul, qui prolonge f.*

Soit $K_\mathbf{C}$ le groupe de Lie *complexifié* de K, au sens de la rédaction 515, §6, n° 10 [il faut modifier la rédaction en question, car elle suppose, bien inutilement, que le groupe de Lie réel dont on part est *connexe*]. On a un homomorphisme canonique $\pi: K_\mathbf{C} \to G(\mathbf{C})$, et le th. 3 équivaut à dire que π est un *isomorphisme*.

Il est clair en tout cas que π est surjectif; d'autre part, on sait *(loc. cit.)* que l'algèbre de Lie de $K_\mathbf{C}$ est engendrée sur $\mathbf{C}$ par $\mathfrak{k}$; puisque celle de $G(\mathbf{C})$ est $\mathfrak{k} \otimes \mathbf{C}$, on en conclut que π est un revêtement. Ce revêtement admet une section canonique $G(\mathbf{C}) = K . P \to K_\mathbf{C}$ définie par $x . \exp(it) \mapsto x' . \exp(it')$ où x désigne un élément de K, x' son image par $K \to K_\mathbf{C}$, t désigne un élément de $i\mathfrak{k}$ et t' son image par l'application tangente à $K \to K_\mathbf{C}$. L'image de cette section est $K' . P'$, avec des notations évidentes; c'est une réunion de composantes connexes de $K_\mathbf{C}$. De plus, c'est un *sous-groupe* en vertu du lemme suivant:

LEMME 3. *Soit A un groupe topologique, soit B un sous-groupe de A, et soit C la réunion des composantes connexes de A qui rencontrent B. Alors C est un sous-groupe de A.*

Si $x, y \in C$, il existe des parties connexes X, Y de A qui rencontrent B et sont telles que $x \in X, y \in Y$. Alors $X . Y^{-1}$ est une partie connexe de A rencontrant B et contenant xy^{-1}; on a donc $xy^{-1} \in C$, ce qui prouve bien que C est un sous-groupe.

Le théorème 3 est maintenant évident. En effet, on vient de voir que $K' . P'$ est un sous-groupe ouvert de $K_{\mathbf{C}}$; comme il contient K', il est nécessairement égal à $K_{\mathbf{C}}$ et la projection π est bien un isomorphisme.

Exemple. Prenons pour K le cercle $\mathbf{S}_1$, de sorte que $G(\mathbf{C}) = \mathbf{C}^*$. Soit H un groupe de Lie complexe compact connexe de dimension 1 [d'aucuns appellent ça une *courbe elliptique*]; en tant que groupe de Lie réel, H est un tore de dimension 2. Choisissons un plongement f de $\mathbf{S}_1$ dans H. D'après le th. 3, f se prolonge en un *homomorphisme* $F: \mathbf{C}^* \to H$. Il est immédiat que F est un *revêtement*, et que son noyau est formé des puissances d'un élément $q \in \mathbf{C}^*$, avec $|q| < 1$; on peut donc identifier H à $\mathbf{C}^*/q^{\mathbf{Z}}$ [Tate devrait être content].

Si K est un groupe de Lie compact, il est clair que son enveloppe G est un *groupe réductif* (puisque toutes ses représentations linéaires sont semi-simples), donc $G_{/\mathbf{C}}$ est un groupe réductif complexe. Inversement:

THÉORÈME 4. *Soit H un groupe algébrique linéaire complexe réductif, et soit K un sous-groupe compact maximal de $H(\mathbf{C})$. L'enveloppe complexe de K s'identifie à H.*

Soit $\mathfrak{h}$ l'algèbre de Lie de H, et soit $\mathfrak{k}$ celle de K. *On va d'abord prouver que* $\mathfrak{h} = \mathfrak{k} \oplus i\mathfrak{k}$, et qu'il existe une *décomposition de Cartan* de $H(\mathbf{C})$ dont les facteurs sont K et $\exp(i\mathfrak{k})$.

Il suffit de le faire lorsque H est connexe, puis (quitte à passer à un revêtement) lorsque H est, soit un tore, soit un groupe semi-simple. Le premier cas est trivial. Le second a été traité dans la rédaction 517, § 3 (en se ramenant au cas adjoint et en utilisant l'existence d'une forme réelle de $\mathfrak{h}$ dont la forme de Killing est négative).

Ceci étant, si G est l'enveloppe complexe de K, il est clair que le morphisme canonique $G \to H$ donne lieu à un homomorphisme $G(\mathbf{C}) \to H(\mathbf{C})$ qui est un *isomorphisme.* C'est donc un isomorphisme.

Remarque. Le th. 4 équivaut à dire que l'*enveloppe* de K est une «forme réelle» anisotrope de H. Il y a donc correspondance bijective entre:

— sous-groupes compacts maximaux de $H(\mathbf{C})$,

— formes réelles anisotropes de H.

En particulier, ces dernières sont *conjuguées entre elles* par les éléments de $H(\mathbf{C})$ (et même par ceux de $H^o(\mathbf{C})$, H^o désignant la composante neutre de H).

5.4. Retour aux groupes anisotropes

Proposition 7. *Soit G un groupe algébrique linéaire réel anisotrope, et soit H un sous-groupe algébrique de G. Soit $V = G/H$ l'espace homogène correspondant* (au sens algébrique). *Alors:*

a) *H est anisotrope.*

b) *L'application canonique $G(\mathbf{R}) \to V(\mathbf{R})$ est surjective* (de sorte qu'on peut identifier $V(\mathbf{R})$ à $G(\mathbf{R})/H(\mathbf{R})$).

c) *Si H est distingué, le groupe quotient G/H est anisotrope.*

La conjugaison de Cartan $g \mapsto \bar{g}$ du th. 2 laisse évidemment stable le sous-groupe $H(\mathbf{C})$ de $G(\mathbf{C})$. Comme $H(\mathbf{C})$ est «de type algébrique», on en conclut que $H(\mathbf{C})$ admet lui-même une décomposition de Cartan $K.P$, où $K = H(\mathbf{C}) \cap G(\mathbf{R}) = H(\mathbf{R})$. Mais alors il est clair que l'adhérence de K pour la topologie de Zariski de H est H tout entier. Cela montre que H est anisotrope, d'où a).

Soit maintenant $v \in V(\mathbf{R})$; soit $g \in G(\mathbf{C})$ un élément dont l'image dans $V(\mathbf{C}) = G(\mathbf{C})/H(\mathbf{C})$ est v. On a $g \equiv \bar{g} \bmod H(\mathbf{C})$. Soit $K_1 . P_1$ la décomposition de Cartan de $G(\mathbf{C})$ utilisée plus haut, et écrivons g sous la forme $g = k_1 p_1$, avec $k_1 \in K_1$, $p_1 \in P_1$. L'hypothèse $g \equiv \bar{g} \bmod H(\mathbf{C})$ signifie qu'il existe $k \in K$ et $p \in P$ tels que $g = \bar{g}kp$, i.e. $k_1 p_1 = k_1 p_1^{-1} kp$, d'où $p_1^2 = kp$, ce qui entraîne $k = 1$, $p = p_1^2$. Comme P est stable par extraction de racines carrées, on a $p_1 \in P$. On en conclut que $g \equiv k_1 \bmod H(\mathbf{C})$, donc que v est l'image de l'élément $k_1 \in G(\mathbf{R})$, ce qui prouve b).

Enfin, si H est distingué, il est clair que l'image de K_1 dans $(G/H)(\mathbf{R})$ est dense pour la topologie de Zariski de G/H; or cette image est un compact, d'où etc.

[Le rédacteur ne voit pas comment démontrer que H est anisotrope sans utiliser les décompositions de Cartan — sauf, bien sûr, dans le cas où H est connexe, qui est trivial.]

5.5. Groupes de Lie complexes réductifs

Théorème 5. *Soient* H *un groupe de Lie complexe,* H^o *sa composante neutre et* $\mathfrak{h}$ *son algèbre de Lie. Les conditions suivantes sont équivalentes:*

(i) H/H^o *est fini;* $\mathfrak{h}$ *est réductive; la composante neutre du centre de* H^o *est isomorphe à un produit de groupes* $\mathbf{C}^*$.

(ii) H/H^o *est fini; toute représentation linéaire complexe de* H *est semi-simple; il existe une telle représentation qui est fidèle.*

(iii) H/H^o *est fini; si* K *est un sous-groupe compact maximal de* H, *et* $\mathfrak{k}$ *son algèbre de Lie, on a* $\mathfrak{h} = \mathfrak{k} \oplus i\mathfrak{k}$.

(iv) *Il existe un groupe de Lie compact* K *tel que* H *soit isomorphe au complexifié de* K.

(v) *Il existe un groupe algébrique linéaire sur* $\mathbf{C}$ *qui est réductif, et dont le groupe des points est isomorphe à* H (comme groupe de Lie complexe).

Démonstration. L'équivalence (iv) $\Leftrightarrow$ (v) résulte des ths. 3 et 4. Le fait que (iv) $\Rightarrow$ (iii) résulte de la décomposition de Cartan de H. Inversement, supposons (iii) vérifiée, soit G l'enveloppe de K, et soit $G(\mathbf{C})$ le complexifié de K. L'injection $K \to H$ se prolonge en un morphisme $f: G(\mathbf{C}) \to H$ de groupes de Lie complexes. Vu que $\mathfrak{h} = \mathfrak{k} \oplus i\mathfrak{k}$, f est un isomorphisme local. De plus, K est un sous-groupe compact maximal à la fois de $G(\mathbf{C})$ et de H et la restriction de f à K est l'identité (modulo les identifications faites). Cela entraîne que f est un isomorphisme, en vertu du lemme suivant:

Lemme 4. *Soit* $f: A \to B$ *un homomorphisme de groupes de Lie réels. On suppose:*

a) *que* f *est un isomorphisme local;*

b) *que* A *et* B *ont un nombre fini de composantes connexes;*

c) *qu'il existe un sous-groupe compact maximal* K_A (resp. K_B) *de* A (resp. de B) *tel que la restriction de* f *à* K_A *soit un isomorphisme de* K_A *sur* K_B.

Alors f *est un isomorphisme.*

Démonstration du lemme 4. On sait que B possède une *décomposition multiexponentielle* $B = K_B . \exp(p_1) \ldots \exp(p_n)$, où les p_i sont des sous-espaces vectoriels de l'algèbre de Lie $\mathfrak{b}$ de B. Cela permet de définir une *section* $h: B \to A$ par

$$k . \exp(t_1) \ldots \exp(t_n) \mapsto k' . \exp(t_1') \ldots \exp(t_n')$$

où k' désigne l'image réciproque de k dans K_A et $t'_1, \ldots, t'_n$ les éléments de l'algèbre de Lie de A relevant $t_1, \ldots, t_n$. L'image de h est une réunion de composantes connexes de A; comme elle contient K_A, c'est A tout entier; d'où le lemme.

On a donc prouvé l'équivalence (iii) $\Leftrightarrow$ (iv).

L'implication (v) $\Rightarrow$ (i) est immédiate: on sait en effet que tout groupe réductif connexe est extension d'un groupe semi-simple par un groupe de type multiplicatif. Inversement, montrons que (i) $\Rightarrow$ (iii) (ce qui prouvera que (i) est équivalent à (iii), (iv), (v)). On peut supposer H connexe. Si Z désigne la composante neutre du centre de H, et S son groupe dérivé, $S \cap Z$ est un groupe discret, qui est le centre de S. Or on a:

LEMME 5. *Le centre d'un groupe de Lie complexe, connexe, d'algèbre de Lie semi-simple, est fini.*

Il suffit de voir que le groupe fondamental du groupe adjoint est fini. Or le groupe adjoint admet une décomposition de Cartan $K.P$, avec K compact semi-simple connexe (cf. rédaction numéro 517); son groupe fondamental est le même que celui de K, et ce dernier est fini d'après un théorème bien connu d'*Int.* (chap. VII, §3, prop. 5).

Ceci étant, on voit que $S \cap Z$ est fini, donc que H admet pour *revêtement fini* le produit $S \times Z$. Pour vérifier que H jouit de la propriété (iii), il suffit de le faire pour son revêtement $S \times Z$, c'est-à-dire pour S et pour Z. Le cas de Z est trivial (puisqu'on l'a supposé isomorphe à $(\mathbf{C}^*)^n$); pour S, on remarque que, d'après le lemme 5, son centre est fini, et l'on est ramené au cas du *groupe adjoint*; mais ce dernier est évidemment «algébrique», i.e. vérifie (v), donc aussi (iii).

Reste à démontrer que (ii) est équivalente aux quatre autres propriétés. Tout d'abord, on a (iv) $\Rightarrow$ (ii); en effet, si H est le complexifié de K, et si E est une représentation linéaire complexe de H, les sous-espaces de E stables par K le sont aussi par H, ce qui montre que E est semi-simple; de même, le fait que K ait une représentation linéaire fidèle montre que H en possède une.

Enfin, supposons (ii) vérifiée. L'existence d'une représentation semi-simple et fidèle de H montre que $\mathfrak{h}$ est réductive (car la représentation de $\mathfrak{h}$ correspondante est aussi semi-simple et fidèle). D'autre part, H^o vérifie aussi (ii) (le seul point non évident est que toute représentation linéaire ρ de H^o soit semi-simple; cela se voit en remarquant que la représentation linéaire *induite* (au sens Frobenius!) de ρ est semi-simple). Si Z désigne la composante neutre du centre de H et S le groupe dérivé de H, on voit comme ci-dessus que $S \cap Z$

est un groupe *fini* F. On a un homomorphisme surjectif $H \to Z/F$; le groupe Z/F est donc un groupe commutatif, connexe, dont toutes les représentations linéaires sont semi-simples; de plus, Z possède une représentation linéaire fidèle. Il en résulte facilement (cf. exercice 5) que Z est isomorphe à $(\mathbf{C}^*)^n$. On a donc (ii) $\Rightarrow$ (i), ce qui achève la démonstration.

[Cette démonstration n'est en fait qu'une simple vérification: tout le travail sérieux a déjà été fait. On devrait pouvoir la présenter plus simplement.]

DÉFINITION 2. *Un groupe de Lie complexe qui vérifie les propriétés équivalentes du th. 5 est dit réductif.*

THÉORÈME 6. *Soit* H *un groupe de Lie complexe réductif. Soit* G *son enveloppe complexe* (en tant que groupe de Lie complexe, cf. n° 4.3). *Alors* G *est un groupe algébrique linéaire complexe réductif* (au sens algébrique) *et l'application canonique* $H \to G(\mathbf{C})$ *est un isomorphisme.*

Soit K un sous-groupe compact maximal de H; puisque H est le complexifié de K, les représentations linéaires complexes (holomorphes) de H correspondent bijectivement (par restriction) à celles de K. Il s'ensuit que le groupe G en question n'est autre que *l'enveloppe complexe* $G_{K/\mathbf{C}}$ de K, d'où le théorème.

COROLLAIRE 1. *Soient* G_1 *et* G_2 *deux groupes algébriques linéaires complexes, et soit* $f: G_1(\mathbf{C}) \to G_2(\mathbf{C})$ *un homomorphisme de groupes de Lie complexes. Si* G_1 *est réductif,* f *est «algébrique»* (i.e. induit par un morphisme $G_1 \to G_2$).

Cela ne fait que traduire le th. 6.

COROLLAIRE 2. *Le foncteur «enveloppe» est une équivalence de la catégorie des groupes de Lie complexes réductifs sur celle des groupes algébriques linéaires réductifs.*

C'est clair.

Remarque. Soit K un sous-groupe compact maximal de $G(\mathbf{C})$, où G est algébrique linéaire réductif sur $\mathbf{C}$. On peut résumer ce qui précède ainsi: l'algèbre affine de G s'identifie à l'algèbre des fonctions holomorphes sur $G(\mathbf{C})$ dont les translatées engendrent un espace vectoriel de dimension finie; par restriction à K, cette algèbre s'applique isomorphiquement sur l'algèbre des fonctions continues complexes sur K dont les translatées engendrent un espace vectoriel de dimension finie.

[On obtient ainsi des bigèbres sur $\mathbf{C}$; à ces bigèbres correspondent des schémas en groupes; à ces schémas en groupes correspondent des groupes de Lie complexes; à ces groupes... Voyez, voyez, la machine tourner!]

Exercices

§ 1

1) Soit E un K-module projectif de type fini. On identifie $\mathrm{End}(E)$ à $E \otimes E'$; on note I l'élément de $E \otimes E'$ correspondant à 1_E, et ${}^tI$ son image dans $E' \otimes E$.

On munit $E \otimes E' = \mathrm{End}(E)$ de la structure de cogèbre *opposée* à celle définie au n° 1.1.

a) Si $x = a \otimes a' \in E \otimes E'$, montrer que $d(x) = a \otimes {}^tI \otimes a'$.

b) On définit une application $d_E : E \to \mathrm{End}(E) \otimes E = E \otimes E' \otimes E$ par $a \mapsto a \otimes {}^tI$. Montrer que cette application définit sur E une structure de comodule à gauche sur $\mathrm{End}(E)$.

c) On identifie $\mathrm{End}(E) \otimes \mathrm{End}(E)$ à $\mathrm{End}(E \otimes E)$ par l'application $(u, v) \mapsto u \otimes v$. D'autre part, si on écrit $\mathrm{End}(E \otimes E)$ sous la forme $E \otimes E \otimes E' \otimes E'$ la permutation des deux facteurs E' définit un automorphisme σ de $\mathrm{End}(E \otimes E)$. Montrer que l'on a

$$d(u) = \sigma(u \otimes 1_E) \quad \text{si} \quad u \in \mathrm{End}(E)\,.$$

d) Soit (v_i) une base de E, et soit $(E_{ij} = v'_j \otimes v_i)$ la base correspondante de $\mathrm{End}(E)$. Montrer que

$$d(E_{ij}) = \sum_k E_{ik} \otimes E_{kj}\,.$$

e) Justifier la Remarque 2 du n° 1.2.

2) Soit C une cogèbre plate, et soit E un comodule sur C.

a) Soit V un K-module tel que E soit isomorphe (comme module) à un quotient de E. Montrer qu'il existe un sous-comodule F de $C \otimes V$ tel que E soit isomorphe (comme comodule) à un quotient de F. (Utiliser le morphisme $C \otimes V \to C \otimes E$ et le fait que E est isomorphe à un sous-comodule de $C \otimes E$.) Montrer que, si K est noethérien, et E de type fini, on peut choisir F de type fini.

b) On suppose que K est un anneau de Dedekind. Montrer que tout comodule E de type fini est quotient d'un comodule F qui est projectif de type fini. (Utiliser a) en prenant pour V un module libre de sorte que F soit sans torsion.)

§2

1) Soit $x \in C$ tel que $d_E(x) = x \otimes x$ et $e(x) = 1$. On note K_x le module K muni de la structure de comodule définie par

$$y \mapsto x \otimes y .$$

Prouver l'équivalence des propriétés suivantes:

a) K_x est le seul objet simple de Com_C^f (à isomorphisme près).

b) Toute sous-cogèbre de C non réduite à 0 contient x.

c) Le comodule C est extension essentielle du sous-comodule Kx (i.e. tout sous-comodule de C différent de 0 contient x).

d) L'algèbre profinie A duale de C est un anneau local d'idéal maximal le noyau de l'homomorphisme $a \mapsto \langle x, a \rangle$ de A dans K.

[Noter que c) signifie ceci: le comodule C est *l'enveloppe injective* du comodule simple Kx.]

§3

1) Avec les notations du n° 3.4, montrer sans utiliser la prop. 4 que la formule (iii) est conséquence des formules (i) et (ii).

2) Les notations étant celles du n° 3.4, on suppose K parfait. Soit g un automorphisme du foncteur υ. Pour tout objet E de Com_C^f, soit s_E (resp. u_E) la composante semi-simple (resp. unipotente) de $g(E)$. Montrer que $E \mapsto s_E$ et $E \mapsto u_E$ sont des automorphismes du foncteur υ. Si g vérifie les relations (i) et (ii), montrer qu'il en est de même pour s et u. Déduire de là la décomposition des éléments de $G(K)$ en produits d'éléments semi-simples et unipotents commutant entre eux (dans le cas où G est un schéma en groupes).

Utiliser le même procédé pour obtenir la décomposition des éléments de l'algèbre de Lie de G en sommes d'éléments semi-simples et nilpotents commutant entre eux.

[Cette décomposition n'a en fait rien à voir avec les bigèbres. On aurait pu la donner au §2.]

3) On suppose que $G = \mathrm{Spec}(C)$ est un schéma en groupes. Prouver l'équivalence des propriétés suivantes:

a) Tout G-module simple est isomorphe au G-module trival K.

b) G est limite projective de groupes algébriques linéaires unipotents.

c) Si $E \in \mathrm{Com}_C^f$, $K_1 \in \mathrm{Alg}_K$, et $u \in G_E(K_1)$, l'élément u est unipotent.

4) On suppose K de caractéristique zéro. Montrer que la catégorie des G-modules semi-simples vérifie les conditions du corollaire à la prop. 3, donc correspond à un quotient H de G. Montrer que l'on peut caractériser H comme le plus grand quotient de G qui soit *réductif* (i.e. limite projective de groupes algébriques linéaires réductifs, au sens usuel).

§4

1) On prend $K = \mathbf{C}$. Le groupe additif $\Gamma = \mathbf{C}$ est considéré comme un groupe de Lie complexe. Soit G son enveloppe, et soit C la bigèbre correspondante.

a) Montrer qu'une fonction $f(z)$ sur Γ appartient à C si et seulement si c'est une *exponentielle-polynôme,* i.e. si elle est combinaison linéaire de fonctions de la forme $z^n e^{\lambda z}$, avec $n \in \mathbf{N}$, $\lambda \in \mathbf{C}$.

b) Montrer que C est produit tensoriel de la bigèbre formée des polynômes, et de la bigèbre formée des combinaisons linéaires d'exponentielles. Interpréter cette décomposition comme une décomposition de l'enveloppe G en produit du groupe *additif* $\mathbf{G}_a$ et d'un *groupe de type multiplicatif* M dual du groupe abélien $\mathbf{C}$. En particulier, G n'est pas algébrique.

2) Comment faut-il modifier l'exercice précédent lorsque $K = \mathbf{R}$ et $\Gamma = \mathbf{R}$? (La partie «tore» de G n'est plus déployée; son dual est $\mathbf{C}$, *muni* de la conjugaison complexe.)

(Dans les deux exercices ci-après, on se permet d'identifier un groupe profini Γ à son enveloppe relativement à la catégorie des Γ-modules à noyau ouvert. Cela revient à identifier un groupe fini au groupe algébrique «constant» de dimension 0 qui lui est associé.)

3) Soit $K = \mathbf{Q}_p$, et soit H un groupe algébrique semi-simple simplement connexe sur K. Soit Γ un sous-groupe ouvert compact du groupe $H(\mathbf{Q}_p)$. Montrer que l'enveloppe du groupe topologique Γ est $H \times \Gamma$. (Le second facteur est identifié au schéma en groupes correspondant, cf. ci-dessus.)

4) Soient $K = \mathbf{Q}$ et $\Gamma = \mathbf{SL}_n(\mathbf{Z})$, $n \geqslant 3$. On prend pour L la catégorie de toutes les représentations linéaires de Γ sur $\mathbf{Q}$ de rang fini. Montrer que l'enveloppe de Γ est $\mathbf{SL}_n \times \prod_p \mathbf{SL}_n(\mathbf{Z}_p)$, le second facteur étant identifié à un schéma en groupes comme on l'a expliqué ci-dessus. (Utiliser le th. 16.2, p. 497, des *Publ. IHES*, 1967, combiné avec le fait que tout sous-groupe d'indice fini de Γ contient un «groupe de congruence».)

5) Soit K un corps complet pour une valuation discrète v. On note A (resp. $\mathfrak{m}$) l'anneau (resp. l'idéal maximal) de v, et l'on note p la caractéristique du corps $A/\mathfrak{m}$. On suppose $p \neq 0$ et $\operatorname{car}(K) = 0$.

a) Soit $x \in K^*$. Supposons qu'il existe un entier d tel que, pour tout $n \geqslant 0$, il existe une extension K_n de K de degré d et un élément $y \in K_n$ tel que $y^{p^n} = x$. Montrer que $v(x) = 0$. Montrer que, si $x \equiv 1 \pmod{\mathfrak{m}}$, on a $x = 1$. (Se ramener au cas où toutes les racines p^n-èmes de x appartiennent au corps K.)

b) Soit $f : K \to \mathbf{GL}_n(K)$ un homomorphisme K-analytique. Montrer que f est «algébrique», i.e. qu'il existe une matrice nilpotente u telle que $f(t) = \exp(tu)$ pour tout $t \in K$. (Appliquer a) aux valeurs propres de $f(t)$, avec $d = n$; en conclure que $f(t)$ est unipotent pour tout t.)

c) Déduire de b) que l'enveloppe du groupe de Lie K est le groupe additif $\mathbf{G}_a$ (relativement à K).

d) Etendre b) et c) aux groupes algébriques *unipotents* sur K (écrire les éléments de ces groupes comme produits de groupes à un paramètre). Même chose pour les groupes *semi-simples déployés.* [Il est probable que le résultat reste vrai pour les groupes semi-simples n'ayant aucun facteur simple anisotrope.]

e) Montrer que les résultats de b) et c) *ne s'étendent pas* aux groupes de type multiplicatif.

6) Soit K un corps localement compact ultramétrique de caractéristique 0 et soit μ le groupe des racines de l'unité contenues dans K. Soit S

le revêtement de $\mathbf{SL}_2(K)$ défini par C. Moore et T. Kubota; on a une suite exacte

$$\{1\} \to \mu \to S \to \mathbf{SL}_2(K) \to \{1\}$$

et S est son propre groupe dérivé. Montrer que toute représentation K-linéaire analytique du groupe de Lie S est triviale sur μ; en déduire que $\mathbf{SL}_2$ est l'enveloppe de S. (Si G est l'enveloppe de S, remarquer que la suite

$$\mu \to G \to \mathbf{SL}_2 \to \{1\}$$

est exacte (cf. exercice 5). Utiliser ensuite le fait que $\mathbf{SL}_2$ est simplement connexe.)

§5

1) Etendre la prop. 1 au cas d'un groupe compact K opérant continûment sur un espace vectoriel réel V de dimension finie, chacune des opérations de K étant *polynomiale*. (On montrera d'abord, au moyen du théorème de Baire, que le degré de ces opérations est borné.)

2) Soit H un sous-groupe algébrique réel de $\mathbf{GL}_n$. Montrer que H est anisotrope si et seulement si il existe une forme quadratique positive non dégénérée sur $\mathbf{R}^n$ qui est invariante par H.

3) a) Soit G un groupe algébrique linéaire réel, et soit H un sous-groupe algébrique distingué de G. On suppose que H et G/H sont anisotropes, et que G/H est connexe. Montrer que G est anisotrope.

b) On prend pour G le groupe des matrices de la forme $\begin{pmatrix} a & b \\ -b & a \end{pmatrix}$ avec $(a^2+b^2)^2 = 1$ et pour H le sous-groupe de celles pour lesquelles $a^2+b^2 = 1$. Le groupe G/H s'identifie au groupe «constant» $\{\pm 1\}$. Montrer que H et G/H sont anisotropes et que G ne l'est pas.

4) Avec les notations de la prop. 7, montrer que l'injection de $V(\mathbf{R})$ dans $V(\mathbf{C})$ est une «équivalence d'homotopie». (Il suffit de voir que $\pi_i(V(\mathbf{R})) \to \pi_i(V(\mathbf{C}))$ est un isomorphisme pour tout i; utiliser le lemme des cinq pour se ramener à l'énoncé analogue pour G et H.) [Exercice: donner explicitement une «rétraction de déformation» de $V(\mathbf{C})$ sur $V(\mathbf{R})$.]

En particulier, la quadrique complexe d'équation $\sum z_i^2 = 1$ a même type d'homotopie que l'ensemble de ses points réels; énoncer des résultats analogues pour les variétés de Stiefel, etc.

5) (Cet exercice pourrait remonter au chapitre III du livre de Lie.)

Soit A un groupe de Lie complexe, commutatif, connexe, d'algèbre de Lie $\mathfrak{a}$; soit Λ le noyau de $\exp: \mathfrak{a} \to A$, de sorte que A s'identifie à $\mathfrak{a}/\Lambda$.

a) Démontrer l'équivalence de:

a_1) L'application canonique $\mathbf{C} \otimes \Lambda \to \mathfrak{a}$ est injective.

a_2) A est isomorphe à un sous-groupe de Lie d'un $(\mathbf{C}^*)^n$.

a_3) A est isomorphe à un groupe $(\mathbf{C}^*)^p \times \mathbf{C}^q$.

a_4) A possède une représentation linéaire complexe fidèle.

a_5) A possède une représentation linéaire complexe fidèle semi-simple d'image fermée.

b) Démontrer l'équivalence de:

b_1) L'application $\mathbf{C} \otimes \Lambda \to \mathfrak{a}$ est surjective.

b_2) A est isomorphe à un quotient d'un groupe $(\mathbf{C}^*)^n$.

b_3) Aucun facteur direct de A n'est isomorphe à $\mathbf{C}$.

b_4) Toute représentation linéaire complexe de A est semi-simple.

c) Démontrer l'équivalence de:

c_1) L'application $\mathbf{C} \otimes \Lambda \to \mathfrak{a}$ est bijective.

c_2) A est isomorphe à un $(\mathbf{C}^*)^n$.

d) Soit F un sous-groupe fini de A, et soit $A' = A/F$. Montrer que A vérifie les conditions a_i) (resp. b_i), c_i)) si et seulement si A' les vérifie.

BIBLIOGRAPHIE

CARTIER, P. *Séminaire S. Lie*, 2e année (1955-56) [l'exposé 4 contient la définition des comodules].

CHEVALLEY, C. *Theory of Lie groups*. Princeton, 1946 [le chapitre VI, §§VII, VIII, IX donne les propriétés de la bigèbre d'un groupe compact, avec applications à la dualité de Tannaka et la complexification du groupe].

DEMAZURE, M. et A. GROTHENDIECK. *Séminaire de Géométrie algébrique*. IHES, 1963 (SGAD) [la correspondance entre *G*-modules et comodules sur la cogèbre de *G* est donnée dans l'exposé I].

Séminaire Heidelberg-Strasbourg. IRMA Strasbourg, 1967 [exposés 2 et 3].

HOCHSCHILD, G. et G.D. MOSTOW. Representative functions..., quatre papiers aux *Annals* (vol. 66, 68, 70) et à l'*Amer. Journal* (vol. 83).

SERRE, J.-P. Groupes de Grothendieck des schémas en groupes réductifs déployés. *Publ. IHES*, vol. 34 (1968), 37-52.

(Reçu le 13 mars 1992)

161.

Propriétés conjecturales des groupes de Galois motiviques et des représentations ℓ-adiques

Proc. Symp. Pure Math. **55** (1994), vol. I, 377–400

> "...Dix choses soupçonnées seulement, dont aucune (la conjecture de Hodge disons) n'entraîne conviction, mais qui mutuellement s'éclairent et se complètent et semblent concourir à une même harmonie encore mystérieuse, acquièrent dans cette harmonie force de vision. Alors même que toutes les dix finiraient par se révéler fausses, le travail qui a abouti à cette vision provisoire n'a pas été fait en vain ..." (A. Grothendieck, *Récoltes et Semailles*, cité dans [35]).

Le présent exposé rassemble une série de questions et de conjectures portant sur les *groupes de Galois motiviques*, le corps de base étant de caractéristique zéro.

Je me suis limité à deux thèmes:

1. Structure des groupes de Galois motiviques (composante neutre, partie abélienne, partie semi-simple);
2. Propriétés des représentations ℓ-adiques correspondantes lorsque le corps de base est de type fini sur $\mathbf{Q}$ (image du groupe de Galois, éléments de Frobenius).

Parmi les questions importantes laissées de côté figurent:

- les relations avec la "philosophie de Langlands", cf. [**3, 7, 21**];
- l'aspect "torsion galoisienne", cf. [**10, 25, 41, 42**];
- l'aspect "cristallin", cf. [**13**];
- l'aspect "périodes et transcendance", cf. [**7**].

Le point de vue adopté est celui de Grothendieck: décrire le "paradis motivique", avec les énoncés conjecturaux les plus optimistes possibles. Pour alléger, ces énoncés sont rédigés sous forme affirmative; seul, un point d'interrogation au début de la phrase indique qu'il s'agit d'une assertion non démontrée. Ainsi "10.3? L'indice de $G_{\ell,E}$ dans $G_L(\mathbf{Z}_\ell)$ reste borné quand

ℓ varie" est une conjecture, non un théorème. J'espère que cette convention n'induira pas le lecteur en erreur. D'ailleurs la plupart des énoncés en question font partie du folklore. Ainsi, l'essentiel des n°s 1, 2, ..., 7, 9, 12 était connu de Grothendieck dès 1964–1965, et j'étais familier avec le contenu du n° 11 en 1977, et du n° 13 en 1966. Ne sont récents, à ma connaissance, que 7.5, une partie du n° 8, le n° 10, et la fin du n° 12.

1. Structure des groupes de Galois motiviques

1. Notations. On note k un corps de caractéristique 0, que l'on suppose plongeable dans $\mathbf{C}$; on choisit un tel plongement $\sigma: k \to \mathbf{C}$.

On suppose vraies les *conjectures standard*, ainsi que la *conjecture de Hodge*, cf. [**14, 17, 18**]. On note M_k, ou simplement M, la catégorie des *motifs* sur k, définie au moyen de l'équivalence numérique des cycles algébriques (ou de l'équivalence homologique—c'est la même chose d'après l'une des conjectures standard). Précisons qu'il s'agit de motifs qui sont sommes directes de motifs *purs*; nous ne nous occupons pas de motifs *mixtes*. La catégorie M est semi-simple, cf. [**16**].

Si E est un motif sur k, on note $M(E)$ la plus petite sous-catégorie tannakienne de M contenant E. Si E et E' sont des motifs, on dit que E' est *dominé* par E, et l'on écrit $E' \prec E$, si E' appartient à $M(E)$. On a

$$M = \operatorname*{lim\,ind}_E M(E),$$

la limite inductive étant prise suivant l'ensemble préordonné filtrant des motifs.

2. Les groupes G_M et $G_{M(E)}$. Soit $\mathrm{Vect}_{\mathbf{Q}}$ la catégorie des $\mathbf{Q}$-espaces vectoriels de dimension finie. Le choix du plongement $\sigma : k \to \mathbf{C}$ permet de définir sur M un *foncteur fibre* à valeurs dans $\mathrm{Vect}_{\mathbf{Q}}$, à savoir la réalisation de Betti $H_\sigma : M \to \mathrm{Vect}_{\mathbf{Q}}$. Ce foncteur est fidèle. Son schéma d'automorphismes $\mathrm{Aut}^{\otimes}(H_\sigma)$ est le *groupe de Galois motivique de* k, au sens de Grothendieck (cf. Deligne–Milne [**10**] et Saavedra [**25**]). Nous le noterons $G_{M,k}$ ou simplement G_M. C'est un $\mathbf{Q}$-groupe proalgébrique linéaire. La catégorie $\mathrm{Rep}_{\mathbf{Q}}\, G_M$ des $\mathbf{Q}$-représentations linéaires de G_M est équivalente à la catégorie M (comme catégorie tannakienne).

Remarque. Le groupe G_M dépend du choix du plongement σ (il est d'ailleurs noté $G(\sigma)$ dans [**10**, p. 213]). Toutefois, il n'en dépend qu'à torsion intérieure près (et même par torsion par un cocycle à valeurs dans sa composante neutre G_M^0, cf. n° 6); la plupart des propriétés que nous en donnerons sont invariantes par une telle torsion.

Du fait que M est semi-simple, toutes les représentations linéaires de G_M sont semi-simples. D'où:

2.1? *Le groupe G_M est proréductif* (i.e., limite projective de $\mathbf{Q}$-groupes linéaires réductifs).

De façon plus précise, on a

(2.2) $$G_M = \operatorname{lim\,proj}_E G_{M(E)},$$

où $G_{M(E)} = G_{M(E),k}$ désigne le groupe motivique attaché à la catégorie tannakienne $M(E)$, et la limite projective est prise sur les k-motifs ordonnés par la relation de domination. Les morphismes de transition

$$G_{M(E')} \to G_{M(E)} \quad (\text{pour } E' \succ E)$$

sont surjectifs. Les $G_{M(E)}$ sont des $\mathbf{Q}$-groupes linéaires réductifs, non nécessairement connexes (à moins que k ne soit algébriquement clos, cf. n° 6).

3. Caractérisations de $G_{M(E)}$. Soit E un motif. Notons $\mathbf{GL}_E$ le groupe linéaire du $\mathbf{Q}$-espace vectoriel $H_\sigma(E)$. Le groupe $G_{M(E)}$ se plonge de façon naturelle dans $\mathbf{GL}_E$. Le sous-groupe de $\mathbf{GL}_E$ ainsi obtenu peut être caractérisé de plusieurs manières:

(a) *Tenseurs invariants.* Convenons de noter $\mathbf{1}$ le motif trivial de rang 1 (cohomologie de dimension 0 de la variété Spec(k)). Si r et s sont des entiers ≥ 0, notons $\mathbf{T}^{r,s}(E)$ le produit tensoriel de r copies de E et de s copies du dual E^* de E. Un élément de $\mathbf{T}^{r,s}(H_\sigma(E))$ est dit *invariant* (ou *motivé*) s'il provient d'un morphisme de motifs $\mathbf{1} \to \mathbf{T}^{r,s}(E)$; il revient au même de dire qu'il est invariant par l'action de $G_{M(E)}$. Inversement:

3.1? *Le groupe $G_{M(E)}$ est le sous-groupe de $\mathbf{GL}_E$ formé des éléments qui fixent tous les éléments invariants de tous les $\mathbf{T}^{r,s}(H_\sigma(E))$.*

Cela provient du fait qu'un groupe réductif est caractérisé par ses invariants tensoriels, cf. e.g. [**8**, p. 40, prop. 3.1].

(b) *Représentations ℓ-adiques.* On suppose que k est de type fini sur $\mathbf{Q}$. Il résulte alors de conjectures de Grothendieck et de Tate que l'on a:

3.2? *Soit ℓ un nombre premier. Le groupe $G_{M(E)/\mathbf{Q}_\ell}$ est l'adhérence pour la topologie de Zariski de l'image de la représentation ℓ-adique associée à E.*

Pour un énoncé plus précis, voir §2, n° 9.

(c) *Tores de Hodge et groupes de Mumford-Tate.* La bigraduation de $H_\sigma(E) \otimes \mathbf{C}$ donnée par la théorie de Hodge peut s'interpréter (grâce au dictionnaire: **Z-graduations** $\Leftrightarrow$ actions de $\mathbf{G}_m$) comme un homomorphisme

(3.3) $$h_E : \mathbf{G}_m \times \mathbf{G}_m \to \mathbf{GL}_{E/\mathbf{C}} \quad (\text{défini sur } \mathbf{C}).$$

L'image de h_E est contenue dans la composante neutre $G^0_{M(E)}$ du groupe $G_{M(E)}$, et l'on a, d'après Mumford-Tate (cf. [**23**]):

3.4? *Le groupe* $G^0_{M(E)}$ *est le plus petit* **Q**-*sous-groupe algébrique de* $\mathbf{GL}_E$ *qui, après extension des scalaires à* **C**, *contient le tore* $\mathrm{Im}(h_E)$.

On obtient ainsi une caractérisation, sinon de $G_{M(E)}$, du moins de sa composante neutre, le *groupe de Mumford-Tate.*

4. Exemples.

4.1. Le groupe $G_{M(E)}$ associé au *motif* **1** est $\{1\}$.

4.2. Soit T le *motif de Tate*, défini par exemple comme l'homologie de dimension 2 de la droite projective $\mathbf{P}_1$. On a

$$G_{M(T)} = \mathbf{G}_m .$$

4.3. Soit E une *courbe elliptique sans multiplications complexes*, vue comme motif de poids -1 (i.e. identifiée à son homologie de dimension 1). On a:

$$G_{M(E)} = \mathbf{GL}_E \simeq \mathbf{GL}_2 .$$

4.4. Soit E une *courbe elliptique à multiplications complexes.* Soit K le corps quadratique imaginaire correspondant. Supposons que les multiplications complexes de E soient définies sur k (resp. ne le soient pas). On a:

$$G_{M(E)} = T_K \quad (\text{resp. } G_{M(E)} = N_K),$$

où $T_K = R_{K/\mathbf{Q}}\mathbf{G}_m$ est le tore de dimension 2 défini par K, et N_K est le normalisateur de T_K dans $\mathbf{GL}_2$; on a $(N_K : T_K) = 2$.

4.5. Soit E une *variété abélienne* de dimension $n \geq 1$ dont l'anneau des $\bar{k}$-endomorphismes est réduit à **Z**. Si n est impair (ou si $n = 2$ ou 6), on peut montrer que $G_{M(E)}$ est le groupe $\mathbf{GSp}_{2n}$ des *similitudes symplectiques* relativement à une forme bilinéaire alternée de rang $2n$. (Par contre, lorsque $n = 4$, $G_{M(E)}$ peut être strictement contenu dans $\mathbf{GSp}_{2n}$, cf. Mumford **[24]**.)

4.6. Soit E la somme directe du *motif de Ramanujan* et du motif de Tate. Le groupe $G_{M(E)}$ est le sous-groupe de $\mathbf{GL}_2 \times \mathbf{G}_m$ formé des couples (u, x) tels que $\det(u) = x^{11}$.

5. Les homomorphismes $\mathbf{G}_m \xrightarrow{\mathbf{w}} G_M \xrightarrow{\mathbf{t}} \mathbf{G}_m$. L'homomorphisme **t** est l'homomorphisme canonique $G_M \to G_{M(T)} = \mathbf{G}_m$, où T est le motif de Tate, cf. n° 4.2.

L'homomorphisme $\mathbf{w} : \mathbf{G}_m \to G_M$ est celui qui est associé à la graduation par le *poids.* Après extension des scalaires à **C**, il est égal au composé

$$\mathbf{G}_m \xrightarrow{\delta} \mathbf{G}_m \times \mathbf{G}_m \xrightarrow{h_E} G_{M/\mathbf{C}},$$

où δ est l'homomorphisme diagonal, et h_E est l'homomorphisme de Hodge, cf. 3.3.

L'image de $\mathbf{w}$ est contenue dans le centre de G_M. On a la formule

$$(5.1) \qquad \mathbf{t} \circ \mathbf{w} = -2 \quad \text{dans } \mathrm{Hom}(\mathbf{G}_m, \mathbf{G}_m) = \mathbf{Z},$$

autrement dit $\mathbf{t}(\mathbf{w}(x)) = x^{-2}$ pour tout point x de $\mathbf{G}_m$. Cela traduit le fait que le motif de Tate est de poids -2.

Si E est un motif, on notera encore $\mathbf{w}$ l'homomorphisme de $\mathbf{G}_m$ dans $G_{M(E)}$ obtenu en composant $\mathbf{w} : \mathbf{G}_m \to G_M$ et $G_M \to G_{M(E)}$. De même, si $E \succ T$, on notera $\mathbf{t}$ l'homomorphisme de $G_{M(E)}$ dans $\mathbf{G}_m$ par lequel se factorise $\mathbf{t}$: $G_M \to \mathbf{G}_m$.

Exemple. Dans la situation du n° 4.6, on a $\mathbf{w}(x) = (x^{-11}, x^{-2})$ et $\mathbf{t}(u, x) = x$.

Remarque. On pourrait éviter le signe "moins" de 5.1 en remplaçant $\mathbf{w}$ par son opposé, c'est-à-dire en donnant la préséance à *l'homologie* et non à la cohomologie. La convention suivie ici est celle de Saavedra ([**25**, chap. VI, n°4.2]) et de Deligne-Milne [**10**].

6. Composante neutre de G_M et changement de base. Soit $\bar{k}$ une clôture algébrique de k, et soit $\bar{\sigma} : \bar{k} \to \mathbf{C}$ un plongement de $\bar{k}$ dans $\mathbf{C}$ prolongeant σ. Soit $\Gamma_k = \mathrm{Gal}(\bar{k}/k)$ le groupe de Galois de $\bar{k}$ sur k. Le groupe Γ_k est un groupe profini. On peut l'identifier à un $\mathbf{Q}$*-groupe proalgébrique de dimension* 0 qui est "constant", i.e., dont tous les points sont rationnels sur $\mathbf{Q}$. Avec cette convention, on a une suite exacte:

1 $$(6.1) \qquad 1 \to G_M^0 \to G_M \to \Gamma_k \to 1,$$

où G_M^0 désigne la composante neutre de G_M. Cela provient de ce que Γ_k est le groupe motivique attaché à la catégorie tannakienne des *motifs d'Artin* sur k, cf. [**10**, p. 211 et p. 214].

Soit k' une extension de k munie d'un plongement de $\bar{k}'$ dans $\mathbf{C}$ prolongeant celui de $\bar{k}$. L'extension des scalaires de k à k' définit un foncteur $M_k \to M_{k'}$, d'où un homomorphisme des groupes motiviques correspondants: $G_{M,k'} \to G_{M,k}$. On a un diagramme commutatif:

$$\begin{array}{ccccccccc}
1 & \longrightarrow & G^0_{M,k'} & \longrightarrow & G_{M,k'} & \longrightarrow & \Gamma_{k'} & \longrightarrow & 1 \\
 & & \downarrow & & \downarrow & & \downarrow & & \\
1 & \longrightarrow & G^0_{M,k} & \longrightarrow & G_{M,k} & \longrightarrow & \Gamma_k & \longrightarrow & 1
\end{array}$$

où la flèche $\Gamma_{k'} \to \Gamma_k$ est la flèche naturelle.

6.2? *L'homomorphisme* $G^0_{M,k'} \to G^0_{M,k}$ *est surjectif.*

Cela provient de ce que, si E est un motif sur k, l'homomorphisme canonique $G^0_{M(E),k'} \to G^0_{M(E),k}$ est un isomorphisme (cf. 3.4).

De plus:

6.3? *Lorsque* k' *est algébrique sur* k, *l'homomorphisme* $G^0_{M,k'} \to G^0_{M,k}$ *est un isomorphisme* (autrement dit, $G_{M,k'}$ s'identifie à l'image réciproque de $\Gamma_{k'}$ dans $G_{M,k}$).

En particulier, on a $G^0_{M,k} = G_{M,\bar{k}}$.

Cela résulte de ce que tout k'-motif est dominé par un motif provenant par extension des scalaires d'un k-motif (utiliser une restriction des scalaires à la Weil).

Remarque. Lorsque k' n'est pas algébrique sur k, on peut montrer (contrairement à ce qui est affirmé dans [**10**, p. 214, prop. 6.22 (b)]) que $G^0_{M,k'} \to G^0_{M,k}$ *n'est pas un isomorphisme*. De façon plus précise, il existe des homomorphismes de $G^0_{M,k'}$ dans $\mathbf{GL}_2$ qui ne se factorisent pas par $G^0_{M,k}$, par exemple ceux associés aux courbes elliptiques sur k' dont l'invariant modulaire est transcendant sur k.

Toutefois, il est possible de démontrer le résultat suivant (sous réserve des conjectures admises ci-dessus):

6.4? *Soit* E *un motif sur* k. *Il existe un corps de nombres* k_1 *et un motif* E_1 *sur* k_1 *tels que les* $\mathbf{Q}$*-groupes* $G_{M(E),k}$ *et* $G_{M(E_1),k_1}$ *soient isomorphes.*

Voici le principe de la démonstration. On peut supposer k de type fini sur $\mathbf{Q}$. Soit S un ensemble fini non vide de nombres premiers. En utilisant une variante du théorème d'irréductibilité de Hilbert (cf. [**34**, p. 149]), on montre qu'il est possible de spécialiser (E, k) en (E_1, k_1) de telle sorte que k_1 soit fini sur $\mathbf{Q}$, et que les images des représentations ℓ-adiques de E sur k et de E_1 sur k_1 soient *les mêmes* pour tout $\ell \in S$. On a alors $G_{M(E),k} = G_{M(E_1),k_1}$ d'après 3.2.

7. La partie torique de G^0_M. Le groupe G^0_M est proréductif connexe. Il est donc isogène au produit d'un groupe de type multiplicatif connexe (protore) par un groupe prosemi-simple. De façon plus précise, posons

$$C = \text{composante neutre du centre de } G^0_M;$$
$$D = \text{groupe dérivé de } G^0_M.$$

On a

(7.1?) $$G^0_M = C \cdot D,$$

et C (resp. D) est un protore (resp. un groupe prosemi-simple).

Soit $S = (G^0_M)^{\mathrm{ab}}$ le plus grand quotient commutatif de G^0_M. On a

(7.2?) $$S = G^0_M/D = C/(C \cap D).$$

La projection $C \to S$ est une isogénie.

Structure du groupe S. Le protore S est limite projective des tores notés T_m dans [27] (voir aussi [21, 26]). Son groupe des caractères

$$X = X(S) = \mathrm{Hom}_{\overline{\mathbf{Q}}}(S, \mathbf{G}_m)$$

est un $\Gamma_{\mathbf{Q}}$-module que l'on peut décrire explicitement (cf. [22, n° 1.4]):

Notons c la conjugaison complexe, vue comme élément de $\Gamma_{\mathbf{Q}} = \mathrm{Gal}(\overline{\mathbf{Q}}/\mathbf{Q})$. Soit I le plus petit sous-groupe distingué fermé de $\Gamma_{\mathbf{Q}}$ contenant tous les $ucu^{-1}c$, avec $u \in \Gamma_{\mathbf{Q}}$. Le sous-corps de $\overline{\mathbf{Q}}$ fixé par I est le corps $\mathbf{Q}^{\mathrm{cm}}$, réunion de tous les sous-corps de $\overline{\mathbf{Q}}$ de type CM. Par construction, c est un élément central d'ordre 2 de $\Gamma_{\mathbf{Q}}/I = \mathrm{Gal}(\mathbf{Q}^{\mathrm{cm}}/\mathbf{Q})$.

7.3? *Le groupe* X *des caractères du protore* S *est le groupe des fonctions localement constantes* $f : \Gamma_{\mathbf{Q}} \to \mathbf{Z}$ *satisfaisant aux deux conditions suivantes*:

7.3.1. f *est constante* $\bmod I$ (i.e., f se factorise par $\Gamma_{\mathbf{Q}}/I$) ; cela équivaut à dire que $f(sct) = f(cst)$ quels que soient $s, t \in \Gamma_{\mathbf{Q}}$;

7.3.2. *il existe* $n(f) \in \mathbf{Z}$ *tel que* $f(s) + f(sc) = n(f)$ *pour tout* $s \in \Gamma_{\mathbf{Q}}$. (Noter que $f(sc) = f(cs)$ d'après 7.3.1.)

La structure de $\Gamma_{\mathbf{Q}}$-module de X est donnée par la formule

$$(tf)(s) = f(st) \quad \text{si } s, t \in \Gamma_{\mathbf{Q}}. \tag{7.3.3}$$

Dans cette description de X, l'homomorphisme $\mathbf{w} : \mathbf{G}_m \to G_M^0 \to S$ a pour dual l'homomorphisme $X \to \mathbf{Z}$ donné par $f \mapsto n(f)$. Quant à $\mathbf{t} : S \to \mathbf{G}_m$, il correspond à $f = -1$.

Remarque. Le groupe G_M/D relatif à $k = \mathbf{Q}$ est le groupe appelé par Langlands *groupe de Taniyama*, cf. [9, 21]. La catégorie tannakienne correspondante est celle des $\mathbf{Q}$-motifs qui sont *potentiellement de type* CM. On a une suite exacte

$$1 \to S \to G_M/D \to \Gamma_{\mathbf{Q}} \to 1. \tag{7.3.4}$$

L'action de $\Gamma_{\mathbf{Q}}$ sur S déduite de cette suite exacte correspond à l'action de $\Gamma_{\mathbf{Q}}$ (à droite) sur $X = X(S)$ par $f(t)(s) = f(ts)$ si $f \in X$ et $s, t \in \Gamma_{\mathbf{Q}}$. (Pour une construction directe de G_M/D à partir de 7.3.4, voir [22].)

Structure du groupe C. Soit $X(C)$ le groupe des caractères de C. Du fait que C est isogène à S, on a $X(C) \subset \mathbf{Q} \otimes X(S)$. D'autre part, on sait que l'homomorphisme $\mathbf{w} : \mathbf{G}_m \to S$ se relève en $\mathbf{w} : \mathbf{G}_m \to C$. Ces deux renseignements montrent que $X(C)$ est contenu dans le groupe $\widetilde{X}$ des fonctions localement constantes

$$f : \Gamma_{\mathbf{Q}} \to \mathbf{Q},$$

satisfaisant aux conditions 7.3.1 et 7.3.2, autrement dit:

7.4.1 f *est constante* $\bmod I$;

7.4.2 *il existe* $n(f) \in \mathbf{Z}$ *tel que* $f(s) + f(sc) = n(f)$ *pour tout* $s \in \Gamma_{\mathbf{Q}}$.

(Noter que $n(f)$ doit appartenir à $\mathbf{Z}$, et pas seulement à $\mathbf{Q}$; cela traduit l'existence de $\mathbf{w}: \mathbf{G}_m \to C$.)

7.5? *On a* $X(C) = \widetilde{X}$.

(Autrement dit, C est le plus grand revêtement connexe de S dans lequel $\mathbf{w}$ se relève.)

Modulo les conjectures déjà admises, on peut démontrer 7.5 en utilisant les motifs associés aux variétés abéliennes construites par Shimura dans [**38**] et [**39**]. [Il s'agit de variétés abéliennes "de type IV", dont l'anneau des endomorphismes est un ordre d'un corps K de type CM, l'action de cet ordre sur l'espace tangent étant décrite par une famille d'entiers (r_ν, s_ν) soumise à des conditions que l'on trouvera dans Shimura, *loc. cit.* (De telles variétés existent sur $\overline{\mathbf{Q}}$: cela se déduit de [**39**] en appliquant 6.4.) Les motifs ainsi obtenus fournissent des éléments de $X(C)$ que l'on peut expliciter; en variant K et les (r_ν, s_ν) on constate que l'on obtient suffisamment d'éléments pour engendrer $\widetilde{X}$ mod X. D'où 7.5.]

EXEMPLE. Voici, d'après Anderson [**1**], comment on peut construire des éléments de $\widetilde{X}$ n'appartenant pas à X. Soit m un entier > 1 et soit

$$\chi_m : \Gamma_{\mathbf{Q}} \to (\mathbf{Z}/m\mathbf{Z})^*$$

le m-ème caractère cyclotomique. Si $a \in \mathbf{Z}/m\mathbf{Z}$, notons $\langle a \rangle$ l'unique représentant de a dans $\mathbf{Z}$ qui est compris entre 1 et m. Définissons

$$f_m : \Gamma_{\mathbf{Q}} \to \mathbf{Q}$$

par

$$f_m(s) = \frac{1}{m}\langle \chi_m(s) \rangle .$$

On a

$$f_m(s) + f_m(sc) = \frac{1}{m}(\langle \chi_m(s) \rangle + \langle -\chi_m(s) \rangle) = 1 \quad \text{si } s \in \Gamma_{\mathbf{Q}},$$

ce qui montre que f_m appartient à $\widetilde{X}$. Comme $f_m(1) = 1/m$, f_m n'appartient pas à X.

Structure du groupe $C \cap D$. Le groupe $C \cap D$ est un $\mathbf{Q}$-groupe proalgébrique commutatif de dimension 0. Son dual est $\widetilde{X}/X$. Vu 7.5, cela donne

7.6? *Le dual* $X(C \cap D)$ *de* $C \cap D$ *est isomorphe au* $\Gamma_{\mathbf{Q}}$*-module formé des fonctions localement constantes* $f : \Gamma_{\mathbf{Q}}/I \to \mathbf{Q}/\mathbf{Z}$ *telles que* $f(s) + f(sc) = 0$ *pour tout* $s \in \Gamma_{\mathbf{Q}}/I$.

Noter que les groupes S, C, et $C \cap D$ ne dépendent pas de k: les motifs de type CM sont rigides. Il n'en est pas de même du groupe prosemi-simple D dont nous allons maintenant nous occuper: ce groupe dépend effectivement de k.

8. La partie semi-simple de G_M^0. La structure du groupe dérivé D de G_M^0 est mal connue, même conjecturalement. Par exemple:

2 8.1. *Est-il vrai que* D *est simplement connexe* (i.e. produit direct de groupes semi-simples simplement connexes)?

La question suivante est liée à 8.1 (et même *équivalente* à 8.1, comme me l'a montré Deligne):

Soit $\widetilde{G} \to G$ une isogénie de **Q**-groupes réductifs, et soit $f : G_M^0 \to G$ un homomorphisme surjectif. On désire relever f en $\tilde{f} : G_M^0 \to \widetilde{G}$. Une condition nécessaire est que l'homomorphisme de Hodge

$$\mathbf{G}_m \times \mathbf{G}_m \to (G_M^0)_{/\mathbf{C}} \to G_{/\mathbf{C}} \qquad (\text{cf. n}^\circ\ 3.3)$$

soit relevable à $\widetilde{G}_{/\mathbf{C}}$.

8.2. *Cette condition est-elle suffisante?*

A la place des isogénies on peut considérer des extensions centrales quelconques. Ainsi, une réponse positive à 8.2 entraînerait:

8.3? *Tout homomorphisme surjectif* $G_M^0 \to \mathbf{PGL}_2$ *se relève en* $G_M^0 \to \mathbf{GL}_2$.

Autrement dit, tout motif à groupe $\mathbf{PGL}_2$ proviendrait, après extension finie du corps de base, d'un motif à groupe $\mathbf{GL}_2$.

Autre question:

8.4. *Quels sont les groupes semi-simples* (ou, plus généralement, réductifs connexes) *qui sont du type* $G_{M(E)}$ (sur un corps k convenable, donc aussi sur $\overline{\mathbf{Q}}$, d'après 6.4)?

Noter que l'existence de *polarisations* sur la catégorie des motifs impose certaines restrictions aux groupes semi-simples G de type $G_{M(E)}$:

8.5? L'action de $\Gamma_{\mathbf{Q}}$ sur le graphe de Dynkin de G se factorise par une action de $\Gamma_{\mathbf{Q}}/I$, où I est le sous-groupe de $\Gamma_{\mathbf{Q}}$ défini au n° 7. De plus, la conjugaison complexe c agit sur le graphe en question par *l'involution d'opposition* (celle notée $-w_0$ dans **[31]**, fin du n° 3.1).

8.6? Il existe $\gamma \in G(\mathbf{R})$ ayant les deux propriétés suivantes:

(i) $\gamma^2 = 1$;

(ii) le centralisateur de γ dans $G(\mathbf{R})$ est un sous-groupe compact maximal.

(Avec les notations du n° 3.3, on peut prendre $\gamma = h_E(i, -i)$; c'est un *élément de Hodge* au sens de **[10,** §§4, 6] et **[25,** V.3.3.1])

La propriété 8.6 entraîne par exemple que $\mathbf{SL}_2$ *n'est pas de la forme* $G_{M(E)}$. En effet, un élément γ de $\mathbf{SL}_2(\mathbf{R})$ satisfaisant à (i) est égal à ± 1, et son centralisateur est $\mathbf{SL}_2(\mathbf{R})$, qui n'est pas compact.

Voici un cas particulier de 8.4 où l'on s'attend à une réponse positive:

8.7. (cf. Langlands **[21,** p. 216]) *Soit* H *une structure de Hodge polarisable et soit* G *son groupe de Mumford-Tate. Supposons que* $\mathrm{Lie}(G)$ *soit de type* $\{(1, -1), (0, 0), (-1, 1)\}$. *Existe-t-il un motif sur* $\mathbf{C}$ *dont* H *soit la réalisation de Hodge?*

(Si oui, on conclurait par 6.4 à l'existence d'un $\overline{\mathbf{Q}}$-motif E tel que $G_{M(E)} \simeq G$.)

La question suivante paraît plus hasardeuse:

3 8.8. *Existe-t-il un motif* E *tel que* $G_{M(E)}$ *soit un groupe simple de type exceptionnel* G_2 *(ou* E_8*)?*

2. Représentations ℓ-adiques

A partir de maintenant, on suppose que le corps de base k est *une extension de type fini de* $\mathbf{Q}$.

9. Images des représentations ℓ-adiques (ℓ **fixé).** Soit E un motif sur k. Si ℓ est un nombre premier, la cohomologie ℓ-adique de E (sur $\overline{k}$) sera notée $V_\ell(E)$; on peut l'identifier à $\mathbf{Q}_\ell \otimes H_\sigma(E)$. L'action de Γ_k sur $V_\ell(E)$ définit un homomorphisme $\Gamma_k \to \mathbf{GL}_E(\mathbf{Q}_\ell)$ dont l'image est contenue dans le groupe des $\mathbf{Q}_\ell$-points du groupe $G_{M(E)}$. On obtient ainsi un homomorphisme

$$\rho_{\ell, E}: \Gamma_k \to G_{M(E)}(\mathbf{Q}_\ell),$$

qui est appelé la *représentation ℓ-adique associée à* E. Cette représentation est continue. Son image $\mathrm{Im}(\rho_{\ell, E})$ est un sous-groupe compact du groupe de Lie ℓ-adique $G_{M(E)}(\mathbf{Q}_\ell)$. D'après des conjectures de Grothendieck et de Mumford-Tate, on a:

9.1? *Le groupe* $\mathrm{Im}(\rho_{\ell, E})$ *est ouvert dans* $G_{M(E)}(\mathbf{Q}_\ell)$. (Il revient au même de dire que son algèbre de Lie est égale à celle de $G_{M(E)}$ sur $\mathbf{Q}_\ell$.)

De plus:

9.2? *Le groupe* $\mathrm{Im}(\rho_{\ell, E})$ *rencontre chacune des composantes connexes de* $G_{M(E)}$.

Lorsqu'on passe à la limite sur E, on obtient un homomorphisme

$$\rho_\ell : \Gamma_k \to G_M(\mathbf{Q}_\ell),$$

et le composé

$$\Gamma_k \to G_M(\mathbf{Q}_\ell) \to \Gamma_k \qquad \text{(cf. 6.1)}$$

est l'identité, ce qui précise 9.2.

Les propriétés 9.1 et 9.2 entraînent:

9.3? *Le* Γ_k*-module* $V_\ell(E)$ *est semi-simple.*

9.4? *Le groupe* $\mathrm{Im}(\rho_{\ell,E})$ *est dense dans* $G_{M(E)/\mathbf{Q}_\ell}$ *pour la topologie de Zariski* (cf. 3.2).

Inversement, si l'on savait démontrer 9.3 et 9.4, il ne serait pas difficile d'en déduire 9.1 (et bien sûr aussi 9.2).

REMARQUE. On peut vérifier 9.1, ..., 9.4 dans chacun des exemples du n° 4 (pour le cas de 4.5, voir [2] et [33]).

10. Images des représentations ℓ-adiques (ℓ variable). On désire préciser la façon dont varie $\mathrm{Im}(\rho_{\ell,E})$ lorsque ℓ parcourt l'ensemble P des nombres premiers. Cela peut se faire (conjecturalement) de plusieurs points de vue:

Indépendance des représentations ℓ-adiques. Posons

$$G_{\ell,E} = \mathrm{Im}(\rho_{\ell,E}) \subset G_{M(E)}(\mathbf{Q}_\ell).$$

La famille des représentations

$$\rho_{\ell,E} : \Gamma_k \to G_{\ell,E} \quad (\ell \in P)$$

définit un homomorphisme

$$\rho_E : \Gamma_k \to \prod_{\ell \in P} G_{\ell,E}.$$

Nous dirons que les $\rho_{\ell,E}$ sont *indépendantes sur* k si cet homomorphisme est *surjectif*. Cela revient à dire que les extensions galoisiennes de k correspondant aux groupes $G_{\ell,E}$ sont linéairement disjointes. (Exemple: $k = \mathbf{Q}$, E = motif de Tate, ou motif de Ramanujan.)

10.1? *Il existe une extension finie* k' *de* k (dépendant du motif E considéré) *telle que les* $\rho_{\ell,E}$ *soient indépendantes sur* k'.

EXEMPLE. On peut démontrer cette conjecture lorsque E est une variété abélienne et k un corps de nombres, cf. [33].

Les Z-formes du motif E. Soit L un *réseau* du $\mathbf{Q}$-espace vectoriel $H_\sigma(E)$. Si $\ell \in P$, $L_\ell = \mathbf{Z}_\ell \otimes L$ est un $\mathbf{Z}_\ell$-réseau de $V_\ell(E)$; pour ℓ assez grand, L_ℓ est stable par l'action de Γ_k via $\rho_{\ell,E}$. Nous dirons que L est une **Z**-*forme de* E si cela se produit *pour tout* $\ell \in P$.

EXEMPLE. Si E est le motif attaché à une variété abélienne A, les **Z**-formes de E correspondent aux variétés abéliennes qui sont k-*isogènes* à A.

Le groupe $\mathrm{Aut}(E)$ des automorphismes de E opère sur l'ensemble des **Z**-formes de E.

10.2? *Les* **Z**-*formes de* E *sont en nombre fini, modulo l'action de* $\mathrm{Aut}(E)$.

Dans le cas des variétés abéliennes, cette conjecture dit que, si A est une telle variété, il n'y a (à k-isomorphisme près) qu'un *nombre fini de variétés abéliennes sur* k *qui sont* k-*isogènes à* A (ce qui a été démontré par Faltings, cf. [11, 12]).

Quelques propriétés des groupes $G_{\ell,E} = \mathrm{Im}(\rho_{\ell,E})$.

Choisissons une **Z**-forme L de E au sens ci-dessus (il en existe). Notons $G_L(\mathbf{Z}_\ell)$ le sous-groupe de $G_{M(E)}(\mathbf{Q}_\ell)$ formé des éléments qui laissent stable le $\mathbf{Z}_\ell$-réseau $\mathbf{Z}_\ell \otimes L$; c'est le groupe des $\mathbf{Z}_\ell$-points du **Z**-schéma en groupes G_L défini par le réseau L et le **Q**-groupe $G_{M(E)}$. Par construction, on a $G_{\ell,E} \subset G_L(\mathbf{Z}_\ell)$; d'après 9.1, $G_{\ell,E}$ est ouvert dans $G_L(\mathbf{Z}_\ell)$, donc d'indice fini dans ce groupe.

10.3? *L'indice de* $G_{\ell,E}$ *dans* $G_L(\mathbf{Z}_\ell)$ *reste borné quand* ℓ *varie.*

Cette conjecture entraîne:

10.4? *Pour* ℓ *assez grand* (dépendant de k et de L), $G_{\ell,E}$ *contient tous les éléments de* $G_l(\mathbf{Z}_\ell)$ *qui sont congrus à* 1 $(\mathrm{mod}\, \ell)$, *i.e. qui agissent trivialement sur* $L/\ell L$.

De plus:

10.5? *Pour* ℓ *assez grand,* $G_{\ell,E}$ *contient* $\mathbf{w}(\mathbf{Z}_\ell^*)$, *où* $\mathbf{w}$ *est l'homomorphisme de* $\mathbf{G}_m$ *dans* $G_{M(E)}$ *défini au n°*5.

Lorsque E est une variété abélienne, 10.5 (combiné à 10.1) équivaut à une conjecture de Lang (cf. [**19**]) affirmant que $\mathrm{Im}(\rho_E)$ *contient un sous-groupe ouvert du groupe* $\hat{\mathbf{Z}}^* = \prod \mathbf{Z}_\ell^*$ *des homothéties.* Il est possible de démontrer un résultat un peu plus faible (cf. [**33**]): il existe un entier $c > 0$ tel que $\mathrm{Im}(\rho_E)$ contienne les puissances c-ièmes des homothéties.

10.6? *Supposons* $G_{M(E)}$ *connexe. Alors*:

(a) *Pour* ℓ *assez grand,* $G_{\ell,E}$ *contient le groupe dérivé de* $G_L(\mathbf{Z}_\ell)$.

(b) *Il existe un entier* $n > 0$, *ne dépendant que de* E, *tel que, pour* ℓ *assez grand,* $G_{\ell,E}$ *contienne toutes les puissances* n*-ièmes des éléments de* $G_L(\mathbf{Z}_\ell)$.

(Avec les notations de 11.6, on devrait pouvoir prendre pour n tout entier > 0 tel que Y_H contienne nY.)

Images des représentations $(\mathrm{mod}\, \ell)$. En réduisant $(\mathrm{mod}\, \ell)$ la représentation $\rho_{\ell,E}$ on obtient une action de Γ_k sur $L/\ell L$, d'où un homomorphisme

$$\tilde{\rho}_{\ell,E} : \Gamma_k \to G_L(\mathbf{Z}/\ell\mathbf{Z}) \subset \mathrm{Aut}(L/\ell L).$$

Notons $\tilde{G}_{\ell,E}$ l'image de cet homomorphisme.

Les conjectures ci-dessus entraînent:

10.7? *L'indice de* $\tilde{G}_{\ell,E}$ *dans* $G_L(\mathbf{Z}/\ell\mathbf{Z})$ *reste borné quand* ℓ *varie.*

10.8? *Pour* ℓ *assez grand, l'action de* $\tilde{G}_{\ell,E}$ *sur* $L/\ell L$ *est semi-simple.*

10.9? *Pour* ℓ *assez grand, tout élément de* $L/\ell L$ *invariant par* $\tilde{G}_{\ell,E}$ *est réduction* $(\mathrm{mod}\, \ell)$ *d'un élément motivé de* L (i.e., d'un élément invariant par $G_{M(E)}$, cf. n°3).

En appliquant 10.9 au motif $E \otimes E^*$, on obtient

10.10? *Pour* ℓ *assez grand, le commutant de* $\widetilde{G}_{\ell,E}$ *dans* $\mathrm{End}(L/\ell L)$ *est la réduction* $(\bmod \ell)$ *de* $\mathrm{End}(E) \cap \mathrm{End}(L)$; *c'est une algèbre semi-simple sur* $\mathbf{Z}/\ell\mathbf{Z}$.

Exemple. Lorsque E est une variété abélienne, 10.7 n'est pas connue, 10.9 est immédiate, et 10.8 et 10.10 ont été démontrées par Faltings, cf. **[11, 12]**.

Ultraproduits. L'une des façons d'exploiter les représentations $(\bmod \ell)$, pour ℓ variable, est d'utiliser les ultraproduits des corps $\mathbf{Z}/\ell\mathbf{Z}$, qui ont l'avantage d'être des corps de caractéristique 0. Rappelons comment on procède (cf. e.g. Bourbaki A I.156, exerc.17 d):

On choisit un ultrafiltre non trivial $\mathfrak{U}$ sur l'ensemble P des nombres premiers; on associe à $\mathfrak{U}$ l'idéal $\mathfrak{m}$ de l'anneau produit $R = \prod_{\ell \in P} \mathbf{Z}/\ell\mathbf{Z}$ formé des (x_ℓ) tels que l'ensemble des ℓ tels que $x_\ell = 0$ appartienne à $\mathfrak{U}$. L'idéal $\mathfrak{m}$ est un idéal maximal de R, et le corps quotient $F = R/\mathfrak{m}$ est un corps de caractéristique 0, appelé *l'ultraproduit des* $\mathbf{Z}/\ell\mathbf{Z}$ relativement à $\mathfrak{U}$. Si l'on pose

$$V_F(E) = F \otimes H_\sigma(E),$$

on a $V_F(E) = (\prod_{\ell \in P} L/\ell L)/\mathfrak{m}(\prod_{\ell \in P} L/\ell L)$. On en déduit une action (non continue en général) de Γ_k sur $V_F(E)$, d'où une représentation

$$\rho_{F,E} : \Gamma_k \to \mathbf{GL}(V_F(E)),$$

dont l'image est contenue dans $G_{M(E)}(F)$. Il paraît naturel de conjecturer:

10.11? *Le groupe* $\mathrm{Im}(\rho_{F,E})$ *est dense dans* $G_{M(E)/F}$ *pour la topologie de Zariski.*

En particulier:

10.12? *Le* Γ_k*-module* $V_F(E)$ *est semi-simple et son commutant est* $F \otimes \mathrm{End}(E)$.

11. Images des représentations ℓ-adiques (ℓ variable): suite. Les notations sont celles du n° 10: E est un motif et L est une $\mathbf{Z}$-forme de E.

Le point de vue adélique. On a vu au n° 10 que la famille des $\rho_{\ell,E}$ définit un homomorphisme continu

$$\rho_E = (\rho_{\ell,E}) : \Gamma_k \to \prod_{\ell \in P} G_{\ell,E} \subset \prod_{\ell \in P} G_L(\mathbf{Z}_\ell).$$

Or le produit $\prod_{\ell \in P} G_L(\mathbf{Z}_\ell)$ est un *sous-groupe ouvert compact* du groupe adélique $G_{M(E)}(\mathbf{A}^f)$, où $\mathbf{A}^f = \mathbf{Q} \otimes \widehat{\mathbf{Z}}$ est l'anneau des adèles finis de $\mathbf{Q}$. On peut ainsi voir ρ_E comme une représentation adélique

$$\rho_E : \Gamma_k \to G_{M(E)}(\mathbf{A}^f),$$

et l'on peut se demander si l'image de cette représentation est *ouverte*. Vu la définition de la topologie adélique, cela signifie que $\mathrm{Im}(\rho_E)$ *contient un produit* $\prod_{\ell \in P} U_\ell$, où U_ℓ *est un sous-groupe ouvert de* $G_L(\mathbf{Z}_\ell)$, *égal à* $G_L(\mathbf{Z}_\ell)$ *pour tout* ℓ *assez grand*. Ceci ne peut se produire que *si* $G_{M(E)}$ *est connexe*, comme on le voit aisément. Nous ferons désormais cette hypothèse. La propriété pour $\mathrm{Im}(\rho_E)$ d'être ouverte est alors invariante par extension de type fini de k : elle ne dépend que du motif E. Nous allons voir (conjecturalement) dans quel cas elle a lieu.

Motifs maximaux. Puisque $G_{M(E)}$ est supposé connexe, l'homomorphisme $G_M^0 \to G_{M(E)}$ est surjectif. Nous dirons que E est *maximal* si

11.1. *Le noyau de l'homomorphisme* $G_M^0 \to G_{M(E)}$ *est connexe.*

Cela équivaut à la propriété suivante:

11.2. *Si* $G' \to G_{M(E)}$ *est un revêtement connexe non trivial de* $G_{M(E)}$, *l'homomorphisme* $G_M^0 \to G_{M(E)}$ *ne se relève pas en* $G_M^0 \to G'$.

Une autre façon de formuler 11.1 et 11.2 est:

11.3. *Si* k' *est une extension finie de* k, *et si* E' *est un* k'*-motif dominant* E *tel que* $G_{M(E')} \to G_{M(E)}$ *soit un revêtement connexe, alors* $G_{M(E')} \to G_{M(E)}$ *est un isomorphisme* (i.e. on a à la fois $E' \succ E$ et $E \succ E'$).

La formulation 11.3 justifie le terme de "maximal".

Enoncé de la conjecture. C'est le suivant:

11.4? *Supposons* $G_{M(E)}$ *connexe. Les deux propriétés suivantes sont équivalentes*:

(i) E *est maximal*;

(ii) $\mathrm{Im}(\rho_E)$ *est ouvert dans le groupe adélique* $G_{M(E)}(\mathbf{A}^f)$.

L'implication (ii) $\Rightarrow$ (i) ne présente pas de difficultés. En effet, si E n'est pas maximal, on peut supposer (après extension finie de k) qu'il existe E' dominant E tel que $G_{M(E')} \to G_{M(E)}$ soit un revêtement connexe non trivial, cf. 11.3. L'homomorphisme ρ_E se factorise alors en

$$\Gamma_k \to G_{M(E')}(\mathbf{A}^f) \to G_{M(E)}(\mathbf{A}^f).$$

Mais on vérifie facilement que, si $G' \to G$ est une isogénie de degré > 1 de $\mathbf{Q}$-groupes réductifs connexes, *l'image de* $G'(\mathbf{A}^f)$ *dans* $G(\mathbf{A}^f)$ *a un intérieur vide*. En appliquant ce résultat à $G = G_{M(E)}$ et $G' = G_{M(E')}$, on en déduit bien que $\mathrm{Im}(\rho_E)$ n'est pas ouvert.

La véritable *conjecture* est donc l'implication (i) $\Rightarrow$ (ii). C'est une conjecture particulièrement optimiste: on peut montrer qu'elle entraîne toutes celles du n° 10.

Critère de maximalité. Disons que E est *H-maximal* si l'homomorphisme de Hodge

$$h_E : \mathbf{G}_m \times \mathbf{G}_m \to G_{M(E)/\mathbf{C}} \qquad (\text{cf. n}^\circ 3)$$

ne peut se relever à aucun revêtement connexe non trivial $G' \to G_{M(E)}$. Il est clair que " H-maximal" entraîne "maximal" et la réciproque serait vraie si la réponse à la question 8.2 était "oui". La conjecture 11.4 entraîne donc (cf. [**30,** C.3.8]):

11.5? *Si E est H-maximal,* $\mathrm{Im}(\rho_E)$ *est ouvert dans le groupe adélique* $G_{M(E)}(\mathbf{A}^f)$.

Or la H-maximalité est facile à tester lorsque l'on connaît $G_{M(E)}$ et h_E. On peut par exemple utiliser le groupe Y des cocaractères du "tore canonique" de $G_{M(E)}$ sur $\mathbf{Q}$; cf. [**31,** n°31]. Ce groupe est un $\mathbf{Z}$-module libre de type fini; il contient l'ensemble $R^\vee$ des coracines; il est muni d'une action du groupe de Weyl W et d'une action de $\Gamma_\mathbf{Q}$ (*loc. cit.*) L'homomorphisme de Hodge donne un couple d'éléments (y_p, y_q) de Y, défini à W-conjugaison près. La somme de y_p et y_q est invariante par W et par $\Gamma_\mathbf{Q}$; elle correspond à $\mathbf{w}\colon \mathbf{G}_m \to G_{M(E)}$. Si $c \in \Gamma_\mathbf{Q}$ est la conjugaison complexe, on a $cy_p \in Wy_q$. Soit Y_H le sous-groupe de Y engendré par $R^\vee$ et par $\Gamma_\mathbf{Q} W y_p$, sous-groupe qui est stable par l'action de W et de $\Gamma_\mathbf{Q}$.

11.6? *L'indice de Y_H dans Y est fini.*

Sinon, il existerait un $\mathbf{Q}$-sous-groupe normal propre de $G_{M(E)}$ contenant le tore de Hodge $\mathrm{Im}(h_E)$, ce qui est impossible d'après 3.4 (pour un argument analogue, cf. [**31,** n°3.2, Lemme 3b]).

Les revêtements connexes $G' \to G_{M(E)}$ auxquels h_E se relève correspondent aux sous-$\Gamma_\mathbf{Q}$-modules Y' de Y contenant Y_H (noter que l'action de W sur Y/Y_H est triviale, cf. Bourbaki LIE VI, §1, prop. 27). En particulier:

11.7? *Le motif E est H-maximal si et seulement si Y_H est égal à Y.*

On voit également que, parmi tous les revêtements connexes $G' \to G_{M(E)}$ auxquels h_E se relève, il y en a un qui est plus grand que tous les autres, à savoir celui correspondant à $Y' = Y_H$. On en déduit:

11.8? *Après extension finie de k, il existe un motif E' dominant E, qui est maximal et tel que $G_{M(E')} \to G_{M(E)}$ soit un revêtement connexe.*

Il revient au même de dire que *le noyau de $G_M^0 \to G_{M(E)}$ n'a qu'un nombre finie de composantes connexes*.

Exemples.

11.9. Prenons pour E la puissance tensorielle n-ième $T(n)$ du motif de Tate, où n est un entier $\neq 0$. On a $G_{M(E)} = \mathbf{G}_m$, $Y = \mathbf{Z}$, $R^\vee = \varnothing$,

$y_p = y_q = -n$, et $Y_H = nY$. On en conclut que

$$T(n) \text{ est } H\text{-maximal} \Leftrightarrow n = \pm 1 \Leftrightarrow T(n) \text{ est maximal},$$

auquel cas 11.4 se vérifie immédiatement (irréductibilité des polynômes cyclotomiques).

11.10. Soit E le motif de Ramanujan. On a $G_{M(E)} = \mathbf{GL}_2$, $Y = \mathbf{Z} \times \mathbf{Z}$, $y_p = (-11, 0)$, $y_q = (0, -11)$; les deux coracines sont $(-1, 1)$ et $(1, -1)$; le groupe $\Gamma_{\mathbf{Q}}$ agit trivialement sur Y, et le groupe W agit en permutant les deux facteurs. Le groupe Y_H est formé des couples (y, y') tels que $y + y' \equiv 0 \pmod{11}$; il est d'indice 11 dans Y. Il en résulte que E *n'est pas H-maximal.* Il n'est d'ailleurs pas maximal non plus. En effet, si l'on pose $E' = E \oplus T$, où T est le motif de Tate (cf. 4.6), on constate que E' est H-maximal et que $G_{M(E')} \to G_{M(E)}$ est une isogénie de degré 11. Ici encore, il est possible de démontrer 11.4, cf. [**29**, n°3.1].

11.11. Prenons pour E une *variété abélienne* de dimension $n \geq 1$, avec n impair (ou $n = 2$, ou $n = 6$), et supposons que l'anneau des $\overline{k}$-endomorphismes de E soit réduit à $\mathbf{Z}$. On a alors $G_{M(E)} = \mathbf{GSp}_{2n}$, cf. n° 4.5, et l'on vérifie facilement que E est H-maximal, donc maximal. La conjecture 11.4 est vraie pour un tel motif: le groupe $\mathrm{Im}(\rho_E)$ est *ouvert* dans le groupe adélique $\mathbf{GSp}_{2n}(\mathbf{A}^f)$. Ce résultat est énoncé (sans démonstration) dans [**33**] en supposant que k est un corps de nombres; le cas général s'en déduit par un argument de spécialisation.

12. Eléments de Frobenius. Dans ce n°, ainsi que dans le suivant, on suppose que k est un *corps de nombres algébriques*, autrement dit une extension finie de $\mathbf{Q}$.

On note E un k-motif.

Places non ramifiées. Soit v une place non archimédienne de k. Notons $k(v)$ son corps résiduel, p_v sa caractéristique résiduelle, et Nv le nombre d'éléments de $k(v)$. Soit w un prolongement de v à $\overline{k}$.

Soit ℓ un nombre premier, et soit $\rho_{\ell,E} : \Gamma_K \to G_{M(E)}(\mathbf{Q}_\ell)$ la représentation ℓ-adique correspondante. Soit $D_{\ell,E,w}$ (resp. $I_{\ell,E,w}$) l'image par $\rho_{\ell,E}$ du *groupe de décomposition* (resp. *d'inertie*) de w.

On a

$$(12.1) \qquad I_{\ell,E,w} \subset D_{\ell,E,w} \subset G_{\ell,E} = \mathrm{Im}(\rho_{\ell,E}).$$

A conjugaison près, ces groupes sont indépendants du choix de la place w prolongeant v. On dit que $\rho_{\ell,E}$ est *non ramifiée en* v si $I_{\ell,E,w} = 1$. On conjecture:

12.2? *S'il existe un nombre premier $\ell \neq p_v$ tel que $\rho_{\ell,E}$ soit non ramifiée en v, ceci est vrai pour tout $\ell \neq p_v$* (et, pour $\ell = p_v$, $\rho_{\ell,E}$ est *admissible* en w, au sens de Fontaine [**13**]).

Lorsque c'est le cas, on dit que E a *bonne réduction* en v ; cela se produit pour toutes les places v sauf un nombre fini.

Exemples. Le motif de Tate et le motif de Ramanujan ont bonne réduction partout. Le motif défini par une variété abélienne A a bonne réduction en v si et seulement si A a bonne réduction en v (critère de Néron-Ogg-Shafarevich, cf. [**36**] et [**15**, exposé IX, §5]).

Eléments de Frobenius. Supposons que E ait bonne réduction en v. Soit ℓ un nombre premier $\neq p_v$. Le groupe $D_{\ell,E,w}$ est topologiquement engendré par *l'élément de Frobenius* $F_{\ell,E,w}$; la classe de conjugaison de $F_{\ell,E,w}$ dans $G_{\ell,E}$ ne dépend que de v.

Remarque. Précisons que $F_{\ell,E,w}$ est l'élément de Frobenius "arithmétique", inverse de celui dit "géométrique". Ainsi, si E est le motif de Tate, $F_{\ell,E,w}$ est égal à Nv, vu comme élément de $\mathbf{Q}_\ell^* = G_{M(E)}(\mathbf{Q}_\ell)$.

D'après le théorème de densité de Chebotarev, les $F_{\ell,E,w}$ sont *équirépartis* (et a fortiori *denses*) dans l'espace des classes de conjugaison de $G_{\ell,E}$. Autrement dit:

12.3? *Soit μ la mesure de Haar de $G_{\ell,E}$, normalisée de telle sorte que sa masse totale soit égale à* 1. *Si U est une partie ouverte et fermée de $G_{\ell,E}$, stable par conjugaison, l'ensemble des v tels que $F_{\ell,E,w}$ appartienne à U a une densité égale à $\mu(U)$.*

(Le même énoncé vaut, plus généralement, pour toute partie U de $G_{\ell,E}$, stable par conjugaison, dont la frontière est de mesure nulle pour μ.)

On conjecture:

12.4? *L'élément de Frobenius $F_{\ell,E,w}$ est semi-simple* (comme automorphisme de $V_\ell(E)$).

12.5? *Le polynôme caractéristique de $F_{\ell,E,w}$ est à coefficients dans $\mathbf{Q}$; il ne dépend pas de ℓ* (pourvu que $\ell \neq p_v$) ; *si E est pur de poids i, ses racines dans $\overline{\mathbf{Q}}$ sont de valeur absolue $Nv^{-i/2}$* (ce sont des "Nv-nombres de Weil" de poids $-i$).

Exemple. D'après Weil, 12.4 et 12.5 sont vrais pour les motifs des variétés abéliennes, i.e., pour l'homologie (ou la cohomologie) de dimension 1. En dimension supérieure, on sait peu de chose sur 12.4; la situation est meilleure pour 12.5: grâce à Deligne (cf. [**4, 5**]), on sait que 12.5 est vraie pour la cohomologie de dimension i quelconque d'une variété propre et lisse ayant bonne réduction en v.

La variété des classes de conjugaison de $G_{M(E)}$. Si G est un $\mathbf{Q}$-groupe algébrique réductif, d'algèbre affine A, on peut faire agir G sur A par automorphismes intérieurs. Notons A^G la sous-algèbre de A formée des éléments fixés par G; c'est l'algèbre des *fonctions centrales* sur G. La $\mathbf{Q}$-

variété Spec A^G sera notée Cl G. On l'appelle la *variété des classes de conjugaison* de G; si Ω est une extension algébriquement close de $\mathbf{Q}$, les points de Cl G à valeurs dans Ω correspondent bijectivement aux *classes de conjugaison semi-simples* de $G(\Omega)$. La dimension de Cl G est égale au *rang* de G, c'est-à-dire à la dimension d'un tore maximal de G.

Appliquons ceci à $G = G_{M(E)}$. Si E a bonne réduction en v, et si $\ell \neq p_v$, l'élément de Frobenius $F_{\ell,E,w}$ définit un élément $F_{\ell,E,v}$ de Cl $G_{M(E)}(\mathbf{Q}_\ell)$ ne dépendant que de v. On déduit de 12.5 (appliqué aux divers motifs de $M(E)$):

12.6? *L'élément* $F_{\ell,E,v}$ *de* Cl $G_{M(E)}(\mathbf{Q}_\ell)$ *est rationnel sur* $\mathbf{Q}$, *et est indépendant de* ℓ.

Cet élément sera noté $F_{E,v}$; il appartient à Cl $G_{M(E)}(\mathbf{Q})$.

Remarque. La variété Cl $G_{M(E)}$ ne change pas par torsion intérieure de $G_{M(E)}$; à isomorphisme canonique près, elle ne dépend donc pas du plongement σ de k dans $\mathbf{C}$ choisi au début; il en est de même de $F_{E,v}$.

Exemples.

(i) Si E est le *motif de Tate*, on a Cl $G_{M(E)} = G_{M(E)} = \mathbf{G}_m$, et $F_{E,v}$ est égal à Nv, vu comme élément de $\mathbf{G}_m(\mathbf{Q}) = \mathbf{Q}^*$.

(ii) Si $k = \mathbf{Q}$, et si E est le *motif de Ramanujan*, on a $G_{M(E)} = \mathbf{GL}_2$. L'algèbre A^G correspondante est $\mathbf{Q}[t, d, d^{-1}]$, où t est la trace et d le déterminant; cela permet d'identifier Cl $\mathbf{GL}_2$ à la variété des polynômes quadratiques $X^2 - tX + d$, où d est inversible. Avec cette identification, la classe de Frobenius $F_{E,p}$ associée à un nombre premier p est égale au couple

$$(t, d) = (\tau(p), p^{11}),$$

où τ est la fonction de Ramanujan, cf. [**29**].

Tores de Frobenius. Avec les notations ci-dessus, soit $H_{\ell,E,w}$ le plus petit sous-groupe algébrique de $G_{M(E)/\mathbf{Q}_\ell}$ qui contienne $F_{\ell,E,w}$. Il résulte de 12.4 que $H_{\ell,E,w}$ est un groupe de type multiplicatif; son groupe des caractères est le groupe $X_{E,v}$ engendré par les valeurs propres de $F_{\ell,E,w}$. D'après 12.5, ce groupe a une $\mathbf{Q}$-*structure* naturelle, qui correspond à l'action de $\Gamma_\mathbf{Q}$ sur $X_{E,v}$ (c'est l'unique $\mathbf{Q}$-structure pour laquelle l'élément de Frobenius est rationnel). A isomorphisme près, ce groupe ne dépend, ni du choix de ℓ, ni du choix de w; nous le noterons $H_{E,v}$. Sa composante neutre $T_{E,v} = (H_{E,v})^0$ est un tore, le *tore de Frobenius* de v; on a $H_{E,v} = T_{E,v}$ si et seulement si $X_{E,v}$ ne contient aucune racine de l'unité $\neq 1$. On peut considérer $H_{E,v}$ et $T_{E,v}$ comme des sous-groupes de $G_{M(E)}$, définis sur $\overline{\mathbf{Q}}$, à conjugaison près par $G_{M(E)}(\overline{\mathbf{Q}})$. Les conjectures faites plus haut entraînent:

12.7? *On a* $\mathbf{w}(\mathbf{G}_m) \subset T_{E,v}$.

12.8? *Lorsque* v *varie, les groupes* $H_{E,v}$ *et* $T_{E,v}$ *sont en nombre fini, modulo conjugaison par* $G_{M(E)}(\overline{\mathbf{Q}})$.

On peut se demander dans quel cas $H_{E,v}$ (ou $T_{E,v}$) est un *tore maximal* de $G_{M(E)}$. Cela se produit souvent. Plus précisément:

12.9? *L'ensemble des* v *tels que* $H_{E,v}$ *soit un tore maximal de* $G_{M(E)}$ (auquel cas $T_{E,v} = H_{E,v}$) *est un ensemble infini de densité* $1/c_E$, *où* c_E *est l'ordre du groupe* $G_{M(E)}/G^0_{M(E)}$.

En particulier, cet ensemble est de densité 1 si et seulement si $G_{M(E)}$ est connexe.

EXEMPLE. Si E est une courbe elliptique, ses tores de Frobenius sont de deux types:

(i) $T_{E,v}$ est un tore de dimension 2 (tore maximal) si la réduction de E en v est ordinaire;

(ii) $T_{E,v} = \mathbf{G}_m$ (tore des homothéties, cf. 12.7) si la réduction de E en v est supersingulière.

On a $H_{E,v} = T_{E,v}$ dans le cas (i), et $(H_{E,v} : T_{E,v}) = 1, 2, 3, 4$ ou 6 dans le cas (ii).

REMARQUE. Supposons satisfaite la propriété suivante:

12.10. Il existe une $\mathbf{Z}$-forme L de E (cf. n° 10) et un nombre premier ℓ tels que l'action de Γ_k sur $L/\ell L$ (resp. sur $L/4L$ si $\ell = 2$) soit triviale.

On peut alors montrer que l'on a $H_{E,v} = T_{E,v}$ pour tout v, et que le groupe $G_{M(E)}$ est connexe (la démonstration est la même que celle de [**2**, prop. 3.6]).

Places ramifiées. Une bonne partie de ce qui précède peut s'étendre aux places v qui sont ramifiées:

Soit v une telle place, et soit $\ell \neq p_v$. Notons $D^{\text{alg}}_{\ell,E,w}$ et $I^{\text{alg}}_{\ell,E,w}$ les adhérences pour la topologie de Zariski des groupes de décomposition et d'inertie $D_{\ell,E,w}$ et $I_{\ell,E,w}$ introduits au début de ce n°. Ce sont des sous-groupes algébriques de $G_{M(E)/\mathbf{Q}_\ell}$. D'après un argument de Grothendieck (unipotence de la monodromie, cf. [**36**, Appendice]), on a:

12.11. *La composante neutre du groupe d'inertie* $I^{\text{alg}}_{\ell,E,w}$ *est un groupe unipotent de dimension* 0 *ou* 1.

Il paraît raisonnable de conjecturer:

12.12? *Le quotient* $D^{\text{alg}}_{\ell,E,w}/I^{\text{alg}}_{\ell,E,w}$ *est un groupe de type multiplicatif; il possède une* $\mathbf{Q}$*-structure et une seule pour laquelle l'image de l'élément de Frobenius de* $D_{\ell,E,w}/I_{\ell,E,w}$ *est rationnelle sur* $\mathbf{Q}$; *le* $\mathbf{Q}$*-groupe algébrique ainsi défini ne dépend pas de* ℓ (pourvu que $\ell \neq p_v$).

Pour énoncer une généralisation de 12.5, il est commode d'introduire la terminologie suivante: soit G un $\mathbf{Q}$-groupe algébrique, soient K_1 et K_2

deux extensions de $\mathbf{Q}$, et soient H_1 et H_2 des sous-groupes algébriques de $G_{/K_1}$ et de $G_{/K_2}$ respectivement. On dira que H_1 est *géométriquement conjugué* à H_2 (relativement à $\mathbf{Q}$) si, pour tout corps algébriquement clos Ω, et tout couple de plongements $K_1 \to \Omega$, $K_2 \to \Omega$, les groupes $H_{1/\Omega}$ et $H_{2/\Omega}$ sont conjugués dans $G_{/\Omega}$.

On peut alors conjecturer:

12.13? *Si ℓ_1 et ℓ_2 sont deux nombres premiers distincts de p_v, les groupes $D^{\mathrm{alg}}_{\ell_1,E,w}$ et $D^{\mathrm{alg}}_{\ell_2,E,w}$ sont géométriquement conjugués; il en est de même pour les groupes d'inertie $I^{\mathrm{alg}}_{\ell_1,E,w}$ et $I^{\mathrm{alg}}_{\ell_2,E,w}$.*

Remarques.

1) Le groupe $I^{\mathrm{alg}}_{\ell,E,w}$ est *fini* si et seulement si E a *potentiellement bonne réduction en* v, i.e. acquiert bonne réduction après extension finie de k. Le cas où $I^{\mathrm{alg}}_{\ell,E,w}$ est *connexe* mérite d'être appelé *semi-stable*.
2) Si la condition 12.10 est satisfaite, les groupes $D^{\mathrm{alg}}_{\ell,E,w}$ et $I^{\mathrm{alg}}_{\ell,E,w}$ sont connexes; en particulier, E est semi-stable au sens ci-dessus.

13. Equirépartition des éléments de Frobenius. Les notations sont les mêmes qu'au n° 12: k est un corps de nombres, et E un k-motif.

Le groupe $G^1_{M(E)}$. Soient G^1_M le noyau de l'homomorphisme $\mathbf{t}: G_M \to \mathbf{G}_m$ du n° 5, et $G^1_{M(E)}$ l'image de G^1_M dans $G_{M(E)}$ par la projection $G_M \to G_{M(E)}$. Le groupe $G^1_{M(E)}$ est un $\mathbf{Q}$-sous-groupe normal de $G_{M(E)}$. On a

$$G_{M(E)} = \mathbf{w}(\mathbf{G}_m) \cdot G^1_{M(E)}.$$

Le quotient $G_{M(E)}/G^1_{M(E)}$ est, soit trivial, soit isomorphe à $\mathbf{G}_m$.

Lorsque E domine le motif de Tate, $G^1_{M(E)}$ est égal au noyau de l'homomorphisme

$$\mathbf{t}: G_{M(E)} \to \mathbf{G}_m, \qquad \text{cf. n° 5}.$$

Exemples.

(i) Si E est un motif d'Artin, ou un motif tel que $G_{M(E)}$ soit semi-simple, on a $G^1_{M(E)} = G_{M(E)}$.
(ii) Si E est une courbe elliptique sans multiplications complexes (cf. 4.3), on a $G_{M(E)} \cong \mathbf{GL}_2$ et $G^1_{M(E)} \cong \mathbf{SL}_2$. Même chose pour le motif de Ramanujan.

Equirépartition. Soit Σ l'ensemble des places de k où E n'a pas bonne réduction. C'est un ensemble fini (cf. n° 12). Si $v \notin \Sigma$ (et si l'on accepte les conjecture déjà faites), on peut parler de la *classe de Frobenius* de v, qui est un élément $F_{E,v}$ de $G_{M(E)}(\mathbf{C})$, défini à conjugaison près, et dont la classe de conjugaison est rationnelle sur $\mathbf{Q}$, cf. 12.5. On peut multiplier cet élément par $\mathbf{w}(Nv^{1/2})$, qui appartient au centre de $G_{M(E)}(\mathbf{R})$. On obtient ainsi

$$\varphi_{E,v} = \mathbf{w}(Nv^{1/2}) \cdot F_{E,v}. \tag{13.1}$$

Cette normalisation "analytique" de la classe de Frobenius a l'avantage que l'on a

$$\varphi_{E,v} \in G^1_{M(E)}(\mathbf{C}), \tag{13.2}$$

du fait que $\mathbf{tw}(Nv^{1/2}) = Nv^{-1}$.

Comme l'application $\mathrm{Cl}\, G^1_{M(E)} \to \mathrm{Cl}\, G_{M(E)}$ est injective, la classe de $\varphi_{E,v}$ dans $G^1_{M(E)}(\mathbf{C})$ est bien définie. (Noter que cette classe n'est pas rationnelle sur $\mathbf{Q}$ en général; elle est seulement rationnelle sur $\mathbf{Q}(p_v^{1/2})$.)

Soit maintenant K un *sous-groupe compact maximal* de $G^1_{M(E)}(\mathbf{C})$, ou, ce qui revient au même, une *forme réelle compacte de* $G^1_{M(E)}$ au sens de Deligne [**6**, p. 255]. Soit $\mathrm{Cl}\, K$ l'espace des classes de conjugaison de K; c'est un sous-espace de $\mathrm{Cl}\, G^1_{M(E)}(\mathbf{C})$. On vérifie facilement:

13.3. *Soit* $x \in G^1_{M(E)}(\mathbf{C})$. *Supposons* x *semi-simple. Pour que la classe de conjugaison de* x *appartienne à* $\mathrm{Cl}\, K$, *il faut et il suffit que, pour toute représentation linéaire* r *de* $G^1_{M(E)}$, *les valeurs propres de* $r(x)$ *soient de module* 1.

(On peut prendre r définie sur $\mathbf{C}$, ou sur $\mathbf{Q}$: cela revient au même.)

En appliquant ceci à $\varphi_{E,v}$, et en utilisant 12.5, on en déduit:

13.4? *La classe de conjugaison de* $\varphi_{E,v}$ *appartient à* $\mathrm{Cl}\, K$.

Munissons $\mathrm{Cl}\, K$ de la mesure μ image par la projection $K \to \mathrm{Cl}\, K$ de la *mesure de Haar normalisée* du groupe compact K. La *conjecture d'équirépartition* (à la Sato-Tate) des classes de Frobenius s'énonce de la façon suivante:

13.5? *Les classes des* $\varphi_{E,v}$ *sont équiréparties dans* $\mathrm{Cl}\, K$ *pour la mesure* μ.

(Précisons que l'on ordonne les places de K non dans Σ de telle sorte que $v \mapsto Nv$ soit une fonction croissante.)

De même que dans le cas ℓ-adique (cf. 12.3), cet énoncé équivaut à:

13.6? *Soit* U *une partie de* K, *stable par conjugaison, et dont la frontière est de mesure nulle pour* μ. *Alors l'ensemble des* v *tels que* $\varphi_{E,v}$ *appartienne à* U *a une densité égale à* $\mu(U)$.

Des arguments standard (cf. e.g. [**27**, chap. I, App.]) permettent de transformer 13.4 et 13.5 en les deux formes équivalentes suivantes:

13.7? *Pour tout fonction continue centrale* f *sur* K, *on a*

$$\sum_{Nv \leq X} f(\varphi_{E,v}) = \mu(f)X/\log X + o(X/\log X) \quad pour\ X \to \infty,$$

où $\mu(f)$ *est l'intégrale de* f *pour* μ.

13.8? *Pour toute représentation linéaire complexe irréductible* r *de* $G^1_{M(E)}$, *distincte de la représentation unité, on a*

$$\sum_{Nv \leq X} \operatorname{Tr} r(\varphi_{E,v}) = o(X/\log X) \quad pour\ X \to \infty.$$

(Précisons que, dans cette formule comme dans celle de 13.7, la sommation porte sur les places v de k de norme $\leq X$ *n'appartenant pas à l'ensemble fini* Σ.)

Relations avec les fonctions L. La conjecture 13.8 devrait résulter d'un énoncé plus précis, relatif à la fonction L_r définie par

$$L_r(s) = \prod_{v \notin \Sigma} 1/\det(1 - r(\varphi_{E,v})Nv^{-s}). \tag{13.9}$$

D'après 13.4, ce produit converge absolument pour $\operatorname{Re}(s) > 1$. La conjecture suivante entraîne 13.8 (cf. **[40]** et **[27]**, *loc. cit.*):

13.10? *La fonction* $L_r(s)$ *se prolonge en une fonction méromorphe dans tout le plan complexe, d'ordre* ≤ 1; *elle est holomorphe et* $\neq 0$ *sur la droite* $\operatorname{Re}(s) = 1$.

(Rappelons que la représentation irréductible r est supposée $\neq 1$.)

Pour plus de détails sur les fonctions L_r (facteurs locaux aux mauvaises places, termes exponentiels, facteurs gamma, équation fonctionnelle, relations avec la théorie des représentations, holomorphie, hypothèse de Riemann ...), voir par exemple **[3, 7, 20, 21, 28, 37, 40]**.

Exemples.

13.11. Les conjectures 13.5 à 13.10 ci-dessus sont démontrées lorsque E est un *motif d'Artin* (grâce à Chebotarev et Artin), ou un *motif de type* CM (grâce à Hecke).

13.12. Soit $k = \mathbf{Q}$. Choisissons pour E le *motif de Ramanujan.* On a $\Sigma = \varnothing$, $G^1_{M(E)} \cong \mathbf{SL}_2$ et $K \cong \mathbf{SU}_2(\mathbf{C})$. Si p est un nombre premier, et si l'on écrit $\tau(p)$ sous la forme

$$\tau(p) = 2p^{11/2}\cos(\alpha_p), \quad \text{avec } 0 \leq \alpha_p \leq \pi,$$

on peut prendre pour représentant de $\varphi_{E,p}$ la matrice unitaire

$$\begin{pmatrix} e^{i\alpha_p} & 0 \\ 0 & e^{-i\alpha_p} \end{pmatrix},$$

qui est de déterminant 1, et dont la trace est $a_p = \tau(p)/p^{11/2} = 2\cos(\alpha_p)$. L'espace $\mathrm{Cl}\,K$ s'identifie à l'intervalle $[0, \pi]$, la mesure μ étant la *mesure de Sato-Tate* $\frac{2}{\pi}\sin^2\alpha\, d\alpha$. La conjecture 13.5 dit que *les* α_p *sont équirépartis sur* $[0, \pi]$ *pour cette mesure.* En utilisant 13.8, on peut reformuler ceci en termes des "moments" de la suite des a_p :

13.13? *Pour tout entier* $n \geq 1$, *on a*

$$\sum_{p\leq X}(a_p)^n = c_n X/\log X + o(X/\log X) \quad \textit{pour } X \to \infty,$$

où c_n *est donné par*

$$c_n = \begin{cases} 0 & \textit{si } n \textit{ est impair} \\ (m+2)(m+3)\cdots(m+m)/m! & \textit{si } n = 2m. \end{cases}$$

(Les premières valeurs des c_n sont: 0,1,0,2,0,5,0,14,0,42,... .)

On sait démontrer 13.13 pour $n = 1, 2, 3, 4$ et il y a un résultat partiel pour $n = 5$, cf. Shahidi [**37**].

La situation est la même pour les courbes elliptiques sur $\mathbf{Q}$ (ce qui est le cas envisagé initialement par Sato et Tate, cf. [**40**]), pourvu que l'on sache que ces courbes sont "modulaires".

Bibliographie

1. G. Anderson, *Cyclotomy and an extension of the Taniyama group*, Comp. Math. **57** (1986), 153–217.
2. W. Chi, *ℓ-adic and λ-adic representations associated to abelian varieties defined over number fields*, Amer. J. Math. **114** (1992), 315–354.
3. L. Clozel, *Motifs et formes automorphes: Applications du principe de fonctorialité*, Automorphic Forms, Shimura Varieties and *L*-functions, vol. I, 77–159, Academic Press, 1990.
4. P. Deligne, *La conjecture de Weil* I, Inst. Hautes Études Sci. Publ. Math. **43** (1974), 273–307.
5. ——, *La conjecture de Weil* II, Inst. Hautes Études Sci. Publ. Math. **52** (1980), 137–252.
6. ——, *Variétés de Shimura: Interprétation modulaire, et techniques de construction de modèles canoniques*, Proc. Sympos. Pure Math. **33** (1979), vol. 2, 247–289.
7. ——, *Valeurs de fonctions L et périodes d'intégrales*, Proc. Sympos. Pure Math. **33** (1979), vol. 2, 313–346.
8. ——, *Hodge cycles on abelian varieties* (notes by J. S. Milne), Lect. Notes in Math. **900** (1982), 9–100.
9. ——, *Motifs et groupe de Taniyama*, Lect. Notes in Math. **900** (1982), 261–279.
10. P. Deligne et J. S. Milne, *Tannakian categories*, Lect. Notes in Math. **900** (1982), 101–228.
11. G. Faltings, *Endlichkeitssätze für abelschen Varietäten über Zahlkörpern*, Invent. Math. **73** (1983), 349–366; *Erratum*, ibid. **75** (1984), 381.
12. G. Faltings, G. Wüstholz et al, *Rational Points*, Vieweg, 1984.
13. J.-M. Fontaine et W. Messing, *p-adic periods and p-adic étale cohomology*, Current Trends in Arithmetical Algebraic Geometry, Contemp. Math., vol. 67, Amer. Math. Soc., Providence, RI, 1987, pp. 179–207.
14. A. Grothendieck, *Standard conjectures on algebraic cycles*, Bombay Colloquium on Algebraic Geometry, Oxford, 1969, pp. 193–199.

15. ——, *Groupes de Monodromie en Géométrie Algébrique* (SGA 7 I), Lect. Notes in Math. **288** (1972).
16. U. Jannsen, *Motives, numerical equivalence, and semi-simplicity*, Invent. Math. **107** (1992), 447–452.
17. S. Kleiman, *Algebraic cycles and the Weil conjectures*, Dix exposés sur la cohomologie des schémas, North-Holland, 1968, pp. 359–386.
18. ——, *Motives*, Algebraic Geometry, Wolters-Noordhoff, Groningen, 1972, pp. 53–82.
19. S. Lang, *Division points on curves*, Ann. Mat. Pura Appl. **70** (1965), 229–234.
20. R. P. Langlands, *Euler Products*, notes polycopiées, Yale Univ., 1967.
21. ——, *Automorphic representations, Shimura varieties, and motives. Ein Märchen*, Proc. Sympos. Pure Math. **33** (1979), vol. 2, 205–246.
22. J. S. Milne et K-y. Shih, *Langlands's construction of the Taniyama group*, Lect. Notes in Math. **900** (1982), 229–260.
23. D. Mumford, *Families of abelian varieties*, Algebraic Groups and Discontinuous Subgroups, Proc. Sympos. Pure Math. **9** (1966), 347–351.
24. ——, *A note of* (sic) *Shimura's paper "Discontinuous groups and abelian varieties"*, Math. Ann. **181** (1969), 345–351.
25. N. Saavedra Rivano, *Catégories Tannakiennes*, Lect. Notes in Math. **265** (1972).
26. N. Schappacher, *Periods of Hecke characters*, Lect. Notes in Math. **1301** (1988).
27. J.-P. Serre, *Abelian ℓ-adic representations and elliptic curves*, Benjamin, New York, 1968; seconde édition, Addison-Wesley, Redwood City, 1989.
28. ——, *Facteurs locaux des fonctions zêta des variétés algébriques* (*définitions et conjectures*), Sém. DPP 1969–1970, exposé **19** (= Oe.87).
29. ——, *Congruences et formes modulaires* (*d'après H. P. F. Swinnerton-Dyer*), Sém. Bourbaki 1971/72, n° 416, Lect. Notes in Math. **317** (1973) (= Oe.95).
30. ——, *Représentations ℓ-adiques*, Kyoto Symposium on Number Theory, 1977, pp. 177–193 (= Oe.112),
31. ——, *Groupes algébriques associés aux modules de Hodge-Tate*, Astérisque **65** (1979), 155–188 (= Oe.119).
32. ——, *Résumés des cours au Collège de France*, Annuaire du Collège de France (1984–1985), 85–90.
33. ——, *Résumés des cours au Collège de France*, Annuaire du Collège de France (1985–1986), 95–99.
34. ——, *Lectures on the Mordell-Weil Theorem*, Vieweg, 1989.
35. ——, *Motifs*, Astérisque **198-199-200** (1992), 333–349.
36. J.-P. Serre et J. Tate, *Good reduction of abelian varieties*, Ann. of Math. **88** (1968), 492–517 (= J.-P. Serre, Oe.79).
37. F. Shahidi, *Automorphic L-functions, A Survey*, Automorphic Forms, Shimura Varieties and L-Functions, vol. I, Acad. Press, 1990, pp. 415–437.
38. G. Shimura, *On analytic families of polarized abelian varieties and automorphic functions*, Ann. of Math. **78** (1963), 149–192.
39. ——, *Moduli and fibre systems of abelian varieties*, Ann. of Math. **83** (1966), 294–338.
40. J. Tate, *Algebraic cycles and poles of zeta functions*, Arithmetical Algebraic Geometry, Harper and Row, New York, 1965, pp. 93–110.
41. J.-P. Wintenberger, *Torseur entre cohomologie étale p-adique et cohomologie cristalline: le cas abélien*, Duke Math. J. **62** (1991), 511–526.
42. ——, *Torseurs pour les motifs et pour les représentations p-adiques potentiellement de type CM*, Math. Ann. **288** (1990), 1–8.

162.

A letter as an appendix to the square-root parameterization paper of Abhyankar

Algebraic Geometry and its Applications
(C. L. Bajaj edit.), Springer-Verlag (1994), 85–88

Dear Abhyankar,

I received two days ago your preprint "Square–root ..." containing the $SL(2,8)$–extension in char. 7.

As I told you in Paris, I suspected from the beginning that this extension could be constructed from a similar extension in char. 0. I have now checked (with the help of Mestre and of old papers by Fricke and Goursat) that this is indeed the case. Let me explain how this is done:

Notation: $G = SL(2,8)$, the unique simple group of order 504; I put $G.3 = \mathrm{Aut}(G)$, as in the ATLAS.

The group $G.3$ has a natural embedding in the alternating group A_9 (action on the points of the projective line over F_8 by fractional transformations composed with Galois conjugation).

One can generate G by three elements x, y, z with the relations

$$xyz = 1, \quad x^2 = y^3 = z^7 = 1.$$

As elements of A_9, x is of type 2^4 (product of 4 disjoint transpositions), y of type 3^3 and z of course of type 7. Conversely, any three elements of A_9 of such types, with product 1, generate a subgroup isomorphic to G (this can be checked e.g. on character tables, as explained in my Harvard notes).

The G–covering of the line in char. 0

Because of the above relations, we know that there is a covering of the projective line with group G, which is ramified at $1, 0, \infty$, with ramification groups generated by x, y, z as above. It turns out that this covering has been written explicitly by Fricke (Math. Ann. 52 (1899), 321-339). The curve corresponding to the Galois extension has genus 7, and one finds nice equations for it in a paper of Macbeath (Proc. London Math. Soc. 15 (1965), 527-542, – see also Wohlfahrt, Glasgow Math. J. 27 (1985), 239-247). However, it is more convenient to use the degree 9 covering corresponding to the embedding of G in A_9. It turns out (genus formula!)

that this covering has genus 0. Hence we can view it as given by a rational function $t = F(u)$ of degree 9. Because of the very demanding ramification properties of our covering, the function F has the following properties (for a suitable normalisation of u):

a) $F(u)$ is of the form $p_9(u)/p_2(u)$, where p_i means a polynomial of degree i;

b) p_9 is a cube: $p_9 = p_3^3$, where $p_3 = u^3 + au^2 + bu + c$; moreover: $p_9 - p_2 = up_4(u)^2$, where $p_4 = u^4 + du^3 + \ldots + g$.

(These conditions express the ramification at $\infty, 0$ and 1 respectively.)

If one writes p_2 as $hu^2 + iu + j$, one gets a system of identities on the coefficients $a, b, c, \ldots, j$ which **determines** them, up to a homogeneity factor. The computation was done for me by J-F. Mestre (but it had been done 103 years earlier by Goursat, according to what Fricke says). The result is:

$$a = 4, \quad b = 10, \quad c = 6, \quad d = 6, \quad e = 21,$$

and

$$f = 35, \quad g = 63/2, \quad h = 27, \quad i = 351/4, \quad j = 216.$$

(You will have fun to check this on your computer.)

The conclusion of all this is that *the 9–degree equation*

$$p_3(u)^3 - tp_2(u) = 0$$

defines a degree 9 *extension of* $\mathbf{C}(t)$ *with Galois group* $G \subset A_9$.

Notice however that the coefficients of the equation belong to $\mathbf{Q}$ (could this be proved a priori ? I suspect it could). Hence one can play the game over $\mathbf{Q}$ and ask what the Galois group is over $\mathbf{Q}(t)$. Answer: it is not G, but the slightly bigger group $G.3$; moreover, the "3" (i.e. the constant field extension inside the Galois closure) is the cubic extension of $\mathbf{Q}$ given by $2cos(2\pi/7)$, i.e. by the root z of the equation

$$z^3 + z^2 - 2z - 1 = 0.$$

(Sketch of proof: the new Galois group contains G as a normal subgroup; but the normalizer of G in A_9 is $G.3$; hence the Galois group we want is either G or $G.3$. But an easy ramification argument shows that the Galois field we have contains $\mathbf{Q}(z)$. Hence the result.)

From characteristic 0 **to characteristic** 7

Let me explain the strategy first. I shall make some rescaling on the variables t and u in such a way that F "reduces well" mod 7, with the important difference that the ramification points of order 2 and 7 will be "fused" in one point. Hence we shall get a G–extension of the projective line in char. 7 which is ramified at *two points* only: one of them (infinity, say) with inertia group the dihedral group D_7 of order 14, and the other one with tame ramification of order 3 (at 0, say). By using your lemma, one makes the tame ramification disappear. Hence a covering of the affine line with Galois group G. By writing down explicit equations. one finds that it is isomorphic to yours, i.e., given by $Y^9 - XY^7 + 1 = 0$.

Here are the details of the computation:

Rescaling: The first step is to replace the variable u by v. with $v = u-1$. The new coefficients of the p_i polynomials become:

$p_2 \to 27.\ 567/4.\ 1323/4$ (note that $567 = 3^4 \cdot 7$ and $1323 = 3^3 \cdot 7^2$)

$p_3 \to 1.\ 7,\ 21,\ 21$.

p_4 does not matter.

The essential point is the divisibility by 7 of the coefficients of p_2 and p_3. To take advantage of this. one makes a further change of variable

$$v = w\lambda \quad \text{where} \quad \lambda = 7^{1/3}.$$

We have thus

$p_2 = 27\lambda^2(w^2 + \ldots)$

$p_3 = \lambda^3(w^3 + \ldots + 3)$.

where the unwritten coefficients are all divisible by λ. If we put

$$T = \lambda^{-7}t,$$

we have

$$T = (w^3 + \ldots + 3)^3/27(w^2 + \ldots).$$

We can now safely reduce mod λ, i.e. go to char. 7. We then find that the rational function T is given by

$$T = -(w^3 + 3)^3/w^2 \qquad \text{(note that } 27 = -1 \text{ in char. 7).}$$

The upshot of this is that the 9-degree equation

$$(w^3 + 3)^3 + Tw^2 = 0$$

has Galois group (in char. 7) the group G (a priori we could get a subgroup of G, but by looking at the ramification, we see that it is the full group G - moreover, this works over the ground field F_7 itself).

More changes of variables

Let $p = (w^3 + 3)/w$: one checks that $w = -T/p^3$ and the equation connecting T and the new variable p is:

$$3p^9 + Tp^7 - T^3 = 0.$$

Put $T = X^3$ and $Y = p/X$.

We then have:

$3Y^9 + XY^7 - 1 = 0$.

This is not quite your equation, but becomes so by replacying Y by WY and X by $3W^2X$ where W is an element in the ground field (which is assumed to be algebraically closed). [1]

---

[1] Here I am correcting a computational mistake in Serre's original letter – Abhyankar.

I suspect (but I have not proved) that there is a "modular" interpretation for all these little miracles. It should be something like the following:

Let $K = \mathbf{Q}(z)$ be the cubic field considered above. Let D be the quaternion algebra with center K which is ramified at two of the three real places of K, and nowhere else. Let $O(D)$ be a maximal order of D (there should be only one, up to conjugation). Let Γ be the group of units of $O(D)$ of reduced norm 1. The group $\Gamma/(\pm 1)$ can be viewed as a discrete subgroup with compact quotient of $PSL_2(\mathbf{R})$ and should be the triangle group $(2, 3, 7)$ (this must have been checked by K. Takeuchi, J. Math. Soc. Japan 29 (1977), 91-106 - see also Fricke-Klein, Vorl. autom. Funkt., Bd.I, 610-611). The congruence subgroup $\Gamma(2)$ of Γ (mod 2) is such that $\Gamma/\Gamma(2) = SL(2, 8)$ (notice that the residue field of K at the prime 2 is F_8). The Riemann surface associated with Γ (resp. with $\Gamma(2)$) should be the projective line (resp. the genus 7 curve studied by Fricke and Macbeath) and the covering given by the inclusion $\Gamma(2) \to \Gamma$ should be our G–Galois covering. Hence we may view this covering as a "**Shimura curve**" of level 2, relative to K and the quaternion algebra D. The rather surprising good reduction at 7 of this curve can probably be obtained from general theorems.

Even if all this turns out to be correct, there will still be one miracle left unexplained: *why is this* 9 *degree equation so simple in characteristic* 7?

163.

(avec E. Bayer-Fluckiger)

Torsions quadratiques et bases normales autoduales

Amer. J. Math. **116** (1994), 1–63

Introduction. Soient K un corps de caractéristique $\neq 2$ et L une extension finie séparable de K. L'un des invariants les plus souvent étudiés du couple (L, K) est la forme quadratique $q_L : L \to K$, dite *forme trace*, définie par

$$q_L(x) = \mathrm{Tr}_{L/K}(x^2).$$

Lorsque L/K est galoisienne de groupe de Galois G, cette forme est invariante par G. On obtient ainsi ce que l'on appelle une *G-forme quadratique*, cf. n°1.2. C'est un invariant de L/K plus précis que la seule forme q_L (il détermine non seulement q_L, mais aussi tous les q_E pour $K \subset E \subset L$, cf. n°1.4). C'est à cet invariant que le présent travail est consacré.

Le cas le plus simple est celui où la G-forme quadratique (L, q_L) est la *forme unité*. Cela signifie que L possède une "*base normale autoduale*" (au sens de [4]), autrement dit qu'il existe $e \in L$ ayant les deux propriétés suivantes:

(i) Les ge $(g \in G)$ forment une base de L ("base normale");

(ii) On a $\mathrm{Tr}_{L/K}(ge.g'e) = \delta_{g,g'}$ si $g, g' \in G$ (la base (ge) est sa propre duale vis-à-vis de la forme q_L).

De telles bases existent lorsque G est d'ordre impair, cf. [4]. Il n'en est plus de même lorsque G est d'ordre pair. Il semble que la question dépende en grande partie des 2-sous-groupes de Sylow de G, et de leur "fusion." C'est en tout cas ce qui se passe lorsque ces groupes sont de type $(2, \ldots, 2)$, ou sont quaternioniens d'ordre 8, cf. ci-dessous; dans des cas simples, cela permet de donner des *critères cohomologiques* assurant l'existence d'une base normale autoduale.

Le texte est divisé en onze §§, répartis en trois sections:

Premiers exemples (§§1,2,3).
Groupes de Sylow élémentaires et quaternioniens (§§4,5,6,7,8,9).
Compléments (§§10,11).

Leur contenu est le suivant:

Le §1 contient un certain nombre de préliminaires, en particulier sur les *G-algèbres galoisiennes*. Il est en effet essentiel de ne pas se borner aux "extensions galoisiennes" (qui sont des corps), mais d'accepter des G-algèbres quelconques. Cela permet en particulier de remplacer K par une extension convenable de degré impair (ce qui ne change pas le problème, d'après [4]); cette technique nous servira souvent. Si L est une telle G-algèbre, la G-forme quadratique (L, q_L) est déterminée à isomorphisme près par un élément de $H^1(K, U_G)$, où U_G est le groupe unitaire de l'algèbre $K[G]$, cf. 1.5.1.

Cette interprétation cohomologique est utilisée dans les §§2 et 3:

Dans le §2, on suppose que K est un corps de dimension cohomologique ≤ 1; dans ce cas, la classe d'isomorphisme de (L, q_L) dépend seulement d'invariants appartenant à $H^1(K, \mathbf{Z}/2\mathbf{Z})$, cf. 2.2.3.

Dans le §3, K est un corps de nombres algébriques. On montre que, si $H^1(G, \mathbf{Z}/2\mathbf{Z}) = H^2(G, \mathbf{Z}/2\mathbf{Z}) = 0$, alors une G-algèbre galoisienne L a une base normale autoduale si et seulement si ses "Frobenius réels" sont triviaux.

Les §§4 et 5 contiennent divers résultats auxiliaires, notamment sur les formes quadratiques, et sur les foncteurs "induction" et "restriction". Ces résultats sont utilisés aux §§6,7,8, où l'on suppose qu'un 2-sous-groupe de Sylow S de G est abélien élémentaire de rang $r \geq 1$. Le cas le plus simple est celui où le normalisateur de S opère transitivement sur $S-\{1\}$, i.e. où G a une seule classe d'éléments d'ordre 2. Si L est une G-algèbre galoisienne, on lui associe alors une *r-forme de Pfister*, qui *détermine la G-forme quadratique (L, q_L) à isomorphisme près* (cf. 6.6.1—on trouvera un énoncé plus général dans 6.4.1). Ce résultat est particulièrement utile lorsque le rang r de S est ≤ 4, car il permet de *caractériser* (L, q_L) par un élément du groupe de cohomologie $H^r(K, \mathbf{Z}/2\mathbf{Z})$, cf. 7.5.4. Ainsi, par exemple, si G est égal à $\mathbf{SL}_2(\mathbf{F}_8)$, ou au groupe de Janko J_1, l'existence d'une base normale autoduale *équivaut à la nullité d'un certain élément de* $H^3(K, \mathbf{Z}/2\mathbf{Z})$, à savoir l'image de l'unique élément non nul de $H^3(G, \mathbf{Z}/2\mathbf{Z})$.

Le §9 complète les précédents en traitant le cas où un 2-sous-groupe de Sylow de G est quaternionien d'ordre 8. Ici encore, on obtient un invariant dans $H^3(K, \mathbf{Z}/2\mathbf{Z})$.

Le §10 contient deux contre-exemples montrant que l'existence d'une base normale autoduale ne peut pas toujours se lire sur la cohomologie (mod 2).

Enfin, le §11 explique le rôle de (L, q_L) lorsqu'on utilise L pour *tordre* (au sens galoisien du terme) un espace vectoriel muni de tenseurs: si tous ces tenseurs sont quadratiques, le résultat de la torsion ne dépend que de la G-forme quadratique (L, q_L), cf. 11.2.2; en particulier, si L a une base normale autoduale, la torsion par L n'a aucun effet.

L'un des auteurs (E.B-F.) a bénéficié d'une subvention du Fonds National Suisse de la Recherche Scientifique, et l'en remercie.

Table des matières

I. Premiers exemples

1. Préliminaires.

1.1. Notations et conventions. *Cardinal.* Si X est un ensemble fini, son cardinal est noté $|X|$.

Corps de base. On note K un corps commutatif de caractéristique $\neq 2$, K_s une clôture séparable de K, et G_K le groupe de Galois $\mathrm{Gal}(K_s/K)$.

Cohomologie galoisienne. Si A est un groupe algébrique sur K, on note $H^1(K,A)$ l'ensemble pointé $H^1(G_K, A(K_s))$, cf. [19], p. II.3; c'est le "premier ensemble de cohomologie de G_K dans A". Si A est commutatif, on pose de même:

$$H^n(K,A) = H^n(G_K, A(K_s)) \quad \text{pour tout } n \geq 0.$$

Groupes et algèbres de groupes. On note G un groupe fini, et $K[G]$ l'algèbre de G sur K; on munit $K[G]$ de l'involution K-linéaire $x \mapsto x^*$ telle que $g^* = g^{-1}$ pour tout $g \in G$.

Formes quadratiques. Toutes les formes quadratiques considérées sont supposées non dégénérées. Si q est une telle forme, on note $(x,y) \mapsto q(x,y)$ le produit scalaire correspondant, i.e. l'unique forme bilinéaire symétrique telle que $q(x) = q(x,x)$; on a

$$q(x,y) = \frac{1}{2}(q(x+y) - q(x) - q(y)).$$

1.2. *G*-espaces quadratiques. Un *G-espace quadratique* (ou une *G-forme quadratique*) est un couple (V, q), où V est un K-espace vectoriel de dimension finie muni d'une action K-linéaire de G (à gauche), et q est une forme quadratique (non dégénérée, cf. 1.1) sur V invariante par G.

L'espace vectoriel V est un $K[G]$-module à gauche, et q définit sur V une $K[G]$-forme hermitienne non dégénérée $H_q : V \times V \to K[G]$ par la formule

$$H_q(x, y) = \sum_{g \in G} q(x, gy) g.$$

(Inversement, une telle forme hermitienne détermine un G-espace quadratique.)

Exemple. On appelle *G-forme unité* la G-forme quadratique $(K[G], q)$, où q est telle que $q(g, h) = \delta_{g,h}$ (symbole de Kronecker) si $g, h \in G$. La forme hermitienne correspondante est $(x, y) \mapsto xy^*$.

Une G-forme quadratique (V, q) est isomorphe à la G-forme unité si et seulement si V possède une *base normale autoduale*, autrement dit s'il existe $e \in V$ tel que:

(a) les ge, $g \in G$, forment une base de V;

(b) on a $q(e, e) = 1$ et $q(e, ge) = 0$ si $g \neq 1$ (d'où $q(ge, g'e) = \delta_{g,g'}$).

Dans la suite un tel élément e sera appelé un *vecteur basique* de V.

Opérations sur les *G*-formes quadratiques.

Restriction. Si (V, q) est un G-espace quadratique et S un sous-groupe de G, le groupe S opère sur V en fixant q, et l'on obtient ainsi un S-espace quadratique noté $\mathrm{Res}_S^G(V, q)$, ou plus simplement $\mathrm{Res}_S^G V$.

Induction. Soit S un sous-groupe de G, et soit (V, q) un S-espace quadratique. Soit $W = K[G] \otimes_{K[S]} V$ le $K[G]$-module induit de V. Si T est un système de représentants de G/S, W est somme directe des tV, $t \in T$. Il existe sur W une forme quadratique q_W et une seule qui ait les propriétés suivantes:

(a) elle est invariante par G;

(b) elle coïncide avec q sur V;

(c) les sous-espaces tV et $t'V$ sont orthogonaux pour q si $t \neq t'$, $t, t' \in T$.

Le couple (W, q_W) est un G-espace quadratique noté $\mathrm{Ind}_S^G(V, q)$.

1.3. *G*-algèbres galoisiennes.

Définition. Une G-algèbre galoisienne est une K-algèbre commutative L de dimension $n = |G|$ munie d'une action de G satisfaisant aux conditions équivalentes suivantes:

(1) L est étale (i.e. produit d'extensions séparables de K, cf. Bourbaki A V.28), de rang n, et l'action de G sur $X(L) = \mathrm{Hom}^{\mathrm{alg}}(L, K_s)$ est simplement transitive.

(2) Après extension des scalaires à K_s, L devient isomorphe au produit de n copies de K_s, le groupe G permutant de façon transitive les facteurs.

(3) L est l'algèbre affine d'un G-torseur T_L sur K (espace principal homogène à droite sous G, vu comme groupe algèbrique "constant" de dimension 0).

(4) L est étale et la représentation de G dans L est isomorphe à la représentation régulière (i.e. L est un $K[G]$-module libre de rang 1).

Remarques. (a) Dans (3), le G-torseur T_L est Spec(L). L'ensemble de ses K_s-points est $X(L) = \mathrm{Hom}^{\mathrm{alg}}(L. K_s)$, cf. (1). Sur $X(L)$, il y a une action de G à droite (provenant de celle de G sur L) qui en fait un G-ensemble principal homogène; il y a aussi une action de G_K à gauche (provenant de celle de G_K sur K_s) qui commute à la précédente. Inversement, tout ensemble à n éléments muni d'une action de G à droite simplement transitive, et d'une action (continue) de G_K à gauche commutant à l'action de G, définit une G-algèbre galoisienne et une seule.

(b) Les G-algèbres galoisiennes sont parfois appelées "algèbres galoisiennes de groupe de Galois G". Nous n'utiliserons pas cette terminologie, qui pourrait laisser croire que l'on peut reconstituer G à partir de L, ce qui n'est pas le cas (sauf bien sûr si L est un corps, cf. ci-dessous).

1.3.1. L'homomorphisme ϕ_L. Si L est comme ci-dessus, choisissons un élément $\chi \in X(L)$. Si $s \in G_K$, on a $s\chi = \chi.g_s$ avec $g_s \in G$ et l'application $s \mapsto g_s$ est un homomorphisme continu $\phi_{L,\chi} : G_K \to G$. La connaissance de $\phi_{L,\chi}$ détermine le couple (L, χ).

Si l'on se donne $\phi : G_K \to G$, il y a un couple (L, χ) et un seul à isomorphisme unique près qui lui correspond, à savoir celui tel que $X(L) = G$, $\chi = 1$, l'action de G à droite sur $X(L)$ étant l'action évidente et l'action à gauche étant donnée par ϕ.

Ainsi, les G-algèbres galoisiennes (à isomorphisme près) correspondent bijectivement aux homomorphismes continus $G_K \to G$ (à conjugaison près).

Dans la suite, on se permettra souvent d'écrire ϕ_L pour $\phi_{L,\chi}$.

L'image $L_1 = \chi(L)$ de L par χ est un sous-corps de K_s qui ne dépend pas du choix de χ dans $X(L)$. Ce corps est une extension galoisienne de K; le groupe de Galois de L_1 sur K est $\phi_L(G_K)$. L'algèbre L est isomorphe au produit de m copies de L_1, où m est l'indice de $\phi_L(G_K)$ dans G. En particulier:

(a) ϕ_L est surjectif si et seulement si L est un *corps*; ce corps est alors une extension galoisienne de K de groupe de Galois G (c'est le cas le plus intéressant).

(b) $\phi_L = 1$ si et seulement si L est isomorphe au produit de n copies de K permutées transitivement par G. On dit alors que L est *décomposée* (ou *diagonalisable*, cf. Bourbaki, *loc. cit.*). Une telle algèbre sera notée $K^{(G)}$.

1.3.2. Induction. Soient S un sous-groupe de G et M une S-algèbre galoisienne. A isomorphisme près, il existe un unique couple (L, π), où L est une G-algèbre galoisienne et π un homomorphisme $L \to M$ tel que $\pi(sx) = s\pi(x)$ pour tout $x \in L$ et tout $s \in S$. (On peut prendre pour L l'algèbre des fonctions $f : G \to M$ telles que $f(sg) = sf(g)$ pour tout $s \in S$ et tout $g \in G$; l'action de G sur L est donnée par $(g'f)(g) = f(gg')$ et la projection π par $f \mapsto f(1)$.) La G-algèbre L est appelée *l'induite* de M; on la note $\mathrm{Ind}_S^G M$. (Du point de vue des torseurs, cela correspond à l'opération usuelle d'induction.) Si $\phi_M : G_K \to S$ est associé à S comme ci-dessus, on peut choisir pour $\phi_L : G_K \to G$ le composé de ϕ_M et de l'injection $S \to G$. Comme algèbre, L est isomorphe à un produit de $(G : S)$ copies de M.

Toute algèbre galoisienne est induite d'une algèbre galoisienne qui est un corps, le groupe S correspondant étant $\phi_L(G_K)$.

1.4. Forme trace. Soit E une K-algèbre étale de dimension finie n. On note q_E la *forme trace* de E, définie par $q_E(x) = \mathrm{Tr}_{E/K}(x^2)$ pour $x \in E$, cf. e.g. [20], n°1.4. C'est une forme quadratique de rang n. Si $X(E) = \mathrm{Hom}^{\mathrm{alg}}(E, K_s)$, on a

$$q_E(x, y) = \mathrm{Tr}_{E/K}(xy) = \sum_{\chi \in X(E)} \chi(x)\chi(y).$$

Si L est une G-algèbre galoisienne, q_L est invariante par G, et le couple (L, q_L) est une G-forme quadratique au sens du n°1.2. On dit que L a une *base normale autoduale* (cf. [4]) si (L, q_L) est isomorphe à la G-forme unité, i.e. s'il existe $e \in L$ tel que:

(a) les (ge), $g \in G$, forment une base de L sur K;

(b) on a $q_L(ge, g'e) = \delta_{g,g'}$ si $g, g' \in G$.

Un tel e sera appelé un *vecteur basique* de L, cf. n°1.2.

Remarque. En fait, la propriété (b) entraîne la propriété (a); il suffit même que l'on ait $q_L(e, ge) = \delta_{1,g}$ pour tout $g \in G$.

Exemple. La G-forme quadratique associée à une G algèbre décomposée est isomorphe à la G-forme unité. Plus précisément, si $L = K \times \cdots \times K$, l'élément $e = (1, 0, \ldots, 0)$ est un vecteur basique.

Forme trace d'une sous-algèbre de points fixes. Soit S un sous-groupe de G, et soit $E = L^S$ la sous-algèbre de L fixée par S. Nous allons voir que la G-forme quadratique (L, q_L) *détermine la forme trace* q_E à isomorphisme près. De facon plus précise:

PROPOSITION 1.4.1. (a) *Soit $y \in E$. Il existe $y' \in L$ tel que $y = \sum_{s \in S} sy'$.*
(b) *Pour un tel choix de y', on a $q_E(x, y) = q_L(x, y')$ pour tout $x \in E$.*

(Cet énoncé montre bien que l'on peut reconstituer q_E à partir de S et de la G-forme quadratique (L, q_L).)

L'assertion (a) résulte de ce que L est un $K[S]$-module libre; tout élément invariant est une trace.

Démontrons (b). Si l'on pose $X = X(L)$, alors $X(E)$ s'identifie à X/S. Choisissons un système de représentants Ω de X/S dans X. On a:

$$\begin{aligned} q_E(x,y) &= \mathrm{Tr}_{E/K}(xy) = \mathrm{Tr}_{E/K}(x\sum_{s\in S} sy') = \sum_{\omega\in\Omega} \omega(x)\omega(\sum_{s\in S} sy') \\ &= \sum_{\omega\in\Omega}\sum_{s\in S} \omega(x)\omega(sy') = \sum_{\omega\in\Omega}\sum_{s\in S} (\omega s)(x).(\omega s)(y') \\ &= \sum_{\chi\in X} \chi(x)\chi(y') = \mathrm{Tr}_{L/K}(xy') = q_L(x,y'). \qquad \square \end{aligned}$$

Remarque. Lorsque L est un *corps*, toutes ses sous-algèbres sont de la forme L^S (théorie de Galois) et la prop. 1.4.1 montre comment leurs formes trace peuvent se déduire de la G-forme (L, q_L).

PROPOSITION 1.4.2. *Supposons que L ait une base normale autoduale, et soit S un sous-groupe de G comme ci-dessus.*

(i) *La forme trace q_E de l'algèbre $E = L^S$ est isomorphe à la forme unité $\langle 1, \ldots, 1\rangle$.*

(ii) *Si S est normal dans G, la G/S-algèbre galoisienne E a une base normale autoduale.*

Soit e un vecteur basique de L, et soit T un système de représentants de $S\backslash G$, contenant 1. Pour tout $t \in T$, posons

$$e_t = \sum_{s\in S} st(e).$$

L'assertion (i) résulte du lemme plus précis suivant:

LEMME 1.4.3. *La famille $(e_t)_{t\in T}$ est une base autoduale de (E, q_E), i.e. on a*

$$q_E(e_t, e_{t'}) = \delta_{t,t'} \text{ pour } t, t' \in T.$$

En effet, d'après la prop. 1.4.1, on a:

$$q_E(e_t, e_{t'}) = q_L(e_t, t'e) = \sum_{s\in S} q_L(ste, t'e) = \sum_{s\in S} \delta_{st,t'} = \delta_{t,t'}.$$

L'assertion (ii) résulte de:

LEMME 1.4.4. (cf. [4], p. 369). *Si S est normal dans G, l'élément $e_1 = \sum_{s \in S} se$ est un vecteur basique de la G/S-algèbre galoisienne E.*

Du fait que S est normal dans G, on a $e_t = \sum_{s \in S} ts(e) = te_1$: l'élément e_t est le transformé de e_1 par l'élément de G/S correspondant à t. D'après 1.4.3, on a $q_E(e_t, e_{t'}) = \delta_{t,t'}$; cela montre que e_1 est un vecteur basique de E.

Remarque. Plus généralement, soient L et L' deux G-algèbres galoisiennes telles que les G-formes quadratiques (L, q_L) et $(L', q_{L'})$ soient isomorphes. Soit S un sous-groupe normal de G, et soient $E = L^S$, $E' = L'^S$. Alors *les G/S-formes quadratiques (E, q_E) et $(E', q_{E'})$ sont isomorphes.* Cela se voit, soit par un raisonnement analogue à celui fait ci-dessus, soit en utilisant les résultats du §11 sur la torsion des tenseurs quadratiques.

1.4.5. Induction. L'opération d'induction *commute* avec le foncteur $L \mapsto (L, q_L)$: si S est un sous-groupe de G, si M est une S-algèbre galoisienne, et si $L = \mathrm{Ind}_S^G M$ (cf. 1.3.2), la G-forme (L, q_L) est isomorphe à l'induite $\mathrm{Ind}_S^G(M, q_M)$, cf. n°1.2.

1.5. Le groupe unitaire U_G. On note U_G le *groupe unitaire* de l'algèbre à involution $K[G]$, cf. n°1.1. C'est un groupe algébrique linéaire sur K. Si K' est une K-algèbre commutative, le groupe $U_G(K')$ des K'-points de U_G est égal au groupe multiplicatif des éléments x de $K'[G]$ tels que $xx^* = 1$. Du fait que K est de caractéristique $\neq 2$, ce groupe est lisse; il est réductif si K est de caractéristique 0, ou si la caractéristique de K ne divise pas $|G|$. On peut considérer U_G comme le *schéma des automorphismes* de la forme hermitienne unité, et donc aussi de la G-forme quadratique unité, cf. n°1.2.

Soit $H^1(K, U_G)$ le premier ensemble de cohomologie de G_K dans U_G, i.e., $H^1(G_K, U_G(K_s))$, cf. n°1.1. D'après [19], chap. III, §1, les éléments de cet ensemble correspondent aux classes d'isomorphisme des *G-formes quadratiques qui deviennent isomorphes à la forme unité après extension des scalaires à K_s* (ou à une clôture algébrique de K, cela revient au même du fait que U_G est lisse).

(On peut montrer que de telles formes (V, q) sont caractérisées par le fait que la représentation de G dans V est isomorphe à la représentation régulière. Nous n'utiliserons pas ce résultat.)

Soit maintenant L une G-algèbre galoisienne. D'après ce qui précède, la classe de la G-forme quadratique (L, q_L) s'identifie à un élément de $H^1(K, U_G)$. Cet élément sera noté $u(L)$. On a par construction:

PROPOSITION 1.5.1. *Soient L et L' deux G-algèbres galoisiennes. Les G-formes associées (L, q_L) et $(L', q_{L'})$ sont isomorphes si et seulement si $u(L) = u(L')$ dans $H^1(K, U_G)$.*

COROLLAIRE 1.5.2. *Pour que L ait une base normale autoduale il faut et il suffit que* $u(L) = 0$.

Nous allons voir comment on peut déterminer $u(L)$. Choisissons un homomorphisme $\varphi_L : G_K \to G$ définissant L. Identifions G à un sous-groupe de $U_G(K)$ par $g \mapsto g$ (ce qui est licite puisque $gg^* = 1$). Soit $f_L : G_K \to U_G(K_s)$ le composé de φ_L par ce plongement de G dans $U_G(K_s)$. On peut considérer f_L comme un 1-cocycle de G_K à valeurs dans $U_G(K_s)$. Il définit donc une classe de cohomologie (f_L) dans $H^1(G_K, U_G(K_s)) = H^1(K, U_G)$.

THÉORÈME 1.5.3. *On a* $u(L) = (f_L)$.

Soit (V, q) une G-forme quadratique qui est K_s-isomorphe à la G-forme unité. Choisissons un vecteur basique $e \in K_s \otimes_K V$. Alors pour tout $s \in G_K$, $s(e) = u_s e$ avec $u_s \in K_s[G]$. On vérifie facilement que:

(a) u_s appartient à $U_G(K_s)$ pour tout $s \in G$;

(b) l'application $s \mapsto u_s^{-1}$ est un 1-cocycle dont la classe dans $H^1(K, U_G)$ est celle de (V, q).

On applique ceci à la G-forme (L, q_L) de la façon suivante: soit χ un élément de $X(L)$ et soit $\phi = \phi_{L,\chi}$ l'homomorphisme de G_K dans G correspondant. Il existe un unique idempotent e de $K_s \otimes_K L$ tel que $\chi(e) = 1$ et $\chi'(e) = 0$ si $\chi' \neq \chi$. Cet élément est un vecteur basique pour $K_s \otimes_K L$. En utilisant la formule $s\chi = \chi\phi(s)$, cf. n°1.3, on constate que $s(e) = \phi(s)^{-1}e$ pour tout $s \in G_K$. Le cocycle correspondant est donc $s \mapsto \phi(s)$, ce qui démontre le théorème.

Variante. Le calcul ci-dessus peut s'interpréter de la façon suivante: La G-algèbre galoisienne décomposée $K^{(G)} = K \times \cdots \times K$ a pour groupe d'automorphismes le groupe G lui-même, vu comme groupe algébrique de dimension 0. L'homomorphisme $\phi_L : G_K \to G$ permet de tordre $K^{(G)}$, et l'algèbre obtenue est L. Cette torsion transforme la G-forme quadratique de $K^{(G)}$ en celle de L, ce qui équivaut à 1.5.3.

1.6. Exemple—le cas de A_4. Dans ce n°, G est le groupe alterné A_4. On suppose, pour simplifier, que le corps K est de caractéristique $\neq 3$ et contient les racines cubiques de l'unité.

L'algèbre $K[G]$ se décompose alors en

$$K[G] = K \times K \times K \times \mathbf{M}_3(K),$$

les différents facteurs correspondant aux représentations irréductibles de G: la représentation unité, les deux représentations de degré 1 à image d'ordre 3 et la représentation irréductible de degré 3. Dans cette décomposition, l'involution permute le second et le troisième facteur, et est de type orthogonal dans les deux autres. On en déduit

$$U_G = \mathbf{O}_1 \times \mathbf{G}_m \times \mathbf{O}_3,$$

où $\mathbf{O}_1 = \{\pm 1\}$ est le groupe orthogonal à une variable, $\mathbf{G}_m$ est le groupe multiplicatif, et $\mathbf{O}_3$ est le groupe orthogonal de la forme unité à 3 variables $\langle 1,1,1\rangle$. (De façon plus précise, $\mathbf{O}_3$ est le groupe orthogonal de la forme $X_1^2 + \cdots + X_4^2$ sur l'hyperplan $X_1 + \cdots + X_4 = 0$, le groupe $G = A_4$ agissant par permutation des coordonnées.)

Soit maintenant L une G-algèbre galoisienne sur K, et soit $u(L) \in H^1(K, U_G)$ l'invariant correspondant, cf. n°1.5. Vu la décomposition de U_G donnée ci-dessus, $u(L)$ s'identifie à un triplet (u_1, u_2, u_3) de classes de cohomologie, avec $u_1 \in H^1(K, \mathbf{O}_1)$, $u_2 \in H^1(K, \mathbf{G}_m)$, $u_3 \in H^1(K, \mathbf{O}_3)$. D'après le th. 1.5.3, chacune de ces classes provient du cocycle donné par l'homomorphisme de G_K dans le groupe correspondant, via ϕ_L et G. Comme l'image de G dans $\mathbf{O}_1$ est triviale, on a $u_1 = 0$. On a $u_2 = 0$ puisque $H^1(K, \mathbf{G}_m) = 0$. Enfin, u_3 s'identifie à la classe de la forme quadratique $q_3(L)$ obtenue par *torsion* ([19], *loc. cit.*) de la forme unité $\langle 1,1,1\rangle$ grâce à $\phi_L : G_K \to G$ et à l'action de G sur cette forme. D'où:

PROPOSITION 1.6.1. *Pour que L ait une base normale autoduale, il faut et il suffit que la forme quadratique $q_3(L)$ soit isomorphe à la forme unité $\langle 1,1,1\rangle$.*

On peut expliciter $q_3(L)$ de la manière suivante: soit E la sous-algèbre de L fixée par le sous-groupe A_3 de A_4. C'est une algèbre étale de rang 4. Sa forme trace q_E est *isomorphe à la somme directe de $q_3(L)$ et de la forme unité $\langle 1\rangle$*. Le critère 1.6.1 peut donc se reformuler en disant que *L a une base normale autoduale si et seulement si q_E est isomorphe à la forme unité $\langle 1,1,1,1\rangle$* (la *nécessité* de cette condition résulte aussi de la prop. 1.4.2).

Remarques. 1) La proposition ci-dessus est en fait valable même si K est de caractéristique 3, ou si K ne contient pas les racines cubiques de l'unité. Cela se voit par un argument analogue, et cela sera démontré par une voie différente au n°8.1.

2) On peut appliquer ce genre de méthode à d'autres groupes (par exemple A_5, ou A_6), les classes de cohomologie obtenues s'interprétant en termes de formes quadratiques ou hermitiennes. Il est alors nécessaire de déterminer les relations qu'ont entre elles ces diverses formes, ce qui n'est pas toujours facile. Aussi suivrons-nous une méthode différente dans la partie II.

2. Réduction aux 2-groupes et critères en dimension 1.

2.1. Réduction aux 2-groupes. Soit S un 2-sous-groupe de Sylow de G.

PROPOSITION 2.1.1. *Soit L une G-algèbre galoisienne. Il existe une extension de degré impair K' de K, et une S-algèbre galoisienne M sur K', telles que $K' \otimes_K L$ soit isomorphe* (comme G-algèbre galoisienne sur K') *à l'algèbre induite* $\mathrm{Ind}_S^G M$, cf. n°1.3.2.

Soit $\phi_L : G_K \to G$ un homomorphisme définissant L, cf. n°1.3.1. Quitte à remplacer ϕ_L par un conjugué, on peut supposer que $\phi_L(G_K) \cap S$ est un 2-

sous-groupe de Sylow de $\phi_L(G_K)$. L'image réciproque de ce sous-groupe par ϕ_L est d'indice impair dans G_K; soit K' l'extension de K correspondante. Par construction, $[K' : K]$ est impair, et $\phi_L(G_{K'})$ est contenu dans S. La restriction de ϕ_L à $G_{K'}$ définit (cf. 1.3.1) une S-algèbre galoisienne M sur K', et il est clair que $\mathrm{Ind}_S^G M$ est isomorphe à $K' \otimes_K M$.

Remarque. Nous utiliserons fréquemment la prop. 2.1.1 par la suite. On notera que, pour l'énoncer, il est nécessaire de disposer de la notion générale de G-algèbre galoisienne: si l'on voulait se limiter aux *extensions* galoisiennes (i.e. au cas où L est un corps), on ne pourrait utiliser, ni l'induction, ni l'extension des scalaires.

D'autre part, d'après [4], th. 4.1, on a le résultat suivant (qui signifie que les extensions de degré impair "n'ont pas d'importance"):

THÉORÈME 2.1.2. *Soit K' une extension de degré impair de K. Si deux G-formes quadratiques sur K deviennent isomorphes après extension du corps de base à K', elles sont isomorphes sur K.*

En particulier:

COROLLAIRE 2.1.3. *Si une G-algèbre galoisienne acquiert une base normale autoduale après extension de degré impair de K, elle en a une sur K.*

Dans la suite, nous donnerons des critères permettant de comparer les G-formes quadratiques associées à deux G-algèbres galoisiennes. Grâce à 2.1.1 et 2.1.2 nous pourrons souvent nous ramener au cas où ces algèbres sont *induites* de S-algèbres galoisiennes.

2.2. Critères en dimension 1. *Images réciproques de classes de cohomologie.* Soit L une G-algèbre galoisienne, et soit $\phi_L : G_K \to G$ l'homomorphisme correspondant (défini à conjugaison près, cf. n°1.3.1). Soit n un entier ≥ 0. Si x est un élément du groupe de cohomologie $H^n(G, \mathbf{Z}/2\mathbf{Z})$, son image par l'homomorphisme

$$\phi_L^* : H^n(G, \mathbf{Z}/2\mathbf{Z}) \to H^n(G_K, \mathbf{Z}/2\mathbf{Z}) = H^n(K, \mathbf{Z}/2\mathbf{Z}) \qquad \text{(cf. n°1.1)}$$

sera notée x_L. Cette image ne dépend pas du choix de ϕ_L dans sa classe de conjugaison, cf. e.g. [18], chap. VII, prop. 3.

Une condition nécessaire.

PROPOSITION 2.2.1. *Soient L et L' deux G-algèbres galoisiennes, et soit x un élément de $H^1(G, \mathbf{Z}/2\mathbf{Z}) = Hom(G, \mathbf{Z}/2\mathbf{Z})$. Si les G-formes quadratiques (L, q_L) et $(L', q_{L'})$ sont isomorphes, alors $x_L = x_{L'}$ dans $H^1(K, \mathbf{Z}/2\mathbf{Z})$.*

On peut supposer $x \neq 0$. Soit H le noyau de x, vu comme homomorphisme de G dans $\mathbf{Z}/2\mathbf{Z}$. On a $(G:H) = 2$. Soient d'autre part ϕ_L et $\phi_{L'}$ les homomorphismes de G_K dans G définissant L et L'. On a par définition

$$x_L = x \circ \phi_L \quad \text{et} \quad x_{L'} = x \circ \phi_{L'}.$$

Soient $E = L^H$ et $E' = L'^H$ les sous-algèbres de L et L' fixées par H. Ce sont des algèbres quadratiques sur K, associées respectivement à x_L et $x_{L'}$. D'après la prop. 1.4.1, les formes traces de E et E' sont isomorphes. Or la forme trace d'une algèbre quadratique détermine cette algèbre à isomorphisme près (si son discriminant est d, l'algèbre est isomorphe à $K[X]/(X^2-d)$). On en conclut que E et E' sont isomorphes, d'où le fait que $x_L = x_{L'}$.

COROLLAIRE 2.2.2. *Si une G-algèbre galoisienne L a une base normale autoduale, on a $x_L = 0$ pour tout $x \in H^1(G, \mathbf{Z}/2\mathbf{Z})$ (autrement dit, $\phi_L(G_K)$ est contenu dans tous les sous-groupes d'indice 2 de G).*

Cela résulte de la prop. 2.2.1, appliquée à L et à une G-algèbre décomposée. (On pourrait aussi utiliser la prop. 1.4.2.)

Réciproque. La prop. 2.2.1 admet la réciproque suivante:

THÉORÈME 2.2.3. *Supposons que la 2-dimension cohomologique* $\mathrm{cd}_2(G_K)$ *du groupe profini G_K soit ≤ 1 (*cf. [19], I.17*). Soient L et L' deux G-algèbres galoisiennes. Les propriétés suivantes sont équivalentes:*

(a) *On a $x_L = x_{L'}$ pour tout $x \in H^1(G, \mathbf{Z}/2\mathbf{Z})$.*

(b) *Les G-formes quadratiques (L, q_L) et $(L', q_{L'})$ sont isomorphes.*

Le fait que (a) ⇒ (b) sera démontré au n°2.3. L'implication (b) ⇒ (a) résulte de la prop. 2.2.1.

Remarques. 1) Soit H le sous-groupe de G engendré par les carrés, autrement dit l'intersection des noyaux des homomorphismes de G dans $\mathbf{Z}/2\mathbf{Z}$. La propriété (a) du th. 2.2.3 équivaut à:

(a′) *Les G/H-algèbres galoisiennes L^H et L'^H sont isomorphes.*

2) L'hypothèse $\mathrm{cd}_2(G_K) \leq 1$ est satisfaite si K est un corps fini, ou une extension de degré de transcendance 1 d'un corps algébriquement clos, cf. [19], Chap. II, §3.

Applications. Dans le cas où L' est *décomposée*, le th. 2.2.3 donne:

PROPOSITION 2.2.4. *Soit L une G-algèbre galoisienne. Si* $\mathrm{cd}_2(G_K) \leq 1$ *les deux propriétés suivantes sont équivalentes:*

(a) *On a $x_L = 0$ pour tout $x \in H^1(G, \mathbf{Z}/2\mathbf{Z})$.*

(b) *L a une base normale autoduale.*

Lorsque L est un *corps*, $\phi_L : G_K \to G$ est surjectif, et l'homomorphisme

$$\phi_L^* : H^1(G, \mathbf{Z}/2\mathbf{Z}) \to H^1(K, \mathbf{Z}/2\mathbf{Z})$$

est injectif. On en déduit:

PROPOSITION 2.2.5. *Soit L une extension galoisienne de K de groupe de Galois G. Supposons que* $\mathrm{cd}_2(G_K)$ *soit* ≤ 1. *Pour que L ait une base normale autoduale il faut et il suffit que* $H^1(G, \mathbf{Z}/2\mathbf{Z}) = 0$, *i.e. que G n'ait pas de sous-groupe d'indice 2.*

2.3. Résultats auxiliaires.

PROPOSITION 2.3.1. *Il existe une extension algébrique K' de K ayant les propriétés suivantes:*

(1) *K' est réunion filtrante d'extensions de degrés impairs de K;*

(2) *K' est un corps parfait;*

(3) *$G_{K'}$ est un pro-2-groupe.*

Soit $S_2(G_K)$ un 2-sous-groupe de Sylow de G_K, cf. [19], I-4, et soit K_2 le sous-corps de K_s fixé par $S_2(G_K)$. Le corps K_2 satisfait à (1) et (3). Sa clôture radicielle K' satisfait à (1), (2) et (3).

Remarques. 1) En fait, K' est déterminé *à isomorphisme près* par les conditions (1), (2) et (3).

2) Comme $G_{K'}$ est isomorphe à $S_2(G_K)$, la dimension cohomologique de $G_{K'}$ est égale à $\mathrm{cd}_2(G_K)$. Si $\mathrm{cd}_2(G_K) \leq 1$, le corps K' est *de dimension* ≤ 1 au sens de [19], II-8.

PROPOSITION 2.3.2. *Soit A une algèbre à involution sur K de dimension finie et soit U le groupe unitaire correspondant. Soit U^0 la composante neutre de U. Alors:*

(i) *U/U^0 est un 2-groupe abélien élémentaire.*

(ii) *Si* $\mathrm{cd}_2(G_K) \leq 1$, *l'application* $H^1(K, U) \to H^1(K, U/U^0)$ *est injective.*

Démonstration de (i). L'énoncé étant géométrique, on peut supposer K algébriquement clos. Soit $\mathfrak{r}$ le radical de A, soit $B = A/\mathfrak{r}$, et soit $U(B)$ le groupe unitaire de B. On vérifie (cf. par exemple [3],[4]) que $U(B)$ est isomorphe au quotient de U par un sous-groupe unipotent connexe. En particulier, l'homomorphisme $U/U^0 \to U(B)/U(B)^0$ est un isomorphisme. Cela permet de remplacer A par B, i.e. de supposer que A est *semi-simple*. Le groupe U se décompose alors en produit de groupes isomorphes à un groupe linéaire $\mathbf{GL}_n$, à un groupe symplectique $\mathbf{Sp}_{2n}$, où à un groupe orthogonal $\mathbf{O}_n$. Ces groupes sont connexes, à l'exception de $\mathbf{O}_n$: la composante neutre de $\mathbf{O}_n$ est $\mathbf{SO}_n$, et $\mathbf{O}_n/\mathbf{SO}_n$ est cyclique d'ordre 2. D'où (i).

Démonstration de (ii). Choisissons une extension K' de K ayant les propriétés (1), (2) et (3) de la prop. 2.3.1. D'après la remarque 2) ci-dessus, K' est *de dimension* ≤ 1. Considérons le diagramme commutatif

$$\begin{array}{ccc} H^1(K,U) & \xrightarrow{f} & H^1(K',U) \\ {\scriptstyle g}\downarrow & & \downarrow{\scriptstyle g'} \\ H^1(K,U/U^0) & \xrightarrow{f_0} & H^1(K',U/U^0), \end{array}$$

où les flèches f, f_0, g, g' sont définies de façon évidente.

LEMME 2.3.3. *L'application* $f : H^1(K,U) \to H^1(K',U)$ *est injective.*

Cela résulte du th. 2.1 de [4], qui est applicable du fait que K' est réunion filtrante d'extensions de degrés impairs de K.

LEMME 2.3.4. *L'application* $g' : H^1(K',U) \to H^1(K',U/U^0)$ *est injective.*

Soit $\beta \in H^1(K',U)$, et soit b un 1-cocycle représentant β. Soit $X_\beta = g'^{-1}(g'(\beta))$ la fibre de g' contenant β. D'après la suite exacte de cohomologie (non abélienne), X_β est quotient de $H^1(K',{}_bU^0)$, où ${}_bU^0$ est le groupe déduit de U^0 par torsion au moyen de b ([19], chap. I, cor. 2 à la prop. 39). Or ${}_bU^0$ est un groupe linéaire connexe. Comme K' est un corps parfait de dimension ≤ 1, on a $H^1(K',{}_bU^0) = 0$ d'après un théorème de Steinberg ([23], th. 1.9). L'ensemble X_β est donc réduit à un seul élément; d'où l'injectivité de g'.

D'après les lemmes ci-dessus, $g' \circ f = f_0 \circ g$ est injectif. Il en est donc de même de g, ce qui démontre (ii).

Démonstration du théorème 2.2.3. L'hypothèse (a) équivaut à dire que, pour tout homomorphisme ε de G dans un 2-groupe abélien élémentaire, on a $\varepsilon \circ \phi_L = \varepsilon \circ \phi_{L'}$. Appliquons ceci à l'homomorphisme

$$\varepsilon : G \to U_G(K) \to (U_G/U_G^0)(K),$$

ce qui est licite vu la prop. 2.3.2 (i). On a donc $\varepsilon \circ \phi_L = \varepsilon \circ \phi_{L'}$. Ceci entraîne que les classes de cohomologie $u(L)$ et $u(L')$ de $H^1(K,U_G)$ ont même image dans $H^1(K,U_G/U_G^0)$. D'après la prop. 2.3.2 (ii), ces classes sont donc égales, et les G-formes quadratiques (L,q_L) et $(L',q_{L'})$ sont isomorphes, cf. prop. 1.5.1.

3. Critères en dimension 2 (corps de nombres).

3.1. Le cas du corps R. Comme $G_{\mathbf{R}} = \mathrm{Gal}(\mathbf{C}/\mathbf{R}) \cong \{\pm 1\}$, une G-algèbre galoisienne L sur $\mathbf{R}$ correspond à un élément $\sigma(L)$ de G, défini à conjugaison près, tel que $\sigma(L)^2 = 1$. Deux G-algèbres galoisiennes sur $\mathbf{R}$ sont isomorphes si et seulement si les classes de conjugaison correspondantes sont les mêmes.

PROPOSITION 3.1.1. *Soient L_1 et L_2 deux G-algèbres galoisiennes sur* **R**. *Les G-formes quadratiques associées à L_1 et L_2 sont isomorphes si et seulement si L_1 et L_2 sont isomorphes.*

La suffisance est triviale.

Supposons que les G-formes quadratiques associées à L_1 et à L_2 soient isomorphes. Soient $\sigma_1 = \sigma(L_1)$, $\sigma_2 = \sigma(L_2)$.

Soit H un sous-groupe de G. L'algèbre étale L_1^H se décompose en produit de corps **R** et **C**. Les facteurs **R** correspondent aux points de G/H fixés par σ_1, les facteurs **C** aux orbites de σ_1 dans le complémentaire. Il en résulte que la forme trace de L_1^H est hyperbolique si et seulement si H ne contient aucun conjugué de σ_1. De même, la forme trace de L_2^H est hyperbolique si et seulement si H ne contient aucun conjugué de σ_2.

Prenons $H = \{1\}$. On voit que la forme quadratique de L_i est hyperbolique si et seulement si $\sigma_i \neq 1$. Donc $\sigma_1 = 1$ si et seulement si $\sigma_2 = 1$.

Supposons maintenant $\sigma_1 \neq 1$, et prenons $H = \{1, \sigma_1\}$. Alors la forme trace de L_1^H n'est pas hyperbolique. D'après 1.2.4, les formes trace de L_1^H et de L_2^H sont isomorphes. Donc la forme trace de L_2^H n'est pas hyperbolique non plus, ce qui entraîne que H contient un conjugué de σ_2. On en déduit que σ_2 est, soit conjugué à σ_1, soit égal à 1. Mais nous avons déjà vu que si $\sigma_2 = 1$, alors $\sigma_1 = 1$. Nous avonc donc montré que σ_1 et σ_2 sont conjugués. Donc les G-algèbres galoisiennes L_1 et L_2 sont isomorphes.

COROLLAIRE 3.1.2. *Une G-algèbre galoisienne L sur* **R** *a une base normale autoduale si et seulement si elle est décomposée.*

Cela résulte de la prop. 3.1.1, appliquée à L et à une G-algèbre galoisienne décomposée.

3.2. Le cas des corps de nombres; énoncé du théorème. Supposons que K soit une extension finie de **Q**. Soit L une G-algèbre galoisienne sur K. Pour toute place réelle v de K, on obtient une G-algèbre galoisienne réelle L_v. Comme dans 3.1, on lui associe un élément $\sigma_v = \sigma(L_v)$ de G, défini à conjugaison près, tel que $\sigma_v^2 = 1$.

THÉORÈME 3.2.1. *Supposons que* $H^1(G, \mathbf{Z}/2\mathbf{Z}) = H^2(G, \mathbf{Z}/2\mathbf{Z}) = 0$. *Alors les propriétés suivantes sont équivalentes:*

(1) *L a une base normale autoduale.*

(2) $\sigma_v = 1$ *pour toute place réelle v de K*

Le fait que (1) entraîne (2) est vrai sans hypothèse sur G d'après 3.1.2. Que (2) entraîne (1) sera démontré au n°3.4.

COROLLAIRE 3.2.2. *Supposons que* $H^1(G, \mathbf{Z}/2\mathbf{Z}) = H^2(G, \mathbf{Z}/2\mathbf{Z}) = 0$. *Alors toute G-algèbre galoisienne sur un corps de nombres totalement imaginaire a une base normale autoduale.*

Remarque. Les hypothèses de 3.2.1 signifient que le groupe dérivé de G est d'indice impair, et que le multiplicateur de Schur de G est d'ordre impair. Cette dernière hypothèse est vérifiée pour beaucoup de groupes simples, cf. [8].

1 *Question.* Le cor. 3.2.2 peut-il s'étendre à tous les corps dont la 2-dimension cohomologique est ≤ 2? C'est le cas pour les corps de fonctions dúne variable sur un corps fini.

3.3. Un résultat auxiliaire. Rappelons que U_G désigne le groupe unitaire associé à l'algèbre à involution $K[G]$ (cf. 1.5) et que l'on considère G comme plongé dans $U_G(\mathbf{Q})$. Soit U^0 la composante neutre de U_G. On a vu que U_G/U^0 est de type $(2,\dots,2)$, cf. prop. 2.3.2. Comme $H^1(G,\mathbf{Z}/2\mathbf{Z}) = 0$, l'image de G dans U_G/U^0 est triviale, autrement dit G est contenu dans $U^0(\mathbf{Q})$. Soit U^1 le groupe dérivé de U^0. Alors U^1 est un groupe algébrique semi-simple connexe. On note $\tilde{U}^1$ le revêtement universel de U^1. Soit G' le groupe dérivé de G. Le groupe G' est contenu dans $U^1(\mathbf{Q})$.

THÉORÈME 3.3.1. *Le groupe G' se relève en un sous-groupe de $\tilde{U}^1(\mathbf{Q})$.*

Pour démontrer de théorème, nous utiliserons le résultat suivant (cf. [5], 2.24, (ii)):

PROPOSITION 3.3.2. *Soit R un groupe algébrique réductif connexe défini sur un corps k de caractéristique 0. Soient R' le groupe dérivé de R et $\tilde{R}'$ le revêtement universel de R'. Soit π la projection de $\tilde{R}'$ sur R'. Il existe alors un morphisme $c : R \times R \to \tilde{R}'$ et un seul, tel que*

$$\begin{cases} c(1,1) = 1; \\ \pi c(x,y) = xyx^{-1}y^{-1} \text{ pour tout couple de points } x,y \text{ de } R. \end{cases}$$

En particulier, si $x,y \in R(k)$, le commutateur $xyx^{-1}y^{-1}$ est image d'un élément de $\tilde{R}'(k)$, à savoir $c(x,y)$.

Revenons à la démonstration du théorème 3.3.1. Du fait que G/G' est d'ordre impair, la suite spectrale des extensions de groupes dégénère en un isomorphisme

$$H^i(G,\mathbf{Z}/2\mathbf{Z}) \cong H^0(G/G',H^i(G',\mathbf{Z}/2\mathbf{Z})).$$

Les hypothèses $H^1(G,\mathbf{Z}/2\mathbf{Z}) = H^2(G,\mathbf{Z}/2\mathbf{Z}) = 0$ se traduisent donc par:

(3.3.3) Pour $i = 1,2$ tout élément de $H^i(G',\mathbf{Z}/2\mathbf{Z})$ invariant par G/G' est 0.

Comme G' est engendré par des commutateurs, la prop. 3.3.2 appliquée à $R = U^0$ et $R' = U^1$, montre que G' *est contenu dans l'image de $\tilde{U}^1(\mathbf{Q})$*. Soit E

l'image réciproque de G' dans $\tilde{U}^1(\mathbf{Q})$. On a une suite exacte

$$1 \to C(\mathbf{Q}) \to E \to G' \to 1, \tag{3.3.4}$$

où $C(\mathbf{Q})$ est le groupe des points $\mathbf{Q}$-rationnels du noyau C de $\tilde{U}^1 \to U^1$. Sur $\overline{\mathbf{Q}}$, le groupe U^1 est un produit de groupes isomorphes à $\mathbf{SL}_n$ $(n \geq 2)$, $\mathbf{Sp}_{2n}$ $(n \geq 2)$, ou $\mathbf{SO}_n$ $(n \geq 3)$; il en résulte que C est de type $(2, \ldots, 2)$; d'où le même résultat pour $C(\mathbf{Q})$.

Soit $e \in H^2(G', C(\mathbf{Q}))$ la classe de cohomologie correspondant à l'extension (3.3.4). Faisons agir G sur G' par conjugaison et sur $C(\mathbf{Q})$ par action triviale. On obtient ainsi une action de G sur $H^2(G', C(\mathbf{Q}))$.

LEMME 3.3.5. *La classe e est invariante par G.*

Il faut prouver que, pour tout $s \in G$, il existe un automorphisme de E qui est l'identité sur $C(\mathbf{Q})$ et qui donne par passage au quotient l'automorphisme $x \mapsto sxs^{-1}$ de G'. Remarquons pour cela que l'on a des homomorphismes de groupes algébriques

$$U^0 \to \mathrm{Aut}(U^1) \to \mathrm{Aut}(\tilde{U}^1).$$

Ceci provient de ce que U^1 est normal dans U^0, et que tout automorphisme de U^1 se relève de façon unique à son revêtement universel. Comme G est contenu dans $U^0(\mathbf{Q})$, cela donne un homomorphisme $G \to \mathrm{Aut}_{\mathbf{Q}}(\tilde{U}^1)$. L'élément s de G donne ainsi un automorphisme $\tilde{s}$ de $\tilde{U}^1$. Cet automorphisme laisse E stable, et donne par passage au quotient la conjugaison par s. Il reste à montrer que $\tilde{s}$ est l'identité sur $C(\mathbf{Q})$. Or, l'image de l'homomorphisme $U^0 \to \mathrm{Aut}(\tilde{U}^1)$ agit trivialement sur C puisque U^0 est connexe.

Revenons à la démonstration du th. 3.3.1.

Décomposons $C(\mathbf{Q})$ en un produit de copies de $\mathbf{Z}/2\mathbf{Z}$. Ceci identifie la classe de cohomologie e à une famille d'éléments de $H^2(G', \mathbf{Z}/2\mathbf{Z})$. Ces éléments sont invariants par l'action de G. Par 3.3.3, ils sont nuls. Donc $e = 0$, et E est isomorphe à $C(\mathbf{Q}) \times G'$, ce qui donne un relèvement de G' à $\tilde{U}^1(\mathbf{Q})$.

3.4. Démonstration du théorème 3.2.1. Les notations étant celles de 3.2.1, supposons que les σ_v soient égaux à 1 pour toute place réelle v de K. Il nous faut montrer que L a une base normale autoduale. D'après le n°2.1, on peut supposer (quitte à faire une extension de degré impair) que L provient d'un homomorphisme $\phi_L : G_K \to G$ dont l'image est un 2-groupe. Cette image est contenue dans le groupe dérivé G' de G, puisque $(G : G')$ est impair. D'après 3.3.1, le groupe G' se relève en un sous-groupe de $\tilde{U}^1(\mathbf{Q})$, lequel est contenu dans $\tilde{U}^1(K)$. En composant $G_K \to G'$ et $G' \to \tilde{U}^1(K)$, on obtient un homomorphisme $f_L : G_K \to \tilde{U}^1(K)$, qui définit une classe de cohomologie $\tilde{u}(L) \in H^1(K, \tilde{U}^1)$. Soit Σ l'ensemble des places réelles de K; pour tout $v \in \Sigma$, soit $K_v = \mathbf{R}$ le complété de K en v. D'apres un théorème de Kneser ([12], [13]), applicable parce que $\tilde{U}^1$ est semi-simple et simplement connexe, l'application canonique

$$H^1(K,\tilde{U}^1) \longrightarrow \prod_{v\in\Sigma} H^1(K_v,\tilde{U}^1)$$

est injective. Or, pour tout $v \in \Sigma$, l'élément σ_v de G' est égal à 1, et son image dans $\tilde{U}^1(K)$ est aussi égale à 1. Il en résulte que la composante d'indice v de $\tilde{u}(L)$ est 0. Ceci étant vrai pour tout v, on a $\tilde{u}(L) = 0$. Mais l'image de $\tilde{u}(L)$ par l'application composée

$$H^1(K,\tilde{U}^1) \longrightarrow H^1(K,U^1) \longrightarrow H^1(K,U^0) \longrightarrow H^1(K,U_G)$$

n'est autre que la classe $u(L)$ du n°1.5. On a donc $u(L) = 0$, d'où le théorème, d'après 1.5.2.

3.5. Exemple: le cas du groupe alterné A_n. On considère ici le cas où G est le groupe alterné A_n, $n \geq 4$. On note $\tilde{A}_n = 2.A_n$ l'unique extension non scindée de A_n par un groupe d'ordre 2, cf. e.g. [20], n°1.5.

Rappelons que K est un corps de nombres. Comme ci-dessus, soit Σ l'ensemble des places réelles de K. Soit L une A_n-algèbre galoisienne sur K. Posons $H = A_{n-1}$, et soit $E = L^H$. Alors E est une algèbre étale de rang n et de discriminant un carré. (Inversement tout algèbre étale de rang n et de discriminant un carré peut être obtenu ainsi, essentiellement de deux manières.)

THÉORÈME 3.5.1. *Les propriétés suivantes sont équivalentes:*

(1) *L a une base normale autoduale.*

(2) *La forme trace q_E de l'algèbre étale E est la forme unité $\langle 1,\ldots,1\rangle$ de rang n.*

(3) *ϕ_L se relève en un homomorphisme continu $\tilde{\phi}_L : G_K \to \tilde{A}_n$, et l'on a $\tilde{\sigma}_v = 1$ pour tout $v \in \Sigma$.*

(4) *ϕ_L se relève en un homomorphisme continu $\tilde{\phi}_L : G_K \to \tilde{A}_n$, tel que la $\tilde{A}_n$-algèbre galoisienne correspondante ait une base normale autoduale.*

On a (1) $\Rightarrow$ (2), cf. prop. 1.4.1. Supposons (2); alors pour tout $v \in \Sigma$, la forme quadratique q_E est positive et cela entraîne que $\sigma_v = 1$, cf. n°3.1. D'autre part, l'invariant de Hasse-Witt de q_E est 0; par [20], th. 1 et 3.1, cela entraîne que ϕ_L se relève à $\tilde{A}_n$. D'où (3). Si (3) est vérifiée, choisissons un relèvement $\tilde{\phi}_L : G_K \to \tilde{A}_n$ de ϕ_L et soient $\tilde{\sigma}_v$ les classes correspondantes. Les $\tilde{\sigma}_v$ s'identifient à des éléments ε_v du groupe $\{\pm 1\}$, noyau de $\tilde{A}_n \to A_n$. En utilisant le théorème d'approximation faible, on construit un caractère quadratique $\varepsilon : G_K \to \{\pm 1\}$ ayant pour signe ε_v en tout v. Si l'on remplace $\tilde{\phi}_L$ par $\varepsilon \cdot \tilde{\phi}_L$, on obtient alors un relèvement où les nouveaux $\tilde{\sigma}_v$ sont triviaux. Notons $\tilde{L}$ la $\tilde{A}_n$-algèbre galoisienne correspondant à ce nouveau relèvement. D'après un résultat classique de Schur, on a

$$H^1(\tilde{A}_n, \mathbf{Z}/2\mathbf{Z}) = H^2(\tilde{A}_n, \mathbf{Z}/2\mathbf{Z}) = 0.$$

On peut donc appliquer le th. 3.2.1 à $\tilde{L}$, et l'on en déduit que $\tilde{L}$ a une base normale autoduale. D'où l'implication (3) ⇒ (4). Enfin (4) ⇒ (1) résulte de 1.4.2.(ii).

II. Groupes de Sylow élémentaires et quaternioniens.

4. Résultats auxiliaires sur les formes quadratiques.

4.1. Notations. On rappelle que toutes les formes quadratiques considérées sont supposées non dégénérées.

On note W_K *l'anneau de Witt* de K, et GrW_K *l'anneau de Grothendieck-Witt* de K, cf. [16], p. 33. On identifie GrW_K au sous-anneau de $W_K \times \mathbf{Z}$ formé des couples (q, n) ayant même image dans $\mathbf{Z}/2\mathbf{Z}$. On note GrW_K^+ le sous-ensemble de GrW_K formé des classes de formes quadratiques sur K; un élément de GrW_K^+ est dit *effectif*.

4.2. Extensions de degré impair. Soit K'/K une extension finie de degré impair. Les applications naturelles $W_K \to W_{K'}$ et $\mathrm{GrW}_K \to \mathrm{GrW}_{K'}$ sont alors injectives ([16], 2.5.4, p. 47). De façon plus précise, il existe des rétractions (*transferts de Scharlau*) $W_{K'} \to W_K$ qui sont W_K-linéaires ([16], 2.5.6 et 2.5.8). Le même résultat est vrai pour l'anneau de Grothendieck-Witt. En effet, si $s : W_{K'} \to W_K$ est un transfert de Scharlau, on en définit un sur $\mathrm{GrW}_{K'} \subset W_{K'} \times \mathbf{Z}$ par $(q, n) \mapsto (s(q), n)$.

On utilisera les résultats suivants:

4.2.1. Soient q_1 et q_2 deux formes quadratiques sur K. Disons que q_1 *contient* q_2 *sur* K s'il existe une forme quadratique q_3 sur K telle que q_1 soit isomorphe à $q_2 \oplus q_3$.

Alors *si* q_1 *contient* q_2 *sur* K', q_1 *contient* q_2 *sur* K ([16], 2.5.4). En particulier, si q_1 et q_2 sont K'-isomorphes, elles sont K-isomorphes.

4.2.2. Soit $q \in \mathrm{GrW}_K$. *Si q devient effectif sur K', alors q est effectif sur K*. (Si l'on convient d'identifier GrW_K à son image dans $\mathrm{GrW}_{K'}$, ceci s'écrit: $\mathrm{GrW}_K \cap \mathrm{GrW}_{K'}^+ = \mathrm{GrW}_K^+$.)

Cela résulte de 4.2.1, en écrivant $q = q_1 - q_2$, où les q_i sont des éléments effectifs de GrW_K.

4.3. Equations tensorielles. Soit (f_{ij}), $i,j \in I$, une matrice carrée dont les éléments sont des formes quadratiques f_{ij} sur K. Pour tout $i \in I$, soit a_i une forme quadratique.

On cherche des formes quadratiques (q_i) telles que l'on ait:

$$(*) \qquad \bigoplus f_{ij} \otimes q_i \cong a_j \qquad \text{pour tout } j \in I,$$

le signe $\oplus$ indiquant une somme directe orthogonale (ou une somme dans l'anneau GrW_K, cela revient au même).

Si de tels f_{ij} existent, on dira que *le système* $(*)$ *est résoluble sur* K.

Nous ferons l'hypothèse

$$(\mathrm{H}) \qquad \det(\mathrm{rang}(f_{ij})) \equiv 1 \pmod 2.$$

THÉORÈME 4.3.1. *Supposons (H). Alors:*

(a) Si le système $(*)$ *a une solution, cette solution est unique.*

(b) Si $(*)$ *a une solution sur* K', *où* K' *est une extension de degré impair de* K, *il a une solution sur* K.

Démonstration de (a). D'après un théorème de Pfister ([16], 2.6.5) un élément de GrW_K dont le rang est impair est non diviseur de zéro. D'après l'hypothèse (H), c'est le cas pour l'élément $\det(f_{ij})$ de GrW_K. En appliquant un résultat standard d'algèbre linéaire ([6], A.III.91, prop. 3, ou A.III.102, prop. 14), on en déduit que le système $(*)$ a au plus une solution dans GrW_K, ce qui démontre (a).

Démonstration de (b). Soit (q'_i) une solution de $(*)$ dans K'. Choisissons une rétraction GrW_K-linéaire $s : \mathrm{GrW}_{K'} \to \mathrm{GrW}_K$. cf. 4.2. Posons $q_i = s(q'_i)$. Alors (q_i) est une solution de $(*)$ dans GrW_K. Vu (a), appliqué à K', on a $q_i = q'_i$ dans $\mathrm{GrW}_{K'}$, d'où $q_i \in \mathrm{GrW}_K \cap \mathrm{GrW}^+_{K'}$. Par 4.2.2, ceci entraîne $q_i \in \mathrm{GrW}^+_K$. Donc (q_i) est une solution de $(*)$ sur K.

COROLLAIRE 4.3.2. *Soit* K' *une extension de* K *de degré impair. Soit* f *une forme quadratique sur* K *de rang impair. Soit* a *une forme quadratique sur* K. *S'il existe une forme quadratique* q *sur* K' *telle que* $f \otimes q \cong a$, *il en existe une seule (à isomorphisme près), et elle est définissable sur* K.

4.4. Formes de Pfister. Si $a \in K^*$, on note $\langle a \rangle$ la forme quadratique aX^2 de rang 1. Si $a_1, \ldots, a_n \in K^*$, on note $\langle a_1, \ldots, a_n \rangle$ la somme directe orthogonale des $\langle a_i \rangle$.

Soit r un entier ≥ 0. Si $a_1, \ldots, a_r \in K^*$, on pose

$$\langle\langle a_1, \ldots, a_r \rangle\rangle = \langle 1, a_1 \rangle \otimes \cdots \otimes \langle 1, a_r \rangle.$$

Une forme q de rang 2^r est appelée une *r-forme de Pfister* s'il existe $a_1, \ldots, a_r \in K^*$ tels que $q \cong \langle\langle a_1, \ldots, a_r \rangle\rangle$.

Comme ci-dessus, soit K' une extension de degré impair de K.

PROPOSITION 4.4.1. *Soit q une forme quadratique sur K de rang 2^r. Si q est une r-forme de Pfister sur K', c'est une r-forme de Pfister sur K.*

Si q est isotrope sur K, elle l'est *a fortiori* sur K'. Or on sait qu'une forme de Pfister isotrope est hyperbolique ([16], 4.1.5). Mais 4.2.1 entraîne que, si q est hyperbolique sur K', elle l'est sur K. Or une forme hyperbolique de rang 2^r est évidement une forme de Pfister.

Reste le cas où q est anisotrope. Si $n = 2^r$, soient $X = (X_1, \ldots, X_n)$ et $Y = (Y_1, \ldots, Y_n)$ des indéterminées indépendantes. On sait ([16], 4.4.4) que q est une forme de Pfister si et seulement si $q(X)q(Y)$ est représenté par q sur le corps $K(X, Y)$. Par hypothèse, $q(X)q(Y)$ est donc représenté par q sur le corps $K'(X, Y)$. Comme $[K' : K]$ est impair, il en résulte par 4.2.1 que $q(X)q(Y)$ est représenté par q sur $K(X, Y)$, d'où la proposition.

4.5. Divisibilité des formes de Pfister. Soient m, n des entiers ≥ 0 et soit $r = m + n$. Soit q_1 une r-forme de Pfister et soit q_2 une n-forme de Pfister. Nous dirons que q_1 est *divisible* par q_2 s'il existe une m-forme de Pfister q_3 telle que $q_1 \cong q_2 \otimes q_3$. Cela revient à dire que l'on peut choisir $a_1, \ldots, a_n, b_1, \ldots, b_m$ dans K^* tels que

$$q_1 \cong \langle\langle a_1, \ldots, a_n, b_1, \ldots, b_m \rangle\rangle \quad \text{et} \quad q_2 \cong \langle\langle a_1, \ldots, a_n \rangle\rangle.$$

PROPOSITION 4.5.1. *Pour que q_1 soit divisible par q_2, il faut et il suffit que q_1 contienne q_2.*

La nécessité est évidente, et la suffisance résulte du lemme 1.4 d'Arason [1].

PROPOSITION 4.5.2. *Si q_1 est divisible par q_2 sur K', q_1 est divisible par q_2 sur K.*

Cela résulte de la prop. 4.5.1, combinée avec 4.2.1.

5. G-formes quadratiques: induction et restriction. Le problème dans ce § est le suivant: si S est un 2-sous-groupe de Sylow de G, et si V et V' sont deux S-formes quadratiques, à quelle condition les G-formes induites correspondantes sont-elles isomorphes? On donne une réponse à cette question dans le cas particulier où S est *abélien élémentaire*.

Le résultat démontré ici sera utilisé de façon essentielle au §6.

5.1. Notations. On note S un 2-sous-groupe de Sylow de G. On suppose que S est *abélien élémentaire*, i.e. produit de groupes d'ordre 2. On pose

$$S' = \mathrm{Hom}(S, \{\pm 1\}).$$

C'est le *dual* de S.

Rappelons (n°1.2) qu'un *G-espace quadratique* est un espace vectoriel de dimension finie muni d'une action de G et d'une forme quadratique invariante par G. Les G-espaces quadratiques et les S-espaces quadratiques sont liés par les foncteurs suivants:

Res_S^G: "*restriction* de G à S"; ce foncteur transforme un G-espace quadratique en un S-espace quadratique (on conserve l'espace quadratique et l'on restreint l'action du groupe à S);

Ind_S^G: "*induction* de S à G"; ce foncteur transforme un S-espace quadratique en un G-espace quadratique, cf. n°1.2.

5.2. Structure des S-espaces quadratiques. Soit (V, q) un S-espace quadratique. Pour tout $x \in S'$, notons V_x le sous-espace propre de V de type x, i.e. l'ensemble des $v \in V$ tels que $sv = x(s)v$ pour tout $s \in S$. Comme la caractéristique du corps de base K est différente de 2, V est *somme directe* des V_x et ceux-ci sont orthogonaux entre eux deux à deux. On peut donc écrire

$$V = \bigoplus_{x \in S'} V_x.$$

En fait, il est plus commode d'écrire cette décomposition autrement:

Introduisons la notation 1_x pour désigner le S-espace quadratique K muni de la forme quadratique unité et de l'action de S via x (cet espace a donc une base formée d'un élément e_x sur lequel S opère par $se_x = x(s)e_x$ et la forme quadratique de 1_x prend la valeur 1 en e_x).

On a alors:

$$V = \bigoplus_{x \in S'} V_x \otimes 1_x \tag{1}$$

cette décomposition étant compatible avec la structure de S-module quadratique (on convient que S opère trivialement sur V_x).

Inversement, si l'on se donne pour tout $x \in S'$ un espace quadratique non dégénéré V_x, et si l'on forme la somme directe

$$V = \bigoplus_{x \in S'} V_x \otimes 1_x,$$

on obtient ainsi un S-espace quadratique (précisons que, dans $V_x \otimes 1_x$, l'action de S est triviale sur V_x). La catégorie des S-espaces quadratiques est ainsi équivalente à celle des *familles* (V_x) *d'espaces quadratiques*, indexées par $x \in S'$.

5.3. Enoncé du théorème principal. Soit N le normalisateur de S dans G. Le groupe N opère sur S par conjugaison (comme l'action de S est triviale, c'est en fait une action de N/S). Il opère donc aussi sur le dual S' de S. Soit Ω l'ensemble quotient S'/N. Un élément ω de Ω est une *orbite* de N dans S'.

Si V est un S-espace quadratique, nous poserons

(2) $$V_\omega = \bigoplus_{x \in \omega} V_x;$$

c'est un espace quadratique (on oublie l'action de S—ou plutôt on la remplace par l'action triviale).

THÉORÈME 5.3.1. *Soient V^1 et V^2 deux S-espaces quadratiques. Les propriétés suivantes sont équivalentes:*

(a) *Pour tout $\omega \in \Omega$, les espaces quadratiques V^1_ω et V^2_ω sont isomorphes.*

(b) *Les G-espaces quadratiques $W^1 = \mathrm{Ind}_S^G V^1$ et $W^2 = \mathrm{Ind}_S^G V^2$ sont isomorphes.*

(c) *Les S-espaces quadratiques $\mathrm{Res}_S^G W^1$ et $\mathrm{Res}_S^G W^2$ sont isomorphes.*

L'implication (a) $\Rightarrow$ (b) sera prouvée au n°5.4 ci-dessous. L'implication (b) $\Rightarrow$ (c) est triviale. L'implication (c) $\Rightarrow$ (a) sera prouvée au n°5.5.

5.4. Démonstration de (a) $\Rightarrow$ (b). Soit V un S-espace quadratique. Ecrivons-le sous la forme de 5.2.1:

$$V = \bigoplus_{x \in S'} V_x \otimes 1_x.$$

On a:

(5.4.1) $$\mathrm{Ind}_S^G V = \bigoplus_{x \in S'} V_x \otimes \mathrm{Ind}_S^G 1_x.$$

Soit ω une orbite de N dans S'. Il est clair que, si x et y sont deux éléments de ω, les G-espaces quadratiques $\mathrm{Ind}_S^G 1_x$ et $\mathrm{Ind}_S^G 1_y$ sont isomorphes. Convenons de noter $I(\omega)$ l'un quelconque de ces G-espaces. La somme directe (pour $x \in \omega$) des $V_x \otimes \mathrm{Ind}_S^G 1_x$ est isomorphe à $V_\omega \otimes I(\omega)$, ce qui permet de récrire 5.4.1 sous la forme:

(5.4.2) $$\mathrm{Ind}_S^G V = \bigoplus_{\omega \in \Omega} V_\omega \otimes I(\omega).$$

En appliquant ceci à $V = V^1$ et $V = V^2$, et en tenant compte de ce que V^1_ω est isomorphe à V^2_ω pour tout ω, on obtient bien l'isomorphisme cherché de $\mathrm{Ind}_S^G V^1$ avec $\mathrm{Ind}_S^G V^2$.

Remarque. Il n'est pas difficile d'*expliciter* le G-espace quadratique $I(\omega)$. Soit $x \in \omega$, et choisissons un système de représentants T de G/S. Le G-espace $I(\omega)$ a une base $(e_t)_{t \in T}$ jouissant des propriétés suivantes:

(i) c'est une base autoduale (i.e. chaque e_t est de carré 1 et des e_t distincts sont orthogonaux);

(ii) Si $g \in G$, et si gt est de la forme $t's$, avec $s \in S$ et $t' \in T$, on a $g.e_t = x(s)e_{t'}$.

En particulier, $I(\omega)$ ne dépend pas de K, en un sens évident.

5.5. Démonstration de (c) $\Rightarrow$ (a). Conservons les notations ci-dessus, et posons

(5.5.1) $$A(V) = \mathrm{Res}_S^G \, \mathrm{Ind}_S^G \, V.$$

Vu 5.4.2, on a:

(5.5.2) $$A(V) = \bigoplus_{\omega \in \Omega} V_\omega \otimes \mathrm{Res}_S^G \, I(\omega).$$

Si $y \in S'$, comparons les y-composantes des deux membres de 5.5.2. Nous obtenons:

(5.5.3) $$A(V)_y = \bigoplus_{\omega \in \Omega} V_\omega \otimes (\mathrm{Res}_S^G \, I(\omega))_y.$$

Soit ω' une orbite de N dans S'. Choisissons $y \in \omega'$. Il est clair que les espaces quadratiques $A(V)_y$ et $(\mathrm{Res}_S^G \, I(\omega))_y$ ne dépendent pas du choix de y, à isomorphisme près. Convenons de les noter respectivement $A(V)_{\omega'}$ et $F_{\omega,\omega'}$. On a alors:

(5.5.4) $$A(V)_{\omega'} = \bigoplus_{\omega \in \Omega} V_\omega \otimes F_{\omega,\omega'} \qquad \text{pour tout } \omega' \in \Omega.$$

Notons $r(\omega, \omega')$ la dimension de l'espace $F_{\omega,\omega'}$.

LEMME 5.5.5. *On a* $\det(r(\omega, \omega')) \equiv 1 \pmod 2$.

La démonstration sera donnée au n°5.6.

Admettons ce lemme. Notons $a(V)_{\omega'}$, v_ω, $f_{\omega,\omega'}$ les éléments de l'anneau de Grothendieck-Witt GrW_K définis par les espaces quadratiques $A(V)_{\omega'}$, V_ω et $F_{\omega,\omega'}$. On a alors

(5.5.6) $$\sum_{\omega \in \Omega} v_\omega \cdot f_{\omega,\omega'} = a(V)_{\omega'} \qquad \text{pour tout } \omega' \in \Omega.$$

Appliquons cette équation avec $V = V^1$ et avec $V = V^2$. Vu l'hypothèse (c), on a $a(V^1)_{\omega'} = a(V^2)_{\omega'}$ pour tout $\omega' \in \Omega$. On en conclut que

$$\sum_{\omega \in \Omega} (v_\omega^1 - v_\omega^2) \cdot f_{\omega,\omega'} = 0 \text{ dans } \mathrm{GrW}_K \text{ pour tout } \omega' \in \Omega.$$

D'après le lemme 5.5.5, le déterminant de la matrice $(f_{\omega,\omega'})$ est un élément de GrW_K de rang impair. Cet élément est donc non diviseur de zéro (cf. [16], 2.6.5); le système d'équations linéaires ci-dessus a donc pour seule solution la solution 0. On en déduit que $v^1_\omega = v^2_\omega$ pour tout $\omega \in \Omega$, ce qui démontre (a).

5.6. Démonstration du lemme 5.5.5. Par définition, $F_{\omega,\omega'}$ est la y-composante du S-module quadratique $\mathrm{Res}^G_S \mathrm{Ind}^G_S 1_x$, où x est un élément de ω. Or, la formule de décomposition de Mackey s'applique au foncteur $\mathrm{Res}^G_S \mathrm{Ind}^G_S$. On obtient ainsi:

$$\mathrm{Res}^G_S \mathrm{Ind}^G_S 1_x \cong \bigoplus_{g\in S\backslash G/S} \mathrm{Ind}^S_{S_g} 1_{x_g}, \tag{5.6.1}$$

où $S_g = S \cap g^{-1}Sg$, et où x_g est le caractère de S_g défini par $x_g(s) = x(gsg^{-1})$.

Définissons $\delta(g,x,y) \in \{0,1\}$ par:

$$\delta(g,x,y) = \begin{cases} 1 & \text{si la restriction de } y \text{ à } S_g \text{ est } x_g; \\ 0 & \text{sinon.} \end{cases} \tag{5.6.2}$$

On vérifie facilement que la dimension de la y-composante de $\mathrm{Ind}^S_{S_g} 1_x$ est égale à $\delta(g,x,y)$. On déduit de là une formule explicite pour la dimension $r(\omega,\omega')$ de $F_{\omega,\omega'}$:

$$r(\omega,\omega') = \sum_{g\in S\backslash G/S} \delta(g,x,y) \qquad \text{si } x \in \omega, y \in \omega'. \tag{5.6.3}$$

Cette formule montre entre autres choses que $r(\omega,\omega')$ ne dépend pas de K. On peut donc prendre $K = \mathbf{C}$. Dans ce cas, les éléments de S' peuvent être vus comme des *caractères* de degré 1 de S, et $r(\omega,\omega')$ s'interprète comme le nombre de fois que y intervient dans la restriction à S de la représentation induite $\mathrm{Ind}^G_S(x)$.

On doit calculer $\det(r(\omega,\omega'))$ et montrer que c'est un entier *impair*. Soit X l'espace vectoriel des fonctions complexes sur S invariantes par N. Soit $\phi = \mathrm{Res}^G_S \mathrm{Ind}^G_S$, considéré comme endomorphisme de X. Nous allons calculer de deux façons différentes le déterminant de ϕ.

(1) Pour tout $\omega \in \Omega$, posons $p_\omega = \sum_{s\in\omega} s$; c'est un caractère de degré $|\omega|$ de S invariant par N. Il est clair que les p_ω $(\omega \in \Omega)$ forment une base de X. De plus, on a

$$\phi(p_\omega) = |\omega|\phi(s) = \sum_{\omega'\in\Omega} r(\omega,\omega')p_{\omega'};$$

cela résulte de la définition de $r(\omega,\omega')$. Or on a $|\omega| \equiv 1 \pmod 2$ pour tout ω, puisque ω est une orbite du groupe N/S, qui est d'ordre impair. On voit ainsi que *la matrice donnant ϕ par rapport à la base (p_ω) est à coefficients entiers, et* *est congrue* (mod 2) *à la matrice* $(r(\omega, \omega'))$. D'où:

$$\det_X(\phi) \equiv \det(r(\omega, \omega')) \pmod 2. \tag{5.6.4}$$

(2) Soit Σ l'ensemble quotient de S par l'action de N. Si $\sigma \in \Sigma$ (i.e. si σ est une orbite de N dans S), notons q_σ la fonction sur S qui est égale à 1 sur σ et à 0 ailleurs. Les q_σ ($\sigma \in \Sigma$) forment une base de X. Soient $\sigma, \sigma' \in \Sigma$; choisissons $s \in \sigma$ et $s' \in \sigma'$. Le coefficient de q_σ dans $\phi(q_{\sigma'})$ est égal au nombre des $g \in G/S$ tels que $gs'g^{-1} \in \sigma$. Or, puisque S est commutatif, deux éléments de S sont conjugués dans G si et seulement s'ils le sont dans N (cf. [10], p. 419). Il en résulte que le coefficient ci-dessus est 0 si $\sigma \neq \sigma'$; et, si $\sigma = \sigma'$, il est égal à $|\sigma|(C_s : S)$, où C_s est le centralisateur de s dans G. Or ce nombre est impair, puisque S est un 2-groupe de Sylow de G. On en conclut que *la matrice donnant ϕ par rapport à la base (q_σ) est à coefficients entiers, et est congrue* (mod 2) *à la matrice unité.* On a donc

$$\det_X(\phi) \equiv 1 \pmod 2. \tag{5.6.5}$$

En combinant 5.6.4. et 5.6.5., on obtient le lemme 5.5.5.

Remarque. On a vu en cours de démonstration que $|\Omega| = |\Sigma|$. Autrement dit, *le nombre des orbites de N dans S' et dans S est le même.*

(Plus généralement, supposons qu'un groupe fini Φ opère sur un groupe fini H. Soit $\mathrm{Cl}(H)$ l'ensemble des classes de conjugaison de G, et soit $\mathrm{Irr}(H)$ l'ensemble des caractères irréductibles de H. Le groupe Φ opère sur $\mathrm{Cl}(H)$ et $\mathrm{Irr}(H)$ avec *le même nombre d'orbites*; de façon plus précise, les Φ-ensembles $\mathrm{Cl}(H)$ et $\mathrm{Irr}(H)$ sont *faiblement isomorphes* au sens de [17], §13.1, exerc. 5.)

6. Le cas où les 2-sous-groupes de Sylow de G sont abéliens élémentaires.

Dans ce §, S est un 2-sous-groupe de Sylow de G. A partir du n°6.2, on suppose que S est *abélien élémentaire*, et l'on note S' son dual, cf. n°5.1.

Soit m l'indice de S dans G, et soit 2^r l'ordre de S. On a

$$|G| = 2^r m.$$

On note L une G-algèbre galoisienne sur K. Sa forme trace est q_L.

6.1. La forme q_L^1.

THÉORÈME 6.1.1. (a) *Il existe une forme quadratique q_L^1 sur K, de rang 2^r, telle que $q_L \cong m \otimes q_L^1$ (i.e. q_L est isomorphe à la somme directe orthogonale de m copies de q_L^1). Cette forme est unique, à isomorphisme près.*

(b) *Si M est une S-algèbre galoisienne sur K, et si L est la G-algèbre induite $\mathrm{Ind}_S^G M$, on a $q_L^1 \cong q_M$.*

L'unicité de q_L^1 résulte de ce que m est impair (cf. 4.3.2 ou [16], 2.6.5).

Si $L = \mathrm{Ind}_S^G M$, la forme q_L est somme directe de m copies de q_M. Cela montre que q_L^1 existe dans ce cas, et est isomorphe à q_M. D'où (b).

Dans le cas général, on sait (cf. 2.1.1) qu'il existe une extension K' de K de degré impair telle que $K' \otimes_K L$ soit isomorphe à $\mathrm{Ind}_S^G M$, où M est une S-algèbre galoisienne sur K'. Cela entraîne que q_L est divisible par m sur K'; d'après 4.3.2, q_L est donc divisible par m sur K, ce qui achève la démonstration de (a).

Remarques. (1) La forme q_L^1 représente 2^r; en effet, cela devient vrai après une extension convenable de K de degré impair en vertu de 2.1.1 et de (b). Cela est donc vrai sur K.

(2) Le discriminant de q_L^1 est égal à celui de q_L; il est égal à 1 si S n'est pas cyclique.

Exemples. $r = 1$, S cyclique d'ordre 2. On a alors $q_L^1 \cong \langle 2\rangle \otimes \langle 1, d\rangle = \langle 2, 2d\rangle$ où d est un élément de K^*. (De façon plus précise, d est le discriminant de L; c'est aussi le discriminant de la K-algèbre quadratique associée à l'unique homomorphisme surjectif $G \to \{\pm 1\}$.)

$r = 2$, S cyclique d'ordre 4. On peut montrer que $q_L^1 \cong \langle 1, d, a, a\rangle$, où d est le discriminant de L et a un élément de K^*.

$r = 2$, S de type (2,2). D'après les deux remarques ci-dessus, q_L^1 est une forme de rang 4 qui représente 1, et dont le discriminant est égal à 1. C'est donc une 2-forme de Pfister $\langle\langle a, b\rangle\rangle = \langle 1, a, b, ab\rangle$, avec $a, b \in K^*$. (Pour une généralisation de ce fait, voir th. 6.2.1 ci-après.)

$r = 3$, S quaternionien d'ordre 8. On verra au n°9.3 que q_L^1 est une 3-forme de Pfister de type $\langle\langle 1, 1, a\rangle\rangle$ avec $a \in K^*$.

$r = 3$, S diédral d'ordre 8. On peut montrer que q_L^1 est une 3-forme de Pfister de type $\langle\langle 1, a, b\rangle\rangle$ avec $a, b \in K^*$.

Complément. Le théorème 6.1.1 (a) peut se généraliser de la façon suivante:

THÉORÈME 6.1.2. *Soit H un sous-groupe d'ordre impair de G, et soit $E = L^H$ la sous-algèbre de L fixée par H. On a*

$$q_E \cong m_H \otimes q_L^1, \quad \textit{où} \quad m_H = m/|H| = 2^{-r}(G:H).$$

Grâce à 2.1.1, on peut supposer que $L = \mathrm{Ind}_S^G M$, où M est une S-algèbre galoisienne. Comme H est d'ordre impair, H agit librement sur G/S. Il en résulte que H permute librement les facteurs de $L = M \times \cdots \times M$, et par suite $E = L^H$ est isomorphe au produit de m_H copies de M. On en déduit:

$$q_E \cong m_H \otimes q_M \cong m_H \otimes q_L^1.$$

Remarque. Une autre façon d'énoncer 6.1.2 est de dire que $|H| \otimes q_E$ *est isomorphe* à q_L.

6.2. Structure de q_L^1. Rappelons qu'à partir de maintenant, et jusqu'à la fin de ce paragraphe, on suppose que S est *abélien élémentaire* de type $(2, \dots, 2)$, i.e. produit de r groupes cycliques d'ordre 2. On reprend les notations du n°5.1. En particulier S' désigne le groupe $\mathrm{Hom}(S, \{\pm 1\})$ des caractères de S, et N est le normalisateur de S dans G. Le groupe N opère de façon naturelle sur S et S'.

THÉORÈME 6.2.1. *La forme $2^r q_L^1$ est une r-forme de Pfister.*

(Précisons que $2^r q_L^1$ désigne ici le produit de q_L^1 et de $\langle 2^r \rangle$. Le th. 6.2.1 équivaut donc à dire que q_L^1 est une r-forme de Pfister si r est pair et que c'est 2 fois une r-forme de Pfister si r est impair.)

Supposons d'abord que $L = \mathrm{Ind}_S^G M$, où M est une S-algèbre galoisienne. D'après le th. 6.1.1 (b) on a $q_L^1 \cong q_M$, et il faut donc montrer que $2^r q_M$ est une r-forme de Pfister. Or, puisque S est produit de r groupes cycliques d'ordre 2, on peut écrire M comme produit tensoriel de r algèbres quadratiques L_i ($i = 1, \dots, r$). La forme q_M est le produit tensoriel des formes q_{L_i}. Mais la forme trace d'une algèbre quadratique de discriminant d est $\langle 2, 2d \rangle = \langle 2 \rangle \otimes \langle 1, d \rangle = \langle 2 \rangle \otimes \langle\langle d \rangle\rangle$. Si l'on note d_i le discriminant de L_i, on a donc

$$
\begin{aligned}
q_M &\cong \langle 2^r \rangle \otimes \langle\langle d_1 \rangle\rangle \otimes \cdots \otimes \langle\langle d_r \rangle\rangle \\
&\cong \langle 2^r \rangle \otimes \langle\langle d_1, \dots, d_r \rangle\rangle.
\end{aligned}
\tag{6.2.1}
$$

Cela démontre le théorème dans le cas considéré.

Le cas général se ramène au précédent par la méthode du §2. D'après la prop. 2.1.1, il existe une extension de degré impair K' de K et une S-algèbre galoisienne M tels que $K' \otimes_K M = \mathrm{Ind}_S^G M$. Donc $2^r q_L^1$ est une r-forme de Pfister sur K'; d'après la prop. 4.4.1 c'est une r-forme de Pfister sur K.

Remarque. Il y a intérêt pour la suite à préciser la structure du G-espace quadratique q_M:

Notons ϕ_M l'homomorphisme de G_K dans S qui définit la S-algèbre galoisienne M. Si $x \in S'$, le composé $x \circ \phi_M$ est un homomorphisme de G_K dans $\{\pm 1\}$, donc correspond à un élément a_x de K^*/K^{*2}; l'application $x \mapsto a_x$ est un homomorphisme de S' dans K^*/K^{*2}. Si l'on note M_x la x-composante de M (au sens du n°5.2), on vérifie facilement que M_x est un espace quadratique de dimension 1, isomorphe à $\langle 2^r a_x \rangle$. Avec les notations du n°5.2, on peut donc écrire:

$$
M \cong \bigoplus_{x \in S'} \langle 2^r a_x \rangle \otimes 1_x, \tag{6.2.2}
$$

et en particulier

(6.2.3) $$2^r q_M \cong \bigoplus_{x\in S'} \langle a_x \rangle.$$

Si $(x_1,\dots,x_r)$ est une base de S' (vu comme espace vectoriel sur $\mathbf{F}_2$), l'algèbre M est isomorphe au quotient de l'algèbre de polynômes $K[T_1,\dots,T_r]$ par l'idéal engendré par les $T_i^2 - a_{x_i}$. L'action de S sur M est donnée par

$$s(T_i) = x_i(s)T_i \qquad \text{pour } i = 1,\dots,r.$$

On a:

(6.2.4) $$2^r q_M \cong \langle\langle a_{x_1},\dots,a_{x_r}\rangle\rangle.$$

6.3. Décomposition de la forme q_L^1. Nous nous proposons maintenant de *décomposer* la forme quadratique q_L^1 en somme orthogonale de formes quadratiques $q_L^1(\omega)$ indexées par les *orbites* ω de N dans S' (cf. n°5.3):

(6.3.1) $$q_L^1 \cong \bigoplus_{\omega\in\Omega} q_L^1(\omega).$$

Cette décomposition jouira des deux propriétés suivantes:

(6.3.2) Elle est invariante par extension du corps de base.

(6.3.3) Si $L = \mathrm{Ind}_S^G M$, où M est une S-algèbre galoisienne, $q_L^1(\omega)$ est la forme quadratique donnée par la ω-composante du S-espace quadratique q_M (cf. 5.3.1). Avec les notations de la fin du n° précédent, cela signifie que l'on a:

(6.3.3′) $$2^r q_L^1(\omega) = \bigoplus_{x\in\omega} \langle a_x \rangle.$$

(Cela revient à dire que, dans la décomposition de 6.2.3, on regroupe les termes appartenant à une même orbite ω.)

THÉORÈME 6.3.4. *Il est possible, d'une façon et d'une seule, de définir des formes quadratiques $q_L^1(\omega)$ ayant les propriétés 6.3.2 et 6.3.3 ci-dessus.*

Si $L = \mathrm{Ind}_S^G M$, où M est une S-algèbre galoisienne, *l'unicité* de la décomposition résulte de 6.3.3. Le cas général se ramène à celui-ci par extension de degré impair du corps de base, cf. 2.1.1.

Reste à prouver *l'existence*. Nous allons utiliser les formes quadratiques $F_{\omega,\omega'}$ définies au n°5.5. Rappelons que ces formes sont invariantes par extension des scalaires et que leurs rangs $r(\omega,\omega')$ sont tels que $\det(r(\omega,\omega')) \equiv 1 \pmod 2$, cf. 5.5.5.

On peut considérer L, muni de q_L, comme un S-espace quadratique. Pour tout $x \in S'$, notons L_x le sous-espace propre correspondant, et si $\omega \in \Omega$, posons $L_\omega = \oplus_{x\in\omega} L_x$.

Notons a_ω la restriction de q_L à L_ω.

PROPOSITION 6.3.5. (1) *Il existe une famille et une seule d'éléments* q_ω $(\omega \in \Omega)$ *de* GrW_K^+ *telle que*

$$\bigoplus_{\omega\in\Omega} q_\omega \otimes F_{\omega,\omega'} \cong a_{\omega'} \text{ pour tout } \omega' \in \Omega. \tag{6.3.6}$$

(2) *Les formes* $q_L^1(\omega) = 2^r q_\omega$ *satisfont aux propriétés (6.3.2) et (6.3.3) du th. 6.3.4.*

Démonstration de (1): D'après le théorème 4.3.1, il suffit de voir que le système d'équations ci-dessus est résoluble sur une extension de degré impair de K. Cela permet de supposer que L est de la forme $L = \mathrm{Ind}_S^G M$, où M est une S-algèbre galoisienne. Avec les notations du §5, le S-espace quadratique L est isomorphe à

$$A(V) = \mathrm{Res}_S^G \,\mathrm{Ind}_S^G V,$$

où $V = M$ vu comme S-espace quadratique.

D'après 5.5.6, on a

$$a_{\omega'} \cong \bigoplus_{\omega\in\Omega} V_\omega \otimes F_{\omega,\omega'},$$

où V_ω est la forme quadratique définie par la ω-composante de V. Cela montre que les V_ω satisfont au système d'équations de la proposition, donc que ce système a une solution.

Démonstration de (2): La propriété (6.3.2) est évidente. Vérifions (6.3.3). Supposons donc que $L = \mathrm{Ind}_S^G M$, où M est une S-algèbre galoisienne. On doit montrer que

$$q_\omega \cong \bigoplus_{x\in\omega} \langle a_x \rangle .$$

Vu la définition des q_ω, il suffit de voir que les formes

$$V_\omega = \bigoplus_{x\in\omega} \langle a_x \rangle$$

satisfont à la même équation que 6.3.6, i.e.

$$\bigoplus_{\omega\in\Omega} V_\omega \otimes F_{\omega,\omega'} \cong a_{\omega'} \qquad \text{pour tout } \omega' \in \Omega.$$

Or cela résulte de la définition de $F_{\omega,\omega'}$ et de la formule 5.5.4.

6.4. Un critère. On conserve les notations du n° précédent. En particulier, on note $q_L^1(\omega)$ les formes quadratiques du th. 6.3.4.

THÉORÈME 6.4.1. *Soient L, L' deux G-algèbres galoisiennes. Il y a équivalence entre:*

(1) *Les G-formes quadratiques (L, q_L) et $(L', q_{L'})$ sont isomorphes.*

(2) $q_L^1(\omega) \cong q_{L'}^1(\omega)$ *pour tout* $\omega \in \Omega$.

Quitte à faire une extension de degré impair, on peut supposer qu'il existe des S-algèbres galoisiennes M et M' telles que $L = \mathrm{Ind}_S^G M$ et $L' = \mathrm{Ind}_S^G M'$. L'équivalence (1) $\Leftrightarrow$ (2) résulte alors du th. 5.3.1.

THÉORÈME 6.4.2. *Soit L une G-algèbre galoisienne. Alors L a une base normale autoduale si et seulement si, pour tout $\omega \in \Omega$, la forme quadratique $2^r q_L^1(\omega)$ est isomorphe à la forme unité $\langle 1, \dots, 1\rangle$.*

En effet, pour une G-algèbre galoisienne décomposée cette forme quadratique est isomorphe à $\langle 1, \dots, 1\rangle$. On conclut par le th. 6.4.1.

6.5. Application: la forme trace de l'algèbre L^H. Soit H un sous-groupe de G, et soit $E = L^H$ la sous-algèbre de L fixée par H. D'après le n°1.4, la forme q_E ne dépend que de H, et de la G-forme quadratique (L, q_L). Vu le th. 6.4.1, il est donc possible d'expliciter q_E en fonction de H et des $q_L^1(\omega)$. C'est ce que nous allons faire.

Soit $S\backslash G/H$ l'ensemble des doubles classes de G modulo S et H, et soit T un ensemble de représentants de $S\backslash G/H$ dans G. Si $t \in T$, posons $S(t) = S \cap tHt^{-1}$, et notons $2^{r(t)}$ l'ordre du groupe $S(t)$. Pour tout $\omega \in \Omega$, choisissons $x_\omega \in \omega$, et notons S_ω le sous-groupe de S noyau de x_ω. Définissons une forme quadratique Q_ω par

$$Q_\omega = \bigoplus_{S(t) \subset S_\omega} \langle 2^{r(t)} \rangle, \tag{6.5.1}$$

où la sommation porte sur les $t \in T$ tels que $S(t) \subset S_\omega$ (i.e. tels que la restriction de x_ω à $S(t)$ égale à 1).

On vérifie facilement que l'on a:

$$\mathrm{rang}(Q_\omega) = \begin{cases} |T| = |S\backslash G/H| & \text{si } \omega = \{1\}, \\ |S_\omega\backslash G/H| - |S\backslash G/H| & \text{sinon.} \end{cases} \tag{6.5.2}$$

THÉORÈME 6.5.3. *On a* $q_E = \oplus_{\omega \in \Omega} Q_\omega \otimes q_L^1(\omega)$.

Exemple. Si H est *d'ordre impair*, on a $S(t) = \{1\}$ pour tout $t \in T$. Il en résulte que Q_ω est isomorphe à $m_H = \langle 1, \dots, 1 \rangle$, où $m_H = |T| = 2^{-r}(G : H)$. Le th. 6.5.3 donne alors

$$q_E = m_H \otimes \Big(\bigoplus_{\omega \in \Omega} q_L^1(\omega) \Big) = m_H \otimes q_L^1;$$

on retrouve la formule du th. 6.1.2.

Démonstration du th. 6.5.3. Quitte à remplacer K par une extension de degré impair, on peut supposer que $L = \mathrm{Ind}_S^G M$, où M est une S-algèbre galoisienne. Faisons cette hypothèse.

LEMME 6.5.4. *L'algèbre* $E = L^H$ *est isomorphe au produit* $\prod_{t \in T} M^{S(t)}$.

On peut identifier L à l'algèbre des fonctions $f : G \to M$ telles que

(i) $f(sx) = sf(x)$ si $s \in S$, $x \in G$, cf. n°1.3.2.

On a $f \in L^H$ si et seulement si:

(ii) $f(xh) = f(x)$ si $h \in H$ et $x \in G$.

Si $t \in T$ et $s \in S(t)$ il résulte de (i) et (ii) que l'on a:

$$sf(t) = f(st) = f(t.t^{-1}st) = f(t), \quad \text{puisque } t^{-1}st \in H.$$

On a donc $f(t) \in M^{S(t)}$, d'où un homomorphisme $L^H \to \prod_{t \in T} M^{S(t)}$, et l'on vérifie facilement que c'est un isomorphisme.

Posons $E(t) = M^{S(t)}$. Le lemme ci-dessus entraîne:

$$q_E \cong \bigoplus_{t \in T} q_{E(t)}. \tag{6.5.5}$$

Reprenons les notations du n°6.2: notons ϕ_M l'homomorphisme $G_K \to S$ définissant M, et, pour tout $x \in S'$, soit $a_x \in K^*/K^{*2}$ l'élément correspondant à $x \circ \phi_M : G_K \to S \to \{\pm 1\}$. Si S_1 est un sous-groupe de S de rang r_1, la forme trace de M^{S_1} est isomorphe à $\oplus_{x|S_1=1} \langle 2^{r-r_1} a_x \rangle$. En appliquant ceci aux sous-groupes $S(t)$ de S, et en utilisant (6.5.5), on en déduit:

$$q_E \cong \bigoplus_{t \in T} \bigoplus_{x|S(t)=1} \langle 2^{r-r(t)} a_x \rangle,$$

ou encore

$$q_E \cong \bigoplus_{x \in S'} Q_x \otimes \langle 2^r a_x \rangle, \text{ avec } Q_x = \bigoplus_{x|S(t)=1} \langle 2^{r(t)} \rangle.$$

Si $x \in \omega$, on a $Q_x = Q_{x_\omega} = Q_\omega$, cf. (6.5.1). La formule ci-dessus peut donc se récrire sous la forme

(6.5.6)
$$q_E \cong \bigoplus_{\omega\in\Omega} Q_\omega \otimes \Big(\bigoplus_{x\in\omega}\langle 2^r a_x\rangle\Big).$$

D'après (6.3.3'), on a $\oplus_{x\in\omega}\langle 2^r a_x\rangle = q_L^1(\omega)$. On en déduit la formule cherchée:

$$q_E \cong \bigoplus_{\omega\in\Omega} Q_\omega \otimes q_L^1(\omega).$$

Remarque. Dans la définition de Q_ω on peut remplacer $\langle 2^{r(t)}\rangle$ par $\langle 1\rangle$ si $r(t)$ est pair, et par $\langle 2\rangle$ si $r(t)$ est impair. Il en résulte que Q_ω est de la forme $\langle 1,\ldots,1,2,\ldots,2\rangle$. Si le nombre des "2" est pair, on peut tout les remplacer par des "1", vu la formule $\langle 2,2\rangle = \langle 1,1\rangle$; on obtient alors la forme unité $\langle 1,\ldots,1\rangle$. De même, si le nombre des "2" est impair, on obtient $\langle 1,\ldots,1,2\rangle$. D'où la description suivante de Q_ω:

On a:

(6.5.7) $Q_\omega \cong \langle 1,\ldots,1\rangle$ si le nombre des $t\in T$ tels que $r(t)$ soit impair et $S(t)\subset \operatorname{Ker} x_\omega$ est pair ;

$Q_\omega \cong \langle 1,\ldots,1,2\rangle$ sinon.

En particulier:

COROLLAIRE 6.5.8. *Si 2 est un carré dans K, on a*

$$q_E = \bigoplus_{\omega\in\Omega} m_\omega \otimes q_L^1(\omega), \quad \textit{avec } m_\omega = \operatorname{rang}(Q_\omega), \text{ cf. (6.5.2).}$$

6.6. Le cas d'une action transitive. Nous avons vu au n°5.6 que le nombre d'orbites de N sur S et sur S' est le même. En particulier, les propriétés suivantes sont équivalentes:

(i) N opère transitivement sur $S-\{1\}$;

(ii) N opère transitivement sur $S'-\{1\}$.

Ces propriétés sont aussi équivalentes à la suivante (cf. [10], p. 418, Hilfsatz 2.5):

(iii) Les éléments d'ordre 2 de G sont conjugués entre eux.

THÉORÈME 6.6.1. *Supposons* (i) *vérifiée. Soient L et L′ deux G-algèbres galoisiennes. Il y a équivalence entre:*

(1) *Les G-formes quadratiques (L, q_L) est $(L', q_{L'})$ sont isomorphes.*

(2) *Les r-formes de Pfister* $2^r q_L^1$ *et* $2^r q_{L'}^1$ *sont isomorphes.*

(3) *Les formes quadratiques* q_L *et* $q_{L'}$ *sont isomorphes.*

Il est clair que l'on a (1) $\Rightarrow$ (3) $\Rightarrow$ (2). Il suffit donc de montrer que (2) $\Rightarrow$ (1). Or Ω a deux éléments (si $r \geq 1$), à savoir $\omega_1 = \{1\}$ et $\omega_2 = S' - \{1\}$. Il est clair que

$$q_L^1(\omega_1) \cong \langle 2^r \rangle \cong q_{L'}^1(\omega_1).$$

Comme $q_L^1(\omega_1) \oplus q_L^1(\omega_2) \cong q_L^1$, et $q_{L'}^1(\omega_1) \oplus q_{L'}^1(\omega_2) \cong q_{L'}^1$, cela entraîne que $q_L^1(\omega_2) \cong q_{L'}^1(\omega_2)$, et l'on applique le th. 6.4.2.

Remarque. L'intérêt du th. 6.6.1 est qu'il ramène la question de l'isomorphisme des G-formes quadratiques associées à deux algèbres galoisiennes à celle de l'isomorphisme des formes de Pfister correspondantes. Lorsque $r \leq 4$, ceci peut se traduire en termes cohomologiques, cf. §§ 7,8.

THÉORÈME 6.6.2. *Supposons* (i) *vérifiée. Il y a équivalence entre:*

(1) *L a une base normale autoduale.*

(2) *La r-forme de Pfister* $2^r q_L^1$ *est isomorphe à* $\langle\langle 1, \ldots, 1 \rangle\rangle$.

(3) q_L^1 *est isomorphe à la forme unité de rang* 2^r.

(4) q_L *est isomorphe à la forme unité de rang* $n = m.2^r$.

L'équivalence (2) $\Leftrightarrow$ (3) résulte de ce que $\langle 2, 2 \rangle \cong \langle 1, 1 \rangle$. Le reste est une conséquence du th. 6.6.1.

Application: la forme trace de L^H. Revenons aux notations du n°6.5: H est un sous-groupe de G, $E = L^H$, et T est un système de représentants de $S \backslash G / H$. La description de q_E donnée par le th. 6.5.3 se simplifie notablement (du fait qu'il n'y a que deux orbites ω à considérer, cf. ci-dessus). Si l'on convient de noter q la r-forme de Pfister $2^r q_L^1$, on a:

THÉORÈME 6.6.3. *Soit e le nombre des* $t \in T$ *tels que* $r - r(t)$ *soit impair. Il existe des entiers* $u, v \geq 0$ *(avec* $v = 0$ *si* $r = 0$*) tels que:*

$$u + v = |S \backslash G / H| \quad \text{et} \quad u + 2^r v = (G : H).$$

On a:

$$q_E \cong u \otimes \langle 1 \rangle \oplus \begin{cases} v \otimes q & \text{si } e \text{ est pair} \\ ((v-1) \oplus \langle 2 \rangle) \otimes q & \text{si } e \text{ est impair.} \end{cases}$$

Cela se déduit sans difficultés du th. 6.5.3, compte tenu de ce que

$$q_L^1(\omega) \cong \langle 2^r \rangle \quad \text{si } \omega = \{1\},$$

et

$$q_L^1(\omega) \oplus \langle 2^r \rangle \cong \langle 2^r \rangle \otimes q \quad \text{si } \omega = S' - \{1\}.$$

Exemples. 1) Prenons $G = \mathbf{PSL}_2(\mathbf{F}_{11})$ et H isomorphe au groupe alterné A_5, de sorte que $(G : H) = 11$. On a $r = 2$. Les orbites de S sur G/H sont d'ordres 1,2,2,2,4. D'où $|S\backslash G/H| = 5$, et les $r(t)$ sont égaux à 2,1,1,1 et 0. On a $u = 3$, $v = 2$, $e = 3$, d'où

$$q_E \cong \langle 1, 1, 1 \rangle \oplus \langle 1, 2 \rangle \otimes q.$$

Si $q \cong \langle\langle a, b \rangle\rangle$, cela donne:

$$q_E \cong \langle 1, 1, 1, 1, 2, a, 2a, b, 2b, ab, 2ab \rangle.$$

2) Prenons $G = \mathbf{SL}_2(\mathbf{F}_8)$, et choisissons pour H un sous-groupe de Borel de G, de sorte que $(G : H) = 9$. On a $r = 3$. Les orbites de S sur G/H sont d'ordres 1 et 8. D'où $|S\backslash G/H| = 2$ et les $r(t)$ sont égaux à 3 et 0. On a $u = 1$, $v = 1$, $e = 1$, d'où

$$q_E \cong \langle 1 \rangle \oplus \langle 2 \rangle \otimes q.$$

Si $q \cong \langle\langle a, b, c \rangle\rangle$, cela donne:

$$q_E \cong \langle 1, 2, 2a, 2b, 2c, 2ab, 2bc, 2ac, 2abc \rangle.$$

3) Prenons $G = \mathbf{PSL}_2(\mathbf{F}_{13})$, H = sous-groupe de Borel de G. On a $(G : H) = 14$, $|S\backslash G/H| = 5$, $r(t) = 0, 0, 1, 1, 1$, $u = 2$, $v = 3$, $e = 1$, d'où

$$q_E \cong \langle 1, 1 \rangle \oplus \langle 1, 1, 2 \rangle \otimes q.$$

Si $q \cong \langle\langle a, b \rangle\rangle$, cela donne:

$$q_E \cong \langle 1, 1, 1, 1, 2, a, a, 2a, b, b, 2b, ab, ab, 2ab \rangle.$$

7. Invariants cohomologiques. On a vu dans les §§ précédents que l'existence de bases normales autoduales est liée à la structure de certaines *formes quadratiques* attachées à l'algèbre galoisienne considérée. Or, en basse dimension, l'équivalence de deux formes quadratiques (par exemple de deux formes de Pfister) peut se lire sur leurs *invariants cohomologiques*. Le but de ce § est de préciser comment se calculent ces invariants.

7.1. Rappels sur la cohomologie des groupes finis. Soient G un groupe fini, p un nombre premier, S un p-sous-groupe de Sylow de G et N le normalisateur de S dans G. On dit que N *contrôle la fusion de* S si la propriété suivante est satisfaite:

(F) *Quels que soient le sous-groupe* S_1 *de* S *et l'élément* $g \in G$ *tels que* $gS_1g^{-1} \subset S$, *il existe* $n \in N$ *tel que* $nxn^{-1} = gxg^{-1}$ *pour tout* $x \in S_1$ (d'où, en particulier, $nS_1n^{-1} = gS_1g^{-1}$).

Soit A un G-module; si $i \geq 1$, notons $H^i(G,A)_p$ la composante p-primaire du groupe de cohomologie $H^i(G,A)$. On sait (cf. e.g. [7], chap. XII, §10) que l'application de restriction

$$\mathrm{Res} : H^i(G,A)_p \to H^i(S,A)_p$$

est *injective*, et que son image est contenue dans le sous-espace $H^i(S,A)_p^N$ de $H^i(S,A)_p$ formé des éléments fixés par l'action de N/S. De plus:

PROPOSITION 7.1.1. *Faisons les deux hypothèses suivantes:*

(a) *Le normalisateur* N *de* S *contrôle la fusion de* S.

(b) *L'action de* G *sur le* G-*module* A *est triviale.*

Alors l'application de restriction Res : $H^i(G,A)_p \to H^i(S,A)_p$ *applique isomorphiquement* $H^i(G,A)_p$ *sur le sous-espace* $H^i(S,A)_p^N$ *de* $H^i(S,A)_p$ *formé des éléments fixés par* N.

Cela résulte de la caractérisation des éléments "stables" de $H^i(S,A)_p$ donnée dans [7], chap. XII, §10. En effet, l'image de Res est formée des éléments stables, et les hypothèses (a) et (b) entraînent que tout élément invariant par N est stable.

Remarques. 1) Il est bien connu (Burnside) que l'hypothèse "N contrôle la fusion de S" est satisfaite lorsque S est abélien. (En effet, avec les notations de (F), on remarque que S et $g^{-1}Sg$ sont des p-groupes de Sylow du centralisateur C de S_1 dans G. En appliquant le théorème de Sylow à C, on en déduit qu'il existe $c \in C$ tel que cSc^{-1} soit égal à $g^{-1}Sg$. L'élément $n = gc$ convient.). De même, cette hypothèse est aussi satisfaite lorsque $p = 2$ et que S est un groupe quaternionien d'ordre 8. Elle ne l'est pas toujours lorsque S est un groupe diédral (exemple: $G = A_6$, $S = D_4$).

2) On peut dans certains cas supprimer l'hypothèse (b), par exemple lorsque S a la "propriété d'intersection triviale": $S \cap gSg^{-1} = \{1\}$ pour tout $g \in G - N$.

7.2. Construction de la classe fondamentale: le cas de S. A partir de maintenant on ne s'intéresse qu'à la cohomologie (mod 2). Si Γ est un groupe fini (ou profini) quelconque, on écrit $H^i(\Gamma)$ à la place de $H^i(\Gamma, \mathbf{Z}/2\mathbf{Z})$, et l'on note $H^\bullet(\Gamma)$ l'algèbre de cohomologie $\oplus_{i\geq 0} H^i(\Gamma)$.

Soit S un groupe abélien élémentaire d'ordre 2^r, $r \geq 1$. On a

$$H^1(S) = \mathrm{Hom}(S, \mathbf{Z}/2\mathbf{Z});$$

c'est un $\mathbf{F}_2$-espace vectoriel de dimension r, et $H^\bullet(S)$ s'identifie à *l'algèbre symétriqu* de cet espace. En particulier, $H^\bullet(S)$ est isomorphe à une *algèbre de polynômes* $\mathbf{F}_2[X_1, \ldots, X_r]$ en r générateurs.

Proposition 7.2.1. *Il existe un élément z de $H^r(S)$ ayant la propriété suivante:*

(∗) *La restriction de z à tout sous-groupe d'ordre 2 de S est $\neq 0$.*

Cela revient à dire qu'il existe un polynôme homogène $Z(X_1, \ldots, X_r)$, de degré r, à coefficients dans $\mathbf{F}_2$, tel que l'on ait:

(∗∗) $Z(x_1, \ldots, x_r) = 1$ *pour tout* $(x_1, \ldots, x_r) \in (\mathbf{F}_2)^r - \{0\}$.

Exemples. Pour $r = 1$, $Z = X_1$; pour $r = 2$, $Z = X_1^2 + X_1X_2 + X_2^2$; pour $r = 3$, $Z = X_1^3 + X_2^3 + X_3^3 + X_1^2X_2 + X_1^2X_3 + X_2^2X_3 + X_1X_2X_3$.

Voici deux constructions possibles d'un tel polynôme Z:

(7.2.1.a) On prend pour Z la *forme norme* d'une extension $\mathbf{F}_{2^r}/\mathbf{F}_2$ de degré r.

(7.2.1.b) Pour tout partie non vide I de $\{1, \ldots, r\}$, notons X_I le monôme $\prod_{i\in I} X_i$, et posons $Z_I = X_I X_{i(I)}^{r-|I|}$, où $i(I)$ est le plus petit élément de I. Soit $Z = \sum_{I\neq\emptyset} Z_I$. Le polynôme Z convient. En effet, Z_I et X_I prennent les mêmes valeurs sur $(\mathbf{F}_2)^r$. Si $(x_1, \ldots, x_r)$ est un élément non nul de $(\mathbf{F})_2)^r$, on a donc $Z(x_1, \ldots, x_r) = \sum_{I\neq\emptyset} \prod_{j\in I} x_j = (1 + x_1) \ldots (1 + x_r) - 1 = 1$, puisque l'un des facteurs $(1 + x_j)$ est égal à 2, c'est-à-dire à 0.

Remarque. On vérifie facilement que l'élément z de la prop. 7.2.1 est *unique* si $r \leq 2$. Il n'en est plus ainsi pour $r \geq 3$. Pour préciser ceci, introduisons l'idéal homogène J de $H^\bullet(S)$ engendré par les éléments $x^2y + xy^2$, où x et y parcourent $H^1(S)$.

Proposition 7.2.2. *Si z et z' sont deux éléments de $H^\bullet(S)$ satisfaisant à la propriété* (∗) *de* 7.2.1, *on a $z \equiv z'$* (mod J).

Cela résulte de la proposition suivante:

PROPOSITION 7.2.3. *Soit* $t \in H^i(S)$, $i > 0$. *Pour que t appartienne à l'idéal J il faut et il suffit que la restriction de t à tous les sous-groupes d'ordre 2 de S soit 0.*

Lorsqu'on traduit cet énoncé en termes de polynômes homogènes, on voit qu'il résulte du lemme élémentaire suivant (dont la démonstration est laissée au lecteur):

LEMME 7.2.4. *Soit k un corps fini à q éléments. L'idéal homogène des polynômes en* $X_1, \dots, X_r$ *qui s'annulent sur le sous-ensemble* $\mathbf{P}_{r-1}(k)$ *de l'espace projectif* $\mathbf{P}_{r-1}$ *est engendré par les* $X_i^q X_j - X_i X_j^q$, *pour* $i < j$.

7.3. Construction de la classe fondamentale: le cas de G. On revient maintenant aux hypothèses du n°6.2:

S est un 2-sous-groupe de Sylow de G et *l'on suppose que S est abélien élémentaire d'ordre* 2^r, $r > 0$. Comme aux n^{os} précédents, on note N le normalisateur de S dans G. Nous allons voir que la prop. 7.2.1 reste valable pour G. Plus précisément:

THÉORÈME 7.3.1. *Il existe un élément z de* $H^r(G)$ *ayant la propriété suivante:*

(∗) *La restriction de z à tout sous-groupe d'ordre 2 de G est* $\neq 0$.

Soit $z_S \in H^r(S)$ un élément ayant la propriété de la prop. 7.2.1. Le groupe $W = N/S$ opère sur S, donc aussi sur $H^r(S)$; si $w \in W$, notons $w(z_S)$ le transformé de z_S par w. Posons

$$\bar{z} = \sum_{w \in W} w(z_S).$$

Il est clair que l'élément $\bar{z}$ de $H^r(S)$ est invariant par W. D'après la prop. 7.1.1 c'est donc la restriction d'un élément z de $H^r(G)$. Cet élément est unique. Il répond à la question. En effet, soit S_1 un sous-groupe d'ordre 2 de G; on doit vérifier que la restriction de z à S_1 est $\neq 0$. Quitte à conjuguer S_1, on peut supposer que S_1 est contenu dans S. La restriction de z à S_1 est alors égale à celle de $\bar{z}$, c'est-à-dire à la somme de celles des $w(z_S)$. Mais chaque $w(z_S)$ a pour restriction à S_1 l'unique élément non nul de $H^r(S_1)$; comme le nombre des w est impair, la somme en question est bien $\neq 0$. (*Variante*: définir z comme $\mathrm{Cor}_S^G(z_S)$.)

7.4. Rappels de cohomologie galoisienne. Il s'agit de notations standard, que nous rappelons pour la commodité du lecteur (cf. [1], [14], [18], [19]).

7.4.1. Cohomologie (mod 2). On pose:

$$H^n(K) = H^n(G_K, \mathbf{Z}/2\mathbf{Z}), \text{ où } G_K = \mathrm{Gal}(K_s/K).$$

On a $H^1(K) = K^*/K^{*2}$ (théorie de Kummer); si $a \in K^*$, on note (a) son image dans $H^1(K)$; on a $(ab) = (a) + (b)$ et $(a) = 0$ si et seulement si a est un carré.

Le groupe $H^2(K)$ peut être identifié à $\mathrm{Br}_2(K)$, noyau de la multiplication par 2 dans le groupe de Brauer $\mathrm{Br}(K)$. Si $a, b \in K^*$, le cup-produit $(a)(b) \in H^2(K)$ correspond à la classe de l'algèbre de quaternions (a, b). On a $(a)(b) = 0$ si et seulement si cette algèbre est décomposée, i.e. si b est une norme de l'extension $K(\sqrt{a})/K$. En particulier:

$$(-a)(a) = 0 \quad \text{pour tout } a \in K^*;$$

ce que l'on peut aussi écrire:

$$(-1)x = x^2 \quad \text{pour tout } x \in H^1(K). \tag{7.4.1.1}$$

7.4.2. Invariants des formes quadratiques: les classes de Stiefel-Whitney. Soit $q = \langle a_1, \ldots, a_n \rangle$ une forme quadratique, et soit k un entier ≥ 0. Posons:

$$w_k(q) = \sum_{i_1 < \cdots < i_k} (a_{i_1}) \ldots (a_{i_k}) \quad \text{dans } H^k(K).$$

La classe de cohomologie $w_k(q)$ ne dépend que de q et de k, mais pas de la décomposition de q choisie. C'est la *k-ème classe de Stiefel-Whitney de q*.

Pour $k = 1$, on a $w_1(q) = (d)$, où d est le *discriminant* de q, vu comme élément de K^*/K^{*2}. Pour $k = 2$, $w_2(q)$ est *l'invariant de Hasse-Witt* de q.

7.4.3. L'invariant d'Arason d'une forme de Pfister. Soit $q = \langle\langle a_1, \ldots, a_r \rangle\rangle$ une r-forme de Pfister (cf. n°4.4). Posons:

$$e(q) = (-a_1) \ldots (-a_r) \quad \text{dans } H^r(K).$$

D'après un théorème d'Arason ([1], §1), $e(q)$ ne dépend que de q. Si q' est une autre r-forme de Pfister, on a

$$e(q) = e(q') \Longleftrightarrow q \cong q'$$

pourvu que $r \leq 4$, cf. [2], p. 652; les conjectures de Milnor [14] entraîneraient que ceci reste vrai pour tout r.

7.5. L'invariant d'une G-algèbre galoisienne. Les hypothèses sur G et S sont celles des n°s 6.2 et 7.3. Soit L une G-algèbre galoisienne, définie par un homomorphisme

$$\phi_L : G_K \to G.$$

Si $z \in H^n(G)$, on note z_L la classe de cohomologie $\phi_L^*(z) \in H^n(K)$, cf. n°2.2.

LEMME 7.5.1. *Si la restriction de z à tous les sous-groupes d'ordre 2 de G est nulle, on a* $z_L = 0$.

(Autrement dit, z est *négligeable*, au sens de [21], §7.)

Si K' est une extension de degré impair de K, l'application $H^n(K) \to H^n(K')$ est injective. Or on peut choisir K' de telle sorte que, sur K', l'algèbre L soit induite d'une S-algèbre galoisienne, cf. 2.1.1. Cela permet de réduire la question au cas où $G = S$. Mais, dans ce cas, la prop. 7.2.3 montre que z appartient à l'idéal homogène J engendré par les $x^2y + xy^2$, avec $x, y \in H^1(G)$. Il suffit donc de prouver que l'on a

$$(x^2y + xy^2)_L = 0 \text{ dans } H^3(K).$$

Or cela résulte de la relation 7.4.1.1:

$$(x^2y + xy^2)_L = (-1)x_Ly_L + x_L(-1)y_L = 2.(-1)x_Ly_L = 0.$$

Soit maintenant z un élément de $H^r(G)$ ayant la propriété (∗) du th. 7.3.1: la restriction de z à tout sous-groupe d'ordre 2 de G est $\neq 0$. Il résulte du lemme ci-dessus que *l'élément* z_L *de* $H^r(K)$ *ne dépend pas du choix de* z. C'est un *invariant* de la G-algèbre galoisienne L. Nous allons voir que cet invariant est étroitement lié à la r-forme de Pfister $2^rq_L^1$ du n°6.2:

THÉORÈME 7.5.2. *L'invariant d'Arason* $e(2^rq_L^1)$ *de la r-forme de Pfister* $2^rq_L^1$ *est égal à* $z_L + (-1)\ldots(-1)$.

(Rappelons, cf. 7.4.3, que cet invariant appartient à $H^r(K)$.)

Commençons par démontrer ce théorème *dans le cas particulier où* $G = S$, auquel cas $q_L^1 = q_L$. Soit $(x_1, \ldots, x_r)$ une base du groupe $S' = H^1(S)$. Chacun des $(x_i)_L$ peut être identifié à un élément a_{x_i} de K^*/K^{*2}, et l'on a

$$2^rq_L \cong \langle\langle a_{x_1}, \ldots, a_{x_r}\rangle\rangle, \text{ cf. (6.2.4).}$$

On a donc:

$$e(2^rq_L) = (-a_{x_1})\ldots(-a_{x_r}) = \prod_{i=1}^{i=r}((-1) + (x_i)_L).$$

Pour toute partie non vide I de $\{1, \ldots, r\}$, posons $x_I = \prod_{i\in I} x_i$. Notons u l'élément (-1) de $H^1(K)$. La formule ci-dessus s'écrit:

$$e(2^rq_L) = u^r + \sum_{I\neq\emptyset} u^{r-|I|}x_I.$$

Pour tout $I \neq \emptyset$, soit $i = i(I)$ le plus petit élément de I. D'après la formule (7.4.1.1), on a $u^k xy = x^{k+1}y$ pour tout $x, y \in H^1(K)$ et $k \geq 0$. En particulier:

$$u^{r-|I|}(x_I)_L = ((x_i)_L)^{r-|I|}(x_I)_L.$$

D'où:

$$\begin{aligned} e(2^r q_L) &= u^r + \sum_{I \neq \emptyset} ((x_i)_L)^{r-|I|}(x_I)_L \\ &= u^r + Z((x_1)_L, \ldots, (x_r)_L), \end{aligned}$$

où Z est le polynôme construit dans (7.2.1.b). Comme on peut prendre pour z la classe $Z(x_1, \ldots, x_r)$, on a

$$z_L = Z((x_1)_L, \ldots, (x_r)_L),$$

ce qui démontre la formule voulue dans le cas particulier considéré.

Le *cas général* se déduit de celui que nous venons de traiter. En effet, il suffit de vérifier la formule

$$e(2^r q_L^1) = u^r + z_L$$

après une extension de degré impair du corps de base. Cela permet de supposer (cf. 2.1.1) que $L = \mathrm{Ind}_S^G M$, où M est une S-algèbre galoisienne, et l'on a alors $q_L^1 \cong q_M$, cf. th. 6.1.1.(b). On est ainsi ramené au cas où $G = S$.

COROLLAIRE 7.5.3. *Pour que q_L (*resp. *q_L^1,* resp. *$2^r q_L^1$) soit isomorphe à la forme unité de rang $|G|$ (*resp. *de rang 2^r), il faut que l'on ait $z_L = 0$ et cela suffit si $r \leq 4$.*

L'invariant d'Arason de la r-forme de Pfister $\langle\langle 1, \ldots, 1\rangle\rangle$ est $(-1)\ldots(-1)$. Cela montre que $2^r q_L^1 \cong \langle\langle 1, \ldots, 1\rangle\rangle \Rightarrow z_L = 0$, et la réciproque est vraie si $r \leq 4$, cf. 7.4.3. On a d'autre part les équivalences:

$$q_L \cong \langle 1, \ldots, 1\rangle \Leftrightarrow q_L^1 \cong \langle 1, \ldots, 1\rangle \Leftrightarrow 2^r q_L^1 \cong \langle\langle 1, \ldots, 1\rangle\rangle.$$

(La première équivalence provient de ce que $q_L \cong m \otimes q_L^1$, avec m impair, cf. th. 6.1.1.(a); la seconde est évidente si r est pair, et, si r est impair, elle résulte de $\langle 2, 2\rangle \cong \langle 1, 1\rangle$.)

THÉORÈME 7.5.4. *Supposons que $r \leq 4$ et que le normalisateur de S opère transitivement sur $S - \{1\}$. Soient L et L' deux G-algèbres galoisiennes sur K. Il y a équivalence entre les propriétés suivantes:*

(a) *Les G-formes quadratiques (L, q_L) et $(L', q_{L'})$ sont isomorphes.*

(b) *On a $z_L = z_{L'}$ dans $H^r(K)$.*

Cela résulte du th. 7.5.2, combiné avec le th. 6.5.1.

Le cas particulier où L' est décomposée donne:

THÉORÈME 7.5.5. *Supposons que $r \leq 4$ et que le normalisateur de S opère transitivement sur $S-\{1\}$. Soit L une G-algèbre galoisienne sur K. Pour que L ait une base normale autoduale il faut et il suffit que $z_L = 0$.*

Remarques. 1) L'hypothèse $r \leq 4$ pourrait être supprimée si les conjectures de Milnor [14] étaient démontrées.

2) Lorsque le normalisateur de S opère transitivement sur $S-\{1\}$, on peut montrer que, si $x \in H^n(G)$, $n \geq 1$, on a, soit $x_L = 0$, soit $n \geq r$ et $x_L = u^{n-r}z_L$, avec $u = (-1)$. (La démonstration utilise les lemmes 7.5.1 et 7.2.4.) En particulier, les deux propriétés suivantes sont équivalentes:

(i) $z_L = 0$;

(ii) $x_L = 0$ pour toute classe de cohomologie x de G de degré > 0.

7.6. Les classes de Stiefel-Whitney des formes $2^r q_L^1(\omega)$. Les notations et hypothèses sont les mêmes que ci-dessus.

On a défini au n°6.3 une décomposition de q_L^1 en somme orthogonale de formes quadratiques $q_L^1(\omega)$, correspondant aux *orbites* ω de N dans S'. Nous allons voir comment l'on peut calculer les *classes de Stiefel-Whitney* de ces formes.

Il est commode pour cela de définir $q_L^1(\alpha)$ pour toute partie α de S' stable par N au moyen de la formule

$$q_L^1(\alpha) = \bigoplus_{\omega \subset \alpha} q_L^1(\omega),$$

où la somme porte sur les orbites ω contenues dans α.

Si β est une partie de $S' = H^1(S)$, notons w_β l'élément de $H^\bullet(S)$ produit des éléments de β (vus comme éléments de $H^1(S)$); on a $\deg(w_\beta) = |\beta|$. Pour toute partie α de S' et tout $k \geq 0$, définissons un élément $w(k, \alpha)$ de $H^k(S)$ par la formule:

$$w(k, \alpha) = \sum w_\beta,$$

où β parcourt les parties à k éléments de α.

Supposons maintenant que α soit *stable par l'action de* N. Il est clair que $w(k, \alpha)$ est alors invariant par N; d'après la prop. 7.1.1, on peut *l'identifier à un élément de* $H^k(G)$.

PROPOSITION 7.6.1. *Soit L une G-algèbre galoisienne sur K, soit α une partie de S' stable par N et soit k un entier ≥ 0. La k-ième classe de Stiefel-Whitney de la forme $2^r q_L^1(\alpha)$ est donnée par la formule:*

$$w_k(2^r q_L^1(\alpha)) = w(k, \alpha)_L.$$

La démonstration est analogue à celle du th. 7.5.2. On se ramène par une extension des scalaires de degré impair au cas où L est la G-algèbre induite d'une S-algèbre galoisienne M. La formule (6.3.3′) montre que l'on a

$$2^r q_L^1(\alpha) \cong \bigoplus_{x\in\alpha} \langle a_x \rangle,$$

les notations étant celles du n°6.3. La formule à démontrer résulte alors de la définition de $w(k,\alpha)$ donnée ci-dessus.

Remarque. On passe des classes de Stiefel-Whitney de $2^r q_L^1(\alpha)$ à celles de $q_L^1(\alpha)$ grâce à la formule suivante (facile à vérifier en utilisant le fait que (2)(2) = 0):

$$w_k(2q) = \begin{cases} w_k(q) + (2).w_{k-1}(q) & \text{si } k \equiv \text{rang}(q) \pmod 2 \\ w_k(q) & \text{sinon.} \end{cases}$$

8. Exemples. Ces exemples concernent le cas où un 2-sous-groupe de Sylow S de G est *abélien élémentaire*, cf. §§ 6,7. Les notations sont celles de ces §§; en particulier, l'ordre de S est noté 2^r et son normalisateur est noté N.

On s'intéressera particulièrement au cas où N agit *transitivement* sur $S-\{1\}$, i.e. où les éléments d'ordre 2 de G sont conjugués entre eux. Ce cas sera appelé par la suite "le cas de fusion maximale."

8.1. $r = 2$ et fusion maximale. On suppose que S est de type $(2,2)$ et que N permute transitivement les trois éléments d'ordre 2 de S.

Exemple. $G = \mathbf{PSL}_2(\mathbf{F}_q)$, avec $q \equiv \pm 3 \pmod 8$; pour $q = 3$, cela donne $G = A_4$, et pour $q = 5$, $G = A_5$.

Si (x,y) est une base de $H^1(S)$, le groupe $H^2(S)$ a un seul élément non nul invariant par N, à savoir $z_S = x^2 + y^2 + xy$. On en conclut que le groupe $H^2(G)$ est de dimension 1 sur $\mathbf{F}_2$, et a pour unique élément non nul un élément z dont la restriction à S est z_S (cf. 7.1.1). Si C est un groupe d'ordre 2, notons $\tilde{G}$ l'extension centrale de G par C correspondant à z; on a une suite exacte:

$$1 \to C \to \tilde{G} \to G \to 1.$$

Soit $\tilde{S}$ l'image réciproque de S dans $\tilde{G}$; l'image réciproque dans $\tilde{S}$ d'un élément d'ordre 2 de S est d'ordre 4. Ceci montre que $\tilde{S}$ est isomorphe au *groupe quaternionien* d'ordre 8.

(Lorsque $G = A_4$ ou A_5, $\tilde{G}$ est le groupe $\tilde{A}_4$ ou $\tilde{A}_5$; lorsque $G = \mathbf{PSL}_2(\mathbf{F}_q)$, $q \equiv \pm 3 \pmod 8$, $\tilde{G}$ est le groupe $\mathbf{SL}_2(\mathbf{F}_q)$.)

Soit L une G-algèbre galoisienne sur K, définie par un homomorphisme $\phi_L : G_K \to G$.

THÉORÈME 8.1.1. *Les propriétés suivantes sont équivalentes:*

(1) *La G-algèbre L a une base normale autoduale.*

(2) *L'homomorphisme ϕ_L se relève en un homomorphisme de G_K dans $\tilde{G}$.*

L'obstruction à relever ϕ_L est l'élément $\phi_L^*(z) = z_L$ de $H^2(K)$. La propriété (2) équivaut donc à:

(2′) $z_L = 0$.

L'équivalence de (1) et de (2′) n'est autre que le th. 7.5.5 pour $r = 2$.

Remarques. 1) Lorsque L est un *corps* (donc une extension galoisienne de K de groupe de Galois G), la propriété (2) signifie que le "problème de plongement" associé à L et à $\tilde{G} \to G$ est résoluble, autrement dit qu'il existe une extension galoisienne de K de groupe de Galois $\tilde{G}$ contenant L.

2) Supposons que $G = A_n$, avec $n = 4$ ou 5. La sous-algèbre E de L fixée par A_{n-1} est une algèbre étale de rang n et de discriminant unité. D'après [20], prop. 1, la propriété (2) du th. 8.1.1 est équivalente à:

(3) *La forme q_E est isomorphe à la forme unité $\langle 1, \ldots, 1 \rangle$ de rang n.*

(Noter que (1) $\Rightarrow$ (3) est vrai pour tout n, cf. 1.4.2. Nous ignorons ce qu'il en est de l'implication réciproque (3) $\Rightarrow$ (1).)

Dans le cas général, tout relèvement $\psi : G_K \to \tilde{G}$ de ϕ_L définit une $\tilde{G}$-algèbre galoisienne $\tilde{L}_\psi$ telle que la sous-algèbre $(\tilde{L}_\psi)^C$ fixée par C soit isomorphe à L. On peut se demander si $\tilde{L}_\psi$ a elle-même une base normale autoduale. Il n'en est rien en général. Toutefois:

THÉORÈME 8.1.2. *Supposons que L jouisse des propriétés* (1) *et* (2) *du th. 8.1.1. Il existe alors un relèvement $\psi : G_K \to \tilde{G}$ de ϕ_L tel que la $\tilde{G}$-algèbre galoisienne $\tilde{L}_\psi$ ait une base normale autoduale.*

Soit ψ_0 un relèvement quelconque de ϕ_L. On verra au n°9.6 (cor. 9.6.2) qu'il existe un caractère quadratique $\sigma : G_K \to C$ tel que l'algèbre $\tilde{L}_\psi$ associée à $\psi = \psi_0 \cdot \sigma$ ait une base normale autoduale. Comme ψ est un relèvement de ϕ_L, le théorème en résulte.

Remarque. Si K contient des éléments qui ne sont pas sommes de 4 carrés, on peut montrer qu'il existe des relèvements ψ de ϕ_L tels que $\tilde{L}_\psi$ *n'ait pas de base normale autoduale.*

8.2. $r = 3$ **et fusion maximale.** On suppose que S est de type (2,2,2) et que N permute transitivement les 7 éléments d'ordre 2 de S. L'image de N dans $\mathrm{Aut}(S)$ est alors, soit cyclique d'ordre 7, soit non abélienne d'ordre 21.

Exemples. $G = \mathbf{SL}_2(\mathbf{F}_8)$; $G = J_1$, premier groupe de Janko; $G = {}^2G_2(\mathbf{F}_q)$, groupe de Ree sur le corps $\mathbf{F}_q$, où q est une puissance impaire de 3.

On peut choisir une base (u, v, w) de $H^1(S)$ telle que l'automorphisme d'ordre 7

$$n : u \mapsto v, \quad v \mapsto w, \quad w \mapsto u + v,$$

soit induit par un élément de N. Un calcul simple montre qu'il existe un polynôme homogène cubique non nul $z(u, v, w)$ et un seul qui est invariant par n, à savoir:

$$z = u^3 + v^3 + w^3 + uv^2 + uw^2 + v^2w + uvw.$$

On peut identifier z à un élément de $H^3(S)$; on obtient ainsi l'élément z_S du n°7.3. Cet élément est invariant par l'action de N, donc définit un élément de $H^3(G)$, que l'on note encore z.

On a $H^3(G) = \{0, z\}$.

Le th. 7.5.5, appliqué avec $r = 3$, donne:

THÉORÈME 8.2.1. *Soit L une G-algèbre galoisienne sur K. Pour que L ait une base normale autoduale il faut et il suffit que* $z_L = 0$ *(*autrement dit que l'homomorphisme $H^3(G) \to H^3(K)$ défini par L soit nul*).*

Exemple. Prenons pour groupe G le groupe de Janko J_1 et pour corps K le corps $\mathbf{Q}(T)$, i.e. le corps des fonctions sur la droite projective $\mathbf{P}_1$. D'après [9] (voir aussi [22], n°s 7.4.5 et 8.2.2), il existe une extension galoisienne L de K, de groupe de Galois G, ayant les propriétés suivantes:

(a) L/K est ramifiée en deux points de $\mathbf{P}_1$ conjugués sur $\mathbf{Q}(\sqrt{5})$, la ramification en ces points étant d'ordre 5;

(b) L/K est ramifiée en un point rationnel de $\mathbf{P}_1$, la ramification en ce point étant d'ordre 2;

(c) L/K est non ramifiée en dehors des trois points ci-dessus.

On peut calculer l'invariant $z_L \in H^3(K)$ correspondant à l'extension L/K. Le résultat est le suivant:

(8.2.2) *On a* $z_L = (-1)(-1)(-1)$ *dans* $H^3(K)$.

(Indiquons le principe du calcul. On montre d'abord que les *résidus* $\delta_v(z_L)$ de z_L (au sens de [1], §4) sont nuls en toute place v de K où la ramification de L/K est impaire. Comme toutes les places sauf une sont de ce type, on conclut au moyen de la formule des résidus ([1], Satz 4.17) que tous les $\delta_v(z_L)$ sont 0. Cela entraîne (*loc. cit.*) que z_L est "constant," i.e. appartient au sous-groupe $H^3(\mathbf{Q})$ de $H^3(K)$. Mais $H^3(\mathbf{Q})$ n'a que deux éléments: 0 et $(-1)(-1)(-1)$. Il faut voir que $z_L = 0$ est impossible. Cela se fait en spécialisant la variable T en un point réel, et en observant que l'extension de corps obtenue n'est pas réelle (cf. [22], n°8.4.3) et sa forme trace n'est donc pas isomorphe à la forme unité.)

On déduit de (8.2.2) que, si L est une J_1-algèbre galoisienne obtenue par spécialisation à partir de l'extension ci-dessus, *L possède une base normale autoduale si et seulement si* -1 *est somme de* 4 *carrés.*

Remarques. 1) Le fait que l'invariant z_L de L soit $(-1)(-1)(-1)$ est équivalent à chacune des deux propriétés suivantes:

(a) La forme q_L est hyperbolique.

(b) Si s est un élément d'ordre 2 de G, L possède une base normale "s-autoduale": il existe $x \in L$ tel que $\mathrm{Tr}(x.g(x)) = 0$ (resp. 1) si $g \neq s$ (resp. $g = s$).

2) On a des résultats analogues pour le groupe $G = \mathbf{SL}_2(\mathbf{F}_8)$ en prenant pour extension $L/\mathbf{Q}(T)$ une extension ramifiée en trois points avec ramification d'ordre 9, cf. [22], 7.4.4 et 8.2.2.

3) Nous ignorons s'il existe des extensions galoisiennes de $\mathbf{Q}$ à groupe de Galois J_1 qui soient *totalement réelles* (et possèdent donc une base normale autoduale, d'après le th. 3.2.1).

8.3. Quelques exemples de fusion non maximale. Lorsque la fusion n'est pas maximale, le critère d'existence d'une base normale autoduale donnée au n°6.4 fait intervenir les formes quadratiques $q_L^1(\omega)$ associées aux orbites ω de N dans $S' = H^1(S)$. Les classes de Stiefel-Whitney de ces formes peuvent être calculées par la méthode du n°7.6; lorsque les rangs de ces formes sont assez petits, cela conduit à des critères cohomologiques, comme on va le voir.

8.3.1. Aucune fusion. On suppose que N opère trivialement sur S, autrement dit que S est contenu dans le centre de N. On a alors $H^1(G) = H^1(S)$: tout homomorphisme de S dans un groupe à 2 éléments se prolonge à G. Il en résulte qu'il existe une rétraction $r : G \to S$. Le noyau H de r est un sous-groupe normal de G d'ordre impair, et G est *produit semi-direct* de S par H. Si L est une G-algèbre galoisienne sur K définie par un homomorphisme $\phi_L : G_K \to G$, alors *L a une base normale autoduale si et seulement si l'image de ϕ_L est contenue dans H*, autrement dit *si et seulement si l'on a $x_L = 0$ pour tout $x \in H^1(G)$*; en effet, cette condition est nécessaire d'après 2.2.2, et elle est suffisante d'après [4], puisqu'elle entraîne $\phi_L(G_K) \subset H$.

8.3.2. $r = 3$ **et fusion d'ordre 3.** On suppose que S est de type (2,2,2) et que l'image de N/S dans $\mathrm{Aut}(S)$ est cyclique d'ordre 3. Cela signifie que l'on peut décomposer le N-module S en somme directe $S = S_1 \times S_2$, où S_1 est d'ordre 2 et S_2 d'ordre 4, l'action de N sur S_2 étant non triviale. Les groupes de cohomologie $H^1(G)$ et $H^2(G)$ sont faciles à déterminer:

$H^1(G)$ est de dimension 1; son élément non nul x a pour image dans $H^1(S)$ l'homomorphisme $S \to \mathbf{Z}/2\mathbf{Z}$ de noyau S_2;

$H^2(G)$ est de dimension 2; il a pour base $\{x^2, y\}$ où y induit sur S_2 la classe de cohomologie correspondant à l'extension quaternionique de S_2 (cf. n°8.1).

On constate alors que *L a une base normale autoduale si et seulement si $x_L = 0$ et $y_L = 0$*, autrement dit si les homomorphismes $H^1(G) \to H^1(K)$ et $H^2(G) \to H^2(K)$ définis par L sont nuls.

8.3.3. $r = 4$ **et fusion d'ordre 3, avec** $H^1(G) = 0$. On suppose que S est de type (2,2,2,2) et peut se décomposer (comme N-module) en $S_1 \times S_2$, où les S_i sont de type (2,2); on suppose de plus que l'image de N dans Aut(S) est d'ordre 3, et opère non trivialement sur chacun des S_i. On a alors

$$H^1(G) = 0 \text{ et } \dim H^2(G) = 4.$$

Le groupe S' a 16 éléments. Il se décompose en six orbites sous l'action de N: l'orbite triviale $\{1\}$, et cinq orbites d'ordre 3. Chacune des orbites ω d'ordre 3 conduit à une forme ternaire $q_L^1(\omega)$; on vérifie facilement que ces formes sont de déterminant unité et que l'on a

$$w_2(q_L^1) = (x_\omega)_L,$$

où x_ω est un certain élément de $H^2(G)$ (cela se voit en utilisant le n°7.6). De plus, *les cinq classes de cohomologie x_ω engendrent $H^2(G)$*, et leur somme est 0. Or on sait qu'une forme ternaire est déterminée par ses invariants w_1 et w_2. On déduit de là que *L admet une base normale autoduale si et seulement si l'on a $x_L = 0$ pour tout $x \in H^2(G)$.*

8.3.4. $r = 4$ **et fusion d'ordre 9.** On suppose que S a une décomposition $S = S_1 \times S_2$ comme au n°8.3.3, mais que l'image de N dans Aut(S) est de type (3,3). (Exemple: $G = A_5 \times A_5$.) On a alors:

$$H^1(G) = 0 \text{ et } \dim H^2(G) = 2.$$

Les 16 éléments de S' se répartissent en quatre orbites: l'orbite triviale $\{1\}$, deux orbites d'ordre 3 et une orbite d'ordre 9. Cela conduit à deux formes q, q' de rang 3 et à une forme q'' de rang 9. On montre que q'' est isomorphe à $q \otimes q'$, de sorte qu'il suffit de considérer q et q'. On obtient ainsi un critère analogue au précédent: *L admet une base normale autoduale si et seulement si l'on a $x_L = 0$ pour tout $x \in H^2(G)$.*

8.3.5. $r = 4$ **et fusion d'ordre 5.** On suppose que S est de type (2,2,2,2) et que l'image de N dans Aut(S) est d'ordre 5. On a alors:

$$H^1(G) = 0 \text{ et } \dim H^2(G) = 2.$$

Les 16 éléments de S' se répartissent en quatre orbites: $\{1\}$, et trois orbites d'ordre 5. D'où trois formes quadratiques de rang 5: q, q' et q''. En utilisant le n°7.6, on montre que les invariants w_1 de ces formes sont triviaux, et que l'on a

$$w_2(q) = x_L,\ w_2(q') = x'_L \text{ et } w_2(q'') = x''_L,$$

où x, x', x'' sont les trois éléments non nuls de $H^2(G)$. Pour que L ait une base normale autoduale, il est donc *nécessaire* que $x_L = x'_L = x''_L = 0$. Si cette condition est satisfaite, on peut montrer que q, q' et q'' sont de la forme

$$q = \langle 1,a,a,a,a\rangle,\ q' = \langle 1,a',a',a',a'\rangle,\ q'' = \langle 1,a'',a'',a'',a''\rangle,$$

avec $a, a', a'' \in K^*$ et $aa'a'' = 1$. De plus, les images de a, a', a'' dans le groupe $S_4(K) = K^*/(\text{sommes de 4 carrés})$, cf. n°9.2, déterminent q, q' et q'' sans ambiguïté. La question de l'existence d'une base normale autoduale est alors ramenée à la suivante:

Est-ce que a, a', a'' sont sommes de 4 carrés dans K?

Ceci peut se traduire en termes cohomologiques. En effet, un élément a de K^* est somme de 4 carrés si et seulement si $(-1)(-1)(a) = 0$ dans $H^3(K)$ (cela résulte d'un théorème d'Arason et Merkurjev-Suslin dont on trouvera une généralisation dans [2]). Ceci conduit à associer à L certaine *invariants dans* $H^3(K)$; il serait intéressant de les expliciter.

9. Le cas où les 2-sous-groupes de Sylow de G sont quaternioniens. Dans ce §, on suppose qu'un 2-sous-groupe de Sylow S de G est isomorphe au *groupe des quaternions* d'ordre 8.

Exemple de tel groupe: $G = \mathbf{SL}_2(\mathbf{F}_q)$, avec $q \equiv \pm 3 \pmod 8$.

9.1. Préliminaires. Soit

$$1 \to \{1,\varepsilon\} \to \Gamma \to \Gamma_0 \to 1 \qquad (9.1.1)$$

une suite exacte de groupes finis, où ε est un élément central d'ordre 2 de Γ. Les éléments $e_+ = (1+\varepsilon)/2$ et $e_- = (1-\varepsilon)/2$ sont des idempotents centraux de l'algèbre $K[\Gamma]$.

Si (V,q) est une Γ-forme quadratique, on pose

$$V_+ = e_+V,\ V_- = e_-V,$$

et l'on note q_+ (resp. q_-) la restriction de q à V_+ (resp. à V_-). On a

$$V = V_+ \oplus V_-,$$

et (V_+, q_+) est une Γ_0-forme quadratique. Si D_Γ est le quotient de $K[\Gamma]$ par l'idéal engendré par e_+, alors V_- est un D_Γ-module, et l'on a

$$q_-(hx, y) = q_-(x, h^*y) \quad (x, y \in V_-,\ h \in D_\Gamma), \tag{9.1.2}$$

où $h \mapsto h^*$ est l'involution de D_Γ déduite par passage au quotient de celle de $K[\Gamma]$, cf. n°1.1.

9.2. *S*-algèbres galoisiennes. Comme S est quaternionien d'ordre 8, on a une suite exacte de type (9.1.1):

$$1 \to \{1, \varepsilon\} \to S \to S_0 \to 1, \tag{9.2.1}$$

où ε est l'élément d'ordre 2 de S, et S_0 est abélien élémentaire de type (2,2). L'algèbre à involution D_S associée à S comme ci-dessus est *l'algèbre des quaternions de Hamilton*, de base $\{1, i, j, k\}$ avec les relations usuelles: $i^2 = -1, j^2 = -1, k = ij = -ji$. On notera

$$\mathrm{Nrd} : D_S \to K$$

la *norme réduite* de cette algèbre. On a:

$$\mathrm{Nrd}(a + bi + cj + dk) = a^2 + b^2 + c^2 + d^2.$$

La forme quadratique Nrd est isomorphe à $\langle 1, 1, 1, 1\rangle = \langle\langle 1, 1\rangle\rangle$, cf. n°4.4.

Comme Nrd est multiplicative, $\mathrm{Nrd}(D_S^*)$ est un sous-groupe de K^*. On posera:

$$S_4(K) = K^*/\mathrm{Nrd}(D_S^*) = K^*/(\text{sommes de 4 carrés}). \tag{9.2.2}$$

Le groupe S agit sur D_S par multiplication à gauche; dans cette action, ε opère par $x \mapsto -x$, et la forme quadratique Nrd est invariante. Si $a \in K^*$, le couple $(D_S, a.\mathrm{Nrd})$ est une S-forme quadratique.

LEMME 9.2.3. *Soient $a, b \in K^*$. Il y a équivalence entre:*

(i) *Les formes quadratiques* a.Nrd *et* b.Nrd *sont équivalentes.*

(ii) *Les S-formes quadratiques* $(D_S, a.\mathrm{Nrd})$ *et* $(D_S, b.\mathrm{Nrd})$ *sont isomorphes.*

(iii) *Les images de a et b dans $S_4(K)$ (cf. 9.2.2 ci-dessus) coïncident (autrement dit ab est somme de 4 carrés).*

L'équivalence de (i) et (iii) résulte de la multiplicativité de Nrd (c'est une propriété générale des formes de Pfister). L'implication (ii) $\Rightarrow$ (i) est triviale. Enfin, (iii) $\Rightarrow$ (i), car si $b = \mathrm{Nrd}(z).a$, avec $z \in D_S^*$, la multiplication à droite par z est un isomorphisme du S-espace quadratique $(D_S, a.\mathrm{Nrd})$ sur le S-espace quadratique $(D_S, b.\mathrm{Nrd})$.

Soit maintenant M une *S-algèbre galoisienne*, et soit q_M sa forme trace. Soit M_0 la sous-algèbre de M fixée par $\{1, \varepsilon\}$. Avec les notations du n°9.1, on a $M_0 = M_+$ et $q_{M_0} = \frac{1}{2}(q_M)_+$.

LEMME 9.2.4. *Les formes quadratiques q_{M_0} et $(q_M)_+$ sont isomorphes à la forme unité $\langle 1,1,1,1 \rangle$.*

La S_0-algèbre galoisienne M_0 est définie par un homomorphisme

$$\phi_{M_0} : G_K \to S_0$$

qui est relevable en $\phi_M : G_K \to S$ par construction. D'après un théorème de Witt [24] (voir aussi 8.1, ainsi que [20], n°3.2) cela entraîne que sa forme trace q_{M_0} est isomorphe à $\langle 1,1,1,1 \rangle$. Comme 2 est somme de 4 carrés, il en est de même de $(q_M)_+ = 2.q_{M_0}$.

PROPOSITION 9.2.5. *Il existe $a \in K^*$ tel que q_M soit isomorphe à la 3-forme de Pfister $\langle\langle 1,1,a \rangle\rangle$, et l'image de a dans $S_4(K)$ est un invariant de la S-forme quadratique (M, q_M).*

Soit $M = M_+ \oplus M_-$ la décomposition de M donnée par 9.1. L'espace quadratique M_- est un module libre de rang 1 sur l'algèbre de quaternions D_S. Soit x une base de ce module et soit $a = q_M(x)$. D'après (9.1.2), on a:

$$q_M(hx) = q_M(hx, hx) = q_M(x, h^*hx) = \mathrm{Nrd}(h).q_M(x) = a.\mathrm{Nrd}(h) \quad (h \in D_S),$$

ce qui montre que $(q_M)_-$ est isomorphe à $a.\mathrm{Nrd} = \langle a,a,a,a \rangle$, et que $a \neq 0$. D'autre part, le lemme 9.2.4 montre que $(q_M)_+ \simeq \langle 1,1,1,1 \rangle$. D'où

$$q_M \cong \langle 1,1,1,1 \rangle \oplus \langle a,a,a,a \rangle = \langle\langle 1,1,a \rangle\rangle,$$

ce qui démontre la première partie de la proposition. Le fait que l'image de a dans $S_4(K)$ soit un invariant de q_M est bien connu (et résulte de 9.2.3).

On notera $a(M)$ *l'image de a dans $S_4(K)$*. D'après la prop. 9.2.5, c'est un *invariant* de la S-forme quadratique (M, q_M). Plus précisément, il résulte de la démonstration ci-dessus, combinée avec 9.2.3, que $a(M)$ *caractérise* la composante $(M_-, (q_M)_-)$ de (M, q_M). Autrement dit:

PROPOSITION 9.2.6. *Soient M et M' deux S-algèbres galoisiennes. Il y a équivalence entre:*

(i) *Les formes quadratiques $(q_M)_-$ et $(q_{M'})_-$ sont équivalentes.*
(ii) *Les S-formes quadratiques $(M_-, (q_M)_-)$ et $(M', (q_{M'})_-)$ sont isomorphes.*
(iii) *On a $a(M) = a(M')$ dans $S_4(K)$.*

Interprétation unitaire de l'invariant $a(M)$. L'algèbre $K[S]$ du groupe S se décompose en

$$K(S) = K \times K \times K \times K \times D_S,$$

où les quatre premiers facteurs correspondent aux caractères quadratiques de S. On en déduit:

$$U_S = \{\pm 1\} \times \{\pm 1\} \times \{\pm 1\} \times \{\pm 1\} \times U(D_S),$$

où U_S est le groupe unitaire de l'algèbre à involution $K[S]$, et $U(D_S)$ celui de D_S. L'ensemble de cohomologie $H^1(K, U(D_S))$ s'identifie à $K^*/\mathrm{Nrd}(D_S^*) = S_4(K)$, cf. [19], p. III-24. On obtient ainsi une projection

$$\pi : H^1(K, U_S) \to S_4(K).$$

Si M est une S-algèbre galoisienne, et $u(M)$ l'élément correspondant de $H^1(K, U_S)$, cf. n°1.5, *l'image de u_M par π n'est autre que l'invariant $a(M)$ défini ci-dessus.*

Remarque. Le groupe $S_4(K) = K^*/\mathrm{Nrd}(D_S^*)$ admet une autre interprétation cohomologique: si l'on associe à un élément a de K^* la classe de cohomologie

(9.2.7) $$(a)^3 = (a)(a)(a) = (-1)(-1)(a) \quad \text{de } H^3(K),$$

on obtient un *plongement* de $S_4(K)$ dans $H^3(K)$, cf. 8.3.5. Cela permet *d'identifier $S_4(K)$ au sous-groupe de $H^3(K)$ formé des éléments qui sont multiples de $(-1)(-1) \in H^2(K)$.*

9.3. La forme trace d'une G-algèbre galoisienne. Posons $m = |G|/8$; c'est un entier impair.

Soit L une G-algèbre galoisienne sur K. On a vu au n°6.1 qu'il existe une forme quadratique q_L^1 de rang $|S| = 8$ telle que $q_L \cong m \otimes q_L^1$, et que cette forme est unique, à isomorphisme près.

THÉORÈME 9.3.1. *Il existe $a \in K^*$ tel que q_L^1 soit isomorphe à la 3-forme de Pfister $\langle\langle 1, 1, a\rangle\rangle$.*

Si L est de la forme $\mathrm{Ind}_S^G M$, où M est une S-algèbre galoisienne, on a $q_L^1 \simeq q_M$ d'après 6.1.1 et $q_M \simeq \langle\langle 1, 1, a\rangle\rangle$ avec $a \in K^*$ d'après 9.2.5. D'où l'existence de a dans ce cas.

Le cas général se ramène au précédent en faisant une extension de degré impair de K, cf. 2.1.1. Après une telle extension, q_L^1 devient une 3-forme de Pfister divisible par $\langle\langle 1, 1\rangle\rangle$ (au sens du n°4.5); d'après 4.4.1 et 4.5.2 ces propriétés sont vraies sur K.

Remarque. Ici encore, l'image $a(L)$ de a dans $S_4(K)$ est un invariant de q_L^1 (et *a fortiori* de L). Cet invariant détermine la structure de q_L:

$$q_L \simeq m \otimes \langle\langle 1, 1, a\rangle\rangle \simeq 4m \otimes \langle 1, a\rangle \simeq \langle 1, \ldots, 1\rangle \otimes \langle 1, a\rangle. \tag{9.3.2}$$

Nous allons voir que, lorsqu'il y a "fusion" dans S, $a(L)$ détermine même la G-forme quadratique (L, q_L) à isomorphisme près.

9.4. Critère d'isomorphisme pour les G-formes quadratiques (L, q_L). Soit N le normalisateur de S dans G. Faisons l'hypothèse suivante:

9.4.1. *Le groupe N permute transitivement les trois sous-groupes cycliques d'ordre 4 de S.*

Cette hypothèse équivaut à:

9.4.2. *Le groupe N permute transitivement les éléments d'ordre 4 de S.*

Elle équivaut aussi à:

9.4.3. *Les éléments d'ordre 4 de G sont conjugués entre eux.*

(Les implications 9.4.1 $\Leftrightarrow$ 9.4.2 $\Rightarrow$ 9.4.3 sont immédiates. L'implication 9.4.3 $\Rightarrow$ 9.4.2 provient de ce que N *contrôle la fusion de* S au sens du n°7.1—ce qui se vérifie par un argument analogue à celui utilisé pour les groupes de Sylow abéliens.)

THÉORÈME 9.4.4. *Supposons 9.4.1 vraie. Soient L et L' deux G-algèbres galoisiennes sur K. Les propriétés suivantes sont équivalentes:*

(1) *Les formes quadratiques q_L et $q_{L'}$ sont isomorphes.*

(2) *Les G-formes quadratiques (L, q_L) et $(L', q_{L'})$ sont isomorphes.*

(3) *On a $a(L) = a(L')$ dans $S_4(K)$.*

D'où, en prenant L' décomposée:

COROLLAIRE 9.4.5. *Supposons 9.4.1 vraie. Pour que L ait une base normale autoduale, il faut et il suffit que $a(L) = 1$ dans $S_4(K)$.*

Démonstration du th. 9.4.4. L'équivalence de (1) et (3) résulte de (9.3.1) et (9.3.2). L'implication (2) $\Rightarrow$ (1) est claire. Il reste à montrer que (3) $\Rightarrow$ (2).

Supposons donc que l'on ait $a(L) = a(L')$. Quitte à faire une extension de degré impair de K, on peut aussi supposer (cf. n°2.1) que $L = \mathrm{Ind}_S^G M$ et $L' = \mathrm{Ind}_S^G M'$, où M et M' sont deux S-algèbres galoisiennes; on a $a(M) = a(M')$.

Il nous faut prouver que les G-formes quadratiques $\mathrm{Ind}_S^G(M, q_M)$ et $\mathrm{Ind}_S^G(M', q_{M'})$ sont isomorphes. Vu la transitivité de l'opération d'induction, il suffit de montrer qu'il en est ainsi pour les N-formes quadratiques

$$\mathrm{Ind}_S^N(M, q_M) \quad \text{et} \quad \mathrm{Ind}_S^N(M', q_{M'}).$$

En d'autres termes, *on est ramené au cas où $N = G$*. L'élément ε appartient alors au centre de G. Si l'on pose $G_0 = G/\{1, \varepsilon\}$, on a une suite exacte du type (9.1.1):

$$1 \to \{1, \varepsilon\} \to G \to G_0 \to 1,$$

et G_0 a pour 2-sous-groupe de Sylow le groupe $S_0 = S/\{1, \varepsilon\}$. D'après le n°9.1, la G-forme quadratique $(L, q_L) = \mathrm{Ind}_S^G(M, q_M)$ se décompose en:

(9.4.6) $$(L, q_L) = (L_+, (q_L)_+) \oplus (L_-, (q_L)_-).$$

La composante $(L_-, (q_L)_-)$ est isomorphe à $\mathrm{Ind}_S^G(M_-, (q_M)_-)$; or on a vu au n°9.2 que la S-forme quadratique $(M_-, (q_M)_-)$ est déterminée à isomorphisme près par l'invariant $a(M)$. Comme $a(M) = a(M')$, on déduit de là:

(9.4.7) *Les G-formes quadratiques $(L_-, (q_L)_-)$ et $(L'_-, (q_{L'})_-)$ sont isomorphes.*

D'autre part L_+ est une G_0-algèbre galoisienne, et, si $x \in L_+$, on a $q_L(x) = 2.q_{L_+}(x)$. Ainsi, à un facteur 2 près, $(L_+, (q_L)_+)$ n'est autre que la G_0-forme quadratique associée à la G_0-algèbre galoisienne L_+. Comme l'homomorphisme $\phi_{L_+} : G_K \to G_0$ définissant cette algèbre se relève en $\phi_L : G_K \to G$, il résulte du th. 8.1.1 que (L_+, q_{L_+}) *est isomorphe à la G_0-forme quadratique unité* (noter que 9.4.1 entraîne que les éléments d'ordre 2 de S_0 sont conjugués dans G_0-c'est ce qui permet d'appliquer le th. 8.1). Le même argument s'applique à L'. On en déduit:

(9.4.8) *Les G-formes quadratiques $(L_+, (q_L)_+)$ et $(L'_+, (q_{L'})_+)$ sont isomorphes.*

En combinant 9.4.7 et 9.4.8, on voit que les G-formes quadratiques (L, q_L) et $(L', q_{L'})$ sont isomorphes, ce qui achève la démonstration.

Remarque. Lorsque la condition 9.4.1 n'est pas vérifiée (i.e. lorsqu'il n'y a pas de fusion dans S), le groupe G est 2-*nilpotent* ([10], p. 432, Satz 4.9): il existe un sous-groupe normal H de G, d'ordre $m = |G|/8$, tel que G soit *produit semi-*

direct de S et de H. Si L est une G-algèbre galoisienne sur K, on peut montrer que L *possède une base normale autoduale si et seulement si les deux conditions suivantes sont satisfaites*:

(i) $x_L = 0$ *pour tout* $x \in H^1(G)$.

(ii) $a(L) = 1$ *dans* $S_4(K)$.

La condition (i) signifie que $\phi_L(G_K)$ est contenu dans le sous-groupe $H.\{1,\varepsilon\}$ de G. Si elle est satisfaite, le composé de ϕ_L et de la projection $H.\{1,\varepsilon\} \to \{1,\varepsilon\}$ est un caractère quadratique de G, donc correspond à un élément (a) de $H^1(K)$; l'image de a dans $S_4(K)$ est l'invariant $a(L)$ de L; la condition (ii) équivaut à dire que a est somme de 4 carrés dans K.

9.5. Application: la forme trace de l'algèbre L^H. Les notations sont les mêmes qu'au n° précédent. En particulier, *on suppose que la condition* 9.4.1 ("fusion totale") *est satisfaite.*

Soit L une G-algèbre galoisienne et soit a un représentant de $a(L)$ dans K^*. Si $C = \{1,\varepsilon\}$ est le centre de S, soit $M_a = K[X]/(X^2 - a)$ la C-algèbre galoisienne définie par a.

PROPOSITION 9.5.1. *Soit* $L' = \mathrm{Ind}_C^G M_a$. *Les G-formes quadratiques* (L, q_L) *et* $(L', q_{L'})$ *sont isomorphes.*

Vu le th. 9.4.4, il suffit de vérifier que les formes quadratiques q_L et $q_{L'}$ sont isomorphes, ce qui est immédiat: toutes deux sont isomorphes à $4m \otimes \langle 1, a\rangle = m \otimes \langle\langle 1,1,a\rangle\rangle$, cf. (9.3.2).

Soit maintenant H un sous-groupe de G, et soit $E = L^H$.

THÉORÈME 9.5.2. *Il existe des entiers* $u, v \geq 0$ *tels que*

$$u + 4v = |C\backslash G/H| \quad \text{et} \quad u + 8v = (G:H),$$

et l'on a

$$q_E = u \otimes \langle 1\rangle \oplus v \otimes \langle\langle 1,1,a\rangle\rangle.$$

D'après 1.4.1 et 9.5.1 on peut supposer que $L = \mathrm{Ind}_C^G M_a$. Dans ce cas, un raisonnement analogue à celui du lemme 8.5.4 montre que E est isomorphe au produit de x copies de K et de y copies de M_a, avec:

$$x = \text{nombre d'éléments de } G/H \text{ fixés par } C,$$
$$2y = (G:H) - x.$$

Il est facile de voir que y est divisible par 4. On a alors:

$$\begin{aligned} q_E &= x \otimes \langle 1 \rangle \oplus (y/4) \otimes \langle 1,1,1,1 \rangle \otimes \langle 2,2a \rangle \\ &= x \otimes \langle 1 \rangle \oplus (y/4) \otimes \langle\langle 1,1,a \rangle\rangle, \end{aligned}$$

ce qui démontre le théorème, avec $u = x$, $v = y/4$.

9.6. Comportement de l'invariant $a(L)$ par torsion quadratique. Supposons que le sous-groupe $C = \{1, \varepsilon\}$ de S soit contenu dans le *centre* de G, autrement dit que ε soit le seul élément d'ordre 2 de G. Posons comme ci-dessus $G_0 = G/C$, de sorte que l'on a la suite exacte

$$1 \to C \to G \to G_0 \to 1.$$

Soit L une G-algèbre galoisienne sur K, et soit $\phi_L : G_K \to G$ un homomorphisme définissant L. Soit d'autre part $\sigma : G_K \to C$ un caractère quadratique de G_K, et soit (z_σ) l'élément correspondant de $H^1(K)$. Le produit

$$\phi_L.\sigma : s \mapsto \phi_L(s)\sigma(s)$$

est un homomorphisme de G_K dans G, donc définit une G-algèbre galoisienne L_σ ("tordue" de L par σ).

PROPOSITION 9.6.1. *Les invariants $a(L)$ et $a(L_\sigma)$ sont liés par la formule:*

$$a(L_\sigma) = z_\sigma a(L) \quad \textit{dans } S_4(K).$$

COROLLAIRE 9.6.2. *Supposons 9.4.1 vraie. Il est alors possible de choisir σ de telle sorte que la G-algèbre galoisienne L_σ ait une base normale autoduale.*

Si a est un représentant de $a(L)$, on choisit σ de telle sorte que $(z_\sigma) = (a)$ dans $H^1(K)$. Le produit $z_\sigma a(L)$ est alors égal à 1 dans $S_4(K)$, ce qui montre que $a(L_\sigma) = 1$ et entraîne que L_σ a une base normale autoduale d'après 9.4.5.

Démonstration de la prop. 9.6.1. Soit $L = L_+ \oplus L_-$ la décomposition de L définie aux n^{os} précédents. Soit $a \in K^*$ un représentant de $a(L)$.

LEMME 9.6.3. *On a $q_{L_+} \cong \langle 1, \ldots, 1 \rangle$ et $q_{L_-} \cong \langle a, \ldots, a \rangle = m \otimes a.$Nrd.*

Vu 2.1.1, il suffit de vérifier ceci lorsque $L = \mathrm{Ind}_S^G M$, où M est une S-algèbre galoisienne, auquel cas cela résulte de la décomposition de q_M donnée au n°9.2.

Soit alors $K_\sigma = K \oplus K u_\sigma$, avec $u_\sigma^2 = z_\sigma$, l'algèbre quadratique définie par le caractère σ. Le produit tensoriel $K_\sigma \otimes L$ se décompose en:

$$K_\sigma \otimes L = L_+ \oplus K u_\sigma \otimes L_+ \oplus L_- \oplus K u_\sigma \otimes L_-,$$

et l'on vérifie facilement que l'on a

$$L_\sigma \cong L_+ \oplus Ku_\sigma \otimes L_-.$$

Or, si $x \in L_-$, on a $\mathrm{Tr}((u_\sigma \otimes x)^2) = z_\sigma \mathrm{Tr}(x^2)$. Il en résulte que *la forme quadratique $q_{(L_\sigma)_-}$ est égale au produit de q_{L_-} par z_σ*. Si b est un représentant de $a(L_\sigma)$, cela montre, vu le lemme 9.6.3, que l'on a

$$m \otimes z_\sigma a.\mathrm{Nrd} \simeq m \otimes b.\mathrm{Nrd},$$

d'où $z_\sigma a.\mathrm{Nrd} \simeq b.\mathrm{Nrd}$ puisque m est impair, ce qui entraîne

$$b = z_\sigma a \text{ dans } S_4(K), \text{cqfd.}$$

III. Compléments.

10. Deux contre-exemples. Soit L une G-algèbre galoisienne sur K. Considérons les deux propriétés suivantes:

(i) *L a une base normale autoduale.*

(ii) *Pour tout $n > 0$ et tout $x \in H^n(G)$, on a $x_L = 0$ dans $H^n(K)$*, cf. n°2.2.

Dans divers cas particuliers (par exemple ceux de 2.2.4, 3.1.2, 3.2.1, 8.1.1, 8.2.1, 8.3.1, ...), on peut démontrer que (i) et (ii) sont équivalentes. Il est naturel de se demander si c'est là un fait général. Nous allons voir qu'il n'en est rien: *aucune des deux implications* (i) $\Rightarrow$ (ii) *et* (ii) $\Rightarrow$ (i) *n'est vraie* (même si G est d'ordre 8).

10.1. Un exemple où (ii) **n'entraîne pas** (i). Prenons G *quaternionien d'ordre* 8. Soit $C = \{1, \varepsilon\}$ le centre de G. Soit $z \in K^*$ et soit $\sigma : G_K \to C$ le caractère quadratique de G_K associé à $K(\sqrt{z})$.

Notons $\phi : G_K \to G$ le composé $G_K \xrightarrow{\sigma} C \to G$, et soit L la G-algèbre galoisienne correspondante. On a

$$L = \mathrm{Ind}_C^G M, \text{ où } M = K[T]/(T^2 - z).$$

LEMME 10.1.1. *On peut choisir K et z de telle sorte que:*

(10.1.2) $$H^n(K) = 0 \text{ pour tout } n > 3.$$

(10.1.3) *z n'est pas somme de 4 carrés dans K.*

Soit k un corps de nombres totalement imaginaire sur lequel l'algèbre de quaternions usuelle $(-1, -1)$ n'est pas décomposée, par exemple $k = \mathbf{Q}(\sqrt{-7})$.

Si $K = k((T))$, on a $\mathrm{cd}(G_K) = \mathrm{cd}(G_k) + 1 = 3$, ce qui montre que (10.1.2) est vraie. D'autre part, si l'on prend $z = T$, on vérifie facilement que z n'est pas somme de 4 carrés dans K.

PROPOSITION 10.1.4. *Si (K, z) satisfait aux conditions du lemme 10.1.1, l'algèbre L n'a pas de base normale autoduale, et l'on a $x_L = 0$ pour tout $x \in H^n(G)$, $n > 0$.*

(En d'autres termes, on a (ii), mais pas (i).)

L'algèbre L est obtenue à partir de l'algèbre décomposée $K^{(G)}$ par *torsion* au moyen du caractère quadratique σ, cf. n°9.5. D'après la prop. 9.5.1 son invariant $a(L)$ est égal à l'image de z dans $S_4(K)$; vu l'hypothèse (10.1.3) cet invariant est non trivial; cela entraîne que L n'a pas de base normale autoduale, cf. n°9.2.

Montrons que l'on a $x_L = 0$ pour tout $x \in H^n(G)$, $n > 0$. D'après (10.1.2), on peut se borner à $n = 1, 2$ ou 3. Or, pour ces valeurs de n, *l'homomorphisme de restriction $H^n(G) \to H^n(C)$ est égal à* 0. (Cela se vérifie, soit en explicitant la suite spectrale de la projection $G \to G/C$, soit en utilisant la détermination de $H^n(G)$ donnée dans [7], p. 253–254.) Comme ϕ se factorise par C, il en résulte bien que l'homomorphisme

$$\phi^* : H^n(G) \to H^n(C) \to H^n(K) \qquad (n = 1, 2, 3)$$

est nul.

Remarque. L'hypothèse (10.1.2) pourrait être remplacée par l'hypothèse plus faible suivante:

(10.1.5) L'élément $(z)^4 = (-1)(-1)(-1)(z)$ de $H^4(K)$ est nul.

D'après [2], (10.1.5) équivaut à:

(10.1.6) z est somme de 8 carrés dans K.

10.2. Un exemple où (i) **n'entraîne pas** (ii). Prenons *G cyclique d'ordre* 8, de générateur s. Soit $\varepsilon = s^4$ l'élément d'ordre 2 de G.

Comme au n°10.1, soit $z \in K^*$, soit $\sigma : G_K \to \{1, \varepsilon\}$ le caractère quadratique correspondant, et soit ϕ le composé

$$G_K \xrightarrow{\sigma} \{1, \varepsilon\} \to G.$$

Soit L la G-algèbre galoisienne définie par ϕ. Ici encore, on a:

$$L = \mathrm{Ind}_C^G M, \text{ avec } C = \{1, \varepsilon\} \text{ et } M = K[T]/(T^2 - z).$$

LEMME 10.2.1. *On peut choisir (K, z) de telle sorte que:*

$$z \text{ n'est pas somme de 2 carrés dans } K. \tag{10.2.2}$$

$$z \text{ est somme de 2 carrés dans } K(\sqrt{2}). \tag{10.2.3}$$

On peut prendre par exemple $K = \mathbf{Q}$ et $z = 3$: il est bien connu que (10.2.2) est vrai, et (10.2.3) résulte de ce que $3 = 1 + (\sqrt{2})^2$.

PROPOSITION 10.2.4. *Si (K, z) satisfait aux conditions du lemme 10.2.1, l'algèbre L a une base normale autoduale, et, si x est l'unique élément non nul de $H^2(G)$, on a $x_L \neq 0$ dans $H^2(K)$.*

(On a (i), mais pas (ii).)

L'élément x correspond à l'extension de G par un groupe d'ordre 2 qui est cyclique d'ordre 16. La restriction x_C de x à C est l'unique élément $\neq 0$ de $H^2(C)$, c'est-à-dire le carré de l'élément non nul de $H^1(C)$. On a donc:

$$x_L = \phi^*(x) = \sigma^*(x_C) = (z)(z) = (-1)(z) \text{ dans } H^2(K),$$

d'où $x_L \neq 0$ d'après (10.2.2).

Il reste à montrer que L a une base normale autoduale. Cela peut se faire par voie cohomologique, en explicitant $H^1(K, U_G)$. Nous allons procéder différemment, et *construire* un vecteur basique de L.

Choisissons pour cela une décomposition de z comme somme de deux carrés dans $K(\sqrt{2})$:

$$z = (a + b\sqrt{2})^2 + (c + d\sqrt{2})^2, \text{ avec } a, b, c, d \in K,$$

i.e.

$$z = a^2 + c^2 + 2b^2 + 2d^2 \quad \text{et} \quad ab + cd = 0. \tag{10.2.5}$$

Soit $M = K[T]/(T^2 - z)$ comme ci-dessus. D'après (10.2.2), z n'est pas un carré dans K; on a donc $M \simeq K(\sqrt{z})$. Notons $x \mapsto x'$ l'involution canonique de $K(\sqrt{z})$. Par construction, on a $L = \mathrm{Ind}_C^G K(\sqrt{z})$. Cela permet d'écrire L sous la forme

$$L = K(\sqrt{z}) \times K(\sqrt{z}) \times K(\sqrt{z}) \times K(\sqrt{z}),$$

l'action du générateur s de G étant donnée par

$$(x_1, x_2, x_3, x_4) \mapsto (x_2, x_3, x_4, x_1');$$

ainsi, $\varepsilon = s^4$ agit par $(x_1, x_2, x_3, x_4) \mapsto (x_1', x_2', x_3', x_4')$.

Soit e l'élément de L défini par:

$$e = (1,0,0,0) + (\sqrt{z})^{-1}(a, b+d, c, d-b).$$

On a $e^2 = (1,0,0,0) + 2(\sqrt{z})^{-1}(a,0,0,0) + z^{-1}(a^2, b^2+2bd+d^2, c^2, b^2-2bd+d^2)$, d'où

$$\begin{aligned}\mathrm{Tr}_{L/K}(e^2) &= \mathrm{Tr}_{M/K}(1 + 2a(\sqrt{z})^{-1} + z^{-1}(a^2+b^2+2bd+d^2+c^2+b^2-2bd+d^2)) \\ &= 2(1+z^{-1}(a^2+c^2+2b^2+2d^2)) = 4, \text{ d'après (10.2.5).}\end{aligned}$$

De même:

$$\begin{aligned}\mathrm{Tr}_{L/K}(e.s(e)) &= \mathrm{Tr}_{M/K}(z^{-1}(a(b+d)+(b+d)c+c(d-b)+(d-b)(-a))) \\ &= 2z^{-1}(ab+ad+bc+cd+cd-bc-ad+ab) \\ &= 4z^{-1}(ab+cd) = 0, \text{ d'après (10.2.5).}\end{aligned}$$

Des calculs analogues montrent que l'on a aussi

$$\mathrm{Tr}_{L/K}(e.s^i(e)) = 0 \text{ pour } i = 2, \ldots, 7.$$

Il résulte de ces formules que *$e/2$ est un vecteur basique de L*, ce qui achève la démonstration.

Remarque. On peut montrer que la condition (10.2.3) est *nécessaire et suffisante* pour que L ait une base normale autoduale.

11. Torsion des tenseurs quadratiques.

11.1. Tenseurs. Soit V un K-espace vectoriel de dimension finie, et soit V^* son dual. Si a et b sont des entiers ≥ 0, on note $T^a_b(V)$ le produit tensoriel de $(\otimes^a V)$ et de $(\otimes^b V^*)$, cf. [6], p. III.63.

Un élément t de $T^a_b(V)$ est appelé un *tenseur de type* (a,b). On dit que t est *quadratique* si $a+b=2$, i.e. si:

$a = 2, b = 0$: t est un élément de $\otimes^2 V$;

$a = 1, b = 1$: t est un élément de $V \otimes V^* = \mathrm{End}\, V$;

$a = 0, b = 2$: t est une forme bilinéaire sur V.

11.2. Torsion. Soit $t = (t_i)_{i \in I}$ une famille de tenseurs sur V de types (a_i, b_i), et soit G un groupe fini opérant linéairement sur V, et fixant chacun des t_i. Soit L une G-algèbre galoisienne sur K, correspondant à $\phi_L : G_K \to G$. On peut *tordre* (V,t) au moyen de ϕ_L, cf. [19], chap. III, §1. On obtient ainsi un autre couple (V',t'), que l'on notera $(V,t)_L$. Rappelons ([19], *loc. cit.*) que (V',t') est caractérisé, à isomorphisme près, par la propriété suivante:

(11.2.1) Il existe un K_s-isomorphisme $\psi : (V,t)_{/K_s} \to (V',t')_{/K_s}$ tel que ${}^s\psi = \psi \circ \phi_L(s)_V$ pour tout $s \in G_K$.

(Dans cette formule, ${}^s\psi$ désigne le conjugué de ψ par s, et $\phi_L(s)_V$ est l'automorphisme de V défini par l'élément $\phi_L(s)$ de G.)

Nous allons voir que, lorsque les t_i sont quadratiques, la torsion par L *ne dépend que de la G-forme quadratique* (L,q_L), et pas de la structure d'algèbre de L. De façon plus précise:

THÉORÈME 11.2.2. *Supposons que tous les t_i soient quadratiques. Soient L et L' deux G-algèbres galoisiennes sur K telles que les G-formes quadratiques (L,q_L) et $(L',q_{L'})$ soient isomorphes. Alors $(V,t)_L$ est isomorphe à $(V,t)_{L'}$.*

Le cas particulier où L' est décomposé donne:

COROLLAIRE 11.2.3. *Si L a une base normale autoduale, on a $(V,t)_L \simeq (V,t)$.*

(Autrement dit, la torsion par L n'a aucun effet sur les tenseurs quadratiques.)

Démonstration du th. 11.2.2. Soit $A = A(V,t)$ le groupe algébrique des automorphismes de (V,t). C'est un sous-groupe fermé du groupe linéaire $\mathbf{GL}_V$. Par hypothèse, on a un homomorphisme de groupes

$$G \to A(K) \to \mathrm{Aut}(V).$$

d'où, par linéarité, un homomorphisme d'algèbres $K[G] \to \mathrm{End}(V)$. Par restriction aux éléments unitaires, cela donne un morphisme de groupes algébriques $\varepsilon : U_G \to \mathbf{GL}_V$.

LEMME 11.2.4. *L'image de ε est contenue dans le sous-groupe $A = A(V,t)$ de $\mathbf{GL}_V$.*

Montrons que $\varepsilon(U_G(K))$ est contenu dans $A(K)$; ce résultat (appliqué aux extensions de K) suffira à démontrer 11.2.4.

Soit $u = \sum u_g g$, avec $u_g \in K$, un élément de $U_G(K)$. Il nous faut prouver que $u(t_i) = t_i$ pour tout $i \in I$. Distinguons trois cas suivant le type de t_i:

(1) t_i est de type (1,1), i.e. t_i s'identifie à un endomorphisme de V. L'hypothèse que t_i est fixé par G signifie que $t_i g_V = g_V t_i$ pour tout $g \in G$. Il en résulte par linéarité que u commute à t_i, c'est-à-dire que u fixe t_i.

(2) t_i est de type (0,2), i.e. t_i s'identifie à une forme bilinéaire $V \times V \to K$. Par hypothèse, on a $t_i(gx,gz) = t_i(x,z)$ si $g \in G$ et $x,z \in V$. Comme $u^* = \sum u_g g^{-1}$, on en déduit $t_i(ux,z) = t_i(x,u^*z)$ et en appliquant ceci à $z = uy$, avec $y \in V$, on trouve

$$t_i(ux,uy) = t_i(x,u^*uy) = t_i(x,y) \qquad (x,y \in V),$$

ce qui montre bien que u fixe t_i. (Une autre façon de procéder consiste à utiliser la construction donnée dans [3], n°1.1, et à en déduire que A est le *groupe unitaire* d'une algèbre à involution associée à (V, t).)

(3) t_i est de type (2,0). La vérification est analogue à celle du cas (2): on trouve que $(u \otimes u)(t_i) = (uu^* \otimes 1)(t_i) = t_i$.

Revenons maintenant à la démonstration du th. 11.2.2. Soient $\phi = \phi_L$ et $\phi' = \phi_{L'}$ des homomorphismes de G_K dans G définissant respectivement L et L'. Le couple $(V, t)_L$ se déduit de (V, t) par torsion au moyen de la classe de cohomologie $c(L) \in H^1(K, A)$ définie par le cocycle $G_K \xrightarrow{\phi} G \to A(K)$, cf. [19], *loc. cit.* De même, $(V, t)_{L'}$ se déduit de (V, t) par torsion au moyen de $c(L') \in H^1(K, A)$. Vu le lemme ci-dessus, $c(L)$ et $c(L')$ sont les images des classes $u(L)$ et $u(L')$ de $H^1(K, U_G)$ (cf. n°1.5) par l'application $H^1(K, U_G) \to H^1(K, A)$. L'hypothèse $(L, q_L) \simeq (L', q_{L'})$ équivaut à dire que $u(L) = u(L')$, cf. prop. 1.5.1. On a donc $c(L) = c(L')$, et cela entraîne que $(V, t)_L$ est isomorphe à $(V, t)_{L'}$ d'après ce qui a été dit plus haut.

Remarques. (1) Le th. 11.2.2 admet la réciproque suivante: *si L et L' sont telles que $(V, t)_L = (V, t)_{L'}$ pour tout (V, t), avec t quadratique, alors les G-formes quadratiques (L, q_L) et $(L', q_{L'})$ sont isomorphes.*

Cela se voit en prenant pour V l'espace vectoriel $K^{(G)}$ muni des tenseurs de type (1,1) donnés par les multiplications à gauche par les éléments de G, et du tenseur de type (0,2) donné par la forme quadratique unité (l'action de G sur V se faisant par les multiplications à droite).

(2) Le th. 11.2.2 est spécial aux tenseurs quadratiques:

(a) Dans le cas des tenseurs *linéaires* (i.e. de type (1,0) ou (0,1)), il résulte du "th. 90" que $(V, t)_L$ est isomorphe à (V, t) quel que soit L: *il n'y a pas de torsion.*

(b) Au contraire, si l'on considère des tenseurs quadratiques et cubiques il existe des choix de (V, t) tels que $(V, t)_{L'}$ *n'est isomorphe à* $(V, t)_L$ *que si L' est isomorphe à L (*comme G-algèbre galoisienne*).*

Cela se voit en prenant $V = K^{(G)}$ comme ci-dessus, muni des tenseurs de type (1, 1) donnés par les multiplications à gauche par les éléments de G, et du tenseur de type (1, 2) exprimant la loi de multiplication de l'algèbre $K^{(G)}$.

11.3. Description explicite de la torsion des tenseurs quadratiques. Conservons les notations et hypothèses ci-dessus. On vient de voir que, si les t_i sont quadratiques, $(V, t)_L$ ne dépend que de la G-forme quadratique (L, q_L). Il est naturel de chercher une expression *explicite* de $(V, t)_L$ mettant en évidence ce fait. Nous allons donner une telle expression, en nous bornant pour simplifier *au cas où tous les t_i sont de type* (0,2) *i.e. sont des formes bilinéaires.*

De façon plus générale, soit (P, q) un G-espace quadratique (cf. n°1.2), et supposons que le $K[G]$-module P soit *projectif* (ce qui est le cas si K est de caractéristique 0, par exemple). Nous allons définir le "tordu" (V_P, t_P) de (V, t) par (P, q):

Par définition, on a $V_P = \mathrm{Hom}_G(P, V)$. La i-ème composante $t_{i,P}$ de t_P est définie par:

$$t_{i,P}(f_1, f_2) = \mathrm{Tr}_P(f_{1i}^* F_2) \qquad (f_1, f_2 \in V_P), \tag{11.3.1}$$

où $F_2 \in \mathrm{Hom}(P, V)$ est tel que $f_2 = \sum_{g \in G} g_V F_2 g_V^{-1}$, et $f_{1i}^* \in \mathrm{Hom}(V, P)$ est l'adjoint de f_1 par rapport à q et t_i, autrement dit est caractérisé par la formule

$$t_i(f_1(x), y) = q(x, f_{1i}^*(y)) \qquad \text{pour } x, y \in V.$$

(Noter que F_2 existe du fait que P est $K[G]$-projectif.)

On vérifie que le membre de droite de (11.3.1) ne dépend pas du choix de F_2 (car on ne peut modifier F_2 qu'en lui ajoutant des combinaisons linéaires des $g_V F g_V^{-1} - F$, avec $g \in G$ et $F \in \mathrm{Hom}(P, V)$).

La construction ci-dessus s'applique en particulier à $(P, q) = (L, q_L)$.

THÉORÈME 11.3.2. *Le couple (V_P, t_P) obtenu par torsion de (V, t) au moyen de $(P, q) = (L, q_L)$ est isomorphe à $(V, t)_L$.*

(On obtient bien ainsi une description de $(V, t)_L$ ne faisant intervenir que la G-forme quadratique associée à L.)

Démonstration. (a) Supposons d'abord que L soit décomposée, et soit $e = (1, 0, \dots, 0)$ le vecteur basique de L associé au choix d'un élément χ de $X(L)$, cf. n°1.4. Le vecteur e définit un isomorphisme

$$\theta_e : V_P \to V$$

par $f \mapsto f(e)$. *Cet isomorphisme transforme $t_{i,P}$ en t_i.* En effet, avec les notations de (11.3.1), on peut prendre pour F_2 l'homomorphisme de P dans V qui applique e sur $f_2(e)$ et ge sur 0 si $g \neq 1$; on en déduit que $f_{1i}^* F_2$ applique e sur $f_{1i}^* f_2(e)$ et ge sur 0 pour $g \neq 1$; d'où:

$$\begin{aligned} t_{i,P}(f_1, f_2) &= \mathrm{Tr}_P(f_{1i}^* F_2) = q(e, f_{1i}^* f_2(e)) = t_i(f_1(e), f_2(e)) \\ &= t_i(\theta_e(f_1), \theta_e(f_2)). \end{aligned}$$

Il en résulte que θ_e *est un isomorphisme de (V_P, t_P) sur (V, t).*

(b) Dans le cas général, on applique ce qui précède au corps K_s. Le choix d'un élément χ de $X(L)$ définit comme ci-dessus un isomorphisme

$$\theta_e : (V_P, t_P)_{/K_s} \to (V, t)_{/K_s}.$$

Si $s\chi = \chi\phi(s)$ (cf. 1.3), on a $s(e) = \phi(s)^{-1}e$, cf. démonstration du th. 1.5.3. On en déduit:

$$^{s}(\theta_e) = \theta_{s(e)} = \phi(s)_V^{-1}\theta_e.$$

Si l'on pose $\psi = \theta_e^{-1}$, on a donc $^{s}\psi = \psi \circ \phi(s)_V$ pour tout $s \in G_K$, et d'après (11.2.1) cela montre bien que (V_P, t_P) est isomorphe à $(V, t)_L$.

UNIVERSITÉ DE FRANCHE-COMTÉ, FACULTÉ DES SCIENCES, MATHÉMATIQUES, U.R.A. 741 (CNRS), 16, ROUTE DE GRAY, 25030 BESANÇON, FRANCE

COLLÈGE DE FRANCE, 75231 PARIS CEDEX 05, FRANCE

RÉFÉRENCES

[1] J. Arason, Cohomologische Invarianten quadratischer Formen. *J. Algebra*, **36** (1975), 448–491.

[2] J. Arason, R. Elman et B. Jacob, Fields of cohomological 2-dimension three, *Math. Ann.*, **274** (1986), 649–657.

[3] E. Bayer-Fluckiger, Principe de Hasse faible pour les systèmes de formes quadratiques, *J. reine angew. Math.*, **378** (1987), 53–59.

[4] E. Bayer-Fluckiger et H.W. Lenstra, Jr., Forms in odd degree extensions and self-dual normal bases, *Amer. J. Math.*, **112** (1990), 359–373.

[5] A. Borel et J. Tits, Compléments à l'article "Groupes réductifs." *Inst. Hautes Études Sci. Publ.*, **41** (1972), 253–276.

[6] N. Bourbaki, *Algèbre*, nouvelle éd., Hermann, Paris, 1970, Chapitres 1 à 3.

[7] H. Cartan et S. Eilenberg, *Homological Algebra*, Princeton University Press, Princeton, 1956.

[8] R.L. Griess, Schur multipliers of the known finite simple groups II, *Santa Cruz Conf. on Finite Groups, Proc. Sympos. Pure Math.*, vol. **37**, American Mathematical Society, Providence, 1980, pp. 273–282.

[9] G. Hoyden-Siedersleben, Realisierung der Jankogruppen J_1 und J_2 als Galoisgruppen über **Q**, *J. Algebra*, **97** (1985), 14–22.

[10] B. Huppert, *Endliche Gruppen I, Grundlehren Math. Wiss.*, vol. **137**, Springer-Verlag, New York, 1967.

[11] W. Jacob et M. Rost, Degree four cohomological invariants for quadratic forms, *Invent. Math.*, **96** (1989), 551–570.

[12] M. Kneser, Galois-Kohomologie halbeinfacher algebraischer Gruppen über p-adischen Körpern, *Math. Z.*, **88** (1965), 40–47; **89** (1965), 250–272.

[13] ———, *Lectures on Galois cohomology of classical groups*, Tata Inst. Fund. Res. Lectures on Math. and Phys., vol. **47**, Tata Institute of Fundamental Research, Bombay, 1969.

[14] J. Milnor, Algebraic K-theory and quadratic forms, *Invent. Math.*, **9** (1970), 318–344.

[15] A. Pfister, Quadratische Formen in beliebigen Körpern, *Invent. Math.*, **1** (1966), 116–132.

[16] W. Scharlau, *Quadratic and Hermitian Forms, Grundlehren Math. Wiss.*, vol. **270**, Springer-Verlag, New York, 1985.

[17] J-P. Serre, *Représentations Linéaires des Groupes Finis*, Hermann, Paris, 1967.

[18] ———, *Corps Locaux*, Hermann, Paris, 1968.

[19] ———, *Cohomologie Galoisienne*, 4ème éd., *Lecture Notes in Math.*, vol **5**, Springer-Verlag, New York, 1973.

[20] ———, L'invariant de Witt de la forme $\mathrm{Tr}(x^2)$, *Comment. Math. Helv.*, **59** (1984), 651–676.

[21] ———, Résumé des cours au Collège de France 1990/1991, *Annuaire du Collège de France*, 1991, 111–121.

[22] ———, *Topics in Galois Theory* (notes written by Henri Darmon), Jones and Bartlett Publ., Boston, 1992.

[23] R. Steinberg, Regular elements of semisimple algebraic groups, *Inst. Hautes Études Sci. Publ. Math.*, **25** (1965), 49–80.

[24] E. Witt, Konstruktion von galoisschen Körpern der Charakteristik p zu vorgegebener Gruppe der Ordnung p^f, *J. reine angew. Math.*, **174** (1936), 237–245.

164.

Sur la semi-simplicité des produits tensoriels de représentations de groupes

Invent. math. **116** (1994), 513–530

à Armand Borel

Introduction

Soit k un corps. Soit G un groupe, et soient V_1 et V_2 deux $k[G]$-modules de dimension finie sur k, autrement dit deux représentations linéaires de G. Soit $V_1 \otimes V_2$ le produit tensoriel de V_1 et V_2.

Dans [3], p. 88, Chevalley démontre:

(*) *Supposons k de caractéristique* 0. *Alors, si V_1 et V_2 sont semi-simples, il en est de même de $V_1 \otimes V_2$.*

(Autrement dit, la catégorie des représentations semi-simples de G est stable par les opérations tensorielles.)

Je me propose de montrer que ce théorème reste vrai en caractéristique
1 $p>0$ pourvu que les dimensions des représentations soient assez petites:

(**) *Supposons que k soit de caractéristique $p>0$ et que l'on ait:*

$$\dim V_1 + \dim V_2 < p+2.$$

Alors, si V_1 et V_2 sont semi-simples, il en est de même de $V_1 \otimes V_2$.

Il y a un résultat analogue pour les produits tensoriels de m représentations, avec $p+2$ remplacé par $p+m$, cf. n° 1.2, th. 1.

La démonstration fait l'objet des §§ 1, 2, 3, 4 ci-après.

Le § 1 contient des réductions élémentaires.

Le § 2 traite le cas où G est le groupe des points d'un groupe algébrique quasi-simple simplement connexe, les représentations considérées étant algébriques et «restreintes». On utilise les propriétés des représentations dont les poids dominants appartiennent à la «petite alcôve», cf. [6]. Les principaux arguments intervenant dans la démonstration m'ont été communiqués en 1986 par J.C. Jantzen (voir aussi [7]); je l'en remercie vivement.

Let § 3 étend les résultats du § 2 au cas d'un groupe algébrique dont la composante neutre est d'indice premier à p.

Le §4 réduit le cas général au cas précédent, grâce à un procédé de «saturation» (déjà utilisé dans [8] et [9]) qui permet de remplacer les éléments d'ordre p par des groupes additifs à un paramètre.

1 Enoncé du théorème, exemples, et premières réductions

1.1. Notations

Le corps de base k est de caractéristique $p>0$; dans les §§2, 3, 4 on le suppose algébriquement clos.

2 On note G un groupe, et $k[G]$ l'algèbre de G sur k.

Par un *G-k-module* (ou simplement un *G-module*) on entend un $k[G]$-module de dimension finie sur k. Si V est un tel module, V est un k-espace vectoriel de dimension finie, et l'action de G sur V est définie par un homomorphisme $G \to \mathbf{GL}(V)$, autrement dit par une *représentation linéaire* de G dans V.

1.2. Enoncé du théorème

Soient $V_1, \ldots, V_m$ des G-modules, et soit $W = V_1 \otimes \ldots \otimes V_m$ leur produit tensoriel (sur k). Le groupe G opère sur W par transport de structure; on a

$$g \cdot (x_1 \otimes \ldots \otimes x_m) = (g x_1) \otimes \ldots \otimes (g x_m) \quad \text{si} \quad g \in G, \ x_i \in V_i.$$

Cette action de G fait de W un G-module.

Le théorème que nous avons en vue est:

Théorème 1 *Supposons que les G-modules V_i soient semi-simples, et que l'on ait:*

$$\sum_{i=1}^{m} (\dim V_i - 1) < p.$$

Alors le G-module $V_1 \otimes \ldots \otimes V_m$ est semi-simple.

Le cas particulier $m=2$ donne le résultat énoncé dans l'introduction:

Corollaire 1 *Si V_1 et V_2 sont semi-simples et si* $\dim V_1 + \dim V_2 < p+2$, *alors $V_1 \otimes V_2$ est semi-simple.*

On en déduit:

Corollaire 2 *Soit V un G-module semi-simple de dimension* $\leqq (p+1)/2$. *Alors les G-modules* $\mathrm{End}(V)$, $\mathrm{Sym}^2 V$ *et* $\wedge^2 V$ *sont semi-simples.*

D'après le cor. 1, $V \otimes V$ est semi-simple. Il en est donc de même de $\mathrm{Sym}^2 V$ et de $\wedge^2 V$, qui en sont des quotients. D'autre part, la semi-simplicité de V entraîne celle de son dual V^*; d'où, par le même argument, la semi-simplicité de $V \otimes V^* = \mathrm{End}(V)$.

Remarque. La majoration $\sum (\dim V_i - 1) < p$ du th. 1 est essentiellement optimale, comme le montre le cas où $G = \mathbf{SL}_2(k)$, cf. n° 1.3. Par contre, l'inégalité

$\dim V \leqq (p+1)/2$ du cor. 2 peut être améliorée d'une unité en ce qui concerne $\wedge^2 V$, cf. Appendice.

Question. Y a-t-il un énoncé analogue à celui du th. 1 pour les représentations linéaires des *k-schémas en groupes*, non nécessairement lisses (ou, ce qui revient au même, pour les comodules sur les bigèbres ayant une antipode, cf. [5], II, § 2)? Le cas particulier le plus intéressant (et sans doute crucial) est celui des «groupes infinitésimaux de hauteur $\leqq 1$», qui correspondent aux *p-algèbres de Lie* ([5], II, § 7, n° 4).

1.3. *Exemples*

Prenons $G = \mathbf{SL}_2(k)$, considéré comme groupe de transformations linéaires en deux variables x, y:

$$(x, y) \mapsto (ax+by, cx+dy), \qquad ad-bc=1.$$

Si $d \geqq 0$, notons $V(d)$ le k-espace vectoriel des polynômes homogènes de degré d en x et y. L'espace $V(d)$ a pour base:

$$\{x^d, x^{d-1}y, \ldots, y^d\}.$$

On a $\dim V(d) = d+1$. L'action naturelle de G sur $V(d)$ en fait un G-module. On sait que ce G-module est *simple* si $d<p$. Le module $V(p)$ a un sous-espace stable V' de dimension 2 stable par G, à savoir celui de base $\{x^p, y^p\}$, le quotient $V(p)/V'$ étant isomorphe à $V(p-2)$. La projection $V(p) \to V(p-2)$ est donnée par:

$$f \mapsto \frac{1}{y}\,\partial f/\partial x = -\frac{1}{x}\,\partial f/\partial y.$$

On a donc une suite exacte:

$$0 \to V' \to V(p) \to V(p-2) \to 0.$$

Lorsque le nombre d'éléments de k est >2, on vérifie que la suite exacte de G-modules ci-dessus *n'est pas scindée*; le G-module $V(p)$ n'est donc pas semi-simple.

Choisissons alors des entiers $d_1, \ldots, d_m$, compris entre 1 et $p-1$, tels que $\sum d_i = p$. L'application produit

$$(f_1, \ldots, f_m) \mapsto f_1 \ldots f_m$$

définit un homomorphisme de G-modules $V(d_1) \otimes \ldots \otimes V(d_m) \to V(p)$. Cet homomorphisme est surjectif. Comme $V(p)$ n'est pas semi-simple, le produit tensoriel $V(d_1) \otimes \ldots \otimes V(d_m)$ n'est pas semi-simple.

Or les $V(d_i)$ sont semi-simples (et même simples), et l'on a $\dim V(d_i) - 1 = d_i$. D'où:

$$\sum (\dim V(d_i) - 1) = p,$$

ce qui montre que l'inégalité du th. 1 ne peut pas être améliorée.

1.4. Préliminaires à la démonstration du théorème 1

1.4.1 On peut supposer que $m \geqq 2$, et que le théorème est vrai pour $m-1$ modules.

1.4.2 On peut supposer que les V_i sont $\neq 0$ (si l'un d'eux est 0, leur produit tensoriel est 0), et même que ce sont des G-modules simples.

On a donc $\dim V_i \geqq 1$ pour tout i, d'où $\dim V_i < p$ puisque la somme des $\dim V_i - 1$ est $< p$.

1.4.3 On pourrait supposer (mais nous n'en aurons pas besoin) que $\dim V_i > 1$ pour tout i. En effet, si par exemple $\dim V_1 = 1$, l'hypothèse de récurrence 1.4.1 ci-dessus montre que $V_2 \otimes \ldots \otimes V_m$ est semi-simple. Or le produit tensoriel d'un module semi-simple par un module de dimension 1 est semi-simple (les sous-modules sont les mêmes). Cela montre la semi-simplicité de $V_1 \otimes \ldots \otimes V_m$.

1.5. Extension des scalaires

Soit k' une extension de k.

Proposition 1 *Si le th. 1 est vrai pour G et k', il est vrai pour G et k.*

Soient V_i des G-k-modules satisfaisant aux hypothèses du th. 1, et soit W leur produit tensoriel. Nous devons montrer que W est semi-simple. D'après 1.4.2, on peut supposer que les V_i sont simples et que $\dim V_i < p$ pour tout i.

Par extension des scalaires, les V_i définissent des G-k'-modules V_i'. De même W définit un G-k'-module W', qui est isomorphe au produit tensoriel (sur k') des V_i'.

Lemme 1 *Les V_i' sont des G-k'-modules semi-simples.*

Soit D_i le commutant de l'image de $k[G]$ dans $\mathrm{End}(V_i)$. D'après le lemme de Schur, c'est un corps. Soit Z_i son centre, qui est une extension finie de k. Le module V_i est un Z_i-espace vectoriel, et l'on a:

$$\dim V_i = [Z_i : k] \cdot \dim_{Z_i} V_i .$$

En particulier, on a $[Z_i : k] \leqq \dim V_i < p$, ce qui montre que l'extension Z_i/k est *séparable*. D'après un critère connu (cf. e.g. [4], th. 7.5, p. 145) il en résulte que V_i est absolument semi-simple, donc que V_i' est semi-simple.

On a supposé que le th. 1 est vrai pour G et k'. On déduit de là, et du lemme 1, que $W' = V_1' \otimes \ldots \otimes V_m'$ est semi-simple. Or on sait que, si un module devient semi-simple après extension des scalaires, il est semi-simple. On en déduit donc que W est semi-simple, ce qui démontre la prop. 1.

Ainsi, on peut remplacer k par une clôture algébrique. Cela nous permettra, dans la suite de la démonstration, de supposer que k est *algébriquement clos.*

2 Le cas crucial

A partir de maintenant le corps de base k est supposé algébriquement clos.

Le but de ce § est de démontrer le th. 1 dans le cas particulier suivant: G est le groupe des k-points d'un groupe algébrique $\underline{G}$ quasi-simple; les V_i sont des G-modules simples algébriques (i.e. provenant de représentations algébriques de $\underline{G}$), de type restreint (cf. n° 2.1).

2.1. *Notations*

On note $\underline{G}$ un groupe algébrique semi-simple connexe et simplement connexe. On pose $G = \underline{G}(k)$; on se permet d'identifier G et $\underline{G}$.

Toutes les représentations linéaires de G sont supposées algébriques.

On choisit un tore maximal $\underline{T}$ de $\underline{G}$, ainsi qu'un sous-groupe de Borel $\underline{B}$ contenant $\underline{T}$. On note X le groupe $\mathrm{Hom}(\underline{T}, \mathbf{G}_m)$ des caractères de $\underline{T}$, et R le système de racines correspondant; on a $R \subset X$. Soit $Y = \mathrm{Hom}(X, \mathbf{Z})$ le $\mathbf{Z}$-dual de X; si $\alpha \in R$, on note $\alpha^\vee$ l'élément correspondant de Y («racine duale»); l'ensemble des $\alpha^\vee$ est le système de racines dual $R^\vee$ de R. Le choix du sous-groupe de Borel $\underline{B}$ définit une *base* B de R. Un élément de X est dit positif s'il est combinaison linéaire à coefficients $\geqq 0$ des éléments de B; les racines positives forment une partie R_+ de R.

Soit λ un poids (i.e. un élément de X). On dit que λ est *dominant* si $\langle \lambda, \alpha^\vee \rangle \geqq 0$ pour tout $\alpha \in R_+$ (ou pour tout $\alpha \in B$, cela revient au même). L'ensemble des poids dominants est noté X_+. Un poids dominant λ est dit *restreint* si l'on a $\langle \lambda, \alpha^\vee \rangle < p$ pour tout $\alpha \in B$.

Si λ est un poids dominant, on note $L(\lambda)$ l'unique G-module simple dont le plus haut poids est λ (cf. [6], II.2).

2.2. *La petite alcôve*

A partir de maintenant, et jusqu'à la fin du § 2, on suppose que $\underline{G}$ est *quasi-simple*, i.e. que le système de racines R est *irréductible* (cela revient à dire que le quotient de G par son centre est un groupe simple).

On note $\beta^\vee$ la *plus grande racine de* $R^\vee$, et l'on pose

$$\rho = \tfrac{1}{2} \sum_{\alpha \in R_+} \alpha.$$

On sait ([2], VI, § 1, prop. 29) que ρ est la somme des *poids fondamentaux* ω_α ($\alpha \in B$) associés à la base B de R.

On dit qu'un poids dominant λ *appartient à la petite alcôve* si l'on a

$$\langle \lambda + \rho, \beta^\vee \rangle \leqq p. \tag{2.2.1}$$

On note C l'ensemble de ces poids.

Remarques. 1) Si $\lambda \in C$, on a $\langle \lambda + \rho, \alpha^\vee \rangle \leqq p$ pour tout $\alpha \in R$. Cela résulte du fait que $\langle \lambda, \alpha^\vee \rangle \leqq \langle \lambda, \beta^\vee \rangle$ puisque $\beta^\vee - \alpha^\vee$ est combinaison linéaire à coefficients $\geqq 0$ d'éléments de $R_+^\vee$. L'ensemble C coïncide donc avec l'ensemble $X_+ \cap \bar{C}_Z$ de [6], p. 247–248.

2) Soit h le nombre de Coxeter de R (ou de $R^\vee$: c'est le même). On a $\langle \rho, \beta^\vee \rangle = h - 1$, cf. [2], VI, § 1, prop. 31. Cela permet de récrire (2.2.1) sous la forme:

$$\langle \lambda, \beta^\vee \rangle \leqq p - h + 1. \tag{2.2.2}$$

3) Tout élément λ de C est un poids dominant *restreint*, au sens du n° 2.1.

En effet, d'après la Remarque 1) ci-dessus, on a $\langle\lambda+\rho, \alpha^\vee\rangle \leqq p$ pour tout $\alpha\in B$. Comme $\langle\rho, \alpha^\vee\rangle = 1$ (cf. [2], VI, §1, prop. 29), cela entraîne bien $\langle\lambda, \alpha^\vee\rangle < p$.

L'intérêt de la petite alcôve C provient (entre autres) du résultat suivant, dû essentiellement à Verma et Humphreys:

Proposition 2 *Soit V une représentation linéaire de $\underline{G}$, et soit $X(V)$ l'ensemble des poids de $\underline{T}$ dans V. Supposons que $X_+ \cap X(V)$ soit contenu dans C. Alors V est semi-simple.*

Le module V admet une suite de composition dont les quotients sont des modules simples $L(\lambda_i)$, avec $\lambda_i \in X(V)\cap X_+$, donc $\lambda_i\in C$. Tout revient à voir que les extensions successives qui interviennent dans V sont triviales. Avec les notations de [6], I.4.2, on est donc ramené à prouver:

Lemme 2 *Si λ et μ appartiennent à C, on a* $\mathrm{Ext}^1_{\underline{G}}(L(\lambda), L(\mu)) = 0$.

Si $\lambda=\mu$, la nullité de $\mathrm{Ext}^1_{\underline{G}}(L(\lambda), L(\mu))$ est un fait général ([6], II.2.12). Si $\lambda\neq\mu$, λ et μ ne sont pas conjugués par le groupe de Weyl affine W_p ([6], II.6.2.(5)); la nullité de $\mathrm{Ext}^1_{\underline{G}}(L(\lambda)), L(\mu))$ résulte du «linkage principle» ([6], II.6.17).

(*Variante* – Avec les notations de [6], II.5.6, on a $L(\mu) = H^0(\mu)$ et $L(\lambda) = H^0(\lambda) = L(-w_0\lambda)^* = V(\lambda)$. On peut alors récrire $\mathrm{Ext}^1_{\underline{G}}(L(\lambda), L(\mu))$ sous la forme $\mathrm{Ext}^1_{\underline{G}}(V(\lambda), H^0(\mu))$ et l'on applique le fait que ce groupe est 0 quels que soient $\lambda, \mu\in X_+$, cf. [6], II.4.13.)

Remarque. La démonstration montre en outre que V est somme directe de modules du type $H^0(\lambda)$, $\lambda\in C$, donc que V «se relève» en caractéristique 0.

2.3. *Modules simples restreints de dimension $\leqq p$*

Le résultat suivant est dû à Jantzen ([7], 2.1):

Proposition 3 *Soit λ un poids dominant restreint* (cf. n° 2.1), *et soit $L(\lambda)$ le $\underline{G}$-module simple correspondant. Supposons que* $\dim L(\lambda) \leqq p$. *Alors:*

(i) *On a $\langle\lambda, \alpha^\vee\rangle < p$ pour tout $\alpha\in R_+$.*

(ii) *On a* $\sum_{\alpha\in R_+} \langle\lambda, \alpha^\vee\rangle < \dim L(\lambda)$.

Rappelons la démonstration. On utilise le lemme suivant (où aucune hypothèse sur λ n'est nécessaire):

Lemme 3 *Soit $\alpha\in R_+$ tel que l'entier $n = \langle\lambda, \alpha^\vee\rangle$ soit $<p$. Alors*

$$\lambda, \lambda-\alpha, \dots, \lambda-n\alpha$$

sont des poids de $L(\lambda)$ (i.e. appartiennent à $X(L(\lambda))$).

Cela résulte facilement des propriétés des représentations du groupe $\mathbf{SL}_2$.

Soit alors R_λ l'ensemble des $\alpha\in R_+$ tels que l'inégalité (i) de la prop. 3 soit vraie. L'hypothèse que λ est restreint montre que R_λ contient la base B de R. D'autre part, si $\alpha\in R_\lambda$, et si $m_\alpha = \langle\lambda, \alpha^\vee\rangle$, le lemme 3 montre que λ,

$\lambda-\alpha, \ldots, \lambda-m_\alpha\alpha$ sont des poids de $L(\lambda)$. Lorsque α varie dans R_λ, le nombre total de ces poids est

$$1+\sum_{\alpha\in R_\lambda} m_\alpha = 1+\sum_{\alpha\in R_\lambda}\langle\lambda, \alpha^\vee\rangle.$$

On en conclut:

$$\sum_{\alpha\in R_\lambda}\langle\lambda,\alpha^\vee\rangle \leqq \dim L(\lambda)-1. \tag{2.3.1}$$

Lemme 4 *L'ensemble $R_\lambda^\vee$ est une partie close de $R^\vee$* (au sens de [2], VI, §1, déf. 4).

Il faut voir que, si $\alpha_1^\vee\in R_\lambda^\vee$, $\alpha_2^\vee\in R_\lambda^\vee$ et $\alpha_1^\vee+\alpha_2^\vee\in R^\vee$, on a $\alpha_1^\vee+\alpha_2^\vee\in R_\lambda^\vee$. Or (2.3.1) montre que

$$\langle\lambda,\alpha_1^\vee\rangle+\langle\lambda,\alpha_2^\vee\rangle\leqq\dim L(\lambda)-1,$$

d'où

$$\langle\lambda,\alpha_1^\vee+\alpha_2^\vee\rangle\leqq\dim L(\lambda)-1<p,$$

ce qui démontre le lemme.

Le lemme 4 montre que $R_\lambda^\vee$ est une partie close de $R^\vee$ contenant la base $B^\vee$. D'après [2], VI, §1, prop. 19, ceci entraîne $R_\lambda^\vee\supset R_+^\vee$, d'où $R_\lambda=R_+$. Cela démontre (i). Quant à (ii), il résulte de (2.3.1) combiné avec l'égalité $R_\lambda=R_+$.

Remarque. La prop. 3 pourrait aussi se déduire du lemme énoncé dans [8], n° 4.6. Malheureusement, la démonstration donnée dans [8] est insuffisante.

2.4. Une inégalité

Le résultat suivant n'a rien à voir avec la caractéristique p:

3 **Proposition 5** *Soit $\lambda\in X_+$, $\lambda\neq 0$. On a:*

$$\langle\lambda+\rho,\beta^\vee\rangle\leqq 1+\sum_{\alpha\in R_+}\langle\lambda,\alpha^\vee\rangle. \tag{2.4.1}$$

(Rappelons que ρ est la demi-somme des racines >0, et que $\beta^\vee$ est la plus grande racine de $R^\vee$, cf. n° 2.2.)

Observons d'abord que, si l'inégalité (2.4.1) est vraie pour deux poids dominants λ et μ, elle est aussi vraie pour $\lambda+\mu$. On a en effet:

$$\begin{aligned}\langle\lambda+\mu+\rho,\beta^\vee\rangle &= \langle\lambda+\rho,\beta^\vee\rangle+\langle\mu+\rho,\beta^\vee\rangle-\langle\rho,\beta^\vee\rangle\\ &\leqq 2+\sum_{\alpha\in R_+}\langle\lambda,\alpha^\vee\rangle+\sum_{\alpha\in R_+}\langle\mu,\alpha^\vee\rangle-\langle\rho,\beta^\vee\rangle\\ &\leqq 1+\sum_{\alpha\in R_+}\langle\lambda+\mu,\alpha^\vee\rangle+1-\langle\rho,\beta^\vee\rangle\\ &\leqq 1+\sum_{\alpha\in R_+}\langle\lambda+\mu,\alpha^\vee\rangle,\end{aligned}$$

car $\langle\rho,\beta^\vee\rangle=h-1$ est $\geqq 1$.

Il suffit donc de démontrer (2.4.1) lorsque λ est *indécomposable*, autrement dit lorsque λ est le *poids fondamental* ω_γ associé à une racine simple $\gamma \in B$. On a alors $\langle \omega_\gamma, \gamma^\vee \rangle = 1$ et $\langle \omega_\gamma, \alpha^\vee \rangle = 0$ pour $\alpha \in B$, $\alpha \neq \gamma$. Si l'on écrit $\beta^\vee$ sous la forme $\beta^\vee = \sum_{\alpha \in B} q_\alpha \alpha^\vee$, et si l'on pose:

$$2\rho^\vee = \sum_{\alpha \in R_+} \alpha^\vee = \sum_{\alpha \in B} c_\alpha \alpha^\vee,$$

on a $\langle \omega_\gamma, \beta^\vee \rangle = q_\gamma$ et $\sum_{\alpha \in R_+} \langle \omega_\gamma, \alpha^\vee \rangle = \langle \omega_\gamma, 2\rho^\vee \rangle = c_\gamma$. L'inégalité à démontrer s'écrit alors

$$q_\gamma + h - 1 \leqq 1 + c_\gamma.$$

En remplaçant R par $R^\vee$, on voit que l'on est ramené à prouver le résultat suivant:

Proposition 6 *Soit r le rang de R, et soient $\alpha_1, \ldots, \alpha_r$ les éléments de B. Soit $\sum q_i \alpha_i$ la plus grande racine de R, et soit $2\rho = \sum c_i \alpha_i$ la somme des racines >0. On a:*

(2.4.2) $$c_i \geqq q_i + h - 2,$$

où h est le nombre de Coxeter de R.

Cela se vérifie cas par cas, en utilisant les tables de [2], VI, § 4, qui donnent les valeurs des c_i, des q_i et de h:

Type A_r $(r \geqq 1)$: $h = r+1$; $c_i = i(r-i+1)$; $q_i = 1$. L'inégalité (2.4.2) est stricte, sauf si $i = 1$ ou r, auquel cas c'est une égalité.

Type B_r $(r \geqq 2)$: $h = 2r$; $c_i = i(2r-i)$; $q_i = 2$ pour $i > 1$ et $q_1 = 1$. L'inégalité (2.4.2) est stricte, sauf si $i = 1$ ou si $r = 2$ et $i = 2$.

Type C_r $(r \geqq 3)$: $h = 2r$; $c_i = i(2r-i+1)$ pour $i < r$ et $c_r = r(r+1)/2$; $q_i = 2$ pour $i < r$ et $q_r = 1$. L'inégalité (2.4.2) est stricte, sauf si $i = 1$.

Type D_r $(r \geqq 4)$: $h = 2r-2$; $c_i = i(2r-i-1)$ si $i \leqq r-2$, et $c_{r-1} = c_r = r(r-1)/2$; $q_i = 1$ pour $i = 1, r-1, r$ et $q_i = 2$ pour $2 \leqq i \leqq r-2$. L'inégalité (2.4.2) est stricte.

Type E_6: $h = 12$; $(c_i) = 16, 22, 30, 42, 30, 16$; $(q_i) = 1, 2, 2, 3, 2, 1$.

Type E_7: $h = 18$; $(c_i) = 34, 49, 66, 96, 75, 52, 27$; $(q_i) = 2, 2, 3, 4, 3, 2, 1$.

Type E_8: $h = 30$; $(c_i) = 92, 136, 182, 270, 220, 168, 114, 58$; $(q_i) = 2, 3, 4, 6, 5, 4, 3, 2$.

Type F_4: $h = 12$; $(c_i) = 16, 30, 42, 22$; $(q_i) = 2, 3, 4, 2$.

Type G_2: $h = 6$; $(c_i) = 10, 6$; $(q_i) = 3, 2$.

Pour chacun des types exceptionnels E_6, E_7, E_8, F_4, G_2, l'inégalité (2.4.2) est stricte, à la seule exception du cas de G_2 où il y a égalité pour $i = 2$.

Note. Les prop. 5 et 6 m'ont été suggérées par des inégalités que Jantzen m'avait signalées en 1986.

Remarque (ajoutée à la correction des épreuves).

G. Lusztig m'a signalé que la prop. 6 peut se démontrer sans utiliser la classification des systèmes de racines:

Si l'on note $c_i(\alpha)$ le coefficient de α_i dans la racine α, il s'agit de montrer que

$$\sum_{\alpha > 0} c_i(\alpha) \geqq h - 2 + c_i(\tilde{\alpha}) \qquad \text{pour tout } i,$$

où $\tilde{\alpha}$ est la plus grande racine de R. Or on sait (cf. J. Tits, Invent Math. **17** (1972), p. 174, lemme A.2) que, pour tout $\alpha \in R_+$, $\alpha \neq \tilde{\alpha}$, il existe $\alpha' \in R_+$ tel que $\alpha' - \alpha \in B$. On déduit de là qu'il existe une suite de racines $\{\gamma_1, \ldots, \gamma_N\}$ «reliant» α_i à $\tilde{\alpha}$, i.e. telles que:

$$\gamma_1 = \alpha_i, \quad \gamma_N = \tilde{\alpha}, \quad \text{et} \quad \gamma_j - \gamma_{j-1} \in B \quad \text{pour } 1 < j \leqq N.$$

On a $N = h - 1$ d'après [2], VI, §1, prop. 31. Les γ_j sont > 0, et l'on a $c_i(\gamma_j) \geqq 1$ pour tout j. La somme des $c_i(\gamma_j)$ est donc $\geqq h - 2 + c_i(\tilde{\alpha})$; il en est *a fortiori* de même de la somme des $c_i(\alpha)$ pour $\alpha \in R_+$.

Une démonstration analogue m'a été communiquée par G. Seligman.

2.5. Démonstration du th. 1 dans le cas restreint

Nous allons maintenant démontrer le th. 1 dans le cas particulier où les V_i sont des G-modules simples de type $L(\lambda_i)$, avec λ_i restreint. De façon plus précise:

Proposition 7 *Soient* $\lambda_1, \ldots, \lambda_m$ *des poids dominants restreints* (cf. n° 2.1) *tels que* $\sum(\dim L(\lambda_i) - 1) < p$, *et soit* W *le produit tensoriel des* $L(\lambda_i)$. *Alors:*

(i) *W est somme directe de modules simples du type $L(\lambda)$, avec λ restreint.*

(ii) *Si l'un des λ_i est $\neq 0$, W est somme directe de modules simples du type $L(\lambda)$, avec $\lambda \in C$* (cf. n° 2.2).

(En particulier, W est semi-simple.)

Le cas où tous les λ_i sont 0 est trivial: le G-module W est isomorphe au G-module unité $L(0)$. Ce cas étant écarté, posons $\mu = \sum \lambda_i$. On a $\mu \in X_+$ et $\mu \neq 0$, d'où:

$$\begin{aligned} \langle \mu + \rho, \beta^\vee \rangle &\leqq 1 + \sum_{\alpha \in R_+} \langle \mu, \alpha^\vee \rangle \qquad \text{(prop. 5)} \\ &\leqq 1 + \sum_i \sum_{\alpha \in R_+} \langle \lambda_i, \alpha^\vee \rangle \\ &\leqq 1 + \sum_i (\dim L(\lambda_i) - 1) \quad \text{(prop. 3)} \\ &\leqq p \quad \text{(par hypothèse).} \end{aligned}$$

Cela montre que le poids dominant μ appartient à la petite alcôve C. Or tous les poids de $W = \bigotimes L(\lambda_i)$ sont de la forme $\lambda = \mu - \sum_{\alpha \in B} n_\alpha \alpha$, avec $n_\alpha \geqq 0$. Comme $\langle \alpha, \beta^\vee \rangle \geqq 0$ pour tout $\alpha \in B$ ([2], VI, §1, prop. 25), on a

$$\langle \lambda + \rho, \beta^\vee \rangle \leqq \langle \mu + \rho, \beta^\vee \rangle \leqq p.$$

Ainsi, les poids de $W = \bigotimes L(\lambda_i)$ qui sont dominants appartiennent à C. Les assertions (i) et (ii) en résultent, grâce à la prop. 2.

3 Le cas où $(G : G^0)$ est premier à p

On rappelle que le corps de base k est algébriquement clos.

3.1. Enoncé

Dans ce §, G désigne un groupe algébrique linéaire (lisse), que l'on identifie au groupe $G(k)$ de ses points rationnels. La composante neutre de G est notée

G^0. On se donne des G-modules simples (algébriques) V_i satisfaisant à la condition du th. 1:

$$\sum(\dim V_i - 1) < p.$$

On se propose de démontrer le th. 1 pour ces modules, sous l'hypothèse supplémentaire que $(G : G^0)$ est premier à p. Autrement dit:

Proposition 8 *Supposons que le groupe fini G/G^0 soit d'ordre premier à p. Alors le produit tensoriel des V_i est semi-simple.*

La démonstration se fera en trois étapes:

(i) G est quasi-simple simplement connexe (n° 3.2);
(ii) G est connexe (n° 3.3);
(iii) cas général (n° 3.4).

Remarque. L'hypothèse «G/G^0 est d'ordre premier à p» est très restrictive: elle exclut le cas, *a priori* le plus intéressant, où G est un groupe fini d'ordre divisible par p. C'est pour traiter ce cas que la technique de «saturation» du § 4 sera nécessaire.

3.2. Le cas quasi-simple simplement connexe

On suppose G quasi-simple simplement connexe, comme au § 2. D'après le *théorème de décomposition de Steinberg* ([6], II.3.17, p. 224) chacun des G-modules simples V_i s'écrit comme produit tensoriel:

$$V_i = V_{i,0}^{[0]} \otimes V_{i,1}^{[1]} \otimes V_{i,2}^{[2]} \otimes \ldots$$

où les $V_{i,n}$ sont des G-modules simples à poids dominant restreint (cf. n° 2.1), et l'exposant $[n]$ représente une *torsion de Frobenius* d'exposant p^n, cf. [6], p. 153 et p. 223.

On déduit de là une décomposition de $W = \bigotimes V_i$ en:

$$W = W_0^{[0]} \otimes W_1^{[1]} \otimes W_2^{[2]} \otimes \ldots,$$

avec $W_n = \bigotimes_i V_{i,n}$. Comme $\dim V_{i,n} \leqq \dim V_i$ pour tout n, on a

$$\sum_i (\dim V_{i,n} - 1) < p,$$

et la prop. 7 du n° 2.5 montre que W_n est somme directe de modules simples de la forme $L(\lambda)$, avec λ restreint. Il résulte de là que W est somme directe de produits tensoriels de la forme:

$$L(\lambda_0)^{[0]} \otimes L(\lambda_1)^{[1]} \otimes \ldots,$$

où les λ_n sont restreints. Or un tel produit tensoriel est un module simple d'après le théorème de Steinberg déjà cité. Il en résulte bien que W est semi-simple.

3.3. Le cas connexe

On suppose G connexe. Soit N le noyau de la représentation linéaire de G fournie par la somme directe des V_i. D'après un résultat connu ([1], lemme 2.2), G/N est réductif. Quitte à remplacer G par G/N, on peut donc supposer que G est *réductif connexe.*

On peut alors écrire G comme un quotient d'un produit direct

$$G' = G_1 \times \ldots \times G_n,$$

où les G_j sont, soit des tores, soit des groupes quasi-simples simplement connexes. Quitte à remplacer G par G', on peut supposer que $G = G'$. Chacun des V_i s'écrit alors comme un produit tensoriel $V_i = \bigotimes_j V_{i,j}$, où les $V_{i,j}$ sont des G_j-modules simples (algébriques, bien sûr). Le produit tensoriel W des V_i s'écrit donc

$$W = \bigotimes_j W_j, \quad \text{où} \quad W_j = \bigotimes_i V_{i,j}.$$

On a $\dim V_{i,j} \leqq \dim V_i$ pour tout j. *Les W_j sont des G_j-modules semi-simples*: lorsque G_j est un tore, c'est évident, et lorsque G_j est quasi-simple simplement connexe, cela résulte de ce qui a été fait au n° 3.2.

On en déduit que W est somme directe de produits tensoriels de la forme $\bigotimes_j E_j$, où E_j est un G_j-module simple; comme un tel produit est un G-module simple, cela montre bien que W est semi-simple.

Variante. La semi-simplicité de W peut aussi se démontrer en utilisant le fait qu'un $(G_1 \times \ldots \times G_n)$-module est semi-simple si et seulement si c'est un G_j-module semi-simple pour tout j, cf. [7], § 3.

3.4. Le cas où $(G : G^0)$ est premier à p

La semi-simplicité de W résulte alors du résultat suivant, appliqué à $H = G$ et $N = G^0$:

Lemme 5 *Soient H un groupe, N un sous-groupe normal de H, et V un H-module.*
(a) *Si V est semi-simple comme H-module, il est semi-simple comme N-module.*
(b) *Si V est semi-simple comme N-module, et si $(H : N)$ est fini et premier à la caractéristique de k, alors V est semi-simple comme H-module.*

Rappelons la démonstration (cf. [7], § 3):

Pour (a), on peut supposer que V est un H-module simple. Soit V' le plus grand sous-N-module de V qui soit N-semi-simple. Du fait que N est normal dans H, V' est stable par H. Comme $V \neq 0$, on a $V' \neq 0$. D'où $V' = V$, ce qui démontre (a).

Pour (b), soit W un sous-H-module de V. Comme V est N-semi-simple, il existe un projecteur q: $V \to W$ qui commute à l'action de N. Soit s l'indice de N dans H, et soient $h_1, \ldots, h_s$ un système de représentants de H/N dans H. Posons

$$\bar{q} = \frac{1}{s} \sum h_i q h_i^{-1} \quad \text{(moyenne des transformés de } q\text{)}.$$

On vérifie facilement que $\bar{q}$ commute à l'action de H, et que c'est un projecteur de V sur W. Ainsi, W est facteur direct dans V comme H-module. Cela prouve que V est H-semi-simple.

Ceci achève la démonstration de la prop. 8.

4 Saturation

4.1. Sous-groupe à un paramètre défini par un élément d'ordre p

Soit V un k-espace vectoriel de dimension finie, et soit $s \in \mathbf{GL}(V)$ tel que $s^p = 1$. On a $s = 1 + u$, avec $u^p = 0$. Si $t \in k$, on peut définir un élément s^t de $\mathbf{GL}(V)$ par la formule du binôme tronqué:

(4.1.1) $$s^t = \sum_{i<p} \binom{t}{i} u^i = 1 + t u + t(t-1) u^2/2 + \ldots$$

L'application $t \mapsto s^t$ définit un homomorphisme de groupes algébriques

$$\varphi_s \colon \mathbf{G}_a \to \mathbf{GL}_V,$$

où $\mathbf{G}_a$ désigne le groupe additif. Cet homomorphisme possède les deux propriétés suivantes, qui le caractérisent (cf. [8, 9], ainsi que [5], II, §2, n° 2.6):

(4.1.2) $$\varphi_s(1) = s.$$

(4.1.3) *φ_s est de degré $< p$*, i.e. l'application $t \mapsto \varphi_s(t)$ est une application polynomiale de degré $< p$.

Remarques. (1) On sait ([5], *loc. cit.*) que tout homomorphisme $\mathbf{G}_a \to \mathbf{GL}_V$ s'écrit de façon unique comme produit

$$t \mapsto \varphi_{s_0}(t)\, \varphi_{s_1}(t^p)\, \varphi_{s_2}(t^{p^2}) \ldots,$$

où les s_i sont des éléments de $\mathbf{GL}(V)$, commutant entre eux, tels que $s_i^p = 1$ pour tout i, et $s_i = 1$ pour i assez grand.
(2) Une autre façon de décrire les s^t consiste à utiliser *l'exponentielle tronquée* $x \mapsto e(x)$, définie si $x^p = 0$, par:

(4.1.4) $$e(x) = \sum_{i<p} x^i/i! = 1 + x + x^2/2 + \ldots + x^{p-1}/(p-1)!\,.$$

L'élément $s = 1 + u$ s'écrit de façon unique sous la forme $e(x)$, avec

$$x = \sum_{0<i<p} (-1)^{i+1} u^i/i = u - u^2/2 + \ldots - u^{p-1}/(p-1),$$

et l'on a

(4.1.5) $$s^t = e(tx) \quad \text{pour tout} \quad t \in k.$$

Multiplicativité des s^t.

Soient $s_i = 1 + u_i$ $(1 \leqq i \leqq m)$ des éléments de $\mathbf{GL}(V)$, commutant deux à deux, et tels que $s_i^p = 1$ pour tout i. Le produit $s = s_1 \dots s_m$ est alors tel que $s^p = 1$. On désire comparer s^t au produit des s_i^t:

Proposition 9 *Supposons que l'on ait $\prod u_i^{n_i} = 0$ pour toutes les familles d'entiers $n_i \geqq 0$ telles que $\sum n_i \geqq p$. On a alors:*

(4.1.6) $$s^t = s_1^t \dots s_m^t \quad \textit{pour tout} \quad t \in k.$$

En effet, il est clair que l'homomorphisme $t \mapsto s_1^t \dots s_m^t$ satisfait aux conditions (4.1.2) et (4.1.3).

Corollaire. *La formule* (4.1.6) *est valable s'il existe des entiers $v_i \geqq 0$ tels que $\sum (v_i - 1) < p$, et que $u_i^{v_i} = 0$ pour tout i.*

En effet, si les (n_i) sont tels que $\sum n_i \geqq p$, on a $n_i \geqq v_i$ pour au moins un i, et le produit des $u_i^{n_i}$ est 0.

Remarque. Il est essentiel de faire une hypothèse restrictive sur les u_i. En termes d'exponentielles tronquées, cela tient à ce que la formule naïve

(4.1.7?) $$e(x)\,e(y) = e(x+y) \quad \text{si} \quad x^p = 0,\ y^p = 0,\ xy = yx,$$

n'est pas valable en général. La formule correcte est:

(4.1.7) $$e(x)\,e(y) = e(x + y - W_p(x, y)),$$

où W_p est le *polynôme de Witt*, réduction (mod p) de $\frac{1}{p}((x+y)^p - x^p - y^p)$. Par exemple:

$$W_2 = xy, \quad W_3 = xy(x+y), \quad W_5 = xy(x+y)(x^2 + xy + y^2),$$
$$W_7 = xy(x+y)(x+3y)^2(x+5y)^2.$$

On appliquera ce qui précède à la situation suivante:

L'espace vectoriel V est somme directe de sous-espaces $V_1, \dots, V_m$. Pour tout i, on se donne $s_i \in \mathbf{GL}(V_i)$ tel que $s_i^p = 1$. Si $W = V_1 \otimes \dots \otimes V_m$, l'automorphisme

$$s = s_1 \otimes \dots \otimes s_m$$

de W est tel que $s^p = 1$.

Proposition 10 *Supposons que $\sum (\dim V_i - 1) < p$. On a alors*

(4.1.8) $$s^t = s_1^t \otimes \dots \otimes s_m^t \quad \textit{pour tout} \quad t \in k.$$

Si $v_i = \dim V_i$, on a $\sum(v_i - 1) < p$, et $(s_i - 1)^{v_i} = 0$ pour tout i (Hamilton-Cayley). On en déduit que

$$(s_1 - 1)^{v_1} \otimes 1 \otimes \ldots \otimes 1 = 0, \ \ldots, \ 1 \otimes 1 \otimes \ldots \otimes (s_m - 1)^{v_m} = 0,$$

et l'on applique le cor. à la prop. 9.

Corollaire. *Tout sous-espace vectoriel de* $V_1 \otimes \ldots \otimes V_m$ *qui est stable (*resp. *fixé) par* $s = s_1 \otimes \ldots \otimes s_m$ *est stable (*resp. *fixé) par les* $s_1^t \otimes \ldots \otimes s_m^t$.

En effet, il est clair qu'un tel sous-espace est stable (resp. fixé) par les s^t.

Remarque. Pour $m = 2$, on peut montrer (sans faire d'hypothèses sur les dim V_i) que tout élément de $V_1 \otimes V_2$ fixé par $s_1 \otimes s_2$ est fixé par les $s_1^t \otimes s_2^t$. Ce résultat ne s'étend pas à $m \geqq 3$.

4.2. Sous-groupes saturés de **GL**(V)

Soit H un sous-groupe de $\mathbf{GL}(V)$. Nous dirons que H est *saturé* si tout élément unipotent s de H possède les deux propriétés suivantes:

(4.2.1) $$s^p = 1.$$

(4.2.2) *On a* $s^t \in H$ *pour tout* $t \in k$.

Remarque. Lorsque dim $V \leqq p$, la condition (4.2.1) est automatiquement satisfaite. On déduit de là qu'il existe un plus petit sous-groupe saturé de $\mathbf{GL}(V)$ contenant H; on l'appelle *le saturé de H*.

Exemples. (a) Si $n \leqq p$, le groupe symplectique $\mathbf{Sp}_n$ et le groupe spécial orthogonal $\mathbf{SO}_n$ sont saturés. Il en est de même, plus généralement, de tout groupe défini par des invariants tensoriels de degré 2: cela résulte de la dernière remarque du n° 4.1.
(b) En caractéristique 7, le groupe alterné A_7 a une représentation simple de dimension 5. Son saturé dans cette représentation est le groupe orthogonal $\mathbf{SO}_5$.
(c) En caractéristique 11, le groupe de Janko J_1 a une représentation simple de dimension 7. Le saturé correspondant est le groupe exceptionnel G_2.

Proposition 11 *Soit H un sous-groupe algébrique de* $\mathbf{GL}(V)$ *et soit* H^0 *sa composante neutre. Supposons que H soit saturé. Alors* $(H : H^0)$ *est premier à p.*

On utilise le lemme bien connu suivant:

Lemme 6 *Soit H un groupe algébrique linéaire et soit* γ *un élément de* H/H^0 *d'ordre une puissance de p. Il existe alors un élément unipotent de H dont l'image dans* H/H^0 *est égale à* γ.

Rappelons la démonstration. Soit x un représentant de γ dans H, et décomposons x en $x = s\,u$, avec s semi-simple, u unipotent, $s\,u = u\,s$. En utilisant la structure des groupes de type multiplicatif, on voit qu'il existe un entier N premier à p tel que $s^N \in H^0$; d'autre part, u est d'ordre une puissance de p. Soient $\bar{s}$ et $\bar{u}$ les images de s et u dans H/H^0. On a $\bar{s}\bar{u} = \bar{u}\bar{s} = \gamma$. Comme $\bar{u}$ et γ sont des p-éléments et que $\bar{s}$ est d'ordre premier à p, on a $\bar{s} = 1$, d'où $\bar{u} = \gamma$, cqfd.

Si maintenant $(H:H^0)$ était divisible par p, le groupe fini H/H^0 contiendrait un élément γ d'ordre p. D'après le lemme 6, on pourrait représenter γ par un élément unipotent s de H. Mais, comme H est saturé, s est contenu dans l'image du sous-groupe à un paramètre $t \mapsto s^t$, qui est connexe. On a donc $s \in H^0$, d'où $\gamma = 1$, ce qui contredit le fait que γ est d'ordre p.

4.3. *Fin de la démonstration du théorème 1*

Nous revenons à la situation du th. 1. Soient donc V_i $(1 \leqq i \leqq m)$ des G-modules simples, avec

(4.3.1) $$\sum(\dim V_i - 1) < p.$$

Comme au n° 4.1, soit $V = V_1 \oplus \ldots \oplus V_m$ la somme directe des V_i, et soit $W = V_1 \otimes \ldots \otimes V_m$ leur produit tensoriel.

Considérons le sous-groupe H de $\mathbf{GL}(V)$ formé des éléments x ayant les deux propriétés (4.3.2) et (4.3.3) ci-après:

(4.3.2) *x laisse stables les V_i.*

Notons x_i la restriction de x à V_i. Le produit tensoriel $x_W = x_1 \otimes \ldots \otimes x_m$ opère sur W. La seconde propriété imposée à x est:

(4.3.3) *x_W laisse stable tout sous-espace vectoriel de W stable par G.*

Le groupe H est un sous-groupe de $\mathbf{GL}(V)$ contenu dans $\mathbf{GL}(V_1) \times \ldots \times \mathbf{GL}(V_m)$ et contenant l'image de G dans $\mathbf{GL}(V)$. Par construction, les sous-espaces vectoriels de W stables par H sont les mêmes que ceux qui sont stables par G.

Proposition 12 *Le groupe H est un sous-groupe algébrique et saturé de* $\mathbf{GL}(V)$.

Que H soit un sous-groupe algébrique de $\mathbf{GL}(V)$ est évident: la condition «laisser stable un sous-espace» est algébrique.

D'autre part, si $s = (s_1, \ldots, s_m)$ est un élément unipotent de H, on a $s_i^p = 1$ pour tout i, puisque $\dim V_i \leqq p$. D'où $s^p = 1$. Il reste à vérifier que les s^t, $t \in k$, appartiennent à H, i.e. satisfont aux conditions (4.3.2) et (4.3.3). C'est immédiat pour (4.3.2): tout sous-espace vectoriel de V stable par s est stable par les s^t. Pour (4.3.3), cela résulte du corollaire à la prop. 10.

Nous pouvons maintenant achever la *démonstration du théorème 1*. Tout d'abord, les V_i sont des H-modules algébriques *simples* (puisqu'ils sont simples comme G-modules). D'après la prop. 12, et le corollaire à la prop. 11, l'indice $(H:H^0)$ est premier à p. On peut donc appliquer à H la prop. 8 du n° 3.1. On en déduit que W est semi-simple comme H-module. Mais les sous-espaces vectoriels de W stables par G sont les mêmes que ceux stables par H. Il en résulte bien que W est semi-simple comme G-module.

Remarques. (1) A la place du groupe H, on aurait pu utiliser le plus petit sous-groupe algébrique saturé de $\mathbf{GL}(V)$ contenant l'image de G.

(2) Dans la démonstration du th. 1 donnée ci-dessus, l'hypothèse sur les dim V_i est intervenue *deux fois* de façon essentielle: d'abord dans les calculs de poids de la prop. 7 (pour assurer que W ne fait intervenir que la petite alcôve), et ensuite dans la prop. 10, pour la formule $s^t = s_1^t \otimes \ldots \otimes s_m^t$.

Appendice – Semi-simplicité de $\wedge^2 V$

Il s'agit d'améliorer d'une unité la borne donnée dans le cor. 2 au th. 1. Autrement dit:

Théorème 2 *Soit V un G-module semi-simple de dimension $\leqq (p+3)/2$. Alors le G-module $W = \wedge^2 V$ est semi-simple.*

La démonstration est analogue à celle du th. 1. Je me borne à en indiquer les grandes lignes.

Tout d'abord, l'énoncé est évident si $p=2$, car alors $\dim V \leqq 2$. Il est facile si $p=3$ car, si $\dim V=3$, on a $\wedge^2 V \simeq L \otimes V^*$, où V^* est le dual de V et $L=\det(V)=\wedge^3 V$; la semi-simplicité de V entraîne celle de V^*, donc aussi celle de $L \otimes V^*$, puisque $\dim L=1$. On peut donc supposer $p \geqq 5$, d'où $\dim V < p$. Cela permet, comme au n° 1.4, de supposer que k est algébriquement clos, et que V est un G-module simple. Les arguments des §§ 2, 3 et 4 se transposent alors de la manière suivante:

– § 2 – Ici, on suppose que G est quasi-simple connexe, et que $V = L(\lambda)$, où λ est un poids dominant restreint, que l'on peut supposer $\neq 0$. D'après les prop. 3 et 4, on a:

$$\langle \lambda + \rho, \beta^\vee \rangle \leqq 1 + \sum_{\alpha \in R_+} \langle \lambda, \alpha^\vee \rangle \leqq \dim L(\lambda) \leqq (p+3)/2.$$

Or tous les poids de $\wedge^2 V$ sont de la forme $\mu = 2\lambda - \gamma$, où γ est une combinaison linéaire à coefficients $\geqq 0$, non tous nuls, des éléments de la base B. On a alors:

$$\begin{aligned} \langle \mu + \rho, \beta^\vee \rangle &= 2\langle \lambda + \rho, \beta^\vee \rangle - \langle \rho, \beta^\vee \rangle - \langle \gamma, \beta^\vee \rangle \\ &\leqq p + 3 - (h-1) - \langle \gamma, \beta^\vee \rangle. \end{aligned}$$

On a $h - 1 + \langle \gamma, \beta^\vee \rangle \geqq 3$, car:
ou bien G est de type A_1, et $h=2$, $\langle \gamma, \beta^\vee \rangle \geqq 2$;
ou bien G est de type A_2, et $h=3$, $\langle \gamma, \beta^\vee \rangle \geqq 1$;
ou bien G n'est ni de type A_1 ni de type A_2, et $h \geqq 4$, $\langle \gamma, \beta^\vee \rangle \geqq 0$.

On déduit de là $\langle \mu + \rho, \beta^\vee \rangle \leqq p$. Les poids dominants de W appartiennent donc à la petite alcôve C, et il en résulte que W est semi-simple de type restreint, cf. prop. 2.

– § 3 – On suppose que G est algébrique linéaire, avec $(G:G^0)$ premier à p, et que V est un G-module algébrique. Les démonstrations du § 3 se transposent sans grand changement. L'une des façons de procéder consiste à remarquer que, si V se décompose en $V = V' \otimes V''$, avec $\dim V' > 1$, $\dim V'' > 1$, alors $\wedge^2 V$ est quotient de $V' \otimes V'' \otimes V' \otimes V''$, qui est semi-simple d'après le th. 1. Cela permet de supposer que V est «indécomposable» (comme produit tensoriel), ce qui facilite beaucoup les arguments.

(Une autre possibilité est d'utiliser les formules:

$$\wedge^2(V' \otimes V'') = \wedge^2 V' \otimes \mathrm{Sym}^2 V'' \oplus \mathrm{Sym}^2 V' \otimes \wedge^2 V''$$

et

$$\mathrm{Sym}^2(V' \otimes V'') = \mathrm{Sym}^2 V' \otimes \mathrm{Sym}^2 V'' \oplus \wedge^2 V' \otimes \wedge^2 V''.)$$

– § 4 – Ici, le point essentiel consiste à prouver que, si $s \in \mathbf{GL}(V)$ est tel que $s^p = 1$, et si $\dim V \leqq (p+3)/2$, on a:

$$(\wedge^2 s)^t = \wedge^2 s^t \quad \text{pour tout} \quad t \in k,$$

ce qui se fait en vérifiant que l'application $t \mapsto \wedge^2 s^t$ est polynomiale de degré $< p$. On introduit ensuite, comme au nº 4.3, le sous-groupe H de $\mathbf{GL}(V)$ formé des éléments x tels que $\wedge^2 x$ laisse stable tout sous-espace vectoriel de $\wedge^2 V$ stable par G. Le groupe H est algébrique saturé; d'après la prop. 11, $(H : H^0)$ est premier à p. En appliquant à H les résultats du § 3, on en déduit que $\wedge^2 V$ est semi-simple comme H-module, donc aussi comme G-module.

Remarques. (1) Pour $p \geqq 5$, la borne $\dim V \leqq (p+3)/2$ est *optimale.* Cela se voit, comme au nº 1.3, en prenant pour G le groupe $\mathbf{SL}_2(k)$ et pour V le G-module $V(d)$, avec $d = (p+3)/2$. On a $\dim V(d) = 1 + (p+3)/2$, et $V(d)$ est simple. D'autre part, on définit un morphisme surjectif

$$\theta \colon \wedge^2 V(d) \to V(p+1)$$

par

$$\theta(f \wedge g) = \mathrm{Jac}(f, g) = \partial f/\partial x \cdot \partial g/\partial y - \partial f/\partial y \cdot \partial g/\partial x.$$

Comme $V(p+1)$ n'est pas semi-simple, $\wedge^2 V(d)$ ne l'est pas non plus.

(2) Pour $p = 2$, la borne $\dim V \leqq 5/2$ du th. 2 *n'est pas optimale.* On peut la remplacer par $\dim V \leqq 3$. En effet, si $\dim V = 3$, on a $\wedge^2 V \simeq L \otimes V^*$ où V^* est le dual de V, et $L = \wedge^3 V$, cf. ci-dessus; la semi-simplicité de V entraîne celle de $L \otimes V^*$. La borne $\dim V \leqq 3$, elle, est optimale. Cela se voit en prenant $G = \mathbf{SL}_2(k)$, avec $|k| \geqq 4$, et $V = V(3)$; le G-module V est simple de dimension 4, et l'on peut vérifier que $\wedge^2 V$ n'est pas semi-simple.

(3) Pour $p = 3$, la borne $\dim V \leqq 3$ du th. 2 *n'est pas optimale.* On peut la remplacer par $\dim V \leqq 4$. Pour le voir, il suffit de traiter le cas où V est un G-module simple de dimension 4, de sorte que $W = \wedge^2 V$ est de dimension 6. Si l'on choisit une base de $\wedge^4 V$, le produit extérieur

$$W \otimes W \to \wedge^4 V$$

définit sur W une *forme bilinéaire symétrique non dégénérée,* qui est quasi-invariante par G (i.e. invariante à un facteur près). (L'application $s \mapsto \wedge^2 s$ définit un isomorphisme de $\mathbf{SL}(V)/\mu_2$ sur $\mathbf{SO}(W)$; cela traduit l'identité des systèmes de racines de types A_3 et D_3.) On vérifie (par exemple en comparant les sous-groupes paraboliques de $\mathbf{SL}(V)$ et de $\mathbf{SO}(W)$) que les sous-espaces totalement isotropes de W stables par G correspondent aux sous-espaces de V stables par G. Comme on a supposé V simple, il n'y a pas de tels sous-espaces (à part 0 et V). On déduit de là que, si H est un sous-espace vectoriel de W stable par G, et H' son orthogonal, on a $H \cap H' = 0$. D'où $W = H \oplus H'$, ce qui montre que H a un supplémentaire stable par G. Donc W est semi-simple.

La borne dim $V \leqq 4$, elle, est optimale. Cela se voit en prenant $G = \mathbf{SL}_2(k)$ et $V = V(1) \oplus V(2)$, qui est semi-simple de dimension 5. Le G-module $W = \wedge^2 V$ contient alors $V(1) \otimes V(2)$, qui n'est pas semi-simple, cf. n° 1.3.

Question. Peut-on étendre le th. 2 aux autres puissances extérieures? De façon plus précise, soit V un G-module semi-simple de dimension n, et soit m un
4 entier $\geqq 2$. *Est-il vrai que* $\wedge^m V$ *est semi-simple si* $p > m(n-m)$? C'est vrai pour $m=2$ d'après le th. 2, et aussi si $p > m(n-1)$ d'après le th. 1.

Bibliographie

1. Borel, A., Tits, J.: Groupes réductifs. Publ. Math. I.H.E.S. **27**, 55–150 (1965) (= Borel, A.: Oe. 66)
2. Bourbaki, N.: Groupes et Algèbres de Lie. Chap. 4–5–6, Paris: Masson et CCLS 1981
3. Chevalley, C.: Théorie des groupes de Lie, tome III, Paris: Hermann 1954
4. Curtis, C.W., Reiner, I.: Methods of Representation Theory. Vol. I, New York: John Wiley and Sons 1981
5. Demazure, M., Gabriel, P.: Groupes algébriques. Paris et Amsterdam: Masson et North-Holland 1970
6. Jantzen, J.C.: Representations of Algebraic Groups. Orlando: Academic Press, Pure and Applied Mathematics (vol. 131) 1987

5 7. Jantzen, J.C.: Low dimensional representations of reductive groups are semisimple. University of Oregon, Eugene 1993
8. Matthews, C.R., Vaserstein, L.N., Weisfeiler, B.: Congruence properties of Zariski-dense subgroups I. Proc. London Math. Soc. **48**, 514–532 (1984)
9. Nori, M.V.: On subgroups of $\mathbf{GL}_n(\mathbf{F}_q)$. Invent. Math. **88**, 257–275 (1987)

165.

Résumé des cours de 1993–1994

Annuaire du Collège de France (1994), 91–98

1 Le cours a continué ceux de 1962/1963, 1990/1991 et 1991/1992, consacrés à la *cohomologie galoisienne.* Il a comporté trois parties :

1. Cohomologie négligeable

1.1. *Notations.* Si k est un corps commutatif, on note k_s une clôture séparable de k, et Γ_k le groupe de Galois de k_s sur k. Si M est un Γ_k-module (discret), on note indifféremment $H^q(\Gamma_k, M)$ et $H^q(k, M)$ ses groupes de cohomologie.

1.2. *Définition de la cohomologie négligeable.* Soient G un groupe fini et M un G-module. Un élément x de $H^q(G,M)$ est dit ***négligeable*** si, pour tout corps k et tout homomorphisme continu $\varphi : \Gamma_k \to G$, on a $\varphi^*(x) = 0$ dans $H^q(k,M)$, cf. *Résumé de cours* 1990/1991, §7.

Cette définition fait intervenir, en apparence, tous les corps k, et tous les homomorphismes φ. En fait, on peut construire, pour chaque groupe fini G, une extension galoisienne « verselle » L_G/K_G, de groupe de Galois G, telle que $x \in H^q(G,M)$ soit négligeable si et seulement si $\varphi^*(x) = 0$ pour l'homomorphisme $\varphi : \Gamma_{K_G} \to G$ associé à L_G. (Si l'on choisit un plongement de G dans un groupe symétrique S_N, on peut prendre pour L_G le corps de fonctions rationnelles $\mathbf{Q}(T_1, \ldots, T_N)$, sur lequel G opère de façon évidente.)

On déduit de là :

1.3. *Il existe un entier* $q(G)$ *tel que, si* $q > q(G)$, *les deux propriétés suivantes d'un élément* x *de* $H^q(G,M)$ *soient équivalentes* :

(i) *x est négligeable* ;

(ii) *la restriction de x aux sous-groupes d'ordre 2 de G est nulle.*

(Noter que l'implication (i) $\Rightarrow$ (ii) est vraie sans supposer $q > q(G)$.)

En particulier, *tout élément d'ordre impair de* $H^q(G,M)$ *est négligeable si* $q > q(G)$.

1.4. L'énoncé ci-dessus donne une caractérisation simple des classes de cohomologie négligeables lorsque la dimension q est grande. Dans la direction opposée, on a :

(a) *Si* $q \leq 1$, *ou si* $q = 2$ *et* G *opère trivialement sur* M, *aucun élément non nul de* $H^q(G,M)$ *n'est négligeable.*

D'autre part (cf. B.B. Lure, *Trudy Math. Inst. Steklov* 183, 1990) :

b) *Si l'ordre de* G *est* > 2, *il existe un* G*-module fini* M *tel que* $H^2(G,M)$ *contienne un élément négligeable* $\neq 0$.

1.5. *Détermination des classes de cohomologie négligeables lorsque* G *est cyclique d'ordre premier.*

Supposons G cyclique d'ordre premier p, et soit s un générateur de G. Le cas $p = 2$ est peu intéressant : il n'y a pas de classe de cohomologie négligeable, à part 0, comme on le voit en prenant $k = \mathbf{R}$.

Supposons donc $p > 2$. Soit $\hat{G}$ le pro-p-groupe défini par deux générateurs u,v liés par la relation $uvu^{-1} = v^{1+p}$, et soit $\varphi : \hat{G} \to G$ l'unique homomorphisme continu tel que $\varphi(u) = 1$ et $\varphi(v) = s$. On démontre :

(a) *Pour que* $x \in H^q(G,M)$ *soit négligeable, il faut et il suffit que* $\varphi^*(x) = 0$ *dans* $H^q(\hat{G},M)$.

Comme $\hat{G}$ est un groupe de dimension cohomologique stricte égale à 2, on déduit de là :

(b) *Si* $q > 2$, *tout élément de* $H^q(G,M)$ *est négligeable.*

Pour $q = 2$, la situation est différente. Si l'on identifie $H^2(G,M)$ à $\mathrm{Ker}_M(1 - s)/\mathrm{Im}_M(1 + s + \ldots + s^{p-1})$, on trouve :

(c) *Pour que* $x \in H^2(G,M)$ *soit négligeable, il faut et il suffit que l'on puisse représenter* x *par un élément de* $\mathrm{Ker}_M(1 - s)$ *de la forme* $y - sy$, *où* y *est un élément de* M *d'ordre une puissance de* p.

1.6. *Autres exemples.* On aimerait avoir des résultats aussi précis que ceux du n° 1.5 pour d'autres groupes finis, ne serait-ce que les groupes cycliques d'ordre p^m, $m > 1$. Cela ne paraît pas facile, à moins de faire des hypothèses restrictives sur le G-module M. Ainsi, lorsque $M = \mathbf{Z}/2\mathbf{Z}$, on peut déterminer pour tout q la partie négligeable de $H^q(G,\mathbf{Z}/2\mathbf{Z})$ lorsque G est l'un des groupes suivants :

$C_2 \times \ldots \times C_2$, 2-groupe abélien élémentaire ;

C_{2^m}, groupe cyclique d'ordre 2^m ;

D_4, groupe diédral d'ordre 8 ;

Q_8, groupe quaternionien d'ordre 8.

Dans chacun de ces cas, on constate qu'un élément de $H^q(G,\mathbf{Z}/2\mathbf{Z})$, $q > 2$, est négligeable si et seulement si ses restrictions aux sous-groupes d'ordre 2 de G sont nulles. Par exemple, si $G = Q_8$, les éléments non nuls de $H^q(G,\mathbf{Z}/2\mathbf{Z})$, $q > 2$, sont négligeables si q n'est pas divisible par 4.

1.7. *Le cas du groupe symétrique* S_n

On démontre en utilisant les résultats du n° 2.2 ci-après :

(a) *Tout élément de* $H^q(S_n,\mathbf{Z}/N\mathbf{Z})$, $q > 0$, N *impair, est négligeable.*

(On suppose que l'action de S_n sur $\mathbf{Z}/N\mathbf{Z}$ est triviale.)

(b) *Pour qu'un élément de* $H^q(S_n,\mathbf{Z}/2\mathbf{Z})$ *soit négligeable, il faut et il suffit que ses restrictions aux sous-groupes d'ordre* 2 *de* S_n *soient nulles.*

2. Invariants des algèbres étales

2.1. *Invariants cohomologiques de* G-*torseurs*

Rappelons la définition (cf. *Sém. Bourbaki*, exposé 783, §6).

Les données sont :

— un groupe algébrique lisse G sur un corps k_o ;

— un entier $i \geqslant 0$ et un module galoisien C sur k_o, que l'on suppose fini d'ordre premier à la caractéristique de k_o.

A toute extension k de k_o sont attachés, d'une part l'ensemble pointé $H^1(k,G)$ des classes de G-torseurs sur k, et d'autre part le groupe de cohomologie $H^i(k,C)$.

Un *invariant cohomologique* de type $H^i(.,C)$, pour les G-torseurs, est *un morphisme a du foncteur* $H^1(k,G)$ *dans le foncteur* $H^i(k,C)$, défini sur la catégorie des extensions k de k_o. Un tel invariant associe, à tout G-torseur X sur k, un élément $a(X)$ de $H^i(k,C)$; de plus, si k' est une extension de k, et si X' est le G-torseur sur k' déduit de X par extension des scalaires, l'invariant $a(X')$ est l'image de $a(X)$ par l'application $H^i(k,C) \rightarrow H^i(k',C)$.

2.2. *Invariants cohomologiques des algèbres étales de rang donné*

On peut appliquer ce qui précède au cas où G est le *groupe symétrique* S_n ($n \geqslant 1$), vu comme groupe algébrique de dimension 0. Dans ce cas, un G-torseur X sur k s'interprète comme :

— un homomorphisme continu $\varphi : \Gamma_k \to S_n$, à conjugaison près ;

— une k-algèbre étale E de rang n, à isomorphisme près.

Un invariant cohomologique de type $H^i(.,C)$ pour S_n, est une fonction

$$E \mapsto a(E) \in H^i(k,C)$$

qui, à toute algèbre étale E de rang n sur une extension k de k_0, associe un élément de $H^i(k,C)$, de façon compatible avec les extensions de scalaires. (Cette dernière propriété entraîne aussi une compatibilité avec les *spécialisations,* comme me l'a signalé M. Rost.)

Convenons de dire qu'une algèbre étale est *multiquadratique* si elle est produit d'algèbres de rang 1 ou 2. On démontre :

(i) *Supposons que* $a(E) = 0$ *pour toute algèbre multiquadratique. Alors* $a = 0$.

Disons que a est *normalisé* si $a(E) = 0$ lorsque E est *scindée* (i.e. isomorphe à $k \times \ldots \times k$).

(ii) *Si* a *est normalisé, on a* $2a = 0$.

Le cas le plus intéressant est celui où $C = \mathbf{Z}/2\mathbf{Z}$ (k_0 étant de caractéristique $\neq 2$). Si E est une algèbre étale de rang n sur k, la *forme trace* q_E de E est une forme quadratique non dégénérée de rang n. Ses classes de Stiefel-Whitney $w_i(q_E) \in H^i(k,\mathbf{Z}/2\mathbf{Z})$ sont des *invariants cohomologiques* de type $H^i(.,\mathbf{Z}/2\mathbf{Z})$ de l'algèbre étale E. En fait, ce sont essentiellement les seuls. On déduit en effet de (i) le résultat suivant :

(iii) *Si* $C = \mathbf{Z}/2\mathbf{Z}$, *tout invariant cohomologique de type* $H^i(.,C)$ *s'écrit de façon unique sous la forme :*

$$a(E) = \sum_{j=0}^{m} \gamma_j\, w_j(q_E) \quad \textit{avec} \quad \gamma_j \in H^{i-j}(k_0,C) \textit{ et } m = [n/2].$$

Lorsqu'on applique ceci aux classes de Stiefel-Whitney *galoisiennes* $w_i^{\mathrm{gal}}(E)$, on retrouve une formule de B. Kahn (*Invent. Math.* 78, 1984) :

(iv) $$w_i^{\mathrm{gal}}(E) = \begin{cases} w_i(q_E) & \textit{si } i \textit{ est impair} \\ w_i(q_E) + (2)\cdot w_{i-1}(q_E) & \textit{si } i \textit{ est pair} \end{cases}$$

De plus :

(v) *On a* $w_i^{\mathrm{gal}}(E) = 0$ *si* $i > m = [n/2]$.

2.3. *Invariants à valeurs dans le groupe de Grothendieck-Witt*

Supposons la caractéristique $\neq 2$. Dans la définition des invariants cohomologiques on peut remplacer le foncteur $k \mapsto H^i(k,C)$ par le foncteur $k \mapsto \mathrm{GrW}(k)$, où $\mathrm{GrW}(k)$ est *l'anneau de Grothendieck-Witt* des classes de formes quadratiques sur k. (On pourrait utiliser aussi l'anneau de Witt usuel $W(k)$, mais c'est moins commode, car les puissances extérieures λ^i sont définies sur $\mathrm{GrW}(k)$ mais pas sur $W(k)$.) On obtient ainsi la notion d'*invariant de type* GrW des algèbres étales de rang n. Exemple : l'application

$$E \mapsto \lambda^i(q_E),$$

qui, à une k-algèbre étale E, associe la puissance extérieure i-ème de sa forme trace.

Les résultats du n° 2.2. se transposent sans difficulté. Ainsi :

(i) *Si un invariant de type* GrW *s'annule sur les algèbres multiquadratiques, il est identiquement nul.*

(ii) *Tout invariant de type* GrW *est combinaison linéaire, à coefficients dans* $\mathrm{GrW}(k_0)$, *des* $\lambda^i(q_E)$, $0 \leqslant i \leqslant m = [n/2]$.

Ceci permet de prouver des identités portant sur les $\lambda^i(q_E)$ en les vérifiant lorsque E est multiquadratique. Or, dans ce cas, on peut écrire q_E sous la forme $\omega_n \oplus q'$, où q' est de rang m, et où ω_n est la forme de rang $n - m$ définie par :

$$\omega_n = \begin{cases} m<2> = <2, \ldots, 2> \text{ si } n = 2m \\ 1 + m<2> = <1,2, \ldots, 2> \text{ si } n = 2m + 1. \end{cases}$$

On obtient ainsi :

(iii) *Pour tout algèbre étale* E *de rang n, on a* :

$\lambda^n(q_E) \cdot \lambda^i(q_E - \omega_n) = <2^m> \cdot \lambda^{m-i}(q_E - \omega_n)$ *pour tout i.*

Noter que $\lambda^n(q_E) = <d_E>$, où d_E est le discriminant de E, de sorte que la formule ci-dessus peut s'écrire :

(iii') $\lambda^i(q_E - \omega_n) = <2^m d_E> \cdot \lambda^{m-i}(q_E - \omega_n)$ *pour tout i.*

En particulier :

(iv) *On a* $\lambda^i(q_E - \omega_n) = 0$ *pour tout $i > m$.*

3. La forme trace en rang $\leqslant 7$

Soit k un corps de caractéristique $\neq 2$. Soit n un entier $\geqslant 1$. Une forme quadratique q sur k, de rang n, est appelée une *forme trace* s'il existe une k-algèbre étale E de rang n telle que q_E soit isomorphe à q.

Le cas où n est impair se ramène à celui où n est pair. En effet, il résulte d'une construction de Mestre (*J. Algebra* 131, 1990) que l'on a :

3.1. *Une forme quadratique de rang n impair est une forme trace si et seulement si elle est isomorphe à* $<1> \oplus q'$, *où q' est une forme trace de rang* $n-1$.

3.2. *Caractérisation des formes trace de rang* $\leqslant 7$

Vu 3.1., on peut se borner à $n = 2$, 4 ou 6. On trouve alors qu'*une forme quadratique q de rang n est une forme trace si et seulement si elle satisfait aux conditions suivantes* :

(pour $n = 2$) *q contient* $<2>$;

(pour $n = 4$) *q contient* $<1>$ *et* $w_3(q) = 0$;

(pour $n = 6$) *q contient* $<1,2>$, *et contient* $<1,1,2>$ *sur* $k(\sqrt{2d})$, *où d est le discriminant de q.*

3.3. *Action des automorphismes externes de* S_6

Le cas $n = 6$ présente un intérêt particulier : c'est le seul où le groupe $\mathrm{Out}(S_n) = \mathrm{Aut}(S_n)/\mathrm{Int}(S_n)$ soit non trivial. Si E est une algèbre étale de rang 6, correspondant à $\varphi : \Gamma_k \to S_6$, le composé φ' de φ et d'un automorphisme externe de S_6 définit une autre algèbre étale E′ de rang 6 (« résolvante sextique »). D'après le n° 2.3, la forme trace de E′ peut s'exprimer en termes des $\lambda^i(q_E)$. On trouve :

$$q_{E'} = \lambda^3(q_E) - <1,2> \cdot \lambda^2(q_E) + <1,1,2> \cdot q_E - <1,2> \quad \text{dans } \mathrm{GrW}(k).$$

Cette formule se simplifie si l'on écrit :

$$q_E = <1,2> \oplus Q \text{ et } q_{E'} = <1,2> \oplus Q',$$

où Q et Q′ sont des formes de rang 4, cf. n° 3.2 ; on obtient :

$$Q' = \lambda^3(Q) = <2d> \cdot Q, \text{ avec } d = \mathrm{discr}(E) = \mathrm{discr}(E').$$

Le cas particulier $d = 1$ avait été déjà obtenu dans le cours 1990/1991.

3.4. *Formes trace de rang 6 ou 7 avec* $w_1 = w_2 = 0$

Soit q une forme quadratique non dégénérée de rang 6 telle que $w_1(q) = w_2(q) = 0$.

On prouve en utilisant le critère du n° 3.2 :

(i) *Pour que q soit une forme trace, il faut et il suffit qu'il existe $c \in k^*$ tel que* :

(i_1) $q \simeq <1,1,c,c,c,c>$.

(i_2) *c est somme de* 4 *carrés dans* $k(\sqrt{2})$.

(i_3) $(2)(c) = 0$ *dans* $H^2(k, \mathbf{Z}/2\mathbf{Z})$, *i.e. c est représenté par la forme* $<1, -2>$.

D'après 3.1., il y a un énoncé analogue en rang 7 : dans (i_1) on remplace $<1,1,c,c,c,c>$ par $<1,1,1,c,c,c,c>$.

Disons qu'un corps k *a la propriété* (0) si tout $c \in k^*$ satisfaisant à (i_2) et (i_3) est somme de 4 carrés dans k (ce qui équivaut à $<c,c,c,c>$ isomorphe à $<1,1,1,1>$). D'après (i), cela revient à dire que toute forme trace q, de rang 6 ou 7 et telle que $w_1(q) = w_2(q) = 0$, est isomorphe à la forme unité $<1,...,1>$. On démontre :

(ii) *Tout corps où* -1 *est somme de* 2 *carrés* (par exemple tout corps de caractéristique > 0) *a la propriété* (0).

(iii) *Toute extension transcendante pure d'un corps de nombres ou d'un corps local* (à corps résiduel fini) *a la propriété* (0).

(iv) *Il existe des corps n'ayant pas la propriété* (0), *par exemple le corps des fonctions sur* $\mathbf{Q}$ *de la quadrique projective d'équation homogène* :

$$7X_0^2 + X_1^2 + X_2^2 + X_3^2 + X_4^2 + X_5^2 = 0.$$

(Cela se voit en remarquant que $c = -1$ satisfait à (i_2) et (i_3), mais n'est pas somme de 4 carrés.)

L'exemple donné dans (iv) est de degré de transcendance 4 sur $\mathbf{Q}$. J'ignore s'il existe des exemples analogues de degré de transcendance 1, 2, ou 3.

3.5. *Application au problème de Noether pour certains sous-groupes de* $2.A_7$

Soit $2.A_7$ l'unique extension non triviale du groupe alterné A_7 par un groupe à 2 éléments. Une algèbre étale E de rang 7 est telle que $w_1(q_E) = w_2(q_E) = 0$ si et seulement si E est définie par un homomorphisme $\Gamma_k \to S_7$ qui se factorise en $\Gamma_k \to 2.A_7 \to A_7 \to S_7$. En utilisant les résultats du n° 3.4, on démontre :

(i) *Soit* G *un sous-groupe d'indice impair de* $2.A_7$ (par exemple $2.A_7$, $2.A_6$, $\mathbf{SL}_2(\mathbf{F}_7)$ ou le groupe quaternionien Q_{16}). *Soit* L_G/K_G *une* G*-extension galoisienne verselle en caractéristique* 0. *Alors* K_G *n'est pas une extension transcendante pure de* $\mathbf{Q}$.

(En effet, soit $k = K_G$, et soit E la k-algèbre étale de rang 7 associée à

$$\Gamma_k \to \mathrm{Gal}(L_G/k) = G \to 2.A_7 \to A_7 \to S_7.$$

Si la forme trace de E était la forme unité $<1, ...1>$, il en serait de même (vu le caractère versel de L_G/k) pour toute algèbre étale de rang 7 provenant d'un G-torseur. Or l'exemple du n° 3.4. (iv), convenablement précisé, montre que ce n'est pas toujours le cas. Il en résulte que k n'a pas la propriété (0). Vu le n° 3.4. (iii), ce n'est donc pas une extension transcendante pure de $\mathbf{Q}$.)

En particulier :

(ii) *Si l'on plonge* G *dans un groupe symétrique* S_N, *le corps des* G-*invariants de* $\mathbf{Q}(T_1, \ldots, T_N)$ *n'est pas une extension transcendante pure de* $\mathbf{Q}$.

En d'autres termes le *problème de Noether* a une solution négative pour G.

166.

Cohomologie galoisienne: progrès et problèmes

Séminaire Bourbaki 1993/94, n° 783, Astérisque **227** (1995), 229–257

NOTATIONS

Le corps de base est noté F. On en choisit une clôture séparable F_s et l'on note Γ_F le groupe de Galois $\mathrm{Gal}(F_s/F)$.

Sauf mention expresse du contraire, tous les groupes algébriques considérés sont *définis sur* F, *lisses* et *linéaires* : on ne parlera pas des variétés abéliennes.

PRÉLIMINAIRES

§ 1. RAPPELS SUR $H^1(F,G)$

Soit G un groupe algébrique sur F. On s'intéresse à l'ensemble $H^1(F,G)$, ensemble que l'on peut définir de deux façons équivalentes ([32], Chap. III, § 1) :

- classes d'isomorphisme de G-torseurs (G-torseur = espace homogène principal à droite de G)

- classes d'équivalence de 1-cocycles $z : \Gamma_F \to G(F_s)$, cf. [32], Chap. I, § 5.

(Rappelons comment on passe du point de vue "torseur" au point de vue "cocycle". Si P est un G-torseur, P est lisse (puisque G l'est), donc possède un point rationnel sur F_s. Soit $x \in P(F_s)$ un tel point. Si $\gamma \in \Gamma_F$, on a $\gamma(x) \in P(F_s)$. Il existe donc un unique élément $z(\gamma)$ de $G(F_s)$ tel que $\gamma(x) = x.z(\gamma)$. L'application $z : \Gamma_F \to G(F_s)$ ainsi définie est un 1-cocycle dont la classe d'équivalence ne dépend pas du choix de x.)

Ainsi, déterminer $H^1(F,G)$ revient à *classer les G-fibrés principaux sur une base réduite à un seul point*, à savoir le point $\mathrm{Spec}(F)$. Comme on sait, ce problème est moins facile qu'il n'en a l'air à première vue ; la topologie (étale) de Spec(F) est loin d'être triviale !

Pourquoi s'intéresser à $H^1(F, G)$? La principale raison est que $H^1(F, G)$ *classifie les F-formes de tout "objet algébrique" A dont G est le groupe des automorphismes.* (Par "objet algébrique", j'entends une variété algébrique munie de données supplémentaires, par exemple un groupe algébrique, ou un espace vectoriel muni de tenseurs.) Rappelons (cf. [32], *loc. cit.*) que, si A' est une F-forme de A, on lui associe le G-torseur $P = \mathrm{Isom}(A, A')$; en sens inverse, si $z : \Gamma_F \to G(F_s)$ est un 1-cocycle, on lui associe l'objet $A' = {}_zA$ déduit de A par *torsion* au moyen de z.

(Attention : pour que ceci soit correct, on doit supposer que G est le foncteur des automorphismes de l'objet A ; en particulier, ce foncteur doit être lisse.)

Exemples

(1) Prenons pour A, soit l'algèbre des matrices $\mathbf{M}_n$ munie de sa structure d'algèbre, soit l'espace projectif $\mathbf{P}_{n-1}$ muni de sa structure de variété projective. Dans les deux cas, on a $\mathrm{Aut}(A) = \mathbf{PGL}_n$ (quotient du groupe $\mathbf{GL}_n$ par son centre $\mathbf{G}_m$). Or les F-formes de $\mathbf{M}_n$ sont les algèbres centrales simples sur F de rang n^2, et les F-formes de $\mathbf{P}_{n-1}$ sont les variétés de Severi-Brauer de dimension $n-1$. D'où des bijections entre les trois ensembles suivants :

- $H^1(F, \mathbf{PGL}_n)$;
- classes d'isomorphisme des algèbres centrales simples sur F de rang n^2 ;
- classes d'isomorphisme des variétés de Severi-Brauer de dimension $n-1$.

Pour $n = 2$, cela redonne la correspondance bien connue entre algèbres de quaternions et courbes de genre 0.

(2) Prenons pour A l'objet (V, q) formé d'un F-espace vectoriel V de dimension n et d'une forme quadratique non dégénérée q sur V. Le foncteur des automorphismes de A est le groupe orthogonal $\mathbf{O}(q)$ de q. Si la caractéristique de F est $\neq 2$ (ou si n est pair), $\mathbf{O}(q)$ est lisse. D'où des bijections entre :

- $\mathbf{H}^1(F, \mathbf{O}(q))$;
- classes de formes quadratiques non dégénérées de rang n sur F.

(3) Pour d'autres exemples, relatifs aux groupes exceptionnels G_2 et F_4, voir §§8, 9.

Tout ceci, qui est bien connu depuis la fin des années 50, explique que la structure de $H^1(F, G)$ ait été beaucoup étudiée, le cas le plus intéressant étant celui où G est réductif (et même semi-simple). Comme on le verra, les résultats dépendent de façon essentielle de la dimension cohomologique du groupe profini Γ_F.

§ 2. LES NOMBRES PREMIERS ASSOCIÉS À UN TYPE DE GROUPE SIMPLE

2.1. Absence de structure de groupe sur $H^1(F, G)$

Lorsque G est commutatif, $H^1(F, G)$ est un groupe (commutatif), et l'on peut définir les groupes $H^i(F, G)$ pour tout $i \geq 0$. Dans le cas général, la structure de groupe est remplacée par :

– un élément distingué (noté 0 ou 1), qui correspond au torseur trivial $P = G$ et fait de $H^1(F, G)$ un *ensemble pointé* ; cela permet de parler de *noyaux* et de *suites exactes*, cf. [32], Chap. I, § 5 ;

– une opération de *translation* : si z est un 1-cocycle : $\Gamma_F \to G(F_s)$, et si ${}_zG$ désigne le groupe déduit de G par torsion au moyen de z (vis-à-vis de l'action de G sur G par automorphismes intérieurs), on a une bijection :

$$\tau_z : H^1(F, {}_zG) \longrightarrow H^1(F, G)$$

qui transforme 0 en la classe de z ([32], Chap. I, n° 5.3).

2.2. L'ensemble $S(G)$

Bien que $H^1(F, G)$ ne soit pas un groupe, certains nombres premiers jouent un rôle spécial dans sa structure. Je vais me borner à définir l'ensemble de ces nombres premiers, noté $S(G)$, dans le cas particulier le plus important, celui où G est semi-simple connexe et où son système de racines R (sur F_s) est irréductible ; un tel groupe est dit *absolument presque simple*. L'ensemble $S(G)$ est alors formé des nombres premiers p satisfaisant à l'une des conditions suivantes :

2.2.1. p divise l'ordre du groupe d'automorphismes du graphe de Dynkin de G.

2.2.2. p divise l'indice du réseau des racines dans le réseau des poids (autrement dit l'ordre du centre du revêtement universel $\widetilde{G}$ de G).

2.2.3. p est un nombre premier *de torsion* pour R, au sens usuel de ce terme dans la topologie des groupes de Lie (cf. [7], p. 775-776).

(Une autre façon d'énoncer 2.2.1 et 2.2.2 est de dire que p divise l'ordre du groupe d'automorphismes du *graphe de Dynkin complété* de R, cf. Bourbaki, LIE VI, § 4, n° 3.)

Le tableau suivant donne $S(G)$ pour les différents types de systèmes de racines :

Type	**Éléments de $S(G)$**
A_n	2, et les diviseurs premiers de $n+1$
B_n, C_n, D_n $(n \neq 4)$, G_2	2
D_4, F_4, E_6, E_7	2 et 3
E_8	2, 3 et 5

2.3. Un théorème de Tits

Pour énoncer le résultat, convenons de dire que, si S est un ensemble de nombres premiers, un entier est S-*primaire* si tous ses facteurs premiers appartiennent à S.

Théorème 1 – *Supposons G absolument presque simple* (cf. ci-dessus). *Pour tout $x \in H^1(F, G)$, il existe une extension finie F_x de F ayant les deux propriétés suivantes :*

(a) *Le degré $[F_x : F]$ de F_x sur F est $S(G)$-primaire.*

(b) *F_x "tue" x, autrement dit l'image de x dans $H^1(F_x, G)$ est* 0.

(Si P est un G-torseur correspondant à x, la condition (b) signifie que P a un point rationnel sur K_x.)

Ce résultat est essentiellement dû à Tits (voir [40]). De façon plus précise, Tits définit un certain entier $S(G)$-primaire N et démontre :

(c) Il existe une extension finie F' de F, de degré divisant N, telle que G devienne déployé sur F'.

En appliquant ce résultat au groupe tordu ${}_zG$ (où z est un 1-cocycle représentant x), avec comme corps de base le corps F', on obtient une extension F'' de F', de degré divisant N, sur laquelle ${}_zG$ devient déployé. Il n'est pas difficile de voir que cela entraîne que F'' tue x. On peut donc prendre $F_x = F''$, ce qui démontre le théorème (sous une forme plus précise, puisque le degré de F'' sur F divise N^2).

Remarques

(1) On peut sans doute exiger que F_x soit une extension *séparable* de F, mais je ne l'ai pas vérifié.

(2) Un énoncé un peu plus faible que le th. 1 avait été démontré par Grothendieck ([12]) en 1958.

(3) Dans l'énoncé du th. 1, on ne peut pas remplacer $S(G)$ par un ensemble strictement plus petit, ne dépendant que du système de racines de G.

2.4. Quelques questions

Conservons les notations ci-dessus. Disons qu'un entier est *premier à* $S(G)$ si aucun de ses facteurs premiers n'appartient à $S(G)$.

Question 1 – *Est-il vrai que, si une extension finie F'/F a un degré premier à $S(G)$, l'application $H^1(F,G) \to H^1(F',G)$ est injective ?*

Cela paraît très optimiste, mais je ne connais pas de contre-exemple. C'est en tout cas vrai (avec $S(G) = \{2\}$) pour les groupes orthogonaux (Springer [34]), les groupes unitaires (Bayer-Lenstra [4]), et le groupe G_2 (voir § 8). C'est également vrai chaque fois que l'on peut décrire $H^1(F,G)$ au moyen d'*invariants cohomologiques* (voir §§ 6, 7), car ceux-ci ne font intervenir que des groupes de coefficients qui sont $S(G)$-primaires.

Voici une question encore plus optimiste :

Question 2 – *Soient F_i/F des extensions finies telles que le* pgcd *des $[F_i : F]$ soit premier à $S(G)$. Est-il vrai que l'application*

$$H^1(F,G) \longrightarrow \prod_i H^1(F_i,G)$$

est injective ?

Noter que l'hypothèse sur les $[F_i : F]$ est satisfaite si ces entiers sont premiers entre eux. Même le cas de deux extensions F' et F'' avec $[F' : F] = 2$, $[F'' : F] = 3$ n'est pas connu.

CORPS DE DIMENSION 1 OU 2

§ 3. RÉSULTATS AUXILIAIRES SUR LES TORES MAXIMAUX

Rappelons qu'un groupe semi-simple est dit *quasi-déployé* s'il possède un sous-groupe de Borel (défini sur le corps de base, bien entendu).

Théorème 2 – *Supposons G semi-simple connexe quasi-déployé. Pour tout $x \in H^1(F,G)$ il existe un tore maximal T de G tel que x appartienne à l'image de $H^1(F,T) \to H^1(F,G)$.*

Lorsque F est parfait, ce résultat est dû à Steinberg ([37], th. 11.1). D'après Borel et Springer ([8], n° 8.6), les arguments de Steinberg peuvent être étendus au cas général.

Voici un résultat sur les $H^1(F,T)$, dû à Harder ([13], I, § 3) et Tits ([39], prop. 4) :

Théorème 3 – *Supposons G absolument presque simple* (cf. n° 2.2). *Soit $S = \{2,3\}$ si G est de type G_2 et $S = S(G)$ sinon. Si T est un tore maximal de G, le groupe $H^1(F,T)$ est un groupe de torsion S-primaire* (i.e. la p-composante de $H^1(F,T)$ est 0 si $p \notin S$).

(*Exemple* : si G est de type E_8, $H^1(F,T)$ ne contient pas d'élément d'ordre 7.)

Ce théorème se démontre sans difficulté, à partir du lemme suivant, qui se vérifie cas par cas :

Lemme 1 – *Soient R le système de racines de G et P le réseau des poids de R. Soit Γ un p-groupe d'automorphismes de R, avec $p \notin S$. Il existe alors un sous-réseau P' de P, d'indice premier à p, qui possède une $\mathbf{Z}$-base stable par Γ.*

§ 4. LE CAS DE DIMENSION 1

4.1. Dimension cohomologique (cf. [32], Chap. I, § 3)

Soient Γ un groupe profini et p un nombre premier. On appelle *p-dimension cohomologique* de Γ, et on note $\mathrm{cd}_p(\Gamma)$ la borne supérieure des entiers i tels qu'il existe un Γ-module fini p-primaire C avec $H^i(\Gamma, C) \neq 0$.

On a $\mathrm{cd}_p(\Gamma) \leq 1$ (resp. $\mathrm{cd}_p(\Gamma) = 0$) si et seulement si les p-sous-groupes de Sylow de Γ sont des pro-p-groupes libres (resp. sont triviaux).

Ceci s'applique notamment au groupe $\Gamma_F = \mathrm{Gal}(F_s/F)$.

4.2. Le théorème de Steinberg (ex-"conjecture I", cf. [31], [32])

Théorème 4 ([37], th. 11.12) – *Supposons que F soit parfait et que $\mathrm{cd}_p(\Gamma_F) \leq 1$ pour tout nombre premier p. Soit G un groupe linéaire connexe sur F. On a* $H^1(F, G) = 0$. (Autrement dit, tout G-torseur est trivial.)

L'hypothèse que F est parfait permet de se débarrasser du radical unipotent et l'on peut supposer que G est, soit un tore, soit un groupe semi-simple. Le cas d'un tore est facile. Si G est semi-simple, on remarque que G est isomorphe à un "tordu" ${}_zG_0$, où G_0 est quasi-déployé, et z est un 1-cocycle à valeurs dans le groupe adjoint G_0^{adj} de G_0. Or le th. 2 entraîne que $H^1(F, G_0^{\mathrm{adj}}) = 0$. On a donc $G \approx G_0$, d'où $H^1(F, G) = 0$ en appliquant à nouveau le th. 2.

On a démontré en même temps :

Corollaire 1 – *Tout groupe semi-simple sur F est quasi-déployé.*

Mentionnons aussi le résultat suivant, dû à Springer (cf. [32], Chap. III, n° 2.4), qui est à la fois un corollaire et une généralisation du th. 4 :

Corollaire 2 – *Tout espace homogène de G a un point rationnel.*

Voici quelques *exemples* de corps satisfaisant aux hypothèses du th. 4 : corps finis (où l'on retrouve un théorème de Lang [20], d'ailleurs applicable aux groupes algébriques connexes non nécessairement linéaires) ; corps locaux de caractéristique 0 à corps résiduel algébriquement clos ; extensions algébriques de $\mathbf{Q}$ contenant toutes les racines de l'unité ; extensions de degré de transcendance 1 d'un corps algébriquement clos de caractéristique 0 (e.g. corps des fonctions méromorphes sur une surface de Riemann compacte).

4.3. Extension du théorème de Steinberg au cas d'un corps imparfait

Soit p la caractéristique de F, supposée $\neq 0$. La condition $\mathrm{cd}_p(\Gamma_F) \leq 1$ est satisfaite quel que soit F, cf. [32], Chap. II, n° 2.2. Il y a lieu de la renforcer en demandant :

(1_p) - *Pour toute extension finie séparable F' de F, la p-composante du groupe de Brauer de F' est* 0 (avec les notations du § 10, cela signifie que $H_p^2(F') = 0$).

Un corps F satisfaisant à (1_p), ainsi qu'à $\mathrm{cd}_q(\Gamma_F) \leq 1$ pour tout nombre premier q, est dit "de dimension ≤ 1" (autre caractérisation : le groupe de Brauer de toute extension finie séparable de F est 0). On a pour ces corps un analogue (un peu plus faible) du théorème de Steinberg :

Théorème 4′ ([8], n° 8.6) - *Si F est de dimension ≤ 1, et si G est un groupe réductif connexe sur F, on a $H^1(F, G) = 0$.*

Noter l'hypothèse "G est réductif" ; l'énoncé ne serait pas vrai si l'on acceptait des groupes connexes quelconques, par exemple unipotents.

Remarque - Inversement, si $H^1(F, G) = 0$ pour tout G semi-simple connexe, le corps F est de dimension ≤ 1 (facile).

4.4. Une variante

Supposons G absolument presque simple, et soit $S(G)$ l'ensemble de nombres premiers correspondant, cf. n° 2.2. L'énoncé suivant précise les th. 4 et 4′ :

Théorème 4″ - *On a $H^1(F, G) = 0$ si $\mathrm{cd}_p(\Gamma_F) \leq 1$ pour tout $p \in S(G)$, et si la condition (1_p) est satisfaite* (pour $p = \mathrm{caract}(F)$, bien entendu).

On utilise les hypothèses cohomologiques, combinées avec le th. 3, pour prouver que $H^1(F, T) = 0$ pour tout tore maximal T (sauf si G est de type G_2, auquel cas $H^1(F, T)$ peut contenir des éléments d'ordre 3 — mais ceux-ci ont une image nulle dans $H^1(F, G)$). L'argument de Steinberg s'applique alors sans changement.

Remarque - On peut même supprimer la condition (1_p) si la caractéristique p de F n'appartient pas à $S(G)$.

§ 5. LE CAS DE DIMENSION 2

On vient de voir que :

$$\mathrm{cd} \leq 1 \iff \text{nullité de } H^1(F,G) \text{ pour } G \text{ connexe.}$$

On va maintenant s'occuper de :

$$\mathrm{cd} \leq 2 \overset{?}{\iff} \text{nullité de } H^1(F,G) \text{ pour } G \text{ simplement connexe.}$$

L'hypothèse "cd ≤ 2" est satisfaite par les corps p-adiques et les corps de nombres totalement imaginaires. Commençons par ceux-là :

5.1. Corps locaux

On suppose que F est complet pour une valuation discrète ; on note k son corps résiduel.

Théorème 5 (Kneser [17]) – *Supposons k fini* (autrement dit F localement compact). *On a alors $H^1(F,G) = 0$ pour tout G semi-simple simplement connexe.*

La démonstration de Kneser procède cas par cas : $A_n, B_n, \cdots, E_8$. La théorie des immeubles de Bruhat-Tits donne une démonstration plus directe : elle permet de comparer $H^1(F,G)$ à certains $H^1(k,G_i)$, où les G_i sont des groupes linéaires connexes sur le corps résiduel k. Compte tenu du th. 4, cela entraîne :

Théorème 5′ (Bruhat-Tits [9], n° 4.7) – *L'énoncé du th. 5 reste valable lorsqu'on y remplace l'hypothèse "k est fini" par "k est parfait de dimension ≤ 1"* (au sens du n° 4.3).

Question – *Dans le th. 5′, est-il possible de remplacer l'hypothèse que k est parfait par $[k : k^p] \leq p$, où $p =$* caract(k) ?

5.2. Corps globaux

On suppose que F est un corps global, i.e. un corps de nombres algébriques, ou un corps de fonctions d'une variable sur un corps fini.

Théorème 6 – *Si F n'a pas de place réelle, on a $H^1(F,G) = 0$ pour tout G semi-simple simplement connexe.*

Lorsque F est de caractéristique $\neq 0$, ce théorème a été démontré par Harder [14].

Lorsque F est un corps de nombres, on se ramène facilement au cas où G est absolument presque simple. La nullité de $H^1(F,G)$ se démontre alors cas par cas :

- lorsque G est de type classique (Kneser [18]) ;
- lorsque G est de type D_4 trialitaire, G_2, F_4, E_6, E_7 (Harder [13]) ;
- lorsque G est de type E_8 (Chernousov [10]).

On trouvera dans [27], § 6.7 et § 6.8, un exposé détaillé de ces divers cas ; celui de E_8 est particulièrement intéressant.

Lorsque F est un corps de nombres ayant des places réelles, le th. 6 est remplacé par le suivant (cf. [27], *loc. cit.*) :

Théorème 6′ – *Soit* Σ *l'ensemble des places réelles de* F ; *pour tout* $\sigma \in \Sigma$, *soit* F_σ *le complété de* F *pour* σ (isomorphe à $\mathbf{R}$). *Si* G *est semi-simple simplement connexe, l'application canonique*

$$H^1(F,G) \longrightarrow \prod_{\sigma\in\Sigma} H^1(F_\sigma,G)$$

est bijective.

Par exemple, si G est de type F_4, ou E_8, et si le nombre des places réelles de F est r_1, l'ensemble $H^1(F,G)$ a 3^{r_1} éléments.

Remarque – Le th. 6′, combiné avec le th. 5, entraîne que le *principe de Hasse* est vrai pour un groupe semi-simple simplement connexe. Ce principe joue un rôle important dans la démonstration du fait que *le nombre de Tamagawa d'un groupe simplement connexe est égal à* 1 (Kottwitz [19]).

5.3. La conjecture II

C'est la suivante (cf. [31], ainsi que [32], Chap. III, § 3) :

Conjecture II – *Si* F *est un corps parfait tel que* $\mathrm{cd}_p(\Gamma_F) \leq 2$ *pour tout nombre premier* p, *on a* $H^1(F,G) = 0$ *pour tout* G *semi-simple simplement connexe.*

Cette conjecture entraîne les th. 5 et 6, du moins lorsque F est de caractéristique 0.

Exemples de groupes semi-simples simplement connexes pour lesquels la conjecture a été démontrée :

– Les groupes de type A_n intérieur, autrement dit les groupes $\mathbf{SL}$ associés aux algèbres centrales simples (Merkurjev-Suslin, cf. th. 7 ci-dessous) ;

– Les groupes de spineurs (Merkurjev, non publié), et en particulier tous les groupes de type B_n ;

– Les groupes de type C_n et D_n (sauf D_4 trialitaire) et les formes extérieures de type A_n (Bayer-Parimala [5]) ;

– Les groupes de type G_2 et F_4 (cf. §§ 8, 9).

Bref, il ne reste à traiter “que” les types E_6, E_7, E_8 et D_4 trialitaire.

5.4. Un théorème de Merkurjev-Suslin

Si D est une algèbre centrale simple sur F, de rang n^2, on note $\mathbf{SL}_D$ le “F-groupe algébrique des éléments de D de norme réduite 1”. C'est une F-forme (intérieure) de $\mathbf{SL}_n$; en particulier, c'est un groupe semi-simple (et même absolument presque simple si $n > 1$) simplement connexe. On a :

$$H^1(F, \mathbf{SL}_D) = F^*/\mathrm{Nrd}(D^*),$$

de sorte que la nullité de $H^1(F, \mathbf{SL}_D)$ équivaut à dire que tout élément de F est norme réduite d'un élément de D.

Théorème 7 ([38], th. 24.8) – *Supposons F parfait. Les deux propriétés suivantes sont équivalentes* :

(a) $\mathrm{cd}_p(\Gamma_F) \leq 2$ *pour tout nombre premier p.*

(b) $H^1(F', \mathbf{SL}_{D'}) = 0$ *pour toute extension finie F' de F et toute algèbre centrale simple D' sur F'.*

Noter que $H^1(F', \mathbf{SL}_{D'})$ peut être identifié à $H^1(F, R_{F'/F}(\mathbf{SL}_{D'}))$, où $R_{F'/F}$ est le foncteur de restriction des scalaires de F' à F. La propriété (b) équivaut donc à dire que $H^1(F, G) = 0$ pour tout G de la forme $R_{F'/F}(\mathbf{SL}_{D'})$. D'où l'énoncé suivant, qui est une *réciproque* de la Conjecture II :

Corollaire – *Si F est parfait, et si $H^1(F, G) = 0$ pour tout G semi-simple simplement connexe, on a $\mathrm{cd}_p(\Gamma_F) \leq 2$ pour tout p.*

5.5. Renforcements de la conjecture II

Les hypothèses faites sur F sont un peu trop restrictives. Si G est absolument presque simple, il devrait suffire que $\mathrm{cd}_p(\Gamma_F) \leq 2$ pour tout $p \in S(G)$. Quant à la condition "F est parfait", il est sans doute possible de la supprimer si la caractéristique p de F n'appartient pas à $S(G)$; si $p \in S(G)$, on devrait pouvoir la remplacer par $[F : F^p] \leq p^2$ et $H^3_p(F') = 0$ pour toute extension finie séparable F' de F, cf. § 10.

INVARIANTS COHOMOLOGIQUES

§ 6. INVARIANTS COHOMOLOGIQUES : PREMIERS EXEMPLES

L'une des façons les plus commodes d'étudier $H^1(F, G)$ consiste à définir des applications de cet ensemble dans des groupes de cohomologie plus aisément accessibles (tout comme on associe à un fibré vectoriel des classes de Chern). Cela conduit à la notion d'*invariant cohomologique*, dont nous allons maintenant nous occuper.

6.1. Définition

Soit C un Γ_F-module de torsion (par exemple $\mathbf{Z}/n\mathbf{Z}(d) = \mu_n^{\otimes d}$, où n est premier à la caractéristique, et d est un entier). Soit i un entier > 0. Comme d'habitude en cohomologie galoisienne, posons :

$$H^i(F, C) = H^i(\Gamma_F, C).$$

Soit G un groupe algébrique sur F. Un *invariant cohomologique* de type (i, C) sur les G-torseurs est un *morphisme* du foncteur $L \mapsto H^1(L, G)$ dans le foncteur $L \mapsto H^i(L, C)$, où L parcourt la catégorie des extensions (finies ou infinies) de F.

De façon un peu plus concrète, un tel invariant est une loi $a : P \mapsto a(P)$ qui attache à tout G-torseur P sur une extension L de F un élément $a(P)$ de $H^i(L, C)$, avec la condition suivante :

(*) Si L'/L est une extension, et si P' est le G-torseur sur F' déduit de P par le changement de base $L \to L'$, l'invariant $a(P')$ de P' est l'image de $a(P)$ par l'homomorphisme $H^i(L, C) \to H^i(L', C)$.

En d'autres termes, le diagramme

$$\begin{array}{ccc} H^1(L,G) & \xrightarrow{a} & H^i(L,C) \\ \downarrow & & \downarrow \\ H^1(L',G) & \xrightarrow{a} & H^i(L',C) \end{array}$$

doit être commutatif.

Remarques

1) Il s'agit ici d'invariant "primaire", pour employer le langage de la Topologie des années 40 ; il y aurait lieu de définir aussi des invariants "supérieurs", mais je ne m'y risquerai pas.

2) Il n'y a pas de raison de se borner à des invariants "cohomologiques" : on peut avoir intérêt à définir des invariants dans des groupes de Witt ou encore dans des groupes de K-théorie du genre $K_iL/n.K_iL$.

3) L'idéal est de disposer d'un invariant qui soit précis (i.e. injectif) et calculable effectivement. Cela arrive parfois, cf. n° 7.2 et § 8.

6.2. Exemple : le cobord associé au revêtement universel

Supposons G semi-simple, et soit $\widetilde{G}$ son revêtement universel. On a une suite exacte :

$$1 \longrightarrow C \longrightarrow \widetilde{G} \longrightarrow G \longrightarrow 1,$$

où C est un groupe algébrique de dimension 0, de type multiplicatif, contenu dans le centre de $\widetilde{G}$. Supposons que C soit *lisse*, autrement dit que son ordre ne soit pas divisible par la caractéristique de F ; on peut alors identifier C à l'ensemble de ses F_s-points, qui est un Γ_F-module fini. Pour toute extension L de F, on a une suite exacte de cohomologie (cf. [32], Chap. I, § 5.7) :

$$H^1(L,\widetilde{G}) \longrightarrow H^1(L,G) \xrightarrow{\Delta} H^2(L,C).$$

L'application $\Delta : H^1(L,G) \rightarrow H^2(L,C)$ intervenant dans cette suite exacte est une *opération cohomologique de type* $(2,C)$. Elle est injective si l'on a (par exemple) $H^1(L,{}_z\widetilde{G}) = 0$ pour tout 1-cocycle z de Γ_L à valeurs dans G ; d'où l'intérêt de disposer de la conjecture II.

Exemples

(a) Si $G = \mathbf{PGL}_n$, on a $\widetilde{G} = \mathbf{SL}_n$, $C = \mu_n$, d'où un invariant cohomologique

$$H^1(L.\mathbf{PGL}_n) \longrightarrow H^2(L, \mu_n) = \mathrm{Br}_n(L)$$

qui est injectif.

(b) Si $G = \mathbf{SO}(q)$, où q est une forme quadratique non dégénérée de rang ≥ 3, on a $\widetilde{G} = \mathbf{Spin}(q)$ et $C = \mu_2 = \mathbf{Z}/2\mathbf{Z}$, si la caractéristique est $\neq 2$. D'où un invariant cohomologique

$$H^1(L, \mathbf{SO}(q)) \longrightarrow H^2(L, \mathbf{Z}/2\mathbf{Z}),$$

qui est étroitement lié à l'invariant de Hasse-Witt w_2 (cf. n° 6.3, ainsi que [33], n° 2.1).

Remarque – Il y a des définitions analogues si C n'est pas lisse, à condition de définir $H^2(L, C)$ en termes de cohomologie plate et non plus de cohomologie galoisienne.

6.3. Exemple : classes de Stiefel-Whitney

Supposons F de caractéristique $\neq 2$. Soit q une forme quadratique non dégénérée sur F, de rang n, et soit $\mathbf{O}(q)$ le groupe orthogonal correspondant. Soit L une extension de F. On sait (cf. § 1, exemple 2) que les éléments de $H^1(L, \mathbf{O}(q))$ correspondent aux classes de formes quadratiques non dégénérées sur L, de même rang n que q. Si $x \in H^1(L, \mathbf{O}(q))$, notons q_x la forme quadratique correspondante, qui est définie à isomorphisme près. Pour tout $i > 0$, on peut associer à q_x sa *i-ème classe de Stiefel-Whitney* $w_i(q_x)$, qui est un élément de $H^i(L, \mathbf{Z}/2\mathbf{Z})$. On obtient ainsi un invariant cohomologique

$$w_i : H^1(L, \mathbf{O}(q)) \longrightarrow H^i(L, \mathbf{Z}/2\mathbf{Z})$$

de type $(i, \mathbf{Z}/2\mathbf{Z})$. Les cas $i = 1$ et $i = 2$ ont des interprétations simples : discriminant et invariant de Hasse-Witt. Les cas $i = 3, 4, \cdots$ sont moins utiles ; par exemple w_3 est le cup-produit de w_1 et w_2 ; quant à w_4, on a souvent intérêt à le remplacer par l'invariant d'Arason (cf. n° 7.1), qui appartient à $H^3(L, \mathbf{Z}/2\mathbf{Z})$.

§ 7. INVARIANTS COHOMOLOGIQUES À VALEURS DANS H^3

Les invariants du § 6 fournissent peu de renseignements dans le cas le plus intéressant, celui où G est semi-simple simplement connexe. Nous allons voir qu'il y a des invariants à valeurs dans H^3 qui sont plus efficaces.

7.1. Le cas de $\mathbf{Spin}(q)$: invariant d'Arason

Revenons à la situation du n° 6.3, où q est une forme quadratique non dégénérée de rang n sur F. Supposons caract$(F) \neq 2$, et $n \geq 3$. Prenons pour G le groupe $\mathbf{Spin}(q)$, revêtement universel de $\mathbf{SO}(q)$. Si $\widetilde{x} \in H^1(F, G)$, notons x l'image de $\widetilde{x}$ dans $H^1(F, \mathbf{O}(q))$, et soit q_x la forme quadratique déduite de q par torsion au moyen de x.

Soit WF l'anneau de Witt de F, et soit $I = \mathrm{Ker} : WF \to \mathbf{Z}/2\mathbf{Z}$ son idéal d'augmentation. Les formes q_x et q ont même rang, et mêmes invariants w_1 et w_2,
1 cf. n° 6.3. Il en résulte (cf. Milnor [24]) que l'élément $q_x - q$ de WF appartient à I^3. Or il existe un *homomorphisme canonique*

$$a : I^3/I^4 \longrightarrow H^3(F, \mathbf{Z}/2\mathbf{Z}),$$

construit par Arason [1], Satz 5.7. (L'existence de cet homomorphisme est un cas particulier de la *conjecture de Milnor, loc. cit.*, disant que $I^m/I^{m+1} \cong H^m(F, \mathbf{Z}/2\mathbf{Z})$ pour tout $m \geq 0$, conjecture qui est maintenant démontrée pour $m \leq 4$.) On peut donc définir un *invariant* de $\widetilde{x}$ par $\widetilde{x} \mapsto a(q_x - q) \in H^3(F, \mathbf{Z}/2\mathbf{Z})$. En remplaçant F par une extension L quelconque, on obtient ainsi un *invariant cohomologique*

$$a : H^1(L, \mathbf{Spin}(q)) \longrightarrow H^3(L, \mathbf{Z}/2\mathbf{Z})$$

de type $(3, \mathbf{Z}/2\mathbf{Z})$.

Plus généralement, la conjecture de Milnor peut être interprétée comme fournissant des invariants cohomologiques "supérieurs", chacun défini sur le noyau du précédent.

7.2. Le cas de $\mathbf{SL}_D$: invariant de Merkurjev-Suslin

Soit $\mathbf{SL}_D$ le groupe associé à une algèbre centrale simple D de rang n^2 sur F, cf. n° 5.4. Supposons n premier à la caractéristique de F. La théorie de Kummer permet alors d'identifier $H^1(F, \mu_n)$ à F^*/F^{*n} ; si $t \in F^*$, notons (t) l'élément correspondant de $H^1(F, \mu_n)$. Soit d'autre part (D) la classe de D dans le groupe de Brauer $\mathrm{Br}(F)$; comme $n(D) = 0$, (D) appartient au sous-groupe $H^2(F, \mu_n)$ de $\mathrm{Br}(F)$. Le cup-produit $(t)(D)$ est un élément de $H^3(F, \mu_n^{\otimes 2})$, et l'on vérifie facilement que l'on a $(t)(D) = 0$ si $t \in \mathrm{Nrd}(D^*)$. D'où, par passage au quotient, un homomorphisme

$$F^*/\mathrm{Nrd}(D^*) \longrightarrow H^3(F, \mu_n^{\otimes 2}).$$

Comme $F^*/\mathrm{Nrd}(D^*) = H^1(F, \mathbf{SL}_D)$, on a ainsi défini (après remplacement de F par une extension L quelconque...) un *invariant cohomologique de type* $(3, \mu_n^{\otimes 2})$ pour les $\mathbf{SL}_D$-torseurs. (Noter que, si n divise 24, on a $\mu_n^{\otimes 2} = \mathbf{Z}/n\mathbf{Z}$.)

Le cas le plus favorable est celui où n est sans facteur carré :

Théorème 8 (Merkurjev-Suslin [21], 12.2) – *Si n est sans facteur carré, l'application*

$$a : H^1(F, \mathbf{SL}_D) \longrightarrow H^3(F, \mu_n^{\otimes 2}),$$

définie ci-dessus, est injective.

Autrement dit, un élément t de F^* est norme réduite d'un élément de D^* si et seulement si $(t)(D) = 0$ dans $H^3(F, \mu_n^{\otimes 2})$.

Remarques

2 (1) Pour $n = 2$, D est une algèbre de quaternions, et $\mathbf{SL}_D$ s'identifie au groupe $\mathbf{Spin}(q)$ associé à une forme quadratique q de rang 3 ; l'invariant ci-dessus est égal à l'invariant d'Arason du n° 7.1.

(2) Si n a des facteurs carrés (par exemple $n = 4$), l'application a n'est pas injective en général : il faut trouver d'autres invariants...

7.3. Les invariants de Rost

Les exemples ci-dessus, ainsi que ceux des §§ 8,9, laissaient penser qu'il existe des invariants cohomologiques de type $(3, \mu_n^{\otimes 2})$ pour tout type de groupe simplement connexe (avec n dépendant du type de G, par exemple $n = 2, 3, 5$ pour G de type E_8, cf. [33], § 3). C'est effectivement ce que vient de démontrer Rost ([30]). Voici le principe de sa construction :

On suppose G absolument presque simple, simplement connexe, et F de caractéristique 0 (pour simplifier). Soit P un G-torseur sur une extension L de F. On se propose d'associer à P un élément $a(P)$ du groupe

$$H^3(L, \mathbf{Q}/\mathbf{Z}(2)) = \varinjlim H^3(L, \mu_n^{\otimes 2}).$$

(Noter que, en vertu d'un théorème de Merkurjev-Suslin (cf. [38], th. 21.4), les applications canoniques $H^3(L, \mu_n^{\otimes 2}) \to H^3(L, \mathbf{Q}/\mathbf{Z}(2))$ sont injectives ; on peut donc voir $H^3(L, \mathbf{Q}/\mathbf{Z}(2))$ comme la *réunion* des $H^3(L, \mu_n^{\otimes 2})$.)

Choisissons une extension finie L' de L qui déploie G, et sur laquelle P a un point rationnel. On a $P_{/L'} \simeq G_{/L'}$. Considérons le groupe de cohomologie étale $H^3_{\text{et}}(P_{/L'})$, à coefficients dans $\mathbf{Q}/\mathbf{Z}(2)$. Il n'est pas difficile de voir que ce groupe se décompose en somme directe :

$$H^3_{\text{et}}(P_{/L'}) = H^3(L') \oplus \mathbf{Q}/\mathbf{Z} \qquad (\text{avec } H^3(L') = H^3(L', \mathbf{Q}/\mathbf{Z}(2)),$$

où la projection sur le premier facteur est définie par le choix d'un point L'-rationnel de P (deux points différents donnant la même projection), et le second facteur est le groupe de cohomologie "géométrique", sur L_s. (Rappelons que ce dernier groupe est le même que sur $\mathbf{C}$; pour voir que c'est $\mathbf{Q}/\mathbf{Z}$, utiliser le fait que $\pi_2 = 0$ et $\pi_3 = \mathbf{Z}$.)

Notons u_P l'élément de $H^3_{\text{et}}(P_{/L'})$ dont les deux composantes sont respectivement 0 et $1/m$, avec $m = [L' : L]$. Considérons l'homomorphisme de *trace* (= image directe = corestriction)

$$\text{Tr} : H^3_{\text{et}}(P_{/L'}) \longrightarrow H^3_{\text{et}}(P).$$

D'où un élément $v_P = \text{Tr}(u_p)$ de $H^3_{\text{et}}(P)$. Or on a une suite exacte

$$0 \longrightarrow H^3(L) \longrightarrow H^3_{\text{et}}(P) \longrightarrow \mathbf{Q}/\mathbf{Z},$$

déduite de la suite spectrale reliant les cohomologies de P et de $P_{/L_s}$. L'image de v_P dans $\mathbf{Q}/\mathbf{Z}$ est $m.(1/m) = 0$; on a donc

$$v_P \in H^3(L) = H^3(L, \mathbf{Q}/\mathbf{Z}(2)).$$

On vérifie sans mal que v_P est indépendant du choix de L' ; *c'est l'invariant* $a(P)$ *cherché.*

Exemple. Si G est de type E_8, on montre, en utilisant le plongement de G dans $\mathbf{SL}_{248}$ donné par la représentation adjointe, que $60.a(P) = 0$. D'où un invariant cohomologique

$$H^3(L, G) \longrightarrow H^3(L, \mu_{60}^{\otimes 2}) = H^3(L, \mathbf{Z}/4\mathbf{Z}) \oplus H^3(L, \mathbf{Z}/3\mathbf{Z}) \oplus H^3(L, \mu_5^{\otimes 2}).$$

Rost montre en outre que “60” ne peut pas être amélioré : si P désigne le G-torseur *versel* associé[(1)] à un plongement de G dans un groupe $\mathbf{SL}_d$, l'invariant $a(P)$ de P *est d'ordre* 60. [Cette non trivialité de a se démontre en utilisant des sous-groupes bien choisis de E_8. Ainsi, pour prouver que la 5-composante de $a(P)$ n'est pas toujours nulle, on utilise des sous-groupes de G (supposé déployé) de type $A_4.A_4$, ou même des sous-groupes finis (non toriques) de type $\mu_5 \times \mu_5 \times \mathbf{Z}/5\mathbf{Z}$. De façon générale, il semble y avoir des relations entre les invariants cohomologiques de G, et ses sous-groupes abéliens élémentaires (pour une analyse de ceux-ci, voir Griess [11]).]

EXEMPLES : $\mathbf{G_2}$ ET $\mathbf{F_4}$

§ 8. LE CAS DE $\mathbf{G_2}$

On suppose F de caractéristique $\neq 2$ (sinon, voir n° 10.3). On écrit $H^i(F)$ pour $H^i(F, \mathbf{Z}/2\mathbf{Z})$. Si $t \in F^*$, on note (t) l'élément correspondant de $H^1(F)$, cf. n° 7.2. Le sous-ensemble de $H^i(F)$ formé des cup-produits $(t_1)\cdots(t_i)$, avec $t_1, \cdots, t_i \in F^*$, est noté $H^i_{\mathrm{dec}}(F)$; un élément de cet ensemble est dit *décomposable.*

(1) Rappelons, d'après Grothendieck [12], ce qu'est ce torseur. Si l'on choisit un plongement de G dans un groupe $\mathbf{SL}_d$, on définit L comme le corps des fonctions de la F-variété $X = \mathbf{SL}_d/G$. La fibre générique P de la projection $\mathbf{SL}_d \to X$ est un G-torseur défini sur L, qui est “versel” en ce sens que tout autre G-torseur s'en déduit par spécialisation (pour plus de précisions, voir [12]).

8.1. Description de $H^1(F,G)$, pour G de type G_2

Soit G un F-groupe simple de type G_2. On suppose que G est *déployé* (ce n'est pas une restriction : le cas général se ramène à celui-là par torsion, cf. n° 2.1).

Théorème 9 – *Il y a des bijections canoniques* (décrites ci-dessous) *entre* :
(i) $H^1(F,G)$;
(ii) $H^3_{\text{dec}}(F)$;
(iii) *l'ensemble des classes d'isomorphisme de F-formes de G* ;
(iv) *l'ensemble des classes d'isomorphisme d'algèbres d'octonions sur F* ;
(v) *l'ensemble des classes d'isomorphisme de 3-formes de Pfister sur F.*

(Rappelons qu'une 1-forme de Pfister est une forme quadratique binaire qui représente 1, i.e. qui s'écrit $X^2 + tY^2$, et qu'une n-forme de Pfister est un produit tensoriel de n 1-formes de Pfister. Une 3-forme de Pfister peut donc s'écrire :

$$(*) \qquad X_0^2 + t_1X_1^2 + t_2X_2^2 + t_3X_3^2 + t_1t_2X_4^2 + t_2t_3X_5^2 + t_1t_3X_6^2 + t_1t_2t_3X_7^2$$

avec $t_i \in F^*$.)

Les bijections (i) $\to$ (iii) et (i) $\to$ (iv) proviennent de ce que le groupe d'automorphismes de G (resp. d'une algèbre d'octonions déployée) est isomorphe à G. La bijection (iv) $\to$ (v) se définit en associant à une algèbre d'octonions C sa forme norme N_C, qui est une 3-forme de Pfister ; on sait (cf. par exemple [6], (2.3)) que N_C détermine C à isomorphisme près, et peut être choisie arbitrairement. La flèche (v) $\to$ (ii) s'obtient en associant à la 3-forme de Pfister $(*)$ son *invariant d'Arason* ([1], § 1), qui est $(-t_1)(-t_2)(-t_3)$, donc est décomposable. La surjectivité de cette flèche est claire. Son injectivité résulte d'un théorème de Merkurjev, cf. [2], prop. 2 (l'énoncé analogue pour les n-formes de Pfister est connu pour $n \leq 5$).

Remarque – La flèche $H^1(F,G) \to H^3(F)$ du th. 9 peut également se définir comme le composé

$$H^1(F,G) \longrightarrow H^1(F,\mathbf{Spin}_7) \xrightarrow{a} H^3(F),$$

où a est l'invariant du n° 7.1. C'est aussi un cas particulier des invariants de Rost (n° 7.3).

8.2. Exemples

Si $H^3(F) = 0$ (par exemple si $\mathrm{cd}_2(\Gamma_F) \leq 2$), le th. 9 montre que $H^1(F, G) = 0$; autrement dit toute algèbre d'octonions sur F est déployée, et tout groupe de type G_2 est déployé. Inversement, si $H^1(F, G) = 0$, on a $H^3(F) = 0$, d'après Merkurjev-Suslin ([21], th. 5.7).

Si $F = \mathbf{R}$, $H^3(F)$ a deux éléments : 0 et $(-1)(-1)(-1)$, qui correspondent respectivement à la forme déployée et à la forme compacte de G_2.

Si $F = k((T))$, avec $H^3(k) = 0$, on a $H^3(F) = H^2(k)$, et $H^3_{\mathrm{dec}}(F) = H^2_{\mathrm{dec}}(k)$. On voit ainsi que les algèbres d'octonions sur F correspondent aux algèbres de quaternions sur k, résultat qu'il est facile de démontrer directement (ou de déduire de la théorie de Bruhat-Tits [9], si k est parfait).

8.3. Un autre exemple (et un nouveau problème)

Soit k un corps p-adique, autrement dit une extension finie d'un corps $\mathbf{Q}_p$, p premier. Soit $F = k(T)$. On a $\mathrm{cd}_2(F) = 3$, et il n'est pas difficile de déterminer explicitement $H^3(F)$. Le résultat est le suivant :

Soit P l'ensemble des *points fermés* de la droite projective $\mathbf{P}_1$ sur k, autrement dit l'ensemble des valuations discrètes de F triviales sur k. Soit $C(P)$ le $\mathbf{F}_2$-espace vectoriel des *fonctions* $f : P \to \mathbf{Z}/2\mathbf{Z}$, *à support fini*, et *de somme nulle* (autrement dit, l'ensemble des parties finies paires de P, avec la loi d'addition $A + B = A \cup B - A \cap B$). Le groupe $H^3(F)$ *s'identifie* à $C(P)$. Cette identification se fait en associant à $x \in H^3(F)$ la fonction $f_x \in C(P)$ définie par :

$$f_x(v) = \text{image de } x \text{ dans } H^3(\widehat{F}_v) = \mathbf{Z}/2\mathbf{Z}, \text{ si } v \in P,$$

où $\widehat{F}_v$ est le complété de F en v (isomorphe à $k_v((T))$, où k_v est une extension finie de k). Que l'on obtienne ainsi un isomorphisme résulte de [1], 4.17, combiné avec le fait que la corestriction $H^2(k_v) \to H^2(k)$ est bijective.

Compte tenu du th. 9, on voit que $H^1(F, G)$ s'identifie à un sous-ensemble $C_{\mathrm{dec}}(P)$ de $C(P)$; en termes plus concrets, on associe à une algèbre d'octonions sur F l'ensemble des $v \in P$ où cette algèbre "a mauvaise réduction" : c'est une partie finie paire de P. C'est satisfaisant... à cela près que l'on aimerait savoir ce qu'est le sous-ensemble $C_{\mathrm{dec}}(P)$. *Est-il égal à* $C(P)$? Autrement dit, est-il
3 vrai que *tout élément de* $H^3(F)$ *est décomposable* ? Ce serait vrai si toute forme

quadratique à 9 variables sur F représentait 0 ; malheureusement, il ne semble pas que ce soit connu.

§ 9. LE CAS DE $\mathbf{F_4}$

On suppose F de caractéristique $\neq 2, 3$.

On note G un F-groupe simple déployé de type F_4.

9.1. Interprétations de $H^1(F, G)$

Ici encore, on a des bijections canoniques entre :

(i) $H^1(F, G)$;

(ii) l'ensemble des classes d'isomorphisme de F-formes de G ;

(iii) l'ensemble des classes d'isomorphisme d'algèbres de Jordan exceptionnelles sur F.

(Par "algèbre de Jordan exceptionnelle", on entend une algèbre de Jordan centrale simple de rang 27, du type considéré par Albert, cf. [15], [26], [35], [36].)

Comme l'ensemble $S(G)$ associé à G (cf. n° 2.2) est formé des nombres
4 premiers 2 et 3, on s'attend à avoir des invariants cohomologiques mod 2 et mod 3. C'est bien le cas :

9.2. Invariants cohomologiques mod 2

Soit J une algèbre de Jordan exceptionnelle sur F. Associons-lui la "forme trace" correspondante, qui est une forme quadratique non dégénérée Q_J de rang 27 : $Q_J(x) = \frac{1}{2}\operatorname{Tr}(x^2)$, cf. [35], [36].

Théorème 10 (cf. [26], [29], [33]) – *Il existe une* 3*-forme de Pfister* φ_3 *et une* 5*-forme de Pfister* φ_5 *telles que l'on ait* :

$$Q_J \oplus \varphi_3 = \langle 2, 2, 2\rangle \oplus \varphi_5.$$

De plus, ces propriétés caractérisent φ_3 *et* φ_5 *à isomorphisme près, et* φ_5 *est divisible par* φ_3 (i.e. φ_5 est isomorphe au produit tensoriel de φ_3 par une 2-forme de Pfister).

(On a noté $\langle 2,2,2\rangle$ la forme quadratique ternaire $2X^2+2Y^2+2Z^2$.)

On traite d'abord le cas où J est *réduite*, i.e. possède un idempotent distinct de 0 et 1. On peut alors identifier J à une algèbre de matrices hermitiennes de type $(3,3)$ à coefficients dans une algèbre d'octonions ; la forme φ_3 est celle associée à l'algèbre d'octonions, et la formule

$$Q_J = \langle 2,2,2\rangle \oplus (\varphi_5 - \varphi_3)$$

se vérifie par un calcul direct (cf. [36], (32), p. 76). Le cas non réduit se ramène au cas réduit par extension de degré 3 du corps de base ; on utilise un théorème de descente pour les formes de Pfister démontré par Rost [29]. Pour une autre méthode, voir [26].

Les formes de Pfister φ_3 et φ_5 ont des *invariants d'Arason* ([1], § 1) qui appartiennent respectivement à $H^3_{\mathrm{dec}}(F,\mathbf{Z}/2\mathbf{Z})$ et $H^5_{\mathrm{dec}}(F,\mathbf{Z}/2\mathbf{Z})$, et qui les caractérisent. D'où des *invariants cohomologiques* mod 2 :

$$f_3 : H^1(F,G) \longrightarrow H^3(F,\mathbf{Z}/2\mathbf{Z}) \quad \text{et} \quad f_5 : H^1(F,G) \longrightarrow H^5(F,\mathbf{Z}/2\mathbf{Z}).$$

Remarque. Soit G_2^{dep} un groupe simple déployé de type G_2. Il y a un plongement naturel (défini à conjugaison près) $G_2^{\mathrm{dep}} \to G = F_4^{\mathrm{dep}}$ qui donne une application

$$H^1(F,G_2^{\mathrm{dep}}) \longrightarrow H^1(F,F_4^{\mathrm{dep}}).$$

L'invariant φ_3 donne une *rétraction canonique*

$$H^1(F,F_4^{\mathrm{dep}}) \longrightarrow H^1(F,G_2^{\mathrm{dep}}).$$

Il serait intéressant d'en avoir une définition plus directe.

9.3. Invariant cohomologique mod 3

A toute algèbre de Jordan exceptionnelle J sur F, Rost [28] associe un invariant :

$$g_3(J) \in H^3(F,\mathbf{Z}/3\mathbf{Z}) \qquad (\text{noter que } \mathbf{Z}/3\mathbf{Z} = \mu_3^{\otimes 2}).$$

L'une des façons de caractériser cet invariant est d'utiliser le fait que, si D est une algèbre centrale simple de rang 3^2, le groupe $\mathbf{SL}_D$ se plonge dans G. Cela donne une flèche $H^1(F,\mathbf{SL}_D) \to H^1(F,G)$; les éléments de $H^1(F,G)$ ainsi obtenus (pour un D convenable) correspondent aux algèbres de Jordan exceptionnelles fournies par la “première construction de Tits”. Le composé

$$H^1(F,\mathbf{SL}_D) \longrightarrow H^1(F,G) \xrightarrow{g_3} H^3(F,\mathbf{Z}/3\mathbf{Z})$$

coïncide avec l'invariant de Merkurjev-Suslin (n° 7.2) ; il n'est pas difficile de montrer que cette propriété *caractérise* l'invariant g_3 (c'est son *existence* qui n'est pas évidente).

Remarque – Les invariants f_3 et g_3 sont des cas particuliers des invariants du n° 7.3.

9.4. Utilisation des invariants f_3, f_5 et g_3

On peut se demander si la situation est aussi favorable pour F_4 que pour G_2. Autrement dit :

Question – *Est-il vrai qu'une algèbre de Jordan exceptionnelle J est déterminée à isomorphisme près par ses trois invariants $f_3(J)$, $f_5(J)$ et $g_3(J)$?*

On ne sait même pas répondre (autant que je sache) à la question suivante (cf. n° 2.4, Question 1) :

Si deux algèbres de Jordan exceptionnelles deviennent isomorphes sur une extension finie de F de degré premier à 6 (par exemple de degré 5) *sont-elles isomorphes* ?

Il y a toutefois des résultats partiels encourageants :

– J *est* réduite *si et seulement si* $g_3(J) = 0$.

– *Deux algèbres réduites sont isomorphes si et seulement si leurs invariants f_3 et f_5 sont égaux* (i.e. si leurs formes traces sont isomorphes, cf. [35], th. 1).

– *Une algèbre est* déployée *si et seulement si tous ses invariants sont* 0 (d'ailleurs la nullité de f_3 entraîne celle de f_5).

– *Soit* $F_4(J) = \mathrm{Aut}(J)$ *la F-forme de G associée à J. Pour que $F_4(J)$ soit* anisotrope, *il faut et il suffit que l'un des invariants $f_5(J)$ et $g_3(J)$ soit* $\neq 0$.

Une autre question naturelle est la détermination de *l'image* de l'application

$$H^1(F,G) \longrightarrow H^3(F,\mathbf{Z}/2\mathbf{Z}) \times H^5(F,\mathbf{Z}/2\mathbf{Z}) \times H^3(F,\mathbf{Z}/3\mathbf{Z}).$$

On a vu que les invariants f_3 et f_5 sont *décomposables*, et que l'invariant f_5 est divisible par l'invariant f_3 ; inversement, tout couple de classes de cohomologie satisfaisant à ces conditions est le système d'invariants d'une algèbre J, que l'on peut même supposer réduite (et qui est alors bien déterminée, à isomorphisme près). Quant à l'invariant g_3, Rost vient de prouver (non publié) qu'il est *décomposable* au sens suivant : c'est un cup-produit d'un élément de $H^1(F, \mathbf{Z}/3\mathbf{Z})$ et de deux éléments de $H^1(F, \mu_3)$; inversement, tout élément décomposable de $H^3(F, \mathbf{Z}/3\mathbf{Z})$ est l'invariant g_3 d'une algèbre fournie par la première construction de Tits. Reste la question : *quelles relations y a-t-il entre les invariants* (mod 2) *et* (mod 3) ? Le cas des corps de séries formelles (cf. [25]) montre que ces invariants ne sont pas indépendants (ce qu'indique aussi la théorie de Bruhat-Tits).

9.5. Un exemple

Reprenons les notations et hypothèses du n° 8.3 : $F = k(T)$, où k est un corps p-adique, et P est l'ensemble des points fermés de la droite projective sur k. Comme $\mathrm{cd}_2(\Gamma_F) = 3$, l'invariant f_5 est 0. On a vu que l'invariant f_3 peut être interprété comme une fonction $f : P \to \mathbf{Z}/2\mathbf{Z}$ à support fini, et de somme nulle. De même, g_3 s'interprète comme une fonction $g : P \to \mathbf{Z}/3\mathbf{Z}$ à support fini et de somme nulle. On peut prouver, en utilisant [25], que les supports de f et de g sont *disjoints* ; autrement dit, si l'on considère (f, g) comme une fonction $P \to \mathbf{Z}/6\mathbf{Z}$, *ses valeurs sont d'ordre* 1, 2 *ou* 3, *mais pas* 6. Y a-t-il d'autres relations entre f et g ?

CORPS IMPARFAITS

§ 10. LA p-COHOMOLOGIE D'UN CORPS DE CARACTÉRISTIQUE p

Supposons F de caractéristique $p > 0$. La p-cohomologie galoisienne de F est peu intéressante : on a $\mathrm{cd}_p(\Gamma_F) \leq 1$, comme on l'a vu au n° 4.3. Si l'on veut définir des invariants cohomologiques ressemblant à ceux des §§ 7,8,9, il est nécessaire de changer de point de vue. C'est ce que l'on va faire.

10.1. Les groupes $H_p^{i+1}(F)$

Soit $\Omega_{\mathbf{Z}}(F)$ le F-espace vectoriel des formes différentielles de la $\mathbf{Z}$-algèbre F, cf. Bourbaki A III.134. Si i est un entier ≥ 0, posons $\Omega^i = \wedge^i\Omega_{\mathbf{Z}}(F)$. La différentiation extérieure d applique Ω^{i-1} dans Ω^i. Il existe une application additive p-linéaire $\gamma : \Omega^i \to \Omega^i/d\Omega^{i-1}$, et une seule, telle que $\gamma(x\omega) = x^p\omega$, si ω est produit de i différentielles logarithmiques dy/y ("inverse de l'opération de Cartier"). *On pose* :

$$H_p^{i+1}(F) = \mathrm{Coker}(\gamma - 1 : \Omega^i \longrightarrow \Omega^i/d\Omega^{i-1}).$$

D'après Milne [23] et Kato [16], le groupe $H_p^{i+1}(F)$ ainsi défini est *l'analogue en caractéristique p du groupe $H^{i+1}(F, \mu_p^{\otimes i})$ en caractéristique $\neq p$.* (Cette analogie peut se préciser, grâce à la K-théorie, cf. [16].)

Exemples

(1) Pour $i = 0$, on a $\Omega^i = F$ et $\gamma - 1$ n'est autre que le classique

$$\wp : x \mapsto x^p - x$$

d'Artin-Schreier. D'où :

$$H_p^1(F) = F/\wp F = H^1(\Gamma_F, \mathbf{Z}/p\mathbf{Z}),$$

et l'on retrouve le H^1 galoisien.

(2) Pour $i = 1$, on peut montrer que $H_p^2(F)$ s'identifie au sous-groupe $\mathrm{Br}_p(F)$ de $\mathrm{Br}(F)$ formé des éléments annulés par p. (L'identification se fait en associant à une forme différentielle $\omega = xdy/y$, avec $y \in F^*$, l'algèbre centrale simple de rang p^2 définie par des générateurs X, Y liés par les relations $X^p - X = x$, $Y^p = y$, $YXY^{-1} = X + 1$.)

10.2. Exemple : formes de Pfister en caractéristique 2

On suppose que $p = 2$. Soit q une $(i+1)$-*forme de Pfister* sur F. Rappelons (cf. [3], [16]) que l'on peut écrire q comme produit tensoriel

$$(*) \qquad q = q_a \otimes \varphi_{b_1} \otimes \cdots \otimes \varphi_{b_i} \qquad (a \in F,\ b_1, \cdots, b_i \in F^*),$$

où q_a désigne la forme quadratique binaire $X^2 + XY + aY^2$, et φ_b est la forme symétrique bilinéaire binaire $X_1Y_1 + bX_2Y_2$. [Ces définitions ont un sens car le produit tensoriel d'une forme bilinéaire symétrique par une forme quadratique (resp. une forme bilinéaire symétrique) est une forme quadratique (resp. une forme bilinéaire symétrique).]

A une telle forme q, on associe :

$$a(q) = \text{image de } a(db_1/b_1) \wedge \cdots \wedge (db_i/b_i) \text{ dans } H_2^{i+1}(F).$$

On montre (cf. [16]) que $a(q)$ ne dépend pas de la décomposition $(*)$ choisie ; c'est donc un *invariant* de q, analogue à l'invariant d'Arason en caractéristique $\neq 2$. De plus, *deux formes de Pfister sont isomorphes si et seulement si leurs invariants sont égaux* (*loc. cit.*, prop. 3).

Ainsi, les classes de $(i+1)$-formes de Pfister correspondent bijectivement aux éléments *décomposables* de $H_2^{i+1}(F)$ (un élément de $H_2^{i+1}(F)$ est dit décomposable s'il est l'image d'une forme différentielle $x_0 dx_1 \wedge \cdots \wedge dx_i$).

10.3. Le cas de G_2 en caractéristique 2

Soit G un F-groupe simple déployé de type G_2 ; supposons F de caractéristique 2.

Théorème 11 – *Le th.* 9 *du n°* 8.1 *reste valable, à condition d'y remplacer* $H^3_{\text{dec}}(F)$ *par le sous-ensemble de* $H_2^3(F)$ *formé des éléments décomposables au sens du n°* 10.2.

La démonstration est la même que celle du th. 9, compte tenu des résultats de Kato rappelés ci-dessus.

Corollaire – *On a* $H^1(F,G) = 0$ *si* F *est parfait, ou si* $[F : F^2] = 2$.

En effet, on a alors $\Omega^2 = 0$, d'où $H_2^3(F) = 0$.

Remarque. Il devrait y avoir des résultats analogues pour F_4 en caractéristique 2 et en caractéristique 3.

BIBLIOGRAPHIE

[1] J. ARASON - *Cohomologische Invarianten quadratischer Formen*, J. Algebra **36** (1975), 446-491.

[2] J. ARASON - *A proof of Merkurjev's theorem*, Canadian Math. Soc. Conference Proc. **4** (1984), 121-130.

[3] R. BAEZA - *Quadratic forms over semilocal rings*, Lect. Notes in Math. **655** (1978).

[4] E. BAYER-FLUCKIGER et H.W. LENSTRA, Jr. - *Forms in odd degree extensions and self-dual normal bases*, Amer. J. of Math. **112** (1990), 359-373.

[5] E. BAYER-FLUCKIGER et R. PARIMALA - *Galois cohomology of the classical groups over fields of cohomological dimension* ≤ 2, Invent. math. **122** (1995), 195-229.

[6] F. van der BLIJ et T.A. SPRINGER - *The arithmetics of octaves and of the group G_2*, Indag. Math. **21** (1959), 406-418.

[7] A. BOREL - *Oeuvres*, Vol. II (1959-1968), Springer-Verlag, 1983.

[8] A. BOREL et T.A. SPRINGER - *Rationality properties of linear algebraic groups* II, Tôhoku Math. J. **20** (1968), 443-497 (= A. Borel, *Oe.* 80).

[9] F. BRUHAT et J. TITS - *Groupes algébriques sur un corps local. Chap. III. Compléments et applications à la cohomologie galoisienne*, J. Fac. Sci. Univ. Tokyo **34** (1987), 671-698.

[10] V.I. CHERNOUSOV - *Le principe de Hasse pour les groupes de type E_8* (en russe), Dokl. Akad. Nauk SSSR **306** (1989), 1059-1063 (trad. anglaise : Soviet Math. Dokl. **39** (1989), 592-596).

[11] R.L. GRIESS - *Elementary abelian p-subgroups of algebraic groups*, Geometriæ Dedicata **39** (1991), 253-305.

[12] A. GROTHENDIECK - *Torsion homologique et sections rationnelles*, Sém. Chevalley, *Anneaux de Chow et applications*, exposé 5, Paris, 1958.

[13] G. HARDER - *Über die Galoiskohomologie halbeinfacher Matrizengruppen* I, Math. Z. **90** (1965), 404-428 ; II, *ibid.*, **92** (1966), 396-415.

[14] G. HARDER - *Über die Galoiskohomologie halbeinfacher algebraischer Gruppen* III, J. Crelle **274/275** (1975), 125-138.

[15] N. JACOBSON - *Structure and Representations of Jordan Algebras*, A.M.S. Colloquium Publ. XXXIX, Providence, 1968.

[16] K. KATO - *Galois cohomology of complete discrete valuation fields*, Lect. Notes in Math. **967** (1982), 215-238.

[17] M. KNESER - *Galois-Kohomologie halbeinfacher algebraischer Gruppen über p-adischen Körpern* I, Math. Z. **88** (1965), 40-47 ; II, *ibid.*, **89** (1965), 250-272.

[18] M. KNESER - *Lectures on Galois Cohomology of Classical Groups*, Tata Inst. of Fund. Research, Bombay, 1969.

[19] R.E. KOTTWITZ - *Tamagawa numbers*, Ann. of Math. **127** (1988), 629-646.

[20] S. LANG - *Algebraic groups over finite fields*, Amer. J. of Math. **78** (1956), 555-563.

[21] A. S. MERKURJEV et A.A. SUSLIN - *K-cohomology of Severi-Brauer varieties and the norm residue homomorphism* (en russe), Izv. Akad. Nauk SSSR **46** (1982), 1011-1046 (trad. anglaise : Math. USSR Izv. **21** (1983), 307-340).

[22] A. S. MERKURJEV et A.A. SUSLIN - *On the norm residue homomorphism of degree three*, LOMI preprint E-9-86, Leningrad, 1986.

[23] J.S. MILNE - *Duality in the flat cohomology of a surface*, Ann. Sci. E.N.S. **9** (1976), 171-202.

[24] J. MILNOR - *Algebraic K-theory and quadratic forms*, Invent. Math. **9** (1970), 318-344.

[25] H.P. PETERSSON - *Exceptional Jordan division algebras over a field with a discrete valuation*, J. Crelle **274/275** (1975), 1-20.

[26] H.P. PETERSSON et M.L. RACINE - *On the invariants* mod 2 *of Albert algebras*, J.Algebra **174** (1995), 1049-1072.

[27] V. PLATONOV et A. RAPINCHUK - *Groupes algébriques et théorie des nombres* (en russe), ed. Nauka 1991 (trad. anglaise : *Algebraic Groups and Number Theory*, Acad. Press, Pure and Applied Math. vol. **139**, 1993).

[28] M. ROST - *A* (mod 3) *invariant for exceptional Jordan algebras*, C.R. Acad. Sci. Paris **313** (1991), 823-827.

[29] M. ROST - *A descent property for Pfister forms* (non publié), 1991.

5 [30] M. ROST - *Cohomology invariants*, en préparation.

[31] J.-P. SERRE - *Cohomologie galoisienne des groupes algébriques linéaires*, Colloque sur la théorie des groupes algébriques, Bruxelles (1962), 53-68 (= *Oe.* 53).

[32] J.-P. SERRE - *Cohomologie Galoisienne*, Lect. Notes in Math. **5** (1964) ; une nouvelle édition, révisée et complétée, est en préparation.

[33] J.-P. SERRE - *Résumé de cours* 1990-1991, Annuaire du Collège de France, 1991, 111-121.

[34] T.A. SPRINGER - *Sur les formes quadratiques d'indice zéro*, C.R. Acad. Sci. Paris **234** (1952), 1517-1519.

[35] T.A. SPRINGER - *The classification of reduced exceptional simple Jordan algebras*, Indag. Math. **22** (1960), 414-422.

[36] T.A. SPRINGER - *Oktaven, Jordan-Algebren und Ausnahmegruppen*, notes polycopiées, Göttingen, 1963.

[37] R. STEINBERG - *Regular elements of semisimple algebraic groups*, Publ. Math. I.H.E.S. **25** (1965), 281-312 (= C.P.20).

[38] A.A. SUSLIN - *Algebraic K-theory and the norm-residue homomorphism*, J. Soviet Math. **30** (1985), 2556-2611.

[39] J. TITS - *Résumé de cours* 1990-1991, Annuaire du Collège de France, 1991, 125-137.

[40] J. TITS - *Sur les degrés des extensions de corps déployant les groupes algébriques simples*, C.R. Acad. Sci. Paris **315** (1992), 1131-1138.

167.

Exemples de plongements des groupes $\mathbf{PSL}_2(\mathbf{F}_p)$ dans des groupes de Lie simples

Invent. math. **124** (1996), 525–562

to Reinhold Remmert

Introduction

Les polyèdres réguliers de $\mathbf{R}^3$ correspondent à des sous-groupes remarquables de $\mathbf{SO}_3(\mathbf{R})$ et $\mathbf{PGL}_2(\mathbf{C})$:

les groupes alternés A_4 et A_5, et le groupe symétrique S_4.

Y a-t-il des analogues de ces sous-groupes finis pour les autres groupes de Lie simples, et en particulier pour les groupes de type exceptionnel G_2, F_4, E_6, E_7, E_8? Ce genre de question a été beaucoup étudié ces dernières années (cf. notamment [6–10], [17], [21], [22]), sans cependant que l'on parvienne
1 à une solution complète. Je me propose de démontrer le résultat suivant, qui constitue un pas dans cette direction:

Théorème. *Soit G un groupe algébrique linéaire connexe semi-simple sur un corps algébriquement clos k. On suppose que G est simple* (donc de centre trivial); *soit h son nombre de Coxeter. Soit p un nombre premier. Alors*:

(i) *Si $p = h + 1$, le groupe $G(k)$ contient un sous-groupe isomorphe à $\mathbf{PGL}_2(\mathbf{F}_p)$, à une exception près: celle où* caract$(k) = 2$ *et où* $G \simeq \mathbf{PGL}_2$.

(ii) *Si $p = 2h + 1, G(k)$ contient un sous-groupe isomorphe à* $\mathbf{PSL}_2(\mathbf{F}_p)$.

(Noter que, lorsque $G = \mathbf{PGL}_2$, on a $h = 2$, d'où $p = 3$ dans le cas (i) et $p = 5$ dans le cas (ii). On retrouve ainsi le fait que $\mathbf{PGL}_2(\mathbf{C})$ contient $A_4 = \mathbf{PSL}_2(\mathbf{F}_3)$, $S_4 = \mathbf{PGL}_2(\mathbf{F}_3)$ et $A_5 = \mathbf{PSL}_2(\mathbf{F}_5)$.)

En fait, la partie (ii) du théorème était déjà connue lorsque k est de caractéristique 0; elle avait été conjecturée par Kostant en 1983 (cf. Cohen–Wales [10]) et vérifiée ensuite cas par cas, parfois avec l'aide d'ordinateurs, cf. [7], [17]. Seule la partie (i) est (peut-être) nouvelle, au moins pour les types E_7 et E_8, où elle donne:

Corollaire. *Le groupe* $\mathbf{PGL}_2(\mathbf{F}_{19})$ *est plongeable dans le groupe adjoint* $E_7(\mathbf{C})$, *et* $\mathbf{PGL}_2(\mathbf{F}_{31})$ *est plongeable dans* $E_8(\mathbf{C})$.

Cela résulte de ce que $h = 18$ si G est de type E_7, et $h = 30$ si G est de type E_8.

Les §§2 à 5 contiennent la démonstration du théorème ci-dessus (sous une forme quelque peu renforcée, cf. n° 1.3). On part du cas où la caractéristique est p (§2); si $p \geqq h$, on dispose alors du plongement "principal" de $\mathbf{PGL}_2(\mathbf{F}_p)$ dans $G(\mathbf{F}_p)$, cf. Testerman [32], [33]. Dans le cas (i), il n'y a pas d'obstruction à relever ce plongement dans $G(\mathbf{Z}_p)$, cf. §3. Le cas (ii) est plus délicat: il faut remplacer $\mathbf{Z}_p$ par $\mathbf{Z}_p[\sqrt{\pm p}]$ et se borner à relever $\mathbf{PSL}_2(\mathbf{F}_p)$, cf. §4. Ceci fait, le cas où k est de caractéristique 0 est essentiellement réglé; on passe de là à une caractéristique quelconque grâce à la théorie de Bruhat–Tits, cf. §5.

Le §6 donne quelques propriétés des sous-groupes ainsi construits: classes de conjugaison, caractère de la représentation adjointe. Les annexes (§§7, 8) contiennent des résultats connus, qu'il m'a paru utile de rappeler.

Table des matières

1. Enoncé des résultats

1.1. Notations

Soit R un système de racines irréductible réduit (Bourbaki [2], Chap. VI, §1), de rang r. On en choisit une base $\{\alpha_1, \ldots, \alpha_r\}$ et l'on note s_i la symétrie associée à la racine α_i. Le groupe engendré par les s_i est le groupe de Weyl W de R. Le produit $s_1 \cdots s_r$ est l'élément de Coxeter associé à la base choisie; son ordre h est le *nombre de Coxeter* de R. On a:

$h = r + 1$ si R est de type A_r,
$h = 2r$ si R est de type B_r ou C_r,
$h = 2r - 2$ si R est de type D_r,
$h = 6, 12, 12, 18, 30$ si R est de type G_2, F_4, E_6, E_7, E_8.

On note G un schéma en groupes linéaire semi-simple déployé sur $\mathbf{Z}$, de système de racines R, et de centre trivial (type "adjoint"). Un tel schéma en groupes existe (cf. Chevalley [5], Kostant [19] et Bruhat–Tits [3], Chap. II, n° 3.2.13), et est unique à isomorphisme près (Demazure [12], p. 305, th. 4.1). Si N est la dimension de G, on a

$$N = r + \mathrm{Card}(R) = r(h+1)\,.$$

Pour tout anneau commutatif k, on note $G(k)$ le groupe des k-points du schéma G. Lorsque k est un corps algébriquement clos, $G(k)$ est un groupe simple.

Le revêtement universel de G sera noté $\tilde{G}$. Le centre Z de $\tilde{G}$ est un schéma en groupes fini et plat, de type multiplicatif. On a $G = \tilde{G}/Z$.

Exemple. Soit n un entier $\geqq 2$, et prenons R de type A_{n-1}. On a alors $r = n-1$, $h = n$, $G = \mathbf{PGL}_n$, $\tilde{G} = \mathbf{SL}_n$, $Z = \mu_n$ (racines n-ièmes de l'unité). L'image de $\tilde{G}(k)$ dans $G(k)$ est notée $\mathbf{PSL}_n(k)$.

Lorsque $n = 2$, et que k est un corps fini $\mathbf{F}_q$ de caractéristique $\neq 2$, le groupe $\mathbf{PSL}_2(\mathbf{F}_q)$ est d'indice 2 dans $\mathbf{PGL}_2(\mathbf{F}_q)$; c'est un groupe simple si $q > 3$. Pour $q = 3, 5, 9$, on a des isomorphismes:

$$\mathbf{PSL}_2(\mathbf{F}_3) = A_4\,, \qquad \mathbf{PGL}_2(\mathbf{F}_3) = S_4\,,$$
$$\mathbf{PSL}_2(\mathbf{F}_5) = A_5\,, \qquad \mathbf{PGL}_2(\mathbf{F}_5) = S_5\,,$$
$$\mathbf{PSL}_2(\mathbf{F}_9) = A_6\,.$$

1.2. *Enoncé du théorème* 1

C'est celui qui a été mentionné dans l'introduction:

Théorème 1. *Soient G et h comme ci-dessus. Soit k un corps algébriquement clos et soit p un nombre premier.*

(i) *Si $p = h + 1$, le groupe $G(k)$ contient un sous-groupe isomorphe à $\mathbf{PGL}_2(\mathbf{F}_p)$, sauf dans le cas $h = 2$ et* $\mathrm{caract}(k) = 2$.

(ii) *Si $p = 2h + 1$, $G(k)$ contient un sous-groupe isomorphe à $\mathbf{PSL}_2(\mathbf{F}_p)$.*

L'exception de (i) est celle où G est isomorphe à $\mathbf{PGL}_2$, auquel cas on a $r = 1$, $h = 2$, $p = 3$ et $\mathbf{PGL}_2(\mathbf{F}_3) = S_4$; si $\mathrm{caract}(k) = 2$, on montre facilement que S_4 ne peut pas être plongé dans $\mathbf{PGL}_2(k) = G(k)$.

Corollaire 1. *Si $p = h + 1$ ou $2h + 1$, $\mathbf{PSL}_2(\mathbf{F}_p)$ est plongeable dans $G(k)$.*

Lorsque $r > 1$, ou lorsque $r = 1$ et $\mathrm{caract}(k) \neq 2$, cela résulte du th. 1 puisque $\mathbf{PSL}_2(\mathbf{F}_p)$ est un sous-groupe de $\mathbf{PGL}_2(\mathbf{F}_p)$. Lorsque $r = 1$ et $\mathrm{caract}(k) = 2$, il faut vérifier que $\mathbf{PSL}_2(\mathbf{F}_3) = A_4$ se plonge dans $G(k)$; c'est clair, car A_4 est un sous-groupe de $A_5 = \mathbf{PSL}_2(\mathbf{F}_4)$, qui est lui-même un sous-groupe de $\mathbf{PGL}_2(k) = G(k)$.

Lorsque R est de type E_7, on a $h = 18$. D'où:

Corollaire 2. *Si G est de type E_7 adjoint, $G(k)$ contient des sous-groupes isomorphes à $\mathbf{PGL}_2(\mathbf{F}_{19})$ et $\mathbf{PSL}_2(\mathbf{F}_{37})$.*

Le cas de $\mathbf{PSL}_2(\mathbf{F}_{37})$ était connu, au moins lorsque caract$(k) = 0$, cf. Kleidman–Ryba [17].

De même, pour E_8, on a $h = 30$, d'où:

Corollaire 3. *Si G est de type E_8, $G(k)$ contient des sous-groupes isomorphes à $\mathbf{PGL}_2(\mathbf{F}_{31})$ et à $\mathbf{PSL}_2(\mathbf{F}_{61})$.*

Ici encore, le cas de $\mathbf{PSL}_2(\mathbf{F}_{61})$ était connu, cf. Cohen–Griess–Lisser [7].

Remarques. 1) Le th. 1, tout comme le th. 1′ du n° 1.3, se vérifie facilement lorsque G est un groupe classique, grâce à la théorie des représentations linéaires, orthogonales, ou symplectiques, des groupes $\mathbf{PSL}_2(\mathbf{F}_p)$ et $\mathbf{PGL}_2(\mathbf{F}_p)$.

2) Les valeurs $h+1$ et $2h+1$ de p figurant dans le th. 1 sont *maximales* au sens suivant:

(i) Si $G(\mathbf{C})$ contient un sous-groupe isomorphe à $\mathbf{PGL}_2(\mathbf{F}_p)$, on peut montrer que $p-1$ divise l'un des m_i+1, où les m_i sont les exposants du système de racines R. Comme $\sup(m_i) = h-1$, cela entraîne $p \leqq h+1$.

2 (ii) De même, si $G(\mathbf{C})$ contient $\mathbf{PSL}_2(\mathbf{F}_p)$, on peut montrer que $p-1$ divise l'un des entiers $2(m_i+1)$, d'où $p \leqq 2h+1$.

3) Comme on l'a signalé dans l'introduction, le cas (ii) du th. 1, pour $k = \mathbf{C}$, est une conjecture de Kostant, qui a déjà été vérifiée cas par cas (cf. Cohen–Wales [10]). En fait, la conjecture de Kostant est un peu plus générale: elle s'applique à $\mathbf{PSL}_2(\mathbf{F}_q)$, où $q = 2h+1$ est une puissance d'un nombre premier (et pas seulement, comme ici, un nombre premier). Lorsque G est de type exceptionnel, cela se produit pour F_4 et E_6, avec $q = 25$; la conjecture prédit alors que $\mathbf{PSL}_2(\mathbf{F}_{25})$ est plongeable dans $F_4(\mathbf{C})$ et $E_6(\mathbf{C})$, ce qui est bien exact (Cohen–Wales [9], n° 6.6). La méthode suivie ici ne semble pas s'appliquer à cette généralisation.

4) Le th. 1 est aussi valable pour les *groupes de Lie simples compacts*. En effet, si K est un tel groupe, son complexifié est du type $G(\mathbf{C})$ considéré ci-dessus, et l'on sait que tout sous-groupe fini de $G(\mathbf{C})$ est conjugué d'un sous-groupe de K.

1.3. Un renforcement du théorème 1

Introduisons d'abord une définition.

La notion d'élément "de type principal"

Soit T le tore maximal de G associé au déploiement donné. Comme G est de type adjoint, les α_i définissent un isomorphisme

$$T \xrightarrow{\sim} \mathbf{G}_m \times \cdots \times \mathbf{G}_m \quad (r \text{ facteurs}).$$

Si k est un corps, de clôture algébrique $\bar{k}$, nous dirons qu'un élément de $G(k)$ est *de type principal* s'il est conjugué dans $G(\bar{k})$ à un élément t de $T(\bar{k})$ qui est "diagonal", i.e. tel que $\alpha_1(t) = \cdots = \alpha_r(t)$ dans $\bar{k}^*$. Un tel élément est semi-simple.

Exemple. Si $G = \mathbf{PGL}_n$, un élément de $G(k)$ est de type principal si et seulement si on peut le représenter dans $\mathbf{GL}_n(\bar{k})$ par une matrice semi-simple dont les valeurs propres $(\lambda_1, \ldots, \lambda_n)$ sont telles que

$$\lambda_1/\lambda_2 = \lambda_2/\lambda_3 = \cdots = \lambda_{n-1}/\lambda_n .$$

Enoncé du théorème 1′

Théorème 1′. *Les plongements du théorème* 1:
(i) $\mathbf{PGL}_2(\mathbf{F}_p) \to G(k)$, $p = h + 1$,
(ii) $\mathbf{PSL}_2(\mathbf{F}_p) \to G(k)$, $p = 2h + 1$,
peuvent être choisis de façon à avoir les propriétés suivantes:
(i′) *Dans le cas* (i), *tout élément de* $\mathbf{PGL}_2(\mathbf{F}_p)$ *d'ordre premier à* caract(k) *est de type principal dans* $G(k)$.
(ii′) *Dans le cas* (ii), *tout élément de* $\mathbf{PSL}_2(\mathbf{F}_p)$, *d'ordre premier à* p *et à* caract(k), *est de type principal dans* $G(k)$.
(Lorsque caract(k) $= 0$, la condition "ordre premier à caract(k)" est supprimée. Dans ce cas, (i′) signifie simplement que *tout élément de* $\mathbf{PGL}_2(\mathbf{F}_p)$ *est de type principal dans* $G(k)$.)

Remarques. 1) Dans le cas (i), il peut exister des plongements

$$\mathbf{PGL}_2(\mathbf{F}_p) \to G(\mathbf{C})$$

qui ne satisfont pas à (i'). Par exemple, si $G = \mathbf{PGL}_6$, on a $h = 6$, $p = 7$; en utilisant une représentation orthogonale irréductible de $\mathbf{PGL}_2(\mathbf{F}_7)$, on obtient un plongement

$$\mathbf{PGL}_2(\mathbf{F}_7) \to \mathbf{O}_6(\mathbf{C}) \to \mathbf{GL}_6(\mathbf{C}) \to \mathbf{PGL}_6(\mathbf{C}) ,$$

dans lequel les éléments d'ordre 4 et 8 de $\mathbf{PGL}_2(\mathbf{F}_7)$ ne sont pas de type principal.

Un autre exemple du même genre vient d'être obtenu tout récemment par Griess et Ryba: à l'aide de calculs sur ordinateur, ils ont construit un plongement de $\mathbf{PGL}_2(\mathbf{F}_{31})$ dans $E_8(\mathbf{C})$ dans lequel les éléments d'ordre 16 et 32 ne sont pas de type principal.

2) Le cas (ii) a l'air différent. Il paraît probable que (ii) $\Rightarrow$ (ii′). Peut-être même est-il vrai que les sous-groupes de $G(\mathbf{C})$ isomorphes à $\mathbf{PSL}_2(\mathbf{F}_p)$ forment *une seule classe de conjugaison*? Cela a été vérifié dans divers cas particuliers, notamment celui de E_8, cf. [7].

2. L'homomorphisme principal

Sur un corps de caractéristique 0, par exemple $\mathbf{Q}$, on dispose d'un homomorphisme "principal" $\mathbf{SL}_2 \to G$, défini par de Siebenthal [27] et Dynkin [13], et étudié en détail par Kostant [18]. Nous aurons besoin d'une version de cet homomorphisme où l'on précise les dénominateurs (cf. Testerman [32], [33]); cela nous permettra de définir un plongement de $\mathbf{PGL}_2(\mathbf{F}_p)$ dans $G(\mathbf{F}_p)$ pour tout $p \geqq h$; la question du *relèvement p-adique* de ce plongement (pour $p = h+1$ ou $p = 2h+1$) fera l'objet des §§3 et 4.

2.1. Notations

On conserve celles du §1: G est un schéma en groupes semi-simple déployé sur $\mathbf{Z}$, de type adjoint. On note R son système de racines, et $(\alpha_1, \ldots, \alpha_r)$ une base de R. On suppose R irréductible. On note R_+ l'ensemble des racines > 0 (par rapport à la base choisie). Si $\alpha = \sum n_i \alpha_i$ est un élément de R, on pose $ht(\alpha) = \sum n_i$; c'est la *hauteur* de α. Si $\alpha > 0$, on a $1 \leqq ht(\alpha) \leqq h-1$, où h est le nombre de Coxeter de G. Il sera commode de mettre sur R_+ une relation d'ordre total telle que $ht(\alpha) > ht(\beta) \Rightarrow \alpha > \beta$.

On note T et U_α ($\alpha \in R$) le tore et les sous-groupes radiciels définis par le déploiement choisi de G. Comme on l'a vu, les α_i ($1 \leqq i \leqq r$) définissent un isomorphisme de T sur $(\mathbf{G}_m)^r$. Soit $\mathrm{Lie}(T)$ l'algèbre de Lie de T (sur $\mathbf{Z}$); elle s'identifie au groupe $Q(R^\vee)$ des poids du système de racines dual $R^\vee$. En particulier, toute coracine $\alpha^\vee$ définit un élément de $\mathrm{Lie}(T)$, que nous noterons H_α (ou simplement H_i si α est l'une des racines simples α_i).

Les groupes U_α sont isomorphes au groupe additif $\mathbf{G}_a$. On choisira un isomorphisme $x_\alpha : \mathbf{G}_a \to U_\alpha$, et l'on notera X_α l'image dans $\mathrm{Lie(U_\alpha)}$ de la base canonique de $\mathrm{Lie}(\mathbf{G}_a)$. Quitte à changer le signe de certains des x_α, on peut supposer que $[X_\alpha, X_{-\alpha}] = -H_\alpha$ pour tout $\alpha \in R$ (cf. e.g. [2], Chap. VIII, §2, n° 4). Lorsque $\alpha = \alpha_i$, on écrit X_i et Y_i à la place de X_{α_i} et de $X_{-\alpha_i}$.

On a $\mathrm{Lie}(G) = \mathrm{Lie}(T) \oplus \bigoplus_{\alpha \in R} \mathrm{Lie}(U_\alpha)$ et $\mathrm{Lie}(U_\alpha) = \mathbf{Z} \cdot X_\alpha$.

2.2. Systèmes de coordonnées sur le groupe unipotent U

Soit U le sous-groupe de G engendré par les $U_\alpha, \alpha > 0$. On sait (cf. [12], exposé XXII, n° 5.5) que l'application produit (relative à l'ordre choisi sur R_+) définit un *isomorphisme de schémas*

$$\prod_{\alpha > 0} U_\alpha \xrightarrow{\sim} U .$$

En d'autres termes, tout point u de U, à valeurs dans un anneau commutatif A, s'écrit de façon unique sous la forme

$$u = \prod_{\alpha>0} x_\alpha(t_\alpha), \quad \text{avec } t_\alpha \in A .$$

Les t_α forment donc un *système de coordonnées* sur U, valable sur $\mathbf{Z}$.

Mais, si l'on se place sur $\mathbf{Q}$, il y a un autre système de coordonnées qui est tout aussi naturel. En effet, si l'on désigne par $U_{/\mathbf{Q}}$ le groupe algébrique sur $\mathbf{Q}$ déduit de U par changement de base, on dispose de *l'application exponentielle*

$$\exp : \mathrm{Lie}(U)_{/\mathbf{Q}} \to U_{/\mathbf{Q}} ,$$

qui est un isomorphisme de groupes algébriques (lorsqu'on munit l'algèbre de Lie nilpotente $\mathrm{Lie}(U)_{/\mathbf{Q}}$ de la structure de groupe donnée par la loi de Hausdorff, cf. [2], Chap. II, §6). Or $\mathrm{Lie}(U)$ est somme directe des $\mathrm{Lie}(U_\alpha)$, $\alpha > 0$, donc a pour base les X_α. On voit donc que tout point u de U, à valeurs dans une $\mathbf{Q}$-algèbre A, s'écrit de façon unique:

$$u = \exp\left(\sum_{\alpha>0} u_\alpha X_\alpha\right), \quad \text{avec } u_\alpha \in A .$$

Il s'impose de comparer les deux systèmes de coordonnées (t_α) et (u_α):

Proposition 1. *Avec les notations ci-dessus, on a*

$$u_\alpha = t_\alpha + P_\alpha((t_\beta)_{\beta<\alpha}) ,$$

où P_α est un polynôme à coefficients dans $\mathbf{Q}$ en les t_β pour $\beta < \alpha$ (et même pour $ht(\beta) < ht(\alpha)$). *De plus, les coefficients des P_α sont p-entiers pour tout nombre premier $p \geqq h$.*

(En d'autres termes, les coefficients des P_α appartiennent à $\mathbf{Z}[1/(h-1)!]$.)

Tout revient à écrire $\prod x_\alpha(t_\alpha)$ comme une exponentielle. Or on a $x_\alpha(t_\alpha) = \exp(t_\alpha X_\alpha)$, par définition des X_α. On peut alors utiliser la *formule de Hausdorff itérée* ([2], *loc.cit.*). Cette formule montre que $\prod \exp(t_\alpha X_\alpha)$ peut s'écrire sous la forme $\exp(v)$, avec

$$\begin{aligned} v &= \sum_\alpha t_\alpha X_\alpha + \frac{1}{2} \sum_{\alpha<\beta} t_\alpha t_\beta [X_\alpha, X_\beta] + \cdots \\ &= \sum_\alpha t_\alpha X_\alpha + \sum_\lambda c_\lambda t^\lambda Z_\lambda , \end{aligned}$$

où:

- λ est un multi-indice (λ_α) dont le poids total $\sum \lambda_\alpha$ est > 1;
- t^λ est le produit des $t_\alpha^{\lambda_\alpha}$;
- c_λ est un nombre rationnel, qui est p-entier si $p > \sum \lambda_\alpha$;
- Z_λ est une combinaison $\mathbf{Z}$-linéaire de crochets itérés des X_α, de multidegré λ.

Que v soit de la forme voulue résulte alors des deux faits suivants:

(a) Les Z_λ sont des combinaisons $\mathbf{Z}$-linéaires des X_γ tels que

$$ht(\gamma) = \sum \lambda_\alpha \, ht(X_\alpha) .$$

En particulier, leurs X_α-composantes ne font intervenir que des X_β avec $ht(\beta) < ht(\alpha)$, donc $\beta < \alpha$.

(b) Les crochets itérés de poids total $\geqq h$ sont nuls. On peut donc borner la sommation aux λ tels que $\sum \lambda_\alpha < h$, et les coefficients c_λ correspondants sont p-entiers pour tout $p \geqq h$.

Remarques. 1) Il y a un résultat analogue pour le groupe U^- engendré par les U_α avec $\alpha < 0$. Cela se démontre de la même manière (ou cela se déduit du cas déjà traité en changeant R_+ en $-R_+$).

2) Dans la terminologie du n° 2.4 ci-après, la prop. 1 montre que l'isomorphisme

$$\exp : \mathrm{Lie}(U)_{/\mathbf{Q}} \xrightarrow{\sim} U_{/\mathbf{Q}}$$

est "défini sur l'anneau local $\mathbf{Z}_{(p)}$" pour tout $p \geqq h$. Il en est de même de l'isomorphisme réciproque

$$\log : U_{/\mathbf{Q}} \xrightarrow{\sim} \mathrm{Lie}(U)_{/\mathbf{Q}} .$$

2.3. *L'homomorphisme principal* (*sur le corps* $\mathbf{Q}$)

Les entiers c_i. Les $\alpha_i^\vee$ forment une base du système de racines dual $R^\vee$. On peut donc définir des entiers $c_1, \ldots, c_r$ par la formule suivante:

$$\sum_{\alpha > 0} \alpha^\vee = \sum c_i \alpha_i^\vee .$$

Les c_i sont des entiers $\geqq 1$, dont on trouvera les valeurs dans les Tables de Bourbaki [2], Chap. VI. Par exemple, si R est de type F_4, les c_i sont égaux à $16, 30, 42$ et 22.

Ces entiers jouissent des propriétés suivantes (que nous n'aurons pas à utiliser):

(i) le produit des c_i est égal à $(1/f) \prod m_i(m_i+1)$, où les m_i sont les exposants de R, et f son indice de connexion ([2], *loc.cit.*, p. 230, exerc. 6);

(ii) un nombre premier p divise l'un des c_i si et seulement si l'on a $p < h$.

Le triplet (X, H, Y). On a défini au n° 2.1 des éléments X_i, Y_i, H_i de $\mathrm{Lie}(G)$. En utilisant les c_i ci-dessus, on obtient des éléments

$$H = \sum c_i H_i, \qquad X = \sum X_i, \qquad Y = \sum c_i Y_i .$$

Ces éléments satisfont aux relations

$$[H,X] = 2X, \quad [X,Y] = -H, \quad [H,Y] = -2Y ,$$

cf. [2], Chap. VIII, §7, n° 5, Lemme 2. Le triplet (X, H, Y) est un $\mathfrak{sl}_2$-*triplet principal* au sens de Bourbaki, [2], Chap. VIII, §11, n° 4. On déduit de là un homomorphisme d'algèbres de Lie: $\mathrm{Lie}(\mathbf{SL}_2) \to \mathrm{Lie}(G)$, lequel donne un homomorphisme de $\mathbf{Q}$-groupes algébriques

$$\varphi : \mathbf{SL}_{2/\mathbf{Q}} \to G_{/\mathbf{Q}} .$$

Noter que l'élément H de $\mathrm{Lie}(T)$ est tel que $\alpha_i(H) = 2$ pour tout i. Il en résulte que, si l'on restreint φ au tore standard $\mathbf{G}_m$ de $\mathbf{SL}_2$, on obtient un homomorphisme $\mathbf{G}_m \to T = (\mathbf{G}_m)^r$ dont toutes les composantes dans $\mathrm{Hom}(\mathbf{G}_m, \mathbf{G}_m) = \mathbf{Z}$ sont égales à 2. Cela entraîne que φ est trivial sur le centre μ_2 de $\mathbf{SL}_2$, donc définit un homomorphisme (encore noté φ) de $\mathbf{PGL}_{2/\mathbf{Q}}$ dans $G_{/\mathbf{Q}}$. C'est cet homomorphisme que nous appellerons "homomorphisme principal".

Remarque. Si k est une extension de $\mathbf{Q}$, et si g est un élément semi-simple de $\mathbf{PGL}_2(k)$, l'élément $\varphi(g)$ de $G(k)$ est de type principal au sens du n° 1.3. En effet, quitte à conjuguer g (sur une extension convenable de k), on peut supposer que g appartient au tore standard de $\mathbf{PGL}_2$, tore dont l'image dans G est le tore *diagonal* de T. Le même argument montre que, inversement, tout élément de $G(k)$ de type principal est conjugué d'un tel $\varphi(g)$, après une extension convenable de k. Cela explique la terminologie adoptée au n° 1.3.

2.4. *L'homomorphisme principal (sur l'anneau local $\mathbf{Z}_{(p)}$)*

Si p est un nombre premier, on note $\mathbf{Z}_{(p)}$ l'anneau local de $\mathbf{Z}$ en l'idéal premier $p\mathbf{Z}$; c'est le sous-anneau de $\mathbf{Q}$ formé des fractions a/b avec $a, b \in \mathbf{Z}$ et $b \notin p\mathbf{Z}$.

On se propose de passer de $\mathbf{Q}$ à $\mathbf{Z}_{(p)}$. Pour le faire commodément, un peu de terminologie est nécessaire:

Terminologie. Soit A un anneau de valuation discrète de corps des fractions K, et soit S et S' des A-schémas plats. Soient $S_{/K}$ et $S'_{/K}$ les K-schémas qu'on en déduit par le changement de base $A \to K$ ("fibres génériques"). Soit F un K-morphisme de $S_{/K}$ dans $S'_{/K}$. Nous dirons que F est *défini sur A* s'il existe un A-morphisme $f : S \to S'$ qui donne F par changement de base. Un tel f est unique, et nous nous permettrons de le noter encore F.

Dans les cas que nous aurons à considérer, S et S' sont des schémas affines. Leurs algèbres affines Λ et Λ' sont des A-modules plats, c'est-à-dire sans torsion. La donnée de F équivaut à celle d'un K-homomorphisme

$$F^* : K \otimes \Lambda' \to K \otimes \Lambda .$$

Dire que F est *défini sur A* équivaut à dire que F^* *applique* Λ' *dans* Λ, autrement dit que F^* "ne fait pas intervenir de dénominateurs".

L'homomorphisme principal sur $\mathbf{Z}_{(p)}$. Nous allons appliquer ce qui précède au cas où $A = \mathbf{Z}_{(p)}$, $K = \mathbf{Q}$, $S = \mathbf{SL}_{2/A}$, $S' = G_{/A}$ et F est l'homomorphisme principal

$$\varphi : \mathbf{SL}_{2/\mathbf{Q}} \to G_{/\mathbf{Q}}$$

défini au n° 2.3.

Proposition 2. *Si $p \geqq h$, l'homomorphisme φ est défini sur $\mathbf{Z}_{(p)}$.*

Au langage près, ce résultat est dû à D. Testerman; cf. [32], [33] qui donnent même un énoncé plus général, applicable à des homomorphismes "sous-principaux".

Démonstration de la prop. 2. Notons T_1, U_1 et U_1^- le tore maximal et les sous-groupes radiciels standard de $\mathbf{SL}_2$:

$$T_1 = \mathbf{G}_m, \qquad U_1 = \begin{pmatrix} 1 & * \\ 0 & 1 \end{pmatrix}, \qquad U_1^- = \begin{pmatrix} 1 & 0 \\ * & 1 \end{pmatrix}.$$

L'application produit $U_1^- \times T_1 \times U_1 \to \mathbf{SL}_2$ définit un *isomorphisme* de $U_1^- \times T_1 \times U_1$ sur un ouvert Ω de $\mathbf{SL}_2$ (grosse cellule). Un point $\left(\begin{smallmatrix} a & b \\ c & d \end{smallmatrix}\right)$ de $\mathbf{SL}_2$ appartient à Ω si et seulement si a est inversible.

La restriction φ_Ω de φ à $\Omega_{/\mathbf{Q}}$ est un morphisme de $\Omega_{/\mathbf{Q}}$ dans $G_{/\mathbf{Q}}$.

Lemme 1. *Le morphisme φ_Ω est défini sur $\mathbf{Z}_{(p)}$.*

Il suffit de voir que les restrictions de φ à $T_{1/\mathbf{Q}}$, $U_{1/\mathbf{Q}}$ et $U^-_{1/\mathbf{Q}}$ sont définies sur $\mathbf{Z}_{(p)}$. Pour $T_1 = \mathbf{G}_m$ c'est évident. Pour U_1, le morphisme φ est donné par $t \mapsto \exp(\sum tX_i)$, et il est défini sur $\mathbf{Z}_{(p)}$ grâce à l'hypothèse $p \geqq h$, cf. n° 2.2, Remarque 2. Le même argument s'applique à U_1^-.

Revenons maintenant à la démonstration de la prop. 2. Soit $w = \left(\begin{smallmatrix} 0 & -1 \\ 1 & 0 \end{smallmatrix}\right)$, et soit $\Omega' = w \cdot \Omega$ le translaté de Ω par w. Un point $\left(\begin{smallmatrix} a & b \\ c & d \end{smallmatrix}\right)$ de $\mathbf{SL}_2$ appartient à Ω' si et seulement si c est inversible. Il en résulte que $\mathbf{SL}_2$ *est réunion des deux ouverts Ω et Ω'*. De plus, on peut écrire w comme produit de deux éléments x, y de $\Omega(\mathbf{Z})$, par exemple $x = \left(\begin{smallmatrix} -1 & -1 \\ 1 & 0 \end{smallmatrix}\right)$ et $y = \left(\begin{smallmatrix} 1 & 0 \\ -1 & 1 \end{smallmatrix}\right)$. D'après ce qu'on vient de voir, $\varphi(x)$ et $\varphi(y)$ sont des $\mathbf{Z}_{(p)}$-points de G. On déduit de là que la restriction de φ à $\Omega'_{/\mathbf{Q}}$ est définie sur $\mathbf{Z}_{(p)}$. D'où la prop. 2, puisque $\mathbf{SL}_2$ est réunion des ouverts Ω et Ω'.

2.5. Le sous-groupe $\mathbf{PGL}_2(\mathbf{F}_p)$ *de* $G(\mathbf{F}_p)$

A partir de maintenant, on suppose $p \geqq h$ (en fait, on ne s'intéressera par la suite qu'au cas où $p = mh + 1$, avec $m \geqq 1$).

D'après la prop. 2, l'homomorphisme principal φ est défini sur $\mathbf{Z}_{(p)}$. Comme $\mathbf{F}_p$ est le corps résiduel de $\mathbf{Z}_{(p)}$, on obtient ainsi, par réduction (mod p), un homomorphisme de $\mathbf{F}_p$-groupes algébriques

$$\tilde{\varphi} : \mathbf{SL}_{2/\mathbf{F}_p} \to G_{/\mathbf{F}_p}.$$

Cet homomorphisme est trivial sur le centre μ_2 de $\mathbf{SL}_{2/\mathbf{F}_p}$. Il définit donc, par passage au quotient, un homomorphisme

$$\mathbf{PGL}_{2/\mathbf{F}_p} \to G_{/\mathbf{F}_p}$$

que nous noterons encore $\tilde{\varphi}$, et que nous appellerons *l'homomorphisme principal* (mod p). Pour tout corps k de caractéristique p, on obtient ainsi un homomorphisme de $\mathbf{PGL}_2(k)$ dans $G(k)$, qui est un *plongement* (car $\tilde{\varphi}$ est visiblement non trivial, donc injectif). Ce plongement a les propriétés suivantes, qui joueront un rôle essentiel dans la suite:

a) *Un élément d'ordre p de* $\mathbf{PGL}_2(k)$ *est un unipotent régulier de* $G(k)$.

Il suffit de le voir pour l'élément $g = \left(\begin{smallmatrix}1&1\\0&1\end{smallmatrix}\right)$. Or, par construction, $\tilde{\varphi}(g)$ est la réduction (mod p) de $\exp(\sum X_i)$, qui peut lui-même s'écrire (grâce à la prop. 1) sous la forme $\prod_{\alpha>0} x_\alpha(t_\alpha)$, avec $t_\alpha \in \mathbf{Z}_{(p)}$ et $t_\alpha = 1$ si α est l'une des racines simples $\alpha_1, \ldots, \alpha_r$. On a donc $\tilde{\varphi}(g) = \prod x_\alpha(\tilde{t}_\alpha)$, avec $\tilde{t}_\alpha \in \mathbf{F}_p$ et $\tilde{t}_\alpha = 1$ si $\alpha \in \{\alpha_1, \ldots, \alpha_r\}$. Le fait que $\tilde{t}_\alpha \neq 0$ pour $\alpha \in \{\alpha_1, \ldots, \alpha_r\}$ entraîne que $\tilde{\varphi}(g)$ est un unipotent régulier, d'après [31], lemme 3.2.

b) *Tout élément de* $\mathbf{PGL}_2(k)$ *d'ordre* $\neq p$ *est de type principal dans* $G(k)$, *au sens du* n° 1.3.

On peut supposer k algébriquement clos. L'élément considéré est alors conjugué d'un élément de $T_1(k)$, où $T_1 = \mathbf{G}_m$ est le tore maximal standard de $\mathbf{PGL}_2$. Or, par construction de $\tilde{\varphi}$, l'image de ce tore dans le tore maximal $T_{/\mathbf{F}_p}$ est le tore *diagonal*, au sens du n° 1.3. D'où b).

Dans la suite, on appliquera ce qui précède avec $k = \mathbf{F}_p$; cela donne un plongement de $\mathbf{PGL}_2(\mathbf{F}_p)$ dans $G(\mathbf{F}_p)$ ayant les propriétés a) et b) ci-dessus.

2.6. Enoncés des théorèmes de relèvement p-adiques

Distinguons deux cas, suivant que p est égal à $h+1$ ou à $2h+1$:

(i) *Le cas* $p = h+1$

Soit $\mathbf{Z}_p$ l'anneau des entiers p-adiques; c'est le complété de l'anneau local $\mathbf{Z}_{(p)}$ utilisé aux n°s 2.4 et 2.5. Son corps résiduel est $\mathbf{F}_p$. La réduction mod p : $\mathbf{Z}_p \to \mathbf{F}_p$ donne un homomorphisme

$$G(\mathbf{Z}_p) \to G(\mathbf{F}_p),$$

qui est surjectif du fait que G est lisse.

Théorème 2. *Si* $p = h+1$, *le sous-groupe* $\mathbf{PGL}_2(\mathbf{F}_p)$ *de* $G(\mathbf{F}_p)$ *défini au* n° 2.5 *se relève dans* $G(\mathbf{Z}_p)$.

(Autrement dit, il existe un sous-groupe fini de $G(\mathbf{Z}_p)$ qui s'applique isomorphiquement sur $\mathbf{PGL}_2(\mathbf{F}_p)$ par réduction mod p.)

Nous donnerons deux démonstrations de ce résultat, l'une au n° 3.3, l'autre au n° 4.4.

(ii) *Le cas* $p = 2h + 1$

Dans ce cas, le th. 2 reste vrai, à condition d'y faire les deux modifications suivantes:

a) L'anneau $\mathbf{Z}_p$ est remplacé par son extension quadratique $\mathbf{Z}_p[\sqrt{p^*}]$, où $p^* = p$ si $p \equiv 1 \pmod 4$ et $p^* = -p$ si $p \equiv 3 \pmod 4$. On notera que cet anneau est encore un anneau de valuation discrète complet, de corps résiduel $\mathbf{F}_p$.

b) On ne peut relever que le sous-groupe $\mathbf{PSL}_2(\mathbf{F}_p)$ de $\mathbf{PGL}_2(\mathbf{F}_p)$.

Autrement dit:

Théorème 3. *Si* $p = 2h + 1$, *le sous-groupe* $\mathbf{PSL}_2(\mathbf{F}_p)$ *de* $G(\mathbf{F}_p)$ *défini au* n° 2.5 *se relève dans* $G(\mathbf{Z}_p[\sqrt{p^*}])$.

La démonstration sera donnée au n° 4.4.

3. Le cas $p = h + 1$

Le but de ce § est de démontrer le th. 2 du n° 2.6: si $p = h+1$, le sous-groupe $\mathbf{PGL}_2(\mathbf{F}_p)$ de $G(\mathbf{F}_p)$ construit au n° 2.5 peut être relevé en un sous-groupe de $G(\mathbf{Z}_p)$.

3.1. La filtration de $G(\mathbf{Z}_p)$

Soit $E = G(\mathbf{Z}_p)$ le groupe des $\mathbf{Z}_p$-points de G. Si n est un entier $\geqq 0$, l'homomorphisme de réduction (mod p^n)

$$E = G(\mathbf{Z}_p) \to G(\mathbf{Z}/p^n\mathbf{Z})$$

est surjectif puisque G est lisse. Soit E_n son noyau. Les E_n forment une filtration de E:

$$E = E_0 \supset E_1 \supset E_2 \cdots,$$

et E s'identifie à la limite projective des E/E_n. On a $E/E_1 = G(\mathbf{F}_p)$. Si $n > 0$, le quotient E_n/E_{n+1} est canoniquement isomorphe *à l'algèbre de Lie* $L = \mathrm{Lie}(G_{/\mathbf{F}_p})$ du groupe $G_{/\mathbf{F}_p}$ (cf. par exemple Demazure–Gabriel [11], Chap. II, §4, n° 3).

En particulier, les E_n/E_{n+1} sont des p-groupes élémentaires de rang $N = \dim(G)$, et E_1 est un pro-p-groupe.

3.2. Nullité de la cohomologie de l'algèbre de Lie L

Supposons $p \geqq h$, et soit A le groupe $\mathbf{PGL}_2(\mathbf{F}_p)$, plongé dans $G(\mathbf{F}_p)$ comme on l'a expliqué au n° 2.5. Via la représentation adjointe, A opère sur l'algèbre de Lie L de $G_{/\mathbf{F}_p}$.

Proposition 3. *Supposons que* $p = h + 1$. *Alors le* A*-module* L *est cohomologiquement trivial* (au sens de [24], Chap. IX).

Soit U le sous-groupe d'ordre p de A formé des images des matrices de la forme $\left(\begin{smallmatrix} 1 & * \\ 0 & 1 \end{smallmatrix}\right)$. C'est un p-sous-groupe de Sylow de A. D'après des résultats connus ([24], *loc.cit.*) il suffit de montrer que L est cohomologiquement trivial *comme* U*-module*, ou encore que c'est un module libre sur l'algèbre $\mathbf{F}_p[U]$. Or on a le résultat élémentaire suivant:

Lemme 2. *Soit* C *un groupe cyclique d'ordre premier* p, *et soit* V *un* $k[C]$*-module de dimension finie, où* k *est un corps de caractéristique* p. *Soit* $V^C = H^0(C, V)$ *le sous-espace de* V *fixé par* C. *On a alors*

$$(*) \qquad \dim(V) \leqq p \cdot \dim(V^C),$$

et il y a égalité si et seulement si V *est un* $k[C]$*-module libre.*

On peut supposer que V est indécomposable, auquel cas l'action d'un générateur de C est donnée par une matrice de Jordan d'un certain rang $i \leqq p$. Si $i < p$, on a $\dim(V) = i$, $\dim(V^C) = 1$, et V n'est pas cohomologiquement trivial (on a $\dim H^1(C, V) = 1$). Si $i = p$, on a $\dim(V) = p$, $\dim(V^C) = 1$, et V est $k[C]$-libre de rang 1. D'où le lemme.

(Il y a un résultat analogue lorsqu'on suppose seulement que C est un p-groupe fini, à condition d'écrire l'inégalité $(*)$ sous la forme:

$$\dim(V) \leqq |C| \cdot \dim(V^C),$$

où $|C|$ est l'ordre de C.)

On va appliquer ce lemme à l'action de U sur l'algèbre de Lie L. La dimension de L^U est donnée par le résultat suivant, valable dès que $p > h$:

Lemme 3. *La dimension de* L^U *est égale au rang* r *du groupe* G.

Soit u un générateur de U, et soit $Z_G(u)$ son centralisateur dans le groupe $G_{/\mathbf{F}_p}$. L'hypothèse $p > h$ entraîne que p est "très bon" pour G au sens de Slodowy [28]. Cela permet d'appliquer un théorème de Richardson ([28], p. 38 – voir aussi [30], I.5.1 à I.5.3) qui dit que l'algèbre de Lie de $Z_G(u)$ est égale à L^U (autrement dit, le centralisateur de u au sens schématique est lisse). On a donc $\dim(L^U) = \dim(Z_G(u))$. Mais on a vu au n° 2.5 que u est un élément unipotent *régulier*. Son centralisateur est donc de dimension r (cf. [30], [31]); d'où le lemme. (R. Steinberg m'a fait observer que ce lemme peut se déduire directement du §4 de [31]; il n'est pas nécessaire de renvoyer à [28], ni à [30].)

Revenons maintenant au cas $p = h + 1$. On a alors

$\dim(L) = N = r(h+1) = rp = p \cdot \dim(L^U)$ d'après le lemme 3.

Vu le lemme 2, cela entraîne que L est $\mathbf{F}_p[U]$-libre; d'où la proposition.

3.3. Démonstration du théorème 2

Si $p = h+1$, il s'agit de prouver que le groupe $A = \mathbf{PGL}_2(\mathbf{F}_p)$ se relève dans le groupe $G(\mathbf{Z}_p) = E = \varprojlim(E/E_n)$, cf. n° 3.1. On raisonne par récurrence sur n, et l'on suppose que A est relevé dans $E/E_n = G(\mathbf{Z}/p^n\mathbf{Z})$. Vu la suite exacte

$$1 \to E_n/E_{n+1} \to E/E_{n+1} \to E/E_n \to 1\,,$$

l'obstruction à relever A dans E/E_{n+1} est un élément du groupe de cohomologie $H^2(A, E_n/E_{n+1}) = H^2(A, L)$. Comme on a $H^2(A, L) = 0$ d'après la prop. 3, l'obstruction en question est nulle. D'où le résultat cherché.

Remarque. La méthode suivie ici ne s'applique pas sans changement au cas $p = 2h+1$. En fait, on peut montrer que $\dim H^2(A, L) = 1$ si $p \geqq 2h$.

4. Le cas $p = mh + 1$, $m \geqq 1$

Le but de ce § est de donner une démonstration des théorèmes de relèvement du n° 2.6 qui soit valable aussi bien pour $p = h+1$ (cas déjà traité au §3) que pour $p = 2h+1$.

Nous supposerons donc que $p = mh+1$, où m est un entier $\geqq 1$. L'hypothèse "$m = 1$ ou 2" n'interviendra qu'à la fin (n° 4.4).

4.1. Le groupe B_m et son relèvement

Définition du groupe B_m. Soit B le sous-groupe de Borel standard du groupe $\mathbf{PGL}_2(\mathbf{F}_p)$, image du groupe triangulaire $\left(\begin{smallmatrix} * & * \\ 0 & * \end{smallmatrix}\right)$. C'est un groupe d'ordre $p^2 - p$, produit semi-direct de $\mathbf{F}_p^*$ par $\mathbf{F}_p$. Comme $p - 1 = mh$, il existe un unique sous-groupe B_m de B d'indice m dans B. Ce groupe est produit semi-direct d'un groupe cyclique $C_h = \langle\gamma\rangle$ d'ordre h, par un sous-groupe cyclique $C_p = \langle u\rangle$ d'ordre p. On a

$$\gamma u \gamma^{-1} = u^i\,,$$

où i est un élément de $\mathbf{F}_p^*$ d'ordre h. On peut choisir pour γ et u les éléments de $\mathbf{PGL}_2(\mathbf{F}_p)$ représentés par $\left(\begin{smallmatrix} i & 0 \\ 0 & 1 \end{smallmatrix}\right)$ et $\left(\begin{smallmatrix} 1 & 1 \\ 0 & 1 \end{smallmatrix}\right)$.

Définition de l'anneau R_m. Soit z_p une racine primitive p-ième de l'unité (dans une clôture algébrique $\overline{\mathbf{Q}}$ de $\mathbf{Q}$). Comme m divise $p-1$, le corps cyclotomique $\mathbf{Q}(z_p)$ contient un unique sous-corps K_m qui est de degré m sur $\mathbf{Q}$; à isomorphisme près, K_m est l'unique extension cyclique de $\mathbf{Q}$, de degré m, qui soit non ramifiée en dehors de p. Pour $m = 1$, on a $K_m = \mathbf{Q}$; pour $m = 2$, on a $K_m = \mathbf{Q}(\sqrt{p^*})$, avec $p^* = \pm p$, le signe étant choisi de telle sorte que $p^* \equiv 1 \pmod 4$, cf. n° 2.6.

Soit R_m l'anneau des entiers de K_m. Comme p est totalement ramifié dans K_m, l'anneau R_m possède un unique idéal premier $\mathfrak{p}_m$ divisant p. Le complété de R_m en $\mathfrak{p}_m$ sera noté $\hat{R}_m$; son corps résiduel est $\mathbf{F}_p$. Pour $m = 1$, on a $\hat{R}_m = \mathbf{Z}_p$; pour $m = 2$, on a $\hat{R}_m = \mathbf{Z}_p[\sqrt{p^*}]$.

Un théorème de relèvement. Identifions $\mathbf{PGL}_2(\mathbf{F}_p)$ à un sous-groupe de $G(\mathbf{F}_p)$ comme au n° 2.5. Les groupes B et B_m deviennent ainsi des sous-groupes de $G(\mathbf{F}_p)$. Comme $\mathbf{F}_p$ est quotient de $\hat{R}_m$, on a un homomorphisme

$$G(\hat{R}_m) \to G(\mathbf{F}_p),$$

qui est surjectif puisque G est lisse.

Théorème 4. *Le sous-groupe B_m de $G(\mathbf{F}_p)$ est relevable dans $G(\hat{R}_m)$.*

La démonstration de ce théorème fait l'objet des n°s 4.2 et 4.3 ci-dessous. On verra au n° 4.4 comment on en déduit les théorèmes 2 et 3 du n° 2.5, lorsque $m = 1, 2$.

4.2. Certains éléments d'ordre p de G

Dans ce n°, k est un corps algébriquement clos de caractéristique 0.

Proposition 4. *Il existe un couple d'éléments (c, x) de $G(k)$ ayant les propriétés suivantes*:

(1) *c est un élément régulier d'ordre h de type principal* (au sens du n° 1.3, et aussi au sens de Kostant [18]);

(2) *x est un élément régulier d'ordre p*;

(3) *On a $cxc^{-1} = x^i$, où i est un élément donné de $\mathbf{F}_p^*$ d'ordre h.*

(Ces propriétés entraînent que le groupe $\langle c, x\rangle$ engendré par c et x est isomorphe au groupe B_m du n° 4.1.)

Démonstration. Soit N le normalisateur du tore maximal T. Le quotient $W = N/T$ est le groupe de Weyl du système de racines R. Soit w un élément de Coxeter de W ([2], Chap. V, §6), et soit c un représentant de w dans $N(k)$. D'après Kostant [18], l'élément c satisfait à (1) : c'est un élément régulier, d'ordre h, et de type principal (de plus, tout élément régulier d'ordre h de $G(k)$ est conjugué de c).

Soit $T[p]$ le groupe des points de division par p dans le tore $T(k)$. L'élément c agit par conjugaison sur $T[p]$, via l'élément de Coxeter w. Comme l'ordre h de c est premier à p, cette action est semi-simple; les valeurs propres de c sont les réductions en caractéristique p des valeurs propres de w dans sa représentation naturelle de rang r. Or on sait ([2], *loc. cit.*) que ces dernières contiennent, avec multiplicité 1, toutes les racines primitives h-ièmes de l'unité. Le même résultat est donc vrai en caractéristique p. On en déduit qu'il existe $x \in T[p]$, $x \neq 1$, tel que $cxc^{-1} = x^i$.

Il reste à montrer que x est régulier, i.e. que l'on a $\alpha(x) \neq 1$ pour toute racine α. Soit $R(x)$ le sous-ensemble de R formé des α tels que $\alpha(x) = 1$, et soit $W(x)$ le sous-groupe de W engendré par les symétries s_α avec $\alpha \in R(x)$. Il est clair que x est fixé par $W(x)$. De plus, $W(x)$ est normalisé par le sous-groupe $\langle w \rangle$ de W engendré par l'élément de Coxeter w, et l'on a $\langle w \rangle \cap W(x) = 1$. Soit $W'(x)$ le produit semi-direct $\langle w \rangle \cdot W(x)$. Notons $D(x)$ le sous-groupe de $T[p]$ engendré par x. Puisque la valeur propre i de w sur $T[p]$ est de multiplicité 1, $D(x)$ est égal à l'ensemble des $y \in T[p]$ tels que $w(y) = y^i$ et il en résulte que $D(x)$ est *stable* par $W'(x)$. Si l'on emploie une notation additive dans $T[p]$, cela entraîne que $D(x)$ est une *droite* du $\mathbf{F}_p$-espace vectoriel $T[p]$, qui est stable par $W'(x)$; de plus l'action de $W(x)$ sur $D(x)$ est triviale, et l'action de w se fait par une racine primitive h-ième de l'unité. Or p est premier à l'ordre de W (car $p > h$) donc *a fortiori* à l'ordre de $W'(x)$. On déduit de là, et d'une forme élémentaire de la théorie de Brauer, que la représentation géométrique de $W'(x)$, en caractéristique 0, contient une représentation de dimension 1 du même type que $D(x)$. En d'autres termes, si l'on note $V_{\mathbf{C}}$ le complexifié de la représentation géométrique de W, il existe $x_0 \neq 0$ dans $V_{\mathbf{C}}$ ayant les deux propriétés suivantes:

a) x_0 est fixé par $W(x)$;

b) $w(x_0) = \lambda x_0$, où λ est une racine primitive h-ième de l'unité.

Mais on sait ([2], Chap. V, p. 121, Remarque) qu'un tel x_0 n'appartient à aucun hyperplan radiciel (i.e. w est un élément *régulier* de W, au sens de Springer [29]). On a donc $s_\alpha(x_0) \neq x_0$ pour tout $\alpha \in R$. Vu a), cela entraîne qu'aucune symétrie s_α n'appartient à $W(x)$, autrement dit que l'ensemble noté plus haut $R(x)$ est vide; d'où le fait que x est régulier.

Remarques. 1) Le fait que x soit régulier peut aussi se déduire du th. 1 de Pianzola [23].

2) Si c et x sont comme ci-dessus, il est bien connu que la classe de c est $\mathbf{Q}$-*rationnelle* au sens du n° 8.1, autrement dit que c est conjugué de c^j pour tout j premier à h (c'est en effet la seule classe de conjugaison formée d'éléments réguliers d'ordre h). Quant à la classe de x, la propriété (3) de la prop. 4 montre qu'elle est rationnelle sur le corps K_m du n° 4.1; il n'est d'ailleurs pas difficile de démontrer que son corps de rationalité est *égal* à K_m.

3) Soit $\tilde{G}$ le revêtement universel de G. Le noyau de $\tilde{G} \to G$ est d'ordre $\leqq h$, donc premier à p. Il en résulte que x se relève *de façon unique* en un élément $\tilde{x}$ d'ordre p de $\tilde{G}(k)$; la classe de $\tilde{x}$ est rationnelle sur K_m.

Valeurs des caractères de $\tilde{G}$ sur $\tilde{x}$. On va s'intéresser aux valeurs que prennent sur $\tilde{x}$ les caractères des représentations linéaires de $\tilde{G}$.

Notons $R(\tilde{G})$ le *groupe de Grothendieck* de la catégorie des représentations linéaires de $\tilde{G}$ (sur $\mathbf{Z}$, ou sur un corps: c'est la même chose d'après [26], th. 4 et th. 5). Si P désigne le *groupe des poids* du système de racines R, on sait (*loc. cit.*) que l'on a un isomorphisme naturel

$$R(\tilde{G}) = \mathbf{Z}[P]^W,$$

où $\mathbf{Z}[P]^W$ est *l'anneau des invariants exponentiels* de R ([2], Chap. VI, §3), i.e. la sous-algèbre de $\mathbf{Z}[P]$ formée des éléments invariants par W. Si $f \in R(\tilde{G})$, et si z est un point de $\tilde{G}$, on notera $f(z)$ la *trace* de z dans la représentation (virtuelle) de $\tilde{G}$ associée à f. Cela permet d'interpréter les éléments de $R(\tilde{G})$ comme des morphismes de $\tilde{G}$ dans la droite affine **Aff**, invariants par conjugaison ("fonctions centrales sur $\mathbf{Z}$").

Notons $\deg : R(\tilde{G}) \to \mathbf{Z}$ l'homomorphisme "degré"; avec les notations ci-dessus, on a $\deg(f) = f(1)$.

Proposition 5. *Soit $\tilde{x}$ un élément d'ordre p de $\tilde{G}(k)$ du type ci-dessus, et soit $f \in R(\tilde{G})$. Alors:*

(a) *$f(\tilde{x})$ appartient à l'anneau R_m du* n° 4.1.

(b) *On a $f(\tilde{x}) \equiv \deg(f) \pmod{\mathfrak{p}_m}$, où $\mathfrak{p}_m$ désigne l'idéal premier de R_m divisant p,* cf. n° 4.1.

(Lorsque $m = 1$, (a) signifie que $f(\tilde{x})$ appartient à $\mathbf{Z}$.)

Il suffit de prouver (a) et (b) lorsque f correspond à une représentation linéaire de $\tilde{G}$ (et pas seulement à une représentation virtuelle): le cas général en résulte par linéarité. Or, dans ce cas, le fait que la classe de $\tilde{x}$ soit K_m-rationnelle entraîne $f(\tilde{x}) \in K_m$, cf. n° 8.2. De plus, si $d = \deg(f)$, il est clair que $f(\tilde{x})$ est somme de d racines p-ièmes de l'unité, donc est un entier algébrique. D'où $f(\tilde{x}) \in R_m$. Enfin, la réduction en caractéristique p d'une racine p-ième de l'unité est égale à 1. On en conclut que l'image de $f(\tilde{x})$ dans $\mathbf{F}_p$ est égale à $d \pmod p$, d'où (b).

4.3. Relèvement de B_m

Dans ce n°, tous les schémas considérés sont *sur l'anneau $\hat{R}_m$*. Pour alléger les notations, on se permet de noter G le schéma en groupes sur $\hat{R}_m$ déduit du $\mathbf{Z}$-schéma G par le changement de base $\mathbf{Z} \to \hat{R}_m$; même convention pour $\tilde{G}$, ainsi que pour la droite affine **Aff**.

Le morphisme **f**. On sait ([2], Chap. VI, §3) que l'algèbre $R(\tilde{G}) = \mathbf{Z}[P]^W$ est isomorphe à une algèbre de polynômes en r générateurs. On peut donc choisir des éléments $f_1, \ldots, f_r$ de $R(\tilde{G})$, algébriquement indépendants, qui engendrent $R(\tilde{G})$; un choix possible consiste à prendre des f_i correspondant aux r représentations fondamentales de $\tilde{G}$, cf. [2], Chap. VIII, §7, th. 2.

Soit $(f_1, \ldots, f_r)$ une telle famille de générateurs. Les f_i définissent un morphisme

$$\mathbf{f} : \tilde{G} \to \mathbf{Aff}^r,$$

où $\mathbf{Aff}^r$ est le produit de r copies de la droite affine **Aff**.

L'ouvert $\tilde{G}^{\text{reg}}$. Nous noterons $\tilde{G}^{\text{reg}}$ l'ouvert de $\tilde{G}$ formé des points en lesquels le morphisme **f** ci-dessus est *lisse*. Il est clair que cette définition ne dépend pas du choix du système générateur $(f_1, \ldots, f_r)$. D'après un théorème de Steinberg

([31], th. 8.1) un point de $\tilde{G}$ à valeurs dans un corps K appartient à G^{reg} si et seulement si il est *régulier*.

(Noter que tout ceci pourrait se faire sur un anneau quelconque.)

Considérons maintenant le point $\tilde{x}$ de $\tilde{G}$ défini au n° précédent. D'après la prop. 5, les scalaires $a_i = f_i(\tilde{x})$ appartiennent à l'anneau $\hat{R}_m$. Ils définissent donc un point $\mathbf{a} = (a_1, \ldots, a_r)$ de $\mathbf{Aff}^r(\hat{R}_m)$.

Soit $Y = \mathbf{f}^{-1}(\mathbf{a})$ le sous-schéma de $\tilde{G}^{\text{reg}}$ défini par l'équation $\mathbf{f}(g) = \mathbf{a}$. C'est un $\hat{R}_m$-schéma lisse. On peut l'interpréter comme la "classe de conjugaison schématique" de $\tilde{x}$. On a en effet:

Proposition 6. (a) *Soit k un corps algébriquement clos contenant $\hat{R}_m$. Pour qu'un élément de $\tilde{G}(k)$ appartienne à $Y(k)$, il faut et il suffit qu'il soit conjugué de $\tilde{x}$.*

(b) *Soit k un corps de caractéristique p. Pour qu'un élément de $\tilde{G}(k)$ appartienne à $Y(k)$, il faut et il suffit qu'il soit unipotent régulier.*

Dans le cas (a), il est clair que tout conjugué de $\tilde{x}$ est dans $\tilde{G}^{\text{reg}}$ (en effet $\tilde{x}$ est régulier, puisque x l'est), et a même image par $\mathbf{f}$ que $\tilde{x}$; un tel conjugué appartient donc à $Y(k)$. Inversement, si $g \in Y(k)$, le fait que g et $\tilde{x}$ soient tous deux réguliers et aient même image par $\mathbf{f}$ entraîne que g et $\tilde{x}$ sont conjugués ([31], cor. 6.6).

Dans le cas (b), on remarque que, d'après la prop. 5 (b), les a_i ont même image que $f_i(1)$ dans $\mathbf{F}_p$. Les points de $Y(k)$ sont donc les éléments réguliers g de $\tilde{G}(k)$ tels que $\mathbf{f}(g) = \mathbf{f}(1)$. D'après [31], cor. 6.7, ce sont les éléments unipotents réguliers de $\tilde{G}(k)$.

Corollaire. *Si g est un point de Y* (à valeurs dans un anneau quelconque) *on a $g^p = 1$.*

En effet, comme Y est lisse, il suffit de le vérifier pour les points à valeurs dans des corps de caractéristique 0, et cela résulte alors de (a).

Revenons maintenant à la démonstration du th. 4, i.e. au relèvement du sous-groupe B_m de $G(\mathbf{F}_p)$ engendré par γ et u. Rappelons les propriétés de ces éléments:

γ est d'ordre h;
u est un élément unipotent régulier d'ordre p;
on a $\gamma u \gamma^{-1} = u^i$, avec $i \in \mathbf{F}_p^*$ d'ordre h.

Comme u est unipotent, il est l'image d'un unique unipotent $\tilde{u}$ de $\tilde{G}(\mathbf{F}_p)$, qui est régulier puisque u l'est. D'après la prop. 6(b), $\tilde{u}$ appartient à $Y(\mathbf{F}_p)$. Vu la lissité de Y, cela montre déjà que $\tilde{u}$ se relève en un point de $Y(\hat{R}_m)$, lequel est d'ordre p d'après le cor. à la prop. 6. Toutefois, ce résultat ne suffit pas: il faut relever $\tilde{u}$ de façon "équivariante" vis-à-vis de γ. Cela conduit à introduire un certain automorphisme de Y:

L'automorphisme τ. L'ordre h de γ est premier à p; cela entraîne que γ se relève en un élément d'ordre h de $G(\hat{R}_m)$, élément que nous noterons encore γ.

Comme G s'identifie à un sous-groupe de Aut $\tilde{G}$, γ définit un automorphisme Int_γ de $\tilde{G}$, d'ordre h. Cet automorphisme laisse évidemment stables les schémas $\tilde{G}^{\mathrm{reg}}$ et Y.

D'autre part, tout point g de Y est tel que $g^p = 1$ d'après le corollaire à la prop. 6. De plus, g^i est un point de Y; en effet, il suffit de le prouver pour les points à valeurs dans un corps de caractéristique 0, et cela résulte alors de la prop. 6, et de la propriété analogue pour $\tilde{x}$. L'application $g \mapsto g^i$ définit donc un endomorphisme σ_i de Y. Si $j \in \mathbf{F}_p^*$ est tel que $ij = 1$, on a $\sigma_i \circ \sigma_j = \mathrm{Id}$, ce qui montre que σ_i est un automorphisme de Y. On a $(\sigma_i)^h = \mathrm{Id}$ puisque $i^h = 1$.

On définit un automorphisme τ de Y par $\tau = \sigma_i^{-1} \circ \mathrm{Int}_\gamma$. Comme σ_i et Int_γ commutent, on a $\tau^h = \mathrm{Id}$.

Si l'on applique σ_i et Int_γ à l'élément $\tilde{u}$ de $Y(\mathbf{F}_p)$, on trouve $\sigma_i(\tilde{u}) = \tilde{u}^i$ et $\mathrm{Int}_\gamma(\tilde{u}) = \tilde{u}^i$). Il en résulte que *$\tilde{u}$ est fixé par τ.*

Proposition 7. *Il existe un relèvement $\tilde{z}$ de $\tilde{u}$ dans $Y(\hat{R}_m)$ qui est fixé par τ.*

Si n est un entier > 0, soit A_n le quotient de R_m par la n-ième puissance de l'idéal $\mathfrak{p}_m$. On construit par récurrence sur n un relèvement z_n de u dans $Y(A_n)$ qui soit fixé par τ. Pour $n = 1$, on prend $z_1 = \tilde{u}$. Pour passer de n à $n+1$, on remarque que, comme Y est lisse, les relèvements de z_n dans $Y(A_{n+1})$ forment de façon naturelle un espace homogène principal sous l'espace tangent à la variété $Y_{/\mathbf{F}_p}$ en $\tilde{u}$. Le groupe $\langle\tau\rangle$ opère de façon affine sur cet espace homogène. Comme il est d'ordre premier à p, cette action a un point fixe (prendre le barycentre d'une orbite); on choisit pour z_{n+1} un tel point fixe. Ceci fait, la suite des z_n définit un point $\tilde{z}$ de $Y(\hat{R}_m)$ qui répond à la question.

(On pourrait aussi invoquer le résultat général suivant: si $X \to S$ est un morphisme lisse, et si Γ est un groupe fini de S-automorphismes de X, d'ordre premier aux caractéristiques résiduelles, le sous-schéma X^Γ de X fixé par Γ est lisse sur S. Lorsque S est le spectre d'un corps, cela se trouve démontré dans Iversen [15], prop. 1.3.)

Exemple. Indiquons ce que donnent les constructions ci-dessus dans le cas le plus simple, celui du rang 1. On a alors $G = \mathbf{PGL}_2$, $\tilde{G} = \mathbf{SL}_2$, $h = 2$, $i = -1$, $m = (p-1)/2$, et K_m est le sous-corps réel maximal du corps cyclotomique $\mathbf{Q}(z_p)$. Le morphisme $\mathbf{f} : \mathbf{SL}_2 \to \mathbf{Aff}$ peut être choisi égal à la *trace.* On a $\mathbf{SL}_2^{\mathrm{reg}} = \mathbf{SL}_2 - \mu_2$, où μ_2 est identifié au centre de $\mathbf{SL}_2$. Si l'on écrit les points de $\mathbf{SL}_2$ comme des matrices $\left(\begin{smallmatrix} a & b \\ c & d \end{smallmatrix}\right)$ avec $ad - bc = 1$, $\mathbf{SL}_2^{\mathrm{reg}}$ est la réunion des trois ouverts affines suivants: b inversible, c inversible, $a - d$ inversible.

On peut prendre pour $\tilde{x}$ une matrice de valeurs propres z_p et z_p^{-1}. Sa trace est $z_p + z_p^{-1}$. On en déduit que le schéma Y est formé des $\left(\begin{smallmatrix} a & b \\ c & d \end{smallmatrix}\right)$ de $\mathbf{SL}_2^{\mathrm{reg}}$ tels que $a + d = z_p + z_p^{-1}$. On a $\tilde{u} = \left(\begin{smallmatrix} 1 & 1 \\ 0 & 1 \end{smallmatrix}\right)$ et l'on peut prendre pour γ l'image de $\left(\begin{smallmatrix} -1 & 0 \\ 0 & 1 \end{smallmatrix}\right)$ dans $\mathbf{PGL}_2$. Les automorphismes $\mathrm{Int}_\gamma, \sigma_i$ et τ de Y sont donnés respectivement par:

$$\begin{pmatrix} a & b \\ c & d \end{pmatrix} \mapsto \begin{pmatrix} a & -b \\ -c & d \end{pmatrix}, \begin{pmatrix} d & -b \\ -c & a \end{pmatrix} \text{ et } \begin{pmatrix} d & b \\ c & a \end{pmatrix}.$$

Le sous-schéma de Y fixé par τ est formé des points $\left(\begin{smallmatrix} a & b \\ c & d \end{smallmatrix}\right)$ de Y tels que $a = d$. La prop. 7 dit que l'on peut choisir un tel point, à coordonnées dans $\hat{R}_m$, tel que $\left(\begin{smallmatrix} a & b \\ c & d \end{smallmatrix}\right) \equiv \left(\begin{smallmatrix} 1 & 1 \\ 0 & 1 \end{smallmatrix}\right) \pmod{\mathfrak{p}_m}$; or c'est immédiat: on prend par exemple $a = (z_p + z_p^{-1})/2$, $b = 1$, $c = a^2 - 1$, $d = a$.

Fin de la démonstration du th. 4. On choisit $\gamma \in G(\hat{R}_m)$ et $\tilde{z} \in \tilde{G}(\hat{R}_m)$ comme ci-dessus. Le fait que $\tilde{z}$ soit un point de Y entraîne que $\tilde{z}^p = 1$; comme de plus $\tilde{z}$ est fixé par τ on a $\mathrm{Int}_\gamma(\tilde{z}) = \tilde{z}^i$. Si z désigne l'image de $\tilde{z}$ dans $G(\hat{R}_m)$, on a donc $z^p = 1$ et $\gamma z \gamma^{-1} = z^i$. Il est alors clair que le groupe engendré par γ et z est un relèvement de B_m dans $G(\hat{R}_m)$.

Remarque. On peut espérer qu'il existe une démonstration plus directe du th. 4, basée sur une construction *explicite* d'un relèvement de B_m et utilisant les représentants canoniques des classes de conjugaison donnés par Steinberg [31], th. 7.9.

4.4. *Application: démonstration du* th. 2 *et du* th. 3

On revient maintenant au cas où $m \leqq 2$. Posons:

$$A = \begin{cases} \mathbf{PGL}_2(\mathbf{F}_p) & \text{si } m = 1 \text{ (i.e. } p = h + 1) \\ \mathbf{PSL}_2(\mathbf{F}_p) & \text{si } m = 2 \text{ (i.e. } p = 2h + 1). \end{cases}$$

Dans les deux cas, B_m est un sous-groupe de A : c'est le normalisateur du p-Sylow $C_p = \langle u \rangle$ de A. Soit P le noyau de la projection

$$G(\hat{R}_m) \to G(\mathbf{F}_p).$$

On voit comme au n° 3.1 que P est un pro-p-groupe. Soit E l'image réciproque de A dans $G(\hat{R}_m)$. On a une suite exacte

$$1 \to P \to E \to A \to 1.$$

Vu le th. 4, le sous-groupe B_m de A est relevable dans E. En appliquant le th. 5 du n° 7.3, on en déduit que A est relevable. Cela démontre le th. 2 (si $m = 1$) et le th. 3 (si $m = 2$).

Remarque. Il y a en fait *un et un seul* relèvement de A qui prolonge un relèvement donné de B_m. Pour le voir, on applique la prop. 14 du n° 7.3, et l'on est ramené à prouver que *l'action de B_m sur l'algèbre de Lie $L = \mathrm{Lie}(G_{/\mathbf{F}_p})$ n'a pas de point fixe* $\neq 0$. (En effet, un tel point fixe appartient à la fois à l'algèbre de Lie du centralisateur de γ, qui est un tore, et à l'algèbre de Lie du centralisateur de u, qui est un groupe unipotent. Or les algèbres de Lie d'un tore et d'un groupe unipotent ont une intersection triviale.)

5. Changement de corps

Pour compléter les démonstrations des théorèmes 1 et 1′ du §1, il nous reste essentiellement à passer de la caractéristique 0 à une caractéristique quelconque. Comme on va le voir, cela se fait sans difficulté, grâce à la théorie de Bruhat–Tits.

5.1. Bonne réduction

Soit K un corps muni d'une valuation discrète v, de corps résiduel k et d'anneau de valuation O_K.

Soit A un sous-groupe fini de $G(K)$. Supposons que A ait *bonne réduction*, i.e. soit contenu dans $G(O_K)$. L'homomorphisme $G(O_K) \to G(k)$ donne par restriction à A un homomorphisme $A \to G(k)$.

Lemme 4. *Le noyau de $A \to G(k)$ est trivial si k est de caractéristique* 0. *C'est un ℓ-groupe si k est de caractéristique $\ell > 0$.*

C'est là un résultat standard, que l'on peut démontrer en utilisant une filtration de $G(O_K)$ analogue à celle du n° 3.1.

Lemme 5. *Soit $a \in A$ d'ordre premier à la caractéristique de k, et soit a_0 son image dans $G(k)$. Les deux conditions suivantes sont équivalentes*:

(1) *a est de type principal dans $G(K)$*

(2) *a_0 est de type principal dans $G(k)$.*

(Pour la définition du "type principal", voir n° 1.3.)

Quitte à agrandir K, on peut supposer que K est complet, et aussi que a_0 est conjugué dans $G(k)$ d'un élément du tore maximal T: on a

$$a_0 = g_0 t_0 g_0^{-1}, \text{ avec } g_0 \in G(k) \text{ et } t_0 \in T(k) .$$

On peut relever g_0 en un élément g de $G(O_K)$ et conjuguer a par g. On est ainsi ramené au cas où a_0 appartient à $T(k_0)$. Le fait que l'ordre de a soit premier à caract(k) entraîne alors que a_0 possède un relèvement a_1 dans $T(O_K)$, et un seul, qui a même ordre que a_0 et a. Les éléments a et a_1 de $G(O_K)$, étant des relèvements de même ordre de a_0, sont conjugués dans $G(O_K)$; ici encore, cela se voit en utilisant le fait que leurs ordres sont premiers à caract(k). On peut donc remplacer a par a_1, i.e. supposer $a \in T(O_K)$.

Supposons que a soit de type principal. Cela signifie qu'il existe une base B du système de racines R telle que les $\alpha(a), \alpha \in B$, soient égaux entre eux. Il en est alors de même des $\alpha(a_0), \alpha \in B$, qui sont les images des $\alpha(a)$ dans k^*. D'où (1) $\Rightarrow$ (2).

L'implication (2) $\Rightarrow$ (1) se démontre de façon analogue; si la base B est choisie de telle sorte que les $\alpha(a_0), \alpha \in B$, soient égaux entre eux, il en est de même des $\alpha(a)$: en effet, l'application $O_K^* \to k^*$ est injective sur les éléments d'ordre fini premier à caract(k).

5.2. Bonne réduction à conjugaison près

Conservons les notations ci-dessus. Soit K' une extension finie de K, de degré d. Nous dirons que K'/K est *totalement ramifiée* si la valuation v de K se prolonge en une valuation v' de K' dont l'indice de ramification $e(v'/v)$ est égal à d; s'il en est ainsi, v' est unique, et le corps résiduel de K' est égal à k, cf. e.g. [24], Chap. I. On note $O_{K'}$ l'anneau de la valuation v'.

Par exemple, si π est une uniformisante de K, on peut prendre pour K' l'extension $K(\pi^{1/d})$.

Proposition 8. *Il existe une extension finie totalement ramifiée K'/K ayant la propriété suivante*:

($*$) *Pour tout sous-groupe fini A de $G(K)$, il existe $g \in G(K')$ tel que gAg^{-1} ait bonne réduction dans $G(K')$* (i.e. $gAg^{-1} \subset G(O_{K'})$).

(Cet énoncé vaut, plus généralement, pour les sous-groupes *bornés* de $G(K)$, au sens de [3].)

Soit X l'immeuble de Bruhat–Tits associé à G et à K, cf. [3], et soit P_0 le sommet de X correspondant au sous-groupe borné $G(O_K)$; soit App l'appartement de X associé au tore T. Notons X', P'_0, App$'$ l'immeuble, le sommet, et l'appartement relatifs à une extension totalement ramifiée K' de K. L'immeuble X se plonge de façon naturelle dans l'immeuble X', et ce plongement applique P_0 sur P'_0 et App sur App$'$. De plus, si l'on identifie App et App$'$ à $Q \otimes \mathbf{R}$, où Q est le groupe des poids radiciels du systéme dual (Bourbaki [2], Chap. VI, §2), l'isomorphisme App $\rightarrow$ App$'$ est donné par $x \mapsto d \cdot x$, où $d = [K' : K]$. Il résulte de ceci que, si d est divisible par un nombre δ convenable (ne dépendant que du système de racines R), *tout sommet, et tout barycentre de face, de l'appartement* App *devient dans* App$'$ *un translaté de* P_0 *par* Q, donc un conjugué de $P_0 = P'_0$ par un élément de $T(K')$ (ce genre d'argument est bien connu, cf. Gille [14], I.1.3 ainsi que Larsen [20], lemme 2.4). Si d est choisi de cette façon, la propriété ($*$) est satisfaite. En effet, soit A un sous-groupe fini de $G(K)$. D'après le théorème de point fixe de Bruhat–Tits ([3], Chap. I, §3), A fixe un point de l'immeuble X, que l'on peut supposer être le barycentre d'une face; quitte à conjuguer A par un élément de $G(K)$, on peut aussi supposer que ce point fixe appartient à App, et d'après ce qui précède on peut l'écrire sous la forme $g^{-1}P_0$, avec $g \in G(K')$. Le groupe gAg^{-1} fixe P_0; c'est donc un sous-groupe de $G(O_{K'})$.

Remarque. Le même énoncé est valable sans supposer G adjoint. Le cas simplement connexe est même plus simple, car alors tout sous-groupe borné fixe un sommet de X, et il n'est plus nécessaire de faire intervenir les barycentres des faces. Ainsi, pour le type E_8, il suffit que le degré de K'/K soit divisible par 60.

Corollaire. *Soit A un sous-groupe fini de $G(K)$. Supposons que k soit de caractéristique* 0, *ou que k soit de caractéristique $\ell > 0$ et que A ne possède* *pas de ℓ-sous-groupe normal $\neq 1$. Il existe alors un plongement de A dans $G(k)$ ayant la propriété suivante:*

(P) – Tout élément de A de type principal dans $G(K)$, et d'ordre premier à la caractéristique de k, est de type principal dans $G(k)$.

Quitte à remplacer K par une extension totalement ramifiée (ce qui ne change pas le corps résiduel k), on peut supposer que A est contenu dans $G(O_K)$. L'homomorphisme $A \to G(O_K) \to G(k)$ est injectif d'après le lemme 4 du n° 5.1. On obtient ainsi un plongement de A dans $G(k)$, qui jouit de la propriété (P) d'après le lemme 5 du n° 5.1.

5.3. *Fin de la démonstration des théorèmes* 1 *et* 1′

Il suffit de démontrer le th. 1′, qui est plus précis. Cela va se faire en plusieurs étapes.

Posons $A = \mathbf{PGL}_2(\mathbf{F}_p)$ dans le cas (i), et $A = \mathbf{PSL}_2(\mathbf{F}_p)$ dans le cas (ii). Disons qu'un corps K *convient* s'il existe un plongement de A dans $G(K)$ ayant les propriétés du th. 1′:

dans le cas (i), tout élément de A d'ordre premier à caract(K) est de type principal dans $G(K)$;

dans le cas (ii), tout élément de A d'ordre premier à p et à caract(K) est de type principal dans $G(K)$.

(1) *Il existe un corps K de caractéristique* 0 *qui convient*

On prend $K = \mathbf{Q}_p$ dans le cas (i) et $K = \mathbf{Q}_p(\sqrt{p^*})$ dans le cas (ii). Il faut voir que les plongements de A dans $G(K)$ définis aux §§3,4 satisfont aux conditions ci-dessus. Or, si $a \in A$ est d'ordre $\neq p$, c'est un élément de type principal de $G(\mathbf{F}_p)$, par construction; vu le lemme 5, a est de type principal dans $G(K)$. Il reste à voir, dans le cas (i), qu'un élément a de A d'ordre p est de type principal dans $G(K)$. Or, on a $p = h+1$, et l'on a vu que a est *régulier* dans G; ces propriétés entraînent (cf. [16]) que les "coordonnées de Kac" de a sont égales à $(2;1,1,\ldots,1)$, ce qui montre bien que a est de type principal (autre méthode: utiliser le fait que a est conjugué des a^i pour i premier à p, donc que la classe de a est $\mathbf{Q}$-rationnelle, au sens du n° 8.1).

(2) *Il existe un corps de nombres K qui convient*

Tout d'abord, il existe un corps K de type fini sur $\mathbf{Q}$ qui convient: cela résulte de (1), en remarquant que les coordonnées des points de A ne font intervenir qu'un nombre fini d'éléments de K. Soit n le degré de transcendance de K sur $\mathbf{Q}$. Si $n = 0$, K est un corps on nombres et (2) est vrai. Si $n > 0$, on démontre facilement qu'il existe une valuation discrète v de K dont le corps résiduel k est une extension de $\mathbf{Q}$ de degré de transcendance $n-1$. D'après le cor. à la prop. 8, le corps k convient. D'où le résultat cherché, en raisonnant par récurrence sur n.

(3) *Pour tout nombre premier ℓ, il existe un corps fini K de caractéristique ℓ qui convient* (à la seule exception de $\ell = 2, h = 2$)

On choisit un corps de nombres K qui convient, ainsi qu'une valuation discrète v de K dont le corps résiduel k est de caractéristique ℓ. On applique à nouveau le corollaire à la prop. 8, et l'on obtient le plongement cherché. Le cas d'exception provient de ce que, pour $\ell = 2$ et $p = 3$, le groupe A possède un ℓ-sous-groupe normal non trivial.

Les théorèmes 1 et 1′ résultent de (2) et (3), puisque tout corps algébriquement clos contient, soit un corps de nombres, soit un corps fini.

6. Compléments

Ce § donne quelques propriétés des sous-groupes finis de $G(k)$ construits dans les §§ précédents. Pour simplifier, on suppose k algébriquement clos de caractéristique 0.

6.1. Notations

On note $m_1, m_2, \ldots, m_r$ les *exposants* de R, rangés par ordre croissant:

$$1 = m_1 \leqq m_2 \leqq \cdots \leqq m_r = h - 1 .$$

La famille des m_i est symétrique par rapport à $h/2$: on a

$$m_{r+1-i} = h - m_i \quad \text{pour } i = 1, \ldots, r . \tag{1}$$

Si $\alpha \in R$, on note $ht(\alpha)$ la *hauteur* de α, cf. n° 2.1. On définit un élément f de l'anneau $\mathbf{Z}[X, X^{-1}]$ par:

$$f(X) = r + \sum_{\alpha \in R} X^{ht(\alpha)} . \tag{2}$$

D'après Kostant [18], on a:

$$f(X) = \sum_i (X^{m_i} + X^{m_i - 1} + \cdots + X^{-m_i}) , \tag{3}$$

ou encore:

$$(X-1)f(X) = \sum (X^{m_i+1} - X^{-m_i}) . \tag{4}$$

Nous aurons besoin de la formule suivante:

Proposition 9. *On a*:

$$(X-1)f(X) = (X - X^{-h}) \sum X^{m_i} . \tag{5}$$

On utilise (1) pour récrire (4) sous la forme

$$\begin{aligned} 2 \cdot (X-1)f(X) &= \sum (X^{m_i+1} - X^{-m_i} + X^{h+2-m_i} - X^{m_i - h}) \\ &= (X - X^{-h}) \sum (X^{m_i} + X^{h-m_i}) . \end{aligned}$$

D'où (5) puisque $\sum X^{m_i} = \sum X^{h-m_i}$, d'après (1).

Corollaire. *Soit x un élément inversible $\neq 1$ d'un anneau intègre.*
(a) *Si $x^h = 1$, on a $f(x) = \sum x^{m_i}$.*
(b) *Si $x^{h+1} = 1$, on a $f(x) = 0$.*
(c) *Si $x^{h+2} = 1$, on a $f(x) = -\sum x^{m_i+1}$.*

Si $x^{h+2} = 1$, on a $x^{-h} = x^2$ et la formule (5) donne

$$(x-1)f(x) = (x-x^2)\sum x^{m_i} = -(x-1)\sum x^{m_i+1}.$$

D'où (c), en divisant par $(x-1)$. Les démonstrations de (a) et (b) sont analogues.

6.2. Le cas $p = h+1$: classes de conjugaison

Dans ce n° et le suivant, on s'intéresse au sous-groupe $A = \mathbf{PGL}_2(\mathbf{F}_p)$ de $G(k)$ construit au §3.

Commençons par les classes de conjugaison (dans $G(k)$) des éléments de A.

Tout élément $\neq 1$ de A est contenu dans un unique sous-groupe cyclique maximal. Ce sous-groupe est de l'un des trois types suivants:

(a) *Sous-groupe de Cartan déployé.* C'est un groupe cyclique d'ordre $p-1 = h$. Un générateur de ce groupe est un élément "de type principal" de $G(k)$, au sens de Kostant (cf. [18], ainsi que le n° 4.2). Ses coordonnées de Kac (cf. [16]) sont $(1; 1, \ldots, 1)$; sa classe de conjugaison dans $G(k)$ est $\mathbf{Q}$-rationnelle.

(b) *Sous-groupe d'ordre $p = h+1$.* Un élément $\neq 1$ de ce groupe est du type étudié par Kac dans [16]. Ses coordonnées de Kac sont $(2; 1, \ldots, 1)$; sa classe de conjugaison dans $G(k)$ est $\mathbf{Q}$-rationnelle.

(c) *Sous-groupe de Cartan non déployé.* C'est un groupe cyclique d'ordre $p+1 = h+2$. Un générateur g de ce groupe est un élément régulier de G (car de type principal et d'ordre $\geqq h$). Le tableau suivant donne, pour les groupes exceptionnels, le corps de rationalité de la classe de conjugaison de g dans $G(k)$:

Type	h	p	ordre de g	corps de rationalité
G_2	6	7	8	$\mathbf{Q}$
F_4, E_6	12	13	14	corps cubique $\mathbf{Q}(z_7 + z_7^{-1})$
E_7	18	19	20	$\mathbf{Q}(\sqrt{5}) = \mathbf{Q}(z_5 + z_5^{-1})$
E_8	30	31	32	$\mathbf{Q}(\sqrt{2}) = \mathbf{Q}(z_8 + z_8^{-1})$.

(Dans ces formules, z_n désigne une racine primitive n-ième de l'unité.)

Indiquons par exemple comment on traite le cas de E_8. Le calcul de la trace de g dans la représentation adjointe de E_8 (cf. n° 6.3) montre que le corps de rationalité de la classe de g contient le corps $\mathbf{Q}(\sqrt{2})$. S'il était distinct de

$\mathbf{Q}(\sqrt{2})$, il serait de degré $\geqq 4$, et les g^i, i impair, appartiendraient à au moins 4 classes de conjugaison différentes. Mais ces classes, comme celle de g, sont régulières. Or la liste des coordonnées de Kac d'une classe régulière d'ordre 32 est facile à faire: avec l'indexation des racines de Bourbaki, c'est:

$$(3;1,1,1,1,1,1,1,1), \quad (1;2,1,1,1,1,1,1,1) \quad \text{et} \quad (1;1,1,1,1,1,1,1,2).$$

Il n'y a donc que 3 telles classes. D'où la contradiction cherchée.

Remarques. 1) Les cas de F_4 et de E_6 sont essentiellement les mêmes: le sous-groupe A de $E_6(k)$ se déduit de celui de $F_4(k)$ par l'injection naturelle de F_4 dans E_6. Même chose pour les injections $C_r \to A_{2r-1}$, $B_r \to D_{r+1}$ et $G_2 \to B_3 \to D_4$. La même remarque s'applique au cas (ii).

2) Si G est de type E_7, on peut se demander quelle est l'image réciproque $\tilde{A}$ de $A = \mathbf{PGL}_2(\mathbf{F}_{19})$ dans le revêtement universel $\tilde{G}$ de G. On trouve que c'est l'unique extension de A par $\{\pm 1\}$ dans laquelle -1 est le seul élément d'ordre 2 (autrement dit les éléments d'ordre 2 de A deviennent d'ordre 4 dans $\tilde{A}$). On peut identifier $\tilde{A}$ au sous-groupe de $\mathbf{SL}_2(\mathbf{F}_{19^2})$ formé des éléments s tels que $\bar{s} = \pm s$, où $s \mapsto \bar{s}$ désigne la conjugaison relativement à l'extension quadratique $\mathbf{F}_{19^2}/\mathbf{F}_{19}$.

6.3. *Le cas $p = h + 1$: la représentation adjointe*

On conserve les notations du n° précédent. L'action de A par conjugaison sur l'algèbre de Lie de G définit une représentation linéaire de A, de dimension N, que nous appellerons la *représentation adjointe* de A dans G. Son caractère sera noté $g \mapsto \mathrm{Tr}_{\mathrm{ad}}(g)$. Pour en donner un calcul explicite, il est commode de prendre pour corps de base le corps $\bar{\mathbf{Q}}_p$, vu que la représentation en question est définie de façon naturelle sur $\mathbf{Q}_p$, et même sur $\mathbf{Z}_p$, cf. §3.

Introduisons d'abord une notation. Si $g \in A$ est d'ordre premier à p, relevons-le en un élément $\tilde{g}$ de $\mathbf{GL}_2(\mathbf{F}_p)$; si λ et μ sont les valeurs propres de $\tilde{g}$, posons $\tilde{x} = \lambda/\mu$. Le couple $(\tilde{x}, \tilde{x}^{-1})$ est bien défini par g. On a $\tilde{x} \in \mathbf{F}^*_{p^2}$; c'est un élément d'ordre égal à celui de g. Le *représentant multiplicatif* de $\tilde{x}$ dans $\bar{\mathbf{Q}}_p$ sera noté x. C'est une racine de l'unité d'ordre égal à l'ordre de g.

Proposition 10. (1) *Si $g \in A$ est d'ordre premier à p, et si x est la racine de l'unité associée à g comme ci-dessus, on a*

$$\mathrm{Tr}_{\mathrm{ad}}(g) = f(x)\,, \tag{6}$$

où f est le polynôme de Laurent défini au n° 6.1.

(2) *Si $g \in A$ est d'ordre p, on a* $\mathrm{Tr}_{\mathrm{ad}}(g) = 0$.

(Noter, dans le cas (1), que $f(x) = f(x^{-1})$, de sorte que l'ambiguité de la définition de x n'a pas d'importance.)

Pour (1), on remarque que les valeurs propres de g opérant sur l'algèbre de Lie de G en caractéristique p sont les $\tilde{x}^{ht(\alpha)}$, ainsi que 1, répété r fois: cela résulte de la définition de l'homomorphisme principal. cf. §2. Les valeurs propres de g opérant sur l'algèbre de Lie de G en caractéristique 0 sont les représentants multiplicatifs des précédentes. Leur somme est donc égale à $f(x)$, d'après la formule (2).

Lorsque g est d'ordre p, on a vu que c'est un élément du type de Kac, et la trace d'un tel élément dans la représentation adjointe est connue pour être 0. (Cela peut aussi se déduire du fait que la représentation adjointe est définie sur $\mathbf{Z}_p$ par un module projectif.) D'où (2).

Corollaire 1. *Si $g \neq 1$ appartient à un sous-groupe de Cartan déployé, on a:*

$$\mathrm{Tr}_{\mathrm{ad}}(g) = \sum x^{m_i} . \tag{7}$$

Cela résulte de (6), et de la partie (a) du corollaire à la prop. 9, vu que l'on a alors $x^h = 1$ et $x \neq 1$.

Corollaire 2. *Si $g \neq 1$ appartient à un sous-groupe de Cartan non déployé, on a:*

$$\mathrm{Tr}_{\mathrm{ad}}(g) = -\sum x^{m_i+1} . \tag{8}$$

Cela se démontre de manière analogue, en utilisant la partie (c) du corollaire à la prop. 9.

Exemples. (a) Prenons g d'ordre 2 (de type déployé, ou non déployé, peu importe). On a $x = -1$, et les formules (7) et (8) donnent

$$\mathrm{Tr}_{\mathrm{ad}}(g) = r' - r'' ,$$

où r' (resp. r'') est le nombre des i tels que m_i soit pair (resp. impair). Si -1 appartient au groupe de Weyl, on a $r' = 0$, $r'' = r$, d'où

$$\mathrm{Tr}_{\mathrm{ad}}(g) = -r .$$

C'est ce qui se produit pour les types G_2, F_4, E_7, E_8.

(b) Prenons G de type G_2, et g d'ordre 8. Comme $m_1 = 1$, $m_2 = 5$, la formule (8) donne $\mathrm{Tr}_{\mathrm{ad}}(g) = -x^2 - x^6 = 0$ (car $x^4 = -1$ puisque x est d'ordre 8).

(c) Prenons G de type E_8, et g d'ordre 16 dans $\mathbf{PSL}_2(\mathbf{F}_{31})$. La formule (8) donne

$$\mathrm{Tr}_{\mathrm{ad}}(g) = -(x^2 + x^8 + x^{12} + x^{14} + x^{18} + x^{20} + x^{24} + x^{30}) .$$

Comme x est d'ordre 16, on a $x^8 = -1$, d'où:

$$\begin{aligned} \mathrm{Tr}_{\mathrm{ad}}(g) &= -(x^2 - 1 - x^4 - x^{-2} + x^2 + x^4 - 1 + x^{-2}) \\ &= 2 - 2(x^2 + x^{-2}) = 2 \pm 2\sqrt{2} . \end{aligned}$$

On obtient ainsi une valeur de la trace qui avait été déclarée (à tort) impossible dans [6], p. 392–394.

Remarque. Les valeurs de $\mathrm{Tr}_{\mathrm{ad}}(g)$ données dans la prop. 10 et ses corollaires déterminent sans ambiguïté la représentation adjointe de A dans G. Je me borne à énoncer le résultat, sans entrer dans les détails:

Soit s le nombre des i tels que $m_i = h/2$, et soit $t = (r-s)/2$. (On a $s = 1$ si r est impair, et $s = 0$ ou 2 si r est pair, le cas $s = 2$ n'intervenant que pour le type D_r.) On trouve que la représentation en question est somme directe de:

t représentations irréductibles de degré $p+1$, induites à partir des caractères d'exposants m_i, $1 \leqq i \leqq t$ (le caractère "d'exposant m" étant celui qui transforme un élément de $\mathbf{F}_p^*$ en la m-ième puissance de son représentant multiplicatif);

t représentations irréductibles de degré $p-1$, induites (à la Deligne–Lusztig) à partir des caractères d'un sous-groupe de Cartan non déployé d'exposants $m_i + 1, 1 \leqq i \leqq t$ (en un sens analogue au précédent);

s représentations irréductibles de degré p, prolongeant la représentation de Steinberg de $\mathbf{PSL}_2(\mathbf{F}_p)$.

6.4. Le cas $p = 2h+1$: classes de conjugaison

Dans ce n° et le suivant, on s'intéresse au cas (ii), où $p = 2h+1$ et $A = \mathbf{PSL}_2(\mathbf{F}_p)$.

Ici encore, il y a trois types de sous-groupes cycliques maximaux:

(a) *Sous-groupe de Cartan déployé.* C'est un groupe cyclique d'ordre $(p-1)/2 = h$. Un générateur de ce groupe est un élément de type principal, au sens de Kostant [18]; sa classe de conjugaison est $\mathbf{Q}$-rationnelle.

(b) *Sous-groupe d'ordre $p = 2h+1$.* Un élément $\neq 1$ de ce groupe est régulier; le corps de rationalité de sa classe de conjugaison est $\mathbf{Q}(\sqrt{p^*})$. Un tel élément n'est pas de type principal, sauf bien sûr si $G = \mathbf{PGL}_2$.

(c) *Sous-groupe de Cartan non déployé, d'ordre $(p+1)/2 = h+1$.* Un générateur de ce groupe est du type de Kac [16]. Sa classe de conjugaison est $\mathbf{Q}$-rationnelle.

Noter que toutes les classes de conjugaison des éléments de A sont rationnelles sur le corps $K = \mathbf{Q}(\sqrt{p^*})$. On peut se poser à ce sujet la question suivante (liée à celle de la Remarque 2) du n° 1.3):

existe-t-il une K-forme G' de G telle que $G'(K)$ contienne A?

6.5. Le cas $p = 2h+1$: la représentation adjointe

La représentation adjointe de A dans G se définit comme au n° 6.3, dont on adopte les notations: $\mathrm{Tr}_{\mathrm{ad}}(g)$, x, etc.

L'analogue de la première partie de la prop. 10 est vrai:

Proposition 11. *Si $g \in A$ est d'ordre premier à p, on a* $\mathrm{Tr}_{\mathrm{ad}}(g) = f(x)$.

La démonstration est la même.

On en déduit, grâce au corollaire à la prop. 9:

Corollaire 1. *Si $g \neq 1$ appartient à un sous-groupe de Cartan déployé, on a*

$$\mathrm{Tr}_{\mathrm{ad}}(g) = \sum x^{m_i} . \tag{9}$$

Corollaire 2. *Si $g \neq 1$ appartient à un sous-groupe de Cartan non déployé, on a*

$$\mathrm{Tr}_{\mathrm{ad}}(g) = 0 . \tag{10}$$

Le calcul de la trace d'un élément d'ordre p est moins évident. Comme au n° 6.3, notons s le nombre des i tels que $m_i = h/2$, et posons $t = (r-s)/2$.

Proposition 12. *Si $u \in A$ est d'ordre p, on a*

$$\mathrm{Tr}_{\mathrm{ad}}(u) = (r \pm s\sqrt{p^*})/2 . \tag{11}$$

Soit ρ la représentation adjointe de A dans G. Si l'on décompose ρ en somme de représentations irréductibles, la représentation unité n'intervient pas (car B_2 ne fixe aucun élément $\neq 0$ de l'algèbre de Lie, cf. n° 4.4). Or les autres représentations irréductibles de A sont de degrés $p, (p+1)/2, p+1, (p-1)/2$ et $p-1$. Le degré N de ρ se décompose donc sous la forme

$$N = a(p+1)/2 + b(p-1)/2 + cp, \quad \text{avec } a, b, c \text{ entiers} \geqq 0 .$$

Comme $N = r(h+1) = r(p+1)/2$, on voit que $a \leqq r$ et $r - a + b \equiv 0 \pmod{p}$. Mais on a $r < h$ (cela se vérifie cas par cas), d'où ici $r < (p-1)/2$. On a d'autre part $b(p-1)/2 \leqq N = r(p+1)/2 < (p-1)(p+1)/4$ d'où $b < (p+1)/2$ et finalement $r - a + b < (p-1)/2 + (p+1)/2 = p$. Comme $r - a + b$ est divisible par p, cela entraîne $r = a$, $b = 0$ d'où $c = 0$. Ainsi, la représentation ρ *ne fait intervenir que des représentations irréductibles de degré $p+1$ ou $(p+1)/2$*. Comme on connaît son caractère sur le sous-groupe de Cartan déployé, cf. (9), on en déduit que ρ se décompose en somme de:

t représentations irréductibles de degré $p+1$, induites à partir des caractères d'exposants m_i, $1 \leqq i \leqq t$;

s représentations irréductibles de degré $(p+1)/2$.

Or la trace de u dans une représentation irréductible de degré $(p+1)/2$ (resp. $p+1$) est $(1 \pm \sqrt{p^*})/2$ (resp. 1). Cela donne la formule (11) si $s = 0$ ou 1. Dans le cas $s = 2$, il reste à voir que les 2 représentations irréductibles de degré $(p+1)/2$ qui interviennent sont isomorphes. Comme le groupe G est alors de type D_r, un calcul explicite est possible; il donne le résultat voulu. (Inutile de dire que l'on aimerait une démonstration plus directe ...)

Corollaire. *Si aucun des m_i n'est égal à $h/2$* (ce qui est le cas pour les types G_2, F_4, E_6 et E_8), *on a* $\mathrm{Tr}_{\mathrm{ad}}(u) = r$.

Annexes

7. Un théorème de relèvement

7.1. Notations

Dans cette section, on note A un groupe fini, B un sous-groupe de A, et p un nombre premier. On s'intéresse au cas où B est "strongly p-embedded" dans A; cela signifie que les deux propriétés suivantes sont satisfaites:

(α) *B contient un p-sous-groupe de Sylow de A*, autrement dit $(A : B)$ est premier à p;

(β) *Pour tout $x \in A - B$, le groupe $B \cap xBx^{-1}$ est d'ordre premier à p.*

On peut reformuler ceci en termes de l'action de A sur l'espace homogène A/B:

(γ) *Si S est un p-sous-groupe de Sylow de A, il existe un point P de A/B qui est fixé par S, et S opère librement sur le complémentaire de P.*

Noter une conséquence de (γ): si p^a est l'ordre de S, on a

$$(A : B) \equiv 1 \pmod{p^a}.$$

Exemples. Soit S un p-sous-groupe de Sylow d'un groupe fini A et choisissons pour B le normalisateur $N_A(S)$ de S dans A. La condition (α) est satisfaite. En ce qui concerne (β), notons que S est l'unique p-Sylow de B, donc que $S \cap xSx^{-1}$ est l'unique p-Sylow de $B \cap xBx^{-1}$. La condition (β) est donc équivalente à:

(β') $S \cap xSx^{-1} = 1$ *pour tout* $x \in A - B$.

Comme $B = N_A(S)$, l'hypothèse $x \in A - B$ équivaut à $xSx^{-1} \neq S$, et l'on voit que (β') peut se récrire:

(β'') *Si S' est un p-Sylow de A distinct de S, on a $S \cap S' = 1$.*

Autrement dit, les p-Sylow de A ont la "propriété d'intersection triviale".

Ceci s'applique notamment lorsque A est l'un des groupes $\mathbf{GL}_2(\mathbf{F}_q)$, $\mathbf{SL}_2(\mathbf{F}_q)$, $\mathbf{PGL}_2(\mathbf{F}_q)$, $\mathbf{PSL}_2(\mathbf{F}_q)$, avec q une puissance de p, et B est un sous-groupe de Borel de A (groupe triangulaire); c'est le cas utilisé au n° 4.4. Autres choix possibles: les groupes de rang relatif 1 sur $\mathbf{F}_q$, par exemple $\mathbf{SU}_3(\mathbf{F}_{q^2})$, ou les groupes de Suzuki et de Ree en caractéristique 2 et 3.

7.2. Comparaison des groupes de cohomologie de A et de B

Soit M un A-module. Pour tout $q > 0$, le groupe de cohomologie $H^q(A,M)$ est un groupe de torsion; notons $H^q(A,M)_{(p)}$ sa composante p-primaire, et définissons de même $H^q(B,M)_{(p)}$.

Soient

$$\mathrm{Res} : H^q(A,M) \to H^q(B,M) \quad \text{et} \quad \mathrm{Cor} : H^q(B,M) \to H^q(A,M)$$

les homomorphismes de *restriction* et de *corestriction* associés au couple (A, B).

Proposition 13. *Si les propriétés* (α) *et* (β) *du* n° 7.1 *sont satisfaites, les homomorphismes*

$$\operatorname{Res} : H^q(A,M)_{(p)} \to H^q(B,M)_{(p)} \quad \textit{et} \quad \operatorname{Cor} : H^q(B,M)_{(p)} \to H^q(A,M)_{(p)}$$

sont des isomorphismes réciproques l'un de l'autre (quels que soient le A-module M et l'entier $q > 0$).

En d'autres termes, on peut identifier $H^q(A,M)_{(p)}$ à $H^q(B,M)_{(p)}$.

Corollaire. *Si M est un groupe de torsion p-primaire, les homomorphismes*

$$\operatorname{Res} : H^q(A,M) \to H^q(B,M) \quad \textit{et} \quad \operatorname{Cor} : H^q(B,M) \to H^q(A,M)$$

sont des isomorphismes réciproques l'un de l'autre.

En effet, les groupes $H^q(A,M)$ et $H^q(B,M)$ sont des groupes de torsion p-primaires.

Remarques. 1) La prop. 13 s'étend aux valeurs négatives de q à condition de remplacer les H^q par les groupes de cohomologie $\hat{H}^q$ modifiés à la Tate (cf. e.g. [4], Chap. XII).

2) La prop. 13 admet une réciproque: si un couple (A, B) jouit de la propriété cohomologique énoncée, on peut montrer que (α) et (β) sont satisfaites.

3) Dans le cas de l'*exemple* du n° 7.1, où $B = N_A(S)$, le groupe $H^q(B,M)_{(p)}$ s'identifie au sous-groupe de $H^q(S,M)$ fixé par l'action de B/S ([4], Chap. XII, th. 10.1). On obtient ainsi une description de $H^q(A,M)_{(p)}$ à partir de $H^q(S,M)$ et de l'action de B/S sur ce groupe. C'est le cas traité dans Benson [1], cor. 3.6.19.

Démonstration de la prop. 13. Soit p^a l'ordre d'un p-Sylow S de A, et soit $N = (A : B)$. On a vu au n° 7.1 que $N \equiv 1 \pmod{p^a}$. Or le composé $\operatorname{Cor} \circ \operatorname{Res}$ est égal à la multiplication par N, et l'on a $p^a x = 0$ pour tout $x \in H^q(A,M)_{(p)}$. On en tire: $\operatorname{Cor}(\operatorname{Res}(x)) = Nx = x$, ce qui montre que le composé $\operatorname{Cor} \circ \operatorname{Res}$ est l'identité sur $H^q(A,M)_{(p)}$.

Reste à voir que l'on a $\operatorname{Res} \circ \operatorname{Cor} = 1$ sur $H^q(B,M)_{(p)}$. Décomposons A en:

$$A = \bigcup Ba_jB$$

où les a_j sont des représentants des doubles classes de A mod B, choisis de telle sorte que $a_1 = 1$. Posons $B_j = B \cap a_jBa_j^{-1}$; si $j = 1$, on a $B_j = B$; si $j \neq 1$, on a $a_j \in A - B$, et B_j est d'ordre premier à p vu l'hypothèse (β). D'après une formule connue ([4], Chap. XII, prop. 9.1), le composé $\operatorname{Res} \circ \operatorname{Cor}$ peut s'écrire comme une somme

$$\operatorname{Res} \circ \operatorname{Cor} = \sum f_j ,$$

où $f_j : H^q(B,M) \to H^q(B,M)$ est le composé des trois homomorphismes suivants:

$$\text{restriction} : H^q(B,M) \to H^q(B_j,M),$$

$$\text{conjugaison par } a_j : H^q(B_j,M) \to H^q(a_j^{-1}B_ja_j,M),$$

$$\text{corestriction} : H^q(a_j^{-1}B_ja_j,M) \to H^q(B,M).$$

(Noter que $a_j^{-1}B_ja_j$ est contenu dans B.)

Lorsque $j = 1$, les trois homomorphismes ci-dessus sont l'identité, et l'on a donc $f_j = 1$. Lorsque $j \neq 1$, l'ordre de B_j est premier à p, et la composante p-primaire de $H^q(B_j,M)$ est 0; on a donc $f_j = 0$ sur $H^q(B,M)_{(p)}$. Puisque $\mathrm{Res} \circ \mathrm{Cor}$ est la somme des f_j, on obtient bien la formule voulue, à savoir

$$\mathrm{Res}(\mathrm{Cor}(x)) = x \quad \text{pour tout } x \in H^q(B,M)_{(p)}.$$

Variante. On peut aussi démontrer la prop. 13 en introduisant le *module de permutation* $\mathbf{Z}[X]$, où $X = A/B$. Ce module contient le module trivial $\mathbf{Z}$. Soit $I = \mathbf{Z}[X]/\mathbf{Z}$ le module quotient. D'après (γ), le S-module I est isomorphe à un multiple de la représentation régulière de S. On en déduit que $\mathbf{Z}_p \otimes I$ est *cohomologiquement trivial* comme S-module, donc aussi comme A-module (cf. [24], Chap. IX). Cela entraîne (*loc.cit.*) que l'homomorphisme

$$H^q(A,\mathbf{Z}_p \otimes M) \to H^q(A,\mathbf{Z}_p[X] \otimes M)$$

est un isomorphisme. Or le premier de ces deux groupes s'identifie à $H^q(A,M)_{(p)}$ et le second à $H^q(B,M)_{(p)}$ d'après le "lemme de Shapiro". On obtient donc bien un isomorphisme des groupes en question, et il n'est pas difficile de voir que c'est Res et que son inverse est Cor.

7.3. Relèvements

On conserve les notations ci-dessus, et l'on s'intéresse maintenant à une suite exacte

$$1 \to P \to E \to A \to 1,$$

où E est un groupe *profini*, et P un sous-groupe ouvert normal de E. On suppose que *P est un pro-p-groupe.*

Théorème 5. *Soit B un sous-groupe de A satisfaisant aux propriétés* (α) *et* (β) *du* n° 7.1. *Soit $\varphi : B \to E$ un relèvement de B dans E. Il existe alors un relèvement $\psi : A \to E$ qui prolonge φ.*

(Par un "relèvement" de B, on entend un homomorphisme $B \to E$ dont le composé avec $E \to A$ soit égal à l'injection $B \to A$.)

Corollaire. *Si l'extension E est scindée au-dessus de B, elle est scindée au-dessus de A.*

Démonstration du th. 5. On procède en trois étapes:

(1) *Le cas où P est abélien fini.* Le groupe P est alors muni d'une structure naturelle de A-module, et l'extension E définit un élément (E) de $H^2(A,P)$. Puisque E est scindée au-dessus de B, la restriction de (E) à B est 0; vu la prop. 13 (appliquée pour $q = 2$), on a $(E) = 0$, i.e. E est scindée. Choisissons un relèvement $\psi_1 : A \to E$, et soit φ_1 sa restriction à B. On peut écrire φ_1 sous la forme

$$b \mapsto \lambda(b)\,\varphi(b),$$

où $\lambda : B \to P$ est un 1-cocycle. Soit $(\lambda) \in H^1(B,P)$ la classe de ce cocycle. D'après la prop. 13 (appliquée pour $q = 1$), il existe un 1-cocycle $\mu : A \to P$ dont la restriction à B est cohomologue à λ. Si l'on note P additivement, cela signifie qu'il existe $z \in P$ tel que

$$\mu(b) = \lambda(b) + b \cdot z - z \quad \text{pour tout } b \in B.$$

Quitte à modiifier μ par le cobord $a \mapsto a \cdot z - z$, on peut donc supposer que μ prolonge λ. Revenons alors en notation multiplicative, et posons

$$\psi(a) = \mu(a)^{-1}\psi_1(a) \quad \text{pour tout } a \in A.$$

On obtient ainsi un relèvement $\psi : A \to E$, et il est clair que l'on a

$$\psi(b) = \varphi(b) \quad \text{pour tout } b \in B.$$

(2) *Le cas où P est fini.* On procède par récurrence sur l'ordre de P. Le cas où P est abélien vient d'être traité. Si P n'est pas abélien, soit $Z(P)$ son centre. On applique l'hypothèse de récurrence à l'extension

$$1 \to P/Z(P) \to E/Z(P) \to A \to 1.$$

On en déduit un relèvement $A \to E/Z(P)$ prolongeant le relèvement donné de B. D'où un plongement de A dans $E/Z(P)$; soit E' l'image réciproque de ce sous-groupe dans E. On a une suite exacte

$$1 \to Z(P) \to E' \to A \to 1.$$

Par construction, le relèvement donné $B \to E$ est à valeurs dans E'. On peut donc appliquer l'hypothèse de récurrence à l'extension E', et l'on obtient le relèvement cherché.

(3) *Le cas général.* On peut écrire le pro-p-groupe P comme limite projective

$$P = \varprojlim P/P_i,$$

où les P_i sont des sous-groupes ouverts de P qui sont normaux dans E (cf. e.g. [25], Chap. I, §1). Pour chaque i on a une extension

$$1 \to P/P_i \to E/P_i \to A \to 1,$$

qui est munie d'un relèvement φ_i de B (déduit du relèvement donné φ). Soit X_i l'ensemble des relèvements ψ_i de A dans E/P_i qui prolongent φ_i. Les X_i

forment de façon naturelle un système projectif. Comme ils sont finis et non vides (d'après (2)), leur limite projective est non vide (*loc. cit.* lemme 3). Un élément $\psi = (\psi_i)$ de cette limite projective donne le relèvement cherché.

Unicité du relèvement. Je me borne à un cas simple, qui est celui qui intervient au n° 4.4: on suppose que $P = \varprojlim P/P_n$ $(n = 0, 1, \ldots)$, où les P_n forment une suite décroissante de sous-groupes ouverts de P, normaux dans E, avec $P = P_0$ et P_n/P_{n+1} commutatif pour tout n. On fait en outre l'hypothèse suivante:

(δ) *Pour tout $n \geqq 0$, le B-module P_n/P_{n+1} ne contient aucun élément invariant $\neq 0$.*

Proposition 14. *Si les hypothèses ci-dessus sont satisfaites, il n'existe qu'un seul relèvement $\psi : A \to E$ qui prolonge un relèvement donné $\varphi : B \to E$.*

Démonstration. Soient ψ et ψ' deux tels relèvements. On va montrer par récurrence sur n que l'on a

$$\psi'(a) \equiv \psi(a) \pmod{P_n} \quad \text{pour tout } a \in A .$$

Comme P est limite projective des P/P_n, cela montrera bien que $\psi = \psi'$.

Le cas $n = 0$ est clair, puisque $P_0 = P$. Pour passer de n à $n+1$, définissons $\mu : A \to P$ par

$$\psi'(a) = \mu(a)\psi(a) \quad \text{pour tout } a \in A .$$

Vu l'hypothèse de récurrence, les valeurs de μ appartiennent à P_n. Notons

$$\bar{\mu} : A \to P_n/P_{n+1}$$

l'application déduite de μ par passage au quotient mod P_{n+1}. C'est un 1-cocycle de A à valeurs dans P_n/P_{n+1} et sa restriction à B est 0 puisque l'on a $\psi'(b) = \varphi(b) = \psi(b)$ pour tout $b \in B$. D'après la prop. 13 (appliquée pour $q = 1$), $\bar{\mu}$ est un cobord; en notation additive, cela signifie qu'il existe $z \in P_n/P_{n+1}$ tel que $\bar{\mu}(a) = a \cdot z - z$ pour tout $a \in A$. Comme la restriction de $\bar{\mu}$ à B est 0, on a $b \cdot z = z$ pour tout $b \in B$. Vu l'hypothèse (δ), cela entraîne $z = 0$, d'où $\bar{\mu} = 0$, ce qui montre que μ est à valeurs dans P_{n+1}, et achève la démonstration.

8. Corps de rationalité des classes de conjugaison d'ordre fini

8.1. La notion de corps de rationalité

Soit Γ un groupe, et soit γ un élément de Γ d'ordre fini. Choisissons un entier $n \geqq 1$ tel que $\gamma^n = 1$. Soit Σ un sous-groupe de $(\mathbf{Z}/n\mathbf{Z})^*$. Nous dirons que *la classe de γ est Σ-rationnelle* si γ et γ^i sont conjugués dans Γ pour tout $i \in \Sigma$.

Soit k un corps de caractéristique première à n, et soit k_n l'extension de k engendrée par les racines n-ièmes de l'unité. Le groupe $\mathrm{Gal}(k_n/k)$ s'identifie à un sous-groupe $\Sigma(k,n)$ de $(\mathbf{Z}/n\mathbf{Z})^*$. Si $i \in \Sigma(k,n)$, on note σ_i l'élément correspondant de $\mathrm{Gal}(k_n/k)$; on a $\sigma_i(z) = z^i$ pour toute racine n-ième de l'unité z. Si γ est comme ci-dessus, on dit que *la classe de* γ *est* k*-rationnelle* si elle est $\Sigma(k,n)$-rationnelle. Cette définition ne dépend pas du choix de l'entier n, pourvu bien sûr que $\gamma^n = 1$.

Par exemple, dire que la classe de γ est $\mathbf{Q}$*-rationnelle* signifie que γ est conjugué à tous les γ^i, avec $(i,n) = 1$, ou encore que les générateurs du groupe cyclique $\langle\gamma\rangle$ sont conjugués entre eux.

Pour γ donné, il existe une plus petite extension de $\mathbf{Q}$ (dans une clôture algébrique $\overline{\mathbf{Q}}$ fixée) sur laquelle la classe de γ est rationnelle. On l'appelle le *corps de rationalité* de la classe en question. Par exemple, si γ est un élément d'ordre p de $\Gamma = \mathbf{SL}_2(\mathbf{F}_p)$, avec p premier > 2, le corps de rationalité de la classe de γ est l'extension quadratique de $\mathbf{Q}$ contenue dans le p-ième corps cyclotomique, i.e. $\mathbf{Q}(\sqrt{p^*})$.

L'énoncé suivant est bien connu:

Proposition 15. *Supposons Γ fini. Il y a équivalence entre:*
(a) *La classe de γ dans Γ est k-rationnelle.*
(b) *Pour tout caractère χ de Γ* (sur une clôture algébrique $\bar{k}$ de k) *on a $\chi(\gamma) \in k$.*

Puisque $\gamma^n = 1$, $\chi(\gamma)$ est somme de racines n-ièmes de l'unité, et appartient au corps k_n. On en déduit que

$$\sigma_i(\chi(\gamma)) = \chi(\gamma^i) \quad \text{pour tout } i \in \Sigma(k,n)\,.$$

Si (a) est vrai, γ et γ^i sont conjugués, d'où $\chi(\gamma^i) = \chi(\gamma)$, et l'on voit que $\chi(\gamma)$ est fixé par tous les σ_i, donc appartient à k, ce qui démontre (b). Inversement, si (b) est vrai, tous les caractères prennent la même valeur sur γ et sur γ^i, et l'on sait que cela entraîne que ces éléments sont conjugués (puisque leur ordre est premier à la caractéristique de k). D'où (a).

Voici un autre résultat élémentaire du même type:

Proposition 16. *Supposons que $\Gamma = \mathbf{GL}_N(K)$, où K est une extension de k, et N un entier positif. Si γ est un élément de Γ d'ordre premier à la caractéristique de k, les propriétés suivantes sont équivalentes:*
(a) *La classe de γ dans $\mathbf{GL}_N(K)$ est k-rationnelle.*
(b) *La classe de γ dans $\mathbf{GL}_N(K)$ contient un élément de $\mathbf{GL}_N(k)$.*
(c) *Les coefficients du polynôme caractéristique de γ appartiennent à k.*

L'implication (b) $\Rightarrow$ (c) est évidente. Inversement, si (c) est vraie, il existe une matrice M de $\mathbf{GL}_N(k)$ ayant même polynôme caractéristique que γ; quitte à remplacer M par sa composante semi-simple, on peut supposer que M est semi-simple (sur k); comme les valeurs propres de M sont des racines n-ièmes de l'unité, M est semi-simple sur K. Les matrices γ et M, étant semi-simples et de même polynôme caractéristique, sont conjuguées dans $\mathbf{GL}_N(K)$. D'où (b). Pour la même raison, (a) signifie que γ et γ^i ont même polynôme caractéristique, quel que soit $i \in \Sigma(k,n)$; d'où (a) $\Leftrightarrow$ (c).

8.2. Le cas des groupes semi-simples

La prop. 16 montre que, au moins pour $\mathbf{GL}_N$, la rationalité d'une classe de conjugaison n'est pas très différente de la rationalité de ses éléments, au sens usuel de ce terme en géométrie algébrique. Nous allons voir qu'il en est de même pour les groupes semi-simples déployés.

Pour simplifier les démonstrations, je supposerai que le corps de base k est *parfait*; soit $\bar{k}$ une clôture algébrique de k. Soit L un groupe semi-simple connexe sur k. On s'intéresse au groupe $\Gamma = L(\bar{k})$. On a tout d'abord:

Proposition 17. *Soit γ un élément de $L(\bar{k})$ d'ordre n premier à la caractéristique de k. Les propriétés suivantes sont équivalentes*:
(a) *La classe de γ dans $L(\bar{k})$ est k-rationnelle.*
(b) *Pour tout caractère χ de L sur $\bar{k}$, on a $\chi(\gamma) \in k$.*

(Par "caractère de L sur $\bar{k}$" on entend la trace d'une représentation linéaire de L définie sur $\bar{k}$.)

La démonstration est la même que celle de la prop. 15. Le point essentiel est que deux éléments semi-simples γ_1 et γ_2 de $L(\bar{k})$ sont conjugués si et seulement si l'on a $\chi(\gamma_1) = \chi(\gamma_2)$ pour tout χ, cf. Steinberg [31], cor. 6.6.

Corollaire. *Supposons L de type intérieur* (voir ci-après). *Les propriétés* (a) *et* (b) *sont alors équivalentes à*:
(c) *La classe de γ dans $L(\bar{k})$ est stable par* $\mathrm{Gal}(\bar{k}/k)$.

(Rappelons que L est dit "de type intérieur" si l'action de $\mathrm{Gal}(\bar{k}/k)$ sur son diagramme de Dynkin est triviale.)

Les caractères irréductibles de L sur $\bar{k}$ correspondent bijectivement aux poids dominants. L'hypothèse "de type intérieur" équivaut à dire qu'ils sont invariants par $\mathrm{Gal}(\bar{k}/k)$. Si $\sigma \in \mathrm{Gal}(\bar{k}/k)$, on a donc

$$\sigma(\chi(\gamma)) = \chi(\sigma(\gamma)) .$$

pour tout χ. La propriété (b) équivaut donc à:

$$\chi(\gamma) = \chi(\sigma(\gamma)) \quad \text{pour tout } \sigma \in \mathrm{Gal}(\bar{k}/k) \text{ et tout } \chi .$$

D'après Steinberg, *loc.cit.*, cela veut dire que γ et $\sigma(\gamma)$ sont conjugués pour tout $\sigma \in \mathrm{Gal}(\bar{k}/k)$, ce qui est (c).

Remarque. L'hypothèse faite sur L est automatiquement satisfaite lorsque le diagramme de Dynkin de L n'a pas d'automorphisme non trivial, par exemple lorsque L est de type G_2, F_4, E_7 ou E_8.

Proposition 18. *Supposons L déployé sur k. Soit f l'ordre du groupe fondamental de L* (autrement dit le degré de l'isogénie $\tilde{L} \to L$, où $\tilde{L}$ est le revêtement universel de L). *Soit $\gamma \in L(\bar{k})$ d'ordre fini n; supposons n premier à f ainsi qu'à la caractéristique de k. Les propriétés* (a), (b), (c) *ci-dessus sont alors équivalentes à*:
(d) *La classe de conjugaison de γ dans $L(\bar{k})$ rencontre $L(k)$.*

L'implication (d) $\Rightarrow$ (c) est claire. Inversement, supposons (c) vérifiée. Puisque $(n,f)=1$, il existe un unique relèvement $\tilde{\gamma}$ de γ dans $L(\bar{k})$ qui est d'ordre n. Si $\sigma \in \mathrm{Gal}(\bar{k}/k), \sigma(\gamma)$ et γ sont conjugués dans $L(k)$, et il en résulte que $\sigma(\tilde{\gamma})$ et $\tilde{\gamma}$ sont conjugués dans $\tilde{L}(k)$. Ainsi, la classe de conjugaison de $\tilde{\gamma}$ dans $L(k)$ est stable par $\mathrm{Gal}(\bar{k}/k)$. D'après un théorème de Steinberg (*loc.cit.*, th. 1.7), cela entraîne que $\tilde{\gamma}$ est conjugué d'un élément de $\tilde{L}(k)$; d'où le fait que γ est conjugué d'un élément de $L(k)$, ce qui prouve (d).

Ce travail a bénéficié d'une abondante correspondance avec A.M. Cohen, R.L. Griess et D. Testerman. Je les remercie vivement tous les trois.

Bibliographie

1. Benson, D.J.: Representations and cohomology (2 vol.). Cambridge University Press, Cambridge, 1991
2. Bourbaki, N.: Groupes et Algèbres de Lie. Chap. II–III, Paris, Masson, 1982; Chap. IV–V–VI, Paris, Masson, 1981; Chap. VII–VIII, Paris, Masson, 1990
3. Bruhat, F., Tits, J.: Groupes réductifs sur un corps local. Publ. Math. I.H.E.S. **41**, 5–252 (1972); II, *ibid.* **60**, 5–184 (1984)
4. Cartan, H., Eilenberg, S.: Homological Algebra. Princeton University Press, Princeton, 1956
5. Chevalley, C.: Certains schémas de groupes semi-simples. Sém. Bourbaki 1960/1961, exposé 219
6. Cohen, A.M., Griess, R.L.: On finite simple subgroups of the complex Lie group of type E_8. A.M.S. Proc. Symp. Pure Math. **47**, vol. II, 367–405 (1987)
7. Cohen, A.M., Griess, R.L., Lisser, B.: The group $L(2,61)$ embeds in the Lie group of type E_8. Comm. Algebra **21**, 1889–1907 (1993)
8. Cohen, A.M., Wales, D.B.: Finite subgroups of $G_2(\mathbf{C})$. Comm. Algebra **11**, 441–459 (1983)

3 9. Cohen, A.M., Wales, D.B.: On finite subgroups of $E_6(\mathbf{C})$ and $F_4(\mathbf{C})$ (à paraître)

10. Cohen, A.M., Wales, D.B.: Finite simple subgroups of semisimple complex Lie groups – a survey. In: Groups of Lie type and their geometries. L.M.S. Lecture Notes **207**, 77–96 (1995)
11. Demazure, M., Gabriel, P.: Groupes Algébriques. Masson et North-Holland, Paris-Amsterdam, 1970
12. Demazure, M., Grothendieck, A.: Structure des Schémas en Groupes Réductifs (S.G.A.3, vol. III), Lect. Notes in Math. **153**, Springer-Verlag, 1970
13. Dynkin, E.B.: Sous-algèbres semi-simples des algèbres de Lie semi-simples (en russe), Mat. Sbornik **30**, 349–462; traduction anglaise: A.M.S. Transl. series 2, vol. **6**, 111–244 (1957)
14. Gille, P.: Torseurs sur la droite affine et R-équivalence. Thèse, Orsay, 1994
15. Iversen, B.: A fixed point formula for action of tori on algebraic varieties. Invent. math. **16**, 229–236 (1972)
16. Kac, V.: Simple Lie groups and the Legendre symbol. Lect. Notes in Math. **848**, 110–123 (1981)
17. Kleidman, P.B., Ryba, A.J.E.: Kostant's conjecture holds for $E_7 : L(2, 37) < E_7(\mathbf{C})$. J. Algebra **161**, 316–330 (1993)
18. Kostant, B.: The principal 3-dimensional subgroup and the Betti numbers of a complex simple Lie group. Amer. J. Math. **81**, 973–1032 (1959)

4 19. Kostant, B.: Groups over **Z**. A.M.S. Proc. Symp. Pure Math. **9**, 90–98 (1966)

20. Larsen, M.: Maximality of Galois actions for compatible systems. Duke Math. J. (à paraître)

21. Liebeck, M.W., Seitz, G.: Maximal subgroups of exceptional groups of Lie type, finite and algebraic. Geom. Dedicata **25**, 353–387 (1990)
22. Meurman, A.: An embedding of PSL(2, 13) in $G_2(\mathbf{C})$. Lect. Notes in Math. **933**, 157–162 (1982)
23. Pianzola, A.: On the regularity and rationality of certain elements of finite order in Lie groups. J. Crelle **377**, 40–48 (1987)
24. Serre, J-P.: Corps Locaux. Hermann, Paris, 1962
25. Serre, J-P.: Cohomologie Galoisienne. Lect. Notes in Math. **5**, Springer-Verlag, 1964; cinquième édition, révisée et complétée, 1994
26. Serre, J-P.: Groupes de Grothendieck des schémas en groupes réductifs déployés. Publ. Math. I.H.E.S. **34**, 37–52 (1968); = Oe.81
27. de Siebenthal, J.: Sur certains sous-groupes de rang un des groupes de Lie clos, C. R. Acad. Sci. Paris **230**, 910–912 (1950)
28. Slodowy, P.: Simple singularities and simple algebraic groups. Lect. Notes in Math. **815**, Springer-Verlag, 1980
29. Springer, T.A.: Regular elements of finite reflection groups. Invent. math. **25**, 159–198 (1974)
30. Springer, T.A., Steinberg, R.: Conjugacy classes. Lect. Notes in Math. **131**, 167–266 (1970)
31. Steinberg, R.: Regular elements of semisimple algebraic groups. Publ. Math. I.H.E.S. **25**, 281–312 (1965)
32. Testerman, D.: The construction of the maximal A_1's in the exceptional algebraic groups. Proc. A.M.S. **116**, 635–644 (1993)
33. Testerman, D.: A_1-type overgroups of elements of order p in semisimple algebraic groups and the associated finite groups, J. Algebra **177**, 34–76 (1995)

168.

Travaux de Wiles (et Taylor ...), I

Séminaire Bourbaki 1994/95, n° 803, Astérisque **237** (1996), 319–332

1 Le théorème qui fait l'objet de cet exposé, et de celui d'Oesterlé, est le suivant :

THÉORÈME (Wiles [37], complété par Taylor-Wiles [34]).— *Toute courbe elliptique sur* **Q** *qui est semi-stable est modulaire.*

(Pour les définitions de "semi-stable" et de "modulaire", voir § 1.)

En d'autres termes :

La conjecture de Taniyama-Weil est vraie pour les courbes elliptiques semi-stables sur **Q**.

(En fait, la semi-stabilité en 3 et 5 suffit, d'après Diamond [10].)

La démonstration est longue, et utilise des méthodes très diverses, dues notamment à Faltings, Langlands, Mazur, Ribet,... On se bornera à en expliquer la stratégie générale. Pour la vérification(*) des points techniques (qui sont essentiels, bien entendu), le lecteur devra se reporter à [34] et [37] ; on recommande aussi
2 l'exposé qu'en donnent Darmon, Diamond et Taylor, cf. [7].

1. LA CONJECTURE DE TANIYAMA-WEIL

1.1. Énoncés

À tout entier $N \geq 1$ est associée une certaine courbe $X_0(N)$ sur **Q**, dont on trouvera la définition par exemple dans [32]. C'est une courbe *modulaire* au sens suivant : ses points (les "pointes" mises à part) paramètrent les isogénies cycliques de degré N entre courbes elliptiques.

La jacobienne $J_0(N)$ de $X_0(N)$ est une variété abélienne, définie sur **Q**. La forme la plus simple de la conjecture de Taniyama-Weil est :

(*) vérification que le rédacteur ne prétend pas avoir entièrement faite.

Conjecture 1.— *Toute courbe elliptique sur* $\mathbf{Q}$ *est* $\mathbf{Q}$*-isogène à un quotient de* $J_0(N)$*, pour* N *convenable.*

Ou, ce qui est équivalent :

Conjecture 1′.— *Pour toute courbe elliptique* E *sur* $\mathbf{Q}$*, il existe un entier* $N \geq 1$ *et un* $\mathbf{Q}$*-morphisme non constant* $X_0(N) \to E$.

Cet énoncé peut être précisé en termes du *conducteur* $N(E)$ de la courbe E. Rappelons quelques propriétés de $N(E)$ (pour une définition générale, voir [27]) :

On a :

$$N(E) = \prod p^{n(p,E)},$$

où p parcourt l'ensemble des nombres premiers, et où :

$n(p,E) = 0$ si E a bonne réduction en p,

$n(p,E) = 1$ si E a mauvaise réduction de type multiplicatif (cubique à point double à tangentes distinctes),

$n(p,E) \geq 2$ sinon (et même $n(p,E) = 2$ sauf si $p = 2$ ou 3).

On dit que E est *semi-stable en* p si $n(p,E) = 0$ ou 1 ; on dit que E est *semi-stable* si elle est semi-stable en tout nombre premier, *i.e.* si son conducteur est sans facteur carré. (Pour une interprétation en termes de modèles de Néron et une généralisation aux variétés abéliennes, voir par exemple [2].)

La forme plus précise de la conjecture de Taniyama-Weil est :

Conjecture 2.— *L'entier* N *de la conjecture* 1′ *peut être pris égal à* $N(E)$.

En fait, on sait (Carayol [3]) que ces divers énoncés sont *équivalents.* De plus, le conducteur $N(E)$ est le plus petit (au sens multiplicatif) des N intervenant dans la conjecture 1′.

Une autre formulation est :

Conjecture 2′.— *Il existe une forme parabolique primitive* ("newform", au sens d'Atkin-Lehner [1]) $f = \sum a_n q^n$, *de poids 2 et de niveau* $N(E)$*, telle que la série de Dirichlet* $L(f,s) = \sum a_n n^{-s}$ *soit égale à la fonction* L *associée à* E (au sens de [27]).

En particulier, on a :

$a_p = 0$, si $n(p,E) = 2$;

$a_p = \pm 1$, si $n(p,E) = 1$;

$a_p = 1 + p - |E(\mathbf{F}_p)| =$ Trace du Frobenius de E en p, si $n(p,E) = 0$.

Exemple.— La courbe elliptique d'équation $y^2 - y = x^3 - x^2$ est de conducteur 11. Elle est liée par une isogénie de degré 5 à $J_0(11)$, qui est de dimension 1. La forme primitive correspondante est :

$$f = q \prod_{n=1}^{\infty} (1 - q^n)^2 (1 - q^{11n})^2 = q - 2q^2 - q^3 + 2q^4 + q^5 + q^6 + \cdots$$

1.2. Historique de la conjecture de Taniyama-Weil

Le point de départ est un travail d'Eichler [13], publié en 1954, qui démontre (au moins dans un cas particulier) que la fonction L de $X_0(N)$ est essentiellement la même qu'un produit de fonctions L attachées par Hecke aux formes paraboliques de poids 2 et de niveau N. Quelques années plus tard, ceci est clarifié et généralisé par Shimura [31], et complété sur un point important ("bonne réduction en dehors de N") par Igusa [17].

En 1955, dans un recueil de problèmes distribué aux participants du colloque de Tokyo-Nikko [33], Taniyama propose une réciproque :

"Let C be an elliptic curve over an algebraic number field k, and $L_C(s)$ denote the L function of C over k, namely $\zeta_C(s) = \zeta_k(s)\,\zeta_k(s-1)/L_C(s)$, is the zeta function of C over k. If a conjecture of Hasse is true for $\zeta_C(s)$, then the Fourier series obtained from $L_C(s)$ by the inverse Mellin-transformation must be an automorphic form of dimension -2, of some special type (cf. Hecke). If so, it is very plausible that this form is an elliptic differential of the field of that automorphic functions. The problem is to ask if it is possible to prove Hasse's conjecture for C, by going back this considerations, and by finding a suitable automorphic form from which $L_C(s)$ may be obtained."

Ce texte ne semble guère avoir eu d'écho, à cause de sa distribution limitée et de sa rédaction imprécise (par exemple : qu'est-ce que le "field of automorphic functions" lorsque k n'est pas totalement réel ?).

La situation change en 1967, avec la publication du mémoire de Weil [36] donnant une caractérisation des séries de Dirichlet provenant de formes modulaires. Non que Weil insiste sur la conjecture en question : il se borne à la mentionner comme un "Übungsaufgabe" pour le lecteur que cela peut intéresser. Mais il lui apporte deux compléments essentiels :

a) Il montre que toute fonction L, dont les "tordues" par des caractères ont des prolongements analytiques satisfaisant à des équations fonctionnelles de type raisonnable, provient d'une forme modulaire.

3 b) Il suggère la forme précise appelée plus haut "conjecture 2", mettant en jeu le conducteur. Du coup, cela permet toute une série de vérifications : courbes à

multiplication complexe, courbes à petit conducteur (exemple : pourquoi ne trouve-t-on pas de courbe elliptique de conducteur < 11 ? Parce que $X_0(N)$ est de genre 0 pour $N < 11$).

Ces résultats ont eu une profonde influence, d'autant plus qu'ils arrivaient en même temps que la théorie des motifs de Grothendieck et la philosophie de Langlands : visiblement, une belle synthèse restait (et reste encore) à faire !

(Le lecteur qui s'intéresse aux relations entre les idées de Weil et celles de Langlands aura intérêt à lire les commentaires sur [36], rédigés par Weil lui-même, dans le troisième volume de ses *Oeuvres.*)

1.3. Terminologie

Elle a varié, au fil des années et des modes :

Une courbe elliptique sur **Q** pour laquelle la conjecture 1′ est vraie a été longtemps appelée une courbe "de Weil". On dit maintenant que c'est une courbe elliptique "modulaire".

Le terme de "conjecture de Weil" a été d'abord utilisé pour désigner l'ensemble des conjectures du n° 1.1 ; c'était un peu fâcheux, vu le risque de confusion avec d'autres conjectures de Weil. On est passé de là à "conjecture de Taniyama-Weil" ; c'est la terminologie utilisée ici. Plus récemment, on trouve "conjecture de Shimura-Taniyama-Weil", ou même "conjecture de Shimura-Taniyama", le nom de Shimura étant ajouté en hommage à son étude des quotients de $J_0(N)$. Le lecteur choisira. L'essentiel est qu'il sache qu'il s'agit du même énoncé.

1.4. Quelques applications du théorème de Wiles

a) La plus spectaculaire – et celle qui semble avoir motivé Wiles – est le *théorème de Fermat.* On sait en effet, grâce à Ribet [25], que :

"Taniyama-Weil dans le cas semi-stable $\Longrightarrow$ Fermat".

La démonstration de cette implication utilise une construction de Hellegouarch et Frey, cf. [15]. Elle a été exposée au Séminaire Bourbaki 1987/88 par Oesterlé [23]. Je n'y reviens pas.

Je profite quand même de l'occasion pour rectifier une assertion de [30], fin du n° 4.2 : "La relation existant entre solutions de l'équation de Fermat... figure déjà dans un travail de Hurwitz...". C'est faux, comme me l'a signalé N. Schappacher : il n'y a rien de tel dans Hurwitz. *Mea culpa.*

b) Le même genre d'argument s'applique à des équations voisines de celle de Fermat. Par exemple cf. [30], n° 4.3), si L est un nombre premier appartenant à l'ensemble $\{3, 5, 7, 11, 13, 17, 19, 19, 23, 29, 53, 59\}$ et si p est un nombre premier > 7, l'équation $x^p + y^p = L^\alpha \cdot z^p$ n'a pas de solution avec $x, y, z \in \mathbf{Z}$, $xyz \neq 0$, α entier ≥ 0.

D'autres exemples sont donnés dans Darmon [6].

c) Lorsqu'on applique la méthode de Goldfeld et Gross-Zagier à la détermination des corps imaginaires quadratiques de petit nombre de classes, on a besoin de savoir que certaines courbes elliptiques (par exemple les courbes $y^2 - y = x^3 - 7x + 6$ et $y^2 - y = x^3 - x + 6$, de conducteurs 5077 et 16811) sont modulaires, cf. [24]. C'était assez pénible. C'est maintenant un cas particulier du théorème de Wiles.

d) Le fait de savoir qu'une courbe est modulaire permet de définir l'ordre de sa fonction L au point $s = 1$, et du coup d'énoncer (et parfois de démontrer) les conjectures de Birch et Swinnerton-Dyer.

2. REPRÉSENTATIONS GALOISIENNES MODULAIRES

Commençons par rappeler quelques résultats connus.

2.1. Représentations galoisiennes de degré 2 en caractéristique ℓ

Soit $\overline{\mathbf{Q}}$ une clôture algébrique de $\mathbf{Q}$. Si K est une sous-extension de $\overline{\mathbf{Q}}$, on note G_K le groupe $\mathrm{Gal}(\overline{\mathbf{Q}}/K)$.

Soit ℓ un nombre premier. Vu les applications que nous avons en vue, *on supposera* $\ell \neq 2$ (bien que le cas $\ell = 2$ pose des problèmes fort intéressants, cf. [30], n° 5.2). Soit $\mathbf{F}$ une clôture algébrique de $\mathbf{F}_\ell$. Une *représentation de* $G_\mathbf{Q}$ *de degré* 2 *à coefficients dans* $\mathbf{F}$ est un homomorphisme continu

$$\rho : G_\mathbf{Q} \longrightarrow \mathbf{GL}_2(\mathbf{F}).$$

Son image est finie ; elle est donc contenue dans $\mathbf{GL}_2(F')$, où F' est une extension finie de $\mathbf{F}_\ell$ (le cas le plus important pour la suite est celui où $F' = \mathbf{F}_\ell$).

On note $\det\rho$ le déterminant de ρ. On dit que ρ est *impaire* si $\det\rho(c) = -1$, où c est la conjugaison complexe (pour un plongement quelconque de $\overline{\mathbf{Q}}$ dans $\mathbf{C}$).

Une telle représentation n'est ramifiée qu'en un nombre fini de nombres premiers. Pour presque tout p, on peut donc parler de l'élément de Frobenius $\rho(\mathrm{Frob}_p)$, défini à conjugaison près dans $\mathbf{GL}_2(\mathbf{F})$; en particulier, $\mathrm{Tr}\,\rho(\mathrm{Frob}_p)$ et $\det\rho(\mathrm{Frob}_p)$

sont des éléments bien déterminés de $\mathbf{F}$ et de $\mathbf{F}^*$ respectivement. Si ρ est semi-simple, la connaissance des $\mathrm{Tr}\,\rho(\mathrm{Frob}_p)$, pour presque tout p, détermine ρ à conjugaison près.

Les formes modulaires $(\mathrm{mod}\,\ell)$ fournissent de telles représentations, d'après un théorème de Deligne (cf. [8], [9]). De façon plus précise (voir [9] pour les détails), si f est une forme modulaire $(\mathrm{mod}\,\ell)$ de type (N, k, ε), qui est fonction propre des opérateurs de Hecke T_p (pour $p \nmid \ell N$), il existe une représentation ρ semi-simple qui est *associée* à f au sens que :

$$(*) \qquad \mathrm{Tr}\,\rho(\mathrm{Frob}_p) = a_p \quad \text{pour tout} \quad p \quad \text{assez grand,}$$

où a_p est la valeur propre de T_p correspondant à f.

Cette représentation est unique, à conjugaison près. Elle est non ramifiée en tout p ne divisant pas ℓN. De plus, pour un tel p, la formule $(*)$ est vraie et l'on a :

$$(**) \qquad \det \rho(\mathrm{Frob}_p) = \varepsilon(p)\, p^{k-1}.$$

On peut reformuler $(**)$ en disant que le caractère $\det \rho$ est égal au produit du caractère ε par χ^{k-1}, où χ est le caractère cyclotomique, cf. [30], § 1. Comme $\varepsilon(-1) = (-1)^k$, on a $\det \rho(c) = -1$, *i.e.* ρ est impaire.

Remarque.— Ce qui précède est vrai que l'on interprète le terme de "forme modulaire $\mathrm{mod}\,\ell$" au sens "réduction en caractéristique ℓ de formes modulaires en caractéristique 0", ou, lorsque $(\ell, N) = 1$, au sens de Katz [18].

2.2. Les conjectures de [30]

Convenons de dire qu'une représentation $\rho : G_{\mathbf{Q}} \to \mathbf{GL}_2(\mathbf{F})$ est *modulaire* si elle peut être obtenue à partir d'une forme modulaire $(\mathrm{mod}\,\ell)$ par la méthode que l'on vient d'indiquer.

Conjecture 3 ([29], [30]).— *Toute représentation irréductible impaire*

$$\rho : G_{\mathbf{Q}} \longrightarrow \mathbf{GL}_2(\mathbf{F})$$

est modulaire.

De même que pour Taniyama-Weil, il est essentiel d'avoir une forme plus précise de la conjecture qui fournisse explicitement un triplet (N, k, ε) permettant d'obtenir la représentation ρ donnée. On trouvera dans [30] la définition d'un tel triplet, que nous noterons $(N(\rho), k(\rho), \varepsilon(\rho))$. Le poids $k(\rho)$ ne dépend que de la ramification de ρ

en ℓ, tandis que le niveau $N(\rho)$, qui est premier à ℓ, ne dépend que de la ramification en dehors de ℓ (c'est essentiellement le *conducteur d'Artin* de ρ). La forme précisée de la conjecture 3 est alors :

Conjecture 4.— *Si ρ satisfait aux hypothèses de la conjecture* 3, *et si $\ell \neq 3$, ou si $\ell = 3$ et la restriction de ρ à $G_{\mathbf{Q}(\sqrt{-3})}$ est irréductible, alors ρ est associée à une forme modulaire de type $(N(\rho), k(\rho), \varepsilon(\rho))$.*

Remarques.— 1) Si l'on utilise la définition des formes modulaires mod ℓ de Katz, le cas "$\ell = 3$ et la restriction de ρ à $G_{\mathbf{Q}(\sqrt{-3})}$ est réductible" n'est plus exceptionnel.

2) On sait maintenant, grâce aux travaux de Ribet et d'autres (cf. [4], [5], [10], [11], [12], [16], [25], [26], [37]) que les conjectures 3 et 4 sont *équivalentes.* De façon plus précise, *si une représentation ρ est modulaire, elle l'est pour* $(N(\rho), k(\rho), \varepsilon(\rho))$ – avec la même exception que ci-dessus. C'est là un résultat difficile, qui joue un rôle important dans la démonstration de Wiles (cf. l'exposé d'Oesterlé).

3) Les conjectures ci-dessus, utilisées pour une suite de ℓ tendant vers l'infini, entraînent (facilement) la conjecture de Taniyama-Weil, cf. [30], n° 4.6. La méthode de Wiles est différente : au lieu de faire varier ℓ, il le remplace par ℓ^n, avec $n \to \infty$, cf. plus loin. C'est assez naturel : l'anneau $\mathbf{Z}_\ell = \varprojlim \mathbf{Z}/\ell^n\mathbf{Z}$ a une structure plus simple que le produit des $\mathbf{F}_\ell$ pour ℓ variable.

Un exemple

THÉORÈME 1 ([30], prop. 11).— *Si $\ell = 3$, et si ρ prend ses valeurs dans $\mathbf{GL}_2(\mathbf{F}_3)$, la conjecture* 3 *est vraie pour ρ.*

Rappelons la démonstration, qui est une simple application de la *théorie de Langlands* [20], complétée par Tunnell [35] :

On utilise le fait que $\mathbf{GL}_2(\mathbf{F}_3)$ se relève dans $\mathbf{GL}_2(\mathbf{Z}[\sqrt{-2}])$. La représentation $\rho : G_\mathbf{Q} \to \mathbf{GL}_2(\mathbf{F}_3)$ donne ainsi une représentation

$$\rho_0 : G_\mathbf{Q} \longrightarrow \mathbf{GL}_2(\mathbf{Z}[\sqrt{-2}]) \longrightarrow \mathbf{GL}_2(\mathbf{C}).$$

D'après Langlands et Tunnell (*loc. cit.*), la fonction L de ρ_0 est associée, au sens de [9], à une forme modulaire de poids 1. La réduction de cette forme en caractéristique 3 convient. (Si l'on désire une forme de poids 2, et non de poids 1, on multiplie par une série d'Eisenstein convenable, par exemple $\theta = \sum_{x,y\in\mathbf{Z}} q^{x^2+xy+y^2}$ $= 1 + 6(q + q^3 + \cdots)$.)

2.3. Représentations galoisiennes dans des anneaux locaux

Le cas d'un corps ne suffit pas. On a besoin d'anneaux locaux complets. En fait, il suffira (dans le présent exposé, mais pas dans celui d'Oesterlé) du cas de l'anneau des entiers d'une extension finie de $\mathbf{Q}_\ell$. Soit donc A un tel anneau, soit $\mathfrak{m}$ son idéal maximal, et choisissons un plongement de $A/\mathfrak{m}$ dans $\mathbf{F} = \overline{\mathbf{F}}_\ell$, cf. n° 2.1. On s'intéresse à des homomorphismes continus $\rho : G_\mathbf{Q} \to \mathbf{GL}_2(A)$.

Par réduction (mod $\mathfrak{m}$), un tel homomorphisme définit une représentation en caractéristique ℓ

$$\overline{\rho} : G_\mathbf{Q} \longrightarrow \mathbf{GL}_2(\mathbf{F}).$$

Ici encore, la théorie de Deligne (cf. [3], [8], [19]) fournit de telles représentations, à partir de formes modulaires. L'une des façons d'énoncer le résultat est d'introduire, pour tout couple (N, k), l'espace $S_1(N, k)$ des formes paraboliques de poids k sur $\Gamma_1(N)$, ainsi que la $\mathbf{Z}$-sous-algèbre $\mathbf{T}$ de $\mathrm{End}(S_1(N, k))$ engendrée par les opérateurs de Hecke T_n, pour n premier à ℓN. On dit alors que ρ est *modulaire* de type (N, k) s'il existe un homomorphisme $a : \mathbf{T} \to A$ tel que, pour tout $p \nmid \ell N$, ρ soit non ramifiée en p et $\mathrm{Tr}\, \rho(\mathrm{Frob}_p) = a(T_p)$; on a $\det \rho(\mathrm{Frob}_p) = a(R_p)\, p^{k-1}$, où R_p désigne l'opérateur "losange" $\langle p \rangle$, qui appartient à $\mathbf{T}$.

Une représentation est dite *modulaire* si elle l'est pour un couple (N, k) convenable.

Exemple : représentation ℓ-adique associée à une courbe elliptique

Soit E une courbe elliptique sur $\mathbf{Q}$, et soit $T_\ell(E) = \varprojlim E[\ell^n]$ son module de Tate. C'est un $\mathbf{Z}_\ell$-module libre de rang 2, muni d'une action de $G_\mathbf{Q}$. Si l'on identifie $T_\ell(E)$ à $\mathbf{Z}_\ell \times \mathbf{Z}_\ell$, on en déduit une représentation

$$\rho_{E,\ell} : G_\mathbf{Q} \longrightarrow \mathbf{GL}_2(\mathbf{Z}_\ell).$$

THÉORÈME 2.— *Pour que la représentation $\rho_{E,\ell}$ soit modulaire au sens ci-dessus, il faut et il suffit que E soit modulaire au sens du* n° 1.3 (autrement dit, la conjecture de Taniyama-Weil est vraie pour E).

L'implication "E-modulaire $\Longrightarrow \rho_{E,\ell}$ modulaire" est facile. Pour l'implication réciproque, on remarque que, si $\rho_{E,\ell}$ est modulaire de type (N, k), on a $k = 2$, et le caractère correspondant $\varepsilon : p \mapsto a(R_p)$ est égal à 1 (cela résulte du fait que $\det \rho_{E,\ell}$ est égal au ℓ-ième caractère cyclotomique χ_ℓ). On déduit de là qu'il existe un $G_\mathbf{Q}$-homomorphisme non trivial de $T_\ell(E)$ dans $T_\ell(J_0(N))$, et il en résulte que E est $\mathbf{Q}$-isogène à un quotient de $J_0(N)$ d'après un théorème de Faltings [14] (ex "conjecture de Tate").

2.4. Un cas particulier du théorème principal de Wiles

Je me borne à un cas simple, mais suffisant pour la suite ; le lecteur trouvera des énoncés plus généraux dans [7], [10] et [37].

On considère une représentation ℓ-adique $\rho : G_{\mathbf{Q}} \to \mathbf{GL}_2(A)$ du type du n° 2.3 (avec $\ell \neq 2$, bien entendu). On fait les hypothèses suivantes :

(0) ρ est non ramifiée en dehors d'un ensemble fini de nombres premiers.

(1) La réduction $(\bmod \mathfrak{m})$ $\overline{\rho}$ de ρ est modulaire au sens du n° 2.2.

(2) La représentation $\overline{\rho}$ est irréductible ; si $\ell = 3$, sa restriction à $G_{\mathbf{Q}(\sqrt{-3})}$ est irréductible.

(3) Le déterminant de ρ est égal au caractère cyclotomique χ_ℓ.

(4) La représentation ρ est semi-stable en ℓ (au sens de l'exposé d'Oesterlé) et, pour tout $p \neq \ell$, l'image par $\overline{\rho}$ du groupe d'inertie en p est un groupe unipotent.

THÉORÈME 3 (Wiles [37]).— *Si les conditions ci-dessus sont réalisées, ρ est modulaire au sens du* n° 2.3.

La démonstration de ce résultat fait l'objet de l'exposé d'Oesterlé. Indiquons seulement son point de départ, qui consiste à comparer *déformations universelles* de $\overline{\rho}$ (au sens de Mazur [22]) et *déformations de Hecke* ; tout revient alors à montrer que ces déformations coïncident.

COROLLAIRE.— *Soit E une courbe elliptique semi-stable sur* $\mathbf{Q}$. *S'il existe $\ell \geq 3$ tel que la représentation $\overline{\rho}_{E,\ell}$ associée à E et ℓ soit modulaire au sens du* n° 2.2 *et vérifie* (2) *ci-dessus, alors E est modulaire.*

Cela résulte du th. 2, et du fait que $\rho_{E,\ell}$ a les propriétés (0), (3) et (4).

On verra au § 3 comment cet énoncé, appliqué avec $\ell = 3$ ou 5, entraîne la conjecture de Taniyama-Weil dans le cas semi-stable.

3. FIN DE LA DÉMONSTRATION

Dans tout ce qui suit, E désigne une courbe elliptique semi-stable sur $\mathbf{Q}$. On se propose de montrer que E est modulaire.

3.1. La représentation $\overline{\rho}_{E,\ell}$

Soit ℓ premier ≥ 3, et soit $E[\ell]$ le groupe des points de ℓ-division de E. L'action de $G_{\mathbf{Q}}$ sur $E[\ell]$ définit une représentation :

$$G_{\mathbf{Q}} \longrightarrow \operatorname{Aut} E[\ell] \simeq \mathbf{GL}_2(\mathbf{F}_\ell).$$

Par extension des scalaires de $\mathbf{F}_\ell$ à $\mathbf{F} = \overline{\mathbf{F}}_\ell$, cela donne la représentation $\overline{\rho}_{E,\ell}$ du n° 2.4.

PROPOSITION 1.— *Deux cas seulement sont possibles :*

a) $G_{\mathbf{Q}} \to \mathbf{GL}_2(\mathbf{F}_\ell)$ *est surjectif.*

b) *L'image de* $G_{\mathbf{Q}}$ *dans* $\mathbf{GL}_2(\mathbf{F}_\ell)$ *est contenue dans un sous-groupe de Borel.*

(Le cas b) signifie que $E(\overline{\mathbf{Q}})$ contient un sous-groupe d'ordre ℓ stable par $G_{\mathbf{Q}}$.)

Pour $\ell \geq 7$, ceci est démontré dans [28], prop. 21. Des arguments analogues s'appliquent à $\ell = 3$ et 5. Indiquons par exemple comment on traite le cas où $\ell = 3$. Soit G l'image de $G_{\mathbf{Q}}$ dans $\mathbf{GL}_2(\mathbf{F}_3)$ et soit PG son image dans $\mathbf{PGL}_2(\mathbf{F}_3) = S_4$. Supposons que ni a), ni b) ne soient vrais. Alors PG est distinct de S_4, et ne fixe aucun point ; comme PG n'est pas contenu dans A_4 (à cause de la surjectivité du déterminant de la représentation), il en résulte que PG est, soit le groupe diédral D_4 d'ordre 8, soit un sous-groupe d'indice 2 de D_4. Mais le fait que E soit semi-stable entraîne que, pour tout $p \neq 3$, le groupe d'inertie de p dans PG est trivial. On obtient alors une extension galoisienne de $\mathbf{Q}$ de groupe de Galois PG, qui est non ramifiée en dehors de 3. Or il est facile de voir qu'une telle extension n'existe, ni quand $PG = D_4$, ni quand PG est d'indice 2 dans D_4.

Remarques

1) Le cas b) n'est possible que si la courbe E, ou une courbe ℓ-isogène à E, possède un point d'ordre ℓ rationnel sur $\mathbf{Q}$ ([28], *loc. cit.*).

2) Il résulte d'un théorème de Mazur (cf. [21]) que le cas b) ne se produit *que pour une valeur de* ℓ ($\ell \geq 3$) *au plus*, et que cette valeur est ≤ 7.

3.2. Le cas a) pour $\ell = 3$

PROPOSITION 2.— *Supposons que, pour* $\ell = 3$, *on soit dans le cas* a) *de la prop.* 1. *du* n° 3.1. *Alors* E *est modulaire.*

En effet, la représentation $G_{\mathbf{Q}} \to \mathbf{GL}_2(\mathbf{F}_3)$ est modulaire (th. 1), et surjective. D'où le résultat, d'après le corollaire au th. 3.

3.3. Le cas b) pour $\ell = 3$

Supposons maintenant que l'on soit dans le cas b) pour $\ell = 3$. D'après la remarque 2) du n° 3.1, on est alors dans le cas a) pour tout $\ell > 3$, et en particulier pour $\ell = 5$. La représentation $\overline{\rho}_{E,5}$ a donc une image isomorphe à $\mathbf{GL}_2(\mathbf{F}_5)$. De plus :

PROPOSITION 3.— *$\overline{\rho}_{E,5}$ est modulaire.*

Soit X la courbe qui paramètre les courbes elliptiques E' munies d'un isomorphisme $E'[5] \simeq E[5]$ compatible avec les isomorphismes de Weil :

$$\wedge^2 E[5] \simeq \mu_5 \qquad \text{et} \qquad \wedge^2 E'[5] \simeq \mu_5.$$

On vérifie par descente galoisienne que X est une courbe affine lisse absolument irréductible sur $\mathbf{Q}$. Sa compactification lisse $\overline{X}$ est $\mathbf{C}$-isomorphe à la courbe modulaire $X(5)$, qui est de genre 0. De plus, *$\overline{X}$ est isomorphe à la droite projective $\mathbf{P}_1$*. Cela peut se voir de deux façons : soit en construisant par descente un fibré inversible de degré impair sur $\overline{X}$, soit en remarquant que X a un point $\mathbf{Q}$-rationnel, à savoir le point P_0 correspondant à $E' = E$ et à l'application identique $E[5] \to E[5]$.

Choisissons maintenant une suite de points rationnels P_n de X, correspondant à des courbes elliptiques E_n, ayant les propriétés suivantes :

(i) *Le groupe de Galois des points de* 3*-division de E_n est* $\mathbf{GL}_2(\mathbf{F}_3)$.

(ii) *Les P_n tendent* 5*-adiquement vers le point P_0 correspondant à E.*

Une telle suite de points existe ; cela résulte du théorème d'irréductibilité de Hilbert (applicable parce que $\overline{X} \simeq \mathbf{P}_1$) compte tenu de ce que (i) est vrai pour un point générique de $\overline{X}$.

Si $p \neq 5$, les courbes E_n sont semi-stables en p : cela provient de ce que $E_n[5]$ est isomorphe à $E[5]$, car la semi-stabilité en p se "lit" sur les points de division par 5. Cet argument ne s'applique pas pour $p = 5$: certaines des E_n peuvent ne pas être semi-stables en 5. Mais, pour $n \to \infty$, les E_n tendent 5-adiquement vers E (en un sens évident), et comme E est semi-stable en 5, il en est de même des E_n pour n assez grand.

Ainsi, on peut choisir un n tel que E_n soit semi-stable. Vu (i), on peut appliquer la prop. 2 à E_n. Donc E_n est modulaire, et il en est *a fortiori* de même de $\overline{\rho}_{E_n,5}$. Comme $\overline{\rho}_{E,5}$ est isomorphe à $\overline{\rho}_{E_n,5}$, cela démontre la proposition.

COROLLAIRE.— *La courbe E est modulaire.*

Cela résulte de la proposition, combinée au corollaire au th. 3.

Ce corollaire, joint à la prop. 2, achève la démonstration de la conjecture de Taniyama-Weil dans le cas semi-stable.

BIBLIOGRAPHIE

[1] A.O.L. ATKIN et J. LEHNER - *Hecke operators on* $\Gamma_0(m)$, Math. Ann. **185** (1970), 134-160.

[2] S. BOSCH, W. LÜTKEBOHMERT et M. RAYNAUD - *Néron Models*, Springer-Verlag, 1990.

[3] H. CARAYOL - *Sur les formes modulaires p-adiques associées aux formes modulaires de Hilbert*, Ann. Sci. E.N.S. **19** (1986), 409-468.

[4] H. CARAYOL - *Sur les représentations galoisiennes modulo* ℓ *attachées aux formes modulaires*, Duke Math. J. **59** (1989), 785-801.

[5] R.F. COLEMAN et J.F. VOLOCH - *Companion forms and Kodaira-Spencer theory*, Invent. math. **110** (1992), 263-281.

[6] H. DARMON - *The equations* $x^n + y^n = z^2$ *and* $x^n + y^n = z^3$, Intern. Math. Research Notices (1993), 263-274.

[7] H. DARMON, F. DIAMOND et R. TAYLOR - *Fermat's Last Theorem*, Current Developments in Math. 1995, International Press, Cambridge MA, 1-154.

[8] P. DELIGNE - *Formes modulaires et représentations* ℓ*-adiques*, Sém. Bourbaki 1968/69, Exposé 355, Lect. Notes in Math. **179** (1971), 139-172.

[9] P. DELIGNE et J.-P. SERRE - *Formes modulaires de poids* 1, Ann. Sci. E.N.S. **7** (1974), 507-530 (= J.-P. Serre, *Oe.* 101).

[10] F. DIAMOND - *On deformation rings and Hecke rings*, Ann. of Math., 144 (1996), 131-160.

[11] F. DIAMOND - *The refined conjecture of Serre*, Conference on Elliptic Curves, Hong-Kong 1993, International Press, Cambridge MA (1995), 22-37.

[12] B. EDIXHOVEN - *The weight in Serre's conjectures on modular forms*, Invent. math. **109** (1992), 563-594.

[13] M. EICHLER - *Quaternäre quadratische Formen und die Riemannsche Vermutung für die Kongruenzzetafunktion*, Archiv der Mat. **5** (1954), 355-366.

[14] G. FALTINGS - *Endlichkeitssätze für abelsche Varietäten über Zahlkörpern*, Invent. math. **73** (1983), 349-366 ; *Erratum, ibid.* **75** (1984), 381.

[15] G. FREY - *Links between solutions of* $A - B = C$ *and elliptic curves*, Lect. Notes in Math. **1380** (1989), 31-62.

[16] B.H. GROSS - *A tameness criterion for Galois representations associated to modular forms* mod p, Duke Math. J. **61** (1990), 445-517.

[17] J.-I. IGUSA - *Kroneckerian model of fields of elliptic modular functions*, Amer. J. Math. **81** (1959), 561-577.

[18] N. KATZ - *p-adic properties of modular schemes and modular forms*, Lect. Notes in Math. **350** (1973), 69-190.

[19] R.P. LANGLANDS - *Modular forms and ℓ-adic representations*, Lect. Notes in Math. **349** (1973), 361-500.

[20] R.P. LANGLANDS - *Base change for* GL(2), Ann. of Math. Studies **96**, Princeton Univ. Press, Princeton, 1980.

[21] B. MAZUR - *Modular curves and the Eisenstein ideal*, Publ. Math. I.H.E.S. **47** (1977), 33-186.

[22] B. MAZUR - *Deforming Galois representations*, in : Galois groups over **Q**, Y. Ihara, K. Ribet, J.-P. Serre, edit., Springer-Verlag, 1989, 385-437.

[23] J. OESTERLÉ - *Nouvelles approches du "théorème" de Fermat*, Sém. Bourbaki 1987/88, exposé 694, Astérisque **161-162**, S.M.F. (1988), 165-186.

[24] J. OESTERLÉ - *Le problème de Gauss sur le nombre de classes*, L'Ens. Math. **34** (1988), 43-67 (noter que $h(-43) = h(-67) = 1$).

[25] K.A. RIBET - *On modular representations of* $\mathrm{Gal}(\overline{\mathbf{Q}}/\mathbf{Q})$ *arising from modular forms*, Invent. math. **100** (1990), 431-476.

[26] K.A. RIBET - *Report on* mod ℓ *representations of* $\mathrm{Gal}(\overline{\mathbf{Q}}/\mathbf{Q})$, Proc. Symp. Pure Math. **55**, A.M.S. (1994), vol. 2, 639-676.

[27] J.-P. SERRE - *Facteurs locaux des fonctions zêta des variétés algébriques* (*définitions et conjectures*), Sém. Delange-Pisot-Poitou 1969/1970, exposé 19 (= *Oe.* 87).

[28] J.-P. SERRE - *Propriétés galoisiennes des points d'ordre fini des courbes elliptiques*, Invent. math. **15** (1972), 259-331 (= *Oe.* 94).

[29] J.-P. SERRE - *Lettre à J.-F. Mestre*, Contemp. Math. **67**, A.M.S. (1987), 263-268.

[30] J.-P. SERRE - *Sur les représentations modulaires de degré* 2 *de* $\mathrm{Gal}(\overline{\mathbf{Q}}/\mathbf{Q})$, Duke Math. J. **54** (1987), 179-230.

[31] G. SHIMURA - *Correspondances modulaires et les fonctions* ζ *de courbes algébriques*, J. Math. Soc. Japan **10** (1958), 1-28.

[32] G. SHIMURA - *Introduction to the Arithmetic Theory of Automorphic Functions*, Publ. Math. Soc. Japan **11**, Princeton Univ. Press, 1971.

[33] Y. TANIYAMA - *Problem* 12, in : "Some unsolved problems in mathematics", polycopié, Tokyo-Nikko, 1955.

[34] R. TAYLOR et A. WILES - *Ring theoretic properties of certain Hecke algebras*, Ann. of Math. **141** (1995), 553-572.

[35] J. TUNNELL - *Artin's conjecture for representations of octahedral type*, Bull. A.M.S. **5** (1981), 173-175.

[36] A. WEIL - *Über die Bestimmung Dirichletscher Reihen durch Funktionalgleichungen*, Math. Ann. **168** (1967), 149-156 (= *Oe. Sci.* [1967a]).

[37] A. WILES - *Modular elliptic curves and Fermat's last theorem*, Ann. of Math. **141** (1995), 443-551.

169.

Two letters on quaternions and modular forms (mod$p$)

Israel J. Math. **95** (1996), 281–299

ABSTRACT

1 We present two letters of J-P. Serre to Tate and to Kazhdan. The first indicates an approach to modular forms (mod p) through quaternions. The second discusses the theory of representations of local and adelic groups associated to these quaternions in characteristic p.

Introduction (R. Livné, November 1995)

In August 1987 Serre wrote a letter to Tate in which he sketched a quaternion approach to modular forms modulo a prime p. The quaternions enter when evaluating the modular forms at supersingular elliptic curves. This approach was developed by Serre in his subsequent course at the Collège de France (1987–1988); however, the details have not appeared, except for a brief résumé [12]. Hence it seems useful to publish this letter together with another one, written to Kazhdan in June 1989, which also sketches work done in August 1987 and presented at the same course at the Collège de France. In this second letter Serre uses representations (mod p) of adèle groups to show that the mod p theory is very different from the complex one. Irreducible modules are not the main object of interest: non-Eisenstein systems of Hecke-eigenvalues (mod p) are associated with modules of infinite length. Of independent interest is the study of certain universal unramified representations of $\mathbf{GL}_2(\mathbf{Q}_\ell)$ for $\ell \neq p$.

Received December 20, 1995

A few short paragraphs were deleted from the letters. They are indicated by dots (...). Some changes and a few comments regarding the problems posed in the letter to Tate are in brackets [ ], and there are a few unmarked cosmetic changes. These modifications were made by Serre for the present publication; I added a bibliography, and an appendix with some additional remarks. I thank B. Gross and K. Ribet for their comments, and I apologize for any omissions or inaccuracies.

Lettre de J-P. Serre à J. Tate, 7 août 1987

Cher Tate,

J'ai le sentiment de comprendre un peu mieux les formes modulaires (mod p), ainsi que nos chers $W_k = M_k/M_{k-(p-1)}$ de 1973 et 1974.

Je suis parti du problème suivant: comment interpréter de façon adélique les formes modulaires (mod p), de tout niveau et de tout poids? (C'est la question 2, p. 198, de mon article du *Duke Math. J.*, t. 54 — celle "pour optimistes".) Plus précisément, on s'intéresse aux valeurs propres (a_ℓ) des opérateurs de Hecke T_ℓ ($\ell \neq p$, ℓ premier au niveau) fournies par ces formes modulaires. Voici la réponse (ou en tout cas *une* réponse ...):

Soit D le corps de quaternions sur $\mathbf{Q}$ ramifié en $\{p, \infty\}$ et soit $D_A^\times$ le groupe adélique du groupe multiplicatif $D^\times$. Alors:

THÉORÈME: *Les systèmes de valeurs propres* (a_ℓ) (avec $a_\ell \in \overline{\mathbf{F}}_p$) *fournis par les formes modulaires* (mod p) *sont* les mêmes *que ceux obtenus à partir des fonctions* $f\colon D_A^\times/D_\mathbf{Q}^\times \to \overline{\mathbf{F}}_p$ *qui sont localement constantes.*

(L'action des T_ℓ sur ces fonctions se définit de façon à peu près évidente, à cela près que l'on met un facteur $1/\ell$ devant l'opérateur de Hecke naïf.)

Les fonctions f du type ci-dessus peuvent aussi se voir comme des fonctions $f\colon D_A^\times \to \overline{\mathbf{F}}_p$ telles que

$$(1) \qquad f(ux\gamma) = f(x)$$

pour tout $\gamma \in D_\mathbf{Q}^\times$ et tout u dans un sous-groupe ouvert de $D_A^\times$. Note qu'un sous-groupe ouvert contient la composante réelle $D_\mathbf{R}^\times$, qui est connexe. On peut donc supprimer $D_\mathbf{R}^\times$ si l'on veut, i.e. travailler avec l'anneau A_f des adèles finis.

Démonstration du théorème: Je fixe un niveau $N \geq 3$, premier à p, et je travaille avec des formes modulaires (mod p) de niveau N, comme le fait Katz dans Anvers III (LN 350). La courbe modulaire correspondante n'est pas absolument connexe; tant pis! Par définition, une forme de poids k, à coefficients dans $\overline{\mathbf{F}}_p$, associe à tout couple (E, α), où E est une courbe elliptique et α une N-structure sur E, un élément $f(E, \alpha)$ de $\omega^k(E)$, i.e. une forme différentielle (invariante) de poids k sur E. C'est aussi, si l'on veut, une section d'un certain faisceau $\mathcal{M}_k$ sur la courbe modulaire $X(N)$. Je noterai $M_k(N)$, ou simplement M_k, l'espace de ses sections:

$$M_k = H^0(X(N), \mathcal{M}_k).$$

D'après Swinnerton-Dyer (pour $p \geq 5$) et Katz (pour $p = 2, 3$), il y a un plongement naturel $M_{k-(p-1)} \to M_k$ donné par la multiplication par une certaine forme A de poids $p-1$ (à savoir E_{p-1} si $p \geq 5$, b_2 si $p = 3$ et a_1 si $p = 2$).

En 1973–1974, nous nous sommes beaucoup intéressés à la structure du quotient

$$W_k = M_k / M_{k-(p-1)},$$

vu comme module sur les opérateurs de Hecke T_ℓ, $(\ell, pN) = 1$.

D'un point de vue faisceautique, cela revient à regarder la suite exacte

$$0 \to \mathcal{M}_{k-(p-1)} \xrightarrow{A} \mathcal{M}_k \to \mathcal{S}_k \to 0,$$

où $\mathcal{S}_k$ est le conoyau de la multiplication par A. Comme A s'annule aux points supersinguliers avec multiplicité 1, la structure du faisceau $\mathcal{S}_k$ est claire: il est 0 en dehors des points supersinguliers ("S" = "supersingulier"), et de dimension 1 en ces points-là. Appelle S_k l'espace des sections de $\mathcal{S}_k$. On a la suite exacte

$$0 \to M_{k-(p-1)} \to M_k \to S_k \to H^1(\mathcal{M}_{k-(p-1)}) \to H^1(\mathcal{M}_k) \to 0,$$

ou encore:

$$0 \to W_k \to S_k \to H^1(\mathcal{M}_{k-(p-1)}) \to H^1(\mathcal{M}_k) \to 0. \tag{2}$$

On a ainsi plongé W_k dans l'espace un peu plus grand S_k; les deux espaces sont d'ailleurs égaux si $k > p + 1$ car alors le groupe $H^1(\mathcal{M}_{k-(p-1)})$ est 0 (dualité).

L'espace S_k est bien plus facile à décrire concrètement que son sous-espace W_k: par construction même, c'est l'espace des fonctions

courbe supersingulière sur $\overline{\mathbf{F}}_p$ munie d'une N-structure

$f \downarrow$

forme différentielle invariante de poids k sur la courbe.

L'action des opérateurs de Hecke T_ℓ sur S_k est non moins évidente. Si $f(E,\alpha)$ est une fonction comme ci-dessus (avec E supersingulière), on a

(3) $$(f|T_\ell)(E,\alpha) = \frac{1}{\ell}\sum_C f(E/C,\alpha_C),$$

où C parcourt les $\ell+1$ sous-groupes de E d'ordre ℓ, où α_C désigne la N-structure de E/C déduite de α, et où je me permets d'identifier les formes différentielles sur E/C à celles sur E, grâce à l'isogénie $E \to E/C$. Bref, c'est comme d'habitude!

Bien entendu, cette action des T_ℓ sur S_k prolonge celle sur W_k.

Remarques:

(4) *Les* S_k *ne dépendent que de* k modulo p^2-1 (et de N et $p\ldots$).

En effet toute courbe supersingulière sur $\overline{\mathbf{F}}_p$ a une structure canonique (et fonctorielle) sur $\mathbf{F}_{p^2}$, à savoir celle où son Frobenius est égal à $-p$. L'espace tangent à E a donc lui aussi une $\mathbf{F}_{p^2}$-structure canonique, et sa puissance tensorielle (p^2-1)-ième a une base canonique. Cette base permet d'identifier $\omega^k(E)$ à $\omega^{k+p^2-1}(E)$, et cette identification est compatible avec les isogénies, donc avec les opérateurs T_ℓ. (Nous connaissions déjà ce résultat pour les W_k avec k assez grand; d'ailleurs les S_k ne sont rien d'autres que les "stabilisés" des W_k, comme diraient les topologues.)

[Base canonique de $\omega^{p^2-1}(E)$ pour E supersingulière:

Ecrivons E sous forme standard:

$$y^2 + a_1xy + a_3y = x^3 + a_2x^2 + a_4x + a_6,$$

et posons $\omega = dx/(2y + a_1x + a_3)$.

Si $p = 2$, la base canonique de $\omega^{p^2-1}(E)$ est $a_3\omega^{\otimes 3}$.

Si $p = 3$, c'est $b_4^2\omega^{\otimes 8}$, avec $b_4 = a_1a_3 + 2a_4$.

Si $p \geq 5$, c'est $B^{p-1}\omega^{\otimes(p^2-1)}$, où B est la série d'Eisenstein E_{p+1}.]

Autre formule utile (mais je n'en aurai pas besoin pour l'instant):

(5) $S_{k+p+1} \cong S_k[1]$, où $[1]$ désigne un "Tate twist".

Cette formule sera évidente plus tard, du point de vue quaternionien. Ici encore, nous la connaissions — à semi-simplification près, toutefois — pour les

W_k avec k assez grand. D'après G. Robert (*Invent. math.* **61** (1980), p. 123), l'isomorphisme $S_k[1] \to S_{k+p+1}$ s'obtient par la multiplication par $B = E_{p+1}$ si $p \geq 5$. Il y a des constructions analogues pour $p = 2$ et $p = 3$.

[Si $p = 2$, on choisit dans M_3 un élément A_3 dont l'image dans $S_3 = M_3/M_2$ est l'élément "a_3" ci-dessus (un tel élément existe du fait que $N \geq 3$); la multiplication par A_3 donne l'isomorphisme cherché $S_k[1] \to S_{k+3}$.

Si $p = 3$, même chose en utilisant l'élément $b_4 = a_1 a_3 + 2a_4$ de S_4.]

(6) *Tout système* (a_ℓ) *de valeurs propres des* T_ℓ *provenant d'un* M_k *provient aussi d'un* $S_{k'}$ *et inversement.*

(Le poids k' peut être différent du poids k, mais on a en tout cas

$$k' \equiv k \ (\mathrm{mod}\ (p-1)).)$$

C'est clair: si (a_ℓ) provient de $f \in M_k$, on écrit f sous la forme $A^m g$, avec g non divisible par A; l'image de g dans $S_{k'}$, où $k' = k - m(p-1)$, est non nulle et correspond à (a_ℓ). Inversement, si (a_ℓ) provient d'un S_k, on peut, grâce à la périodicité des S_k, supposer que $k \geq p+1$, auquel cas S_k est quotient de M_k et (a_ℓ) provient donc de M_k.

Conclusion: au lieu de regarder les T_ℓ sur les M_k, pour $k = 0, 1, \ldots$, il suffit de les regarder sur les S_k, où k parcourt les entiers mod $(p^2 - 1)$. Cela incite à fabriquer l'espace somme:

$$S(N) = \bigoplus_{k \bmod (p^2-1)} S_k(N). \tag{7}$$

(8) Tu vois maintenant ce qu'on va faire: on va interpréter $S(N)$ comme *un espace de fonctions sur* $D_A^\times / D_{\mathbf{Q}}^\times$, en exploitant la correspondance bien connue entre courbes supersingulières et quaternions.

De façon plus précise, choisissons un ordre maximal $D_{\mathbf{Z}}$ de $D = D_{\mathbf{Q}}$, et posons:

$O_p = \mathbf{Z}_p \otimes D_{\mathbf{Z}}$ = unique ordre maximal de $D_p = \mathbf{Q}_p \otimes D_{\mathbf{Z}}$;

$O_p^\times$ = groupe multiplicatif de O_p;

$O_p^\times(1)$ = noyau de $O_p^\times \to \mathbf{F}_{p^2}^\times$, i.e. noyau de la réduction (mod π), où π est une uniformisante de O_p;

$O_\ell = \mathbf{Z}_\ell \otimes D_{\mathbf{Z}}$, isomorphe à l'algèbre de matrices $\mathbf{M}_2(\mathbf{Z}_\ell)$, $\ell \neq p$;

$O_\ell^\times$ = groupe multiplicatif de $O_\ell \simeq \mathbf{GL}_2(\mathbf{Z}_\ell)$;

$O_\ell^\times(N)$ = sous-groupe du précédent formé des éléments $\equiv 1 \pmod{\ell^n}$, où ℓ^n est la plus grande puissance de ℓ divisant N;

$U(1,N) = D_{\mathbf{R}}^\times \times O_p^\times(1) \times \prod_{\ell \neq p} O_\ell^\times(N)$, sous-groupe ouvert de $D_A^\times$.

Considère alors l'ensemble fini $\Omega_N = U(1,N)\backslash D_A^\times/D_{\mathbf{Q}}^\times$. L'énoncé suivant ne te surprendra pas:

(9) *Il existe une bijection* (presque canonique, mais pas tout à fait, cf. ci-dessous) *entre* Ω_N *et l'ensemble des classes d'isomorphisme de triplets* (E, ω, α), *où* E *est une courbe supersingulière sur* $\overline{\mathbf{F}}_p$, ω *une forme différentielle invariante* $\neq 0$ *sur* E *rationnelle sur* $\mathbf{F}_{p^2}$, *et* α *une* N*-structure sur* E. (De plus, cette bijection est compatible avec quantité d'opérateurs plus ou moins évidents, et notamment avec les correspondances T_ℓ.)

Admettons (9), qui n'est qu'un exercice [voir plus loin]. On en déduit:

(10) *L'espace* $S(N) = \bigoplus S_k(N)$ *défini dans* (7) *est isomorphe à l'espace des fonctions sur* Ω_N, *cet isomorphisme étant compatible avec:*

a) *l'action des* T_ℓ, *pour* $\ell \nmid pN$;

b) *la décomposition par rapport au poids* mod (p^2-1).

(Du côté Ω_N, le "poids" provient de l'action naturelle de $O_p^\times/O_p^\times(1) = \mathbf{F}_{p^2}^\times$ sur Ω_N.)

En d'autres termes, on peut interpréter $S(N)$ comme l'espace des fonctions $f\colon D_A^\times \to \overline{\mathbf{F}}_p$ telles que $f(ux\gamma) = f(x)$ si $u \in U(1,N)$, $\gamma \in D_{\mathbf{Q}}^\times$. Et la réunion des $S(N)$, pour N de plus en plus grand, s'identifie à l'espace V_1 des fonctions localement constantes sur $D_A^\times/D_{\mathbf{Q}}^\times$ qui sont invariantes par $O_p^\times(1)$.

Pour achever de démontrer le théorème énoncé au début, il me reste à expliquer pourquoi la condition d'invariance par $O_p^\times(1)$ est inoffensive. Cela tient tout simplement à ce que $O_p^\times(1)$ est un *pro-p-groupe invariant* dans $D_p^\times$, donc dans $D_A^\times$. On a en effet le lemme suivant:

LEMME: *Soit* G *un pro-p-groupe opérant de façon continue sur un espace vectoriel* V *sur* $\overline{\mathbf{F}}_p$, *et soient* T_ℓ *des endomorphismes de* V *commutant à* G. *Soit* (a_ℓ) *un système de valeurs propres des* T_ℓ *correspondant à un vecteur propre commun* $v \neq 0$ *dans* V. *On peut alors choisir* v *invariant par* G (sans changer les (a_ℓ)).

(Si V_a est le sous-espace propre de V correspondant à (a_ℓ), V_a est $\neq 0$ et est stable par G, donc contient un vecteur $\neq 0$ fixé par G.)

Voilà, en gros, la démonstration du théorème. Pour être complet, il me faut donner des détails sur la démonstration de (9). C'est un point un peu embêtant, mais essentiellement trivial. L'une des façons de procéder consiste à interpréter les éléments de $\Omega_N = U(1,N)\backslash D_A/D_{\mathbf{Q}}$ comme des *classes d'isomorphisme de* $D_{\mathbf{Z}}$*-modules projectifs de rang* 1, *munis de "*πN*-structures"*. (Si $\mathfrak{a}$ est un idéal bilatère non nul de $D_{\mathbf{Z}}$, une "$\mathfrak{a}$-structure" sur un $D_{\mathbf{Z}}$-module projectif P est simplement une *base* de $P/\mathfrak{a}P$ comme $D_{\mathbf{Z}}/\mathfrak{a}$-module.) On choisit ensuite un triplet (E,ω,α) avec $\mathrm{End}(E) = D_{\mathbf{Z}}$, et l'on remarque que, si P est un $D_{\mathbf{Z}}$-module projectif de rang 1 muni d'une πN-structure, la courbe elliptique $E_P = E \otimes_{D_{\mathbf{Z}}} P$ est munie automatiquement d'un ω et d'un α. La correspondance

$$\text{classe de } P \mapsto \text{classe de } (E_P,\omega,\alpha)$$

est bijective, on le voit facilement (le point essentiel est, bien sûr, que deux courbes supersingulières sont isogènes). J'ai la flemme de donner davantage de détails.

Quelques compléments:

(11) L'action de $D_p^\times$ sur l'espace $S(N)$ est une action "de type diédral"; en particulier, une uniformisante π de $D_p^\times$ *échange* S_k *et* S_{pk}, qui sont donc isomorphes en tant que (T_ℓ)-modules (ce que nous savions bien, grâce à l'opérateur V de la théorie usuelle). On peut aussi voir ça en termes de modules projectifs munis de πN-structures: à un tel module P on associe son unique sous-module d'indice p^2, muni de la πN-structure évidente (pas tout à fait évidente, en ce qui concerne la π-structure ... il faut réfléchir un peu).

(12) On peut utiliser *l'action du centre de* $D_A^\times$ pour décomposer l'espace des fonctions sur $D_A^\times/D_{\mathbf{Q}}^\times$ comme on le fait dans le cas complexe. Les caractères centraux qui interviennent ici sont triviaux à l'infini. Ce sont des caractères ϖ: $\mathrm{Gal}(\overline{\mathbf{Q}}/\mathbf{Q}) \to \overline{\mathbf{F}}_p^\times$. On les décompose en $\chi^k\varepsilon$, où χ est le caractère cyclotomique habituel (mod p), et ε est de conducteur premier à p; l'entier k est défini mod $(p-1)$, et il est de même parité que ε si $p \neq 2$. Si un (a_ℓ) est donné par une fonction propre associée à $\varpi = \chi^k\varepsilon$, la représentation galoisienne correspondante ρ_a est telle que

$$\det \rho_a = \chi^{-1}\varpi = \chi^{k-1}\varepsilon.$$

(Il y a donc "torsion par χ^{-1}" par rapport à ce que donnerait une correspondance à la Langlands. Dans le langage de Deligne (LN 349, pp. 99–100) il s'agit d'une correspondance "à la Hecke", à moins que ce ne soit "à la Tate" ...)

(13) Si ψ: $\mathrm{Gal}(\overline{\mathbf{Q}}/\mathbf{Q}) \to \overline{\mathbf{F}}_p^\times$ est un caractère quelconque, en composant ψ avec la norme réduite Nrd : $D_A^\times \to A^\times$, on obtient une fonction sur $D_A^\times/D_{\mathbf{Q}}^\times$, que je noterai ψ_D. C'est une fonction propre des T_ℓ, les valeurs propres étant $(1+\ell^{-1})\psi(\ell)$, pour ℓ premier au conducteur de ψ; la représentation galoisienne correspondante est $\chi^{-1}\psi \oplus \psi$: type Eisenstein. Le caractère central est ψ^2.

La fonction ψ_D peut être utilisée pour *tordre* un système de valeurs propres. En effet, si f est une fonction localement constante sur $D_A^\times/D_{\mathbf{Q}}^\times$, on a:

$$(f.\psi_D)|T_\ell = \psi(\ell)(f|T_\ell).\psi_D.$$

Le cas particulier $\psi = \chi$ est particulièrement intéressant: la fonction χ_D correspondante appartient à S_{p+1}, et la formule ci-dessus montre que *l'application* $f \mapsto f.\chi_D$ *est un isomorphisme de* $S_k[1]$ *sur* S_{k+p+1}, conformément à (5). (Cette démonstration est très voisine de celle de G. Robert, *loc.cit.*, p. 124, lemme 7.)

(14) Je reviens sur la suite exacte (2) du début:

$$(2) \qquad 0 \to W_k \to S_k \to H^1(\mathcal{M}_{k-(p-1)}) \to H^1(\mathcal{M}_k) \to 0.$$

On peut déterminer les H^1 par dualité : $H^1(\mathcal{M}_k)$ est dual de $H^0(\Omega \otimes \mathcal{M}_{-k})$. Comme Ω est isomorphe au faisceau $\mathcal{M}_2^0$ des formes paraboliques de poids 2, $\Omega \otimes \mathcal{M}_{-k}$ est isomorphe à $\mathcal{M}_{2-k}^0$. On transforme ainsi (2) en la suite exacte

$$(2') \qquad 0 \to W_k \to S_k \to \text{dual de } M_{p+1-k}^0 \to \text{dual de } M_{2-k}^0 \to 0.$$

Quelle est la structure de (T_ℓ)-module du dual de M_{p+1-k}^0 compatible avec cette suite exacte ? On aurait envie de dire (mais je ne sais pas le démontrer) que ce module est, peut-être à semi-simplification près, un *tordu* de M_{p+1-k}^0, la seule torsion raisonnable étant d'ailleurs:

$$(15) \qquad M_{p+1-k}^0[k-1].$$

Tu avais obtenu toi-même un résultat de ce genre lors de ta démonstration du fait que tout système de valeurs propres se ramène par torsion à un poids $\leq p+1$. (Inversement, si une formule du genre ci-dessus était vraie, cela démontrerait très simplement ce résultat de torsion: utilisant (5), on se mettrait dans un S_k avec $1 \leq k \leq p+1$ et on utiliserait ensuite (2').

Pour démontrer (15), il faudrait avoir le courage d'écrire le comportement du théorème de dualité vis-à-vis des correspondances. Pas drôle! Je m'en dispense pour le moment.

Je voudrais maintenant te parler des *problèmes* qui se posent. Il y en a une grande quantité. Voici les principaux:

(16) *Comment décrire le sous-espace* W_k *de* S_k $(0 < k \leq p+1)$ *en termes quaternioniens*, i.e. en termes de fonctions sur l'espace $D_A^\times/D_\mathbf{Q}^\times$? On aurait assez envie que les W_k, et leurs transformés par $D_A^\times$, engendrent un joli $D_A^\times$-sous-module, mais comment le caractériser? Faut-il faire intervenir les fonctions invariantes, non pas par $O_p^\times(1)$, mais par $O_p^\times(n)$, $n \geq 2$? Je ne vois rien.

Une question voisine est celle de définir l'opérateur "U_p" d'Atkin en termes quaternioniens. Note que U_p ne peut pas être défini sur S_k tout entier, car il est stablement nul; mais on devrait pouvoir le définir sur les W_k pour $1 < k \leq p+1$.

(17) On aimerait savoir définir directement la représentation galoisienne

$$\rho_a\colon \mathrm{Gal}(\overline{\mathbf{Q}}/\mathbf{Q}) \to \mathbf{GL}_2(\overline{\mathbf{F}}_p)$$

attachée à un système (a_ℓ) de valeurs propres des T_ℓ. Il n'est pas sûr que ce soit là une question raisonnable. Mais on aimerait en tout cas savoir ceci: si un système (a_ℓ) provient d'une fonction propre $f \in S_k$, est-il vrai qu'il ne peut provenir d'un $S_{k'}$ que si l'on a:

$$k' \equiv k \text{ ou } pk \pmod{p^2-1}\ ? \tag{18}$$

Hélas, (18) semble faux pour un système (a_ℓ) de type Eisenstein, i.e. correspondant à une représentation ρ_a qui est réductible. Mais j'ai l'espoir que c'est vrai lorsque ρ_a est irréductible. Si c'était le cas, ρ_a déterminerait le couple $(p, pk) \bmod (p^2-1)$, ce qui constituerait un "théorème de multiplicité 1" pour la p-composante. De plus, si $k(\rho_a)$ désigne le poids attaché à ρ_a par les règles un peu biscornues de *Duke Math. J.*, t. 54, on aurait:

(19) $k(\rho_a) =$ l'un des deux entiers (ou l'unique entier) de l'intervalle $[1, p^2-1]$ congrus à k ou $pk \bmod (p^2-1)$.

Cela expliquerait pourquoi les poids de *Duke* sont $\leq p^2-1$ (attention, pour $p=2$, on doit modifier la définition de *Duke* en remplaçant 4 par 3).

Bien sûr, on aimerait pouvoir préciser (19), et dire lequel des deux entiers en question est égal à $k(\rho_a)$; cela exige la connaissance des sous-espaces W_k des S_k, i.e. il faut d'abord savoir répondre à (16).

(20) Une question n'ayant rien à voir avec les quaternions, mais naturelle dans le contexte des poids:

Partons d'une $f \in M_k$, avec $k = 1$, fonction propre des opérateurs de Hecke, et soit ρ la représentation galoisienne correspondante. *Est-il vrai que ρ est non ramifiée en p?* C'est clair si f se relève en une forme de poids 1 en caractéristique 0, mais il s'agit ici de formes "au sens de Katz", qui n'ont aucune raison de se relever en caractéristique 0. Il faut donc une démonstration spéciale. Comment faire? La question est liée à (16) dans le cas particulier $k = 1$: comment caractériser $W_1 = M_1$ à l'intérieur de l'espace beaucoup plus grand S_1?

Bien sûr, on aurait envie que la réciproque soit vraie: si ρ est non ramifiée en p, elle devrait provenir de M_1. Je manque fâcheusement d'exemples numériques pour ce genre de situation. Même le cas diédral (par exemple celui où $p = 2$ et $\mathrm{Im}(\rho) = \mathbf{GL}_2(\mathbf{F}_2) = \mathrm{S}_3$) n'est pas évident.

[Cette question a été en grande partie résolue par B. Gross (*Duke Math. J.*, **61** (1990), 445–517) et R.F. Coleman–J.F. Voloch (*Invent. math.*, **110** (1992), 263, 281). Voir là-dessus B. Edixhoven, *Invent. math.* **109** (1992), 563–594.]

(21) Tout ceci amène à regarder *la structure de $D_A^\times$-module* de l'espace F des fonctions localement constantes (à valeurs dans $\bar{\mathbf{F}}_p$) sur l'espace homogène $D_A^\times/D_{\mathbf{Q}}^\times$. Je connais trop mal la théorie complexe pour être certain des bonnes questions à poser. En tout cas, on peut se donner un caractère central ω, et se borner à regarder le sous-espace F_ω de F formé des fonctions f telles que $f(xy) = \omega(x)f(y)$ pour tout x du centre de $D_A^\times$. La somme directe des F_ω est distincte de F, mais ce n'est pas grave: tout sous-module simple de F est contenu dans un F_ω. Au sujet des F_ω, on aimerait qu'ils contiennent "suffisamment" de sous-modules simples. Par exemple:

(22) *Tout sous-$D_A^\times$-module de F_ω distinct de 0 contient-il un sous-module simple?*

[La réponse est: non. Les seuls sous-modules simples de F sont les sous-espaces de dimension 1 engendrés par les ψ_D, cf. (13). Voir lettre à Kazhdan ci-après.]

...

(24) Si un (a_ℓ) provient d'un niveau N_1, ainsi que d'un niveau N_2, *provient-t-il du niveau* $\mathrm{pgcd}(N_1, N_2)$ (en supposant ce pgcd ≥ 3, pour ne pas avoir d'ennuis)? Ce serait un théorème "à la Ribet". Cela devrait pouvoir se démontrer si l'on avait de bonnes réponses aux questions posées dans (21).

(25) *Relations avec la théorie d'Eichler.* Une façon d'attaquer l'espace F de tout à l'heure (celui des fonctions localement constantes sur $D_A^\times/D_{\mathbf{Q}}^\times$) consiste à le regarder comme la réduction $(\bmod p)$ de l'espace des fonctions (complexes, si l'on veut — ou à valeurs entières, si l'on préfère) localement constantes sur le même espace. Aux questions de niveaux près, cela revient à regarder les T_ℓ comme des "matrices de Brandt", ou plutôt comme la réduction $(\bmod p)$ des matrices de Brandt. Grâce à Eichler, nous savons que cela donne le même semi-simplifié qu'un certain espace de poids 2 sur "$\Gamma_0(p)$ en niveau N", du moins pour k divisible par $p+1$. D'où une autre façon de comparer cet espace à celui des formes modulaires $(\bmod p)$. A vrai dire, je suis trop peu familier avec la théorie d'Eichler (surtout avec les niveaux π et N utilisés ici) pour pouvoir énoncer la correspondance de façon précise. Mais cela ne devrait pas être difficile à des spécialistes (Gross, Ribet, Marie-France).

(26) *Analogues p-adiques.* Au lieu de regarder les fonctions localement constantes sur $D_A/D_{\mathbf{Q}}$, à valeurs dans $\mathbf{C}$, il serait plus amusant de regarder celles *à valeurs p-adiques*, i.e. à valeurs dans $\overline{\mathbf{Q}}_p$. Si l'on décompose A en $\mathbf{Q}_p \times A'$, on leur imposerait d'être localement constantes par rapport à la variable dans $D_{A'}$ et d'être continues (ou analytiques, ou davantage) par rapport à la variable dans $D_p\ldots$ Y aurait-il des représentations galoisiennes p-adiques associées à de telles fonctions, supposées fonctions propres des opérateurs de Hecke? Peut-on interpréter les constructions de Hida (et Mazur) dans un tel style? Je n'en ai aucune idée.

(27) *Généralisations.* On peut prolonger ce "day-dreaming" en demandant quels groupes algébriques peuvent remplacer $D^\times$ dans ce qui précède. Une chose est sûre: il faut une condition de "compacité" à l'infini.

...

J-P. Serre

PS—Il se peut que tous mes k doivent être remplacés par $-k$, et autres choses du même genre; il y a des conventions variées qui sont possibles, et je n'ai pas encore choisi.

Lettre de J-P. Serre à D. Kazhdan, 6 juin 1989

Cher Kazhdan,

Voici, comme promis, la démonstration du th. 2 de mon *Résumé de Cours* 1987–1988.

Je garde les notations de ce résumé:

p est un nombre premier;

D est le corps de quaternions de centre $\mathbf{Q}$ ramifié en p, ∞;

G est le groupe multiplicatif de D, vu comme groupe algébrique sur $\mathbf{Q}$;

$G(A)$ est le groupe des points adéliques de G;

$G(\mathbf{Q})$ est le groupe des points rationnels de G, i.e. $D^\times$.

Je note k le corps $\overline{\mathbf{F}}_p$ (ce n'est pas le poids !).

Enfin, je note F le k-espace vectoriel des fonctions $f\colon G(A) \to k$ qui sont localement constantes et invariantes à droite par $G(\mathbf{Q})$. Le groupe $G(A)$ opère à gauche sur F: si $g \in G(A)$ et $f \in F$, on a

$$(g.f)(x) = f(g^{-1}x) \quad \text{pour tout } x \in G(A).$$

On s'intéresse à la structure de F comme $G(A)$-module; c'est un module admissible: les éléments fixés par un sous-groupe ouvert forment un k-espace vectoriel de dimension finie. Le th. 2 dit que *les seuls sous-modules simples de F sont les modules de dimension* 1 *évidents* (et peu intéressants).

En fait, on démontrera quelque chose d'un peu plus précis, voir plus loin.

§1. Préliminaires locaux

Je considère un corps local K, à corps résiduel fini à q éléments, avec $(q,p) = 1$. Soit $G_K = \mathbf{GL}_2(K)$ et soit $G_0 = \mathbf{GL}_2(O_K)$, où O_K est l'anneau des entiers de K.

Soit ω un caractère de $K^\times$, à valeurs dans $k^\times$, qui soit non ramifié, i.e. trivial sur $O_K^\times$. Soit d'autre part a un élément de k. A ces données on peut associer de façon canonique un k-espace vectoriel $H_{a,\omega}$, muni d'une action de G_K (continue, bien sûr), et d'un élément e ayant les quatre propriétés suivantes:

(1) L'action de G_K sur $H = H_{a,\omega}$ admet ω pour caractère central.

(2) L'élément $e \in H$ est fixé par G_0.

(3) Le transformé de e par l'opérateur de Hecke T est a.e.

(4) Le couple (H, e) est universel pour les propriétés (1), (2), (3).

Une façon de définir H consiste à introduire l'algèbre de Hecke

$$R(G_K, G_0) = \mathrm{End}_G\, k[G_K/G_0],$$

ainsi que son module de dimension 1 $I = I_{a,\omega}$ défini par $\{a, \omega\}$. On pose alors $H = k[G_K/G_0] \otimes I$, le produit tensoriel étant pris sur $R(G_K, G_0)$.

Lorsque $\omega = 1$ (cas auquel on peut se ramener par torsion), on peut donner une description très concrète de H en termes de *l'arbre* X de $\mathbf{PGL}_2(K)$: si $C_0 = C_0(X)$ désigne le k-espace vectoriel des 0-chaînes de X à coefficients dans k, on a

$$H_{a,1} = C_0/(T - a)C_0,$$

où T est l'opérateur "somme des sommets voisins".

La *structure* de H n'est pas difficile à déterminer. On trouve:

(5) H contient un unique sous-module simple H'.

(6) On a $H = H'$ si et seulement si $a \neq \pm(q+1)\omega(\pi)^{1/2}$, où π est une uniformisante. (Lorsque $\omega = 1$, cela revient à dire que $a \neq \pm(q+1)$.)

(7) Dans le cas (que j'appellerai "exceptionnel") où $H \neq H'$, le quotient H/H' est de dimension 1 si $q + 1 \neq 0$ dans k, et de dimension 2 si $q + 1 = 0$ dans k.

(8) L'action de G_K sur H/H' est abélienne. En particulier $\mathbf{SL}_2(K)$ opère trivialement sur H/H'.

(9) Aucun élément non nul de H n'est invariant par $\mathbf{SL}_2(K)$.

J'aurai besoin d'un résultat précisant la propriété universelle de $H = H_{a,\omega}$. Soit V un G_K-module lisse (i.e. à action continue) de caractère central ω, et soit W un k-sous-espace vectoriel de V formé d'éléments invariants par G_0 et tels que $Tw = a.w$ pour tout $w \in W$ (T étant l'opérateur de Hecke usuel). D'après (4) il existe un G_K-homomorphisme

$$\varphi\colon W \otimes_k H_{a,\omega} \to V,$$

et un seul, tel que $\varphi(w \otimes e) = w$ pour tout $w \in W$.

PROPOSITION 1: *Supposons qu'aucun élément non nul de V ne soit fixé par $\mathbf{SL}_2(K)$. Alors $\varphi\colon W \otimes H_{a,\omega} \to V$ est injectif.*

(Ce résultat sera surtout intéressant dans le cas où $H_{a,\omega}$ n'est pas simple.)

Démonstration: Soit N le noyau de $\varphi\colon W \otimes H \to V$, et soit $N' = N \cap W \otimes H'$, où H' est l'unique sous-module simple de H, cf. (5). Du fait que H' est simple, le lemme de Schur est applicable (facile) et l'on en déduit par un argument standard (*Bourbaki* A.VIII, §1, n°. 5) que les sous-modules de $W \otimes H'$ sont de la forme $W' \otimes H'$, où W' est un sous-espace vectoriel de W. En appliquant ceci à N', on voit que N' est de la forme $W' \otimes H'$. Si $w \in W'$, l'application de H dans V définie par $h \mapsto \varphi(w \otimes h)$ est nulle sur H', donc se factorise en $H/H' \to V$. Mais $\mathbf{SL}_2(K)$ opère trivialement sur H/H', cf. (8); vu l'hypothèse faite sur V, cela entraîne que $\varphi(w \otimes h) = 0$ pour tout $h \in H$. Prenant $h = e$, on a $w = \varphi(w \otimes e) = 0$. Ceci montre que $W' = 0$, autrement dit que N ne rencontre $W \otimes H'$ qu'en 0, donc est isomorphe à un sous-module de $W \otimes (H/H')$. En appliquant encore (8), on voit que $\mathbf{SL}_2(K)$ opère trivialement sur N. Mais $\mathbf{SL}_2(K)$ ne fixe aucun élément non nul de H (cf. (9)), donc aucun élément non nul de $W \otimes H$. On a donc $N = 0$, cqfd.

§2. Préliminaires globaux

Je reviens aux notations du début. Pour tout ℓ premier $\neq p$, le groupe $G = G(\mathbf{Q}_\ell)$ est isomorphe à $\mathbf{GL}_2(\mathbf{Q}_\ell)$ et je note $G_{0,\ell}$ le groupe de ses points entiers (relativement à un ordre maximal choisi), de sorte que $G_{0,\ell} = \mathbf{GL}_2(\mathbf{Z}_\ell)$ et que la situation est celle du §1.

Je note SG le sous-groupe de G noyau de la norme réduite Nrd: $G \to \mathbf{G}_m$. On a $\mathrm{SG}(\mathbf{Q}_\ell) = \mathbf{SL}_2(\mathbf{Q}_\ell)$ si $\ell \neq p$.

LEMME: *Si $f \in F$ est invariant par $\mathrm{SG}(\mathbf{Q}_\ell)$ pour un $\ell \neq p$, il est invariant par le groupe adélique $\mathrm{SG}(A)$.*

En effet, d'après le théorème d'approximation forte d'Eichler–Kneser, le sous-groupe de $\mathrm{SG}(A)$ engendré par $\mathrm{SG}(\mathbf{Q})$ et $\mathrm{SG}(\mathbf{Q}_\ell)$ est dense.

Je vais maintenant m'intéresser à une représentation admissible V de $G(A)$, non nécessairement contenue dans F, sur laquelle je ferai les hypothèses suivantes:

(a) $V \neq 0$.

(b) $V = V_\omega$ *pour un caractère central* ω.

(c) *Si* $\ell \neq p$, $\mathrm{SG}(\mathbf{Q}_\ell)$ *ne fixe aucun élément* $\neq 0$ *de* V.

Je vais montrer que V contient un produit tensoriel de modules locaux du type H (cf. §1).

On commence par choisir un sous-groupe ouvert U de $G(A)$ tel que le sous-espace V^U fixé par U soit $\neq 0$. On peut supposer que U est un produit ΠU_ℓ où les U_ℓ sont des sous-groupes ouverts des $G(\mathbf{Q}_\ell)$ (ℓ premier, ou $\ell = \infty$), avec $U_\ell = G_{0,\ell}$ pour tout $\ell \notin S$, où S est un ensemble fini contenant p et ∞. Les opérateurs de Hecke T_ℓ ($\ell \notin S$) opèrent sur V^U, qui est de dimension finie. On peut donc choisir un vecteur propre $v \neq 0$ commun à tous ces opérateurs, soient a_ℓ ($\ell \notin S$) les valeurs propres correspondantes. Soit W le sous-espace de V formé des $x \in V$ qui sont fixés par tous les $G_{0,\ell}$ ($\ell \notin S$) et sont tels que $T_\ell x = a_\ell x$ pour tout $\ell \notin S$. Si l'on note G_S le produit des $G(\mathbf{Q}_\ell)$ pour $\ell \in S$ (y compris p, ∞), il est clair que W est un G_S-module admissible, et l'on a $W \neq 0$ puisque W contient v.

Pour tout $\ell \notin S$, soit $H(\ell) = H_{a_\ell,\omega_\ell}$ le $G(\mathbf{Q}_\ell)$-module universel construit au §1 et relatif à la valeur propre a_ℓ et au caractère local ω_ℓ; soit $e(\ell)$ le vecteur canonique correspondant. La donnée des $e(\ell)$ permet de définir le *produit tensoriel infini*

$$H = \bigotimes_{\ell \notin S} H(\ell).$$

On obtient ainsi un $G(A_S)$-module admissible, où $G(A_S)$ désigne le produit restreint des $G(\mathbf{Q}_\ell)$ pour $\ell \notin S$.

Comme $G(A) = G_S \times G(A_S)$, on a une structure naturelle de $G(A)$-module sur le produit tensoriel $W \otimes H$. De plus, les propriétés universelles des $H(\ell)$ montrent qu'il existe un unique homomorphisme

$$\Phi \colon W \otimes H \to V$$

tel que $\Phi(w \otimes e_H) = w$ pour tout $w \in W$ (e_H désignant l'élément de H produit tensoriel des $e(\ell)$).

PROPOSITION 2: *L'homomorphisme $\Phi \colon W \otimes H \to V$ est injectif.*

Soient $\ell_1 < \ell_2 < \cdots$ les nombres premiers non contenus dans S. D'après la prop. 1, $W \otimes H(\ell_1) \to V$ est injectif. Le même argument, appliqué à $W \otimes H(\ell_1)$, montre que $W \otimes H(\ell_1) \otimes H(\ell_2) \to V$ est injectif. Etc.

COROLLAIRE: *Si l'un des (a_ℓ, ω_ℓ) est exceptionnel* (au sens du §1), *V n'est pas simple. Si une infinité des (a_ℓ, ω_ℓ) sont exceptionnels, V n'est pas de longueur finie.*

En effet, si r des (a_ℓ, ω_ℓ) sont exceptionnels, la longueur du produit tensoriel des $H(\ell)$ correspondants est $\geq 2^r$ et il en est a *fortiori* de même de H, de $W \otimes H$, et de V.

§3. Fin de la démonstration

Je conserve les hypothèses sur V du §2 et je suppose que V *est un sous-*$G(A)$-*module de* F. Soient S, a_ℓ, ω_ℓ comme ci-dessus. On sait alors (grâce au dictionnaire fourni par le th. 1 du "Résumé") qu'il existe une *représentation galoisienne* continue

$$\rho\colon \mathrm{Gal}(\overline{\mathbf{Q}}/\mathbf{Q}) \to \mathbf{GL}_2(k),$$

à image finie, qui correspond à S, a_ℓ, ω_ℓ au sens suivant:

– ρ est non ramifiée en dehors de S;

– le déterminant de ρ est $\chi\omega$, où $\chi\colon \mathrm{Gal}(\overline{\mathbf{Q}}/\mathbf{Q}) \to \mathbf{F}_p^\times$ est le caractère cyclotomique;

– si $\ell \notin S$, on a $\mathrm{Tr}\,\rho(\mathrm{Frob}_\ell) = a_\ell$.

D'après le théorème de densité de Chebotarev, il existe une infinité de ℓ tels que Frob_ℓ soit contenu à la fois dans le noyau de ρ et de χ. Pour un tel ℓ, le caractère local ω_ℓ est égal à 1, on a $a_\ell = 2$ et ℓ est égal à 1 dans k; l'équation "$a = q + 1$" du §1, (6) est satisfaite (puisque $q = \ell$): ℓ est exceptionnel. Vu le cor. à la prop. 2, ceci démontre:

PROPOSITION 3: *Tout sous-module* V *de* F *satisfaisant aux conditions* (a), (b), (c) *du* §2 *est de longueur infinie.*

Le th. 2 de mon "Résumé" est maintenant à peu près évident. En effet, si V est un sous-module simple de F, la prop. 3 montre qu'il existe $\ell \neq p, \infty$ tel que $\mathrm{SG}(\mathbf{Q}_\ell)$ fixe un élément $\neq 0$ de V, donc V tout entier puisque V est simple. D'après le lemme 1, V est alors fixé par $\mathrm{SG}(A)$, d'où facilement le fait que V est de dimension 1, et engendré par un caractère de degré 1.

Vous remarquerez le rôle essentiel joué par les représentations galoisiennes dans cette démonstration. C'est grâce à elles (et au théorème de Chebotarev) que l'on peut prouver le point crucial, qui est l'existence d'une infinité de ℓ exceptionnels. Le reste de la démonstration est essentiellement formel.

...

J-P. Serre

PS—La correspondance "valeurs propres de Hecke" $\leftrightarrow$ "représentations galoisiennes" fait intervenir des *signes* (χ ou χ^{-1}, ω ou ω^{-1}) qui dépendent des conventions adoptées pour les Frobenius, le corps de classes, les opérateurs de Hecke et le genre des modules (à gauche ou à droite).

Appendix (R. Livné, November 1995)

Further remarks and further developments

In addition to giving modular forms (mod p) a quaternion interpretation, the letters suggest the study of representations of local and adelized groups. We begin with remarks on modular forms (mod p) and quaternions, then on representation theory.

Question (24) in the letter to Tate: The two letters above were written in connection with question 4.3 in [11]. In that paper Serre formulated conjectures relating odd irreducible Galois representations over $\mathbf{Q}$ with modular forms. The part of these conjectures related to the weight and conductor is now known in odd characteristics (see the report [9] and also [4]). As a result, much is known about question (24), at least if one works with the $\Gamma_1(N)$- rather than the $\Gamma(N)$-level structure. See [9, Theorems 3.1 and 4.2] and [5].

Question (25) in the letter to Tate: In [6] the Eichler–Brandt theory of any definite quaternion algebra B is developed over $\mathbf{Z}[1/q]$, where q is any prime at which B splits. In particular Serre's space F is the reduction (mod p) of an integral model for a certain space of weight two modular forms on a quaternion algebra of discriminant p. This is an instance of the well-known fact that all systems of eigenvalues are found in weight two.

Question (26) in the letter to Tate: In [13] p-adic representations and mod p representations of $\mathbf{GL}_2(\mathbf{Q}_p)$ are related to the geometry of Shimura curves. It is possible to adelize the construction given there. I am not aware of results concerning p-adic Galois representations.

Question (27) in the letter to Tate: An approach to forms (mod p) on groups other than $\mathbf{GL}_2$ and their connections with Galois representations is being
2 developed by B. Gross.

Other quaternion algebras: It seems likely one can carry out an analogous study of forms on a rational definite algebra of an arbitrary discriminant. See [6], [8].

Local representations: In the letter to Kazhdan, Serre studies certain modules of $\mathbf{GL}_2(\mathbf{Q}_\ell)$ in characteristic $p \neq \ell$. These are the unramified representations of $\mathbf{GL}_2(\mathbf{Q}_\ell)$ containing an eigenvector of the Hecke operator with a given eigenvalue which are universal for this property. (An unramified representation is one containing a vector fixed by a maximal compact subgroup.) These representations were studied in his course at the Collège de France 1987–1988. Some of their properties are mentioned in the letter to Kazhdan. Similar arguments (for $\ell = p$) also show up in [1] (see also [2]). A general study of representations of $\mathbf{GL}_2(\mathbf{Q}_\ell)$ in characteristic $p \neq \ell$ was made by Vignéras in [14].

Multiplicity questions: Over $\mathbf{C}$, the classical Aktin–Lehner–Li theory of newforms can be reformulated in the language of representations as the "strong multiplicity one" property. In characteristic p one might ask for the multiplicity in which a given system of Hecke eigenvalues appears in the space of forms of a given weight and level. This would amplify known existence results ([5]). Representation methods might prove useful here.

Bad primes: Over $\mathbf{C}$ the study of primes dividing the level is considerably deepened and clarified by the Langlands correspondence between representations of $\mathbf{GL}_2(F)$ over a local field F and two-dimensional representations of $\mathrm{Gal}(\overline{F}/F)$. The analogue of this correspondence for (mod p) representations for $F = \mathbf{Q}_\ell$, $p \neq \ell$ was worked out by Vignéras ([14]), and later used by her (in an unpublished letter to Fontaine) to answer a part of one of Serre's questions ([11, 3.2.6?]).

References

[1] L. Barthel and R. Livné, *Modular representations of* GL_2 *of a local field: the ordinary, unramified case*, Journal of Number Theory **55** (1995), 1–27.

[2] L. Barthel and R. Livné, *Irreducible modular representations of* GL_2 *of a local field*, Duke Mathematical Journal **75** (1994), 261–292.

[3] P. Deligne, *Les constantes des équations fonctionnelles des fonctions L*, in Lecture Notes in Mathematics **349**, Springer-Verlag, Berlin, 1973, pp. 501–597.

[4] F. Diamond, *The refined conjecture of Serre*, in *Elliptic Curves, Modular Forms, & Fermat's Last Theorem* (J. Coates and S.T. Yau, eds.), International Press, Cambridge, 1995, pp. 22–37.

[5] F. Diamond and R. Taylor, *Non-optimal levels of* mod ℓ *modular representations*, Inventiones mathematicae **115** (1994), 435–462.

[6] B.W. Jordan and R. Livné, *Integral Hodge theory and congruences between modular forms*, Duke Mathematical Journal **80** (1995), 419–484.

[7] N. Katz, *p-adic properties of modular schemes and modular forms*, in Lecture Notes in Mathematics **350**, Springer-Verlag, Berlin, 1973, pp. 69–190.

[8] K.A. Ribet, *Bimodules and abelian surfaces*, Advanced Studies in Pure Mathematics **17**, Academic Press, New York, 1989, pp. 359–407.

[9] K.A. Ribet, *Report on mod ℓ representations of* $\mathrm{Gal}(\overline{\mathbf{Q}}/\mathbf{Q})$, Proceedings of Symposia in Pure Mathematics **55** (1994), Part II, 639–676.

[10] G. Robert, *Congruences entre séries d'Eisenstein dans le cas supersingulier*, Inventiones mathematicae **61** (1980), 103–158.

[11] J-P. Serre, *Sur les représentations modulaires de degré 2 de* $\mathrm{Gal}(\overline{\mathbf{Q}}/\mathbf{Q})$, Duke Mathematical Journal **54** (1987), 179–230.

[12] J-P. Serre, *Résumé des cours de 1987–1988*, Annuaire du Collège de France (1988), 79–82.

[13] J. Teitelbaum, *Modular representations of* PGL_2 *and automorphic forms for Shimura curves*, Inventiones mathematicae **113** (1993), 561–580.

[14] M.-F. Vignéras, *Représentations modulaires de* $\mathrm{GL}(2, F)$ *en caractéristique* ℓ, *F corps p-adique,* $p \neq \ell$, Compositio Mathematica **72** (1989), 33–66.

170.

Répartition asymptotique des valeurs propres de l'opérateur de Hecke T_p

Journal A.M.S. **10** (1997), 75–102

La répartition asymptotique des valeurs propres des opérateurs de Hecke T_p, pour p premier variable, est un problème intéressant et difficile, sur lequel on ne dispose que de résultats partiels, cf. Shahidi [27].

Il va s'agir ici d'une question un peu différente, et qui s'avère nettement plus facile: *on fixe un nombre premier* p et l'on fait tendre vers l'infini le poids (ou le niveau, ou les deux à la fois) des formes modulaires considérées. Prenons par exemple le cas des formes paraboliques de poids k (avec k pair $\to \infty$) sur $\mathbf{SL}_2(\mathbf{Z})$. D'après Deligne, les valeurs propres de T_p sur cet espace appartiennent à l'intervalle $[-2p^{(k-1)/2}, 2p^{(k-1)/2}]$. Si on les normalise en les divisant par $p^{(k-1)/2}$, on obtient des points de l'intervalle $\Omega = [-2, +2]$. Pour k donné, le nombre de ces points est $k/12 + O(1)$; il tend vers l'infini avec k. On peut donc se poser un problème de *distribution asymptotique*: y a-t-il une mesure μ sur Ω suivant laquelle ces points sont *équirépartis* (au sens rappelé au n° 1.1 ci-après)? Et, si oui, quelle est cette mesure μ? Le cas où l'on fait varier p (cf. [27]) suggère que μ pourrait être la
1 mesure de Sato-Tate $\mu_\infty = \frac{1}{\pi}\sqrt{1 - x^2/4}\, dx$. Il n'en est rien. On trouve une mesure μ_p *différente de* μ_∞, cf. n° 2.3; cette mesure intervenait déjà dans [17] et [19], à propos des valeurs propres de certains graphes, et elle a une interprétation simple en termes de mesures de Plancherel, cf. n° 2.3.

En fait, l'équirépartition suivant μ_p est un phénomène général. Elle vaut (n° 3.2, th. 1) *pour toute suite* (k_λ, N_λ) *de poids et de niveaux, avec* k_λ *pair,* N_λ *premier à* p *et* $k_\lambda + N_\lambda \to \infty$. Le principe de la démonstration consiste à utiliser la formule des traces d'Eichler-Selberg, et à remarquer que les termes "intéressants" de cette formule (ceux notés A_2, A_3 et A_4 dans [24]) sont négligeables par rapport au terme "évident" (celui noté A_1).

Cette démonstration fait l'objet des §§3, 4. Les §§1, 2 contiennent divers préliminaires. Le §5 donne des variantes du th. 1, par exemple aux newforms (n° 5.1). Le §6 contient des applications aux *corps de rationalité* des valeurs propres, et à la décomposition des jacobiennes $J_0(N)$ des courbes modulaires $X_0(N)$; par exemple (n° 6.2, th. 7) *la dimension du plus grand facteur* $\mathbf{Q}$*-simple de* $J_0(N)$ *tend vers l'infini avec* N.

Les deux derniers §§ traitent de problèmes quelque peu différents.

Le §7 s'occupe de familles de *courbes algébriques* sur $\mathbf{F}_q$, de genres tendant vers l'infini: que peut-on dire de la distribution de leurs "angles de Frobenius"? Cette question a déjà été traitée par Tsfasman [31] et Tsfasman-Vlăduţ [32], par des arguments très semblables à ceux utilisés ici. Le résultat principal est le th. 8 du

Received by the editors March 1, 1996.

n° 7.3, qui traduit l'équirépartition des angles de Frobenius en termes de nombres de points sur les extensions de $\mathbf{F}_q$. Parmi les corollaires de ce théorème, signalons: a) le fait que les angles de Frobenius sont *denses* sur le cercle (quelle que soit la famille de courbes considérée); b) à isomorphisme près, il n'y a qu'un *nombre fini* de courbes sur $\mathbf{F}_q$ dont la jacobienne soit $\mathbf{F}_q$-isogène à un produit de courbes elliptiques.

Le §8 considère les matrices d'incidence des *graphes réguliers* finis de valence $q+1$ fixée. Ici encore, une suite de graphes donne une suite de familles de points sur un intervalle de $\mathbf{R}$, et l'on cherche s'il y a équirépartition suivant une mesure convenable. On trouve que cela dépend du *nombre de circuits* de longueur donnée des graphes en question (ou, ce qui revient au même, des fonctions zêta de Ihara de ces graphes), cf. n° 8.3, th. 10 et n° 8.4, th. 10′. Le cas où il n'y a "pas trop" de circuits conduit à des graphes asymptotiquement du type de Ramanujan (cf. [16], [17]); dans le cas extrême où il y a "très peu" de circuits, on retrouve une équirépartition suivant la mesure μ_q du n° 2.3, cf. [19].

Table des matières

§1. Rappels sur l'équirépartition des familles finies de points d'un espace compact

1.1. **Définitions.** Soit Ω un espace compact muni d'une mesure de Radon positive μ de masse 1 (cf. Bourbaki [2], Chap. III, §1, n° 3). Par définition, μ est une forme linéaire réelle

$$f \mapsto \int f(x)\mu(x)$$

sur l'espace $C(\Omega;\mathbf{R})$ des fonctions continues réelles sur Ω, satisfaisant aux deux conditions suivantes:

$$\int f(x)\mu(x) \geq 0 \quad \text{si } f \geq 0,$$

$$\int \mu(x) = 1.$$

Dans ce qui suit, l'intégrale $\int f(x)\mu(x)$ sera souvent notée $\langle f, \mu\rangle$.

Soit L une suite d'indices tendant vers $+\infty$. Pour tout $\lambda \in L$, soit I_λ un ensemble fini non vide, de cardinal $d_\lambda = |I_\lambda|$, et soit $\mathbf{x}_\lambda = (x_{i,\lambda})$, $i \in I_\lambda$, une famille finie de points de Ω indexée par I_λ. On pose:

$$\delta_{\mathbf{x}_\lambda} = \frac{1}{d_\lambda} \sum_{i \in I_\lambda} \delta_{x_{i,\lambda}}$$

où $\delta_{x_{i,\lambda}}$ est la mesure de Dirac au point $x_{i,\lambda}$. La mesure ainsi définie est positive de masse 1. Si $f \in C(\Omega; \mathbf{R})$, on a:

$$\langle f, \delta_{\mathbf{x}_\lambda} \rangle = \frac{1}{d_\lambda} \sum_{i \in I_\lambda} f(x_{i,\lambda}). \tag{1}$$

On dit que la famille $\mathbf{x}_\lambda$ ($\lambda \in L$) est *μ-équirépartie* (ou *équirépartie suivant* μ) si

$$\lim_{\lambda \to \infty} \delta_{\mathbf{x}_\lambda} = \mu, \tag{2}$$

pour la topologie vague sur l'espace des mesures ([2], Chap. III, §1, n° 9). Cela signifie que:

$$\lim_{\lambda \to \infty} \frac{1}{d_\lambda} \sum_{i \in I_\lambda} f(x_{i,\lambda}) = \langle f, \mu \rangle \quad \text{pour tout } f \in C(\Omega; \mathbf{R}). \tag{3}$$

1.2. **Propriétés de l'équirépartition.** Si A est une partie de Ω, notons $N(\mathbf{x}_\lambda, A)$ le nombre des indices $i \in I_\lambda$ tels que $x_{i,\lambda} \in A$. La proposition suivante justifie le terme d'*équirépartition*:

Proposition 1. *Supposons que $\mathbf{x}_\lambda$ soit μ-équirépartie et que la frontière de A soit de mesure nulle pour μ. On a alors*:

$$\lim_{\lambda \to \infty} N(\mathbf{x}_\lambda, A)/d_\lambda = \mu(A). \tag{4}$$

(Autrement dit, la probabilité de "$x_{i,\lambda}$ appartient à A" tend vers $\mu(A)$ quand $\lambda \to \infty$.)

Cela résulte de la prop. 22 de [2], Chap. IV, §5, n° 12, appliquée à la fonction caractéristique de A.

Corollaire. *Si A est fermée et de μ-mesure nulle, on a*:

$$\lim_{\lambda \to \infty} N(\mathbf{x}_\lambda, A)/d_\lambda = 0. \tag{5}$$

Remarque. Si le support de μ est Ω (ce qui sera souvent le cas par la suite), les $x_{i,\lambda}$ sont *denses* dans Ω. De façon plus précise, si U est un ouvert non vide de Ω, on a $N(\mathbf{x}_\lambda, U) > 0$ pour tout λ assez grand; cela résulte par exemple de (3), appliqué à une fonction continue positive f, non identiquement nulle, et à support dans U.

1.3. **Equirépartition de valeurs propres d'opérateurs.** Dans les §§ suivants, Ω est un intervalle fermé de $\mathbf{R}$. Pour tout $\lambda \in L$ on considère un opérateur linéaire H_λ, de rang fini $d_\lambda > 0$, dont les valeurs propres appartiennent à Ω. On pose $I_\lambda = [1, d_\lambda]$ et l'on prend pour $\mathbf{x}_\lambda$ la famille $(x_{i,\lambda})$ des *valeurs propres* de H_λ, répétées suivant leurs multiplicités, et rangées dans un ordre arbitraire.

Proposition 2. *Les propriétés suivantes sont équivalentes:*

(a) *La famille de valeurs propres* $\mathbf{x}_\lambda$ *est* μ*-équirépartie sur* Ω.

(b) *Pour tout polynôme* $P(X)$ *à coefficients réels, on a:*

$$\mathrm{Tr}\, P(H_\lambda)/d_\lambda \to \langle P, \mu \rangle \quad \textit{pour } \lambda \to \infty. \tag{6}$$

(b′) *Pour tout entier* $m \geq 0$, *il existe un polynôme* P *de degré* m *satisfaisant à* (6).

Si P est un polynôme, la trace de l'opérateur $P(H_\lambda)$ est égale à la somme des $P(x_{i,\lambda})$. Vu (1), on a donc

$$\mathrm{Tr}\, P(H_\lambda)/d_\lambda = \langle P, \delta_{\mathbf{x}_\lambda} \rangle, \tag{7}$$

ce qui permet de récrire (6) sous la forme:

$$\langle P, \delta_{\mathbf{x}_\lambda} \rangle \to \langle P, \mu \rangle \quad \text{pour } \lambda \to \infty. \tag{8}$$

Il est clair que (2)⇒(8), d'où (a) ⇒ (b). L'implication réciproque résulte du fait que les polynômes sont *denses* dans $C(\Omega; \mathbf{R})$, et que les mesures positives de masse 1 sont équicontinues sur $C(\Omega; \mathbf{R})$.

L'équivalence (b) ⇔ (b′) est immédiate.

§2. Les polynômes X_n et les mesures μ_q

2.1. **Les polynômes** X_n. Notons Ω l'intervalle fermé $[-2, +2]$. Si $x \in \Omega$, on écrit x de manière unique sous la forme

$$x = 2\cos\varphi, \quad \text{avec } 0 \leq \varphi \leq \pi. \tag{9}$$

Si n est un entier ≥ 0, on pose:

$$X_n(x) = e^{in\varphi} + e^{i(n-2)\varphi} + \cdots + e^{-ni\varphi} = \sin(n+1)\varphi/\sin\varphi. \tag{10}$$

Les X_n sont des polynômes en x:

$$X_0 = 1,\ X_1 = x,\ X_2 = x^2 - 1,\ X_3 = x^3 - 2x, \ldots.$$

On peut les définir au moyen de la série génératrice:

$$\sum_{n=0}^{\infty} X_n(x) t^n = 1/(1 - xt + t^2). \tag{11}$$

Une autre façon de caractériser les X_n consiste à écrire x sous la forme $x = \mathrm{Tr}\, U$, avec $U \in \mathbf{SU}_2(\mathbf{C})$ de valeurs propres $e^{i\varphi}$ et $e^{-i\varphi}$. On a alors:

$$X_n(x) = \mathrm{Tr}\ \mathrm{Sym}^n(U). \tag{12}$$

Les X_n sont donc essentiellement les *caractères irréductibles* du groupe $\mathbf{SU}_2$ (ou du groupe $\mathbf{SL}_2$, cela revient au même). Ils satisfont à la formule de Clebsch-Gordan:

$$X_n X_m = \sum_{0 \leq r \leq \inf(n,m)} X_{n+m-2r} = X_{n+m} + X_{n+m-2} + \cdots + X_{|n-m|}. \tag{13}$$

2.2. La mesure de Sato-Tate μ_∞. C'est la mesure sur $\Omega = [-2, +2]$ définie par:

(14) $$\mu_\infty(x) = \frac{1}{\pi}\sqrt{1 - x^2/4}\, dx = \frac{2}{\pi}\sin^2\varphi\, d\varphi.$$

C'est une mesure positive de masse 1. On peut la caractériser par la formule:

(15) $$\langle X_n, \mu_\infty\rangle = \begin{cases} 1 & \text{si } n = 0, \\ 0 & \text{si } n > 0. \end{cases}$$

Vu (13), on a:

(16) $$\langle X_n X_m, \mu_\infty\rangle = \delta_{nm} \quad \text{(symbole de Kronecker)}.$$

Interprétation de μ_∞. Soit μ_G la mesure de Haar normalisée du groupe compact $G = \mathbf{SU}_2(\mathbf{C})$. L'image de μ_G par l'application $\mathrm{Tr} : G \to \Omega$ n'est autre que μ_∞. De ce point de vue, (16) ne fait qu'exprimer les relations d'orthogonalité des caractères irréductibles de G.

2.3. Les mesures μ_q. Soit q un nombre réel > 1. On définit une fonction f_q sur Ω par:

(17) $$f_q(x) = \sum_{m=0}^{\infty} q^{-m} X_{2m}(x) = \frac{q+1}{(q^{1/2} + q^{-1/2})^2 - x^2}.$$

En faisant le produit de f_q par μ_∞ on obtient une mesure:

(18) $$\mu_q = f_q \mu_\infty.$$

On étend cette définition à $q = 1$ en posant:

(19) $$\mu_1 = \lim_{q \to 1} \mu_q = \frac{dx}{2\pi\sqrt{1 - x^2/4}} = \frac{1}{\pi}\, d\varphi.$$

La mesure μ_q est positive de masse 1 pour tout $q \geq 1$. On a $\lim_{q\to\infty} \mu_q = \mu_\infty$, ce qui explique la notation choisie.

Les formules (15), (17), (18), et (19) entraînent:

(20) $$\langle X_n, \mu_q\rangle = \begin{cases} q^{-n/2} & \text{si } n \text{ est pair}, \\ 0 & \text{si } n \text{ est impair}. \end{cases}$$

Si l'on définit des polynômes $X_{n,q}$ par la formule:

(21) $$X_{n,q} = X_n - q^{-1} X_{n-2} \quad \text{(en convenant que } X_m = 0 \text{ si } m < 0\text{)},$$

on a:

(22) $$\langle X_{n,q}, \mu_q\rangle = \begin{cases} 1 & \text{si } n = 0, \\ 0 & \text{si } n > 0. \end{cases}$$

La série génératrice des $X_{n,q}$ est:

(23) $$\sum_{n=0}^{\infty} X_{n,q}(x) t^n = \frac{1 - t^2/q}{1 - xt + t^2}.$$

A un facteur de normalisation près, les $X_{n,q}$ sont les *polynômes orthogonaux* associés à μ_q. On a en effet, en combinant (13), (20) et (21):

(24) $$\langle X_{n,q} X_{m,q}, \mu_q\rangle = \begin{cases} 0 & \text{si } m \neq n, \\ 1 + q^{-1} & \text{si } m = n > 0. \end{cases}$$

Interprétation de μ_q. Supposons que q soit entier, et soit A un *arbre régulier de valence* $q+1$, i.e. un arbre dans lequel le nombre des arêtes d'origine donnée est égal à $q+1$, cf. §8. Le groupe $G = \mathrm{Aut}(A)$ est un groupe localement compact pour la topologie de la convergence simple. A tout $x \in \Omega$ on peut associer de façon naturelle une *représentation unitaire irréductible de* G, appartenant à la "série principale non ramifiée"; avec les notations de Cartier [4], c'est celle qui correspond au paramètre $t = q^{1/2}x$. Cela identifie Ω à une partie du spectre de G, et la mesure μ_q s'interprète alors comme la restriction à Ω de la *mesure de Plancherel* du spectre de G, convenablement normalisée, cf. [4], n° 4.

Lorsque q est une puissance d'un nombre premier (et $q > 1$), on a un résultat analogue en remplaçant G par $\mathbf{PGL}_2(K)$, où K est un corps local dont le corps résiduel a q éléments, cf. Mautner [18] et Silberger [30].

§3. Le théorème principal

3.1. Notations modulaires. Si N et k sont des entiers > 0, avec k pair, on note $S(N,k)$ l'espace des formes modulaires paraboliques de poids k sur le groupe de congruence $\Gamma_0(N)$, cf. e.g. Shimura [28], Chap. II. On pose:

$$s(N,k) = \dim S(N,k), \tag{25}$$

et on suppose que $s(N,k) > 0$, ce qui est le cas si k ou N est assez grand, par exemple $k \geq 16$ ou $N \geq 26$.

Pour tout $n \geq 1$, on note $T_n = T_n(N,k)$ l'opérateur de Hecke associé à n, (*loc. cit.*, Chap. III). C'est un endomorphisme de $S(N,k)$ qui est hermitien pour le produit scalaire de Petersson (donc à valeurs propres réelles) si $\mathrm{pgcd}(N,n) = 1$. On le normalise en le divisant par $n^{(k-1)/2}$; cela conduit à introduire l'opérateur:

$$T'_n = T'_n(N,k) = T_n(N,k)/n^{(k-1)/2}. \tag{26}$$

On s'intéresse particulièrement au cas où n est *un nombre premier p ne divisant pas N*. D'après la conjecture de Ramanujan-Petersson, démontrée par Deligne, les valeurs propres de T_p ont une valeur absolue $\leq 2p^{(k-1)/2}$. Il en résulte que *les valeurs propres de T'_p appartiennent à l'intervalle* $\Omega = [-2,+2]$. On note $\mathbf{x}(N,k,p)$ la famille de ces valeurs propres.

3.2. Enoncé du théorème. Soit p un nombre premier fixé.

Théorème 1. *Soit (N_λ, k_λ) une suite de couples d'entiers > 0 satisfaisant aux conditions suivantes:*

a) *k_λ est pair;*
b) *$k_\lambda + N_\lambda$ tend vers $+\infty$;*
c) *p ne divise pas N_λ.*

Alors la famille $\mathbf{x}_\lambda = \mathbf{x}(N_\lambda, k_\lambda, p)$ des valeurs propres de $T'_p(N_\lambda, k_\lambda)$ est équirépartie dans $\Omega = [-2,+2]$ suivant la mesure μ_p définie au n° 2.3, à savoir:

$$\mu_p = \frac{p+1}{\pi} \frac{(1-x^2/4)^{1/2}\,dx}{(p^{1/2}+p^{-1/2})^2 - x^2}. \tag{27}$$

La démonstration sera donnée ci-dessous.

Corollaire 1. *Soient α, β des nombres réels tels que $-2 \leq \alpha \leq \beta \leq 2$. Lorsque λ tend vers l'infini, la proportion du nombre des valeurs propres de $T_p(N_\lambda, k_\lambda)$ qui sont comprises entre $\alpha.p^{(k-1)/2}$ et $\beta.p^{(k-1)/2}$ tend vers $\int_\alpha^\beta \mu_p(x)$.*

En effet, puisque μ_p a une densité continue, les extrémités de l'intervalle $[\alpha, \beta]$ ont une mesure nulle pour μ_p, et l'on peut appliquer la prop. 1.

Corollaire 2. *Les valeurs propres des $T'_p(N_\lambda, k_\lambda)$ sont denses dans $[-2, +2]$.*

Cela résulte du cor. 1, et du fait que le support de μ_p est égal à Ω.

Remarque. Le cor. 1 entraîne en particulier que, pour tout $\varepsilon > 0$, et tout λ assez grand (dépendant de ε) il existe une valeur propre de $T_p(N_\lambda, k_\lambda)$ qui est $> (2-\varepsilon)p^{(k_\lambda - 1)/2}$; la borne de Deligne est donc essentiellement *optimale.*

3.3. **Un résultat auxiliaire.** La proposition suivante sera démontrée au §4:

Proposition 3. *Soit n un entier ≥ 1. On a*

$$\lim \operatorname{Tr} T'_n(N,k)/(\frac{k-1}{12})\psi(N) = \begin{cases} n^{-1/2} & \textit{si } n \textit{ est un carré,} \\ 0 & \textit{sinon,} \end{cases} \tag{28}$$

la limite étant prise pour $N + k \to \infty$, k pair, et N premier à n.

(Rappelons que $\psi(N) = N\prod_{l|N}(1 + 1/l)$ est l'indice de $\Gamma_0(N)$ dans $\mathbf{SL}_2(\mathbf{Z})$.)

Lorsque $n = 1$, on a $\operatorname{Tr} T'_n(N,k) = \dim S(N,k) = s(N,k)$, et la prop. 3 donne:

Corollaire. *On a*

$$s(N,k) \sim \frac{k-1}{12}\psi(N) \quad \textit{pour } N + k \to \infty, \ k \textit{ pair.} \tag{29}$$

3.4. **Démonstration du th. 1 à partir de la prop. 3.** Le lemme suivant est bien connu:

Lemme 1. *Si p est premier au niveau N, on a, pour tout $m \geq 0$,*

$$T'_{p^m} = X_m(T'_p), \tag{30}$$

où $X_m(x)$ est le polynôme de degré m défini au n° 2.1.

Rappelons la démonstration. On part de l'identité de Hecke

$$\sum_{m=0}^{\infty} T_{p^m} t^m = 1/(1 - T_p t + p^{k-1}t^2).$$

En y remplaçant t par $t/p^{(k-1)/2}$, on obtient:

$$\sum_{m=0}^{\infty} T'_{p^m} t^m = 1/(1 - T'_p t + t^2). \tag{31}$$

En comparant avec (11), on en déduit (30).

Si l'on combine ce lemme avec la prop. 2, on voit que le th. 1 est équivalent à la formule:

$$\lim_{\lambda\to\infty} \operatorname{Tr} T'_{p^m}(N_\lambda, k_\lambda)/s(N_\lambda, k_\lambda) = \langle X_m, \mu_p\rangle \quad \text{pour tout } m \geq 0.$$

D'après (20), le membre de droite est égal à $p^{-m/2}$ si m est pair et à 0 si m est impair. D'autre part, le corollaire à la prop. 3 permet de remplacer $s(N_\lambda, k_\lambda)$ par $\frac{(k_\lambda - 1)}{12}\psi(N_\lambda)$ dans le membre de gauche. On est donc ramené à démontrer:

$$\lim_{\lambda\to\infty} \operatorname{Tr} T'_{p^m}(N_\lambda, k_\lambda)/\frac{(k_\lambda - 1)}{12}\psi(N_\lambda) = \begin{cases} p^{-m/2} & \text{si } m \text{ est pair,} \\ 0 & \text{sinon,} \end{cases}$$

ce qui résulte de la prop. 3 appliquée à $n = p^m$.

§4. Majoration des termes de la formule des traces

4.1. **Enoncé du résultat.** On se place dans un cadre un peu plus général que celui du §3: outre le poids $k \geq 2$ et le niveau N, on se donne un caractère χ sur $(\mathbf{Z}/N\mathbf{Z})^*$ que l'on prolonge à $\mathbf{R}$ en posant $\chi(x) = 0$ si x n'est pas un entier > 0 premier à N. On suppose que $(-1)^k = \chi(-1)$ et l'on note $S(N, k, \chi)$ l'espace des formes modulaires paraboliques de poids k et de caractère χ sur le groupe $\Gamma_1(N)$, cf. par exemple [24], §2. Le cas considéré au §3 est celui où $\chi = 1$.

Pour tout entier $n > 0$, on note $T_n(N, k, \chi)$ l'endomorphisme de $S(N, k, \chi)$ défini par l'opérateur de Hecke T_n (*loc. cit.*, formule (2)). On va prouver:

Proposition 4. *On a*:

$$\left|\operatorname{Tr} T_n(N, k, \chi) - \frac{k-1}{12}\chi(n^{1/2})n^{k/2-1}\psi(N)\right| \ll_n n^{k/2}N^{1/2}d(N), \tag{32}$$

où $d(N)$ est le nombre des diviseurs > 0 de N.

(Rappelons que le symbole $A \ll_n B$ signifie qu'il existe une constante positive $C(n)$, ne dépendant que de n, telle que $A \leq C(n)B$ quelles que soient les valeurs des autres paramètres intervenant dans A et B; ces paramètres sont ici k, N et χ, avec $k \geq 2$ et $\chi(-1) = (-1)^k$. Noter qu'il serait possible de donner une majoration explicite de $C(n)$, comme le fait Brumer [3] pour $k = 2$; nous n'en aurons pas besoin.)

La formule (32), *appliquée à* $\chi = 1$, *entraîne la prop.* 3 *du* n° 3.3. En effet, si l'on divise tous les termes de (33) par $\frac{k-1}{12}n^{(k-1)/2}\psi(N)$, on obtient:

$$|\operatorname{Tr} T'_n(N, k)/(\frac{k-1}{12})\psi(N) - \chi(n^{1/2})n^{-1/2}| \ll_n \frac{N^{1/2}d(N)}{(k-1)\psi(N)}. \tag{33}$$

Or on a $d(N) \ll_\varepsilon N^\varepsilon$ pour tout $\varepsilon > 0$ (cf. e.g. [10], th. 315), et $\psi(N) \geq N$. Le terme de droite tend donc vers 0 quand $k + N$ tend vers l'infini. D'autre part, le terme $\chi(n^{1/2})n^{-1/2}$ est égal à $n^{-1/2}$ si n est un carré premier à N, et à 0 sinon. On obtient donc bien l'énoncé de la prop. 3.

Le reste de ce § est consacré à la démonstration de la prop. 4. Nous utiliserons pour cela la *formule des traces* d'Eichler-Selberg. Avec les notations de [5], [24], cette formule s'écrit:

$$\operatorname{Tr} T_n(N, k, \chi) = A_1 + A_2 + A_3 + A_4, \tag{34}$$

où les $A_i = A_i(N, k, n, \chi)$ sont certaines expressions élémentaires dont nous rappellerons les valeurs plus loin.

Le terme A_1 est le *terme principal*:

$$A_1 = \frac{k-1}{12}\chi(n^{1/2})n^{k/2-1}\psi(N). \tag{35}$$

La démonstration de la prop. 4 consiste à majorer en valeur absolue les termes A_2, A_3 et A_4. On verra que l'on a:

$$|A_2| \ll_n n^{k/2}d(N), \tag{36}$$

$$|A_3| \ll_n n^{k/2}N^{1/2}d(N), \tag{37}$$

$$|A_4| \ll_n 1 \tag{38}$$

ce qui entraîne bien (32).

4.2. **Majoration de $|A_2|$.** D'après [24], th. 2.2, le terme A_2 est donné par:

$$A_2 = -\frac{1}{2}\sum_{t^2<4n} \frac{\rho^{k-1}-\overline{\rho}^{k-1}}{\rho-\overline{\rho}} \sum_f h_w\left(\frac{t^2-4n}{f^2}\right)\mu(t,f,n), \tag{39}$$

où:

t parcourt les entiers (de signe quelconque) tels que $t^2 < 4n$;

ρ et $\overline{\rho}$ sont les deux racines du polynôme $X^2 - tX + n$;

f parcourt les entiers ≥ 1 tels que f^2 divise $t^2 - 4n$, et que $(t^2 - rn)/f^2 \equiv 0, 1 \pmod 4$;

$h_w(\frac{t^2-4n}{f^2})$ est le nombre de classes de l'ordre du corps quadratique imaginaire $\mathbf{Q}(\rho)$ de discriminant $\frac{t^2-4n}{f^2}$, divisé par 2 (resp. 3) si ce discriminant est -4 (resp. -3);

$\mu(t,f,n) = \frac{\psi(N)}{\psi(N/N_f)}\sum_{x \bmod N}\chi(x)$, où $N_f = \mathrm{pgcd}(N,f)$ et où x parcourt les éléments inversibles de $\mathbf{Z}/N\mathbf{Z}$ tels que $x^2 - tx + n \equiv 0 \pmod{N_f N}$.

Remarque. Le terms $\frac{\rho^{k-1}-\overline{\rho}^{k-1}}{\rho-\overline{\rho}}$ est un *entier*, égal à $n^{k/2-1}X_{k-2}(tn^{-1/2})$, avec les notations du n° 2.1.

Noter que, pour n fixé, t, f, ρ et $h_w(\frac{t^2-4n}{f^2})$ sont contenus dans des ensembles finis, indépendants de k, N et χ. On a de plus $|\rho| = n^{1/2}$ et $|\rho - \overline{\rho}| = (4n - t^2)^{1/2} \geq 1$, de sorte que:

$$\left|\frac{\rho^{k-1}-\overline{\rho}^{k-1}}{\rho-\overline{\rho}}\right| \leq 2n^{(k-1)/2}/(4n-t^2)^{1/2} \ll_n n^{k/2}.$$

On déduit de ceci:

$$|A_2| \ll_n n^{k/2}\sup|\mu(t,f,n)|. \tag{40}$$

Or $|\mu(t,f,n)|$ est majoré par $\frac{\psi(N)}{\psi(N/N_f)}M(t,n,N)$, où $M(t,n,N)$ est le nombre de solutions de la congruence $x^2 - tx + n \equiv 0 \pmod N$. On a:

$$\psi(N)/\psi(N/N_f) \leq \psi(N_f) \leq \psi(f) \ll_n 1,$$

puisque N_f divise f, qui est $\leq 2n^{1/2}$. L'inégalité (40) entraîne donc:

$$|A_2| \ll_n n^{k/2}\sup_t M(t,n,N). \tag{41}$$

Or on a:

Lemme 2. *Soient a et b des entiers tels que $a^2 - 4b \neq 0$, soit N un entier ≥ 1 et soit $M(a,b,N)$ le nombre de solutions* $\pmod N$ *de la congruence $x^2 - ax + b \equiv 0$* $\pmod N$.

On a:

$$M(a,b,N) \leq 2^{\omega(N)}|a^2-4b|^{1/2}, \tag{42}$$

où $\omega(N)$ est le nombre de facteurs premiers de N.

Ce résultat est un cas particulier d'un théorème de M. Huxley [12], applicable à un polynôme unitaire f de degré quelconque (la borne étant alors $\deg(f)^{\omega(N)}|D|^{1/2}$, où D est le discriminant de f). Le cas considéré ici peut aussi se traiter par un calcul direct: on peut supposer que N est une puissance d'un nombre premier p, et l'on montre que l'on a alors

$$M(a,b,N) \leq 2.p^{[c/2]}$$

où c est la valuation p-adique de $a^2 - 4b$, ce qui est un peu plus précis (si c est impair) que (42).

Le lemme 2, appliqué avec $a = t, b = n$, donne:

$$\text{(43)} \quad \sup_t M(t,n,N) \leq 2^{\omega(N)} \sup |4n - t^2|^{1/2} \leq 2^{1+\omega(N)} n^{1/2} \ll_n 2^{\omega(N)} \ll_n d(N).$$

En combinant (41) et (43) on obtient l'inégalité (36) annoncée au n° 4.1.

Remarque. La méthode suivie ici fournit une *majoration explicite* de $|A_2|$: il suffit de reprendre les calculs précédents et d'utiliser l'inégalité

$$\sum_{t^2<4n} \sum_f h_w\left(\frac{t^2-4n}{f^2}\right) < 2\sigma_1(n),$$

cf. [3], lemma 4.1. On obtient ainsi:

$$\text{(44)} \qquad |A_2| < 2\sigma_1(n) n^{(k-1)/2} 2^{\omega(N)} \sup_{f^2<4n} \psi(f).$$

4.3. **Majoration de $|A_3|$.** D'après [23], *loc. cit.*, on a:

$$\text{(45)} \qquad A_3 = -\frac{1}{2} \sum_{d|n} \inf(d, n/d)^{k-1} \sum_c \varphi(\text{pgcd}(N/c, c))\chi(y),$$

où:

c parcourt les diviseurs > 0 de N tels que $\text{pgcd}(N/c, c)$ divise $n/d - d$ ainsi que N/N_χ, où N_χ est le conducteur de χ;

y est un entier défini $\bmod N/\text{pgcd}(N/c,c)$ par les conditions $y \equiv d \pmod c$ et $y \equiv n/d \pmod{N/c}$.

Le nombre des d est $d(n)$; chaque terme $\inf(d, n/d)^{k-1}$ est $\leq n^{(k-1)/2}$. De même, le nombre des c est $\leq d(N)$, et l'on a $\varphi(\text{pgcd}(N/c,c)) \leq N^{1/2}$. On en déduit:

$$\text{(46)} \qquad |A_3| \leq \frac{1}{2} d(n) n^{(k-1)/2} d(N) N^{1/2} \ll_n n^{k/2} N^{1/2} d(N),$$

ce qui donne bien la majoration (37).

4.4. **Majoration de $|A_4|$.** D'après [24], on a

$$\text{(47)} \qquad A_4 = \begin{cases} 0 & \text{si } k > 2, \text{ ou si } \chi \neq 1, \\ \sum t & \text{si } k = 2 \text{ et } \chi = 1, \end{cases}$$

où t parcourt les diviseurs > 0 de n tels que $\text{pgcd}(N, n/t) = 1$.

On a donc

$$\text{(48)} \qquad |A_4| \leq \sigma_1(n) \ll_n 1,$$

ce qui démontre (38), et achève la démonstration de la prop. 4 (donc aussi celles de la prop. 3 et du th. 1).

§5. VARIANTES DU THÉORÈME 1

J'en donne trois, qui se déduisent facilement des majorations du §4: newforms (n° 5.1), plusieurs nombres premiers (n° 5.2), Nebentypus (n° 5.3).

D'autres variantes doivent être traitables sans grand effort supplémentaire: par exemple, le cas des formes paraboliques satisfaisant à des conditions de symétrie à la Atkin-Lehner. On pourrait aussi s'intéresser à d'autres sous-groupes de congruence de $\mathbf{SL}_2(\mathbf{Z})$ que $\Gamma_0(N)$ et $\Gamma_1(N)$; dans cette direction, les majorations de Cox-Parry [7] seront sûrement utiles. Une autre possibilité consiste à remplacer $\mathbf{SL}_2$ et $\mathbf{GL}_2$ par un groupe réductif quelconque, l'équirépartition se faisant suivant la mesure de Plancherel (pour les représentations locales relatives à une place fixée); on trouvera des exemples de ce type (pour la place à l'infini) dans Rohlfs-Speh [22] et Savin [23].

5.1. Equirépartition pour les formes paraboliques primitives. Reprenons les notations des §§3, 4 et notons $S(N,k)^{\text{new}}$ le sous-espace de $S(N,k)$ engendré par les formes primitives ("newforms", cf. [1]). Cet espace est stable par les opérateurs de Hecke. On pose:

$$\begin{aligned} s(N,k)^{\text{new}} &= \dim S(N,k)^{\text{new}}, \\ T_n(N,k)^{\text{new}} &= \text{ restriction de } T_n(N,k) \text{ à } S(N,k)^{\text{new}}, \\ T'_n(N,k)^{\text{new}} &= T_n(N,k)^{\text{new}}/n^{(k-1)/2}. \end{aligned}$$

Théorème 2. *L'énoncé du th.* 1 *reste valable lorsqu'on y remplace* $S(N_\lambda,k_\lambda)$ *par* $S(N_\lambda,k_\lambda)^{\text{new}}$ *et* $T'_p(N_\lambda,k_\lambda)$ *par* $T'_p(N_\lambda,k_\lambda)^{\text{new}}$.

(Autrement dit, les valeurs propres de $T'_p(N_\lambda,k_\lambda)^{\text{new}}$ sont équiréparties dans $\Omega=[-2,+2]$ suivant la mesure μ_p du n° 2.3, pour $\lambda\to\infty$.)

Tout revient à estimer les traces des opérateurs $T'_n(N,k)^{\text{new}}$ pour n premier à N, ce que l'on va faire en se ramenant au cas des $T'_n(N,k)$. Si l'on se place dans le groupe de Grothendieck des T_n-modules (n premier à N), on a d'après [1], th. 5:

$$S(N,k)=\sum_{M|N} d(N/M).S(M,k)^{\text{new}}. \tag{49}$$

Définissons alors des entiers $d^*(M)$ par la série de Dirichlet

$$\sum d^*(M)M^{-s}=1/\sum d(M)M^{-s}=1/\zeta^2(s). \tag{50}$$

La fonction $M\mapsto d^*(M)$ est multiplicative; sa valeur pour une puissance l^α d'un nombre premier l est:

$$d^*(l^\alpha)=\begin{cases}1 & \text{si } \alpha=0 \text{ ou } 2,\\ -2 & \text{si } \alpha=1,\\ 0 & \text{si } \alpha>2.\end{cases} \tag{51}$$

D'où:

$$|d^*(N)|\le 2^{\omega(N)}\le d(N)\le_\varepsilon N^\varepsilon \quad \text{pour tout } \varepsilon>0. \tag{52}$$

De (49) et (50) on déduit par un argument standard (convolution):

$$s(N,k)^{\text{new}}=\sum_{M|N} d^*(N/M).S(M,k). \tag{53}$$

En particulier:

$$S(N,k)^{\text{new}} = \sum_{M|N} d^*(N/M).s(M,k).$$

Plus généralement, si n est premier à N, on a:

(54) $$\operatorname{Tr} T_n(N,k)^{\text{new}} = \sum_{M|N} d^*(N/M).\operatorname{Tr} T_n(N,k).$$

Cette formule, jointe à la formule des traces (n° 4.1), permet d'écrire $\operatorname{Tr} T_n(N,k)^{\text{new}}$ comme somme des termes A_i^{new}, $i = 1,2,3,4$, définis par:

(55) $$A_i^{\text{new}} = \sum_{M|N} d^*(N/M).A_i(M),$$

où $A_i(M)$ désigne le terme A_i relatif à M (et bien sûr à n, k).

Le terme principal A_1^{new} est:

(56) $$A_1^{\text{new}} = \begin{cases} 0 & \text{si } n \text{ n'est pas un carré,} \\ \frac{k-1}{12} n^{k/2-1} \psi^{\text{new}}(N) & \text{si } n \text{ est un carré,} \end{cases}$$

où $\psi^{\text{new}}(N)$ est défini par:

(57) $$\psi^{\text{new}}(N) = \sum_{M|N} d^*(N/M)\psi(M).$$

La fonction ψ^{new} est multiplicative. Sa valeur pour l^α, l premier, est:

(58) $$\psi^{\text{new}}(l^\alpha) = \begin{cases} 1 & \text{si } \alpha = 0, \\ l-1 & \text{si } \alpha = 1, \\ l^2 - l - 1 & \text{si } \alpha = 2, \\ l^\alpha - l^{\alpha-1} - l^{\alpha-2} + l^{\alpha-3} & \text{si } \alpha > 2. \end{cases}$$

On en déduit:

(59) $$C.\varphi(N) \le \psi^{\text{new}}(N) \le \varphi(N),$$

avec $C = \prod_l (1 - 1/(l^2 - l)) = 0,37395\ldots$.

En particulier:

(60) $$N^{1-\epsilon} \ll_\epsilon \psi^{\text{new}}(N) \le N \quad \text{pour tout } \epsilon > 0.$$

D'autre part, la formule (55), combinée à (36), (37), (38), donne:

(61) $$\begin{aligned} |A_2^{\text{new}} + A_3^{\text{new}} + A_4^{\text{new}}|/n^{(k-1)/2} &\ll_n \sum_{M|N} d^*(N/M) M^{1/2} d(M) \\ &\ll_{n,\varepsilon} N^{1/2+\varepsilon} \sum_{M|N} (N/M)^\varepsilon M^{1/2+\varepsilon} N^{-1/2-\varepsilon}, \quad \text{cf. (54),} \\ &\ll_{n,\varepsilon} N^{1/2+\varepsilon} \sum_{M|N} (M/N)^{1/2} \ll_{n,\varepsilon} N^{1/2+\varepsilon} d(N) \\ &\ll_{n,\varepsilon} N^{1/2+2\varepsilon} \quad \text{pour tout } \epsilon > 0. \end{aligned}$$

Ce terme est donc négligeable devant $(k-1)\psi^{\text{new}}(N)$ pour $k + N \to \infty$.

Pour $n = 1$, cela entraîne:

(62) $$s(N,k)^{\text{new}} \sim A_1^{\text{new}} = \frac{k-1}{12} \psi^{\text{new}}(N).$$

On déduit de là, et de (61), une formule analogue à celle de la prop. 3, à savoir:

$$(63)\qquad \lim \operatorname{Tr} T'_n(N,k)^{\text{new}}/(\frac{k-1}{12})\psi^{\text{new}}(N) = \begin{cases} n^{-1/2} & \text{si } n \text{ est un carré,} \\ 0 & \text{sinon.} \end{cases}$$

Le th. 2 se déduit de (63) par le même argument que celui employé au n° 3.4.

5.2. **Equirépartition simultanée des valeurs propres de plusieurs opérateurs de Hecke.** Jusqu'à présent, nous ne nous sommes intéressés qu'aux valeurs propres de T_p pour un nombre premier p fixé. On peut se proposer d'étudier simultanément les T_p relatifs à différents nombres premiers. C'est ce que nous allons faire:

Soit donc P un ensemble fini de nombres premiers, et soit (N,k) un couple d'entiers satisfaisant aux conditions du n° 3.1 pour tout $p \in P$—ce qui entraîne en particulier que N n'est divisible par aucun élément de P. Choisissons une base $f_1, \dots, f_d$ de $S(N,k)$ formée de fonctions propres pour les T_p, $p \in P$; notons $x_i(N,k,p)$ la valeur propre correspondante de $T'_p = T_p/p^{(k-1)/2}$. Pour i fixé, les $x_i(N,k,p)$ définissent un point $x_i(N,k,P)$ de $\Omega^P = \Omega \times \cdots \times \Omega$. Notons $\mathbf{x}(N,k,P)$ la famille de points ainsi obtenus.

Théorème 3. *L'énoncé du th.* 1 *reste valable lorsqu'on y remplace:*
$\mathbf{x}(N_\lambda, k_\lambda, p)$ *par* $\mathbf{x}(N_\lambda, k_\lambda, P)$,
Ω *par* Ω^P,
μ_p *par le produit tensoriel* μ_P *des mesures* μ_p, $p \in P$.

Autrement dit, il y a équirépartition suivant la *mesure produit* des μ_p; les T'_p, $p \in P$, se comportent de façon indépendante les uns des autres.

Corollaire. *Les* $x_i(N_\lambda, k_\lambda, P)$ *sont denses dans* Ω^P.

La démonstration du th. 3 est essentiellement la même que celle du th. 1. On est ramené à prouver ceci: si, pour tout $p \in P$, on se donne un polynôme $h_p(x)$, on a:

$$\lim \frac{1}{d_\lambda} \prod_{p\in P} \operatorname{Tr} h_p(T'_p(N_\lambda, k_\lambda)) = \prod_{p\in P} \langle h_p, \mu_p \rangle, \quad \text{où } d_\lambda = s(N_\lambda, k_\lambda).$$

Par linéarité, on peut se borner au cas où chaque $h_p(x)$ est de la forme $X_{m_p}(x)$. Si l'on pose alors $n = \prod p^{m_p}$, on est ramené à voir que

$$\lim \frac{1}{d_\lambda} \operatorname{Tr} T'_n(N_\lambda, k_\lambda) = \begin{cases} n^{-1/2} & \text{si } n \text{ est un carré,} \\ 0 & \text{sinon,} \end{cases}$$

et cela résulte de la prop. 3.

5.3. **Equirépartition des valeurs propres des opérateurs de Hecke "de Nebentypus".** On revient aux notations du n° 4.1, i.e. on se donne k, N et χ, où χ est un caractère $(\operatorname{mod} N)$ tel que $\chi(-1) = (-1)^k$. Soit p un nombre premier ne divisant pas N, et soit a_p une valeur propre de l'opérateur de Hecke T_p correspondant. En général, a_p n'est pas réel: on a

$$(64)\qquad a_p = \overline{a_p}\chi(p).$$

Si $\chi(p)^{1/2}$ désigne l'une quelconque des racines carrées de $\chi(p)$, on voit ainsi que les valeurs propres de $T_p/\chi(p)^{1/2}$ sont *réelles*. Cela amène à introduire la normalisation:

$$T'_p = T_p/p^{(k-1)/2}\chi(p)^{1/2}. \tag{65}$$

Les valeurs propres de T'_p appartiennent à Ω, et l'on peut de nouveau se poser le problème de leur équirépartition. De façon plus précise, on se donne une suite $(N_\lambda, k_\lambda, \chi_\lambda)$, avec N_λ premier à p, $k_\lambda \geq 2$, $\chi_\lambda(-1) = (-1)^{k_\lambda}$ et $N_\lambda + k_\lambda \to \infty$. Pour chaque λ, on note $\mathbf{x}_\lambda$ la famille des valeurs propres de l'opérateur T'_p associé à $(N_\lambda, k_\lambda, \chi_\lambda)$ et au choix d'une racine carrée de $\chi_\lambda(p)$. Alors l'analogue du th. 1 est vrai, autrement dit:

Théorème 4. *Quand $\lambda \to \infty$, la famille $\mathbf{x}_\lambda$ est équirépartie dans Ω suivant la mesure μ_p.*

(Noter que le choix des racines carrées des $\chi_\lambda(p)$ n'a pas d'importance. Cela tient au fait que μ_p est invariante par la symétrie $x \mapsto -x$.)

Ce théorème se démontre de la même manière que le th. 1, compte tenu des majorations du §4. Les détails peuvent être laissés au lecteur.

§6. Application aux degrés des corps de rationalité des valeurs propres

6.1. **Corps de rationalité.** Si N est un entier ≥ 1, on peut choisir une base $f_1, \ldots, f_s$ de $S(N,k)$ formée de vecteurs propres pour les opérateurs T_n avec $\text{pgcd}(N,n) = 1$. On a

$$T_n f_i = x_{i,n} f_i, \tag{66}$$

où les $x_{i,n}$ sont des entiers algébriques totalement réels. Notons K_i le corps engendré par les $x_{i,n}$ (i fixé, n variable). C'est une extension finie de $\mathbf{Q}$. A indexation près, les K_i ne dépendent pas de la base choisie. Si r est un entier ≥ 1, nous noterons $s(N,k)_r$ *le nombre des indices i tels que* $[K_i : \mathbf{Q}] = r$. On a évidemment:

$$\sum_{r \geq 1} s(N,k)_r = \dim S(N,k) = s(N,k). \tag{67}$$

Exemple. L'entier $s(N,k)_1$ est le nombre des indices i tels que l'on ait $x_{i,n} \in \mathbf{Z}$ pour tout n premier à N.

Théorème 5. *Soit p un nombre premier fixé. Pour tout $r \geq 1$, on a:*

$$\lim s(N,k)_r/s(N,k) = 0. \tag{68}$$

où la limite est prise sur les entiers $N \geq 1$ premiers à p.

(Autrement dit, la plupart des corps K_i ont un grand degré.)

Notons $s(N,k,p)_r$ le nombre des indices i tels que $[\mathbf{Q}(x_{i,p}) : \mathbf{Q}] \leq r$. On a évidemment $s(N,k,p)_r \geq s(N,k)_r$. On va démontrer:

$$\lim s(N,k,p)_r/s(N,k) = 0, \tag{69}$$

ce qui établira le th. 5.

Si x est l'un des $x_{i,p}$ tels que $[\mathbf{Q}(x_{i,p}) : \mathbf{Q}] \leq r$, on a:

(a) x est un entier algébrique totalement réel de degré $\leq r$;

(b) les conjugués x^σ de x sont tels que $|x^\sigma| \leq 2p^{(k-1)/2}$.

Soit $A = A(p, k, r)$ l'ensemble des nombres x satisfaisant à ces deux conditions. C'est un ensemble *fini*: en effet, le polynôme caractéristique de x est de degré $\leq r$, et ses coefficients sont des entiers bornés. Soit A' la partie de $\Omega = [-2, +2]$ déduite de A par l'homothétie $x \mapsto x/p^{(k-1)/2}$. Comme A' est fini, il est de mesure nulle pour la mesure μ_p. En appliquant le th. 1 et le cor. 1 à la prop. 1 (ou le cor. 1 au th. 1, au choix), on en déduit que la proportion des i tels que $x_{i,p}$ appartienne à A tend vers 0 quand $N \to \infty$. Comme cette proportion est égale à $s(N, k, p)_r / s(N, k)$, on en déduit bien (69).

Question. Dans l'énoncé du th. 5, peut-on supprimer l'hypothèse que N n'est pas divisible par p? Autrement dit, est-il vrai que l'on a

$$\lim_{N\to\infty} s(N, k)_r / s(N, k) = 0 \quad \text{pour tout } r \geq 1?$$

Cela paraît vraisemblable, mais je ne sais pas le démontrer. Voici un résultat partiel dans cette direction:

Théorème 6. *Soit* $r(N, k)$ *la borne supérieure des degrés des corps* K_i *associés au couple* (N, k). *On a*

$$\lim_{N\to\infty} r(N, k) = \infty. \tag{70}$$

(Rappelons que le poids k est fixé. J'ignore ce qui se passe lorsque l'on fixe N et fait varier k.)

Soit R un entier. On doit montrer que $r(N, k) > R$ si N est assez grand. Choisissons un nombre premier p^* tel que $r(p^*, k) > R$; c'est possible d'après le th. 5 appliqué avec $p = 2$ par exemple. Distinguons maintenant deux cas, suivant que N est ou non divisible par p^*:

(i) *N n'est pas divisible par p^*.*

Dans ce cas, le th. 5, appliqué avec $p = p^*$, montre que $r(N, k) > R$ pour tout N assez grand.

(ii) *N est divisible par p^*.*

Dans ce cas, $S(N, k)$ contient $S(p^*, k)$, et cette inclusion ne change pas les corps K_i (on sait en effet que K_i est engendré par les $x_{i,p}$ pour p premier $\geq p_0$ quel que soit p_0—en fait, un ensemble de nombres premiers de densité 1 suffit). On a donc $r(N, k) \geq r(p^*, k) > R$, ce qui achève la démonstration.

Remarques. 1) Le th. 5 est également vrai pour l'espace $S(N, k)^{\text{new}}$ des "newforms": la démonstration est la même, compte tenu du th. 2. J'ignore ce qu'il en est du th. 6; la démonstration ci-dessus ne s'applique pas, car elle repose sur l'emploi des "oldforms".

2) On aimerait pouvoir préciser le th. 5. Par exemple, est-il vrai que

$$s(N, k)_r / N^\alpha \to 0 \qquad (k, r \text{ fixés}, N \to \infty)$$

pour un $\alpha < 1$, ou même pour tout $\alpha > 0$?

6.2. Dimensions des facteurs Q-simples de $J_0(N)$. Lorsque $k = 2$, on dispose, grâce à Shimura (cf. [28], [29]), d'une interprétation simple des corps K_i intervenant au n° précédent:

Soit $J_0(N)$ la jacobienne de la courbe modulaire $X_0(N)$. Décomposons $J_0(N)$, à Q-isogénie près, en facteurs Q-simples:

$$J_0(N) \simeq \prod A_j.$$

Pour tout j, la $\mathbf{Q}$-algèbre $E_j = \mathbf{Q} \otimes \mathrm{End}_{\mathbf{Q}}(A_j)$ est un corps. D'après Shimura, *loc. cit.* (voir aussi Ribet [21], §4), ce corps est commutatif, totalement réel, et l'on a $[E_j : \mathbf{Q}] = \dim A_j$. De plus, les corps E_j ainsi définis sont essentiellement le mêmes que les corps K_i du n° précédent (pour le poids 2); de façon plus précise, les corps K_i correspondent bijectivement aux couples (j, σ), où σ est un plongement de E_j dans $\mathbf{R}$.

En particulier, *le nombre des A_j de dimension donnée r est égal à $\frac{1}{r}s(2,N)_r$*, avec les notations du n° 6.1. Pour $r = 1$, cela montre que $s(2,N)_1$ est le nombre des facteurs $\mathbf{Q}$-simples de $J_0(N)$ qui sont des courbes elliptiques.

Les théorèmes 5 et 6 peuvent donc se traduire en des énoncés disant que "peu" de facteurs A_j sont de dimension fixée. Ainsi, le th. 6 donne:

Théorème 7. *Soit $r(N)$ la plus grande des dimensions des facteurs $\mathbf{Q}$-simples de $J_0(N)$. On a:*

$$\lim r(N) = \infty \quad \textit{pour } N \to \infty.$$

En particulier, on a $r(N) > 1$ pour N assez grand. Autrement dit:

Corollaire. *Il n'y a qu'un nombre fini d'entiers $N \geq 1$ tels que $J_0(N)$ soit $\mathbf{Q}$-isogène à un produit de courbes elliptiques.*

Ceci justifie une assertion de [8], n° 2, Rem. 2.

Remarques. 1) Il résulte d'un théorème d'Evertse-Silverman [9] que le nombre des classes d'isomorphisme de $\mathbf{Q}$-courbes elliptiques de conducteur divisant N est $\ll_c N^c$ pour tout $c > 1/2$. Il en est donc de même de $s(2,N)_1$, ce qui est bien plus précis que les résultats obtenus ci-dessus pour $r = 1$. (Je dois cette remarque à A. Brumer.)

2) La méthode suivie ici se prête à des calculs numériques. Ainsi, H. Cohen [6] a montré que les valeurs *impaires* de N telles que $J_0(N)$ soit $\mathbf{Q}$-isogène à un produit de courbes elliptiques sont:

a) les N tels que le genre de $X_0(N)$ soit 0 (i.e. $N = 1, 3, 5, 7, 9, 13, 25$) ou 1 (i.e. $N = 11, 15, 17, 19, 21, 49$);

b) $N = 33, 37, 45, 57, 75, 99, 121$, les genres correspondants étant respectivement: $3, 2, 3, 5, 5, 9, 6$.

§7. Equirépartition des valeurs propres des endomorphismes de Frobenius des courbes algébriques sur $\mathbf{F}_q$

7.1. **Préliminaires: coefficients de Fourier d'une mesure sur Ω.** On revient aux notations du §2: on paramètre $\Omega = [-2, +2]$ par $x = 2\cos\varphi$, avec $0 \leq \varphi \leq \pi$. Si n est un entier ≥ 0, on pose:

$$Y_n = X_n - X_{n-2} = \begin{cases} 1 & \text{si } n = 0, \\ 2\cos n\varphi & \text{si } n \geq 1. \end{cases} \tag{71}$$

(Ce polynôme coïncide avec celui noté $X_{n,1}$ au n° 2.3; à un changement de variables $x \mapsto x/2$, près, c'est essentiellement le n-ième polynôme de Chebyshev.)

Si μ est une mesure sur Ω, ses *coefficients de Fourier* $a_n(\mu)$ sont définis par:

$$a_n(\mu) = \langle Y_n, \mu \rangle. \tag{72}$$

Le développement de Fourier de μ (au sens "distributions") est:

(73) $$\mu = (a_0 + a_1 \cos\varphi + \cdots + a_n \cos n\varphi + \cdots)\mu_1$$

où $a_n = a_n(\mu)$ et $\mu_1 = \frac{1}{\pi}\, d\varphi$, cf. n° 2.3.

La série $\sum a_n \cos n\varphi$ converge normalement (au sens usuel) lorsque $\sum |a_n| < \infty$. Ce sera le cas par la suite, en vertu du résultat élémentaire suivant:

Proposition 5. *Supposons que μ soit positive de masse* 1 *et que ses coefficients de Fourier a_n soient ≤ 0 pour $n \geq 1$. On a alors*

(74) $$\sum_{n\geq 1} |a_n| \leq 1.$$

Pour tout entier $m \geq 1$, posons

$$P_m(x) = \frac{1}{2m+1}(1 + 2\cos\varphi + 2\cos 2\varphi + \cdots + 2\cos m\varphi)^2.$$

On peut écrire P_m comme combinaison linéaire des Y_n:

$$P_m = \sum_n b_{m,n} Y_n,$$

avec

$$b_{m,n} = \begin{cases} 1 - n/(2m+1) & \text{si } 0 \leq n \leq 2m, \\ 0 & \text{si } n > 2m. \end{cases}$$

Comme P_m est ≥ 0 sur Ω, on a

$$\langle P_m, \mu \rangle = \sum_{n\geq 0} b_{m,n} a_n \geq 0 \quad \text{pour tout } m \geq 1.$$

En tenant compte de $a_0 = 1$, $b_{m,0} = 1$ et $a_n = -|a_n|$ pour $n \geq 1$, cela donne:

(75) $$\sum_{n\geq 1} b_{m,n} |a_n| \leq 1 \quad \text{pour tout } m \geq 1.$$

Les $b_{m,n}$ et les $|a_n|$ sont ≥ 0. Cela permet de passer à la limite dans l'inégalité (75). Comme $\lim_{m\to\infty} b_{m,n} = 1$, on obtient (74).

Corollaire. *Le support de μ est égal à Ω.*

En effet, d'après (73), on a $\mu = \frac{1}{\pi} F\, d\varphi$, avec

$$F = 1 - \sum_{n\geq 1} |a_n| \cos n\varphi, \qquad \sum |a_n| \leq 1.$$

La fonction F n'a qu'*un nombre fini de zéros*: si $\sum |a_n| < 1$, elle n'en a aucun, et si $\sum |a_n| = 1$, il existe un $m \geq 1$ avec $a_m \neq 0$, et F ne peut être nul que si $\cos m\varphi = 1$. Cela montre bien que le support de $F\, d\varphi$ est Ω.

7.2. **Courbes sur $\mathbf{F}_q$: notations.** Dans ce qui suit, $\mathbf{F}_q$ désigne un corps fini à q éléments. Par une *courbe* sur $\mathbf{F}_q$ on entend une courbe projective lisse absolument irréductible sur $\mathbf{F}_q$.

Si C est une telle courbe, on note $g = g(C)$ son *genre*, et $n(C, q^r)$ le *nombre de ses points rationnels* sur une extension de $\mathbf{F}_q$ de degré r ($r = 1, 2, \ldots$). On a

(76) $$n(C, q^r) = 1 + q^r - \sum_{\alpha=1}^{g} (\pi_\alpha^r + \overline{\pi}_\alpha^r),$$

où $(\pi_1, \overline{\pi}_1, \dots, \pi_g, \overline{\pi}_g)$ sont les valeurs propres de l'endomorphisme de Frobenius de C. On posera:

$$x_\alpha = (\pi_\alpha + \overline{\pi}_\alpha)/q^{1/2} \quad \text{pour } \alpha = 1, \dots, g. \tag{77}$$

D'après Weil, les x_α appartiennent à $\Omega = [-2, +2]$; les angles correspondants $\varphi_1, \dots, \varphi_g$ sont les "angles de Frobenius". A une permutation près de $(\pi_\alpha, \overline{\pi}_\alpha)$, on a

$$\pi_\alpha = q^{1/2} e^{i\varphi_\alpha} \quad \text{et} \quad \overline{\pi}_\alpha = q^{1/2} e^{-i\varphi_\alpha}. \tag{78}$$

On obtient ainsi une famille $\mathbf{x} = (x_1, \dots, x_g)$ de points de Ω, dont la connaissance équivaut à celle des $n(C, q^r)$. La formule (76) peut s'écrire:

$$n(C, q^r) = 1 + q^r - q^{r/2} \sum_{\alpha=1}^{g} Y_r(x_\alpha),$$

où Y_r est le polynôme défini par (71). Si $g > 0$, et si l'on désigne par $\delta_{\mathbf{x}}$ la mesure sur Ω définie par la famille $\mathbf{x}$, i.e. $\frac{1}{g} \sum \delta_{x_\alpha}$ (cf. n° 1.1), on a:

$$n(C, q^r)/g = (1 + q^r)/g - q^{r/2} \langle Y_r, \delta_{\mathbf{x}} \rangle. \tag{79}$$

7.3. **Equirépartition des angles de Frobenius.** Soit C_λ une famille de courbes sur $\mathbf{F}_q$ dont les genres g_λ sont > 0 et tendent vers $+\infty$ avec λ. Pour chaque λ, soit $\mathbf{x}_\lambda$ la famille de points de Ω associée à C_λ comme ci-dessus. On s'intéresse à l'équirépartition des $\mathbf{x}_\lambda$ dans Ω pour $\lambda \to \infty$. On a le résultat suivant, dû à Tsfasman [31] et Tsfasman-Vlăduţ [32]:

Théorème 8. 1) *Les deux propriétés suivantes sont équivalentes:*

(i) *Il existe une mesure μ sur Ω telle que les $\mathbf{x}_\lambda$ soient μ-équirépartis.*

(ii) *Pour tout $r \geq 1$, $n(C_\lambda, q^r)/g_\lambda$ a une limite quand $\lambda \to \infty$.*

2) *Supposons* (i) *et* (ii) *satisfaites, et posons:*

$$\nu_r = \lim_{\lambda \to \infty} n(C_\lambda, q^r)/g_\lambda \quad \textit{pour } r = 1, 2, \dots. \tag{80}$$

Les coefficients de Fourier de μ sont:

$$a_0(\mu) = 1; \tag{81}$$

$$a_r(\mu) = -q^{-r/2} \nu_r \quad \textit{pour } r \geq 1. \tag{82}$$

On a:

$$\mu = \frac{1}{\pi} F\, d\varphi, \quad \textit{avec } F = 1 - q^{-1/2} \nu_1 \cos\varphi - \cdots - q^{-r/2} \nu_r \cos r\varphi - \cdots, \tag{83}$$

cette série étant normalement convergente. Le support de μ est égal à Ω.

(Dans [31], [32], le cas (i) est appelé "asymptotically exact".)

Si les $\mathbf{x}_\lambda$ sont μ-équirépartis, les $\langle Y_r, \delta_{\mathbf{x}_\lambda} \rangle$ tendent vers $\langle Y_r, \mu \rangle$. Comme $(1+q^r)/g_\lambda$ tend vers 0, la formule (79) montre que

$$n(C_\lambda, q^r)/g_\lambda \to -q^{r/2} \langle Y_r, \mu \rangle,$$

ce qui démontre (i), ainsi que (82). La formule (81) est évidente puisque μ est positive de mesure 1. Inversement, si la limite

$$\nu_r = \lim_{\lambda \to \infty} n(C_\lambda, q^r)/g_\lambda$$

existe pour tout r, le même argument montre que $\langle Y_r, \delta_{\mathbf{x}_\lambda}\rangle$ a une limite pour tout r. Par linéarité, on en déduit que $\lim_{\lambda\to\infty}\langle P, \delta_{\mathbf{x}_\lambda}\rangle$ existe quel que soit le polynôme P. Si l'on note $\mu(P)$ cette limite, on a $\mu(1) = 1$ et $\mu(P) \geq 0$ si P est ≥ 0 sur Ω. On en déduit facilement (cf. e.g. [2], Chap. III, §1, prop. 9) que μ se prolonge par continuité à $C(\Omega; \mathbf{R})$ tout entier. D'où (i). Les autres assertions du théorème résultent de ce qui précède, et de ce qui a été dit au n° 7.1.

Corollaire 1. *Les $x_{\alpha,\lambda}$ associés aux courbes C_λ sont denses dans Ω.*

Supposons qu'il existe un ouvert non vide de Ω ne contenant aucun des $x_{\alpha,\lambda}$ pour λ assez grand. Quitte à remplacer la suite des λ par une sous-suite, on peut supposer que les $\mathbf{x}_\lambda$ sont μ-équirépartis suivant une mesure μ (utiliser la compacité de l'espace des mesures positives de masse 1). D'après le th. 8, le support de μ est égal à Ω, ce qui contredit l'hypothèse faite (cf. n° 1.2).

Corollaire 2. *La dimension maximum des $\mathbf{F}_q$-facteurs simples de* Jac(C_λ) *tend vers $+\infty$ avec λ.*

Cela se déduit du cor. 1 en remarquant que les $x_{\alpha,\lambda}$ dont le degré sur $\mathbf{Q}$ est borné sont en nombre fini (même argument qu'au §6).

Corollaire 3. *A isomorphisme près, il n'y a qu'un nombre fini de courbes sur $\mathbf{F}_q$ dont la jacobienne est $\mathbf{F}_q$-isogène à un produit de courbes elliptiques.*

En effet, le cor. 2 montre que les genres de ces courbes sont bornés.

Exemple. Prenons $q = 2$, et soit C une courbe de genre g sur $\mathbf{F}_2$ dont la jacobienne soit $\mathbf{F}_2$-isogène à un produit de courbes elliptiques. Les $\pi_\alpha + \overline{\pi}_\alpha$ correspondant à C sont des entiers de valeur absolue $\leq 2\sqrt{2}$; ils sont donc égaux à $-2, -1, 0, 1$ ou 2. On en déduit que $\pi_\alpha^{16} + \overline{\pi}_\alpha^{16}$ est égal à 449 ou à 512. Vu (76), on a donc

$$n(C, 2^{16}) \leq 1 + 2^{16} - 449g,$$

d'où $g \leq 65537/449 < 146$, ce qui fournit une borne explicite (mais sûrement grossière) pour g.

Corollaire 4. *Si les limites ν_r existent, on a:*

$$\sum_{r=1}^{\infty} q^{-r/2}\nu_r \leq 1. \tag{84}$$

Cela résulte de la prop. 5.

Remarque. Il y a intérêt à énoncer autrement l'inégalité (84). Si C est une courbe sur $\mathbf{F}_q$, notons $n^\circ(C, q^r)$ le nombre des points de C qui sont rationnels sur $\mathbf{F}_{q^r}$ mais pas sur un sous-corps propre de $\mathbf{F}_{q^r}$. On a:

$$n(C, q^r) = \sum_{s|r} n_s^\circ(C, q^s). \tag{85}$$

Notons ν_r° la limite des $n^\circ(C_\lambda, q^r)/g_\lambda$, si elle existe (ce qui est le cas si les ν_r existent). On a

$$\nu_r = \sum_{s|r} \nu_s^\circ.$$

En portant dans (84), et en regroupant les termes, on obtient:

$$\sum_s \nu_s^\circ/(q^{s/2}-1) \leq 1, \tag{86}$$

cf. [26], th. 3 et [31], cor. 1 au th. 2. En remplaçant la somme de gauche par son premier terme, on retrouve l'inégalité de Drinfeld-Vlăduţ:

$$\nu_1 \leq q^{1/2} - 1. \tag{87}$$

Corollaire 5. *Pour que les* $\mathbf{x}_\lambda$ *soient équirépartis suivant la mesure* $\mu_1 = \frac{1}{\pi}\, d\varphi$, *il faut et il suffit que l'on ait*

$$\lim_{\lambda\to\infty} n(C_\lambda, q^r)/g_\lambda = 0 \quad \textit{pour tout } r \geq 1. \tag{88}$$

Cela résulte du fait que les coefficients de Fourier $a_r(\mu_1)$ sont égaux à 0 pour $r \geq 1$.

Remarque. Ainsi, l'équirépartition des angles de Frobenius suivant la mesure "naturelle" $\frac{1}{\pi}\, d\varphi$ équivaut à dire que les C_λ ont "peu" de points sur les extensions $\mathbf{F}_{q^r}$ de $\mathbf{F}_q$. Noter que c'est le cas lorsque les C_λ sont contenues dans un espace projectif $\mathbf{P}_N$ fixé, car les entiers $N(C_\lambda, q^r)$ sont alors bornés, et leur quotient par g_λ tend vers 0.

Corollaire 6. *Pour que les* $\mathbf{x}_\lambda$ *soient équirépartis suivant la mesure* μ_q *du* n° 2.3, *il faut et il suffit que l'on ait:*

$$\lim_{\lambda\to\infty} n(C_\lambda, q^r)/g_\lambda = \begin{cases} q-1 & \textit{si } r \textit{ est pair,} \\ 0 & \textit{si } r \textit{ est impair.} \end{cases} \tag{89}$$

D'après (20) et (71), on a:

$$a_r(\mu_q) = \begin{cases} -(q-1)q^{-r/2} & \text{si } r \text{ est pair,} \\ 0 & \text{si } r \text{ est impair.} \end{cases} \tag{90}$$

D'où le corollaire, vu le th. 8.

Remarque. Avec les notations de (85) et (86), on peut reformuler (89) comme:

$$\nu_r^\circ = \begin{cases} q-1 & \text{si } r = 2, \\ 0 & \text{si } r \neq 2. \end{cases} \tag{91}$$

Autrement dit, les courbes C_λ ont "beaucoup" de points sur $\mathbf{F}_{q^2}$ (asymptotiquement, autant que le permet la borne de Drinfeld-Vlăduţ) et "peu" de points sur les autres $\mathbf{F}_{q^r}$, à part ceux provenant de l'inclusion $\mathbf{F}_{q^2} \to \mathbf{F}_{q^r}$ pour r pair.

(Noter que l'égalité $\nu_2^\circ = q-1$ suffit à elle seule à entraîner (91); cela se déduit de (86).)

7.4. **Interprétation en termes de fonctions zêta.** Reprenons les notations du n° 7.2. La *fonction zêta* de la courbe C est donnée par:

$$Z(C,t) = \exp\Big(\sum_{r=1}^{\infty} n(C,q^r)t^r/r\Big) = \frac{\prod(1-\pi_\alpha t)(1-\overline{\pi}_\alpha t)}{(1-t)(1-qt)}. \tag{92}$$

On peut définir $Z(C,t)^{1/g}$ comme une *série formelle* à coefficients dans $\mathbf{Q}$:

$$Z(C,t)^{1/g} = \exp\Big(\frac{1}{g}\sum_{r=1}^{\infty} n(C,q^r)t^r/r\Big).$$

On démontre sans difficulté (cf. [32]):

Théorème 8′. *Pour que les propriétés* (i) *et* (ii) *du th.* 8 *soient satisfaites, il faut et il suffit que, pour $\lambda \to \infty$, la série $Z(C_\lambda, t)^{1/g_\lambda}$ ait une limite dans $\mathbf{R}[[t]]$ muni de la topologie de la convergence simple des coefficients.*

Si c'est le cas, on a:

$$\lim_{\lambda\to\infty} Z(C_\lambda,t)^{1/g_\lambda} = \exp\Big(\sum_{r=1}^{\infty} \nu_r t^r/r\Big) = 1/\prod_{r=1}^{\infty}(1-t^r)^{\nu_r^\circ/r}, \tag{93}$$

où $\nu_r = \lim n(C_\lambda, q^r)/g_\lambda$ et $\nu_r^\circ = \lim n^\circ(C_\lambda, q^r)/g_\lambda$, cf. n° 7.3.

En particulier, la série $z(t) = \lim Z(C_\lambda, t)^{1/g_\lambda}$ détermine la mesure μ associée aux C_λ, et inversement.

Exemples. 1) Le cas du cor. 5 au th. 8 ($\mu = \mu_1$) correspond à $\nu_r = 0$ pour tout r d'où $z(t) = 1$.

2) Le cas du cor. 6 au th. 8 ($\mu = \mu_q$) correspond à $\nu_r^\circ = 0$ pour $r \neq 2$ et $\nu_2^\circ = q-1$. D'où, d'après (93): $z(t) = 1/(1-t^2)^{(q-1)/2}$.

Nombre de points des jacobiennes des C_λ. Soit h_λ le nombre de points $\mathbf{F}_q$-rationnels de la jacobienne de C_λ. On a $h_\lambda = q^{g_\lambda}\prod(1 - 1/\pi_{\alpha,\lambda})(1 - 1/\overline{\pi}_{\alpha,\lambda})$ où les $\pi_{\alpha,\lambda}$ et $\overline{\pi}_{\alpha,\lambda}$ sont les valeurs propres de l'endomorphisme de Frobenius associé à C_λ. On déduit facilement de là (cf. [31]):

Théorème 8″. *Si les propriétés* (i) *et* (ii) *du th.* 8 *sont satisfaites, on a:*

$$\lim_{\lambda\to\infty} h_\lambda^{1/g_\lambda} = q.z(q^{-1}) = q.\exp\Big(\sum_{r=1}^{\infty} \nu_r q^{-r}/r\Big).$$

Cette formule montre en particulier que $\lim h_\lambda^{1/g_\lambda}$ est $\geq q$, et qu'il y a égalité dans le cas du cor. 5 au th. 8, et seulement dans ce cas.

7.5. **Exemple: les courbes modulaires $X_0(N)$.** On suppose maintenant que q est égal à un nombre premier p. Si N est un entier ≥ 1 premier à p, la courbe modulaire $X_0(N)$ a bonne réduction en p (cf. Igusa [13]), et définit donc une courbe sur $\mathbf{F}_q$, que nous noterons encore $X_0(N)$. Le genre $g_0(N)$ de cette courbe est égal à la dimension de l'espace vectoriel noté $S(N,2)$ au n° 3.1. De plus, les $\pi_\alpha + \overline{\pi}_\alpha$ associés (cf. n° 7.1) coïncident, d'après Eichler-Shimura (complété par Igusa, *loc. cit.*) avec les valeurs propres de l'opérateur de Hecke $T_p = T_p(N,2)$. D'après le th. 1, ces valeurs propres, divisées par $p^{1/2}$, sont équiréparties dans Ω suivant la mesure μ_p. Vu le cor. 6 au th. 8, ceci entraîne:

Théorème 9. *On a*

$$\lim n(X_0(N), p^r)/g_0(N) = \begin{cases} p-1 & \textit{si } r \textit{ est pair,} \\ 0 & \textit{si } r \textit{ est impair,} \end{cases} \tag{94}$$

la limite étant prise pour $N \to \infty$, N premier à p (r et p fixés).

Remarques. 1) On peut aussi déduire (92) directement des majorations du §4, combinées avec la formule suivante (qui se déduit par exemple de (30) et (79)):

$$n(X_0(N), p^r) = 1 + p^r - \operatorname{Tr} T_{p^r} + p.\operatorname{Tr} T_{p^{r-2}}. \tag{95}$$

2) Un résultat analogue au th. 9 (mais valable pour des courbes modulaires différentes) se trouve déjà dans une note de Ihara [15]. Comme le montre Ihara,

"la plupart" des points $\mathbf{F}_{p^r}$-rationnels de $X_0(N)$ sont des points *supersinguliers*. Si l'on note $X_0(N)^{\mathrm{ord}}$ la courbe affine obtenue en enlevant ces points, on peut récrire (94) sous la forme plus simple:

(96) $$\lim n(X_0(N)^{\mathrm{ord}}, p^r)/g_0(N) = 0 \quad \text{pour tout } r \geq 1.$$

§8. Equirépartition des valeurs propres des matrices d'incidence des graphes réguliers finis

Dans ce qui suit, q est un entier fixé ≥ 1.

8.1. Graphes réguliers de valence $q+1$.

Notations (cf. [25], Chap. I, n° 2.1). Un *graphe* E est formé de deux ensembles, l'ensemble $\mathrm{som}\, E$ de ses *sommets*, et l'ensemble $\mathrm{ar}\, E$ de ses *arêtes*, ces ensembles étant munis de l'application "origine" $o : \mathrm{ar}\, E \to \mathrm{som}\, E$, et de l'application "inverse" $\mathrm{ar}\, E \to \mathrm{ar}\, E$, notée $y \mapsto \overline{y}$. On suppose que $\overline{\overline{y}} = y$ et $\overline{y} \neq y$ pour tout $y \in \mathrm{ar}\, E$. On pose $t(y) = o(\overline{y})$; c'est *l'extrémité* de l'arête y.

On note $|E|$ le nombre d'éléments de $\mathrm{som}\, E$.

On dit que E est *régulier de valence* $q+1$ si, pour tout $x \in \mathrm{som}\, E$, l'ensemble des arêtes d'origine x a $q+1$ éléments.

Tous les graphes considérés par la suite sont supposés réguliers de valence $q+1$, *finis, et non vides* (mais pas nécessairement connexes).

Chemins et circuits. Soit r un entier ≥ 1. Un *chemin de longueur* r dans E est une suite

$$\mathbf{y} = (y_1, \ldots, y_r)$$

de r arêtes $y_i \in \mathrm{ar}\, E$ telle que $t(y_i) = o(y_{i+1})$ pour $1 \leq i < r$. L'origine $o(\mathbf{y})$ de $\mathbf{y}$ est $o(y_1)$; son extrémité $t(\mathbf{y})$ est $t(y_r)$. Un chemin est dit *fermé* si son origine est égale à son extrémité.

On dit que $\mathbf{y} = (y_1, \ldots, y_r)$ est *sans aller-retour* si $y_{i+1} \neq \overline{y}_i$ pour $1 \leq i < r$. On dit que $\mathbf{y}$ est un *circuit* s'il est fermé, sans aller-retour, et si $y_r \neq \overline{y}_1$ (i.e. si $y_{i+1} \neq \overline{y}_i$ pour tout $i \in \mathbf{Z}/r\mathbf{Z}$).

Le *composé* $\mathbf{y}.\mathbf{y}'$ de deux chemins $\mathbf{y}$ et $\mathbf{y}'$ tels que $t(\mathbf{y}) = o(\mathbf{y}')$ se définit de façon évidente. En particulier, on peut parler des *puissances* $\mathbf{z}^s$ $(s = 1, 2, \ldots)$ d'un chemin fermé $\mathbf{z}$.

Un circuit $\mathbf{y}$ est dit *primitif* s'il n'est égal à aucun $\mathbf{z}^s$, avec $s > 1$. Tout circuit s'écrit de façon unique comme puissance d'un circuit primitif.

Nombres de circuits. Notons f_r le nombre des chemins fermés sans aller-retour de longueur r, et c_r (resp. c_r°) le nombre des circuits (resp. circuits primitifs) de longueur r. Il est clair que:

(97) $$c_r = \sum_{s|r} c_s^\circ.$$

On a d'autre part:

(98) $$f_r - c_r = \sum_{1 \leq i < r/2} (q-1)q^{i-1} c_{r-2i} = (q-1)c_{r-2} + (q-1)qc_{r-4} + \cdots .$$

Cette formule se démontre en remarquant que tout chemin fermé sans aller-retour $\mathbf{y} = (y_1, \ldots, y_r)$, qui n'est pas un circuit, s'écrit $y_1.\mathbf{z}.\overline{y}_1$, où $\mathbf{z} = (y_2, \ldots, y_{r-1})$ est un chemin fermé sans aller-retour de longueur $r-2$. Pour $\mathbf{z}$ fixé, il y a $q-1$ choix possibles de y_1 si $\mathbf{z}$ est un circuit (car y_1 doit être distinct de $\overline{y}_2$ et de y_{r-1}); il y a q choix possibles si $\mathbf{z}$ n'est pas un circuit (car y_1 doit être distinct de $\overline{y}_2 = y_{r-1}$). D'où:

$$f_r - c_r = (q-1)c_{r-2} + q(f_{r-2} - c_{r-2}),$$

et l'on en déduit (98) en raisonnant par récurrence sur r.

Remarque. Supposons E connexe, et soit $\widetilde{E}$ son revêtement universel, relativement à un point-base $x \in \operatorname{som} E$. Le graphe $\widetilde{E}$ est un *arbre* régulier de valence $q+1$, et l'on peut écrire E sous la forme $\widetilde{E}/\Gamma_E$, où $\Gamma_E = \pi_1(E, x)$ est un sous-groupe discret sans torsion de $\operatorname{Aut}(\widetilde{E})$. Les définitions ci-dessus (ainsi que celles données plus loin) peuvent se traduire en termes de Γ_E; c'est le point de vue de Ihara [14]; voir aussi [11] et [16].

8.2. **Les opérateurs T et Θ_r.** Soit E comme ci-dessus. On note C_E le groupe des 0-*chaînes* de E, i.e. le $\mathbf{Z}$-module des fonctions sur $\operatorname{som} E$ à valeurs dans $\mathbf{Z}$. Si $x \in \operatorname{som} E$, on note e_x la fonction égale à 1 en x et à 0 ailleurs; les e_x forment une base de C_E.

L'opérateur T. Soit T l'endomorphisme de C_E défini par:

$$T(e_x) = \sum_{o(y)=x} e_{t(y)}. \tag{99}$$

Vu comme *correspondance* sur $\operatorname{som} E, T$ transforme un sommet en la somme des sommets voisins; il joue un rôle analogue à celui de l'opérateur de Hecke T_p. La matrice de T par rapport à la base des e_x est appelée la *matrice d'incidence* de E. On s'intéresse à la distribution de ses valeurs propres dans $\mathbf{R}$.

Les opérateurs Θ_r. La définition de T se généralise de la façon suivante: pour tout $r \geq 1$ on définit $\Theta_r \in \operatorname{End}(C_E)$ par:

$$\Theta_r(e_x) = \sum_{\mathbf{y}} e_{t(\mathbf{y})}, \tag{100}$$

où la somme porte sur les chemins sans aller-retour $\mathbf{y} = (y_1, \ldots, y_r)$ d'origine x et de longueur r. Il est clair que l'on a $\Theta_1 = T$.

On complète cette définition en posant $\Theta_0 = 1$.

Expression des Θ_r en fonction de T. Les Θ_r s'écrivent comme des *polynômes* en T:

$$\Theta_0 = 1,\ \Theta_1 = T,\ \Theta_2 = T^2 - (q+1),\ \Theta_3 = T^3 - (2q+1)T, \ldots,$$

cf. [24], Chap. II, n° 1.1, exerc. 3. L'une des façons de le voir consiste à démontrer la formule:

$$T\Theta_r = \Theta_{r+1} + \begin{cases} q+1 & \text{si } r = 1, \\ q\Theta_{r-1} & \text{si } r > 1. \end{cases} \tag{101}$$

On en déduit la série génératrice:

$$\sum_{r=0}^{\infty} \Theta_r t^r = \frac{1-t^2}{1-tT+qt^2}. \tag{102}$$

Si l'on pose:

$$T' = T/q^{1/2} \quad \text{et} \quad \Theta'_r = \Theta_r/q^{r/2}, \tag{103}$$

la formule (102) se récrit:

$$\sum_{r=0}^{\infty} \Theta'_r t^r = \frac{1 - t^2/q}{1 - tT + t^2}. \tag{104}$$

En comparant avec la formule (23), on en déduit

$$\Theta'_r = X_{r,q}(T'), \tag{105}$$

où $X_{r,q} = X_r - q^{-1}X_{r-2}$ est le polynôme défini au n° 2.3.

Autrement dit:

$$\Theta_r = q^{r/2}X_{r,q}(T/q^{1/2}). \tag{106}$$

Trace de Θ_r. Si $r \geq 1$, il est clair que $\operatorname{Tr}\Theta_r = f_r$, où f_r est le nombre des chemins fermés sans aller-retour de longueur r. D'où, d'après (98):

$$\operatorname{Tr}\Theta_r = c_r + \sum_{1 \leq i < r/2} (q-1)q^{i-1}c_{r-2i} \qquad (r \geq 1). \tag{107}$$

Ainsi, la connaissance des $\operatorname{Tr}\Theta_r$, pour $r = 1, 2, \ldots$, équivaut à celle des c_r. Vu (105), il en résulte que, pour tout polynôme P, la trace de $P(T')$ peut s'exprimer comme combinaison linéaire des c_r et de $|E| = \operatorname{Tr} 1$. Nous aurons besoin pour la suite du cas particulier où P est l'un des polynômes $Y_r = X_r - X_{r-2}$ du n° 7.1:

Lemme 3. *Si* $r \geq 1$, *on a*:

$$\operatorname{Tr} Y_r(T') = c_r q^{-r/2} - \begin{cases} (q-1)q^{-r/2}|E| & \textit{si } r \textit{ est pair,} \\ 0 & \textit{si } r \textit{ est impair.} \end{cases} \tag{108}$$

On tire de (106) et (107):

$$q^{r/2}\operatorname{Tr} X_{r,q}(T') = \begin{cases} |E| & \text{si } r = 0, \\ c_r + \sum_{1 \leq i < r/2}(q-1)q^{i-1}c_{r-2i} & \text{si } r > 0. \end{cases} \tag{109}$$

Comme $X_{r,q} = X_r - q^{-1}X_{r-2}$, on en déduit par récurrence sur r:

$$q^{r/2}\operatorname{Tr} X_r(T') = \sum_{0 \leq i < r/2} q^i c_{r-2i} + \begin{cases} |E| & \text{si } r \text{ est pair,} \\ 0 & \text{si } r \text{ est impair.} \end{cases} \tag{110}$$

En utilisant le fait que $Y_r = X_r - X_{r-2}$, on obtient (108).

8.3. **Equirépartition des valeurs propres de T'.** Soit (E_λ) une famille de graphes du type ci-dessus (i.e. finis, non vides et réguliers de valence $q+1$). Notons $c_{r,\lambda}$ (resp. $c^{\circ}_{r,\lambda}$) le nombre de circuits (resp. de circuits primitifs) de E_λ de longueur r, cf. n° 8.1.

Pour chaque λ, la matrice d'incidence T_λ de E_λ est une matrice symétrique dont les coefficients sont ≥ 0 et de somme $q+1$ (sur chaque ligne). Il en résulte que les valeurs propres de T_λ sont réelles et de valeur absolue $\leq q+1$. On s'intéresse à la répartition de ces valeurs propres (noter que $q+1$ est une telle valeur propre—sa multiplicité est égale au nombre de composantes connexes de E_λ).

Comme dans les §§ précédents, il est commode de diviser T_λ par $q^{1/2}$, cf. (103), ce qui donne une matrice T'_λ dont les valeurs propres appartiennent à l'intervalle:

(111) $$\Omega_q = [-\omega_q, +\omega_q] \quad \text{où } \omega_q = q^{1/2} + q^{-1/2}.$$

Cet intervalle *contient* l'intervalle $\Omega = [-2, +2]$ utilisé jusqu'à présent. En particulier, toute mesure sur Ω s'identifie à une mesure sur Ω_q à support contenu dans Ω.

Notons $\mathbf{x}_\lambda$ la famille des valeurs propres de T'_λ, vue comme famille de points de l'espace Ω_q, cf. n° 1.1.

Théorème 10. 1) *Les deux propriétés suivantes sont équivalentes*:

(i) *Il existe une mesure μ sur Ω_q telle que les $\mathbf{x}_\lambda$ soient μ-équirépartis.*

(ii) *Pour tout $r \geq 1$, $c_{r,\lambda}/|E_\lambda|$ a une limite quand $\lambda \to \infty$.*

2) *Supposons* (i) *et* (ii) *satisfaites, et posons*:

(112) $$\gamma_r = \lim_{\lambda\to\infty} c_{r,\lambda}/|E_\lambda| \quad \text{pour } r = 1, 2, \ldots .$$

On a alors $\mu = \mu_q + \nu$, où μ_q est la mesure sur Ω définie au n° 2.3, *et ν est une mesure sur Ω_q, caractérisée par*:

(113) $$\langle Y_r, \nu\rangle = \begin{cases} 0 & \text{si } r = 0, \\ \gamma_r q^{-r/2} & \text{si } r > 0. \end{cases}$$

(Précisons que $Y_r = X_r - X_{r-2}$, cf. n° 7.1, et que $\langle Y_r, \nu\rangle = \int_{-\omega_q}^{\omega_q} Y_r(x)\nu(x)$: l'intégrale porte sur l'intervalle Ω_q tout entier.)

Comme au n° 1.1, notons $\delta_{\mathbf{x}_\lambda}$ la mesure discrète sur Ω_q définie par la famille $\mathbf{x}_\lambda$. D'après (108) on a

(114) $$\langle Y_r, \delta_{\mathbf{x}_\lambda}\rangle = q^{-r/2} c_{r,\lambda}/|E_\lambda| - \begin{cases} (q-1)q^{-r/2} & \text{si } r \text{ est pair } > 0, \\ 0 & \text{si } r \text{ est impair.} \end{cases}$$

Si les $\delta_{\mathbf{x}_\lambda}$ tendent vers une mesure μ, la formule (114) montre que les $c_{r,\lambda}/|E_\lambda|$ ont une limite, et, si γ_r désigne cette limite, on a:

(115) $$\langle Y_r, \mu\rangle = \gamma_r q^{-r/2} - \begin{cases} (q-1)q^{-r/2} & \text{si } r \text{ est pair } > 0, \\ 0 & \text{si } r \text{ est impair.} \end{cases}$$

Vu (90), ceci peut se récrire:

(116) $$\langle Y_r, \mu\rangle = \gamma_r q^{-r/2} + \langle Y_r, \mu_q\rangle \quad \text{pour } r = 1, 2, \ldots .$$

On en déduit que la mesure $\nu = \mu - \mu_q$ satisfait à (113).

Inversement, si les $c_{r,\lambda}/|E_\lambda|$ ont une limite pour tout $r > 0$, le même argument que celui employé pour le th. 8 montre que les mesures $\delta_{\mathbf{x}_\lambda}$ ont une limite.

Remarques. 1) Un autre façon de caractériser μ est de dire que l'on a:

$$\langle X_r, \mu\rangle = \sum_{0\leq i<r/2} \gamma_{r-2i} q^{i-r/2} + \begin{cases} q^{-r/2} & \text{si } r \text{ est pair,} \\ 0 & \text{si } r \text{ est impair.} \end{cases}$$

Cela résulte de (110).

2) En général, le support de μ *n'est pas contenu dans* Ω; il peut même contenir les extrémités ω_q et $-\omega_q$ de Ω_q.

En fait, on a $\mathrm{Supp}(\mu) \subset \Omega$ si et seulement si $\gamma_r = O(q^{r/2})$ pour $r \to \infty$; cela se déduit facilement de [2], formule (13), p. 213 (cette référence m'a été indiquée par P. Cartier).

3) Le fait que $\langle X_r, \mu\rangle$ soit ≥ 0 pour tout r entraîne le résultat (bien connu) suivant: le support de μ *rencontre l'intervalle* $[2, \omega_q]$.

Corollaire 1. *Si les limites γ_r existent, et si $\sum_{r=1}^{\infty} \gamma_r q^{-r/2} < \infty$, la mesure μ est portée par Ω, et a une densité continue par rapport à la mesure $\mu_1 = \frac{1}{\pi}\, d\varphi$.*

(Autrement dit, s'il n'y a "pas trop" de circuits, les graphes E_λ se comportent asymptotiquement comme des "graphes de Ramanujan", au sens de [16], [17].)

En effet, d'après ce qui a été au dit au n° 7.1, il existe une mesure ν_0 portée par Ω telle que $\langle 1, \nu_0\rangle = 0$ et $\langle Y_r, \nu_0\rangle = \gamma_r q^{-r/2}$ pour $r \geq 1$; il suffit de prendre $\nu_0 = F.\mu_1$, avec

$$F = \sum_{r=1}^{\infty} \gamma_r q^{-r/2} \cos r\varphi.$$

Puisque $\langle Y_r, \nu_0\rangle = \langle Y_r, \nu\rangle$ pour tout $r \geq 0$, on a $\nu = \nu_0$, ce qui démontre le corollaire.

Remarque. Les hypothèses du cor. 1 entraînent que tout point de Ω_q est de mesure nulle pour μ. On en déduit, comme dans les §§ précédents, que *le maximum des degrés sur* $\mathbf{Q}$ *des valeurs propres de* T_λ *tend vers l'infini avec* λ.

Le cas où les γ_r sont nuls conduit au résultat suivant (déjà obtenu par B. D. McKay [19], comme me l'a fait observer W. Li):

Corollaire 2. *Pour que les $\mathbf{x}_\lambda$ soient équirépartis suivant la mesure μ_q (de support Ω), il faut et il suffit que $\gamma_r = 0$ pour tout $r \geq 1$, autrement dit que:*

(117) $$\lim_{\lambda\to\infty} c_{r,\lambda}/|E_\lambda| = 0 \quad \textit{pour } r = 1, 2, \ldots .$$

(C'est le cas où il y a "très peu" de circuits.)

Remarque. La condition (117) est notamment vérifiée si, pour tout r, on a $c_{r,\lambda} = 0$ pour λ assez grand, autrement dit, si le *calibre* ("girth") de E_λ tend vers l'infini avec λ. C'est le cas traité dans [16] et [17].

8.4. **Interprétation en termes de fonctions zêta de Ihara.** Reprenons les notations des n°s 8.1 et 8.2. La *fonction zêta* de Ihara du graphe E est la série formelle définie par:

(118) $$Z(E,t) = \exp\Big(\sum_{r=1}^{\infty} c_r t^r / r\Big) = 1 \Big/ \prod_{r=1}^{\infty} (1 - t^r)^{c_r^{\circ}/r}.$$

C'est une fonction rationnelle de t. De façon plus précise, on a la formule suivante (cf. [11], [14]), qui se déduit par exemple de (108):

(119) $$Z(E,t) = (1 - t^2)^{-g(E)} \det(1 - tT + qt^2)^{-1},$$

où $g(E) = \frac{1}{2}(q-1)|E|$ est l'opposé de la caractéristique d'Euler-Poincaré de E.

Comme au n° 7.4, on a:

Théorème 10′. *Pour que la famille de graphes (E_λ) possède les propriétés* (i) *et* (ii) *du th.* 10, *il faut et il suffit que la série formelle $Z(E_\lambda, t)^{1/|E_\lambda|}$ ait une limite dans* $\mathbf{R}[[t]]$.

De plus, cette limite est égale à $1/\prod_{r=1}^{\infty}(1-t^r)^{\gamma_r^\circ/r}$, où $\gamma_r^\circ = \lim c_{r,\lambda}^\circ/|E_\lambda|$.

Exemple. Le cas du cor. 2 au th. 10 (i.e. $\mu = \mu_q$) correspond à:

$$\lim Z(E_\lambda, t)^{1/|E_\lambda|} = 1.$$

8.5. **Exemple: graphes de Brandt.** Soient p et N deux nombres premiers. Faisons les hypothèses:

(120) $$N \equiv 1 \pmod{12},$$

(121) $$\left(\frac{p}{N}\right) = 1.$$

On associe à ces données un *graphe* $E(N,p)$ de la manière suivante (cf. [11], [20]):

les *sommets* de ce graphe sont les courbes elliptiques supersingulières en caractéristique N, à isomorphisme près (noter que, d'après (120), le groupe d'automorphismes d'une telle courbe est $\{\pm 1\}$);

les *arêtes* sont les isogénies de degré p entre deux telles courbes, à isomorphisme près.

On définit de façon évidente l'origine et l'extrémité d'une arête y, ainsi que l'arête $\overline{y}$ inverse de y (transposition). Les conditions (120) et (121) assurent que l'on obtient bien ainsi un graphe (en particulier que $\overline{y} \neq y$ pour toute arête y) et que ce graphe est régulier de valence $q+1$. La matrice d'incidence correspondante est essentiellement *la matrice de Brandt* associée à (N,p). On a

(122) $$|E(N,p)| = (N-1)/12 = g_0(N) + 1,$$

où $g_0(N)$ est le genre de la courbe modulaire $X_0(N)$. De plus, les valeurs propres de T sont (cf. [20]):

$p+1$, avec multiplicité 1,

les valeurs propres de l'opérateur de Hecke T_p agissant sur $S(N,2)$,

cf. n° 3.1.

De là, et du th. 1 (ou d'un calcul direct), résulte:

Théorème 11. *Pour p fixé et N premier $\to \infty$* (satisfaisant à (120) et (121)), *la famille de graphes $E(N,p)$ jouit des propriétés du cor. 2 au th.* 10, *avec* $q = p$.

Remarque. On pourrait se débarrasser des conditions (120) et (121) en *rigidifiant* la situation par des données supplémentaires.

BIBLIOGRAPHIE

[1] A. O. L. Atkin et J. Lehner, *Hecke operators on* $\Gamma_0(m)$, Math. Ann. **185** (1970), 134–160. MR **42**:3022

[2] N. Bourbaki, *Intégration*, chap. I–IV, 2° édition, Hermann, Paris, 1965. MR **36**:2763

[3] A. Brumer, *The rank of* $J_0(N)$, Astérisque **228** (1995), 41–68. MR **96f**:11083

[4] P. Cartier, *Harmonic analysis on trees*, A.M.S. Proc. Sympos. Pure Math. **26** (1973), 419–424. MR **49**:3038

[5] H. Cohen, *Trace des opérateurs de Hecke sur* $\Gamma_0(N)$, Séminaire de théorie des nombres de Bordeaux 1976–1977, exposé 4. MR **58**:27771

[6] H. Cohen, *Sur les N tels que* $J_0(N)$ *soit* **Q**-*isogène à un produit de courbes ellliptiques*, Bordeaux, 1994.

[7] D. A. Cox et W. R. Parry, *Genera of congruence subgroups in* **Q**-*quaternion algebras*, J. Crelle **351** (1984), 66–112. MR **85i**:11029

[8] T. Ekedahl et J.-P. Serre, *Exemples de courbes algébriques à jacobienne complètement décomposable*, C. R. Acad. Sci. Paris **317** (1993). 509–513. MR **94j**:14029

[9] J.-H. Evertse et J. H. Silverman, *Uniform bounds for the number of solutions to $Y^n = f(X)$*, Math. Proc. Cambridge Philos. Soc. **100** (1986), 237–248. MR **87k**:11034

[10] G. Hardy et E. Wright, *An Introduction to the Theory of Numbers*, 3° édition, Oxford, 1954. MR **16**:673c

[11] K. Hashimoto, *Zeta functions of finite graphs and representations of p-adic groups*, Adv. Studies in Pure Math., vol. 15, Kinokuniya Company Ltd. et Acad. Press, Tokyo, 1989, pp. 211–280. MR **91i**:11057

[12] M. N. Huxley, *A note on polynomial congruences*, Recent Progress in Analytic Number Theory (Durham, 1979), Academic Press, 1981, pp. 193–196. MR **83e**:10005

[13] J. Igusa, *Kroneckerian model of fields of elliptic modular functions*, Amer. J. Math. **81** (1959), 561–577. MR **21**:7214

[14] Y. Ihara, *On discrete subgroups of the two by two projective linear group over p-adic fields*, J. Math. Soc. Japan **18** (1966), 219–235. MR **36**:6511

[15] Y. Ihara, *Some remarks on the number of rational points of algebraic curves over finite fields*, J. Fac. Sci. Tokyo **28** (1982), 721–724. MR **84c**:14016

[16] A. Lubotzky, *Discrete Groups, Expanding Graphs and Invariant Measures*, Progress in Math., vol. 125, Birkhäuser Verlag, 1994. MR **96g**:22018

[17] A. Lubotzky, R. Phillips et P. Sarnak. *Ramanujan graphs*, Combinatorica **8** (1988), 261–277. MR **89m**:05099

[18] F. I. Mautner, *Spherical functions over p-adic fields* I, Amer. J. Math. **80** (1958), 441–457; II, *ibid.*, **86** (1964), 171–200. MR **20**:82; MR **29**:3582

[19] B. D. McKay, *The expected eigenvalue distribution of a large regular graph*, Linear Algebra and its Applications **40** (1981), 203–216. MR **84h**:05089

[20] J-F. Mestre, *La méthode des graphes. Exemples et applications*, Taniguchi Symp., Kyoto (1986), pp. 217–242. MR **88e**:11025

[21] K. Ribet, *Twists of modular forms and endomorphisms of abelian varieties*, Math. Ann. **253** (1980), 43–62. MR **82e**:10043

[22] J. Rohlfs et B. Speh, *On limit multiplicities of representations with cohomology in the cuspidal spectrum*, Duke Math. J. **55** (1987), 199–212. MR **88k**:22010

[23] G. Savin, *Limit multiplicities of cusp forms*, Invent. Math. **95** (1989), 149–159. MR **90c**:22035

[24] R. Schoof et M. van der Vlugt, *Hecke operators and weight distribution of certain codes*, J. Combinatorial Theory, série A, **57** (1991), 163–186. MR **92g**:94017

[25] J-P. Serre, *Arbres, Amalgames*, $\mathbf{SL}_2$, Astérisque **46**, S.M.F., 1977 (trad. anglaise: *Trees*, Springer-Verlag, 1980). MR **57**:16426

[26] J-P. Serre, *Sur le nombre des points rationnels d'une courbe algébrique sur un corps fini*, C. R. Acad. Sci. Paris **296** (1983), 397–402 (= *Oe.* 128). MR **85b**:14027

[27] F. Shahidi, *Symmetric power L-functions for* $\mathbf{GL}(2)$, C.R.M. Proc., vol. 4, A.M.S., 1994, pp. 159–182. MR **95c**:11066

[28] G. Shimura, *Introduction to the Arithmetic Theory of Automorphic Functions*, Iwanomi Shoten et Princeton University Press, Princeton, 1971. MR **47**:3318

[29] G. Shimura, *On the factors of the jacobian variety of a modular function field*, J. Math. Soc. Japan **25** (1973), 523–544. MR **47**:6709

[30] A. J. Silberger, $\mathbf{PGL}_2$ *over the p-adics: its representations, spherical functions and Fourier analysis*, Lect. Notes in Math., vol. 166, Springer-Verlag, 1970. MR **44**:2891

[31] M. A. Tsfasman, *Some remarks on the asymptotic number of points*, Lect. Notes in Math., vol. 1518, Springer-Verlag, 1992, pp. 178–192. MR **93h**:11064

[32] M. A. Tsfasman et S. G. Vlăduţ, *Asymptotic properties of zeta functions*, Prépubl. de l'I.M.L., n° 96-12, C.N.R.S., Marseille (1996).

171.

Semisimplicity and tensor products of group representations: converse theorems

(with an Appendix by Walter Feit)

J. Algebra **194** (1997), 496–520

INTRODUCTION

Let k be a field of characteristic $p \geq 0$, and let G be a group. If V and W are finite-dimensional G-modules, it is known that:

(1) *V and W semisimple* $\Rightarrow$ *$V \otimes W$ semisimple if* $p = 0$ ([2], p. 88), *or if* $p > 0$ *and* $\dim V + \dim W < p + 2$ ([6], Corollary 1 to Theorem 1.)

(2) *V semisimple* $\Rightarrow$ *$\wedge^2 V$ semisimple if* $p = 0$ *or if* $p > 0$ *and* $\dim V \leq (p+3)/2$ (cf. [6], Theorem 2).

We are interested here in "converse theorems": proving the semisimplicity of V from that of $V \otimes W$ or of $\wedge^2 V$. The results are the following (cf. Sects. 2, 3, 4, 5):

(3) *$V \otimes W$ semisimple* $\Rightarrow$ *V semisimple if* $\dim W \not\equiv 0 \pmod{p}$.
(4) *$\otimes^m V$ semisimple* $\Rightarrow$ *V semisimple if* $m \geq 1$.
(5) *$\wedge^2 V$ semisimple* $\Rightarrow$ *V semisimple if* $\dim V \not\equiv 2 \pmod{p}$.
(6) *$\mathrm{Sym}^2 V$ semisimple* $\Rightarrow$ *V semisimple if* $\dim V \not\equiv -2 \pmod{p}$.
(7) *$\wedge^m V$ semisimple* $\Rightarrow$ *V semisimple if* $\dim V \not\equiv 2, 3, \ldots, m \pmod{p}$.

Examples show that the congruence conditions occurring in (3), (5), (6), and (7) cannot be suppressed: see Sect. 7 for (3), (5), and (7) and the Appendix for (5) and (6). These examples are due to (or inspired by) W. Feit.

1. NOTATION

1.1. *The Category C_G*

As in the Introduction, G is a group and k is a field; we put $\mathrm{char}(k) = p$. The category of $k[G]$-modules of finite dimension over k is denoted by C_G. If V and W are objects of C_G, the k-vector space of C_G-morphisms of V into W is denoted by $\mathrm{Hom}^G(V, W)$.

1.2. *Split Injections*

A C_G-morphism $f: V \to W$ is called a *split injection* if there exists a left inverse $r: W \to V$ which is a C_G-morphism. This means that f is injective, and that its image is a direct factor of W, viewed as a $k[G]$-module. We also say that f is *split*.

If $f: V_1 \to V_2$ and $g: V_2 \to V_3$ are split injections, so is $g \circ f$. Conversely, if $g \circ f$ is a split injection, so is f.

An object W of C_G is *semisimple* if and only if every injection $V \to W$ is split.

1.3. *Tensor Products*

The tensor product (over k) of two objects V and V' of C_G is denoted by $V \otimes V'$.

If $V \to W$ and $V' \to W'$ are split injections, so is $V \otimes V' \to W \otimes W'$.

The vector space k, with trivial action of G, is denoted by $\underline{1}$. We have $\underline{1} \otimes V = V$ for every V.

1.4. *Duality*

The dual of an object V of C_G is denoted by V^*. If W is an object of C_G, one has $W \otimes V^* = \mathrm{Hom}_k(V, W)$, the action of G on $\mathrm{Hom}_k(V, W)$ being $f \mapsto sfs^{-1}$ for $s \in G$. An element f of $\mathrm{Hom}_k(V, W)$ is G-linear (i.e., belongs to $\mathrm{Hom}^G(V, W)$) if and only if it is fixed under the action of G.

In particular, one has $V \otimes V^* = \mathrm{End}_k(V)$. The unit element 1_V of $\mathrm{End}_k(V)$ defines a G-linear map $i_V: \underline{1} \to V \otimes V^*$, which is injective if $V \neq 0$.

1.5. *Trace*

The trace $t_V\colon V \otimes V^* \to \underline{1}$ is a G-linear map. The composite map

$$t_V \circ i_V\colon \underline{1} \to V \otimes V^* \to \underline{1}$$

is equal to $\dim V$, viewed as an element of $k = \operatorname{End}^G(\underline{1})$; it is 0 if and only if $\dim V \equiv 0 \pmod p$. (When $p = 0$ this just means $\dim V = 0$.)

2. FROM $V \otimes W$ TO V

Let V and W be two objects of C_G.

PROPOSITION 2.1. *Let V' be a subobject of V. Assume*:

$$i_W\colon \underline{1} \to W \otimes W^* \qquad \text{is a split injection,} \tag{2.1.1}$$

and

$$V' \otimes W \to V \otimes W \qquad \text{is a split injection.} \tag{2.1.2}$$

Then $V' \to V$ is a split injection.

Proof. Consider the commutative diagram:

$$\begin{array}{ccc} V' & \xrightarrow{\beta'} & V' \otimes W \otimes W^* \\ {\scriptstyle\alpha}\downarrow & & \downarrow{\scriptstyle\gamma} \\ V & \xrightarrow{\beta} & V \otimes W \otimes W^*, \end{array}$$

where the vertical maps come from the injection $V' \to V$ and the horizontal maps are $\beta = 1_V \otimes i_W$ and $\beta' = 1_{V'} \otimes i_W$ (cf. Sect. 1.5). By (2.1.1), β' is split; by (2.1.2), $V' \otimes W \to V \otimes W$ is split, and the same is true for γ. Hence $\beta \circ \alpha = \gamma \circ \beta'$ is split, and this implies that α is split.

Remark 2.2. Assumption (2.1.1) is true in each of the following two cases:

(2.2.1) *When* $\dim W \not\equiv 0 \pmod p$, i.e., when $\dim W$ is invertible in k. Indeed, if c denotes the inverse of $\dim W$ in k, the map

$$c \cdot t_W\colon W \otimes W^* \to \underline{1}$$

is a left inverse of i_W (cf. Sect. 1.5).

(2.2.2) *When $W \neq 0$ and $W \otimes W^*$ is semisimple*, since in that case every injection in $W \otimes W^*$ is split.

PROPOSITION 2.3. *Assume* (2.1.1) *and that $V \otimes W$ is semisimple. Then V is semisimple.*

Proof. Let V' be a subobject of V. Since $V \otimes W$ is semisimple, the injection $V' \otimes W \to V \otimes W$ is split, hence (2.1.2) is true, and Proposition 2.1 shows that $V' \to V$ splits. Since this is true for every V', it follows that V is semisimple.

Alternate proof (sketch). One uses (2.1.1) to show that the natural map

$$H^n(G, \mathrm{Hom}_k(V_1, V_2)) \to H^n(G, \mathrm{Hom}_k(V_1 \otimes W, V_2 \otimes W))$$

is injective for every n, V_1, V_2. If V is an extension of V_1 by V_2 and (V) denotes the corresponding element of the group $\mathrm{Ext}(V_1, V_2) = H^1(G, \mathrm{Hom}_k(V_1, V_2))$, the assumption that $V \otimes W$ is semisimple implies that (V) gives 0 in $\mathrm{Ext}(V_1 \otimes W, V_2 \otimes W)$ and hence $(V) = 0$. This shows that V is semisimple.

THEOREM 2.4. *If $V \otimes W$ is semisimple and* $\dim W \not\equiv 0 \pmod p$, *then V is semisimple.*

Proof. This follows from Proposition 2.3 and Remark (2.2.1).

Remark. The condition $\dim W \not\equiv 0 \pmod p$ of Theorem 2.4 cannot be suppressed. This is clear for $p = 0$, since it just means $W \neq 0$; for $p > 0$, see Feit's examples in Sect. 7.2.

3. FROM $\mathrm{T}^n V \otimes \mathrm{T}^m V^*$ TO V

Let V be an object of C_G.

LEMMA 3.1. *The injection $j_V = 1_V \otimes i_V \colon V \to V \otimes V \otimes V^*$ is split.*

Proof. If we identify $V \otimes V^*$ with $\mathrm{End}_k(V)$, the map

$$j_V \colon V \to V \otimes \mathrm{End}_k(V)$$

is the map $x \mapsto x \otimes 1_V$. Let $f_V \colon V \otimes \mathrm{End}_k(V) \to V$ be the "evaluation
1 map" $x \mapsto \varphi(x)\ (x \in V,\ \varphi \in \mathrm{End}_k(V))$. It is clear that $f_V \circ j_V = 1_V$. Hence j_V is a split injection.

If $n \geq 0$, let us write $\mathrm{T}^n V$ for the tensor product $V \otimes V \otimes \cdots \otimes V$ of n copies of V, with the convention that $\mathrm{T}^0 V = \underline{1}$.

PROPOSITION 3.2. *Let V' be a subobject of V. Assume that the natural injection of $\mathrm{T}^n V' = V' \otimes \mathrm{T}^{n-1} V'$ in $V \otimes \mathrm{T}^{n-1} V'$ splits for some $n \geq 1$. Then $V' \to V$ splits.*

Proof. This is clear if $n = 1$. Assume $n \geq 2$, and use induction on n. We have a commutative diagram:

$$\begin{array}{ccc} \mathrm{T}^{n-1}V' & \xrightarrow{\lambda} & V \otimes \mathrm{T}^{n-2}V' \\ \downarrow{\scriptstyle\gamma} & & \downarrow{\scriptstyle\beta} \\ \mathrm{T}^{n-1}V' \otimes V' \otimes V'^* & \xrightarrow{\mu} & V \otimes \mathrm{T}^{n-2}V' \otimes V' \otimes V'^*, \end{array}$$

where the horizontal maps are the obvious injections, and the vertical ones are of the form $x \mapsto x \otimes 1_{V'}$, with $1_{V'} \in V' \otimes V'^*$ (cf. Sect 1.4).

If we put $W = \mathrm{T}^{n-2}V'$, we may write γ as $1_W \otimes j_{V'}$, where $j_{V'}$ is the map of V' into $V' \otimes V' \otimes V'^*$ defined in Lemma 3.1 (with V replaced by V'). From this lemma, and from Sect. 1.3, it follows that γ is a split injection. On the other hand, μ is the tensor product of the natural injection $\mathrm{T}^nV' \to V \otimes \mathrm{T}^{n-1}V'$, which is split by assumption, with the identity map of V'^*; hence μ is split and the same is true for $\beta \circ \lambda = \mu \circ \gamma$, hence also for λ. By the induction assumption this shows that $V' \to V$ is a split injection.

THEOREM 3.3. *Assume that $\mathrm{T}^nV \otimes \mathrm{T}^mV^*$ is semisimple for some integers $n, m \geq 0$, not both 0. Then V is semisimple.*

COROLLARY 3.4. *If T^nV is semisimple for some $n \geq 1$, then V is semisimple.*

Proof of Theorem 3.3. Consider first the case of Corollary 3.4, i.e., $m = 0$, $n \geq 1$. Let V' be a subobject of V. Then $V \otimes \mathrm{T}^{n-1}V'$ is a subobject of T^nV. Since T^nV is assumed to be semisimple, so is $V \otimes \mathrm{T}^{n-1}V'$. Hence the injection $\mathrm{T}^nV' \to V \otimes \mathrm{T}^{n-1}V'$ splits. By Proposition 3.2, this implies that $V' \to V$ splits. Since this is true for every V', it follows that V is semisimple.

Since duality preserves semisimplicity, the same result holds when $n = 0$ and $m \geq 1$. Hence, we may assume that $n \geq 1$ and $m \geq 1$, and also that $V \neq 0$. If n and m are both equal to 1, then $V \otimes V^*$ is semisimple by assumption. Put $W = V^*$; using (2.2.2) we see that W has property (2.1.1) and by Proposition 2.3 this implies that V is semisimple (I owe this argument to W. Feit). The remaining case $n + m \geq 3$ is handled by induction on $n + m$, using the fact that $\mathrm{T}^{n-1}V \otimes \mathrm{T}^{m-1}V^*$ embeds into $\mathrm{T}^nV \otimes \mathrm{T}^mV^*$, hence is semisimple.

4. FROM $\Lambda^2 V$ AND $\mathrm{Sym}^2 V$ TO V

4.1. *Notation*

Let V be an object of C_G, and let λ_V be the canonical map

$$V \otimes V \to \Lambda^2 V.$$

Define φ_V: $V \to \Lambda^2 V \otimes V^*$ as the composite of the maps j_V: $V \to V \otimes V \otimes V^*$ (cf. Lemma 3.1) and $\lambda_V \otimes 1_{V^*}$: $V \otimes V \otimes V^* \to \Lambda^2 V \otimes V^*$. Define ψ_V: $\Lambda^2 V \otimes V^* \to V$ as the composite

$$\Lambda^2 V \otimes V^* \to V \otimes V \otimes V^* \to V,$$

where the map on the left is $(x \wedge y) \otimes z \mapsto x \otimes y \otimes z - y \otimes x \otimes z$ (for $x, y \in V$, $z \in V^*$) and the map on the right is the map f_V defined in the proof of Lemma 3.1, i.e., $x \otimes y \otimes z \mapsto \langle x, z\rangle y$. We have

$$\psi_V((x \wedge y) \otimes z) = \langle x, z\rangle y - \langle y, z\rangle x \qquad (x, y \in V,\ z \in V^*).$$

Both φ_V and ψ_V are C_G-morphisms.

PROPOSITION 4.2. *The composite map*

$$V \xrightarrow{\varphi_V} \Lambda^2 V \otimes V^* \xrightarrow{\psi_V} V$$

is equal to $(1 - n)1_V$, *where* $n = \dim V$.

Proof. Choose a k-basis (e_α) of V, and let (e_α^*) be the dual basis of V^*. We have $1_V = \Sigma e_\alpha \otimes e_\alpha^*$ in $V \otimes V^*$, hence:

$$j_V(x) = \sum x \otimes e_\alpha \otimes e_\alpha^* \qquad (x \in V),$$
$$\varphi_V(x) = \sum (x \wedge e_\alpha) \otimes e_\alpha^*,$$

and

$$\psi_V(\varphi_V(x)) = \sum \langle x, e_\alpha^*\rangle e_\alpha - \sum \langle e_\alpha, e_\alpha^*\rangle x$$
$$= x - nx.$$

COROLLARY 4.3. *If* $\dim V \not\equiv 1 \pmod p$, φ_V *is a split injection.*

PROPOSITION 4.4. *Let* ρ: $W \to V$ *be an injection in* C_G. *Assume that* $\dim W \not\equiv 1 \pmod p$ *and that* $\Lambda^2\rho$: $\Lambda^2 W \to \Lambda^2 V$ *splits. Then* ρ *splits.*

Proof. Consider the commutative diagram

$$\begin{array}{ccc} W & \xrightarrow{\rho} & V \\ & & \searrow{\scriptstyle \varphi_V} \\ {\scriptstyle \varphi_W}\downarrow & & \wedge^2 V \otimes V^* \\ & & \swarrow{\scriptstyle \sigma} \\ \wedge^2 W \otimes W^* & \xrightarrow{\rho'} & \wedge^2 V \otimes W^* \end{array}$$

where φ_V and φ_W are as above, ρ' is equal to $\wedge^2 \rho \otimes 1_{W^*}$ and σ is the tensor product of the identity endomorphism of $\wedge^2 V$ with the natural projection $\rho^*: V^* \to W^*$. By Corollary 4.3, applied to W, φ_W is split; by assumption, ρ' is split. Hence $\sigma \circ \varphi_V \circ \rho = \rho' \circ \varphi_W$ is split, and this implies that ρ is split.

THEOREM 4.5. *If* $\wedge^2 V$ *is semisimple and* $\dim V \not\equiv 2 \pmod p$, *then* V *is semisimple.*

Proof. We have to show that every injection $W \to V$ splits. Since $\wedge^2 V$ is semisimple, the injection $\wedge^2 W \to \wedge^2 V$ splits. If $\dim W \not\equiv 1 \pmod p$, Proposition 4.4 shows that $W \to V$ splits. Assume now that $\dim W \equiv 1 \pmod p$. Let W^0 be the orthogonal complement of W in V^*, i.e., the kernel of the projection $V^* \to W^*$. We have $\dim W^0 \equiv \dim V - 1 \pmod p$, hence $\dim W^0 \not\equiv 1 \pmod p$, since $\dim V \not\equiv 2 \pmod p$. By duality, $\wedge^2 V^*$ is semisimple. The first part of the argument, applied to $W^0 \to V^*$, shows that $W^0 \to V^*$ splits, and hence $W \to V$ splits.

The next theorem describes the structure of V in the exceptional case left open by Theorem 4.5 (for explicit examples, see Sect. 7.3):

THEOREM 4.6. *Assume* $\wedge^2 V$ *is semisimple and* V *is not. Then* V *can be decomposed in* C_G *as a direct sum:*

$$V = E \oplus W_1 \oplus \cdots \oplus W_h \qquad (h \geq 0), \qquad (*)$$

where:

—*the* W_i *are simple, and* $\dim W_i \equiv 0 \pmod p$;

—E *is a nonsplit extension of two simple modules* W, W' *such that* $\dim W \equiv \dim W' \equiv 1 \pmod p$.

(Note that $(*)$ implies $\dim V \equiv \dim E \equiv 2 \pmod p$, as in Theorem 4.5.)

Proof. Using induction on the length of a Jordan–Hölder sequence of V, we may assume that V has no simple direct factor whose dimension is 0 (mod p).

Let W be a simple subobject of V. Let us show that $\dim W \equiv 1 \pmod{p}$. If not, Proposition 4.4 would imply that $W \to V$ splits, hence $V = W \oplus V'$
2 for some $V' \in C_G$. Clearly V' is not semisimple but $\wedge^2 V'$ is (because it is a subobject of $\wedge^2 V$). By Theorem 4.5, applied to V and V', we have

$$\dim V \equiv \dim V' \equiv 2 \pmod{p},$$

hence $\dim W \equiv 0 \pmod{p}$, which contradicts the hypothesis that V has no simple direct factor of dimension divisible by p.

Hence, we have $\dim W \equiv 1 \pmod{p}$. Moreover, *the injection $W \to V$ does not split*. Indeed, if V would decompose in $W \oplus V'$, we would have $\dim V' \equiv 1 \pmod{p}$, and Theorem 4.5, applied to V', would show that V' is semisimple, hence also V, which is not true. The module W is *the only simple submodule of V*. Indeed, if W_1 were another one, the argument above would show that $\dim W_1 \equiv 1 \pmod{p}$, hence $\dim(W + W_1) \equiv 2 \pmod{p}$ since $W \cap W_1 = 0$. By Proposition 4.4, the injection $W \oplus W_1 \to V$ would split, and so would $W \to V$, contrary to what we have just seen.

Now put $W' = V/W$. We have $\dim W' \equiv 1 \pmod{p}$, and $\wedge^2 W'$ is semisimple (because it is a quotient of $\wedge^2 V$). By Theorem 4.5, W' is semisimple. At least one of the simple factors of W' has dimension $\not\equiv 0 \pmod{p}$. Let S be such a factor, and let V_S be its inverse image in V, so that we have $W \subset V_S \subset V$. One has $\dim V_S \not\equiv 1 \pmod{p}$; by Proposition 4.4, this shows that we may write V as a direct sum $V_S \oplus V''$. If $V'' \neq 0$, it contains a simple subobject, which is distinct from W, contrary to what was proved above. Hence we have $V'' = 0$, i.e., $S = W'$, which shows that W' is simple and that V is a nonsplit extension of two simple objects W, W' with $\dim W \equiv \dim W' \equiv 1 \pmod{p}$.

There are similar results for $\mathrm{Sym}^2 V$. First:

THEOREM 4.7. *If* $\mathrm{Sym}^2 V$ *is semisimple and* $\dim V \not\equiv -2 \pmod{p}$, *then* V *is semisimple.*

Proof (*sketch*). The argument is the same as for $\wedge^2 V$, using symmetric analogues φ_V^σ and ψ_V^σ of φ_V and ψ_V:

$$\varphi_V^\sigma \colon V \to \mathrm{Sym}^2 V \otimes V^*,$$

$$\psi_V^\sigma \colon \mathrm{Sym}^2 V \otimes V^* \to V.$$

Proposition 4.2 is replaced by

$$\psi_V^\sigma \circ \varphi_V^\sigma = (1+n)1_V \qquad \text{where } n = \dim V.$$

Hence φ_V^σ is a split injection if $\dim V \not\equiv -1 \pmod{p}$. Proposition 4.4 remains valid when $\wedge^2 V$ is replaced by $\mathrm{Sym}^2 V$ and 1 is replaced by -1.

The same is true for the proof of Theorem 4.5 (with 2 replaced by -2), with one difference:

In the case of $\wedge^2$ we have used the fact that $\wedge^2 V$ and $\wedge^2 V^*$ are dual to each other. The analogous statement for $\mathrm{Sym}^2 V$ and $\mathrm{Sym}^2 V^*$ is true when $p \neq 2$, but *is not true* in general for $p = 2$; the dual of $\mathrm{Sym}^2 V$ is the space $\mathbf{TS}^2 V^*$ of symmetric 2-tensors on V^*, which is not $\mathrm{Sym}^2 V^*$. Fortunately, the case $p = 2$ does not give any trouble. Indeed:

PROPOSITION 4.8. *If* $\mathrm{Sym}^2 V$ *is semisimple and* $p = 2$, *then* V *is semisimple.*

Proof. Let $F: k \to k$ be the Frobenius map $\lambda \mapsto \lambda^2$, and let V^F be the representation of G deduced from V by the base change F. The F-semilinear map $V \to \mathrm{Sym}^2 V$ defined by $x \mapsto x \cdot x$ gives a *k-linear embedding* of V^F into $\mathrm{Sym}^2 V$, which fits into an exact sequence:

$$0 \to V^F \to \mathrm{Sym}^2 V \to \wedge^2 V \to 0.$$

Since $\mathrm{Sym}^2 V$ is assumed to be semisimple, so is V^F. This means that V becomes semisimple after the base change $F: k \to k$. By an elementary result ([1, §13, no. 4, Proposition 4]) this implies that V is semisimple.

Remark. More generally, the same argument shows:

$$\mathrm{Sym}^p V \text{ semisimple} \quad \Rightarrow \quad V \text{ semisimple}$$

if the characteristic p is > 0.

The analogue of Theorem 4.6 is:

THEOREM 4.9. *If* $\mathrm{Sym}^2 V$ *is semisimple and* V *is not, then* V *can be decomposed as* $V = E \oplus W_1 \oplus \cdots \oplus W_h$ $(h \geq 0)$, *where*:

—*the* W_i *are simple, and* $\dim W_i \equiv 0 \pmod p$;

—*E is a nonsplit extension of two simple modules whose dimensions are congruent to* $-1 \pmod p$.

The proof is the same.

COROLLARY 4.10. *One has* $\dim V \geq 2p - 2$.

Indeed, it is clear that $\dim E \geq (p-1) + (p-1)$.

5. HIGHER EXTERIOR POWERS

The results of Sect. 4 can be extended to $\wedge^m V$ for any $m \geq 1$ (cf. Theorem 5.2.1 below). We start with several lemmas.

5.1. *Extension Classes Associated with an Exact Sequence*

Let

$$0 \to A \to V \to B \to 0 \tag{5.1.1}$$

be an exact sequence in C_G. We denote by (V) its class in the group

$$\mathrm{Ext}(B,A) = H^1(G,\mathrm{Hom}_k(B,A)) = H^1(G, A \otimes B^*).$$

A cocycle representing this class may be constructed as follows: select a k-linear splitting $f\colon B \to V$, and, for every $s \in G$, define $c_f(s)$ in $\mathrm{Hom}_k(B,A)$ as the map $x \mapsto s \cdot f(s^{-1}x) - f(x)$, for $x \in B$. Then c_f is a 1-cocycle on G with values in $\mathrm{Hom}_k(B,A)$, which represents the class (V).

One has $(V) = 0$ if and only if f can be chosen to be G-linear, i.e., if and only if the injection $A \to V$ splits.

5.1.2. *The Filtration of $\wedge^m V$ Defined by A*

We view A as a subobject of V. For every integer α with $0 \le \alpha \le m$, let F_α be the subspace of $\wedge^m V$ generated by the $x_1 \wedge \cdots \wedge x_m$ such that x_i belongs to A for $i \le \alpha$; put $F_{m+1} = 0$. The F_α are G-stable, and they define a decreasing filtration of $\wedge^m V$:

$$\wedge^m V = F_0 \supset F_1 \cdots \supset F_m \supset F_{m+1} = 0.$$

One has $F_m = \wedge^m A$. More generally, the quotient $V_\alpha = F_\alpha/F_{\alpha+1}$ can be identified with $\wedge^\alpha A \otimes \wedge^\beta B$, where $\beta = m - \alpha$; in this identification, an element $x_1 \wedge \cdots \wedge x_m$ of F_α (with $x_i \in A$ for $i \le \alpha$, as above) corresponds to

$$(x_1 \wedge \cdots \wedge x_\alpha) \otimes (\bar{x}_{\alpha+1} \wedge \cdots \wedge \bar{x}_m),$$

where $\bar{x}_i$ is the image of x_i in B.

Assume now $\alpha \ge 1$, and put $V_\alpha^2 = F_{\alpha-1}/F_{\alpha+1}$. We have an exact sequence

$$0 \to V_\alpha \to V_\alpha^2 \to V_{\alpha-1} \to 0, \tag{5.1.3}$$

hence an extension class (V_α^2) in $H^1(G, V_\alpha \otimes V_{\alpha-1}^*)$.

Since $V_\alpha = \wedge^\alpha A \otimes \wedge^\beta B$, we may view (V_α^2) as an element of the cohomology group

$$H^1(G, \wedge^\alpha A \otimes \wedge^\beta B \otimes \wedge^{\alpha-1} A^* \otimes \wedge^{\beta+1} B^*). \tag{5.1.4}$$

5.1.5. *Comparison of the Classes* (V) *and* (V_α^2)

The exterior product $(u, x) \mapsto u \wedge x$ defines a map from $\wedge^{\alpha-1}A \otimes A$ to $\wedge^\alpha A$, hence a C_G-morphism:

$$\theta_{A,\alpha}\colon A \to \operatorname{Hom}_k(\wedge^{\alpha-1}A, \wedge^\alpha A) = \wedge^\alpha A \otimes \wedge^{\alpha-1}A^*. \quad (5.1.6)$$

The same construction, applied to B^* and to $\beta + 1$, gives

$$\theta_{B^*,\beta-1}\colon B^* \to \wedge^{\beta+1}B^* \otimes \wedge^\beta B. \quad (5.1.7)$$

By tensoring these two maps, and multiplying by $(-1)^\beta$, we get

$$\Theta_\alpha\colon A \otimes B^* \to \wedge^\alpha A \otimes \wedge^\beta B \otimes \wedge^{\alpha-1}A^* \otimes \wedge^{\beta+1}B^*. \quad (5.1.8)$$

Since Θ_α is a C_G-morphism, it defines a map

$$\Theta_\alpha^1\colon H^1(G, A \otimes B^*) \to H^1(G, \wedge^\alpha A \otimes \wedge^\beta B \otimes \wedge^{\alpha-1}A^* \otimes \wedge^{\beta+1}B^*).$$

LEMMA 5.1.9. *The image by* Θ_α^1 *of the class* (V) *of* (5.1.1) *is the class* (V_α^2) *of* (5.1.3).

Proof (*sketch*). Select a k-splitting f of (5.1.1). Using f, one may identify the exterior algebra $\wedge V$ with $\wedge A \otimes \wedge B$. This defines a k-splitting f_α of V_α^2. An explicit computation (which we do not reproduce) shows that the cocycle c_{f_α} corresponding to f_α is the image by Θ_α of the cocycle c_f. Hence the lemma.

The next step is to give criteria for Θ_α^1 to be injective. Put

$$a = \dim A \quad \text{and} \quad b = \dim B, \quad (5.1.10)$$

so that we have

$$\dim V = a + b. \quad (5.1.11)$$

LEMMA 5.1.12. *Assume* $\binom{a-1}{\alpha-1} \not\equiv 0 \pmod p$. *Then the morphism* $\theta_{A,\alpha}$ *defined above is a split injection.*

(Recall that $\binom{x}{y}$ is the binomial coefficient $x(x-1)\cdots(x-y+1)/y!$)

Proof (*sketch*). Consider the C_G-morphism

$$\theta_{A^*,\alpha}\colon A^* \to \wedge^\alpha A^* \otimes \wedge^{\alpha-1}A,$$

and let

$$\theta'_{A^*,\alpha}\colon \wedge^\alpha A \otimes \wedge^{\alpha-1}A^* \to A$$

be its transpose. One has

$$\theta'_{A^*,\alpha} \circ \theta_{A,\alpha} = \binom{a-1}{\alpha-1} \cdot 1_A \quad \text{in } \operatorname{End}(A). \quad (5.1.13)$$

This identity is proved by a straightforward computation: one chooses a k-basis of the vector space A; this gives bases of $\wedge^\alpha A, \wedge^\alpha A^*, \ldots$; one determines the corresponding matrices, etc. The details are left to the reader.

Once (5.1.13) is checked, Lemma 5.1.12 is obvious.

LEMMA 5.1.14. *Assume* $\binom{b-1}{\beta} \not\equiv 0 \pmod{p}$. *Then the morphism* $\theta_{B^*,\beta+1}$ *defined above is a split injection.*

Proof. This follows from the preceding lemma, with A replaced by B^* and α by $\beta + 1$.

LEMMA 5.1.15. *Assume*

$$\binom{a-1}{\alpha-1} \cdot \binom{b-1}{\beta} \not\equiv 0 \quad \pmod{p}.$$

Then:

(i) *The* C_G*-morphism* Θ_α *defined in* (5.1.8) *is a split injection.*

(ii) *The map*

$$\Theta_\alpha^1 \colon H^1(G, A \otimes B^*) \to H^1(G, \wedge^\alpha A \otimes \wedge^\beta B \otimes \wedge^{\alpha-1} A^* \otimes \wedge^{\beta+1} B^*)$$

is injective.

Proof. Assertion (i) follows from Lemmas 5.1.12 and 5.1.14 since the tensor product of two split injections is a split injection. Assertion (ii) follows from assertion (i).

LEMMA 5.1.16. *Assume*

$$\binom{a-1}{\alpha-1} \cdot \binom{b-1}{\beta} \not\equiv 0 \quad \pmod{p}.$$

If the exact sequence (5.1.3) *splits, then* $A \to V$ *is a split injection.*

Proof. We have $(V_\alpha^2) = 0$ by hypothesis. Since (V_α^2) is the image of (V) by Θ_α^1 (cf. Lemma 5.1.9) and Θ_α^1 is injective (cf. Lemma 5.1.15), we have $(V) = 0$.

5.2. *Semisimplicity Statements*

Let V be as above an object of C_G, and m an integer ≥ 1.

THEOREM 5.2.1. *Assume that* $\wedge^m V$ *is semisimple, and that the integer* dim V *has the following property*:

(∗) *For every pair of integers* $a, b \geq 1$ *with* $a + b = \dim V$, *there exists an integer* α, *with* $1 \leq \alpha \leq m$, *such that*

$$\binom{a-1}{\alpha-1} \cdot \binom{b-1}{m-\alpha} \not\equiv 0 \quad \pmod{p}. \tag{5.2.2}$$

Then V *is semisimple.*

Proof. Let A be a subobject of V, and let $B = V/A$. We want to show that $A \to V$ splits. We may assume that $A \neq 0$, $B \neq 0$. Put as above

$$a = \dim A \quad \text{and} \quad b = \dim B.$$

We have $a, b \geq 1$ and $a + b = \dim V$. Choose α as in (5.2.2). Since $\wedge^m V$ is semisimple, the same is true for its subquotients, and in particular for V_α^2 (cf. Sect. 5.1.2). Hence the exact sequence (5.1.3) splits. By Lemma 5.1.16, this implies that $A \to V$ splits.

EXAMPLE 5.2.3. If $m = 2$, α may take the values 1 and 2 and (5.2.2) means:

$$b - 1 \not\equiv 0 \pmod{p} \quad \text{if } \alpha = 1,$$
$$a - 1 \not\equiv 0 \pmod{p} \quad \text{if } \alpha = 2.$$

If $\dim V = a + b$ is not congruent to 2 (mod p), one of these two is true. Hence $\wedge^2 V$ semisimple $\Rightarrow V$ semisimple, and we recover Theorem 4.5.

Here are two other examples:

THEOREM 5.2.4. *Assume $\wedge^3 V$ is semisimple and*

$$\dim V \not\equiv 2, 3 \pmod{p} \quad \textit{if } p \neq 2,$$
$$\dim V \not\equiv 2, 3 \pmod{4} \quad \textit{if } p = 2.$$

Then V is semisimple.

Proof. Here α may take the values $1, 2, 3$ and (5.2.2) means

$$(b-1)(b-2)/2 \not\equiv 0 \pmod{p} \quad \text{if } \alpha = 1,$$
$$(a-1)(b-1) \not\equiv 0 \pmod{p} \quad \text{if } \alpha = 2,$$
$$(a-1)(a-2)/2 \not\equiv 0 \pmod{p} \quad \text{if } \alpha = 3.$$

If $p \neq 2$, these conditions mean, respectively,

$$b \not\equiv 1, 2 \pmod{p},$$
$$a \not\equiv 1 \pmod{p} \quad \text{and} \quad b \not\equiv 1 \pmod{p},$$
$$a \not\equiv 1, 2 \pmod{p}.$$

If $a + b \not\equiv 2, 3 \pmod{p}$, it is clear that one of them is fulfilled.

The case $p = 2$ is similar; the only difference is that the congruence

$$(x-1)(x-2)/2 \not\equiv 0 \pmod{2}$$

means that $x \not\equiv 1, 2 \pmod{4}$.

THEOREM 5.2.5. *Assume that* $\wedge^m V$ *is semisimple and*

$$\dim V \not\equiv 2, 3, \ldots, m \pmod{p}.$$

Then V is semisimple.

Proof. Consider first the case $p = 0$ (see also Sect. 6.1 below). By assumption we have $\dim V \neq 2, 3, \ldots, m$. (Note that it is *a priori* obvious that these dimensions have to be excluded.) We may assume $\dim V \neq 0, 1$, hence $\dim V > m$. If $a + b = \dim V$, with $a, b \geq 1$, we put $\alpha = 1 + \sup(0, m - b)$. We have $a - 1 \geq \alpha - 1$ and $b - 1 \geq m - \alpha$ hence both $\binom{a-1}{\alpha-1}$ and $\binom{b-1}{m-\alpha}$ are $\neq 0$. Hence (5.2.2) is satisfied.

Suppose now $p > 0$. The hypothesis $\dim V \not\equiv 2, 3, \ldots, m \pmod{p}$ implies $p \geq m$. Hence condition (5.2.2) may be rewritten as

$$a \not\equiv 1, 2, \ldots, \alpha - 1 \pmod{p} \quad \text{and} \quad b \not\equiv 1, 2, \ldots, m - \alpha \pmod{p}. \quad (5.2.26)$$

If $b \not\equiv 1, 2, \ldots, m - 1 \pmod{p}$, we put $\alpha = 1$ and (5.2.6) holds. If $b \equiv i \pmod{p}$ with $1 \leq i \leq m - 1$, we put $\alpha = m - i + 1$. One has

$$a \not\equiv 1, 2, \ldots, \alpha - 1 \pmod{p},$$

because otherwise $\dim V$ would be congruent $\pmod{p}$ to $i + 1, \ldots, m$, which would contradict our assumption. Hence (5.2.6) holds

5.3. *Higher Symmetric Powers*

We assume here that $p > m$ (or $p = 0$), so that the dual of $\mathrm{Sym}^\alpha V$ for $\alpha \leq m$ is $\mathrm{Sym}^\alpha V^*$.

THEOREM 5.3.1. *If* $\mathrm{Sym}^m V$ *is semisimple and* $\dim V \not\equiv -2, -3, \ldots, -m \pmod{p}$, *then V is semisimple.*

Proof (sketch). One rewrites the previous sections with exterior powers replaced by symmetric powers. The sign problems disappear. Moreover, the integer $\binom{a-1}{\alpha-1}$ of (5.1.13) becomes $\binom{a+\alpha-1}{\alpha-1}$. The rest of the proof is the same.

6. FURTHER REMARKS

6.1. *Characteristic Zero*

When $p = 0$, the theorems of Sects. 2–5 can be obtained more simply by the following method (essentially due to Chevalley [2]):

We want to prove that a linear representation V of G is semisimple, knowing (say) that $\wedge^m V$ is semisimple and $\dim V \neq 2, 3, \ldots, m$. By enlarging k, we may assume it is algebraically closed; we may also assume that $G \to \mathbf{GL}(V)$ is injective and that its image is Zariski-closed; hence G may be viewed as a linear algebraic group over k (more correctly: as the group of k-points of an algebraic linear group). See [6] for these easy reduction steps. Let U be the unipotent radical of G (maximal normal unipotent subgroup). Because the characteristic is 0, an algebraic linear representation of G is semisimple if and only if its kernel contains U. Since $\wedge^m V$ is assumed to be semisimple, this shows that U is contained in the kernel of $\mathbf{GL}(V) \to \mathbf{GL}(\wedge^m V)$. If $\dim V \neq 2, 3, \ldots, m$, this kernel is of order m (if $\dim V > m$) or is a torus (if $\dim V < 2$); such a group has no nontrivial unipotent subgroup. Hence $U = 1$, and the given representation $G \to \mathbf{GL}(V)$ is semisimple.

6.2. *Generalizations*

All the results of Sects. 2–5 extend to linear representations of *Lie algebras*, and also of *restricted Lie algebras* (if $p > 0$). This is easy to check.

A less obvious generalization consists of replacing C_G by a *tensor category C over k*, in the sense of Deligne [3]. Such a category is an abelian category, with the following extra structures:

(a) for every $V_1, V_2 \in \mathrm{ob}(C)$, a k-vector space structure on $\mathrm{Hom}^C(V_1, V_2)$;

(b) an exact bifunctor $C \times C \to C$, denoted by $(V_1, V_2) \mapsto V_1 \otimes V_2$;

(c) a commutativity isomorphism $V_1 \otimes V_2 \to V_2 \otimes V_1$;

(d) an associativity isomorphism $(V_1 \otimes V_2) \otimes V_3 \to V_1 \otimes (V_2 \otimes V_3)$.

These data have to fulfill several axioms mimicking what happens in C_G (cf. [3]). For instance, there should exist an object "$\underline{1}$" with $\underline{1} \otimes V = V$ for every V, and $\mathrm{End}^C(\underline{1}) = k$; there should be a "dual" V^* with $V^{**} = V$ and $\mathrm{Hom}^C(W, V^*) = \mathrm{Hom}^C(V \otimes W, \underline{1})$ for every $W \in \mathrm{ob}(C)$; etc.

If $V \in \mathrm{ob}(C)$, there are natural morphisms

$$\underline{1} \to V \otimes V^* \quad \text{and} \quad V \otimes V^* \to \underline{1}.$$

The *dimension* of V is the element of $k = \mathrm{End}^C(\underline{1})$ defined by the composition

$$\underline{1} \to V \otimes V^* \to \underline{1}.$$

It is not always an integer.

All the results of Sects. 2 *and* 3 *are true for C provided the conditions on* $\dim V$ *or* $\dim W$ *are interpreted as taking place in k.* For instance, if $V \otimes W$ is semisimple and $\dim W \neq 0$ (in k), then V is semisimple. The proofs require some minor changes: e.g., in Lemma 3.1, one needs to define directly the morphisms

$$f_V: V \otimes V \otimes V^* \to V \quad \text{and} \quad j_V: V \to V \otimes V \otimes V^*.$$

Moreover, the basic equality $f_V \circ j_V = 1_V$ is one of the axioms of a tensor category, (cf. [3], (2.1.2)).

As for the results of Sect. 4 on $\wedge^2 V$ and $\mathrm{Sym}^2 V$, they remain true at least when $p \neq 2$, but some of the proofs (e.g., that of Proposition 4.2) have to be written differently. I am not sure of what happens with Sect. 5: I have not managed to rewrite the proofs in tensor category style. Still, I feel that Theorem 5.2.5 (on $\wedge^m V$) and Theorem 5.3.1 (on $\mathrm{Sym}^m V$) should remain true whenever $m! \neq 0$ in k (i.e., $p = 0$ or $p > m$).

Remark. An interesting feature of the tensor category point of view is the following principle, which was pointed out to me by Deligne:

Any result on $\wedge^m$ *implies a result for* Sym^m, *and conversely* (here again we assume $m! \neq 0$ in k). This is done by associating to each tensor category C the category $C' = \mathrm{super}(C)$, whose objects are the pairs $V' = (V_0, V_1)$ of objects of C; such a V' is viewed as a graded object $V' = V_0 \oplus V_1$, with grading group $\mathbf{Z}/2\mathbf{Z}$. The tensor structure of C' is defined in an obvious way, except that the commutativity isomorphism is modified according to the Koszul sign rule: the chosen isomorphism between $(0, V_1) \otimes (0, W_1)$ and $(0, W_1) \otimes (0, V_1)$ is the *opposite* of the obvious one. With this convention, one finds that

$$\dim V' = \dim V_0 - \dim V_1.$$

In particular, if $V \in \mathrm{ob}(C)$, one has $\dim(0, V) = -\dim V$. Moreover, one checks that

$$\wedge^m(0, V) = \begin{cases} (\mathrm{Sym}^m V, 0) & \text{if } m \text{ is even,} \\ (0, \mathrm{Sym}^m V) & \text{if } m \text{ is odd.} \end{cases}$$

Hence any general theorem on the functor $\wedge^m$, when applied to C', gives a corresponding theorem for the functor Sym^m, with a sign change in dimensions (compare for instance Theorem 4.5 and Theorem 4.7).

7. EXAMPLES

The aim of this section is to construct examples showing that the congruence conditions on $\dim W$ and $\dim V$ in Theorems 2.4, 4.5, and 5.2.5 are *best possible.*

We assume that p is > 0 and that k is algebraically closed

7.1. The Group G

Let C be a cyclic group of order p, with generator s. Choose a finite abelian group A on which C acts. Assume

(7.1.1) *the order* $|A|$ *of* A *is prime to* p, *and* > 1.

(7.1.2) *the action of* C *on* $A - \{1\}$ *is free.*

Let G be the semidirect product $A \cdot C$ of C by A. It is a Frobenius group, with Frobenius kernel A.

Let $X = \mathrm{Hom}(A, k^{\times})$ be the character group of A; we write X additively and, if $a \in A$ and $x \in X$, the image of a by x is denoted by a^x. The group C acts on X by duality, and condition (7.1.2) is equivalent to:

(7.1.3) *The action of* C *on* $X - \{0\}$ *is free* (i.e., $sx = x \Rightarrow x = 0$).

If $x \in X$, denote by $\underline{1}^x \in C_A$ the k-vector space k on which A acts *via* the character x. The induced module $W(x) = \mathrm{Ind}_A^G \underline{1}^x$ is an object of C_G, of dimension p. One checks easily:

(7.1.4) *If* $x \neq 0$, $W(x)$ *is simple and projective* (in C_G).

Moreover

(7.1.5) *Every* $V \in \mathrm{ob}(C_G)$ *splits uniquely as* $V = E \oplus P$, *where* E *is the subspace of* V *fixed under* A, *and* P *is a direct sum of modules* $W(x)$, *with* $x \in X - \{0\}$.

If we decompose V in $V = \oplus V_x$, where V_x is the A-eigenspace relative to x (i.e., the set of $v \in V$ such that $a \cdot v = a^x v$ for every $a \in A$), one has $E = V_0$ and $P = \oplus_{y \neq 0} V_y$.

From (7.1.5) follow:

(7.1.6) *V is semisimple if and only if the action of C on E is trivial* (i.e., if and only if $E \cong \underline{1} \oplus \cdots \oplus \underline{1}$).

(7.1.7) *V is projective if and only if E is C-projective* (i.e., if and only if E is a multiple of the regular representation of C).

Note that both (7.1.6) and (7.1.7) apply when $E = 0$, i.e., when no element of V, except 0, is fixed by A.

(7.1.8) *Let x be an element of $X - \{0\}$. If $V = V_0$* (i.e., if A acts trivially on V), *then $V \otimes W(x)$ is isomorphic to the direct sum of m copies of $W(x)$, where $m = \dim V$.*

Indeed, V is a successive extension of m copies of $\underline{1}$, hence $V \otimes W(x)$ is a successive extension of m copies of $W(x)$; these extensions split since $W(x)$ is projective (7.1.4); hence the result.

7.2. *Examples Relative to Theorem* 2.4

We reproduce here an example due to W. Feit, showing that the congruence condition "$\dim W \not\equiv 0 \pmod p$" of Theorem 2.4 is the best possible.

PROPOSITION 7.2.1. *Let G be a finite group of the type in Sect.* 7.1, *and let n, m be two positive integers, with $m > 1$ and n divisible by p. There exist $V, W \in \mathrm{ob}(C_G)$ such that*:

(i) $\dim V = m$ *and* $\dim W = n$;

(ii) *V is not semisimple*;

(iii) *$V \otimes W$ is semisimple.*

Proof. Choose:

$V =$ a non-semisimple C-module of dimension m (such a module exists since $m > 1$);

$W = W(x_1) \oplus \cdots \oplus W(x_{n/p})$, with $x_i \in X - \{0\}$.

The projection $G \to C$ makes V into a G-module with trivial A-action. It is clear that (i) and (ii) are true. By (7.1.8), $V \otimes W$ is isomorphic to the direct sum of m copies of W, hence it is semisimple.

7.3. *Examples relative to Theorems* 4.5 *and* 5.2.5

The following proposition shows that the congruence conditions of Theorem 5.2.5 are the best possible:

PROPOSITION 7.3.1. *Let i and n be two integers with $2 \leq i \leq p$, $n > 0$ and $n \equiv i \pmod p$. There exists a finite group G of the type described in Sect.* 7.1 *and an object V of C_G such that*:

(a) $\dim V = n$;

(b) *V is not semisimple*;

(c) *$\wedge^m V$ is semisimple for every m such that $i \leq m \leq p$.*

The case $i = 2$ gives the following result, which shows that the condition $\dim V \not\equiv 2 \pmod p$ of Theorem 4.5 is the best possible:

COROLLARY 7.3.2. *If $n > 0$ and $n \equiv 2 \pmod p$, there exist a finite group G and a non-semisimple G-module V such that $\dim V = n$ and $\wedge^2 V$ is semisimple.*

(Even better: $\wedge^m V$ is semisimple for $2 \leq m \leq p$.)

Proof of Proposition 7.3.1. We need to choose a suitable $G = A \cdot C$ of the type described in Sect. 7.1. To do so, write n as $n = i + hp$, with $h \geq 0$.

LEMMA 7.3.3. *There exist a finite abelian group X, on which C acts, and h elements $x_1, \ldots, x_h$ of X, with the following properties*:

(7.3.4) *The action of C on $X - \{0\}$ is free.*

(7.3.5) *For every family $(I_1, \ldots, I_h)$ of nonempty subsets of* $[0, p-1]$ *the relation*

$$\sum_{\alpha=1}^{h} \sum_{j \in I_\alpha} s^j x_\alpha = 0 \qquad (*)$$

implies $I_\alpha = [0, p-1]$ *for* $\alpha = 1, \ldots, h$.

Proof. Assume first that $h = 1$. In that case, (7.3.5) just means that, if I is a subset of $[0, p-1]$, with $0 < |I| < p$, one has $\sum_{j \in I} s^j x_1 \neq 0$. This is easy to achieve: choose some integer $e > 1$, prime to p, and define X_1 to be the augmentation module of the group ring $\mathbf{Z}/e\mathbf{Z}[C]$, i.e., the kernel of $\mathbf{Z}/e\mathbf{Z}[C] \to \mathbf{Z}/e\mathbf{Z}$; put $x_1 = 1 - s$. It is easy to check that (X_1, x_1) has the required property.

If $h > 1$, one takes for X the direct sum of h copies of the C-module X_1 defined above, and one defines $x_1, \ldots, x_h$ to be

$$(x_1, 0, \ldots, 0), \ldots, (0, \ldots, 0, x_1).$$

Proof of Proposition 7.3.1 (*continued*). Let $(X, x_1, \ldots, x_h)$ be as in Lemma 7.3.3. Property (7.3.4) implies

$$|X| \equiv 1 \pmod{p},$$

hence $|X|$ is prime to p. Let $A = \mathrm{Hom}(X, k^\times)$ be the dual of X; then X is the dual of A. The semidirect product $G = A \cdot C$ is a group of the type described in Sect. 7.1. Define $V \in \mathrm{ob}(C_G)$ by

$$V = E \oplus W(x_1) \oplus \cdots \oplus W(x_h), \qquad (7.3.6)$$

where E is a non-semisimple C-module of dimension i (viewed as a G-module with trivial action of A), and $W(x_\alpha) = \mathrm{Ind}_C^G \underline{1}^{x_\alpha}$ (cf. Sect. 7.1). We have $\dim V = i + hp = n$, and it is clear that V is not semisimple. It remains to check that $\wedge^m V$ is semisimple if $i \leq m \leq p$. By (7.3.6), $\wedge^m V$ is a direct sum of modules of type:

$$\wedge^a E \otimes \wedge^{b_1} W(x_1) \otimes \cdots \otimes \wedge^{b_h} W(x_h), \qquad (7.3.7)$$

with $a + b_1 + \cdots + b_h = m$. Let us show that every such module is semisimple. If all b_α are 0, we have $a = m \geq i$, and $\wedge^a E$ is 0 if $m > i$ and $\wedge^a E = \underline{1}$ if $m = i$. Hence (7.3.7) is either 0 or $\underline{1}$ and is semisimple. We may thus assume that one of the b_α is > 0. By using induction on h, we may even assume that all the b_α are > 0. Since

$$b_1 + \cdots + b_h = m - a \leq p,$$

the b_α are $\leq p$. Suppose one of them, say b_1, is equal to p. We have then

$$b_2 = \cdots = b_h = 0, \qquad m = p, \qquad a = 0,$$

and the G-module (7.3.7) is equal to $\wedge^p W(x_1) = \underline{1}$, hence is semisimple. We may thus assume that $0 < b_\alpha < p$ for every α. Observe now that, if $x \in X - \{0\}$, the characters of A occurring in the A-module $W(x)$ are $x, sx, \ldots, s^{p-1}x$, and their multiplicity is equal to 1. Hence the characters occurring in $\wedge^b W(x)$ are of the form $\Sigma_{j \in I} s^j x$, for a subset I of $[0, p-1]$ with $|I| = b$. By applying this remark to the $W(x_\alpha)$, one sees that the characters of A occurring in (7.3.7) are of the form

$$\sum_{\alpha=1}^{h} \sum_{j \in I_\alpha} s^j x,$$

with $|I_\alpha| = b_\alpha$. Since $0 < b_\alpha < p$ for every α, it follows from (7.3.5) that such a character is $\neq 0$. Hence no element of (7.3.7), except 0, is fixed under A. By (7.1.6), this implies that (7.3.7) is semisimple. This concludes the proof.

APPENDIX

by Walter Feit

A.1

Let G be a finite group, let p be a prime and let k be a field of characteristic $p > 0$. If V is a $k[G]$-module of dimension n such that $\wedge^2 V$ is semisimple, then V is semisimple unless $n \equiv 2 \pmod p$ by Theorem 4.5. Similarly, Theorem 4.6 asserts that if $\mathrm{Sym}^2(V)$ is semisimple then so is V unless $n \equiv -2 \pmod p$.

Corollary 7.3.2 implies that, for odd p, Theorem 4.5 is the best possible result. In Theorem A2 below, it is shown that for $p = 2$, for infinitely many but not all even n, there exists a non-semisimple module V of dimension n with $\wedge^2 V$ semisimple.

Furthermore, Theorem A1(ii) shows that if p is a prime such that $p|(2^m + 1)$ for some natural number m, then there exist infinitely many integers n and non-semisimple modules V of dimension n with $\mathrm{Sym}^2 V$ semisimple.

If p is odd there always exist infinitely many natural numbers m such that $p|(2^m - 1)$. The situation is more complicated in case (ii) of Theorem A1. By quadratic reciprocity $p|(2^m + 1)$ for some m if $p \equiv 3$ or $5 \pmod 8$, and $p \nmid (2^m + 1)$ for any m if $p \equiv 7 \pmod 8$. In case $p \equiv 1 \pmod 8$, such an m may or may not exist, the smallest value in this case where no such m exists is $p = 73$. It is not known whether a non-semisimple V exists with $\mathrm{Sym}^2 V$ semisimple in case p is a prime such as $7, 23, \ldots$ which does not divide $2^m + 1$ for any natural number m.

If $p = 2^m + 1$ is a Fermat prime, Corollary 4.10 implies that the module V constructed in Theorem A1(ii) has the smallest possible dimension $2^{m+1} = 2p - 2$. For no other primes is it known to us whether there exists a non-semisimple module V with $\mathrm{Sym}^2 V$ semisimple of the smallest possible dimension $2p - 2$.

The method of proof of Theorem A1 also yields some additional examples for all odd primes, of non-semisimple modules V with $\wedge^2 V$ semisimple.

Basic results from modular representation theory are used freely below. See, e.g., [4]. The following notation is used, where p is a prime and G is a finite group:

F is a finite extension of $\mathbb{Q}_p$, the p-adic numbers;

R is the ring of integers in F;

π is a prime element in R.

From now on it will be assumed that $k = R/\pi R$ is the residue class field. Moreover both F and k are splitting fields of G in all cases that arise.

PROPOSITION A.1.1. *Let $\alpha = \alpha_1 + \alpha_2$ be a Brauer character of G, where α_1 is the sum of irreducible Brauer characters which are afforded by projective modules, and α_2 is the sum of irreducible Brauer characters φ_i, no two of which are in the same p-block. Then any $k[G]$-module W which affords α is semisimple.*

Proof. Since a projective submodule of any module is a direct summand, $W = W_1 \oplus W_2$, where W_i affords α_i. Furthermore, W_1 is the direct sum of irreducible projective modules, and so is semisimple. W_2 is semisimple as all the constituents of an indecomposable module lie in the same block.

An immediate consequence of Proposition A.1.1 is

COROLLARY A.1.1. *Let $\theta = \Sigma\chi_i + \Sigma\zeta_j$ be a character of G, where each χ_i and ζ_j is irreducible. Let U be an R-free R[G]-module which affords θ. Suppose that the following hold:*

(i) *χ_i has defect 0 for each i.*

(ii) *ζ_j is irreducible as a Brauer character for each j.*

(iii) *If $j \neq j'$ then $\zeta_{j'}$ and ζ_j are in distinct blocks.*

Then $\overline{U} = U/\pi U$ is semisimple.

Corollary A.1.1 yields a criterion to determine when a module is semisimple, which depends only on the computation of ordinary characters. To construct a non-semisimple $k[G]$-module the following result is helpful.

PROPOSITION A.1.2 (Thompson, see [4, I.17.12]). *Let U be a projective indecomposable R[G]-module. Let V be an F[G]-module which is a summand of $F \otimes U$. Then there exists an R-free R[G]-module W with $F \otimes W \approx V$ and $\overline{W} = W/\pi W$ indecomposable.*

COROLLARY A.1.2. *Let $\theta = \eta + \psi$ be the character afforded by a projective indecomposable R[G]-module, where η and ψ are characters. Then there exists an indecomposable $\overline{R}[G]$-module which affords η as a Brauer character.*

A.2

See [5, pp. 355–357] for the results below.

Let D denote a dihedral group of order 8 and let Q be a quaternion group of order 8.

Let m be a natural number. Up to isomorphism there are two extra-special groups of order 2^{2m+1}, $T(m, \varepsilon)$ for $\varepsilon = \pm 1$. The first, $T(m, 1)$, is the central product of m copies of D, while $T(m, -1)$ is the central product of Q with $m - 1$ copies of D. Let $T = T(m, \varepsilon)$, let Z be the center of T and let $\overline{T} = T/Z$. The map $q = q(m, \varepsilon)$: $T \to Z$ with $q(y) = y^2$ defines a nondegenerate quadratic form on $\overline{T}$, where Z is identified with the field of two elements. $\overline{T}(m, 1)$ has a maximal isotropic subspace of dimension m, while $\overline{T}(m, -1)$ has a maximal isotropic subspace of dimension $m - 1$. Furthermore the orthogonal group $O_{2m}(q, \varepsilon)$ acts as a group of automorphisms of $T(m, \varepsilon)$.

$O_{2m}(q, \varepsilon)$ has a cyclic subgroup of order $2^m - \varepsilon$ which acts regularly on $\overline{T}(m, \varepsilon)$. Thus if p is a prime with $p | (2^m - \varepsilon)$, then T has an automorphism σ of order p whose fixed point set is Z.

Let $P = \langle \sigma \rangle$ and let G be the semidirect product PT. Then $\overline{G} = P\overline{T}$ is a Frobenius group with Frobenius kernel $\overline{T}$.

Every irreducible character of $\overline{G}$ which does not have $\overline{T}$ in its kernel is induced from a nonprincipal linear character of $\overline{T}$ and so has degree p.

T has one faithful irreducible character χ. Thus χ extends to an irreducible character of G in p distinct ways. The values of χ are easily computed. Hence all characters of G can be described as follows:

PROPOSITION A.2.1. (i) *G has p linear characters $1 = \lambda_1, \ldots, \lambda_p$, whose kernels contain T.*

(ii) *The irreducible characters of $\overline{G}$ which do not have $\overline{T}$ in their kernel all have degree p, and so are of p-defect* 0.

(iii) *There is a faithful irreducible character $\tilde{\chi}$ of G such that $\tilde{\chi}\lambda_1, \ldots, \tilde{\chi}\lambda_p$ are all the faithful irreducible characters of G. Furthermore, $\tilde{\chi}(1) = 2^m$ and $\tilde{\chi}$ vanishes on all elements of $T - Z$.*

(iv) *There are two p-blocks of G of positive defect. The sets of irreducible characters in them are $\{\lambda_i | 1 \leq i \leq p\}$ and $\{\tilde{\chi}\lambda_i | 1 \leq i \leq p\}$, respectively.*

(v) *Every irreducible character of G is irreducible as a Brauer character.*

The notation of this subsection, especially of Proposition A.2.1, will be used freely below.

A.3

THEOREM A1. *Assume that $p \neq 2$.*

(i) *Let m be a natural number such that $p | (2^m - 1)$. Then there exists a finite group G and a non-semisimple $k[G]$-module V of dimension $2^{m+1} \equiv 2 \pmod{p}$ such that $\wedge^2 V$ is semisimple.*

(ii) *If $p | (2^m + 1)$ for a natural number m, then there exists a finite group G and a non-semisimple $k[G]$-module V of dimension $2^{m+1} \equiv -2 \pmod{p}$ such that* $\mathrm{Sym}^2 V$ *is semisimple.*

Proof. Let G be as in the previous subsection. As a Brauer character, $\tilde{\chi}\lambda_i$ is $\mathbb{Q}$-valued for all i. As the induced character $\chi^G = \Sigma \tilde{\chi}\lambda_i$, it is the character afforded by a projective indecomposable $k[G]$-module. Hence by Corollary A.1.2 there exists an indecomposable $k[G]$-module V which affords the Brauer character $\theta = 2\tilde{\chi}$, since $\tilde{\chi} + \tilde{\chi}\lambda_i$ agrees with $2\tilde{\chi}$ as a Brauer character. Since χ is irreducible, θ^2 restricted to T contains the principal character of T with multiplicity 4. Thus θ^2 is the sum of four linear Brauer characters and irreducible Brauer characters of p-defect 0.

V is a $k[G]$-module, and hence also a $k[T]$-module. As T is a p'-group, Brauer characters of T are ordinary characters. Let skew be the character of T afforded by $\wedge^2 V$ and let sym denote the character of T afforded by $\mathrm{Sym}^2 V$. Then for y in T

$$\mathrm{skew}(y) = \left(\theta(y)^2 - \theta(y^2)\right)/2,$$
$$\mathrm{sym}(y) = \left(\theta(y)^2 + \theta(y^2)\right)/2.$$

Let $\nu = \pm 1$ denote the Frobenius–Schur index of χ.
Then $\Sigma_{y \in T} \chi(y^2) = \nu|T|$. Hence $\Sigma_{y \in T} \theta(y^2) = 2\nu|T|$. Therefore

$$\frac{1}{|T|} \sum_{y \in T} \mathrm{skew}(y) = 2 - \nu,$$

$$\frac{1}{|T|} \sum_{y \in T} \mathrm{sym}(y) = 2 + \nu.$$

In particular, both skew and sym contain the principal character as a constituent.

Therefore the Brauer characters *sy*, *sk* of G afforded by $\mathrm{Sym}^2 V$ and by $\wedge^2 V$, respectively, both contain at least one linear constituent. Hence each contains at most three linear constituents as $V \otimes V$ has exactly four linear constituents.

(i) $\mathrm{sk}(1) = (2^{m+1}(2^{m+1} - 1))/2$, hence $\mathrm{sk}(1) \equiv 1 \pmod p$.
As $p \geq 3$ this implies that $\mathrm{sk} = 1 + \beta$, where β is the sum of irreducible projective Brauer characters. Thus $\wedge^2 V$ is semisimple.

(ii) $\mathrm{sy}(1) = (2^{m+1}(2^{m+1} + 1))/2$, hence $\mathrm{sy}(1) \equiv 1 \pmod p$.
As $p \geq 3$ this implies that $\mathrm{sy} = 1 + \beta$, where β is the sum of irreducible projective Brauer characters. Thus $\mathrm{Sym}^2 V$ is semisimple.

Remark. The argument in the proof of Theorem A1 involving the Frobenius–Schur index is only needed for $p = 3$. If $p > 3$, then the last two statements in the proof are clear.

Serre has pointed out that V can be defined directly as $E \otimes X$, where E is an indecomposable two-dimensional module of $P = G/T$ and X is the irreducible G-module afforded by $\tilde{\chi}$ as a Brauer character.

A.4

THEOREM A2. *Suppose that* $p = 2$. *Let* $q \equiv 3 \pmod 8$ *be a prime power and let* $G = \mathrm{SL}(2, q)$. *Then there exists a non-semisimple* $k[G]$-*module* V *of dimension* $(q + 1)/2$ *such that* $\wedge^2 V$ *is semisimple.*

Proof. The irreducible characters in the principal 2-block of $\mathrm{PSL}(2, q)$ are 1, St, ψ_1, and ψ_2, where $\psi_i(1) = (q - 1)/2$ for $i = 1, 2$. The restriction of ψ_i to a Borel subgroup is irreducible and so ψ_i is irreducible as a Brauer character. The remaining 2-blocks of PSL(2, q) are either of defect 0 or 1.

There are $(q-3)/8$ 2-blocks B_i of PSL(2, q) of defect 1. The Brauer tree of each B_i has two vertices and one edge, and so every irreducible character in B_i is irreducible as a Brauer character.

Let χ_{i1} and χ_{i2} be the irreducible characters in B_i. The notation can be chosen so that $\chi_{i1}(u) = 2$ and $\chi_{i2}(u) = -2$ for an involution u.

SL(2, q) has a faithful irreducible character η of degree $(q+1)/2$ whose values lie in $\mathbb{Q}(\sqrt{-q})$ with $\eta = 1 + \psi_1$ as a Brauer character. By Corollary A.1.2 there exists an R-free $R[G]$-module W which affords η such that $V = W/\pi W$ is indecomposable. The center of G acts trivially on $\wedge^2 W$ and so $\wedge^2 W$ is an R[PSL(2, q)]-module. Direct computation shows that $\wedge^2 W$ affords $\psi_1 + \Sigma\chi_{i1}$. By Corollary A.1.1, $\wedge^2 V$ is semisimple.

REFERENCES

1. N. Bourbaki, Modules et anneaux semi-simples, *in* "Algèbre," Chap. VIII, Hermann, Paris, 1958.
2. C. Chevalley, "Théorie des Groupes de Lie," Vol. III, Hermann, Paris, 1954.
3. P. Deligne, Catégories tannakiennes, *in* "The Grothendieck Festschrift," Vol. II, pp. 111–195, Birkhäuser, Boston, 1990.
4. W Feit, "The Representation Theory of Finite Groups," North-Holland, Amsterdam, 1982.
5. B. Huppert, "Endliche Gruppen" I, Springer-Verlag, Berlin/New York, 1967.
6. J.-P. Serre, Sur la semi-simplicité des produits tensoriels de représentations de groupes, *Invent. Math.* **116** (1994), 513–530.

172.

Deux lettres sur la cohomologie non abélienne

Geometric Galois Actions
(L. Schneps and P. Lochak edit.), Cambridge Univ. Press (1997), 175–182

Chère Leila

1 Voici comment je vois ces questions de H^0 et de H^1.

Tout d'abord, une notation: soit $\mathcal{C}$ une catégorie de groupes finis satisfaisant à l'axiome suivant: si $G \in \mathcal{C}$, tout groupe isomorphe à un sous-groupe de G, à un quotient de G, ou à un produit $G \times \cdots \times G$, appartient à $\mathcal{C}$. Si $F = F(x, y)$ est le groupe libre de base $\{x, y\}$, je noterai $F_\mathcal{C}$ la limite projective des quotients de F qui appartiennent à $\mathcal{C}$ (c'est le complété de F pour la "$\mathcal{C}$-topologie", en un sens évident).

Si l'on prend pour $\mathcal{C}$ la catégorie de tous les groupes finis, on trouve pour $F_\mathcal{C}$ le groupe profini libre qui t'intéresse; mais j'ai envie de pouvoir prendre d'autres catégories, par exemple:

les groupes finis dont l'ordre ne fait intervenir qu'un ensemble donné de nombres premiers (par exemple 2 et 3, pour la suite); en particulier les p-groupes.

J'aurai besoin plus loin que $\mathcal{C}$ possède la propriété suivante, relative à un nombre premier p:

(E_p) - Si $1 \to N \to G \to H \to 1$ est une suite exacte de groupes finis telle que $H \in \mathcal{C}$ et que N soit un p-groupe (ou $N \in \mathcal{C}$ et H un p-groupe), alors on a $G \in \mathcal{C}$. (Bref, $\mathcal{C}$ est stable par extensions par les p-groupes.)

1. Action d'un élément s d'ordre 2.

Soit $S = \langle s \rangle$ un groupe d'ordre 2. On le fait agir sur F (et aussi sur $F_\mathcal{C}$) par $x, y \mapsto y, x$. On peut donc parler de $H^i(S, F_\mathcal{C})$ pour $i = 0, 1$.

Théorème 1 – *On suppose que $\mathcal{C}$ satisfait à l'axiome E_2 ci-dessus. On a alors $H^0(S, F_\mathcal{C}) = 0$ et $H^1(S, F_\mathcal{C}) = 0$.*

(Cela s'applique dans le cas où $\mathcal{C}$ est la catégorie de tous les groupes, et aussi dans le cas où $\mathcal{C}$ est la catégorie des 2-groupes. Cela ne s'applique pas au cas où $\mathcal{C}$ est la catégorie des p-groupes, $p \neq 2$, auquel cas on a d'ailleurs $H^0(S, F_\mathcal{C}) \neq 0$, comme on le voit facilement.)

Editor's note: These letters are dated April 30,1995 and May 22.1995 respectively.

Démonstration de $H^0(S, F_C) = 0$.

Formons le produit semi-direct $S \ltimes F_C$; il contient s, x, y, et l'on a $s^2 = 1$, $sxs^{-1} = y$. Il s'agit de montrer que le centralisateur $Z(s)$ de s dans ce groupe est réduit à $\langle 1, s\rangle$. Or. si $G \in \mathcal{C}$ est quotient de ce groupe, G est muni d'un couple s_G, x_G avec $s_G^2 = 1$. Si de plus. z est un élément de $Z(s)$ distinct de 1 et de s. alors z donne un élément z_G de G appartenant au centralisateur de s_G dans G: de plus on peut choisir G tel que z_G soit distinct de 1 et de s_G (et aussi que $s_G \neq 1$): cela se voit en prouvant que $S \ltimes F_C$ est limite projective de groupes finis appartenant à $\mathcal{C}$, ce qui est facile.

On va tirer de là une contradiction. grâce au lemme suivant, que je démontrerai plus bas:

Lemme 0 – *Soient p un nombre premier. G un groupe fini et u un élément de G d'ordre p. Il existe une extension scindée de G:*

$$1 \to P \to G' \to G \to 1,$$

et un élément u' de G', d'ordre p, relevant u, tels que:

(a) *P est un p-groupe abélien élémentaire;*

(b) *l'image dans G du centralisateur $Z_{G'}(u')$ est contenue dans $\langle u\rangle$.*

Appliquons ce lemme au groupe G ci-dessus, et à l'élément $u = s_G$ (avec $p = 2$, bien sûr). On trouve un groupe G', et un élément u' de G' d'ordre 2 relevant u. Choisissons un relèvement x' de x_G, et posons $y' = u'x'u'^{-1}$. D'après (E_2), on a $G' \in \mathcal{C}$. Il existe donc un unique morphisme $F_C \to G'$ qui applique x, y sur x', y', et ce morphisme se prolonge à $S \ltimes F_C$ en demandant que s aille sur u'. L'élément z de $Z(s)$ a une image z' dans G' qui appartient au centralisateur de u' dans G'. Mais. d'après la propriété (b) du lemme, l'image de z' dans G appartient au groupe $\langle s_G\rangle$; or cette image est égale à z_G. Contradiction.

Il me reste á démontrer le lemme. Ce n'est pas bien difficile. Appelons $\underline{1}$ le $\langle u\rangle$-module $\mathbf{Z}/p\mathbf{Z}$ (avec action triviale – aucune autre n'est possible...), et définissons P comme le G-module *induit* correspondant. On peut voir P, de façon plus concrète, comme le G-module des fonctions $f : G \to \mathbf{Z}/p\mathbf{Z}$ qui sont telles que $f(ux) = f(x)$ pour tout $x \in G$, le groupe G agissant par $(g.f)(x) = f(xg)$. Notons e l'élément de P qui vaut 1 sur $\langle u\rangle$ et 0 ailleurs. On a $g.e = e$ si et seulement si g appartient à $\langle u\rangle$. En particulier u fixe e. On va prendre pour G' le *produit semi-direct* $G' = P \rtimes G$. L'élément e s'identifie alors à un élément d'ordre p de P. qui est centralisé par les éléments de $\langle u\rangle$, mais n'est pas centralisé par les autres éléments de G. On choisit pour u' le produit $e.u$, et l'on vérifie tout de suite qu'il a les propriétés voulues.

Démonstration de $H^1(S, F_C) = 0$.

J'utilise encore le produit semi-direct $S \ltimes F_C$; c'est une extension (scindée)

$$1 \to F_C \to S \ltimes F_C \to S \to 1,$$

et l'on sait que l'on peut identifier les éléments de $H^1(S, F_C)$ aux classes de conjugaison (par F_C) des différents scindages $S \to S \ltimes F_C$. On veut montrer qu'il n'y a, à conjugaison près, que le scindage évident $S \to S \ltimes F_C$. En termes plus concrets, il nous faut donc prouver que, si $s' \in S \ltimes F_C$ est d'ordre 2, et a pour image s dans S (i.e. $s' = s.x$ avec $x \in F_C$), alors s' est conjugué de s par un élément de F_C. Supposons que ce ne soit pas le cas. Il y aurait alors un quotient fini G de F_C appartenant à C, tel que les images s'_G et s_G de s' et s ne soient pas conjuguées dans G. On va utiliser le lemme suivant, que je démontrerai plus bas:

Lemme 1 – *Soient G un groupe fini, et $u, u_1, \ldots, u_k$ des éléments de G d'ordre p. On suppose que u n'est conjugué d'aucun élément de l'un des $\langle u_i \rangle$. Il existe alors une extension*

$$1 \to P \to G' \to G \to 1$$

ayant les propriétés suivantes:

(a) *P est un p-groupe abélien élémentaire;*

(b) *les u_i sont relevables en des éléments d'ordre p de G', mais u ne l'est pas.*

(Bien sûr, p est un nombre premier fixé.)

On applique le lemme à G, avec $p = 2$, $k = 1$, $u = s'_G$ et $u_1 = s_G$. On choisit un relèvement $x_{G'}$ de x_G dans G', ainsi qu'un relèvement $s_{G'}$ d'ordre 2 de s_G; on définit $y_{G'}$ comme le conjugué de $x_{G'}$ par $s_{G'}$. Comme précédemment, ces éléments définissent un morphisme $S \ltimes F_C \to G'$. L'image de s' par ce morphisme est un élément d'ordre 2 de G' qui relève s'_G; cela contredit (b).

Il me reste à démontrer le lemme. On choisit le même groupe P que pour le lemme 0, à savoir le G-module induit du $\langle u \rangle$-module $\underline{1}$. D'après le "lemme de Shapiro", $H^2(G, P)$ s'identifie à $H^2(\langle u \rangle, \underline{1})$, qui est d'ordre p. On choisit alors pour G' une extension de G par P qui est ***non scindée***. On vérifie (par des arguments du genre "induction-restriction" à la Mackey) que la restriction de cette extension à $\langle u \rangle$ (resp. à l'un des $\langle u_i \rangle$) est non triviale (resp. est triviale). C'est ce que l'on veut.

Remarque. Des arguments analogues s'appliquent dans la catégorie des groupes discrets (éventuellement infinis). On en déduit que $H^0(S, F) = 0$

et $H^1(S,F)=0$. Ce n'est pas très intéressant, car le premier énoncé se démontre tout de suite en utilisant la structure des mots d'un groupe libre $F(x,y)$, et le second se prouve en appliquant un résultat général sur les sous-groupes finis des amalgames (cf. par exemple *Arbres, amalgames et* SL_2, p. 13 et p. 53).

2. Action d'un element t d'ordre 3.

Soit $T=\langle t\rangle$ un groupe d'ordre 3. On le fait agir sur F, et sur F_C, par $x,y,z\mapsto y,z,x$, où z est défini par la formule $xyz=1$. D'où encore des $H^i(T,F_C)$ pour $i=0,1$; on va les déterminer:

Théorème 2 – *On suppose que C satisfait à l'axiome* (E_3) *du début. On a alors*
$H^0(T,F_C)=0$, *et* $H^1(T,F_C)$ *a deux éléments* (qui seront explicités).

(Cela s'applique lorsque C est la catégorie de tous les groupes finis, ou bien celle des 3-groupes.)

Démonstration de $H^0(T,F_C)=0$.

Ici encore, on va se servir du produit semi-direct $T\ltimes F_C$; il contient t,x,y,z avec $t^3=1$, $txt^{-1}=y$, $tyt^{-1}=z$, $tzt^{-1}=x$ et $xyz=1$. Si l'on définit θ par $\theta=xt$, on a

$$\theta^3=xtxtxt=x.txt^{-1}.t^2xt^{-2}.t^3=xyz.t^3=1.$$

De plus, t et θ "reconstituent" x,y,z en définissant x par $x=\theta t^{-1}$, $y=txt^{-1}$ et $z=tyt^{-1}$. Il nous faut montrer que le centralisateur de T dans $T\ltimes F_C$ est réduit à T. Supposons donc que ce centralisateur possède un élément g qui ne soit pas dans T. Il existerait alors un quotient fini G de $T\ltimes F_C$ dans lequel t,θ,g donnent des éléments t_G,θ_G,g_G, avec g_G commutant à t_G, g_G non dans $\langle t_G\rangle$, et t_G et θ_G d'ordre 3. On applique le lemme 0, avec $p=3$ et $u=t_G$. On obtient un groupe G', extension scindée de G par P, et un relèvement u' d'ordre 3 de u dont le centralisateur s'envoie dans $\langle u\rangle$. On relève alors θ en un élément θ' d'ordre 3 de G' (c'est possible vu que l'extension est scindée). Le couple u',θ' définit un morphisme $T\ltimes F_C\to G'$; d'où un élément $g_{G'}$ de G' qui appartient au centralisateur de u' et a pour image g_G dans G, ce qui contredit les hypothèses faites.

Détermination de $H^1(T,F_C)$.

La méthode est la même qu'au n° 1: on interprète les éléments de $H^1(T,F_C)$ comme classes de conjugaison de scindages $T\to T\ltimes F_C$. Or il y a *deux* tels scindages qui sont évidents:

le scindage trivial $t \mapsto t$;

le scindage $t \mapsto \theta = xt$:

(En termes de cocycles, le premier scindage correspond au cocycle $a : T \to F_C$ tel que $a(1) = a(t) = a(t^2) = 1$; le second correspond au cocycle b tel que $b(1) = 1$, $b(t) = x$, $b(t^2) = xy$.)

Ces deux scindages ne sont pas conjugués (cela se voit en rendant F_C abélien, par exemple). Il nous faut montrer qu'il n'y en a pas d'autre, à conjugaison près. S'il y en avait un autre, il existerait un élément g d'ordre 3 de $T \ltimes F_C$ qui ne serait contenu, à conjugaison près, ni dans $\langle t \rangle$, ni dans $\langle \theta \rangle$. On aurait une situation analogue dans un quotient fini G convenable, où cela donnerait des éléments d'ordre 3: g_G, t_G et θ_G. On applique alors le lemme 1 à G, avec $p = 3$, $k = 2$, $u = g_G$, $u_1 = t_G$, $u_2 = \theta_G$. On en déduit une extension $G' \to G$ où t_G et θ_G se relèvent en des éléments d'ordre 3, mais pas g_G. Le couple des relèvements de t_G et θ_G définit alors un morphisme $T \ltimes F_C \to G'$, et l'image par ce morphisme de g est un élément d'ordre 3 de G' relevant g_G: contradiction.

3. Action du groupe S_3.

Soit S_3 le groupe symétrique de trois lettres. Je note s un élément d'ordre 2 de ce groupe, et t un élément d'ordre 3. On fait agir S_3 sur F et F_C par

$$s : x, y, z \mapsto y^{-1}, x^{-1}, z^{-1} \quad \text{et} \quad t : x, y, z \mapsto y, z, x.$$

(Noter que l'action de s est différente de celle du n°1, mais qu'elle lui est isomorphe, comme on le voit en remarquant que s permute les générateurs X, Y de F donnés par $X = x$, $Y = y^{-1}$.)

Théorème 3 – *On suppose que C satisfait à (E_2) et (E_3). On a alors $H^0(S_3, F_C) = 0$ et $H^1(S_3, F)$ a deux éléments.*

L'assertion sur H^0 est triviale à partir du th.1 (ou du th.2: au choix!)

En ce qui concerne le H^1, on peut encore l'interpréter comme l'ensemble des classes de scindages $S_3 \to S_3 \ltimes F_C$. Or, à côté du scindage trivial $s, t \mapsto s, t$, il y a aussi:

$$s, t \mapsto \sigma, \theta \text{ où } \sigma = xys = sz \text{ et } \theta = xt \text{ comme au n°2.}$$

(Pour vérifier que ces formules donnent un scindage, on doit voir que $\sigma^2 = 1$ et $\sigma\theta = \theta^2\sigma$: petit calcul!) Ces scindages ne sont pas conjugués car leurs restrictions à $T = \langle t \rangle$ ne le sont pas. Il faut voir qu'il n'y a qu'eux, à conjugaison près. Or on connait déjà, grâce au th.2, leurs restrictions à T. On est ainsi ramené à traiter deux cas:

a) le scindage $S_3 \to S_3 \ltimes F_C$ a pour restriction à T le scindage trivial $t \mapsto t$. Soit alors s' l'image de s dans ce scindage; s' conjugue t en t^2. Comme s a la même propriété, le produit ss' centralise t; d'autre part, ce produit appartient à F_C. Or on sait (th.2) que le seul élément de F_C qui commute à t est l'élément 1. On a donc $ss' = 1$. i.e. $s' = s$, et le scindage considéré est le scindage trivial.

b) le scindage $S_3 \to S_3 \ltimes F_C$ a pour restriction à T le scindage $t \mapsto \theta$. Soit σ' l'image de s dans ce scindage. Les éléments σ' et σ conjuguent θ en θ^2. Leur produit $\sigma\sigma'$ centralise donc θ. Comme ce produit appartient à F_C, on est ainsi ramené à montrer que *le centralisateur de θ dans F_C est réduit à 1.* Je vais déduire ce résultat de celui déjà démontré pour t (th.2), en prouvant que l'automorphisme de F_C défini par θ est *conjugué* (par un automorphisme de F_C – et même de F) de celui défini par t. Pour cela, on considère les trois éléments X,Y,Z de F définis par

$$X = x^{-1},\ Y = xy^{-1}x^{-1},\ Z = xy.$$

On a $XYZ = 1$, et il est clair qu'il y a un automorphisme $f : F \to F$ qui transforme x, y, z en X, Y, Z. D'autre part, on vérifie que

$$\theta X\theta^{-1} = Y,\ \theta Y\theta^{-1} = Z,\ \theta Z\theta^{-1} = X.$$

D'où le fait que θ est conjugué de t par f. Cqfd.

Remarque finale. Il est clair que le genre d'argument que j'ai employé peut s'appliquer, plus généralement, pour démontrer que, dans certains groupes profinis, les éléments d'ordre fini sont "ceux qui sont évidents" (à conjugaison près), et que leurs centralisateurs sont "tout petits" – exactement comme dans le cas discret, pour les amalgames. Si cela t'intéresse, je peux
2 essayer de fabriquer des énoncés plus précis.

Chère Leila

Je voudrais te raconter une autre façon d'aborder les questions de centralisateurs, point fixes, etc. dont nous avons déjà parlé.

Soit G un groupe, et soient G_i une famille finie de sous-groupes finis de G. On va s'intéresser à la propriété suivante des G_i:

(*) Tout sous-groupe fini A de G est conjugué d'un sous-groupe de l'un des G_i. De plus, si $gG_ig^{-1} \cap G_j \neq 1$, on a $i = j$ et $g \in G_i$. (Note que cela entraîne que le centralisateur de G_i dans G est contenu dans G_i si $G_i \neq 1$ (ce que je supposerai dans la suite); même chose pour le normalisateur.

C'est une condition très forte. Elle est toutefois satisfaite dans quantité de cas intéressants. Par exemple:

- G est produit libre des G_i et d'un groupe sans torsion. Cela se démontre par des méthodes arboricoles.

Ce cas contient comme cas particulier celui que l'on rencontre dans les revêtements ramifiés de la droite projective, où G est engendré par des éléments z_j et x_i avec les relations $\prod z_j \prod x_i = 1$, les x_i étant d'ordre finis imposés e_i; bien sûr on prend pour G_i les $\langle x_i \rangle$.

- Même chose que précédemment, mais avec pour G le groupe universel pour les surfaces de genre g quelconque, avec ramification imposée.

(J'ai oublié de dire que, dans les deux cas, il vaut mieux imposer au revêtement universel d'être hyperbolique. Peu importe.)

Note que la propriété (*) s'applique aussi bien aux groupes discrets qu'aux groupes profinis. J'ai envie de donner un critère pour que (*) soit vrai dans le cadre profini :

Je pars d'un groupe discret G avec des G_i comme ci-dessus. Je fais une première hypothèse sur G:

(H) Il existe un entier N tel que, pour tout entier $q > N$, et tout G-module fini M, l'application de restriction $H^q(G, M) \to \prod H^q(G_i, M)$ soit un isomorphisme.

Editor's note: a complete exposition of the ideas and results described in this letter is given in the appendix by Claus Scheiderer to the article *A cohomological interpretation of the Grothendieck-Teichmüller group* by P. Lochak and L. Schneps, *Inv. Math.*

(On démontre que (H) est vrai dans les cas des groupes fondamentaux ci-dessus, avec $N = 1$ ou 2.)

Je me suis aperçu il y a longtemps que (H) *entraîne* (*), pour les groupes discrets. La démonstration a été publiée par Huebschmann, J. Pure Appl. Algebra **14** (1979), 137-143.

Soit maintenant $\hat{G}$ le complété profini de G (vis-à-vis de la catégorie de tous les groupes finis - on pourrait demander moins). Je vais faire l'hypothèse que G est "bon" au sens de *Cohomologie Galoisienne*, Chap. I, n° 2.6, exerc. 2, i.e. que les groupes de cohomologie de G et de $\hat{G}$ sont "les mêmes". La propriété (H) est alors vrai pour $\hat{G}$. Or je me suis aperçu
3 (récemment, cette fois) que (H) entraîne aussi (*) dans le cas profini. D'où:

Théorème – *Si G est bon, et a la propriété* (H), *alors $\hat{G}$ jouit de la propriété* (*).

La condition "bon" n'est pas gênante pour les groupes qui t'intéressent. En effet, on démontre facilement qu'un groupe libre, un groupe de tresses, un groupe fondamental de surface compacte, sont "bons"; et si un groupe a un sous-groupe d'indice fini qui est bon, il est lui-même bon. Bref tous les groupes que tu rencontres sont bons. Quant à la propriété (H), elle est bien connue pour ce genre de groupe, et résulte de leur action, soit sur un arbre, soit sur le demi-plan de Poincaré (c'est une propriété liée au rang 1, si j'ose dire).

Cas particulier – Le complété profini d'un groupe du type envisagé au début a la propriété (*) (pour les sous-groupes évidents).

Tu n'auras aucun mal à déduire de là les résultats de ma lettre précédente ainsi que pas mal d'autres.

173.

La distribution d'Euler-Poincaré d'un groupe profini

Galois Representations in Arithmetic Algebraic Geometry
(A. J. Scholl and R. L. Taylor edit.), Cambridge Univ. Press (1998), 461–493

à John Tate

Lorsqu'on désire calculer des groupes de cohomologie, il y a intérêt à disposer de résultats généraux simples, du genre "dualité" ou "formule d'Euler-Poincaré". Un exemple typique (dû à Tate, [14], §2) est celui de la cohomologie du groupe profini $G = \mathrm{Gal}(\overline{K}/K)$, où K est une extension finie de $\mathbf{Q}_p$. Un autre exemple (dû à Lazard, [7], p.11) est celui où G est un groupe de Lie p-adique compact sans torsion.

Pour calculer des caractéristiques d'Euler-Poincaré dans d'autres cas (par exemple celui d'un groupe p-adique compact pouvant avoir de la torsion), il est commode de définir une certaine distribution $\mu_{G,p}$ sur le groupe G considéré (p désignant un nombre premier fixé). Cette distribution est la *distribution d'Euler-Poincaré* de G. Tout revient ensuite à déterminer $\mu_{G,p}$, par exemple à montrer que c'est 0 pour certains couples (G,p). C'est là l'objet du présent travail. Les principaux résultats sont résumés au §1 ci-après.

Table des matières

§1. Enoncé des résultats

1.1. Notations

La lettre p désigne un nombre premier, fixé dans tout ce qui suit.

On note G un groupe profini (cf. [12]), et $\mathbf{U}_G$ l'ensemble des sous-groupes ouverts normaux de G. Le groupe G est limite projective des groupes finis G/U, pour $U \in \mathbf{U}_G$.

Un élément s de G est dit *régulier* (ou "p-régulier") si ses images dans les G/U ($U \in \mathbf{U}_G$) sont d'ordre premier à p. Cela revient à dire que l'ordre de s dans G (au sens profini, cf. [12], I.1.3) est premier à p.

L'ensemble des éléments réguliers de G est noté G_{reg}. C'est une partie compacte de G. On a $G_{\text{reg}} = \varprojlim (G/U)_{\text{reg}}$.

1.2. G-modules et caractères de Brauer

On note $C_G(p)$, ou simplement C_G, la catégorie des G-modules discrets qui sont des $\mathbf{F}_p$-espaces vectoriels de dimension finie. C'est la limite inductive des catégories $C_{G/U}(p)$, pour $U \in \mathbf{U}_G$.

Si A est un objet de C_G (ce que nous écrirons "$A \in C_G$"), on note

$$\varphi_A \colon G_{\text{reg}} \to \mathbf{Z}_p$$

le *caractère de Brauer* de A (n°3.3). C'est une fonction localement constante sur G_{reg}.

1.3. Cohomologie

Si $A \in C_G$, les groupes de cohomologie $H^i(G, A)$ sont des $\mathbf{F}_p$-espaces vectoriels, nuls pour $i < 0$. Nous ferons dans tout ce § les deux hypothèses suivantes sur le couple (G, p) :

(1.3.1) *On a* $\dim H^i(G, A) < \infty$ *pour tout* $i \in \mathbf{Z}$ *et tout* $A \in C_G$.
(Par "dim" on entend la dimension sur le corps $\mathbf{F}_p$.)

(1.3.2) *On a* $\mathrm{cd}_p(G) < \infty$, autrement dit il existe un entier d tel que $H^i(G, A) = 0$ pour tout $i > d$ et tout $A \in C_G$, cf. [12], I.3.1.

Ces deux hypothèses permettent de définir la *caractéristique d'Euler-Poincaré* de A :

$$e(G, A) = \sum (-1)^i \dim H^i(G, A).$$

C'est un entier, qui dépend de façon additive de A.

1.4. Distribution d'Euler-Poincaré

Si X est un espace compact totalement discontinu, une distribution μ sur X, à valeurs dans $\mathbf{Q}_p$, est une forme linéaire

$$f \mapsto <f, \mu> = \int f(x)\mu(x)$$

sur l'espace vectoriel des fonctions localement constantes sur X, à valeurs dans $\mathbf{Q}_p$ (n°3.1).

Théorème A (n°3.4)—*Il existe une distribution μ_G et une seule sur l'espace G_{reg}, à valeurs dans $\mathbf{Q}_p$, qui a les deux propriétés suivantes :*

(1.4.1) *Pour tout $A \in C_G$, la caractéristique d'Euler-Poincaré de A est donnée par :*

$$e(G, A) = <\varphi_A, \mu_G> \ .$$

(1.4.2) *μ_G est invariante par les automorphismes intérieurs $s \mapsto gsg^{-1}$ ($g \in G$), ainsi que par $s \mapsto s^p$.*

La distribution μ_G sera appelée la *distribution d'Euler-Poincaré* de G. On la note $\mu_{G,p}$ lorsqu'on veut préciser p. D'après (1.4.1), la caractéristique d'Euler-Poincaré d'un G-module A s'obtient en "intégrant" le produit du caractère de Brauer φ_A de A par la distribution μ_G.

1.5. Exemples

(1.5.1) Dans le cas, dû à Tate, où $G = \mathrm{Gal}(\overline{K}/K)$, K étant une extension finie de $\mathbf{Q}_p$, on a $e(G, A) = -d \cdot \dim A$, avec $d = [K : \mathbf{Q}_p]$, cf. [14]. Comme $\dim A = \varphi_A(1)$, cela signifie que $\mu_G = -d \cdot \delta_1$, où δ_1 est la distribution de Dirac en l'élément 1 de G, cf. n°6.1.

(1.5.2) Si l'ordre du centre de G est divisible par p, on a $\mu_G = 0$ (cf. n°5.2), autrement dit $e(G, A) = 0$ pour tout $A \in C_G$.

1.6. Détermination de μ_G à partir des $H^i_c(U, \mathbf{Q}_p)$

Si $U \in \mathbf{U}_G$, on définit (au moyen de cochaînes continues) les groupes de cohomologie $H^i_c(U, \mathbf{Q}_p)$. Ce sont des $\mathbf{Q}_p$-espaces vectoriels de dimension finie, nuls si $i > \mathrm{cd}_p(G)$. Le groupe fini G/U opère de façon naturelle sur $H^i_c(U, \mathbf{Q}_p)$. Soit $h^i_U : G/U \to \mathbf{Q}_p$ le caractère de la représentation ainsi obtenue. On pose

$$h_U = \sum (-1)^i h^i_U.$$

Le caractère virtuel h_U est nul en dehors de G_{reg}. De plus, la distribution μ_G est égale à la limite des h_U, au sens suivant (n°4.4, th.4.4.3) :

Théorème B—*Soit* $f: G_{\mathrm{reg}} \to \mathbf{Q}_p$ *une fonction constante* (mod U). *On a :*

$$<f, \mu_G> = (G:U)^{-1} \sum f(s) h_U(s),$$

où la somme porte sur les éléments s *de* $(G/U)_{\mathrm{reg}}$.

(Une fonction f sur G_{reg}, ou sur G, est dite "constante (mod U)" si $f(s)$ ne dépend que de l'image de s dans G/U.)

1.7. Le cas analytique

Supposons maintenant que G soit un *groupe de Lie p-adique compact* sans élément d'ordre p. D'après Lazard [7], le groupe G possède les propriétés (1.3.1) et (1.3.2), avec $\mathrm{cd}_p(G) = \dim G$. La distribution μ_G peut alors s'expliciter de la manière suivante :

Soit Lie G l'algèbre de Lie de G. Si $g \in G$, notons $\mathrm{Ad}(g)$ l'automorphisme de Lie G défini par l'automorphisme intérieur $x \mapsto gxg^{-1}$, et posons :

$$F(g) = \det(1 - \mathrm{Ad}(g^{-1})).$$

La fonction F ainsi définie sur G est localement constante, et nulle en dehors de G_{reg}. De plus, elle est égale à h_U pour tout $U \in \mathbf{U}_G$ assez petit (n°7.2). Vu le th.B, on en déduit (cf. n°7.3) :

Théorème C—*La distribution* μ_G *est égale au produit de* F *par la distribution de Haar* dg *de* G (normalisée pour que sa masse soit égale à 1).

En d'autres termes, on a la formule :

$$e(G, A) = \int \varphi_A(g) \det(1 - \mathrm{Ad}(g^{-1}))dg \quad \text{pour tout } A \in C_G.$$

Corollaire—*On a* $\mu_G = 0$ *si et seulement si le centralisateur de tout élément de* G *est de dimension* > 0.

C'est le cas lorsque G est un sous-groupe ouvert de $\underline{G}(\mathbf{Q}_p)$, où $\underline{G}$ est un $\mathbf{Q}_p$-groupe algébrique connexe de dimension > 0, cf. n°7.4.

1.8. Une application

Soit G un sous-groupe ouvert compact de $\mathbf{GL}_n(\mathbf{Z}_p)$, et soit I le G-module discret $(\mathbf{Q}_p/\mathbf{Z}_p)^n$. Supposons $1 < n < p-1$. On démontre (cf. n°8.3) :

Théorème D-(a) *Les groupes de cohomologie* $H^i(G, I)$ *sont des p-groupes finis, nuls pour* $i \geq n^2$.

(b) *Si l'on pose* $h^i(G, I) = \log_p |H^i(G, I)|$, *on a* $\sum (-1)^i h^i(G, I) = 0$.
(Autrement dit, le produit alterné des ordres des $H^i(G, I)$ est égal à 1.)

Lorsque $n = 2$ et $p \geq 5$, ce résultat m'avait été commandé par J. Coates, qui en avait besoin pour des calculs de caractéristiques d'Euler-Poincaré de groupes de Selmer, cf. [4].

§2. Caractères de Brauer : rappels

2.1. Représentants multiplicatifs et trace de Brauer

Soit k un corps parfait de caractéristique p, et soit $W(k)$ l'anneau des vecteurs de Witt de k. On note K le corps des fractions de $W(k)$. Le cas le plus important pour la suite est celui où $k = \mathbf{F}_p$, $W(k) = \mathbf{Z}_p$ et $K = \mathbf{Q}_p$. Si $x \in k$, on note $\overline{x}$ son *représentant multiplicatif* dans K, autrement dit l'élément $(x, 0, 0, \ldots)$ de $W(k)$. Lorsque x est une racine de l'unité, on peut caractériser $\overline{x}$ comme l'unique racine de l'unité de $W(k)$, de même ordre que x, et dont l'image dans k par l'isomorphisme $W(k)/pW(k) = k$ est égale à x.

L'automorphisme de Frobenius $x \mapsto x^p$ de k définit un automorphisme de $W(k)$ (et aussi de K) que nous noterons F. Pour tout $x \in k$, le représentant multiplicatif de x^p est $F(\overline{x}) = (\overline{x})^p$. Un élément w de $W(k)$ est fixé par F si et seulement si l'on a $w \in \mathbf{Z}_p$.

Soit n un entier > 0, et soit $f(T) = T^n + \ldots$ un polynôme unitaire de degré n à coefficients dans k. Ecrivons f sous la forme

$$f(T) = \prod(T - x_i),$$

où $x_1, \ldots, x_n$ appartiennent à une extension galoisienne finie k' de k. Définissons un polynôme $\overline{f}(T)$ par $\overline{f}(T) = \prod(T - \overline{x}_i)$. Les coefficients de $\overline{f}(T)$ sont des éléments de $W(k')$ invariants par $\mathrm{Gal}(k'/k)$; ils appartiennent donc à $W(k)$. On a $\overline{f} \equiv f \pmod p$.

Soit A un espace vectoriel de dimension finie n sur k, et soit u un élément de $\mathrm{End}(V)$. Soit $f(T) = \det(T - u)$ le polynôme caractéristique de u et soit $\overline{f}(T) = T^n - a_1 T^{n-1} + \ldots$ le polynôme correspondant ; on a $\overline{f} \in W(k)[T]$. Le coefficient a_1 sera appelé la *trace de Brauer* de u, et noté $\mathrm{Tr}_{\mathrm{Br}}(u)$; c'est la somme des représentants multiplicatifs des valeurs propres de u (dans une extension convenable de k). On a par construction :

$$\mathrm{Tr}_{\mathrm{Br}}(u) \equiv \mathrm{Tr}(u) \pmod p \qquad \text{et} \qquad \mathrm{Tr}_{\mathrm{Br}}(u^p) = F(\mathrm{Tr}_{\mathrm{Br}}(u)).$$

Remarque. Lorsque $k = \mathbf{F}_p$, on a $\mathrm{Tr}_{\mathrm{Br}}(u) \in \mathbf{Z}_p$. Si l'on représente u par une matrice (u_{ij}) et si $U = (U_{ij})$ est une matrice à coefficients dans $\mathbf{Z}_p$ telle que $U_{ij} \equiv u_{ij} \pmod p$ pour tout i,j, on vérifie facilement la formule :

$$\mathrm{Tr}_{\mathrm{Br}}(u) = \lim \mathrm{Tr}(U^{p^m}) \quad \text{pour } m \to \infty,$$

la limite étant prise pour la topologie naturelle de $\mathbf{Z}_p$. Cela fournit une définition de $\mathrm{Tr}_{\mathrm{Br}}(u)$ "sans sortir de $\mathbf{Z}_p$".

2.2. Caractères de Brauer des groupes finis

Supposons G fini, et écrivons son ordre sous la forme $p^a m$, avec $(p, m) = 1$. Le corps k est dit "assez gros pour G" (cf. [11], Chap.14) s'il contient toutes les racines m-ièmes de l'unité.

Notons $C_{G,k}$ la catégorie des $k[G]$-modules de type fini ; lorsque $k = \mathbf{F}_p$, c'est la catégorie notée C_G au n°1.2. Si A est un objet de $C_{G,k}$, et si $s \in G$, on note s_A l'automorphisme correspondant du k-espace vectoriel A. On pose :

$$\varphi_A(s) = \mathrm{Tr}_{\mathrm{Br}}(s_A).$$

Bien que cette définition ait un sens pour tout $s \in G$, on se borne à $s \in G_{\mathrm{reg}}$, i.e. s d'ordre premier à p (les autres éléments de G ne fournissent pas d'information supplémentaire : si $s \in G_{\mathrm{reg}}$ est la p'-composante d'un élément g de G, on a $\varphi_A(g) = \varphi_A(s)$, comme on le vérifie facilement). La fonction

$$\varphi_A \colon G_{\mathrm{reg}} \to W(k)$$

est appelée le *caractère de Brauer* de A. Les propriétés suivantes sont bien connues (cf. e.g. [5], Chap.IV ou [11], Chap.18) :

(2.2.1) φ_A *est une fonction centrale* (i.e. invariante par automorphismes intérieurs).

(2.2.2) *On a* $\varphi_A(s^p) = F(\varphi_A(s))$ *pour tout* $s \in G_{\mathrm{reg}}$.

(2.2.3) φ_A *ne dépend que des quotients de Jordan-Hölder de* A (i.e. le semi-simplifié de A a même caractère de Brauer que A).

(2.2.4) *Si* A *et* A' *sont semi-simples et ont même caractère de Brauer, ils sont isomorphes.*

(2.2.5) *Les caractères de Brauer des différents* $k[G]$*-modules simples sont linéairement indépendants sur* K. *Si* k *est assez gros, ils forment une base de l'espace vectoriel des fonctions centrales sur* G_{reg}.

2.3. Le cas où $k = \mathbf{F}_p$

Supposons $k = \mathbf{F}_p$, auquel cas le caractère de Brauer φ_A d'un objet A de C_G est à valeurs dans $\mathbf{Z}_p$. D'après (2.2.1), φ_A est une fonction centrale sur G_{reg}, et d'après (2.2.2), on a :

(2.3.1) $\varphi_A(s^p) = \varphi_A(s)$ pour tout $s \in G_{\mathrm{reg}}$.

Choisissons un ensemble de représentants Σ_G des classes d'objets *simples* de C_G.

Proposition 2.3.2—*Les caractères* φ_S, $S \in \Sigma_G$, *forment une* $\mathbf{Q}_p$*-base de l'espace des fonctions centrales sur* G_{reg}, *à valeurs dans* $\mathbf{Q}_p$, *invariantes par* $s \mapsto s^p$.

Soit F l'espace des fonctions en question. Les φ_S appartiennent à F et sont linéairement indépendants d'après (2.2.5). Il reste à voir que tout élément f de F est combinaison linéaire des φ_S. Choisissons un corps fini k contenant $\mathbf{F}_p$, et assez gros pour G (cf. n°2.2). D'après (2.2.5), on peut écrire f sous la forme

$$f = \sum a_T \varphi_T,$$

où les modules T sont des $k[G]$-modules, et les coefficients a_T appartiennent au corps des fractions K de $W(k)$. Chacun des modules T définit par restriction des scalaires à $\mathbf{F}_p$ un $\mathbf{F}_p[G]$-module T^0. Si $n = [k : \mathbf{F}_p]$, on a :

$$\varphi_{T^0}(s) = \sum_{i=0}^{n-1} \varphi_T(s^{p^i}). \tag{2.3.3}$$

On déduit de là :

$$n.f = \sum a_T \varphi_{T^0}. \tag{2.3.4}$$

En décomposant les φ_{T^0} en combinaisons linéaires des φ_S, cela donne :

$$f = \sum b_S \varphi_S, \quad \text{avec } b_S \in K. \tag{2.3.5}$$

Mais f et les φ_S sont des fonctions à valeurs dans $\mathbf{Q}_p$, et les φ_S sont linéairement indépendants ; on a donc $b_S \in \mathbf{Q}_p$ pour tout S, ce qui achève la démonstration.

Remarque. Soit $R(C_G)$ le groupe de Grothendieck de la catégorie C_G. La prop.2.3.2 revient à dire que l'application $A \mapsto \varphi_A$ définit un isomorphisme de $\mathbf{Q}_p \otimes R(C_G)$ sur l'algèbre des fonctions centrales sur G_{reg}, à valeurs dans $\mathbf{Q}_p$ et invariantes par $s \mapsto s^p$.

2.4. Le cas où $k = \mathbf{F}_p$ (suite)

Proposition 2.4.1—*Soit* $c \colon \Sigma_G \to \mathbf{Q}_p$ *une application. Il existe une fonction centrale* θ^c *et une seule sur* G, *à valeurs dans* $\mathbf{Q}_p$, *qui ait les propriétés suivantes :*

(2.4.2) θ^c *est nulle en dehors de* G_{reg}.

(2.4.3) θ^c *est invariante par* $s \mapsto s^p$.

(2.4.4) *Pour tout* $S \in \Sigma_G$, *on a*

$$c(S) = \frac{1}{|G|} \sum \theta^c(s) \varphi_S(s).$$

(Dans (2.4.4), on considère le produit $\theta^c \varphi_S$ comme une fonction sur G nulle en dehors de G_{reg}, et la somme porte sur tous les éléments s de G.)

Soit $R(s, s')$ la relation d'équivalence sur G_{reg} : "il existe $i \in \mathbf{Z}$ tel que s' et s^{p^i} soient conjugués". Soit $s_1, \ldots, s_r$ un système de représentants de G_{reg} (mod R) ; notons C_i la classe d'équivalence de s_i ; l'ensemble G_{reg} est réunion disjointe des C_i. Soit f_i la fonction égale à $1/|C_i|$ sur C_i et à 0 ailleurs. D'après la prop.2.3.2 on peut écrire f_i sous la forme

$$f_i = \sum a_{i,S} \varphi_S, \quad \text{avec } a_{i,S} \in \mathbf{Q}_p.$$

On définit alors θ^c en donnant sa valeur en s_i pour tout i :

$$\theta^c(s_i) = |G| \sum_S a_{i,S}\, c(S). \tag{2.4.5}$$

On vérifie par un simple calcul que la fonction θ^c ainsi définie a les propriétés voulues ; son unicité résulte du fait que les φ_S forment une base de l'espace des fonctions sur G_{reg} (mod R).

Remarque. On peut écrire θ_c en termes de *caractères de modules projectifs* de la manière suivante :

Si $S \in \Sigma_G$, notons P_S son enveloppe projective (cf. [11], Chap.14) ; c'est un $\mathbf{F}_p[G]$-module projectif dont le plus grand quotient semi-simple est isomorphe à S ; il est unique, à isomorphisme près. Ce module est la réduction modulo p d'un $\mathbf{Z}_p[G]$-module projectif $\tilde{P}_S$, de type fini, dont le caractère (au sens usuel) est noté Φ_S. On sait ([11], Chap.18) que Φ_S est nul en dehors de G_{reg} et que sa restriction à G_{reg} est le caractère de Brauer de P_S. Notons Φ_S^* la fonction $s \mapsto \Phi_S(s^{-1})$; c'est le caractère du dual de $\tilde{P}_S$. Soit D_S l'algèbre des endomorphismes de S ; c'est un corps, extension finie de $\mathbf{F}_p$; posons $d_S = [D_S : \mathbf{F}_p]$. La fonction θ^c de la prop.2.4.1 peut s'écrire de façon simple comme combinaison linéaire des Φ_S^* :

Proposition 2.4.6—*On a :*

$$\theta^c = \sum c(S) d_S^{-1} \Phi_S^*,$$

où la somme porte sur les éléments S de Σ_G.

Cela se voit en remarquant que, pour tout $T \in \Sigma_G$, on a (cf. [11], Chap.18) :

$$\frac{1}{|G|} \sum_S \Phi_S^*(s)\varphi_T(s) = \dim \operatorname{Hom}^G(S,T) = d_S^{-1}\delta_{ST},$$

où δ_{ST} est le symbole de Kronecker (1 si $S = T$ et 0 sinon).

Corollaire 2.4.7—*Si $c(S)d_S^{-1}$ appartient à $\mathbf{Z}$ pour tout S, la fonction θ_c est le caractère d'un $\mathbf{Z}_p[G]$-module projectif "virtuel"* (i.e., c'est le caractère d'un élément du groupe de Grothendieck $P(G)$ de la catégorie des $\mathbf{Z}_p[G]$-modules projectifs de type fini).

C'est clair.

Nous aurons besoin dans la suite d'une propriété de "passage au quotient" pour θ^c :

Soit N un sous-groupe normal de G. L'ensemble $\Sigma_{G/N}$ s'identifie à une partie de Σ_G. L'application $c\colon \Sigma_G \to \mathbf{Q}_p$ définit donc des "fonctions θ^c" à la fois pour G et pour G/N ; notons ces fonctions θ_G^c et $\theta_{G/N}^c$.

Proposition 2.4.8—*Pour tout $x \in G/N$, on a :*

$$\theta^c_{G/N}(x) = \frac{1}{|N|} \sum \theta^c_G(s),$$

où la somme porte sur les $s \in G$ d'image x dans G/N.

En effet, si l'on note θ' la fonction sur G/N définie par le membre de droite, il est clair que θ' a les propriétés réclamées dans la prop.2.4.1, relativement à G/N ; on a donc bien $\theta' = \theta^c_{G/N}$.

§3. La distribution μ_G

3.1. Distributions sur un espace compact totalement discontinu

Soit X un espace compact totalement discontinu. On sait (cf. e.g. [2], TG.II.32, cor.à la prop.6) que les ouverts fermés de X ("clopen subsets") forment une base de la topologie de X, de sorte que X est limite projective d'ensembles finis.

Soit R un anneau commutatif. On note $C(X; R)$ la R-algèbre des fonctions localement constantes sur X, à valeurs dans R. On a :

$$C(X; R) = R \otimes C(X; \mathbf{Z}).$$

Une *distribution* μ sur X, à valeurs dans R, est une R-forme linéaire

$$\mu: C(X; R) \to R.$$

Si f est un élément de $C(X; R)$, $\mu(f)$ est également noté $<f, \mu>$, ou aussi $\int f(x)\mu(x)$.

Remarque. Si l'on préfère "mesure" à "intégration", on peut voir une distribution comme une fonction $U \mapsto \mu(U)$, définie sur les ouverts fermés de X, à valeurs dans R, et additive :

$$\mu(U \cup U') = \mu(U) + \mu(U') \quad \text{si } U \cap U' = \emptyset.$$

Le *support* d'une distribution μ se définit à la façon habituelle : c'est la plus petite partie fermée Y de X telle que μ soit nulle sur $X - Y$ (i.e. $<f, \mu> = 0$ pour toute f nulle sur Y). Le support de μ se note $\mathrm{Supp}(\mu)$.

Si X' est une partie fermée de X, les distributions sur X' peuvent être identifiées (par prolongement par 0) aux distributions sur X à support contenu dans X'. On fera souvent cette identification par la suite.

3.2. Exemples de distributions

3.2.1. Si x est un point de X, la *distribution de Dirac* δ_x en x est la forme linéaire $f \mapsto f(x)$.

3.2.2. Soit G un groupe profini. Supposons que R soit une $\mathbf{Q}$-algèbre. Si f est une fonction localement constante sur G, à valeurs dans R, choisissons $U \in \mathbf{U}_G$ tel que f soit constante mod U, et posons

$$\mu(f) = \frac{1}{(G:U)} \sum_{x \in G/U} f(x).$$

Il est clair que $\mu(f)$ ne dépend pas du choix de U. On obtient ainsi une distribution sur G. Si Z est une partie ouverte et fermée de G, $\mu(Z)$ n'est autre que la mesure de Z relativement à la mesure de Haar de G (normalisée pour que sa masse totale soit 1). Pour cette raison, nous appellerons μ la *distribution de Haar* de G.

3.2.3. Si μ est une distribution sur X, et F une fonction localement constante, on définit le *produit* $F.\mu$ de F et de μ par la formule :

$$<f, F.\mu> = <f.F, \mu> .$$

3.2.4. Si $h: X \to X'$ est une application continue de X dans un espace compact totalement discontinu X', et si μ est une distribution sur X, *l'image* $h\mu$ de μ par h est définie par la formule

$$<f', h\mu> = <f' \circ h, \mu> \quad \text{pour tout } f' \in C(X', R).$$

3.3. Distribution associée à une fonction additive de modules

On revient maintenant aux notations du §1, et l'on note G un groupe profini. Si A est un objet de C_G, on note φ_A son *caractère de Brauer*, défini par :

(3.3.1) $\varphi_A(s) = \mathrm{Tr}_{\mathrm{Br}}(s_A)$ pour $s \in G_{\mathrm{reg}}$.
(Pour la définition de $\mathrm{Tr}_{\mathrm{Br}}$, voir n°2.1.)

L'action de G sur A se factorise par un quotient fini G/U, avec $U \in \mathbf{U}_G$. Il en résulte que φ_A est constant mod U. C'est donc une *fonction localement constante sur* G_{reg}, *à valeurs dans* $\mathbf{Z}_p$. De plus, φ_A dépend additivement de A : si

$$0 \to A \to B \to C \to 0$$

est une suite exacte dans C_G, on a $\varphi_B = \varphi_A + \varphi_C$.

Notons Σ_G un ensemble de représentants des objets simples de C_G, et soit $c: \Sigma_G \to \mathbf{Q}_p$ une application. Si $A \in C_G$ a une suite de Jordan-Hölder dont les quotients successifs sont $S_1, \ldots, S_m \in \Sigma_G$, on pose

$$c(A) = c(S_1) + \cdots + c(S_m).$$

La fonction c ainsi définie sur C_G est additive au sens ci-dessus. On va voir qu'on peut l'exprimer en termes des φ_A :

Théorème 3.3.2—*Il existe une distribution μ^c sur G_{reg}, à valeurs dans $\mathbf{Q}_p$, et une seule, telle que :*

(3.3.3) $c(A) = <\varphi_A, \mu^c>$ *pour tout* $A \in C_G$.

(3.3.4) μ^c *est invariante par l'action des automorphismes intérieurs, ainsi que par* $s \mapsto s^p$.

(Noter que l'application $s \mapsto s^p$ est un homéomorphisme de l'espace compact G_{reg} sur lui-même, ce qui donne un sens à (3.3.4).)

Lorsque G est fini, ce résultat a déjà été démontré (prop.2.4.1). On va se ramener à ce cas :

Soit $U \in \mathbf{U}_G$. D'après la prop.2.4.1 appliquée à G/U, il existe une fonction θ_U sur G/U, et une seule, qui soit à valeurs dans $\mathbf{Q}_p$ et possède les propriétés suivantes :

a) θ_U est une fonction centrale, invariante par $s \mapsto s^p$.

b) Pour tout $A \in C_{G/U}$, on a

$$c(A) = \frac{1}{(G:U)} \sum_{s \in G/U} \theta_U(s)\varphi_A(s).$$

Si $f \in C(G_{\text{reg}}; \mathbf{Q}_p)$ est constante (mod U), on définit $<f, \mu^c>$ par la formule

$$<f, \mu^c> = \frac{1}{(G:U)} \sum \theta_U(s) f(s), \qquad (3.3.5)$$

où la somme porte sur les éléments s de $(G/U)_{\text{reg}}$. Il résulte de la prop.2.4.8 que $<f, \mu^c>$ ne dépend pas du choix de U. La fonction

$$f \mapsto <f, \mu^c>$$

ainsi définie répond évidemment aux conditions imposées. Son unicité se démontre par un argument analogue : on se ramène au cas où G est fini, déjà traité dans la prop.2.4.1.

3.4. Démonstration du théorème A du n°1.4

Supposons que G satisfasse aux hypothèses du n°1.3, à savoir $\text{cd}_p(G) < \infty$ et $\dim H^i(G, A) < \infty$ pour tout $i \in \mathbf{Z}$ et tout $A \in C_G$. La caractéristique d'Euler-Poincaré

$$e(G, A) = \sum (-1)^i \dim H^i(G, A)$$

est alors définie pour tout $A \in C_G$, et c'est une fonction additive de A, à valeurs dans $\mathbf{Z}$ (donc aussi à valeurs dans $\mathbf{Q}_p$). Le th.3.3.2, appliqué à

$c\colon A \mapsto e(G,A)$, fournit alors une distribution μ^c sur G_{reg} ; c'est la *distribution d'Euler-Poincaré* μ_G cherchée. D'après (3.3.3), on a :

$$(3.4.1) \qquad e(G,A) = \int \varphi_A(s)\mu_G(s) \quad \text{pour tout } A \in C_G.$$

Exemples.

Je me borne à deux cas élémentaires ; on en verra d'autres plus loin.

(3.4.2) Supposons G *fini.* Son ordre est premier à p (sinon, $\mathrm{cd}_p(G)$ serait infini). On a alors $e(G,A) = \dim H^0(G,A)$, ce qui peut aussi s'écrire :

$$e(G,A) = \frac{1}{m}\sum_s \varphi_A(s), \quad \text{avec } m = |G|, \text{ cf. [11], 18.1.ix.}$$

En comparant avec (3.4.1), on voit que $\mu_G = \frac{1}{m}\sum_s \delta_s$, où δ_s est la distribution de Dirac en s. En d'autres termes, μ_G *est la distribution de Haar* de G.

(3.4.3) Supposons que G soit un *pro-p-groupe.* Le seul élément régulier de G est l'élément neutre. Il en résulte que μ_G est un multiple $E.\delta_1$ de la distribution de Dirac en ce point. Comme $\varphi_A(1) = \dim A$, la formule (3.4.1) s'écrit :

$$e(G,A) = E.\dim A.$$

En prenant $A = \mathbf{F}_p$ (avec action triviale de G—d'ailleurs aucune autre n'est possible), on voit que $E = e(G,\mathbf{F}_p)$. L'entier E est appelé la *caractéristique d'Euler-Poincaré* du pro-p-groupe G, cf. [12], I.4.1.exerc.

3.5. Interprétation de μ_G en termes de modules projectifs

Revenons à la situation du th.3.3.2, dans le cas où c est la fonction $A \mapsto e(G,A)$. Si $U \in \mathbf{U}_G$, on a associé à U (et c) une certaine fonction centrale θ_U sur G/U, qui détermine μ_G sur les fonctions f qui sont constantes (mod U) :

$$(3.5.1) \qquad <f,\mu_G> = \frac{1}{(G:U)}\sum \theta_U(s)f(s).$$

Proposition 3.5.2—*La fonction* θ_U *est le caractère d'un* $\mathbf{Z}_p[G/U]$*-module projectif virtuel.*

D'après le cor.2.4.7, il suffit de montrer que, pour tout objet simple S de $C_{G/U}$, le nombre

$$<\varphi_S,\mu_G> = e(G,S)$$

est un entier divisible par $d_S = \dim \mathrm{End}^G(S)$. Or c'est clair, car chacun des $\mathbf{F}_p$-espaces vectoriels $H^i(G,S)$ a une structure naturelle d'espace vectoriel sur le corps $\mathrm{End}^G(S)$, et sa dimension sur $\mathbf{F}_p$ est donc divisible par d_S.

Remarque. Soit $P(G/U)$ le groupe de Grothendieck de la catégorie des $\mathbf{Z}_p[G/U]$-modules projectifs de type fini, et soit P_U l'élément de $P(G/U)$ correspondant à θ_U d'après la prop.3.5.2. On peut se demander s'il existe une définition *purement homologique* de P_U. C'est bien le cas. On peut en effet montrer que le foncteur cohomologique $A \mapsto (H^i(G, A))$, défini sur la catégorie des G/U-modules qui sont des p-groupes abéliens finis, est de la forme

$$A \mapsto (H^i(\mathrm{Hom}^{G/U}(K_U, A))),$$

où $K_U = (K_{i,U})$ est un complexe de $\mathbf{Z}_p[G/U]$-modules projectifs de type fini. (L'existence d'un tel K_U non nécessairement de type fini est standard. Le fait qu'on puisse le choisir de type fini résulte par exemple de [6], 0.11.9.1 et 0.11.9.2.) Si $K_{i,U}^*$ désigne le dual de $K_{i,U}$, on montre que l'on a :

$$P_U = \sum(-1)^i K_{i,U}^* \quad \text{dans } P(G/U). \tag{3.5.3}$$

C'est l'interprétation homologique cherchée.

De ce point de vue, la distribution μ_G apparaît comme un élément canonique de la limite projective des groupes de Grothendieck $P(G/U)$.

3.6. La $\mathbf{Z}_p$-mesure de $\mathrm{Cl}\, G$ définie par μ_G

Soit $\mathrm{Cl}\, G$ l'espace (compact) des classes de conjugaison de G, et soit $\pi: G \to \mathrm{Cl}\, G$ la projection canonique. Soit $\mu_G^0 = \pi\mu_G$ l'image par π de μ_G (cf. 3.2.4). C'est une distribution sur $\mathrm{Cl}\, G$, à valeurs dans $\mathbf{Q}_p$; son support est contenu dans la partie régulière $\mathrm{Cl}\, G_{\mathrm{reg}}$ de $\mathrm{Cl}\, G$.

Proposition 3.6.1—*La distribution μ_G^0 est à valeurs dans $\mathbf{Z}_p$.*

Il faut montrer que, si f est une fonction centrale localement constante sur G, à valeurs dans $\mathbf{Z}_p$, on a $<f, \mu_G> \in \mathbf{Z}_p$. Soit $U \in \mathbf{U}_G$ tel que f soit constante (mod U). On a

$$<f, \mu_G> = \frac{1}{(G:U)} \sum \theta_U(s) f(s),$$

et l'on vient de voir que θ_U est le caractère d'un élément de $P(G/U)$. On est donc ramené à prouver le résultat suivant :

Lemme 3.6.2—*Soient Γ un groupe fini et χ le caractère d'un $\mathbf{Z}_p[\Gamma]$-module projectif de type fini. Si f est une fonction centrale sur Γ, à valeurs dans $\mathbf{Z}_p$, on a $\frac{1}{|\Gamma|}\sum \chi(s) f(s) \in \mathbf{Z}_p$.*

Il suffit de considérer le cas où f est la fonction caractéristique d'une classe de conjugaison C de Γ. Si x est un élément de C, et $Z(x)$ son centralisateur, on a

$$\frac{1}{|\Gamma|} \sum \chi(s) f(s) = \frac{|C|}{|\Gamma|} \chi(x) = \frac{1}{|Z(x)|} \chi(x).$$

Or on sait ([5], Chap.IV,cor.2.5) que ce nombre a une valuation p-adique ≥ 0. D'où le résultat cherché.

Remarque. Une distribution à valeurs dans $\mathbf{Z}_p$ est parfois appelée une *mesure p-adique* (cf. e.g. [9], n°1.3). On peut l'utiliser pour intégrer des fonctions plus générales que les fonctions localement constantes, par exemple des fonctions continues p-adiques. Dans le cas de $\mathrm{Cl}\, G$, une telle mesure peut s'interpréter comme un élément du *groupe de Hattori-Stallings* $T(\mathbf{Z}_p[[G]])$, quotient de $\mathbf{Z}_p[[G]]$ par l'adhérence du sous-groupe additif engendré par les $xy - yx$, cf. [9], *loc.cit.* De ce point de vue, le fait que le support de μ_G^0 soit contenu dans l'ensemble des classes régulières (et aussi que μ_G^0 soit invariante par $s \mapsto s^p$) est à rapprocher des résultats de Zaleskii [16] et Bass [1] dans le cas discret.

§4. Représentations $\mathbf{Z}_p$-linéaires et $\mathbf{Q}_p$-linéaires

Les G-modules considérés jusqu'ici étaient des groupes abéliens finis de type $(p, \ldots, p)$. Nous allons maintenant nous occuper de cas plus généraux, par exemple de $\mathbf{Q}_p$-espaces vectoriels de dimension finie. Cela permettra d'obtenir une caractérisation simple de la distribution μ_G (n°4.4). C'est cette caractérisation qui sera utilisée par la suite.

4.1. Cohomologie continue : le cas des $\mathbf{Z}_p$-modules de type fini

On suppose que G satisfait à la condition de finitude (1.3.1) :

$$\dim H^i(G, A) < \infty \quad \text{pour tout } i \in \mathbf{Z} \text{ et tout } A \in C_G.$$

Soit L un $\mathbf{Z}_p$-module de type fini, sur lequel G opère continûment (pour la topologie p-adique de L). Pour tout $n \geq 0$, $L/p^n L$ est un G-module discret, au sens usuel. Les *groupes de cohomologie continue* $H^i_c(G, L)$ sont définis de l'une des deux façons (équivalentes) suivantes :

$$(4.1.1) \qquad H^i_c(G, L) = \varprojlim H^i(G, L/p^n L),$$

la limite projective étant prise pour $n \to \infty$.

(4.1.2) Si $C_c(G, L)$ désigne le *complexe des cochaînes continues* sur G à valeurs dans L, on définit $H^i_c(G, L)$ comme $H^i(C_c(G, L))$.

L'équivalence de ces deux définitions se voit en remarquant que $C_c(G, L)$ est limite projective des complexes de cochaînes $C(G, L/p^n L)$. Comme les groupes de cohomologie de ces complexes sont finis (grâce à l'hypothèse faite sur G), les homomorphismes naturels

$$H^i(C_c(G, L)) \to \varprojlim H^i(C(G, L/p^n L))$$

sont des isomorphismes (cf. par exemple [6], 13.1.2 et 13.2.3). D'où le résultat cherché.

Par construction, les $H^i(G,L)$ sont des pro-p-groupes commutatifs, donc des $\mathbf{Z}_p$-modules topologiques compacts.

Si $0 \to L' \to L \to L'' \to 0$ est une suite exacte, on a une suite exacte de cohomologie correspondante :

$$\cdots \to H^i_c(G,L') \to H^i_c(G,L) \to H^i_c(G,L'') \to H^{i+1}_c(G,L') \to \cdots;$$

c'est clair si l'on utilise la définition (4.1.2).

Proposition 4.1.3—*Les $H^i_c(G,L)$ sont des $\mathbf{Z}_p$-modules de type fini.*

En utilisant la suite exacte ci-dessus, on se ramène au cas où L est sans torsion. Si l'on pose $H^i = H^i_c(G,L)$, on a alors une suite exacte de cohomologie :

$$\cdots \to H^i \xrightarrow{p} H^i \to H^i(G,L/pL) \to \cdots$$

Comme $H^i(G,L/pL)$ est fini, il en résulte que H^i/pH^i est fini. Comme H^i est un pro-p-groupe commutatif, cela entraîne que H^i est topologiquement de type fini, d'où la proposition.

4.2. Caractéristique d'Euler-Poincaré des $\mathbf{Z}_p$-modules de type fini

On conserve les hypothèses précédentes, et l'on suppose en outre que $\mathrm{cd}_p(G) < \infty$, de sorte que les caractéristiques d'Euler-Poincaré $e(G,A)$ sont définies, ainsi que la distribution μ_G.

Soit L un $\mathbf{Z}_p$-module de type fini, sur lequel G opère continûment. Les $H^i_c(G,L)$ sont des $\mathbf{Z}_p$-modules de type fini, nuls pour $i > \mathrm{cd}_p(G)$. Notons $\mathrm{rg}\, H^i_c(G,L)$ le *rang* de $H^i_c(G,L)$ comme $\mathbf{Z}_p$-module, autrement dit la dimension du $\mathbf{Q}_p$-espace vectoriel $\mathbf{Q}_p \otimes H^i_c(G,L)$.

Proposition 4.2.1—*Supposons L sans torsion. On a alors*

$$\sum(-1)^i \mathrm{rg}\, H^i_c(G,L) = e(G,L/pL) = \sum(-1)^i \dim H^i(G,L/pL).$$

Posons, comme au n°4.1, $H^i = H^i_c(G,L)$ et utilisons la suite exacte de cohomologie

$$\cdots \to H^i \xrightarrow{p} H^i \to H^i(G,L/pL) \to \cdots$$

On obtient ainsi des suites exactes

$$0 \to H^i/pH^i \to H^i(G,L/pL) \to H^{i+1}_p \to 0,$$

où X_p désigne le noyau de la multiplication par p dans le groupe abélien X. On en déduit

$$e(G, L/pL) = \sum(-1)^i(\dim H^i/pH^i - \dim H^i_p).$$

Or, si M est un $\mathbf{Z}_p$-module de type fini, on a $\mathrm{rg}\, M = \dim M/pM - \dim M_p$. La formule ci-dessus peut donc s'écrire

$$e(G, L/pL) = \sum(-1)^i \mathrm{rg}\, H^i,$$

ce qui démontre la proposition.

Remarque. Les arguments donnés ci-dessus sont standard ; ils s'appliquent chaque fois qu'un foncteur cohomologique possède des propriétés de finitude (par exemple en cohomologie ℓ-adique).

Avec les hypothèses ci-dessus, posons :

$$e(G, L) = \sum(-1)^i \mathrm{rg}\, H^i_c(G, L), \tag{4.2.2}$$

de sorte que la prop.4.2.1 revient à dire que $e(G, L) = e(G, L/pL)$.

Notons χ_L le caractère de la représentation de G dans L (ou dans $\mathbf{Q}_p \otimes L$, cela revient au même). C'est une fonction centrale sur G, continue (mais pas nécessairement localement constante), et à valeurs dans $\mathbf{Z}_p$.

Proposition 4.2.3—*La restriction de χ_L à G_{reg} coïncide avec le caractère de Brauer $\varphi_{L/pL}$ de L/pL.*

C'est là une propriété bien connue des caractères de Brauer. Rappelons la démonstration :

Si $m = \mathrm{rg}\, L$, on peut identifier L à $\mathbf{Z}_p \times \cdots \times \mathbf{Z}_p$ (m facteurs), et l'action de G sur L est donnée par un homomorphisme continu

$$\rho\colon G \to \mathbf{GL}_m(\mathbf{Z}_p).$$

Si s est un élément de G_{reg}, $\rho(s)$ est régulier dans $\mathbf{GL}_m(\mathbf{Z}_p)$, donc d'ordre fini r premier à p ; en effet, la composante première à p de l'ordre de $\mathbf{GL}_m(\mathbf{Z}_p)$ est finie. Les valeurs propres de $\rho(s)$ dans une extension convenable de $\mathbf{Q}_p$ sont des racines de l'unité d'ordre divisant r ; ce sont les représentants multiplicatifs de leurs réductions mod p. La trace de $\rho(s)$ est donc égale à la trace de Brauer de sa réduction (mod p), ce qui démontre la formule cherchée.

Corollaire 4.2.4—*Le caractère χ_L est localement constant sur G_{reg}, et l'on a :*

$$e(G, L) = \int \chi_L(s)\mu_G(s).$$

Cela résulte des prop.4.2.1 et 4.2.3, compte tenu du fait que

$$e(G, L/pL) = \int \varphi_{L/pL}(s)\mu_G(s).$$

4.3. Le cas des $\mathbf{Q}_p$-espaces vectoriels

Soit V un $\mathbf{Q}_p$-espace vectoriel de dimension finie, sur lequel G opère continûment. Comme G est compact, il laisse stable un *réseau* L de V, autrement dit un $\mathbf{Z}_p$-sous-module de type fini de V qui engendre V. Si l'on note $C_c(G,V)$ le complexe des cochaînes continues de G à valeurs dans V, on a

$$C_c(G,V) = \bigcup C_c(G, p^{-n}L). \tag{4.3.1}$$

Les groupes de cohomologie de ce complexe sont notés $H_c^i(G,V)$. Il résulte de (4.3.1) que l'on a :

$$H_c^i(G,V) = \mathbf{Q}_p \otimes H_c^i(G,L). \tag{4.3.2}$$

En particulier, les $H_c^i(G,V)$ sont des $\mathbf{Q}_p$-espaces vectoriels de dimension finie, nuls pour $i > \mathrm{cd}_p(G)$. On pose

$$e(G,V) = \sum (-1)^i \dim H_c^i(G,V), \tag{4.3.3}$$

où dim désigne la dimension sur $\mathbf{Q}_p$. Notons χ_V le caractère de la représentation de G dans V. On a $\chi_V = \chi_L$ et les formules ci-dessus, combinées au cor.4.2.4, donnent :

Proposition 4.3.4—*Le caractère χ_V est localement constant sur G_{reg}, et l'on a*

$$e(G,V) = \int \chi_V(s)\mu_G(s).$$

4.4. Détermination de μ_G à partir des $H_c^i(U, \mathbf{Q}_p)$

Soit $U \in \mathbf{U}_G$. Le groupe U satisfait aux mêmes hypothèses de finitude que G. Les groupes de cohomologie continue $H_c^i(U, \mathbf{Q}_p)$ sont donc définis (l'action de U sur $\mathbf{Q}_p$ étant triviale). Posons :

$$H_U^i = H_c^i(U, \mathbf{Q}_p). \tag{4.4.1}$$

Les H_U^i sont des $\mathbf{Q}_p$-espaces vectoriels de dimension finie; par exemple, $H_U^0 = \mathbf{Q}_p$, et $H_U^1 = \mathrm{Hom}_c(U, \mathbf{Q}_p)$, groupe des homomorphismes continus de G dans $\mathbf{Q}_p$. Le groupe G/U opère de façon naturelle sur chaque H_U^i (à cause de l'action de G sur U par automorphismes intérieurs). On obtient ainsi des représentations linéaires de dimension finie de G/U. Notons h_U^i les caractères de ces représentations, et posons :

$$h_U = \sum (-1)^i h_U^i. \tag{4.4.2}$$

La fonction h_U est un caractère virtuel de G/U, à valeurs dans $\mathbf{Q}_p$ (et même dans $\mathbf{Z}_p$).

Théorème 4.4.3—*Le caractère h_U est égal à la fonction θ_U introduite au §3, n°3.5.*

Cela revient à dire que, si f est une fonction sur G constante (mod U), on a :

$$(4.4.4) \qquad <f, \mu_G> = \frac{1}{(G:U)} \sum_{s \in G/U} h_U(s) f(s).$$

Notons tout de suite une conséquence de th.4.4.3 :

Corollaire 4.4.5—*Le caractère h_U est nul en dehors de $(G/U)_{\mathrm{reg}}$.*

(Bien entendu, ceci ne s'étend pas aux h_U^i ; par exemple, pour $i = 0$, on a $h_U^i = 1$.)

Démonstration du théorème 4.4.3.

On a tout d'abord :

Lemme 4.4.5—*La formule (4.4.4) est vraie lorsque $f = \chi_V$, où V est une représentation $\mathbf{Q}_p$-linéaire de dimension finie de G/U.*

Le membre de gauche de (4.4.4) est :

$$(4.4.6) <\chi_V, \mu_G> = e(G,V) = \sum (-1)^i \dim H_c^i(G,V), \quad \text{cf. } 4.3.4.$$

D'autre part, la suite spectrale des extensions de groupes (ou un argument de corestriction) montre que :

$$(4.4.7) \qquad H_c^i(G,V) = H^0(G/U, H_c^i(U,V)).$$

Comme U opère trivialement sur V, on a :

$$(4.4.8) \qquad H_c^i(U,V) = H_c^i(U,\mathbf{Q}_p) \otimes V = H_U^i \otimes V.$$

Le caractère de la représentation de G/U sur cet espace est $h_U^i.\chi_V$. La dimension du sous-espace fixé par G/U est donc $\frac{1}{(G:U)} \sum h_U^i(s)\chi_V(s)$. Vu (4.4.7), cela donne :

$$(4.4.9) \qquad \dim H_c^i(G,V) = \frac{1}{(G:U)} \sum h_U^i(s)\chi_V(s).$$

En combinant ceci avec (4.4.6), on obtient bien la formule cherchée :

$$<\chi_V, \mu_G> = \frac{1}{(G:U)} \sum h_U(s)\chi_V(s).$$

Posons maintenant $\psi = h_U - \theta_U$. D'après ce que l'on vient de voir, on a $\sum \psi(s)\chi(s) = 0$ pour tout caractère χ d'une représentation de G/U sur $\mathbf{Q}_p$. Or h_U et θ_U sont des caractères de représentations virtuelles de G/U sur

$\mathbf{Q}_p$: c'est clair pour h_U, et pour θ_U, cela résulte de la prop.3.5.2. Le lemme élémentaire suivant montre alors que $\psi = 0$ (ce qui démontre 4.4.3) :

Lemme 4.4.10—*Soient* Γ *un groupe fini,* K *un corps de caractéristique zéro, et* ψ *le caractère d'une représentation virtuelle de* Γ *sur* K. *Supposons que* $\sum \psi(s)\chi(s) = 0$ *pour tout caractère* χ *de* Γ *sur* K. *Alors* $\psi = 0$.

Soit $\psi = \sum n_S \chi_S$ la décomposition de ψ en combinaison linéaire de caractères de $K[\Gamma]$-modules simples. Si l'on prend pour V le dual de la représentation simple S, on a

$$\sum \psi(s)\chi_V(s) = \sum \psi(s)\chi_S(s^{-1}) = |\Gamma|.d_S.n_S,$$

où $d_S = [\mathrm{End}(S) : K]$. L'hypothèse faite sur ψ entraîne donc $n_S = 0$, d'où $\psi = 0$.

4.5. Interprétation de μ_G en termes de représentations admissibles

Soit K un corps de caractéristique 0. Une *représentation admissible* de G sur K est un K-espace vectoriel E sur lequel G agit de façon K-linéaire, en satisfaisant aux deux conditions suivantes :

(a) L'action de G est continue, autrement dit le fixateur d'un point de E est un sous-groupe ouvert de G.

(b) Pour tout $U \in \mathbf{U}_G$, le sous-espace E^U de E fixé par U est de dimension finie.

(Noter que E est réunion des E^U, d'après (a).)

A une telle représentation de G est associée une *distribution-trace* μ_E, à valeurs dans K, caractérisée par la formule

$$\mu_E(f) = \mathrm{Tr} f_E, \tag{4.5.1}$$

pour toute fonction localement constante f sur G, à valeurs dans K, f_E désignant l'endomorphisme de E défini par f. (Si $x \in E$, on choisit U fixant x tel que f soit constante (mod U), et l'on définit $f_E(x)$ comme la moyenne sur G/U des $f(s)sx$; l'opérateur f_E est de rang fini, ce qui donne un sens à (4.5.1).)

Pour tout $i \geq 0$, posons $E_i = \varinjlim H^i_c(U, \mathbf{Q}_p)$, où la limite inductive est prise par rapport aux homomorphismes de restriction

$$\mathrm{res}\colon H^i_c(U, \mathbf{Q}_p) \to H^i_c(U', \mathbf{Q}_p) \quad (\text{pour } U' \subset U),$$

qui sont des inclusions. L'espace E_i est une représentation admissible de G ; on a $E_i^U = H^i_c(U, \mathbf{Q}_p)$ pour tout U. Soit μ_i la distribution-trace correspondante. L'énoncé suivant n'est qu'une reformulation du th.4.4.3 :

Théorème 4.5.2—*On a* $\mu_G = \sum(-1)^i\mu_i$.

Exemples. $(i = 0, 1)$

Pour $i = 0$, on a $E_0 = \mathbf{Q}_p$, avec action triviale de G. La distribution-trace associée μ_0 est la *distribution de Haar* de G, cf. 3.2.2.

Pour $i = 1$, on a $E_1^U = \mathrm{Hom}_c(U, \mathbf{Q}_p)$; ainsi, E_1 est l'espace vectoriel des *germes d'homomorphismes continus* de G dans $\mathbf{Q}_p$, avec l'action naturelle de G sur cet espace (provenant des automorphismes intérieurs).

*Généralisation.*A la place de la représentation triviale de G sur $\mathbf{Q}_p$, on peut prendre une représentation $\mathbf{Q}_p$-linéaire continue V de dimension finie, et définir $E_i(V)$ comme la limite inductive des $H_c^i(U, V)$. La somme alternée des distributions-traces des $E_i(V)$ est une distribution sur G, qui est égale à $\chi_V.\mu_G$, où χ_V est le caractère de V ; cela se vérifie par un calcul analogue à celui du n°4.4.

§5. Quelques propriétés de μ_G

Dans ce §, on suppose que G possède les propriétés de finitude (1.3.1) et (1.3.2) permettant de définir μ_G.

5.1. Restriction à un sous-groupe ouvert

Proposition 5.1.1—*Si G' est un sous-groupe ouvert de G, on a*

$$\mu_{G'} = (G : G').\mu_G|G',$$

où $\mu_G|G'$ désigne la restriction de μ_G à G'.

Il faut prouver que, si f est une fonction localement constante sur G_{reg}, nulle en dehors de G'_{reg}, on a :

$$<f, \mu_G> = (G : G').\ <f, \mu_G>. \qquad (5.1.2)$$

Choisissons $U \in \mathbf{U}_G$ contenu dans G', et tel que f soit constante (mod U). Si l'on note h_U (resp. h'_U) le caractère virtuel de G/U (resp. de G'/U) défini au n°4.4, on a d'après (4.4.4) :

$$<f, \mu_{G'}> = (G' : U)^{-1} \sum_{s \in G'/U} f(s)h'_U(s)$$

et

$$<f, \mu_G> = (G : U)^{-1} \sum_{s \in G/U} f(s)h_U(s).$$

Mais il est clair que h'_U est la restriction de h_U à G'/U. D'où la formule (5.1.2), puisque $(G : G').(G' : U) = (G : U)$.

5.2. Invariance de μ_G par translation par le centre de G

Soit $Z(G)$ le centre de G.

Proposition 5.2.1—*La distribution μ_G est invariante par les translations $s \mapsto sz$, pour $z \in Z(G)$.*

Vu la caractérisation de μ_G au moyen des h_U (n°4.4), il suffit de voir que $h_U(s) = h_U(sz)$ pour tout $s \in G/U$. Or l'on a

$$h_U = \sum(-1)^i h_U^i,$$

où h_U^i est le caractère de la représentation naturelle de G/U dans $H_c^i(U, \mathbf{Q}_p)$. Comme l'action de G/U sur $H_c^i(U, \mathbf{Q}_p)$ provient de celle de G sur U par automorphismes intérieurs, les éléments s et sz agissent de la même façon (puisque z appartient à $Z(G)$), d'où $h_U(s) = h_U(sz)$, ce qui démontre la proposition.

Corollaire 5.2.2—*Si le support de μ_G est égal à un point, on a* $Z(G) = 1$.

En effet, la prop.5.2.1 entraîne que ce support est stable par multiplication par $Z(G)$.

Corollaire 5.2.3—*Si $\mu_G \neq 0$, l'ordre de $Z(G)$ est premier à p.*

Supposons $\mu_G \neq 0$, et soit s un élément de $\mathrm{Supp}(\mu_G)$. Si l'ordre de $Z(G)$ est divisible par p, choisissons un élément $z \neq 1$ du p-sous-groupe de Sylow de $Z(G)$. Comme s est d'ordre premier à p, la p-composante de sz est z. Il en résulte que sz n'appartient pas à G_{reg}, donc n'appartient pas à $\mathrm{Supp}(\mu_G)$, ce qui contredit la prop.5.2.1.

Remarque. Les corollaires ci-dessus sont analogues au *théorème de Gottlieb* pour les groupes discrets, cf. Stallings [13]. Dans le cas profini, des résultats voisins avaient déjà été obtenus par Nakamura (cf. [8], ainsi que [9], th.1.3.2).

5.3. Groupes à dualité

Posons $n = \mathrm{cd}_p(G)$. Supposons que G possède un *module dualisant* I ayant les propriétés suivantes :

(5.3.1) *I est isomorphe à* $\mathbf{Q}_p/\mathbf{Z}_p$ (comme groupe abélien).

(5.3.2) $H^n(G, I) = \mathbf{Q}_p/\mathbf{Z}_p$.

(5.3.3) *Si A est un G-module fini p-primaire, et si $B = \mathrm{Hom}(A, I)$, le cup-produit*

$$H^i(G, A) \times H^{n-i}(G, B) \to H^n(G, I) = \mathbf{Q}_p/\mathbf{Z}_p \quad (i = 0, 1, \ldots, n)$$

met en dualité les groupes finis $H^i(G, A)$ et $H^{n-i}(G, B)$.

(Lorsque G est un pro-p-groupe, ces propriétés signifient que G est un "groupe de Poincaré de dimension n", cf. [12], I.4.5.)

L'action de G sur I se fait par un homomorphisme $\epsilon: G \to \mathbf{Z}_p^* = \mathrm{Aut}(\mathbf{Q}_p/\mathbf{Z}_p)$, appelé le *caractère dualisant* de G.

Si $A \in C_G$, le G-module $B = \mathrm{Hom}(A, I)$ appartient à C_G, et son caractère de Brauer est donné par la formule :

$$(5.3.4) \qquad \varphi_B(s) = \epsilon(s)\varphi_A(s^{-1}).$$

Vu (5.3.3), les caractéristiques d'Euler-Poincaré de A et de B sont liées par la relation :

$$(5.3.5) \qquad e(G, A) = (-1)^n e(G, B).$$

Proposition 5.3.6—*On a* $\epsilon.\mu_G = (-1)^n \mu_G^*$, *où* μ_G^* *désigne l'image de la distribution* μ_G *par* $s \mapsto s^{-1}$.

(Le produit $\epsilon.\mu_G$ a un sens, car la restriction de ϵ à G_{reg} prend ses valeurs dans le sous-groupe d'ordre $p-1$ de $\mathbf{Z}_p^*$, donc est localement constante.)

Posons $\mu' = (-1)^n \epsilon^{-1} \mu_G^*$. Il est clair que μ' est invariante par conjugaison, ainsi que par $s \mapsto s^p$. D'autre part, pour tout $A \in C_G$, on a, d'après (5.3.4) et (5.3.5) :

$$<\varphi_A, \mu'> = (-1)^n <\varphi_B, \mu_G> = (-1)^n e(G, B) = e(G, A) = <\varphi_A, \mu_G> .$$

Vu l'unicité de μ_G (cf. th.A), cela entraîne $\mu' = \mu_G$, d'où (5.3.6).

Voici une autre conséquence de la dualité :

Proposition 5.3.7—*Soit* $U \in \mathbf{U}_G$, *et soit* $H_U^n = H_c^n(U, \mathbf{Q}_p)$, *cf. n°4.4. On a :*

$$\dim H_U^n = \begin{cases} 1 & \text{si } \epsilon(U) = 1 \\ 0 & \text{sinon.} \end{cases}$$

En termes des μ_i du n°4.5, ceci entraîne :

Corollaire 5.3.8—*On a* $\mu_n = 0$ *si et seulement si* $\mathrm{Im}(\epsilon)$ *est infini* (c'est-à-dire, si $\mathrm{scd}_p(G) = n$, cf. [12], Chap.I, prop.19).

Démonstration de (5.3.7)

On sait que U possède les mêmes propriétés que G, avec le même module dualisant I (cf. [12], *loc.cit.*, ainsi que les Appendices de Tate et de Verdier). On peut donc supposer que $U = G$. On applique alors la dualité (5.3.3) au module $\mathbf{Z}/p^m\mathbf{Z}$, avec opérateurs triviaux. Si $\epsilon = 1$ on en déduit que $H^n(G, \mathbf{Z}/p^m\mathbf{Z})$ est dual de $H^0(G, \mathbf{Z}/p^m\mathbf{Z}) = \mathbf{Z}/p^m\mathbf{Z}$, donc est isomorphe à $\mathbf{Z}/p^m\mathbf{Z}$. On obtient ainsi $H_c^n(G, \mathbf{Z}_p) = \mathbf{Z}_p$, d'où $H_G^n = \mathbf{Q}_p$. Si $\epsilon \neq 1$, il existe $s \in G$ tel que $\epsilon(s) \not\equiv 1 \pmod{p^r}$ pour un $r > 0$. Le même argument que ci-dessus montre que $p^r.H_c^n(G, \mathbf{Z}_p) = 0$, d'où $H_G^n = 0$.

§6. Exemples galoisiens

6.1. Le cas local : énoncé

On note K une extension de $\mathbf{Q}_p$ de degré fini d, et l'on pose

$$G = \mathrm{Gal}(\overline{K}/K), \tag{6.1.1}$$

où $\overline{K}$ est une clôture algébrique de K. D'après Tate ([14]—voir aussi [12], II.5.7), le groupe G possède les propriétés de finitude (1.3.1) et (1.3.2), avec $\mathrm{cd}_p(G) = 2$. De plus, Tate démontre que

$$e(G, A) = -d.\dim A \text{ pour tout } A \in C_G. \tag{6.1.2}$$

En termes de μ_G, cela donne :

Théorème 6.1.3—*On a $\mu_G = -d.\delta_1$, où δ_1 est la distribution de Dirac en l'élément neutre de G.*

6.2. Démonstration du théorème (6.1.3)

Vu la prop.5.1.1, on peut supposer que $K = \mathbf{Q}_p$, i.e. $d = 1$. Si l'on introduit les caractères h_U^i et h_U du n°4.4, on a

$$h_U = h_U^0 - h_U^1 + h_U^2,$$

et tout revient à montrer que $h_U = -r_{G/U}$, où $r_{G/U}$ est le caractère de la représentation régulière de G/U. Cela résulte de l'énoncé plus précis suivant :

Proposition 6.2.1—*Pour tout $U \in \mathbf{U}_G$, on a $h_U^0 = 1$, $h_U^1 = 1 + r_{G/U}$ et $h_U^2 = 0$.*

L'assertion relative à h_U^0 est triviale. Celle relative à h_U^2 provient du fait (également dû à Tate) que G est un groupe à dualité dont le caractère dualisant est le caractère cyclotomique, dont l'image est infinie, ce qui permet d'appliquer (5.3.7).

Reste le cas de h_U^1, qui est le caractère de la représentation naturelle de G/U sur $H_c^1(U, \mathbf{Q}_p) = \mathrm{Hom}_c(U, \mathbf{Q}_p)$. Notons K_U l'extension galoisienne de $\mathbf{Q}_p$ correspondant à U ; on a $G/U = \mathrm{Gal}(K_U/\mathbf{Q}_p)$. La théorie du corps de classes permet d'identifier $\mathrm{Hom}_c(U, \mathbf{Q}_p)$ à $\mathrm{Hom}_c(K_U^*, \mathbf{Q}_p)$. Or, on a une suite exacte :

$$0 \to \mathrm{Unit}(K_U) \to K_U^* \to \mathbf{Z} \to 0, \tag{6.2.2}$$

où $\mathrm{Unit}(K_U)$ désigne le groupe des unités du corps local K_U.

On déduit de là une suite exacte de G/U-modules :

$$0 \to \mathbf{Q}_p \to H_U^1 \to \mathrm{Hom}_c(\mathrm{Unit}(K_U), \mathbf{Q}_p) \to 0; \tag{6.2.3}$$

cette suite est scindée car G/U est fini. De plus, le logarithme p-adique

$$\log\colon \mathrm{Unit}(K_U) \to K_U$$

est un isomorphisme local, et l'on voit facilement qu'il donne un isomorphisme de $\mathrm{Hom}_c(\mathrm{Unit}(K_U), \mathbf{Q}_p)$ sur $\mathrm{Hom}_c(K_U, \mathbf{Q}_p)$, lequel s'identifie au dual K'_U de K_U (comme $\mathbf{Q}_p$-espace vectoriel). Via la forme bilinéaire $\mathrm{Tr}(xy)$, on peut identifier K'_U à K_U. Finalement, on obtient un isomorphisme de $\mathbf{Q}_p[G/U]$-modules :

$$H^1_U = \mathbf{Q}_p \oplus K_U. \tag{6.2.4}$$

D'après le théorème de la base normale, la représentation de G/U dans K_U est isomorphe à la représentation régulière. D'ou $h^1_U = 1 + r_{G/U}$, ce qui achève la démonstration.

Remarques.

1) En termes des *représentations admissibles* E_i du n°4.5, la proposition ci-dessus signifie que l'on a

$$E_0 = \mathbf{Q}_p, \qquad E_1 = \mathbf{Q}_p \oplus \overline{K}, \qquad E_2 = 0,$$

l'action de G sur $\overline{K}$ (resp. sur $\mathbf{Q}_p$) étant l'action naturelle (resp. l'action triviale).

2) Si l'on suppose que K est, non un corps p-adique, mais un corps p'-adique, avec $p' \neq p$, les mêmes arguments que ci-dessus montrent que $h^0_U = h^1_U = 1$ et $h^2_U = 0$, d'où $h_U = 0$ pour tout $U \in \mathbf{U}_G$, et $\mu_G = 0$. On retrouve ainsi un autre résultat de Tate, cf. [12], II.5.4.

6.3. Le cas global : énoncé

Soit K un corps de nombres algébriques de degré d, et soit S un ensemble fini de places de K, contenant l'ensemble S_∞ des places archimédiennes, ainsi que les places de caractéristique résiduelle p. Soit K_S l'extension galoisienne maximale de K non ramifiée en dehors de S, et soit $G = \mathrm{Gal}(K_S/K)$. D'après Tate ([14]), le groupe G possède la propriété de finitude (1.3.1). Supposons $p \neq 2$, ou K totalement imaginaire. On a alors $\mathrm{cd}_p(G) = 2$, de sorte que (1.3.2) est satisfaite, et que les caractéristiques d'Euler-Poincaré $e(G, A)$ sont définies pour tout $A \in C_G$. Le calcul de $e(G, A)$ a été fait par Tate (cf. [15]). Le résultat s'énonce de la manière suivante :

Si $v \in S_\infty$ est une place réelle, notons c_v le "Frobenius réel" correspondant ; c'est un élément d'ordre 2 de G, défini à conjugaison près ; il appartient à G_{reg}. Pour tout G-module A, on note A_v le sous-groupe de A fixé par c_v.

Soit $A \in C_G$. Posons :

$$e_v(A) = \begin{cases} -\dim A & \text{si } v \text{ est une place complexe,} \\ \dim A_v - \dim A & \text{si } v \text{ est une place réelle.} \end{cases}$$

La formule de Tate est alors (cf. [15]) :

Théorème 6.3.1—$e(G,A) = \sum_{v \in S_\infty} e_v(A)$ *pour tout* $A \in C_G$.

Si φ_A est le caractère de Brauer de A, on a :

(6.3.2) $\dim A = \varphi_A(1)$ et $\dim A_v = (\varphi_A(1) + \varphi_A(c_v))/2$.

Cela permet de récrire (6.3.1) sous la forme :

$$e(G,A) = -\frac{d}{2}\varphi_A(1) + \frac{1}{2}\sum \varphi_A(c_v), \tag{6.3.3}$$

où la somme porte sur les places réelles de K.

Passons maintenant à μ_G. Si v est une place réelle, notons μ_v l'image de la distribution de Haar de G par l'application $g \mapsto gc_vg^{-1}$; c'est l'unique distribution invariante par conjugaison, de masse totale 1 et de support la classe de conjugaison de c_v. Il est clair que (6.3.3) est équivalente à l'énoncé suivant :

Théorème 6.3.4—*On a* $\mu_G = -\frac{d}{2}\delta_1 + \frac{1}{2}\sum \mu_v$.

Remarques.

1) Comme dans le cas local, cette formule peut se démontrer en explicitant les H^i_U $(i = 0,1,2)$. Nous laissons les détails au lecteur.

2) Si $p = 2$, et si K a au moins une place réelle, on a $\mathrm{cd}_p(G) = \infty$, de sorte que $e(G,A)$ et μ_G ne sont pas définis. Toutefois, Tate a montré comment on peut modifier $e(G,A)$ de façon à avoir encore une formule simple. La recette qu'il utilise revient à considérer la *cohomologie relative* de G modulo la famille des groupes de décomposition locaux (G_v) associés aux places archimédiennes (i.e. $G_v = \{1\}$ si v est complexe et $G_v = \{1, c_v\}$ si v est réelle). On trouve que la distribution associée est égale à $-d \cdot \delta_1$, tout comme dans le cas local.

§7. Groupes de Lie p-adiques

Dans ce §, G est un groupe de Lie p-adique compact (cf. [3]) ; on suppose que G n'a pas d'élément d'ordre p. On note Lie G l'algèbre de Lie de G ; c'est une $\mathbf{Q}_p$-algèbre de Lie de dimension finie.

D'après Lazard ([7], complété par [10]), G satisfait aux conditions de finitude nécessaires pour que μ_G soit définie. On a en particulier

$$\mathrm{cd}_p(G) = \dim G = \dim \mathrm{Lie}\, G.$$

7.1. La fonction F

Soit $g \in G$. On note $\mathrm{Ad}(g)$ l'automorphisme de Lie G défini par l'automorphisme intérieur $x \mapsto gxg^{-1}$, cf. [3], III.152. On pose :

$$F(g) = \det(1 - \mathrm{Ad}(g^{-1})). \tag{7.1.1}$$

Proposition 7.1.2—(i) *On a $F(g) = 0$ si et seulement si le centralisateur $Z(g)$ de g est de dimension* > 0 (i.e. si $Z(g)$ est infini).

(ii) *La fonction F est une fonction centrale, nulle en dehors de G_{reg}.*

Soit $z(g)$ le sous-espace de Lie G fixé par $\mathrm{Ad}(g)$. On sait ([3], III.234) que $z(g)$ est l'algèbre de Lie du groupe $Z(g)$. On a donc $\dim Z(g) > 0$ si et seulement si $z(g) \neq 0$, c'est-à-dire si 1 est valeur propre de $\mathrm{Ad}(g)$, autrement dit si $F(g) = 0$. D'où (i).

Le fait que F soit une fonction centrale est clair. D'autre part, si g n'appartient pas à G_{reg}, on peut écrire g sous la forme $g = us$, avec $us = su$, $s \in G_{\mathrm{reg}}$, u d'ordre une puissance de p (finie ou infinie) et $u \neq 1$. Comme G est sans p-torsion, u est d'ordre p^∞, autrement dit l'adhérence C_u du groupe cyclique engendré par u est isomorphe à $\mathbf{Z}_p$. Comme C_u est contenu dans $Z(g)$, cela montre que $\dim Z(g) > 0$, d'où $F(g) = 0$ d'après (i), ce qui démontre (ii).

Remarque. On verra plus loin que F est *localement constante.* Cela pourrait aussi se prouver directement.

7.2. Détermination du caractère h_U

Si $U \in \mathbf{U}_G$, posons $H^i_U = H^i_c(U, \mathbf{Q}_p)$, cf. n°4.4, et soit h^i_U le caractère de la représentation naturelle de G/U sur cet espace.

1 D'après Lazard ([7], V.2.4.10), H^i_U s'identifie à un sous-espace de $H^i(\mathrm{Lie}\, G, \mathbf{Q}_p)$, et l'on a même :

$$H^i_U = H^i(\mathrm{Lie}\, G, \mathbf{Q}_p) \tag{7.2.1}$$

si U est assez petit. (Précisons qu'il s'agit ici de la cohomologie de l'algèbre de Lie Lie G, à coefficients dans $\mathbf{Q}_p$, l'action de Lie G sur $\mathbf{Q}_p$ étant triviale.)

De plus, cette identification est canonique, donc compatible avec l'action de G par automorphismes intérieurs. On déduit de là :

Lemme 7.2.2—*Supposons U assez petit. Alors, pour tout $g \in G$, $h^i_U(g)$ est la trace de l'automorphisme de $H^i(\mathrm{Lie}\, G, \mathbf{Q}_p)$ défini par* $\mathrm{Ad}(g)$.

Le lemme suivant permet de calculer la somme alternée de ces traces :

Lemme 7.2.3—*Soit L une algèbre de Lie de dimension finie sur un corps k, et soit s un automorphisme de L. Pour $i \geq 0$, soit s_i l'automorphisme de $H^i(L, k)$ défini par s* (par transport de structure). *On a alors :*

$$\sum (-1)^i \mathrm{Tr}(s_i) = \det(1 - s^{-1}).$$

Notons C le complexe des cochaînes alternées de L à valeurs dans k, et soit C^i sa composante homogène de degré i. L'invariance des caractéristiques d'Euler-Poincaré par passage à la cohomologie donne :

$$(7.2.4) \qquad \sum(-1)^i \mathrm{Tr}(s_i) = \sum(-1)^i \mathrm{Tr}(s|C^i),$$

où $s|C^i$ désigne l'automorphisme de C^i défini par s. Or $C^i = \wedge^i L^*$, où L^* est le dual de L. Cette identification transforme $s|C^i$ en $\wedge^i s^*$, où $s^* = {}^t s^{-1}$ est le contragrédient de s. En appliquant à s^* la formule bien connue :

$$\sum(-1)^i \mathrm{Tr}(\wedge^i x) = \det(1 - x)$$

on obtient :

$$(7.2.5) \qquad \sum(-1)^i \mathrm{Tr}(s|C^i) = \det(1 - s^*) = \det(1 - s^{-1}).$$

D'où le lemme.

Posons maintenant $h_U = \sum(-1)^i h_U^i$, cf. n°4.4. Les lemmes 7.2.2 et 7.2.3 entraînent :

Proposition 7.2.6—*Si $U \in \mathbf{U}_G$ est assez petit, on a :*

$$h_U(g) = \det(1 - \mathrm{Ad}(g^{-1})) = F(g)$$

pour tout $g \in G$.

Ceci montre que F est constante (mod U), donc *localement constante.* Vu 4.4.5, cela démontre aussi que F est nulle en dehors de G_{reg}, ce que l'on savait déjà.

7.3. Détermination de μ_G

Choisissons $U \in \mathbf{U}_G$ assez petit pour que $h_U = F$, cf. 7.2.6. D'après le théorème 4.4.3, combiné à la formule (3.5.1), on a donc

$$(7.3.1) \qquad \langle f, \mu_G \rangle = \frac{1}{(G:U)} \sum_{s \in G/U} F(s) f(s),$$

pour toute fonction f sur G qui est constante (mod U). Or le membre de droite est égal à $\langle f, \mu' \rangle$, où μ' est le produit de F et de la distribution de Haar de G, cf. 3.2.2. On a ainsi

$$\langle f, \mu_G - \mu' \rangle = 0$$

pour toute f constante (mod U). Comme ceci est vrai pour tout U assez petit, on en déduit que $\mu_G - \mu' = 0$. D'où :

Théorème 7.3.2—*La distribution d'Euler-Poincaré* μ_G *est égale au produit par* F *de la distribution de Haar de* G.

Si l'on note "ds" la distribution de Haar, on a donc :

$$e(G, A) = \int \varphi_A(s)F(s)ds \qquad \text{pour tout } A \in C_G.$$

(Bien que φ_A ne soit défini que sur G_{reg}, cette intégrale a un sens puisque F est nulle en dehors de G_{reg}).

Corollaire 7.3.3—*Le support de* μ_G *est l'ensemble des éléments* s *de* G *dont le centralisateur* $Z(s)$ *est fini.*

Cela résulte de la prop.7.1.2 (i).

Corollaire 7.3.4—*On a* $\mu_G = 0$ *si et seulement si le centralisateur de tout élément de* G *est infini.*

C'est clair.

Remarques.

1) Le cor.7.3.3 équivaut à dire que $\mathrm{Supp}(\mu_G)$ est égal à la réunion des classes de conjugaison de G qui sont *ouvertes* dans G. Ces classes sont en nombre fini (elles forment en effet une partition de l'espace compact G_{reg}
2 en ouverts fermés). La $\mathbf{Z}_p$-mesure sur $\mathrm{Cl}\, G$ définie par μ_G (n°3.6) a donc un *support fini.*

2) D'après Lazard [7], V.2.5.8, G est un "groupe à dualité" (au sens du n°5.3) dont le caractère dualisant ϵ est donné par :

$$(7.3.5) \qquad \epsilon(g) = \det \mathrm{Ad}(g) \qquad \text{pour tout } g \in G.$$

(Lazard se borne au cas où G est un pro-p-groupe, mais sa démonstration s'applique au cas général.)

Vu (5.3.6), ceci entraîne l'identité $\epsilon.\mu_G = (-1)^n \mu_G^*$, i.e. :

$$(7.3.6) \qquad \epsilon(g)F(g) = (-1)^n F(g^{-1}) \qquad \text{pour tout } g \in G,$$

ce qui se déduit aussi directement de (7.1.1) et (7.3.5).

Exemples.

1) Si G est un pro-p-groupe de dimension $n > 0$, on a $\mu_G = 0$ puisque $G_{\mathrm{reg}} = \{1\}$ et que le centralisateur de 1 est infini ; on retrouve un résultat connu, cf. [12], I.4.1, exerc.(e).

2) Si $n = 0$, G est fini d'ordre premier à p, on a $\mathrm{Lie}\, G = 0$, $F = 1$, et μ_G est la distribution de Haar de G, cf. 3.4.2.

3) Supposons $p \neq 2$, et soit G le groupe diédral p-adique, produit semi-direct d'un groupe $\{1, c\}$ d'ordre 2 par un groupe U isomorphe à $\mathbf{Z}_p$, l'action de c sur U étant $u \mapsto u^{-1}$. On a :

$$n = \dim \mathrm{Lie}\, G = 1.$$

L'action de U sur Lie G est triviale alors que celle de c est $x \mapsto -x$. D'où $F = 0$ sur U, et $F = 2$ sur $cU = G - U$. On en déduit que μ_G a pour support $G - U$ (qui est la classe de conjugaison de c), et que sa masse totale est 1. Autrement dit, si $A \in C_G$, on a :

$$(7.3.7) \qquad e(G, A) = \varphi_A(c) = 2. \dim A^c - \dim A,$$

où A^c est le sous-espace de A fixé par c.

7.4. Un cas où $\mu_G = 0$

Proposition 7.4.1—*Soit $\underline{G}$ un groupe algébrique connexe sur $\mathbf{Q}_p$, de dimension > 0. Soit G un sous-groupe ouvert compact de $\underline{G}(\mathbf{Q}_p)$ ne contenant pas d'élément d'ordre p. Alors $\mu_G = 0$.*

Il faut montrer que la fonction $F: G \to \mathbf{Z}_p$ est égale à 0. Tout d'abord on a $F(1) = \det(1-1) = 0$ puisque $\dim G > 0$. Comme F est localement constante, cela montre que $F = 0$ dans un voisinage U de l'élément neutre. Mais F est la restriction à G de la fonction "morphique" $\underline{F}: g \mapsto \det(1 - \mathrm{Ad}(g^{-1}))$, définie sur la variété $\underline{G}$. Comme $\underline{G}$ est lisse et connexe, U est dense dans $\underline{G}$ pour la topologie de Zariski. Le fait que F soit 0 sur U entraîne donc $\underline{F} = 0$, d'où le résultat cherché.

Variante. On peut aussi démontrer directement que, pour tout point g de $\underline{G}$, la dimension du centralisateur de g est > 0 (puisqu'il en est ainsi pour l'élément générique).

Remarques.

1) Un argument analogue montre que $\mu_G = 0$ si $\dim G > 0$, et si l'image de

$$\mathrm{Ad}: G \to \mathbf{GL}(\mathrm{Lie}\, G)$$

est connexe pour la topologie de Zariski de $\mathbf{GL}(\mathrm{Lie}\, G)$.

2) Supposons que 7.4.1 s'applique, donc que $\mu_G = 0$. Par définition de μ_G, cela signifie que $e(G, A) = 0$ pour tout $A \in C_G$. Plus généralement, soit A un G-module discret qui soit un p-groupe fini, et soit $\chi(G, A)$ sa caractéristique d'Euler-Poincaré au sens multiplicatif, autrement dit le produit alterné des ordres $|H^i(G, A)|$. On a alors :

$$(7.4.2) \qquad \chi(G, A) = 1.$$

En effet, comme $\chi(G, A)$ est une fonction multiplicative de A, on peut se ramener par dévissage au cas où $pA = 0$, de sorte que A appartient à C_G, et que

$$(7.4.3) \qquad \chi(G, A) = p^{e(G,A)} = 1,$$

puisque $e(G, A) = 0$.

§8. Une application

Dans les §§ précédents, il ne s'agissait que de G-modules *de type fini* (sur $\mathbf{F}_p$, $\mathbf{Z}_p$ ou $\mathbf{Q}_p$, suivant les cas). Or le problème du calcul de la caractéristique d'Euler-Poincaré se pose pour tout G-module A dont les groupes de cohomologie sont de type fini (sur l'anneau de base considéré), ce qui n'entraîne nullement que A soit lui-même de type fini. C'est d'un cas de ce genre que nous allons nous occuper.

8.1. Les données

Comme au n°7.4, on part d'un groupe algébrique $\underline{G}$ sur $\mathbf{Q}_p$, et d'un sous-groupe ouvert compact G de $\underline{G}(\mathbf{Q}_p)$.

On se donne une représentation linéaire $\rho\colon \underline{G} \to \mathbf{GL}_V$, où V est un $\mathbf{Q}_p$-espace vectoriel de dimension finie. On note L un $\mathbf{Z}_p$-réseau de V stable par G (il en existe, puisque G est compact). Le G-module auquel on va s'intéresser est $I = V/L$; si $m = \dim V$, I est isomorphe comme groupe abélien à la somme directe de m copies de $\mathbf{Q}_p/\mathbf{Z}_p$.

On se donne également un plongement h du groupe multiplicatif $\mathbf{G}_m$ dans le centre de $\underline{G}$, et l'on suppose que V est homogène de poids $\neq 0$ pour l'action de $\mathbf{G}_m$: autrement dit, il existe un entier $r \neq 0$ tel que $\rho(h(t)).v = t^r v$ pour tout point t de $\mathbf{G}_m$ et tout point v de V.

(*Remarque.* Les données ci-dessus sont celles que l'on rencontre (ou que l'on espère rencontrer) dans la théorie des motifs sur un corps de nombres K : $\underline{G}$ est le groupe de Galois motivique, h est l'homomorphisme de $\mathbf{G}_m$ dans $\underline{G}$ associé au poids, V est la réalisation p-adique du motif, L est une $\mathbf{Z}_p$-forme de V, et G est l'image de $\mathrm{Gal}(\overline{K}/K)$ dans $\underline{G}(\mathbf{Q}_p)$.)

Dans ce qui suit, on identifie $\mathbf{G}_m$ à un sous-groupe de $\underline{G}$ au moyen de h, et l'on note $\underline{PG}$ le groupe quotient $\underline{G}/\mathbf{G}_m$. Soit PG l'image de G dans $\underline{PG}(\mathbf{Q}_p)$. On fait les hypothèses suivantes :

(8.1.1) *$\underline{G}$ est connexe, de dimension* > 1.

(8.1.2) *Le groupe PG n'a pas de p-torsion.*

(8.1.3) *Si $p = 2$, G ne contient pas $h(-1)$.*

On a alors :

Théorème 8.1.4—*Sous les hypothèses ci-dessus, les groupes de cohomologie $H^i(G, I)$ sont des p-groupes finis, nuls si $i \geq \dim G$, et le produit alterné de leurs ordres :*

$$\chi(G, I) = \prod |H^i(G, I)|^{(-1)^i}$$

est égal à 1.

(Rappelons que $I = V/L$.)

8.2. Démonstration du théorème 8.1.4

Soit N le noyau de la projection $G \to PG$. Comme N est un sous-groupe ouvert compact de $\mathbf{G}_m(\mathbf{Q}_p) = \mathbf{Q}_p^*$, c'est un sous-groupe ouvert de $\mathbf{Z}_p^*$; de plus, si $p = 2$, N ne contient pas -1 d'après (8.1.3). On peut donc écrire N sous la forme

(8.2.1) $$N = C \times U,$$

où C est cyclique d'ordre divisant $p - 1$, et U est isomorphe à $\mathbf{Z}_p$. On va utiliser la suite spectrale relative à l'extension de groupes :

$$1 \to N \to G \to PG \to 1.$$

Comme $\mathrm{cd}_p(N) = 1$, nous n'avons à nous occuper de $H^i(N, I)$ que pour $i = 0$ et $i = 1$. On a :

Lemme 8.2.2—(i) *$H^0(N, I)$ est un p-groupe fini.*

(ii) $H^1(N, I) = 0$.

Comme $H^i(N, I)$ se plonge dans $H^i(U, I)$, il suffit de prouver (i) et (ii) avec N remplacé par U. Or, si u est un générateur topologique de U, on a

(8.2.3) $$H^0(U, I) = \mathrm{Ker}(u - 1 \colon I \to I)$$

et

(8.2.4) $$H^1(U, I) = \mathrm{Coker}(u - 1 \colon I \to I).$$

Mais, si l'on identifie u à un élément de $\mathbf{Z}_p^*$, on sait que u agit sur I par u^r, où r est un entier $\neq 0$. Puisque u est d'ordre infini, on a $u^r - 1 \neq 0$, et comme I est un groupe divisible, $u - 1 \colon I \to I$ est surjectif, d'où (ii). De plus, le noyau de $u - 1 \colon I \to I$ est fini, ce qui démontre (i). (De façon plus précise, si v est la valuation p-adique de $u^r - 1$, $H^0(U, I)$ est isomorphe à $L/p^v L$.)

Vu (8.2.2), la suite spectrale $H^i(PG, H^j(N, I)) \Rightarrow H^{i+j}(G, I)$ dégénère en un isomorphisme :

(8.2.5) $$H^i(G, I) = H^i(PG, A),$$

où $A = H^0(N, I)$ est un PG-module fini d'ordre une puissance de p.

Or PG est un sous-groupe ouvert compact de $\underline{PG}(\mathbf{Q}_p)$, sans p-torsion d'après (8.1.2). On a donc $\mathrm{cd}_p(PG) = \dim \underline{PG} = \dim G - 1$, ce qui montre que les $H^i(PG, A)$ sont finis pour tout i, et nuls si $i > \dim G - 1$. Enfin, l'hypothèse (8.1.1) équivaut à dire que $\underline{PG}$ est connexe de dimension > 0. En appliquant à $\underline{PG}$ la prop.7.4.1, on voit que $\mu_{PG} = 0$, d'où $\chi(PG, A) = 1$ d'après (7.4.2). Comme $\chi(G, I) = \chi(PG, A)$ d'après (8.2.5), cela achève la démonstration.

8.3. Démonstration du théorème D du n°1.8

Le théorème D est le cas particulier du th.8.1.4 où $\underline{G} = \mathbf{GL}_n$ et $V = (\mathbf{Q}_p)^n$, $L = (\mathbf{Z}_p)^n$, $I = (\mathbf{Q}_p/\mathbf{Z}_p)^n$. Le plongement $h: \mathbf{G}_m \to \underline{G}$ est le plongement évident (homothéties). On a $\underline{PG} = \mathbf{PGL}_n$. La condition (8.1.1) est satisfaite puisque $\dim G = n^2 > 1$. La condition (8.1.3) est satisfaite puisque $p > n+1 > 2$. Le fait que (8.1.2) soit satisfaite résulte du lemme élémentaire suivant :

Lemme 8.3.1—*Si $p > n+1$, les groupes $\mathbf{GL}_n(\mathbf{Q}_p)$ et $\mathbf{PGL}_n(\mathbf{Q}_p)$ ne contiennent pas d'élément d'ordre p.*

Si $s \in \mathbf{GL}_n(\mathbf{Q}_p)$ est d'ordre p, l'une de ses valeurs propres, z, est une racine primitive p-ième de l'unité. Mais on sait que $z, z^2, \ldots, z^{p-1}$ sont conjuguées par $\mathrm{Gal}(\overline{\mathbf{Q}}_p/\mathbf{Q}_p)$. Donc $z, z^2, \ldots, z^{p-1}$ sont des valeurs propres de s, ce qui entraîne $n \geq p-1$.

Si $s \in \mathbf{PGL}_n(\mathbf{Q}_p)$ est d'ordre p, soit x un représentant de s dans $\mathbf{GL}_n(\mathbf{Q}_p)$, et soit $d = \det(x)$. Notons t l'homothétie x^p. On a

$$d^p = \det(x^p) = \det(t) = t^n.$$

Mais n et p sont premiers entre eux, puisque $p > n+1$. Il en résulte que t est de la forme $t = \theta^p$, avec $\theta \in \mathbf{Q}_p^*$. L'élément $y = \theta^{-1}x$ est alors un élément d'ordre p de $\mathbf{GL}_n(\mathbf{Q}_p)$, ce qui est impossible comme on vient de le voir.

Cela achève la démonstration du théorème D.

Remarque. On laisse au lecteur le soin d'étendre le lemme 8.3.1 à d'autres groupes réductifs que $\mathbf{GL}_n$ et $\mathbf{PGL}_n$. Par exemple, si $\underline{G}$ est un groupe de type E_8 sur $\mathbf{Q}_p$, $\underline{G}(\mathbf{Q}_p)$ n'a pas de p-torsion si $p \neq 2, 3, 5, 7, 11, 13, 19, 31$.

Bibliographie

[1] H. Bass—*Euler characteristics and characters of discrete groups*, Invent. math. **35** (1976), 155–196.

[2] N. Bourbaki—*Topologie Générale*, Chap. 1 à 4, Hermann, Paris, 1971.

[3] N. Bourbaki—*Groupes et Algèbres de Lie*, Chap. 3, *Groupes de Lie*, Hermann, Paris, 1971.

[4] J. Coates et S. Howson—*Euler characteristics and elliptic curves*, Proc. Nat. Acad. USA **94** (Oct. 1997), 1115–1117.

[5] W. Feit—*The Representation Theory of Finite Groups*, North-Holland, New York, 1982.

[6] A. Grothendieck—*Eléments de Géométrie Algébrique*, (rédigés avec la collaboration de J. Dieudonné), Chap. 0, Publ. Math. IHES **11** (1961), 349–423.

[7] M. Lazard—*Groupes analytiques p-adiques*, Publ. Math. IHES **26** (1965), 389–603.

[8] H. Nakamura—*On the pro-p Gottlieb theorem*, Proc. Japan Acad. **68** (1992), 279–292.

[9] H. Nakamura—*Galois rigidity of pure sphere braid groups and profinite calculus*, J. Math. Sci. Univ. Tokyo **1** (1994), 71–136.

[10] J-P. Serre—*Sur la dimension cohomologique des groupes profinis*, Topology **3** (1965), 413–420 (=*Oe.* 66).

[11] J-P. Serre—*Représentations Linéaires des Groupes Finis*, 5e édition corrigée, Hermann, Paris, 1998.

[12] J-P. Serre—*Cohomologie Galoisienne*, 5e édition révisée et complétée, Lect. Notes in Math. **5**, Springer-Verlag, 1994.

[13] J. Stallings—*Centerless groups—An algebraic formulation of Gottlieb's theorem*, Topology **4** (1965), 129–134.

[14] J. Tate—*Duality theorems in Galois cohomology over number fields*, Proc. Int. Congress Stockholm (1962), 288–295.

[15] J. Tate—*On the conjectures of Birch and Swinnerton-Dyer and a geometric analog*, Sém. Bourbaki 1965/1966, n°**306**, Benjamin Publ., New York, 1966.

[16] A.E. Zaleskii—*Sur un problème de Kaplansky* (en russe), Dokl. Akad. Nauk SSSR **203** (1972), 749–751 (trad. anglaise : Soviet Math. Dokl. **13** (1972), 449–452).

174.

Sous-groupes finis des groupes de Lie

Séminaire Bourbaki 1998/99, n° 864, Astérisque **266** (2000), 415–430 et
Documents Mathématiques **1**, 233–248, S.M.F., 2001

Introduction

Les sous-groupes finis du groupe des rotations $SO_3(\mathbf{R})$ sont bien connus. Ce sont :

les groupes cycliques C_n d'ordre $n = 1, 2, \ldots$;
les groupes diédraux D_n d'ordre $2n$, $n = 2, 3, \ldots$;
le groupe alterné Alt_4 d'ordre 12 ;
le groupe symétrique Sym_4 d'ordre 24 ;
le groupe alterné Alt_5 d'ordre 60.

On aimerait avoir une liste analogue pour d'autres groupes de Lie compacts, ou d'autres groupes algébriques (en caractéristique zéro, et même en caractéristique > 0). Ce serait utile pour beaucoup de questions (représentations ℓ-adiques, par exemple). Bien sûr, c'est trop demander, vu que tout groupe fini se plonge dans un groupe unitaire convenable ! On va voir que l'on peut tout de même dire pas mal de choses si l'on se borne à des groupes finis qui sont, soit abéliens, soit simples.

Hypothèses et notations

Plutôt que de travailler dans la catégorie des groupes de Lie compacts, on préfère se placer dans celle des groupes réductifs complexes. Cela ne change rien : on sait que, si K est un groupe de Lie compact, il possède un complexifié G qui est un groupe réductif sur $\mathbf{C}$; le groupe K est un sous-groupe compact maximal de $G(\mathbf{C})$. Tout sous-groupe fini de $G(\mathbf{C})$ est conjugué à un sous-groupe de K ; de plus, K « contrôle la fusion de K dans $G(\mathbf{C})$ » au sens suivant : si A, B sont deux sous-groupes de K, et si $g \in G(\mathbf{C})$ est tel que $gAg^{-1} = B$, il existe un élément g_0 de K tel que $g_0 a g_0^{-1} = gag^{-1}$ pour tout $a \in$ A (cela se déduit de la décomposition de Cartan de $G(\mathbf{C})$). 1

(Dans le cas particulier $K = SO_3(\mathbf{R})$, on a $G = PGL_2$, de sorte que les groupes $C_n, D_n, \ldots, Alt_5$ s'interprètent comme des sous-groupes finis de $PGL_2(\mathbf{C})$, c'est-à-dire comme des groupes finis d'automorphismes de la droite projective.)

Dans ce qui suit, on adoptera le point de vue des groupes algébriques (qui a, entre autres avantages, celui de permettre des réductions modulo p). On fixe un corps k algébriquement clos de caractéristique zéro, ainsi qu'un groupe réductif connexe G défini sur k ; on se permet d'identifier G à $G(k)$. Le cas le plus intéressant est celui où G est « presque simple », i.e. semi-simple à système de racines irréductible; le groupe adjoint G^{ad} est alors un groupe simple, au sens usuel du terme.

1. Le cas (presque) abélien

Lorsque $G = PGL_2$ les sous-groupes abéliens finis de G sont les groupes cycliques C_n et le groupe diédral D_2 qui est abélien élémentaire de type $(2,2)$. Les C_n sont contenus dans un tore maximal, alors que D_2 ne l'est pas; le nombre premier $p = 2$ joue donc un rôle particulier pour PGL_2. Nous allons trouver une situation analogue dans le cas général.

1.1. Sous-groupes toraux. — Un sous-groupe fini A de G est dit *toral* s'il est contenu dans un tore maximal T de G. La structure d'un tel sous-groupe est évidente : si $r = \dim$ T est le rang de G, A peut être engendré par r éléments; inversement, tout groupe abélien ayant cette propriété est isomorphe à un sous-groupe toral de G.

Soit $N = N_G(T)$ le normalisateur de T dans G. Le quotient $W = N/T$ est le *groupe de Weyl* de G (plus correctement : du couple (G, T)). Ce groupe opère sur T par conjugaison, et il contrôle la fusion de T dans G :

1.1.1. *Si* A *et* B *sont des sous-groupes de* T, *et si* $g \in G$ *est tel que* $gAg^{-1} = B$, *il existe* $w \in W$ *tel que* $w(a) = gag^{-1}$ *pour tout* $a \in A$.

Cet énoncé est l'exact analogue d'un théorème de BURNSIDE sur les sous-groupes du centre d'un p-groupe de Sylow. Il se démontre de la même manière : on remarque que T et $g^{-1}Tg$ sont des tores maximaux du centralisateur $Z_G(A)$ de A, donc sont conjugués par $Z_G(A)$. Cela permet de remplacer g par un élément de N ; d'où le résultat cherché.

Les groupes abéliens ayant très peu de générateurs sont toraux :

1.1.2. *Soit* A *un sous-groupe abélien fini de* G. *Alors* A *est toral dans chacun des deux cas suivants* :

a) A *est cyclique*;

b) G *est simplement connexe, et* A *est engendré par deux éléments.*

Le cas a) est immédiat : tout élément d'ordre fini est semi-simple, donc contenu dans un tore maximal. Dans le cas b), supposons A engendré par x, y. Du fait que G est simplement connexe, le centralisateur $Z_G(x)$ est connexe. Le même argument que dans a) montre qu'il existe un tore maximal T de $Z_G(x)$ qui contient y. Ce tore est un tore maximal de G et il contient x, donc A.

1.2. Plongements dans N. — A défaut de pouvoir plonger un groupe abélien fini dans un tore maximal, on peut essayer de le plonger dans le normalisateur d'un tel tore. C'est toujours possible. Plus généralement (cf. Borel-Serre [6], Borel-Mostow [5] et Springer-Steinberg [33], II.5.6) :

1.2.1. *Soit* A *un sous-groupe fini hyper-résoluble de* G. *Il existe un tore maximal* T *de* G *dont le normalisateur* N *contient* A.

Rappelons qu'un groupe A est dit hyper-résoluble (« supersolvable ») s'il admet une suite de composition :

$$1 = A_0 \subset A_1 \subset \cdots \subset A_n = A,$$

où les A_i sont normaux dans A, et A_i/A_{i-1} est cyclique pour tout $i \geqslant 1$. On a les implications :

$$\text{abélien} \Longrightarrow \text{nilpotent} \Longrightarrow \text{hyper-résoluble} \Longrightarrow \text{résoluble}.$$

Voici une application simple de 1.2.1 :

1.2.2. *Soit p un nombre premier ne divisant pas l'ordre du groupe de Weyl* W. *Si* A *est un p-groupe contenu dans* G, A *est abélien et toral.*

En effet, on peut supposer, d'après 1.2.1, que A est contenu dans N. Vu l'hypothèse faite sur p, son image dans W = N/T est triviale. Il est donc contenu dans T.

Remarque : Le groupe N est une extension, en général non triviale, de W par T. On trouvera dans Tits ([35], [36]) une description de cette extension, en termes d'un certain groupe fini N_Z défini explicitement par générateurs et relations ; voir aussi Bourbaki, LIE IX, p. 115, exerc. 12.

1.3. Nombres premiers de torsion

(Références : Borel [4], Steinberg [34] et Bourbaki, LIE IX, p. 120–121, exerc. 7 à 12.)

Un nombre premier p est dit *de torsion* (pour G) s'il vérifie les conditions équivalentes suivantes :

a) *Il existe un p-sous-groupe abélien de* G *qui n'est pas toral.*

a′) *Il existe un p-sous-groupe abélien élémentaire de* G, *de rang* $\leqslant 3$, *qui n'est pas toral.*

On note Tors(G) l'ensemble de ces nombres premiers ; d'après 1.2.2, c'est un sous-ensemble de l'ensemble des diviseurs premiers de l'ordre de W. Dans le cas particulier où $G = PGL_2$, on a $\mathrm{Tors}(G) = \{2\}$.

Le terme de « torsion » provient du résultat suivant, dans lequel je suppose que $k = \mathbf{C}$ (sinon il faut faire intervenir la cohomologie étale) :

1.3.1. (cf. [4], [34]) *Pour que p appartienne à* Tors(G), *il faut et il suffit que l'un des groupes d'homologie* $H_i(G, \mathbf{Z})$ *contienne un élément d'ordre p.*

(Noter qu'il revient au même de considérer l'homologie de $G = G(\mathbf{C})$ ou celle d'un compact maximal K, car $G(\mathbf{C})$ et K ont même type d'homotopie.)

On trouvera dans [4] et [34] une longue liste de propriétés caractérisant les éléments de Tors(G). En voici quelques-unes :

1.3.2. *On a* $\mathrm{Tors}(G) = \mathrm{Tors}(G')$, *où* G' *est le groupe dérivé de* G.

Comme G' est semi-simple, cela ramène l'étude de Tors(G) au cas où G est semi-simple. Dans ce cas, notons $\overline{G}$ le revêtement universel de G, notons $\pi_1(G)$ le noyau de $\overline{G} \to G$ et soit $\mathrm{Tors}(\pi_1(G))$ l'ensemble des nombres premiers qui divisent l'ordre du groupe fini $\pi_1(G)$. Alors :

1.3.3. *On a* $\mathrm{Tors}(G) = \cup_H \mathrm{Tors}(\pi_1(H'))$, *où* H *parcourt les sous-groupes réductifs connexes de* G *ayant même rang que* G.

1.3.4. *On a* $\mathrm{Tors}(G) = \mathrm{Tors}(\overline{G}) \cup \mathrm{Tors}(\pi_1(G))$.

Cet énoncé ramène la détermination de Tors(G) au cas où G est simplement connexe. En utilisant 1.3.3, on en déduit (cf. [4], [34]) :

1.3.5. *Supposons* G *simplement connexe et presque simple. Soit* (α_i) *une base de son système de racines, soit* β *la plus grande racine, et écrivons la racine duale* $\beta^\vee$ *de* β *sous la forme :*

$$\beta^\vee = \sum n_i \alpha_i^\vee,$$

où les n_i *sont des entiers* > 0. *Alors, pour que p soit de torsion pour* G, *il faut et il suffit qu'on ait* $p \leqslant \sup(n_i)$.

D'où :

1.3.6. *Supposons* G *simplement connexe et presque simple. Alors :*

$\mathrm{Tors}(G) = \varnothing$ *si* G *est de type* A_n *ou* C_n ;

$\mathrm{Tors}(G) = \{2\}$ *si* G *est de type* B_n $(n \geqslant 3)$, D_n $(n \geqslant 4)$ *ou* G_2 ;

Tors(G) = $\{2, 3\}$ *si* G *est de type* F_4, E_6 *ou* E_7 ;
Tors(G) = $\{2, 3, 5\}$ *si* G *est de type* E_8.

1.4. Exemples de groupes abéliens élémentaires non toraux

(Références : ADAMS [1], BOREL [4], BOREL-SERRE [6], COHEN-SEITZ [10], STEINBERG [34] et (surtout) GRIESS [17].)

Je me borne à deux exemples, l'un relatif à $p = 2$ et l'autre à $p = 5$.

1.4.1. Supposons que -1 appartienne au groupe de Weyl W ; c'est le cas pour les groupes de type A_1, B_n, C_n, D_n (n pair), G_2, F_4, E_7, E_8. Soit $g \in N$ un représentant de l'élément -1 de W. On peut montrer que g^2 est d'ordre 1 ou 2, et appartient au centre de G. Supposons que $g^2 = 1$ (c'est le cas si G est de type adjoint). Soit A le groupe engendré par g et par les éléments d'ordre 2 de T ; c'est un groupe abélien élémentaire d'ordre 2^{n+1}, où n est le rang de G, i.e. la dimension de T. *Ce groupe n'est pas toral*; on peut même montrer que son centralisateur $Z_G(A)$ est fini.

Lorsque G est PGL_2, le groupe A est le groupe diédral D_2. Lorsque G est de type G_2, F_4 ou E_8, A est d'ordre 2^3, 2^5, 2^9 ; de tels sous-groupes jouent un grand rôle dans la cohomologie (usuelle — ou galoisienne) du groupe G. Noter que, dans ces trois cas, A est un sous-groupe élémentaire *maximal* de G : de façon générale, si G est simplement connexe, les p-sous-groupes abéliens de G sont de rang $\leqslant n + 1$ si $p = 2$, et de rang $\leqslant n$ si $p > 2$, cf. BOREL [4] et COHEN-SEITZ [10].

1.4.2. Le groupe $G = E_8$ contient un élément z d'ordre 5 dont le centralisateur $Z_G(z)$ est de la forme $G_1 \cdot G_2$, où G_1 et G_2 sont isomorphes à SL_5, commutent, et ont pour intersection $\langle z \rangle$ (cela se déduit du diagramme de Dynkin complété de E_8 en remarquant que, si l'on en retranche la racine simple qui a le coefficient 5 dans la plus grande racine, on trouve deux diagrammes de type A_4). Dans $G_1 = SL_5$, il est facile de trouver des éléments x_1 , y_1 d'ordre 5 tels que $x_1 y_1 x_1^{-1} y_1^{-1} = z$; de même, il existe dans G_2 des éléments x_2 , y_2 d'ordre 5 tels que $x_2 y_2 x_2^{-1} y_2^{-1} = z^{-1}$. Si l'on pose $x = x_1 x_2$ et $y = y_1 y_2$, on constate que le groupe $A = \langle x, y, z \rangle$ est abélien élémentaire d'ordre 5^3. *Ce groupe n'est pas toral*; on peut même montrer que $Z_G(A)$ est égal à A.

1.5. Relations entre cohomologie galoisienne et sous-groupes non toraux

Qu'il existe de telles relations est connu depuis longtemps. Voici deux exemples :

1.5.1 (GROTHENDIECK [23]). *Les deux propriétés suivantes sont équivalentes :*

a) $\mathrm{Tors}(G) = \varnothing$ (cela équivaut à dire que tout sous-groupe abélien de G est toral).

b) $H^1(K, G) = 0$ *pour toute extension* K *de* k.

(Pour la définition de $H^1(K, G)$, voir par exemple [30].)

Lorsque G est semi-simple, ces propriétés sont satisfaites si et seulement si G est un produit de groupes simplement connexes de type A ou C, cf. § 1.3. Un tel groupe est parfois dit « spécial ».

1.5.2. *Supposons que* G *soit égal à* PGL_2, *ou soit de type* G_2. *Soit* A *le* 2-*sous-groupe élémentaire non toral de* G *défini dans* 1.4.1. *Alors, pour toute extension* K *de* k, *l'application* $H^1(K, A) \to H^1(K, G)$ *est surjective.*

Noter que $H^1(K, A)$ n'est autre que $\mathrm{Hom}(\mathrm{Gal}(\overline{K}/K), A)$. Dans le cas de PGL_2, les éléments de $H^1(K, A)$ peuvent donc s'interpréter comme des couples (λ, μ) d'éléments de K^*/K^{*2} et l'élément correspondant de $H^1(K, PGL_2)$ est l'algèbre de quaternions définie par deux générateurs i et j soumis aux relations

$$i^2 = \lambda\,, \quad j^2 = \mu\,, \quad ij = -ji.$$

Même chose pour G_2, les quaternions étant remplacés par les octonions.

L'énoncé 1.5.2, pour agréable qu'il soit, ne donne pas de moyen de prouver la non trivialité des éléments de $H^1(K, G)$ ainsi obtenus ; il faut le compléter par la construction d'*invariants cohomologiques*, cf. [30], §§ 6,7 et [25], § 31. Tout récemment, Reichstein et Youssin [29] ont obtenu un résultat bien plus satisfaisant. Pour le formuler, il faut d'abord définir la *dimension essentielle* $\mathrm{ed}(x)$ d'un élément x de $H^1(K, G)$: c'est la borne inférieure des degrés de transcendance sur k des sous-extensions K' de K telles que x appartienne à l'image de $H^1(K', G) \to H^1(K, G)$. (En termes plus géométriques — et plus vagues — c'est le nombre minimum de paramètres dont on a besoin pour écrire le G-torseur x.) La borne supérieure des $\mathrm{ed}(x)$, quand K et x varient, est la *dimension essentielle* de G ; elle est notée $\mathrm{ed}(G)$. Nous pouvons maintenant énoncer le théorème principal de [29] :

1.5.3. *Si* G *contient un* p-*sous-groupe abélien élémentaire* A *dont le centralisateur est fini, on a* $\mathrm{ed}(G) \geqslant \mathrm{rang}(A)$.

En combinant cet énoncé avec 1.4.1, on obtient :

1.5.4. *On a* $\mathrm{ed}(E_7^{\mathrm{ad}}) \geqslant 8$ et $\mathrm{ed}(E_8) \geqslant 9$.

Ainsi, il existe des E_8-torseurs dont la construction exige au moins 9 paramètres !

Remarques

1) L'hypothèse faite sur A dans 1.5.3 est équivalente à dire que A n'appartient à aucun sous-groupe parabolique propre de G. Elle entraîne que A n'est pas toral.

2) L'énoncé démontré dans [29] est plus précis que 1.5.3 ; c'est :

$$\mathrm{ed}(\mathrm{G}; p) \geqslant \mathrm{rang}(\mathrm{A}),$$

où $\mathrm{ed}(\mathrm{G}; p)$ est la dimension essentielle de G « en p » (i.e. en considérant comme négligeables les extensions de corps de degré premier à p).

3) Les démonstrations de [29] utilisent la *résolution des singularités* (sous forme équivariante). Elles ne s'étendent pas, pour l'instant, aux corps de caractéristique $\neq 0$.

2. Le cas (presque) simple

On va maintenant s'intéresser aux plongements d'un groupe simple (fini, non abélien) dans G.

Il est commode de considérer, plus généralement, les plongements des groupes $\overline{\mathrm{S}}$ qui sont des extensions centrales de S (on peut imposer à $\overline{\mathrm{S}}$ d'être égal à son groupe dérivé, cela ne change rien). Exemple typique :

$$\mathrm{S} = \mathrm{L}_2(q) = \mathrm{PSL}_2(\mathbf{F}_q) \quad \text{et} \quad \overline{\mathrm{S}} = 2 \cdot \mathrm{L}_2(q) = \mathrm{SL}_2(\mathbf{F}_q)\ , \qquad q \ \text{impair.}$$

(Les notations $\mathrm{L}_2(q)$ et $2 \cdot \mathrm{L}_2(q)$ sont celles de l'ATLAS [15].)

Un plongement d'un tel groupe $\overline{\mathrm{S}}$ dans G est appelé un *plongement projectif* de S. Le principal avantage de cette notion est la propriété d'invariance suivante : si $\mathrm{G}' \to \mathrm{G}$ est une isogénie, S a un plongement projectif dans G si et seulement si il a un plongement projectif dans G'.

Lorsque S et G sont donnés, et que G est un groupe classique, l'examen de la table des caractères de S (et de ses extensions centrales) permet de décider si S a un plongement (ou un plongement projectif) dans G ; c'est clair lorsque G est de type A_n, et c'est facile pour les types B_n, C_n, D_n. Une méthode analogue s'applique à G_2 (en utilisant sa représentation irréductible de degré 7 et la forme trilinéaire alternée correspondante), cf. ASCHBACHER [2] et COHEN-WALES [11]. Les types F_4, E_6, E_7, E_8 sont plus difficiles ; ce n'est que récemment (GRIESS-RYBA [22]) que la liste des S possibles a été complétée. Avant de donner cette liste (que l'on trouvera au § 2.4), je vais parler du cas $\mathrm{S} = \mathrm{L}_2(q)$, qui est le seul où l'on ait des énoncés généraux, i.e. valables aussi bien pour les groupes classiques que pour les groupes exceptionnels.

2.1. Plongements projectifs de $L_2(q)$ dans G ; énoncé du résultat. — On suppose $q > 2$. Le groupe $S = L_2(q) = PSL_2(\mathbf{F}_q)$ est alors un groupe simple (sauf si $q = 3$, où c'est le groupe Alt_4), et toute extension centrale $\overline{S}$ de S, égale à son groupe dérivé, est isomorphe, soit à $2 \cdot S = SL_2(\mathbf{F}_q)$, soit à S (sauf si $q = 4$ ou 9). On va donc s'intéresser aux homomorphismes

$$f : SL_2(\mathbf{F}_q) \longrightarrow G$$

de noyau égal à 1 ou à $\{\pm 1\}$. Un tel homomorphisme sera dit *non dégénéré.*

Écrivons q sous la forme p^e, avec p premier, $e \geqslant 1$. Le p-groupe de Sylow $U = \begin{pmatrix} 1 & * \\ 0 & 1 \end{pmatrix}$ de $SL_2(\mathbf{F}_q)$ est isomorphe à $\mathbf{F}_q$. Le groupe $A = f(U)$ est un p-groupe abélien élémentaire de G de rang e. Nous dirons que f est *de type toral* si A est toral au sens du § 1.1. C'est le cas si $e = 1$, ou si $e = 2$ et G est simplement connexe (1.1.2), ou si p n'est pas un nombre premier de torsion pour G.

Nous allons donner un *critère pour l'existence d'un f non dégénéré de type toral.* Supposons G presque simple, de rang r ; soient k_i ($i = 1, \ldots, r$) les exposants de son groupe de Weyl et soient $d_i = k_i + 1$ les degrés correspondants (Bourbaki, LIE V, § 6, prop. 3). L'énoncé suivant résume une série de résultats dus à divers auteurs ([2], [8], [9], [11], [12], [14], [19], [20], [24], [28], [31]) :

2.1.1. *Pour qu'il existe un homomorphisme non dégénéré de type toral de $SL_2(\mathbf{F}_q)$ dans G, il faut et il suffit que $q-1$ divise l'un des entiers $2d_1, \ldots, 2d_r$.*

Remarque.— Lorsque $p = 2$ ou 3, il existe quelques plongements de $L_2(p^e)$ qui ne sont pas de type toral, par exemple :

$$L_2(4) \longrightarrow PGL_2\ ,\ L_2(8) \longrightarrow G_2\ ,\ L_2(16) \longrightarrow D_8\ , L_2(32) \longrightarrow E_8\ ;$$
$$L_2(9) \longrightarrow PGL_3\ ,\ L_2(27) \longrightarrow F_4.$$

Je ne sais pas en donner de description systématique.

Exemples

1) Si $G = SL_2$, on a $r = 1$ et $d_1 = 2$; la condition dit alors que $q-1$ divise 4, d'où $q = 3$ et $q = 5$, ce qui donne des plongements de $SL_2(\mathbf{F}_3)$ et $SL_2(\mathbf{F}_5)$ dans SL_2 ; d'où des plongements de $PSL_2(\mathbf{F}_3) = Alt_4$ et de $PSL_2(\mathbf{F}_5) = Alt_5$ dans PGL_2. On retrouve ainsi les groupes du tétraèdre et de l'icosaèdre (quant au groupe du cube, Sym_4, il s'interprète aussi comme $PGL_2(\mathbf{F}_3)$, et c'est le normalisateur du groupe Alt_4).

2) Si $G = G_2$, on a $r = 2$, $d_1 = 2$, $d_2 = 6$; la condition dit que $q-1$ divise 12, ce qui donne des plongements projectifs pour $q = 3, 5, 7, 13$. En fait, si $q = 7$

ou 13, ces plongements projectifs sont de vrais plongements de $L_2(q)$, car sinon leurs images seraient contenues dans le centralisateur d'un élément d'ordre 2, qui est de type $A_1 \cdot A_1$, et cela contredirait l'exemple 1. (Ce genre d'argument s'applique à beaucoup d'autres cas : les plongements projectifs intéressants sont de vrais plongements.)

3) Si $G = E_8$, on a $(d_1, \ldots, d_8) = (2, 8, 12, 14, 18, 20, 24, 30)$ et l'on en déduit notamment des plongements de $L_2(q)$ pour $q = 16, 31, 41, 49, 61$.

4) Le plus grand des entiers d_i est le *nombre de Coxeter* h, égal à

$$(\dim G)/r - 1.$$

L'énoncé 2.1.1 contient donc comme cas particulier la *conjecture de Kostant : si* $q = 2h + 1$ *est une puissance d'un nombre premier, le groupe* G^{ad} *contient un sous-groupe isomorphe à* $L_2(q)$.

5) On a un énoncé analogue à celui de KOSTANT lorsque $h + 1$ est une puissance d'un nombre premier, d'où par exemple $L_2(19) \to E_7^{\mathrm{ad}}$ et $L_2(31) \to E_8$. Lorsque $h + 1$ est égal à un nombre premier p, on a un résultat plus précis (cf. [31]) : le groupe $PGL_2(\mathbf{F}_p)$ (qui est « deux fois plus grand » que $PSL_2(\mathbf{F}_p)$) est, lui aussi, plongeable dans G^{ad}. Lorsque $G = PGL_2$, on retrouve le groupe du cube $PGL_2(\mathbf{F}_3)$, cf. exemple 1. De ce point de vue, on peut dire que « les analogues » pour E_8 des groupes Alt_4, Sym_4, et Alt_5 du début de l'exposé sont respectivement $PSL_2(\mathbf{F}_{31})$, $PGL_2(\mathbf{F}_{31})$ et $PSL_2(\mathbf{F}_{61})$.

2.2. Le critère 2.1.1 : démonstration de la nécessité. — Il s'agit de prouver que, si $f : SL_2(\mathbf{F}_q) \to G$ est un homomorphisme non dégénéré de type toral, alors $q - 1$ divise l'un des entiers $2d_i$.

On utilise :

2.2.1. *Soit* A *un* p*-sous-groupe élémentaire toral de* G, *et soit* $g \in N_G(A)$. *Soit* $I_g \in GL(A)$ *l'automorphisme de* A (vu comme espace vectoriel sur $\mathbf{F}_p$) *défini par la conjugaison par* g. *Soit* λ *une valeur propre de* I_g *dans* $\overline{\mathbf{F}}_p$ *et soit* m *l'ordre de* λ (*dans* $\overline{\mathbf{F}}_p^*$). *Alors* m *divise l'un des* d_i.

(On peut supposer que A est contenu dans T ; d'après 1.1.1, il existe $w \in W$ qui induit I_g sur A. L'une des valeurs propres de w en caractéristique 0 a pour réduction λ en caractéristique p. Son ordre est donc de la forme mp^a, avec $a \geqslant 0$. D'après un théorème de SPRINGER ([32], th. 3.4 (i)), mp^a divise l'un des d_i. Il en est donc de même de m.)

Revenons à f, et au p-Sylow $U = \begin{pmatrix} 1 & * \\ 0 & 1 \end{pmatrix}$. Soit $A = f(U)$, et soit $g = f(h)$, où $h = \begin{pmatrix} c & 0 \\ 0 & c^{-1} \end{pmatrix}$ est un générateur du sous-groupe diagonal de $SL_2(\mathbf{F}_q)$. Si l'on identifie U à $\mathbf{F}_q$, l'action de h sur ce groupe est l'homothétie de rapport c^2 ; ses valeurs propres (dans $\overline{\mathbf{F}}_p$) sont les conjugués de c^2, qui sont d'ordre $m = (q-1)/2$ si $p > 2$ et $m = q-1$ si $p = 2$. En appliquant 2.2.1 à A et g, on voit que m divise l'un des entiers d_i ; donc $q-1$ divise l'un des entiers $2d_i$.

Remarque.— Le même argument montre que, si f est un homomorphisme de $\mathrm{GL}_2(\mathbf{F}_q)$ dans G, qui est non dégénéré et de type toral (en un sens évident), alors $q-1$ divise l'un des d_i.

2.3. Le critère 2.1.1 : vérification de la suffisance. — On doit montrer que, si $q-1$ divise l'un des entiers $2d_i$, il existe $f : \mathrm{SL}_2(\mathbf{F}_q) \to \mathrm{G}$ qui est non dégénéré de type toral.

On ne connaît pas de démonstration générale de cet énoncé. On procède cas par cas :

1) Le cas où G est de type classique se traite facilement, grâce à la connaissance de la table des caractères de $\mathrm{SL}_2(\mathbf{F}_q)$; les caractères irréductibles de degré $(q \pm 1)/2$ sont particulièrement utiles. La condition de toralité est trivialement satisfaite si $p \neq 2$; dans le cas où $p = 2$, et où G est un groupe orthogonal, il faut faire un peu attention. La même méthode s'applique à G_2 (voir aussi [2], [11], [28]).

2) Pour les groupes exceptionnels, les inclusions des groupes classiques dans ceux-ci, et les plongements

$$\mathrm{G}_2 \longrightarrow \mathrm{F}_4 \longrightarrow \mathrm{E}_6 \longrightarrow \mathrm{E}_7 \longrightarrow \mathrm{E}_8,$$

montrent qu'il suffit de traiter les cas suivants :

$$\mathrm{F}_4\ (q=25)\,; \quad \mathrm{E}_6\ (q=19)\,; \quad \mathrm{E}_7\ (q=29, 37)\,; \quad \mathrm{E}_8\ (q=16, 31, 41, 49, 61).$$

Le cas (E_8 ; 16) se traite en remarquant que $\mathrm{L}_2(16)$ se plonge dans un groupe de type D_8, donc dans un groupe de type E_8 ; ce plongement n'est pas de type toral dans D_8, mais il le devient dans E_8 comme on le voit en appliquant [8], prop. 3.8.

Le cas (F_4 ; 25) se déduit de ce que $\mathrm{L}_2(25)$ se plonge dans le groupe de Tits ${}^2\mathrm{F}_4(2)'$, qui lui-même se plonge dans E_6, cf. 2.4.2, b) ci-après. On vérifie par un calcul de caractères que le sous-groupe de E_6 ainsi obtenu est contenu dans un conjugué de F_4, cf. COHEN-WALES [14].

Les cas (E_6 ; 19), (E_7 ; 37), (E_8 ; 31), (E_8 ; 41), (E_8 ; 49), (E_8 ; 61) ont été vérifiés par des calculs sur ordinateur, cf. COHEN-WALES [14], KLEIDMAN-RYBA [24], GRIESS-RYBA [19] et [20], COHEN-GRIESS-LISSER [9].

Les cas (E_7 ; 37), (E_8 ; 31) et (E_8 ; 61) sont traités dans [31] par une méthode p-adique qui consiste à relever un plongement (bien choisi) de la caractéristique p à la caractéristique 0. Une variante non encore publiée de cette 2
méthode permet de traiter aussi (E_6 ; 19), (E_7 ; 29) et (E_8 ; 41). Ainsi, *tous les cas où q est premier peuvent être obtenus sans ordinateur.*

Remarque.— Les calculs sur ordinateur ont un inconvénient évident : ils ne sont pas vérifiables pas à pas, comme une démonstration doit l'être. Ils ont toutefois un avantage : dans certains cas, ils montrent *l'unicité* (à conjugaison près) du plongement considéré, cf. [19], [20]. C'est là un résultat que la méthode p-adique ne donne pas, au moins pour le moment.

2.4. Plongements projectifs des groupes finis simples dans les groupes de type exceptionnel. — La table suivante est extraite de GRIESS-RYBA [22] (avec une petite correction relative à F_4). Elle donne la liste des groupes simples ayant un plongement projectif dans $G_2, \ldots, E_8$. Je renvoie à [22] et [27] pour divers renseignements supplémentaires sur ces plongements, ainsi que pour des références.

Table

$\mathbf{G_2}$ – Alt_n, $n = 5, 6$; $L_2(q)$, $q = 7, 8, 13$; $SU_3(3) = G_2(2)'$.

$\mathbf{F_4}$ – *ceux de* G_2 *et* : Alt_n, $n = 7, 8, 9, 10$; $L_2(q)$, $q = 17, 25, 27$; $L_3(3)$; $SU_4(2)$; $Sp_6(2) = O_7(2)$; $O_8^+(2)$; ${}^3D_4(2)$.

$\mathbf{E_6}$ – *ceux de* F_4 *et* : Alt_{11} ; $L_2(q)$, $q = 11, 19$; $L_3(4)$; $PSU_4(3)$; ${}^2F_4(2)'$; M_{11} ; $HJ = J_2$.

$\mathbf{E_7}$ – *ceux de* E_6 *et* : Alt_n, $n = 12, 13$; $L_2(q)$, $q = 29, 37$; $PSU_3(8)$; M_{12}.

$\mathbf{E_8}$ – *ceux de* E_7 *et* : Alt_n, $n = 14, 15, 16, 17$; $L_2(q)$, $q = 16, 31, 32, 41, 49, 61$; $L_3(5)$; $PSp_4(5)$; $G_2(3)$; ${}^2B_2(8) = Sz(8)$.

[Les notations sont celles de l'ATLAS [15]. En particulier $L_n(q)$ désigne le groupe $PSL_n(\mathbf{F}_q)$. Vu que $\mathrm{Alt}_5 = L_2(4) = L_2(5)$ et $\mathrm{Alt}_6 = L_2(9)$, la liste pour G_2 pourrait aussi être écrite :

$\mathbf{G_2}$ – $L_2(q)$, $q = 4, 5, 7, 8, 9, 13$; $SU_3(3) = G_2(2)'$. De même, pour F_4, on peut remplacer Alt_8 par $L_4(2)$.]

La vérification de l'exactitude de cette table comporte deux parties. Tout d'abord :

2.4.1. *Un groupe simple qui ne figure pas dans la table n'a pas de plongement projectif dans* G.

Comme on peut s'y attendre, le point de départ est la *classification des groupes simples finis*, qui est admise (le lecteur curieux de savoir quelle partie de cette classification reste à démontrer pourra consulter ASCHBACHER [3]). Cela permet de passer en revue les différents cas possibles : groupes alternés, groupes de type algébrique, groupes sporadiques. Pour éliminer un groupe S, on utilise des arguments variés, par exemple 1.2.2 ou 2.2.1 (qui suffisent si le groupe est très gros), ou (dans les cas difficiles) la table des caractères du groupe. C'est un travail délicat. La moindre erreur peut conduire à éliminer à tort le groupe en question. C'est ce qui s'était passé dans une liste précédente [8] pour les groupes $L_2(41)$, $L_2(49)$ et $Sz(8)$ qui avaient été déclarés non plongeables dans E_8.

2.4.2. *Tout groupe figurant dans la table a au moins un plongement projectif dans* G.

On utilise différentes méthodes. Par exemple :

a) Le cas le plus facile est celui où l'on connaît un sous-groupe de G dans lequel S a un plongement projectif. Ainsi, pour traiter le cas de Alt_{10} et F_4, il suffit de remarquer que Alt_{10} a une représentation orthogonale évidente de degré 9, autrement dit se plonge dans un groupe de type B_4, et l'on utilise le plongement de B_4 dans F_4.

b) Certains cas peuvent se traiter à partir de la table des caractères de S (et de ses extensions centrales). Outre $G = G_2$, déjà signalé, il faut mentionner le cas où $G = E_6$ et où S est le groupe de Tits ${}^2F_4(2)'$ (COHEN-WALES [14]). On part du fait que le groupe $S \cdot 2 = {}^2F_4(2)$ a une représentation irréductible V de dimension 78 (cf. [15], p. 75). Un calcul de caractères montre que $\wedge^2 V$ contient V ; il existe donc un homomorphisme non nul $\wedge^2 V \to V$ compatible avec l'action de $S \cdot 2$, et un autre calcul de caractères montre que l'identité de Jacobi est satisfaite. D'où une structure d'algèbre de Lie sur V. Il est clair que cette algèbre de Lie est simple; puisqu'elle est de dimension 78, elle est de type B_6, C_6 ou E_6. On élimine les types B_6 et C_6 qui conduiraient à des représentations de $S \cdot 2$ de degré trop petit. L'algèbre de Lie V est donc de type E_6, ce qui fournit un plongement de $S \cdot 2$ dans E_6^{ad}, donc *a fortiori* un plongement de S.

c) La plupart des autres plongements ont été construits au moyen de calculs sur ordinateur. Je renvoie à [22] pour une description des méthodes employées. Je signale seulement que les calculs ne se font pas sur le corps k, mais sur un corps fini $\mathbf{F}_\ell$, où ℓ est un nombre premier ne divisant pas l'ordre de S et tel que $\mathbf{F}_\ell$ contienne les racines de l'unité intervenant dans la construction : ainsi, pour plonger $L_2(61)$ dans E_8, COHEN-GRIESS-LISSER [9] choisissent $\ell = 1831$. Le relèvement de $\mathbf{F}_\ell$ à $\mathbf{Z}_\ell$ (donc à la caractéristique 0) ne présente aucune difficulté vu que ℓ ne divise pas $|S|$. Il semble que, dans chaque cas, le calcul comporte suffisamment de vérifications internes pour qu'on puisse lui faire confiance.

2.5. Compléments

2.5.1. *Classification en caractéristique* > 0

L'analogue de 2.4 en caractéristique p a été fait par LIEBECK–SEITZ [27]. Tout groupe S intervenant en caractéristique 0 intervient aussi en caractéristique p (quel que soit p) ; c'est là une conséquence simple de la théorie de Bruhat–Tits, cf. [31], § 5. Outre ces groupes, et ceux qui sont « de caractéristique p », LIEBECK–SEITZ donnent la liste suivante :

$\mathbf{G_2}$ – $p = 2 : J_2$; $p = 5 : \mathrm{Alt}_7$; $p = 11 : J_1$.

$\mathbf{F_4}$ – *ceux de* G_2 *et* $p = 2 : L_4(3)$; $p = 3 : L_3(4)$; $p = 5 : Sz(8)$; $p = 11 : M_{11}$, Alt_{11}.

$\mathbf{E_6}$ – *ceux de* F_4 *et* $p = 2 : M_{12}$, Alt_{12}, $G_2(3)$, $O_7(3)$, M_{22}, J_3, Fi_{22} ; $p = 3 : M_{12}$, Alt_{12} ; $p = 5 : M_{12}$; $p = 7 : M_{22}$.

$\mathbf{E_7}$ – *ceux de* E_6 *et* $p = 5 : M_{22}$, Ru, HS ; $p = 7 : \mathrm{Alt}_{14}$.

$\mathbf{E_8}$ – *ceux de* E_7 *et* $p = 2 : L_4(5)$; $p = 3 : \mathrm{Alt}_{18}$, Th ; $p = 5 : Sz(32)$.

Noter en particulier le groupe de Janko J_1 dans $G_2(\mathbf{F}_{11})$ et le groupe de Thompson Th dans $E_8(\mathbf{F}_3)$.

2.5.2. *Classes de conjugaison de plongements*

On aimerait pouvoir compléter la table 2.4 en décrivant les plongements à conjugaison près. Cela a été fait dans certains cas, mais pas dans tous, cf. [22]. Le cas des plongements de Alt_5 dans E_8 est particulièrement intéressant (cf. FREY [16]) ; on peut déterminer les triplets (x, y, z) de classes de conjugaison de E_8 d'ordres $(2, 3, 5)$ qui sont représentables dans un même sous-groupe Alt_5. Pour tous ces triplets, sauf un (celui appelé « 844 » dans [16]), FREY détermine le nombre de classes de conjugaison correspondantes (une ou deux). Par contre, pour le cas « 844 » (qui est le seul où le centralisateur du sous-groupe Alt_5 soit fini), on ne sait pas combien il y a de classes de conjugaison ; on dispose de plusieurs tels sous-groupes (par exemple un sous-groupe du groupe de Borovik [7], ou un sous-groupe de $L_2(41)$, ou de $L_2(61)$,...), mais il n'est pas facile de voir s'ils sont ou non conjugués. Comme Alt_5 admet la présentation :

$$(x, y, z \mid x^2 = y^3 = z^5 = 1\ ,\ xyz = 1),$$

c'est là un problème analogue à celui de la « rigidité » intervenant pour la classification des revêtements galoisiens de la droite projective ramifiés en 3 points.

2.5.3. *Rationalité*

On sait que G provient par extension des scalaires d'un groupe *déployé* G_{dep} défini sur **Q**. Si S (ou $\overline{S}$) est plongeable dans $G(k)$, on peut se demander quels sont les sous-corps k' de k tels que S soit plongeable dans $G_{dep}(k')$. Cette question est étroitement liée à la précédente (celle des classes de conjugaison) : voir là-dessus [19], App. 2. Voici un exemple typique :

D'après ASCHBACHER [2], le groupe $S{\cdot}2 = G_2(2)$ admet un plongement dans $G_2(k)$, et un seul, à conjugaison près. Or, à la fois $S{\cdot}2$ et G_2 ont un centre trivial, et pas d'automorphisme externe. De plus, le centralisateur de $S{\cdot}2$ est trivial. Soit P l'ensemble de ces plongements ; c'est un G_2-torseur qui est défini de façon naturelle sur **Q**. Il définit donc une **Q**-forme G_2^0 de G_2, et l'on peut plonger $S{\cdot}2$ dans $G_2^0(\mathbf{Q})$ par définition même de G_2^0. Or, il n'y a que deux formes de G_2 sur **Q**, que l'on distingue par leurs points réels ; la forme déployée ne peut pas contenir $S{\cdot}2$: son compact maximal est trop petit. Ainsi, G_2^0 est la forme non déployée de G_2, celle qui correspond aux octonions usuels. On conclut de là que le plongement cherché de $S{\cdot}2$ dans $G_{dep}(k')$ existe si et seulement si G_{dep} et G_2^0 sont k'-isomorphes, i.e. *si et seulement si* -1 *est somme de* 4 *carrés dans* k'. Un argument analogue montre que $L_2(13)$ est plongeable dans $G_{dep}(k')$ si et seulement si k' contient $\sqrt{13}$ et -1 est somme de 4 carrés dans k' ; même chose pour $L_2(8)$, avec $\sqrt{13}$ remplacé par $z_9 + \overline{z}_9$, où z_9 est une racine primitive 9-ième de l'unité. (Noter l'analogie de ces énoncés avec le suivant, connu depuis longtemps : Alt_4, Sym_4 et Alt_5 sont plongeables dans $\mathrm{PGL}_2(k')$ si et seulement si -1 est somme de 2 carrés dans k' et (pour Alt_5) k' contient $\sqrt{5}$.)

Bibliographie

[1] J.F. ADAMS, 2-*tori in* E_8, Math. Ann. **287** (1987), 29–39 (= *Selected Works*, vol. II, 264–274).

[2] M. ASCHBACHER, *Chevalley groups of type* G_2 *as the group of a trilinear form*, J. Alg. **109** (1987), 193–259.

[3] M. ASCHBACHER, *Quasithin groups*, in *Algebraic Groups and their Representations* (R. Carter and J. Saxl edit.), NATO AS series, vol. **517**, 321–340, Kluwer, 1998.

[4] A. BOREL, *Sous-groupes commutatifs et torsion des groupes de Lie compacts connexes*, Tôhoku Math. J. **13** (1961), 216–240 (= *Oe.* II, n° 53 et *Commentaires*, 775–777).

[5] A. BOREL and G.D. MOSTOW, *On semi-simple automorphisms of Lie algebras*, Ann. Math. **61** (1955), 389–405 (= A. Borel, *Oe.* I, n° 36).

[6] A. BOREL et J-P. SERRE, *Sur certains sous-groupes des groupes de Lie compacts*, Comm. Math. Helv. **27** (1953), 128–139 (= A. Borel, *Oe.* I, n° 24).

[7] A.V. BOROVIK, *A maximal subgroup in the simple finite group* $E_8(q)$, Contemp. Math. A.M.S. **131** (1992), vol. I, 67–79.

[8] A.M. COHEN and R.L. GRIESS, Jr, *On finite simple subgroups of the complex Lie groups of type* E_8, A.M.S. Proc. Symp. Pure Math. **47** (1987), vol. II, 367–405.

[9] A.M. COHEN, R.L. GRIESS, Jr and B. LISSER, *The group* $L(2,61)$ *embeds in the Lie group of type* E_8, Comm. Alg. **21** (1993), 1889–1907.

[10] A.M. COHEN and G.M. SEITZ, *The r-rank of the groups of exceptional Lie type*, Indag. Math. **49** (1987), 251–259.

[11] A.M. COHEN and D.B. WALES, *Finite subgroups of* $G_2(\mathbf{C})$, Comm. Alg. **11** (1983), 441–459.

[12] A.M. COHEN and D.B. WALES, *Embeddings of the group* $L(2,13)$ *in groups of Lie type* E_6, Israel J. Math. **82** (1993), 45–86.

[13] A.M. COHEN and D.B. WALES, *Finite simple subgroups of semisimple complex Lie groups – a survey*, in *Groups of Lie type and their geometries*, LMS Lect. Notes **207** (1995), 77–96.

[14] A.M. COHEN and D.B. WALES, *Finite subgroups of* $F_4(\mathbf{C})$ *and* $E_6(\mathbf{C})$, Proc. London Math. Soc. **74** (1997), 105–150.

[15] J.H. CONWAY, R.T. CURTIS, S.P. NORTON, R.A. PARKER and R.A. WILSON, *Atlas of Finite Groups*, Clarendon Press, Oxford, 1985.

[16] D. FREY, *Conjugacy of alternating groups of degree* 5 *and* $SL(2,5)$ *subgroups of the complex Lie groups of type* E_8, Memoirs A.M.S. **634** (1998).

[17] R.L. GRIESS, Jr, *Elementary abelian subgroups of algebraic groups*, Geom. Dedicata **39** (1991), 253–305.

[18] R.L. GRIESS, Jr and A.J.E. RYBA, *Embeddings of* $U(3,8)$, $Sz(8)$ *and the Rudvalis group in algebraic groups of type* E_7, Invent. math. **116** (1994), 215–241.

[19] R.L. GRIESS, Jr and A.J.E. RYBA, *Embeddings of* $PGL(2,31)$ *and* $SL(2,32)$ *in* $E_8(\mathbf{C})$, Duke Math. J. **94** (1998), 181–211.

[20] R.L. GRIESS, Jr and A.J.E. RYBA, *Embeddings of* $PSL(2,41)$ *and* $PSL(2,49)$ *in* $E_8(\mathbf{C})$, J. Symb. Comp. **11** (1999), 1–17.

[21] R.L. GRIESS, Jr and A.J.E. RYBA, *Embeddings of* $Sz(8)$ *into exceptional Lie groups*, J. Crelle **523** (2000), 55–68.

[22] R.L. GRIESS, Jr and A.J.E. RYBA, *Finite simple groups which projectively embed in an exceptional Lie group are classified!*, Bull. A.M.S. **36** (1999), 75–93.

[23] A. GROTHENDIECK, *Torsion homologique et sections rationnelles*, Sém. Chevalley 1958, *Anneaux de Chow et Applications*, exposé n° 5.

[24] P.B. KLEIDMAN and A.J.E. RYBA, *Kostant's conjecture holds for* E_7 : $L_2(37) \subset E_7(\mathbf{C})$, J. Alg. **161** (1993), 535–540.

[25] M.-A. KNUS, A. MERKURJEV, M. ROST and J.-P. TIGNOL, *The Book of Involutions*, A.M.S. Colloquium Publ. **44**, 1998.

[26] M.W. LIEBECK, *Subgroups of exceptional groups*, in *Algebraic Groups and their Representations* (R.W. Carter and J. Saxl edit.), NATO AS series, vol. **517**, 275–290, Kluwer, 1998.

[27] M.W. LIEBECK and G.M. SEITZ, *On finite subgroups of exceptional algebraic groups*, J. Crelle **515** (1999), 25–72.

[28] A. MEURMAN, *An embedding of* $\mathrm{PSL}(2,13)$ *in* $\mathrm{G}_2(\mathbf{C})$, Lect. Notes in Math. **933** (1982), 157–162.

[29] Z. REICHSTEIN and B. YOUSSIN, *Essential dimensions of algebraic groups and a resolution theorem for* G*-varieties, with an appendix by* J. KOLLÁR *and* E. SZABÓ, Canad. J. Math. **52** (2000), 1018–1056.

[30] J-P. SERRE, *Cohomologie galoisienne : progrès et problèmes*, Sém. Bourbaki 1993-94, exposé n° 783 (SMF, Astérisque **227** (1995), 229–257). (= *Oe.* 166)

[31] J-P. SERRE, *Exemples de plongements des groupes* $\mathbf{PSL}_2(\mathbf{F}_p)$ *dans des groupes de Lie simples*, Invent. math. **124** (1996), 525–562. (= *Oe.* 167)

[32] T.A. SPRINGER, *Regular elements of finite reflection groups*, Invent. math. **25** (1974), 159–198.

[33] T.A. SPRINGER and R. STEINBERG, *Conjugacy classes*, Lect. Notes in Math. **131** (1970), 281–312 (= R. Steinberg, *C.P.*, 293–323).

[34] R. STEINBERG, *Torsion in reductive groups*, Adv. in Math. **15** (1975), 63–92 (= *C.P.*, 415–444).

[35] J. TITS, *Normalisateurs de tores*, I. *Groupes de Coxeter étendus*, J. Alg. **4** (1966), 96–116.

[36] J. TITS, *Sur les constantes de structure et le théorème d'existence des algèbres de Lie semi-simples*, Publ. Math. IHES **31** (1966), 21–58.

175.

La vie et l'œuvre d'André Weil

L'Enseignement Mathématique, **45** (1999), 5–16

André Weil est mort à Princeton, en août 1998. Il avait 92 ans. Ses dernières années avaient été assombries par la disparition de sa femme, Eveline, ainsi que par les infirmités du grand âge. La mort a peut-être été pour lui une délivrance.

Le bureau de l'Académie m'a demandé d'évoquer devant vous sa vie et son œuvre.

Il était né à Paris, en 1906, d'une famille juive. Son père, médecin, était d'origine alsacienne, sa mère, d'origine autrichienne et née en Russie. Il avait une sœur, Simone, plus jeune que lui de trois ans; les deux enfants étaient très proches l'un de l'autre, et le sont restés jusqu'à la mort de Simone en 1943; André Weil s'est beaucoup occupé ensuite de la publication des nombreux textes inédits laissés par sa sœur.

On trouve dans ses *Souvenirs d'Apprentissage* ([**1991**]) un récit charmant de l'éducation à la fois soignée et peu orthodoxe qu'il a reçue. Bilan: un goût très vif pour les langues anciennes (latin, grec, sanscrit) et une vocation bien affirmée de mathématicien. Cela le conduit à entrer à l'École Normale Supérieure en 1922, alors qu'il n'a que 16 ans (la tradition normalienne veut qu'il s'y promenait en culottes courtes). Il en sort en 1925, reçu premier à l'agrégation malgré une copie blanche à l'épreuve de mécanique rationnelle, sujet qui ne lui paraissait pas faire partie des mathématiques. Il s'en va en Italie, puis en Allemagne, où se trouvaient certains des meilleurs mathématiciens de l'époque tels Hilbert, Artin, von Neumann, Siegel. Il soutient sa thèse en

*) Texte lu à l'Académie des Sciences de Paris le 1er mars 1999. Cet article paraîtra aussi dans les *Discours et Notices Biographiques*, Acad. Sci. Paris, *vol. 2* (1999).

1928, à 22 ans. Il est professeur en Inde (à Aligarh) pendant deux ans; il y occupe un poste que lui avait procuré l'indianiste Sylvain Levi dont il avait suivi les cours de sanscrit au Collège de France. Ensuite, c'est Marseille, puis Strasbourg de 1933 à 1939. C'est pendant son séjour à Strasbourg qu'il s'associe à des amis de l'École Normale (Henri Cartan, Jean Dieudonné, Jean Delsarte, ...) pour créer le groupe Bourbaki. En 1939, au moment de la déclaration de guerre, il se rend en Finlande; après avoir failli y être fusillé comme espion soviétique, il revient en France et est incarcéré à la prison de Rouen. Condamné pour insoumission, il est bientôt libéré, et après diverses aventures (décrites dans ses *Souvenirs*), il réussit à partir pour les États-Unis en 1940. Il y reste quelques années avant d'aller au Brésil pour deux ans. Ce n'est qu'en 1947 qu'il reçoit enfin un poste correspondant à son niveau: il est professeur à l'Université de Chicago, puis (en 1958) à l'Institute for Advanced Study de Princeton, où il passe les quarante dernières années de sa vie. L'Institute lui convenait fort bien, à la fois par la liberté qu'il lui donnait pour enseigner (ou ne pas enseigner, s'il le préférait), et par le niveau de ses professeurs et de ses visiteurs. (Sa place naturelle, chez nous, aurait été le Collège de France; j'ai souvent rêvé à ce qu'eût été une chaire de Mathématique qu'il aurait occupée ! Hélas, cela n'a pas pu se faire.)

Pour en terminer avec l'aspect «universitaire» de Weil, je mentionne quelques-unes des distinctions qu'il a reçues (ou plutôt qu'il a accepté de recevoir): il était membre de l'Académie des Sciences des USA et de la Royal Society de Londres; il a eu le prix Wolf en 1979 (en même temps que Jean Leray, et un an avant Henri Cartan), et le prix Kyoto en 1994; il semble que ce dernier prix lui ait fait particulièrement plaisir à cause des excellentes relations qu'il a toujours eues avec les mathématiciens japonais.

J'en viens maintenant à l'essentiel, c'est-à-dire à ses travaux. Sa première publication est une Note aux Comptes rendus ([1926]). Dans les cinquante ans qui ont suivi, il a publié une dizaine d'ouvrages et une centaine d'articles, rédigés en français ou en anglais, parfois en allemand. Ces articles ont été rassemblés dans les trois volumes de ses *Œuvres Mathématiques*, publiés par la maison d'édition Springer-Verlag ([**1979**]). Weil leur a adjoint de précieux *Commentaires*, où il explique leur genèse.

Il n'est pas possible de classer ces textes par sujets. Trop de thèmes différents s'y croisent. Bien sûr, on pourrait s'amuser, à la mode américaine, à y relever des mots significatifs *(Keywords)*: zêta, Siegel, points rationnels, variétés abéliennes, ... Ce ne serait guère sérieux. La seule possibilité me paraît être de suivre l'ordre chronologique, qui est d'ailleurs celui adopté dans les *Œuvres*.

1. Commençons par la thèse ([1928]). Il s'agit de théorie des nombres, et plus particulièrement d'équations diophantiennes, c'est-à-dire de points rationnels sur des variétés algébriques. A l'époque, la seule méthode connue était la méthode de *descente*, due à Fermat. Toutefois, l'emploi de cette méthode était subordonné à des calculs explicites, quelque peu miraculeux, qu'il fallait faire dans chaque cas particulier. Weil est le premier à voir qu'il y a derrière ces calculs un principe général, qu'il appelle le *théorème de décomposition*; ce théorème effectue une sorte de transfert entre propriétés algébriques (en principe faciles) et propriétés arithmétiques (plus difficiles). Il en déduit ce que nous appelons maintenant le *théorème de Mordell-Weil*: le groupe des points d'une variété abélienne qui sont rationnels sur un corps de nombres donné est de type fini. La démonstration est loin d'être aisée: la géométrie algébrique de l'époque ne disposait pas des outils nécessaires. Heureusement, Weil, qui s'était pénétré de l'œuvre de Riemann dès l'École Normale, peut remplacer l'algèbre, qui lui manque, par l'analyse: fonctions thêta. Il parvient finalement au but.

«But»? Le mot n'est pas exact. En fait, comme dans presque tous les travaux de Weil, il s'agit plutôt d'un *point de départ*, à partir duquel on peut attaquer d'autres questions. Dans le cas présent, ces questions sont les suivantes:

- Prouver la finitude des points *entiers* d'une courbe affine de genre > 0. Cela a été fait, un an plus tard, par Siegel, en combinant les idées de Weil avec celles de la théorie des nombres transcendants.
- Prouver la finitude des points rationnels en genre > 1 *(conjecture de Mordell)*. Cela a été fait, cinquante-cinq ans plus tard, par Faltings.
- Rendre *effectifs* (c'est-à-dire explicitables) les résultats qualitatifs de Mordell-Weil, Siegel et Faltings. Pour Siegel, cela a été fait, au moins partiellement, par Baker (1966–1968); pour Mordell-Weil et Faltings, la question est toujours ouverte (et intéresse beaucoup les arithméticiens).

2. Dans les années qui suivent sa thèse, Weil explore diverses pistes pouvant mener à la conjecture de Mordell. L'une d'elles le conduit à son grand mémoire *Généralisation des fonctions abéliennes* ([1938a]), un texte qui se présente comme de l'Analyse, mais dont la signification est essentiellement algébrique, alors que sa motivation est arithmétique! (Qui d'autre que Weil et Siegel ont pu comprendre ce texte en 1938? On peut se le demander.) Le succès de sa thèse reposait sur l'emploi des variétés abéliennes, et en particulier des jacobiennes. Weil est persuadé qu'il faut sortir du cadre abélien.

La jacobienne paramètre les fibrés vectoriels de rang 1 (et de degré 0); il faut paramétrer des fibrés de rang quelconque (autrement dit passer de $\mathbf{GL}_1$ à $\mathbf{GL}_n$ — ce sera l'un de ses thèmes favoris). Mais en 1938 personne, pas même lui, ne sait ce qu'est un fibré vectoriel analytique, et encore moins algébrique : ce n'est qu'une dizaine d'années plus tard que cette notion sera dégagée (par Weil lui-même). Ce détail ne l'arrête pas. Il introduit une notion équivalente à celle de fibré vectoriel, celle de « classe de diviseurs matriciels », et démontre par voie analytique (en suivant Riemann et Poincaré) la *formule de Riemann-Roch* et ce que nous appelons maintenant le *théorème de dualité* (qu'il appelle « théorème de Riemann-Roch non homogène »). Un beau tour de force ! Mais définir des fibrés ne suffit pas ; ce qu'il cherche, ce sont leurs « variétés de modules », qui doivent remplacer les jacobiennes. Du point de vue de la géométrie algébrique, c'est un problème de passage au quotient très sérieux ; il n'a été résolu que quelque vingt ans plus tard, par Grothendieck et Mumford. Weil doit se contenter de résultats partiels, en bonne partie non démontrés (mais qui se révéleront essentiellement corrects) ; *a fortiori*, il ne peut en donner aucune application arithmétique. Un échec, donc ? Non, car ce qu'il fait sur Riemann-Roch servira à d'autres de modèle, quinze ans plus tard ; quant aux variétés de modules qu'il tentait de construire, elles se sont révélées essentielles dans d'autres questions : en géométrie différentielle, avec Donaldson, et en caractéristique $p > 0$, avec Drinfeld.

3. Pendant la période dont je parle (1928–1940), Weil est loin de ne s'occuper que de théorie des nombres. Voici quelques-unes de ses autres activités :

- en analyse complexe à plusieurs variables, introduction d'une intégrale généralisant celle de Cauchy, et que l'on appelle maintenant *l'intégrale de Weil* ([1932b] et [1935d]) ; il en déduit une généralisation du théorème de Runge : si D est un domaine borné défini par des inégalités polynomiales, toute fonction holomorphe sur D est limite de polynômes pour la topologie de la convergence compacte ;
- en théorie des groupes de Lie compacts, utilisation de méthodes topologiques (formule de Lefschetz) pour démontrer la conjugaison des tores maximaux ([1935e]) ;
- en analyse ultramétrique (sujet qui était en enfance), définition des fonctions elliptiques p-adiques ([1936h]) ;
- en topologie, définition des espaces uniformes ([1937]) ;

– il publie chez Hermann un ouvrage: *L'intégration dans les groupes topologiques et ses applications* ([**1940d**]) où il expose, sous une forme à la fois bourbachique, élégante, et concise, les deux aspects de cette théorie qui étaient accessibles à l'époque: le cas des groupes compacts (relations d'orthogonalité des caractères) et celui des groupes commutatifs (dualité de Pontrjagin et transformation de Fourier).

4. Revenons maintenant à la théorie des nombres, et à la géométrie algébrique, avec la célèbre Note de 1940:

Entre 1925 et 1940, l'école allemande, sous l'impulsion d'Artin et de Hasse, avait mis en évidence de remarquables analogies entre les corps de nombres algébriques et les corps de fonctions d'une variable sur un corps fini (en langage géométrique: courbes sur un corps fini). Les uns comme les autres possèdent des *fonctions zêta*, pour lesquelles la question de *l'hypothèse de Riemann* se pose. Dans le cas des corps de fonctions, Hasse était parvenu à démontrer cette hypothèse lorsque le genre est 1. Comment attaquer les genres > 1 ? C'est pendant son séjour à Rouen de 1940 que Weil voit la solution: au lieu de travailler uniquement avec des courbes, autrement dit avec des variétés de dimension 1, on doit utiliser des variétés de dimension plus grande (surfaces, variétés abéliennes) et leur adapter des résultats démontrés (sur le corps des nombres complexes) par voie topologique ou analytique. Il envoie aux *Comptes rendus* une Note ([1940b]) qui commence ainsi:

> «Je vais résumer dans cette Note la solution des principaux problèmes de la théorie des fonctions algébriques à corps de constantes fini...»

Cette Note contient une esquisse de démonstration, pas davantage. Tout repose sur un «lemme important», tiré de la géométrie italienne. Comment démontrer ce lemme ? Weil se rend bientôt compte que ce n'est possible qu'en reprenant entièrement les définitions et les résultats de base de la géométrie algébrique, et en particulier ceux de la théorie des intersections (permettant un calcul des cycles remplaçant l'homologie manquante). Il est ainsi amené à écrire *Foundations of Algebraic Geometry* ([**1946a**]), ouvrage massif (et quelque peu aride) de 300 pages, qui n'a été remplacé que vingt ans plus tard par les non moins massifs et arides *Éléments de Géométrie Algébrique* de Grothendieck. Une fois les *Foundations* rédigées, Weil peut revenir aux courbes et à leur hypothèse de Riemann. Il publie coup sur coup deux ouvrages: *Sur les courbes algébriques et les variétés qui s'en déduisent* ([**1948a**]) et *Variétés abéliennes et courbes algébriques* ([**1948b**]). Après huit années, et plus de 500 pages, sa Note de 1940 est enfin justifiée!

Quelles sont les retombées ? Tout d'abord, l'hypothèse de Riemann a des applications concrètes. Elle donne des majorations de sommes trigonométriques à une variable ([1948c]), par exemple la suivante (utile dans la théorie des formes modulaires) :

$$\left|\sum \cos\big(2\pi(x+x')/p\big)\right| \leqq 2\sqrt{p} \qquad (p \text{ premier}),$$

où la sommation porte sur les entiers x tels que $0 < x < p$, et x' désigne l'inverse de x modulo p.

De plus, Weil est amené, non seulement à donner des fondements solides à la géométrie algébrique, mais aussi à développer une théorie algébro-géométrique des variétés abéliennes, parallèle à la théorie analytique basée sur les fonctions thêta. Les variétés abéliennes sont longtemps restées un de ses thèmes favoris (cf. [1952e], [1954g], [1976b], [1977c]), avec notamment la théorie de la multiplication complexe ([1955c] et [1955d]), obtenue simultanément (et indépendamment) par Taniyama et Shimura.

5. Guidé par le cas des courbes, ainsi que par des calculs explicites dans le cas des hypersurfaces monomiales, Weil formule ([1949b]) ce que l'on a tout de suite appelé les *conjectures de Weil.* Ces conjectures portent sur les variétés (projectives, non singulières) sur un corps fini. Elles reviennent à supposer que les méthodes topologiques de Riemann, Lefschetz, Hodge, ... s'appliquent en caractéristique $p > 0$; dans cette optique, le nombre de solutions d'une équation (mod p) apparaît comme un nombre de points fixes, et doit donc pouvoir être calculé par la formule des traces de Lefschetz. Cette idée, vraiment révolutionnaire, a enthousiasmé les mathématiciens de l'époque (je peux en témoigner de première main); elle a été à l'origine d'une bonne partie des progrès de la géométrie algébrique dans les années qui ont suivi. L'objectif cherché n'a été atteint qu'après environ vingt-cinq ans, non par Weil lui-même, mais (principalement) par Grothendieck et Deligne. Les méthodes qu'ils ont été amenés à développer comptent parmi les plus puissantes de la géométrie algébrique actuelle ; elles ont eu des applications à des sujets aussi divers que la théorie des formes modulaires (ce qu'avait d'ailleurs pressenti Weil) et la détermination des caractères des groupes finis « algébriques » (Deligne-Lusztig).

6. Weil revient à l'arithmétique avec son travail de 1951 sur la théorie du corps de classes ([1951b]). Cette théorie avait atteint en 1927 une forme en apparence définitive avec la démonstration par Artin de la loi générale de réciprocité. Dans le langage introduit par Chevalley, le résultat principal s'énonce en disant que le groupe de Galois de l'extension abélienne maximale d'un corps de nombres K est isomorphe au quotient C_K/D_K, où C_K est le groupe des classes d'idèles de K, et D_K est sa composante connexe. (Ainsi, on décrit ce qui se passe au-dessus de K par des données tirées de K lui-même, tout comme un topologue décrit les revêtements d'un espace à partir des classes de lacets de celui-ci.) Toutefois, un aspect désagréable de cette théorie est que ce n'est pas le groupe C_K qui est un groupe de Galois, mais seulement son quotient C_K/D_K. Weil part de l'idée que le groupe C_K lui-même doit être un groupe de Galois en un sens convenable (en quel sens ? nous ne le savons toujours pas). Si c'est vrai, cela entraîne de remarquables propriétés fonctorielles des groupes C_K (par exemple, si L/K est une extension galoisienne finie, il doit y avoir une extension canonique de Gal(L/K) par C_L). On peut se proposer de démontrer directement ces propriétés. C'est ce que fait Weil. Ici encore, les retombées sont importantes :

– on est amené à étudier les groupes de cohomologie des groupes C_L ; c'est l'origine des méthodes cohomologiques en théorie du corps de classes, développées par Nakayama, Hochschild, Artin, Tate, ...

– les nouveaux « groupes de Weil » ainsi définis permettent de définir de nouveaux types de fonctions L, contenant comme cas particuliers, à la fois les fonctions L non abéliennes d'Artin, et les fonctions L avec « Grössencharakter » de Hecke. Comme le dit Weil, on réalise ainsi le mariage d'Artin et de Hecke !

7. Peu après, Weil publie une étude ([1952b], complétée dans [1972]) sur les *formules explicites* de la théorie des nombres ; ces formules (essentiellement connues des spécialistes, semble-t-il) relient des sommes portant sur les nombres premiers à d'autres sommes portant sur les zéros des fonctions zêta. Weil les écrit de façon très suggestive (par exemple en mettant bien en évidence l'analogie entre places archimédiennes et places ultramétriques — un autre de ses thèmes favoris). Le résultat le plus intéressant est une traduction de l'hypothèse de Riemann en termes de la positivité d'une certaine distribution. Cette traduction sera-t-elle utile pour démontrer l'hypothèse de Riemann ? Il est trop tôt pour le dire.

8. Divers travaux de Weil entre 1940 et 1965 se rapportent à la géométrie différentielle. Ce sont :

– (avec Allendoerfer) formule de Gauss-Bonnet pour les polyèdres riemanniens ([1943a]);

- démonstration des théorèmes de de Rham (lettre à H. Cartan de 1947, cf. [1952a]) : un texte qui a beaucoup influencé Cartan pour sa mise au point de la théorie des faisceaux (due initialement à Leray) ;
- formes harmoniques et théorie de Kähler ([1947b] et [**1958a**]) ; ce sont là les outils de base de l'application des méthodes analytiques à la géométrie algébrique ;
- théorie des connexions et introduction de *l'algèbre de Weil* ([1949e]) ;
- déformations des espaces localement homogènes et des groupes discrets ([1960c], [1962b], [1964a]) ; il y démontre des théorèmes de rigidité pour les sous-groupes discrets cocompacts des groupes de Lie simples de rang > 1.

9. Dans les années 50 et 60, Weil a consacré une série d'articles à des thèmes inspirés de Siegel. Il s'est d'ailleurs exprimé là-dessus dans ses *Œuvres* (vol. II, p. 544) :

« Commenter Siegel m'a toujours paru l'une des tâches qu'un mathématicien de notre temps pouvait le plus utilement entreprendre. »

Noter le verbe « commenter » : un bel exemple d'*understatement* ! Weil fait bien plus :

- Dans [**1961a**] et [1962a] il développe de façon systématique les méthodes adéliques introduites par Kuga et Tamagawa. Non seulement cela redonne les théorèmes de Siegel sur les formes quadratiques, mais cela suggère de nouveaux problèmes, par exemple celui-ci : montrer que le nombre de Tamagawa d'un groupe simplement connexe est égal à 1 (on sait maintenant, grâce aux travaux de Langlands, Lai, et Kottwitz, que la réponse est positive).
- Dans ses deux mémoires des *Acta Mathematica* ([1964b] et [1965]) il revient aux formes quadratiques et à la formule de Siegel d'un point de vue tout à fait différent. Il introduit, et étudie, un nouveau groupe, le *groupe métaplectique*, ainsi qu'une représentation de ce groupe (que l'on appelle maintenant la *représentation de Weil*). La formule de Siegel se présente alors comme l'égalité de deux distributions, l'une d'elles étant une sorte de série d'Eisenstein, alors que l'autre est une moyenne de fonctions thêta. Ce résultat n'est d'ailleurs pas limité aux formes quadratiques : Weil montre qu'il s'applique à tous les groupes classiques, et qu'il entraîne des théorèmes du type local $\longleftrightarrow$ global (principe de Hasse), ainsi que des déterminations de nombres de Tamagawa.

10. L'œuvre de Hecke est aussi l'une de celles qui ont beaucoup inspiré Weil. Dans *l'Avenir des Mathématiques* ([1947a]) il parlait déjà des produits eulériens « dont les recherches de Hecke viennent seulement de nous révéler l'extrême importance en théorie des nombres et en théorie des fonctions ». Vingt ans plus tard ([1967a]) il apporte une contribution décisive aux travaux de Hecke en montrant que certaines équations fonctionnelles pour une série de Dirichlet ainsi que pour ses « tordues » par des caractères équivalent au fait que cette série provient d'une forme modulaire. On obtient ainsi l'une de ces choses si précieuses en mathématique, un *dictionnaire*

$$\text{formes modulaires} \longleftrightarrow \text{séries de Dirichlet.}$$

L'implication $\longrightarrow$ était due à Hecke, qui avait également démontré l'implication réciproque dans le cas particulier du niveau 1 ; l'idée nouvelle de Weil a été d'utiliser la « torsion ». L'un des aspects les plus intéressants de sa théorie est la façon dont les constantes des équations fonctionnelles varient par torsion (autrement dit, par produit tensoriel).

Ce travail a suscité de nombreux développements, dont certains par Weil lui-même ([**1971a**]). Il a trouvé sa place dans ce que l'on appelle la « philosophie de Langlands ». L'une de ses retombées a été une formulation précise d'une conjecture un peu vague faite par Taniyama en 1955, suivant laquelle toute courbe elliptique sur $\mathbf{Q}$ est « modulaire ». Le travail de Weil suggère que le « niveau » modulaire nécessaire est le même que le « conducteur » de la courbe, i.e. est déterminé par des propriétés de mauvaise réduction; cela a permis quantité de vérifications numériques, avant que le résultat ne soit finalement démontré (sous certaines restrictions techniques) par Wiles, en 1995.

11. Les dernières publications de Weil concernent l'histoire des mathématiques. C'est là un sujet qui l'intéressait depuis longtemps, comme en témoignent certaines des *Notes Historiques* de Bourbaki (en particulier celle sur le calcul différentiel et intégral dans *Fonctions d'une Variable Réelle*, chap. I–III). Il avait commencé par un bref ouvrage, à la fois mathématique et historique: *Elliptic Functions according to Eisenstein and Kronecker* ([**1976a**]); il dit l'avoir écrit avec beaucoup de plaisir, et ce plaisir se communique au lecteur ! Les textes suivants sont plus franchement historiques. Il faut surtout citer son *Number Theory — An approach through history from Hammurapi to Legendre* ([**1984**]) dans lequel il décrit l'histoire de la théorie des nombres jusqu'en 1800, c'est-à-dire jusqu'aux *Disquisitiones Arithmeticæ* non comprises (ses lecteurs auraient bien aimé qu'il aille plus loin, et qu'il nous parle de Gauss, Jacobi, Eisenstein, Riemann, ... — il ne s'en est pas senti la force). Comme on pouvait s'y attendre avec lui, ce sont les mathématiques qui sont l'objet principal de ces livres et non pas la vie privée ni les relations sociales. Seule l'histoire des idées importe. Quel point de vue rafraîchissant ! Bien sûr, écrire de tels livres n'est pas facile. Il y faut des dons linguistiques et littéraires (Weil n'en manquait pas). Il faut aussi (et surtout) être capable de distinguer ce qui est une idée vraiment nouvelle, et ce qui relève seulement de la technique standard (il s'exprime là-dessus dans [1978b]) ; c'est certainement ce qui est le plus difficile pour un historien non mathématicien (voir par exemple [1973], [1975a], [1978a]).

Je termine ici cette description, trop superficielle je le crains, de ce qu'a fait André Weil. Ce qui rend son œuvre unique dans les mathématiques du XXe siècle, c'est son aspect prophétique (Weil « voit » dans l'avenir) combiné avec la précision la plus classique. Lire et étudier cette œuvre, et en discuter avec lui, auront été parmi les plus grandes joies de ma vie de mathématicien.

RÉFÉRENCES*)

[1926] Sur les surfaces à courbure négative. *C.R. Acad. Sci. Paris 182*, 1069–1071.

[1928] L'arithmétique sur les courbes algébriques. *Acta Math. 52*, 281-315.

[1932b] Sur les séries de polynômes de deux variables complexes. *C.R. Acad. Sci. Paris 194*, 1304–1305.

[1935d] L'intégrale de Cauchy et les fonctions de plusieurs variables. *Math. Ann. 111*, 178-182.

[1935e] Démonstration topologique d'un théorème fondamental de Cartan. *C.R. Acad. Sci. Paris 200*, 518–520.

[1936h] Sur les fonctions elliptiques p-adiques. *C.R. Acad. Sci. Paris 203*, 22–24.

[1937] Sur les espaces à structure uniforme et sur la topologie générale. *Act. Sc. et Ind.* n° 551, Hermann, Paris, 3–40.

[1938a] Généralisation des fonctions abéliennes. *J. Math. Pures Appl. (IX) 17*, 47–87.

[1940b] Sur les fonctions algébriques à corps de constantes fini. *C.R. Acad. Sci. Paris 210*, 592–594.

[1940d] *L'intégration dans les groupes topologiques et ses applications.* Hermann, Paris (2e édition 1953).

[1943a] (jointly with C. Allendoerfer) The Gauss-Bonnet theorem for Riemannian polyhedra. *Trans. Amer. Math. Soc. 53*, 101–129.

[1946a] *Foundations of Algebraic Geometry.* Amer. Math. Soc. Coll., vol. XXIX. New York (2nd edition 1962).

*) Les caractères gras désignent les livres et les notes de cours.

[1947a] L'avenir des mathématiques. *« Les Grands Courants de la Pensée Mathématique »*, éd. F. Le Lionnais, Cahiers du Sud, Paris, 307–320 (2e éd., A. Blanchard, Paris 1962).

[1947b] Sur la théorie des formes différentielles attachées à une variété analytique complexe. *Comment. Math. Helv. 20*, 110–116.

[1948a,b] (a) *Sur les courbes algébriques et les variétés qui s'en déduisent*, Hermann, Paris; (b) *Variétés abéliennes et courbes algébriques, ibid.* [2e édition de (a) et (b), sous le titre collectif *« Courbes algébriques et variétés abéliennes », ibid.*, 1971].

[1948c] On some exponential sums. *Proc. Nat. Acad. Sci. U.S.A. 34*, 204–207.

[1949b] Numbers of solutions of equations in finite fields. *Bull. Amer. Math. Soc. 55*, 497–508.

[1949e] Géométrie différentielle des espaces fibrés (inédit).

[1951b] Sur la théorie du corps de classes. *J. Math. Soc. Japan 3*, 1–35.

[1952a] Sur les théorèmes de de Rham. *Comment. Math. Helv. 26*, 119–145.

[1952b] Sur les « formules explicites » de la théorie des nombres premiers. *Comm. Sém. Math. Univ. Lund* (vol. dédié à Marcel Riesz), 252–265.

[1952e] On Picard varieties. *Amer. J. Math. 74*, 865–894.

[1954g] On the projective embedding of abelian varieties, in *Algebraic geometry and Topology, A Symposium in honor of S. Lefschetz*. Princeton U. Press, 177–181.

[1955c] On a certain type of characters of the idèle-class group of an algebraic number-field, in *Proc. Intern. Symp. on Algebraic Number Theory, Tokyo-Nikko*, 1–7.

[1955d] On the theory of complex multiplication, *ibid.*, 9–22.

[1958a] *Introduction à l'étude des variétés kählériennes*. Hermann, Paris.

[1960c] On discrete subgroups of Lie groups. *Ann. of Math. 72*, 369–384.

[1961a] *Adeles and algebraic groups*. I.A.S., Princeton.

[1962a] Sur la théorie des formes quadratiques, in *Colloque sur la Théorie des Groupes Algébriques*. C.B.R.M., Bruxelles, 9–22.

[1962b] On discrete subgroups of Lie groups (II). *Ann. of Math. 75*, 578–602.

[1964a] Remarks on the cohomology of groups. *Ann. of Math. 80*, 149–157.

[1964b] Sur certains groupes d'opérateurs unitaires. *Acta Math. 111*, 143–211.

[1965] Sur la formule de Siegel dans la théorie des groupes classiques. *Acta Math. 113*, 1–87.

[1967a] Über die Bestimmung Dirichletscher Reihen durch Funktionalgleichungen. *Math. Ann. 168*, 149–156.

[1971a] *Dirichlet series and automorphic forms*. Lecture Notes N° 189, Springer.

[1972] Sur les formules explicites de la théorie des nombres. *Izv. Mat. Nauk SSSR (Ser. Mat.) 36*, 3–18.

[1973] Review of "The mathematical career of Pierre de Fermat", by M. S. Mahoney. *Bull. Amer. Math. Soc. 79*, 1138–1149.

[1975a] Review of "Leibniz in Paris 1672–1676, his growth to mathematical maturity", by Joseph E. Hofmann. *Bull. Amer. Math. Soc. 81*, 676–688.

[1976a] *Elliptic Functions according to Eisenstein and Kronecker.* (Ergebnisse der Mathematik, Bd. 88), Springer.

[1976b] Sur les périodes des intégrales abéliennes. *Comm. Pure Appl. Math. XXIX*, 813–819.

[1977c] Abelian varieties and the Hodge ring (inédit).

[1978a] Who betrayed Euclid? *Arch. Hist. Exact Sci. 19*, 91–93.

[1978b] History of mathematics: Why and how. *Proc. Intern. Math. Congress, Helsinki*, vol. I, 227–236.

[1979] *Œuvres Scientifiques — Collected Papers*, 3 vol. Springer.

[1984] *Number Theory — An approach through history from Hammurapi to Legendre*. Birkhäuser.

[1991] *Souvenirs d'apprentissage*. Birkhäuser.

(Reçu le 3 mars 1999)

Jean-Pierre Serre
Collège de France
3, rue d'Ulm
F-75231 Paris Cedex 05
France

Notes

La note n° x de la page Y est désigné par le symbole Y.x.

133. Lettres à Ken Ribet du 1/1/1981 et du 29/1/1981

1.1 Ces deux lettres sont relatives aux représentations ℓ-adiques associées aux variétés abéliennes.

1.2 Pour la propriété (ii) (sous-groupe de Frattini ouvert), voir *Lectures on the Mordell-Weil Theorem*, Vieweg, 1989, § 10.6.

3.3 Références pour le théorème de Bogomolov:
F. R. Bogomolov, *C. R. Acad. Sci. Paris* 290 (1980), 701–703,
F. R. Bogomolov, *Izv. Akad. Nauk SSSR* 44 (1980), 782–804.

4.4 Référence pour le théorème de Waldschmidt:
M. Waldschmidt, *Invent. math.* 63 (1981), 97–127.

5.5 Il s'agit de *Représentations ℓ-adiques*, n° 112.

6.6 Pour les tores de Frobenius, voir W. Chi, *Amer. J. of Math.* 114 (1992), 315–353.

13.7 Pour ces estimations, avec ou sans GRH, voir n° 125, § 4.

14.8 Oui, c'est le cas «ordinaire» (iii) qui se produit avec densité 1, comme l'a montré A. Ogus, cf. *Lect. Notes in Math.* 900 (1982), 357–414 (p. 372).
Lorsque dim $A > 2$, on n'a que des résultats partiels.

14.9 Cet énoncé s'étend à tout n impair, comme je m'en suis aperçu un peu plus tard, à la suite d'un résultat analogue de Ribet pour le groupe de Mumford-Tate (*Amer. J. Math.* 105 (1983), 523–538, th. 1), cf. W. Chi, *loc. cit.* Le cas où n est pair est différent: certaines valeurs de n doivent être éliminées, par exemple $n = 4$ et $n = 10$.

18.10 D'après le n° 125, § 4, on peut prendre pour α n'importe quel nombre $< 1/N$, où N est la dimension de $G_{V,\ell}$.

19.11 Le théorème sur les représentations linéaires utilisé ici fait partie du folklore tannakien. On en trouvera une démonstration au n° 160, § 3.5, prop. 8; voir aussi N. Saavedra Rivano, *Lect. Notes in Math.* 265 (1972), p. 156.

134. Lettre à Daniel Bertrand du 8/6/1984

21.1 Aussitôt après que Faltings ait publié ses résultats sur les représentations galoisiennes associées aux variétés abéliennes, j'ai entrepris de chercher quelles conséquences on peut en tirer pour la structure des groupes de Galois correspondants. La présente lettre résume les résultats obtenus. J'ai pris ce thème comme sujet de mes cours de 1984–1985 (le cas ℓ-adique, ℓ fixé), et de 1985–1986 (ℓ variable), cf. n°s 135 et 136 ci-après.

22.2 Mon sentiment là-dessus n'a pas changé: c'est peut-être faisable, mais je ne vois pas comment. Noter qu'un problème analogue se pose pour des motifs quelconques, cf. n° 161, § 10.5?

23.3 Ici encore, cela vaut pour n impair quelconque, cf. note 9 au n° 133.

23.4 Si $\dim A = 4$ et $\operatorname{End} A = \mathbf{Z}$, il y a au plus trois possibilités:

(i) Le groupe de Mumford-Tate et les groupes de Galois ℓ-adiques sont de type symplectique.

(ii) Le groupe de Mumford-Tate est de type symplectique, et les groupes de Galois ℓ-adiques sont du type décrit dans le texte.

(iii) Le groupe de Mumford-Tate et les groupes de Galois ℓ-adiques sont du type décrit dans le texte.

Le cas (i) est le cas «général». Le cas (iii) est celui décrit par Mumford (*Math. Ann.* 181 (1969), 345–351, § 4); les variétés abéliennes correspondantes sont paramétrées par certaines courbes de Shimura. Quant au cas (ii), il ne devrait pas exister, mais cela n'a pas encore été démontré, malgré plusieurs tentatives infructueuses.

24.5 «chacune de ces places fournit un tore d'inertie»: il s'agit d'une «enveloppe algébrique» du groupe d'inertie modérée en la place v. La définition est la suivante:

Posons $k = \mathbf{F}_\ell$, et soit k_d une extension finie de degré d de k. Considérons le tore $T_d = R_{k_d/k}\mathbf{G}_m$; on a $T_d(k) = k_d^*$. Le groupe des caractères de T_d a pour base les d caractères fondamentaux $\psi_1, \dots, \psi_d$ correspondant aux d plongements de k_d dans $\bar{k}$. Une représentation linéaire de T_d est dite *restreinte* si les caractères qui y interviennent sont de la forme $\sum c_i\psi_i$, avec $0 \leq c_i \leq p-1$ pour tout i, et $c_i < p-1$ pour au moins un i (cf. n° 94, § 1.7). On vérifie facilement que toute représentation linéaire de $k_d^* = T_d(k)$ se prolonge de façon unique en une représentation linéaire restreinte du tore T_d. Comme l'inertie modérée fournit de telles représentations (n° 94, § 1.3), on associe ainsi à toute place v divisant ℓ une représentation linéaire restreinte du tore T_d. L'image de T_d par cette représentation est le *tore d'inertie* qu'il s'agissait de définir. Bien entendu, ce tore n'est défini qu'à conjugaison près; de façon plus précise, si l'on a fait choix d'une place w de $\bar{K}$ prolongeant v, il est défini à conjugaison près par un élément de l'inertie sauvage en w.

24.6 D'après D. W. Masser et G. Wüstholz (*Bull. LMS.* 25 (1993), 247–254), complété par J-B. Bost et S. David (non publié), on peut rendre (iv) «théoriquement effectif» (mais pas «effectivement effectif»: les constantes calculables n'ont pas été calculées).

24.7 On trouvera davantage de détails sur cette démonstration (qui est longue et n'a pas été publiée) dans les lettres à M-F. Vignéras et K. Ribet reproduites aux n°s 137 et 138.

26.8 Le texte de Nori est paru dans *Invent. math.* 88 (1987), 257–275.

135. Résumé des cours de 1984–1985

28.1 On peut également traiter le cas où les réductions (mod 2) de ρ_1 et ρ_2 sont triviales. On obtient un critère très simple, qui a été utilisé par R. Livné (*Contemp. Math.* 67 (1987), 247–261) et A. J. Scholl (*J. Crelle* 392 (1988), 1–15).

30.2 Pour plus de détails sur ce cas, ainsi que sur d'autres analogues, voir N. Boston, *Number Theory* (Paris 1992–1993), LMS Lect. Notes 215, Cambridge (1995), 61–68.

31.3 Pour 2.2.3, 2.2.4 et 2.2.8, voir n° 133, ainsi que:
W. Chi, *Amer. J. Math.* 114 (1992), 315–353;
M. Larsen et R. Pink, *Invent. math.* 107 (1992), 603–636.

136. Résumé des cours de 1985–1986

33.1 Le contenu de ce cours n'a pas été publié. Un résumé des principales démonstrations se trouve dans les lettres à D. Bertrand, M-F. Vignéras et K. Ribet reproduites aux n°s 134, 137 et 138.

34.2 Pour l'application du th. 2 à la conjecture de Lang, voir M. Hindry, *Invent. math.* 94 (1988), 575–603.

137. Lettre à Marie-France Vignéras du 10/2/1986

38.1 Le cours, commencé un mois avant, avait traité divers préliminaires:
- théorème de Jordan, d'après G. F. Frobenius, *Ges. Abh.* III, n° 87;
- action de l'inertie modérée sur les points de p-division, d'après M. Raynaud, *Bull. SMF.* 102 (1974), 241–280;
- tores d'inertie (cf. note 5 au n° 134);
- exponentielles et théorie de Nori, cf. *Invent. math.* 88 (1987), 257–275.

38.2 Oui, on peut choisir $c_3(n)$ égal à n. Cela résulte des prop. 3 et 5 du n° 164.

38.3 Il serait intéressant d'évaluer explicitement $c_4(n)$ et $c_5(n)$.

40.4 Oui, on peut prendre $c_6(n)$ égal à $n+1$; il n'est même pas nécessaire de supposer que (1) et (2) soient vrais: il suffit que G soit semi-simple. Cela résulte d'un théorème de J. C. Jantzen *in* «Algebraic Groups and Related Subjects» (edit. G. Lehrer *et al.*), Cambridge Univ. Press, 1996.

Pour un résultat un peu plus faible (resp. un peu plus fort), voir M. Larsen, *J. Algebra* 173 (1995), 219–238 (resp. G. J. McNinch, *Proc. LMS.* 76 (1998), 95–149).

Le même théorème de Jantzen montre que, dans le th. B ci-après, la condition (a) est inutile, et l'on peut prendre $c_7(n)$ égal à n.

41.5 Ici, $\mathfrak{a}$ désigne l'espace vectoriel engendré par les logarithmes des éléments d'ordre p de G, i.e. $\langle \log G \rangle$, avec les notations de Nori.

42.6 R. Guralnick a démontré (en admettant la classification des groupes finis simples) que l'on peut prendre $c_8(n)$ égal à $n+3$ (1998, non publié); le résultat vaut même pour tout sous-groupe fini de $\mathbf{GL}_n(k)$, où k est un corps quelconque de caractéristique p.

45.7 Si l'on écrit un tel caractère sous la forme $\sum c_i \psi_i$ (cf. note 5 au n° 134), son *amplitude* est $\sup(c_i)$.

55.8 «on devrait s'en tirer ...»: trop optimiste! La non-effectivité des théorèmes de Faltings (cf. note 6 au n° 134) est un obstacle essentiel.

138. Lettre à Ken Ribet du 7/3/1986

56.1 Cet énoncé devrait être valable pour un motif quelconque, cf. n° 161, § 10.

57.2 Le groupe **H** est le même que celui noté $\underline{H}$ dans la lettre précédente (n° 137). Même chose pour les autres groupes: les lettres soulignées sont devenues des lettres grasses.

64.3 La semi-simplicité de cette action peut aussi se déduire du théorème de Jantzen cité dans la note 4 au n° 137.

139. Sur la lacunarité des puissances de η

81.1 Autant que je sache, Kuznetsov n'a pas publié de démonstration complète. Il s'est borné à un bref résumé, paru dans *Usp. Mat. Nauk* 40 (1985), 181–182. Il serait bon de clarifier cette situation.

140. $\Delta = b^2 - 4ac$

94.1 Le fait que la courbe elliptique $y^2 + y = x^3 - 7x + 6$ soit une «courbe de Weil» peut maintenant se démontrer sans calcul: il suffit d'appliquer les résultats généraux de Wiles (cf. n° 168).

94.2 «... other small class numbers ...»: le cas $h(\Delta) = 4$ a été traité par S. Arno (*Acta Arith.* 60 (1992), 321–334) et le cas $h(\Delta)$ impair ≤ 23 par S. Arno et F. S. Wheeler (*Acta Arith.* 83 (1998), 295–330).

141. An interview with Jean-Pierre Serre

99.1 «Do you believe in the classification of finite simple groups?»: à cette époque (1985), je croyais que la démonstration était complète. C'était ce qui avait été annoncé par le maître d'œuvres, D. Gorenstein, vers 1980. Il est apparu par la suite que ce n'était pas le cas: une partie du projet de démonstration (celle relative aux groupes «quasi-thin») n'avait pas été menée à bien. Il y a un «trou»; le «théorème de classification» n'est pas plus un théorème que ne l'était le «théorème de Fermat» avant Wiles.

Au moment où j'écris (juillet 1998), le trou n'est pas encore bouché, mais il y a des espoirs sérieux qu'il le soit bientôt (par Aschbacher-Smith). Le programme de Gorenstein serait alors complété, avec près de vingt ans de retard.

Références:

- pour la stratégie de la démonstration: R. Solomon, *Notices AMS* 42 (1995), 231–239;
- pour le cas «quasi-thin»: M. Aschbacher, in *Algebraic Groups and their Representations* (R. W. Carter et J. Saxl edit.), Kluwer Acad. Publ. (1998), 321–340.

142. Lettre à J.-F. Mestre

105.1 «... il faudra bien que je le fasse un jour ...»: c'est fait, cf. n° 143, § 2.

105.2 «... la différence entre les deux est de nature trop triviale ...»: ce n'est vrai que pour $p > 3$. Voir là-dessus la note 1 au n° 143.

106.3 Pour une démonstration générale, voir K. Ribet, *Proc. Symp. Proc. Math. AMS* 55 (1994), vol. 2, 639–676, th. 2.1.

143. Sur les représentations modulaires de degré 2 de Gal($\bar{\mathbf{Q}}/\mathbf{Q}$)

107.1 La rédaction de ce texte a été difficile. Certes, j'étais raisonnablement sûr de la forme (3.2.3$_?$) de la conjecture, celle qui dit que la représentation galoisienne provient d'une forme modulaire d'un type (N, k, ε) convenable. Mais un tel énoncé n'était pas satisfaisant. Une conjecture est d'autant plus utile qu'elle est plus précise, et de ce fait testable sur des exemples. (Modèle: Birch et Swinnerton-Dyer.)

Il fallait donc préciser le triplet (N, k, ε), et, si possible, de façon optimale. Je me suis risqué à le faire, non sans certaines appréhensions, cf. § 3.2, Rem. 6. En fait, ces appréhensions étaient justifiées: je me suis aperçu un peu plus tard que, lorsque $p = 2$ ou 3, il existe des représentations diédrales pour lesquelles l'énoncé (3.2.4$_?$) est faux; cela se produit déjà pour $N = 13$. (Ce phénomène est lié à la non-projectivité des modules $M_k(N, \mathbf{Z}_p)$, cf. n° 145.) Il est nécessaire de modifier les conventions, par exemple en acceptant des formes modulaires à la Katz, ou des caractères ε d'ordre non premier à p. Pour les énoncés précis, voir:

B. Edixhoven, *Invent. math.* 109 (1992), 563–594;

K. Ribet, in *Symp. Pure Math. AMS.* 55 (1994), vol. 2, 639–676;

F. Diamond, in *Elliptic Curves, Modular Forms and Fermat's Last Theorem*, Intern. Press Cambridge (1995), 22–37;

B. Edixhoven, in *Modular Forms and Fermat's Last Theorem*, Springer-Verlag (1997), 209–242.

108.2 L'élimination de «epsilon» a été réalisée par K. Ribet, *Invent. math.* 100 (1990), 431–476; ce résultat joue un rôle crucial dans la démonstration de Wiles, cf. n° 168.

113.3 Si l'on travaille avec des formes modulaires à la Katz, il y a lieu de poser $k = 1$ dans le cas non ramifié.

125.4 Oui, pour $p > 2$, les valeurs de N et k proposées ici sont *minimales*. C'est là un théorème difficile, qui est dû à Ribet dans le cas particulier nécessaire pour «Weil $\Rightarrow$ Fermat», cf. note 2. Les résultats de Ribet ont été complétés par divers auteurs; voir les textes de Diamond et d'Edixhoven cités dans la note 1.

Le cas $p = 2$ n'a pas encore été traité.

125.5 Oui, lorsque $p = 2$ ou 3, on peut avoir besoin de formes modulaires à la Katz, cf. note 1.

130.6 «figure déjà dans un travail de Hurwitz»: Non! Cf. n° 168, § 1.4.a).

143.7 Pour d'autres majorations de conducteurs, voir:

P. Lockhart, M. I. Rosen et J. Silverman, *J. Alg. Geom.* 2 (1993), 569–601;

A. Brumer et K. Kramer, *Comp. Math.* 92 (1994), 227–248.

148.8 Le cas des représentations à valeurs dans $\mathbf{GL}_2(\mathbf{F}_4)$ vient d'être traité par N. I. Shepherd-Barron et R. Taylor (sous une hypothèse restrictive sur la ramification), cf. *J. AMS.* 10 (1997), 283–298.

145. Résumé des cours de 1987–1988

164.1 A propos de la projectivité des modules $M_k(N, \mathbf{Z}_p)$: voir le texte d'Edixhoven (1997) cité dans la note 1 au n° 143.

164.2 On trouvera davantage de détails sur les démonstrations des §§ 2, 3 dans les lettres à Tate et à Kazhdan reproduites au n° 169.

165.3 Remplacer $\omega^{p-1}(E)$ par $\omega^{p^2-1}(E)$.

146. Résumé des cours de 1988–1989

167.1 Ce cours, ainsi que celui de l'année suivante (n° 148), correspond à peu de choses près à mes notes de Harvard, *Topics in Galois Theory*, rédigées par

Henri Darmon, publiées par Jones and Bartlett, Boston, 1992, et distribuées par AK Peters, Wellesley. Voir aussi l'exposé au séminaire Bourbaki «*Groupes de Galois sur* **Q**», n° 147 ci-après.

167.2 Une démonstration du théorème de Shafarevich, incluant le cas litigieux $p = 2$, a été publiée dans l'ouvrage suivant:

V. V. Ishkhanov, B. B. Lur'e et D. K. Faddeev, *Le problème de plongement en théorie de Galois* (en russe), Moscou, 1990 (traduction anglaise: *The Embedding Problem in Galois Theory*, Transl. Math. Monographs 165, AMS, 1997).

168.3 Comme M. Jarden me l'a fait remarquer, il conviendrait de remplacer l'adjectif «*régulière*» par «**Q**-*régulière*». En effet, L n'est pas une extension régulière de $\mathbf{Q}(T)$ (sauf si elle est de degré 1), mais c'est une extension régulière de **Q**.

147. Groupes de Galois sur Q

172.1 Ici encore, il convient de remplacer «régulière» par «**Q**-régulière».

179.2 La liste des groupes sporadiques ayant la propriété Gal_T est maintenant presque complète; il n'y manque, pour l'instant, que le groupe de Mathieu M_{23}. Voir là-dessus B. H. Matzat, *J. Crelle* 420 (1991), 99–159.

181.3 J-F. Mestre a démontré que le groupe $\tilde{A}_n = 2.A_n$ a la propriété Gal_T pour tout $n \geq 4$ (*J. Algebra* 131 (1990), 483–495). Voir aussi n° 148.

148. Résumé des cours de 1989–1990

185.1 Comme me l'a signalé B. H. Matzat, la réponse à cette question est «non». Si $G = \mathrm{Aut}(S_6)$, et si l'on choisit pour C_1, C_2, C_3 des classes convenables, les ordres des éléments de ces classes sont 2, 4, 10, et le revêtement correspondant a mauvaise réduction en $p = 3$ (*J. Crelle* 349 (1984), p. 215).

187.2 La démonstration par voie combinatoire est donnée au n° 151; celle qui utilise les thêta-caractéristiques est donnée au n° 152.

149. Construction de revêtements étales de la droite affine en caractéristique *p*

188.1 La conjecture d'Abhyankar a été démontrée par M. Raynaud (*Invent. math.* 116 (1994), 425–462). La démonstration de Raynaud utilise le th. 1 dans le cas particulier (qui est le plus facile), où N est un p-groupe.

Quant à la Conjecture 1 de [1], elle a été démontrée par D. Harbater (*Invent. math.* 117 (1994), 1–25).

150. Spécialisation des éléments de $\mathrm{Br}_2(\mathbf{Q}(T_1, \ldots, T_n))$

194.1 Pour la notion de *résidu*, voir n° 156.

196.2 L'estimation $N_\alpha(X) = O(X^3/(\log X)^{3/2})$ est optimale: cela a été démontré par C. Hooley (*Glasgow Math. J.* 35 (1993), 13–23), ainsi que par C. R. Guo (*Proc. LMS* 70 (1995), 241–263), qui obtient même un résultat plus précis, de nature asymptotique.

Il serait intéressant de traiter d'autres exemples.

152. Revêtements à ramification impaire et thêta-caractéristiques

208.1 Pour une réponse à cette question, voir H. Esnault, B. Kahn et E. Vieweg, *J. Crelle* 441 (1993), 145–188.

153. Résumé des cours de 1990–1991

212.1 Ce résumé de cours a été reproduit dans la 5ème édition de *Cohomologie Galoisienne* (Lect. Notes 5, Annexe au Chap. III).

214.2 En 1996, V. Voevodsky a annoncé une démonstration générale de la conjecture de Milnor. Voir là-dessus les exposés de B. Kahn, *Astérisque* 245 (1997), 379–418, et F. Morel, *Bull. AMS* 35 (1998), 123–143.

216.3 Pour la définition des invariants mod 2, voir H. P. Petersson et M. L. Racine, *J. Algebra* 174 (1995), 1049–1072.

217.4 L'invariant mod 3 d'une algèbre de Jordan exceptionnelle a été défini par M. Rost (*C. R. Acad. Sci. Paris* 315 (1991), 823–825). Une autre construction du même invariant, plus proche de celle suggérée ici, a été donnée par H. P. Petersson et M. L. Racine (*Indag. Math.* 7 (1996), 343–365), qui ont également traité le cas où la caractéristique du corps de base est égale à 3 (*Indag. Math.* 8 (1997), 543–548). Voir aussi M-A. Knus, A. Merkurjev, M. Rost et J-P. Tignol, *The Book of Involutions* (AMS Colloquium n° 44, 1998), § 40.

219.5 Oui, on peut déterminer $q_{E'}$ à partir de q_E (cf. n° 156, § 3.3).

219.6 Pour un contre-exemple explicite, voir n° 156, § 3.4.

220.7 Voir n° 163.

154. Motifs

223.1 Grothendieck m'a autorisé à reproduire les textes en question. Je lui en suis très reconnaissant.

226.2 «Cette catégorie est munie de produits tensoriels»: il est bon de préciser que la définition du produit tensoriel n'est pas la définition naïve à laquelle on s'attendrait (celle provenant du produit direct des variétés); l'isomorphisme de commutativité $X \otimes Y \leftrightarrow Y \otimes X$ fait intervenir un *signe* («règle de Koszul»). Voir par exemple Deligne-Milne, *Lect. Notes in Math.* 900 (1982), p. 203.

229.3 Pour les propriétés conjecturales des groupes de Galois motiviques, voir n° 161.

231.4 Cela a été fait par H. Gillet et C. Soulé (*J. Crelle* 478 (1996), 127–176), sous l'hypothèse que le corps de base est de caractéristique 0. Le résultat obtenu est d'ailleurs plus précis, car il est relatif aux «motifs de Chow», définis au moyen de l'équivalence linéaire des cycles algébriques.

155. Lettre à M. Tsfasman

240.1 Le problème posé était le suivant: soit N le nombre de points rationnels sur $\mathbf{F}_q$ d'une hypersurface de degré d de l'espace projectif $\mathbf{P}_n$. Montrer que l'on a

$$N \leq 1 + q + \ldots + q^{n-2} + dq^{n-1}$$

(Noter que l'on ne suppose pas que l'hypersurface soit lisse, ni même qu'elle soit irréductible.)

Une démonstration voisine de celle donnée ici a été également obtenue par A. B. Sørensen (*Discrete Math.* 135 (1994), 321–334). Voir aussi M. Bogulavsky (*Finite Fields and Their Applications*, 3 (1997), 287–299), qui résout un problème analogue pour l'intersection de deux hypersurfaces de même degré dont les équations sont linéairement indépendantes.

156. Résumé des cours de 1991–1992

243.1 Ce résumé de cours a été reproduit dans la 5ème édition de *Cohomologie Galoisienne* (Lect. Notes 5, Annexe au Chap. II).

248.2 Le cas $n = 2$, $d(\alpha) \leq 5$ a été traité par Mestre: *C. R. Acad. Sci. Paris* 319 (1994), 529–532 et 322 (1996), 503–505. Autant que je sache, le cas $d(\alpha) \geq 6$ reste ouvert.

248.3 Références:
– pour $\mathbf{SL}_2(\mathbf{F}_7)$: J-F. Mestre, *C. R. Acad. Sci. Paris* 319 (1994), 781–782;
– pour $6.A_6$ et $6.A_7$: J-F. Mestre, *Israel J. Math.* 107 (1998), 333–341.

250.4 Pour une démonstration du th. 7.6, voir: J-L. Colliot-Thélène et Sir Peter Swinnerton-Dyer, *J. Crelle* 453 (1994), 49–112.

157. Revêtements de courbes algébriques

253.1 Voir là-dessus M. V. Nori, *Comp. Math.* 33 (1976), 29–41.

256.2 La conjecture d'Abhyankar 2.3.1 a été démontrée par D. Harbater (*Invent. math.* 117 (1994), 1–25), après que M. Raynaud ait traité le cas de la droite affine, $g = 0$, $s = 1$ (*Invent. math.* 116 (1994), 425–462).

259.3 Depuis cet exposé, Abhyankar a construit d'autres équations très simples dont les groupes de Galois sont des groupes intéressants. Voir notamment:
(groupes de Mathieu) – in *Contemp. Math.* 186 (1995), 293–319;

(groupes orthogonaux sur $\mathbf{F}_q$) – *Trans. AMS* 348 (1996), 1555–1577;
(groupes symplectiques sur $\mathbf{F}_q$) – *Proc. AMS* 124 (1996), 2977–2991.

158. Résumé des cours de 1992–1993

265.1 Le contenu de ce cours correspond au n° 161.

159. Exemples de courbes algébriques à jacobienne complètement décomposable (avec T. Ekedahl)

268.1 Oui, il existe des courbes de genre $g > 3$ dont la jacobienne est complètement décomposable au sens strict, autrement dit est isomorphe à un produit de courbes elliptiques. Cela m'a été signalé par T. Shioda (lettre du 5/12/93), comme conséquence du théorème suivant, dû à T. Katsura (*Proc. Japan Acad.* 51 (1975), 228) et H. Lange (*Gött. Nachr.* 1975, n° 8):

Si E est une courbe elliptique à multiplication complexe, toute variété abélienne isogène à E^g est isomorphe à un produit de g courbes elliptiques.

(Cela peut aussi se déduire de la structure des modules sans torsion sur les anneaux de Gorenstein, cf. H. Bass, *Math. Zeitschr.* 82 (1963), 8–28, § 7.)

Vu ce théorème, on est ramené a construire des courbes de genre $g > 3$ dont la jacobienne est isogène à E^g, par exemple (Shioda) la courbe de Fermat d'équation

$$x^6 + y^6 + z^6 = 0,$$

pour laquelle $g = 10$, et E est une courbe elliptique à multiplication complexe par $\sqrt{-3}$

Un exemple différent m'a été signalé par F. Rodriguez Villegas (lettre du 9/6/94): celui de la courbe de Bring, qui est de genre 4, de groupe d'automorphismes S_5, et dont la jacobienne est isomorphe à un produit de quatre courbes elliptiques sans multiplication complexe. Un autre exemple m'a été suggéré par N. Elkies: celui de la courbe de Hurwitz de genre 14, de groupe d'automorphismes le groupe $\mathbf{PSL}_2(\mathbf{F}_{13})$.

268.2 «On peut démontrer que (1_N) n'est satisfaite que pour un ensemble fini de valeurs de N»: cela résulte de l'équirépartition des valeurs propres des opérateurs de Hecke, cf. n° 170, § 6.2, cor. au th. 7.

161. Propriétés conjecturales des groupes de Galois motiviques et des représentations ℓ-adiques

329.1 J'aurais dû écrire (6.1?) et non (6.1): il n'est pas évident que (6.1) soit une suite exacte! Comme Y. Flicker me l'a fait remarquer, on ne sait même pas le démontrer dans la théorie des motifs basée sur les cycles de Hodge absolus à la Deligne, contrairement à ce qui est affirmé dans Deligne-Milne, [10], prop. 6.22.

333.2 Je serais assez tenté d'élever la question 8.1 au rang de «conjecture»; ce serait en accord avec la philosophie de Langlands:

motivique $\Leftrightarrow$ type de Hodge entier.

Voir là-dessus J-P. Wintenberger, *Invent. math.* 120 (1995), 215–240 (pour l'aspect ℓ-adique), et *Ann. Inst. Fourier* 47 (1997), 1289–1334 (pour le cas local).

334.3 Des résultats de Gross-Savin (*Comp. Math.* 114 (1998), 153–217) rendent vraisemblable que G_2 soit un groupe motivique. Le cas de E_8 est plus mystérieux.

163. Torsions quadratiques et bases normales autoduales
(avec E. Bayer-Fluckiger)

368.1 La réponse à cette question est «oui». Cela résulte d'un théorème de E. Bayer-Fluckiger et R. Parimala (*Invent. math.* 122 (1995), 195–229), appliqué au groupe $\bar{U}_1$ du § 3.3. (Je dois cette remarque à Eva Bayer.)

164. Sur la semi-simplicité des produits tensoriels de représentations de groupes

417.1 Le principe:

«ce qui est vrai en caractéristique 0 vaut aussi
en caractéristique p, si p est assez grand»

m'avait été très utile en 1984–1986, pour l'étude des groupes de Galois des points de p-division des variétés abéliennes (cf. n°s 136, 137, 138). Bien entendu, il convient de préciser ce que «assez grand» veut dire. C'est le but du présent travail, et c'est aussi celui du n° 171 qui lui fait suite.

D'autres variations sur ce thème sont possibles. Ainsi, dans la notion de semi-simplicité, on peut remplacer le groupe linéaire $\mathbf{GL}_N$ par un groupe réductif quelconque. Voir là-dessus une série d'exposés faits au séminaire de Théorie des Groupes du Collège de France (février 1997); ces exposés ont été résumés par J. Tits dans *l'Annuaire du Collège de France* 1996–1997, p. 93–98.

418.2 Noter que l'on ne fait pas d'hypothèse de finitude sur G. D'ailleurs, même si G est fini, on est conduit à le remplacer par un autre groupe (son «saturé», cf. § 4) qui est en général infini.

423.3 L'absence de «proposition 4» provient d'une erreur de numérotation.

434.4 Oui, on peut démontrer:

$$V \text{ semi-simple} \Rightarrow \bigwedge^m V \text{ semi-simple si } p > m(\dim V - m).$$

434.5 Le texte de Jantzen [7] est paru dans «Algebraic Groups and Related Subjects» (edit. G. Lehrer et al.), Cambridge Univ. Press, 1996.

165. Résumé des cours de 1993–1994

435.1 Le contenu de ce cours (le dernier que j'aie fait au Collège de France) n'a pas été publié.

166. Cohomologie galoisienne: progrès et problèmes

457.1 La référence à Milnor [24] est insuffisante: on a besoin de résultats de Merkurjev, cf. [2], [21].

458.2 La Remarque 1 est incorrecte; en effet, l'invariant d'Arason d'une forme quadratique de rang 3 est nul. Il faut utiliser des formes de rang 4.
(Cette correction, ainsi que la précédente, m'a été indiquée par Eva Bayer.)

462.3 Sous l'hypothèse $p \neq 2$, R. Parimala et V. Suresh ont démontré (Publ. Math. I.H.E.S. **88** (1999), 129–150) que tout élément de $H^3(F)$ est décomposable. On obtient ainsi une bijection:

classes d'algèbres d'octonions sur $F \Leftrightarrow$ parties finies paires de P.

Il reste à traiter le cas 2-adique.

463.4 Pour les invariants cohomologiques des algèbres de Jordan, voir les travaux de Petersson-Racine et Rost cités dans les notes 3 et 4 au n° 153.

470.5 En attendant la rédaction et la publication de [30], le lecteur qui s'intéresse à la théorie de Rost pourra consulter le § 31 de l'ouvrage «*The Book of Involutions*», cf. note 4 au n° 153.

167. Exemples de plongements des groupes $\mathbf{PSL}_2(\mathbf{F}_p)$ dans des groupes de Lie simples

472.1 R. L. Griess et A. J. E. Ryba ont construit (à l'aide de calculs sur ordinateur) des plongements dans $E_8(\mathbf{C})$ des groupes suivants:

$$\mathbf{SL}_2(\mathbf{F}_{32}),\ \mathbf{PSL}_2(\mathbf{F}_{31}),\ \mathbf{PSL}_2(\mathbf{F}_{41}),\ \mathbf{PSL}_2(\mathbf{F}_{49}) \text{ et } \mathrm{Sz}(8).$$

Cela leur a permis (avril 1998) de faire la liste des groupes finis simples ayant un «plongement projectif» dans un groupe de Lie de type exceptionnel (en caractéristique 0). Le problème analogue en caractéristique > 0 a été traité par M. W. Liebeck et G. N. Seitz (juin 1998). Dans les deux cas, la classification des groupes finis simples est utilisée (cf. note 1 au n° 141).

475.2 Une variante de la méthode p-adique utilisée ici permet de prouver une réciproque à (ii), à savoir:

si p est un nombre premier > 2 tel que $(p-1)/2$ divise l'un des entiers m_i+1, il existe un plongement dans $G(\mathbf{C})$, soit de $\mathbf{PSL}_2(\mathbf{F}_p)$, soit de $\mathbf{SL}_2(\mathbf{F}_p)$.

On retrouve ainsi (en prenant $m_i = h - 1$) la partie (ii) du théorème 1; on obtient également des plongements de $\mathbf{PSL}_2(\mathbf{F}_{29})$ dans $E_7(\mathbf{C})$ et de $\mathbf{PSL}_2(\mathbf{F}_{41})$ dans $E_8(\mathbf{C})$.

508.3 [9] est paru sous un titre légèrement différent: *Proc. LMS.* 74 (1997), 105–150.

508.4 [20] est paru: *Duke Math. J.* 80 (1995), 601–631.

168. Travaux de Wiles (et Taylor, ...), partie I

510.1 La seconde partie de cet exposé a été faite par J. Oesterlé. Elle est parue dans *Astérisque* 237 (1996), 333–355.

510.2 Voir aussi *Modular Forms and Fermat's Last Theorem* (G. Cornell, J. H. Silverman et G. Stevens, edit.), Springer-Verlag, 1997.

512.3 Cette égalité entre le niveau modulaire (le « N» de $X_0(N)$) et le conducteur est l'un des aspects les plus intéressants de la conjecture; j'avais déjà insisté là-dessus dans le cours de 1966–1967 (cf. n° 78). Que l'idée d'une telle égalité soit due à Weil ne fait pas de doute. C'est là un argument supplémentaire en faveur de la terminologie «Taniyama-Weil».

169. Two letters on quaternions and modular forms (mod p)

524.1 Ces deux lettres correspondent au contenu du cours de 1987–1988, cf. n° 145.

540.2 Voir B. Gross, Algebraic Modular Forms, à paraître dans *Israel J. Math.*

170. Répartition asymptotique des valeurs propres de l'opérateur de Hecke T_p

543.1 Le même résultat (pour $N = 1$ et $k \to \infty$) a été obtenu indépendamment par J. B. Conrey, W. Duke et D. W. Farmer (*Acta Arith.* 78 (1997), 405–409).

171. Semisimplicity and tensor products of group representations: converse theorems

574.1 Remplacer $x \mapsto \varphi(x)$ par $x \otimes \varphi \mapsto \varphi(x)$.

578.2 Remplacer $V' \in C_G$ par $V' \in \mathrm{ob}(C_G)$. Correction analogue p. 587, 1.12.

172. Deux lettres sur la cohomologie non abélienne

596.1 En avril 1995, Leila Schneps m'avait posé diverses questions sur les groupes profinis, et notamment celle-ci:

Soit F un groupe profini libre de rang 2, de base x, y, et soit s l'automorphisme de F qui permute x et y. Cela définit une action du groupe $S = \{1, s\}$ sur F, d'où un ensemble de cohomologie $H^1(S, F)$. Est-il vrai que $H^1(S, F)$ n'a qu'un seul élément?

Le théorème 1 répond affirmativement à cette question, dans un cadre un peu plus large, celui des «C-complétions». Le théorème 2 traite d'une question voisine, relative à l'automorphisme $x \mapsto y \mapsto y^{-1}x^{-1}$ de F, qui est d'ordre 3.

Je me suis aperçu récemment que ces deux théorèmes sont des cas particuliers de résultats de W. Herfort et L. Ribes sur les amalgames profinis (*J. Crelle* 358 (1985), 155–161), du moins lorsque la catégorie C est stable par extensions (ce qui est le cas dans les applications que L. Schneps avait en vue, cf. P. Lochak-L. Schneps, *Invent. math.* 127 (1997), 571–596).

601.2 On trouvera de tels énoncés dans Herfort-Ribes, *loc. cit.*

603.3 Pour une démonstration de $(H) \Rightarrow (\star)$ dans le cas profini, voir C. Scheiderer, *Invent. math.* 127 (1997), 597–600.

173. La distribution d'Euler-Poincaré d'un groupe profini

629.1 Il me semble nécessaire de compléter les démonstrations de Lazard sur un point. Dans [7], th. V.2.4.9, p. 562, Lazard considère un groupe G qui est p-valué complet de rang fini, pour une valuation ω, et il construit un isomorphisme, que je noterai i_ω, entre la cohomologie de G et celle de son algèbre de Lie L. Il est essentiel pour la suite (et notamment pour le crucial th. V.2.4.10) de vérifier que cet isomorphisme i_ω est indépendant de la valuation ω utilisée. Ce n'est pas entièrement évident. En effet, construire i_ω revient à comparer les Ext des algèbres $\mathrm{Al}\,G$ et UL^0 (notations de [7]), ce qui se fait par l'intermédiaire de leurs saturés $\mathrm{Sat}\,\mathrm{Al}\,G$ et $\mathrm{Sat}\,\mathrm{UL}^0$, lesquels dépendent de ω (et devraient donc être notés Sat_ω).

En fait, il est vrai que i_ω est indépendant de ω. Cela peut se voir de la manière suivante:

Soient ω et ω' deux valuations sur G pour lesquelles G est p-valué complet. Supposons d'abord que $\omega \leq \omega'$. On a alors des homomorphismes naturels $\mathrm{Sat}_\omega \to \mathrm{Sat}_{\omega'}$, d'où un diagramme commutatif:

$$\begin{array}{ccccccc} & \nearrow & \mathrm{Sat}_\omega \mathrm{Al}\,G & = & \mathrm{Sat}_\omega \mathrm{UL}^0 & \nwarrow & \\ \mathrm{Al}\,G & & \downarrow & & \downarrow & & \mathrm{UL}^0 . \\ & \searrow & \mathrm{Sat}_{\omega'} \mathrm{Al}\,G & = & \mathrm{Sat}_{\omega'} \mathrm{UL}^0 & \swarrow & \end{array}$$

Cela suffit à entraîner l'égalité $i_\omega = i_{\omega'}$ lorsque $\omega \leq \omega'$. Le cas général s'en déduit, en considérant les couples (ω_0, ω) et (ω_0, ω'), où $\omega_0 = \inf(\omega, \omega')$, cf. [7], p. 465.

631.2 Le fait que l'image de $\mathrm{Supp}(\mu_G)$ dans $\mathrm{Cl}\,G$ est fini peut aussi se voir en remarquant que G_{reg} n'est autre que *l'ensemble des éléments d'ordre fini de* G; d'après un résultat élémentaire sur les groupes de Lie p-adiques (cf. e.g. *Lie Algebras and Lie Groups*, Lect. Notes 1500, p. 120, exerc. 1) ces éléments forment un nombre fini de classes de conjugaison. Ainsi, Cl G_{reg} *est un ensemble fini*, et il en est a fortiori de même de l'image de $\mathrm{Supp}(\mu_G)$ dans cet ensemble.

(Noter que, dans la démonstration du texte, il convient de remplacer «partition de l'espace compact G_{reg}» par «partition de l'espace compact $\mathrm{Supp}(\mu_G)$».).

Liste des Travaux

Reproduits dans les Œuvres

Volume I: 1949–1959

1. Extensions de corps ordonnés, C. R. Acad. Sci. Paris **229** (1949), 576–577.
2. (avec A. Borel) Impossibilité de fibrer un espace euclidien par des fibres compactes, C. R. Acad. Sci. Paris **230** (1950), 2258–2260.
3. Cohomologie des extensions de groupes, C. R. Acad. Sci. Paris **231** (1950), 643–646.
4. Homologie singulière des espaces fibrés. I. La suite spectrale, C. R. Acad. Sci. Paris **231** (1950), 1408–1410.
5. Homologie singulière des espaces fibrés. II. Les espaces de lacets, C. R. Acad. Sci. Paris **232** (1951), 31–33.
6. Homologie singulière des espaces fibrés. III. Applications homotopiques, C. R. Acad. Sci. Paris **232** (1951), 142–144.
7. Groupes d'homotopie, Séminaire Bourbaki 1950/51, n° **44**.
8. (avec A. Borel) Détermination des *p*-puissances réduites de Steenrod dans la cohomologie des groupes classiques. Applications, C. R. Acad. Sci. Paris **233** (1951), 680–682.
9. Homologie singulière des espaces fibrés. Applications, Thèse, Paris, 1951, et Ann. of Math. **54** (1951), 425–505.
10. (avec H. Cartan) Espaces fibrés et groupes d'homotopie. I. Constructions générales, C. R. Acad. Sci. Paris **234** (1952), 288–290.
11. (avec H. Cartan) Espaces fibrés et groupes d'homotopie. II. Applications, C. R. Acad. Sci. Paris **234** (1952), 393–395.
12. Sur les groupes d'Eilenberg-MacLane, C. R. Acad. Sci. Paris **234** (1952), 1243–1245.
13. Sur la suspension de Freudenthal, C. R. Acad. Sci. Paris **234** (1952), 1340–1342.
14. Le cinquième problème de Hilbert. Etat de la question en 1951, Bull. Soc. Math. de France **80** (1952), 1–10.
15. (avec G. P. Hochschild) Cohomology of group extensions, Trans. Amer. Math. Soc. **74** (1953), 110–134.
16. (avec G. P. Hochschild) Cohomology of Lie algebras, Ann. of Math. **57** (1953), 591–603.
17. Cohomologie et arithmétique, Séminaire Bourbaki 1952/53, n° **77**.
18. Groupes d'homotopie et classes de groupes abéliens, Ann. of Math. **58** (1953), 258–294.
19. Cohomologie modulo 2 des complexes d'Eilenberg-MacLane, Comm. Math. Helv. **27** (1953), 198–232.

20. Lettre à Armand Borel, inédit, avril 1953.
21. Espaces fibrés algébriques (d'après A. Weil), Séminaire Bourbaki 1952/53, n° **82**.
22. Quelques calculs de groupes d'homotopie, C. R. Acad. Sci. Paris **236** (1953), 2475–2477.
23. Quelques problèmes globaux relatifs aux variétés de Stein, Colloque sur les fonctions de plusieurs variables, Bruxelles, 1953, 57–68.
24. (avec H. Cartan) Un théorème de finitude concernant les variétés analytiques compactes, C. R. Acad. Sci. Paris **237** (1953), 128–130.
25. Travaux de Hirzebruch sur la topologie des variétés, Séminaire Bourbaki 1953/54, n° **88**.
26. Fonctions automorphes: quelques majorations dans le cas où X/G est compact, Séminaire H. Cartan, 1953/54, n° **2**.
27. Cohomologie et géométrie algébrique, Congrès International d'Amsterdam, **3** (1954), 515–520.
28. Un théorème de dualité, Comm. Math. Helv. **29** (1955), 9–26.
29. Faisceaux algébriques cohérents, Ann. of Math. **61** (1955), 197–278.
30. Une propriété topologique des domaines de Runge, Proc. Amer. Math. Soc. **6** (1955), 133–134.
31. Notice sur les travaux scientifiques, inédit (1955).
32. Géométrie algébrique et géométrie analytique, Ann. Inst. Fourier **6** (1956), 1–42.
33. Sur la dimension homologique des anneaux et des modules noethériens, Proc. int. symp., Tokyo-Nikko (1956), 175–189.
34. Critère de rationalité pour les surfaces algébriques (d'après K. Kodaira), Séminaire Bourbaki 1956/57, n° **146**.
35. Sur la cohomologie des variétés algébriques, J. de Math. pures et appliquées **36** (1957), 1–16.
36. (avec S. Lang) Sur les revêtements non ramifiés des variétés algébriques, Amer. J. of Math. **79** (1957), 319–330; erratum, *ibid.* **81** (1959), 279–280.
37. Résumé des cours de 1956–1957, Annuaire du Collège de France (1957), 61–62.
38. Sur la topologie des variétés algébriques en caractéristique p, Symp. Int. Top. Alg., Mexico (1958), 24–53.
39. Modules projectifs et espaces fibrés à fibre vectorielle, Séminaire Dubreil-Pisot 1957/58, n° **23**.
40. Quelques propriétés des variétés abéliennes en caractéristique p, Amer. J. of Math. **80** (1958), 715–739.
41. Classes des corps cyclotomiques (d'après K. Iwasawa), Séminaire Bourbaki 1958/59, n° **174**.
42. Résumé des cours de 1957–1958, Annuaire du Collège de France (1958), 55–58.
43. On the fundamental group of a unirational variety, J. London Math. Soc. **34** (1959), 481–484.
44. Résumé des cours de 1958–1959, Annuaire du Collège de France (1959), 67–68.

Volume II: 1960–1971

45. Analogues kählériens de certaines conjectures de Weil, Ann. of Math. **71** (1960), 392–394.
46. Sur la rationalité des représentations d'Artin, Ann. of Math. **72** (1960), 405–420.
47. Résumé des cours de 1959–1960, Annuaire du Collège de France (1960), 41–43.
48. Sur les modules projectifs, Séminaire Dubreil-Pisot 1960/61, n° **2**.
49. Groupes proalgébriques, Publ. Math. I.H.E.S., n° **7** (1960), 5–68.
50. Exemples de variétés projectives en caractéristique p non relevables en caractéristique zéro, Proc. Nat. Acad. Sci. USA **47** (1961), 108–109.
51. Sur les corps locaux à corps résiduel algébriquement clos, Bull. Soc. Math. de France **89** (1961), 105–154.
52. Résumé des cours de 1960–1961, Annuaire du Collège de France (1961), 51–52.
53. Cohomologie galoisienne des groupes algébriques linéaires, Colloque de Bruxelles (1962), 53–68.
54. (avec A. Fröhlich et J. Tate) A different with an odd class, J. de Crelle **209** (1962), 6–7.
55. Endomorphismes complètement continus des espaces de Banach p-adiques, Publ. Math. I.H.E.S., n° **12** (1962), 69–85.
56. Géométrie algébrique, Cong. Int. Math., Stockholm (1962), 190–196.
57. Résumé des cours de 1961–1962, Annuaire du Collège de France (1962), 47–51.
58. Structure de certains pro-p-groupes (d'après Demuškin), Séminaire Bourbaki 1962/63, n° **252**.
59. Résumé des cours de 1962–1963, Annuaire du Collège de France (1963), 49–53.
60. Groupes analytiques p-adiques (d'après Michel Lazard), Séminaire Bourbaki 1963/64, n° **270**.
61. (avec H. Bass et M. Lazard) Sous-groupes d'indice fini dans $\mathbf{SL}(n,\mathbf{Z})$, Bull. Amer. Math. Soc. **70** (1964), 385–392.
62. Sur les groupes de congruence des variétés abéliennes, Izv. Akad. Nauk. SSSR **28** (1964), 3–18.
63. Exemples de variétés projectives conjuguées non homéomorphes, C. R. Acad. Sci. Paris **258** (1964), 4194–4196.
64. Zeta and L functions, Arithmetical Algebraic Geometry, Harper and Row, New York (1965), 82–92.
65. Classification des variétés analytiques p-adiques compactes, Topology **3** (1965), 409–412.
66. Sur la dimension cohomologique des groupes profinis, Topology **3** (1965), 413–420.
67. Résumé des cours de 1964–1965, Annuaire du Collège de France (1965), 45–49.
68. Prolongement de faisceaux analytiques cohérents, Ann. Inst. Fourier **16** (1966), 363–374.

69. Existence de tours infinies de corps de classes d'après Golod et Šafarevič, Colloque CNRS, **143** (1966), 231–238.
70. Groupes de Lie l-adiques attachés aux courbes elliptiques, Colloque CNRS, **143** (1966), 239–256.
71. Résumé des cours de 1965–1966, Annuaire du Collège de France (1966), 49–58.
72. Sur les groupes de Galois attachés aux groupes p-divisibles, Proc. Conf. Local Fields, Driebergen, Springer-Verlag (1966), 118–131.
73. Commutativité des groupes formels de dimension 1, Bull. Sci. Math. **91** (1967), 113–115.
74. (avec H. Bass et J. Milnor) Solution of the congruence subgroup problem for $\mathbf{SL}_n (n \geqq 3)$ and $\mathbf{Sp}_{2n} (n \geqq 2)$, Publ. Math. I.H.E.S., n° **33** (1967), 59–137.
75. Local Class Field Theory, Algebraic Number Theory, édité par J. Cassels et A. Fröhlich, chap. VI, Acad. Press (1967), 128–161.
76. Complex Multiplication, Algebraic Number Theory, édité par J. Cassels et A. Fröhlich, chap. XIII, Acad. Press (1967), 292–296.
77. Groupes de congruence (d'après H. Bass, H. Matsumoto, J. Mennicke, J. Milnor, C. Moore), Séminaire Bourbaki 1966/67, n° **330**.
78. Résumé des cours de 1966–1967, Annuaire du Collège de France (1967), 51–52.
79. (avec J. Tate) Good reduction of abelian varieties, Ann. of Math. **88** (1968), 492–517.
80. Une interprétation des congruences relatives à la fonction τ de Ramanujan, Séminaire Delange-Pisot-Poitou 1967/68, n° **14**.
81. Groupes de Grothendieck des schémas en groupes réductifs déployés, Publ. Math. I.H.E.S, n° **34** (1968), 37–52.
82. Résumé des cours de 1967–1968, Annuaire du Collège de France (1968), 47–50.
83. Cohomologie des groupes discrets, C. R. Acad. Sci. Paris **268** (1969), 268–271.
84. Résumé des cours de 1968–1969, Annuaire du Collège de France (1969), 43–46.
85. Sur une question d'Olga Taussky, J. of Number Theory **2** (1970), 235–236.
86. Le problème des groupes de congruence pour $\mathbf{SL}_2$, Ann. of Math. **92** (1970), 489–527.
87. Facteurs locaux des fonctions zêta des variétés algébriques (définitions et conjectures), Séminaire Delange-Pisot-Poitou, 1969/70, n° **19**.
88. Cohomologie des groupes discrets, Ann. of Math. Studies, n° **70** (1971), 77–169, Princeton Univ. Press.
89. Sur les groupes de congruence des variétés abéliennes II, Izv. Akad. Nauk SSSR **35** (1971), 731–735.
90. (avec A. Borel) Adjonction de coins aux espaces symétriques; applications à la cohomologie des groupes arithmétiques, C. R. Acad. Sci. Paris **271** (1970), 1156–1158.

91. (avec A. Borel) Cohomologie à supports compacts des immeubles de Bruhat-Tits; applications à la cohomologie des groupes S-arithmétiques, C. R. Acad. Sci. Paris **272** (1971), 110–113.
92. Conducteurs d'Artin des caractères réels, Invent. Math. **14** (1971), 173–183.
93. Résumé des cours de 1970–1971, Annuaire du Collège de France (1971), 51–55.

Volume III: 1972–1984

94. Propriétés galoisiennes des points d'ordre fini des courbes elliptiques, Invent. Math. **15** (1972), 259–331.
95. Congruences et formes modulaires (d'après H.P.F. Swinnerton-Dyer), Séminaire Bourbaki 1971/72, n° **416**.
96. Résumé des cours de 1971–1972, Annuaire du Collège de France (1972), 55–60.
97. Formes modulaires et fonctions zêta p-adiques, Lect. Notes in Math., n° **350**, Springer-Verlag (1973), 191–268.
98. Résumé des cours de 1972–1973, Annuaire du Collège de France (1973), 51–56.
99. Valeurs propres des endomorphismes de Frobenius (d'après P. Deligne), Séminaire Bourbaki 1973/74, n° **446**.
100. Divisibilité des coefficients des formes modulaires de poids entier, C. R. Acad. Sci. Paris **279** (1974), série A, 679–682.
101. (avec P. Deligne) Formes modulaires de poids 1, Ann. Sci. Ec. Norm. Sup. **7** (1974), 507–530.
102. Résumé des cours de 1973–1974, Annuaire du Collège de France (1974), 43–47.
103. (avec H. Bass et J. Milnor) On a functorial property of power residue symbols, Publ. Math. I.H.E.S., n° **44** (1975), 241–244.
104. Valeurs propres des opérateurs de Hecke modulo l, Journées arith. Bordeaux, Astérisque **24–25** (1975), 109–117.
105. Les Séminaires CARTAN, Allocution prononcée à l'occasion du Colloque Analyse et Topologie, Orsay, 17 juin 1975.
106. Minorations de discriminants, inédit, octobre 1975.
107. Résumé des cours de 1974–1975, Annuaire du Collège de France (1975), 41–46.
108. Divisibilité de certaines fonctions arithmétiques, L'Ens. Math. **22** (1976), 227–260.
109. Résumé des cours de 1975–1976, Annuaire du Collège de France (1976), 43–50.
110. Modular forms of weight one and Galois representations, Algebraic Number Fields, édité par A. Fröhlich, Acad. Press (1977), 193–268.
111. Majorations de sommes exponentielles, Journées arith. Caen, Astérisque **41–42** (1977), 111–126.

112. Représentations l-adiques, Kyoto Int. Symposium on Algebraic Number Theory, Japan Soc. for the Promotion of Science (1977), 177–193.
113. (avec H. Stark) Modular forms of weight 1/2, Lect. Notes in Math. n° **627**, Springer-Verlag (1977), 29–68.
114. Résumé des cours de 1976–1977, Annuaire du Collège de France (1977), 49–54.
115. Une «formule de masse» pour les extensions totalement ramifiées de degré donné d'un corps local, C. R. Acad. Sci. Paris **286** (1978), série A, 1031–1036.
116. Sur le résidu de la fonction zêta p-adique d'un corps de nombres, C. R. Acad. Sci. Paris **287** (1978), série A, 183–188.
117. Travaux de Pierre Deligne, Gazette des Mathématiciens **11** (1978), 61–72.
118. Résumé des cours de 1977–1978, Annuaire du Collège de France (1978), 67–70.
119. Groupes algébriques associés aux modules de Hodge-Tate, Journées de Géométrie Algébrique de Rennes, Astérisque **65** (1979), 155–188.
120. Arithmetic Groups, Homological Group Theory, édité par C. T. C. Wall, LMS Lect. Note Series n° **36**, Cambridge Univ. Press (1979), 105–136.
121. Un exemple de série de Poincaré non rationnelle, Proc. Nederland Acad. Sci. **82** (1979), 469–471.
122. Quelques propriétés des groupes algébriques commutatifs, Astérisque **69–70** (1979), 191–202.
123. Extensions icosaédriques, Séminaire de Théorie des Nombres de Bordeaux 1979/80, n° **19**.
124. Résumé des cours de 1979–1980, Annuaire du Collège de France (1980), 65–72.
125. Quelques applications du théorème de densité de Chebotarev, Publ. Math. I.H.E.S., n° **54** (1981), 123–201.
126. Résumé des cours de 1980–1981, Annuaire du Collège de France (1981), 67–73.
127. Résumé des cours de 1981–1982, Annuaire du Collège de France (1982), 81–89.
128. Sur le nombre des points rationnels d'une courbe algébrique sur un corps fini, C. R. Acad. Sci. Paris **296** (1983), série I, 397–402.
129. Nombres de points des courbes algébriques sur $\mathbf{F}_q$, Séminaire de Théorie des Nombres de Bordeaux 1982/83, n° **22**.
130. Résumé des cours de 1982–1983, Annuaire du Collège de France (1983), 81–86.
131. L'invariant de Witt de la forme $\mathrm{Tr}(x^2)$, Comm. Math. Helv. **59** (1984), 651–676.
132. Résumé des cours de 1983–1984, Annuaire du Collège de France (1984), 79–83.

Volume IV: 1985 – 1998

133. Lettres à Ken Ribet, janvier 1981.
134. Lettre à Daniel Bertrand, juin 1984.
135. Résumé des cours de 1984 – 1985, Annuaire du Collège de France (1985), 85–90.
136. Résumé des cours de 1985 – 1986, Annuaire du Collège de France (1986), 95–99.
137. Lettre à Marie-France Vignéras, février 1986.
138. Lettre à Ken Ribet, mars 1986.
139. Sur la lacunarité des puissances de η, Glasgow Math. J. **27** (1985), 203–221.
140. $\Delta = b^2 - 4ac$, Math. Medley, Singapore Math. Soc. **13** (1985), 1–10.
141. An interview with J-P. Serre, Intelligencer **8** (1986), 8–13.
142. Lettre à J-F. Mestre, A.M.S. Contemp. Math. **67** (1987), 263–268.
143. Sur les représentations modulaires de degré 2 de $\mathrm{Gal}(\bar{\mathbf{Q}}/\mathbf{Q})$, Duke Math. J. **54** (1987), 179–230.
144. Une relation dans la cohomologie des p-groupes, C. R. Acad. Sci. Paris **304** (1987), 587–590.
145. Résumé des cours de 1987 – 1988, Annuaire du Collège de France (1988), 79–82.
146. Résumé des cours de 1988 – 1989, Annuaire du Collège de France (1989), 75–78.
147. Groupes de Galois sur **Q**, Séminaire Bourbaki 1987/88, n° **689**, Astérisque **161 – 162** (1988), 73–85.
148. Résumé des cours de 1989 – 1990, Annuaire du Collège de France (1990), 81–84.
149. Construction de revêtements étales de la droite affine en caractéristique p, C. R. Acad. Sci. Paris **311** (1990), 341–346.
150. Spécialisation des éléments de $\mathrm{Br}_2(\mathbf{Q}(T_1, \ldots, T_n))$, C. R. Acad. Sci. Paris **311** (1990), 397–402.
151. Relèvements dans $\tilde{A}_n$, C. R. Acad. Sci. Paris **311** (1990), 477–482.
152. Revêtements à ramification impaire et thêta-caractéristiques, C. R. Acad. Sci. Paris **311** (1990), 547–552.
153. Résumé des cours de 1990 – 1991, Annuaire du Collège de France (1991), 111–121.
154. Motifs, Astérisque **198 – 199 – 200** (1991), 333–349.
155. Lettre à M. Tsfasman, Astérisque **198 – 199 – 200** (1991), 351–353.
156. Résumé des cours de 1991 – 1992, Annuaire du Collège de France (1992), 105–113.
157. Revêtements des courbes algébriques, Séminaire Bourbaki 1991/92, n° **749**, Astérisque **206** (1992), 167–182.
158. Résumé des cours de 1992 – 1993, Annuaire du Collège de France (1993), 109–110.
159. (avec T. Ekedahl) Exemples de courbes algébriques à jacobienne complètement décomposable, C. R. Acad. Sci. Paris **317** (1993), 509–513.

160. Gèbres, L'Enseignement Math. **39** (1993), 33–85.
161. Propriétés conjecturales des groupes de Galois motiviques et des représentations ℓ-adiques, Proc. Symp. Pure Math. **55** (1994), vol. I, 377–400.
162. A letter as an appendix to the square-root parameterization paper of Abhyankar, Algebraic Geometry and its Applications (C. L. Bajaj edit.), Springer-Verlag (1994), 85–88.
163. (avec E. Bayer-Fluckiger) Torsions quadratiques et bases normales autoduales, Amer. J. Math. **116** (1994), 1–63.
164. Sur la semi-simplicité des produits tensoriels de représentations de groupes, Invent. Math. **116** (1994), 513–530.
165. Résumé des cours de 1993 – 1994, Annuaire du Collège de France (1994), 91–98.
166. Cohomologie galoisienne: progrès et problèmes, Séminaire Bourbaki 1993/94, n° **783**, Astérisque **227** (1995), 229–257.
167. Exemples de plongements des groupes $\mathbf{PGL}_2(\mathbf{F}_p)$ dans des groupes de Lie simples, Invent. Math. **124** (1996), 525–562.
168. Travaux de Wiles (et Taylor, ...) I, Séminaire Bourbaki 1994/95, n° **803**, Astérisque **237** (1996), 319–332.
169. Two letters on quaternions and modular forms (mod p), Israel J. Math. **95** (1996), 281–299.
170. Répartition asymptotique des valeurs propres de l'opérateur de Hecke T_p, Journal A.M.S. **10** (1997), 75–102.
171. Semisimplicity and tensor products of group representations: converse theorems (with an Appendix by Walter Feit), J. Algebra **194** (1997), 496–520.
172. Deux lettres sur la cohomologie non abélienne, Geometric Galois Actions (L. Schneps and P. Lochak edit.), Cambridge Univ. Press (1997), 175–182.
173. La distribution d'Euler-Poincaré d'un groupe profini, Galois Representations in Arithmetic Algebraic Geometry (A. J. Scholl and R. L. Taylor edit.), Cambridge Univ. Press (1998), 461–493.
174. Sous-groupes finis des groupes de Lie, Séminaire Bourbaki 1998/99, n° **864**, Astérisque **266** (2000), 415–430; Doc. Math. **1**, 233–248, S.M.F., 2001.
175. La vie et l'œuvre d'André Weil, L'Enseignement Mathématique **45** (1999), 5–16.

Textes non reproduits dans les Œuvres

1) Ouvrages

Groupes algébriques et corps de classes, Hermann, Paris, 1959; 2e éd. 1975, 204 p. [traduit en anglais et en russe].

Corps Locaux, Hermann, Paris, 1962; 3e éd., 1980, 245 p. [traduit en anglais].

Cohomologie galoisienne, Lecture Notes in Maths. n° **5,** Springer-Verlag, 1964; 5° édition révisée et complétée, 1994, 181 p. [traduit en anglais et en russe].

Lie Algebras and Lie Groups, Benjamin Publ., New York, 1965; 3e éd. 1974, 253 p. [traduit en anglais et en russe].

Algèbre Locale. Multiplicités, Lecture Notes in Maths. n° **11,** Springer-Verlag, 1965 – rédigé avec la collaboration de P. Gabriel; 3e éd. 1975, 160 p. [traduit en anglais et en russe].

Algèbres de Lie semi-simples complexes, Benjamin Publ., New York, 1966, 135 p. [traduit en anglais et en russe].

Représentations linéaires des groupes finis, Hermann, Paris, 1968; 3e éd. 1978, 182 p. [traduit en allemand, anglais, espagnol, japonais, polonais, russe].

Abelian l-adic representations and elliptic curves, Benjamin Publ., New York, 1968 – rédigé avec la collaboration de W. Kuyk et J. Labute, 195 p. [traduit en russe]; 2° édition, A.K. Peters, Wellesley, 1998.

Cours d'Arithmétique, Presses Univ. France, Paris, 1970; 2e éd. 1977, 188 p. [traduit en anglais, chinois, japonais, russe].

Arbres, amalgames, SL_2, Astérisque n° **46,** Soc. Math. France 1977 – rédigé avec la collaboration de H. Bass; 3e éd. 1983, 189 p. [traduit en anglais et en russe].

Lectures on the Mordell-Weil Theorem, traduit et édité par M. Brown, d'après des notes de M. Waldschmidt, Vieweg, 1989, 218 p.; 3° édit., 1997.

Topics in Galois Theory, notes written by H. Darmon, Jones & Bartlett, Boston, 1992, 117 p.; A.K. Peters, Wellesley, 1994.

Exposés de Séminaires (1950–1999), Documents Mathématiques 1, S.M.F., 2001, 259 p.

Correspondance Grothendieck-Serre (éditée avec la collaboration de P. Colmez), Documents Mathématiques 2, S.M.F., 2001, 288 p.

2) Articles

Compacité locale des espaces fibrés, C. R. Acad. Sci. Paris **229** (1949), 1295–1297.

Trivialité des espaces fibrés. Applications, C. R. Acad. Sci. Paris **230** (1950), 916–918.

Sur un théorème de T. Szele, Acta Szeged **13** (1950), 190–191.
(avec A. Borel) [1]) Sur certains sous-groupes des groupes de Lie compacts, Comm. Math. Helv. **27** (1953), 128–139.
(avec A. Borel) [1]) Groupes de Lie et puissances réduites de Steenrod, Amer. J. of Math. **75** (1953), 409–448.
Correspondence, Amer. J. of Math. **78** (1956), 898.
(avec S. S. Chern et F. Hirzebruch) [2]) On the index of a fibered manifold, Proc. Amer. Math. Soc. **8** (1957), 587–596.
Revêtements. Groupe fondamental, Mon. Ens. Math., Structures algébriques et structures topologiques, Genève (1958), 175–186.
(avec A. Borel) [1]) Le théorème de Riemann-Roch (d'après des résultats inédits de A. Grothendieck), Bull. Soc. Math. de France **86** (1958), 97–136.
(avec A. Borel) [1]) Théorèmes de finitude en cohomologie galoisienne, Comm. Math. Helv. **39** (1964), 111–164.
Groupes finis d'automorphismes d'anneaux locaux réguliers (rédigé par Marie-José Bertin), Colloque d'algèbre, E.N.S.J.F., Paris, 1967, 11 p.
Groupes discrets – Compactifications, Colloque Elie Cartan, Nancy, 1971, 5 p.
(avec A. Borel) [1]) Corners and arithmetic groups, Comm. Math. Helv. **48** (1973), 436–491.
Fonctions zêta *p*-adiques, Bull. Soc. Math. de France, Mém. **37** (1974), 157–160.
Amalgames et points fixes, Proc. Int. Conf. Theory of Groups, Lect. Notes in Math. **372**, Springer-Verlag (1974), 633–640.
(avec A. Borel) [1]) Cohomologie d'immeubles et de groupes S-arithmétiques, Topology **15** (1976), 211–232.
Deux lettres, Mémoires S.M.F., 2ᵉ série, n° **2** (1980), 95–102.
La vie et l'œuvre de Ivan Matveevich Vinogradov, C. R. Acad. Sci. Paris, La Vie des Sciences (1985), 667–669.
C est algébriquement clos (rédigé par A-M. Aubert), E.N.S.J.F., 1985.
Rapport au comité Fields sur les travaux de A. Grothendieck, K-Theory **3** (1989), 73–85.
Entretien avec Jean-Pierre Serre, *in* M. Schmidt, Hommes de Science, 218–227, Hermann, Paris, 1990; reproduit dans Wolf Prize in Mathematics, vol. 2, 542–549, World Sci. Publ. Co., Singapore, 2001.
Les petits cousins, Miscellanea Math., Springer-Verlag, 1991, 277–291.
Smith, Minkowski et l'Académie des Sciences (avec des notes de N. Schappacher), Gazette des Mathématiciens **56** (1993), 3–9.
Représentations linéaires sur des anneaux locaux, d'après Carayol (rédigé par R. Rouquier), ENS, 1993.
Commentaires sur: O. Debarre, Polarisations sur les variétés abéliennes produits, C. R. Acad. Sci. Paris **323** (1996), 631–635.

[1]) Ces textes ont été reproduits dans les *Œuvres* de A. Borel, publiées par Springer-Verlag en 1983.
[2]) Ce texte a été reproduit dans les *Selected Papers* de S. S. Chern, publiés par Springer-Verlag en 1978.

Appendix to: J-L. Nicolas, I. Z. Ruzsa et A. Sarközy, On the parity of additive representation functions, J. Number Theory **73** (1998), 292–317.

Appendix to: R. L. Griess, Jr., et A. J. E. Ryba, Embeddings of $PGL_2(31)$ and $SL_2(32)$ in $E_8(\mathbf{C})$, Duke Math. J. **94** (1998), 181–211.

Moursund Lectures on Group Theory, Notes by W. E. Duckworth, Eugene 1998, 30 p. (http:// darkwing.uoregon.edu/~math/serre/index.html).

Jean-Pierre Serre, in Wolf Prize in Mathematics, vol. 2, 523–551 (edit. S. S. Chern et F. Hirzebruch), World Sci. Publ. Co., Singapore, 2001.

Commentaires sur: W. Li, On negative eigenvalues of regular graphs, C. R. Acad. Sci. Paris **333** (2001), 907–912.

Appendix to: K. Lauter, Geometric methods for improving the upper bounds on the number of rational points on algebraic curves over finite fields, J. Algebraic Geometry **10** (2001), 19–36.

On a theorem of Jordan, notes rédigées par H. H. Chan, Math. Medley, Singapore Math. Soc. **29** (2002), 3–18.

Appendix to: K. Lauter, The maximum or minimum number of rational points on curves of genus three over finite fields, Comp. Math., à paraître.

3) Séminaires

Les séminaires marqués d'un astérisque * ont été reproduits, avec corrections, dans *Documents Mathématiques* **1**, S.M.F., 2001.

Séminaire Bourbaki

* Extensions de groupes localement compacts (d'après Iwasawa et Gleason), 1949/50, n° **27,** 6 p.

Utilisation des nouvelles opérations de Steenrod dans la théorie des espaces fibrés (d'après Borel et Serre), 1951/52, n° **54,** 10 p.

Cohomologie et fonctions de variables complexes, 1952/53, n° **71,** 6 p.

Faisceaux analytiques, 1953/54, n° **95,** 6 p.

* Représentations linéaires et espaces homogènes kählériens des groupes de Lie compacts (d'après Borel et Weil), 1953/54, n° **100,** 8 p.

Le théorème de Brauer sur les caractères (d'après Brauer, Roquette et Tate), 1954/55, n° **111,** 7 p.

Théorie du corps de classes pour les revêtements non ramifiés de variétés algébriques (d'après S. Lang), 1955/56, n° **133,** 9 p.

Corps locaux et isogénies, 1958/59, n° **185,** 9 p.

* Rationalité des fonctions zêta des variétés algébriques (d'après Dwork), 1959/60, n° **198,** 11 p.

* Revêtements ramifiés du plan projectif (d'après Abhyankar), 1959/60, n° **204,** 7 p.

* Groupes finis à cohomologie périodique (d'après R. Swan), 1960/61, n° **209,** 12 p.

* Groupes *p*-divisibles (d'après J. Tate), 1966/67, n° **318,** 14 p.

Travaux de Baker, 1969/70, n° **368,** 14 p.
p-torsion des courbes elliptiques (d'après Y. Manin), 1969/70, n° **380,** 14 p.
Cohomologie des groupes discrets, 1970/71, n° **399,** 14 p.
(avec Barry Mazur) Points rationnels des courbes modulaires $X_0(N)$, 1974/75, n° **469,** 18 p.
Représentations linéaires des groupes finis «algébriques» (d'après Deligne-Lusztig), 1975/76, n° **487,** 18 p.
* Points rationnels des courbes modulaires $X_0(N)$ (d'après Barry Mazur), 1977/78, n° **511,** 12 p.

Séminaire Henri CARTAN

Groupes d'homologie d'un complexe simplicial, 1948/49, n° **2,** 9 p.
(avec H. Cartan) Produits tensoriels, 1948/49, n° **11,** 12 p.
Extensions des applications. Homotopie, 1949/50, n° **1,** 6 p.
Groupes d'homotopie, 1949/50, n° **2,** 7 p.
Groupes d'homotopie relatifs. Application aux espaces fibrés, 1949/50, n° **9,** 8 p.
Homotopie des espaces fibrés. Applications, 1949/50, n° **10,** 7 p.
* Applications algébriques de la cohomologie des groupes. I., 1950/51, n° **5,** 7 p.
* Applications algébriques de la cohomologie des groupes. II. Théorie des algèbres simples, 1950/51, n^{os} **6–7,** 20 p.
La suite spectrale des espaces fibrés. Applications, 1950/51, n° **10,** 9 p.
Espaces avec groupes d'opérateurs. Compléments, 1950/51, n° **13,** 12 p.
La suite spectrale attachée à une application continue, 1950/51, n° **21,** 8 p.
Applications de la théorie générale à divers problèmes globaux, 1951/52, n° **20,** 26 p.
* Fonctions automorphes d'une variable: application du théorème de Riemann-Roch, 1953/54, n^{os} **4–5,** 15 p.
* Deux théorèmes sur les applications complètement continues, 1953/54, n° **16,** 7 p.
* Faisceaux analytiques sur l'espace projectif, 1953/54, n^{os} **18–19,** 17 p.
* Fonctions automorphes, 1953/54, n° **20,** 23 p.
* Les espaces $K(\pi,n)$, 1954/55, n° **1,** 7 p.
* Groupes d'homotopie des bouquets de sphères, 1954/55, n° **20,** 7 p.
Rigidité du foncteur de Jacobi d'échelon $n \geqq 3$, 1960/61, n° **17,** Append., 3 p.
Formes bilinéaires symétriques entières à discriminant ± 1, 1961/62, n^{os} **14–15,** 16 p.

Séminaire Claude CHEVALLEY

* Espaces fibrés algébriques, 1957/58, n° **1,** 37 p.
* Morphismes universels et variété d'Albanese, 1958/59, n° **10,** 22 p.
* Morphismes universels et différentielles de troisième espèce, 1958/59, n° **11,** 8 p.

Séminaire Delange-Pisot-Poitou

* Dépendance d'exponentielles *p*-adiques, 1965/66, n° **15**, 14 p.
Divisibilité de certaines fonctions arithmétiques, 1974/75, n° **20**, 28 p.

Séminaire Grothendieck

Existence d'éléments réguliers sur les corps finis, SGA 3 II 1962/64, n° **14**, Append. Lect. Notes in Math. **152**, 342–348.

Séminaire Sophus Lie

Tores maximaux des groupes de Lie compacts, 1954/55, n° **23**, 8 p.
Sous-groupes abéliens des groupes de Lie compacts, 1954/55, n° **24**, 8 p.

Seminar on Complex Multiplication (Lect. Notes in Math. **21**, 1966)

Statement of results, n° **1**, 8 p.
Modular forms, n° **2**, 16 p.

4) Éditions

G. F. Frobenius, *Gesammelte Abhandlungen* (Bd. I, II, III), Springer-Verlag, 1968, 2129 p.
(avec W. Kuyk) *Modular Functions of One Variable* III, Lect. Notes in Math. n° **350**, Springer-Verlag, 1973, 350 p.
(avec D. Zagier) *Modular Functions of One Variable* V, Lect. Notes in Math. n° **601**, Springer-Verlag, 1977, 294 p.
(avec D. Zagier) *Modular Functions of One Variable* VI, Lect. Notes in Math. n° **627**, Springer-Verlag, 1977, 339 p.
(avec R. Remmert) H. Cartan, *Œuvres,* vol. I, II, III, Springer-Verlag, 1979, 1469 p.
(avec U. Jannsen et S. Kleiman) *Motives*, Proc. Symp. Pure Math. **55**, AMS 1994, 2 vol., 1423 p.

Acknowledgements

Springer-Verlag thanks the original publishers of Jean-Pierre Serre's papers for permission to reprint them here.

The numbers following each source correspond to the numbering of the articles.

Reprinted from Academic Press, © by Academic Press Inc.: 75, 76, 85, 110
Reprinted from Amer. J. of Math., © by Johns Hopkins University Press: 36, 40, 163
Reprinted from Ann. Inst. Fourier, © by Institut Fourier, Grenoble: 32, 68
Reprinted from Ann. of Math. © by Princeton University Press: 9, 16, 18, 29, 45, 79, 86
Reprinted from Ann. of Math. Studies, © by Princeton University Press: 88
Reprinted from Ann. Sci. Ec. Norm. Sup., © by Editions Gauthier-Villars – Editions Scientifiques & Médicales Elsevier: 101
Reprinted from Annuaire du Collège de France, © by Collège de France: 37, 42, 44, 47, 52, 57, 59, 67, 71, 78, 82, 84, 93, 96, 98, 102, 107, 109, 114, 118, 124, 126, 127, 130, 132, 135, 136, 145, 146, 148, 153, 156, 158, 165
Reprinted from Astérisque, © by Société Mathématique de France: 104, 111, 119, 154, 155
Reprinted from Bull. Amer. Math. Soc., © by The American Mathematical Society: 61
Reprinted from Bull. Sci. Math., © by Editions Gauthier-Villars – Editions Scientifiques & Médicales Elsevier: 73
Reprinted from Bull. Soc. Math. France, © by Editions Gauthier-Villars – Editions Scientifiques & Médicales Elsevier: 14, 51
Reprinted from Colloque CNRS, © by Centre National de la Recherche Scientifique: 69, 70
Reprinted from Colloque de Bruxelles, © by Gauthier-Villars – Editions Scientifiques & Médicales Elsevier: 53
Reprinted from Comm. Math. Helv., © by Birkhäuser Verlag Basel: 19, 28, 131
Reprinted from Cong. Int. d'Amsterdam, © by North Holland Publishing Company: 27
Reprinted from Cong. Int. Math., Stockholm, © by Institut Mittag-Leffler: 56
Reprinted from C. R. Acad. Sci. Paris, © by Editions Gauthier-Villars – Editions Scientifiques & Médicales Elsevier: 1, 2, 3, 4, 5, 6, 8, 10, 11, 12, 13, 22, 24, 63, 83, 90, 91, 100, 115, 116, 144, 149, 150, 151, 152, 159
Reprinted from Duke Math. J., © by Duke University Press: 143

Reprinted from Galois Representations in Arithmetic Algebraic Geometry, © by Cambridge University Press: 173
Reprinted from Gazette des Mathématiciens, © by Société Mathématique de France: 117
Reprinted from Geometric Galois Actions, © by Cambridge University Press: 172
Reprinted from Glasgow Math. J., © by University of Glasgow: 139
Reprinted from Int. Top. Alg. Mexico., © by University of Mexico: 38
Reprinted from Israel J. Math., © by Magnes Press: 169
Reprinted from Izv. Akad. Nauk. SSSR, © by VAAP: 62, 89
Reprinted from Japan. Soc. for the Promotion of Science, © by Maruzen: 112
Reprinted from J. Algebra, © by Academic Press, Orlando: 171
Reprinted from Journal A.M.S., © by The American Mathematical Society: 170
Reprinted from J. de Crelle, © by Walter de Gruyter & Co: 54
Reprinted from J. de Math. pures et appliquées, © by Editions Gauthier-Villars – Editions Scientifiques & Médicales Elsevier: 35
Reprinted from J. London Math. Soc., © by Cambridge University Press: 43
Reprinted from J. of Number Theory, © by Academic Press: 85
Reprinted from L'Ens. Math., © by Université de Genève: 108, 160, 175
Reprinted from LMS Lect. Note Series no 36, © by Cambridge University Press: 120
Reprinted from Math. Medley, Singapore Math. Soc., © by Singapore Mathematical Society: 140
Reprinted from Proc. Amer. Math. Soc., © by The American Mathematical Society: 30
Reprinted from Proc. int. symp., Tokyo-Nikko, © by The Science Council of Japan: 33
Reprinted from Proc. Symp. Pure Math., © by The American Mathematical Society: 161
Reprinted from Pub. Math. I.H.E.S., © by Institut des Hautes Etudes Scientifiques: 49, 55, 74, 81, 103, 125
Reprinted from Séminaire Bourbaki, © by Ecole Normale Supérieure: 7, 17, 21, 25, 34, 41, 58, 60, 77, 147, 157, 166, 168, 174
Reprinted from Séminaire Delange-Pisot-Poitou, © by Secrétariat Mathématique, Paris: 80, 87
Reprinted from Séminaire de Théorie des Nombres de Bordeaux, © by Université de Bordeaux: 123, 129
Reprinted from Séminaire Dubreil-Pisot, © by Secrétariat Mathématique, Paris: 39, 48
Reprinted from Séminaire H. Cartan, © by Secrétariat Mathématique, Paris: 26
Reprinted from Topology, © by Pergamon Press: 65, 66
Reprinted from Trans. Amer. Math. Soc., © by The American Mathematical Society: 15
Reprinted from Zeta and *L* functions, Arithmetical Algebraic Geometry, © by Harper and Row: 64